AF671491

Fahrzeugdynamik

Reza N. Jazar

Fahrzeugdynamik

Theorie und Anwendung

Reza N. Jazar
School of Engineering
RMIT University
Melbourne, VIC, Österreich

ISBN 978-3-031-53243-6 ISBN 978-3-031-53244-3 (eBook)
https://doi.org/10.1007/978-3-031-53244-3

Die Deutsche Nationalbibliothek verzeichnet diese Publikation in der Deutschen Nationalbibliografie; detaillierte bibliografische Daten sind im Internet über https://portal.dnb.de abrufbar.

Dieses Buch ist eine Übersetzung des Originals in Englisch „Vehicle Dynamics“, 3. Auflage, von Reza N. Jazar, publiziert durch Springer Nature Switzerland AG im Jahr 2017. Die Übersetzung erfolgte mit Hilfe von künstlicher Intelligenz (maschinelle Übersetzung). Eine anschließende Überarbeitung im Satzbetrieb erfolgte vor allem in inhaltlicher Hinsicht, so dass sich das Buch stilistisch anders lesen wird als eine herkömmliche Übersetzung. Springer Nature arbeitet kontinuierlich an der Weiterentwicklung von Werkzeugen für die Produktion von Büchern und an den damit verbundenen Technologien zur Unterstützung der Autoren.

Planung/Lektorat: Michael McCabe
Springer Vieweg ist ein Imprint der eingetragenen Gesellschaft Springer Nature Switzerland AG und ist ein Teil von Springer Nature.
Die Anschrift der Gesellschaft ist: Gewerbestrasse 11, 6330 Cham, Switzerland

Wenn du springst um zu fallen, wirst du fallen.
Wenn du springst, um zu fliegen, wirst du fliegen.

Gewidmet
Vazan,
Kavosh,
Mojgan.

Vorwort

Dieses Buch wurde vor allem für Ingenieurstudenten geschrieben. Es führt in die Grundlagen der Fahrdynamik ein. Dieses Wissen kann für die Entwicklung von Computerprogrammen zur Analyse der Fahrt, des Fahrverhaltens und zur Optimierung von Straßenfahrzeugen genutzt werden.

Fahrzeugdynamik ist seit mehr als hundert Jahren Teil des Ingenieurstudiums. Es gibt bereits Bücher zu diesem Thema sind, aber die meisten davon sind für Spezialisten geschrieben und nicht für den Einsatz im Unterricht geeignet. Ein neuer Student, Ingenieur oder Forscher wüsste nicht, wo und wie er mit dem Studium der Fahrdynamik beginnen soll. Daher besteht ein Bedarf an einem Lehrbuch für Anfänger. Dieses Lehrbuch präsentiert die Grundlagen mit einer Perspektive auf zukünftige Trends.

Die Untersuchung der klassischen Fahrzeugdynamik hat ihre Wurzeln in der Arbeit großer Wissenschaftler der letzten vier Jahrhunderte und kreativer Ingenieure des letzten Jahrhunderts, die die Methodik der dynamischen Systeme etabliert haben. Die Entwicklung der Fahrzeugdynamik hat sich dank einiger engagierter Beteiligter in Richtung Modellierung, Analyse und Optimierung von Mehrkörperdynamik bewegt. Daher war die Verschmelzung der Dynamik mit der Optimierungstheorie eine zu erwartende Entwicklung. Die schnell wachsende Fähigkeit zur genauen Positionierung, Sensorik und Berechnungen, zusammen mit intelligenter Computerprogrammierung, sind die anderen wichtigen Entwicklungen in der Fahrzeugdynamik. Daher hilft ein Lehrbuch wie dieses dem Leser, ein Computermodell von Fahrzeugen zu erstellen.

Niveau dieses Buches

Dieses Buch wurde nach fast einem Jahrzehnt Forschung in nichtlinearen dynamischen Systemen und dem Unterrichten von Kursen in Fahrzeugdynamik entwickelt. Es richtet sich hauptsächlich an Studierende im letzten Jahr des Bachelor-Studiums und den ersten Master-Jahres in Ingenieurwissenschaften. Daher handelt es sich um ein Lehrbuch mit mittlerem Anspruch. Es bietet sowohl grundlegende als auch fortgeschrittene Themen. Das gesamte Buch kann in zwei aufeinanderfolgenden Kursen behandelt werden, jedoch ist es möglich, einige

Abschnitte zu überspringen und das Buch so in einem Kurs zu behandeln. Von den Studierenden wird erwartet, dass sie die Grundlagen der Kinematik und Dynamik kennen, sowie über grundlegende Kenntnisse numerischer Methoden verfügen.

Der Inhalt des Buches wurde auf einem ziemlich theoretisch-praktischen Niveau gehalten. Viele Konzepte werden tiefgehend erklärt und ihre Anwendung betont, und die meisten der zugehörigen Theorien und formalen Beweise wurden erläutert. In dem Buch wird großer Wert auf die physikalische Bedeutung der Konzepte und auf ihre Anwendung gelegt. Die ausgewählten Themen sind in dem jeweiligen Feld von hohem Interesse. Es wurde versucht, die Studierenden einer breiten Palette von Themen und Ansätzen auszusetzen.

Es gibt vier spezielle Kapitel, die indirekt mit der Fahrzeugdynamik zusammenhängen: *Angewandte Kinematik*, *Getriebeanwendungen*, *Angewandte Dynamik* und *Angewandte Schwingungen*. Diese Kapitel liefern den entsprechenden Hintergrund, um die Fahrzeugdynamik und ihre Teilsysteme zu verstehen.

Aufbau des Buches

Das Buch ist so aufgebaut, dass es für den Unterricht oder zum Selbststudium verwendet werden kann. Kap. 1 über die Grundlagen enthält allgemeine Vorinformationen über Reifen und Felge mit einer kurzen Übersicht über die Klassifizierungen von Straßenfahrzeugen.

Teil *I* „Eindimensionale Fahrzeugdynamik" präsentiert die Vorwärtsfahrzeugdynamik, Reifendynamik und Antriebsstrangdynamik. Vorwärtsdynamik bezieht sich auf Gewichtsverlagerung, Beschleunigung, Bremsen, Motorleistung und das Design von Getriebeübersetzungen.

Teil *II* „Fahrzeugkinematik" präsentiert eine detaillierte Diskussion über mechanische Fahrzeugunterysteme wie Lenkung und Aufhängungen.

Teil *III* „Fahrzeugdynamik" verwendet Newton'sche und Lagrange'sche Methoden zur Entwicklung der Manövrierdynamik von Fahrzeugen.

Teil *IV* „Fahrzeugschwingungen" präsentiert eine detaillierte Diskussion über Fahrzeugschwingungen. Es wird versucht, die grundlegenden Ansätze zu überprüfen und zu zeigen, wie ein Fahrzeug als schwingendes System mit mehreren Freiheitsgraden modelliert werden kann. Die Konzepte der Newton-Euler-Dynamik und der Lagrange-Methode werden gleichermaßen zur Ableitung der Bewegungsgleichungen verwendet. Die RMS-Optimierungstechnik für das Fahrwerksdesign von Fahrzeugen wird eingeführt und auf Fahrwerke angewendet. Das Ergebnis der Optimierungstechnik ist die optimale Steifigkeit und Dämpfung für ein Auto oder aufgehängte Maschine.

Präsentationsmethode

Dieses Buch verwendet eine „*Fakt-Grund-Anwendung*"-Struktur. Der „Fakt" ist das Hauptthema, das wir in jedem Abschnitt einführen. Dann wird der Grund als „Beweis" gegeben. Die Anwendung des Fakts wird in einigen „Beispielen" untersucht. Die „Beispiele" sind ein sehr wichtiger Teil des Buches, weil sie zeigen, wie man die „Fakten" umsetzt. Sie decken auch einige andere Fakten ab, die benötigt werden, um das Thema zu erweitern.

Voraussetzungen

Da das Buch für Studierende des letzten Bachelorjahres und des ersten Masterjahres der Ingenieurwissenschaften geschrieben ist, wird vorausgesetzt, dass die Benutzer mit Matrixalgebra sowie grundlegender Dynamik vertraut sind. Voraussetzungen sind die Grundlagen der Kinematik, Dynamik, Vektoranalyse und Matrixtheorie. Diese Grundlagen werden in der Regel in den ersten drei Bachelorjahren unterrichtet.

Einheitensystem

Das in diesem Buch verwendete Einheitensystem ist, sofern nicht anders angegeben, das Internationale Einheitensystem (SI). Die Einheiten Grad (deg) oder Radiant (rad) werden für Variablen verwendet, die Winkelgrößen darstellen.

Symbole

- Kleinbuchstaben in Fettschrift weisen auf einen Vektor hin. Vektoren können in einem n-dimensionalen euklidischen Raum ausgedrückt werden. Beispiele:

$$\mathbf{r}\ ,\ \mathbf{s}\ ,\ \mathbf{d}\ ,\ \mathbf{a}\ ,\ \mathbf{b}\ ,\ \mathbf{c}$$
$$\mathbf{p}\ ,\ \mathbf{q}\ ,\ \mathbf{v}\ ,\ \mathbf{w}\ ,\ \mathbf{y}\ ,\ \mathbf{z}$$
$$\boldsymbol{\omega}\ ,\ \boldsymbol{\alpha}\ ,\ \boldsymbol{\epsilon}\ ,\ \boldsymbol{\theta}\ ,\ \boldsymbol{\delta}\ ,\ \boldsymbol{\phi}$$

- Großbuchstaben in Fettschrift weisen auf einen dynamischen Vektor oder eine dynamische Matrix hin, wie zum Beispiel Kraft und Moment. Beispiele:

$$\mathbf{F} \quad \mathbf{M}$$

- Kleinbuchstaben mit einem Hut weisen auf einen Einheitsvektor hin. Einheitsvektoren sind nicht fett. Beispiele:

$$\hat{\imath}\ ,\ \hat{\jmath}\ ,\ \hat{k}\ ,\ \hat{u}\ ,\ \hat{u}\ ,\ \hat{n}$$
$$\hat{I}\ ,\ \hat{J}\ ,\ \hat{K}\ ,\ \hat{u}_{\theta}\ ,\ \hat{u}_{\varphi}\ ,\ \hat{u}_{\psi}$$

- Kleinbuchstaben mit einer Tilde weisen auf eine schiefsymmetrische 3×3-Matrix hin, die mit einem Vektor verbunden ist. Beispiel:

$$\tilde{a} = \begin{bmatrix} 0 & -a_3 & a_2 \\ a_3 & 0 & -a_1 \\ -a_2 & a_1 & 0 \end{bmatrix} \qquad \mathbf{a} = \begin{bmatrix} a_1 \\ a_2 \\ a_3 \end{bmatrix}$$

- Ein Pfeil über zwei Großbuchstaben zeigt die Start- und Endpunkte eines Ortsvektors an. Beispiel:

$$\overrightarrow{ON} = \text{ein Ortsvektor von Punkt } O \text{ zu Punkt } N$$

- Die Länge eines Vektors wird durch einen nicht-fetten Kleinbuchstaben angezeigt. Beispiele:

$$r = |\mathbf{r}| \qquad a = |\mathbf{a}| \qquad b = |\mathbf{b}| \qquad s = |\mathbf{s}|$$

- Großbuchstabe B wird verwendet, um ein körperfestes Koordinatensystem zu bezeichnen. Beispiele:

$$B(oxyz) \qquad B(Oxyz) \qquad B_1(o_1x_1y_1z_1)$$

- Großbuchstabe G wird verwendet, um ein globales, inertiales oder festes Koordinatensystem zu bezeichnen. Beispiele:

$$G \qquad G(XYZ) \qquad G(OXYZ)$$

- Der rechte Index bei einer Transformationsmatrix gibt das *Ausgangskoordinatensystem* an. Beispiel:

$$R_B = \text{Transformationsmatrix aus Koordinatensystem } B(oxyz)$$

- Ein linker Hochstellungsindex bei einer Transformationsmatrix zeigt das *Zielkoordinatensystem* an. Beispiel:

$$^{G}R_B = \text{Transformationsmatrix aus Koordinastensystem } B(oxyz) \\ \text{ins Koordinatensystem } G(OXYZ)$$

- Großbuchstabe R zeigt Rotation oder eine Transformationsmatrix an, wenn es die Anfangs- und Zielkoordinatenrahmen anzeigt. Beispiel:

$$^{G}R_B = \begin{bmatrix} \cos\alpha & -\sin\alpha & 0 \\ \sin\alpha & \cos\alpha & 0 \\ 0 & 0 & 1 \end{bmatrix}$$

- Immer wenn es keinen tief- oder hochgestellten Index gibt, werden die Matrizen in einer Klammer dargestellt. Beispiel:

$$[T] = \begin{bmatrix} \cos\alpha & -\sin\alpha & 0 \\ \sin\alpha & \cos\alpha & 0 \\ 0 & 0 & 1 \end{bmatrix}$$

- Ein links hochgestellter Index auf einem Vektor kennzeichnet das Koordinatensystem, in dem der Vektor ausgedrückt wird. Dieser zeigt an, zu welchem Koordinatensystem der Vektor gehört; daher wird der Vektor mit den Einheitsvektoren dieses Koordinatensystems ausgedrückt. Beispiel:

$$^{G}\mathbf{r} = \text{Ortsvektor ausgedrückt im Koordinatensystem } G(OXYZ)$$

- Der rechte Index bei einem Vektor bezeichnet den Spitzenpunkt, auf den sich der Vektor bezieht. Beispiel:

$$^{G}\mathbf{r}_P = \text{Ortsvektor von Punkt } P \\ \text{ausgedrückt im Koordinatensystem } G(OXYZ)$$

- Der rechte Index bei einem Winkelgeschwindigkeitsvektor gibt das Koordinatensystem an, auf den sich der Winkelvektor bezieht. Beispiel:

  $$\omega_B = \text{Winkelgeschwindigkeit des körperfesten Koordinatensystems } B(oxyz)$$

- Der linke Index bei einem Winkelgeschwindigkeitsvektor gibt das Koordinatensystem an, in Bezug auf den der Winkelvektor gemessen wird. Beispiel:

  $$\begin{aligned} {}_G\omega_B = &\text{Winkelgeschwindigkeit des körperfesten Koordinatensystems } B(oxyz) \\ &\text{in Bezug auf das globale Koordinatensystem } G(O\,X\,Y\,Z) \end{aligned}$$

- Ein links hochgestellter Index bei einem Winkelgeschwindigkeitsvektor bezeichnet das Bezugssystem, in dem die Winkelgeschwindigkeit ausgedrückt wird. Beispiel:

  $$\begin{aligned} {}^{B_2}_{G}\omega_{B_1} = &\text{ Winkelgeschwindigkeit des körperfesten Koordinatensystems } B_1 \\ &\text{in Bezug auf das globale Koordinatensystem } G, \\ &\text{und ausgedrückt imkörperfesten Koordinatensystems } B_2 \end{aligned}$$

  Wenn der tief- oder hochgestellte Index einer Winkelgeschwindigkeit gleich sind, lassen wir normalerweise den linken weg. Beispiel:

  $${}_G\omega_B \equiv {}^G_G\omega_B$$

  Auch bei Orts-, Geschwindigkeits- und Beschleunigungsvektoren lassen wir die linken tiefgestellten Index weg, wenn sie mit dem linken hochgestellten Index übereinstimmen. Beispiel:

  $${}^B_B\mathbf{v}_P \equiv {}^B\mathbf{v}_P$$

- Ein links hochgestellter Operator bei Ableitungsoperatoren gibt das Koordinatensystem an, in dem die Ableitung einer Variablen genommen wird. Beispiel:

  $$\frac{{}^Gd}{dt}x \qquad \frac{{}^Gd}{dt}{}^B\mathbf{r}_P \qquad \frac{{}^Bd}{dt}{}^G_B\mathbf{r}_P$$

  Wenn die Variable eine Vektorfunktion ist und das Koordinatensystem, in dem der Vektor definiert ist, dasselbe Koordinatensystem ist, in dem eine Zeitableitung genommen wird, können wir die folgende Kurznotation verwenden:

  $$\frac{{}^Gd}{dt}{}^G\mathbf{r}_P = {}^G\dot{\mathbf{r}}_P \qquad \frac{{}^Bd}{dt}{}^B_o\mathbf{r}_P = {}^B_o\dot{\mathbf{r}}_P$$

  und schreiben die Gleichungen einfacher. Beispiel:

  $${}^G\mathbf{v} = \frac{{}^Gd}{dt}{}^G\mathbf{r}(t) = {}^G\dot{\mathbf{r}}$$

- Wenn sie von Winkeln gefolgt werden, bezeichnen die Kleinbuchstaben c und s die *cos* und *sin* Funktionen in mathematischen Gleichungen. Beispiel:

$$c\alpha = \cos\alpha \qquad s\varphi = \sin\varphi$$

- Der Großbuchstabe **I** in Fettschrift deutet auf eine Einheitsmatrix hin, die, abhängig von der Dimension der Matrixgleichung, eine 3×3- oder eine 4×4-Einheitsmatrix sein könnte. $\mathbf{I}_3$ oder $\mathbf{I}_4$ werden ebenfalls verwendet, um die Dimension von **I** zu verdeutlichen. Beispiel:

$$\mathbf{I} = \mathbf{I}_3 = \begin{bmatrix} 1 & 0 & 0 \\ 0 & 1 & 0 \\ 0 & 0 & 1 \end{bmatrix}$$

- Ein Sternchen $\star$ zeigt ein fortgeschritteneres Thema oder Beispiel an, das nicht für das Grundstudium konzipiert ist und bei der ersten Lektüre weggelassen werden kann.

Reza N. Jazar

Inhaltsverzeichnis

Teil I
Fahrzeugbewegung

Kapitel 1
Reifendynamik

Der Reifen ist die Hauptkomponente eines Fahrzeugs, die mit der Straße interagiert. Das Verhalten eines Autos wird hauptsächlich durch die Eigenschaften seiner Reifen geprägt. Reifen beeinflussen das Handling, die Traktion, den Fahrkomfort und den Kraftstoffverbrauch eines Fahrzeugs. Um seine Bedeutung zu verstehen, denke man daran, dass ein Kfz nur durch Längs-, Vertikal- und Querkräfte manövrieren kann, die mithilfe des Reifens übertragen werden.

Abb. 1.1. veranschaulicht einen vertikal belasteten, stationären Reifen. Um die Reifen-Straßen-Interaktionen zu modellieren, bestimmen wir den Reifenlatsch und beschreiben die auf den Reifenlatsch verteilten Kräfte.

1.1 Grundlagen von Reifen und Felgen

Reifen sind die Hauptkomponente eines Fahrzeugs, um Kräfte zwischen der Straße und dem Fahrzeug zu übertragen. Reifenparameter wie Abmessungen, maximale Tragfähigkeit und maximaler Geschwindigkeitsindex sind in der Regel auf seiner Seitenwand angegeben. In diesem Kapitel überprüfen wir einige Informationen über Reifen, Räder, Straßen, Fahrzeuge und ihre Interaktionen.

1.1.1 Reifen und Informationen an der Seitenwand

Luftreifen sind das einzige Mittel, um Kräfte zwischen der Straße und dem Fahrzeug zu übertragen. Sie sind erforderlich, um die Kräfte zu erzeugen, die zur Durchführung von Manövern von Fahrzeugen beim Fahren notwendig sind. Abb. 1.2 stellt den Querschnitt eines Reifens auf einer Felge dar, und zeigt die Größen, die zur Standardisierung von Reifen verwendet werden.

R. N. Jazar, *Fahrzeugdynamik*, https://doi.org/10.1007/978-3-031-53244-3_1

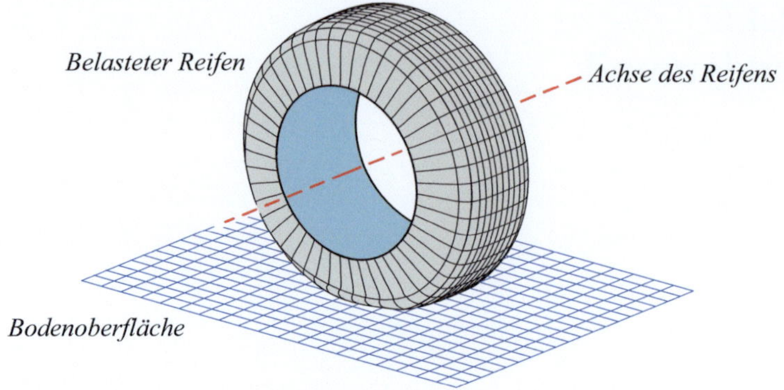

Abb. 1.1 Ein vertikal belasteter, stationärer Reifen

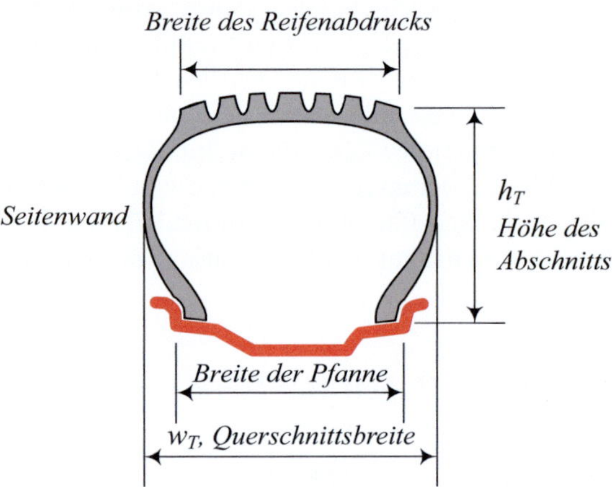

Abb. 1.2 Querschnitt eines Reifens auf einer Felge zur Darstellung der Reifenhöhe und -breite

Die *Querschnittshöhe*, oder *Reifenhöhe*, h_T, ist eine Zahl, die zum Felgenradius hinzugefügt werden muss, um den Radradius zu berechnen. Die *Querschnittsbreite* oder *Reifenbreite* w_T ist die breiteste Stelle eines Reifens, wenn er nicht belastet ist.

Auf die *Seitenwand* von Reifen müssen bestimmte Informationen gedruckt werden. Abb. 1.3 zeigt die Seitenansicht eines Beispielreifens mit diesen Informationen.

Die Abkürzungen in Abb. 1.3 bezeichnen:

1 Reifengrößenbezeichnung

2 Maximal zulässiger Reifendruck

3 Bauweise der Karkasse

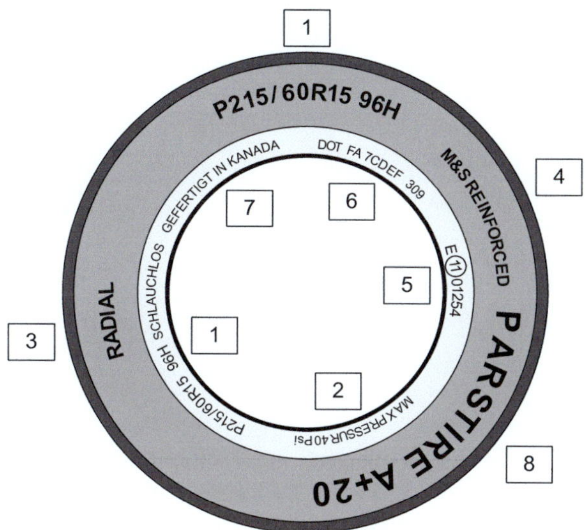

Abb. 1.3 Seitenansicht eines Reifens und die wichtigsten Informationen, die auf eine Reifenseitenwand gedruckt sind

- 4 M&S bezeichnet einen Reifen für Matsch und Schnee
- 5 ECE-Prüfzeichen ist das europäische Typgenehmigungszeichen, verbunden mit einer Nummer
- 6 Herstellercode des US-Verkehrsministeriums (DOT, department of transportation)
- 7 Herstellungsland
- 8 Hersteller, Markenname oder Handelsname

Die wichtigste Information auf der Seitenwand eines Reifens ist die *Reifengrößenbezeichnung*, angezeigt durch 1. Um das Format der Reifengrößenbezeichnung zu erläutern, wird ein Beispiel in Abb. 1.4 gezeigt. Die Bezeichnungen sind wie folgt definiert:

P *Reifentyp*. Der erste Buchstabe gibt den Autotyp an, für den der Reifen geeignet ist. *P* steht für Personenwagen. Der erste Buchstabe kann auch *ST* für Spezialanhänger, *T* für temporär für Noträder, und *LT* für Kleinlastwagen sein.

215 *Reifenbreite*. Dieser dreistellige Code ist die Breite des unbelasteten Reifens von Seitenwand zu Seitenwand gemessen in [mm].

60 *Querschnittsverhältnis*. Dieser zweistellige Code ist das Verhältnis der Reifenhöhe h_T zur Reifenbreite w_T, ausgedrückt in Prozent. Das Querschnittsverhältnis wird durch s_T angezeigt.

$$s_T = \frac{h_T}{w_T} \times 100 \tag{1.1}$$

Abb. 1.4 Ein Beispiel für eine Reifengrößenbezeichnung und ihre Bedeutung

P 215 / 60 R 15 96 H

P	*Personenkraftwagen*
215	*Reifenbreite* [mm]
60	*Querschnittsverhältnis* [%]
R	*Radial*
15	*Felgendurchmesser* [Zoll]
96	*Lastindex*
H	*Geschwindigkeitsindex*

Im Allgemeinen liegen die Querschnittsverhältnisse von Reifen zwischen 35, für Rennwagenreifen und 75 für Reifen, die auf Nutzfahrzeugen verwendet werden.

[*R*] *Reifenbauart.* Der Buchstabe [*R*] zeigt an, dass der Reifen eine radiale Bauart hat. Es kann auch [*B*] für Gürtelreifen und [*D*] für Diagonalreifen sein.

[15] *Felgendurchmesser.* Dies ist eine Zahl in Zoll, um den Durchmesser der Felge anzugeben, für die der Reifen ausgelegt ist.

[96] *Lastindex oder Tragfähigkeitsindex.* Viele Reifen haben eine Servicebeschreibung am Ende der Reifengröße. Diese besteht aus einer zweistelligen Zahl (Lastindex) und einem Buchstaben (Geschwindigkeitsindex). Der Lastindex repräsentiert die maximale Last, die jeder Reifen tragen soll. Tab. 1.1 zeigt einige der gängigsten Lastindizes und ihre Tragfähigkeiten. Der Lastindex ist in der Regel gültig für Geschwindigkeiten unter 210 km/h.

[*H*] *Geschwindigkeitsindex.* Der Geschwindigkeitsindex gibt die maximale Geschwindigkeit an, die der Reifen für einen *zehnminütigen* Zeitraum ohne kaputt zu gehen aushalten kann.

Tab. 1.2 zeigt die gebräuchlichsten Geschwindigkeitsindizes und ihre Bedeutungen. Die maximale Geschwindigkeit eines Reifens hängt von seiner typischen Anwendung ab, wie in Tab. 1.3 gezeigt.

Tab. 1.2 zeigt einen verwirrenden Punkt, warum wir die Indizes *W* und *Y* benötigen, obwohl wir *Z* haben. Dies liegt daran, dass bei der Einführung des Z-Geschwindigkeitsindex davon ausgegangen wurde, dass sie die höchste Reifengeschwindigkeitsbewertung darstellt, die jemals benötigt werden würde. Der mit *Z* indexierte Reifen ist für Geschwindigkeiten über +240 km/h geeignet, jedoch ist nicht klar, wie weit über 240 km/h möglich ist. Es wurde erwartet, dass Fahrzeuge nicht viel schneller als 240 km/h fahren werden. Sehr bald tauchten Fahrzeuge mit höheren Geschwindigkeitsfähigkeiten auf und daher fügte die Automobilindustrie die Indizes *W* und *Y* hinzu, um die Reifen zu identifizieren, die den Anforderungen der neuen Fahrzeuge entsprachen, die sehr hohe Geschwindigkeiten erreichten.

Tab. 1.1 Maximale Tragfähigkeitsindex des Reifens

Index	Maximale Last	Index	Maximale Last
0	45 kg ≈ 99 lbf		
…	…	100	800 kg ≈ 1764 lbf
71	345 kg ≈ 761 lbf	101	825 kg ≈ 1819 lbf
72	355 kg ≈ 783 lbf	102	850 kg ≈ 1874 lbf
73	365 kg ≈ 805 lbf	103	875 kg ≈ 1929 lbf
74	375 kg ≈ 827 lbf	104	900 kg ≈ 1984 lbf
75	387 kg ≈ 853 lbf	105	925 kg ≈ 2039 lbf
76	400 kg ≈ 882 lbf	106	950 kg ≈ 2094 lbf
77	412 kg ≈ 908 lbf	107	975 kg ≈ 2149 lbf
78	425 kg ≈ 937 lbf	108	1000 kg ≈ 2205 lbf
79	437 kg ≈ 963 lbf	109	1030 kg ≈ 2271 lbf
80	450 kg ≈ 992 lbf	110	1060 kg ≈ 2337 lbf
81	462 kg ≈ 1019 lbf	111	1090 kg ≈ 2403 lbf
82	475 kg ≈ 1047 lbf	113	1120 kg ≈ 2469 lbf
83	487 kg ≈ 1074 lbf	113	1150 kg ≈ 2581 lbf
84	500 kg ≈ 1102 lbf	114	1180 kg ≈ 2601 lbf
85	515 kg ≈ 1135 lbf	115	1215 kg ≈ 2679 lbf
86	530 kg ≈ 1163 lbf	116	1250 kg ≈ 2806 lbf
87	545 kg ≈ 1201 lbf	117	1285 kg ≈ 2833 lbf
88	560 kg ≈ 1235 lbf	118	1320 kg ≈ 2910 lbf
89	580 kg ≈ 1279 lbf	119	1360 kg ≈ 3074 lbf
90	600 kg ≈ 1323 lbf	120	1400 kg ≈ 3086 lbf
91	615 kg ≈ 1356 lbf	121	1450 kg ≈ 3197 lbf
92	630 kg ≈ 1389 lbf	122	1500 kg ≈ 3368 lbf
93	650 kg ≈ 1433 lbf	123	1550 kg ≈ 3417 lbf
94	670 kg ≈ 1477 lbf	124	1600 kg ≈ 3527 lbf
95	690 kg ≈ 1521 lbf	125	1650 kg ≈ 3690 lbf
96	710 kg ≈ 1565 lbf	126	1700 kg ≈ 3748 lbf
97	730 kg ≈ 1609 lbf	127	1750 kg ≈ 3858 lbf
98	750 kg ≈ 1653 lbf	128	1800 kg ≈ 3968 lbf
99	775 kg ≈ 1709 lbf	…	…
		199	13600 kg ≈ 30000 lbf

Beispiel 1 *Gewicht eines Autos und Tragfähigkeitsindex seiner Reifen.*

Für ein Auto, das $2\,t = 2000\,\text{kg}$ *wiegt, benötigen wir einen Reifen mit einem Tragfähigkeitsindex höher als 84. Dies liegt daran, dass wir etwa 500* kg *pro Reifen haben, und dies entspricht einem Tragfähigkeitsindex von 84, wie in Tab.* 1.1 *angegeben. Wenn der Tragfähigkeitsindex nicht auf einem Reifen angegeben ist, kann ein Reifen mit einer Reifengrößenbezeichnung wie 255/50R17V auch mit 255/50V R17 bezeichnet sein.*

Tab. 1.2 Maximaler Geschwindigkeitsindex des Reifens

Index	Maximale Geschwindigkeit	Index	Maximale Geschwindigkeit
$A1$	5 km/h ≈ 3 mi/h	K	110 km/h ≈ 68 mi/h
$A2$	10 km/h ≈ 6 mi/h	L	120 km/h ≈ 75 mi/h
$A3$	15 km/h ≈ 9 mi/h	M	130 km/h ≈ 81 mi/h
$A4$	20 km/h ≈ 12 mi/h	N	140 km/h ≈ 87 mi/h
$A5$	25 km/h ≈ 16 mi/h	P	150 km/h ≈ 93 mi/h
$A6$	30 km/h ≈ 19 mi/h	Q	160 km/h ≈ 100 mi/h
$A7$	35 km/h ≈ 22 mi/h	R	170 km/h ≈ 106 mi/h
$A8$	40 km/h ≈ 25 mi/h	S	180 km/h ≈ 112 mi/h
B	50 km/h ≈ 31 mi/h	T	190 km/h ≈ 118 mi/h
C	60 km/h ≈ 37 mi/h	U	200 km/h ≈ 124 mi/h
D	65 km/h ≈ 40 mi/h	H	210 km/h ≈ 130 mi/h
E	70 km/h ≈ 43 mi/h	V	240 km/h ≈ 150 mi/h
F	80 km/h ≈ 50 mi/h	W	270 km/h ≈ 168 mi/h
G	90 km/h ≈ 56 mi/h	Y	300 km/h ≈ 188 mi/h
J	100 km/h ≈ 62 mi/h	Z	+240 km/h ≈ +149 mi/h

Tab. 1.3 Höchstgeschwindigkeitsindex und Fahrzeugklassifizierung

Index	Fahrzeugklassifizierung
L	Gelände- und Kleinlastwagen-Reifen
N	Noträder
Q	Gelände-, schlauchlose und bespikbare Winterreifen
R	Personenwagen und Kleinlastwagen-Reifen
S	Familienlimousinen und Vans
T	Familienlimousinen und Vans
H	Sportlimousinen und Coupés
V	Sportlimousinen, Coupés und Sportwagen

Beispiel 2 *Höhe eines Reifens basierend auf Reifenzahlen.*

Ein Reifen hat die Reifengrößenbezeichnung P215/60R15 96H. Das Querschnittsverhältnis 60 bedeutet, dass die Höhe des Reifens 60 % der Reifenbreite entspricht. Um die Reifenhöhe in [mm] *zu berechnen, sollten wir die erste Zahl (215) mit der zweiten Zahl (60) multiplizieren und durch 100 teilen.*

$$h_T = 215 \times \frac{60}{100} = 129\,\text{mm} \tag{1.2}$$

Dies ist die Reifenhöhe von Felge zu Lauffläche.

Beispiel 3 *Reifen- und Felgenbreiten*

Die Abmessungen eines Reifens hängen von der Felge ab, auf die er montiert ist. Bei Reifen mit einem Querschnittsverhältnis von 50 und darüber beträgt die Felgenbreite etwa 70 % der Reifenbreite, gerundet auf die nächsten 0,5 Zoll. Als Beispiel hat ein P255/50R16-Reifen eine Designbreite von 255 mm = *10,04 Zoll, jedoch sind 70 % von 10,04 Zoll 7,028 Zoll, was gerundet auf die nächsten 0,5 Zoll, 7 Zoll ist. Daher sollte ein P255/50R16-Reifen auf einer 7* × *16-Felge montiert werden.*

Für Reifen mit einem Querschnittsverhältnis von 45 und darunter beträgt die Felgenbreite 85 % der Reifenbreite, gerundet auf die nächste 0,5 Zoll. Zum Beispiel benötigt ein P255/45R17-Reifen mit einer Breite von 255 mm = *10,04 Zoll, eine 8,5-Zoll-Felge, weil 85 % von 10,04 Zoll 8,534 Zoll* ≈ *8,5 Zoll sind. Daher sollte ein P255/45R17-Reifen auf einer* $8\frac{1}{2}$ × 17*-Felge montiert werden.*

Beispiel 4 *Berechnung des Reifendurchmessers und des Radius.*

Um den Gesamtdurchmesser eines Reifens zu berechnen, ermitteln wir zuerst die Reifenhöhe, indem wir die Reifenbreite und das Querschnittsverhältnis multiplizieren. Als Beispiel verwenden wir die Reifennummer P235/75R15.

$$h_T = 235 \times 75\,\% = 176{,}25\,\text{mm} \approx 6{,}94\,\text{Zoll} \tag{1.3}$$

Dann addieren wir zweimal die Reifenhöhe h_T *zum Felgendurchmesser.*

$$D = 2 \times 6{,}94 + 15 = 28{,}88\,\text{Zoll} \approx 733{,}8\,\text{mm} \tag{1.4}$$

$$R = D/2 = 366{,}9\,\text{mm} \tag{1.5}$$

Beispiel 5 *Geschwindigkeitsindex.*

Zwei ähnliche Reifen sind als P235/70HR15 und P235/70R15 100H kodiert. Beide Reifen haben einen Geschwindigkeitsindex von H ≡ *210* km/h. *Der zweite Reifen kann die Geschwindigkeit jedoch nur aufrechterhalten, wenn er mit weniger als dem angegebenen Lastindex belastet ist, daher gibt er 100H* ≡ *800* kg *210* km/h an.

Geschwindigkeitsbewertungen hängen im Allgemeinen vom Reifentyp ab. Geländewagen verwenden in der Regel Q-bewertete Reifen, Personenwagen verwenden in der Regel R-bewertete Reifen für typische Straßenwagen oder T-bewertete für Sportwagen.

Beispiel 6 *Reifengewicht.*

Das durchschnittliche Gewicht eines Reifens für Personenwagen beträgt 10 − *12* kg. *Das Gewicht eines Reifens für Kleinlastwagen beträgt 14* − *16* kg, *und das durchschnittliche Gewicht von Lkw-Reifen beträgt 135* − *180* kg.

Beispiel 7 *Auswirkungen des Querschnittsverhältnisses.*

Ein höheres Querschnittsverhältnis bietet eine weichere Fahrt und eine Zunahme der Verformung unter der Last des Fahrzeugs. Allerdings werden normalerweise

Reifen mit niedrigerem Querschnittsverhältnis für leistungsstärkere Fahrzeuge verwendet. Sie haben eine breitere Kontaktfläche mit der Straße und eine schnellere Reaktion. Dies führt zu weniger Verformung unter Last, was zu einer raueren Fahrt des Fahrzeugs führt.

Der Wechsel zu einem Reifen mit einem anderen Querschnittsverhältnis führt zu einer anderen Kontaktfläche, wodurch sich die Tragfähigkeit des Reifens ändert.

Beispiel 8 ⋆ *BMW-Reifengrößencode.*

BMW verwendet das metrische System zur Größenbestimmung seiner Reifen. Als Beispiel ist TD230/55ZR390 ein metrischer Reifengrößencode. TD bezeichnet das BMW TD Modell, 230 ist die Breite in [mm]*, 55 ist das Querschnittsverhältnis in Prozent, Z ist die Geschwindigkeitsbewertung, R bedeutet radial, und 390 ist der Felgendurchmesser in* [mm]*.*

Beispiel 9 ⋆ *„MS,“ „M + S,“ „M/S,“ und „M&S“ Zeichen.*

Das Zeichen „MS,“ und „M + S,“ und „M/S,“ und „M&S“ zeigt an, dass der Reifen eine gewisse Matsch- und Schneefähigkeit hat. Die meisten Radialreifen haben eines dieser Zeichen.

Beispiel 10 ⋆ *US-DOT-Reifenidentifikationsnummer.*

Die US-Reifenidentifikationsnummer hat das Format „DOT DNZE ABCD 2315.“ Sie beginnt mit den Buchstaben DOT, um anzuzeigen, dass der Reifen den US-Bundesstandards entspricht. DOT steht für department of transportation. Die nächsten beiden Zeichen, DN, nach DOT, ist der Werkscode, der sich auf den Hersteller und den Standort der Fabrik bezieht, in der der Reifen hergestellt wurde.

Die nächsten beiden Zeichen, ZE, sind eine Buchstaben-Zahlen-Kombination, die sich auf die spezifische Form bezieht, die zur Formung des Reifens verwendet wurde. Es handelt sich um einen internen Fabrikcode und ist normalerweise kein nützlicher Code für Kunden. Die Liste kann leicht im Internet gefunden werden.

Die letzten vier Zahlen, 2322, stellen die Woche und das Jahr dar, in denen der Reifen gebaut wurde. Die anderen Zahlen, ABCD, sind Marketingcodes, die vom Hersteller oder nach Anweisung des Herstellers verwendet werden. Ein Beispiel ist in Abb. 1.5 dargestellt.

DN ist der Werkscode für Goodyear-Dunlop-Reifen in Wittlich, Deutschland. ZE ist die Reifengröße, ABCD ist der Strukturcode des Materials, 23 zeigt die 23. Woche des Jahres an und 22 das Jahr 2022. Daher wurde der Reifen in der 23. Woche des Jahres 2022 bei Goodyear-Dunlop-Reifen in Wittlich, Deutschland, hergestellt.

DOT DNZE ABCD 2322

Abb. 1.5 Ein Beispiel für eine US-DOT-Reifenidentifikationsnummer

Beispiel 11 ⋆ *Kanadische Reifenidentifikationsnummer.*

In Kanada sollten alle Reifen eine DOT-Identifikationsnummer an der Seitenwand haben. Ein Beispiel ist in Abb. 1.6 *dargestellt.*

Diese Identifikationsnummer gibt den Hersteller, die Zeit und den Ort an, an dem der Reifen hergestellt wurde. Die ersten beiden Zeichen nach DOT geben den Hersteller und den Werkscode an. In diesem Beispiel weist B3 auf die Gruppe Michelin hin, die sich in Bridgewater, Nova Scotia, Kanada befindet. Die dritten und vierten Zeichen, CD, sind der Formgrößencode des Reifens. Die fünften, sechsten, siebten und achten Zeichen, E52X, sind optional und werden vom Hersteller verwendet. Die letzten vier Zahlen, 2120, geben das Herstellungsdatum an. Zum Beispiel weisen 2120 auf die 21. Woche des Jahres 2020 hin. Schließlich bescheinigt das Ahornblattzeichen oder das Zeichen der kanadischen Flagge nach der Identifikationsnummer, dass der Reifen den Anforderungen von Transport Canada entspricht.

Beispiel 12 ⋆ *ECE-Prüfzeichen und internationale Codes.*

Alle Reifen, die nach Juli 1997 in Europa verkauft wurden, müssen ein ECE-Prüfzeichen tragen. Ein Beispiel wird durch [5] *in* Abb. 1.3 *gezeigt. Das Kennzeichen selbst ist entweder ein großes oder kleines „E", gefolgt von einer Nummer in einem Kreis oder Rechteck, gefolgt von einer weiteren Nummer. Ein „E" zeigt an, dass der Reifen zertifiziert ist, um den dimensionalen, leistungsbezogenen und markierungsbezogenen Anforderungen der ECE-Regulierung zu entsprechen. ECE oder UNECE steht für united nations economic commission for Europe (Wirtschaftskommission für Europa der Vereinten Nationen). Die Nummer im Kreis oder Rechteck ist der Ländercode. Zum Beispiel steht „11" für das Vereinigte Königreich. Die ersten beiden Ziffern außerhalb des Kreises oder Rechtecks geben die Regulierungsserie an, unter der der Reifen zugelassen wurde. Zum Beispiel steht „02" für die ECE-Regulierung „30", die Plw-Reifen regelt, und „00" steht für die ECE-Regulierung „54", die Nutzfahrzeugreifen regelt. Die verbleibenden Zahlen repräsentieren die ECE-Markentypgenehmigungsnummern. Reifen könnten auch getestet worden sein und die erforderlichen Lärmgrenzwerte erfüllt haben. Diese Reifen können eine zweite ECE-Kennzeichnung gefolgt von einem „ − s" für Schall haben.*

Tab. 1.4 *zeigt die europäischen Ländercodes für die Reifenherstellung.*

Neben den DOT- und ECE-Codes für die USA und Europa sehen wir möglicherweise auch andere Ländercodes wie: ISO − 9001 für die internationale Normungsorganisation, C.C.C für die chinesische Pflichtproduktzertifizierung, JIS D 4230 für den japanischen Industriestandard und so weiter.

DOT B3CD E52X 2120 

DOT B3CD E52X 2120 

Abb. 1.6 Ein Beispiel für eine kanadische DOT-Reifenidentifikationsnummer

Tab. 1.4 Europäische Ländercodes für die Reifenherstellung

Code	Land	Code	Land
$E1$	Deutschland	$E14$	Schweiz
$E2$	Frankreich	$E15$	Norwegen
$E3$	Italien	$E16$	Finnland
$E4$	Niederlande	$E17$	Dänemark
$E5$	Schweden	$E18$	Rumänien
$E6$	Belgien	$E19$	Polen
$E7$	Ungarn	$E20$	Portugal
$E8$	Tschechische Republik	$E21$	Russland
$E9$	Spanien	$E22$	Griechenland
$E10$	Jugoslawien	$E23$	Irland
$E11$	Vereinigtes Königreich	$E24$	Kroatien
$E12$	Österreich	$E25$	Slowenien
$E13$	Luxemburg	$E26$	Slowakei

Beispiel 13 ⋆ *Reifen für Kleinlastwagen.*

Die Reifengrößen für einen Kleinlastwagen können in zwei Formaten angezeigt werden:

$$LT245/70R16$$

oder

$$32 \times 11.50R16LT$$

Im ersten Format steht LT ≡ light truck (Kleinlastwagen), 245 ≡ Reifenbreite in Millimetern, 70 ≡ Querschnittsverhältnis in Prozent, R ≡ Radialstruktur und 16 ≡ Felgendurchmesser in Zoll.

Im zweiten Format steht 32 ≡ Reifendurchmesser in Zoll, 11.50 ≡ Reifenbreite in Zoll, R ≡ Radialstruktur, 16 ≡ Felgendurchmesser in Zoll und LT ≡ Kleinlastwagen.

Beispiel 14 ⋆ *UTQG-Bewertungen.*

Reifenhersteller können auf ihre Reifen andere Symbole, Zahlen und Buchstaben setzen, die angeblich ihre Produkte hinsichtlich Verschleiß, Nasshaftung und Hitzebeständigkeit bewerten. Diese Zeichen werden als UTQG (Uniform Tire Quality Grading) bezeichnet, obwohl es keine Einheitlichkeit und Norm gibt, wie sie erscheinen. Es gibt einen Verschleißindex, der die durchschnittliche Lebensdauer in Kilometern anzeigt. Je höher die Verschleißzahl, desto länger die Lebensdauer des Reifens. Ein Index von 100 entspricht etwa 30000 km. *Weitere Zahlen sind in Tab.* 1.5 *angegeben.*

Die UTQG bewertet auch Reifen hinsichtlich Nasshaftung und Hitzebeständigkeit. Diese werden in Buchstaben zwischen „A“ und „C“ bewertet, wobei „A“

Tab. 1.5 Verschleißindex für die Lauffläche

Index	Lebensdauer	
100	32000 km	20000 mi
150	48000 km	30000 mi
200	64000 km	40000 mi
250	80000 km	50000 mi
300	96000 km	60000 mi
400	129000 km	80000 mi
500	161000 km	100000 mi

das Beste, „B" das Mittlere und „C" das Akzeptable ist. Eine Nasshaftungsbewertung von „A" deutet in der Regel darauf hin, dass der Reifen ein tiefes, offenes Profilmuster mit vielen Lamellen hat, das sind die feinen Linien in den Profilblöcken.

Eine Hitzebeständigkeitsbewertung von „A" deutet auf zwei Dinge hin: erstens einen geringen Rollwiderstand aufgrund steiferer Laufgurte, steiferer Seitenwände oder härterer Mischungen; zweitens dünnere Seitenwände, stabilere Blöcke im Profilmuster. Die Temperaturbewertung wird auch durch einen Buchstaben zwischen „A" und „C" angegeben, wobei „A" das Beste, „B" das Mittlere und „C" das Akzeptable ist.

Es könnte auch eine Haftungsbewertung geben, die angibt, wie gut ein Reifen in die Straßenoberfläche greift. Dies ist eine Gesamtbewertung für trockene und nasse Bedingungen. Reifen werden wie folgt bewertet: „AA" für das Beste, „A" für besser, „B" für gut und „C" für akzeptabel.

Beispiel 15 ⋆ *Zusätzliche Markierungen an der Reifenflanke.*

TL ≡ Schlauchlos

TT ≡ Schlauchtyp, Reifen mit einem Schlauch

Hergestellt in Land ≡ Name des Herstellungslandes

C ≡ Nutzfahrzeugreifen für Nutzfahrzeuge; Beispiel: 185R14C

B ≡ Diagonalreifen

SFI ≡ Seite, die nach innen gerichtet ist

SFO ≡ Seite, die nach außen gerichtet ist

TWI ≡ Reifenverschleißindex

Es handelt sich um einen Indikator im Hauptreifenprofil, der anzeigt, wann der Reifen abgenutzt ist und ersetzt werden muss.

SL ≡ Standardlast; Reifen für normale Nutzung und Lasten

XL ≡ Extra Last; Reifen für schwere Lasten

RF oder rf ≡ Verstärkte Reifen

Pfeil ≡ Drehrichtung

Einige Profilmuster sind so konzipiert, dass sie besser funktionieren, wenn sie in eine bestimmte Richtung gefahren werden. Solche Reifen haben einen Pfeil, der anzeigt, in welche Richtung der Reifen drehen sollte, wenn das Fahrzeug vorwärtsfährt.

Beispiel 16 ⋆ *Plus-Eins-* (+1) *Konzept.*

Das Plus-Eins- (+1) *Konzept beschreibt das Aufsizing einer Felge und die Anpassung an einen passenden Reifen. Im Allgemeinen sollten wir jedes Mal, wenn wir 1* Zoll *zum Felgendurchmesser hinzufügen, 20* mm *zur Reifenbreite hinzufügen und 10 % vom Querschnittsverhältnis abziehen. Dies kompensiert die Zunahme von Felgenbreite und -durchmesser und bietet den gleichen Gesamtreifenradius. Abb.* 1.7 *veranschaulicht die Idee.*

Durch die Verwendung eines Reifens mit einer kürzeren Seitenwand erhalten wir eine schnellere Lenkreaktion und eine bessere Seitenstabilität. Allerdings wird die Fahrt steifer.

Beispiel 17 ⋆ *Unter- und überfüllter Reifen.*

Überhitzung durch unsachgemäßes Aufpumpen der Reifen führt oft zu einer Reifenpanne. Der Luftdruck eines ungenügend gefüllten Reifens trägt weniger Fahrzeuggewicht, daher muss die Reifenwand mehr Gewicht tragen. Diese Zunahme der Reifenlast führt zu einem größeren Reifenlatsch, der mehr Reibung und mehr Wärme erzeugt.

Bei einem überfüllten Reifen wird zu viel Fahrzeuggewicht durch den Reifenluftdruck getragen. Das Fahrzeug wird hüpfen und schwer zu lenken sein, weil der Reifenlatsch klein ist und nur der mittlere Teil des Reifenlatsches die Straßenoberfläche berührt.

Bei einem richtig aufgepumpten Reifen wird etwa 95 % des Fahrzeuggewichts durch den Luftdruck im Reifen und 5 % durch die Reifenwand getragen.

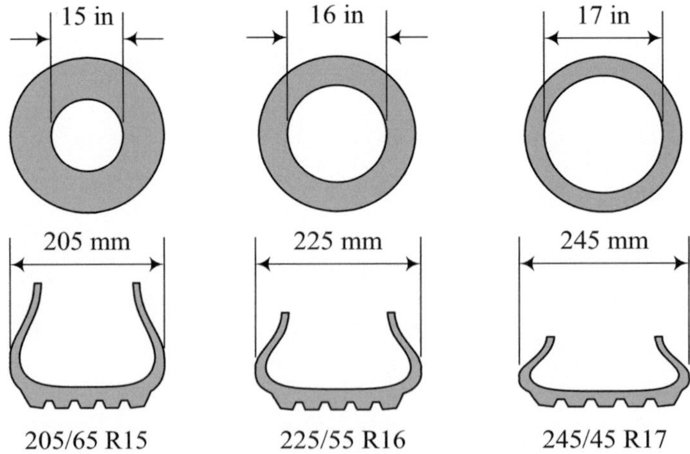

Abb. 1.7 Das Plus-Eins- (+1) Konzept ist eine Regel, um den Reifen zu einer Felge mit einem 1 Zoll größeren Durchmesser zu finden

1.1.2 Reifenkomponenten

Ein Reifen ist ein fortschrittliches Ingenieurprodukt, das aus Gummi und einer Reihe von synthetischen Materialien besteht, die zusammen gekocht werden. Fasern, Textilien und Stahlkordeln sind einige der Komponenten, die in die innere Auskleidung, die Gewebeschichten, den Drahtkern, die Gürtel, die Seitenwände und das Profil des Reifens einfließen. Abb. 1.8 zeigt ein Beispiel der Komponenten eins Reifens und ihre Anordnung.

Die Hauptkomponenten eines Reifens sind:

Der Drahtkern ist ein Ring aus hochfesten Stahlkabeln, der mit Gummi beschichtet ist. Es gibt dem Reifen die Stärke, die er braucht, um auf der Felge zu sitzen und die Reifenkräfte auf die Felge zu übertragen.

Die Innenschichten bestehen aus verschiedenen Stoffen, die als Lagen bezeichnet werden. Der gebräuchlichste Stoff für diese Lagen ist Polyestercord. Die oberen Schichten werden auch als Kappenlagen bezeichnet. *Kappenlagen* bestehen aus Polyestermaterialien, die helfen, alles an Ort und Stelle zu halten. Kappenlagen sind nicht auf allen Reifen zu finden; sie werden hauptsächlich bei Reifen mit höheren Geschwindigkeitsbewertungen verwendet, um alle Komponenten bei hohen Geschwindigkeiten an Ort und Stelle zu halten.

Eine *Innenisolierung* ist ein speziell zusammengesetzter Gummi, der das Innere eines schlauchlosen Reifens bildet. Sie verhindert den Verlust von Luftdruck.

Gürtel oder *Gürtelpuffer* sind eine oder mehrere mit Gummi beschichtete Schichten aus Stahl, Polyester, Nylon, Kevlar (synthetische para-Aramid-Faser) oder anderen Materialien, die um den Reifen unter dem Profil herumlaufen. Sie

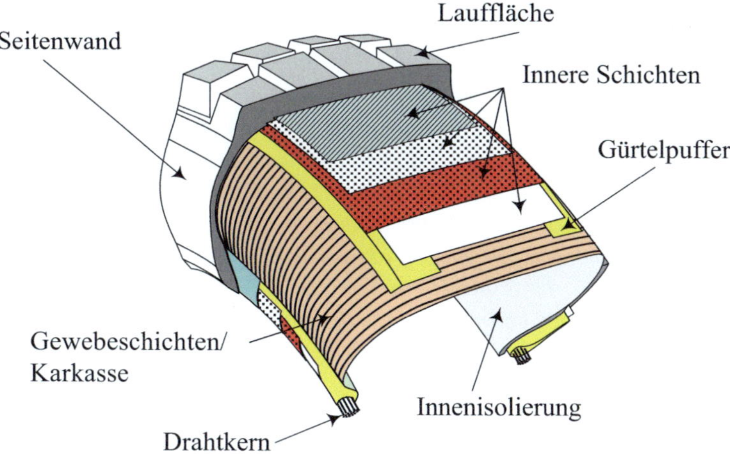

Abb. 1.8 Illustration einer Probe von radialen Reifeninnenkomponenten und deren Anordnung

sind darauf ausgelegt, die Körperlagen zu verstärken, um das Profil flach auf der Straße zu halten und den besten Kontakt mit der Straße herzustellen. Gürtel reduzieren das Wackeln, um den Profilverschleiß zu verbessern und Schäden durch Aufprall und Eindringen durch Fremdkörper zu widerstehen.

Die *Karkasse* ist der wichtigste Bestandteil, der die durch den Reifendruck erzeugten Spannungskräfte aufnimmt. Die Karkasse besteht aus mit Gummi beschichtetem Stahl oder anderen hochfesten Bändern, die an einem Drahtkern befestigt sind. Die Bänder in einem Radialreifen, wie in Abb. 1.8 gezeigt, verlaufen senkrecht zum Profil. Die Lagen sind mit Gummi beschichtet, um ihnen zu helfen, sich mit den anderen Komponenten zu verbinden und die Luft abzudichten.

Die Stärke eines Reifens wird oft durch die Anzahl der Karkassenlagen beschrieben. Die meisten Autoreifen haben zwei Karkassenlagen. Im Vergleich dazu haben große kommerzielle Verkehrsflugzeuge oft Reifen mit 30 oder mehr Karkassenlagen.

Die *Seitenwand* bietet seitliche Stabilität für den Reifen, schützt die Lagen der Karkasse und hilft, die Luft im Reifen zu halten. Sie kann zusätzliche Komponenten enthalten, um die seitliche Stabilität zu erhöhen.

Das *Profil* ist der Teil des Reifens, der in Kontakt mit der Straße kommt. Profildesigns variieren stark je nach spezifischem Zweck des Reifens. Das Profil besteht aus einer Mischung aus verschiedenen Arten von natürlichem und synthetischem Gummi. Der äußere Umfang eines Reifens wird als *Laufflächenkrone* bezeichnet.

Die *Profilrille* ist der Raum oder Bereich zwischen zwei Profilreihen oder -blöcken. Die Profilrille gibt dem Reifen Traktion und ist besonders nützlich bei Regen oder Schnee.

Beispiel 18 *Hauptmaterial des Reifengummis.*

Es gibt zwei Hauptbestandteile in einer Gummimischung: den Gummi und die Füllstoffe. Sie werden so kombiniert, dass verschiedene Ziele erreicht werden können. Ziele können die Optimierung der Leistung, die Maximierung der Traktion oder der geringere Rollwiderstand sein. Die gebräuchlichsten Füllstoffe sind verschiedene Arten von Ruß und Siliziumoxiden. Die anderen Reifenzutaten sind Antioxidantien, Antiozonisierungsmittel und Alterungsschutzmittel.

Reifen werden mit mehreren Komponenten kombiniert und mit einer Wärmebehandlung gekocht. Die Komponenten müssen geformt, kombiniert, zusammengebaut und zusammen ausgehärtet werden. Die Qualität eines Reifens hängt von der Fähigkeit ab, alle einzelnen Komponenten zu einem kohärenten Produkt zu verbinden, das die Fahrbedürfnisse erfüllt. Ein moderner Reifen ist im Grunde eine Mischung aus Stahl, Stoff und Gummi. Im Allgemeinen, sind die Gewichtsprozentsätze der Komponenten eines Reifens:

1. *Verstärkungen: Stahl, Rayon, Nylon, 16 %*
2. *Gummi: natürlich/synthetisch, 38 %*
3. *Verbindungen: Kohlenstoff, Siliziumoxide, Kalk, 30 %*
4. *Weichmacher: Öl, Harz, 10 %*

5. *Vulkanisation: Schwefel, Zinkoxid, 4 %*
6. *Verschiedenes, 2 %*

Beispiel 19 *Reifenkord.*

Da Reifen schwere Lasten tragen müssen, werden in ihrer Konstruktion Stahl- und Stoffbänder verwendet, um die Gummimischung zu verstärken. Die gebräuchlichsten Materialien, die für die Reifenanwendung geeignet sind, sind Baumwolle, Rayon, Polyester, Stahl, Glasfaser und Aramid.

Beispiel 20 *Komponenten und Vorbereitung des Drahtkerns.*

Die Komponenten des Drahtkerns von Reifen ist ein Verbund aus einen nicht dehnbaren Ring, der die Karkasse verankert und den Reifen in der Felge befestigt. Die Komponenten des Drahtkerns eines Reifens umfassen den Stahldrahtring und den Kernreiter oder Drahtkernfüller. Der Drahtkern besteht aus einem mit Gummi überzogenen Stahldraht, der mehrmals kontinuierlich um den Reifen gewickelt wird. Der Drahtkernfüller besteht aus einer sehr harten Gummimischung, die extrudiert wird, um einen Keil zu bilden.

Beispiel 21 *Reifenlagenkonstruktion.*

Die Anzahl der Lagen und Kords gibt die Anzahl der Schichten aus gummiertem Stoff oder Stahlbändern im Reifen an. Im Allgemeinen gilt: Je mehr Lagen, desto mehr Gewicht kann ein Reifen tragen. Reifenhersteller geben auch die Anzahl und Art der in den Reifen verwendeten Bänder an.

Beispiel 22 ⋆ *Verschiedene Gummi-/Kautschuktypen, die in Reifen verwendet werden.*

Es gibt fünf Hauptkautschuksorten, die in der Reifenproduktion verwendet werden: Naturkautschuk, Styrol-Butadien-Kautschuk (SBR), Polybutadien-Kautschuk (BR), Butylkautschuk und halogenierter Butylkautschuk. Die ersten drei werden hauptsächlich für Laufflächen- und Seitenwandmischungen verwendet, während Butylkautschuk und halogenierter Butylkautschuk hauptsächlich für die Innenisolierung und den Innenbereich verwendet werden, der die komprimierte Luft im Reifen hält.

Der Naturgummilatex stammt vom Pará-Gummibaum. Der Pará-Gummibaum wuchs ursprünglich in Südamerika, aber heute ist Malaysia der Hauptproduzent dieses Materials. Als Kautschuk um 1770 erstmals in England ankam, wurde beobachtet, dass ein Stück des Materials gut zum Abreiben (engl. to rub) von Bleistiftmarkierungen auf Papier geeignet war, und so erschien der Name Gummi (engl. rubber).

Styrol-Butadien-Kautschuk (SBR) bietet Alterungsstabilität, Polybutadien-Kautschuk (BR) bietet Verschleißfestigkeit.

Beispiel 23 ⋆ *Geschichte des Gummis/Kautschuks.*

Vor etwa 2500 Jahren verwendeten Menschen in Zentral- und Südamerika den Saft bzw. die Milch eines einheimischen Baumes, um ihre Schuhe und Kleidung wasserdicht zu machen. Dieses Material wurde den ersten Pilgerreisenden im 17. Jahrhundert vorgestellt. Die erste Anwendung dieses neuen Materials wurde von den Engländern als Radiergummi entdeckt. Diese Anwendung führte zum Namen ***Gummi (engl. rubber)****, weil es zum Ausreiben (engl. to rub) von Bleistiftmarkierungen verwendet wurde. Die Luftkautschukreifen wurden 1845 erfunden und ihre Produktion begann 1888.*

Der Naturkautschuk ist eine Mischung aus Polymeren und Isomeren. Das Hauptgummiisomer ist in Abb. 1.9*a dargestellt und wird als* ***Isopren*** *bezeichnet. Der Naturkautschuk kann vulkanisiert werden, um längeres und stärkeres Polyisopren herzustellen, das für die Reifenproduktion geeignet ist. Die Vulkanisation erfolgt in der Regel durch Schwefel als Querverbindungen. Abb.* 1.9*b zeigt ein vulkanisiertes Kautschukpolymer.*

Beispiel 24 ⋆ *Eine Welt ohne Gummi.*

Kautschuk ist das Hauptmaterial, das verwendet wird, um einen Reifen elastisch zu machen. Ein elastischer Reifen kann sich an die Straßenoberfläche anpassen, während er sich verformt und Verzerrungen ermöglichen, um sich in eine andere Richtung zu bewegen. Die elastische Eigenschaft eines Reifens ermöglicht es, dass der Reifen in eine andere Richtung zeigt als die Richtung, in die das Auto fährt. Ohne Gummireifen könnte ein Fahrzeug nicht abbiegen, es sei denn, es bewegt sich mit sehr geringer Geschwindigkeit. Wenn Fahrzeuge nur mit nicht elastischen Rädern ausgestattet wären, dann wären Züge, die auf Eisenbahnen fahren, die Hauptverkehrsmittel. Die Menschen könnten nicht zu weit von den Eisenbahnen leben, und Fahrräder und Motorräder wären kaum in Gebrauch.

Beispiel 25 *Tipps zur Reifeninformation.*

Ein neuer Vorderreifen mit einem abgenutzten Hinterreifen kann Instabilität verursachen.

Reifen, die über längere Zeiträume direktem Sonnenlicht ausgesetzt sind, härten und altern schneller als solche, die in einem dunklen Bereich aufbewahrt werden.

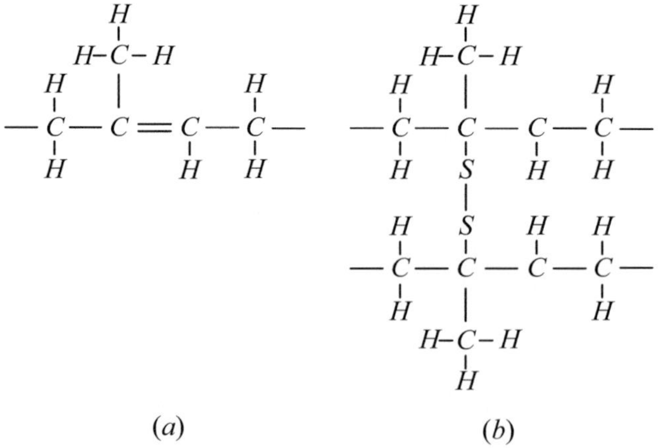

```
(a)
            H
            |
          H-C-H
     H      |       H
     |      |       |
  ---C------C===C---C---
     |          |   |
     H          H   H

(b)
            H
            |
          H-C-H
     H      |           H
     |      |           |
  ---C------C-----C-----C---
     |      |     |     |
     H      S     H     H
            |
     H      S     H     H
     |      |     |     |
  ---C------C-----C-----C---
     |      |           |
     H      |           H
          H-C-H
            |
            H
```

Abb. 1.9 Chemische Verbindung von Naturkautschuk: (a) die Monomereinheit, (b) der vulkanisierter Kautschuk

Längerer Kontakt mit Öl oder Benzin verursacht eine Kontamination der Kautschukmischung, was die Lebensdauer des Reifens verkürzt.

1.1.3 Radiale und nicht radiale Reifen

Reifen werden in zwei Klassen unterteilt: *radial* und *nicht radial*, abhängig vom Winkel zwischen den metallischen Karkassenbändern und der Reifenfläche. Jede Art von Reifenkonstruktion hat ihre eigenen Eigenschaften, die für ihre Leistung entscheidend sind.

Der Radialreifen ist mit verstärkten Stahlkabelgürteln konstruiert, die parallel montiert sind und seitlich verlaufen, von einer Wulst zur anderen Wulst in einem Winkel von 90 Grad zur Umfangsmittellinie des Reifens. Dies macht den Reifen radial flexibler, was den Rollwiderstand reduziert und die Kurvenfahreigenschaften verbessert. Abb. 1.8 zeigt die innere Struktur und die Anordnung der Karkasse eines Radialreifens.

Die nicht radialen Reifen werden auch als *Diagonalreifen* bezeichnet. Die Lagen sind diagonal von einer Wulst zur anderen Wulst in etwa einem 30-Grad-Winkel geschichtet, obwohl auch andere Winkel angewendet werden können. Eine Lage ist in eine Richtung schräg gestellt, während die folgenden Lagen abwechselnd in entgegengesetzte Richtungen gekreuzt werden. Die Enden der Lagen sind um die Wulstdrähte gewickelt und verankern sie am Felgenrand. Abb. 1.10 zeigt die innere Struktur und die Anordnung der Karkasse eines nicht radialen Reifens.

Der wichtigste Unterschied in der Dynamik von radialen und nicht radialen Reifen ist ihr unterschiedliches Bodenhaftungsverhalten, wenn eine seitliche

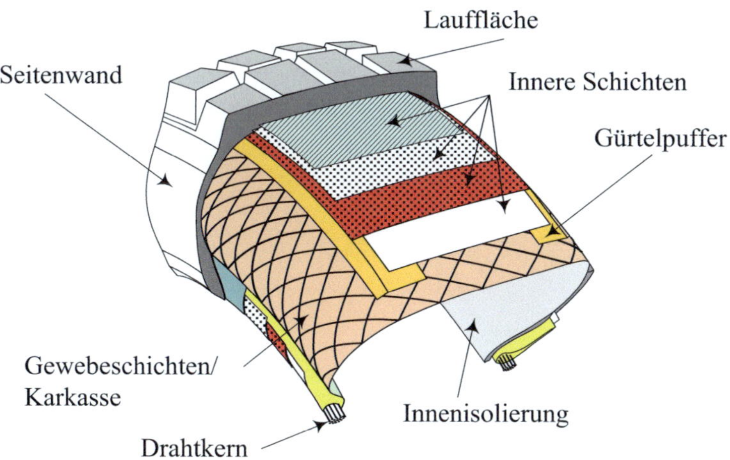

Abb. 1.10 Illustration der inneren Komponenten und Anordnung eines nicht radialen Reifens

Kraft auf das Rad ausgeübt wird. Dieses Verhalten ist in Abb. 1.11 dargestellt. Der Radialreifen, dargestellt in Abb. 1.11*a*, biegt sich hauptsächlich in der Seitenwand und hält die Lauffläche flach auf der Straße. Der Diagonalreifen, dargestellt in Abb. 1.11*b* hat weniger Kontakt mit der Straße, da sich sowohl Lauffläche als auch Seitenwände unter einer seitlichen Last verzerren.

Die radiale Anordnung der Karkasse in einem Radialreifen ermöglicht es der Lauffläche und der Seitenwand, unabhängig voneinander zu agieren. Die Seitenwand biegt sich leichter unter dem Gewicht des Fahrzeugs. Daher wird mit Radialreifen eine größere vertikale Verformung erreicht. Wenn die Seitenwand unter der Last nachgibt, halten die Gürtel die Lauffläche fest und gleichmäßig auf dem Boden, was den Laufflächenverschleiß reduziert. Bei einem Kurvenmanöver hält die unabhängige Aktion von Lauffläche und Seitenwänden die Lauffläche flach auf der Straße. Dies ermöglicht es dem Reifen, seinen Weg zu halten. Radialreifen sind heute in den meisten Anwendungen der bevorzugte Reifen.

Die Kreuzanordnung der Karkasse in Diagonalreifen ermöglicht es ihr, als Einheit zu agieren. Wenn die Seitenwände unter Last abknicken oder sich biegen, drückt sich die Lauffläche ein und verformt sich. Diese Verformung beeinflusst den Reifenlatsch und verringert die Traktion. Aufgrund der inhärenten Konstruktion des Diagonalreifens ist die Seitenwandstärke geringer als die einer Radialreifenkonstruktion, und das Kurvenfahren ist weniger effektiv.

Beispiel 26 *Erhöhung der Festigkeit von Reifen.*

Die Festigkeit von Diagonalreifen erhöht sich durch Erhöhung der Anzahl der Lagen und der Drähte im Drahtkern. Mehr Lagen bedeuten jedoch mehr Masse, was die Hitze erhöht und die Lebensdauer des Reifens verringert. Um die Festigkeit eines Radialreifens zu erhöhen, werden größere Durchmesser für die Stahlkabel in der Karkasse des Reifens verwendet.

Beispiel 27 *Reifenkonstruktion mit und ohne Schlauch.*

Ein schlauchloser Reifen ähnelt in seiner Konstruktion einem Reifen mit Schlauch, außer dass eine dünne Schicht aus luft- und feuchtigkeitsbeständigem

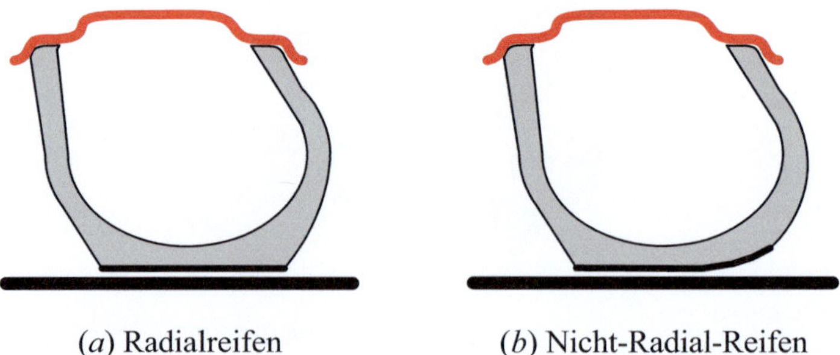

(*a*) Radialreifen (*b*) Nicht-Radial-Reifen

Abb. 1.11 Bodenhaftungsverhalten von **a** radialen und **b** nicht radialen Reifen bei Anwesenheit einer seitlichen Kraft

Gummi auf der Innenseite des schlauchlosen Reifens von Wulst zu Wulst verwendet wird, um eine interne Abdichtung des Gehäuses zu erreichen. Dies eliminiert die Notwendigkeit für einen Schlauch und eine Klappe. Beide Reifen können in äquivalenten Größen die gleiche Last bei demselben Reifendruck tragen.

Beispiel 28 ⋆ *Neue flache Reifen.*

Reifen mit niedrigem Querschnittsverhältnis sind radiale schlauchlose Reifen, deren Querschnittsbreite größer ist als ihre Querschnittshöhe. Das Querschnittsverhältnis dieser Reifen liegt zwischen 50 % und 30 %. Diese flachen Reifen haben kürzere Seitenwandhöhen und größere Laufflächenbreiten. Diese Eigenschaft verbessert die Stabilität und das Handling durch höhere Seitensteifigkeiten.

Beispiel 29 ⋆ *Reifenfunktion.*

Ein Reifen ist ein pneumatisches System zur Unterstützung der Fahrzeuglast. Reifen unterstützen die Fahrzeuglast, indem sie mit komprimierter Luft Spannung in den Karkassenlagen erzeugen. Reifenkarkassen sind eine Reihe von Bändern, die eine hohe Zugfestigkeit und fast keine Druckfestigkeit haben. Der Luftdruck erzeugt Spannung in der Karkasse und trägt die Last. Bei einem aufgepumpten und unbeladenen Reifen ziehen die Bänder gleichmäßig am Drahtkern rund um den Reifen. Wenn der Reifen belastet wird, wird die Spannung in den Bändern zwischen der Felge und dem Boden entlastet, während die Spannung in anderen unverändert bleibt. Daher ziehen die Bänder gegenüber dem Boden den Wulst nach oben. So wird der Druck vom Boden auf die Felge übertragen.

Neben der vertikalen Lastübertragung muss ein Reifen Beschleunigungs-, Brems- und Kurvenkräfte auf die Straße übertragen. Diese Kräfte werden auf ähnliche Weise auf die Felge übertragen. Beschleunigungs- und Bremskräfte hängen auch von der Reibung zwischen der Felge und dem Wulst ab. Ein Reifen wirkt auch als Feder zwischen der Felge und der Straße.

1.1.4 Lauffläche

Das Profilmuster auf der Lauffläche besteht aus Profil*blöcken* und Profil*rillen*. Die Blöcke sind die Abschnitte aus Gummi, die Kontakt mit der Straße haben, und die Rillen sind die Räume, die sich zwischen den Blöcken befinden. Blöcke werden auch *Stollen* genannt, und Rillen auch *Schlitze*. Das Laufflächenmuster von Block-Rillen-Konfigurationen beeinflusst die Traktion und den Geräuschpegel des Reifens. Breite und gerade Rillen, die umlaufend verlaufen, haben einen niedrigeren Geräuschpegel und eine hohe seitliche Reibung. Mehr seitliche Rillen, die von Seite zu Seite verlaufen, erhöhen die Traktion und den Geräuschpegel. Ein Beispiel für eine Reifenlauffläche ist in Abb. 1.12 dargestellt.

Reifen benötigen sowohl umlaufende als auch seitliche Rillen. Das Wasser auf der Straße wird durch das Gewicht des Fahrzeugs in die Rillen gepresst und aus dem Reifenlatschbereich abgeleitet, was eine bessere Traktion am Reifenlatschkontakt bietet. Ohne solche Rillen könnte das Wasser nicht zur Seite des Rades entweichen. Dies würde dazu führen, dass eine dünne Wasserschicht zwischen der Straße und dem Reifen verbleibt, was zu einem Verlust der Reibung mit der Straßenoberfläche führt. Daher bieten die Rillen in der Lauffläche einen Fluchtweg für Wasser.

Auf einer trockenen Straße reduzieren die Reifenlaufflächen den Grip, da sie die Kontaktfläche zwischen dem Gummi und der Straße verringern. Dies ist der Grund für die Verwendung von laufflächenlosen oder Slick-Reifen auf glatten und trockenen Rennstrecken.

Das Muster des Geländereifens zeichnet sich durch große Blöcke und Rillen aus. Die großen Blöcke sorgen für starkes Greifen bei schlechten Traktionsbedingungen und die großen Leerräume ermöglichen es dem Reifen, sich selbst zu reinigen, indem er den Schlamm und Schmutz freisetzt und ausstößt. Das Muster des All-Terrain-Reifens zeichnet sich durch kleinere Rillen und Stollen im Vergleich zum Geländereifen aus. Ein dichteres Muster von Stollen und kleineren Leerräumen macht All-Terrain-Reifen leiser auf der Straße. Allerdings können kleinere Rillen sich nicht so leicht selbst reinigen, und wenn die Leerräume mit Schlamm gefüllt sind, verliert der Reifen einen Teil seiner Traktion. Der All-Terrain-Reifen eignet sich gut für das Fahren auf der Autobahn.

Beispiel 30 *Asymmetrisches und laufrichtungsgebundenes Laufflächendesign.*

Das Design des Laufflächenmusters kann asymmetrisch sein und sich von einer Seite zur anderen ändern. Asymmetrische Muster sind so konzipiert, dass sie zwei oder mehr verschiedene Funktionen haben und eine bessere Gesamtleistung bieten.

Ein gerichteter Reifen ist so konzipiert, dass er nur in eine Richtung rotiert, um maximale Leistung zu erzielen. Das gerichtete Laufflächenmuster ist speziell für das Fahren auf nassen, verschneiten oder schlammigen Straßen konzipiert. Ein

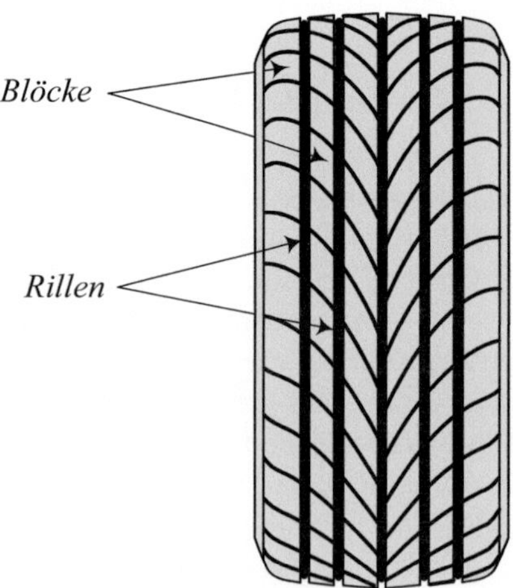

Abb. 1.12 Ein Beispiel für eine Reifenlauffläche mit Blöcken und Rillen

nicht gerichtetes Laufflächenmuster ist so konzipiert, dass es in jede Richtung rotieren kann, ohne dass die Leistung beeinträchtigt wird.

Beispiel 31 *Selbstreinigung.*

Selbstreinigung ist die Fähigkeit eines Reifenprofils, Schlamm oder anderes Material aus den Hohlräumen des Profils zu entfernen. Diese Fähigkeit sorgt bei jeder Umdrehung des Reifens für einen guten Grip. Ein besserer Schlammreifen entfernt den Schlamm oder das Material leicht aus den Profilhohlräumen.

Beispiel 32 ⋆ *Aquaplaning.*

***Aquaplaning** ist das Gleiten eines Reifens auf einem Wasserfilm. Aquaplaning kann auftreten, wenn ein Auto durch stehendes Wasser fährt und das Wasser nicht vollständig unter dem Reifen entweichen kann. Dies führt dazu, dass der Reifen vom Boden abhebt und auf dem Wasser gleitet. Der aquaplanende Reifen hat wenig Haftung, und daher kann das Auto den Befehlen des Fahrers nicht gehorchen.*

Tiefe Rillen, die von der vorderen Mitte der Reifenaufstandsfläche bis zu den Ecken der hinteren Kanten verlaufen, zusammen mit einem breiten zentralen Kanal, helfen dem Wasser, unter dem Reifen zu entweichen. Abb. 1.13 *veranschaulicht das Aquaplaning-Phänomen, wenn der Reifen über eine Wasserschicht fährt.*

Es gibt drei Arten von Aquaplaning: dynamisches, viskoses und Gummi-Aquaplaning. Dynamisches Aquaplaning tritt auf, wenn stehendes Wasser auf einer nassen Straße nicht schnell genug von unter den Reifen verdrängt wird, um den Reifen Kontakt mit der gesamten Aufstandsfläche zu ermöglichen. Der Reifen fährt auf einem Wasserkeil und verliert seinen Kontakt mit der Straße. Die Geschwindigkeit, bei der Aquaplaning auftritt, wird als Aquaplaning-Geschwindigkeit bezeichnet.

Viskoses Aquaplaning tritt auf, wenn die nasse Straße mit einer Schicht aus Öl, Fett oder Staub bedeckt ist. Viskoses Aquaplaning tritt bei geringerer Wassertiefe und bei niedrigerer Geschwindigkeit als dynamisches Aquaplaning auf.

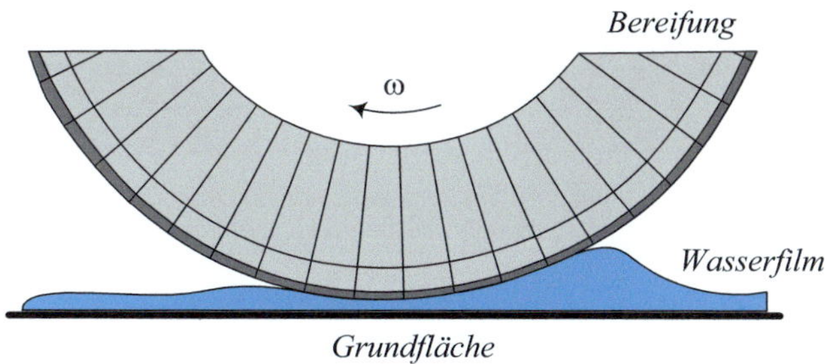

Abb. 1.13 Illustration des Aquaplaning-Phänomens

Gummi-Aquaplaning wird durch überhitzten Dampf bei hohem Druck in der Reifenaufstandsfläche erzeugt, der durch die durch hartes Bremsen erzeugte Reibungswärme verursacht wird.

Beispiel 33 ⋆ *Geschwindigkeit des aeronautischen Aufschwimmens.*

In der Luft- und Raumfahrttechnik wird die Aufschwimmgeschwindigkeit in [Knoten] geschätzt durch

$$v_H = 9\sqrt{p} \tag{1.6}$$

wobei p der Reifendruck in [psi] ist. Der hydrodynamische Auftrieb, der unter einem aufschwimmenden Reifen erzeugt wird, ist gegeben durch

$$F_L = \frac{1}{2}\rho v^2 A C_L \tag{1.7}$$

wobei ρ die Dichte des Wassers ist, A_P die Kontaktfläche des Reifens und des Wassers und C_L der hydrodynamische Auftriebskoeffizient. Im Aufschwimmzustand kann das F_L/A_P ungefähr durch den Aufblasdruck p angenommen werden und die Aufschwimmgeschwindigkeit v_H dann geschrieben werden als

$$v_H = \sqrt{\frac{2}{C_L}}\sqrt{\frac{p}{\rho}}. \tag{1.8}$$

Wenn wir $C_L \simeq 0{,}7$ annehmen und die Dichte des Wassers substituieren, finden wir Gl. (1.6).

Für die Hauptreifen eines B757-Flugzeugs beträgt die Aufschwimmgeschwindigkeit

$$v_H = 9\sqrt{144} = 108\,\text{Knoten} \approx 55{,}5\,\text{m/s}. \tag{1.9}$$

Gl. (1.6) für ein metrisches System ergibt:

$$v_x = 5{,}5753 \times 10^{-2}\sqrt{p} \tag{1.10}$$

wobei v_x in [m/s] *und p in* [Pa] *gemessen wird. Als Beispiel, die Aufschwimmgeschwindigkeit eines Autos, das Reifen mit einem Druck von 28 psi ≈ 193053* Pa *verwendet, ist*

$$\begin{aligned} v_x &= 5{,}5753 \times 10^{-2}\sqrt{193053} \approx 24{,}5\,\text{m/s} \\ &\approx 47{,}6\,\text{Knoten} \approx 88{,}2\,\text{km/h} \end{aligned} \tag{1.11}$$

1.1.5 Reifenlatsch

Der Kontaktbereich zwischen einem Reifen und der Straße wird als *Reifenlatsch (engl. tire print)* bezeichnet und wird durch A_P dargestellt. An jedem Punkt eines Reifenlatsches werden die Normal- und Reibungskräfte zwischen Straße und

Reifen übertragen. Die Wirkung der Kontaktkräfte kann durch ein resultierendes Kraftsystem beschrieben werden, das Kraft- und Drehmomentvektoren im Zentrum des Reifenlatsches aufbringt.

Der Reifenlatsch wird auch als *Kontaktfläche*, *Kontaktregion* oder *Reifen-Fußabdruck* bezeichnet. Ein Modell des Reifenlatsches ist in Abb. 1.14 dargestellt.

Die Fläche des Reifenlatsches ist umgekehrt proportional zum Reifendruck. Das Absenken des Reifendrucks ist eine Technik, die bei Geländefahrzeugen in sandigen, schlammigen oder schneebedeckten Gebieten und beim Drag Racing verwendet wird. Das Absenken des Reifendrucks führt dazu, dass der Reifen einsinkt, sodass mehr vom Reifen mit der Oberfläche in Kontakt kommt, was eine bessere Traktion bei geringer Reibung bietet. Es hilft auch dem Reifen, kleine Hindernisse zu greifen, da der Reifen sich mehr an die Form des Hindernisses anpasst und an mehr Stellen Kontakt mit dem Objekt hat.

Beispiel 34 *Ungleichmäßiger Verschleiß bei Vorder- und Hinterreifen.*

Bei den meisten Fahrzeugen verschleißen die Vorder- und Hinterreifen mit unterschiedlichen Raten. Daher wird empfohlen, die Vorder- und Hinterreifen auszutauschen, wenn sie abgenutzt sind, um die Verschleißmuster auszugleichen. Dies wird als Reifenrotation bezeichnet.

Vorderreifen, insbesondere bei Fahrzeugen mit Frontantrieb, verschleißen schneller als Hinterreifen.

1.1.6 Rad und Felge

Wenn ein Reifen auf eine Felge montiert und aufgepumpt wird, spricht man von einem Rad. Ein *Rad* ist ein kombinierter Reifen mit *Felge*. Die Felge ist der zylindrische Teil, auf dem der Reifen montiert ist. Die meisten Personenkraftwagen

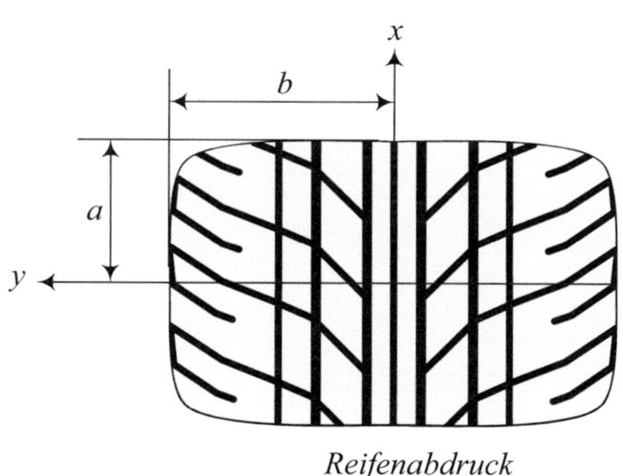

Abb. 1.14 Der Reifenlatsch

sind mit Stahl- oder Metallfelgen ausgestattet. Die Stahlfelge wird durch das Verschweißen einer Scheibe mit einer Schale hergestellt. Es gibt jedoch auch Leichtmetallfelgen aus leichten Metallen wie Aluminium und Magnesium. Abb. 1.15 zeigt ein Rad und die wichtigsten Größen-Bezeichnungen.

Eine Felge hat zwei Hauptteile: *Flansch* und *Radkreuz*. Der Flansch oder *Nabe* ist der Ring oder die Schale, auf dem der Reifen montiert ist. Das Radkreuz oder *Mittelsektion* ist der Abschnitt, der an der Nabe befestigt ist. Die Felgenbreite wird auch als *Pfannenbreite* bezeichnet und wird von innen nach innen der Wulstsitze des Flansches gemessen. Der Flansch bietet dem Reifen seitliche Unterstützung. Ein Flansch hat zwei *Wulstsitze*, die dem Reifen radiale Unterstützung bieten. Die *Mulde* ist der mittlere Teil zwischen den Wulstsitzen mit ausreichender Tiefe und Breite, um das Auf- und Abziehen der Reifenwülste auf der Felge zu ermöglichen. Das *Felgenloch* oder die *Ventilöffnung* ist das Loch oder der Schlitz in der Felge, der das Ventil für die Reifenaufpumpung aufnimmt.

Es gibt zwei Hauptformen von Felgen:

1. Tiefbettfelge (*DC, drop center rim*) und,
2. Breite Tiefbettfelge (*WDC, wide drop center rim*).

Die *WDC* kann auch mit einer *Aufwölbung* kommen. Die aufgewölbte *WDC* kann auch als *WDCH* bezeichnet werden. Ihre Querschnitte sind in Abb. 1.16*a* dargestellt.

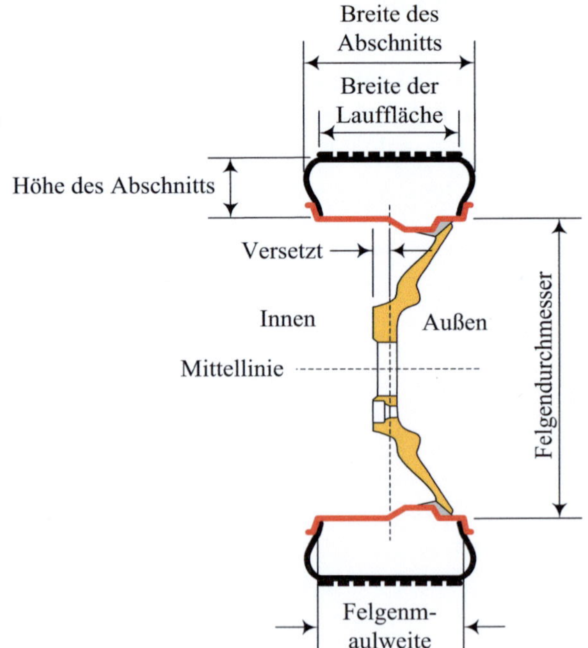

Abb. 1.15 Illustration eines Rades und seiner Dimensionen

Tiefbett- (*DC*-)Felgen sind in der Regel symmetrisch mit einer Vertiefung zwischen den Wulstsitzen. Die Vertiefung ist so konstruiert, dass das Aufziehen und Abziehen des Reifens erleichtert wird. Die Wulstsitze sind um 5 Grad verjüngt. Breite Tiefbettfelgen (*WDC*) sind breiter als *DC*-Felgen und sind für Reifen mit niedrigem Querschnittsverhältnis konstruiert. Die Vertiefung von *WDC*-Felgen ist flacher und breiter. Heutzutage sind die meisten Personenkraftwagen mit *WDC*- Felgen ausgestattet. Die *WDC*-Felgen können mit einem Hügel hinter dem Wulstsitzbereich hergestellt werden, um zu verhindern, dass der Wulst herunterrutscht.

Ein Beispiel für die Nummerierung von Felgen und deren Bedeutung ist in Abb. 1.16*b* dargestellt. Felgenbreite, Felgendurchmesser und Versatz sind in Abb. 1.15 dargestellt. Der Versatz ist der Abstand zwischen der inneren Ebene und der mittleren Ebene der Felge. Eine Felge kann mit einem negativen, null oder positiven Versatz konstruiert sein. Eine Felge hat einen positiven Versatz, wenn der Radkranz von der mittleren Ebene nach außen zeigt.

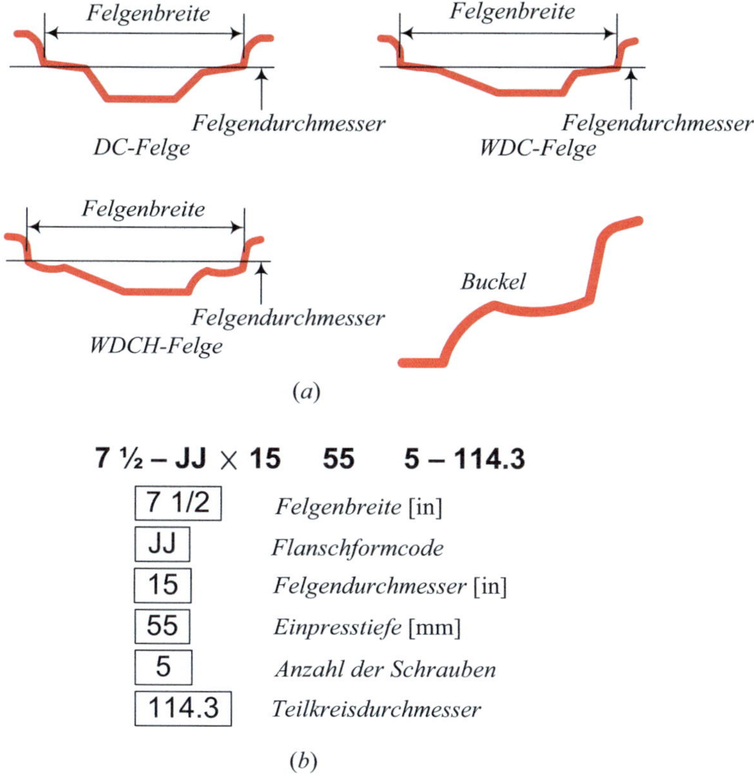

Abb. 1.16 **a** Illustration von *DC*, *WDC* und *WDCH* Felgen und ihrer Geometrie. **b** Eine Beispiel-Felgennummer

Der Flanschformcode bezeichnet das Reifenseitenprofil der Felge und kann *B*, *C*, *D*, *E*, *F*, *G*, *J*, *JJ*, *JK* und *K* sein. Normalerweise folgt der Profilcode der Nennfelgenbreite, aber auch andere Anordnungen werden verwendet. Abb. 1.17 veranschaulicht, wie ein Rad an der Achswelle befestigt ist.

Beispiel 35 *Material für Leichtmetallfelgen.*

Metall ist das Hauptmaterial für die Herstellung von Felgen, jedoch werden auch neue Verbundwerkstoffe dafür verwendet. Felgen aus Verbundwerkstoffen bestehen in der Regel aus thermoplastischem Harz mit Glasfaserverstärkung, das hauptsächlich wegen seines geringen Gewichts entwickelt wurde. Ihre Festigkeit und Hitzebeständigkeit müssen noch verbessert werden, bevor sie ein geeigneter Ersatz für metallische Felgen sein können.

Neben Stahl und Verbundwerkstoffen werden Leichtmetalle wie Aluminium, Magnesium und Titan für die Herstellung von Felgen verwendet.

Aluminium ist sehr gut aufgrund seines Gewichts, seiner Wärmeleitfähigkeit, Korrosionsbeständigkeit, einfacher Gießbarkeit, niedriger Temperatur, einfacher maschinelle Bearbeitung und Recycling. Magnesium ist etwa 30 % leichter als Aluminium und hervorragend geeignet aufgrund seiner Größenstabilität und Schlagfestigkeit. Allerdings ist Magnesium teurer und wird hauptsächlich für Luxus- oder Rennwagen verwendet. Die Korrosionsbeständigkeit von Magnesium ist nicht so gut wie die von Aluminium. Titan ist viel stabiler als Aluminium und Magnesium und hat eine ausgezeichnete Korrosionsbeständigkeit. Allerdings ist Titan teuer und schwer maschinell zu bearbeiten.

Der Unterschied zwischen Aluminium-, Magnesium- und Stahlfelgen ist in Abb. 1.18 *dargestellt. Leichtgewichtige Räder nehmen schneller Kontakt mit dem Boden auf als schwerere Räder.*

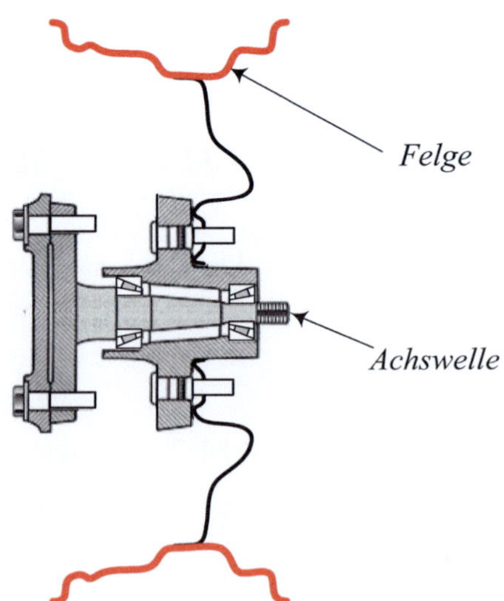

Abb. 1.17 Illustration eines Rades, das an der Achswelle befestigt ist

Beispiel 36 *Lasttragfähigkeit von Reifen.*

Die Analyse des Lasttragmechanismus des Rades ist einfacher, wenn wir die Felge und den Reifen einzeln betrachten. Wenn das Auto mit konstanter Geschwindigkeit fährt, wird die Felge unter drei Lasten stehen. Das Gewicht des Autos, das in der Mitte aufgebracht wird, der gleichmäßig umlaufende Luftdruck und der Druck vom Drahtkern des Reifens. Die vertikale Komponente des Drucks vom Drahtkern ist oben auf der Felge geringer als unten, sodass die Resultierende des ungleichmäßigen Drucks das äußere Gewicht in der Mitte ausgleicht.

Der Reifen wird unter einem gleichmäßigen Innendruck, dem Reaktionsdruck des Drahtkerns von der Felge und der resultierenden äußeren Last unter dem Reifenlatsch stehen. Der ungleichmäßige Druck des Drahtkerns ist das Ergebnis der Verformung des Reifens, die die Tangente zur Wulst von unten nach oben unterschiedlich macht. Mit anderen Worten, der Druck im Reifen erzeugt Spannungen in den metallischen Drähten, die in die Wand des Reifens eingebettet sind. Die Drähte sind am Drahtkern verankert. Der Drahtkern unterstützt die resultierenden Kräfte der Drähte in den Seitenwänden. Die Kraftvektoren in den oberen und unteren Teilen des Reifens machen einen unterschiedlichen Winkel, sodass ihre Resultierende in den oberen und unteren Teilen des Wulstes ein aufwärts gerichtetes W erzeugt, um die äußere Last W zu tragen. Abb. 1.19 *veranschaulicht dieses Phänomen.*

Beispiel 37 *Drahtspeichenrad.*

Eine Felge, die Drähte verwendet, um den mittleren Teil mit der äußeren Flansch zu verbinden, wird als Drahtspeichenrad bezeichnet. Die Drähte werden Speichen genannt. Diese Art von Rad wird normalerweise bei klassischen Fahrzeugen verwendet. Die Hochleistungsfahrzeuge verwenden keine Drahtspeichenräder aus Sicherheitsgründen. Abb. 1.20 *zeigt zwei Beispiele für Drahtspeichenräder.*

Beispiel 38 *Ersatzreifen.*

Straßenfahrzeuge führen in der Regel einen Ersatzreifen mit, der bereits auf einer Felge montiert ist und im Falle eines platten Reifens sofort verwendet werden kann. Seit 1980 sind einige Autos mit Ersatzreifen ausgestattet, die kleiner als die normale Größe sind. Diese Ersatzreifen werden Donuts oder platzsparende

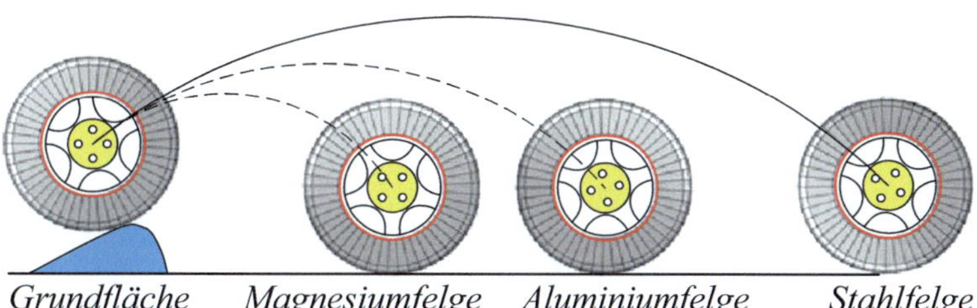

Abb. 1.18 Der Unterschied zwischen Aluminium-, Magnesium- und Stahlfelgen beim Wiederaufnehmen des Straßenkontakts nach einem Sprung

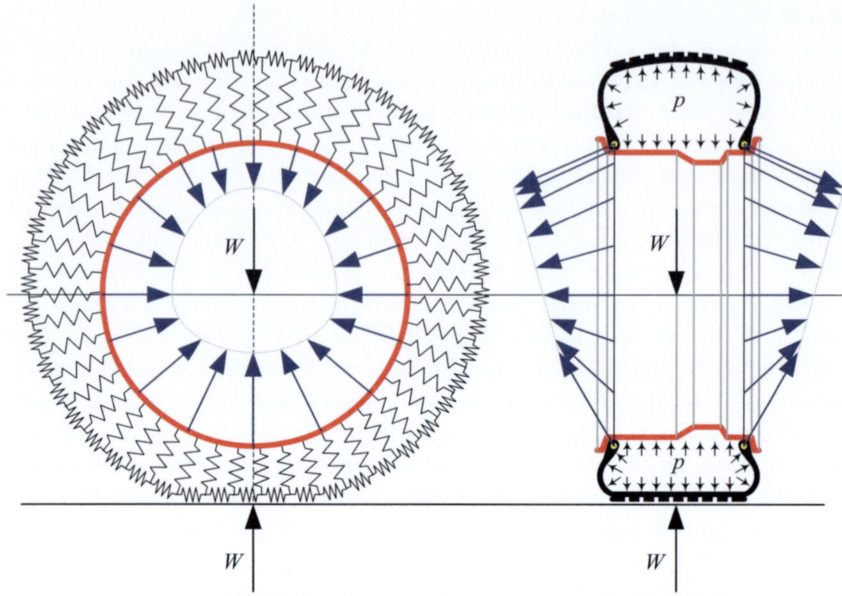

Abb. 1.19 Ein unter Last stehender Druckreifen erzeugt eine unterschiedliche aufwärts gerichtete Kraft im Drahtkern, die auf die Felge wirkt, um die Last W zu tragen

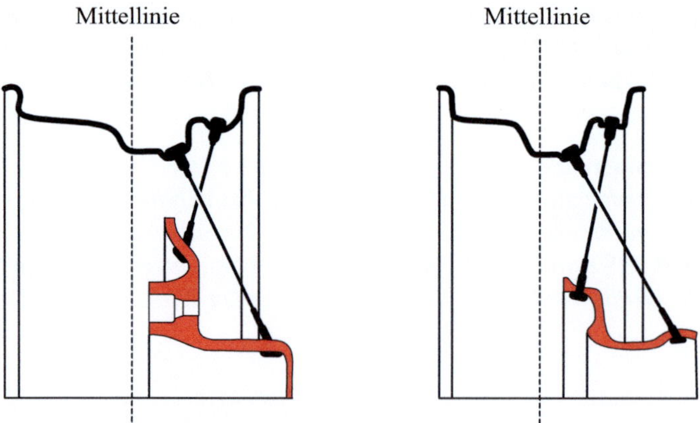

Abb. 1.20 Zwei Beispiele für Drahtspeichenräder

Ersatzreifen genannt. Obwohl der Donut-Ersatzreifen nicht sehr nützlich oder beliebt ist, kann er dazu beitragen, ein wenig Platz, Gewicht, Kosten und Kraftstoffverbrauch zu sparen. Donut-Ersatzreifen können nicht weit oder schnell gefahren werden.

Beispiel 39 *Radgeschichte.*

Stein- und Holzräder wurden vor etwa 5000 Jahren irgendwo im Nahen Osten erfunden und verwendet. Harte Räder haben einige ineffiziente Eigenschaften, nämlich schlechte Traktion, geringe Reibung, harte Fahrt und schlechte Tragfähigkeit.

Vollgummireifen und Luftschlauchreifen, die Ende des neunzehnten und Anfang des zwanzigsten Jahrhunderts erstmals verwendet wurden, revolutionierten den Straßenverkehr.

1.2 Fahrzeugklassifizierungen

Straßenfahrzeuge werden normalerweise nach ihrer Größe und Anzahl der Achsen klassifiziert. Es gibt zwar keine standardisierte oder allgemein akzeptierte Klassifizierungsmethode, aber einige wichtige und angewandte Fahrzeugklassifizierungen.

1.2.1 ISO- und FHWA-Klassifizierung

ISO3833 klassifiziert Bodenfahrzeuge in 7 Gruppen:

1. Motorräder
2. Personenkraftwagen
3. Busse
4. Lastkraftwagen
5. Landwirtschaftliche Traktoren
6. Personenkraftwagen mit Anhänger
7. Lastkraftwagen mit Anhänger/Sattelzugmaschinen

Die Federal Highway Administration (*FHWA*) klassifiziert Straßenfahrzeuge nach Größe und Anwendung. Alle Straßenfahrzeuge werden in 13 Klassen eingeteilt, wie unten beschrieben:

1. Motorräder
2. Personenkraftwagen, einschließlich Autos mit einem einachsigen oder zweiachsigen Anhänger
3. Andere zweiachsige Fahrzeuge, einschließlich: Pickups und Vans, mit einem einachsigen oder zweiachsigen Anhänger
4. Busse
5. Zweiachsige Maschinen mit sechs Reifen
6. Dreiachsige Maschinen
7. Maschinen mit vier oder mehr Achsen
8. Einzelanhänger mit vier oder weniger Achsen

9. Fünfachsige Einzelanhänger
10. Einzelanhänger mit sechs oder mehr Achsen
11. Mehrfachanhänger mit fünf oder weniger Achsen
12. Sechsachsige Mehrfachanhänger
13. Mehrfachanhänger mit sieben oder mehr Achsen

Abb. 1.21 veranschaulicht die *FHWA*-Klassifizierung. Die Definition der *FHWA*-Klassen folgt.

Motorräder: Jedes Kraftfahrzeug mit einem Sitz oder Sattel und höchstens drei Rädern, die den Boden berühren, ist ein Motorrad. Motorräder, Motorroller, Mopeds, motorbetriebene oder motorunterstützte Fahrräder und Dreirad-Motorräder gehören zu dieser Klasse. Motorräder werden normalerweise, aber nicht notwendigerweise, durch Lenker gesteuert.

Personenkraftwagen: Straßenfahrzeuge, einschließlich Limousinen, Coupés und Kombis, die hauptsächlich für den Personentransport hergestellt werden, gehören zu dieser Klasse. Personenkraftwagen werden auch als Straßenfahrzeuge, *Automobile* oder *Autos* bezeichnet.

Andere zweiachsige Maschinen mit vier Reifen: Alle zweiachsigen Fahrzeuge mit vier Reifen, die keine Personenkraftwagen sind, bilden diese Klasse. Diese Klasse umfasst Pickups, Panels, Vans, Wohnmobile, Krankenwagen, Leichenwagen, Personenautos und Kleinbusse. Andere zweiachsige Maschinen mit vier Riefen, die Freizeit- oder leichte Anhänger ziehen, sind ebenfalls in dieser Klasse enthalten. Die Unterscheidung zwischen Klasse 3 und Klasse 2 ist nicht klar, daher können diese beiden Klassen manchmal zu Klasse 2 zusammengefasst werden.

Busse: Ein Kraftfahrzeug, das mehr als zehn Personen befördern kann, ist ein Bus. Busse werden als traditionelle Personentransportfahrzeuge mit zwei Achsen und sechs Reifen hergestellt. Es werden jedoch auch Busse mit drei oder mehr Achsen hergestellt.

Zweiachsige einzelne Lastkraftwagen mit sechs Reifen: Fahrzeuge auf einem einzigen Rahmen, einschließlich Lastkraftwagen, Camping- und Freizeitfahrzeuge, Wohnmobile mit zwei Achsen und doppelten Hinterrädern.

Dreiachsige einzelne Lastkraftwagen: Fahrzeuge mit einem einzigen Rahmen, einschließlich Lastkraftwagen, Camping-, Freizeitfahrzeuge und Wohnmobile mit drei Achsen.

Vier- oder mehr achsige einzelne Lastkraftwagen: Alle Lastkraftwagen auf einem einzigen Rahmen mit vier oder mehr Achsen bilden diese Klasse.

Vier- oder weniger achsige Lastkraftwagen mit einem einzelnen Anhänger: Fahrzeuge mit vier oder weniger Achsen, bestehend aus zwei Einheiten, von denen eine eine Zugmaschine oder eine gerade Lastkraftwagen-Antriebseinheit ist.

Fünfachsige Lastkraftwagen mit einem einzelnen Anhänger: Fünfachsige Fahrzeuge, bestehend aus zwei Einheiten, von denen eine eine Zugmaschine oder eine gerade Lastkraftwagen-Antriebseinheit ist.

Sechs- oder mehr achsige Einzelanhänger Lastkraftwagen: Fahrzeuge mit sechs oder mehr Achsen, bestehend aus zwei Einheiten, von denen eine eine Zugmaschine oder eine gerade Lastkraftwagen-Antriebseinheit ist.

Abb. 1.21 Die *FHWA* Fahrzeugklassifizierung

Fünf- oder weniger achsige Mehrfachanhänger Lastkraftwagen: Fahrzeuge mit fünf oder weniger Achsen, bestehend aus drei oder mehr Einheiten, von denen eine eine Zugmaschine oder eine gerade Lastkraftwagen-Antriebseinheit ist.

Sechsachsige Lastkraftwagen mit Mehrfachanhänger: Sechsachsige Fahrzeuge, bestehend aus drei oder mehr Einheiten, von denen eine eine Zugmaschine oder eine gerade Lastkraftwagen-Antriebseinheit ist.

Lastkraftwagen mit sieben oder mehr Achsen und Mehrfachanhänger: Fahrzeuge mit sieben oder mehr Achsen, bestehend aus drei oder mehr Einheiten, von denen eine eine Zugmaschine oder eine gerade Lastkraftwagen-Antriebseinheit ist.

Die Klassen 6 bis 13 werden auch als Lastkraftwagen bezeichnet. Ein *Lastkraftwagen* ist ein Kraftfahrzeug, das hauptsächlich zum Transport von Lasten oder Eigentum konzipiert ist.

1.2.2 Klassifizierungen von Personenkraftwagen

Ein Personenkraftwagen oder Automobil ist ein Kraftfahrzeug, das für den Transport von zehn oder weniger Personen konzipiert ist. Automobile können nach ihrer Größe und ihrem Gewicht klassifiziert werden. Die Größenklassifizierung basiert auf dem Radstand, dem Abstand zwischen den Vorder- und Hinterachsen. Die Gewichtsklassifizierung basiert auf dem *Leergewicht*, dem Gewicht eines Automobils mit Standardausrüstung und voller Befüllung von Kraftstoff und anderen Flüssigkeiten, jedoch ohne Last, Personen oder zusätzlichen Objekten. Der Radstand wird auf den nächsten Zoll und das Leergewicht auf die nächsten 50 kg gerundet, bevor die Klassifizierung erfolgt.

Für eine Größenklassifikation kann ein Personenwagen als ein *kleines*, *mittleres* und *großes* Auto eingestuft werden. *Kleine Autos* haben einen Radstand von weniger als 2,5 m, *mittlere Autos* haben einen Radstand von weniger als 2,8 m und mehr als 2,5 m, und *große Autos* haben einen Radstand von mehr als 2,8 m. Jede Klasse kann auch weiter unterteilt werden.

Für eine Gewichtsklassifikation kann ein Personenwagen als *leicht*, *mittelschwer* und *schwer* eingestuft werden. *Leichte Autos* haben ein Leergewicht von weniger als 1100 kg, *mittelschwere Autos* haben ein Leergewicht von weniger als 1550 kg und mehr als 1150 kg, und *schwere Autos* haben ein Leergewicht von mehr als 1600 kg. Jede Klasse kann auch in einige Unterabteilungen unterteilt werden.

Dynamisch gesehen können Personenwagen nach ihrer Art der Federung, Motor, Antriebsstranganordnung, Gewichtsverteilung oder anderen Parametern, die die Dynamik eines Autos beeinflussen, klassifiziert werden. Auf dem Markt werden Personenwagen jedoch in der Regel nach der Anzahl der Passagiere und der Ladekapazität in die folgenden Klassen eingeteilt.

1. Kleinwagen
2. Kompakt
3. Mittelklasse

4. Standardgröße
5. Oberklasse
6. Premium Luxus
7. Cabrio Premium
8. Cabrio
9. Minivan
10. Midsize
11. SUV

In einer anderen Klassifikation werden Autos nach Größe und Form eingeteilt. Die Klassifizierung von Personenwagen nach Größe und Form ist jedoch nicht eindeutig; viele Fahrzeuge fallen zwischen die Klassen. Auch werden nicht alle in allen Ländern verkauft, und manchmal unterscheiden sich ihre Namen zwischen den Ländern. Häufige Einträge in der Formklassifikation sind die *Limousine*, das *Coupé*, das *Cabrio*, der *Minivan/Van*, der *Kombi* und der *SUV*.

Eine *Limousine* ist ein Auto mit einer viertürigen Karosseriekonfiguration und einem herkömmlichen Kofferraum oder einem abfallenden Heck mit einer nach oben öffnenden Heckklappe.

Ein *Coupé* ist ein zweitüriges Personenauto.

Ein *Cabrio* ist ein Auto mit einem abnehmbaren oder einziehbaren Dach.

Ein *Minivan/Van* ist ein Fahrzeug, das in der Regel eine kastenförmige Karosserie hat, der einen großen Lade- oder Fahrgastraum umschließt. Das festgestellte Bruttogewicht eines Vans beträgt weniger als 4500 kg. Vans können an ihrem geschlossenen Lade- oder Fahrgastraum, der kurzen Motorhaube und der Kastenform erkannt werden. Vans können in *Mini-Van*, *kleiner Van*, *mittlerer Van*, *Vollgröße Van* und *großer Van* unterteilt werden. Die Van-Unterteilung hat die gleichen Spezifikationen wie die SUV-Unterteilungen.

Ein *Kombi* ist ein Auto mit einer verlängerten Karosserie und einer Dachlinie, die über die hinteren Türen hinausgeht.

Ein *SUV* (Sport Utility Vehicle) ist ein Fahrzeug mit Geländefähigkeit. Ein SUV ist für den Transport von zehn oder weniger Personen konzipiert und wird allgemein als Mehrzweckfahrzeug betrachtet. Die meisten SUVs haben Allradantrieb und bieten erhöhte Bodenfreiheit. Der SUV ist auch bekannt als 4 *by* 4, 4*WD*, 4×4 oder 4×4. SUVs können in *Mini*, *klein*, *mittelgroß*, *Vollgröße* und *großer SUV* unterteilt werden.

Mini-SUVs sind solche mit einem Radstand von weniger als oder gleich 224 cm. Ein Mini-SUV ist typischerweise ein Kleinstwagen mit hoher Bodenfreiheit und Geländefähigkeit. Kleine SUVs haben einen Radstand von mehr als 224 cm mit einer Gesamtbreite von weniger als 168 cm. Kleine SUVs sind kurze und schmale 4×4-Mehrzweckfahrzeuge. Mittelgroße SUVs haben einen Radstand von mehr als 224 cm mit einer Gesamtbreite von mehr als 168 cm, aber weniger als 190 cm. Mittelgroße SUVs sind 4×4-Mehrzweckfahrzeuge, die auf einem verkürzten Pickup-Truck-Chassis basieren. Vollgroße SUVs werden mit einem Radstand von mehr als 224 cm und einer Breite zwischen 190 cm und 203 cm hergestellt. Vollgroße SUVs sind 4×4-Mehrzweckfahrzeuge, die auf einem vergrößerten Pickup-Truck-Chassis basieren. Große SUVs werden mit einem Radstand von mehr als 224 cm und einer Breite von mehr als 203 cm hergestellt.

Aufgrund der besseren Leistung werden die Fahrzeughersteller mehr Autos mit Allradantrieb herstellen. Daher bezieht sich Allradantrieb nicht mehr auf eine spezifische Klasse von Autos.

Ein *Lkw* ist ein Fahrzeug mit zwei oder vier Türen und einer offenen Ladefläche. Ein Kleinlastwagen hat ein Bruttogewicht von weniger als 4.500 kg. Ein mittelschwerer Lkw hat ein Bruttogewicht von 4.500 kg bis 12.000 kg. Ein schwerer Lkw ist ein Lkw mit einem Bruttogewicht von mehr als 12.000 kg.

Das Bruttogewicht ist das maximale Gewicht eines Fahrzeugs, wie vom Hersteller angegeben. Das Bruttogewicht beinhaltet Fahrgestell, Karosserie, Motor, Flüssigkeiten, Kraftstoff, Zubehör, Fahrer, Passagiere und Ladung.

1.2.3 Personenkraftwagen Karosserievarianten

Pkws werden in vielen verschiedenen Varianten und Formen hergestellt. Nicht alle werden heute noch gebaut, und einige haben neue Formen und tragen immer noch die alten Namen. Einige von ihnen sind wie folgt:

Cabriolet sind Automobile mit abnehmbaren oder einziehbaren Dächern. Es gibt auch die Unterteilungen *Cabriolimousine* oder *Semi-Cabrio* mit teilweise einziehbaren Dächern.

Coupé sind zweitürige Automobile mit zwei oder vier Sitzen und einem festen Dach. In Fällen, in denen die Rücksitze kleiner als die normale Größe sind, wird es als Zwei-plus-Zwei oder 2 + 2 bezeichnet. Coupé-Autos können auch Cabrios sein.

Crossover SUV oder *XUV* sind kleinere Sport Utility Vehicles, die auf einer Autoplattform statt auf einem Lkw-Chassis basieren. Crossover-Autos sind eine Mischung aus SUV, Minivan und Kombi, um einige der Vorteile jeder Kategorie zu vereinen.

Kombi oder einfach *Kombi* ist der britische/englische Begriff für das, was Nordamerikaner einen Station Wagon nennen. Ein *Kombinationskraftwagen*, kurz *Kombi*, ist eine Karosseriebauform für Pkw mit besonders großem Ladevolumen.

Hardtop-Autos sind solche mit einem abnehmbaren festen Dach auf einem Cabrio-Auto. Heute wird jedoch auch ein festes Dachauto, dessen Türen keinen festen Fensterrahmen haben, als Hardtop bezeichnet.

Schrägheck-Limousinen werden durch eine hintere Tür, einschließlich der Heckscheibe, die sich öffnet, um Zugang zu einem Stauraum zu erhalten, der nicht vom Rest des Fahrgastraums getrennt ist, identifiziert. Eine Schrägheck-Limousine kann zwei oder vier Türen und zwei oder vier Sitze haben. Sie werden auch als Drei-Türer oder Fünf-Türer bezeichnet. Eine Schrägheck-Limousine wird als *Fließheck-Limousine* bezeichnet, wenn der Öffnungsbereich sehr geneigt ist und zum Öffnen angehoben wird.

Eine *Limousine* ist ein von einem Chauffeur gefahrenes Auto mit einer Glasfensterscheibe, die die Vordersitze von den hinteren trennt. Limousinen sind normalerweise eine verlängerte Version eines Luxusautos.

Minivans sind kastenförmige Autos, die normalerweise drei Sitzreihen haben, mit einer Kapazität von sechs oder mehr Passagieren und zusätzlichem Gepäckraum.

Ein *MPV* (*Multi-Purpose Vehicle*) ist als großes Auto oder kleiner Bus konzipiert, der Geländefähigkeiten und einfaches Beladen von Gütern bietet. Die Idee für ein Auto mit mehreren Anwendungsmöglichkeiten findet sich jedoch auch in anderen Klassen, insbesondere bei SUVs.

Stufenheck-Autos sind etwas zwischen dem Schrägheck und der Limousine. Ein Stufenheck-Auto ist eine Limousine mit einem separaten Kofferraumabteil.

Ein *Pickup-Truck* (oder einfach *Pickup*) ist ein kleiner oder mittelgroßer Lkw mit einer separaten Kabine und einem hinteren Ladebereich. Pickups sind als persönliche Lkws konzipiert, können jedoch auch als leichte Nutzfahrzeuge verwendet werden.

Limousine ist der gebräuchlichste Karosseriestil, bei dem es sich um Autos mit vier oder mehr Sitzen und einem festen Dach handelt, das bis zur Heckscheibe voll hoch ist. Limousinen können zwei oder vier Türen haben.

Kombi-Limousine ist ein Auto mit einer vollhohen Karosserie bis zum Heck; der dadurch entstandene Laderaum wird über eine oder mehrere hintere Türen erreicht.

1.3 Reifenkoordinatensystem und Reifenkraftsystem

Um die Reifen-Straßen-Interaktion und ihr Kraftsystem zu beschreiben, gehen wir von einem flachen Untergrund aus und befestigen ein kartesisches Koordinatensystem in der Mitte des Reifenlatsches, wie in Abb. 1.22 gezeigt. Die x-Achse verläuft entlang der Schnittlinie der Reifenebene und dem Boden. Die *Reifenebene* ist die Ebene, die entsteht, wenn man den Reifen zu einer flachen Scheibe verengt. Die z-Achse steht senkrecht zum Boden und nach oben, und die y-Achse macht das Koordinatensystem zu einem rechtshändigen Dreibein.

Um die Reifenorientierung zu zeigen, verwenden wir zwei Winkel: Sturzwinkel γ und Schwimmwinkel α. Der *Sturzwinkel* ist der Winkel zwischen der Reifenebene und der vertikalen Ebene, gemessen an der x-Achse. Der Sturzwinkel kann in einer Frontansicht, wie in Abb. 1.23*a* gezeigt, besser erkannt werden. Der Schwimmwinkel α, oder einfach *Schwimmen*, ist der Winkel zwischen dem Geschwindigkeitsvektor $\mathbf{v}$ und der x-Achse, gemessen an der z-Achse. Das Schwimmen kann in einer Draufsicht, wie in Abb. 1.23*b* gezeigt, besser erkannt werden.

Das resultierende Kraftsystem, das ein Reifen vom Boden erhält, wird angenommen, dass es sich im Zentrum des Reifenlatsches befindet und kann entlang der x, y und z Achsen zerlegt werden. Daher erzeugt die Interaktion eines Reifens mit der Straße ein dreidimensionales (3D) Kraftsystem, einschließlich drei Kräfte und drei Momente, wie in Abb. 1.22 gezeigt.

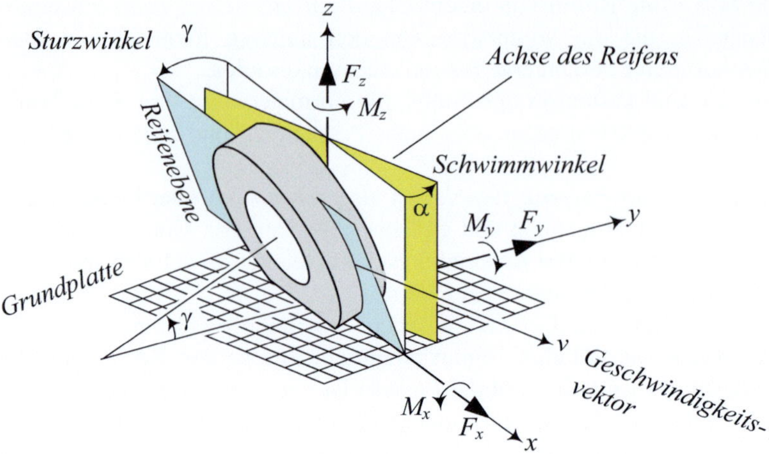

Abb. 1.22 Reifenkoordinatensystem

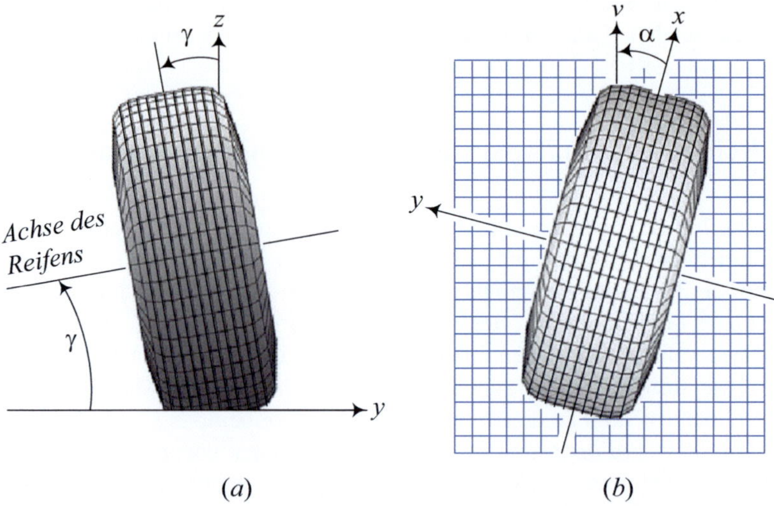

Abb. 1.23 Illustration von Sturz- und Schwimmwinkeln. ***a*** Frontansicht eines Reifens und Messung des Sturzwinkels. ***b*** Draufsicht eines Reifens und Messung des Schwimmwinkels

1. *Längskraft* F_x ist die Kraft, die entlang der x-Achse wirkt. Für die resultierende Längskraft gilt $F_x > 0$, wenn das Auto beschleunigt, und $F_x < 0$, wenn das Auto bremst. Die Längskraft wird auch als *Vortriebskraft* bezeichnet.
2. *Normalkraft* F_z ist die vertikale Kraft, normal zur Bodenebene. Für die resultierende Normalkraft gilt $F_z > 0$, wenn sie nach oben gerichtet ist. Die herkömmlichen

Reifen und Fahrbahnen können keine $F_z < 0$ bereitstellen. Die Normalkraft wird auch als *Vertikalkraft* oder *Radlast* bezeichnet.

3. *Querkraft* F_y ist die Kraft tangential zum Boden und orthogonal zu beiden F_x und F_z. Für die resultierende Querkraft gilt $F_y > 0$, wenn sie in der y-Richtung liegt.
4. *Rollmoment* M_x ist das Längsmoment um die x-Achse. Für das resultierende Rollmoment gilt $M_x > 0$, wenn es dazu neigt, den Reifen um die x-Achse zu drehen. Das Rollmoment wird auch als *Kippmoment* bezeichnet.
5. *Nickmoment* M_y ist das Quermoment um die y-Achse. Für das resultierende Nickmoment gilt $M_y > 0$, wenn es dazu neigt, den Reifen um die y-Achse zu drehen und ihn nach vorne zu bewegen. Das Nickmoment wird auch als *Rollwiderstandsmoment* bezeichnet.
6. *Giermoment* M_z ist das Aufwärtsmoment um die z-Achse. Für das resultierende Giermoment gilt $M_z > 0$, wenn es dazu neigt, den Reifen um die z-Achse zu drehen. Das Giermoment wird auch als *Rückstellmoment oder Selbstausrichtmoment* bezeichnet.

Dies sind die Kraftsysteme, die auf den Reifen vom Boden ausgeübt werden. Alle anderen möglichen Kräfte auf einem Rad befinden sich an der Radachse. Das Antriebs- oder Bremsmoment, das vom Fahrzeug auf den Reifen um die Reifenachse ausgeübt wird, wird als *Radmoment* T bezeichnet.

Beispiel 40 *Ursprung des Reifenkoordinatensystems.*

Bei einem geneigten Reifen kann man nicht immer einen Mittelpunkt für den Reifenlatsch finden oder definieren, der als Ursprung des Reifenkoordinatensystems verwendet werden kann. Es ist praktischer, den Ursprung des Reifenkoordinatensystems in der Mitte der Schnittlinie zwischen der Reifenebene und dem Boden bei null Grad Schrägstellung und Seitenrutschwinkeln zu setzen. Daher befindet sich der Ursprung des Reifenkoordinatensystems in der Mitte des Reifenlatsches, wenn der Reifen aufrecht und ruhig auf einer flachen Straße steht.

Beispiel 41 ⋆ *SAE-Reifenkoordinatensystem.*

Das von der Society of Automotive Engineers (SAE) übernommene Reifenkoordinatensystem ist in Abb. 1.24 dargestellt. Der Ursprung des Koordinatensystems befindet sich in der Mitte des Reifenlatsches, wenn der Reifen stillsteht. Die x-Achse befindet sich an der Schnittstelle zwischen der Reifenebene und der Bodenebene. Die z-Achse ist nach unten gerichtet und senkrecht zum Reifenlatsch. Die y-Achse liegt auf der Bodenebene und geht nach rechts, um das Koordinatensystem zu einem rechtshändigen System zu machen.

Aufgrund dieser Koordinatenanordnung sind die positiven Richtungen einiger Winkel und Kräfte in negativer Richtung der Koordinatenachsen. Neben einigen Unstimmigkeiten und Verwirrungen betrachten Autoren manchmal Kräfte als positiv, wenn sie in die negative Richtung der Koordinatenachsen gerichtet sind. Allerdings sind die Zeichen und positiven Richtungen von Kräften und Winkeln nicht allgemein akzeptiert unter Autoren, die das SAE-Koordinatensystem verwenden, und sie beziehen sich normalerweise auf die rechte und linke Richtung statt auf

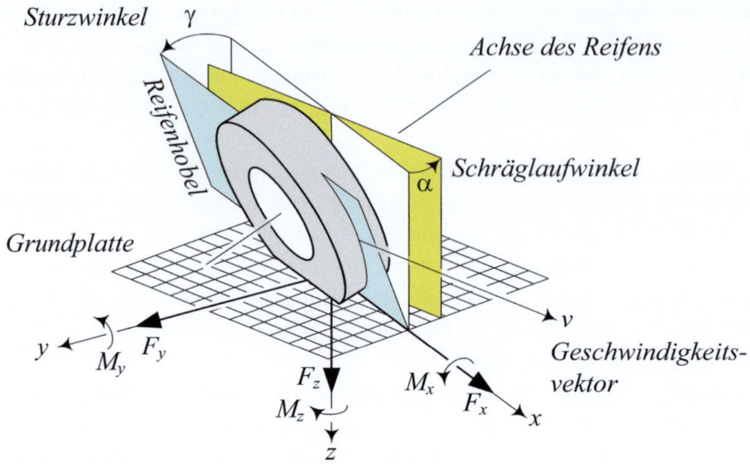

Abb. 1.24 SAE-Reifenkoordinatensystem

die Koordinatenachsen. Zum Beispiel wird der Schwimmwinkel α als positiv betrachtet, wenn der Reifen nach rechts rutscht. Darüber hinaus haben im SAE-System die Sturzwinkel der linken und rechten Reifen eines Fahrzeugs entgegengesetzte Vorzeichen. Daher ist der Sturzwinkel des linken Reifens positiv, wenn der Reifen nach rechts neigt, und der Sturzwinkel des rechten Reifens ist positiv, wenn der Reifen nach links neigt.

Das SAE-Koordinatensystem ist genauso gut wie das Koordinatensystem in Abb. 1.22 *und kann alternativ verwendet werden. Allerdings ist es manchmal ineffizient und verwirrend, die z-Achse nach unten gerichtet zu haben.*

1.4 Reifensteifigkeit

Als eine angewandte Näherung kann die vertikale Reifenkraft F_z als lineare Funktion der normalen Reifenverformung $\triangle z$, gemessen im Reifenzentrum berechnet werden:

$$F_z = k_z \triangle z \tag{1.12}$$

Der Koeffizient k_z wird als *Reifensteifigkeit* in der z-Richtung bezeichnet. Ähnlich kann die Reaktion eines Reifens auf eine seitliche und eine longitudinale Kraft approximiert werden als

$$F_x = k_x \triangle x \tag{1.13}$$

$$F_y = k_y \bigtriangleup y \tag{1.14}$$

wobei die Koeffizienten k_x und k_y als *Reifensteifigkeit* in den x- und y-Richtungen bezeichnet werden.

Beweis. Das Verformungsverhalten von Reifen auf die in den drei Richtungen x, y und z angewandten Kräfte sind die ersten wichtigen Reifeneigenschaften in der Reifendynamik. Die Berechnung der Reifensteifigkeit basiert im Allgemeinen auf Experimenten und ist daher abhängig von den mechanischen Eigenschaften des Reifens sowie von Umgebungsmerkmalen.

Betrachten Sie einen vertikal belasteten Reifen auf einem steifen und flachen Untergrund, wie in Abb. 1.25 dargestellt. Der Reifen wird sich unter der Last verformen und eine unter Druck stehende Kontaktfläche erzeugen, um die vertikale Last auszugleichen.

Abb. 1.26 zeigt ein Beispiel einer experimentellen Steifigkeitskurve in der $(F_z, \bigtriangleup z)$-Ebene. Die Kurve kann durch die angepasste mathematische Funktion

$$F_z = f(\bigtriangleup z) \tag{1.15}$$

ausgedrückt werden, jedoch verwenden wir normalerweise eine lineare Näherung für den Bereich der üblichen Anwendung:

$$F_z = \frac{\partial f}{\partial(\bigtriangleup z)} \bigtriangleup z \tag{1.16}$$

Der Koeffizient $\frac{\partial f}{\partial(\bigtriangleup z)}$ ist die Steigung der experimentellen Steifigkeitskurve bei Null und wird durch den Steifigkeitskoeffizienten k_z

$$k_z = \tan\theta = \lim_{\bigtriangleup z \to 0} \frac{\partial f}{\partial(\bigtriangleup z)} \tag{1.17}$$

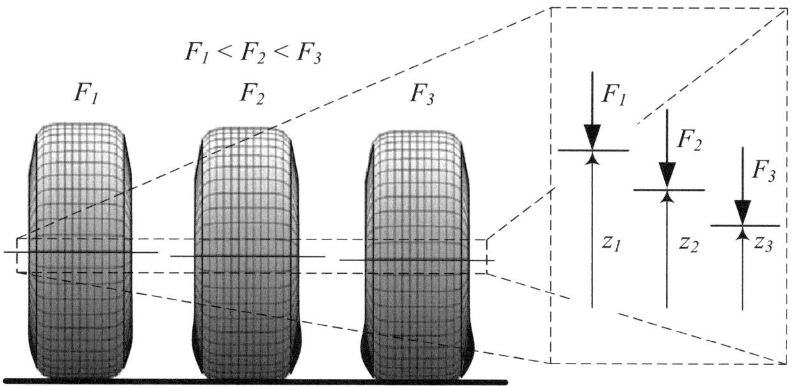

Abb. 1.25 Vertikal belasteter Reifen bei null Grad Schrägstellung

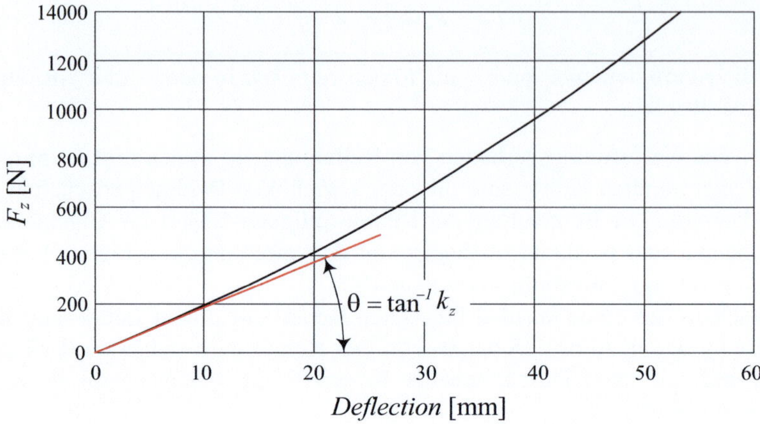

Abb. 1.26 Ein Beispiel der vertikalen Reifensteifigkeitskurve

dargestellt. Daher bleibt die normale Reifendurchbiegung $\triangle z$ per Definition proportional zur vertikalen Reifenkraft F_z:

$$F_z = k_z \triangle z \tag{1.18}$$

Die Steifigkeitskurve kann durch viele Parameter beeinflusst werden. Der effektivste ist der Reifendruck. Der Reifen kann nur Druckkräfte auf die Straße ausüben, daher ist die normale Kraft auf $F_z > 0$ beschränkt.

Das seitliche und longitudinale Kraft/Durchbiegungsverhalten wird ebenfalls experimentell bestimmt, indem eine Kraft in die entsprechende Richtung aufgebracht wird. Die seitlichen und longitudinalen Kräfte sind durch die Gleitkraft begrenzt, wenn der Reifen vertikal belastet wird. Abb. 1.27 zeigt ein Beispiel von longitudinalen und seitlichen Steifigkeitskurven im Vergleich zu einer vertikalen Steifigkeitskurve.

Der praktische Bereich der longitudinalen und seitlichen Steifigkeitskurven der Reifen ist der lineare Teil und kann durch lineare Gleichungen abgeschätzt werden:

$$F_x = k_x \triangle x \tag{1.19}$$

$$F_y = k_y \triangle y \tag{1.20}$$

Die Koeffizienten k_x und k_y werden als *Reifensteifigkeit* in den x- und y- Richtungen bezeichnet. Sie werden durch die Steigung der experimentellen Steifigkeitskurven in den $(F_x, \triangle x)$- und $\left(F_y, \triangle y\right)$-Ebenen gemessen:

$$k_x = \lim_{\triangle x \to 0} \frac{\partial f}{\partial(\triangle x)} \tag{1.21}$$

$$k_y = \lim_{\triangle y \to 0} \frac{\partial f}{\partial(\triangle y)} \tag{1.22}$$

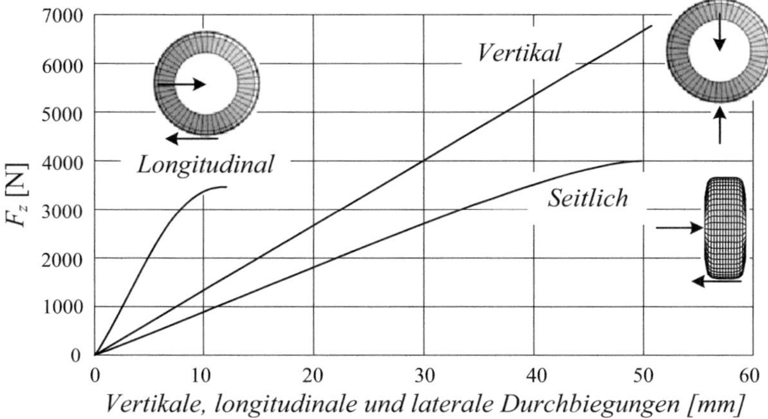

Abb. 1.27 Vertikale, longitudinale und seitliche Steifigkeitskurven

Wenn die Längs- und Querkräfte zunehmen, kriechen und rutschen Teile des Reifenlatsches auf dem Boden, bis der gesamte Reifenlatsch zu rutschen beginnt. An diesem Punkt erreicht die aufgebrachte Kraft eine Sättigung und damit ihren maximal unterstützen Wert.

Wenn wir Verschiebungen von der Gleichgewichtsposition bei null Verformung messen, können wir $\triangle x$, $\triangle y$, $\triangle z$ durch x, y, z darstellen. Im Allgemeinen ist ein Reifen in der Längsrichtung x am steifsten und in der Querrichtung y am wenigsten steif.

$$k_x > k_z > k_y \tag{1.23}$$

Abb. 1.28 veranschaulicht die Reifenverformung unter einer seitlichen und einer Längskraft. ■

Beispiel 42 ⋆ *Nichtlineare Reifensteifigkeit.*

In einer besseren Modellierung ist die vertikale Reifenkraft F_z eine Funktion der normalen Reifenverformung z und der Verformungsrate $\dot{z}$:

$$F_z = F_z(z, \dot{z}) = F_{z_s} + F_{z_d} \tag{1.24}$$

In einer ersten Annäherung können wir annehmen, dass F_z eine Linearkombination aus einem statischen und einem dynamischen Teil ist. Der statische Teil ist eine nichtlineare, normalerweise eine polynomiale Funktion der vertikalen Reifenverformung, und der dynamische Teil ist proportional zur vertikalen Geschwindigkeit des Reifens:

$$F_{z_s} = k_1 z + k_2 z^2 + k_3 z^3 \tag{1.25}$$

$$F_{z_d} = k_4 \dot{z} \tag{1.26}$$

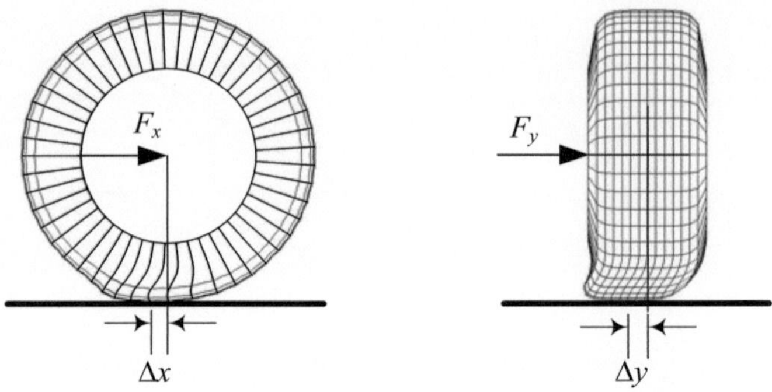

Abb. 1.28 Illustration der seitlichen und längsgerichteten Reifenverformung

Die Konstanten k_1, k_2, und k_3 werden aus den ersten, zweiten und dritten Steigungen der experimentellen Steifigkeitskurve in der (F_z, z)-Ebene berechnet. Die Konstante k_4 ist die erste Steigung der Kurve in der $(F_z, \dot{z})$-Ebene, die die Reifendämpfung anzeigt:

$$k_1 = \frac{\partial F_z(0)}{\partial z} \qquad k_2 = \frac{1}{2!}\frac{\partial^2 F_z(0)}{\partial z^2} \qquad k_2 = \frac{1}{3!}\frac{\partial^2 F_z(0)}{\partial z^3} \tag{1.27}$$

$$k_4 = \frac{\partial F_z(0)}{\partial \dot{z}} \tag{1.28}$$

Der Wert von $k_1 = 200000\,\mathrm{N/m}$ ist eine gute Annäherung für einen 205/50R15 Pkw-Reifen, und $k_1 = 1200000\,\mathrm{N/m}$ ist eine gute Annäherung für einen X31580R22.5 Lkw-Reifen.

Reifen mit einer größeren Anzahl von Lagen haben eine höhere Dämpfung, da die Dämpfung das Ergebnis der internen Reibung der Lagen ist. Die Reifendämpfung nimmt mit steigenden Geschwindigkeiten ab.

Beispiel 43 ⋆ *Hystereseeffekt.*

Gummi ist ein viskoelastisches Material, und daher sind seine Belastungs- und Entlastungskurven nicht genau gleich. Abb. 1.29 *zeigt ein Beispiel für das Beladen und Entladen eines Gummireifens. Die Kurven bilden eine Schleife, wobei die Entlastungskurve unter der Belastungskurve liegt. Der Bereich innerhalb der Schleife ist die Menge an dissipierter Energie während des Beladens und Entladens. Da ein rollender Reifen unter dem Gewicht eines Fahrzeugs rotiert, durchläuft er wiederholte Zyklen der Verformung und Erholung, und er dissimuliert Energieverlust als Wärme. Ein solches Verhalten ist eine übliche Eigenschaft von hysteretischem Material und wird als Hysterese bezeichnet. Also ist* **Hysterese** *eine Eigenschaft eines verformbaren Materials wie Gummi, dass die Energie der Verformung größer ist als die Energie der Erholung. Die Menge der dissipierten Energie hängt von den mechanischen Eigenschaften des Reifens ab. Der hysteretische Energieverlust in Gummi nimmt mit steigender Temperatur ab.*

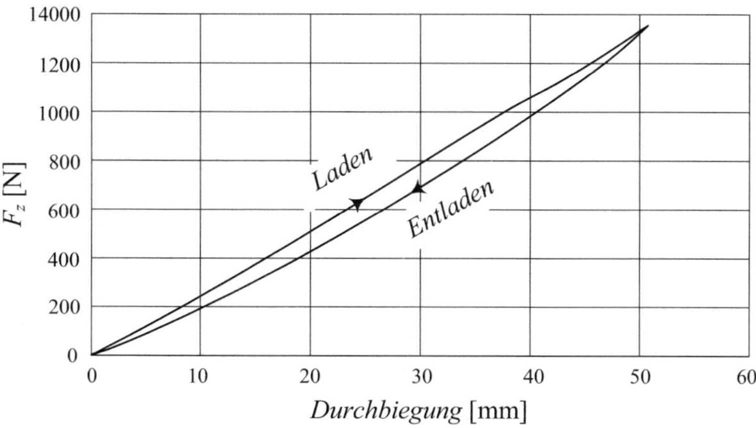

Abb. 1.29 Hystereseschleife in einem vertikal beladenen und entladenen Reifen

Der Hystereseeffekt führt dazu, dass ein belasteter Gummi nach der Lastentfernung nicht vollständig zurückprallt. Betrachten Sie einen Rennwagenreifen mit hoher Hysterese, der über Straßenunebenheiten rollt. Der verformte Reifen erholt sich langsam und kann daher den Reifenlatsch am Ende der Straße nicht so stark drücken wie den Reifenlatsch am Anfang. Der Unterschied in den Drücken am Anfang und am Ende verursacht eine Widerstandskraft, die der Grund für den Rollwiderstand ist.

Rennwagen haben Reifen mit hoher Hysterese, um die Reibung und Traktion zu erhöhen. Straßenautos haben Reifen mit niedriger Hysterese, um den Rollwiderstand und die niedrige Betriebstemperatur zu reduzieren. Der Hysteresegrad der Reifen wirkt sich umgekehrt auf den Bremsweg aus. Ein Reifen mit hoher Hysterese verkürzt den Bremsweg, verschleißt jedoch schnell und hat eine kürzere Lebensdauer.

1.5 Effektiver Radius

Betrachten Sie ein vertikal beladenes Rad, das sich auf einer flachen Oberfläche dreht, wie in Abb. 1.30 dargestellt. Der *effektive Radius* des Rades R_w, der auch als *Rollradius* bezeichnet wird, wird definiert durch

$$R_w = \frac{v_x}{\omega} \tag{1.29}$$

wobei v_x die Vorwärtsgeschwindigkeit und $\omega = \omega_w$ die Winkelgeschwindigkeit des Rades sind. Der effektive Radius R_w ist ungefähr gleich

$$R_w \approx R_g - \frac{R_g - R_h}{3} \tag{1.30}$$

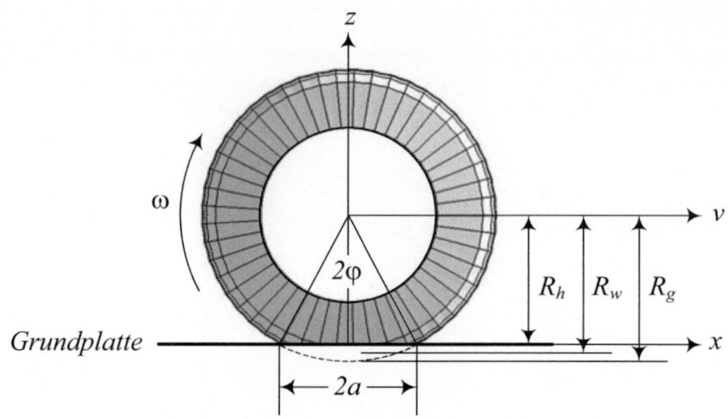

Abb. 1.30 Effektiver Radius R_w im Vergleich zum Reifenradius R_g und beladene Höhe R_h

und eine Zahl zwischen dem unbeladenen oder *geometrischen Radius* R_g und der *beladenen Höhe* R_h:

$$R_h < R_w < R_g \tag{1.31}$$

Beweis. Ein effektiver Radius $R_w = v_x/\omega_w$ wird definiert durch die Messung der Winkelgeschwindigkeit des Reifens $\omega = \omega_w$ und der Vorwärtsgeschwindigkeit v_x. Wenn der Reifen rollt, wird jeder Teil des Umfangs abgeflacht, wenn er durch den Kontaktbereich geht. Für eine praktische Schätzung des effektiven Radius kann man den Bogen durch die gerade Länge des Reifenlatsches ersetzen. Die vertikale Verformung des Reifens ist

$$R_g - R_h = R_g(1 - \cos\varphi) \tag{1.32}$$

und

$$R_h = R_g \cos\varphi \tag{1.33}$$

$$a = R_g \sin\varphi \tag{1.34}$$

Wenn die Bewegung des Reifens mit dem Rollen einer starren Scheibe mit Radius R_w verglichen wird, dann muss der Reifen eine Strecke $a \approx R_w\phi$ für eine Winkelrotation ϕ zurücklegen:

$$a = R_g \sin\varphi \approx R_w\varphi \tag{1.35}$$

Daher gilt:

$$R_w = \frac{R_g \sin\varphi}{\varphi} \tag{1.36}$$

Die Erweiterung von $\frac{\sin\varphi}{\varphi}$ in einer Taylorreihe zeigt, dass gilt:

$$R_w = R_g\left(1 - \frac{1}{6}\varphi^2 + O(\varphi^4)\right) \tag{1.37}$$

Mit Gl. (1.32) können wir annähern:

$$\cos\varphi \approx 1 - \tfrac{1}{2}\varphi^2 \tag{1.38}$$

$$\varphi^2 \approx 2(1-\cos\varphi) \approx 2\left(1 - \tfrac{R_h}{R_g}\right) \tag{1.39}$$

und daher:

$$R_w \approx R_g\left(1 - \frac{1}{3}\left(1 - \frac{R_h}{R_g}\right)\right) = \frac{2}{3}R_g + \frac{1}{3}R_h \tag{1.40}$$

Weil R_h eine Funktion der Reifenlast F_z ist, gilt:

$$R_h = R_h(F_z) = R_g - \frac{F_z}{k_z} \tag{1.41}$$

Der effektive Radius R_w ist auch eine Funktion der Reifenlast. Der Winkel ϕ wird Reifenlatsch*winkel* oder *Reifenkontaktwinkel* genannt.

Die vertikale Steifigkeit von Radialreifen ist unter den gleichen Bedingungen geringer als die von Nicht-Radialreifen. Daher ist die belastete Höhe von Radialreifen R_h geringer als die von Nicht-Radialreifen. Der effektive Radius von Radialreifen R_w liegt jedoch näher an ihrem unbelasteten Radius R_g. Als gute Schätzung gilt für einen Nicht-Radialreifen, dass $R_w \approx 0,96R_g$ und $R_h \approx 0,94R_g$, während für einen Radialreifen $R_w \approx 0,98R_g$ und $R_h \approx 0,92R_g$ gilt.

Allgemein gesprochen hängt der effektive Radius R_w von der Art des Reifens, der Steifigkeit, den Lastbedingungen, dem Reifendruck und der Vorwärtsgeschwindigkeit des Reifens ab. ■

Beispiel 44 *Reifenrotation.*

Der geometrische Radius eines Reifens P235/75R15 ist $R_g = 366{,}9\,\text{mm}$, *weil*

$$h_T = 235 \times 75\,\% = 176{,}25\,\text{mm} \approx 6{,}94\text{in} \tag{1.42}$$

und daher,

$$R_g = \frac{2h_T + 15}{2} = \frac{2 \times 6{,}94 + 15}{2} = 14{,}44\,\text{in} \approx 366{,}9\,\text{mm} \tag{1.43}$$

Betrachten Sie ein Fahrzeug, das mit einem solchen Reifen mit hoher Geschwindigkeit fährt, wie $v = 50\,\text{m/s} = 180\,\text{km/h}$. *Der Reifen ist radial, und daher ist der effektive Reifenradius* R_w *ungefähr gleich*

$$R_w \approx 0{,}98 R_g \approx 359{,}6\,\text{mm} \tag{1.44}$$

Nachdem eine Strecke $d = 100\,\text{km}$ *zurückgelegt wurde, muss dieser Reifen* $n_1 =$ *44259-mal gedreht worden sein, weil*

$$n_1 = \frac{d}{\pi D} = \frac{100 \times 10^3}{2\pi \times 359{,}6 \times 10^{-3}} = 44259 \tag{1.45}$$

Nehmen Sie nun an, das Fahrzeug fährt die gleiche Strecke $d = 100\,\text{km}$ *bei niedrigem Reifendruck, sodass der effektive Radius des Reifens nahe am belasteten Radius bleibt:*

$$R_w \approx R_h \approx 0{,}92 R_g = 330{,}8\,\text{mm} \tag{1.46}$$

Dieser Reifen muss $n_2 = 48112$*-mal drehen, um* $d = 100\,\text{km}$ *zu fahren, weil*

$$n_2 = \frac{d}{\pi D} = \frac{100 \times 10^3}{2\pi \times 330{,}8 \times 10^{-3}} = 48112 \tag{1.47}$$

Beispiel 45 *Reifen rollt unter dem Boden.*

Der äquivalente Radius eines rollenden belasteten Reifens R_w *ist per Definition der Radius einer festen Scheibe, die mit der gleichen Winkelgeschwindigkeit des Reifens* ω *mit der gleichen Geschwindigkeit* v_x *wie der Reifen bewegt:*

$$v_x = R_w \omega \tag{1.48}$$

Weil jedoch $R_w > R_h$ *gilt, muss die äquivalente Scheibe auf einer festen Oberfläche unter dem Boden um die Distanz* $R_w - R_h$ *rollen, wie in Abb.* 1.31 *gezeigt.*

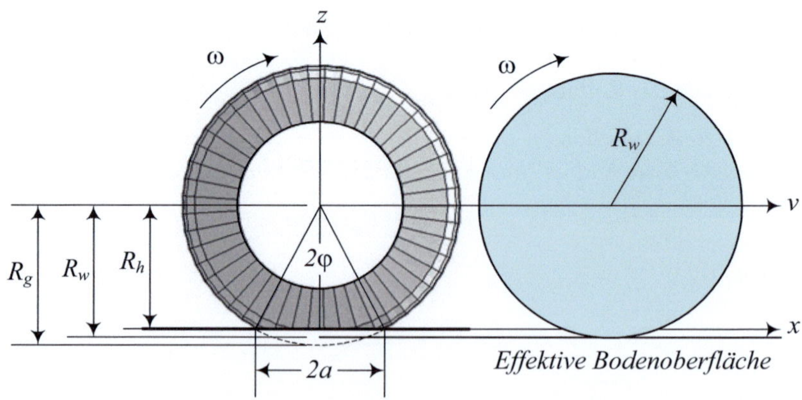

Abb. 1.31 Äquivalenter Reifen rollt auf der äquivalenten Bodenoberfläche unter dem Boden

Beispiel 46 *Kompression und Expansion von Reifen in der Reifenlatschzone.*

Aufgrund der Längsdeformation variiert die Umfangsgeschwindigkeit eines beliebigen Punktes der Lauffläche periodisch. Wenn er sich dem Startpunkt des Reifenlatsches nähert, verlangsamt sie sich und eine Umfangskompression tritt auf. Die Reifenprofile werden in der ersten Hälfte des Reifenlatsches komprimiert und in der zweiten Hälfte allmählich expandiert. Die Profile in der Reifenlatsch-Kontaktzone haften fast am Boden. Unter der Annahme, dass die relative Geschwindigkeit des Reifens in Bezug auf den Boden am Mittelpunkt des Reifenlatsches null ist, variiert die relative Geschwindigkeit der Umfangselemente des Reifens zwischen null und fast dem Doppelten der Vorwärtsgeschwindigkeit des Reifenzentrums v_x *an der Spitze.*

Beispiel 47 ⋆ *Radiale Bewegung der peripheren Punkte des Reifens im Reifenlatsch.*

Die radiale Verschiebung der peripheren Elemente eines Reifens während des Straßenkontakts kann durch eine Funktion modelliert werden:

$$d = d(\theta) \tag{1.49}$$

Wir nehmen an, dass ein peripheres Element des Reifens nur in radialer Richtung bewegt wird, während es den Boden berührt, wie in Abb. 1.32 dargestellt.

Sei ein Radius unter einem Winkel θ *durch* $r = r(\theta)$ *gegeben. Wir wissen, dass*

$$\cos\theta = \frac{R_h}{r} \qquad \cos\varphi = \frac{R_h}{R_g} \tag{1.50}$$

wobei ϕ *die Hälfte des Kontaktwinkels ist, so finden wir*

$$r = R_g \frac{\cos\varphi}{\cos\theta} \tag{1.51}$$

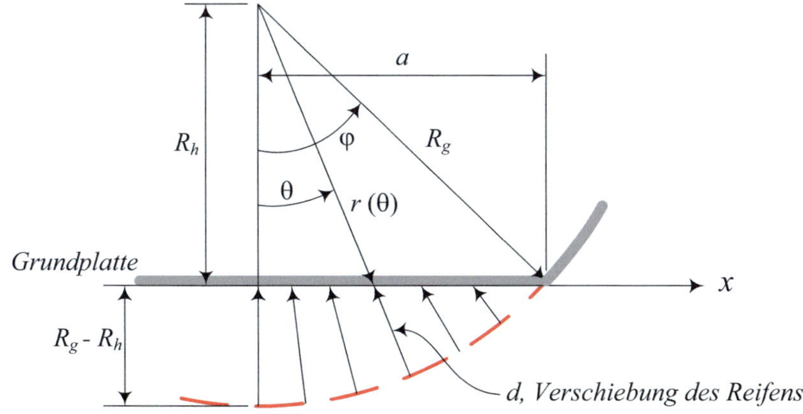

Abb. 1.32 Radiale Bewegung der peripheren Punkte des Reifens im Kontaktbereich

Also ist die Verschiebungsfunktion

$$d = R_g - r(\theta) = R_g\left(1 - \frac{\cos\varphi}{\cos\theta}\right) \qquad -\varphi < \theta < \varphi \tag{1.52}$$

Beispiel 48 ⋆ *Laufflächenbewegung.*

Lassen Sie uns ein Element der Reifenlauffläche in Bezug auf das Zentrum des Reifens verfolgen, wenn es sich um die Drehachse bewegt und das Fahrzeug mit konstanter Geschwindigkeit fährt. Obwohl sich das Rad mit konstanter Winkelgeschwindigkeit ω dreht, bewegt sich die Lauffläche nicht mit konstanter Geschwindigkeit. An der Spitze des Reifens ist der Radius gleich dem entladenen geometrischen Radius R_g, und die Geschwindigkeit der Lauffläche beträgt $R_g\omega$ relativ zum Radzentrum. Wenn sich der Reifen dreht, nähert sich die Lauffläche dem führenden Rand des Reifenlatsches und verlangsamt sich. Die Lauffläche wird radial komprimiert und im vorderen Teil des Reifenlatschbereichs zusammengedrückt. Dann wird sie gestreckt und im hinteren Teil des Reifenlatsches gedehnt, während sie sich zum hinteren Rand bewegt. Im Zentrum des Reifenlatsches ist die Geschwindigkeit der Lauffläche $R_h\omega$.

Der variable Radius eines Reifens während der Bewegung durch den Reifenlatsch ist

$$r = R_g\frac{\cos\varphi}{\cos\theta} \qquad -\varphi < \theta < \varphi \tag{1.53}$$

wobei ϕ die Hälfte des Kontaktwinkels ist und θ die Winkelrotation des Reifens, wie in Abb. 1.32 dargestellt. Die Winkelgeschwindigkeit des Reifens ist $\omega = -\dot{\theta}$ und wird als konstant angenommen. Dann sind die radiale Geschwindigkeit $\dot{r}$ und die Beschleunigung $\ddot{r}$ der Lauffläche in Bezug auf das Radzentrum

$$\dot{r} = -R_g\omega\cos\varphi\tfrac{\sin\theta}{\cos^2\theta} \tag{1.54}$$

$$\ddot{r} = R_g\omega^2\tfrac{\cos\varphi}{\cos^3\theta}\left(2-\cos^2\theta\right) \tag{1.55}$$

Abb. 1.33 zeigt r, $\dot{r}$, und $\ddot{r}$ für einen Beispielreifen mit

$$R_g = 0{,}5\,\mathrm{m} \qquad \varphi = 15\,\mathrm{deg} \qquad \omega = 60\,\mathrm{rad/\,s} \tag{1.56}$$

Das Minimum r tritt bei $\theta = 0$ auf, das 1,7 cm kürzer als R_g ist.

$$R_h = r_{\min} = 0{,}5\frac{\cos\dfrac{\pi}{12}}{\cos 0} = 0{,}483\,\mathrm{m} \tag{1.57}$$

Betrachtet man die Zeit $t = \theta/\omega = \frac{\pi}{12}/60 = 4{,}363 \times 10^{-3}\,\mathrm{s}$, die ein Reifenelement benötigt, um den Reifenlatsch zu passieren, wären die maximale radiale Geschwindigkeit und die Beschleunigung der Reifenprofilelemente jeweils 8 m/s und 2050 m/s².

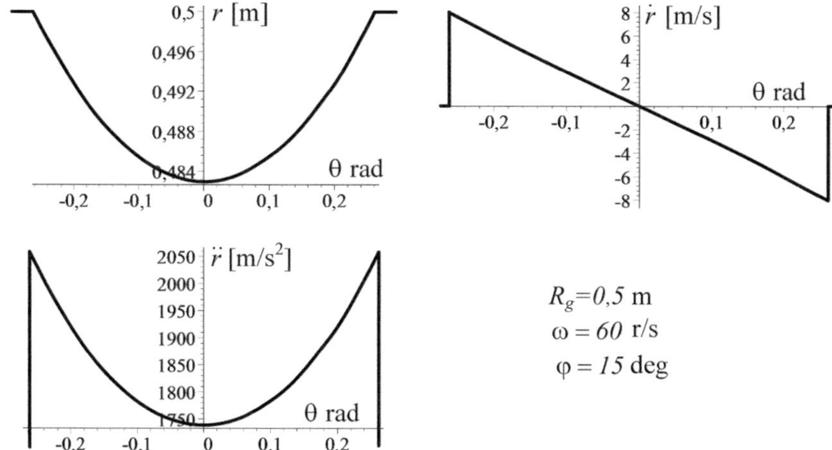

Abb. 1.33 Radiale Verschiebung, Geschwindigkeit und Beschleunigung der Reifenprofile im Reifenlatsch

Beispiel 49 ⋆ *Unmögliche Kinematik für haftenden Reifen.*

Betrachten Sie ein Laufflächenelement eines rollenden Reifens mit konstanter Winkelgeschwindigkeit. Idealerweise haftet das Laufflächenelement am Boden im Reifenlatsch und behält seine konstante Geschwindigkeit in Bezug auf das Zentrum des Reifens bei. Diese widersprüchlichen Bedingungen werden ausgedrückt durch

$$\omega = -\dot{\theta} = cte \qquad \dot{x} = v = R_h \omega = cte \tag{1.58}$$

Die Ableitung der kinematischen Zwangsbedingungen ergibt

$$x = r \sin\theta \qquad R_h = r \cos\theta \qquad -\varphi < \theta < \varphi \tag{1.59}$$

dies liefert uns

$$v = \dot{r} \sin\theta - r\omega \cos\theta \qquad 0 = \dot{r} \cos\theta + r\omega \sin\theta \tag{1.60}$$

Eliminieren wir $\dot{r}$ in ihnen, ergibt sich

$$r = -\frac{v \cos\theta}{\omega} = -R_h \cos\theta = -R_g \cos\varphi \cos\theta \tag{1.61}$$

Gl. (1.61) ist nicht kompatibel mit (1.53) und (1.58), was darauf hinweist, dass die Bedingungen (1.58) nicht beide erfüllt werden können. Also entweder $\omega = -\dot{\theta} \neq cte$ oder $\dot{x} = v \neq cte$. Da es möglich ist, die Winkelgeschwindigkeit des Reifens konstant zu halten, $\omega = cte$, kann die Reifenlauffläche nicht am Boden haften und wird auf dem Boden rutschen. Daher gilt:

$$\dot{x} = v \neq cte \tag{1.62}$$

Beispiel 50 ⋆ *Geschwindigkeitsanalyse im Reifenlatsch.*

Betrachten Sie ein Element eines rollenden Reifenprofils. Die Geschwindigkeit des Elements relativ zum Zentrum des Reifens ist ein Tangentialvektor mit der Geschwindigkeit $v = R_g\omega$, solange es sich nicht in der Reifenaufstandsfläche befindet. Sobald das Element in die Reifenaufstandsfläche eintritt, ändert sich sein Radius mit der Rate von $\dot{r} = -R_g\omega\cos\varphi\frac{\sin\theta}{\cos^2\theta}$. Die Geschwindigkeit des Elements hat dann zwei Komponenten: eine radiale Geschwindigkeit von $\dot{r}$ und eine Tangentialgeschwindigkeit von $v = r\omega$. Da das Element auf der Bodenoberfläche liegen muss, muss der resultierende Geschwindigkeitsvektor des Elements entlang der Oberfläche sein. Abb. 1.34 veranschaulicht die Kinematik des Systems.

Die Geschwindigkeit des Profilelements in der Reifenaufstandsfläche ist daher gleich

$$\begin{aligned} v &= \sqrt{\dot{r}^2 + r^2\omega^2} = \sqrt{\left(-R_g\omega\cos\varphi\frac{\sin\theta}{\cos^2\theta}\right)^2 + \left(R_g\frac{\cos\varphi}{\cos\theta}\omega\right)^2} \\ &= R_g\omega\frac{\cos\varphi}{\cos^2\theta} \qquad\qquad -\varphi < \theta < \varphi \end{aligned} \tag{1.63}$$

Es gibt eine Randbedingungsgleichung zwischen der Geschwindigkeit des Bodens v_G und der Winkelgeschwindigkeit ω, die es uns ermöglicht, die Bodengeschwindigkeit zu berechnen:

$$\frac{\omega}{\varphi} = \frac{v_G}{a} \qquad a = R_g\sin\varphi \tag{1.64}$$

Indem wir die konstante Geschwindigkeit des Bodens durch $v_G = a\omega/\phi$ darstellen, können wir die relative Geschwindigkeit v_{rel} des Reifenprofils und des Bodens bestimmen als

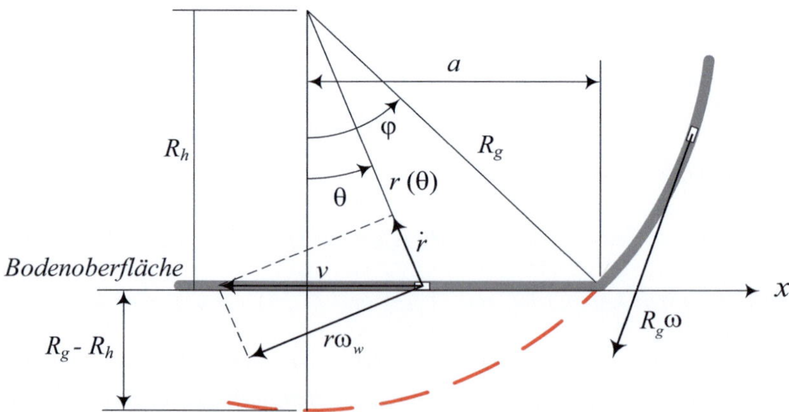

Abb. 1.34 Geschwindigkeitsanalyse des Reifenprofils in der Reifenaufstandsfläche

$$v_{rel} = v - v_G = R_g\omega\frac{\cos\varphi}{\cos^2\theta} - R_g\omega\frac{\sin\varphi}{\varphi} = R_g\omega\left(\frac{\cos\varphi}{\cos^2\theta} - \frac{\sin\varphi}{\varphi}\right) \quad (1.65)$$

Abb. 1.35 *zeigt die Geschwindigkeit v für einen Beispielreifen bei hoher Geschwindigkeit mit*

$$R_g = 0{,}5\,\text{m} \qquad \varphi = 15\,\text{deg} \qquad \omega = 60\,\text{rad/ s} \quad (1.66)$$

und Abb. 1.36 *veranschaulicht die relative Geschwindigkeit* v_{rel} *für den gleichen Reifen mit unterschiedlichem Reifenaufstandsflächenwinkel* ϕ. *Theoretisch ist*

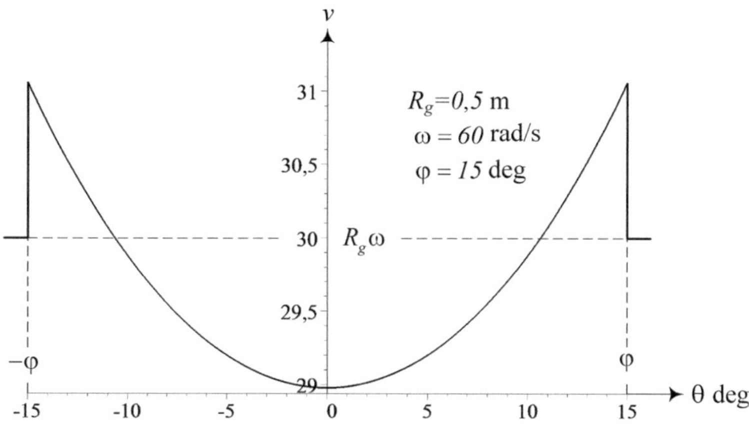

Abb. 1.35 Geschwindigkeitsprofil eines Reifenprofils in der Reifenaufstandsfläche

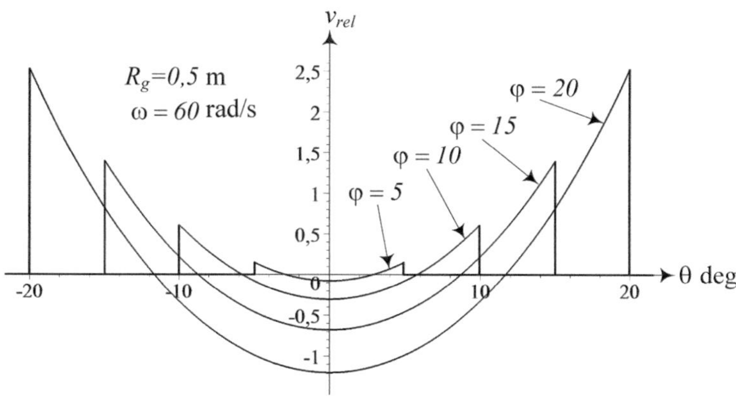

Abb. 1.36 Relative Geschwindigkeit eines Reifenprofils in Bezug auf den Boden in der Reifenaufstandsfläche

die Geschwindigkeit des Reifenprofils $v = R_g\omega$, solange das Profil nicht in der Reifenaufstandsfläche ist. Sobald das Element in die Reifenaufstandsfläche eintritt, springt seine Geschwindigkeit auf den höheren Wert $v = R_g\omega/\cos\phi$. Dann nimmt die Geschwindigkeit allmählich auf den niedrigeren Wert $v = R_g\omega\cos\phi$ in der Mitte der Reifenaufstandsfläche ab. Die Geschwindigkeit wird sich dann auf $v = R_g\omega/\cos\phi$ erhöhen, sobald sie die Reifenaufstandsfläche verlässt und springt zurück auf $v = R_g\omega$ danach. Praktisch würden die scharfen Kanten des Geschwindigkeitsprofils durch kleine Kurven ersetzt.

Beispiel 51 ⋆ *Verschiebungsanalyse im Reifenlatsch.*

Wir können die Gl. (1.63) als Differentialgleichung ausdrücken:

$$dx = R_g\omega\frac{\cos\varphi}{\cos^2\theta}dt = R_g\frac{\cos\varphi}{\cos^2\theta}d\theta \tag{1.67}$$

und die horizontale Verschiebung des Reifenprofils durch Integration bestimmen:

$$x = R_g\cos\varphi\tan\theta \qquad -\varphi < \theta < \varphi \tag{1.68}$$

Vergleichen der Profilverschiebung x bezüglich der Bodenverschiebung x_G

$$x_G = R_g\frac{\theta}{\varphi}\sin\varphi \tag{1.69}$$

gibt uns die relative Verschiebung von Reifen und Boden, x_{rel}:

$$\begin{aligned} x_{rel} &= x - x_G = R_g\cos\varphi\tan\theta - R_g\frac{\theta}{\varphi}\sin\varphi \\ &= R_g\cos\varphi\left(\tan\theta - \frac{\theta}{\varphi}\tan\varphi\right) \end{aligned} \tag{1.70}$$

Interessanterweise ist die Profilverschiebung im Reifenlatsch unabhängig von der Winkelgeschwindigkeit. Daher bleibt die horizontale Verschiebung des Reifenprofils bei unterschiedlicher Zeitrate für verschiedene Winkelgeschwindigkeiten gleich. Abb. 1.37 veranschaulicht die Profilverschiebung x für einen Beispielreifen, und Abb. 1.38 zeigt die relative Verschiebung des Reifenprofils und des Bodens x_{rel}.

Wenn x_{rel} positiv ist, bewegt sich das Profil des Reifens vor der Straße; und wenn x_{rel} negativ ist, liegt das Profil hinter dem entsprechenden Punkt auf der Straße. Abb. 1.39 veranschaulicht, wie sich die Profile des Reifens relativ zum Boden dehnen. Die Profildehnung des frei rollenden Reifens wäre symmetrisch zum Zentrum des Reifenlatsches.

Beispiel 52 ⋆ *Geschwindigkeitszentren des Reifenlatsches.*

Die relative Geschwindigkeit des Reifenprofils im Verhältnis zum Boden hat zwei Nullpunkte. Die relativen Nullpunkte zeigen die Geschwindigkeitszentren des Reifenlatsches an, an denen das Reifenprofil beginnt, schneller oder langsamer als die Straße zu werden. Die Lösung der relativen Geschwindigkeitsgleichung (1.65) für die Winkelposition der Geschwindigkeitszentren ergibt

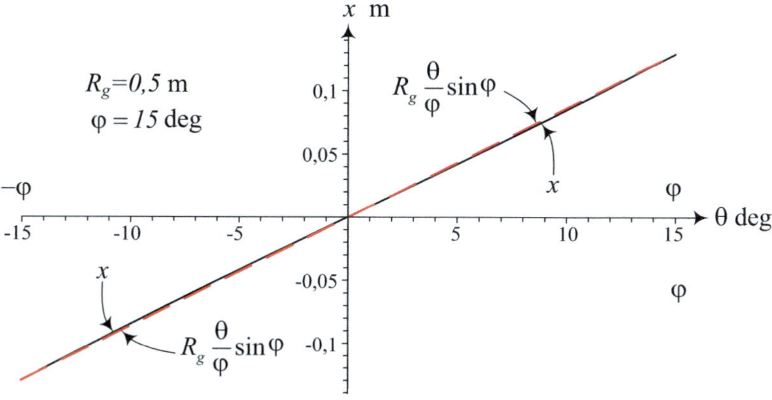

Abb. 1.37 Horizontale Verschiebung des Reifenprofils x und die kontaktlose Verschiebung $R_g\theta$

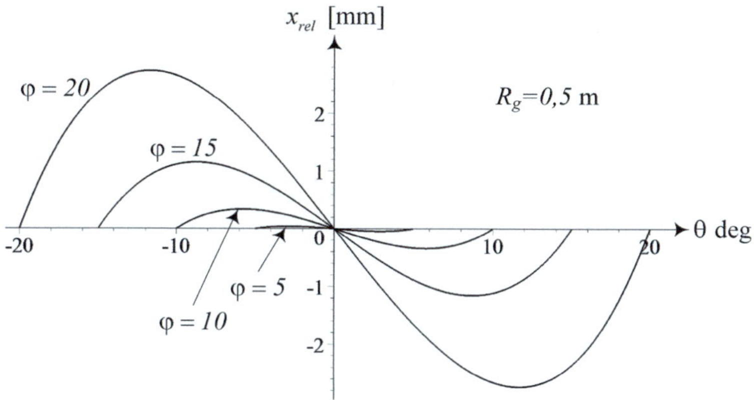

Abb. 1.38 Horizontale Verschiebung des Reifenprofils in Bezug auf den Boden

$$\theta_1 = \cos^{-1}\sqrt{\frac{\varphi}{\tan\varphi}} \qquad \varphi > 0 \tag{1.71}$$

$$\theta_2 = \pi - \cos^{-1}\sqrt{\frac{\varphi}{\tan\varphi}} \qquad \varphi < 0 \tag{1.72}$$

Abb. 1.40 *stellt θ_1 und θ_2 als Funktionen von ϕ dar. Interessanterweise sind die Positionen der Geschwindigkeitszentren unabhängig von der Größe und Kinematik des Reifens, da sie nur Funktionen des Reifenlatschwinkels ϕ sind.*

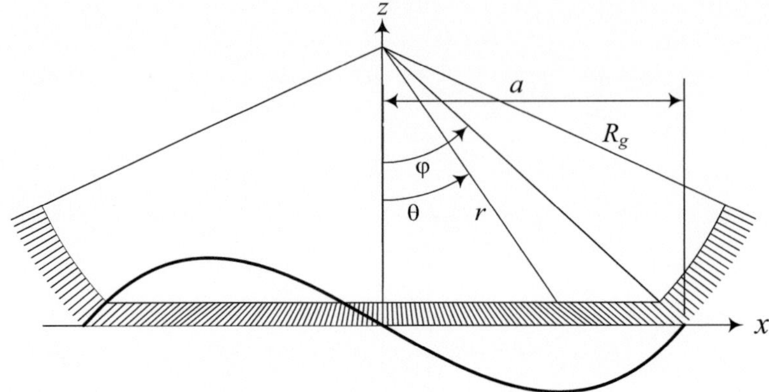

Abb. 1.39 Veranschaulichung der Profilverschiebung eines rollenden Reifens

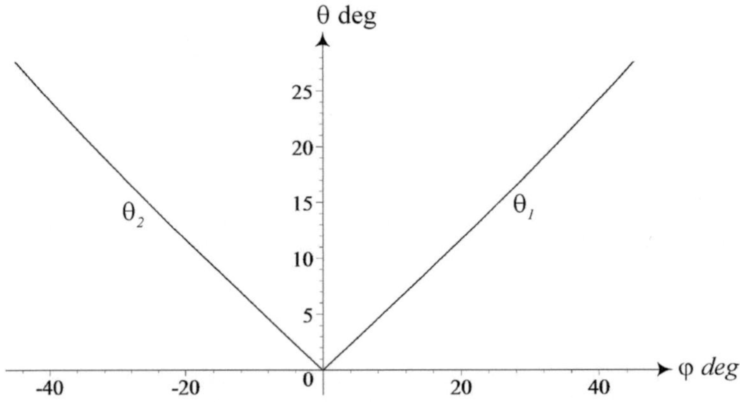

Abb. 1.40 Die Geschwindigkeitszentren θ_1 und θ_2 als Funktionen von ϕ

Die Geschwindigkeitszentren θ_1 und θ_2 bestimmen auch die Winkelpositionen des maximalen und minimalen Punktes der relativen Verschiebung in Abb. 1.38.

Beispiel 53 ⋆ *Längsdehnung und -spannung.*

Mit der horizontalen Dehnung der Profilblöcke eines rollenden Reifens aus Gl. (1.70) *können wir die Längsdehnung ε in den Reifenprofilen bestimmen:*

$$\varepsilon = \frac{\Delta x}{x} = \frac{R_g \cos\varphi \left(\tan\theta - \dfrac{\theta}{\varphi} \tan\varphi \right)}{R_g \cos\varphi \tan\theta} = 1 - \frac{\theta \tan\varphi}{\varphi \tan\theta} \tag{1.73}$$

Unter der Annahme, dass die Dehnung proportional zur Tangentialspannung ist, können wir die Längsschubspannung τ im Reifenlatsch abschätzen als

$$\tau \approx G\varepsilon = G\left(1 - \frac{\theta \tan\varphi}{\varphi \tan\theta}\right) \tag{1.74}$$

Allerdings verhalten sich gummiartige Materialien nicht wie lineares Hooke'sches Material und ihre Spannungs-Dehnungs-Beziehung folgt nicht dem linearen Hooke'schen Gesetz. Die Tangentialspannung ist fast symmetrisch für einen frei rollenden Reifen. Das Anwenden eines Antriebsmoments verschiebt den symmetrischen Punkt der Profilverlagerung der Abb. 1.38 *und* 1.39 *nach hinten. Die Unausgewogenheit der Profilverlagerung führt dazu, dass die resultierenden Vorwärtsschubspannungen höher werden als die resultierenden Rückwärtsschubspannungen und eine Vorwärtstraktionskraft erzeugen. Die umgekehrte Situation tritt beim Bremsen auf. Abb.* 1.41 *zeigt die Dehnungsverteilung im Reifenlatsch für einen Beispielreifen.*

Beispiel 54 ⋆ *Beschleunigungsanalyse im Reifenlatsch.*

Betrachten Sie ein Element einer rollenden Reifenlauffläche. Die Beschleunigung des Elements relativ zum Zentrum des Reifens ist eine Kombination aus tangentialen und radialen Komponenten:

$$\begin{aligned}\mathbf{a} &= a_r\hat{u}_r + a_\theta\hat{u}_\theta = \left(\ddot{r} - r\dot{\theta}^2\right)\hat{u}_r + \left(2\dot{r}\dot{\theta} + r\ddot{\theta}\right)\hat{u}_\theta \\ &= \left(\ddot{r} - r\omega^2\right)\hat{u}_r - 2\dot{r}\omega\hat{u}_\theta\end{aligned} \tag{1.75}$$

*Das Einsetzen der Variablenwerte aus (*1.53*)–(*1.55*) liefert uns*

$$a_r = 2R_g\omega^2 \cos\varphi \frac{\sin^2\theta}{\cos^3\theta} \tag{1.76}$$

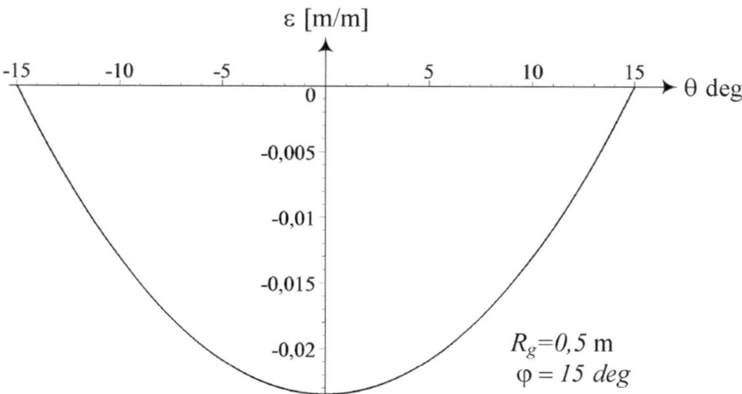

Abb. 1.41 Dehnungsverteilung im Reifenlatsch

$$a_\theta = 2R_g\omega^2 \cos\varphi \tfrac{\sin\theta}{\cos^2\theta} \tag{1.77}$$

$$a = \sqrt{a_r^2 + a_\theta^2} = 2R_g\omega^2 \cos\varphi \frac{\sin\theta}{\cos^3\theta} \tag{1.78}$$

Die absolute Beschleunigung a des Elements muss auf der x-Achse liegen, da sich das Element nur entlang der Bodenoberfläche bewegt. Abb. 1.42 zeigt a_r, a_θ *und a für einen Beispielreifen mit*

$$R_g = 0{,}5\,\text{m} \qquad \varphi = 15\,\text{deg} \qquad \omega = 60\,\text{rad/ s} \tag{1.79}$$

Abb. 1.43 veranschaulicht die Beschleunigungskomponenten eines Laufflächenelements im Reifenlatsch.

⋆ *Ruckanalyse im Reifenlatsch*

Die absolute Beschleunigung der Laufflächen im Reifenlatsch, wie in Gl. (1.78) gegeben, reicht aus, um die Ruckbewegung j der Laufflächen zu berechnen:

$$j = \frac{da}{dt} = \omega\frac{da}{d\theta} = -2\omega^3 \frac{R_g}{\cos^4\theta}(\cos 2\theta - 2)\cos\varphi \tag{1.80}$$

Abb. 1.44 veranschaulicht $j/\left(R_g\omega^3\right)$ *als Funktion von* θ *für einen Reifen mit* $\varphi = 15\,\text{deg}$.

Der Ruck j der Laufflächen ist proportional zu $R_g\omega^3$. *Wenn wir akzeptieren, dass das Geräusch eines Reifens proportional zum Ruck der Laufflächen ist, dann sollten wir zur Reduzierung des Geräuschs eines gegebenen Reifens die Größe des Reifens oder die Winkelgeschwindigkeit des Reifens* ω *reduzieren. Diese Reduzierung muss jedoch bei gleichbleibendem* $R_g\omega$ *erfolgen, da* $R_g\omega$ *fast gleich der Geschwindigkeit des Autos ist. Daher sollten wir zur Reduzierung des Rucks eines*

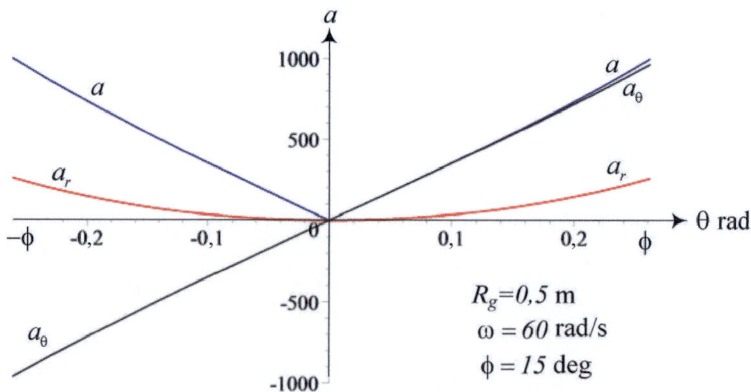

Abb. 1.42 Radiale und tangentiale Komponenten der Beschleunigung eines Reifenlaufflächenelements in der Reifenlatschzone

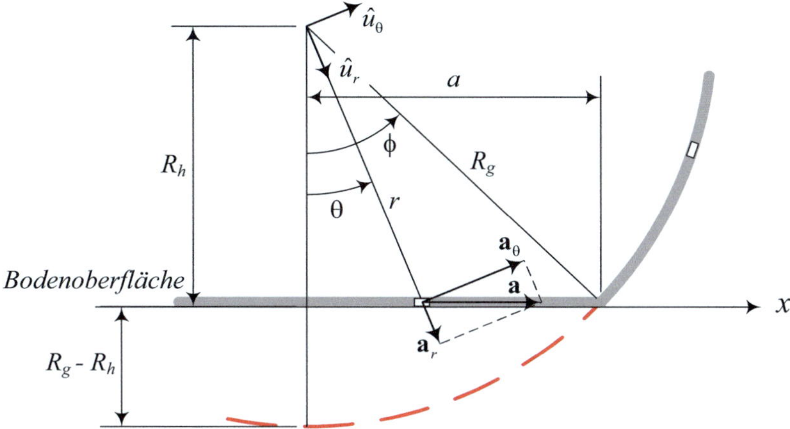

Abb. 1.43 Die Beschleunigungskomponenten eines Laufflächenelements im Reifenlatsch

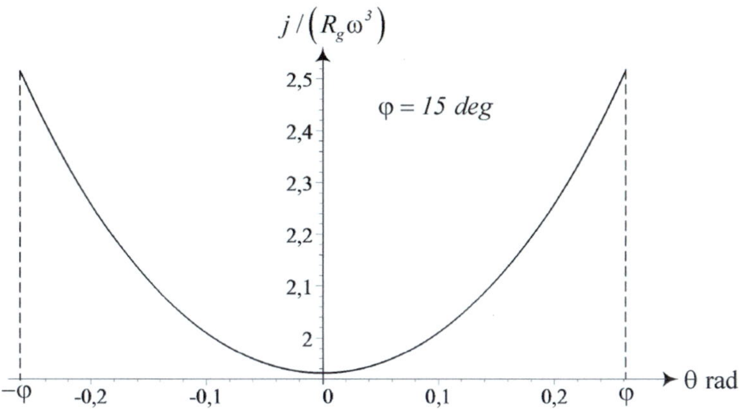

Abb. 1.44 Nichtdimensionaler Reifenlaufflächenruck $j/(R_g\omega^3)$ als Funktion von θ für einen Reifen mit $\varphi = 15\,\text{deg}$

Reifens bei einer gegebenen Geschwindigkeit v einen größeren Reifen verwenden, um ein kleineres ω zu erhalten:

$$\omega \approx \frac{v}{R_g} \tag{1.81}$$

$$j = -2\omega^2 \frac{v}{\cos^4\theta}(\cos 2\theta - 2)\cos\varphi \tag{1.82}$$

Durch Erhöhung von R_g bei konstantem v reduzieren wir den Ruck j erheblich. Erstens, weil j um die Größenordnung von ω^2 abfällt, und zweitens, weil ϕ um die Größenordnung von $\sin^{-1}\frac{1}{R_g}$ abfällt, wie

$$\varphi = \sin^{-1}\frac{a}{R_g} \tag{1.83}$$

Die halbe Länge des Reifenlatsches a ist eine Funktion des Gesamtgewichts auf einem Reifen und ist für ein gegebenes Auto, das jeden Reifen mit der gleichen Breite w verwendet, fast konstant. Der Ruck als Funktion des Reifenradius R_g ist

$$j = -2\frac{v^3}{R_g^2}\sqrt{1-\frac{a^2}{R_g^2}}\frac{\cos 2\theta - 2}{\cos^4\theta} \tag{1.84}$$

Ein Diagramm von $j/\left(v^3/a^2\right)$ gegenüber R_g und θ ist in Abb. 1.45 für $a = 0{,}1\,\mathrm{m}$ dargestellt, um den Effekt der Erhöhung von R_g auf das Niveau des Reifenprofil-Rucks zu zeigen.

1.6 ⋆ Kräfte am Reifenlatsch eines ruhenden Reifens

Die pro Flächeneinheit auf einen Reifen im Reifenlatsch ausgeübte Kraft kann in eine Komponente normal zum Boden und eine Komponente tangential zum Boden zerlegt werden. Die normale Komponente ist der Kontaktdruck σ_z, während die tangentiale Komponente weiter in die x und y Richtungen zerlegt werden kann, um die longitudinalen und lateralen Scherkräfte τ_x und τ_y zu erzeugen.

Für einen stationären Reifen unter Normallast ist der Reifenlatsch symmetrisch. Aufgrund von Gleichgewichtsbedingungen muss das Gesamtintegral der

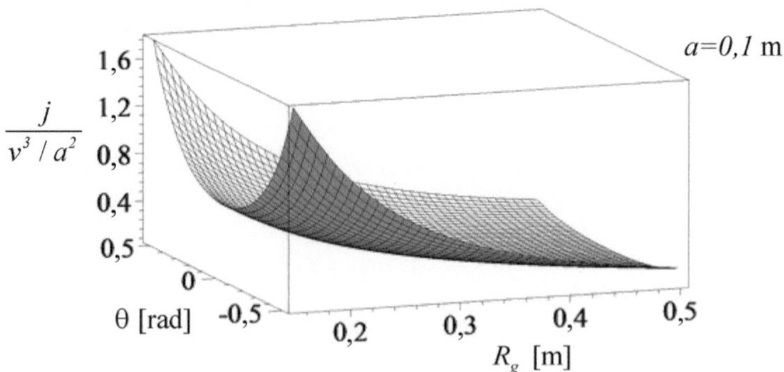

Abb. 1.45 Ein Diagramm des Reifenprofil-Ruck $j/\left(v^3/a^2\right)$ als Funktion von R_g und θ für $a = 0{,}1\,\mathrm{m}$

Normalspannung über die Reifenlatschfläche A_P gleich der Normallast F_z sein, und das Integral der Scherspannungen muss gleich null sein:

$$\int_{A_P} \sigma_z(x, y)\, dA = F_z \tag{1.85}$$

$$\int_{A_P} \tau_x(x, y)\, dA = 0 \tag{1.86}$$

$$\int_{A_P} \tau_y(x, y)\, dA = 0 \tag{1.87}$$

1.6.1 ⋆ Ruhender Reifen, Normalspannung

Abb. 1.46 veranschaulicht einen ruhenden Reifen unter einer Normallast F_z zusammen mit der erzeugten Normalspannung σ_z, die auf den Boden ausgeübt wird. Die auf den Reifen ausgeübten Lasten sind in der Seitenansicht in Abb. 1.47 dargestellt. Für einen stationären Reifen hängt die Form der Normalspannung $\sigma_z\,(x, y)$ über die Reifenlatschfläche von den Reifen- und Lastbedingungen ab, ihre Verteilung über den Reifenlatsch hat jedoch im Allgemeinen die in Abb. 1.48 gezeigte Form.

Die Normalspannung $\sigma_z\,(x, y)$ kann durch die Funktion

$$\sigma_z(x, y) = \sigma_{z_M}\left(1 - \frac{x^6}{a^6} - \frac{y^6}{b^6}\right) \tag{1.88}$$

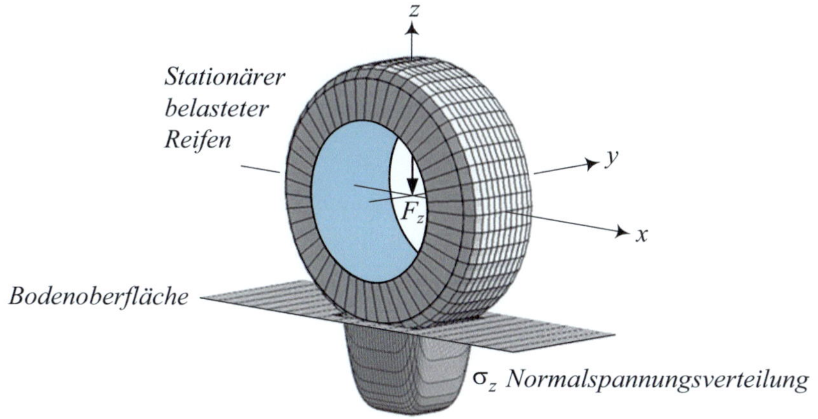

Abb. 1.46 Normalspannung σ_z, die ein ruhender Reifens unter einer Normallast F_z auf den Boden ausübt

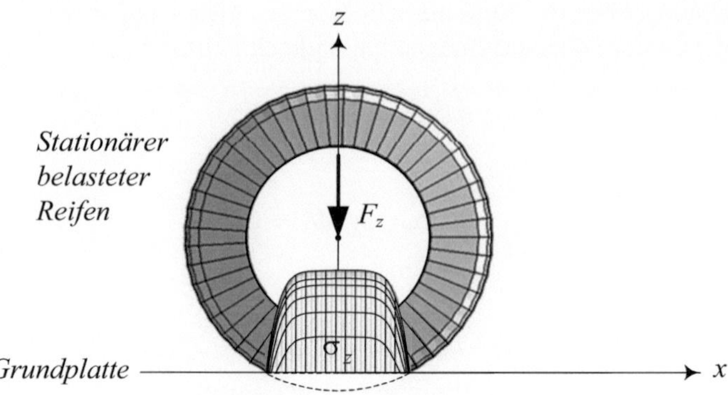

Abb. 1.47 Seitenansicht einer Normalkraft F_z und Spannung σ_z, die auf einen ruhenden Reifen wirken

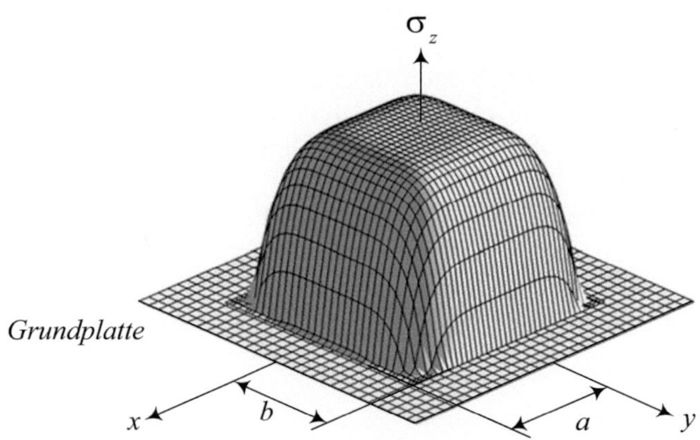

Abb. 1.48 Ein Modell der Normalspannung $\sigma_z\ (x, y)$ im Bereich des Reifenlatsches für einen stationären Reifen

angenähert werden.

wobei a und b die Abmessungen des Reifenlatsches sind, wie in Abb. 1.49 gezeigt. Die Reifenabdrücke können ungefähr durch eine mathematische Funktion

$$\frac{x^{2n}}{a^{2n}} + \frac{y^{2n}}{b^{2n}} = 1 \qquad n \in N \tag{1.89}$$

modelliert werden. Für Radialreifen kann $n = 3$ oder $n = 2$ verwendet werden:

$$\frac{x^6}{a^6} + \frac{y^6}{b^6} = 1 \tag{1.90}$$

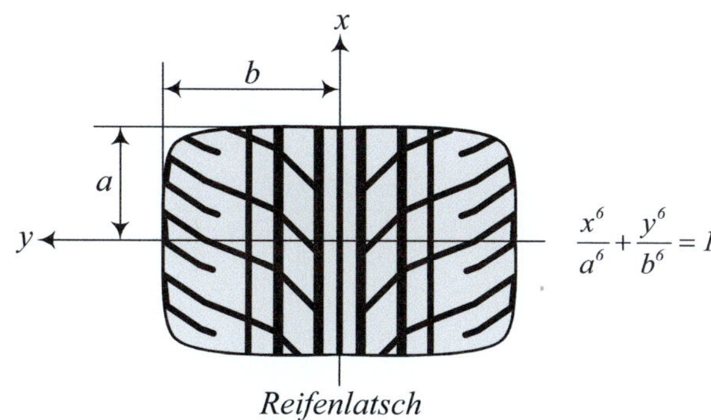

Abb. 1.49 Ein Modell für den Reifenlatsch von stationären Radialreifen unter Normallast

während für Nicht-Radialreifen $n = 1$ eine bessere Näherung ist:

$$\frac{x^2}{a^2} = \frac{y^2}{b^2} = 1 \tag{1.91}$$

Beispiel 55 *Normalspannung im Reifenlatsch.*

*Ein Auto wiegt 800*kg. *Wenn $a_1 = a_2$ und der Reifenlatsch jedes Radialreifens $A_P = 4 \times a \times b = 4 \times 5\,\text{cm} \times 12\,\text{cm}$ ist, dann muss die Normalspannungsverteilung σ_z unter jedem Radialreifen die folgende Gleichgewichtsgleichung erfüllen:*

$$\begin{aligned} F_z &= \tfrac{1}{4}800 \times 9{,}81 = \int_{A_P} \sigma_z(x,y)\,dA \\ &= \int_{-0{,}05}^{0{,}05}\int_{-0{,}12}^{0{,}12} \sigma_{z_M}\left(1 - \tfrac{x^6}{0{,}05^6} - \tfrac{y^6}{0{,}12^6}\right) dy\,dx \\ &= 1{,}7143 \times 10^{-2}\sigma_{z_M} \end{aligned} \tag{1.92}$$

Daher ist die maximale Normalspannung

$$\sigma_{z_M} = \frac{F_z}{1{,}7143 \times 10^{-2}} = 1{,}1445 \times 10^5\,\text{Pa} \tag{1.93}$$

und die Spannungsverteilung über den Reifenlatsch ist

$$\sigma_z(x,y) = 1{,}1445 \times 10^5 \left(1 - \frac{x^6}{0{,}05^6} - \frac{y^6}{0{,}12^6}\right) \text{Pa} \tag{1.94}$$

Beispiel 56 *Normallast im Reifenlatsch für $n = 2$.*

*Die maximale Normalspannung σ_{z_M} für ein 800*kg *schweres Auto mit $a_1 = a_2$ und $A_P = 4 \times a \times b = 4 \times 5\,\text{cm} \times 12\,\text{cm}$, kann für nicht-radiale Reifen mit $n = 2$ wie folgt gefunden werden:*

$$\begin{aligned} F_z &= \tfrac{1}{4}800 \times 9{,}81 = \int_{A_P} \sigma_z(x,y)\,dA \\ &= \int_{-0{,}05}^{0{,}05}\int_{-0{,}12}^{0{,}12} \sigma_{z_M}\left(1 - \tfrac{x^4}{0{,}05^4} - \tfrac{y^4}{0{,}12^4}\right) dy\,dx \\ &= 1{,}44 \times 10^{-2}\sigma_{z_M} \end{aligned} \tag{1.95}$$

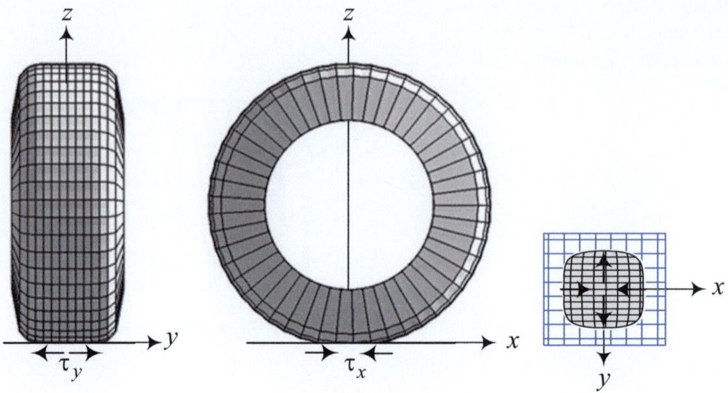

Abb. 1.50 Richtung der Tangentialspannungen auf dem Reifenlatsch eines stationär vertikal belasteten Reifens

$$\sigma_{z_M} = \frac{F_z}{1{,}44 \times 10^{-2}} = 1{,}3625 \times 10^5 \,\text{Pa} \tag{1.96}$$

Vergleich von $\sigma_{z_M} = 1{,}3625 \times 10^5\,\text{Pa}$ *für* $n = 2$ *mit* $\sigma_{z_M} = 1{,}1445 \times 10^5\,\text{Pa}$ *für* $n = 3$ *zeigt, dass die maximale Spannung für nicht-radiale Reifen,* $n = 2$*,* $\left(1 - \frac{1{,}1445}{1{,}3625}\right) \times 100 = 16\,\%$ *höher ist als bei radialen Reifen,* $n = 3$*.*

1.6.2 ★ Ruhender Reifen, Tangentialspannungen

Aufgrund der Reifenverformung im Kontakt mit dem Boden wird eine dreidimensionale Spannungsverteilung im Reifenlatsch entstehen, selbst bei einem ruhenden Reifen. Die *tangentialen Spannungen* τ auf dem Reifenlatsch können in x- und y-Richtungen zerlegt werden. Die Tangentialspannung wird auch als *Scherspannung* oder *Reibspannung* bezeichnet.

Bei einem ruhenden Reifen unter einer Normallast sind die Tangentialspannungen in x-Richtung nach innen und in y-Richtung nach außen gerichtet. Daher versucht der Reifen, den Boden in der x-Achse zu dehnen und den Boden auf der y-Achse zu verdichten. Abb. 1.50 zeigt die Scherspannungen auf einem vertikal belasteten stationären Reifen. Die Kraftverteilung auf dem Reifenlatsch ist nicht konstant und wird durch Reifenstruktur, Last, Reifendruck und Umgebungsbedingungen beeinflusst.

Die Tangentialspannung τ_x in der x-Richtung kann modelliert und ausgedrückt werden durch:

$$\tau_x(x, y) = -\tau_{x_M} \left(\frac{x^{2n+1}}{a^{2n+1}}\right) \sin^2\left(\frac{x}{a}\pi\right) \cos\left(\frac{y}{2b}\pi\right) \qquad n \in N \tag{1.97}$$

τ_x ist negativ für $x>0$ und positiv für $x<0$, was eine nach innen gerichtete Längsspannung zeigt. Abb. 1.51 veranschaulicht den absoluten Wert einer τ_x-Verteilung für $n=1$.

Die Tangentialspannung in y-Richtung τ_y kann durch die folgende Gleichung modelliert werden:

$$\tau_y(x,y) = -\tau_{y_M}\left(\frac{x^{2n}}{a^{2n}} - 1\right)\sin\left(\frac{y}{b}\pi\right) \qquad n \in N \tag{1.98}$$

wobei τ_y positiv ist für $y>0$ und negativ für $y<0$, was eine nach außen gerichtete Querspannung zeigt. Abb. 1.52 veranschaulicht den absoluten Wert einer τ_y-Verteilung für $n=1$.

1.7 Rollwiderstand

Ein sich auf dem Boden drehender Reifen erzeugt eine Längskraft $\mathbf{F}_r$, die als *Rollwiderstand* bezeichnet wird. Die Kraft ist entgegengesetzt zur Bewegungsrichtung und proportional zur Normalkraft auf dem Reifenlatsch:

$$\mathbf{F}_r = -F_r\,\hat{\imath} \tag{1.99}$$

$$F_r = \mu_r F_z \tag{1.100}$$

Der Parameter μ_r wird als *Rollreibungskoeffizient* bezeichnet. Der Wert von μ_r hängt von der Reifengeschwindigkeit, dem Reifendruck, den Schwimm- und Sturzwinkeln ab. Er hängt auch von mechanischen Eigenschaften, Geschwindigkeit, Verschleiß, Temperatur, Last, Größe, Antriebs- und Bremskräften und Straßenzustand ab.

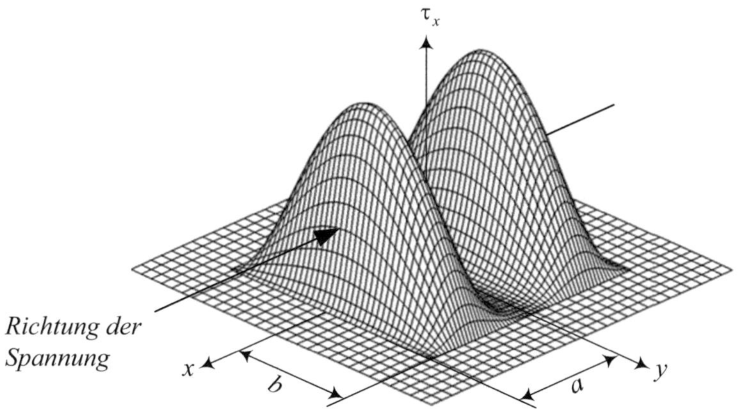

Abb. 1.51 Absoluter Wert eines τ_x-Verteilungsmodells für $n=1$

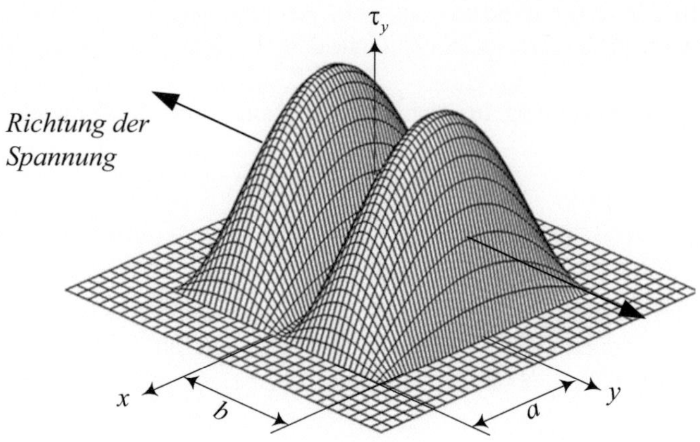

Abb. 1.52 Absoluter Wert eines τ_y-Verteilungsmodells für $n = 1$

Beweis. Wenn sich ein Reifen auf der Straße dreht, erfährt der Teil des Reifenumfangs, der über den Asphalt fährt, eine Verformung. Ein Teil der Energie, die für die Verformung aufgewendet wird, wird bei der folgenden Entspannung nicht wiedergewonnen. Daher bewirkt eine Änderung in der Verteilung des Kontaktdrucks im vorderen Teil des Reifenlatsches eine höhere Normalspannung σ_z als im hinteren Teil. Die verlorene Energie und die Spannungsverzerrung verursachen den Rollwiderstand.

Die Abb. 1.53 und 1.54 veranschaulichen ein Modell der Normalspannungsverteilung über den Reifenlatsch und ihre resultierende Kraft F_z für einen sich drehenden Reifen.

Aufgrund der höheren Normalspannung im vorderen Teil des Reifenlatsches, bewegt sich die resultierende Normalkraft nach vorne. Diese Vorwärtsverschiebung der Normalkraft erzeugt ein Widerstandsmoment in der $-y$ Richtung, das der Vorwärtsrotation entgegenwirkt:

$$\mathbf{M}_r = -M_r \hat{\jmath} \tag{1.101}$$

$$M_r = F_z \Delta x \tag{1.102}$$

Das Rollwiderstandsmoment $\mathbf{M}_r$ kann als Ergebnis einer Rollwiderstandskraft $\mathbf{F}_r$ parallel zur x-Achse angenommen werden:

$$\mathbf{F}_r = -F_r \hat{\imath} \tag{1.103}$$

$$F_r = \frac{1}{R_h} M_r = \frac{\Delta x}{R_h} F_z \tag{1.104}$$

Da die Rollwiderstandskraft F_r direkt proportional zur Normallast ist, können wir die Proportionalität durch Verwendung eines Rollreibungskoeffizienten μ_r definieren:

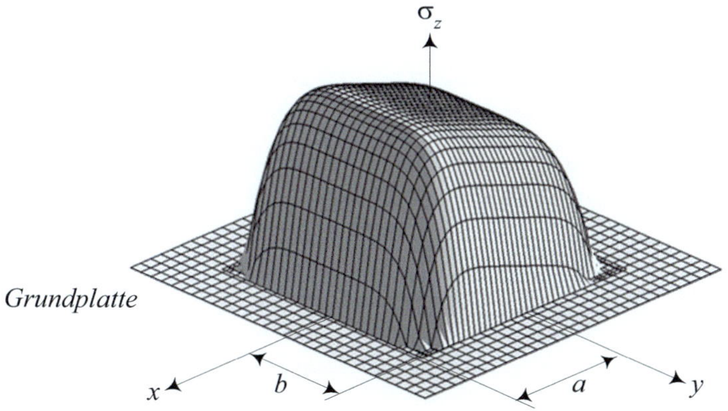

Abb. 1.53 Ein Modell der Normalspannung $\sigma_z(x, y)$ im Bereich des Reifenlatsches für einen rollenden Reifen

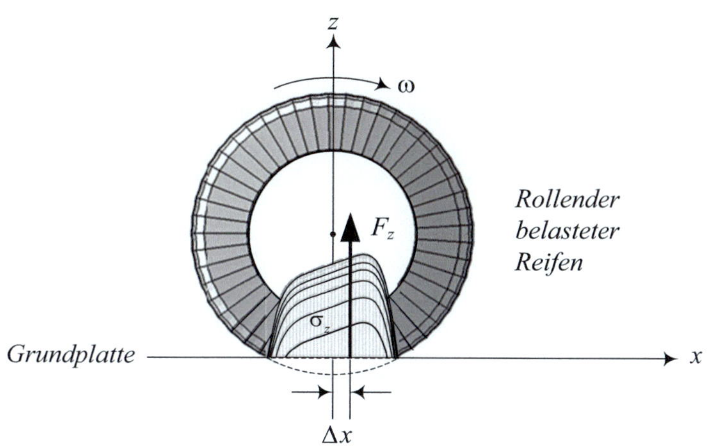

Abb. 1.54 Seitenansicht einer Normalspannungsverteilung σ_z und ihrer resultierenden Kraft F_z auf einem rollenden Reifen

$$F_r = \mu_r F_z \tag{1.105}$$

■

Beispiel 57 *Ein Modell für die Normalspannung eines sich drehenden Reifens.*

Wir können annehmen, dass die Normalspannung eines sich drehenden Reifens durch folgende Gleichung ausgedrückt wird:

$$\sigma_z = \sigma_{z_m}\left(1 - \frac{x^{2n}}{a^{2n}} - \frac{y^{2n}}{b^{2n}} + \frac{x}{4a}\right) \tag{1.106}$$

*wobei n = 3 oder n = 2 für Radialreifen und n = 1 für Nicht-Radialreifen gilt. Wir können den mittleren Spannungswert σ_{z_m} bestimmen, indem wir die Gesamtlast auf dem Reifen kennen. Wenn wir z. B. n = 3 für ein 800*kg *schweres Auto mit einem Reifenlatsch* $A_P = 4 \times a \times b = 4 \times 5\,cm \times 12\,cm$ *verwenden, haben wir*

$$\begin{aligned} F_z &= \tfrac{1}{4}800 \times 9{,}81 = \int_{A_P} \sigma_z(x,y)\, dA \\ &= \int_{-0{,}05}^{0{,}05}\int_{-0{,}12}^{0{,}12} \sigma_{z_m}\left(1 - \tfrac{x^6}{0{,}05^6} - \tfrac{y^6}{0{,}12^6} + \tfrac{x}{4\times 0{,}05}\right) dy\, dx \\ &= 1{,}7143 \times 10^{-2} \sigma_{z_m} \end{aligned} \tag{1.107}$$

und daher

$$\sigma_{z_m} = \frac{F_z}{1{,}7143 \times 10^{-2}} = 1{,}1445 \times 10^5\,\mathrm{Pa} \tag{1.108}$$

Beispiel 58 *Verformung und Rollwiderstand.*

Die Verzerrung der Spannungsverteilung ist proportional zur Reifen-Straßen-Verformung, die der Grund für die Verschiebung der resultierenden Kraft nach vorne ist. Daher nimmt der Rollwiderstand mit zunehmender Verformung zu. Ein Hochdruckreifen auf Beton hat einen geringeren Rollwiderstand als ein Niederdruckreifen auf Erde.

Um den Mechanismus der Dissipationsenergie für einen sich drehenden Reifen zu modellieren, nehmen wir an, dass es viele kleine Dämpfer und Federn in der Reifenstruktur gibt. Paare von parallelen Dämpfern und Federn sind radial und umständlich installiert. Abb. 1.55 *veranschaulicht die Feder- und Dämpfungsstrukturen eines Reifens.*

1.7.1 Auswirkung der Geschwindigkeit auf den Rollreibungskoeffizienten

Der Rollreibungskoeffizient μ_r steigt mit dem Quadrat der Geschwindigkeit. Experimente zeigen, dass wir $\mu_r = \mu_r(v_x)$ durch die folgende Funktion ausdrücken können:

$$\mu_r = \mu_0 + \mu_1 v_x^2 \tag{1.109}$$

Beweis. Der Rollreibungskoeffizient erhöht sich experimentell durch Erhöhung der Geschwindigkeit. Wir können eine Polynomfunktion

$$\mu_r = \sum_{i=0}^{n} \mu_i v_x^i \tag{1.110}$$

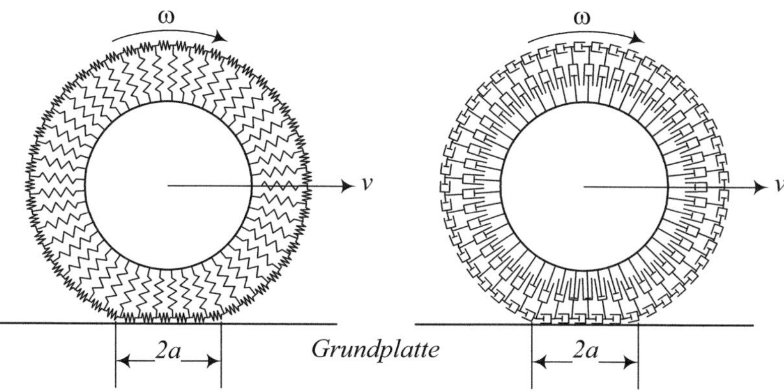

Abb. 1.55 Feder- und Dämpfungsstrukturen eines Reifens

verwenden, um die experimentellen Daten anzupassen. Praktisch gesehen würden zwei oder drei Terme des Polynoms ausreichen, um $\mu_r = \mu_r(v_x)$ auszudrücken. Die Funktion

$$\mu_r = \mu_0 + \mu_1 \, v_x^2 \tag{1.111}$$

ist einfach und gut genug, um experimentelle Daten und analytische Berechnungen darzustellen. Die Werte von

$$\mu_0 = 0{,}015 \tag{1.112}$$

$$\mu_1 = 7 \times 10^{-6} \, \mathrm{s}^2 / \, \mathrm{m}^2 \tag{1.113}$$

sind für die meisten Pkw-Reifen verwendbar. Allerdings sollten μ_0 und μ_1 für jeden einzelnen Reifen experimentell bestimmt werden. Abb. 1.56 zeigt einen Vergleich zwischen Gl. (1.109) und experimentellen Daten für einen Radialreifen.

Allgemein gesagt ist der Rollreibungskoeffizient von Radialreifen geringer als der von Nicht-Radialreifen. Abb. 1.57 zeigt einen Vergleich.

Gl. (1.109) wird angewendet, wenn die Geschwindigkeit unter der kritischen Geschwindigkeit des Reifens liegt. Die *kritische Geschwindigkeit* ist die Geschwindigkeit, bei der stehende Umfangswellen auftreten und die Rollreibung schnell ansteigt. Die Wellenlänge der stehenden Wellen ist nahe an der Länge des Reifenlatsches. Über der kritischen Geschwindigkeit kommt es zu Überhitzung und der Reifen versagt sehr schnell. Abb. 1.58 zeigt die Umfangswellen in einem rollenden Reifen bei seiner kritischen Geschwindigkeit.■

Beispiel 59 *Rollwiderstandskraft und Fahrzeuggeschwindigkeit.*

Für Computersimulationen wird eine Gleichung vierten Grades verwendet, um die Rollwiderstandskraft F_r

$$F_r = C_0 + C_1 \, v_x + C_2 \, v_x^4 \tag{1.114}$$

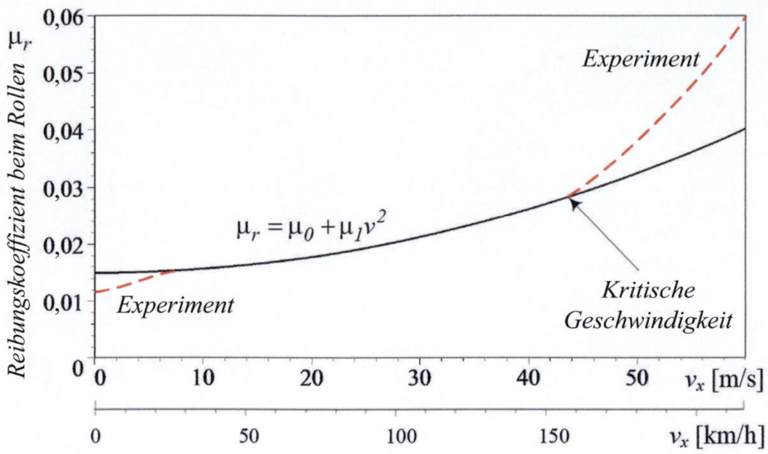

Abb. 1.56 Vergleich zwischen der analytischen Gleichung und experimentellen Daten für den Rollreibungskoeffizienten eines Radialreifens

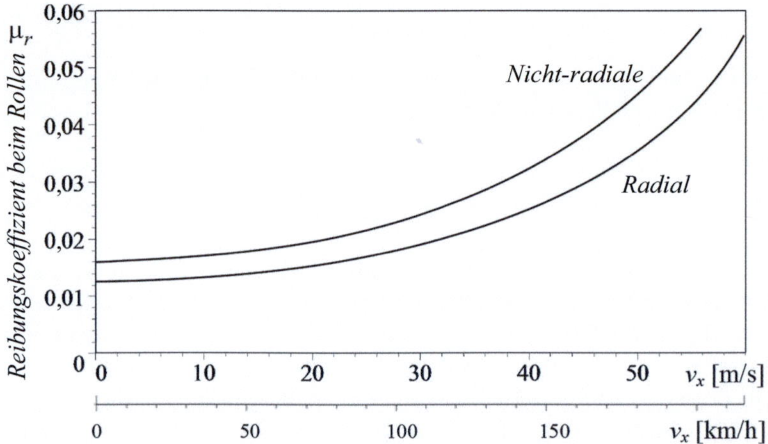

Abb. 1.57 Vergleich des Rollreibungskoeffizienten zwischen Radial- und Nicht-Radialreifen

zu bewerten. Die Koeffizienten C_i *hängen von den Reifeneigenschaften ab, jedoch können die folgenden Werte für einen typischen Radial-Pkw-Reifen verwendet werden:*

$$\begin{aligned} C_0 &= 9{,}91 \times 10^{-3} \\ C_1 &= 1{,}95 \times 10^{-5} \\ C_2 &= 1{,}76 \times 10^{-9} \end{aligned} \tag{1.115}$$

Beispiel 60 ⋆ *Begründung für das Auftreten von Wellen.*

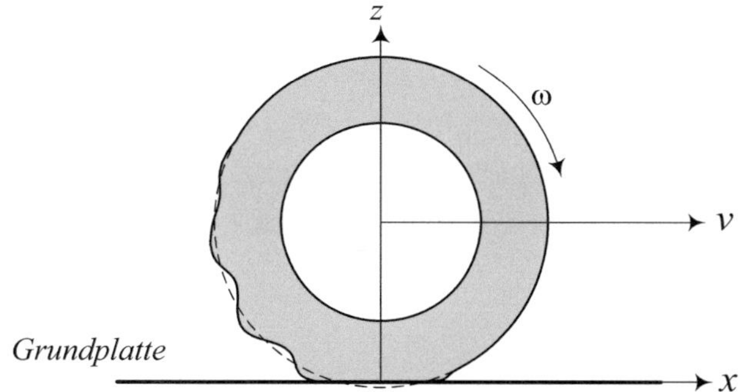

Abb. 1.58 Darstellung von Umfangswellen in einem rollenden Reifen bei seiner kritischen Geschwindigkeit

Die Normalspannung wird vorrücken, wenn sich der Reifen auf einer Straße dreht. Durch Erhöhung der Geschwindigkeit wird sich die Normalspannung stärker verschieben und sich in der ersten Hälfte des Reifenlatsches konzentrieren, was zu geringer Spannung in der zweiten Hälfte des Reifenlatsches führt. Hohe Spannung in der ersten Hälfte zusammen mit keiner Spannung in der zweiten Hälfte ähnelt dem wiederholten Schlagen des Reifens. Wenn sich der Reifen schneller als seine kritische Geschwindigkeit bewegt, wird sich der geschlagene Reifen nicht vollständig erholen, bevor der nächste Aufprall mit dem Boden erfolgt.

Beispiel 61 ⋆ *Rennwagenreifen.*

Rennwagen haben sehr glatte Reifen, bekannt als **Slicks**. *Glatte Reifen reduzieren die Rollreibung und maximieren die Geradlinigkeitsgeschwindigkeit. Die glatten Rennreifen werden auch auf hohen Druck aufgepumpt. Hoher Druck reduziert die Reifenlatschfläche. Daher reduziert sich die Verschiebung der normalen Spannung, und der Rollwiderstand verringert sich.*

Beispiel 62 ⋆ *Auswirkung von Reifenstruktur, Größe, Verschleiß und Temperatur auf* μ_r.

Das Reifenmaterial und die Anordnung der Reifenlagen beeinflussen den Rollreibungskoeffizienten und die kritische Geschwindigkeit. Radialreifen haben etwa 20 % niedrigeren μ_r *und 20 % höhere kritische Geschwindigkeit als ähnliche Nicht-Radialreifen.*

Reifenradius R_g *und Querschnittsverhältnis* h_T/w_T *sind die beiden Größenparameter, die den Rollwiderstandskoeffizienten beeinflussen. Ein Reifen mit größerem* R_g *und kleinerem* h_T/w_T *hat einen geringeren Rollwiderstand und eine höhere kritische Geschwindigkeit.*

Allgemein gesprochen verringert sich der Rollreibungskoeffizient mit dem Verschleiß sowohl bei Radial- als auch bei Nicht-Radialreifen und erhöht sich durch Erhöhung der Temperatur.

Beispiel 63 *Straßenbelag und Rollwiderstand.*

Der Einfluss des Belags und des Straßenzustands wird durch Zuweisung eines Werts für μ_0 in der Gleichung $\mu_r = \mu_0 + \mu_1 v_x^2$. Tab. 1.6 ist eine gute Referenz.

1.7.2 Einfluss des Reifendrucks und der Last auf den Rollreibungskoeffizienten

Der Rollreibungskoeffizient μ_r verringert sich mit steigendem Reifendruck p. Der Effekt des steigenden Drucks entspricht einer Abnahme der normalen Last F_z.

Die folgende empirische Gleichung wurde vorgeschlagen, um die Auswirkungen sowohl des Drucks p als auch der Last F_z auf den Rollreibungskoeffizienten zu zeigen.

$$\mu_r = \frac{K}{1000}\left(5{,}1 + \frac{5{,}5 \times 10^5 + 90F_z}{p} + \frac{1100 + 0{,}0388F_z}{p} v_x^2\right) \quad (1.116)$$

Tab. 1.6 Der Wert von μ_0 auf verschiedenen Belägen

Zustand von Straße und Belag	μ_0
Sehr guter Beton	0,008 – 0,01
Sehr guter Asphalt	0,01 – 0,0125
Durchschnittlicher Beton	0,01 – 0,015
Sehr guter Gehweg	0,015
Sehr guter Schotter	0,013 – 0,016
Durchschnittlicher Asphalt	0,018
Beton in schlechtem Zustand	0,02
Gutes Pflaster	0,02
Durchschnittlicher Schotter	0,018 – 0,023
Asphalt in schlechtem Zustand	0,023
Staubiger Schotter	0,023 – 0,028
Gutes Steinpflaster	0,033 – 0,055
Gutes Naturpflaster	0,045
Steinpflaster in schlechtem Zustand	0,085
Schnee flach (5 cm)	0,025
Schnee dick (10 cm)	0,037
Ungepflegte Naturstraße	0,08 – 0,16
Sand	0,15 – 0,3

Der Parameter K ist gleich 0,8 für Radialreifen und gleich 1,0 für Nicht-Radialreifen. Der Wert von F_z, p und v_x muss in [N], [Pa] und [m/ s] angegeben werden. Ein niedriger Reifendruck erhöht den Rollwiderstand, den Kraftstoffverbrauch, den Reifenverschleiß und die Reifentemperatur.

Beispiel 64 *Rollreibungskoeffizient eines Motorrads.*

Die folgenden Gleichungen werden zur Berechnung des Rollreibungskoeffizienten μ_r von Motorrädern vorgeschlagen. Sie können nur als grobe Schätzung für Personenkraftwagen verwendet werden. Die Gleichungen berücksichtigen den Reifendruck und die Vorwärtsgeschwindigkeit des Motorrads, aber nicht die Last auf dem Reifen F_z.

$$\mu_r = \begin{cases} 0{,}0085 + \dfrac{1800}{p} + \dfrac{2{,}0606}{p} v_x^2 & v_x \leq 46\,\mathrm{m/\,s} \\[2ex] \dfrac{1800}{p} + \dfrac{3{,}7714}{p} v_x^2 & v_x > 46\,\mathrm{m/\,s} \end{cases} \tag{1.117}$$
$$46\,\mathrm{m/\,s} \approx 165\,\mathrm{km/\,h}$$

Die Geschwindigkeit v_x muss in [m/ s] *und der Druck p muss in* [Pa] *angegeben werden. Abb.* 1.59 *veranschaulicht diese Gleichung für $v_x \leq 46\,\mathrm{m/s}$ ($\approx 165\,\mathrm{km/h}$). Eine Erhöhung des Reifendrucks p verringert den Rollreibungskoeffizienten μ_r.*

Beispiel 65 *Dissipierte Leistung aufgrund von Rollreibung.*

Die Rollreibung reduziert die Leistung des Fahrzeugs. Die dissipierte Leistung aufgrund von Rollreibung entspricht der Rollreibungskraft F_r multipliziert mit der Vorwärtsgeschwindigkeit v_x. Unter Verwendung der Gl. (1.116) *beträgt die Leistung des Rollwiderstands*

$$\begin{aligned} P &= F_r\, v_x = -\mu_r\, v_x\, F_z \\ &= \tfrac{-K\, v_x}{1000}\left(5{,}1 + \tfrac{5{,}5\times 10^5+90F_z}{p} + \tfrac{1100+0{,}0388F_z}{p}\, v_x^2\right)F_z \end{aligned} \tag{1.118}$$

Die resultierende Leistung P ist in [W] *angegeben, wenn die Normalkraft F_z in [N], Geschwindigkeit v_x in* [m/ s] *und Druck p in* [Pa] *ausgedrückt wird.*

Die dissipierte Leistung des Rollwiderstands für Motorräder kann auf Basis der Gl. (1.117) *ermittelt werden:*

$$P = \begin{cases} \left(0{,}0085 + \dfrac{1800}{p} + \dfrac{2{,}0606}{p} v_x^2\right) v_x F_z & v_x \leq 46\,\mathrm{m/\,s} \\[2ex] \left(\dfrac{1800}{p} + \dfrac{3{,}7714}{p} v_x^2\right) v_x F_z & v_x > 46\,\mathrm{m/\,s} \end{cases} \tag{1.119}$$
$$46\,\mathrm{m/\,s} \approx 165\,\mathrm{km/\,h}$$

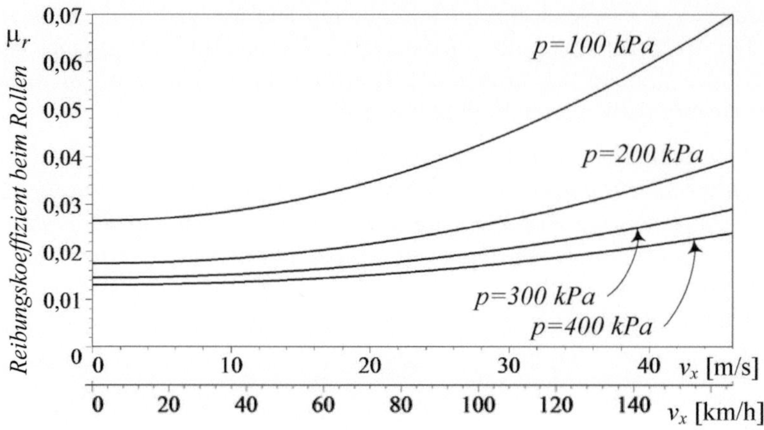

Abb. 1.59 Rollreibungskoeffizient eines Motorrads

Beispiel 66 *Dissipierte Leistung des Rollwiderstands.*

Wenn ein Fahrzeug mit 100 km/h $\approx$ *27,78* m/s *fährt und jeder Radialreifen des Fahrzeugs bis zu 220* kPa $\approx$ *32* psi *aufgepumpt und mit 220* kg *belastet ist, dann ist die dissipierte Leistung aufgrund des Rollwiderstands*

$$\begin{aligned} P &= 4 \times \frac{K\,v_x}{1000}\left(5{,}1 + \frac{5{,}5\times10^5+90F_z}{p} + \frac{1100+0{,}0388F_z}{p}\,v_x^2\right)F_z \\ &= 2424{,}1\,\mathrm{W} \approx 2{,}4\,\mathrm{kW} \end{aligned} \tag{1.120}$$

*Um die gegebenen Gleichungen zu vergleichen, nehmen wir an, das Fahrzeug hat Motorradreifen mit einem Leistungsverlust gemäß Gl. (*1.119*):*

$$\begin{aligned} P &= 4 \times \left(0{,}0085 + \frac{1800}{p} + \frac{2{,}0606}{p}\,v_x^2\right)v_x F_z \\ &= 5734{,}1\,\mathrm{W} \approx 5{,}7\,\mathrm{kW} \end{aligned} \tag{1.121}$$

Dies zeigt, dass, wenn das Fahrzeug Motorradreifen verwendet, es mehr Leistung dissipiert.

Beispiel 67 *Auswirkungen eines unkorrekten Reifendrucks.*

Ein hoher Reifendruck erhöht die Steifigkeit der Reifen, was den Fahrkomfort verringert und Vibrationen erzeugt. Die Aufstandsfläche und die Traktionskraft werden reduziert, wenn die Reifen übermäßig aufgepumpt sind. Übermäßiges Aufpumpen führt dazu, dass der Reifen Stoßlasten auf die Federung überträgt und die Fähigkeit des Reifens, die für die Kurvenfahrt, das Bremsen und die Beschleunigung erforderliche Last zu tragen, verringert wird.

Unterdruck führt zu höheren inneren Scherkräften, Rissen und Trennung der Reifenkomponenten. Er erhöht auch die seitliche Verbiegung und den Rollwiderstand, was zu Hitze und mechanischem Versagen führt. Die Tragfähigkeit eines Reifens wird weitgehend durch seinen Reifendruck bestimmt. Daher führt Unterdruck zu einem überlasteten Reifen, der bei hoher Verformung mit geringer Kraftstoffeffizienz und schlechterem Fahrverhalten arbeitet.

Abb. 1.60 *veranschaulicht den Effekt von Über- und Unterdruck auf den Reifen-Straßen-Kontakt im Vergleich zu einem korrekt aufgepumpten Reifen. Ein korrekter Reifendruck ist notwendig für optimale Reifenleistung, Sicherheit und Kraftstoffeffizienz. Korrektes Aufpumpen ist besonders wichtig für die Ausdauer und Leistung von Radialreifen, da es möglicherweise nicht möglich ist,* 5 psi $\approx$ $35\,$kPa *Unterdruck in einem Radialreifen nur durch visuelle Beobachtung festzustellen. Allerdings kann ein Unterdruck von* 5 psi $\approx$ $35\,$kPa *die Reifenleistung und Lebensdauer um bis zu 25 % reduzieren.*

Ein Reifen kann 1 bis 2 psi ($\approx$ 7 to 14 kPa) *jeden Monat verlieren. Der Reifendruck kann sich auch um* $1\,$psi$\approx$ $7\,$kPa *je* $5\,^\circ$C *Temperaturänderung verändern. Wenn z. B. ein Reifen auf* 35 psi $\approx$ $240\,$kPa *an einem* $26\,^\circ$C *warmen Sommertag aufgepumpt wird, könnte er an einem* $-6\,^\circ$C *kalten Wintertag einen Reifendruck von* 23 psi $\approx$ $160\,$kPa *haben. Dies entspricht einem normalen Verlust von* 6 psi $\approx$ $40\,$kPa *über die sechs Monate und einem zusätzlichen Verlust von* 6 psi $\approx$ $40\,$kPa *aufgrund der* $30\,^\circ$C *Änderung. Bei* 23 psi $\approx$ $160\,$kPa *ist dieser Reifen zu wenig aufgepumpt.*

Beispiel 68 *Kleine/große und weiche/harte Reifen.*

Wenn die Antriebsreifen klein sind, wird das Fahrzeug unruhig mit geringer Traktion und geringer Höchstgeschwindigkeit. Andererseits, wenn die Antriebsreifen groß sind, dann hat das Fahrzeug eine langsame Lenkreaktion und hohe Reifenverzerrung in Kurven, was die Stabilität verringert.

Weichere Vorderreifen zeigen mehr Lenkbarkeit, weniger Stabilität und mehr Verschleiß, während harte Vorderreifen das Gegenteil aufweisen. Weiche Hinterreifen haben mehr Hintertraktion, aber sie machen das Fahrzeug weniger lenkbar, mehr hüpfend und weniger stabil. Harte Hinterreifen haben weniger Hintertraktion, aber sie machen das Fahrzeug lenkbarer, weniger hüpfend und stabiler.

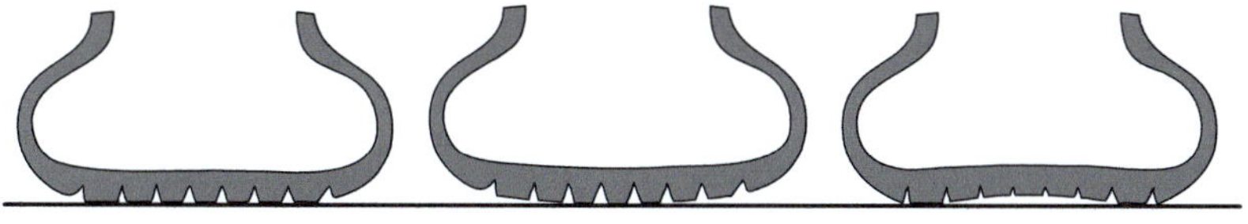

Abb. 1.60 Reifen-Straßen-Kontakt eines über- und zu wenig aufgepumpten Reifens im Vergleich zu einem korrekt aufgepumpten Reifen

1.7.3 ★ Auswirkung des Schwimmwinkels auf den Rollwiderstand

Wenn ein Reifen mit einem Schwimmwinkel α auf der Straße rollt, tritt eine signifikante Erhöhung des Rollwiderstands auf. Die Rollwiderstandskraft F_r beträgt dann

$$F_r = F_x \cos\alpha + F_y \sin\alpha \approx F_x - C_\alpha \alpha^2 \tag{1.122}$$

wobei F_x die Längskraft ist, die der Bewegung entgegenwirkt, und F_y die Querkraft. Beide werden im Reifenkoordinatensystem gemessen.

Beweis. Abb. 1.61 veranschaulicht die Draufsicht eines unter einem Schwimmwinkel α auf dem Boden abrollenden Reifens. Die Rollwiderstandskraft wird als die Kraft definiert, die dem Geschwindigkeitsvektor des Reifens entgegenwirkt, der den Winkel α mit der x-Achse hat. Nehmen Sie an, eine Längskraft F_x in $-x$-Richtung wird auf den Reifen ausgeübt. Der Schwimmwinkel α erhöht F_x und erzeugt eine Querkraft F_y in $-y$-Richtung. Die Summe der Komponenten der Längskraft F_x und der Querkraft F_y ergibt die Rollwiderstandskraft F_r:

$$F_r = F_x \cos\alpha + F_y \sin\alpha \tag{1.123}$$

Für kleine Werte des Schwimmwinkels α ist die Querkraft proportional zu $-\alpha$ und daher:

$$F_r \approx F_x - C_\alpha \alpha^2 \tag{1.124}$$

■

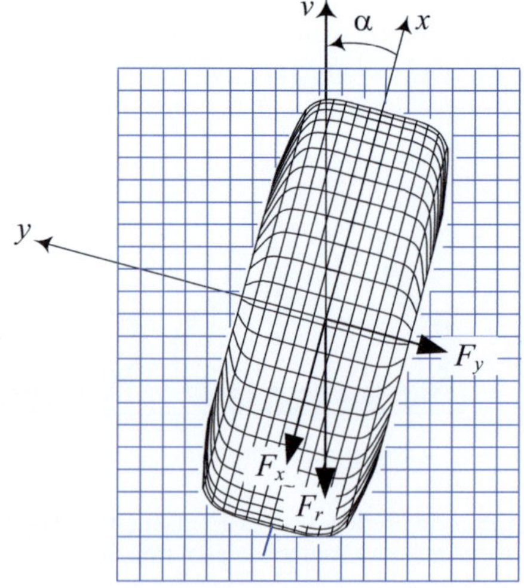

Abb. 1.61 Auswirkung des Schwimmwinkels α auf die Rollwiderstandskraft F_r

1.7.4 ★ Auswirkung des Sturzwinkels auf den Rollwiderstand

Wenn ein Reifen mit einem Sturzwinkel γ fährt, wird die Komponente des Rollmoments $\mathbf{M}_r$ auf den Rollwiderstand $\mathbf{F}_r$ reduziert, jedoch wird eine Komponente des Rückstellmoments M_z auf den Rollwiderstand entstehen:

$$\mathbf{F}_r = -F_r\,\hat{\imath} \tag{1.125}$$

$$F_r = \tfrac{1}{R_h} M_r \cos\gamma + \tfrac{1}{R_h} M_z \sin\gamma \tag{1.126}$$

Beweis. Das Rollmoment M_r tritt auf, wenn ein Reifen rollt und sich die Normalkraft F_z nach vorne verschiebt. Allerdings wirkt nur die Komponente $M_r \cos\gamma$ senkrecht zur Reifenebene und verhindert das Drehen des Reifens. Darüber hinaus, wenn ein Moment in z-Richtung auf den Reifen angewendet wird, wird nur die Komponente $M_z \sin\gamma$ das Drehen des Reifens behindern. Daher wird der Sturzwinkel γ den Rollwiderstand gemäß

$$\begin{aligned} \mathbf{F}_r &= -F_r\,\hat{\imath} \\ F_r &= \tfrac{1}{R_h} M_r \cos\gamma + \tfrac{1}{R_h} M_z \sin\gamma \end{aligned} \tag{1.127}$$

beeinflussen.

wobei R_h die Höhe des Reifenzentrums von der Straßenoberfläche ist, wie in Abb. 1.30 gezeigt. Das Rollmoment M_r kann durch Gl. (1.101) ersetzt werden, um den Einfluss der Normalkraft F_z zu zeigen:

$$F_r = \frac{\Delta x}{R_h} F_z \cos\gamma + \frac{1}{R_h} M_z \sin\gamma \tag{1.128}$$

■

1.8 Längskraft

Die *Längsschlupfrate* eines Reifens wird definiert durch

$$s = \frac{R_g \omega_w}{v_x} - 1 \tag{1.129}$$

wobei R_g der geometrische und unbelastete Radius des Reifens ist, ω_w ist die Winkelgeschwindigkeit des Reifens und v_x seine Vorwärtsgeschwindigkeit. Die Schlupfrate ist positiv beim Fahren und negativ beim Bremsen.

Um ein Fahrzeug zu beschleunigen oder zu bremsen, müssen Längskräfte zwischen dem Reifen und dem Boden entstehen. Wenn ein Moment auf die Drehachse des Reifens angewendet wird, tritt ein Schlupfverhältnis auf, und eine Längskraft F_x wird am Reifenlatsch erzeugt. Die Kraft F_x ist proportional zur Normalkraft:

$$\mathbf{F}_x = F_x \hat{\imath} \tag{1.130}$$

$$F_x = \mu_x(s)\, F_z \tag{1.131}$$

wobei der Koeffizient $\mu_x(s)$ als *Längsreibkoeffizient* bezeichnet wird und eine Funktion des Schlupfverhältnisses s ist, wie in Abb. 1.62 gezeigt. Der Reibungskoeffizient erreicht einen Fahrspitzenwert μ_{dp} bei $s \approx 0{,}1$, bevor er auf einen nahezu konstanten Fahr-Schlupfwert μ_{ds} abfällt. Der Reibungskoeffizient $\mu_x(s)$ kann als proportional zu s angenommen werden, wenn s sehr klein ist, gilt:

$$\mu_x(s) = C_s\, s \qquad s << 1 \tag{1.132}$$

wobei C_s als *Längsschlupfkoeffizient* bezeichnet wird.

Der Reifen wird sich drehen, wenn $s \gtrsim 0{,}1$ und der Reibungskoeffizient bleibt nahezu konstant. Das gleiche Phänomen tritt beim Bremsen bei den Werten μ_{bp} und μ_{bs} auf.

Beweis. Die Schlupfrate oder einfach der *Schlupf* wird definiert als die Differenz zwischen der tatsächlichen Geschwindigkeit des Reifens v_x und der äquivalenten Reifengeschwindigkeit $R_w \omega_w$. Abb. 1.63 veranschaulicht einen rollenden Reifen auf dem Boden. Die ideale Entfernung, die der Reifen ohne Schlupf frei zurücklegen würde, wird durch d_F bezeichnet, während die tatsächlich zurückgelegte Entfernung des Reifens durch d_A bezeichnet wird. Daher gilt für einen sich drehenden Reifen $d_F > d_A$ und für einen rutschenden Reifen $d_F < d_A$.

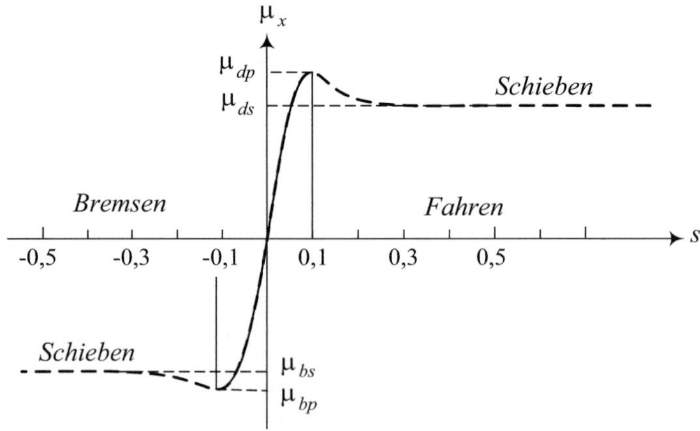

Abb. 1.62 Längsreibkoeffizient als Funktion des Schlupfverhältnisses beim Fahren und Bremsen

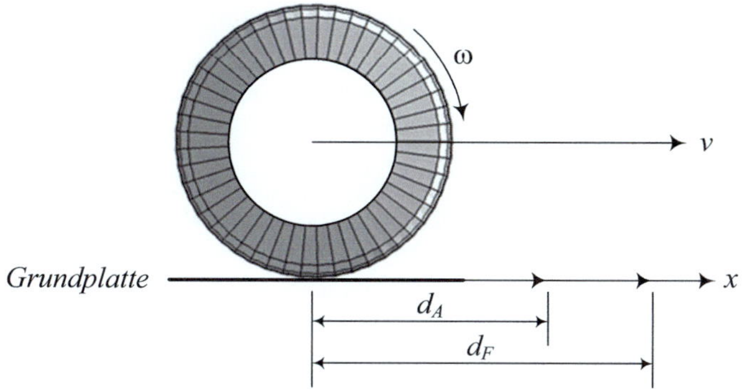

Abb. 1.63 Ein sich auf dem Boden um die schlupffrei zurückgelegte Entfernung d_F drehender Reifen und die tatsächlich zurückgelegte Entfernung d_A

Die Differenz $d_F - d_A$ ist der Reifenschlupf, und daher beträgt die Schlupfrate des Reifens

$$s = \frac{d_F - d_A}{d_A} \tag{1.133}$$

Um den Momentanwert von s zu erhalten, müssen wir die Reiseentfernungen in einem infinitesimalen Zeitraum messen, und daher gilt:

$$s \equiv \frac{\dot{d}_F - \dot{d}_A}{\dot{d}_A} \tag{1.134}$$

Wenn die Winkelgeschwindigkeit des Reifens ω_w ist, dann sind $\dot{d}_F = R_g \omega_w$ und $\dot{d}_A = R_w \omega_w$, wobei R_g der geometrische Reifenradius und R_w der effektive Radius sind. Daher kann die Schlupfrate s basierend auf der tatsächlichen Geschwindigkeit $v_x = R_w \omega_w$ und der frei rollenden Geschwindigkeit $R_g \omega_w$ definiert werden:

$$s = \frac{R_g \omega_w - R_w \omega_w}{R_w \omega_w} = \frac{R_g \omega_w}{v_x} - 1 \tag{1.135}$$

Ein Reifen kann nur dann eine Längskraft ausüben, wenn ein Längsschlupf vorhanden ist. Während der Beschleunigung ist die tatsächliche Geschwindigkeit v_x kleiner als die freie Geschwindigkeit $R_g \omega_w$, und daher ist $s > 0$. Während des Bremsens jedoch ist die tatsächliche Geschwindigkeit v_x höher als die freie Geschwindigkeit $R_g \omega_w$, und daher ist $s < 0$.

Die Reibungskraft F_x zwischen einem Reifen und der Straßenoberfläche ist eine Funktion der Normalbelastung F_z, der Fahrzeuggeschwindigkeit v_x und der Winkelgeschwindigkeit des Rades ω_w. Zusätzlich zu diesen Variablen gibt es eine Reihe von Parametern, die F_x beeinflussen, wie zum Beispiel Reifendruck,

Profildesign, Verschleiß und Straßenoberflächenbedingungen. Es wurde empirisch festgestellt, dass eine Kontakthaftkraft der Form $F_x = \mu_x(\omega_w, v_x)F_z$ experimentelle Messungen modellieren kann, die mit konstantem v_x, ω_w erzielt wurden.

Längsschlupf wird auch als *Umfangsschlupf* oder *tangentialer Schlupf* bezeichnet. ■

Beispiel 69 *Die Schlupfrate beträgt* $0 < s < \infty$ *beim Fahren.*

Wenn wir fahren, wird ein Antriebsmoment auf die Reifenachse ausgeübt. Die Lauffläche des Reifens wird im Reifenlatschbereich umlaufend komprimiert. Daher bewegt sich der Reifen langsamer als ein freier Reifen:

$$R_w \omega_w < R_g \omega_w \tag{1.136}$$

und daher ist $s > 0$. *Der äquivalente Radius für einen fahrenden Reifen ist kleiner als der geometrische Radius:*

$$R_w < R_g \tag{1.137}$$

Äquivalent können wir den Zustand mit der äquivalenten Winkelgeschwindigkeit ω_{eq} *ausdrücken und ableiten, dass sich ein abrollender Reifen schneller dreht als ein freier Reifen:*

$$R_g \omega_{eq} < R_g \omega_w \tag{1.138}$$

Das Antriebsmoment kann hoch genug sein, um die Reibung zu überwinden und den Reifen auf dem Pflaster zu drehen, während das Auto sich nicht bewegt. In diesem Fall ist $v_{\text{x}} = 0$ *und daher* $s = \infty$. *Es zeigt sich, dass der Längsschlupf zwischen* $0 < s < \infty$ *liegt, wenn beschleunigt wird:*

$$0 < s < \infty \quad \text{for } a > 0 \tag{1.139}$$

Die Reifengeschwindigkeit $R_{\text{w}}\omega_{\text{w}}$ *entspricht der Fahrzeuggeschwindigkeit* v_{x} *nur, wenn die Beschleunigung null ist. In diesem Fall sind die auf den Reifen wirkende Normalkraft und die Größe des Reifenlatsches zeitlich konstant.*

Die Anwendung eines Antriebsmoments erzeugt ein positives $s > 0$ *und verschiebt den symmetrischen Punkt der Laufflächenverlagerung der Abb.* 1.38 *und* 1.39 *nach hinten. Dies führt zu mehr Vorwärtsscherkräften, die eine Vorwärtstraktionskraft erzeugen.*

Beispiel 70 *Beispiele für Längsreibungsbeiwerte* μ_{dp} *und* μ_{ds}.

Tab. 1.7 *zeigt die Durchschnittswerte der Längsreibungsbeiwerte* μ_{dp} *und* μ_{ds} *für einen Pkw-Reifen 215/65R15. Es ist praktisch anzunehmen, dass* $\mu_{\text{dp}} = \mu_{\text{bp}}$, *und* $\mu_{\text{ds}} = \mu_{\text{bs}}$.

Beispiel 71 *Die Schlupfrate beträgt* $-1 < s < 0$ *beim Bremsen.*

Wenn wir bremsen, wird ein Bremsmoment auf die Radachse ausgeübt. Die Lauffläche des Reifens wird im Reifenlatschbereich bezüglich seines Umfangs gedehnt. Daher bewegt sich der Reifen schneller als ein freier Reifen:

Tab. 1.7 Durchschnitt der Längsreibungsbeiwerte

Straßenoberfläche	Spitzenwert, μ_{dp}	Rutschwert, μ_{ds}
Asphalt, trocken	0,8 – 0,9	0,75
Beton, trocken	0,8 – 0,9	0,76
Asphalt, nass	0,5 – 0,7	0,45 – 0,6
Beton, nass	0,8	0,7
Kies	0,6	0,55
Schnee, gepackt	0,2	0,15
Eis	0,1	0,07

$$R_w\omega_w > R_g\omega_w \tag{1.140}$$

und daher ist $s < 0$. Der äquivalente Radius für einen bremsenden Reifen ist größer als der freie Radius:

$$R_w > R_g \tag{1.141}$$

Äquivalent können wir den Zustand mit der äquivalenten Winkelgeschwindigkeit ω_e ausdrücken und ableiten, dass sich ein bremsender Reifen langsamer dreht als ein freier Reifen:

$$R_g\omega_{eq} > R_g\omega_w \tag{1.142}$$

Das Bremsmoment kann hoch genug sein, um den Reifen zu blockieren. In diesem Fall ist $\omega_w = 0$ und daher ist $s = -1$. Es zeigt sich, dass der Längsschlupf zwischen $-1 < s < 0$ beim Bremsen liegt:

$$-1 < s < 0 \quad \text{for } a < 0 \tag{1.143}$$

Beispiel 72 *Schlupfrate basierend auf der äquivalenten Winkelgeschwindigkeit ω_{eq}.*

Es ist möglich, eine effektive Winkelgeschwindigkeit ω_{eq} als äquivalente Winkelgeschwindigkeit für einen Reifen mit Radius R_g zu definieren, um mit der tatsächlichen Geschwindigkeit fortzufahren $v_x = R_g\omega_{eq}$. Wir verwenden ω_{eq}

$$v_x = R_g\omega_{eq} = R_w\omega_w \tag{1.144}$$

und daher gilt:

$$s = \frac{R_g\omega_w - R_g\omega_{eq}}{R_g\omega_{eq}} = \frac{\omega_w}{\omega_{eq}} - 1 \tag{1.145}$$

Beispiel 73 *Leistung und maximale Geschwindigkeit.*

Betrachten Sie ein fahrendes Auto mit einer Leistung $P = 100\,\mathrm{kW} \approx 134\,\mathrm{PS}$, das $279\,\mathrm{km/h} \approx 77{,}5\,\mathrm{m/s}$ erreichen kann. Die gesamte Antriebskraft muss folgenden Wert haben:

$$F_x = \frac{P}{v_x} = \frac{100 \times 10^3}{77{,}5} = 1290{,}3\,\mathrm{N} \tag{1.146}$$

*Wenn wir annehmen, dass das Auto einen Heckantrieb hat und die Hinterräder unter der Last von 1600*N *mit maximaler Traktion fahren, dann hat der Längsreibungsbeiwert* μ_x *folgenden Wert:*

$$\mu_x = \frac{F_x}{F_z} = \frac{1290{,}3}{1600} \approx 0{,}806 \tag{1.147}$$

Beispiel 74 *Rutschen eines harten Reifens auf harter Straße.*
Ein Reifen ohne Schlupf kann keine tangentiale Kraft erzeugen. Nehmen wir an, ein Spielzeugauto mit Stahlreifen bewegt sich auf einem Glastisch. Ein solches Auto kann nicht leicht beschleunigt oder gelenkt werden. Wenn das Auto mit sehr niedriger Geschwindigkeit beschleunigen kann, liegt das daran, dass es genügend mikroskopischen Schlupf gibt, um Kräfte zum Fahren zu erzeugen. Der Glastisch und die kleine Kontaktfläche der kleinen Metallreifen verformen sich und dehnen sich gegenseitig, obwohl eine solche Verformung im mikroskopischen Maßstab stattfindet. Wenn es irgendeine Reibung zwischen dem Reifen und der Oberfläche gibt, muss es Schlupf geben, um zu manövrieren.

Beispiel 75 ⋆ *Reibungsmechanismen.*
Gummireifen erzeugen Reibung durch drei Mechanismen: 1. Haftung, 2. Verformung und 3. Verschleiß:

$$F_x = F_{ad} + F_{de} + F_{we} \tag{1.148}$$

Haftreibung *entspricht dem Kleben. Der Gummi widersteht dem Gleiten auf der Straße, weil die Haftung dazu führt, dass er an der Straßenoberfläche klebt. Haftung entsteht durch molekulare Bindung zwischen dem Gummi und den Oberflächen. Da die tatsächliche Kontaktfläche viel kleiner ist als die beobachtete Kontaktfläche, erzeugt der hohe lokale Druck molekulare Bindungen, wie in* Abb. 1.64 *gezeigt. Die Bindung erfolgt an den Berührungspunkten und schweißt die Oberflächen zusammen. Die Haftreibung entspricht der zum Brechen dieser molekularen Bindungen und Trennen der Oberflächen erforderlichen Kraft. Die Haftung wird auch als* ***Kaltverschweißung*** *bezeichnet und ist auf Druck und nicht auf Hitze zurückzuführen. Eine höhere Last erhöht die Kontaktfläche, erzeugt mehr Bindungen und erhöht die Reibungskraft. Daher bestätigt die Haftreibung die traditionelle Reibungsgleichung*

$$F_x = \mu_x(s)\, F_z \tag{1.149}$$

Der Hauptbeitrag zur Reifenhaftkraft auf einer trockenen Straße ist die Haftreibung. Die Haftreibung nimmt erheblich ab auf einer Straße, die mit Wasser, Eis, Staub oder Schmiermittel bedeckt ist. Wasser auf einer nassen Straße verhindert den direkten Kontakt zwischen dem Reifen und der Straße und reduziert die

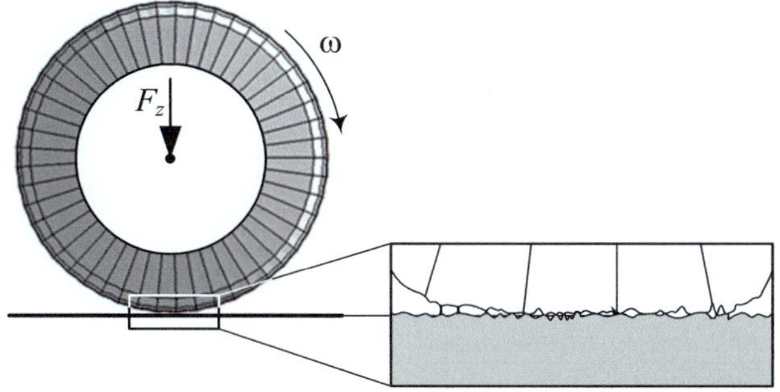

Abb. 1.64 Die molekulare Bindung zwischen dem Reifen und den Straßenoberflächen

Bildung von Haftreibung. Der Hauptbeitrag zur Reifenreibung, wenn er auf einer Straßenoberfläche rutscht, ist die viskoelastische Energiedissipation im Reifenlatschbereich. Diese dissipative Energie ist geschwindigkeits- und zeitabhängig.

Verformungsreibung *ist das Ergebnis der Verformung von Gummi und Füllung der mikroskopischen Unregelmäßigkeiten auf der Straße. Die Oberfläche der Straße hat viele Spitzen und Täler, die als* **Unebenheiten** *bezeichnet werden. Die Bewegung eines Reifens auf einer rauen Oberfläche führt zur Verformung des Gummis durch Spitzen und hohe Punkte auf der Oberfläche. Eine Last auf dem Reifen verursacht, dass die Spitzen der Unregelmäßigkeiten in den Reifen eindringen und der Reifen sich über die Spitzen legt. Die Verformungsreibkraft, die benötigt wird, um die Unregelmäßigkeiten im Gummi zu bewegen, stammt aus dem lokalen hohen Druck über den Unregelmäßigkeiten. Eine höhere Last erhöht das Eindringen der Unebenheiten in den Reifen und erhöht daher die Reibungskraft. Daher bestätigt auch die Verformungsreibung die Reibungsgleichung (*1.149*).*

Der Hauptbeitrag zur Reifenhaftkraft auf einer nassen Straße ist die Verformungsreibung. Die Haftreibung nimmt erheblich ab auf einer Straße, die mit Wasser, Eis, Staub oder Schmiermittel bedeckt ist.

Verformungsreibung besteht bei relativer Bewegung zwischen allen kontaktierten Oberflächen. Egal wie viel Sorgfalt darauf verwendet wird, eine glatte Oberfläche zu bilden, die Oberflächen sind unregelmäßig mit mikroskopischen Spitzen und Tälern. Entgegengesetzte Spitzen interagieren miteinander und verursachen Schäden an beiden Oberflächen.

Verschleißreibung *ist das Ergebnis von übermäßigem lokalem Stress über der Zugfestigkeit des Gummis. Hohe lokale Spannungen verformen die Struktur der Reifenoberfläche über den elastischen Punkt hinaus. Die Polymerbindungen brechen, und die Reifenoberfläche reißt im mikroskopischen Maßstab. Dieses Reißen bildet den Verschleißreibungsmechanismus. Verschleiß führt zur Trennung von Material. Eine höhere Last erleichtert den Reifenverschleiß und erhöht daher die Verschleißreibkraft. Daher bestätigt auch die Verschleißreibung die Reibungsgleichung (*1.149*).*

Beispiel 76 tanh-*Modell des Gleitreibungskoeffizienten* μ_x.

Wir führen die tanh-*Beschreibungsfunktion ein, um eine mathematische Gleichung für analytische Berechnungen bereitzustellen:*

$$\mu_x = \mu_s \tanh\left(\frac{s}{s_c}\right) \tag{1.150}$$

Die Gleichung benötigt zwei Zahlen μ_s *und* s_c, *die experimentell gemessen werden sollten. Unter der Annahme eines symmetrischen* μ_x *beim Fahren und Bremsen ist* μ_s *der Gleitwert von* μ_x, *und* s_c *ist der kritische Wert von s, bei dem* $\mu_x = 0{,}76\mu_s$. *Abb.* 1.65 *veranschaulicht das mathematische Modell des Gleitreibungskoeffizienten* μ_x.

Falls die Werte für μ_s *und* s_c *beim Fahren und Bremsen unterschiedlich sind, modelliert die Funktion*

$$\mu_x = \mu_{ds} H(s) \tanh\left(\frac{s}{s_{dc}}\right) + \mu_{bs} H(-s) \tanh\left(\frac{s}{s_{bc}}\right) \tag{1.151}$$

den Reibungskoeffizienten μ_x, *wobei* $H(s)$ *die Heaviside-Funktion ist,* s_{dc} *und* s_{bc} *sind jeweils die kritischen Werte von s beim Fahren und Bremsen.*

Beispiel 77 ⋆ *Empirische Schlupfmodelle.*

Auf der Grundlage von experimentellen Daten und Kurvenanpassungsmethoden wurden einige mathematische Gleichungen vorgestellt, um die Längskraft des Reifens als Funktion des Längsschlupfs s zu simulieren. Die meisten dieser Modelle sind zu kompliziert, um in der Fahrzeugdynamik nützlich zu sein. Einige von ihnen sind jedoch einfach und genau genug, um angewendet zu werden.

Das Pacejka-Modell, das 1991 vorgestellt wurde, hat die Form

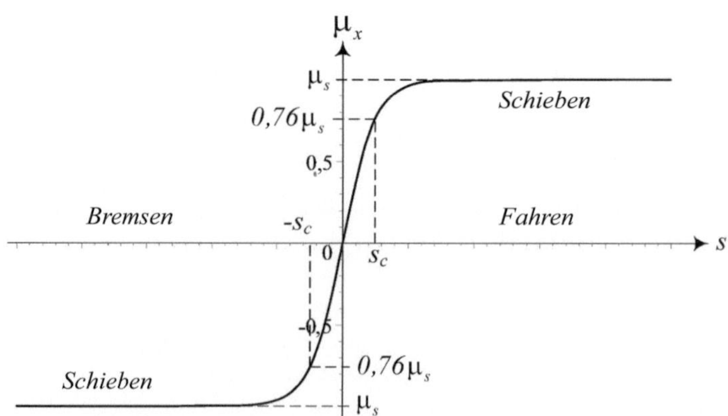

Abb. 1.65 Das mathematische Modell des Gleitreibungskoeffizienten μ_x

$$F_x(s) = c_1 \sin\left(c_2 \tan^{-1}\left(c_3 s - c_4\left(c_3 s - \tan^{-1}(c_3 s)\right)\right)\right) \tag{1.152}$$

wobei c_1, c_2, c_3 *und* c_4 *vier Konstanten sind, die auf den experimentellen Reifendaten basieren.*

Das Burckhardt-Modell von 1987 ist eine einfachere Gleichung, die ebenfalls drei Zahlen benötigt:

$$F_x(s) = c_1\left(1 - e^{-c_2 s}\right) - c_3 s \tag{1.153}$$

Es gibt ein weiteres Burckhardt-Modell, das die Geschwindigkeitsabhängigkeit berücksichtigt:

$$F_x(s) = \left(c_1\left(1 - e^{-c_2 s}\right) - c_3 s\right)e^{-c_4 v} \tag{1.154}$$

Dieses Modell benötigt vier Zahlen, die aus dem Experiment gemessen werden müssen.

Durch Erweiterung und Annäherung des Burckhardt-Modells von 1987 wurde das einfachere Modell von Kiencke und Daviss 1994 vorgeschlagen. Dieses Modell ist

$$F_x(s) = k_s \frac{s}{1 + c_1 s + c_2 s^2} \tag{1.155}$$

wobei k_s *die Steigung von* $F_x(s)$ *gegenüber s bei* $s = 0$ *ist*

$$k_s = \lim_{s \to 0} \frac{F_s}{s} \tag{1.156}$$

und c_1, c_2 *zwei experimentelle Zahlen sind.*

Ein weiteres einfaches Modell ist das De-Wit-Modell von 2002:

$$F_x(s) = c_1 \sqrt{s} - c_2 s \tag{1.157}$$

das auf zwei Zahlen c_1, c_2 *basiert.*

In jedem Fall benötigen wir mindestens eine experimentelle Kurve, wie in Abb. 1.62 gezeigt, um die konstanten Zahlen c_i *zu finden. Die Konstanten* c_i *sind die Zahlen, die die zugehörige Gleichung am besten an die experimentelle Kurve anpassen. Das Burckhardt-Modell von 1997 (1.154) benötigt mindestens zwei ähnliche Tests bei zwei verschiedenen Geschwindigkeiten.*

Beispiel 78 ⋆ *Alternative Definitionen des Schlupfverhältnisses.*

Eine alternative Methode zur Definition des Schlupfverhältnisses ist

$$s = \begin{cases} 1 - \dfrac{v_x}{R_g \omega_w} & R_g \omega_w > v_x \quad \text{fahren} \\ \dfrac{R_g \omega_w}{v_x} - 1 & R_g \omega_w < v_x \quad \text{bremsen} \end{cases} \tag{1.158}$$

wobei v_x *die Geschwindigkeit des Radzentrums,* ω_w *die Winkelgeschwindigkeit des Rades und* R_g *der Reifenradius sind.*

In einer anderen alternativen Definition wird die folgende Gleichung für den Längsschlupf verwendet:

$$s = 1 - \left(\frac{R_g \omega_w}{v_x}\right)^n \quad \text{wobei } n = \begin{cases} +1 & R_g\omega_w \le v_x \\ -1 & R_g\omega_w > v_x \end{cases} \tag{1.159}$$
$$s \in [0, 1]$$

In dieser Definition liegt s immer zwischen null und eins. Wenn $s = 1$, dann ist der Reifen entweder blockiert, während das Auto rutscht, oder der Reifen dreht durch, während das Auto sich nicht bewegt.

Beispiel 79 ⋆ *Reifen auf weichem Sand.*

Abb. 1.66 *zeigt einen Reifen, der auf Sand rollt. Der Sand wird gepackt, wenn der Reifen darüberfährt. Die vom Sand auf den Reifen ausgeübten Spannungen entstehen während des Winkels $\theta_1 < \theta < \theta_2$ gemessen gegen den Uhrzeigersinn von der vertikalen Richtung.*

Es ist möglich, eine Beziehung zwischen der Normalspannung σ und der tangentialen Spannung τ unter dem Reifen zu definieren:

$$\tau = (c + \sigma \tan\theta)\left(1 - e^{\frac{R_g}{k}[\theta_1 - \theta + (1-s)(\sin\theta) - \sin\theta_1]}\right) \tag{1.160}$$

*wobei s das in Gl. (*1.158*) definierte Schlupfverhältnis ist und*

$$\tau_M = c + \sigma \tan\theta \tag{1.161}$$

die maximale Scherspannung im Sand, die auf den Reifen ausgeübt wird. In dieser Gleichung ist c die Kohäsionsspannung des Sandes, und k ist eine Konstante.

Beispiel 80 ⋆ *Seitenrutschverhältnis.*

Analytische Ausdrücke können für die Kraftbeiträge in x- und y-Richtungen unter Verwendung des Haft- und Gleitkonzepts aufgestellt werden, indem die Längs- und Seitenrutschverhältnisse s_x und s_y definiert werden:

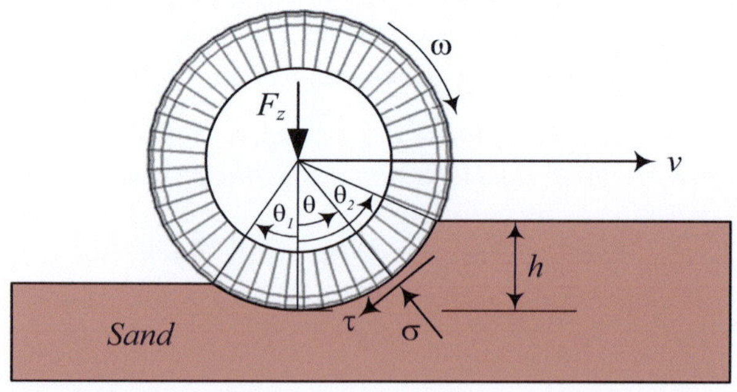

Abb. 1.66 Ein Reifen dreht sich auf Sand

$$s_x = \frac{R_g \omega_w}{v_x} - 1 \qquad s_y = \frac{R_g \omega_w}{v_y} \tag{1.162}$$

wobei v_x die Längsgeschwindigkeit des Rades und v_y die Seiten-Geschwindigkeit des Rades ist. Der unbelastete geometrische Radius des Reifens wird durch R_g bezeichnet, und ω_w ist die Winkelgeschwindigkeit des Rades.

Bei sehr geringen Rutschverhältnissen sind die resultierenden Reifenkräfte proportional zum Rutschverhältnis:

$$F_x = C_{s_x} s_x \qquad F_y = C_{s_y} s_y \tag{1.163}$$

wobei C_{s_x} der Längsrutschkoeffizient und C_{s_y} der Seitenrutschkoeffizient ist.

1.9 Seitenkraft

Wenn ein rollender Reifen unter einer vertikalen Kraft F_z und einer seitlichen Kraft F_y an der Reifenachse steht, bildet sein Bewegungspfad auf der Straße einen Winkel α in Bezug auf die Reifenebene. Der Winkel wird als *Schlupfwinkel* bezeichnet und ist proportional zur *seitlichen Kraft:*

$$\mathbf{F}_y = F_y \hat{\jmath} \tag{1.164}$$

$$F_y = -C_\alpha \alpha \tag{1.165}$$

wo C_α als die *Kurvensteifigkeit* des Reifens bezeichnet wird:

$$C_\alpha = \lim_{\alpha \to 0} \frac{\partial(-F_y)}{\partial \alpha} = \left| \lim_{\alpha \to 0} \frac{\partial F_y}{\partial \alpha} \right| \tag{1.166}$$

Die seitliche Kraft $\mathbf{F}_y$ am Reifenlatsch liegt in einer Entfernung a_{x_α} hinter der Mittellinie des Reifenlatsches und erzeugt ein Moment $\mathbf{M}_z$, das als *Rückstellmoment* bezeichnet wird.

$$\mathbf{M}_z = M_z \hat{k} \tag{1.167}$$

$$M_z = F_y a_{x_\alpha} \tag{1.168}$$

Bei kleinen α tendiert das Rückstellmoment $\mathbf{M}_z$ dazu, den Reifen um die z-Achse zu drehen und die x-Achse mit dem Geschwindigkeitsvektor $\mathbf{v}$ auszurichten. Das Rückstellmoment tendiert immer dazu, α zu reduzieren.

Beweis. Wenn ein Rad unter einer konstanten Last F_z steht und dann eine seitliche Kraft auf die Felge ausgeübt wird, wird der Reifen seitlich ausweichen, wie in Abb. 1.67 gezeigt. Der Reifen verhält sich wie eine lineare Feder unter kleinen Seitenkräften F_y mit einer seitlichen Steifigkeit k_y:

Abb. 1.67 Frontansicht eines seitlich ausgelenkten Reifens

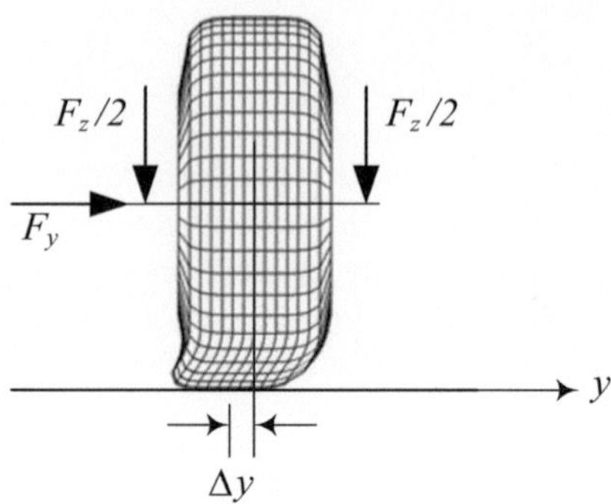

$$F_y = k_y \, \Delta y \tag{1.169}$$

Das Rad beginnt seitlich zu rutschen, wenn die Seitenkraft einen maximalen Wert F_{y_M} erreicht. An diesem Punkt bleibt die Seitenkraft ungefähr konstant und ist proportional zur vertikalen Last

$$F_{y_M} = \mu_y \, F_z \tag{1.170}$$

wobei μ_y der Reibungskoeffizient des Reifens in y-Richtung ist. Eine Unteransicht des Reifenlatsches eines seitlich ausgelenkten Reifens ist in Abb. 1.68 dargestellt.

Wenn der seitlich ausgelenkte Reifen auf der Straße vorwärts rollt, wird sich der Reifenlatsch auch in Längsrichtung verbiegen. Eine Unteransicht des Reifenlatsches für einen solchen seitlich ausgelenkten und rollenden Reifen ist in Abb. 1.69 dargestellt. Obwohl die Reifenebene eines solchen Reifens senkrecht zur Straße bleibt, beschreibt der Weg des Rades einen Winkel α mit der Reifenebene. Während das Rad vorwärts rollt, treten nicht abgelenkte Teile der Lauffläche in den Reifenlatschbereich ein und werden sowohl seitlich als auch längs ausgelenkt. Wenn eine Lauffläche sich dem Ende des Reifenlatsches nähert, nimmt ihre seitliche Auslenkung zu, bis sie sich der hinteren Kante des Reifenlatsches

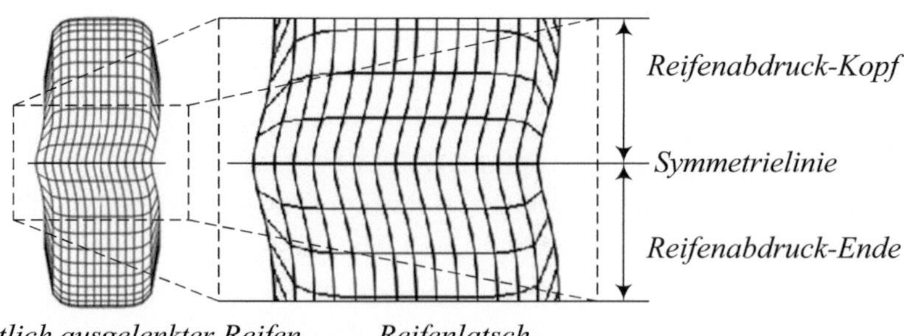

Abb. 1.68 Unteransicht eines seitlich ausgelenkten Reifens

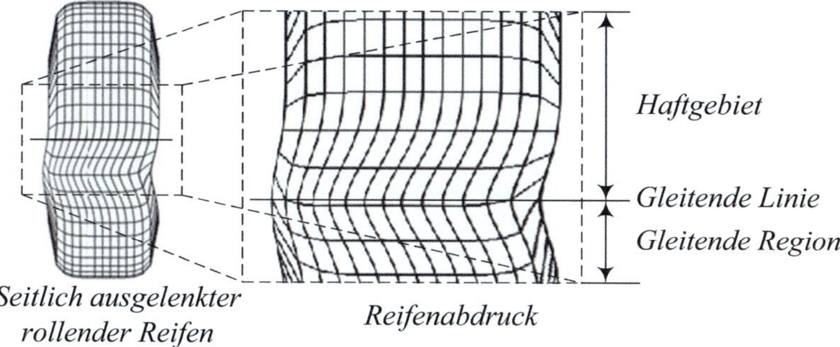

Abb. 1.69 Unteransicht eines seitlich ausgelenkten und drehenden Reifens

nähert. Die Normallast nimmt am Ende des Reifenlatsches ab, sodass sich die Reibungskraft verringert und die Lauffläche beim Verlassen des Reifenlatschbereichs wieder in ihre ursprüngliche Position rutschen kann. Der Punkt, an dem die seitlich ausgelenkte Lauffläche zurückrutscht, wird als *Rutschlinie* bezeichnet.

Ein rollender Reifen unter seitlicher Kraft und der zugehörige *Seitenrutschwinkel* α sind in Abb. 1.70 dargestellt. Die seitliche Verzerrung der Reifenlaufflächen ist das Ergebnis einer tangentialen Spannungsverteilung τ_y über den Reifenlatsch. Angenommen, die tangentiale Spannung τ_y ist proportional zur Verzerrung, so beträgt resultierende seitliche Kraft F_y

$$F_y = \int_{A_p} \tau_y \, dA_p \tag{1.171}$$

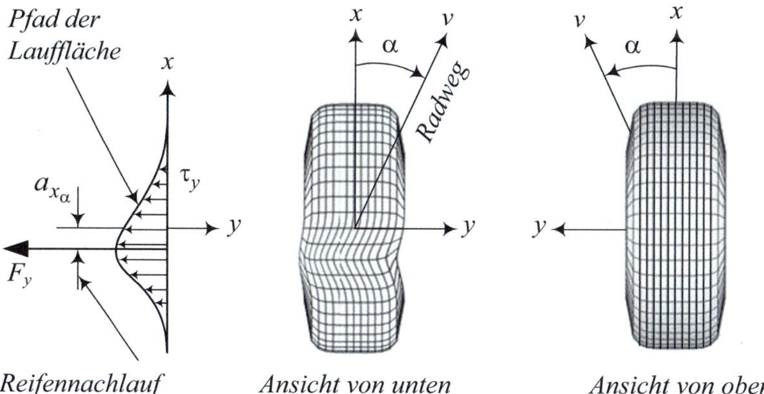

Abb. 1.70 Die Spannungsverteilung τ_y, die resultierende seitliche Kraft F_y und der pneumatische Pfad a_y für einen sich drehenden Reifen, der auf einem positiven Schlupfwinkel α fährt

in einem Abstand a_{x_α} hinter der Mittellinie, für den gilt:

$$a_{x_\alpha} = \frac{1}{F_y} \int_{A_P} x \, \tau_y \, dA_p \tag{1.172}$$

Die Entfernung a_{x_α} wird als *Reifennachlauf* bezeichnet, und das resultierende Moment $\mathbf{M}_z$ wird als Rückstellmoment bezeichnet.

$$\mathbf{M}_z = M_z \, \hat{k} \tag{1.173}$$

$$M_z = F_y \, a_{x_\alpha} \tag{1.174}$$

Das Rückstellmoment neigt dazu, den Reifen um die z-Achse zu drehen und ihn in die Richtung des Reifengeschwindigkeitsvektors $\mathbf{v}$ auszurichten. Eine Spannungsverteilung τ_y, die resultierende Seitenkraft F_y und der Reifennachlauf a_{x_α} sind in Abb. 1.70 dargestellt.

Es gibt auch eine seitliche Verschiebung in der vertikalen Reifenkraft F_z aufgrund des Schlupfwinkels α, der ein *Schlupfmoment* M_x um die vordere x-Achse erzeugt.

$$\mathbf{M}_x = -M_x \, \hat{\imath} \tag{1.175}$$

$$M_x = F_z \, a_{y_\alpha} \tag{1.176}$$

Der Schlupfwinkel α erhöht sich immer, indem die Seitenkraft F_y erhöht wird. Allerdings bewegt sich die Gleitlinie zunächst in Richtung Heck und dann vorwärts, indem die Seitenkraft F_y erhöht wird. Schlupfwinkel α und Seitenkraft F_y wirken als Aktion und Reaktion. Eine Seitenkraft erzeugt einen Schlupfwinkel, und ein Schlupfwinkel erzeugt eine Seitenkraft. Daher können wir die Reifen eines Autos lenken, um einen Schlupfwinkel zu erzeugen und eine Seitenkraft zu erzeugen, um das Auto zu drehen. Lenken verursacht einen Schlupfwinkel in den Reifen und erzeugt eine Seitenkraft. Für den Schlupfwinkel gilt $\alpha > 0$, wenn der Reifen um die z-Achse gedreht werden sollte, um mit dem Geschwindigkeitsvektor $\mathbf{v}$ ausgerichtet zu sein. Ein positiver Schlupfwinkel α erzeugt eine negative Seitenkraft F_y. Daher erzeugt das Lenken nach rechts um die $-z$-Achse einen positiven Schlupfwinkel und eine negative Seitenkraft, um den Reifen nach rechts zu bewegen. Mit dem Geschwindigkeitsvektor des Reifens und seinen Komponenten, $\mathbf{v} = v_x \hat{\imath} + v_y \hat{\jmath}$, können wir den Seitenrutschwinkel auch als

$$\alpha = \arctan \frac{v_y}{v_x} \tag{1.177}$$

definieren.

Ein Beispiel für die gemessene Seitenkraft F_y als Funktion des Schlupfwinkels α bei konstanter Vertikallast ist in Abb. 1.71 dargestellt. Die Seitenkraft F_y ist linear für kleine Schlupfwinkel, jedoch nimmt von F_y für höhere α langsamer zu. Die Seitenkraft bleibt konstant oder sinkt leicht, wenn α einen kritischen Wert erreicht, bei dem der Reifen auf der Straße rutscht. Daher können wir annehmen, dass die Seitenkraft F_y proportional zum Schlupfwinkel α für niedrige Werte von α ist.

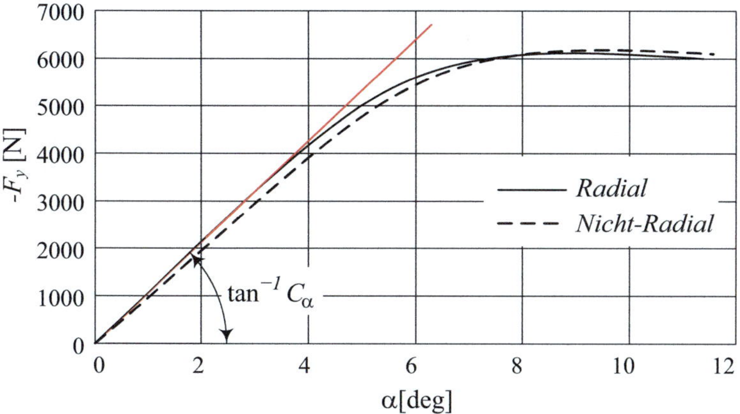

Abb. 1.71 Seitenkraft F_y als Funktion des Schlupfwinkels α bei konstanter Vertikallast

$$F_y = -C_\alpha \, \alpha \tag{1.178}$$

$$C_\alpha = -\lim_{\alpha \to 0} \frac{\partial F_y}{\partial \alpha} \tag{1.179}$$

Die Kurvensteifigkeit C_α von Radialreifen ist höher als C_α für Nicht-Radialreifen. Dies liegt daran, dass Radialreifen einen kleineren Schlupfwinkel α benötigen, um die gleiche Seitenkraft F_y zu erzeugen.

Beispiele für Rückstellmomente bei Radial- und Nicht-Radialreifen sind in Abb. 1.72 dargestellt. Der Reifennachlauf a_{x_α} nimmt für kleine Schlupfwinkel bis zu einem maximalen Wert zu und sinkt auf null und sogar negative Werte für hohe

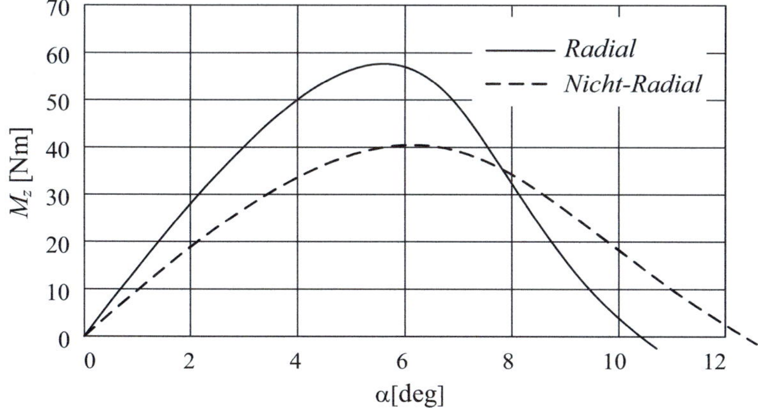

Abb. 1.72 *Rückstellmoment* M_z als Funktion des Schlupfwinkels α bei konstanter Vertikallast

Schlupfwinkel. Daher ist das Verhalten des Rückstellmoments $\mathbf{M}_z$ ähnlich wie in Abb. 1.72 dargestellt.

Die Seitenkraft $F_y = -C_\alpha \alpha$ kann zerlegt werden in $F_y \cos\alpha$ parallel zur Bewegungsbahn v und $F_y \sin\alpha$ senkrecht zu v, wie in Abb. 1.73 gezeigt. Die Komponente $F_y \cos\alpha$, normal zur Bewegungsbahn, wird als *Kurvenkraft* bezeichnet, und die Komponente $F_y \sin\alpha$, entlang der Bewegungsbahn, wird als *Zugkraft* bezeichnet.

Die Querkraft F_y wird auch als *Seitenkraft* oder *Grip* bezeichnet. Wir können die Querkräfte aller Reifen eines Fahrzeugs zusammenfassen und sie am Massenschwerpunkt des Autos C wirken lassen. ■

Beispiel 81 *Auswirkung der Reifenlast auf die Querkraftkurve.*

Wenn die Radlast F_z zunimmt, können die Reifenprofile besser auf der Straße haften. Daher erhöht sich die Querkraft bei einem konstanten Schlupfwinkel α, und die Schlupfbewegung tritt bei höheren Schlupfwinkeln auf. Abb. 1.74 *veranschaulicht das Verhalten der Querkraft eines Beispielreifens bei unterschiedlichen Normalbelastungen.*

Eine Erhöhung der Last erhöht nicht nur die maximal erreichbare Querkraft, sie verschiebt auch das Maximum der Querkraft zu höheren Schlupfwinkeln.

Manchmal wird der Einfluss der Last auf die Querkraft in einer dimensionslosen Variable dargestellt, um sie praktischer zu machen. Abb. 1.75 *zeigt ein Beispiel.*

Beispiel 82 ⋆ *Gough-Diagramm.*

Der Schlupfwinkel α ist der Hauptparameter, der die Querkraft F_y und das Rückstellmoment $M_z = F_y a_{x_\alpha}$ beeinflusst. Allerdings hängen F_z und M_z von vielen

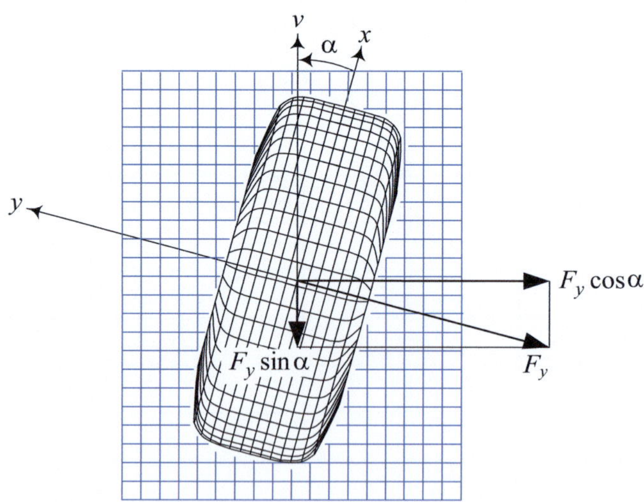

Abb. 1.73 Die Kurven- und Zugkomponenten einer Seitenkraft F_y

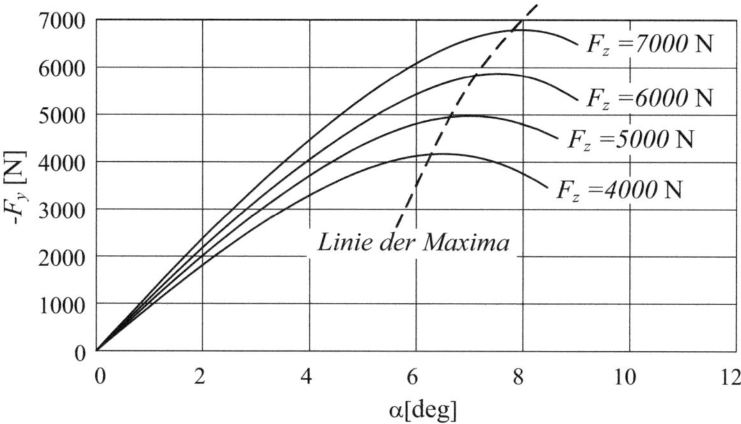

Abb. 1.74 Verhalten der Querkraft eines Beispielreifens bei unterschiedlichen Normalbelastungen in Abhängigkeit vom Schlupfwinkel α

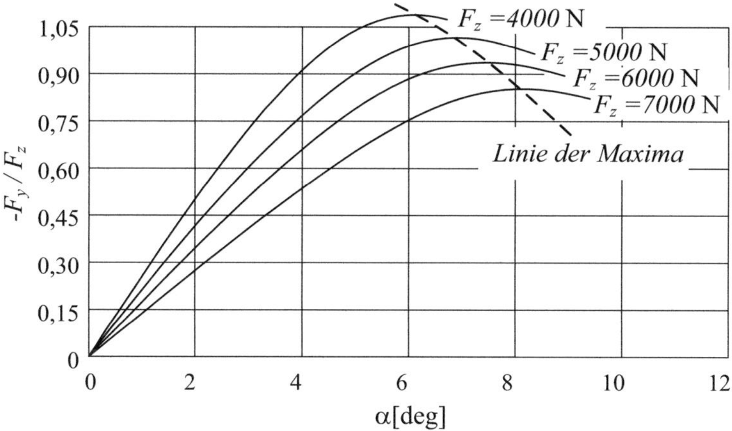

Abb. 1.75 Auswirkung der Last auf die Querkraft in Abhängigkeit vom Schlupfwinkel α in dimensionsloser Darstellung

anderen Parametern ab, wie Geschwindigkeit v, Druck p, Temperatur, Luftfeuchtigkeit und Straßenbedingungen. Eine bessere Methode, um F_z und M_z darzustellen, besteht darin, sie für einen Satz von Parametern gegeneinander aufzutragen. Ein solches Diagramm wird als ***Gough-Diagramm*** *bezeichnet. Abb.* 1.76 *zeigt ein Beispiel für ein Gough-Diagramm für einen Radial-Pkw-Reifen. Jeder Reifen hat sein eigenes Gough-Diagramm, obwohl wir ein Durchschnittsdiagramm für Radial- oder Nicht-Radialreifen verwenden können.*

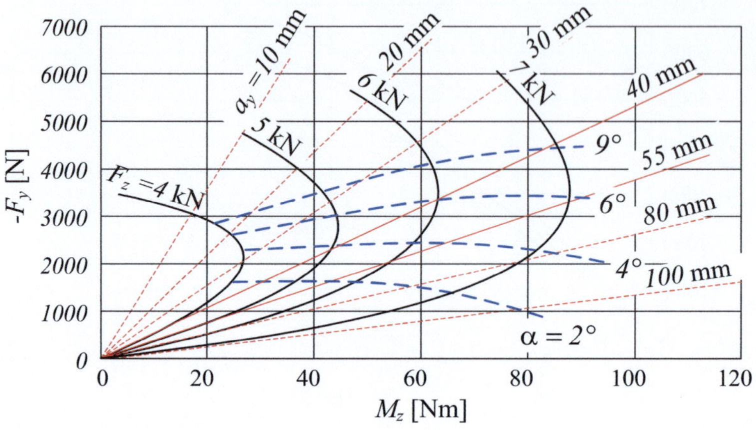

Abb. 1.76 Gough-Diagramm für einen Radial-Pkw-Reifen

Beispiel 83 *Auswirkung der Geschwindigkeit.*

Die Kurve der Seitenkraft als Funktion des Schlupfwinkels $F_y(\alpha)$ *nimmt mit zunehmender Geschwindigkeit ab. Daher müssen wir den Schwimmwinkel bei höheren Geschwindigkeiten erhöhen, um die gleiche Seitenkraft zu erzeugen. Der Schwimmwinkel erhöht sich durch Erhöhung des Lenkwinkels. Abb.* 1.77 *veranschaulicht die Auswirkung der Geschwindigkeit auf* F_y *für einen radialen Pkw-Reifen. Aufgrund dieses Verhaltens nimmt die Krümmung der Trajektorie eines „Autos mit einem Rad“ bei einem festen Lenkwinkel mit zunehmender Fahrgeschwindigkeit zu.*

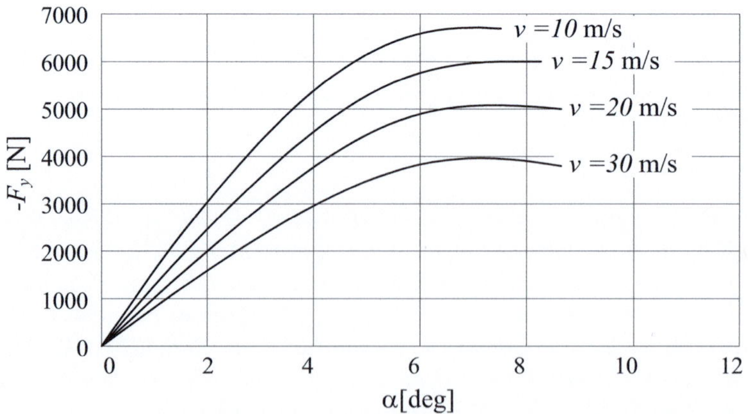

Abb. 1.77 Auswirkung der Geschwindigkeit auf F_y und M_z für einen radialen Reifen

Beispiel 84 ⋆ *Kubisches Modell für Seitenkraft.*

*Wenn der Schwimmwinkel nicht klein ist, kann die lineare Näherung (*1.165*) das Reifenverhalten nicht darstellen. Basierend auf einer parabolischen Normaldruckverteilung auf dem Reifenlatsch wurde in den 1950er-Jahren die folgende Funktion dritten Grades vorgestellt, um die Seitenkraft bei hohen Schwimmwinkeln zu berechnen:*

$$F_y = -C_\alpha \, \alpha \left(1 - \frac{1}{3} \left| \frac{C_\alpha \, \alpha}{F_{y_M}} \right| + \frac{1}{27} \left(\frac{C_\alpha \, \alpha}{F_{y_M}} \right)^2 \right) \tag{1.180}$$

*wobei F_{y_M} die maximale Seitenkraft ist, die der Reifen tragen kann. F_{y_M} wird durch die Reifenlast und den seitlichen Reibungskoeffizienten festgelegt μ_y. Wir wollen nun den Schwimmwinkel α_M bestimmen, bei dem die Seitenkraft F_y ihren maximalen Wert F_{y_M} erreicht. Gl. (*1.180*) zeigt, dass gilt:*

$$\alpha_M = \frac{3F_{y_M}}{C_\alpha} \tag{1.181}$$

und daher ist

$$F_y = -C_\alpha \, \alpha \left(1 - \frac{\alpha}{\alpha_M} + \frac{1}{3} \left(\frac{\alpha}{\alpha_M} \right)^2 \right) \tag{1.182}$$

$$\frac{F_y}{F_{y_M}} = \frac{3\alpha}{\alpha_M} \left(1 - \frac{\alpha}{\alpha_M} + \frac{1}{3} \left(\frac{\alpha}{\alpha_M} \right)^2 \right) \tag{1.183}$$

Abb. 1.78 *zeigt das kubische Kurvenmodell für die Seitenkraft als Funktion des Schwimmwinkels. Die Gleichung gilt nur für $0 \le \alpha \le \alpha_M$.*

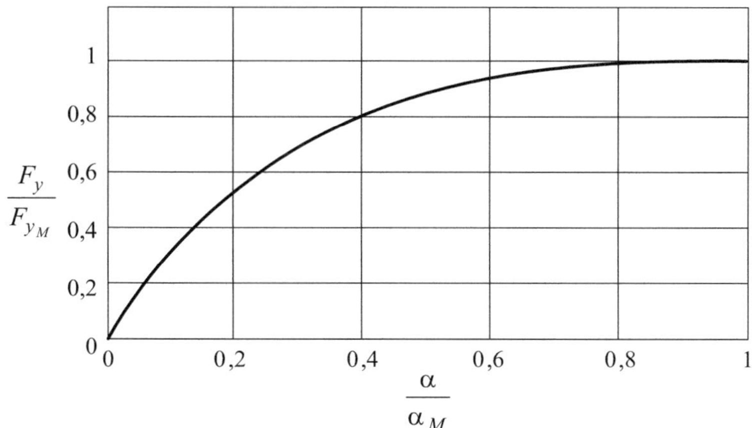

Abb. 1.78 Ein kubisches Kurvenmodell für die Seitenkraft als Funktion des Schwimmwinkels

Beispiel 85 ⋆ *Ein Modell für seitliche Belastungen.*

Betrachten Sie einen Reifen, der bei einem geringen Schwimmwinkel α auf einer trockenen Straße rollt. Nehmen wir an, die entstehende seitliche Belastung auf dem Reifenlatsch kann durch die folgende Gleichung ausgedrückt werden:

$$\tau_y(x,y) = c\tau_{y_M}\left(1-\frac{x}{a}\right)\left(1-\frac{x^3}{a^3}\right)\cos^2\left(\frac{y}{2b}\pi\right) \tag{1.184}$$

Der Koeffizient c ist proportional zur Reifenlast F_z, dem *Schwimmwinkel α und Längsschlupf s. Wenn die Reifenlatschfläche $A_P = 4 \times a \times b = 4 \times 5\,cm \times 12\,cm$ beträgt, dann ist die seitliche Kraft F_y unter dem Reifen für c = 1*

$$\begin{aligned} F_y &= \int_{A_P} \tau_y(x,y)\,dA \\ &= \int_{-0,05}^{0,05}\int_{-0,12}^{0.12} \tau_{y_M}\left(1-\tfrac{x}{0,05}\right)\left(1-\tfrac{x^3}{0,05^3}\right)\cos^2\left(\tfrac{y\pi}{0,24}\right)dy\,dx \\ &= 0{,}0144\tau_{y_M} \end{aligned} \tag{1.185}$$

*Wenn wir die seitliche Kraft F_y = 1000*N *durch Messung der seitlichen Beschleunigung berechnen, dann beträgt die maximale seitliche Belastung*

$$\tau_{y_M} = \frac{F_z}{0{,}0144} = 69444\,\mathrm{Pa} \tag{1.186}$$

und die Verteilung der seitlichen Belastung über den Reifenlatsch ist

$$\tau_y(x,y) = 69444\left(1-\frac{x}{0{,}05}\right)\left(1-\frac{x^3}{0{,}05^3}\right)\cos^2\left(\frac{y\pi}{0{,}24}\right)\mathrm{Pa} \tag{1.187}$$

Beispiel 86 *Reifen auf einem Kreis.*

Idealerweise muss ein Reifen eine Scheibe sein, um rutschfrei auf einem Kreis abrollen zu können. Ein frei rollender breiter Reifen in einer Kurve hat eine unausgeglichene Längsspannungsverteilung, wie in Abb. 1.79 gezeigt. Der innere Teil des Reifenlatsches zieht sich zusammen, während der äußere Teil des Reifenlatsches sich ausdehnt. Der Betrag der Kontraktion und Dehnung erhöht sich mit zunehmender Entfernung von der Reifenebene, die durch die x-Achse angezeigt wird. Darüber hinaus ist der vordere Teil des Reifenlatsches kürzer als der hintere Teil; daher ist die y-Achse des Reifenlatsch-Koordinatensystems keine symmetrische Linie. Als Ergebnis gibt es eine asymmetrische Spannungsverteilung im Reifenlatsch, die ein ausrichtendes Moment, ein Anti-Spin-Moment und eine Rollwiderstandskraft erzeugt.

1.10 Schwimmkraft

Der Sturzwinkel γ ist der Neigungswinkel des Reifens um die Längsachse x. Der Sturzwinkel erzeugt eine Seitenkraft F_y, die als *Sturzseitenkraft* bezeichnet wird. Abb. 1.80 veranschaulicht eine Frontansicht eines gestürzten Reifens und die

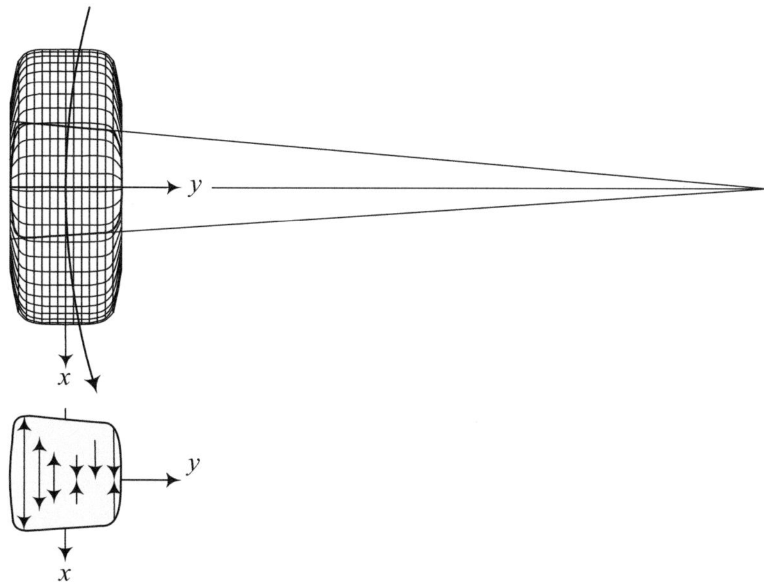

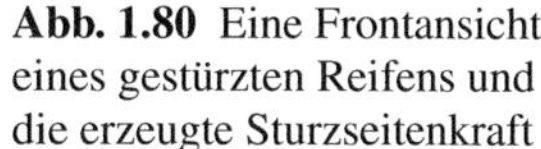

Abb. 1.79 Die unausgeglichene Längsspannungsverteilung auf einem frei rollenden Reifen in einer Kurve

Abb. 1.80 Eine Frontansicht eines gestürzten Reifens und die erzeugte Sturzseitenkraft

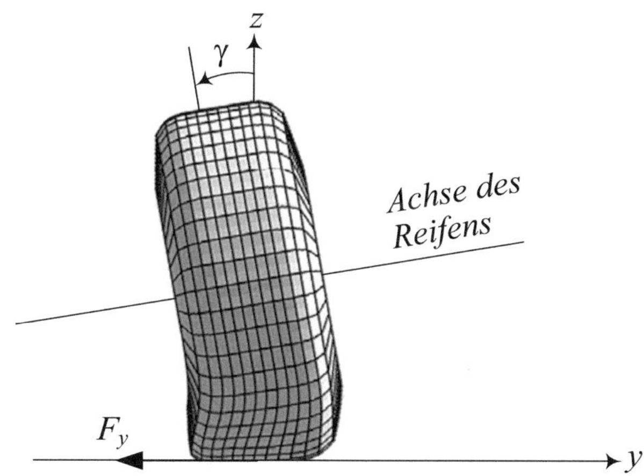

erzeugte Sturzseitenkraft F_y. Der Sturzwinkel wird als positiv $\gamma > 0$ betrachtet, wenn er in die positive Richtung der x-Achse zeigt, gemessen von der z-Achse zur Reifenebene. Ein positiver Sturzwinkel erzeugt eine Sturzseitenkraft entlang der $-y$-Achse.

Die Sturzseitenkraft ist proportional zu γ bei niedrigen Sturzwinkeln und hängt direkt von der Radlast F_z ab. Daher gilt:

$$\mathbf{F}_y = F_y \hat{\jmath} \tag{1.188}$$

$$F_y = -C_\gamma \gamma \tag{1.189}$$

wobei C_γ als die *Sturzsteifigkeit* des Reifens bezeichnet wird:

$$C_\gamma = \lim_{\gamma \to 0} \frac{\partial \left(-F_y\right)}{\partial \gamma} \tag{1.190}$$

In Anwesenheit von sowohl Sturz γ als auch Schwimmwinkel α, ist die gesamte Seitenkraft F_y auf einen Reifen eine Überlagerung der Eckkraft und der Sturzseitenkraft.

$$F_y = -C_\gamma \gamma - C_\alpha \alpha \tag{1.191}$$

Beweis. Wenn ein Rad unter einer konstanten Last steht und dann ein Sturzwinkel auf die Felge angewendet wird, wird der Reifen seitlich ausweichen, sodass die Reifenaufstandsfläche auf der gestürzten Seite länger und auf der anderen Seite kürzer ist. Abb. 1.81 vergleicht den Reifenaufdruck eines geraden und eines gestürzten Reifens, der langsam auf einer flachen Straße fährt. Während das Rad vorwärts rollt, treten unverzerrte Laufflächen in den Reifenaufdruckbereich ein und weichen seitlich sowie längs aus. Aufgrund der Form des Reifenaufdrucks haben jedoch die Laufflächen, die am Reifenaufdruck näher an der gestürzten Seite eintreten, mehr Zeit, sich seitlich zu dehnen. Da die sich entwickelnde seitliche Spannung proportional zur seitlichen Dehnung ist, erzeugt die nicht einheitliche Laufflächenstreckung eine asymmetrische Spannungsverteilung, und es wird eine höhere seitliche Spannung auf der gestürzten Seite entstehen. Das Ergebnis der nicht einheitlichen seitlichen Spannungsverteilung über den Reifenaufdruck eines gestürzten Reifens erzeugt den Sturzschub F_y in der gestürzten Richtung:

$$\mathbf{F}_y = F_y \hat{\jmath} \tag{1.192}$$

$$F_y = \int_{A_P} \tau_y \, dA \tag{1.193}$$

Die Seitenkraft ist proportional zum Sturzwinkel für kleine Winkel:

$$F_y = -C_\gamma \gamma \tag{1.194}$$

Wenn der Reifen rollt, verschiebt sich die resultierende Seitenkraft F_y um eine Strecke a_{x_γ} nach vorne. Das resultierende Moment in der z-Richtung wird als *Sturzmoment* bezeichnet, und die Strecke a_{x_γ} wird als *Sturznachlauf* bezeichnet.

$$\mathbf{M}_z = M_z \hat{k} \tag{1.195}$$

$$M_z = F_y \, a_{x_\gamma} \tag{1.196}$$

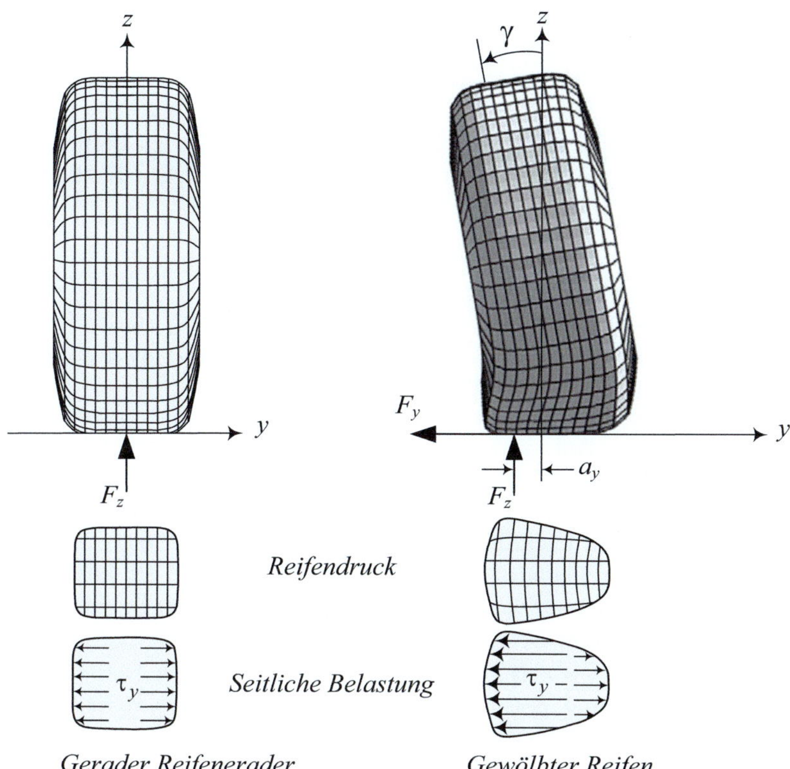

Abb. 1.81 Der Reifenaufdruck eines geraden und eines gestürzten Reifens, der langsam auf einer flachen Straße abrollt

Der Sturznachlauf ist normalerweise sehr klein, und daher kann das Sturzmoment in der linearen Analyse der Fahrzeugdynamik vernachlässigt werden.

Weil der Reifenlatsch eines schräg gestellten Reifens sich verformt, um auf der schräg gestellten Seite länger zu sein, verschiebt sich die resultierende vertikale Kraft F_z, die die Radlast trägt:

$$F_z = \int_{A_P} \sigma_z \, dA, \tag{1.197}$$

seitlich um eine Strecke a_{y_γ} vom Zentrum des Reifenlatsches:

$$a_{y_\gamma} = \frac{1}{F_z} \int_{A_P} y \, \sigma_z \, dA_p \tag{1.198}$$

Die Strecke a_{y_γ} wird als *Sturzarm* bezeichnet, und das resultierende Moment $\mathbf{M}_x$ wird als *Sturzmoment* bezeichnet:

$$\mathbf{M}_x = M_x \hat{k} \tag{1.199}$$

$$M_x = -F_z \, a_{y_\gamma} \tag{1.200}$$

Das Sturzmoment neigt dazu, den Reifen um die x-Achse zu drehen und die Reifenebene mit der z-Achse auszurichten. Der Sturzarm a_{y_γ} ist für kleine Winkel proportional zum Sturzwinkel γ:

$$a_{y_\gamma} = C_{y_\gamma} \, \gamma \tag{1.201}$$

Abb. 1.82 zeigt die Sturzkraft F_y für verschiedene Schrägstellungswinkel γ bei einer konstanten Reifenlast $F_z = 4500\,\mathrm{N}$. Radialreifen erzeugen aufgrund ihrer höheren Flexibilität eine geringere Sturzkraft.

Es ist besser, die Wirkung von F_z grafisch zu veranschaulichen, um die Sturzkraft zu visualisieren. Abb. 1.83 zeigt die Variation der Sturzkraft F_y als Funktion der Normalbelastung F_z bei verschiedenen Sturzwinkeln für einen Beispiel-Radialreifen.

Wenn wir einem rollenden Reifen mit Sturz einen Schlupfwinkel α aufzwingen, verformt sich der Reifenlatsch ähnlich wie in Abb. 1.84, und der Pfad der Laufflächen wird komplizierter. Die resultierende Seitenkraft wirkt in einem Abstand a_{x_γ} und a_{y_γ} vom Zentrum des Reifenlatsches. Beide Abstände a_{x_γ} und a_{y_γ} sind Funktionen der Winkel α und γ. Die Sturzkraft aufgrund von γ, zusammen mit der Kurvenkraft aufgrund von α, ergibt die gesamte auf einen Reifen ausgeübte Seitenkraft. Daher kann die Seitenkraft berechnet werden als

$$F_y = -C_\alpha \, \alpha - C_\gamma \, \gamma \tag{1.202}$$

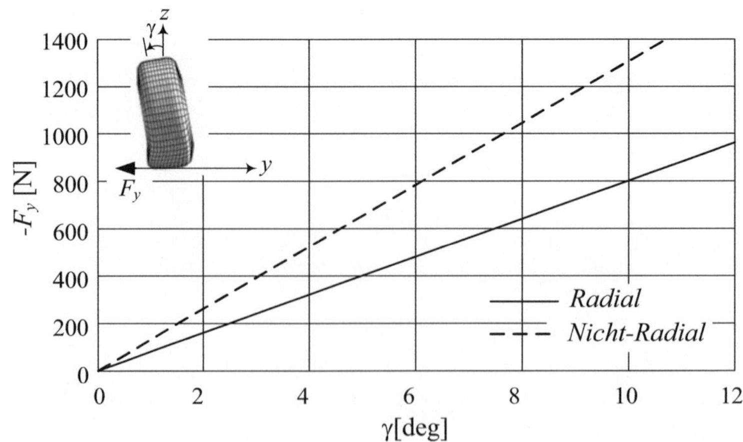

Abb. 1.82 Die Sturzkraft F_y für verschiedene Sturzwinkel γ bei einer konstanten Reifenlast

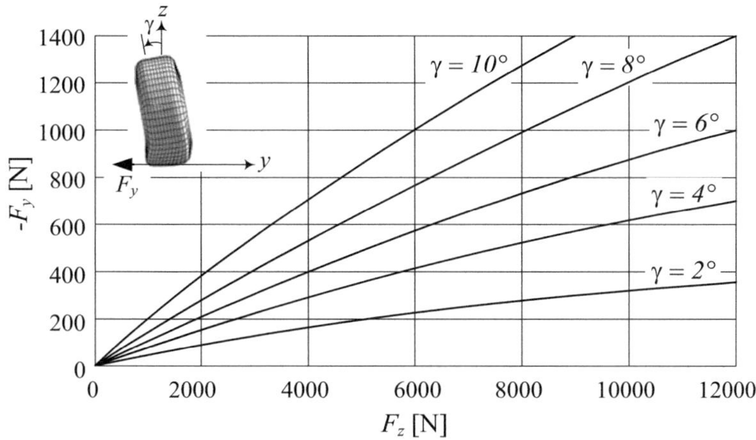

Abb. 1.83 Die Variation der Sturzkraft F_y als Funktion der Normalbelastung F_z bei verschiedenen Sturzwinkeln für einen Beispiel-Radialreifen

Abb. 1.84 Reifenspur eines geneigten Reifens unter Seitenschlupf

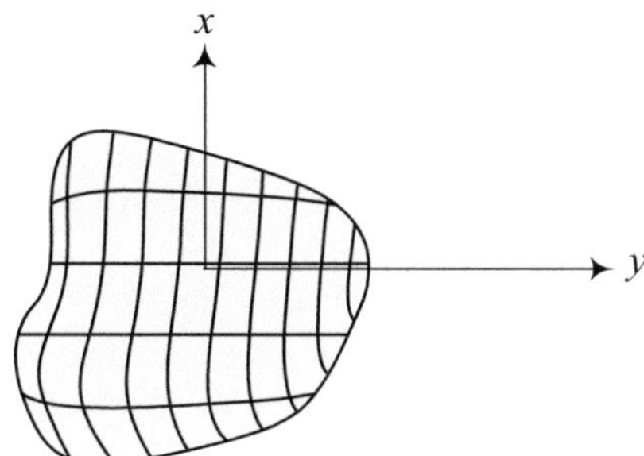

das ist akzeptabel für $\gamma \lesssim 10$ Grad und $\alpha \lesssim 5$ Grad. Das Vorhandensein sowohl des Sturzwinkels γ als auch des Schlupfwinkels α macht die Situation interessant, weil die gesamte Seitenkraft je nach den Richtungen von γ und α positiv oder negativ sein kann. Abb. 1.85 veranschaulicht ein Beispiel für die Seitenkraft als Funktion von γ und α bei einer konstanten Belastung $F_z = 4000$ N. Ähnlich wie die Seitenkraft kann das Rückstellmoment M_z als Kombination der Effekte von Schlupf- und Sturzwinkel angenähert werden:

$$M_z = C_{M_\alpha}\,\alpha + C_{M_\gamma}\,\gamma \tag{1.203}$$

Für einen Radialreifen ist $C_{M_\alpha} \approx 0{,}013\,\mathrm{N\,m/\,deg}$ und $C_{M_\gamma} \approx 0{,}0003\,\mathrm{N\,m/\,deg}$, während für einen nicht radialen Reifen $C_{M_\alpha} \approx 0{,}01\,\mathrm{N\,m/\,deg}$ und $C_{M_\gamma} \approx 0{,}001\,\mathrm{N\,m/\,deg}$ beträgt. ■

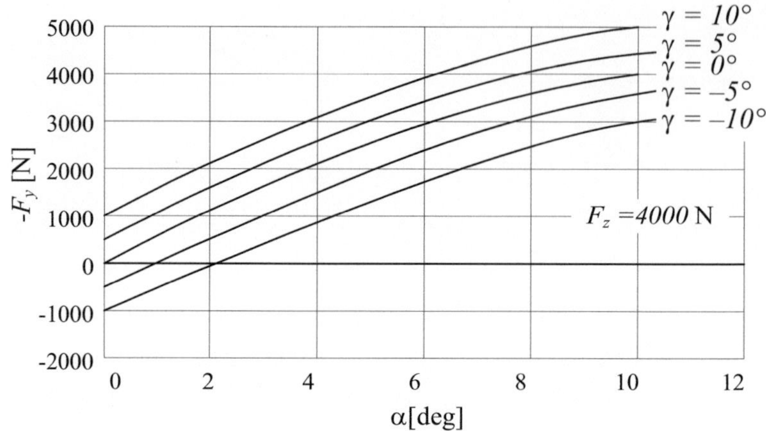

Abb. 1.85 Ein Beispiel für die Seitenkraft als Funktion von γ und α bei einer konstanten Last $F_z = 4000\,\mathrm{N}$

Beispiel 87 ⋆ *Geneigte Straße.*

Betrachten Sie ein Fahrzeug, das auf einer Straße mit einer Querneigung β fährt, während seine Reifen vertikal bleiben. Es gibt eine bergabwärts gerichtete Komponente des Gewichts, $F_1 = mg \sin \beta$, die das Fahrzeug nach unten zieht. Es gibt auch eine bergauf gerichtete Schrägkraft aufgrund der Schrägstellung $\gamma \approx \beta$ der Reifen in Bezug auf die Straße $F_2 = C_\gamma \gamma$. Die resultierende Seitenkraft $F_y = C_\gamma \gamma - mg \sin \beta$ hängt von der Sturzsteifigkeit C_γ ab und bestimmt, ob das Fahrzeug bergauf oder bergab fährt. Da die Sturzsteifigkeit C_γ bei nicht radialen Reifen höher ist, ist es wahrscheinlicher, dass ein nicht radialer Reifen als ein radialer Reifen bergauf fährt.

Die Auswirkungen der Schrägstellung sind besonders wichtig für Motorräder, die einen großen Teil der Seitenkraft durch Schrägstellung erzeugen. Bei Autos und Lastwagen sind die Schrägstellungswinkel viel kleiner, und in vielen Anwendungen kann ihre Wirkung vernachlässigbar sein. Einige Fahrwerke sind jedoch so konzipiert, dass die Räder schräg gestellt werden, wenn die Achslast variiert, oder wenn sie gelenkt werden.

Beispiel 88 *Bedeutung der Wölbung und Reifenlatschmodell.*

Die Wölbung eines Reifens erzeugt eine Seitenkraft, auch wenn kein Seitenrutschen vorhanden ist. Die Auswirkungen der Vorspannung sind besonders wichtig für Motorräder, die einen großen Teil der Seitenkraft durch die Wölbung erzeugen. Die folgenden Gleichungen werden vorgestellt, um die seitliche Abweichung eines gewölbten Reifenprofils vom geraden Reifenprofil zu modellieren und die seitliche Spannung τ_y aufgrund der Wölbung auszudrücken:

$$y = -\sin\gamma\left(\sqrt{R_g^2 - x^2} - \sqrt{R_g^2 - a^2}\right) \tag{1.204}$$

$$\tau_y = -\gamma k\left(a^2 - x^2\right) \tag{1.205}$$

wobei k so gewählt wird, dass die durchschnittliche Abweichung der Wölbung im Reifenlatsch korrekt ist

$$\int_{-a}^{a} \tau_y \, dx = \int_{-a}^{a} y \, dx \tag{1.206}$$

Daher gilt:

$$k = \frac{3\sin\gamma}{4a^3\gamma}\left(-a\sqrt{R_g^2 - a^2} + R_g^2 \sin^{-1}\frac{a}{R_g}\right) \tag{1.207}$$

$$\approx \frac{3}{4}\frac{R_g\sqrt{R_g^2 - a^2}}{a^2} \tag{1.208}$$

und

$$\tau_y = -\frac{3}{4}\gamma\frac{R_g\sqrt{R_g^2 - a^2}}{a^2}\left(a^2 - x^2\right) \tag{1.209}$$

1.11 Reifenkraft

Reifen können als Erzeuger von Kräften betrachtet werden, mit zwei Hauptausgängen: Vorwärtskraft F_x, Seitenkraft F_y und drei Nebenausgängen: Rückstellmoment M_z, Rollmoment M_x und Nickmoment M_y. Eingangsgrößen der Erzeuger von Kräften sind die Reifenlast F_z, Seitenrutschen α, Längsrutschen s und der Storzwinkel γ.

$$F_x = F_x(F_z, \alpha, s, \gamma) \tag{1.210}$$

$$F_y = F_y(F_z, \alpha, s, \gamma) \tag{1.211}$$

$$M_x = M_x(F_z, \alpha, s, \gamma) \tag{1.212}$$

$$M_y = M_y(F_z, \alpha, s, \gamma) \tag{1.213}$$

$$M_z = M_z(F_z, \alpha, s, \gamma) \tag{1.214}$$

Wenn man den Rollwiderstand und die aerodynamische Kraft ignoriert, können die Hauptausgangskräfte durch einen Satz linearer Gleichungen für eine gegebene Last F_z

$$\begin{aligned} F_x &= \mu_x(s)\, F_z \qquad \mu_x(s) = C_s\, s \\ F_y &= -C_\alpha\, \alpha - C_\gamma\, \gamma \end{aligned} \tag{1.215}$$

approximiert werden, wobei C_s der *Längsschlupfkoeffizient* ist, C_α die *Seitensteifigkeit* und C_γ die *Kammsteifigkeit.*

Wenn der Reifen eine Kombination von Reifeneingaben hat, α, s, γ, werden die Reifenkräfte als *kombinierte Reifenkräfte* bezeichnet. Die wichtigste kombinierte Reifenkraft ist die Scherkraft aufgrund von Längsschlupf und Seitenschlupf. Solange jedoch die Winkel und Schlupf innerhalb des linearen Bereichs des Reifenverhaltens liegen, kann eine Überlagerung verwendet werden, um die Ausgangskräfte abzuschätzen.

Fahr- und Bremskräfte verändern die Seitenkraft F_y, die bei jedem Schwimmwinkel α erzeugt wird. Dies liegt daran, dass die Längskraft den Reifenlatsch in Richtung der Fahr- oder Bremskraft zieht und daher auch die Länge der seitlichen Verschiebung des Reifenlatsches ändern wird.

Abb. 1.86 veranschaulicht, wie ein Schwimmwinkel α das Verhältnis der Längskraft F_x/F_z als Funktion des Schlupfverhältnisses s beeinflusst. Abb. 1.87 veranschaulicht die Auswirkung des Schwimmwinkels α auf das Verhältnis der Seitenkraft F_y/F_z als Funktion des Schlupfverhältnisses s. Die Abb. 1.88 und 1.89 veranschaulichen die gleichen Kraftverhältnisse wie die Abb. 1.86 und 1.87 wenn das Schlupfverhältnis s ein Parameter ist.

Beweis. Betrachten Sie einen sich drehenden Reifen unter einem Schwimmwinkel α. Der Reifen entwickelt eine Querkraft $F_y = -C_\alpha \alpha$. Das Aufbringen einer Antriebs- oder Bremskraft auf diesen Reifen wird die Querkraft verringern, während eine Längskraft entsteht: $F_x = \mu_x(s)\, F_z$. Experimentelle Daten zeigen, dass die Reduzierung der Querkraft in Anwesenheit eines Schlupfverhältnisses s ähnlich der Abb. 1.87 ist. Nehmen Sie nun an, der Schwimmwinkel α wird auf null reduziert. Die Reduzierung von α erhöht die Längskraft und verringert die Querkraft. Die Erhöhung der Längskraft wirkt experimentell ähnlich wie in Abb. 1.88.

Ein sich drehender Reifen unter einem Schlupfverhältnis s entwickelt eine Längskraft $F_x = \mu_x(s)\, F_z$. Das Aufbringen eines Schwimmwinkels α wird die Längskraft verringern, während eine Querkraft enstehen wird. Experimentelle Daten zeigen, dass die Reduzierung der Längskraft in Anwesenheit eines Schwimmwinkels α ähnlich der Abb. 1.86 ist. Nehmen Sie nun an, das Schlupfverhältnis s und somit die Antriebs- oder Bremskraft wird auf null reduziert. Die Reduzierung von s erhöht die Querkraft und verringert die Längskraft. Die Erhöhung der Querkraft ist ähnlich der Abb. 1.87.■

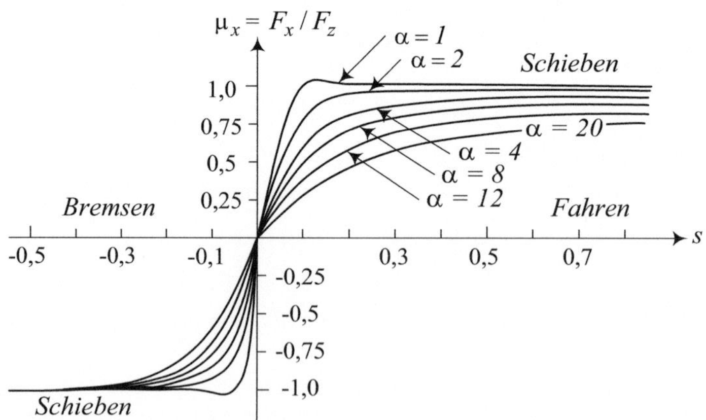

Abb. 1.86 Längskraftverhältnis F_x/F_z als Funktion des Schlupfverhältnisses s für verschiedene Schwimmwinkel α

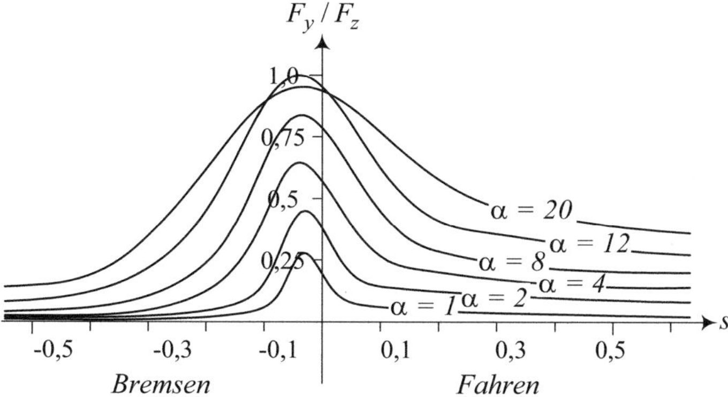

Abb. 1.87 Seitenkraftverhältnis F_y/F_z als Funktion des Schlupfverhältnisses s für verschiedene Schwimmwinkel α

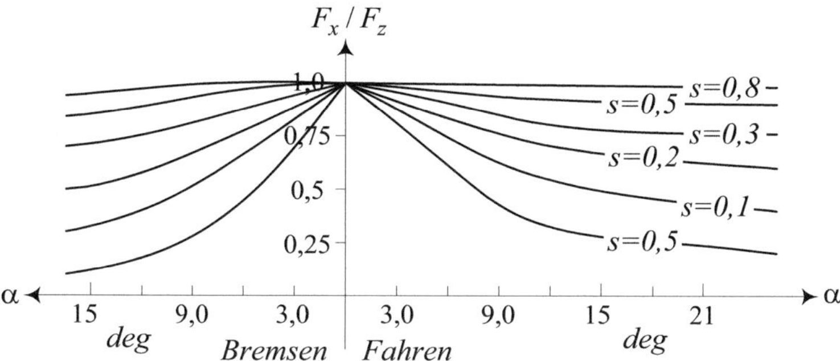

Abb. 1.88 Längskraftverhältnis F_x/F_z als Funktion des Schwimmwinkels α für verschiedene Schlupfverhältnisse s

Beispiel 89 *Reibungskreis.*

Wenn der Reifen sowohl unter Längsschlupf als auch unter einem Schwimmwinkel steht, befindet sich der Reifen im kombinierten Schlupf. Die Scherkräfte auf der Reifenaufstandsfläche eines Reifens unter kombiniertem Schlupf können ungefähr mit einem Reibungskreismodell ermittelt werden:

$$\left(\frac{F_y}{F_{y_M}}\right)^2 + \left(\frac{F_x}{F_{x_M}}\right)^2 = 1 \tag{1.216}$$

Ein Reibungskreis ist in Abb. 1.90 dargestellt.

Beweis. *Die Scherkraft* $\mathbf{F}_{\text{Scher}}$*, die auf den Reifen am Reifenlatsch parallel zur Bodenoberfläche ausgeübt wird, hat zwei Komponenten: die Längskraft* F_x *und die Querkraft* F_y:

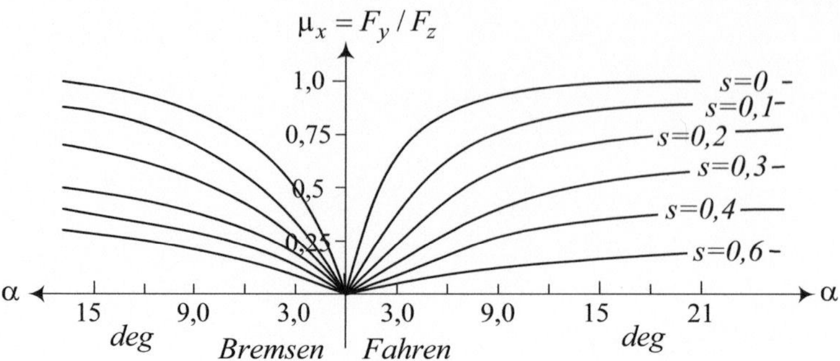

Abb. 1.89 Seitenkraftverhältnis F_y/F_z als Funktion des Schwimmwinkels α für verschiedene Schlupfverhältnisse s

$$\mathbf{F}_{shear} = F_x \hat{\imath} + F_y \hat{\jmath} \tag{1.217}$$

$$F_x = C_s s F_z \tag{1.218}$$

$$F_y = -C_\alpha \alpha \tag{1.219}$$

Diese Kräfte können ihre maximalen Werte nicht überschreiten F_{y_M} *und* F_{x_M}

$$F_{y_M} = \mu_y F_z \tag{1.220}$$

$$F_{x_M} = \mu_x F_z \tag{1.221}$$

Der in Abb. 1.90 *gezeigte Reifen bewegt sich entlang des Geschwindigkeitsvektors v unter einem Schwimmwinkel* α*. Die x-Achse zeigt die Reifenebene an. Wenn es keinen Schwimmwinkel gibt, ist die maximale Längskraft* $F_{x_M} = \mu_x F_z = \overrightarrow{OA}$*. Wenn nun ein Schwimmwinkel* α *angelegt wird, entsteht eine Querkraft* $F_y = \overrightarrow{OE}$ *und die Längskraft reduziert sich auf* $F_x = \overrightarrow{OB}$*. Die maximale Querkraft wäre* $F_{y_M} = \mu_y F_z = \overrightarrow{OD}$*, wo es keinen Längsschlupf gibt.*

In Anwesenheit der Längs- und Querkräfte können wir annehmen, dass der Spitzenpunkt des maximalen Scherkraftvektors auf einer Reibungselipse liegt:

$$\left(\frac{F_y}{F_{y_M}}\right)^2 + \left(\frac{F_x}{F_{x_M}}\right)^2 = 1 \tag{1.222}$$

Wenn $\mu_x = \mu_y = \mu$*, wäre die Reibungselipse ein Kreis und es gilt:*

$$F_{shear} = \mu F_z \tag{1.223}$$

■

Beispiel 90 *Breite Reifen.*

Ein breiter Reifen hat einen kürzeren Reifenlatsch als ein schmaler Reifen. Unter der Annahme, dass das Fahrzeug und der Reifendruck gleich sind, wäre die

Abb. 1.90 Reibungskreis

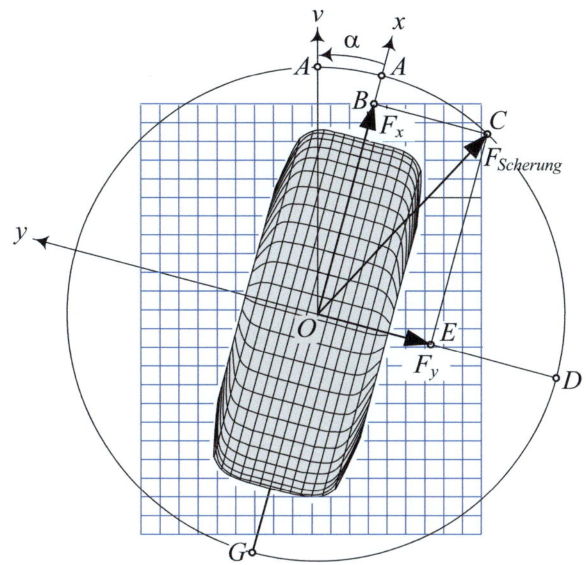

Fläche des Reifenlatsches bei beiden Reifen gleich. Der kürzere Reifenlatsch hat bei gleichem Rutschen mehr seiner Länge auf der Straße als der längere Reifenlatsch. Daher erzeugt ein breiterer Reifenlatsch mehr Querkraft als ein schmalerer Reifenlatsch bei gleicher Reifenlast und Rutschen.

Allgemein gesprochen, nimmt die Reifenleistung und die maximale Fähigkeit Kräfte zu übertragen sowohl bei breiten als auch bei schmalen Reifen mit zunehmender Geschwindigkeit ab.

Beispiel 91 *Sinus-Reifenkräfte-Modell.*

Vor einigen Jahrzehnten wurden auf der Grundlage von experimentellen Daten eine Reihe von angewandten Sinusfunktionen entwickelt, um Reifenkräfte zu modellieren. Die Sinusfunktionen können effektiv zur Modellierung von Reifenkräften verwendet werden, insbesondere für die Bearbeitung am Computer.

Das Sinusfunktionsmodell für die Querkraft eines Reifens ist:

$$F_y = A \sin\left(B \tan^{-1}(C\Phi)\right) \tag{1.224}$$

$$\Phi = (1 - E)(\alpha + \delta)\mu F_z \tag{1.225}$$

$$C = \frac{C_\alpha}{AB} \qquad C_\alpha = C_1 \sin\left(2 \tan^{-1} \frac{F_z}{C_2}\right) \tag{1.226}$$

$$A, B = \text{Formfaktoren} \tag{1.227}$$

$$C_1 = \text{Maximaler Kurvenkoeffizient} \tag{1.228}$$

$$C_2 = \text{Radlast beim maximalen Kurvenkoeffizienten} \tag{1.229}$$

Beispiel 92 ⋆ *Empirisches Reifenkraftmodell.*

Basierend auf experimentellen Daten und Kurvenanpassung wurde 1991 das Pacejka-Modell vorgestellt, um nichtlineare Reifenkräfte zu modellieren.

$$F(u) = c_1 \sin\left(c_2 \tan^{-1}\left(c_3 u(1 - c_4) + c_4 \tan^{-1}(c_3 s)\right)\right) \tag{1.230}$$

wobei c_1, c_2, c_3 und c_4 Konstanten sind, die auf den experimentellen Reifendaten basieren. Wenn die Variable u der Längsrutsch s ist, dann stellt $F(s) = F_x$ die Längszugkraft dar. Wenn die Variable u der Schwimmwinkel α ist, dann stellt $F(\alpha) = F_y$ die Seitenkraft dar. Die Koeffizienten c_1, c_2, c_3 und $c_4$werden als Steifigkeits-, Form-, Spitzen- und Krümmungskoeffizienten bezeichnet.

Wenn der Reifen sowohl Längs- als auch Seitenkräften ausgesetzt ist, dann erhalten F_x und F_y Koeffizienten, um den Reibungskreis zu erfüllen (1.222).

1.12 Zusammenfassung

Ein Beispiel für Reifengröße und Leistungscode ist in Abb. 1.91 dargestellt. Die Angaben sind wie folgt definiert:

$\boxed{P}$ steht für Personenkraftwagen. $\boxed{215}$ ist die unbelastete Reifenbreite in [mm]. $\boxed{60}$ ist das Querschnittsverhältnis des Reifens, $s_T = \frac{h_T}{w_T} \times 100$ die Höhe zur Reifenbreite als Prozentsatz ausdrückt. $\boxed{R}$ steht für radial. $\boxed{15}$ ist der Felgendurchmesser, für den der Reifen ausgelegt ist in [Zoll]. $\boxed{96}$ ist der Lastindex und $\boxed{H}$ der Geschwindigkeitsindex.

Wir befestigen ein Koordinatensystem $(oxyz)$ am Reifen in der Mitte des Reifenlatsches, das sogenannte Reifenkoordinatensystem. Die x-Achse verläuft entlang der Schnittlinie der Reifenebene und dem Boden. Die z-Achse steht senkrecht zum Boden und die y-Achse macht das Koordinatensystem rechtshändig. Wir zeigen die Reifenausrichtung mit zwei Winkeln an: dem Sturzwinkel γ und dem Schwimmwinkel α. Der Sturzwinkel γ ist der Winkel zwischen der Reifenebene und der Vertikalen, gemessen gegen die x-Achse, und der Schwimmwinkel α ist der Winkel zwischen dem Geschwindigkeitsvektor $\mathbf{v}$ und der x-Achse, gemessen gegen die z-Achse.

Ein vertikal belastetes Rad, das auf einer flachen Oberfläche rollt, hat einen effektiven Radius R_w, genannt Rollradius

$$R_w = \frac{v_x}{\omega_w} \tag{1.231}$$

P 215 / 60 R 15 96 H

Abb. 1.91 Ein Beispiel für Reifengröße

wobei v_x die Vorwärtsgeschwindigkeit und ω_w die Winkelgeschwindigkeit des Rades sind. Der effektive Radius R_w ist ungefähr gleich

$$R_w \approx R_g - \frac{R_g - R_h}{3} \tag{1.232}$$

und eine Zahl zwischen dem unbelasteten oder geometrischen Radius R_g und der belasteten Höhe $R_{h:}$

$$R_h < R_w < R_g \tag{1.233}$$

Die Reifenkraft in x-Richtung ist eine Kombination aus der Längskraft F_x und dem Rollwiderstand F_r. Die Längskraft beträgt

$$F_x = \mu_x(s)\, F_z \tag{1.234}$$

wobei s das Längsschlupfverhältnis des Reifens ist, gegeben durch

$$s = \frac{R_g \omega_w}{v_x} - 1 \tag{1.235}$$

$$\mu_x(s) = C_s\, s \qquad s << 1 \tag{1.236}$$

Die Radkraft in der Reifen-y-Richtung F_y ist eine Kombination aus den Kurven- und Schwimmwinkelkräften:

$$F_y = -C_\gamma\, \gamma - C_\alpha\, \alpha \tag{1.237}$$

Der erste Term, $-C_\gamma \gamma$, ist die Schwimmwinkelkraft und proportional zum Schwimmwinkel γ des Reifens. Der zweite Term, $C_\alpha \alpha$, wird als Kurvenkraft bezeichnet und ist proportional zum Schwimmwinkel α des Reifens. Der Schwimmwinkelkoeffizient C_α und der Schwimmwinkelkoeffizient C_γ sind proportional zur Normalbelastung auf dem Reifen und werden experimentell gemessen.

Ein auf dem Boden abrollender Reifen erzeugt auch eine Längskraft, die als Rollwiderstand bezeichnet wird. Die Kraft ist entgegengesetzt zur Bewegungsrichtung und proportional zur Normalbelastung auf dem Reifenlatsch:

$$F_r = \mu_r\, F_z \tag{1.238}$$

Der Parameter μ_r wird als Rollreibungskoeffizient bezeichnet und ist eine Funktion der mechanischen Eigenschaften des Reifens, der Geschwindigkeit, des Verschleißes, der Temperatur, der Belastung, der Größe, der Antriebs- und Bremskräfte und des Straßenzustands. Da F_r in $-v$-Richtung weist, beeinflusst es sowohl F_x als auch F_y, wenn $\alpha \neq 0$.

1.13 Schlüsselsymbole

$a \equiv \ddot{x}$	Beschleunigung
a, b	Halbachsen von A_P
a_{x_α}	Ausrichtungsarm
a_{x_γ}	Schwimmwinkelspur
a_{y_γ}	Schwimmwinkelarm
A_P	Reifenlatschfläche
B	Diagonalreifen
c_1, c_2, c_3, c_4	Koeffizienten der Funktion $F_x = F_x(s)$
C_0, C_1, C_2	Koeffizienten der Polynomfunktion $F_r = F_r(v_x)$
C_L	Auftriebskoeffizient
C_s	Längsschlupfkoeffizient
C_{s_x}, C_{s_y}	Längs- und Querschlupfkoeffizienten
C_α	Seitenschlupfkoeffizient, Seitenschlupfsteifigkeit
C_γ	Schwimmwinkelkoeffizient, Schwimmwinkelsteifigkeit
d	radiale Verschiebung der Reifenelemente
d_F	zurückgelegter Weg ohne Schlupf
d_A	tatsächlich zurückgelegter Weg
D	Reifendurchmesser, Diagonale
DC	Tiefbettfelge
DOT	Department of Transportation (am. Verkehrsministerium)
E	Young-Modul
$FHWA$	Federal Highway Administration (am. Bundesstraßenverwaltung)
f	Funktion
f_k	Federkraft
F_t	Tangentialkraft
$F_r\ \mathbf{F}_r$	Rollwiderstandskraft
F_x	Längskraft, Vorwärtskraft
F_y	Querkraft
F_{y_M}	maximale Seitenkraft
F_z	Normalkraft, vertikale Kraft, Radlast
$g\ \mathbf{g}$	Gravitationsbeschleunigung
h_T	Querschnittshöhe
H	Geschwindigkeitsindex
j	Ruck des Reifenprofils im Reifenlatsch
k	Steifigkeit
k_1, k_2, k_3, k_4	nichtlineare Reifensteifigkeitskoeffizienten
k_{eq}	äquivalente Steifigkeit
k_s	Steigung von $F_x(s)$ gegenüber s bei $s = 0$
k_x	Reifensteifigkeit in der x-Richtung
k_y	Reifensteifigkeit in der y-Richtung

k_z	Reifensteifigkeit in der z-Richtung
K	Parameter für radiale und nicht radiale Reifen in $\mu_r = \mu_r(p, v_x)$ Bohrungsdrehmoment
LT	Kleinlastwagen
m	Masse
M_r $\mathbf{M}_r$	Rollwiderstandsmoment
M_x, $\mathbf{M}_x$	Rollmoment, Bankmoment, Kippmoment,
M_y	Nickmoment, Rollwiderstandsmoment
M_z	Giermoment, Rückstellmoment, Selbstausrichtmoment
M & S	Matsch und Schnee
n	Exponent für Form und Spannungsverteilung von A_P
n_1	Anzahl der Reifendrehungen
p	Reifendruck
P	Personenkraftwagen, Rollwiderstandsleistung
r	radiale Position des Reifenrandes
R	Radialreifen
R_g	geometrischer Radius
R_h	beladene Höhe
R_w	Rollradius, effektiver Radius
s	Längsschlupf
s_c	kritischer Längsschlupf
s_T	Querschnittsverhältnis
s_y	Querschlupf
ST	Spezialanhänger
SUV	Sport Utility Vehicle
T	Notreifen, Radmoment
$v, v_x \equiv \dot{x}$, $\mathbf{v}$	Geschwindigkeit, Laufgeschwindigkeit im Reifenlatsch
v_g	Geschwindigkeit des Bodens
v_H	Aquaplaning-Geschwindigkeit
v_{rel}	relative Geschwindigkeit der Reifenlauffläche in Bezug auf den Boden
w_T	Reifenbreite
WDC	breite Tiefbettfelge
$WDCH$	gehumbte breite Tiefbettfelge
x, y, z, $\mathbf{x}$	Verschiebung
x, y, z	Koordinatenachsen
x_g	Verschiebung des Bodens
x_{rel}	relative Verschiebung der Lauffläche in Bezug auf den Boden
$\triangle x$	Reifenverformung in der x-Richtung, Rollwiderstandsarm
$\triangle y$	Reifenverformung in der y-Richtung
$\triangle z$	Reifenverformung in der z-Richtung
$\dot{z}$	Reifenverformungsrate in der z-Richtung

α	Seitenrutschwinkel
α_M	maximaler Seitenrutschwinkel
β	Querneigung
γ	Sturzwinkel
δ	Verformung
ε	Dehnung
$\triangle x$	Reifenverformung in der x-Richtung, Rollwiderstandsarm
$\triangle y$	Reifenverformung in der y-Richtung
$\triangle z$	Reifenverformung in der z-Richtung
θ	Reifenwinkelrotation
μ_0, μ_1	nichtlinearer Rollreibungskoeffizient
μ_r	Rollreibungskoeffizient
$\mu_x s$	längsgerichteter Reibungskoeffizient
μ_{dp}	Reibungskoeffizient Spitzenwert
μ_{ds}	Reibungskoeffizient Dauerwert
σ_{z_M}	maximale Normalspannung
$\sigma_z(x, y)$	Normalspannung über dem Reifenlatsch
σ_{z_m}	Normalspannung Mittelwert
τ	Schubspannung
τ_x, τ_y	Schubspannungen über dem Reifenlatsch
τ_{x_M}, τ_{y_M}	maximale Schubspannungen
ϕ	Kontaktwinkel, Winkellänge von A_P
ω_{eq}	äquivalente Reifendrehgeschwindigkeit
ω, ω_w	Drehgeschwindigkeit eines Rades, tatsächliche Reifendrehgeschwindigkeit
ρ	Dichte

Übungen

1. Reifengrößencodes
   Erklären Sie die Bedeutung der folgenden Reifengrößencodes:
   a. $10.00R20\,14(G)$
   b. $18.4R46$
   c. $480/80R46155A8$
   d. $18.4-38(10)$
   e. $76\times 50{,}00B32=1250/45B32$
   f. $LT255/85B16$
   g. $33x12.50R15LT$
2. Reifenhöhe und Durchmesser
   Finden Sie die Reifenhöhe h_T und den Durchmesser D für die folgenden Reifen.
   a. $480/80R46\ 155A8$
   b. $P215/65R15\ 96H$
3. ⋆ Plus eins
   Erhöhen Sie den Durchmesser der Felge der folgenden Reifen um 1 Zoll und finden Sie einen passenden Reifen für die neue Felge.
   a. $P215/65R15\ 96H$
   b. $P215/60R15\ 96H$
4. ⋆ Problem der Reifenwulste
   Erklären Sie, welches Problem ein Reifen haben könnte, der enge oder lose Wulste hat.
5. Reifen des Porsche 911 Turbo^{TM}
   Ein Modell des Porsche 911 Turbo^{TM} verwendet die folgenden Reifen.
   $$vorne:\ 235/35ZR19 \qquad hinten:\ 305/30ZR19$$
   Bestimmen und vergleichen Sie h_T und D für die Vorder- und Hinterreifen.
6. Reifen des Porsche Cayenne Turbo^{TM}
   Ein Modell des Porsche Cayenne Turbo^{TM} ist ein Allradantrieb, der den folgenden Reifen verwendet:
   $$255/55R18$$
   Was ist die Winkelgeschwindigkeit seiner Reifen, wenn er sich mit der Höchstgeschwindigkeit $v=275\,\text{km/h}$ bewegt?
7. Reifen des Ferrari P 4/5 von Pininfarina^{TM}
   Ein Modell des Ferrari P 4/5 von Pininfarina^{TM} ist ein Heckantrieb-Sportwagen, der die folgenden Reifen verwendet:
   $$vorne:\ 255/35ZR20 \qquad hinten:\ 335/30ZR20$$

Was ist die Winkelgeschwindigkeit seiner Reifen, wenn er sich mit der Höchstgeschwindigkeit $v = 362\,\text{km/h}$ bewegt?

8. Reifen des Mercedes-Benz SLR 722 Edition^{TM}
   Ein Modell des Mercedes-Benz SLR 722 Edition^{TM} verwendet die folgenden Reifen:
   $$vorne : 255/35R19 \qquad hinten : 295/30R19$$
   Wie schnell fährt dieses Auto, wenn seine Hinterreifen sich mit
   $$\omega = 2000 \; rpm$$
   drehen? Wie hoch ist bei dieser Geschwindigkeit die Winkelgeschwindigkeit der Vorderreifen?
9. Reifen des Chevrolet Corvette $Z06^{TM}$
   Ein Modell des Chevrolet Corvette $Z06^{TM}$ verwendet die folgenden Reifen:
   $$vorne : 275/35ZR18 \qquad hinten : 325/30ZR19$$
   Wie schnell fährt dieses Auto, wenn seine Hinterreifen sich mit
   $$\omega = 2000 \; rpm$$
   drehen? Wie hoch ist bei dieser Geschwindigkeit die Winkelgeschwindigkeit der Vorderreifen?
10. Reifen des Koenigsegg CCX^{TM}
    Der Koenigsegg CCX^{TM} ist ein Sportwagen, ausgestattet mit den folgenden Reifen:
    $$vorne : 255/35R19 \qquad hinten : 335/30R20$$
    Was ist das Verhältnis der Winkelgeschwindigkeit des Hinterreifens zur Winkelgeschwindigkeit des Vorderreifens?
11. ⋆ Messung der Fahrzeuggeschwindigkeit
    Nehmen wir an, dass der Geschwindigkeitsanzeiger eines Fahrzeugs die Geschwindigkeit proportional zur Winkelgeschwindigkeit seines Rades anzeigt. Der Geschwindigkeitsmesser ist korrekt, wenn der Reifen neu ist und wie unten angegeben ist:
    $$vorne : 255/35R19$$
    (a) Was ist die Winkelgeschwindigkeit des Reifens, wenn das Auto mit 100 km/h fährt?
    (b) Was wäre die Winkelgeschwindigkeit des Reifens, wenn er sein Profil verliert, sodass der Radius um 5 % reduziert wird?
    (c) Nehmen wir an, die Reifen auf 335/30R20 zu wechseln, während wir den gleichen Geschwindigkeitsmesser mit der gleichen Kalibrierung verwenden. Was zeigt der Geschwindigkeitsanzeiger an, wenn das Fahrzeug mit 100 km/h fährt?
12. Reifenlatschgröße und durchschnittlicher Normaldruck.
    Das Leergewicht eines Modells des Land Rover $LR3^{TM}$ beträgt

$$m = 2461\,\text{kg},$$

während das Bruttogewicht des Fahrzeugs

$$m = 3230\,\text{kg}$$

sein könnte. Nehmen Sie ein Verhältnis von Vorder- zu Hinterachslast

$$\frac{F_{z_f}}{F_{z_r}} = \frac{1450\,\text{kg}}{1875\,\text{kg}}$$

an und verwenden Sie die folgenden Daten:

$$l = 2885\,\text{mm} \qquad \textit{Reifen} = 255/55R19,$$

um die Größenparameter der Reifenabdrücke a und b für die Vorder- und Hinterreifen in Abhängigkeit vom Reifendruck p zu bestimmen. Nehmen Sie eine gleichmäßige Normalbelastung auf den Reifenabdrücken an.

13. Reifenlatschgröße, Radialreifen
Der Holden TK Barina^{TM} ist ein Fließheckauto mit den folgenden Eigenschaften:

$$m = 860\,\text{kg} \qquad l = 2480\,\text{mm} \qquad \textit{Reifen} = 185/55R15\ 82V$$

Nehmen Sie

$$\frac{a_1}{a_2} = 1{,}1$$

an und bestimmen Sie die Größe seiner Reifenabdrücke für $n = 3$ und unter der Annahme eines maximalen Drucks im Reifenlatsch gleich σ_{z_M} [Pa].

14. ⋆ Äquivalente viskose Dämpfung.
Das Be- und Entladen von gummiartigen Materialien bildet eine Schleife in der Kraft-Verschiebungs- ((F, x)-)Ebene.
    (a) Zeigen Sie, dass die Fläche der Schleife die in einem Zyklus von Be- und Entladen verbrauchte Energie bestimmt.
    (b) Erklären Sie, warum die Belastungskurve höher sein muss als die Entlastungskurve.
    (c) Nehmen Sie an, dass das Material elastisch ist, und bestimmen Sie die äquivalente viskose Dämpfung c_{eq}, sodass die Menge der in einem Zyklus verschwendeten Energie gleich bleibt.

15. Reifenlatsch und Last auf dem Reifen
Angenommen, es gibt einen gleichmäßigen Aufwärtsdruck p unter dem Reifen, der eine Last F_z trägt:

$$pA_P = p(2a \times 2b) = F_z$$

    (a) Bestimmen Sie die halbe Länge des Reifenlatsches a als Funktion des Drucks p.
    (b) Bestimmen Sie die Höhe R_h unter Last als Funktion von a und schließlich

als Funktion von F_z.
(c) Bestimmen Sie die vertikale Steifigkeit eines Reifens basierend auf der Kurve von F_z gegen R_h.
(d) Bestimmen Sie den effektiven Rollradius R_w als Funktion der Reifenlast F_z.

16. Durchschnittliche Dehnung im Reifenlatsch
Betrachten Sie einen belasteten Reifen mit einer Reifenlatschfläche von $A_P = 2a \times 2b$. Der Bogen $R_g\phi$ des Reifens wird unter der Last $2a$. Bestimmen Sie die Kontaktdrehung $\varepsilon = \Delta\, l/l$ des Reifens im Reifendruck.
17. Radialer Ruck
Betrachten Sie die Funktion $r = r(\theta)$, bestimmen und zeichnen Sie den radialen Ruck $\dddot{r}$ im Reifendruck.
18. ⋆ Laufflächengeschwindigkeit im Reifenlatsch
Die Geschwindigkeit der Lauffläche eines rollenden Reifens in der Reifenlatschzone beträgt

$$v = R_g \omega \frac{\cos\varphi}{\cos^2\theta} \qquad -\varphi < \theta < \varphi$$

(a) Zeichnen Sie $v/R_g\omega$ als Funktion von θ für $\varphi = 15\,\text{deg}$.
(b) Zeigen Sie, dass v gleich $R_g\omega$ an zwei symmetrischen Punkten ist und bestimmen Sie deren zugehörige θ.
19. Maximale v_{rel} im Reifenlatsch
Die Extremwerte von v_{rel} im Reifenlatsch treten an den beiden Enden des Reifendrucks und am Mittelpunkt $\theta = 0$ auf. Bestimmen und zeichnen Sie v_{rel} bei $\theta = 0$ als Funktion von ϕ.
20. Rollwiderstandskoeffizient
Der Alfa Romeo Spider^{TM} hat die folgenden Eigenschaften:

$$\begin{aligned} m &= 1690\text{kg} \qquad l = 2530\text{mm} \\ Reifen &= P225/50R17 \end{aligned}$$

Bestimmen Sie den Rollwiderstandskoeffizienten μ_r für die Vorder- und Hinterreifen des Autos bei Höchstgeschwindigkeit v_M:

$$v_M = 235{,}0\text{km/h}$$

Nehmen Sie an, dass $a_1/a_2 = 1{,}2$ und verwenden Sie $p = 27\ psi$.
21. Leistung des Rollwiderstands
Ein Modell des Mitsubishi Galant^{TM} hat die folgenden Spezifikationen:

$$\begin{aligned} m &= 1700\,\text{kg} \qquad l = 2750\,\text{mm} \qquad v_M \approx 190\,\text{km/h} \\ Reifen &= P235/45R18 \end{aligned}$$

Nehmen Sie an, dass $a_1/a_2 = 1{,}2$ und $p = 27\ psi$ und finden Sie die Leistung des Rollwiderstands bei Höchstgeschwindigkeit.
22. Rollwiderstandskraft

Ist die Richtung der Rollwiderstandskraft $\mathbf{F}_r$ in $-\mathbf{v}$ oder $-\hat{\imath}$? Diskutieren Sie die Bedingungen und Annahmen.

23. Längsschlupf
    (a) Bestimmen Sie den Längsschlupf s für den Reifen $P225/50R17$, wenn $R_w = 0{,}98 R_g$.
    (b) Wenn die Geschwindigkeit des Rades $v_x = 100\,\mathrm{km/h}$ beträgt, wie hoch ist dann die Winkelgeschwindigkeit des Rades ω_w und die äquivalente Winkelgeschwindigkeit ω_{eq} des Reifens.
24. Kurven- und Zugkraft auf einem Reifen
    Betrachten Sie den Reifen, für den wir das Verhalten der Seitenkraft wie in Abb. 1.74 dargestellt haben. Wenn der Schwimmwinkel α 4 deg und $F_z = 5000\,\mathrm{N}$ ist, berechnen Sie die Kurven- und Zugkraft auf dem Reifen.
25. Erforderlicher Sturzwinkel
    Betrachten Sie den Reifen, für den wir das Verhalten wie in Abb. 1.85 dargestellt haben. Nehmen Sie an, dass $F_z = 4000\,\mathrm{N}$. Wir benötigen eine Seitenkraft $F_y = -3000\,\mathrm{N}$. Wenn $\alpha = 4\,\mathrm{deg}$, wie groß ist dann der erforderliche Sturzwinkel γ? Schätzen Sie die Koeffizienten C_α und C_γ.
26. Hoher Sturzwinkel
    Betrachten Sie einen Reifen mit $C_\gamma = 300\,\mathrm{N/deg}$ und $C_\alpha = 700\,\mathrm{N/deg}$. Wenn der Sturzwinkel $\gamma = 18\,\mathrm{deg}$ ist, wie viel Seitenkraft wird sich für einen Schlupfwinkel von Null entwickeln? Wie groß muss der Schlupfwinkel sein, um den Wert der Seitenkraft auf $F_y = -3000\,\mathrm{N}$ zu reduzieren?
27. Schlupf und Längsschlupf
    Betrachten Sie den Reifen, für den wir das Verhalten in Abb. 1.87 geschätzt haben. Nehmen Sie an, ein Fahrzeug mit diesem Reifen fährt mit konstanter Geschwindigkeit auf einem Kreis, sodass $\alpha = 4\,\mathrm{deg}$. Wie groß sollte der Schlupfwinkel α sein, wenn wir das Fahrzeug so beschleunigen, dass $s = 0{,}05$, oder das Fahrzeug so verlangsamen, dass $s = -0{,}05$, um die gleiche Seitenkraft zu erzeugen?
28. ⋆ Bewegung der Luft im Reifen
    Was denken Sie über die Bewegung der unter Druck stehenden Luft innerhalb der Reifen, wenn das Fahrzeug mit konstanter Geschwindigkeit oder konstanter Beschleunigung fährt?

Kapitel 2
Dynamik eines vorwärtsfahrenden Fahrzeugs

Die geradlinige Bewegung eines idealen starren Fahrzeugs ist das Thema dieses Kapitels. Wir ignorieren die Luftreibung und untersuchen die Lastveränderung unter den Reifen, um die Grenzen der Beschleunigung, der Straßenlage und der kinematischen Fähigkeiten des Fahrzeugs zu bestimmen.

2.1 Geparktes Auto auf einer ebenen Straße

Wenn ein Auto auf ebener Fahrbahn geparkt ist, beträgt die Normalkraft F_z unter jedem der vorderen und hinteren Räder, F_{z_1}, F_{z_2}:

$$F_{z_1} = \frac{1}{2} mg \frac{a_2}{l} \tag{2.1}$$

$$F_{z_2} = \frac{1}{2} mg \frac{a_1}{l} \tag{2.2}$$

wobei a_1 der Abstand des Massenzentrums des Autos C von der Vorderachse ist, a_2 der Abstand von C von der Hinterachse und l der Radstand. Es gilt:

$$l = a_1 + a_2 \tag{2.3}$$

Beweis. Betrachten Sie ein längssymmetrisches Auto, wie in Abb. 2.1 dargestellt. Es kann als ein Zwei-Achsen-Fahrzeug modelliert werden, das einem starren Balken mit zwei Stützen entspricht. Die vertikale Kraft unter den vorderen und hinteren Rädern kann mit den Gleichungen des planaren statischen Gleichgewichts bestimmt werden:

$$\sum F_z = 0 \tag{2.4}$$

R. N. Jazar, *Fahrzeugdynamik*, https://doi.org/10.1007/978-3-031-53244-3_2

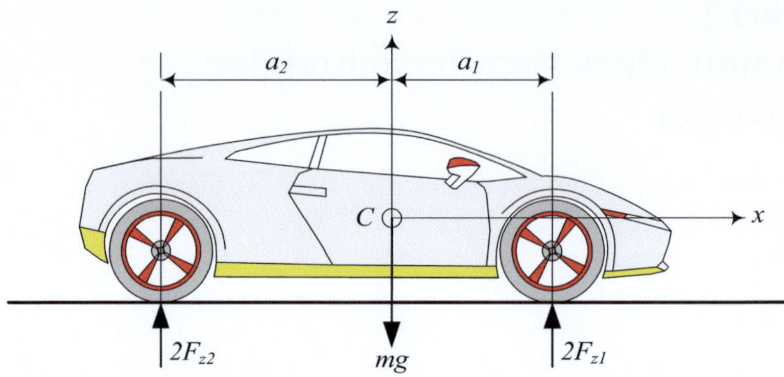

Abb. 2.1 Ein geparktes Auto auf ebener Fahrbahn

$$\sum M_y = 0 \tag{2.5}$$

Anwendung der Gleichgewichtsgleichungen

$$2F_{z_1} + 2F_{z_2} - mg = 0 \tag{2.6}$$

$$-2F_{z_1}a_1 + 2F_{z_2}a_2 = 0 \tag{2.7}$$

liefert die Reaktionskräfte unter den vorderen und hinteren Reifen:

$$F_{z_1} = \frac{1}{2}mg\frac{a_2}{a_1 + a_2} = \frac{1}{2}mg\frac{a_2}{l} \tag{2.8}$$

$$F_{z_2} = \frac{1}{2}mg\frac{a_1}{a_1 + a_2} = \frac{1}{2}mg\frac{a_1}{l} \tag{2.9}$$

■

Beispiel 93 *Reaktionskräfte unter den Rädern*

Ein Modell des Lamborghini Diablo™ *hat eine Masse von 1576* kg. *Sein Massenschwerpunkt C liegt 108,65* cm *hinter der Vorderachse, und er hat einen Radstand von 265* cm:

$$a_1 = 1{,}086\,\text{m} \qquad l = 2{,}65\,\text{m} \qquad m = 1576\,\text{kg} \tag{2.10}$$

Die Kraft unter jedem Vorderrad ist

$$F_{z_1} = \frac{1}{2}mg\frac{a_2}{l} = \frac{1}{2} \times 1576 \times 9{,}81 \times \frac{2{,}65 - 1{,}086}{2{,}65} = 4562{,}3\,\text{N} \tag{2.11}$$

und die Kraft unter jedem Hinterrad ist

$$F_{z_2} = \frac{1}{2}mg\frac{a_1}{l} = \frac{1}{2} \times 1576 \times 9{,}81 \times \frac{1{,}086}{2{,}65} = 3168{,}0\,\text{N} \tag{2.12}$$

Die Vorder-/Hinterachslastverteilung ist normalerweise eine angegebene Zahl, die zur Bestimmung der Position des Massenschwerpunktes verwendet wird. Die Vorder-/Hinterachslastverteilung des Lamborghini Diablo™ beträgt 41/59 %.

Beispiel 94 *Position des Massenschwerpunktes*

Die Gln. (2.1) und (2.2) können umgestellt werden, um die Position des Massenschwerpunktes basierend auf der Radlastmessung zu berechnen:

$$a_1 = \frac{2l}{mg} F_{z_2} \qquad a_2 = \frac{2l}{mg} F_{z_1} \tag{2.13}$$

Die Reaktionskräfte unter den Vorder- und Hinterrädern eines horizontal geparkten Autos, mit einem Radstand $l = 2{,}65$ m, sind:

$$F_{z_1} = 4562{,}3\,\mathrm{N} \qquad F_{z_2} = 3168{,}0\,\mathrm{N} \tag{2.14}$$

Daher befindet sich die Längsposition des Massenschwerpunktes des Autos bei

$$a_1 = \tfrac{2l}{mg} F_{z_2} = 2\frac{2{,}65}{2(4562{,}3+3168{,}0)} \times 3168{,}0 = 1{,}086\,\mathrm{m} \tag{2.15}$$

$$a_2 = \tfrac{2l}{mg} F_{z_1} = 2\frac{2{,}65}{2(4562{,}3+3168{,}0)} \times 4562{,}3 = 1{,}564\,\mathrm{m} \tag{2.16}$$

Beispiel 95 *Bestimmung des Längsschwerpunktes*

Die Position des Massenschwerpunktes C kann experimentell bestimmt werden. Um die Längsposition von C zu bestimmen, sollten wir das Gesamtgewicht des Autos sowie die Kraft unter den Vorder- oder Hinterreifen messen. Abb. 2.2 veranschaulicht eine Situation, in der wir die Kraft unter den Vorderrädern messen.

Angenommen, die Kraft unter den Vorderrädern ist $2F_{z_1}$. Die Position des Massenschwerpunktes wird dann durch statische Gleichgewichtsbedingungen berechnet:

$$\sum F_z = 0 \qquad \sum M_y = 0 \tag{2.17}$$

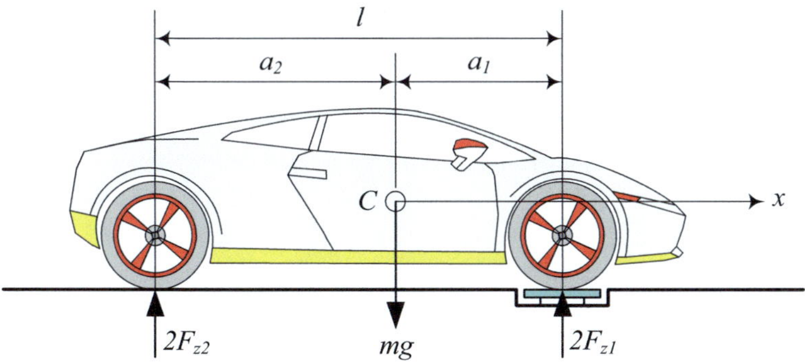

Abb. 2.2 Messung der Kraft unter den Vorderrädern

Anwendung der Gleichgewichtsgleichungen

$$2F_{z_1} + 2F_{z_2} - mg = 0 \qquad -2F_{z_1}a_1 + 2F_{z_2}a_2 = 0 \tag{2.18}$$

liefert die Längsposition von C und die Reaktionskräfte unter den Hinterreifen:

$$a_1 = \frac{2l}{mg}F_{z_2} = \frac{l}{mg}\left(mg - 2F_{z_1}\right) = l\left(1 - \frac{2F_{z_1}}{mg}\right) \tag{2.19}$$

$$F_{z_2} = \frac{1}{2}\left(mg - 2F_{z_1}\right) \tag{2.20}$$

Beispiel 96 *Bestimmung des seitlichen Massenzentrums*

Die meisten Autos sind ungefähr symmetrisch zur Längsmittelebene, und daher liegt die seitliche Position des Massenzentrums C nahe der Mittelebene. Die genaue seitliche Position von C kann jedoch auch durch Wiegen einer Seite des Autos berechnet werden. Das Problem ist, dass obwohl die linke und rechte Seite von Autos fast symmetrisch sind, die Vorder- und Rückseite von Autos nicht symmetrisch sind und es eine ungleiche Gewichtsverteilung zwischen Vorder- und Rückseite gibt. Daher, wenn wir das Gewicht der linken und rechten Seiten messen, gibt es einen signifikanten Unterschied zwischen Vorder- und Rückseite, und diese müssen separat analysiert werden.

Als Beispiel betrachten wir den Lamborghini Diablo™ mit einer Gesamtmasse von 1576 kg *und einer Vorder-/Hinterachslastverteilung von 41/59 %. Nehmen wir an, es gibt einen Unterschied von 4 % zwischen den linken und rechten Seiten an der Vorderseite des Autos. Die Lastverteilung zeigt, dass die Vorderseite des Autos*

$$2F_{z_f} = 0{,}59 \times 1576g = 9121{,}7\,\mathrm{N} \tag{2.21}$$

wiegt. Wie in Abb. 2.3 dargestellt, nennen wir die vertikale Kraft unter dem Reifen an der linken und rechten Seite jeweils F_{z_1} und F_{z_2}. Wenn die linke Seite des Autos 4 % schwerer ist als die rechte, dann gilt:

$$F_{z_1} = 0{,}52 \times 2F_{z_f} = 0{,}52 \times 9121{,}7 = 4743{,}3\,\mathrm{N} \tag{2.22}$$

$$F_{z_2} = 0{,}48 \times 2F_{z_f} = 0{,}48 \times 9121{,}7 = 4378{,}4\,\mathrm{N} \tag{2.23}$$

Die Spurbreiten vorne und hinten des Autos sind angegeben als

$$w_f = 1540\,\mathrm{mm} \qquad w_r = 1640\,\mathrm{mm} \tag{2.24}$$

daher

$$b_1 = 0{,}48 \times w_f = 0{,}48 \times 1540 = 739{,}2\,\mathrm{mm} \tag{2.25}$$

$$b_2 = 0{,}52 \times w_f = 0{,}52 \times 1540 = 800{,}8\,\mathrm{mm} \tag{2.26}$$

Um die genaue Position des Massenzentrums zu bestimmen, sollten wir die vertikale Kraft unter allen Reifen gleichzeitig messen.

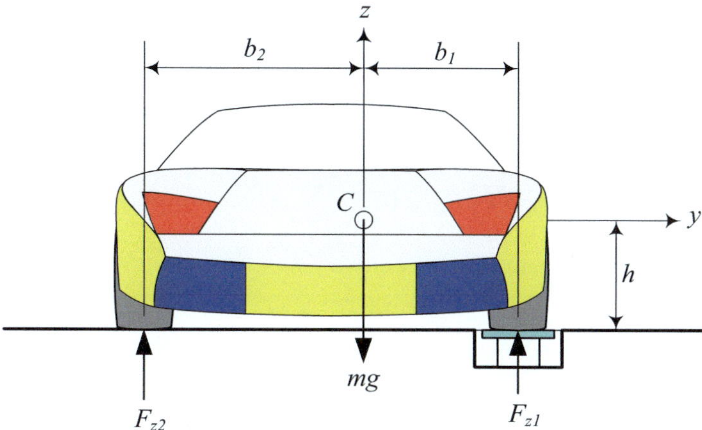

Abb. 2.3 Ein seitlich asymmetrisches Auto hat ein vom Zentrum abweichendes Massenzentrum

Beispiel 97 *Bestimmung des Höhenmassenzentrums*

Um die Höhe des Massenzentrums C zu bestimmen, sollten wir die Kraft unter den Vorder- oder Hinterreifen messen, während das Auto auf einer geneigten Fläche steht. Experimentell verwenden wir ein Gerät, wie es in Abb. 2.4 gezeigt ist. Das Auto wird auf einer ebenen Fläche geparkt, sodass die Vorderräder auf einem Wagenheber stehen. Die Vorderräder werden verriegelt und am Wagenheber verankert, während die Hinterräder frei drehen können. Der Wagenheber hebt die Vorderräder an, und die erforderliche vertikale Kraft, die von den Wagenhebern aufgebracht wird, wird durch eine Lastzelle gemessen.

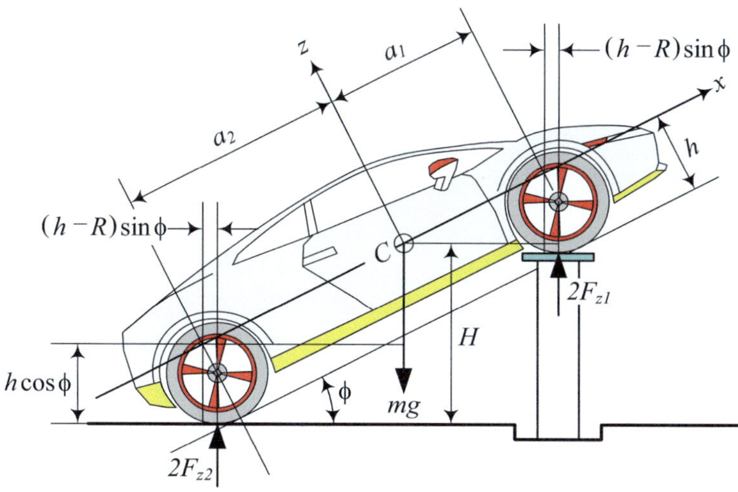

Abb. 2.4 Messung der Kraft unter den Rädern zur Bestimmung der Höhe des Massenzentrums

Nehmen wir an, wir haben die Längsposition von C, und der Wagenheber wird so angehoben, dass das Auto einen Winkel φ mit der horizontalen Ebene bildet. Der Neigungswinkel φ ist mit Nivelliergeräten messbar. Angenommen, die Kraft unter den Vorderrädern wird gemessen als $2F_{z_1}$, dann kann die Höhe des Massenzentrums durch statische Gleichgewichtsbedingungen berechnet werden:

$$\sum F_Z = 0 \qquad \sum M_y = 0 \tag{2.27}$$

Anwendung der Gleichgewichtsgleichungen

$$2F_{z_1} + 2F_{z_2} - mg = 0 \tag{2.28}$$

$$\begin{aligned} &-2F_{z_1}(a_1 \cos\phi + (h-R)\sin\phi) \\ &+2F_{z_2}(a_2 \cos\phi - (h-R)\sin\phi) = 0 \end{aligned} \tag{2.29}$$

liefert die vertikale Position von C und die Reaktionskräfte unter den Hinterrädern:

$$F_{z_2} = \tfrac{1}{2}mg - F_{z_1} \tag{2.30}$$

$$\begin{aligned} h &= \tfrac{F_{z_1}(R\sin\phi - a_1\cos\phi) + F_{z_2}(R\sin\phi + a_2\cos\phi)}{0{,}5mg\sin\phi} \\ &= R - \tfrac{a_1F_{z_1} - a_2F_{z_2}}{0{,}5mg}\cot\phi = R + \left(a_2 - \tfrac{2F_{z_1}}{mg}l\right)\cot\phi \end{aligned} \tag{2.31}$$

Es gibt drei Hauptannahmen bei dieser Berechnung:

1. *die Reifen werden als starre Scheiben mit Radius R angenommen,*
2. *Flüssigkeitsverschiebungen, wie z. B. Kraftstoff, Kühlmittel und Öl, werden ignoriert,*
3. *Federwegsänderungen werden als null angenommen.*

Federwegsänderungen erzeugen den größten Effekt auf den Fehler bei der Höhenbestimmung. Um die Federwegsänderungen zu eliminieren, sollten wir die Federung verriegeln, in der Regel durch den Austausch der Stoßdämpfer durch starre Stangen, um das Fahrzeug auf seiner Fahrhöhe zu halten.

Betrachten wir ein Auto mit den folgenden gemessenen Spezifikationen:

$$\begin{aligned} m &= 1576\,\text{kg} \qquad 2F_{z_1} = 8500\,\text{N} \\ \phi &= 20\,\text{deg} \approx 0{,}349\,\text{rad} \\ a_1 &= 108{,}6\,\text{cm} \qquad l \;= 265\,\text{cm} \qquad \textit{Reifen}: 245/40ZR17 \end{aligned} \tag{2.32}$$

Wenn der Reifen einen Radius von

$$R \approx 30\,\text{cm} \tag{2.33}$$

hat, dann hat das Auto ein C in Höhe h:

$$h = 59{,}4\,\text{cm} \tag{2.34}$$

Beispiel 98 *Unterschiedliche Vorder- und Hinterräder*

Je nach Anwendung ist es manchmal notwendig, unterschiedliche Arten von Reifen und Rädern für Vorder- und Hinterachsen zu verwenden. Wenn die Längsposition von C für ein symmetrisches Fahrzeug bestimmt wird, finden wir die Höhe von C, indem wir die Last auf nur einer Achse messen. Als Beispiel betrachten Sie das Motorrad in Abb. 2.5. Es hat unterschiedliche Vorder- und Hinterräder.

Nehmen Sie an, die Last unter dem Hinterrad des Motorrads F_z ist bekannt. Die Höhe h von C kann gefunden werden, indem man ein Moment der Kräfte um den Reifenabdruck des Vorderreifens nimmt:

$$h = R_r + \left(a_2 - \frac{F_{z_1}}{mg} l\right) \cot \phi - \frac{F_{z_1}}{mg} (R_r - R_f) \tag{2.35}$$

Im Falle eines vierrädrigen Fahrzeugs lautet die Gleichung

$$h = R_r + \left(a_2 - \frac{2F_{z_1}}{mg} l\right) \cot \phi - \frac{2F_{z_1}}{mg} (R_r - R_f) \tag{2.36}$$

Beispiel 99 *Statisch unbestimmt*

Ein Fahrzeug mit mehr als drei Rädern ist statisch unbestimmt. Um die vertikale Kraft unter jedem Reifen zu bestimmen, müssen wir die mechanischen Eigenschaften und Bedingungen der Reifen kennen, wie zum Beispiel den Wert der Verformung in der Mitte des Reifens und seine vertikale Steifigkeit.

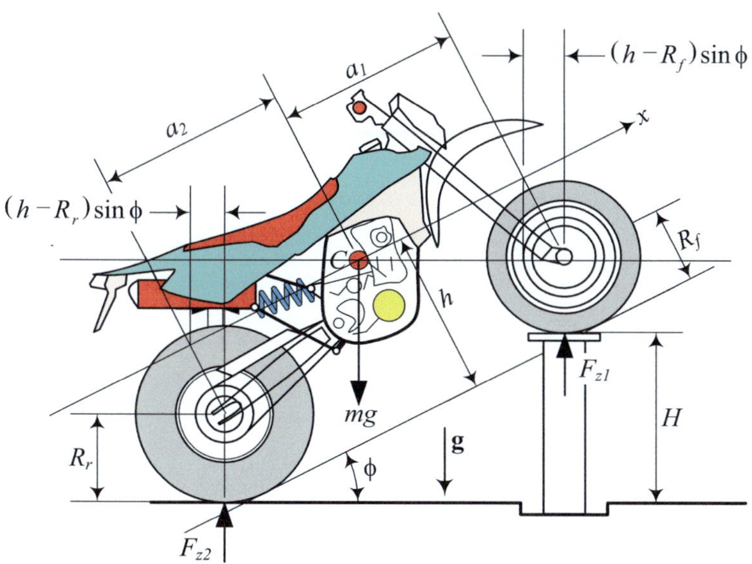

Abb. 2.5 Ein Motorrad mit unterschiedlichen Vorder- und Hinterrädern

2.2 Geparktes Auto auf einer geneigten Straße

Personenkraftwagen sind in der Regel mit Handbremsen oder Parkbremsen an den Hinterrädern ausgestattet. Wenn ein Auto auf einer geneigten Fahrbahn geparkt ist, wie in Abb. 2.6 dargestellt, ist die Normalkraft F_z unter jedem der Vorder- und Hinterräder F_{z_1} und F_{z_2}, diese betragen:

$$F_{z_1} = \tfrac{1}{2} mg \tfrac{a_2}{l} \cos\phi - \tfrac{1}{2} mg \tfrac{h}{l} \sin\phi \tag{2.37}$$

$$\begin{aligned} F_{z_2} &= \tfrac{1}{2} mg \tfrac{a_1}{l} \cos\phi + \tfrac{1}{2} mg \tfrac{h}{l} \sin\phi \\ l &= a_1 + a_2 \end{aligned} \tag{2.38}$$

und die Bremskraft F_{x_2} beträgt:

$$F_{x_2} = \frac{1}{2} mg \sin\phi \tag{2.39}$$

wobei φ der Winkel der Straße gegen den Horizont ist. Der Horizont steht senkrecht zur Gravitationsbeschleunigung **g**.

Beweis. Betrachten Sie das in Abb. 2.6 dargestellte Auto. Nehmen wir an, die Parkbremse wirkt nur auf die Hinterreifen. Das bedeutet, die Vorderreifen können sich frei drehen. Die Anwendung der Gleichungen des statischen Gleichgewichts auf der Ebene

$$\sum F_x = 0 \tag{2.40}$$

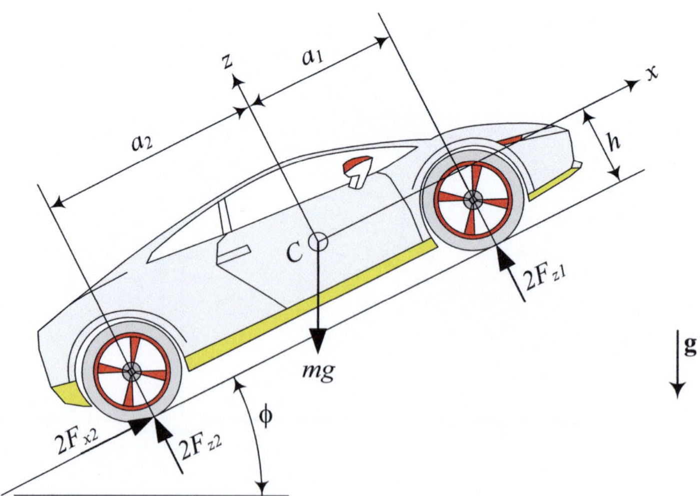

Abb. 2.6 Ein geparktes Auto auf geneigter Fahrbahn

$$\sum F_z = 0 \tag{2.41}$$

$$\sum M_y = 0 \tag{2.42}$$

zeigt, dass

$$2F_{x_2} - mg\sin\phi = 0 \tag{2.43}$$

$$2F_{z_1} + 2F_{z_2} - mg\cos\phi = 0 \tag{2.44}$$

$$-2F_{z_1}a_1 + 2F_{z_2}a_2 - 2F_{x_2}h = 0 \tag{2.45}$$

Diese Gleichungen liefern die Bremskraft und die Reaktionskräfte unter den Vorder- und Hinterreifen:

$$F_{z_1} = \frac{1}{2}mg\frac{a_2}{l}\cos\phi - \frac{1}{2}mg\frac{h}{l}\sin\phi \tag{2.46}$$

$$F_{z_2} = \frac{1}{2}mg\frac{a_1}{l}\cos\phi + \frac{1}{2}mg\frac{h}{l}\sin\phi \tag{2.47}$$

$$F_{x_2} = \frac{1}{2}mg\sin\phi \tag{2.48}$$

■

Beispiel 100 *Neigungswinkel*

*Wenn $\varphi = 0$, reduzieren sich die Gln. (2.37) und (2.38) auf (2.1) und (2.2). Durch Erhöhung des Neigungswinkels verringert sich die Normalkraft unter den Vorderreifen eines geparkten Autos, und die Normalkraft und die Bremskraft unter den Hinterreifen nehmen zu. Die Grenze für die Erhöhung von φ ist, wo der Gewichtsvektor m **g** durch den Berührungspunkt des Hinterreifens mit dem Boden geht. Ein solcher Winkel wird als **Neigungswinkel** bezeichnet und durch φ_{T} dargestellt.*

Bei $\varphi = \varphi_{\mathrm{T}}$ haben wir $F_{z_1} = 0$ und daher:

$$\tan\phi_T = \frac{a_2}{h} \tag{2.49}$$

Beispiel 101 *Maximalwinkel*

*Die erforderliche Bremskraft F_{x_2} steigt mit dem Neigungswinkel. Da F_{x_2} gleich der Reibungskraft zwischen Reifen und Fahrbahn ist, hängt ihr Maximum von den Bedingungen von Reifen und Fahrbahn ab. Es gibt einen **Maximalwinkel** φ_{M}, bei dem die Bremskraft F_{x_2} gesättigt ist und nicht mehr zunehmen kann. Bei diesem maximalen Winkel ist die Bremskraft proportional zur Normalkraft F_{z_2}*

$$F_{x_2} = \mu_{x_2}F_{z_2} \tag{2.50}$$

wobei der Koeffizient μ_{x_2} *der Reibungskoeffizient in x-Richtung für die Hinterräder ist. Bei* $\varphi = \varphi_\mathrm{M}$ *reduzieren sich die Gleichgewichtsgleichungen* (2.43)–(2.45) *auf*

$$2\mu_{x_2} F_{z_2} - mg \sin\phi = 0 \tag{2.51}$$

$$2F_{z_1} + 2F_{z_2} - mg\cos\phi = 0 \tag{2.52}$$

$$-2F_{z_1} a_1 + 2F_{z_2} a_2 - 2\mu_{x_2} F_{z_2} h = 0 \tag{2.53}$$

Diese Gleichungen liefern

$$F_{z_1} = \frac{1}{2} mg \frac{a_2}{l} \cos\phi_M - \frac{1}{2} mg \frac{h}{l} \sin\phi_M \tag{2.54}$$

$$F_{z_2} = \frac{1}{2} mg \frac{a_1}{l} \cos\phi_M + \frac{1}{2} mg \frac{h}{l} \sin\phi_M \tag{2.55}$$

$$\tan\phi_M = \frac{a_1 \mu_{x_2}}{l - \mu_{x_2} h} \tag{2.56}$$

und zeigen, dass es eine Beziehung zwischen dem Reibungskoeffizienten μ_{x_2} *maximaler Neigung oder Maximalwinkel* φ_M *und der geometrischen Position des Massenzentrums C gibt. Der Winkel* φ_M *steigt, wenn h abnimmt.*

Für ein Auto mit den Spezifikationen

$$\mu_{x_2} = 1 \qquad a_1 = 110\,\mathrm{cm} \qquad l = 230\,\mathrm{cm} \qquad h = 35\,\mathrm{cm} \tag{2.57}$$

ist der maximale Winkel

$$\phi_M \approx 0{,}514\,\mathrm{rad} \approx 29{,}43\,\mathrm{deg} \tag{2.58}$$

Beispiel 102 *Bremsen mit den Vorderrädern*

Wenn die Vorderräder die Parkbremsräder sind, gilt $F_{x_2} = 0$ *und* $F_{x_1} \neq 0$. *In diesem Fall werden die Gleichgewichtsgleichungen* (2.40)–(2.42) *folgendermaßen lauten:*

$$2F_{x_1} - mg\sin\phi = 0 \tag{2.59}$$

$$2F_{z_1} + 2F_{z_2} - mg\cos\phi = 0 \tag{2.60}$$

$$-2F_{z_1} a_1 + 2F_{z_2} a_2 - 2F_{x_1} h = 0 \tag{2.61}$$

Diese Gleichungen liefern die Bremskraft F_{x_1} *und Reaktionskräfte unter den Vorder- und Hinterreifen:*

$$F_{z_1} = \frac{1}{2} mg \frac{a_2}{l} \cos\phi - \frac{1}{2} mg \frac{h}{l} \sin\phi \tag{2.62}$$

$$F_{z_2} = \frac{1}{2} mg \frac{a_1}{l} \cos\phi + \frac{1}{2} mg \frac{h}{l} \sin\phi \tag{2.63}$$

$$F_{x_1} = \frac{1}{2} mg \sin \phi \tag{2.64}$$

Bei dem maximalen Winkel $\varphi = \varphi_{\mathrm{M}}$ haben wir

$$F_{x_1} = \mu_{x_1} F_{z_1} \tag{2.65}$$

und daher

$$2\mu_{x_1} F_{z_1} - mg \sin \phi_M = 0 \tag{2.66}$$

$$2F_{z_1} + 2F_{z_2} - mg \cos \phi_M = 0 \tag{2.67}$$

$$2F_{z_1} a_1 - 2F_{z_2} a_2 + 2\mu_{x_1} F_{z_1} h = 0 \tag{2.68}$$

Diese Gleichungen liefern

$$F_{z_1} = \frac{1}{2} mg \frac{a_2}{l} \cos \phi_M - \frac{1}{2} mg \frac{h}{l} \sin \phi_M \tag{2.69}$$

$$F_{z_2} = \frac{1}{2} mg \frac{a_1}{l} \cos \phi_M + \frac{1}{2} mg \frac{h}{l} \sin \phi_M \tag{2.70}$$

$$\tan \phi_M = \frac{a_2 \mu_{x_1}}{l - \mu_{x_1} h} \tag{2.71}$$

Wir bezeichnen den Maximalwinkel für die Vorderradbremse in Gl. (2.71) mit ϕ_{M_f}, und den Maximalwinkel für die Hinterradbremse in Gl. (2.56) mit ϕ_{M_r}. Vergleich von ϕ_{M_f} und ϕ_{M_r} zeigt, dass

$$\frac{\phi_{M_f}}{\phi_{M_r}} = \frac{a_2 \mu_{x_1} \left(l - \mu_{x_2} h \right)}{a_1 \mu_{x_2} \left(l - \mu_{x_1} h \right)} \tag{2.72}$$

Wir können annehmen, dass die Vorder- und Hinterräder gleich sind:

$$\mu_{x_1} = \mu_{x_2} \tag{2.73}$$

und daher:

$$\frac{\phi_{M_f}}{\phi_{M_r}} = \frac{a_2}{a_1} \tag{2.74}$$

Wenn also $a_2 < a_1$, dann ist $\phi_{M_f} < \phi_{M_r}$, und daher ist eine Hinterradbremse effektiver als eine Vorderradbremse beim Parken bergauf, solange ϕ_{M_r} kleiner ist als der Kippwinkel, $\phi_{T_r} < \arctan \frac{a_1}{h}$. Am Kippwinkel geht der Gewichtsvektor durch den Berührungspunkt des Hinterrads mit dem Boden.

Ähnlich können wir schlussfolgern, dass beim Parken auf einer abschüssigen Straße die Vorderradbremse effektiver ist als die Hinterradbremse.

Beispiel 103 *Bremsen mit vier Rädern*

Betrachten Sie ein Auto mit vier Radbremsen, das wie in Abb. 2.7 bergauf geparkt ist. Unter diesen Bedingungen gibt es zwei Bremskräfte F_{x_1} an den Vorderrädern und zwei Bremskräfte F_{x_2} an den Hinterrädern.

Die Gleichgewichtsgleichungen für dieses Auto sind

$$2F_{x_1} + 2F_{x_2} - mg\sin\phi = 0 \tag{2.75}$$

$$2F_{z_1} + 2F_{z_2} - mg\cos\phi = 0 \tag{2.76}$$

$$-2F_{z_1}a_1 + 2F_{z_2}a_2 - \left(2F_{x_1} + 2F_{x_2}\right)h = 0 \tag{2.77}$$

Diese Gleichungen liefern die Bremskraft und die Reaktionskräfte unter den Vorder- und Hinterreifen:

$$F_{z_1} = \frac{1}{2}mg\frac{a_2}{l}\cos\phi - \frac{1}{2}mg\frac{h}{l}\sin\phi \tag{2.78}$$

$$F_{z_2} = \frac{1}{2}mg\frac{a_1}{l}\cos\phi + \frac{1}{2}mg\frac{h}{l}\sin\phi \tag{2.79}$$

$$F_{x_1} + F_{x_2} = \frac{1}{2}mg\sin\phi \tag{2.80}$$

Bei dem Maximalwinkel $\varphi = \varphi_{\mathrm{M}}$ beginnen alle Räder gleichzeitig zu rutschen und daher gilt:

$$F_{x_1} = \mu_{x_1}F_{z_1} \qquad F_{x_2} = \mu_{x_2}F_{z_2} \tag{2.81}$$

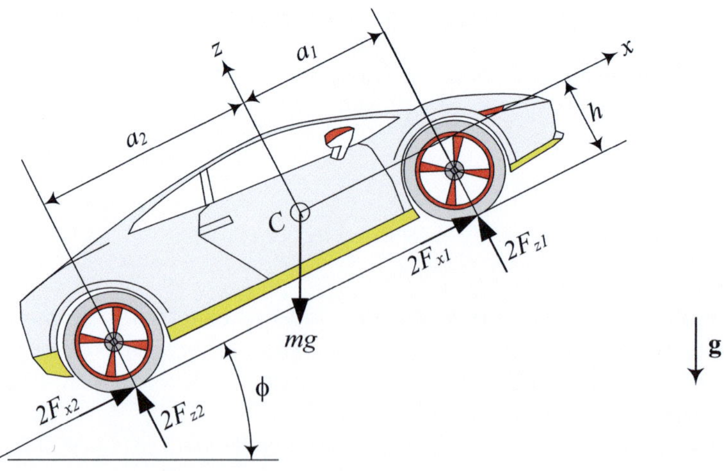

Abb. 2.7 Ein Auto mit vier Radbremsen, bergauf geparkt

Die Gleichgewichtsgleichungen zeigen, dass

$$2\mu_{x_1}F_{z_1} + 2\mu_{x_2}F_{z_2} - mg\sin\phi_M = 0 \tag{2.82}$$

$$2F_{z_1} + 2F_{z_2} - mg\cos\phi_M = 0 \tag{2.83}$$

$$-2F_{z_1}a_1 + 2F_{z_2}a_2 - \left(2\mu_{x_1}F_{z_1} + 2\mu_{x_2}F_{z_2}\right)h = 0 \tag{2.84}$$

Angenommen

$$\mu_{x_1} = \mu_{x_2} = \mu_x \tag{2.85}$$

dann folgt:

$$F_{z_1} = \frac{1}{2}mg\frac{a_2}{l}\cos\phi_M - \frac{1}{2}mg\frac{h}{l}\sin\phi_M \tag{2.86}$$

$$F_{z_2} = \frac{1}{2}mg\frac{a_1}{l}\cos\phi_M + \frac{1}{2}mg\frac{h}{l}\sin\phi_M \tag{2.87}$$

$$\tan\phi_M = \mu_x \tag{2.88}$$

2.3 Beschleunigendes Auto auf einer ebenen Straße

Wenn ein Auto mit einer Beschleunigung a auf einer ebenen Straße fährt, wie in Abb. 2.8 dargestellt, sind die vertikalen Kräfte unter den Vorder- und Hinterreifen

$$F_{z_1} = \tfrac{1}{2}mg\tfrac{a_2}{l} - \tfrac{1}{2}ma\tfrac{h}{l} \tag{2.89}$$

$$F_{z_2} = \tfrac{1}{2}mg\tfrac{a_1}{l} + \tfrac{1}{2}ma\tfrac{h}{l} \tag{2.90}$$

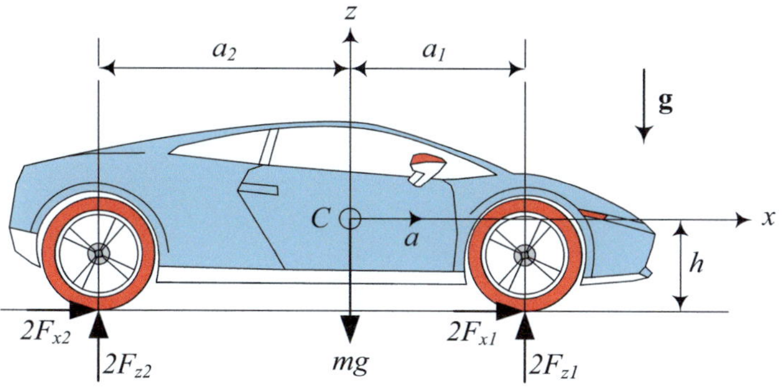

Abb. 2.8 Ein beschleunigendes Auto auf einer ebenen Straße

Die ersten Terme, $\frac{1}{2}mg\frac{a_2}{l}$ und $\frac{1}{2}mg\frac{a_1}{l}$, werden als *statische Teile* bezeichnet, und die zweiten Terme, $\pm\frac{1}{2}ma\frac{h}{l}$, werden als *dynamische Teile* der Normalkräfte bezeichnet.

Beweis. Das Fahrzeug wird als starrer Körper betrachtet, der sich entlang einer horizontalen Straße bewegt. Die Kraft am Reifenabdruck jedes Reifens kann in eine normale und eine longitudinale Kraft zerlegt werden. Die Bewegungsgleichungen für das beschleunigende Auto stammen aus Newtons Gleichung in x-Richtung und zwei statischen Gleichgewichtsgleichungen in y und z-Richtung:

$$\sum F_x = ma \tag{2.91}$$

$$\sum F_z = 0 \tag{2.92}$$

$$\sum M_y = 0 \tag{2.93}$$

Die Erweiterung der Gleichungen ergibt drei Gleichungen für vier Unbekannte F_{x_1}, F_{x_2}, F_{z_1}, F_{z_2}

$$2F_{x_1} + 2F_{x_2} = ma \tag{2.94}$$

$$2F_{z_1} + 2F_{z_2} - mg = 0 \tag{2.95}$$

$$-2F_{z_1}a_1 + 2F_{z_2}a_2 - 2\left(F_{x_1} + F_{x_2}\right)h = 0 \tag{2.96}$$

Es ist jedoch möglich, $\left(F_{x_1} + F_{x_2}\right)$ zwischen der ersten und dritten Gleichung zu eliminieren und nach den Normalkräften F_{z_1} und F_{z_2} aufzulösen:

$$F_{z_1} = \left(F_{z_1}\right)_{st} + \left(F_{z_1}\right)_{dyn} = \frac{1}{2}mg\frac{a_2}{l} - \frac{1}{2}ma\frac{h}{l} \tag{2.97}$$

$$F_{z_2} = \left(F_{z_2}\right)_{st} + \left(F_{z_2}\right)_{dyn} = \frac{1}{2}mg\frac{a_1}{l} + \frac{1}{2}ma\frac{h}{l} \tag{2.98}$$

Die statischen Teile

$$\left(F_{z_1}\right)_{st} = \frac{1}{2}mg\frac{a_2}{l} \tag{2.99}$$

$$\left(F_{z_2}\right)_{st} = \frac{1}{2}mg\frac{a_1}{l} \tag{2.100}$$

sind Gewichtsverteilungen für ein stehendes Auto und hängen von der horizontalen Position des Massenzentrums ab. Die dynamischen Teile

$$\left(F_{z_1}\right)_{dyn} = -\frac{1}{2}ma\frac{h}{l} \tag{2.101}$$

$$\left(F_{z_2}\right)_{dyn} = \frac{1}{2}ma\frac{h}{l} \tag{2.102}$$

zeigen die Gewichtsverteilung aufgrund der horizontalen Beschleunigung und hängen von der vertikalen Position des Massenzentrums ab.

Bei Beschleunigung $a > 0$ sind die Normalkräfte unter den Vorderreifen geringer als die statische Last und unter den Hinterreifen größer als die statische Last. ■

Beispiel 104 *Frontantrieb beim Beschleunigen auf einer ebenen Straße*

Wenn das Auto einen Frontantrieb hat, ist $F_{x_2} = 0$. *Gln. (2.94) bis (2.96) liefern die gleichen vertikalen Kräfte am Reifenlatsch wie (2.89) und (2.90). Die erforderliche horizontale Kraft,* $2F_{x_1}$, *um die gleiche Beschleunigung a zu erreichen, muss ausschließlich von den Vorderrädern bereitgestellt werden:*

$$2F_{x_1} = ma \tag{2.103}$$

Beispiel 105 *Heckantrieb beim Beschleunigen auf einer ebenen Straße.*

Wenn ein Auto einen Heckantrieb hat, dann ist $F_{x_1} = 0$ *und die erforderliche Kraft, um die Beschleunigung a zu erreichen, muss nur von den Hinterrädern bereitgestellt werden:*

$$2F_{x_2} = ma \tag{2.104}$$

Die vertikale Kraft unter den Rädern ist immer noch die gleiche wie (2.89) und (2.90).

Beispiel 106 *Maximale Beschleunigung auf einer ebenen Straße*

Die maximale Beschleunigung eines Autos ist proportional zur Reibung unter seinen Reifen. Wir nehmen an, dass die Reibungskoeffizienten an den Vorder- und Hinterreifen gleich sind und alle Reifen gleichzeitig ihre maximale Traktion erreichen:

$$F_{x_1} = \pm\mu_x F_{z_1} \qquad F_{x_2} = \pm\mu_x F_{z_2} \tag{2.105}$$

Newtons Gl. (2.94) kann nun geschrieben werden als

$$ma = \pm 2\mu_x\left(F_{z_1} + F_{z_2}\right) \tag{2.106}$$

Ersetzen von F_{z_1} *und* F_{z_2} *aus (2.97) und (2.98) ergibt*

$$a = \pm\mu_x g \tag{2.107}$$

Daher hängen die maximale Beschleunigung und Verzögerung direkt vom Reibungskoeffizienten ab.

Beispiel 107 *Maximale Beschleunigung für ein Auto mit Einzelachsantrieb*

Die maximale Beschleunigung a_{rwd} *für ein Auto mit Heckantrieb wird erreicht, wenn* F_{x_2} *seine maximale Reibungskraft erreicht. Ersetzen von* $F_{x_1} = 0$, *und* $F_{x_2} = \mu_x F_{z_2}$ *in Gl. (2.94) und Verwendung von Gl. (2.90)*

$$\mu_x mg\left(\frac{a_1}{l} + \frac{h}{l}\frac{a_{rwd}}{g}\right) = ma_{rwd} \tag{2.108}$$

ergibt

$$\frac{a_{rwd}}{g} = \frac{a_1\mu_x}{l - h\mu_x} = \frac{\mu_x}{1 - \mu_x\frac{h}{l}}\frac{a_1}{l} \tag{2.109}$$

Wenn die Reibung stark genug ist, können die Vorderräder bei $F_{x_2} < \mu_x F_{z_2}$ *vom Boden abheben, und wir haben* $F_{z_1} = 0$*. Durch Einsetzen von* $F_{z_1} = 0$ *in Gl. (2.89) erhalten wir die maximale Beschleunigung, bei der die Vorderräder noch auf der Straße bleiben:*

$$\frac{a_{rwd}}{g} = \frac{a_2}{h} \tag{2.110}$$

Daher wäre die maximal erreichbare Beschleunigung eines Heckantriebsautos der kleinere Wert von Gl. (2.109) oder (2.110).

Ähnlich erreicht die maximale Beschleunigung a_{fwd} *eines Frontantriebsautos, wenn wir* $F_{x_2} = 0$ *und* $F_{x_1} = \mu_x F_{z_1}$ *in Gl. (2.94) einsetzen und Gl. (2.89) verwenden:*

$$\frac{a_{fwd}}{g} = \frac{a_2\mu_x}{l + h\mu_x} = \frac{\mu_x}{1 + \mu_x\frac{h}{l}}\left(1 - \frac{a_1}{l}\right) \tag{2.111}$$

Um den Effekt der Veränderung der Position des Massenzentrums auf die maximal erreichbare Beschleunigung zu visualisieren, stellen wir Abb. 2.9 für ein Beispielauto dar, mit

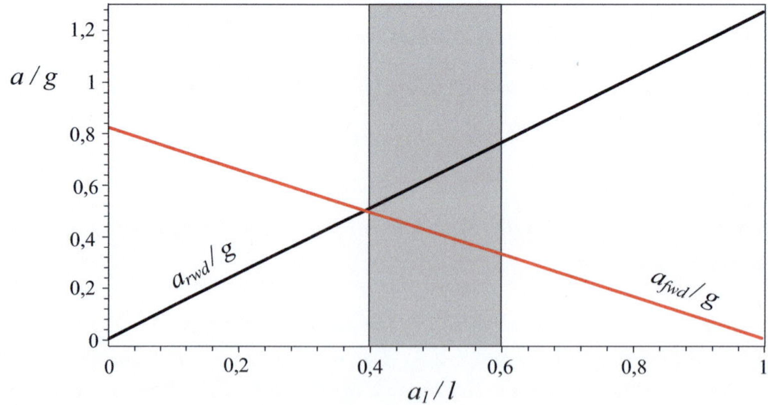

Abb. 2.9 Auswirkung der Position des Massenzentrums auf die maximal erreichbare Beschleunigung eines Front- und eines Heckantriebsautos

$$\mu_x = 1 \qquad h = 0{,}56\,\mathrm{m} \qquad l = 2{,}6\,\mathrm{m} \tag{2.112}$$

Personenwagen liegen normalerweise im Bereich $0{,}4 < (a_1/l) < 0{,}6$. *In diesem Bereich ist* $a_{\mathrm{rwd}} > a_{\mathrm{fwd}}$, *und Autos mit Heckantrieb können eine höhere Vorwärtsbeschleunigung erreichen als solche mit Frontantriebs. Dies ist eine wichtige praktische Tatsache, insbesondere für Rennwagen.*

Für Rennwagen kann die maximale Beschleunigung auch durch die Abhebebedingung (2.110) *begrenzt sein.*

Beispiel 108 *Mindestzeit für 0 – 100* km/h *auf einer ebenen Straße*

Betrachten Sie ein Auto mit den folgenden Eigenschaften:

$$\begin{aligned} l &= 2272\,\mathrm{mm} \qquad a_1 = a_2 \qquad h = 220\,\mathrm{mm} \\ \mu_x &= 1 \qquad\qquad m = 1500\,\mathrm{kg} \end{aligned} \tag{2.113}$$

Nehmen Sie an, das Auto ist heckgetrieben, und sein Motor kann die maximale Traktion liefern, die durch Reibung unterstützt wird. Gl. (2.90) *bestimmt die Last auf den Hinterrädern, und daher wird die Vorwärtsbewegungsgleichung* (2.94) *zu*

$$\begin{aligned} 2F_{x_2} &= 2\mu_x F_{z_2} = \mu_x mg\tfrac{a_1}{l} + \mu_x ma\tfrac{h}{l} \\ &= ma \end{aligned} \tag{2.114}$$

Umstellen liefert die folgende Differentialgleichung zur Berechnung von Geschwindigkeit und Verschiebung:

$$a = \ddot{x} = \frac{\mu_x g \dfrac{a_1}{l}}{1 - \mu_x \dfrac{h}{l}} = \frac{a_1 \mu_x}{l - h\mu_x} g \tag{2.115}$$

Nehmen Sie ein Integral zwischen $v = 0$ *und* $v = 100\,\mathrm{km/h} \approx 27{,}78\,\mathrm{m/s}$

$$\int_0^{27{,}78} dv = \int_0^t a\,dt \tag{2.116}$$

Dies zeigt, dass die Mindestzeit für 0 – 100 km/h *auf einer ebenen Straße für den Heckantrieb*

$$t = \frac{27{,}78}{g\mu_x \dfrac{a_1}{l - h\mu_x}} \approx 5{,}11\,\mathrm{s} \tag{2.117}$$

ist. Wenn das gleiche Auto frontgetrieben wäre, dann wäre die Traktionskraft

$$\begin{aligned} 2F_{x_1} &= 2\mu_x F_{z_1} = \mu_x mg\tfrac{a_2}{l} - \mu_x ma\tfrac{h}{l} \\ &= ma \end{aligned} \tag{2.118}$$

und die Bewegungsgleichung würde sich reduzieren auf

$$a = \ddot{x} = \frac{\mu_x g \dfrac{a_2}{l}}{1 + \mu_x g \dfrac{h}{l}\dfrac{1}{g}} = g\mu_x \frac{a_2}{l + h\mu_x} \tag{2.119}$$

Die Mindestzeit für 0 – 100 km/h *auf einer ebenen Straße für das frontgetriebene Auto wäre*

$$t = \frac{27{,}78}{g\mu_x \dfrac{a_2}{l + h\mu_x}} \approx 6,21\,\mathrm{s} \tag{2.120}$$

Betrachten Sie nun das gleiche Auto als Allradantrieb mit der Annahme, dass alle Räder gleichzeitig ihre maximale mögliche Traktion erreichen. Dann ist die Traktionskraft

$$\begin{aligned} 2F_{x_1} + 2F_{x_2} &= 2\mu_x\left(F_{z_1} + F_{z_2}\right) = \tfrac{g}{l} m(a_1 + a_2) \\ &= m\,a \end{aligned} \tag{2.121}$$

und die Mindestzeit für 0 – 100 km/h *auf einer ebenen Straße für dieses Allradfahrzeug könnte theoretisch reduziert werden auf*

$$t = \frac{27{,}78}{g} \approx 2{,}83\,\mathrm{s} \tag{2.122}$$

2.4 Beschleunigendes Auto auf einer geneigten Straße

Wenn ein Auto auf einer unter dem Winkel φ geneigten Fahrbahn beschleunigt, wie in Abb. 2.10 dargestellt, ist die Normalkraft unter jedem der vorderen und hinteren Räder, F_{z_1}, F_{z_2}, wie folgt:

$$F_{z_1} = \frac{1}{2}mg\left(\frac{a_2}{l}\cos\phi - \frac{h}{l}\sin\phi\right) - \frac{1}{2}ma\frac{h}{l} \tag{2.123}$$

$$\begin{aligned} F_{z_2} &= \tfrac{1}{2}mg\left(\tfrac{a_1}{l}\cos\phi + \tfrac{h}{l}\sin\phi\right) + \tfrac{1}{2}ma\tfrac{h}{l} \\ l &= a_1 + a_2 \end{aligned} \tag{2.124}$$

Die dynamischen Teile, $\pm\frac{1}{2}ma\frac{h}{l}$, hängen von der Beschleunigung a und der Höhe h des Massenzentrums C ab und nicht von der Neigung φ, während die statischen Teile durch den Neigungswinkel φ sowie die längs- und vertikalen Positionen des Massenzentrums beeinflusst werden.

Beweis. Die Newton'sche Gleichung in x-Richtung und zwei statische Gleichgewichtsgleichungen müssen untersucht werden, um die Bewegungsgleichung und die Bodenreaktionskräfte zu finden:

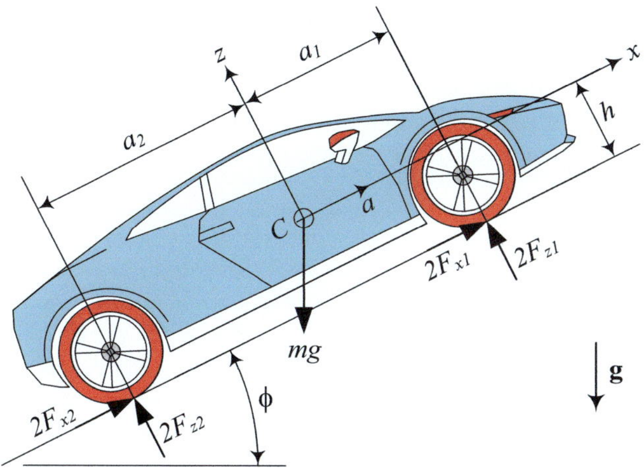

Abb. 2.10 Ein beschleunigendes Auto auf geneigter Fahrbahn

$$\sum F_x = ma \tag{2.125}$$

$$\sum F_z = 0 \tag{2.126}$$

$$\sum M_y = 0 \tag{2.127}$$

Erweitern dieser Gleichungen ergibt drei Gleichungen für vier Unbekannte F_{x_1}, F_{x_2}, F_{z_1}, F_{z_2} :

$$2F_{x_1} + 2F_{x_2} - mg\sin\phi = ma \tag{2.128}$$

$$2F_{z_1} + 2F_{z_2} - mg\cos\phi = 0 \tag{2.129}$$

$$-2F_{z_1}a_1 + 2F_{z_2}a_2 - 2\left(F_{x_1} + F_{x_2}\right)h = 0 \tag{2.130}$$

Es ist möglich, $\left(F_{x_1} + F_{x_2}\right)$ mithilfe der ersten und dritten Gleichung zu eliminieren und nach den Normalkräften F_{z_1} und F_{z_2} aufzulösen:

$$\begin{aligned} F_{z_1} &= \left(F_{z_1}\right)_{st} + \left(F_{z_1}\right)_{dyn} \\ &= \tfrac{1}{2}mg\left(\tfrac{a_2}{l}\cos\phi - \tfrac{h}{l}\sin\phi\right) - \tfrac{1}{2}ma\tfrac{h}{l} \end{aligned} \tag{2.131}$$

$$\begin{aligned} F_{z_2} &= \left(F_{z_2}\right)_{st} + \left(F_{z_2}\right)_{dyn} \\ &= \tfrac{1}{2}mg\left(\tfrac{a_1}{l}\cos\phi + \tfrac{h}{l}\sin\phi\right) + \tfrac{1}{2}ma\tfrac{h}{l} \end{aligned} \tag{2.132}$$

■

Beispiel 109 *Auto mit Frontantrieb, Beschleunigung auf geneigter Straße*

Für ein Auto mit Frontantrieb können wir in den Gln. (2.128) und (2.130) $F_{x_2} = 0$ *setzen, um die zugrundeliegenden Gleichungen zu erhalten. Solange das Auto unter seinen Reibungsgrenzbedingungen gefahren wird bleibt jedoch nicht den Ausdruck der Bodenreaktionskräfte unter den Reifen (2.131) und (2.132) unverändert.*

Beispiel 110 *Auto mit Heckantrieb, Beschleunigung auf geneigter Straße*

Ersetzen $F_{x_1} = 0$ *in den Gln. (2.128) und (2.130) und das Lösen für die normalen Reaktionskräfte unter jedem Reifen liefert die gleichen Ergebnisse wie (2.131) und (2.132). Daher unterscheidet sich der Ausdruck für die auf die Reifen ausgeübten Normalkräfte nicht, egal ob das Auto Front-, Heck- oder Allradantrieb hat. Solange wir auf einem geraden geneigten Weg bei geringer Beschleunigung fahren, können die Antriebsräder die vorderen oder die hinteren sein. Die Vor- und Nachteile von Autos mit Front-, Heck- oder Allradantrieb zeigen sich jedoch beim Manövrieren auf rutschigen Straßen oder wenn die maximale Beschleunigung erforderlich ist.*

Beispiel 111 *Maximale Beschleunigung auf einer geneigten Straße*

Die maximale Beschleunigung hängt von der Reibung unter den Reifen ab. Nehmen wir an, die Reibungskoeffizienten an den Vorder- und Hinterreifen sind gleich. Dann gilt für die Antriebskräfte an Vorder- und Hinterrädern:

$$F_{x_1} \leq \mu_x F_{z_1} \qquad F_{x_2} \leq \mu_x F_{z_2} \tag{2.133}$$

Wenn wir annehmen, dass die Vorder- und Hinterräder gleichzeitig ihre Zugkraftgrenzen erreichen, dann gilt:

$$F_{x_1} = \pm\mu_x F_{z_1} \qquad F_{x_2} = \pm\mu_x F_{z_2}, \tag{2.134}$$

und wir können Newtons Gl. (2.125) umschreiben in

$$ma_M = \pm 2\mu_x \left(F_{z_1} + F_{z_2}\right) - mg\sin\phi \tag{2.135}$$

wobei a_{M} *die maximal erreichbare Beschleunigung ist.*

Jetzt ersetzen wir F_{z_1} *und* F_{z_2} *aus (2.131) und (2.132), dies ergibt*

$$\frac{a_M}{g} = \pm\mu_x \cos\phi - \sin\phi \tag{2.136}$$

Beschleunigen auf einer Steigung und Bremsen auf einer Gefällstrecke sind die Extremfälle, in denen das Auto stehen bleiben kann, a = 0. In diesen Fällen kann das Auto so lange fahren, wie

$$\mu_x \geq |\tan\phi| \tag{2.137}$$

Gemäß den Richtungen des körperfesten Koordinatensystems des Fahrzeugs sollte eine Steigung durch $\varphi < 0$ *und eine Gefällstrecke durch* $\varphi > 0$ *gekennzeichnet werden, da der Neigungswinkel* φ *um die y-Achse gemessen werden sollte. In diesem Abschnitt haben wir jedoch den absoluten Wert des Neigungswinkels für die Berechnungen verwendet.*

Beispiel 112 ⋆ *Grenzen der Beschleunigung und des Neigungswinkels*

Unter Berücksichtigung von $F_{z_1} > 0$ und $F_{z_2} > 0$ können wir die Gln. (2.123) und (2.124) schreiben als

$$\frac{a}{g} \leq \frac{a_2}{h} \cos \phi - \sin \phi \tag{2.138}$$

$$\frac{a}{g} \geq -\frac{a_1}{h} \cos \phi - \sin \phi \tag{2.139}$$

Wenn es also eine Grenze für die Reibung gibt, ist die maximal erreichbare Beschleunigung ($a > 0$) begrenzt durch a_2, h, φ; während die maximale Verzögerung ($a < 0$) begrenzt ist durch a_1, h, φ. Diese beiden Gleichungen können kombiniert werden, dies ergibt dann:

$$-\frac{a_1}{h} \cos \phi \leq \frac{a}{g} + \sin \phi \leq \frac{a_2}{h} \cos \phi \tag{2.140}$$

Wenn $a \to 0$, betragen die Grenzen des Neigungswinkels

$$-\frac{a_1}{h} \leq \tan \phi \leq \frac{a_2}{h} \tag{2.141}$$

Dies sind die maximalen und minimalen Straßenneigungswinkel, auf denen das Auto stehen bleiben kann, ohne zu kippen oder zu fallen.

Abb. 2.11 veranschaulicht die Grenzen der maximalen Beschleunigung und Verzögerung bei jedem Auf- oder Abwärtswinkel für ein Beispielauto mit

$$a_1 = 1{,}5\,\text{m} \qquad a_1 = 1{,}7\,\text{m} \qquad h = 0{,}7\,\text{m} \tag{2.142}$$

Auf einer flachen Straße ist $\varphi = 0$, und die mögliche Beschleunigung und Verzögerung sind begrenzt auf

$$-\tfrac{a_1}{h} \leq \tfrac{a}{g} \leq \tfrac{a_2}{h} \tag{2.143}$$

$$-2{,}14 \leq \tfrac{a}{g} \leq 2{,}43 \tag{2.144}$$

Durch Erhöhung des Steigungswinkels der Bergstraße fällt die maximal mögliche Beschleunigung gemäß der oberen Linie in Abb. 2.11. Die Reibung kann das Auto bei $\phi = \arctan \frac{a_2}{h} = 67{,}62\,\text{deg}$ nicht mehr beschleunigen. Das Auto wird zurück rutschen, wenn die Steigung höher ist. Verringert man die Neigung der abfallenden Straße, fällt die maximal mögliche Verzögerung gemäß der unteren Linie in der Abb. 2.11. Das Auto kann bei einer abfallenden Neigung von $\phi = \arctan \frac{a_1}{h} = 64{,}98\,\text{deg}$ nicht mehr verzögern und wird fallen, wenn φ höher ist. Die Grenze von Gl. (2.141) wird im vergrößerten Teil der Abb. 2.11 dargestellt.

Beispiel 113 *Maximale Verzögerung für ein Auto mit Einzelachsenbremse*

Wir können die maximale Bremsverzögerung a_{fwb} eines Autos mit Vorderradbremse auf einer horizontalen Straße finden, indem wir $\varphi = 0$ setzen, $F_{x_2} = 0$ und $F_{x_1} = -\mu_x F_{z_1}$ in Gl. (2.128) einsetzen und Gl. (2.123) verwenden:

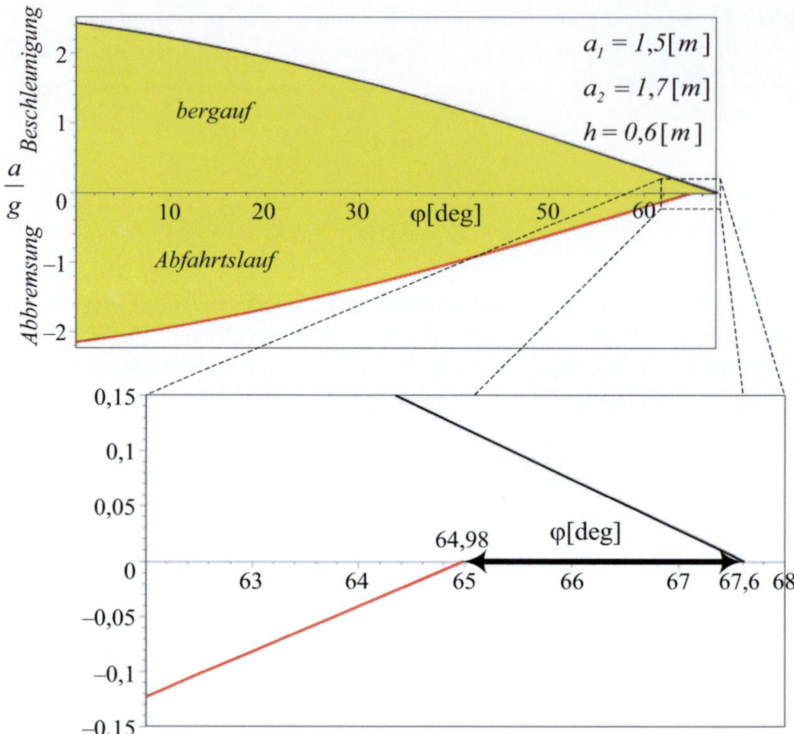

Abb. 2.11 Grenzen der Beschleunigung und Verzögerung im Vergleich zum Neigungswinkel

$$-\mu_x g\left(\frac{a_2}{l} - \frac{h}{l}\frac{a_{fwb}}{g}\right) = a_{fwb} \tag{2.145}$$

Das liefert uns:

$$\frac{a_{fwb}}{g} = -\frac{\mu_x}{1 - \mu_x \dfrac{h}{l}}\left(1 - \frac{a_2}{l}\right) \tag{2.146}$$

Ebenso kann die maximale Bremsverzögerung a_{rwb} *eines Autos mit Hinterradbremse erreicht werden, wenn wir setzen:* $\varphi = 0$, $F_{x_1} = 0$, $F_{x_2} = -\mu_x F_{z_2}$ *und Gl.* (2.124) *verwenden:*

$$\frac{a_{rwb}}{g} = -\frac{\mu_x}{1 + \mu_x \dfrac{h}{l}}\frac{a_1}{l} \tag{2.147}$$

Die Auswirkung der Veränderung der Position des Massenzentrums auf die maximal erreichbare Bremsverzögerung ist in Abb. 2.12 *für ein Beispielauto gezeigt, mit*

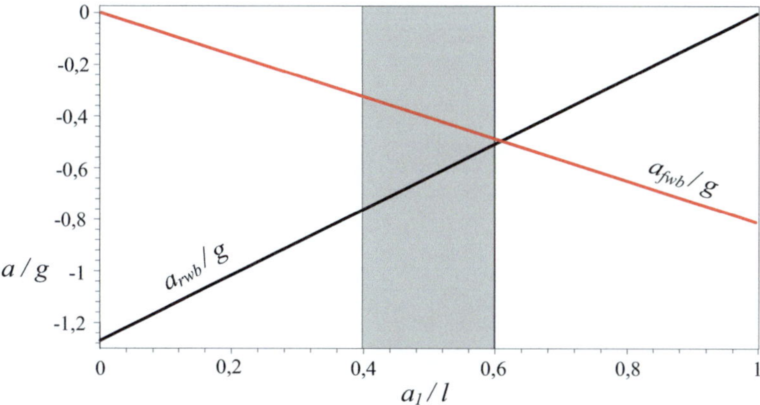

Abb. 2.12 Auswirkung der Position des Massenzentrums auf die maximal erreichbare Verzögerung eines Autos mit Vorderrad- und Hinterradantrieb

$$\mu_x = 1 \qquad h = 0{,}56\,\mathrm{m} \qquad l = 2{,}6\,\mathrm{m} \tag{2.148}$$

Personenwagen liegen normalerweise im Bereich $0{,}4 < (a_1/l) < 0{,}6$*. In diesem Bereich ist* $\left(a_{fwb}/g\right) < (a_{rwb}/g)$*, und daher können Autos mit Vorderradbremse eine bessere Vorwärtsverzögerung erreichen als Autos mit Hinterradbremse. Daher sind die Vorderradbremsen viel wichtiger als die Hinterradbremsen.*

Beispiel 114 ⋆ *Ein Auto mit einem Anhänger*

Abb. 2.13 *zeigt ein Auto, das auf einer geneigten Straße fährt und einen Anhänger zieht. Um die Bewegung von Auto und Anhänger zu analysieren, müssen wir Auto und Anhänger trennen, um die Kräfte am Drehgelenk anzusehen, wie in Abb.* 2.14 *dargestellt. Wir nehmen an, dass der Massenmittelpunkt des Anhängers* C_t *in einer Entfernung* b_3 *vor der einzigen Achse des Anhängers liegt. Wenn* C_t *hinter der Achse des Anhängers liegt, dann sollte* b_3 *in den folgenden Gleichungen negativ sein.*

Für ein ideales Drehgelenk zwischen einem Auto und einem Anhänger, die sich auf einem geraden Weg bewegen, muss es eine horizontale Kraft F_{x_t} *und eine vertikale Kraft* F_{z_t} *geben, aber es entsteht kein Moment. Schreiben wir die Newton'sche Gleichung in x-Richtung und zwei statische Gleichgewichtsgleichungen für den Anhänger und das Fahrzeug als*

$$\sum F_x = m_t a \qquad \sum F_z = 0 \qquad \sum M_y = 0 \tag{2.149}$$

so finden wir die folgenden Satz von Gleichungen:

$$2F_{x_1} + 2F_{x_2} - F_{x_t} - mg\sin\phi = ma \tag{2.150}$$

$$2F_{z_1} + 2F_{z_2} - F_{z_t} - mg\cos\phi = 0 \tag{2.151}$$

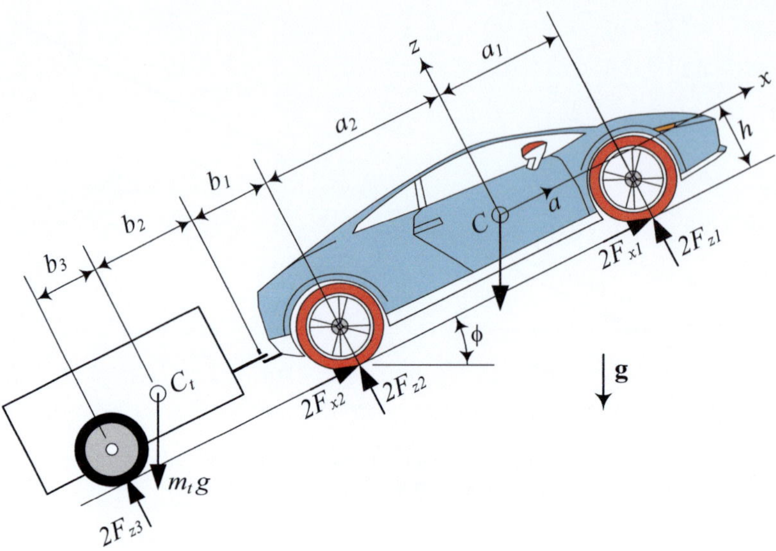

Abb. 2.13 Ein Auto, das auf einer geneigten Straße fährt und einen Anhänger zieht

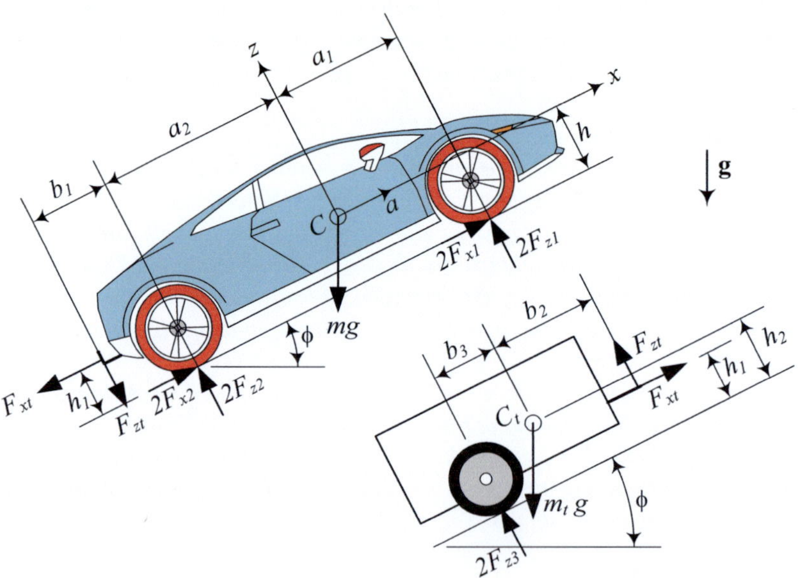

Abb. 2.14 Kraftdiagramm eines Autos und des Anhängers beim Fahren auf einer Steigung

$$\begin{aligned}-2F_{z_1}a_1 + 2F_{z_2}a_2 - 2\left(F_{x_1} + F_{x_2}\right)h \\ +F_{x_t}(h - h_1) - F_{z_t}(b_1 + a_2) = 0\end{aligned} \tag{2.152}$$

$$F_{x_t} - m_t\, g \sin\phi = m_t\, a \tag{2.153}$$

$$2F_{z_3} + F_{z_t} - m_t\, g \cos\phi = 0 \tag{2.154}$$

$$2F_{z_3} b_3 - F_{z_t} b_2 - F_{x_t}(h_2 - h_1) = 0 \tag{2.155}$$

Wenn der Wert der Zugkräfte F_{x_1} und F_{x_2} gegeben ist, dann handelt es sich um sechs Gleichungen für sechs Unbekannte: a, F_{x_t}, F_{z_t}, F_{z_1}, F_{z_2}, F_{z_3}. Auflösen dieser Gleichungen ergibt folgende Lösungen:

$$a = \tfrac{2}{m+m_t}\left(F_{x_1} + F_{x_2}\right) - g \sin\phi \tag{2.156}$$

$$F_{x_t} = \tfrac{2m_t}{m+m_t}\left(F_{x_1} + F_{x_2}\right) \tag{2.157}$$

$$F_{z_t} = \tfrac{h_1-h_2}{b_2-b_3}\tfrac{2m_t}{m+m_t}\left(F_{x_1} + F_{x_2}\right) + \tfrac{b_3}{b_2-b_3} m_t\, g \cos\phi \tag{2.158}$$

$$\begin{aligned} F_{z_1} = {} & \tfrac{b_3}{2l}\left(\tfrac{2a_2-b_1}{b_2-b_3} m_t + \tfrac{a_2}{b_3} m\right) g \cos\phi \\ & + \left[\tfrac{2a_2-b_1}{b_2-b_3}(h_1 - h_2) m_t - h_1 m_t - hm\right] \tfrac{F_{x_1}+F_{x_2}}{l(m+m_t)} \end{aligned} \tag{2.159}$$

$$\begin{aligned} F_{z_2} = {} & \tfrac{b_3}{2l}\left(\tfrac{a_1-a_2+b_1}{b_2-b_3} m_t + \tfrac{a_1}{b_3} m\right) g \cos\phi \\ & + \left[\tfrac{a_1-a_2+b_1}{b_2-b_3}(h_1 - h_2) m_t + h_1 m_t + hm\right] \tfrac{F_{x_1}+F_{x_2}}{l(m+m_t)} \end{aligned} \tag{2.160}$$

$$F_{z_3} = \tfrac{1}{2}\tfrac{b_2}{b_2-b_3} m_t\, g \cos\phi + \tfrac{h_1-h_2}{b_2-b_3}\tfrac{m_t}{m+m_t}\left(F_{x_1} + F_{x_2}\right) \tag{2.161}$$

$$l = a_1 + a_2 \tag{2.162}$$

Wenn jedoch der Wert der Beschleunigung a bekannt ist, dann sind die Unbekannten: $F_{x_1} + F_{x_2}$, F_{x_t}, F_{z_t}, F_{z_1}, F_{z_2}, F_{z_3}

$$F_{x_1} + F_{x_2} = \tfrac{1}{2}(m + m_t)(a + g \sin\phi) \tag{2.163}$$

$$F_{x_t} = m_t(a + g \sin\phi) \tag{2.164}$$

$$F_{z_t} = \tfrac{h_1-h_2}{b_2-b_3} m_t(a + g \sin\phi) + \tfrac{b_3}{b_2-b_3} m_t\, g \cos\phi \tag{2.165}$$

$$
\begin{aligned}
F_{z_1} =& \frac{b_3}{2l}\left(\frac{2a_2-b_1}{b_2-b_3}m_t+\frac{a_2}{b_3}m\right)g\cos\phi \\
&+\frac{1}{2l}\left[\frac{2a_2-b_1}{b_2-b_3}(h_1-h_2)m_t-h_1m_t-hm\right](a+g\sin\phi)
\end{aligned}
\tag{2.166}
$$

$$
\begin{aligned}
F_{z_2} =& \frac{b_3}{2l}\left(\frac{a_1-a_2+b_1}{b_2-b_3}m_t+\frac{a_1}{b_3}m\right)g\cos\phi \\
&+\frac{1}{2l}\left[\frac{a_1-a_2+b_1}{b_2-b_3}(h_1-h_2)m_t+h_1m_t+hm\right](a+g\sin\phi)
\end{aligned}
\tag{2.167}
$$

$$
\begin{aligned}
F_{z_3} &= \frac{1}{2}\frac{m_t}{b_2-b_3}(b_2\,g\cos\phi+(h_1-h_2)(a+g\sin\phi)) \\
l &= a_1+a_2
\end{aligned}
\tag{2.168}
$$

Beispiel 115 ⋆ *Maximaler Neigungswinkel für ein Auto mit Anhänger*

Für ein Auto und einen Anhänger, wie in Abb. 2.13 dargestellt, ist der maximale Neigungswinkel φ_{M} der Winkel, bei dem das Auto das Fahrzeug nicht beschleunigen kann. Setzt man $a = 0$ und $\varphi = \varphi_{\mathrm{M}}$ in Gl. (2.156) ein, zeigt sich, dass gilt:

$$
\sin\phi_M = \frac{2}{(m+m_t)g}\left(F_{x_1}+F_{x_2}\right)
\tag{2.169}
$$

Der Wert des maximalen Neigungswinkels φ_{M} steigt, wenn das Gesamtgewicht des Fahrzeugs und des Anhängers $(m+m_t)g$ verringert oder die Zugkraft erhöht wird $F_{x_1}+F_{x_2}$.

Die Zugkraft wird durch das maximale Drehmoment an den Antriebsrädern und die Reibung unter den Antriebsreifen begrenzt. Nehmen wir an, das Fahrzeug habe Allradantrieb und die Reibungskoeffizienten an den Vorder- und Hinterreifen seien gleich. Dann sind die Zugkräfte an Vorder- und Hinterachse

$$
F_{x_1} \le \mu_x F_{z_1} \qquad F_{x_2} \le \mu_x F_{z_2}
\tag{2.170}
$$

Wenn wir annehmen, dass die Vorder- und Hinterreifen gleichzeitig ihre Zugkraftgrenzen erreichen, dann gilt:

$$
F_{x_1} = \mu_x F_{z_1} \qquad F_{x_2} = \mu_x F_{z_2}
\tag{2.171}
$$

und wir können die Gl. (2.169) umschreiben als

$$
\sin\phi_M = \frac{2\mu_x}{(m+m_t)g}\left(F_{z_1}+F_{z_2}\right)
\tag{2.172}
$$

Jetzt ersetzen wir F_{z_1} und F_{z_2} aus (2.159) und (2.160), dann ergibt sich

$$
\begin{aligned}
&(mb_3-mb_2-m_tb_3)\mu_x\cos\phi_M+(b_2-b_3)(m+m_t)\sin\phi_M \\
&\quad = 2\mu_x\frac{m_t(h_1-h_2)}{m+m_t}\left(F_{x_1}+F_{x_2}\right)
\end{aligned}
\tag{2.173}
$$

Wenn wir die Gl. (2.173) so anordnen, dass

$$A\cos\phi_M + B\sin\phi_M = C \tag{2.174}$$

dann folgt:

$$\phi_M = \operatorname{atan2}\left(\frac{C}{\sqrt{A^2+B^2}}, \pm\sqrt{1-\frac{C^2}{A^2+B^2}}\right) - \operatorname{atan2}(A,B) \tag{2.175}$$

und

$$\phi_M = \operatorname{atan2}\left(\frac{C}{\sqrt{A^2+B^2}}, \pm\sqrt{A^2+B^2-C^2}\right) - \operatorname{atan2}(A,B) \tag{2.176}$$

wobei

$$A = (mb_3 - mb_2 - m_t b_3)\mu_x \tag{2.177}$$

$$B = (b_2 - b_3)(m + m_t) \tag{2.178}$$

$$C = 2\mu_x \tfrac{m_t(h_1-h_2)}{m+m_t}\left(F_{x_1} + F_{x_2}\right) \tag{2.179}$$

Für ein heckgetriebenes Auto, das einen Anhänger mit den folgenden Eigenschaften zieht:

$$\begin{array}{lll} l = 2272\,\text{mm} & w = 1457\,\text{mm} & h = 230\,\text{mm} \\ a_1 = a_2 & h_1 = 310\,\text{mm} & h_2 = 560\,\text{mm} \\ b_1 = 680\,\text{mm} & b_2 = 610\,\text{mm} & b_3 = 120\,\text{mm} \\ m = 1500\,\text{kg} & m_t = 150\,\text{kg} & a = 1\,\text{m/s}^2 \\ \mu_x = 1 & \phi = 10\,\text{deg} & \end{array} \tag{2.180}$$

finden wir:

$$\begin{array}{ll} F_{z_1} = 3441{,}78\,\text{N} & F_{z_2} = 3877{,}93\,\text{N} \\ F_{z_3} = 798{,}57\,\text{N} & F_{z_t} = 147{,}99\,\text{N} \\ F_{x_t} = 405{,}52\,\text{N} & F_{x_2} = 2230{,}37\,\text{N} \end{array} \tag{2.181}$$

Um zu überprüfen, ob die erforderliche Zugkraft F_{x_2} anwendbar ist, sollten wir sie mit der maximal verfügbaren Reibungskraft μF_{z_2} vergleichen, und es muss gelten:

$$F_{x_2} \le \mu F_{z_2} \tag{2.182}$$

Beispiel 116 ⋆ *Lösung der Gleichung $a\cos\theta + b\sin\theta = c$*

Die erste Art von trigonometrischer Gleichung ist

$$a\cos\theta + b\sin\theta = c \tag{2.183}$$

Sie kann gelöst werden, indem man zwei neue Variablen r und η einführt, sodass gilt:

$$a = r\sin\eta \qquad b = r\cos\eta \tag{2.184}$$

und daher:

$$r = \sqrt{a^2 + b^2} \qquad \eta = \text{atan2}(a, b) \tag{2.185}$$

Das Einsetzen der neuen Variablen zeigt, dass

$$\sin(\eta + \theta) = \frac{c}{r} \qquad \cos(\eta + \theta) = \pm\sqrt{1 - \frac{c^2}{r^2}} \tag{2.186}$$

Daher sind die Lösungen des Problems

$$\theta = \text{atan2}(\frac{c}{r}, \pm\sqrt{1 - \frac{c^2}{r^2}}) - \text{atan2}(a, b) \tag{2.187}$$

und

$$\theta = \text{atan2}(\frac{c}{r}, \pm\sqrt{r^2 - c^2}) - \text{atan2}(a, b) \tag{2.188}$$

Daher hat die Gleichung $a \cos\theta + b \sin\theta = c$ *zwei Lösungen, wenn* $r^2 = a^2 + b^2 > c^2$*, eine Lösung, wenn* $r^2 = c^2$*, und keine Lösung, wenn* $r^2 < c^2$*.*

Beispiel 117 ⋆ *Die Funktion* $\arctan_2 \frac{y}{x} = \text{atan2}(y, x)$

Es gibt viele Situationen in der Kinematik, in denen wir einen Winkel basierend auf den Sinus- und Kosinus-Funktionen des Winkels finden müssen. Allerdings kann der reguläre arctan *den Effekt des individuellen Vorzeichens für Zähler und Nenner nicht darstellen. Er repräsentiert immer einen Winkel im ersten oder vierten Quadranten,* $-\frac{\pi}{2} \leq \theta \leq \frac{\pi}{2}$*. Um dieses Problem zu überwinden und den Winkel im korrekten Quadranten zu bestimmen, wird die* atan2*-Funktion verwendet:*

$$\text{atan2}(y, x) = \begin{cases} \text{sgn}\, y \ \tan^{-1}\left|\frac{y}{x}\right| & x > 0, y \neq 0 \\ \frac{\pi}{2}\text{sgn}\, y & x = 0, y \neq 0 \\ \text{sgn}\, y \left(\pi - \tan^{-1}\left|\frac{y}{x}\right|\right) & x < 0, y \neq 0 \\ \pi - \pi \ \text{sgn}\, x & x \neq 0, y = 0 \end{cases} \tag{2.189}$$

wobei sgn *die Signum-Funktion darstellt:*

$$\text{sgn}\,(\text{Wert von } x) = \begin{cases} 1 & x > 0 \\ 0 & x = 0 \\ -1 & x < 0 \end{cases} \tag{2.190}$$

Wo immer in diesem Text $\tan^{-1}\frac{y}{x}$ *verwendet wird, sollte es basierend auf* atan2 *(y,x) berechnet werden.*

Beispiel 118 *Keine vertikale Kraft an der Anhängerkupplung*

Wir können die vertikale Kraft an der Anhängerkupplung gleich null machen, indem wir Gl. (2.158) für die vertikale Drehgelenkkraft F_{z_t} untersuchen:

$$F_{z_t} = \frac{h_1 - h_2}{b_2 - b_3} \frac{2m_t}{m + m_t} \left(F_{x_1} + F_{x_2}\right) + \frac{b_3}{b_2 - b_3} m_t \, g \cos\phi \tag{2.191}$$

Um $F_{z_t} = 0$ zu machen, reicht es aus, die Position des Massenzentrums C des Anhängers genau über der Anhängerachse und auf der gleichen Höhe wie das Drehgelenk einzustellen. Unter diesen Bedingungen haben wir:

$$h_1 = h_2 \qquad b_3 = 0 \tag{2.192}$$

das ergibt:

$$F_{z_t} = 0 \tag{2.193}$$

Um jedoch die Sicherheit zu erhöhen, sollte die Last auch gleichmäßig über den gesamten Anhänger verteilt werden. Schwere Gegenstände sollten so niedrig wie möglich, hauptsächlich über der Achse, geladen werden. Sperrigere und leichtere Gegenstände sollten verteilt werden, um ein wenig positives b_3 zu geben. Ein solcher Anhänger wird als Stützlast an der Anhängerkupplung bezeichnet.

2.5 Geparktes Auto auf einer geneigten Straße

Abb. 2.15 zeigt die Auswirkung eines Neigungswinkels φ auf die Lastverteilung eines Fahrzeugs. Eine Neigung führt dazu, dass die Last auf die unteren Reifen zunimmt und die Last auf den oberen Reifen abnimmt. Die Reaktionskräfte der Reifen sind:

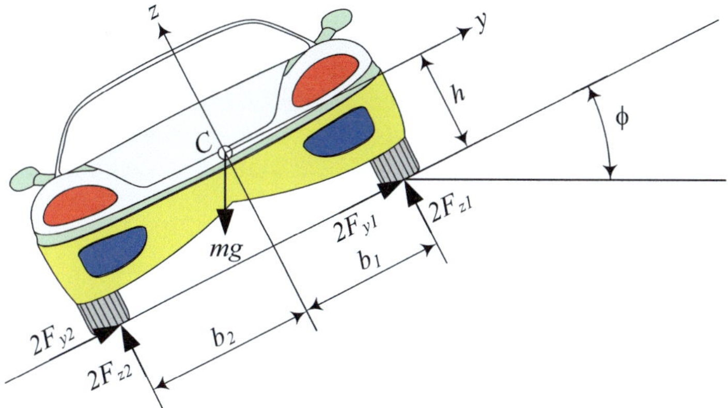

Abb. 2.15 Normalkraft unter den bergauf und bergab liegenden Reifen eines Fahrzeugs, geparkt auf geneigter Straße

$$F_{z_1} = \frac{1}{2}\frac{mg}{w}(b_2 \cos\phi - h \sin\phi) \tag{2.194}$$

$$F_{z_2} = \frac{1}{2}\frac{mg}{w}(b_1 \cos\phi + h \sin\phi) \tag{2.195}$$

$$w = b_1 + b_2 \tag{2.196}$$

Der maximale Neigungswinkel ist

$$\tan\phi_M = \mu_y \tag{2.197}$$

Bei diesem rutsch das Auto seitlich herunter.

Beweis. Beginnend mit den Gleichgewichtsgleichungen im körperfesten Koordinatensystem $(Cxyz)$

$$\sum F_y = 0 \tag{2.198}$$

$$\sum F_z = 0 \tag{2.199}$$

$$\sum M_x = 0 \tag{2.200}$$

können wir schreiben:

$$2F_{y_1} + 2F_{y_2} - mg\sin\phi = 0 \tag{2.201}$$

$$2F_{z_1} + 2F_{z_2} - mg\cos\phi = 0 \tag{2.202}$$

$$2F_{z_1}b_1 - 2F_{z_2}b_2 + 2\left(F_{y_1} + F_{y_2}\right)h = 0 \tag{2.203}$$

Wir haben angenommen, dass die Kraft unter den unteren Reifen vorne und hinten gleich ist, und auch die Kräfte unter den oberen Reifen, vorne und hinten, gleich sind. Um die Reaktionskräfte unter jedem Reifen zu berechnen, können wir die gesamte seitliche Kraft $F_{y_1} + F_{y_2}$ als Unbekannte annehmen. Die Lösung dieser Gleichungen liefert die seitlichen Reaktionskräfte unter den oberen und unteren Reifen:

$$F_{z_1} = \frac{1}{2}mg\frac{b_2}{w}\cos\phi - \frac{1}{2}mg\frac{h}{w}\sin\phi \tag{2.204}$$

$$F_{z_2} = \frac{1}{2}mg\frac{b_1}{w}\cos\phi + \frac{1}{2}mg\frac{h}{w}\sin\phi \tag{2.205}$$

$$F_{y_1} + F_{y_2} = \frac{1}{2}mg\sin\phi \tag{2.206}$$

Bei dem Maximalwinkel $\varphi = \varphi_M$ beginnen alle Räder gleichzeitig zu rutschen und daher gilt hier:

$$F_{y_1} = \mu_{y_1} F_{z_1} \tag{2.207}$$

$$F_{y_2} = \mu_{y_2} F_{z_2} \tag{2.208}$$

Die Gleichgewichtsgleichungen zeigen, dass

$$2\mu_{y_1} F_{z_1} + 2\mu_{y_2} F_{z_2} - mg \sin\phi = 0 \tag{2.209}$$

$$2F_{z_1} + 2F_{z_2} - mg\cos\phi = 0 \tag{2.210}$$

$$2F_{z_1} b_1 - 2F_{z_2} b_2 + 2\left(\mu_{y_1} F_{z_1} + \mu_{y_2} F_{z_2}\right) h = 0 \tag{2.211}$$

Angenommen:

$$\mu_{y_1} = \mu_{y_2} = \mu_y \tag{2.212}$$

dies liefert uns:

$$F_{z_1} = \frac{1}{2} mg \frac{b_2}{w} \cos\phi_M - \frac{1}{2} mg \frac{h}{w} \sin\phi_M \tag{2.213}$$

$$F_{z_2} = \frac{1}{2} mg \frac{b_1}{w} \cos\phi_M + \frac{1}{2} mg \frac{h}{w} \sin\phi_M \tag{2.214}$$

$$\tan\phi_M = \mu_y \tag{2.215}$$

Diese Berechnungen sind korrekt, solange

$$\tan\phi_M \leq \tfrac{b_2}{h} \tag{2.216}$$

$$\mu_y \leq \tfrac{b_2}{h} \tag{2.217}$$

Wenn die seitliche Reibung μ_y höher ist als b_2/h, dann wird das Auto bergab rollen. Um die Leistungsfähigkeit eines Autos auf einer geneigten Straße zu erhöhen, sollte das Auto so breit wie möglich sein und ein Massenzentrum so niedrig wie möglich haben. ■

Beispiel 119 *Reifenkräfte eines geparkten Autos auf einer geneigten Straße*
Ein Auto mit

$$m = 980\,\text{kg} \qquad h = 0{,}6\,\text{m} \qquad w = 1{,}52\,\text{m} \qquad b_1 = b_2 \tag{2.218}$$

ist auf einer geneigten Straße geparkt mit $\phi = 4\,\text{deg}$. *Die Kräfte unter den unteren und oberen Reifen des Autos sind:*

$$F_{z_1} = 2265{,}2\,\mathrm{N} \qquad F_{z_2} = 2529{,}9\,\mathrm{N} \qquad F_{y_1} + F_{y_2} = 335{,}3\,\mathrm{N} \tag{2.219}$$

Das Verhältnis der Bergaufkraft F_{z_1} zur Bergabkraft F_{z_2} hängt nur von der Position des Massenzentrums ab:

$$\frac{F_{z_1}}{F_{z_2}} = \frac{b_2 \cos\phi - h \sin\phi}{b_1 \cos\phi + h \sin\phi} \tag{2.220}$$

Unter der Annahme eines symmetrischen Autos mit $b_1 = b_2 = w/2$ vereinfacht sich die Gleichung zu

$$\frac{F_{z_1}}{F_{z_2}} = \frac{w \cos\phi - 2h \sin\phi}{w \cos\phi + 2h \sin\phi} \tag{2.221}$$

Abb. 2.16 *veranschaulicht das Verhalten des Kraftverhältnisses F_{z_1}/F_{z_2} als Funktion von φ für $h = 0{,}6$* m *und $w = 1{,}52$* m. *Der Rollwinkel* $\phi_M = \tan^{-1}(b_2/h) = 51{,}71\,\mathrm{deg}$ *gibt den Neigungswinkel an, bei dem die Kraft unter den bergaufwärts gerichteten Rädern null wird, und das Auto bergab rollt. Der negative Teil der Kurve zeigt die erforderliche Kraft an, um das Auto auf der Straße zu halten, was in realen Situationen nicht anwendbar ist.*

Beispiel 120 *Fahrzeug auf einer geneigten kreisförmigen Straße*

Wenn ein Fahrzeug der Masse m mit Geschwindigkeit v auf einer ebenen kreisförmigen Straße mit Radius R fährt, sind die Richtungen der Seitenkräfte auf das Rad nach innen gerichtet und liefern die benötigte Zentripetalbeschleunigung:

$$2F_{y_1} + 2F_{y_2} = m\frac{v^2}{R} \tag{2.222}$$

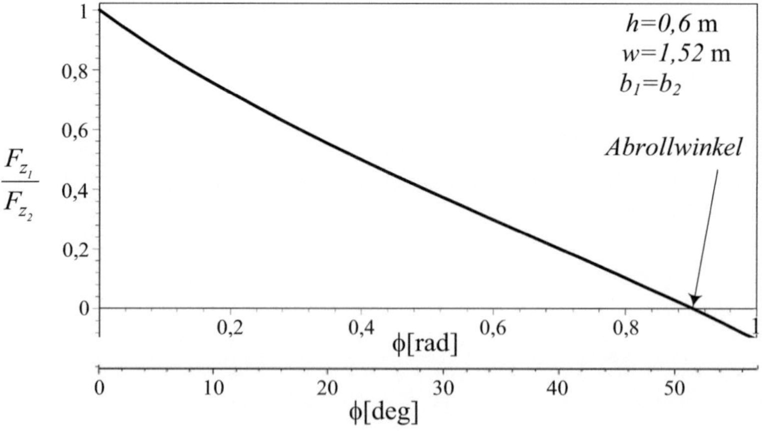

Abb. 2.16 Illustration des Kraftverhältnisses F_{z_1}/F_{z_2} als Funktion des Straßenneigungswinkels φ

Wir wissen, dass die Seitenkräfte auf das Rad durch die maximale Reibungskraft zwischen Reifen und Straße begrenzt sind, deshalb schließen wir, dass es eine maximale Geschwindigkeit v_M gibt, bei der die benötigte Seitenkraft nicht mehr von den Reifen erzeugt werden kann, und das Fahrzeug von der Straße rutscht.

Um eine Straße sicher zu machen, müssen wir kurvige Straßen so gestalten, dass das Fahrzeug keine seitliche Radkraft benötigt, um die benötigte Zentripetalkraft zu erzeugen. Die Gestaltung von Straßen mit einer Neigung ist eine gute Näherungslösung; so liefert eine Komponente der Gewichtskraft die benötigte Zentripetalkraft. Abb. 2.17 zeigt ein fahrendes Auto auf einer geneigten kurvigen Straße. Unter der Annahme einer gleichen vertikalen Kraft unter jedem Reifen, liefert das Gleichgewicht der auf das Fahrzeug im körperfesten Koordinatensystem angewendeten Kräfte:

$$mg\cos\phi - 4F_{z_1} - m\frac{v^2}{R}\sin\phi = 0 \tag{2.223}$$

$$mg\sin\phi - m\frac{v^2}{R}\cos\phi = 0 \tag{2.224}$$

Die zweite Gleichung gibt den benötigten Neigungswinkel als Funktion der Geschwindigkeit an:

$$\tan\phi = \frac{v^2}{Rg} \tag{2.225}$$

Der Neigungswinkel ist unabhängig von der Fahrzeugmasse m und eine Funktion des Kurvenradius R der Straße und der Geschwindigkeit v des Fahrzeugs. Unter der Annahme, dass der Kurvenradius der Straße R nicht variabel ist, muss der Neigungswinkel mit der Geschwindigkeit des Fahrzeugs variieren. Um die Straße zu gestalten, müssen wir uns über die angemessene Geschwindigkeit der

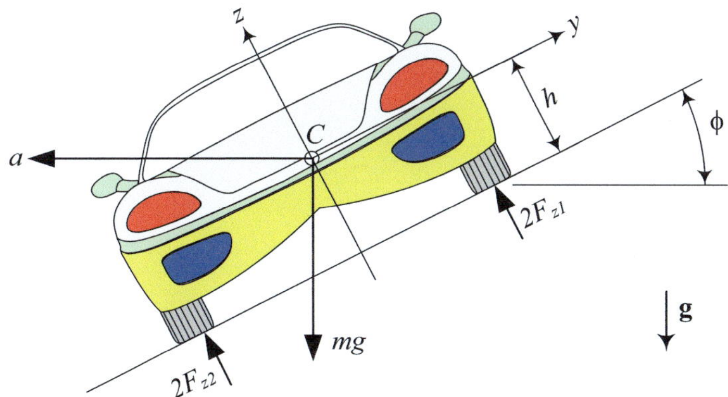

Abb. 2.17 Ein fahrendes Auto auf einer geneigten Kurvenstraße

Fahrzeuge auf der Straße klar werden und den Neigungswinkel basierend auf (2.225) berechnen. Da der Winkel nur eine Funktion der Fahrzeuggeschwindigkeit ist, funktioniert die richtige geneigte Straße gut für alle Arten von Fahrzeugen, solange sie ihre Geschwindigkeit wie empfohlen halten. Jede niedrigere oder höhere Geschwindigkeit würde jeweils eine positive oder negative Seitenkraft benötigen, die von den Reifen erzeugt wird. Der Mangel oder übermäßige seitliche Reifenkraft wird durch Lenk- und Schräglaufwinkel von Fahrzeugen oder durch Roll- und Sturzwinkel von Fahrrädern und Motorrädern bereitgestellt.

Bis heute bauen wir keine Straßen mit variablem φ. Stellen Sie sich jedoch vor, dass Straßen auf einem kreisförmigen Pfad intelligent genug wären, ihren Neigungswinkel entsprechend der Geschwindigkeit der Fahrzeuge anzupassen. Dann ist Gl. (2.225) die Funktion, der die Straße folgen muss. Abb. 2.18 *zeigt den Neigungswinkel als Funktion der Fahrzeuggeschwindigkeit auf einem kreisförmigen Pfad mit Radius $R = 100$ m. Der Winkel ist eine steigende Funktion der Geschwindigkeit mit einem asymptotischen Wert von $\phi = 90$ deg unabhängig von R, vorausgesetzt, dass $R \neq 0$ ist.*

$$\lim_{v\to\infty} \phi = 90\,\text{deg} \tag{2.226}$$

Abb. 2.19 *zeigt die Empfindlichkeit des Neigungswinkels gegenüber dem Kurvenradius bei unterschiedlichen Geschwindigkeiten.*

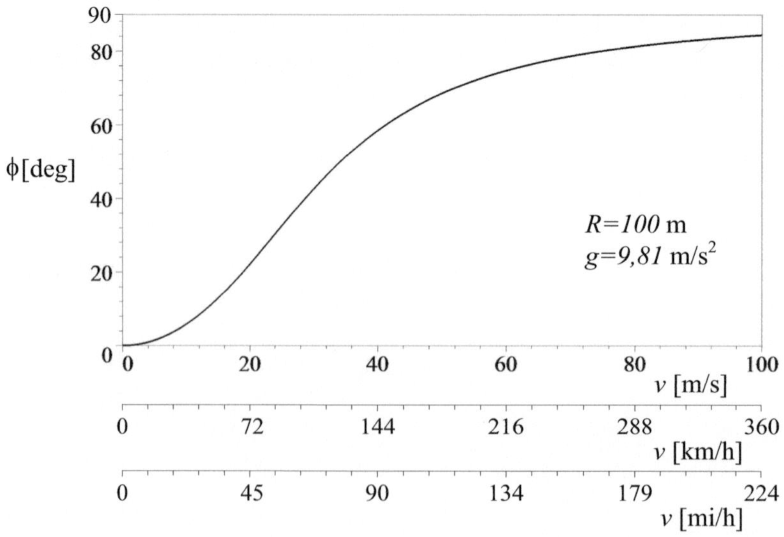

Abb. 2.18 Der benötigte Neigungswinkel φ als Funktion der Fahrzeuggeschwindigkeit auf einem kreisförmigen Pfad mit Radius $R = 100$ m

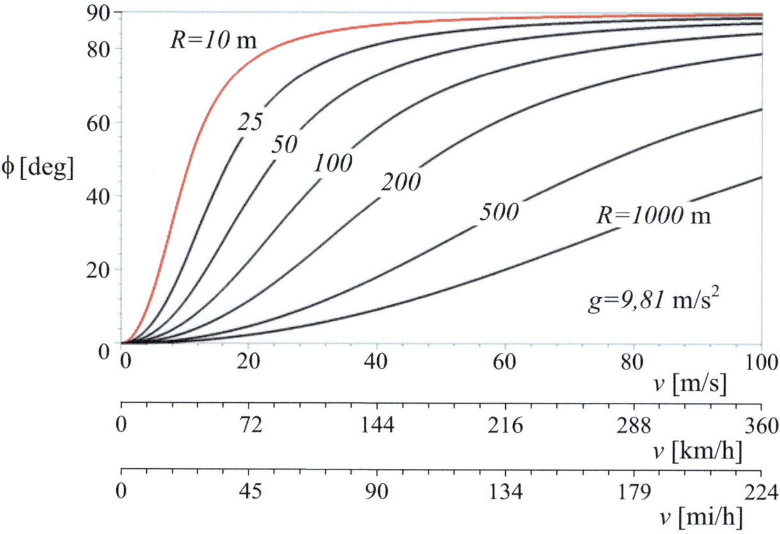

Abb. 2.19 Der benötigte Straßenneigungswinkel φ für verschiedene Kurvenradien und verschiedene Geschwindigkeiten

2.6 ★ Optimale Antriebs- und Bremskraftverteilung

Eine bestimmte Beschleunigung a kann durch Anpassung und Steuerung der Längskräfte F_{x_1} und F_{x_2} erreicht werden. Die optimalen Längskräfte unter den Vorder- und Hinterreifen eines Allradantriebs zur Erzielung der maximalen Beschleunigung sind

$$\begin{aligned} \frac{F_{x_1}}{mg} &= -\frac{1}{2}\frac{h}{l}\left(\frac{a}{g}\right)^2 + \frac{1}{2}\frac{a_2}{l}\frac{a}{g} \\ &= -\frac{1}{2}\mu_x^2\frac{h}{l} + \frac{1}{2}\mu_x\frac{a_2}{l} \end{aligned} \tag{2.227}$$

$$\begin{aligned} \frac{F_{x_2}}{mg} &= \frac{1}{2}\frac{h}{l}\left(\frac{a}{g}\right)^2 + \frac{1}{2}\frac{a_1}{l}\frac{a}{g} \\ &= \frac{1}{2}\mu_x^2\frac{h}{l} + \frac{1}{2}\mu_x\frac{a_1}{l} \end{aligned} \tag{2.228}$$

Beweis. Die Längsbewegungsgleichung für ein Auto auf einer horizontalen Straße lautet:

$$2F_{x_1} + 2F_{x_2} = ma \tag{2.229}$$

und die maximalen Traktionskräfte unter jedem Reifen sind eine Funktion der Normalkraft und des Reibungskoeffizienten:

$$F_{x_1} \leq \pm\mu_x F_{z_1} \tag{2.230}$$

$$F_{x_2} \leq \pm \mu_x F_{z_2} \tag{2.231}$$

Allerdings sind die Normalkräfte eine Funktion der Beschleunigung und der Geometrie des Autos:

$$F_{z_1} = \tfrac{1}{2} mg \tfrac{a_2}{l} - \tfrac{1}{2} mg \tfrac{h}{l} \tfrac{a}{g} \tag{2.232}$$

$$F_{z_2} = \tfrac{1}{2} mg \tfrac{a_1}{l} + \tfrac{1}{2} mg \tfrac{h}{l} \tfrac{a}{g} \tag{2.233}$$

Wir können die Gleichungen verallgemeinern, indem wir sie dimensionslos machen. Unter den besten Bedingungen sollten wir die Traktionskräfte auf ihr Maximum einstellen:

$$\tfrac{F_{x_1}}{mg} = \tfrac{1}{2} \mu_x \left(\tfrac{a_2}{l} - \tfrac{h}{l} \tfrac{a}{g} \right) \tag{2.234}$$

$$\tfrac{F_{x_2}}{mg} = \tfrac{1}{2} \mu_x \left(\tfrac{a_1}{l} + \tfrac{h}{l} \tfrac{a}{g} \right) \tag{2.235}$$

und daher wird die longitudinale Bewegungsgleichung (2.229) zu

$$\frac{a}{g} = \mu_x \tag{2.236}$$

Wenn man dieses Ergebnis in die Gln. (2.234) und (2.235) einsetzt, zeigt sich, dass

$$\tfrac{F_{x_1}}{mg} = -\tfrac{1}{2} \tfrac{h}{l} \left(\tfrac{a}{g} \right)^2 + \tfrac{1}{2} \tfrac{a_2}{l} \tfrac{a}{g} \tag{2.237}$$

$$\tfrac{F_{x_2}}{mg} = \tfrac{1}{2} \tfrac{h}{l} \left(\tfrac{a}{g} \right)^2 + \tfrac{1}{2} \tfrac{a_1}{l} \tfrac{a}{g} \tag{2.238}$$

Je nach den geometrischen Parametern des Autos (h, a_1, a_2) und der Beschleunigung $a > 0$ bestimmen diese beiden Gleichungen, wie groß die vorderen und hinteren Antriebskräfte sein müssen. Die gleichen Gleichungen gelten für die Verzögerung $a<0$, um den Wert der optimalen vorderen und hinteren Bremskräfte zu bestimmen. Abb. 2.20 zeigt eine grafische Darstellung der optimalen Antriebs- und Bremskräfte für ein Beispielauto unter Verwendung der folgenden Daten:

$$\mu_x = 1 \qquad \frac{h}{l} = \frac{0{,}56}{2{,}6} = 0{,}2154 \qquad \frac{a_1}{l} = \frac{a_2}{l} = \frac{1}{2} \tag{2.239}$$

Bei Beschleunigung $a > 0$ wächst die optimale Antriebskraft auf dem Hinterreifen schnell an, während die optimale Antriebskraft auf dem Vorderreifen nach einem Maximum bei

$$\frac{a}{g} = \frac{1}{2} \frac{a_2}{h} \tag{2.240}$$

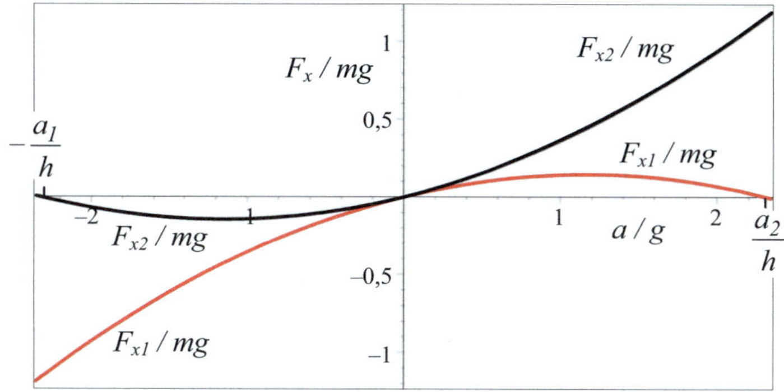

Abb. 2.20 Optimale Antriebs- und Bremskräfte für ein Beispielauto

$$\frac{F_{x_1}}{mg} = \frac{1}{8}\frac{a_2}{h}\frac{a_2}{l} \tag{2.241}$$

abfällt. Der Wert von $a/g = a_2/h$ ist die maximal mögliche Beschleunigung, bei der die Vorderreifen den Kontakt zum Boden verlieren. Die Beschleunigung, bei der die Vorder- (oder Hinter-) Reifen den Bodenkontakt verlieren, wird als *Kippbeschleunigung* (engl. tilting acceleration) bezeichnet. Die an den Hinterrädern erforderliche Kraft, um $a/g = a_2/h$ zu erreichen, ist $F_{x_2}/(mg) = a_2/(2h)$.

Das entgegengesetzte Phänomen tritt bei Verzögerung auf. Für $a<0$ steigt der absolute Wert der optimalen vorderen Bremskraft schnell an, und die hintere Bremskraft geht nach einem Maximum bei

$$\frac{a}{g} = -\frac{1}{2}\frac{a_2}{h} \tag{2.242}$$

$$\frac{F_{x_1}}{mg} = -\frac{1}{8}\frac{a_1}{h}\frac{a_1}{l} \tag{2.243}$$

auf null zurück. Die Verzögerung $a/g = -a_1/h$ ist die maximal mögliche Verzögerung, bei der die Hinterreifen den Bodenkontakt verlieren.

Die grafische Darstellung der optimalen Fahr- und Bremskräfte kann besser dargestellt werden, indem $F_{x_1}/(mg)$ gegen $F_{x_2}/(mg)$ mit a/g als Parameter aufgetragen wird.

$$F_{x_1} = \frac{a_2 - \frac{a}{g}h}{a_1 + \frac{a}{g}h} F_{x_2} \tag{2.244}$$

$$\frac{F_{x_1}}{F_{x_2}} = \frac{a_2 - \mu_x h}{a_1 + \mu_x h} \tag{2.245}$$

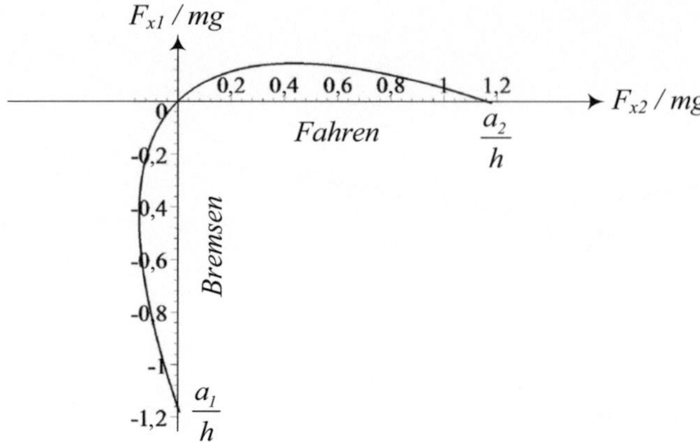

Abb. 2.21 Optimale Traktions- und Bremskraftverteilung zwischen den Vorder- und Hinterreifen

Eine solche Darstellung ist in Abb. 2.21 dargestellt. Dies ist eine Designkurve, die die Beziehung zwischen den Kräften unter den Vorder- und Hinterreifen beschreibt, um die maximale Beschleunigung oder Verzögerung zu erreichen.

Die Anpassung der optimalen Kraftverteilung ist kein automatischer Vorgang und erfordert ein Kraftverteilersteuerungssystem zur Messung und Anpassung der Kräfte.■

Beispiel 121 ⋆ *Steigung bei Null*

Die anfängliche optimale Traktionskraftverteilung ist die Steigung der optimalen Kurve $\left(F_{x_1}/(mg), F_{x_2}/(mg)\right)$ *bei Null.*

$$\frac{d\dfrac{F_{x_1}}{mg}}{d\dfrac{F_{x_2}}{mg}} = \lim_{a\to 0} \frac{-\dfrac{1}{2}\dfrac{h}{l}\left(\dfrac{a}{g}\right)^2 + \dfrac{1}{2}\dfrac{a_2}{l}\dfrac{a}{g}}{\dfrac{1}{2}\dfrac{h}{l}\left(\dfrac{a}{g}\right)^2 + \dfrac{1}{2}\dfrac{a_1}{l}\dfrac{a}{g}} = \frac{a_2}{a_1} \tag{2.246}$$

Daher hängt die anfängliche Traktionskraftverteilung nur von der Position des Massenzentrums C ab.

Beispiel 122 ⋆ *Bremsbalance*

Beim Bremsen ist ein Auto stabil, wenn die Hinterräder nicht blockieren. Daher müssen die Bremskräfte hinten immer kleiner sein als die maximal mögliche Bremskraft. Das bedeutet, dass die Bremskraftverteilung immer im schattierten Bereich der Abb. 2.22 und unterhalb der optimalen Kurve liegen sollte. Dies begrenzt die erreichbare Verzögerung, insbesondere bei niedrigen Reibwerten, erhöht jedoch die Stabilität des Autos.

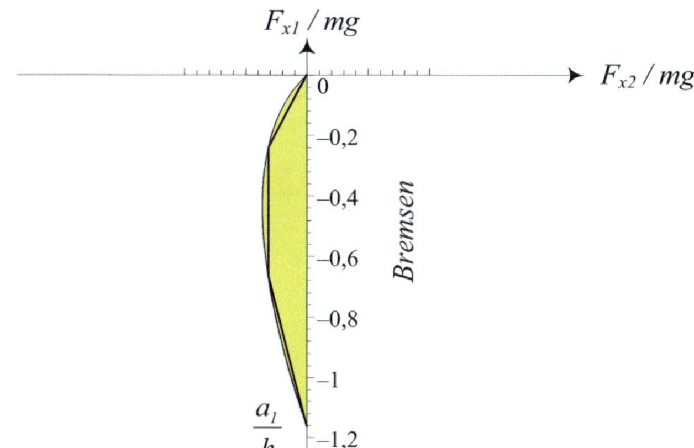

Abb. 2.22 Optimale Bremskraftverteilung zwischen Vorder- und Hinterrädern, zusammen mit einer Drei-Linien-Unterschätzung

Wenn es für einen Kraftverteiler einfacher ist, einer Linie zu folgen, wird die optimale Bremskurve mit zwei oder drei Linien unterschätzt, und ein Steuerungssystem passt das Kraftverhältnis F_{x_1}/F_{x_2} an. Ein Beispiel für eine Drei-Linien-Näherung ist in Abb. 2.22 dargestellt.

Die Verteilung der Bremskraft zwischen den Vorder- und Hinterrädern wird als ***Bremskraftverteilung*** *bezeichnet. Die Bremskraftverteilung variiert mit der Verzögerung. Je höher die Verzögerung, desto mehr Last wird auf die Vorderräder übertragen und desto mehr Bremsleistung können sie unterstützen. Gleichzeitig werden die Hinterräder entlastet, und sie müssen weniger Bremskraft aufbringen.*

Beispiel 123 ★ *Auswirkung der C-Position auf das Bremsen*

Die Last wird von den Hinterrädern auf die Vorderräder übertragen, wenn die Bremsen betätigt werden. Je höher C liegt, desto mehr Lastübertragung ist möglich. Daher sollte das Massenzentrum C zur Verbesserung des Bremsverhaltens so niedrig und so weit hinten wie möglich sein. Dies ist nicht für jedes Fahrzeug machbar, insbesondere für Vorderradantriebs-Straßenautos. Bei der Konstruktion eines Autos für eine bessere Bremsleistung sollte jedoch dieser Faktor berücksichtigt werden.

Beispiel 124 ★ *Blockieren von Vorder- und Hinterrädern*

Die optimale Bremskraftverteilung entspricht gemäß Gl. (2.245) *einem idealen F_{x_1}/F_{x_2}-Verhältnis. Ist die Bremskraftverteilung jedoch nicht ideal, blockieren entweder die Vorder- oder die Hinterräder zuerst. Das Blockieren der Hinterräder macht das Fahrzeug instabil, und es verliert die Richtungsstabilität. Wenn die Hinterräder blockieren, rutschen sie auf der Straße und verlieren ihre Fähigkeit, Seitenkräfte aufzunehmen. Die resultierende Scherkraft am Reifenlatsch der Hinterräder reduziert sich zu einer dynamischen Reibungskraft in entgegengesetzter Richtung des Rutschens.*

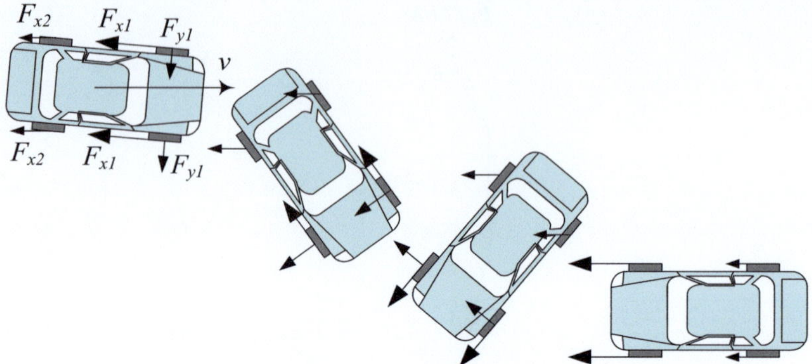

Abb. 2.23 180 deg Gleitende Drehung eines Fahrzeugs mit blockierten Hinterrädern

Eine leichte seitliche Bewegung der Hinterräder, durch jede Störung, erzeugt eine Gierbewegung aufgrund von unausgeglichenen Seitenkräften auf den Vorder- und Hinterrädern. Das Giermoment dreht das Fahrzeug um die z-Achse, bis das Heck vor dem Vorderteil liegt und das Fahrzeug sich um 180 deg *dreht. Abb.* 2.23 *veranschaulicht eine um* 180 deg *gleitende Drehung eines Fahrzeugs mit blockierten Hinterrädern.*

Das Blockieren der Vorderreifen verursacht keine Richtungsinstabilität, obwohl das Auto nicht lenkbar wäre und der Fahrer die Kontrolle verlieren würde.

Beispiel 125 ⋆ *Bestes Rennauto*

Rennautos sollen immer mit ihrer maximal erreichbaren Beschleunigung arbeiten, um ihr Rennen in kürzester Zeit zu beenden. Sie sind in der Regel mit Hinterradantrieb und Allradbremse ausgestattet. Wenn es jedoch sinnvoll ist, ein Allradantrieb-Rennauto zu bauen, dann benötigt es einen Kraftverteiler, um die in Abb. 2.24 *dargestellte Kurve zu verfolgen, um besser zu fahren.*

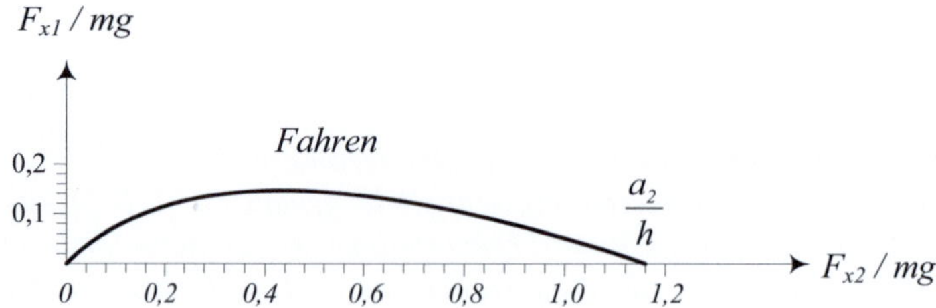

Abb. 2.24 Optimale Traktionskraftverteilung zwischen den Vorder- und Hinterrädern

2.7 ⋆ Fahrzeuge mit mehr als zwei Achsen

Wenn ein Fahrzeug mehr als zwei Achsen hat, wie das in Abb. 2.25 gezeigte Drei-Achsen-Auto, dann ist das Fahrzeug statisch unbestimmt, und die Normalkräfte unter den Reifen können nicht durch statische Gleichgewichtsgleichungen bestimmt werden. Wir müssen die Auslenkung der Aufhängungen berücksichtigen, um ihre Kräfte zu bestimmen, die durch sie aufgewandt werden.

Die n Normalkräfte F_{z_i} unter den Reifen können mit den folgenden n Gleichungen berechnet werden:

$$2\sum_{i=1}^{n} F_{z_i} - mg\cos\phi = 0 \tag{2.247}$$

$$2\sum_{i=1}^{n} F_{z_i}x_i + h(a + mg\sin\phi) = 0 \tag{2.248}$$

$$\frac{F_{z_i}}{k_i} - \frac{x_i - x_1}{x_n - x_1}\left(\frac{F_{z_n}}{k_n} - \frac{F_{z_1}}{k_1}\right) - \frac{F_{z_1}}{k_1} = 0 \qquad i = 2, 3, \cdots, n-1 \tag{2.249}$$

wobei F_{x_i} und F_{z_i} die Längs- und Normalkräfte unter den Reifen sind, die an der Achsennummer i angebracht sind, und x_i ist der Abstand des Massenzentrums C von der Achsennummer i. Der Abstand x_i ist positiv für Achsen vor C und negativ für die Achsen hinter C. Der Parameter k_i ist die vertikale Steifigkeit der Aufhängung an der Achse i.

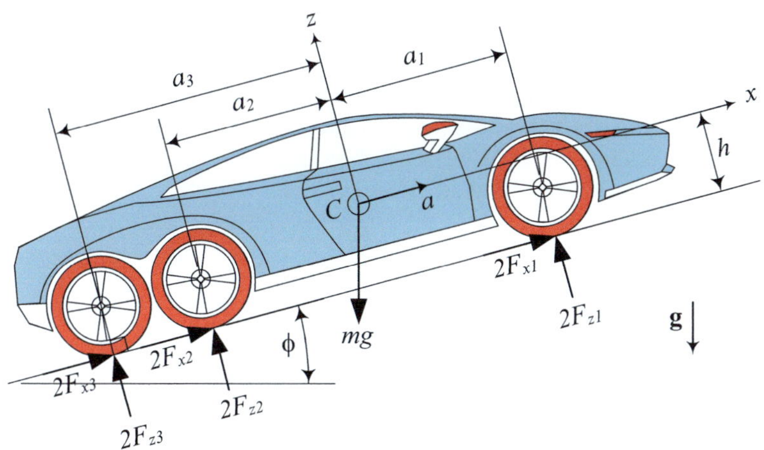

Abb. 2.25 Ein Drei-Achsen-Auto, das auf einer geneigten Straße fährt

Beweis. Für ein Fahrzeug mit mehreren Achsen liefern die folgenden Gleichungen

$$\sum F_x = ma \tag{2.250}$$

$$\sum F_z = 0 \tag{2.251}$$

$$\sum M_y = 0 \tag{2.252}$$

die gleiche Art von Gleichungen wie (2.128)–(2.130). Wenn jedoch die Gesamtzahl der Achsen n beträgt, können die einzelnen Kräfte durch eine Summation ersetzt werden:

$$2\sum_{i=1}^{n} F_{x_i} - mg\sin\phi = ma \tag{2.253}$$

$$2\sum_{i=1}^{n} F_{z_i} - mg\cos\phi = 0 \tag{2.254}$$

$$2\sum_{i=1}^{n} F_{z_i} x_i + 2h\sum_{i=1}^{n} F_{x_i} = 0 \tag{2.255}$$

Die gesamte Vorwärtskraft $F_x = 2\sum_{i=1}^{n} F_{x_i}$ kann zwischen den Gln. (2.253) und (2.255) eliminiert werden, um die Gl. (2.248) zu erzeugen. Dann bleiben zwei Gln. (2.247) und (2.248) für n Unbekannte F_{z_i}, $i = 1, 2, \cdots, n$. Daher benötigen wir $n - 2$ zusätzliche Gleichungen, um die Radlasten bestimmen zu können. Die zusätzlichen Gleichungen resultieren aus der Kompatibilität der Federwege.

Wir ignorieren die Nachgiebigkeit der Reifen und verwenden z zur Angabe der vertikalen Richtung des Fahrzeugs, wie in Abb. 2.25 dargestellt. Wenn dann z_i die Federwegsabweichung in der Mitte der Achse i ist und k_i die vertikale Steifigkeit der Federung an der Achse i, sind die Abweichungen

$$z_i = \frac{F_{z_i}}{k_i} \tag{2.256}$$

Für eine flache Straße und ein starres Fahrzeug gilt:

$$\frac{z_i - z_1}{x_i - x_1} = \frac{z_n - z_1}{x_n - x_1} \qquad i = 2, 3, \ldots, n-1 \tag{2.257}$$

was nach dem Ersetzen durch (2.256) auf Gl. (2.249) reduziert wird. Die $n - 2$ Gln. (2.257) zusammen mit den zwei Gln. (2.247) und (2.248) reichen aus, um die Normallast unter jedem Reifen zu berechnen.

Der resultierende Gleichungssatz ist linear und kann in Matrixform angeordnet werden:

$$[A][X] = [B] \tag{2.258}$$

wobei

$$[X] = \begin{bmatrix} F_{z_1} & F_{z_2} & F_{z_3} & \cdots & F_{z_n} \end{bmatrix}^T \tag{2.259}$$

$$[A] = \begin{bmatrix} 2 & 2 & \cdots & \cdots & \cdots & \cdots & 2 \\ 2x_1 & 2x_2 & \cdots & \cdots & \cdots & \cdots & 2x_n \\ \frac{x_n - x_2}{k_1 l} & \frac{1}{k_2} & \cdots & \cdots & \cdots & \cdots & \frac{x_2 - x_1}{k_n l} \\ \cdots & \cdots & \cdots & \cdots & \cdots & \cdots & \cdots \\ \frac{x_n - x_i}{k_1 l} & \cdots & \cdots & \frac{1}{k_i} & \cdots & \cdots & \frac{x_i - x_1}{k_n l} \\ \cdots & \cdots & \cdots & \cdots & \cdots & \cdots & \cdots \\ \frac{x_n - x_{n-1}}{k_1 l} & \cdots & \cdots & \cdots & \cdots & \frac{1}{k_{n-1}} & \frac{x_{n-1} - x_1}{k_n l} \end{bmatrix} \tag{2.260}$$

$$l = x_1 - x_n \tag{2.261}$$

$$[B] = \begin{bmatrix} mg\cos\phi & -h(a + mg\sin\phi) & 0 & \cdots & 0 \end{bmatrix}^T \tag{2.262}$$

■

Beispiel 126 ⋆ *Radreaktionen für ein Drei-Achsen-Auto*

Abb. 2.25 zeigt ein Drei-Achsen-Auto, das auf einer geneigten Straße fährt. Wir beginnen mit der Zählung der Achsen eines Mehrachsenfahrzeugs bei der Vorderachse als Achse 1 und gehen sequenziell nach hinten, wie in der Abbildung gezeigt.

Der Satz von Gleichungen für das Drei-Achsen-Auto lautet:

$$2F_{x_1} + 2F_{x_2} + 2F_{x_3} - mg\sin\phi = ma \tag{2.263}$$

$$2F_{z_1} + 2F_{z_2} + 2F_{z_3} - mg\cos\phi = 0 \tag{2.264}$$

$$2F_{z_1}x_1 + 2F_{z_2}x_2 + 2F_{z_3}x_3 + 2h\left(F_{x_1} + F_{x_2} + F_{x_3}\right) = 0 \tag{2.265}$$

$$\frac{1}{x_2 - x_1}\left(\frac{F_{z_2}}{k_2} - \frac{F_{z_1}}{k_1}\right) - \frac{1}{x_3 - x_1}\left(\frac{F_{z_3}}{k_3} - \frac{F_{z_1}}{k_1}\right) = 0 \tag{2.266}$$

was vereinfacht werden kann zu

$$2F_{z_1} + 2F_{z_2} + 2F_{z_3} - mg\cos\phi = 0 \tag{2.267}$$

$$2F_{z_1}x_1 + 2F_{z_2}x_2 + 2F_{z_3}x_3 + hm(a + g\sin\phi) = 0 \tag{2.268}$$

$$\begin{aligned}(x_2k_2k_3 - x_3k_2k_3)F_{z_1} + (x_1k_1k_2 - x_2k_1k_2)F_{z_3} \\ -(x_1k_1k_3 - x_3k_1k_3)F_{z_2} = 0\end{aligned} \tag{2.269}$$

Der Satz von Gleichungen für Radlasten ist linear und kann in einer Matrixform umgestellt werden:

$$[A][X] = [B] \tag{2.270}$$

wobei

$$[A] = \begin{bmatrix} 2 & 2 & 2 \\ 2x_1 & 2x_2 & 2x_3 \\ k_2k_3(x_2 - x_3) & k_1k_3(x_3 - x_1) & k_1k_2(x_1 - x_2) \end{bmatrix} \tag{2.271}$$

$$[X] = \begin{bmatrix} F_{z_1} \\ F_{z_2} \\ F_{z_3} \end{bmatrix} \tag{2.272}$$

$$[B] = \begin{bmatrix} mg\cos\phi \\ -hm(a + g\sin\phi) \\ 0 \end{bmatrix} \tag{2.273}$$

Der unbekannte Vektor kann durch Matrixinversion gefunden werden:

$$[X] = [A]^{-1}[B] \tag{2.274}$$

Die Lösungen der Gleichungen sind:

$$\frac{1}{k_1m}F_{z_1} = \frac{Z_1}{Z_0} \qquad \frac{1}{k_2m}F_{z_2} = \frac{Z_2}{Z_0} \qquad \frac{1}{k_2m}F_{z_3} = \frac{Z_3}{Z_0} \tag{2.275}$$

wobei:

$$Z_0 = -4k_1k_2(x_1 - x_2)^2 - 4k_2k_3(x_2 - x_3)^2 - 4k_1k_3(x_3 - x_1)^2 \tag{2.276}$$

$$\begin{aligned} Z_1 = {} & g(x_2k_2 - x_1k_3 - x_1k_2 + x_3k_3)h\sin\phi \\ & +a(x_2k_2 - x_1k_3 - x_1k_2 + x_3k_3)h \\ & +g\left(k_2x_2^2 - x_1k_2x_2 + k_3x_3^2 - x_1k_3x_3\right)\cos\phi \end{aligned} \tag{2.277}$$

$$\begin{aligned} Z_2 = {} & g(x_1k_1 - x_2k_1 - x_2k_3 + x_3k_3)h\sin\phi \\ & +a(x_1k_1 - x_2k_1 - x_2k_3 + x_3k_3)h \\ & +g\left(k_1x_1^2 - x_2k_1x_1 + k_3x_3^2 - x_2k_3x_3\right)\cos\phi \end{aligned} \tag{2.278}$$

$$\begin{aligned} Z_3 = & \ g(x_1k_1 + x_2k_2 - x_3k_1 - x_3k_2)h\sin\phi \\ & + a(x_1k_1 + x_2k_2 - x_3k_1 - x_3k_2)h \\ & + g\left(k_1x_1^2 - x_3k_1x_1 + k_2x_2^2 - x_3k_2x_2\right)\cos\phi \end{aligned} \tag{2.279}$$

$$x_1 = a_1 \qquad x_2 = -a_2 \qquad x_3 = -a_3 \tag{2.280}$$

2.8 ★ Fahrzeuge auf einer Kuppe und einer Senke

Wenn eine Straße eine nach außen oder innen gerichtete Krümmung hat, nennen wir das eine Kuppe oder eine Senke. Die Straßenkrümmung kann die Normalkräfte unter den Rädern verringern oder erhöhen. In diesem Abschnitt nehmen wir an, dass der Krümmungsradius der Straße R_H viel größer ist als die Höhe des Fahrzeugmassenzentrums, $R_H >> h$.

2.8.1 ★ *Fahrzeuge auf einer Kuppe*

Die Bewegung auf der konvexen Kurve eines Hügels wird als *Kuppenfahrt* bezeichnet. Die Normalkraft unter den Rädern eines Fahrzeugs auf einer Kuppe ist geringer als die Kraft auf einer flachen geneigten Straße mit der gleichen Steigung, aufgrund der sich entwickelten Zentrifugalkraft mv^2/R_H in der $-z$-Richtung.

Abb. 2.26 zeigt ein Fahrzeug auf dem Scheitelpunkt eines Hügels mit einem Krümmungsradius R_H und durchschnittlicher Neigung φ bezogen auf den Horizont. Die Zug- und Normalkräfte unter seinen Reifen sind ungefähr gleich

$$F_{x_1} + F_{x_2} \approx \frac{1}{2}m(a + g\sin\phi) \tag{2.281}$$

$$F_{z_1} \approx \tfrac{1}{2}mg\left[\left(\tfrac{a_2}{l}\cos\phi + \tfrac{h}{l}\sin\phi\right)\right] - \tfrac{1}{2}ma\tfrac{h}{l} - \tfrac{1}{2}m\tfrac{v^2}{R_H}\tfrac{a_2}{l} \tag{2.282}$$

$$F_{z_2} \approx \tfrac{1}{2}mg\left[\left(\tfrac{a_1}{l}\cos\phi - \tfrac{h}{l}\sin\phi\right)\right] + \tfrac{1}{2}ma\tfrac{h}{l} - \tfrac{1}{2}m\tfrac{v^2}{R_H}\tfrac{a_1}{l} \tag{2.283}$$

$$l = a_1 + a_2 \tag{2.284}$$

Beweis. Für das in Abb. 2.26 dargestellte Fahrzeug auf dem Scheitelpunkt sind die normalen und tangentialen Richtungen gleichbedeutend mit den $-z$ und x Richtungen. Daher lautet die Bewegungsgleichung für das Fahrzeug

$$\sum F_x = ma \tag{2.285}$$

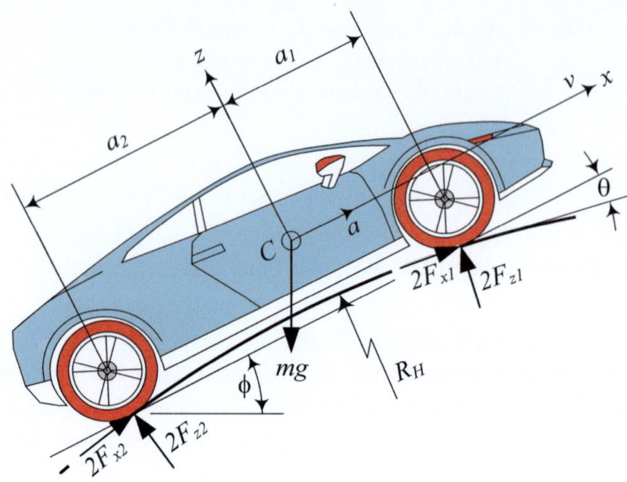

Abb. 2.26 Ein Fahrzeug auf dem Scheitelpunkt eines Hügels, an dem der Hügel einen Krümmungsradius R_h hat

$$-\sum F_z = m\frac{v^2}{R_H} \tag{2.286}$$

$$\sum M_y = 0 \tag{2.287}$$

Durch Erweitern dieser Gleichungen erhalten wir

$$2F_{x_1}\cos\theta + 2F_{x_2}\cos\theta - mg\sin\phi = ma \tag{2.288}$$

$$-2F_{z_1}\cos\theta - 2F_{z_2}\cos\theta + mg\cos\phi = m\frac{v^2}{R_H} \tag{2.289}$$

$$\begin{aligned}&2F_{z_1}a_1\cos\theta - 2F_{z_2}a_2\cos\theta + 2\left(F_{x_1} + F_{x_2}\right)h\cos\theta\\ &+2F_{z_1}a_1\sin\theta - 2F_{z_2}a_2\sin\theta - 2\left(F_{x_1} + F_{x_2}\right)h\sin\theta = 0\end{aligned} \tag{2.290}$$

Wir können $\left(F_{x_1} + F_{x_2}\right)$ zwischen der ersten und dritten Gleichung eliminieren und die Gesamtzugkraft $F_{x_1} + F_{x_2}$ und die Normalkräfte F_{z_1}, F_{z_2} auf die Räder berechnen:

$$F_{x_1} + F_{x_2} = \tfrac{ma+mg\sin\phi}{2\cos\theta} \tag{2.291}$$

$$\begin{aligned}F_{z_1} = &\tfrac{1}{2}mg\left[\left(\tfrac{a_2}{l\cos\theta}\cos\phi + \tfrac{h(1-\sin 2\theta)}{l\cos\theta\cos 2\theta}\sin\phi\right)\right]\\ &-\tfrac{1}{2}ma\tfrac{h(1-\sin 2\theta)}{l\cos\theta\cos 2\theta} - \tfrac{1}{2}m\tfrac{v^2}{R_H}\tfrac{a_2}{l\cos\theta}\end{aligned} \tag{2.292}$$

$$F_{z_2} = \frac{1}{2}mg\left[\left(\frac{a_1}{l\cos\theta}\cos\phi - \frac{h(1-\sin 2\theta)}{l\cos\theta\cos 2\theta}\sin\phi\right)\right] + \frac{1}{2}ma\frac{h(1-\sin 2\theta)}{l\cos\theta\cos 2\theta} - \frac{1}{2}m\frac{v^2}{R_H}\frac{a_1}{l\cos\theta\cos\theta} \tag{2.293}$$

Wenn der Radstand des Autos viel kleiner ist als der Krümmungsradius, $l \ll R_H$, dann ist der Neigungswinkel θ zu klein, und wir können folgende trigonometrische Näherungen verwenden:

$$\cos\theta \approx \cos 2\theta \approx 1 \tag{2.294}$$

$$\sin\theta \approx \sin 2\theta \approx 0 \tag{2.295}$$

Die Substitution dieser Näherungen in den Gln. (2.291)–(2.293) ergibt die folgenden ungefähren Ergebnisse:

$$F_{x_1} + F_{x_2} \approx \frac{1}{2}m(a + g\sin\phi) \tag{2.296}$$

$$2\frac{F_{z_1}}{mg} \approx \left(\frac{a_2}{l}\cos\phi + \frac{h}{l}\sin\phi\right) - \frac{a}{g}\frac{h}{l} - \frac{v^2/R_H}{g}\frac{a_2}{l} \tag{2.297}$$

$$2\frac{F_{z_2}}{mg} \approx \left(\frac{a_1}{l}\cos\phi - \frac{h}{l}\sin\phi\right) + \frac{a}{g}\frac{h}{l} - \frac{v^2/R_H}{g}\frac{a_1}{l} \tag{2.298}$$

■

Beispiel 127 ★ *Radlasten eines über eine Kuppe fahrenden Autos*

Betrachten Sie ein Auto mit diesen Spezifikationen:

$$\begin{aligned} &l = 2272\,\text{mm} \quad w = 1457\,\text{mm} \quad h = 230\,\text{mm} \quad a_1 = a_2 \\ &m = 1500\,\text{kg} \quad v = 15\,\text{m/s} \quad a = 1\,\text{m/s}^2 \end{aligned} \tag{2.299}$$

das eine Hügelkuppe an einer Stelle überquert, an der die Straße folgende Daten aufweist:

$$R_H = 40\,\text{m} \qquad \phi = 30\,\text{deg} \qquad \theta = 2{,}5\,\text{deg} \tag{2.300}$$

Die Informationen über die Kräfte auf das Auto sind:

$$\begin{aligned} &F_{x_1} + F_{x_2} = 4432{,}97\,\text{N} \quad F_{z_1} = 666{,}33\,\text{N} \quad F_{z_2} = 1488{,}75\,\text{N} \\ &F_{z_1} + F_{z_2} = 2155{,}08\,\text{N} \quad mg = 14715\,\text{N} \quad m\frac{v^2}{R_H} = 8437{,}5\,\text{N} \end{aligned} \tag{2.301}$$

Wenn wir die Ergebnisse vereinfachen, indem wir ein kleines θ annehmen, betragen die ungefähren Werte der Kräfte

$$\begin{aligned} &F_{x_1} + F_{x_2} = 4428{,}75\,\text{N} \quad F_{z_1} \approx 628{,}18\,\text{N} \quad F_{z_2} \approx 1524{,}85\,\text{N} \\ &F_{z_1} + F_{z_2} \approx 2153{,}03\,\text{N} \quad mg = 14715\,\text{N} \quad m\frac{v^2}{R_H} = 8437{,}5\,\text{N} \end{aligned} \tag{2.302}$$

Beispiel 128 ⋆ *Den Straßenkontakt auf einer Kuppe verlieren*

Wenn ein Auto zu schnell fährt, kann es auf einer Kuppe den Straßenkontakt verlieren. Ein solches Auto wird als **fliegendes Auto** bezeichnet. *Die Bedingung für ein fliegendes Auto sind $F_{z_1} = 0$ und $F_{z_2} = 0$.*

Angenommen, für ein symmetrisches fliegendes Auto gilt $a_1 = a_2 = l/2$, ohne Beschleunigung und unter Verwendung der ungefähren Gln. (2.282) und (2.283) finden wir

$$\frac{1}{2}mg\left[\left(\frac{a_2}{l}\cos\phi + \frac{h}{l}\sin\phi\right)\right] - \frac{1}{2}m\frac{v^2}{R_H}\frac{a_2}{l} = 0 \tag{2.303}$$

$$\frac{1}{2}mg\left[\left(\frac{a_1}{l}\cos\phi - \frac{h}{l}\sin\phi\right)\right] - \frac{1}{2}m\frac{v^2}{R_H}\frac{a_1}{l} = 0 \tag{2.304}$$

und wir können die kritische Mindestgeschwindigkeit v_c finden, bei der das Auto abhebt. Es gibt zwei kritische Geschwindigkeiten v_{c_1} und v_{c_2} für den Verlust des Kontakts der Vorder- und Hinterreifen, jeweils:

$$v_{c_1} = \sqrt{2gR_H\left(\frac{h}{l}\sin\phi + \frac{1}{2}\cos\phi\right)} \tag{2.305}$$

$$v_{c_2} = \sqrt{-2gR_H\left(\frac{h}{l}\sin\phi - \frac{1}{2}\cos\phi\right)} \tag{2.306}$$

Für jedes Auto sind die kritischen Geschwindigkeiten v_{c_1} und v_{c_2} Funktionen des Krümmungsradius der Hügel R_H und der Winkelposition auf dem Hügel, angegeben durch φ. Der Winkel φ kann nicht außerhalb der Neigungswinkel liegen, die durch Gl. (2.141) gegeben sind:

$$-\frac{a_1}{h} \le \tan\phi \le \frac{a_2}{h} \tag{2.307}$$

Abb. 2.27 zeigt ein Auto, das über einen kreisförmigen Hügel fährt, und Abb. 2.28 stellt die kritischen Geschwindigkeiten v_{c_1} und v_{c_2} bei einem anderen Winkel φ für $-$ 1,371 rad $\le\varphi \le$ 1,371 rad *dar. Die Spezifikationen des Autos und des Hügels sind:*

$$\begin{aligned} &l = 2272\,\text{mm} \;\; h = 230\,\text{mm} \;\; a_1 = a_2 \\ &a = 0\,\text{m/s}^2 \quad R_H = 100\,\text{m} \end{aligned} \tag{2.308}$$

Bei der maximalen Steigung bergauf, $\phi = 1{,}371\,\text{rad} \approx 78{,}5\,\text{deg}$, *können die Vorderräder den Boden bei null Geschwindigkeit verlassen, während die Hinterräder auf dem Boden bleiben. Wenn das Auto über den Hügel fährt und die maximale Steigung bergab erreicht,* $\phi = -1{,}371\,\text{rad} \approx -78{,}5\,\text{deg}$, *können die Hinterräder den Boden bei null Geschwindigkeit verlassen, während die Vorderräder auf dem Boden bleiben. Solange das Auto bergauf fährt, können die Vorderräder den Boden bei einer niedrigeren Geschwindigkeit verlassen, während beim Bergabfahren die Hinterräder den Boden bei einer niedrigeren Geschwindigkeit*

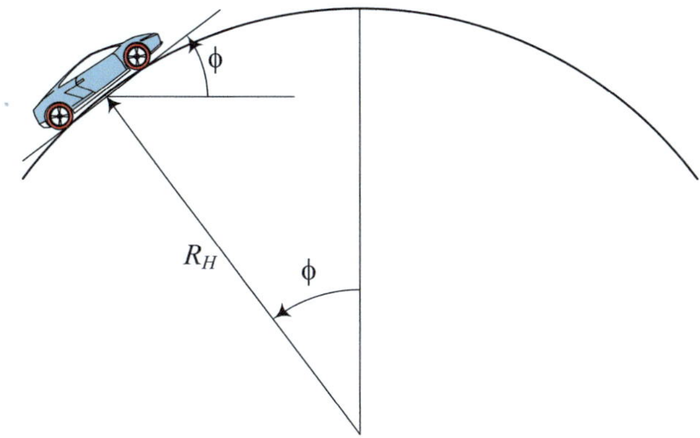

Abb. 2.27 Ein Auto, das über einen kreisförmigen Hügel fährt

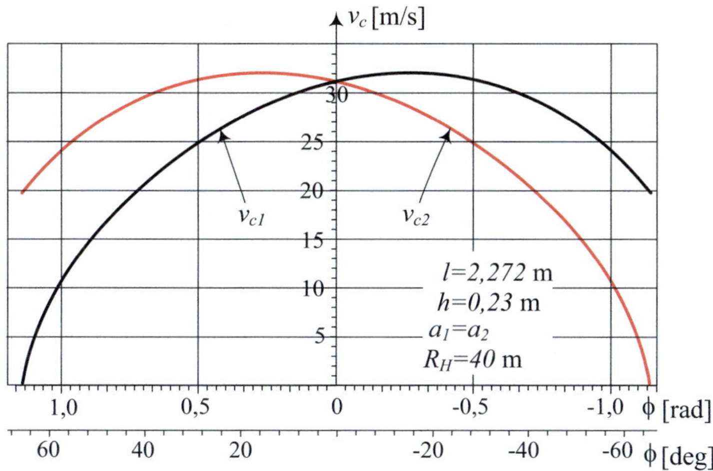

Abb. 2.28 Kritische Geschwindigkeiten v_{c_1} und v_{c_2} bei unterschiedlichen Winkeln φ für ein spezifisches Auto und Hügel

verlassen. Daher bestimmt bei jedem Neigungswinkel φ die untere Kurve der Abb. 2.28 *die kritische Geschwindigkeit v_c.*

Um ein allgemeines Bild der kritischen Geschwindigkeit zu erhalten, können wir die niedrigeren Werte von v_c als Funktion von φ mit R_H oder h/l als Parameter darstellen. Abb. 2.29 *zeigt den Einfluss des Hügelradius der Krümmung R_H auf die kritische Geschwindigkeit v_c für ein Auto mit $h/l = 0{,}10123$* mm / mm, *und Abb.* 2.30 *zeigt den Einfluss des Höhenfaktors eines Autos h/l auf die kritische Geschwindigkeit v_c für einen kreisförmigen Hügel mit $R_H = 100$* m.

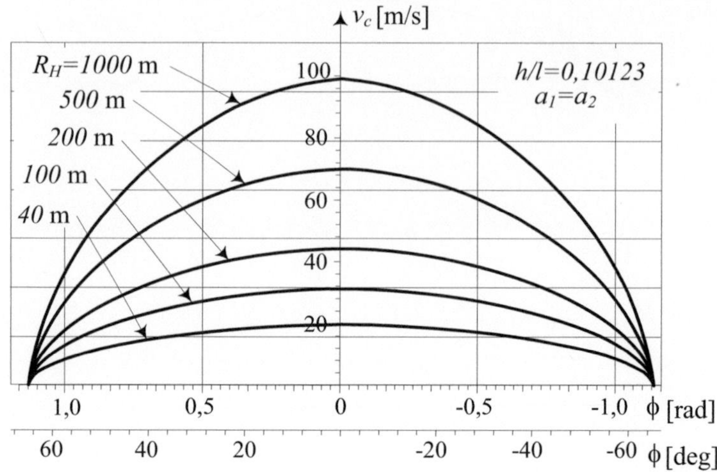

Abb. 2.29 Einfluss des Hügelradius der Krümmung R_h auf die kritische Geschwindigkeit v_c für ein Auto

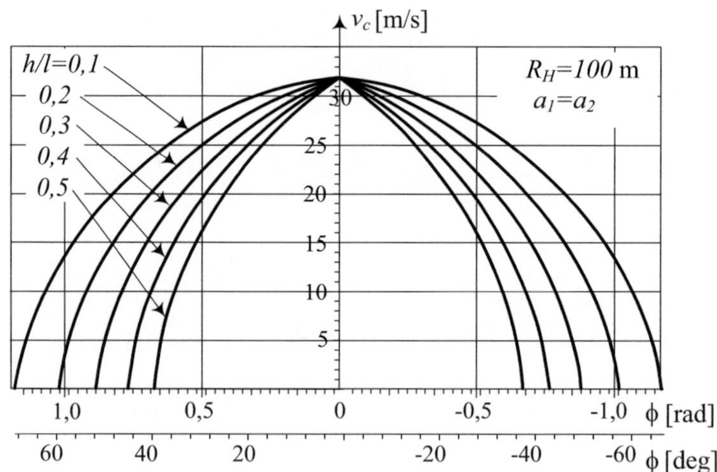

Abb. 2.30 Einfluss des Höhenfaktors eines Autos h/l auf die kritische Geschwindigkeit v_c für einen kreisförmigen Hügel

2.8.2 ★ *Fahrzeuge in einer Senke*

Die Bewegung auf der konkaven Kurve eines Hügels wird als *Absinken* (engl. dipping) bezeichnet. Die Normalkraft unter den Rädern eines solchen Fahrzeugs ist größer als die Kraft auf einer flachen geneigten Straße mit der gleichen Steigung, aufgrund der entwickelten Zentrifugalkraft mv^2/R_H in der z-Richtung.

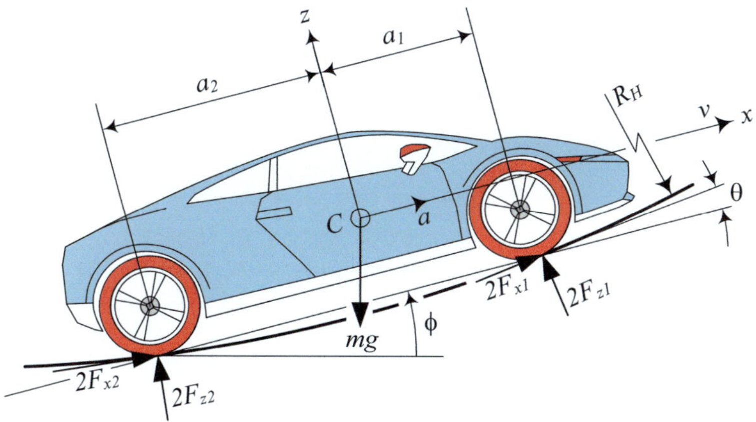

Abb. 2.31 Ein Fahrzeug an einer Senke, an der der Hügel einen Krümmungsradius R_h hat

Abb. 2.31 zeigt ein Fahrzeug an einer Senke, an der der Hügel einen Krümmungsradius R_H und eine äquivalente Neigung φ hat. Die Traktions- und Normalkräfte unter den Reifen des Fahrzeugs sind ungefähr gleich

$$F_{x_1} + F_{x_2} \approx \frac{1}{2} m(a + g \sin \phi) \tag{2.309}$$

$$F_{z_1} \approx \tfrac{1}{2} mg \left[\left(\tfrac{a_2}{l} \cos \phi + \tfrac{h}{l} \sin \phi \right) \right] - \tfrac{1}{2} ma \tfrac{h}{l} + \tfrac{1}{2} m \tfrac{v^2}{R_H} \tfrac{a_2}{l} \tag{2.310}$$

$$F_{z_2} \approx \tfrac{1}{2} mg \left[\left(\tfrac{a_1}{l} \cos \phi - \tfrac{h}{l} \sin \phi \right) \right] + \tfrac{1}{2} ma \tfrac{h}{l} + \tfrac{1}{2} m \tfrac{v^2}{R_H} \tfrac{a_1}{l} \tag{2.311}$$

$$l = a_1 + a_2 \tag{2.312}$$

Beweis. Um die Gleichungen für die Zug- und Normalkräfte unter den Reifen eines absinkenden Autos zu bestimmen, folgen wir dem gleichen Verfahren wie bei einem Auto auf einer Kuppe. Die normalen und tangentialen Richtungen eines Autos in einer Senke, dargestellt in Abb. 2.31, entsprechen den z und x Richtungen. Daher sind die Bewegungsgleichungen für das Auto

$$\sum F_x = ma \tag{2.313}$$

$$\sum F_z = m \frac{v^2}{R_H} \tag{2.314}$$

$$\sum M_y = 0 \tag{2.315}$$

Die Erweiterung dieser Gleichungen ergibt:

$$2F_{x_1}\cos\theta + 2F_{x_2}\cos\theta - mg\sin\phi = ma \tag{2.316}$$

$$-2F_{z_1}\cos\theta - 2F_{z_2}\cos\theta + mg\cos\phi = m\frac{v^2}{R_H} \tag{2.317}$$

$$\begin{aligned} &2F_{z_1}a_1\cos\theta - 2F_{z_2}a_2\cos\theta + 2\left(F_{x_1} + F_{x_2}\right)h\cos\theta \\ &+2F_{z_1}a_1\sin\theta - 2F_{z_2}a_2\sin\theta - 2\left(F_{x_1} + F_{x_2}\right)h\sin\theta = 0 \end{aligned} \tag{2.318}$$

Die gesamte Zugkraft $\left(F_{x_1} + F_{x_2}\right)$ kann zwischen der ersten und dritten Gleichung eliminiert werden. Dann liefern die resultierenden Gleichungen uns die gesamte Zugkraft $F_{x_1} + F_{x_2}$ und die Radnormalkräfte F_{z_1}, F_{z_2}:

$$F_{x_1} + F_{x_2} = \frac{ma + mg\sin\phi}{2\cos\theta} \tag{2.319}$$

$$\begin{aligned} F_{z_1} = &\tfrac{1}{2}mg\left[\left(\tfrac{a_2}{l\cos\theta}\cos\phi + \tfrac{h(1-\sin 2\theta)}{l\cos\theta\cos 2\theta}\sin\phi\right)\right] \\ &-\tfrac{1}{2}ma\tfrac{h(1-\sin 2\theta)}{l\cos\theta\cos 2\theta} + \tfrac{1}{2}m\tfrac{v^2}{R_H}\tfrac{a_2}{l\cos\theta} \end{aligned} \tag{2.320}$$

$$\begin{aligned} F_{z_2} = &\tfrac{1}{2}mg\left[\left(\tfrac{a_1}{l\cos\theta}\cos\phi - \tfrac{h(1-\sin 2\theta)}{l\cos\theta\cos 2\theta}\sin\phi\right)\right] \\ &+\tfrac{1}{2}ma\tfrac{h(1-\sin 2\theta)}{l\cos\theta\cos 2\theta} + \tfrac{1}{2}m\tfrac{v^2}{R_H}\tfrac{a_1}{l\cos\theta\cos\theta} \end{aligned} \tag{2.321}$$

Unter der Annahme eines sehr kleinen θ können diese Kräfte approximiert werden zu

$$F_{x_1} + F_{x_2} \approx \tfrac{1}{2}m(a + g\sin\phi) \tag{2.322}$$

$$2\frac{F_{z_1}}{mg} \approx \left(\tfrac{a_2}{l}\cos\phi + \tfrac{h}{l}\sin\phi\right) - \frac{a}{g}\tfrac{h}{l} + \tfrac{v^2/R_H}{g}\tfrac{a_2}{l} \tag{2.323}$$

$$2\frac{F_{z_2}}{mg} \approx \left(\tfrac{a_1}{l}\cos\phi - \tfrac{h}{l}\sin\phi\right) + \frac{a}{g}\tfrac{h}{l} + \tfrac{v^2/R_H}{g}\tfrac{a_1}{l} \tag{2.324}$$

■

Beispiel 129 ⋆ *Radlasten eines Autos in einer Senke*
Betrachten Sie ein Auto mit den folgenden Spezifikationen:

$$\begin{aligned} &l = 2272\,\text{mm} \quad w = 1457\,\text{mm} \quad h = 230\,\text{mm} \quad a_1 = a_2 \\ &m = 1500\,\text{kg} \quad v = 15\,\text{m/s} \quad a = 1\,\text{m/s}^2 \end{aligned} \tag{2.325}$$

das auf einem Hügel an einer Senke fährt, an der die Straße folgende Werte hat:

$$R_H = 40\,\mathrm{m} \qquad \phi = 30\,\mathrm{deg} \qquad \theta = 2{,}5\,\mathrm{deg} \tag{2.326}$$

Die Informationen über die Kräfte auf das Auto sind:

$$\begin{aligned} &F_{x_1} + F_{x_2} = 4432{,}97\,\mathrm{N} \;\; F_{z_1} = 4889{,}1\,\mathrm{N} \;\; F_{z_2} = 5711{,}52\,\mathrm{N} \\ &F_{z_1} + F_{z_2} = 10600{,}62\,\mathrm{N} \;\; mg = 14715\,\mathrm{N} \;\; m\frac{v^2}{R_H} = 8437{,}5\,\mathrm{N} \end{aligned} \tag{2.327}$$

Wenn wir den Effekt von θ ignorieren, indem wir einen sehr Wert annehmen, dann betragen die ungefähren Werte der Kräfte:

$$\begin{aligned} &F_{x_1} + F_{x_2} = 4428{,}75\,\mathrm{N} \;\; F_{z_1} \approx 4846{,}93\,\mathrm{N} \;\; F_{z_2} \approx 5743{,}6\,\mathrm{N} \\ &F_{z_1} + F_{z_2} \approx 10590{,}53\,\mathrm{N} \;\; mg = 14715\,\mathrm{N} \;\; m\frac{v^2}{R_H} = 8437{,}5\,\mathrm{N} \end{aligned} \tag{2.328}$$

2.9 Zusammenfassung

Für die gerade Bewegung eines symmetrischen starren Fahrzeugs können wir annehmen, dass die Kräfte auf den linken Rädern gleich den Kräften auf den rechten Rädern sind und die Berechnung der Reifenkräfte vereinfachen.

Wenn ein Auto auf einer geneigten Straße mit Neigungswinkel φ beschleunigt, sind die Normalkräfte unter den Vorder- und Hinterreifen F_{z_1}, F_{z_2}:

$$F_{z_1} = \frac{1}{2}mg\left(\frac{a_2}{l}\cos\phi - \frac{h}{l}\sin\phi\right) - \frac{1}{2}ma\frac{h}{l} \tag{2.329}$$

$$F_{z_2} = \frac{1}{2}mg\left(\frac{a_1}{l}\cos\phi + \frac{h}{l}\sin\phi\right) + \frac{1}{2}ma\frac{h}{l} \tag{2.330}$$

$$l = a_1 + a_2 \tag{2.331}$$

Die erste Klammer, $\frac{1}{2}mg\left(\frac{a_i}{l}\cos\phi \pm \frac{h}{l}\sin\phi\right)$, ist die statische Kraft, die von der Neigung und der Position des Massenzentrums abhängt. Der Term $\pm\frac{1}{2}mg\frac{h}{l}\frac{a}{g}$ ist die dynamische Kraft, weil sie von der Beschleunigung a abhängt.

2.10 Schlüsselsymbole

$a \equiv \ddot{x}$	Beschleunigung
a_{fwd}	Beschleunigung des Vorderradantriebs
a_{rwd}	Beschleunigung des Hinterradantriebs
a_1	Abstand der ersten Achse vom Massenschwerpunkt
a_2	Abstand der zweiten Achse vom Massenschwerpunkt
a_i	Abstand der Achse Nummer i vom Massenschwerpunkt
a_M	maximale Beschleunigung
a, b	Argumente für $atan2\,(a, b)$
A, B, C	konstante Parameter
b_1	Abstand der linken Räder vom Massenschwerpunkt
b_1	Abstand des Gelenkpunktes von der Hinterachse
b_2	Abstand der rechten Räder vom Massenschwerpunkt
b_2	Abstand des Gelenkpunktes vom Massenschwerpunkt des Anhängers
b_3	Abstand der Anhängerachse vom Massenschwerpunkt des Anhängers
C	Massenschwerpunkt des Fahrzeugs
C_t	Massenschwerpunkt des Anhängers
d	Höhe
F	Kraft
F_x	Zug- oder Bremskraft unter einem Rad
F_{x_1}	Zug- oder Bremskraft unter den Vorderrädern
F_{x_2}	Zug- oder Bremskraft unter den Hinterrädern
F_{x_t}	horizontale Kraft am Gelenk
F_z	Normalkraft unter einem Rad
F_{z_1}	Normalkraft unter den Vorderrädern
F_{z_2}	Normalkraft unter den Hinterreifen
F_{z_3}	Normalkraft unter den Anhängerrädern
F_{z_t}	Normalkraft am Gelenk
g, $\mathbf{g}$	Gravitationsbeschleunigung
h	Höhe von C
H	Höhe
I	Massenträgheitsmoment
k_i	vertikale Federsteifigkeit an Achsnummer i
l	Radstand
m	Autogewicht
m_t	Anhängergewicht
M	Moment
R	Reifenradius
R_f	Radius des Vorderreifens
R_r	Radius des Hinterreifens
R_H	Krümmungsradius
t	Zeit
$v \equiv \dot{x}$, $\mathbf{v}$	Geschwindigkeit

v_c	kritische Geschwindigkeit
w	Spur
z_i	Auslenkung der Achsnummer i
x, y, z	Fahrzeugkoordinatenachsen
X, Y, Z	globale Koordinatenachsen
θ	Straßenneigung
φ	Straßenwinkel mit dem Horizont
φ_M	endgültiger Winkel, maximaler Neigungswinkel
φ_T	Kippwinkel
μ	Reibungskoeffizient

Tiefgestellte Zeichen

dyn	dynamisch
f	Front
fwd	Vorderradantrieb
M	Maximum
r	Heck
rwd	Hinterradantrieb
st	statisch

Übungen

1. Achslast
   Betrachten Sie ein Auto, das auf einer ebenen Straße geparkt ist. Finden Sie die Last auf die Vorder- und Hinterachsen, wenn
   (a) $m = 1765\,\mathrm{kg}$ $a_1 = 1{,}22\,\mathrm{m}$ $a_2 = 1{,}62\,\mathrm{m}$
   (b) $m = 1665\,\mathrm{kg}$ $a_1 = 1{,}42\,\mathrm{m}$ $a_2 = 1{,}42\,\mathrm{m}$
   (c) $m = 1245\,\mathrm{kg}$ $a_1 = 1{,}62\,\mathrm{m}$ $a_2 = 1{,}22\,\mathrm{m}$
2. Verhältnis der Abstände der Massenmittelpunkte
   Peugeot 907 Concept^{TM} hat ungefähr
   $$m = 1400\,\mathrm{kg} \qquad l = 247{,}65\,\mathrm{m}$$
   Nehmen Sie $a_1/a_2 \approx 1{,}131$ an und bestimmen Sie die Achslast.
3. Geparktes Auto auf einer ebenen Straße
   Betrachten Sie ein geparktes Auto auf einer ebenen Straße und zeigen Sie, dass
   $$\frac{F_{x_1}}{F_{x_2}} = \frac{a_2}{a_1}$$
4. Achslastverhältnis
   (a) Jeep Commander XK^{TM} hat ungefähr
   $$m = 2310\,\mathrm{kg} \qquad l = 2{,}78\,\mathrm{m}$$
   Nehmen Sie $F_{z_1}/F_{z_2} \approx 1{,}22$ an und bestimmen Sie die Achslast.
   (b) BMW $X5^{TM}$ hat ungefähr
   $$m = 2900\,\mathrm{kg} \qquad l = 2,933\,\mathrm{m}$$
   wenn das Vorder-/Hinterlastverhältnis 1400/1500 beträgt, bestimmen Sie a_1 und a_2.
5. Achslast- und Massenmittelpunkt-Abstandsverhältnis
   Der Radstand des 1981 DeLorean Sportscar^{TM} beträgt
   $$l = 2{,}41\,\mathrm{m}$$
   Finden Sie die Achslast, wenn wir annehmen:
   $$a_1/a_2 \approx 0{,}831 \qquad m = 1361\,\mathrm{kg}$$
6. Seitenposition des Massenmittelpunktes
   Betrachten Sie Beispiel 96, bestimmen Sie b_1 und b_2 für das Heck des Autos. Nehmen Sie an, dass die linke Seite des Autos 4 % schwerer ist als die rechte Seite.
7. ⋆ Unterschiedliche Vorder- und Hinterreifen
   Beweisen Sie die Gln. (2.35) und (2.36).

8. Höhe des Massenmittelpunktes
Der McLaren SLR 722 Sportscar^{TM} hat die folgenden Spezifikationen.

$$m = 1649\,\text{kg} \qquad l = 2700\,\text{mm}$$
$$\text{Vorderreifen}: 255/35ZR19 \qquad \text{Hinterreifen}: 295/30ZR19$$

Wenn die Vorderachse um $H = 540$ mm angehoben wird, nehmen Sie an, dass

$$a_1 = a_2 \qquad F_{z_2} = 0{,}52mg$$

Wie hoch ist die Höhe h des Massenmittelpunktes?

9. ⋆ Grenze der Höhe des Massenmittelpunktes
In der Gleichung für die Höhe h des Massenmittelpunktes gilt:

$$h = R + \left(a_2 - \frac{2F_{z_1}}{mg} l\right) \cot \phi$$

Wenn $\varphi \to 0$, dann $\cot\varphi \to \infty$. Erklären Sie, warum es falsch ist zu sagen, dass $h \to \infty$.

10. ⋆ Massenschwerpunkthöhe in Bezug auf H
Es könnte praktischer sein, wenn wir im Höhenberechnungsexperiment von Beispiel 97 die Höhe d des Zylinders messen, statt den Winkel φ. Verwenden Sie Abb. 2.32 und berechnen Sie h in Bezug auf d statt auf φ.

11. Ein geparktes Auto auf einer bergauf führenden Straße
Die Spezifikationen des Lamborghini Gallardo^{TM} sind
(a) Nehmen Sie

$$m = 1430\,\text{kg} \qquad l = 2560\,\text{mm}$$

$$a_1 = a_2 \qquad h = 520\,\text{mm}$$

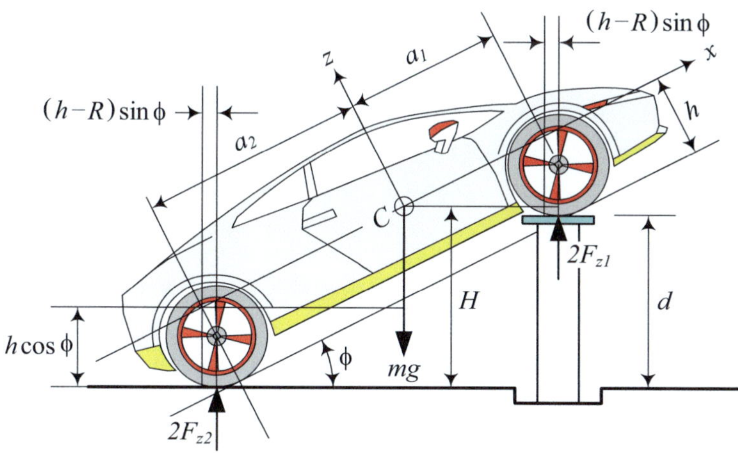

Abb. 2.32 Bestimmung der Höhe des Massenschwerpunktes unter Verwendung der Zylinderhöhe d anstelle des Winkels φ

an und bestimmen Sie die Kräfte F_{z_1}, F_{z_2} und F_{x_2}, wenn das Auto auf einem Berg mit $\phi = 30\,\text{deg}$ geparkt ist und die Handbremse mit den Hinterrädern verbunden ist.

(b) Was wäre die maximale Straßensteigung φ_M, auf der das Auto geparkt werden kann, wenn $\mu_{x_2} = 1$.

12. Geparkt auf einer bergauf führenden Straße
Der Rolls-Royce Phantom^{TM} hat

$$m = 2495\,\text{kg} \qquad l = 3570\,\text{mm}$$

Nehmen Sie an, das Auto ist auf einer bergauf führenden Straße geparkt, und es gilt:

$$a_1 = a_2 \qquad h = 670\,\text{mm} \qquad \phi = 30\,\text{deg}$$

Bestimmen Sie die Kräfte unter den Rädern, wenn das Auto
(a) mit Vorderradbremse geparkt ist,
(b) mit Hinterradbremse geparkt ist,
(c) mit Vier-Rad-Bremse geparkt ist.

13. Ein geparktes Auto auf einer bergab führenden Straße
Lösen Sie Übung 11, wenn das Auto auf einer bergab führenden Straße geparkt ist.

14. Kräfte im Neigungswinkel
Bestimmen Sie die Bremskraft $2F_{x_2}$ und die Normalkraft F_{z_2}, wenn ein Auto mit Handbremse am Heck bergauf geparkt ist.

15. ⋆ Winkel einer bergauf führenden Straße
Betrachten Sie ein auf einer bergauf führenden Straße geparktes Auto und zeigen Sie, dass wenn die Kräfte unter den Vorder- und Hinterreifen, F_{z_1} und F_{z_2}, gegeben sind, dann für den Neigungswinkel der Straße gilt:

$$\phi = \arctan\left(\frac{a_2 - a_1\left(F_{z_1}/F_{z_2}\right)}{h + h\left(F_{z_1}/F_{z_2}\right)}\right)$$

16. Maximale Beschleunigung
Der Honda CR-V^{TM} ist ein mittelgroßes SUV mit

$$m = 1550\,\text{kg} \qquad l = 2620\,\text{mm}$$

Nehmen Sie

$$a_1 = a_2 \qquad h = 720\,\text{mm} \qquad \mu_x = 0{,}8$$

an und bestimmen Sie die maximale Beschleunigung des Autos, wenn
(a) das Auto Heckantrieb hat,
(b) das Auto Frontantrieb hat,
(c) das Auto Allradantrieb hat.

17. ⋆ Beschleunigung auf einer ebenen Straße
Betrachten Sie ein beschleunigendes Auto auf einer ebenen Straße. Zeigen Sie, dass wenn die Kräfte unter den Vorder- und Hinterreifen, F_{z_1} und F_{z_2}, gegeben sind, dann gilt für die Beschleunigung des Autos:

$$a = \frac{a_2 - a_1\left(F_{z_1}/F_{z_2}\right)}{h + h\left(F_{z_1}/F_{z_2}\right)} g$$

18. ⋆ Steigung von a/g
Vergleichen Sie die Steigungen von a_{fwd}/g, a_{rwd}/g, a_{fwb}/g und a_{rwb}/g, um zu bestimmen, ob es eine Gleichung zwischen ihnen gibt.
19. ⋆ Beschleunigung auf einer geneigten Straße
Betrachten Sie ein beschleunigendes Auto auf einer geneigten Straße. Nehmen Sie an, dass die Kräfte unter den Vorder- und Hinterreifen, F_{z_1} und F_{z_2}, gegeben sind. Bestimmen Sie die Beschleunigung des Autos a in Bezug auf F_{z_1}/F_{z_2}.
20. Mindestzeit für $0 - 100$ km/h
Der RoadRazer^{TM} ist ein leichter Sportwagen mit Heckantrieb und

$$m = 300\,\text{kg} \qquad l = 2286\,\text{mm} \qquad h = 260\,\text{mm}$$

Nehmen Sie an, $a_1 = a_2$. Wenn das Auto die Geschwindigkeit $0 - 100$ km/h in $t = 3{,}2$ s erreichen kann, was wäre der minimale Reibungskoeffizient?
21. Achslast eines Autos mit Allradantrieb
Der Acura Courage^{TM} ist ein Auto mit Allradantrieb und

$$m = 2058{,}9\,\text{kg} \qquad l = 2750{,}8\,\text{mm}$$

Nehmen Sie an, $a_1 = a_2$ und $h = 760$ mm. Bestimmen Sie die Achslast, wenn das Auto mit $a = 1{,}7$ m/s^2 beschleunigt.
22. ⋆ Ein Auto mit Anhänger
Der Volkswagen Touareg^{TM} ist ein Auto mit Allradantrieb mit

$$m = 2268\,\text{kg} \qquad l = 2855\,\text{mm}$$

Nehmen Sie an, $a_1 = a_2$, und das Auto zieht einen Anhänger mit

$$\begin{aligned} m_t &= 600\,\text{kg} & h_1 &= h_2 \\ b_1 &= 855\,\text{mm} & b_2 &= 1350\,\text{mm} \qquad b_3 = 150\,\text{mm} \end{aligned}$$

Wenn das Auto auf einer ebenen Straße mit einer Beschleunigung von $a = 2$ m/s^2 beschleunigt, was sind die Kräfte an der Anhängerkupplung.
23. Ein geparktes Auto auf einer geneigten Straße
Der Cadillac Escalade^{TM} ist ein SUV mit

$$\begin{aligned} m &= 2569{,}6\,\text{kg} & l &= 2946{,}4\,\text{mm} \\ w_f &= 1732{,}3\,\text{mm} & w_r &= 1701{,}8\,\text{mm} \end{aligned}$$

Nehmen Sie an, $b_1 = b_2$, $h = 940$ mm, und verwenden Sie eine durchschnittliche Spur, um die Radlast zu bestimmen, wenn das Auto auf einer geneigten Straße geparkt ist mit $\phi = 12\,\text{deg}$.

24. ⋆Ein geparktes Auto auf einer geneigten Straße mit $w_f \neq w_r$
Bestimmen Sie die Radlast eines geparkten Autos auf einer geneigten Straße, wenn die vorderen und hinteren Spuren des Autos unterschiedlich sind.
25. ⋆ Winkel einer geneigten Straße
Betrachten Sie ein geparktes Auto auf einer geneigten Straße und zeigen Sie, dass wenn die Kräfte unter den linken und rechten Rädern, F_{z_1} und F_{z_2}, gegeben sind, für den Neigungswinkel der Straße gilt:

$$\phi = \arctan\left(\frac{b_2 - b_1\left(F_{z_1}/F_{z_2}\right)}{h + h\left(F_{z_1}/F_{z_2}\right)}\right)$$

26. Optimale Zugkraft.
Der Mitsubishi Outlander^{TM} ist ein Allrad-SUV mit

$$m = 1599{,}8\,\text{kg} \qquad l = 2669{,}6\,\text{mm} \qquad w = 1539{,}3\,\text{mm}$$

Nehmen Sie an,

$$a_1 = a_2 \qquad h = 760\,\text{mm} \qquad \mu_x = 0{,}75$$

und finden Sie das optimale Zugkraftverhältnis F_{x_1}/F_{x_2}, um die maximale Beschleunigung zu erreichen.
27. ⋆ Ein Auto mit drei Achsen
Der Citroën Cruise Crosser^{TM} ist ein Geländewagen mit drei Achsen. Nehmen Sie an:

$$\begin{aligned} m &= 1800\,\text{kg} \\ a_1 &= 1100\,\text{mm} \qquad a_2 = 1240\,\text{mm} \qquad a_3 = 1500\,\text{mm} \\ k_1 &= 12800\,\text{N/m} \qquad k_2 = 14000\,\text{N/m} \qquad k_3 = 14000\,\text{N/m} \end{aligned}$$

und finden Sie die Achslast auf einer ebenen Straße, wenn sich das Auto ohne Beschleunigung bewegt.
28. ⋆ Auto auf der Kuppe eines Hügels
Betrachten Sie ein Auto auf der Kuppe eines Hügels und zeigen Sie, dass

$$\frac{F_{z_1}}{F_{z_2}} \approx \frac{a_2\left(v^2/R_H - g\right) + ah}{a_1\left(v^2/R_H - g\right) - ah}$$

29. ⋆ Auto am Boden einer Senke
Betrachten Sie ein Auto am Boden einer Senke und zeigen Sie, dass

$$\frac{F_{z_1}}{F_{z_2}} \approx \frac{a_2\left(v^2/R_H + g\right) - ah}{a_1\left(v^2/R_H + g\right) + ah}$$

Kapitel 3
Dynamik des Antriebsstrangs

Die maximal erreichbare Beschleunigung eines Fahrzeugs wird durch zwei Faktoren begrenzt: das maximale Drehmoment an den Antriebsrädern und die maximale Traktionskraft am Latsch der Reifen. Ersteres hängt von der Leistung des Motors und dem Getriebe ab, das zweite von der Reibung zwischen Reifen und Straße. In diesem Kapitel untersuchen wir die Leistung von Motor und Getriebe.

3.1 Motor-Dynamik

Die maximal erreichbare Leistung P_e eines Verbrennungsmotors ist eine Funktion der Motordrehzahl ω_e. Diese Funktion muss experimentell bestimmt werden, jedoch kann $P_e = P_e(\omega_e)$ durch ein Polynom dritter Ordnung abgeschätzt werden:

$$P_e = \sum_{i=1}^{3} P_i \, \omega_e^i = P_1 \, \omega_e + P_2 \, \omega_e^2 + P_3 \, \omega_e^3 \tag{3.1}$$

Wir bezeichnen die maximale Leistung eines Motors mit P_M, gemessen in $[\mathrm{W} = \mathrm{N\,m/s}]$. Sie tritt bei der Winkelgeschwindigkeit ω_M, gemessen in $[\mathrm{rad/s}]$, auf. Dann können wir für Ottomotor folgende Gleichungen verwenden:

$$P_1 = \frac{P_M}{\omega_M} \qquad P_2 = \frac{P_M}{\omega_M^2} \qquad P_3 = -\frac{P_M}{\omega_M^3} \tag{3.2}$$

Abb. 3.1 zeigt ein Beispiel für die Leistung eines Ottomotors, der $P_M = 50\,\mathrm{kW}$ bei $\omega_M = 586\,\mathrm{rad/s} \approx 5600$ U/min liefert. Die Kurve beginnt bei einer Winkelgeschwindigkeit, bei der der Motor ruhig läuft.
Für Dieselmotoren mit indirekter Einspritzung verwenden wir

$$P_1 = 0{,}6\frac{P_M}{\omega_M} \qquad P_2 = 1{,}4\frac{P_M}{\omega_M^2} \qquad P_3 = -\frac{P_M}{\omega_M^3} \tag{3.3}$$

R. N. Jazar, *Fahrzeugdynamik*, https://doi.org/10.1007/978-3-031-53244-3_3

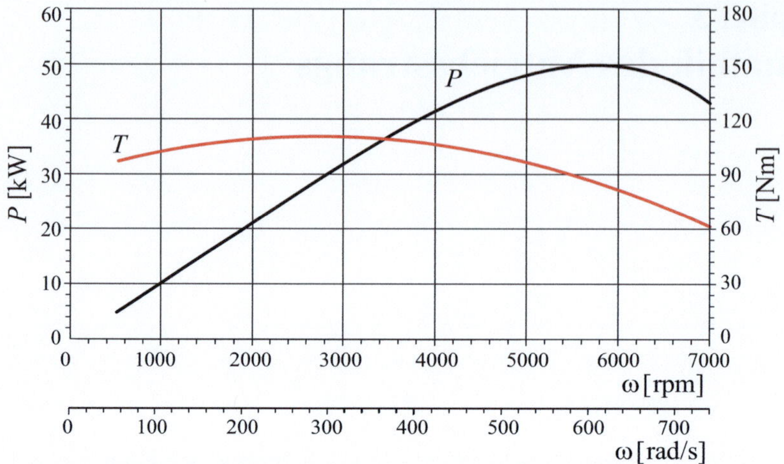

Abb. 3.1 Ein Beispiel für Leistungs- und Drehmomentverhalten eines Ottomotors

und für Dieselmotoren mit direkter Einspritzung verwenden wir

$$P_1 = 0{,}87 \frac{P_M}{\omega_M} \qquad P_2 = 1{,}13 \frac{P_M}{\omega_M^2} \qquad P_3 = -\frac{P_M}{\omega_M^3} \tag{3.4}$$

Das Antriebsdrehmoment T_e des Motors ist das Drehmoment, das P_e liefert

$$T_e = \frac{P_e}{\omega_e} = P_1 + P_2\, \omega_e + P_3\, \omega_e^2 \tag{3.5}$$

Beispiel 130 *Die Motoren von Porsche 911™und Corvette Z06™.*
Ein Modell des Porsche 911 Turbo hat einen 6-Zylinder-Doppelturbo-Boxermotor mit 3596 cm^3 *Hubraum. Der Motor liefert eine maximale Leistung* $P_M = 353$ kW ≈ 480 PS *bei* $\omega_M = 6000$ U/min ≈ 628 rad/s *und ein maximales Drehmoment* $T_M = 620$ N m *bei* $\omega_e = 5000$ U/min ≈ 523 rad/s. *Das Auto wiegt etwa 1585* kg *und kann von 0 auf 100* km/h *in 3,7* s *beschleunigen. Der Porsche 911 hat eine Höchstgeschwindigkeit von 310* km/h.

Die Leistungsgleichung für den Porsche 911 Motor hat die Koeffizienten

$$P_1 = \frac{P_M}{\omega_M} = \frac{353000}{628} = 562{,}1 \text{ W s} \tag{3.6}$$

$$P_2 = \frac{P_M}{\omega_M^2} = \frac{353000}{628^2} = 0{,}89507 \text{ W s}^2 \tag{3.7}$$

$$P_3 = -\frac{P_M}{\omega_M^3} = -\frac{353000}{628^3} = -1{,}4253 \times 10^{-3} \text{ W s}^3 \tag{3.8}$$

und seine Leistungsfunktion ist

$$P_e = 562{,}1\,\omega_e + 0{,}89507\,\omega_e^2 - 1{,}4253 \times 10^{-3}\,\omega_e^3 \tag{3.9}$$

Ein Modell der Corvette Z06 verwendet einen V8-Motor mit 6997 cm³ *Hubraum. Der Motor liefert eine maximale Leistung* $P_M = 377\,\mathrm{kW} \approx 512\,\mathrm{PS}$ *bei* $\omega_M = 6300$ U/min $\approx 660\,\mathrm{rad/s}$ *und ein maximales Drehmoment* $T_M = 637\,\mathrm{N\,m}$ *bei* $\omega_e = 4800$ U/min $\approx 502\,\mathrm{rad/s}$. *Die Corvette wiegt etwa 1418* kg *und kann von 0 auf 100* km/h *in 3,9* s *im ersten Gang beschleunigen. Ihre Höchstgeschwindigkeit beträgt 320* km/h.

Die Leistungsgleichung für den Motor der Corvette Z06 hat die Koeffizienten

$$P_1 = \frac{P_M}{\omega_M} = \frac{377000}{660} = 571{,}2\,\mathrm{W\,s} \tag{3.10}$$

$$P_2 = \frac{P_M}{\omega_M^2} = \frac{377000}{660^2} = 0{,}86547\,\mathrm{W\,s^2} \tag{3.11}$$

$$P_3 = -\frac{P_M}{\omega_M^3} = -\frac{377000}{660^3} = -1{,}3113 \times 10^{-3}\,\mathrm{W\,s^3} \tag{3.12}$$

und daher ist die Leistungsfunktion

$$P_e = 571{,}2\,\omega_e + 0{,}86547\,\omega_e^2 - 1{,}3113 \times 10^{-3}\,\omega_e^3 \tag{3.13}$$

Die Leistungskurven für den Porsche 911 und die Corvette Z06 sind in Abb. 3.2 zum Vergleich dargestellt.

Obwohl es fast keine Grenze für die Entwicklung eines leistungsstarken Motors gibt, würde jeder Motor mit einer Leistung von etwa 100 hp *für Straßenautos mit üblichen städtischen Anwendungen ausreichen. Es scheint, dass Motoren mit 1000* hp *die Grenzen der Anwendung für Straßenautos überschreiten. Rennwagen*

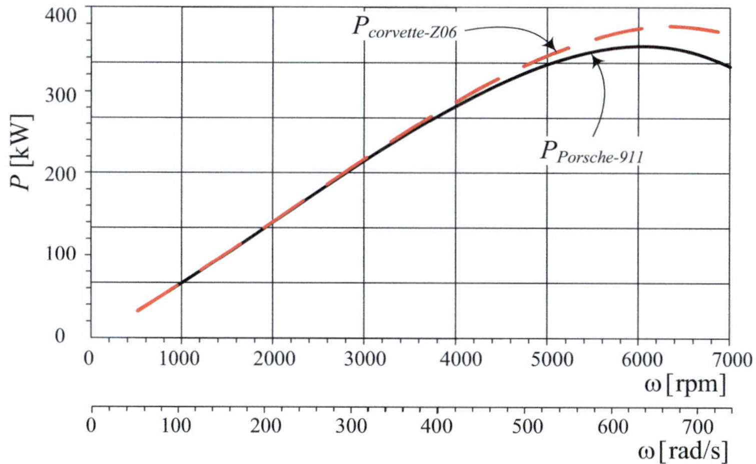

Abb. 3.2 Leistungskurven für den Porsche 911 und die Corvette Z06

können jedoch je nach Rennreglement eine höhere Leistung haben. Als Beispiel schreiben die Formel-1-Regeln den zulässigen Motortyp vor. Es muss ein Viertaktmotor sein, mit einem Hubraum von weniger als 3000 cm^3, *nicht mehr als zehn Zylinder und nicht mehr als fünf Ventile pro Zylinder, aber es gibt keine Leistungsgrenze.*

Beispiel 131 *Unter den Kurven* $P_e = P_e(\omega_e)$ *und* $T_e = T_e(\omega_e)$
Ein Motor kann theoretisch an jedem Punkt unter der Leistungskurve $P_e = P_e(\omega_e)$ *arbeiten. Daher zeigt die Leistungskurve* $P_e = P_e(\omega_e)$ *die Leistungsgrenze eines Motors an. Nehmen wir an, die Winkelgeschwindigkeit eines Motors wird durch Anwendung einer Bremskraft konstant gehalten. Dann erzeugen wir durch Öffnen des Gashebels mehr Leistung, bis er ganz geöffnet ist und die maximale Leistung bei dieser Winkelgeschwindigkeit erreicht ist.*

Die Leistung steigt mit zunehmendem ω_e *und steigt weiter bis zur maximalen Leistung* P_M *bei* ω_M. *Die Leistung beginnt dann zu sinken. Das Drehmoment* $T_e = P_e/\omega_e$ *steigt ebenfalls mit* ω_e, *erreicht aber ein Maximum bei einer niedrigeren Winkelgeschwindigkeit vor der maximalen Leistung. Daher beginnt das Drehmoment früher zu sinken als die Leistung, wenn* ω_e *zunimmt. Wenn die Leistung zu sinken beginnt, ist das Drehmoment weit von seinem Spitzenwert entfernt.*

Fahrer spüren normalerweise nicht die Motorleistung, sie können jedoch das Motordrehmoment beim Beschleunigen spüren.

Beispiel 132 *Effizienzkurven von Motoren.*
Motoren sollen die chemische Energie, die im Kraftstoff gespeichert ist, in mechanische Energie an der Motorabtriebswelle umwandeln. Je nach Arbeitsbedingungen erfolgt diese Umwandlung mit einer bestimmten Effizienz. Die konstanten Effizienzkonturen können zur Leistungskarte des Motors hinzugefügt werden, um die Effizienz bei einem Betriebszustand anzuzeigen. Daher kann jeder Punkt unter der Kurve $P_e = P_e(\omega_e)$ *ein Betriebszustand mit einer bestimmten Effizienz sein. Die maximale Effizienz tritt normalerweise um die Winkelgeschwindigkeit herum auf, die dem maximalen Drehmoment entspricht, wenn die Drosselklappe fast vollständig geöffnet ist. Ein Beispiel für die Leistungsperformance eines Ottomotors mit konstanten Effizienzkonturen ist in Abb. 3.3 dargestellt.*

Beispiel 133 *Leistungseinheiten.*
Es gibt einige verschiedene Einheiten, um Leistung auszurücken. Die metrische Einheit für Leistung ist Watt [W] :

$$1\,\mathrm{W} = \frac{1\,\mathrm{J}}{1\,\mathrm{s}} = \frac{1\,\mathrm{N\,m}}{1\,\mathrm{s}} \tag{3.14}$$

Horsepower (Pferdestärke) $\left[\mathrm{hp}\right]$ *wird auch häufig in der Fahrzeugdynamik und Fahrzeugindustrie verwendet:*

$$1\,\mathrm{W} = 0{,}001341\,\mathrm{hp} \qquad 1\,\mathrm{hp} = 745{,}699872\,\mathrm{W} \tag{3.15}$$

Es gibt jedoch vier Definitionen für Horsepower (Pferdestärke): international, metrisch, Wasser und elektrisch. Sie unterscheiden sich geringfügig.

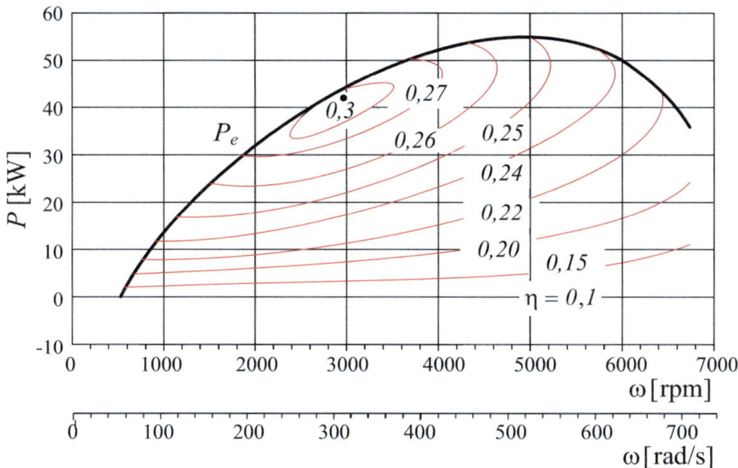

Abb. 3.3 Ein Beispiel für die Leistungsperformance in einem Ottomotor mit konstanten Effizienzkonturen

$$1\,\text{hp}(\textit{international}) = 745{,}699872\,\text{W} \tag{3.16}$$

$$1\,\text{hp}(\textit{elektrisch}) = 746\,\text{W} \tag{3.17}$$

$$1\,\text{hp}(\textit{Wasser}) = 746{,}043\,\text{W} \tag{3.18}$$

$$1\,\text{hp}(\textit{metrisch}) = 735{,}4988\,\text{W} \tag{3.19}$$

Diese englische Einheit Horsepower basiert auf den englischen Einheiten Pfund-Kraft (lbf) und Fuß (ft). In Europa wird meist die Einheit Pferdestärke PS verwendet. Wobei 1 PS =0,98632 hp (metrisch) ist. Aufgrund des geringen Unterschieds wird im Folgenden 1 PS = 1 hp verwendet. Je nach Anwendung können auch andere Einheiten verwendet werden:

$$1\,\text{W} = 0{,}239006\,\text{cal/ s} \tag{3.20}$$

$$1\,\text{W} = 0{,}000948\,\text{Btu/ s} \tag{3.21}$$

$$1\,\text{W} = 0{,}737561\,\text{ft lb/ s} \tag{3.22}$$

James Watt (1736 – 1819) *experimentierte und kam zu dem Schluss, dass ein Pferd ein Gewicht von 550* lb *in einer Sekunde einen Fuß hochheben kann. Das bedeutet, das Pferd leistet Arbeit mit einem Wert von 550* ft lb /s $\approx$ *745,701* W, *oder 33000* ft lb /min. *Watt stellte dann fest, dass 33000* ft lb /min *Arbeit der Leistung eines Pferdes entspricht, also einer Pferdestärke. Die folgenden Formeln gelten für die Berechnung der Pferdestärke aus einer Drehmomentmessung im englischen Einheitensystem:*

$$P[\text{hp}] = \frac{T[\text{ft lb}]\,\omega[\text{rpm}]}{5252} \qquad P[\text{hp}] = \frac{F[\text{lb}]\,v_x[\text{mi/h}]}{374} \tag{3.23}$$

Beispiel 134 *Kraftstoffverbrauch bei konstanter Geschwindigkeit.*
Betrachten Sie ein Fahrzeug, das sich gerade mit einer konstanten Geschwindigkeit v_x bewegt. Die zum Reisen benötigte Energie kann berechnet werden, indem die Leistung an den Antriebsrädern mit der Zeit multipliziert wird:

$$E = Pt = P\frac{d}{v_x} \tag{3.24}$$

wobei d die zurückgelegte Strecke und E die Energie sind, die benötigt wird, um die Räder zu drehen. Um die tatsächlich benötigte Energie zum Betrieb des gesamten Fahrzeugs zu ermitteln, sollten wir die Wirkungsgradkoeffizienten einbeziehen. Wir verwenden η_e, um den Motorwirkungsgrad, H, um den thermischen Wert des Kraftstoffs und ρ_f, um die Dichte des Kraftstoffs anzuzeigen. Wenn das Fahrzeug mit konstanter Geschwindigkeit fährt, ist die Zugkraft F_x gleich den Widerstandskräften. Daher ist der Kraftstoffverbrauch pro Streckeneinheit q:

$$q = \frac{F_x}{\eta_e\,\eta_t\,\rho_f\,H} \tag{3.25}$$

*Die Dimension von q in SI ist $\left[\text{m}^3/\text{m}\right]$, jedoch ist Liter pro 100*km *üblicher. In den Vereinigten Staaten wird der Kraftstoffverbrauch von Fahrzeugen in $\left[\text{mi/gal}\right]$ (Meilen pro Gallone) angegeben.*

Beispiel 135 ⋆ *Ändern der Kurve $P_e = P_e(\omega_e)$. .*
Die gesamte Leistungskurve verschiebt sich nach oben, wenn das Verdichtungsverhältnis des Motors erhöht wird. Die Winkelgeschwindigkeit, die mit dem maximalen Drehmoment des Motors verbunden ist, kann durch Ändern der Nocken, der Längen der Auspuffkrümmer und der Längen der Ansaugkrümmer verändert werden.

Die Leistungskurve des Rades oder die Leistung, die auf den Boden übertragen wird, kann aufgrund von Übertragungsverlusten eine andere Form und einen anderen Spitzenwert ω_e haben. Das beste Ergebnis wird aus einer Leistungskurve erzielt, die mit einem Fahrwerkprüfstand gemessen wurde.

Beispiel 136 ⋆*Leistungsspitze gegenüber Drehmomentspitze.*
Wenn der Motor in einem Gang in seinem Drehmomentspitzenwert arbeitet (sagen wir $P_e = 173{,}4\,\text{kW} \approx 232{,}5\,\text{PS}$ bei $\omega_e = 3600$ U/min), erzeugt er ein bestimmtes Drehmoment (sagen wir $T_M = 460\,\text{Nm}$ mal das Gesamtübersetzungsverhältnis) an den Antriebsrädern. Dies ist die beste Leistung in diesem Gang. Durch das Wechseln des Gangs und das Betreiben des Motors auf der Leistungsspitze (sagen wir $P_e = 209\,\text{kW} \approx 280\,\text{PS}$ bei $\omega_e = 5000$ U/min), liefert er weniger Drehmoment $T_e = 400\,\text{Nm}$. Allerdings liefert er mehr Drehmoment an die Antriebsräder, bei gleicher Fahrzeuggeschwindigkeit. Dies liegt daran, dass wir es fast um 39%($\approx [5000 - 3600]/3600$) hochschalten, während das Motordrehmoment um

$13\%(\approx [460-400]/460)$ *sinkt. Daher gewinnen wir 26% an Antriebsraddrehmoment bei der Leistungsspitze gegenüber der Drehmomentspitze, bei einer gegebenen Fahrzeuggeschwindigkeit.*

Solange die Leistungskurven der Motoren denen in Abb. 3.1 ähnlich sind, wird jede Motordrehzahl, die nicht der Leistungsspitzen-Drehzahl ω_M *entspricht, bei einer gegebenen Fahrzeuggeschwindigkeit einen niedrigeren Drehmomentwert an den Antriebsrädern liefern. Daher wird theoretisch die maximale Höchstgeschwindigkeit immer dann erreicht, wenn das Fahrzeug auf seiner Leistungsspitze arbeitet.*

Ein Auto, das auf seiner Leistungsspitze läuft, kann bei gleicher Fahrzeuggeschwindigkeit nicht schneller beschleunigen. Es gibt keinen besseren Gang zur Auswahl, auch wenn ein anderer Gang den Motor näher an seine Drehmomentspitze bringen würde. Ein Auto, das bei gegebener Fahrzeuggeschwindigkeit mit Spitzenleistung läuft, liefert das maximal mögliche Drehmoment an die Reifen, obwohl der Motor nicht in seiner Drehmomentspitze läuft. Das Getriebe verstärkt das vom Motor kommende Drehmoment um einen Faktor, der dem Übersetzungsverhältnis entspricht.

Beispiel 137 ⋆*Ideale Motorleistung.*
Es wird gesagt, dass ein idealer Motor einer ist, der eine konstante Leistung erzeugt, unabhängig von der Geschwindigkeit. Für einen solchen idealen Motor haben wir

$$P_e = P_0 \qquad T_e = \frac{P_0}{\omega_e} \tag{3.26}$$

Abb. 3.4 zeigt ein Beispiel für die Leistungs- und Drehmomentkurven eines idealen Motors mit $P_0 = 50\,\text{kW}$.

In der Fahrzeugdynamik führen wir ein Getriebe ein, um den Motor mit maximaler Leistung oder in einem Arbeitsbereich um die maximale Leistung laufen zu lassen. So halten wir praktisch die Leistung des Motors und damit die Leistung an den Rädern konstant auf dem maximalen Wert. Daher sollte das Drehmoment an den Rädern dem Drehmoment eines idealen Motors ähnlich sein.

Eine konstante Leistungsperformance ist eine angewandte Annäherung für Elektromotoren.

Eine weitere Idee eines idealen Motors ist diejenige, die eine lineare Drehmoment-Geschwindigkeits-Beziehung bietet. Für einen solchen idealen Motor haben wir

$$T_e = C_e\,\omega_e \qquad P_e = C_e\,\omega_e^2 \tag{3.27}$$

Allerdings arbeiten Verbrennungsmotoren nicht wie dieser Motor. Abb. 3.5 veranschaulicht eine solche ideale Leistung für $C_e = 0{,}14539$.

Beispiel 138 ⋆ *Maximale Leistung und Drehmoment bei gleichem* ω_M.
Die ideale Leistung für einen Motor wäre, maximale Leistung und maximales Drehmoment bei der gleichen Winkelgeschwindigkeit ω_M *zu haben. Es ist jedoch unmöglich, einen solchen Motor zu bauen, da das maximale Drehmoment* T_M *eines Ottomotors auftritt bei:*

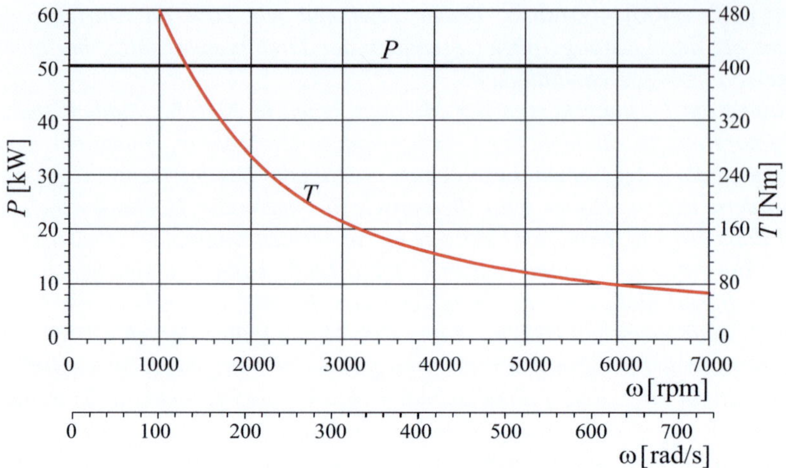

Abb. 3.4 Leistungs- und Drehmomentkurven eines idealen Motors

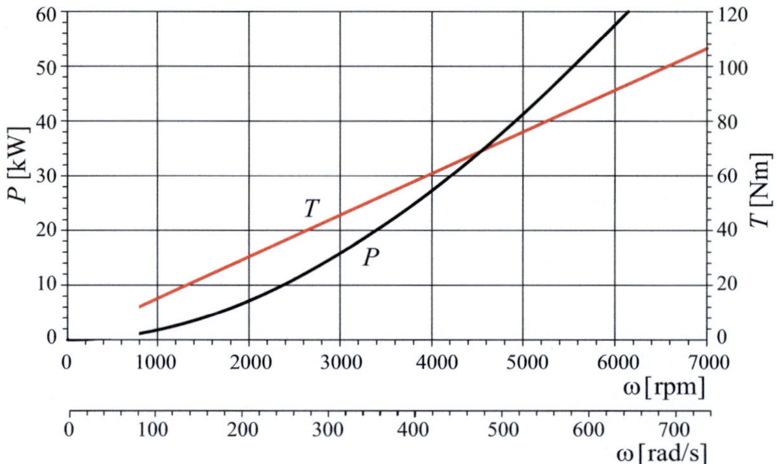

Abb. 3.5 Leistungskurven eines idealen Motors mit einer linearen Drehmoment-Geschwindigkeits-Beziehung $T_e = 0{,}14539\,\omega_e$

$$\frac{dT_e}{d\omega_e} = P_2 + 2P_3\,\omega_e = 0 \tag{3.28}$$

$$\omega_e = \frac{-P_2}{2P_3} = \frac{P_M/\omega_M^2}{2P_M/\omega_M^3} = \frac{1}{2}\omega_M \tag{3.29}$$

das ist die Hälfte der Geschwindigkeit, bei der die Leistung maximal ist.

Wenn das Drehmoment maximal ist, liegt die Leistung bei

$$P_e = P_1 \frac{\omega_M}{2} + P_2 \left(\frac{\omega_M}{2}\right)^2 + P_3 \left(\frac{\omega_M}{2}\right)^3 = \frac{5}{8} P_M \tag{3.30}$$

Wenn jedoch die Leistung bei $\omega_e = \omega_M$ *maximal ist, ist das Drehmoment*

$$T_e = \frac{1}{\omega_M} P_M \tag{3.31}$$

3.2 Antriebsstrang und Wirkungsgrad

Wir verwenden das Wort *Antriebsstrang*, äquivalent zu Kraftübertragung, um die Systeme und Bauteile zu bezeichnen, die Drehmoment und Leistung vom Motor zu den Antriebsrädern eines Fahrzeugs übertragen. Die meisten Fahrzeuge verwenden einen von zwei gängigen Getriebetypen: manuelle Getriebe und Automatikgetriebe mit Drehmomentwandler. Ein Antriebsstrang umfasst den Motor, die Kupplung, das Getriebe, die Kardanwelle, das Differential, die Antriebswellen und die Antriebsräder. Abb. 3.6 zeigt, wie der Antriebsstrang für ein Fahrzeug mit Hinterradantrieb aufgebaut ist.

Der *Motor* ist die Energiequelle im Antriebsstrang. Die Ausgabe vom Motor ist ein Motordrehmoment T_e bei einer zugehörigen Motordrehzahl ω_e.

Die *Kupplung* verbindet und trennt den Motor vom Rest des Antriebsstrangs, wenn das Fahrzeug mit einem manuellen Getriebe ausgestattet ist.

Das *Getriebe* wird verwendet, um das Übersetzungsverhältnis zwischen dem Motor und den Antriebsrädern zu ändern.

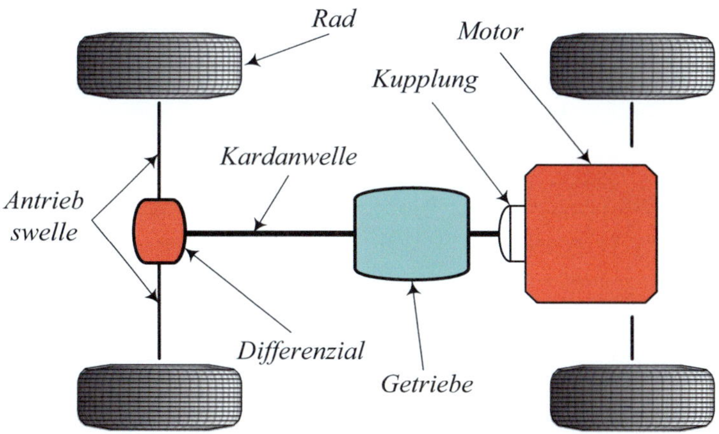

Abb. 3.6 Komponenten des Antriebsstrangs eines Fahrzeugs mit Hinterradantrieb

Die *Kardanwelle* verbindet das Getriebe mit dem Differential. Die Kardanwelle existiert nicht in Fahrzeugen mit Frontmotor und Frontantrieb sowie Heckmotor und Heckantrieb. In diesen Fahrzeugen ist das Differential mit dem Getriebe in einer Einheit integriert, die *Transaxle* genannt wird.

Das *Differential* ist ein Getriebe mit konstantem Übersetzungsverhältnis, das es den Antriebsrädern ermöglicht, unterschiedliche Geschwindigkeiten zu haben. So können sie das Auto in einer Kurve steuern.

Die *Antriebswellen* verbinden das Differential mit den Antriebsrädern.

Die *Antriebsräder* verwandeln das Motordrehmoment in eine Zugkraft auf der Straße.

Das Eingangs- und Ausgangsdrehmoment und die Winkelgeschwindigkeit für jedes Bauteil in einem Antriebsstrang sind in Abb. 3.7 dargestellt.

Die verfügbare Leistung P_w an den Antriebsrädern ist

$$P_w = \eta P_e \tag{3.32}$$

wobei $\eta < 1$ der *Gesamtwirkungsgrad* zwischen dem Motor und den Antriebsrädern anzeigt:

$$\eta = \eta_c \, \eta_t \tag{3.33}$$

$\eta_c < 1$ ist der *Konverterwirkungsgrad,* und $\eta_t < 1$ ist der *Getriebewirkungsgrad.* Die Beziehung zwischen der Winkelgeschwindigkeit des Motors und der Geschwindigkeit des Fahrzeugs ist

$$v_x = \frac{R_w \, \omega_e}{n_g \, n_d} \tag{3.34}$$

wobei n_g das Übersetzungsverhältnis des Getriebes ist, n_d ist das Übersetzungsverhältnis des Differentials, ω_e ist die Winkelgeschwindigkeit des Motors, und R_w ist der effektive Reifenradius.

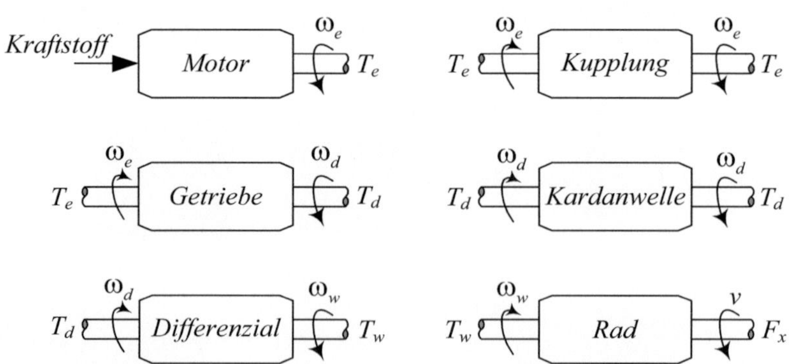

Abb. 3.7 Das Eingangs- und Ausgangsdrehmoment und die Winkelgeschwindigkeit jeder Antriebsstrangkomponente

Das Übersetzungsverhältnis oder *Untersetzung n* eines Getriebes ist das Verhältnis der Eingangsgeschwindigkeit zur Ausgangsgeschwindigkeit:

$$n = \frac{\omega_{in}}{\omega_{out}} \tag{3.35}$$

während das *Geschwindigkeitsverhältnis* ω_r das Verhältnis der Ausgangsgeschwindigkeit zur Eingangsgeschwindigkeit ist:

$$\omega_r = \frac{\omega_{out}}{\omega_{in}} \tag{3.36}$$

Beweis Der Motor ist über einen *Antriebsstrang* mit den Antriebsrädern verbunden. Aufgrund der Reibung im Antriebsstrang, insbesondere im Getriebe und im Drehmomentwandler, ist die Leistung an den Antriebsrädern immer geringer als die Leistung an der Motorabtriebswelle. Das Verhältnis von Ausgangsleistung zu Eingangsleistung ist eine Zahl, die als *Wirkungsgrad* bezeichnet wird:

$$\eta = \frac{P_{out}}{P_{in}} \tag{3.37}$$

Wenn wir den Wirkungsgrad der Übertragung durch η_t und den Wirkungsgrad des Drehmomentwandlers durch η_c darstellen, dann ist der Gesamtwirkungsgrad des Antriebsstrangs $\eta = \eta_c \eta_t$. Die Leistung am Rad ist die Ausgangsleistung des Antriebsstrangs $P_{out} = P_w$, und die Motorleistung ist die Eingangsleistung zur Antriebslinie $P_{in} = P_e$. Daher gilt:

$$P_w = \eta P_e \tag{3.38}$$

Abb. 3.8 veranschaulicht ein Antriebsrad mit dem Radius R_w, das sich mit der Winkelgeschwindigkeit ω_w auf dem Boden dreht und sich mit der Geschwindigkeit v_x bewegt:

$$v_x = R_w \, \omega_w \tag{3.39}$$

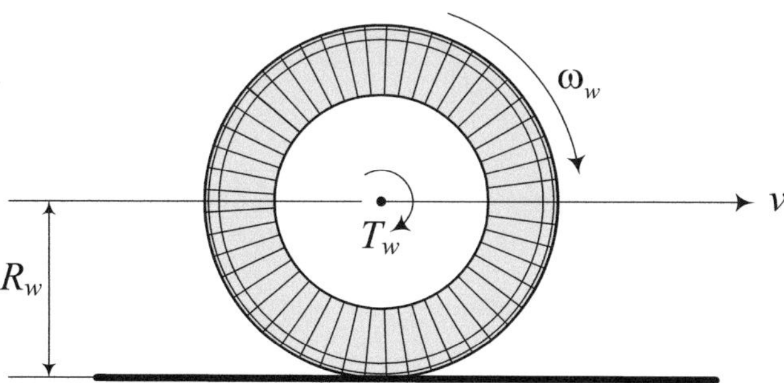

Abb. 3.8 Ein Reifen mit dem Radius R_w rollt auf dem Boden und bewegt sich mit der Geschwindigkeit v und der Winkelgeschwindigkeit ω_w

Zwischen dem Motor und dem Antriebsrad befinden sich zwei Getriebe: Getriebe und Differential. Wenn wir n_g für das Übersetzungsverhältnis des Getriebes und n_d für das Übersetzungsverhältnis des Differentials benutzen, ist das Gesamtübersetzungsverhältnis des Antriebsstrangs

$$n = n_g \, n_d \tag{3.40}$$

Daher ist die Winkelgeschwindigkeit des Motors ω_e n-mal die Winkelgeschwindigkeit des Antriebsrades ω_w:

$$\omega_e = n \, \omega_w = n_g \, n_d \, \omega_w \tag{3.41}$$

Dies ergibt:

$$v_x = \frac{R_w \, \omega_e}{n_g \, n_d} \tag{3.42}$$

■

Beispiel 139 *Vorne und hinten motorisiert, Vorderradantrieb und Hinterradantrieb.*
Der Motor kann vorne oder hinten in einem Auto eingebaut sein. Sie werden entsprechend als vorne motorisiertes und hinten motorisiertes Fahrzeug bezeichnet. Die Antriebsräder können auch vorne, hinten oder alle Räder sein. Daher gibt es sechs mögliche Kombinationen. Von diesen sechs Kombinationen sind die vorne motorisierten Fahrzeuge mit Vorderradantrieb FWD, vorne motorisierten Fahrzeuge mit Hinterradantrieb RWD und vorne motorisierten Fahrzeuge mit Allradantrieb AWD am häufigsten. Es gibt nur wenige Hersteller, die Autos mit hinten motorisiertem Hinterradantrieb herstellen. Es gibt jedoch kein Fahrzeug mit hinten motorisiertem Vorderradantrieb.

Beispiel 140 *Drehmoment am Rad.*
Die Leistung am Rad ist $P_w = \eta P_e$, und die Winkelgeschwindigkeit am Rad ist $\omega_w = \omega_e / \left(n_g \, n_d \right)$. Da $P = T\omega$, finden wir heraus, dass das verfügbare Drehmoment T_w am Rad folgenden Wert hat:

$$T_w = \frac{P_w}{\omega_w} = \eta \, n_g \, n_d \, \frac{P_e}{\omega_e} = \eta \, n_g \, n_d \, T_e \tag{3.43}$$

Beispiel 141 *Leistungsgesetz.*
Für jedes mechanische Bauteil im Antriebsstrang eines Autos gibt es ein einfaches Gesetz zu beachten.

$$\begin{aligned} \textit{Leistung am Ausgang} &= \textit{Leistung am Eingang minus Verluste} \\ P_{out} &= P_{in} - P_{loss} \end{aligned} \tag{3.44}$$

Außerdem kann wegen

$$\begin{aligned} \textit{Leistung} &= \textit{Drehmoment} \times \textit{Winkelgeschwindigkeit} \\ P &= T\omega \end{aligned} \tag{3.45}$$

jedes Getriebe im Antriebsstrang eines Autos das Eingangsdrehmoment durch Erhöhung oder Verringerung der Winkelgeschwindigkeit reduzieren oder erhöhen.

Beispiel 142 ⋆*Volumetrischer, thermischer und mechanischer Wirkungsgrad.*
Es gibt einen Wirkungsgrad zwischen der erreichbaren Leistung im Kraftstoff und der Leistung, die an der Ausgangswelle des Motors verfügbar ist.

$$\eta' = \eta_V \, \eta_T \, \eta_M \tag{3.46}$$

η_V *ist der* ***volumetrische Wirkungsgrad des Motors***, η_T *ist der* ***thermische Wirkungsgrad***, *und* η_M *ist der* ***mechanische Wirkungsgrad***.

Der Volumetrische Wirkungsgrad η_V *kennzeichnet, wie viel mit Kraftstoff versetzte Luft in den Zylinder gelangt.*

Die mit Kraftstoff versetzte Luftmischung, die das Zylindervolumen im Ansaugtakt füllt, wird zur Erzeugung der Leistung verwendet. Der volumetrische Wirkungsgrad η_V *gibt die Menge der mit Kraftstoff versetzten Luft im Zylinder im Verhältnis zur atmosphärischen Luft an. Wenn der Zylinder mit mit Kraftstoff versetzter Luft bei atmosphärischem Druck gefüllt ist, dann hat der Motor einen volumetrischen Wirkungsgrad von 100%. Super- und Turbolader erhöhen den Druck, der in den Zylinder eintritt, und geben dem Motor einen volumetrischen Wirkungsgrad von mehr als 100%. Wenn der Zylinder jedoch mit weniger als dem atmosphärischen Druck gefüllt ist, dann hat der Motor einen volumetrischen Wirkungsgrad von weniger als 100%. Motoren laufen typischerweise zwischen 80% und 100% von* η_V.

Der volumetrische Wirkungsgrad η_V *kann durch jedes Ereignis verändert werden, das den mit Kraftstoff versetzten Luftstrom in den Zylinder beeinflusst. Die Leistung eines Motors hängt proportional vom Massenverhältnis von Kraftstoff/Luft ab, das in die Zylinder des Motors gelangt.*

Der Thermische Wirkungsgrad η_T *kennzeichnet, wie viel des Kraftstoffs in nutzbare Leistung umgewandelt wird.*

Obwohl mehr mit Kraftstoff versetzte Luft im Zylinder bedeutet, dass mehr Kraftstoffenergie zur Verfügung steht, um Leistung zu erzeugen, wird nicht die gesamte verfügbare Energie in mechanische Energie umgewandelt. Die besten Motoren können nur etwa 1/3 der chemischen Energie in mechanische Energie umwandeln.

Der thermische Wirkungsgrad wird durch das Verdichtungsverhältnis, den Zündzeitpunkt, die Position der Zündkerze und das Kammerdesign verändert. Motoren mit niedriger Verdichtung können $\eta_T \approx 0{,}26$ *haben. Ein Hochleistungsmotor für Rennsport kann* $\eta_T \approx 0{,}34$ *erreichen. Daher können Rennmotoren etwa 30% mehr Leistung erzeugen aufgrund ihres höheren* η_T.

Jede Verbesserung des thermischen Wirkungsgrads η_T *verbessert signifikant die endgültige Leistung, die der Motor erzeugt. Daher wird enorme viel in die Forschung zur Verbesserung von* η_T *investiert.*

Der Mechanische Wirkungsgrad η_M *kennzeichnet, wie viel Leistung vom Motor selbst verbraucht wird.*

Ein Teil der erzeugten Leistung wird von den beweglichen Teilen des Motors verbraucht. Er benötigt Leistung, um die Reibung zwischen den Teilen zu überwinden und um die Motorzubehörteile zu betreiben. Je nachdem, wie viel Kraftstoff in den Zylinder gelangt und wie viel davon in Leistung umgewandelt wird, wird ein Teil dieser Leistung vom Motor selbst verbraucht. Die übrig gebliebene Leistung ist das, was wir auf einem Motorprüfstand messen können. Der Unterschied zwischen der Ausgangsleistung des Motors und der im Zylinder erzeugten Leistung liefert den mechanischen Wirkungsgrad η_{M}.

Der mechanische Wirkungsgrad wird durch die mechanischen Komponenten des Motors oder die an den Motor angeschlossenen Geräte beeinflusst. Er hängt auch von der Motordrehzahl ab. Je höher die Geschwindigkeit, desto mehr Leistung wird benötigt, um den Motor zu drehen. Das bedeutet, dass η_{M} *mit der Geschwindigkeit abnimmt. Der mechanische Wirkungsgrad* η_{M} *wird auch* ***Reibungsleistung*** *genannt, weil er angibt, wie viel Leistung benötigt wird, um die Motorreibung zu überwinden.*

Die vom Autohersteller gelieferte Motorleistungskurve ist in der Regel die Brutto-Motorleistung und beinhaltet nicht den mechanischen Wirkungsgrad. Daher wird die effektive Motorleistung, die am Eingang der Getriebe verfügbar ist, durch die Leistung reduziert, die für Zubehörteile wie den Lüfter, den elektrischen Generator, die Servolenkungspumpe, die Wasserpumpe, das Bremssystem und den Klimakompressor benötigt wird.

3.3 Getriebe- und Kupplungsdynamik

Der Verbrennungsmotor kann nicht unterhalb einer minimalen Motordrehzahl ω_{min} betrieben werden. Folglich kann das Fahrzeug nicht langsamer als eine Mindestgeschwindigkeit v_{min} fahren, während der Motor mit den Antriebsrädern verbunden ist:

$$v_{min} = \frac{R_w \, \omega_{min}}{n_g \, n_d} \tag{3.47}$$

In den Start- und Stoppstadien der Bewegung muss das Fahrzeug Geschwindigkeiten unterhalb von v_{min} haben. Eine Kupplung oder ein Drehmomentwandler muss zum Starten, Stoppen und Schalten verwendet werden.

Betrachten Sie ein Fahrzeug mit nur einem Antriebsrad. Die Vorwärtsgeschwindigkeit v_x des Fahrzeugs ist proportional zur Winkelgeschwindigkeit des Motors ω_e, und die Reifen-*Zugkraft* F_x ist proportional zum Motordrehmoment T_e

$$\omega_e = \frac{n_i \, n_d}{R_w} v_x \tag{3.48}$$

$$T_e = \frac{1}{\eta} \frac{R_w}{n_i n_d} F_x \tag{3.49}$$

wobei R_w der effektive Reifenradius ist, n_d das Differentialübersetzungsverhältnis, n_i das Getriebeübersetzungsverhältnis im Gang i und η der Gesamtwirkungsgrad des Antriebsstrangs. Gl. (3.48) wird als *Geschwindigkeitsgleichung* bezeichnet, und Gl. (3.49) wird als *Zugkraftgleichung* bezeichnet. Die Geschwindigkeitsgleichung wird zur Auslegung der Getriebeübersetzungen des Fahrzeugs verwendet.

Beweis Die Vorwärtsgeschwindigkeit v_x eines Antriebsrades mit Radius R_w ist

$$v_x = R_w \, \omega_w \tag{3.50}$$

und die Zugkraft F_x auf dem Antriebsrad ist

$$F_x = \frac{T_w}{R_w} \tag{3.51}$$

T_w ist das auf das Rad ausgeübte Spin-Drehmoment, und ω_w ist die Winkelgeschwindigkeit des Rades.

Die Radeingaben T_w und ω_w sind das Ausgangsdrehmoment und die Winkelgeschwindigkeit des Differentials. Das Eingangsdrehmoment des Differentials T_d und die Winkelgeschwindigkeit ω_d sind

$$T_d = \frac{1}{\eta_d \, n_d} T_w \tag{3.52}$$

$$\omega_d = n_d \, \omega_w \tag{3.53}$$

wobei n_d das Differentialübersetzungsverhältnis und η_d der Differentialwirkungsgrad ist.

Die Differential-Eingaben T_d und ω_d sind das Ausgangsdrehmoment und die Winkelgeschwindigkeit zum Getriebe des Fahrzeugs. Das Drehmoment des Motors T_e und die Winkelgeschwindigkeit ω_e sind die Eingaben des Getriebes. Die Eingabe-Ausgabe-Beziehungen für ein Getriebe hängen vom eingelegten Getriebeübersetzungsverhältnis n_i ab:

$$T_e = \frac{1}{\eta_g \, n_i} T_d \tag{3.54}$$

$$\omega_e = n_i \, \omega_d \tag{3.55}$$

η_g ist der Getriebewirkungsgrad, und n_i ist das Getriebeuntersetzungsverhältnis in der Gangzahl i. Daher ist die Vorwärtsgeschwindigkeit eines Antriebsrades v_x proportional zur Winkelgeschwindigkeit des Motors ω_e, und die Reifenhaftkraft F_x ist proportional zum Drehmoment des Motors T_e, wenn der Antriebsstrang mit dem Motor verbunden ist:

$$\omega_e = \frac{n_i \, n_d}{R_w} v_x \tag{3.56}$$

$$T_e = \frac{1}{\eta_g \eta_d} \frac{1}{n_i n_d} T_w = \frac{1}{\eta_g \eta_d} \frac{R_w}{n_i n_d} F_x = \frac{1}{\eta} \frac{R_w}{n_i n_d} F_x \tag{3.57}$$

Die Funktion der Drehmomentleistung $T_e = T_e(\omega_e)$ ermöglicht es uns, das Radmoment T_w als Funktion der Fahrzeuggeschwindigkeit v_x bei jedem Übersetzungsverhältnis n_i zu bestimmen:

$$T_w = \eta\, n_i n_d\, T_e(\omega_e) \tag{3.58}$$

Die Verwendung der ungefähren Gl. (3.5) für T_e liefert:

$$\begin{aligned} T_w &= \eta\, n_i n_d \left(P_1 + P_2 \left(\tfrac{n_i\, n_d}{R_w}\, v_x \right) + P_3 \left(\tfrac{n_i\, n_d}{R_w}\, v_x \right)^2 \right) \\ &= \eta P_1 n_d n_i + \eta \tfrac{P_2}{R_w} n_d^2 n_i^2 v_x + \eta \tfrac{P_3}{R_w^2} n_d^3 n_i^3 v_x^2 \end{aligned} \tag{3.59}$$

■

Beispiel 143 *Ein Sechsgang-Getriebe.*
Betrachten Sie einen ineffizienten Pkw mit den folgenden Spezifikationen:

$$\begin{aligned} m &= 1550\,\text{kg} \qquad R_w = 0{,}326\,\text{m} \qquad \eta = 0{,}24 \\ \text{Drehmoment} &= 392\,\text{N m bei } 4400\,\text{rpm} \approx 460{,}7\,\text{rad/ s} \\ \text{Leistung} &= 206000\,\text{W bei } 6800\,\text{rpm} \approx 712{,}1\,\text{rad/ s} \end{aligned} \tag{3.60}$$

$$\begin{aligned} &\text{1 st gear ratio} = n_1 = 3{,}827 && \text{2 nd gear ratio} = n_2 = 2{,}36 \\ &\text{3 rd gear ratio} = n_3 = 1{,}685 && \text{4 th gear ratio} = n_4 = 1{,}312 \\ &\text{5 th gear ratio} = n_5 = 1 && \text{6 th gear ratio} = n_6 = 0{,}793 \\ &\text{reverse gear ratio} = n_r = 3{,}28 && \text{final drive ratio} = n_d = 3{,}5451 \end{aligned} \tag{3.61}$$

Basierend auf der Geschwindigkeitsgleichung (3.48*):*

$$\omega_e = \frac{n_i\, n_d}{R_w}\, v_x = \frac{3{,}5451 n_i}{0{,}326}\, v_x = 10{,}875 n_i\, v_x \tag{3.62}$$

finden wir die Gang-Geschwindigkeits-Beziehungen bei verschiedenen Gängen und stellen sie dar, wie in Abb. 3.9 *gezeigt.*

Die Winkelgeschwindigkeiten, die der maximalen Leistung und dem maximalen Drehmoment zugeordnet sind, werden durch dünne Linien angezeigt. Die Leistungs- und Drehmomentleistungsgleichungen für den Motor können durch

$$P_e = 289{,}29\, \omega_e + 0{,}40624\, \omega_e^2 - 5{,}7049 \times 10^{-4}\, \omega_e^3 \tag{3.63}$$

$$T_e = 289{,}29 + 0{,}406\,24 \omega_e - 5{,}704\,9 \times 10^{-4} \omega_e^2 \tag{3.64}$$

angenähert werden, weil

$$P_1 = \frac{P_M}{\omega_M} = \frac{206000}{712{,}1} = 289{,}29\,\text{W/ s} \tag{3.65}$$

$$P_2 = \frac{P_M}{\omega_M^2} = \frac{206000}{712{,}1^2} = 0{,}40624\,\text{W/ s}^2 \tag{3.66}$$

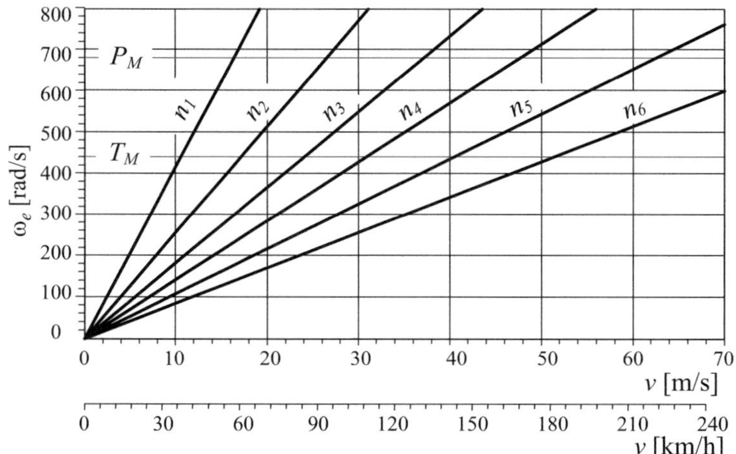

Abb. 3.9 Ein Beispiel eines Gang-Geschwindigkeits-Diagramms für ein Getriebe

$$P_3 = -\frac{P_M}{\omega_M^3} = -\frac{206000}{712{,}1^3} = -5{,}7049 \times 10^{-4}\,\mathrm{W/\,s^3} \tag{3.67}$$

Mit der Drehmomentgleichung (3.64) und der Zugkraftgleichung (3.58) stellen wir das Radmoment als Funktion der Fahrzeuggeschwindigkeit bei verschiedenen Gängen dar:

$$\begin{aligned} T_w &= \eta\, n_i n_d\, T_e \\ &= \eta\, n_i n_d \big(289{,}29 + 0{,}406\,24\omega_e - 5{,}704\,9 \times 10^{-4}\omega_e^2\big) \\ &= -5{,}7405 \times 10^{-2} n_i^3 v_x^2 + 3{,}7588 n_i^2 v_x + 246{,}13 n_i \end{aligned} \tag{3.68}$$

Abb. 3.10 zeigt die Radmoment-Geschwindigkeitsgleichung (3.68) bei jedem Gang n_i. Die Hüllkurve für die Reihe von Moment-Geschwindigkeitsgleichungen ähnelt der Drehmomentkurve eines idealen Motors mit konstanter Leistung.

Beispiel 144 ⋆*Hüllkurve für die Familie von Drehmoment-Geschwindigkeitsgleichungen.*
Die Drehmoment-Geschwindigkeitsgleichung eines Autos ähnelt der Gl. (3.68), die eine Geschwindigkeit zweiten Grades hat, wobei das Getriebeverhältnis $n = n_i$ als Parameter dient:

$$T = an^3v^2 + bn^2v + cn \tag{3.69}$$

Eine Variation des Parameters erzeugt eine Reihe von Kurven, die als Familie bezeichnet werden. Eine Hüllkurve ist eine Kurve, die eine Tangente an alle Mitglieder der Familie ist. Um die Hüllkurve einer Familie zu finden, sollten wir den Parameter zwischen der Gleichung der Familie und ihrer Ableitung nach dem Parameter eliminieren. Die Ableitung der Familie (3.69) nach dem Parameter n

$$\frac{\partial T}{\partial n} = 3an^2v^2 + 2bnv + c = 0 \tag{3.70}$$

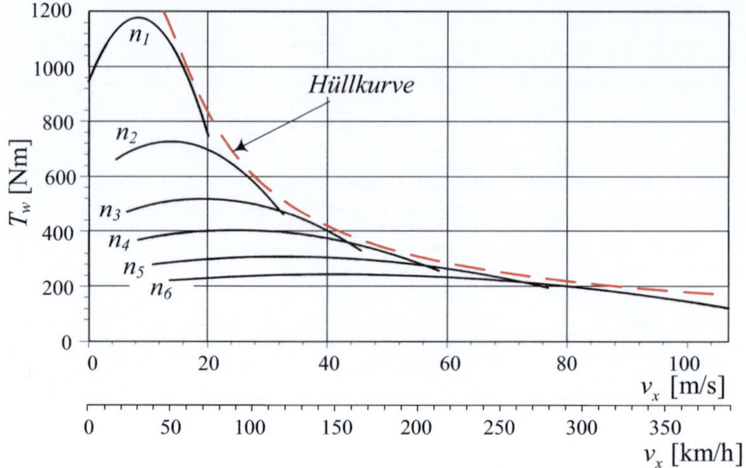

Abb. 3.10 Radmoment-Geschwindigkeitsgleichung (3.68) bei jedem Gang n_i eines Getriebes, und die Hüllkurve, die ein ideales Motorverhalten simuliert

ergibt

$$n = \frac{-b \pm \sqrt{b^2 - 3ac}}{3av} \tag{3.71}$$

Das Einsetzen des positiven Parameters zurück in die Gleichung der Familie liefert die Gleichung der Hüllkurve:

$$T = \frac{\left(b + \sqrt{b^2 - 3ac}\right)\left(b^2 + b\sqrt{b^2 - 3ac} - 6ac\right)}{27a^2 v} \tag{3.72}$$

Daher ist die Gleichung der Hüllkurve für die Drehmoment-Geschwindigkeitsfamilie bei verschiedenen Gängen gleich

$$T \equiv \frac{C}{v} \tag{3.73}$$

wobei C eine Konstante ist:

$$C = \frac{2b^3 - 9abc + 2\left(b^2 - 3ac\right)^{3/2}}{27a^2} \tag{3.74}$$

Eine solche Drehmomentgleichung gehört zu einem idealen Motor konstanter Leistung, der in Beispiel 137 *vorgestellt wurde.*

Beispiel 145 *Mechanische und hydraulische Kupplungen.*
Mechanische Kupplungen werden häufig in Personenkraftwagen verwendet und zwar normalerweise in Form einer trockenen Einscheibenkupplung. Die Haftung

zwischen Eingangs- und Ausgangswelle wird durch kreisförmige Scheiben erzeugt, die aneinander reiben.

Die Kupplungsbetätigung beginnt, wenn der Motor mit $\omega_e = \omega_{min}$ *läuft. Die Kupplung wird dann von der Zeit* $t = 0$ *bis* $t = t_1$ *allmählich gelöst. Daher erhöht sich das vom Motor auf das Getriebe übertragene Drehmoment T fast linear mit der Zeit von* $T_c = 0$ *bis zum maximalen Wert von* $T_c = T_{c_P}$, *der im Schleifmodus gehandhabt werden kann. Das übertragene Drehmoment bleibt konstant, bis die Eingangs- und Ausgangsscheiben zusammenkleben und eine Geschwindigkeitsgleichheit erreicht ist. Zu diesem Zeitpunkt ist die Kupplung vollständig eingerückt und* $T_c = T_e$.

Das übertragene Drehmoment T_c *sollte die Widerstandskraft überwinden, und das Fahrzeug sollte irgendwann in* $0 < t \leq t_1$ *beschleunigen. Die Größe des übertragbaren Drehmoments hängt von der zwischen den Scheiben angelegten Kraft, dem Reibungskoeffizienten zwischen den Kupplungsscheiben, der effektiven Reibfläche und der Anzahl der Reibpaare ab. Die Axialkraft wird in der Regel durch eine vorgespannte Feder erzeugt. Der Fahrer kann die Federkraft mit dem Kupplungspedal steuern und das übertragene Drehmoment einstellen.*

Die hydraulische Kupplung besteht aus einem mit dem Motor verbundenen Pumpenrad und einer mit radialen Schaufeln ausgestatteten Turbine am Kupplungsende. Ein Drehmoment wird zwischen dem Pumpenrad und der Turbine über das Fluid übertragen, das von der Pumpe beschleunigt und in der Turbine abgebremst wird. Die hydraulische Kupplung wird auch Foettinger-Kupplung genannt.

Das übertragene Drehmoment kann nach dem Foettinger-Gesetz wie folgt berechnet werden:

$$T_c = C_c \rho \omega_p^2 D^2 \tag{3.75}$$

wobei C_c *der Schlupffaktor ist,* ρ *ist die Öldichte,* ω_p *ist die Winkelgeschwindigkeit der Pumpe und D der Kupplungsdurchmesser.*

Beispiel 146 *Beschleunigungskapazität bei unterschiedlichen Geschwindigkeiten. Nehmen wir an, ein Motor arbeitet mit der Geschwindigkeit* ω_M, *die der maximalen Leistung* P_M *zugeordnet ist:*

$$P_M = T_e \, \omega_M = \frac{1}{\eta} F_x \, v_x \tag{3.76}$$

Ersetzt man

$$F_x = m a_x \tag{3.77}$$

dann zeigt dies, dass

$$P_M = \frac{m}{\eta} a_x \, v_x \tag{3.78}$$

und daher

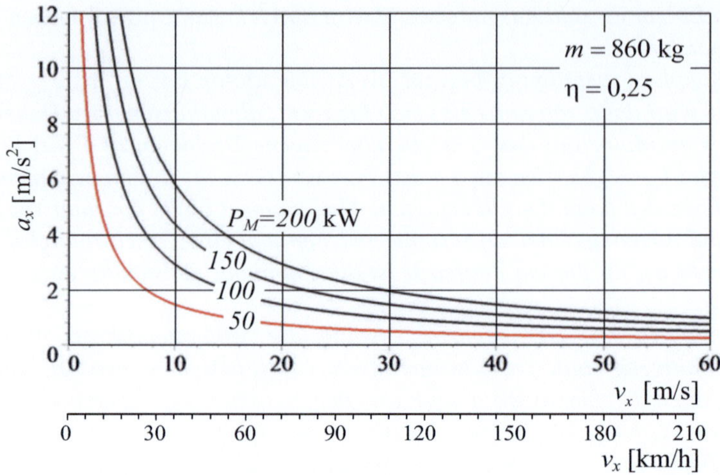

Abb. 3.11 Ein Beispiel für die Beschleunigungskapazität a_x als Funktion der Vorwärtsgeschwindigkeit v_x

$$a_x = P_M \frac{\eta}{m} \frac{1}{v_x} \tag{3.79}$$

Gl. (3.79) wird als ***Beschleunigungskapazität*** *bezeichnet und drückt die erreichbare Beschleunigung eines Fahrzeugs bei der Geschwindigkeit* v_x *aus. Die Beschleunigungskapazität nimmt mit zunehmender Geschwindigkeit ab und steigt mit der maximalen Leistung. Als Beispiel zeigt Abb.* 3.11 *die Beschleunigungskapazität* a_x *als Funktion der Vorwärtsgeschwindigkeit* v_x *für ein Fahrzeug mit einer Masse* $m = 860\,\text{kg}$ *und einem niedrigen Wirkungsgrad* $\eta = 0{,}25$ *für die maximalen Leistungen von* $P_M = 50\,\text{kW} \approx 67\,\text{PS}$, $P_M = 100\,\text{kW} \approx 134\,\text{PS}$, $P_M = 150\,\text{kW} \approx 201\,\text{PS}$ *und* $P_M = 200\,\text{kW} \approx 268\,\text{PS}$.

Beispiel 147 *Leistungsbegrenzte und traktionsbegrenzte Beschleunigungen.*
Die Beschleunigungskapazität ist leistungsbegrenzt und basiert auf der Annahme, dass die Antriebskraft nicht das Reifentraktionslimit erreicht. Daher erreicht das Fahrzeug seine Spitzenbeschleunigung, weil der Motor keine weitere Leistung liefern kann.

Die traktionsbegrenzte Beschleunigung tritt auf, wenn der Motor mehr Leistung liefert, aber die Fahrzeugbeschleunigung begrenzt ist, weil die Reifen keine weitere Antriebskraft auf den Boden übertragen können. Die Gleichung $F_x = \mu_x F_z$ *gibt die maximal übertragbare Kraft an. Wenn mehr Antriebsdrehmoment auf das Rad ausgeübt wird, rutscht der Reifen und tritt in das dynamische Reibungsregime ein, in dem der Reibungskoeffizient und damit die Traktionskraft geringer sind.*

Beispiel 148 $\star$*Stabilitätsbedingung des Getriebes.*
Betrachten Sie ein Fahrzeug, das mit der Geschwindigkeit v_x *fährt, wenn das Getriebe im Gang i mit dem Übersetzungsverhältnis* n_i *eingeschaltet ist. Um sicher*

zu sein, müssen wir die Übersetzungsverhältnisse so wählen, dass der Motor beim Erreichen des maximalen Drehmoments auf einen niedrigeren Gang n_{i-1} *wechseln kann, ohne die maximal zulässige Motordrehzahl zu erreichen. Die maximal zulässige Motordrehzahl wird in der Regel durch eine rote Linie oder einen roten Bereich auf der rpm-Anzeige für den Motors gekennzeichnet.*

Lassen Sie uns die Motordrehzahl für das maximale Drehmoment T_M *durch* $\omega_e = \omega_T$ *darstellen. Die Geschwindigkeit des Fahrzeugs bei* $\omega_e = \omega_T$ *ist*

$$v_x = \frac{R_w}{n_i\, n_d}\omega_T \tag{3.80}$$

Wenn wir den Gang auf n_{i-1} *wechseln, springt die Motordrehzahl* ω_e *auf eine höhere Geschwindigkeit* $\omega_e = \omega_{i-1} > \omega_T$ *bei der gleichen Fahrzeuggeschwindigkeit:*

$$\omega_{i-1} = \frac{n_{i-1}\, n_d}{R_w} v_x \tag{3.81}$$

Die Stabilitätsbedingung erfordert, dass ω_{i-1} *kleiner ist als die maximal zulässige Motordrehzahl* ω_{Max}

$$\omega_{i-1} \le \omega_{Max} \tag{3.82}$$

Mit den Gl. (3.80) *und* (3.81) *können wir die folgende Bedingung zwischen den Übersetzungsverhältnissen bei zwei aufeinanderfolgenden Gängen und der Motordrehzahl definieren:*

$$\frac{\omega_{i-1}}{\omega_i} = \frac{\omega_{Max}}{\omega_T} = \frac{n_{i-1}}{n_i} \tag{3.83}$$

Ein konstantes relatives Übersetzungsverhältnis bei konstanter Fahrzeuggeschwindigkeit ist eine einfache Regel für ein stabiles Getriebedesign

$$\frac{n_{i-1}}{n_i} = c_g \tag{3.84}$$

Beispiel 149 *Übersetzungsverhältnisse und Stabilitätsbedingung.*
Betrachten Sie ein Personenauto mit den folgenden Getriebeübersetzungsverhältnissen:

$$\begin{array}{ll} \text{1 st gear ratio} = n_1 = 3{,}827 & \text{2 nd gear ratio} = n_2 = 2{,}36 \\ \text{3 rd gear ratio} = n_3 = 1{,}685 & \text{4 th gear ratio} = n_4 = 1{,}312 \\ \text{5 th gear ratio} = n_5 = 1 & \text{6 th gear ratio} = n_6 = 0{,}793 \\ \text{final drive ratio} = n_d = 3{,}5451 & \end{array} \tag{3.85}$$

Die Stabilitätsbedingung erfordert, dass $n_{i-1}/n_i =$ *cte. Eine Untersuchung der Getriebeverhältnisse zeigt, dass die relativen Getriebeverhältnisse nicht konstant sind:*

$$\begin{array}{ll} \frac{n_5}{n_6} = \frac{1}{0{,}793} = 1{,}261 & \frac{n_4}{n_5} = \frac{1{,}312}{1} = 1{,}312 \\ \frac{n_3}{n_4} = \frac{1{,}685}{1{,}312} = 1{,}284\,3 & \frac{n_2}{n_3} = \frac{2{,}36}{1{,}685} = 1{,}4 \\ \frac{n_1}{n_2} = \frac{3{,}827}{2{,}36} = 1{,}621\,6 & \end{array} \tag{3.86}$$

Wir können die Getriebeverhältnisse ändern, um n_{i-1}/n_i= cte zu erreichen. Beginnen wir mit den höchsten Gängen und finden die niedrigeren Gänge mit c_g= n_6/n_5= 1,261.

$$\begin{aligned} n_5 &= 1 \\ n_6 &= 0{,}793 \\ n_4 &= c_g n_5 = 1{,}261 \\ n_3 &= c_g n_4 = 1{,}261 \times 1{,}261 = 1{,}59 \\ n_2 &= c_g n_3 = 1{,}261 \times 1{,}59 = 2 \\ n_1 &= c_g n_2 = 1{,}261 \times 2 = 2{,}522 \end{aligned} \tag{3.87}$$

Wir können auch von den ersten beiden Gängen aus starten und die höheren Gänge mit c_g= n_1/n_2= 3,827/2,36 = 1,6216 finden:

$$\begin{aligned} n_1 &= 3{,}827 \\ n_2 &= 2{,}36 \\ n_3 &= \tfrac{n_2}{c_g} = \tfrac{2{,}36}{1{,}6216} = 1{,}455 \\ n_4 &= \tfrac{n_3}{c_g} = \tfrac{1{,}455}{1{,}6216} = 0{,}897 \\ n_5 &= \tfrac{n_4}{c_g} = \tfrac{0{,}897}{1{,}6216} = 0{,}553 \\ n_6 &= \tfrac{n_5}{c_g} = \tfrac{0{,}553}{1{,}6216} = 0{,}341 \end{aligned} \tag{3.88}$$

Keine dieser beiden Reihen zeigt ein praktisches Design. Der beste Weg, ein konstantes relatives Verhältnis anzuwenden, besteht darin, die ersten und letzten Gänge zu verwenden und vier Gänge dazwischen so anzupassen, dass n_{i-1}/n_i= cte. Mit n_1 und n_6 haben wir:

$$\frac{n_1}{n_6} = \frac{3{,}827}{0{,}793} = \frac{n_1}{n_2}\frac{n_2}{n_3}\frac{n_3}{n_4}\frac{n_4}{n_5}\frac{n_5}{n_6} = c_g^5 \tag{3.89}$$

und daher:

$$c_g = 1{,}37 \tag{3.90}$$

Jetzt können wir die Getriebeverhältnisse finden, um die Anforderungen an das erste und sechste Getriebeverhältnis zu erfüllen.

$$\begin{aligned} n_1 &= 3{,}827 \\ n_2 &= \tfrac{n_1}{c_g} = \tfrac{3{,}827}{1{,}37} = 2{,}793 \\ n_3 &= \tfrac{n_2}{c_g} = \tfrac{2{,}793}{1{,}37} = 2{,}039 \\ n_4 &= \tfrac{n_3}{c_g} = \tfrac{2{,}039}{1{,}37} = 1{,}488 \\ n_5 &= \tfrac{n_4}{c_g} = \tfrac{1{,}488}{1{,}37} = 1{,}086 \\ n_6 &= 0{,}793 \end{aligned} \tag{3.91}$$

3.4 Getriebedesign

Die Geschwindigkeits- und Traktionsgleichungen (3.48) und (3.49) können verwendet werden, um die Getriebeübersetzungen eines Getriebes und die Fahrzeugleistung zu berechnen. Theoretisch sollte der Motor mit seiner maximalen Leistung arbeiten, um die beste Leistung zu erzielen. Um jedoch die Geschwindigkeit des Fahrzeugs zu steuern, müssen wir die Winkelgeschwindigkeit des Motors variieren. Daher wählen wir einen Winkelgeschwindigkeitsbereich (ω_1, ω_2) um ω_M, der mit der maximalen Leistung P_M verbunden ist, und durchlaufen den Bereich (ω_1, ω_2) wiederholt in verschiedenen Gängen. Der Bereich (ω_1, ω_2) wird als *Arbeitsbereich* des Motors bezeichnet, wie in Abb. 3.12 gezeigt.

Als allgemeine Richtlinie können wir die folgenden Empfehlungen zur Gestaltung der Übersetzungsverhältnisse eines Fahrzeuggetriebes verwenden:

1. Wir können das Differentialübersetzungsverhältnis n_d und das Endgetriebe n_n so gestalten, dass das Endgetriebe n_n ein Direktgetriebe ist, $n_n = 1$, wenn das Fahrzeug mit mäßiger Autobahngeschwindigkeit fährt. Die Verwendung von $n_n = 1$ bedeutet, dass der Eingang und der Ausgang des Getriebes direkt miteinander verbunden sind. Die direkte Verbindung maximiert den mechanischen Wirkungsgrad des Getriebes.
2. Wir können das Differentialübersetzungsverhältnis n_d und das Endgetriebe n_n so gestalten, dass das Endgetriebe n_n ein Direktgetriebe ist, $n_n = 1$, wenn das Fahrzeug mit der maximal erreichbaren Geschwindigkeit fährt.
3. Das erste Getriebe n_1 kann durch das maximal gewünschte Drehmoment an den Antriebsrädern bestimmt werden. Das maximale Drehmoment wird durch die Steigung einer Straße bestimmt, die man noch hinauffahren möchte.
4. Wir können die Zwischengänge mit der Getriebestabilitätsbedingung finden. Die Stabilitätsbedingung besagt, dass die Motordrehzahl die maximal zulässige

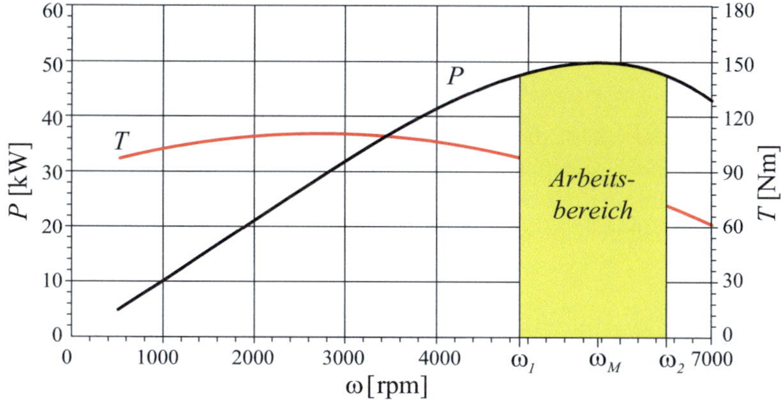

Abb. 3.12 Der Winkelgeschwindigkeitsbereich (ω_1, ω_2) um ω_M und der Arbeitsbereich des Motors

Drehzahl nicht überschreiten darf, wenn wir von n_i auf n_{i-1} herunterschalten, wenn der Motor bei n_i mit maximalem Drehmoment arbeitet.

5. Der Wert von c_g für relative Getriebeübersetzungen

$$\frac{n_{i-1}}{n_i} = c_g \tag{3.92}$$

kann in dem Bereich gewählt werden:

$$1 \leq c_g \leq 2 \tag{3.93}$$

Um die mittleren Getriebeübersetzungen zu bestimmen, gibt es zwei empfohlene Methoden:

1. Geometrische Übersetzungen
2. Progressive Übersetzungen

3.4.1 Design eines Getriebes mit geometrischem Verhältnis

Wenn der Sprung der Motordrehzahl in zwei aufeinanderfolgenden Gängen bei einer Fahrzeuggeschwindigkeit konstant ist, nennen wir das Getriebe *geometrisch.* Die Designbedingung für ein geometrisches Getriebe ist

$$n_i = \frac{n_{i-1}}{c_g} \tag{3.94}$$

wobei c_g das konstante relative Getriebeverhältnis ist und *Stufensprung* genannt wird.

Beweis Ein geometrisches Getriebe weist einen konstanten Sprung der Motordrehzahl bei jedem Gangwechsel auf. Daher muss ein geometrisches Getriebe einen Gang-Geschwindigkeits-Plot haben, wie er in Abb. 3.13 gezeigt ist.

Der Arbeitsbereich des Motors wird durch zwei Geschwindigkeiten (ω_1, ω_2)

$$\{(\omega_1, \omega_2), \omega_1 < \omega_M < \omega_2\} \tag{3.95}$$

definiert. Wenn der Motor die maximale Geschwindigkeit ω_2 im Gang i mit dem Verhältnis n_i erreicht, schalten wir hoch zu n_{i+1}, um die Motordrehzahl auf ω_1 zu reduzieren. Der Sprung der Motordrehzahl wird für jeden Gangwechsel von n_i zu n_{i+1} konstant gehalten. Unter Verwendung der Geschwindigkeitsgleichung (3.48) erhalten wir:

$$\begin{aligned} \omega &= \omega_2 - \omega_1 = \tfrac{n_{i-1}\, n_d}{R_w}\, v_x - \tfrac{n_i\, n_d}{R_w}\, v_x \\ &= (n_{i-1} - n_i)\tfrac{n_d}{R_w}\, v_x \end{aligned} \tag{3.96}$$

und daher:

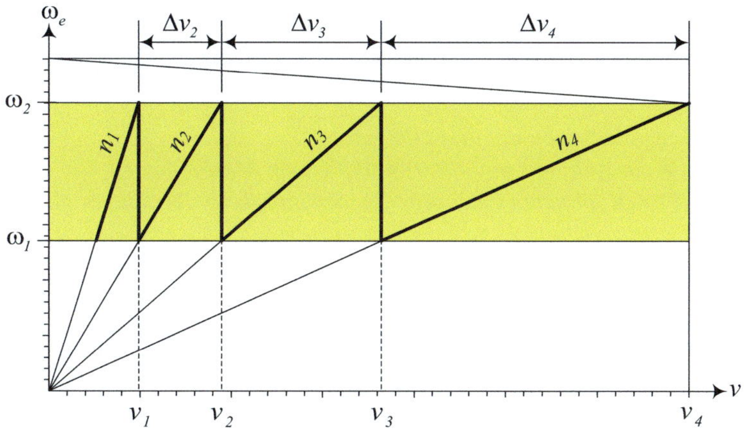

Abb. 3.13 Ein Gang-Geschwindigkeits-Plot für ein geometrisches Getriebedesign

$$\begin{aligned}\frac{\omega_2-\omega_1}{\omega_1} &= \frac{n_{i-1}-n_i}{n_i}\\ \frac{\omega_2}{\omega_1}-1 &= \frac{n_{i-1}}{n_i}-1\\ \frac{\omega_2}{\omega_1} &= \frac{n_{i-1}}{n_i}=c_g\end{aligned} \tag{3.97}$$

Lassen Sie uns die maximale Fahrzeuggeschwindigkeit im Gang n_i, wenn $\omega_e=\omega_2$, durch v_i und im Gang n_{i-1} durch v_{i-1} angeben, dann gilt:

$$\omega_2=\frac{n_i\,n_d}{R_w}\,v_i=\frac{n_{i-1}\,n_d}{R_w}\,v_{i-1} \tag{3.98}$$

und daher ist die maximale Geschwindigkeit im Gang i zur maximalen Geschwindigkeit im Gang $i-1$ gleich dem Kehrwert der Getriebeverhältnisse:

$$c_g=\frac{n_{i-1}}{n_i}=\frac{v_i}{v_{i-1}} \tag{3.99}$$

Die Änderung der Fahrzeuggeschwindigkeit zwischen Gang n_{i-1} und n_i wird durch

$$v_i=v_i-v_{i-1} \tag{3.100}$$

angegeben und wird *Geschwindigkeitsspanne* genannt.

Wenn man den Stufensprung c_g und die maximale Geschwindigkeit v_i des Fahrzeugs im Gang n_i kennt, reicht das aus, um die maximale Geschwindigkeit des Autos in den anderen Gängen zu finden:

$$v_i=c_g\,v_{i-1} \tag{3.101}$$

$$v_{i-1}=\frac{1}{c_g}\,v_i \tag{3.102}$$

$$v_{i+1} = c_g \, v_i \tag{3.103}$$

Der Geschwindigkeitsbereich des Fahrzeugs mit einem geometrischen Getriebe erhöht sich durch das Hochschalten. ■

Beispiel 150 *Ein Getriebe mit drei Gängen.*
Betrachten Sie ein Auto mit $m = 860\,\text{kg}$ und einem Motor, dessen $\eta = \eta_d \eta_g = 0{,}84$ beträgt und für den folgende Leistungs-Geschwindigkeits-Beziehung gilt:

$$P_e = 100 - \frac{100}{398^2} (\omega_e - 398)^2 \,\text{kW} \tag{3.104}$$

wobei ω_e in $[\text{rad/s}]$ ist. Wir definieren den Arbeitsbereich für den Motor als

$$272\,\text{rad/s} (\approx 2600\,\text{rpm}) \leq \omega_e \leq 524\,\text{rad/s} (\approx 5000\,\text{rpm}) \tag{3.105}$$

wenn die Leistung $100\,\text{kW} \geq P_e \geq 90\,\text{kW}$ ist. Die Leistungs-Performance-Kurve (3.104) ist in Abb. 3.14 dargestellt und der Arbeitsbereich ist schattiert.

Das Differential des Fahrzeugs verwendet $n_d = 4$, und der effektive Reifenradius ist $R_w = 0{,}326\,\text{m}$. Wir möchten ein dreigängiges geometrisches Getriebe entwerfen, um die minimale Zeit zu erreichen, die benötigt wird, um die Geschwindigkeit $v_x = 100\,\text{km/h} \approx 27{,}78\,\text{m/s}$ zu erreichen. Wir gehen davon aus, dass die Gesamtwiderstandskraft konstant ist und der Motor das Auto bei $v_x = 180\,\text{km/h} = 50\,\text{m/s}$ nicht mehr beschleunigen kann. Nehmen wir an, dass jeder Gangwechsel $0{,}47\,\text{s}$ dauert und wir $t_0 = 2{,}58\,\text{s}$ benötigen, um die Motordrehzahl an die Fahrgeschwindigkeit im ersten Gang anzupassen.

Unter Verwendung der Geschwindigkeitsgleichung (3.48) ist die Beziehung zwischen Fahrzeug- und Motorgeschwindigkeiten:

$$v_x = \frac{R_w}{n_d \, n_i} \omega_e = \frac{0{,}326}{4 \, n_i} \omega_e \tag{3.106}$$

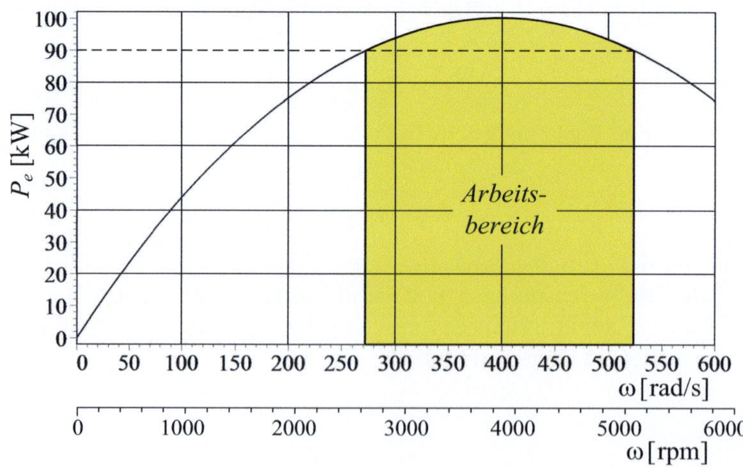

Abb. 3.14 Die Leistungs-Performance-Kurve (3.104) und ihr Arbeitsbereich

Bei der Höchstgeschwindigkeit $v_x = 50\,\mathrm{m/s}$ *dreht sich der Motor am oberen Limit des Arbeitsbereichs* $\omega_e = 524\,\mathrm{rad/s}$, *und das Getriebe arbeitet im dritten Gang. Daher liefert uns die Gl.* (3.106) *Folgendes:*

$$n_3 = \frac{0{,}326}{4}\frac{\omega_e}{v_x} = \frac{0{,}326}{4}\frac{524}{50} = 0{,}85412 \tag{3.107}$$

Die Geschwindigkeitsgleichung

$$v_x = \frac{0{,}326}{4 \times 0{,}85412}\omega_e \tag{3.108}$$

wird angewendet, solange das Getriebe im dritten Gang $n_i = n_3$ *arbeitet und* ω_e *im Arbeitsbereich liegt. Durch Verringerung von* ω_e *und Absenken über den Arbeitsbereich wird die Geschwindigkeit des Autos reduziert. Am unteren Bereich* $\omega_e = 272\,\mathrm{rad/s}$ *wäre die Geschwindigkeit des Fahrzeugs*

$$\begin{aligned} v_x &= \tfrac{0{,}326}{4\times 0{,}85412} \times 272 = 25{,}95\,\mathrm{m/s} \\ &\approx 93{,}43\,\mathrm{km/h} \end{aligned} \tag{3.109}$$

Bei dieser Geschwindigkeit sollten wir auf n_2 *herunterschalten, sodass der Motor zurück in den höheren Bereich* $\omega_e = 524\,\mathrm{rad/s}$ *springt. Dies liefert uns:*

$$n_2 = \frac{0{,}326}{4}\frac{\omega_e}{v_x} = \frac{0{,}326}{4}\frac{524}{25{,}95} = 1{,}6457 \tag{3.110}$$

Daher wäre die Beziehung zwischen Motor- und Fahrzeuggeschwindigkeit im zweiten Gang:

$$v_x = \frac{0{,}326}{4 \times 1{,}6457}\omega_e \tag{3.111}$$

die gilt, solange $n_i = n_2$ *und* ω_e *im Arbeitsbereich liegt. Durch Absenken der Winkelgeschwindigkeit des Motors wird die Fahrzeuggeschwindigkeit verringert auf*

$$\begin{aligned} v_x &= \tfrac{0{,}326}{4\times 1{,}6457} \times 272 = 13{,}47\,\mathrm{m/s} \\ &\approx 48{,}49\,\mathrm{km/h} \end{aligned} \tag{3.112}$$

Bei dieser Geschwindigkeit sollten wir auf n_1 *herunterschalten und den Motor wieder auf den höheren Bereich* $\omega_e = 524\,\mathrm{rad/s}$ *springen lassen. Das liefert uns:*

$$n_1 = \frac{0{,}326}{4}\frac{\omega_e}{v_x} = \frac{0{,}326}{4}\frac{524}{13{,}47} = 3{,}1705 \tag{3.113}$$

und daher ist die Geschwindigkeitsgleichung für den ersten Gang:

$$v_x = \frac{0{,}326}{4 \times 3{,}1705}\omega_e \tag{3.114}$$

Im unteren Bereich der Motordrehzahl im ersten Gang $n_i = n_1$ *ist die Geschwindigkeit des Fahrzeugs*

$$v_x = \frac{0{,}326}{4 \times 3{,}1705} \times 272 = 7\,\text{m/s} \approx 25{,}2\,\text{km/h} \tag{3.115}$$

Daher verwendet das Dreiganggetriebe die folgenden Übersetzungsverhältnisse:

$$n_1 = 3{,}1705 \qquad n_2 = 1{,}6457 \qquad n_3 = 0{,}85412 \tag{3.116}$$

Die Geschwindigkeitsgleichungen für die drei Gänge sind in der ***Gang-Geschwindigkeits****-Darstellung in Abb. 3.15 dargestellt. Die Abbildung zeigt auch die Gangwechselpunkte und wie die Fahrzeuggeschwindigkeit von* $v_x = 50\,\text{m/s}$ *auf* $v_x = 7\,\text{m/s}$ *reduziert wird.*

Um die benötigte Zeit zur Erreichung der gewünschten Geschwindigkeit zu ermitteln, müssen wir die Zugkraft F_x *aus der Zugkraftgleichung finden und integrieren:*

$$\begin{aligned} F_x &= \eta \frac{n_i n_d}{R_w} \frac{P_e}{\omega_e} = \frac{\eta}{\omega_e} \frac{n_i n_d}{R_w} \left(100 - \frac{100}{398^2} (\omega_e - 398)^2\right) \\ &= \frac{25}{39\,601} \frac{\eta}{R_w^2} n_d n_i (796 R_w - n_d n_i v_x)\,\text{kN} \end{aligned} \tag{3.117}$$

Bei der Höchstgeschwindigkeit ist das Getriebe im dritten Gang, und die Zugkraft F_x *ist gleich der Gesamtwiderstandskraft* F_R*, die als konstant angenommen wird:*

$$F_x = F_R = \frac{\eta P_e}{v_x} = \frac{0{,}84 \times 90}{50} = 1{,}512\,\text{kN} \tag{3.118}$$

Daher ist die Zugkraft im ersten Gang

$$\begin{aligned} F_x &= \frac{25}{39601} \frac{\eta}{R_w^2} n_d n_1 (796 R_w - n_d n_1 v_x) \\ &= \frac{25}{39601} \frac{0{,}84}{0{,}326^2} \times 4 \times 3{,}1705 (796 \times 0{,}326 - 4 \times 3{,}1705 v_x) \\ &= 16{,}421 - 0{,}80252 v_x\,\text{kN} \end{aligned} \tag{3.119}$$

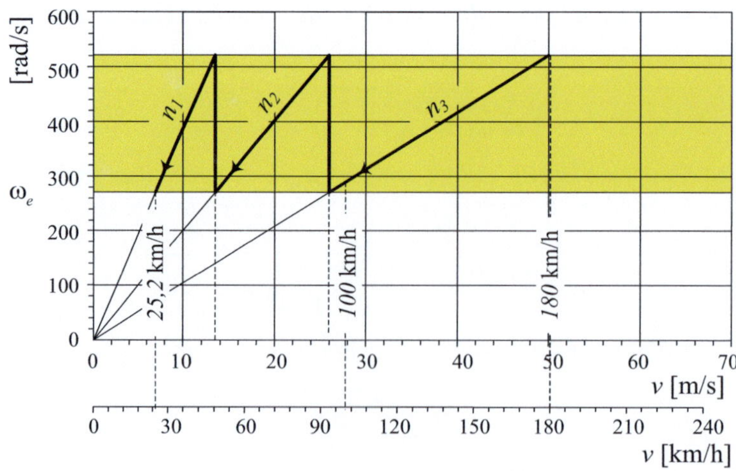

Abb. 3.15 Das Gang-Geschwindigkeits-Diagramm für ein Dreiganggetriebe

Basierend auf Newtons Bewegungsgleichung

$$F_x - F_R = m\frac{dv_x}{dt} \tag{3.120}$$

können wir die benötigte Zeit zur Änderung der Geschwindigkeit von null auf $v_x =$ *13,47* m/s *berechnen*:

$$\begin{aligned} t_1 &= m \int_0^{13,47} \frac{1}{F_x - F_R} dv_x \\ &= 860 \int_0^{13,47} \frac{10^{-3}}{16,421 - 0,80252 v_x - 1,512} dv_x = 1,3837\,\mathrm{s} \end{aligned} \tag{3.121}$$

Im zweiten Gang haben wir:

$$\begin{aligned} F_x &= \frac{25}{39601} \frac{\eta}{R_w^2} n_d n_2 (796 R_w - n_d n_2 v_x) \\ &= \frac{25}{39601} \frac{0,84}{0,326^2} \times 4 \times 1,6457 (796 \times 0,326 - 4 \times 1,6457 v_x) \\ &= 8,5235 - 0,21622 v_x\,\mathrm{kN} \end{aligned} \tag{3.122}$$

und daher ist die Zeit zur Änderung im zweiten Gang

$$\begin{aligned} t_2 &= m \int_{13,47}^{25,95} \frac{1}{F_x - F_R} dv_x \\ &= 860 \int_{13,47}^{25,95} \frac{10^{-3}}{8,5235 - 0,21622 v_x - 1,512} dv_x = 4,2712\,\mathrm{s} \end{aligned} \tag{3.123}$$

Schließlich ist die Zugkraftgleichung im dritten Gang:

$$\begin{aligned} F_x &= \frac{25}{39601} \frac{\eta}{R_w^2} n_d n_3 (796 R_w - n_d n_3 v_x) \\ &= \frac{25}{39601} \frac{0,84}{0,326^2} \times 4 \times 0,85412 (796 \times 0,326 - 4 \times 0,85412 v_x) \\ &= 4,4237 - 5,8242 \times 10^{-2} v_x\,\mathrm{kN} \end{aligned} \tag{3.124}$$

und die Zeit zur Änderung auf $v_x =$ *27,78* m/s *ist*

$$\begin{aligned} t_3 &= m \int_{25,95}^{27,78} \frac{1}{F_x - F_R} dv_x \\ &= 860 \int_{25,95}^{27,78} \frac{10^{-3}}{4,4237 - 5,8242 \times 10^{-2} v_x - 1,512} dv_x = 1,169\,\mathrm{s} \end{aligned} \tag{3.125}$$

Daher ist die Gesamtzeit zur Erreichung der Geschwindigkeit $v_x =$ *100* km/h ≈ *27,78* m/s *dann gleich*

$$\begin{aligned} t &= t_0 + t_1 + t_2 + t_3 + 3 \times 0,47 \\ &= 2,58 + 1,3837 + 4,2712 + 1,169 + 3 \times 0,47 = 10,814\,\mathrm{s} \end{aligned} \tag{3.126}$$

Beispiel 151 *Bessere Leistung mit einem Vierganggetriebe.*
Ein Auto mit einem kleinen Motor hat

$$m = 860\,\mathrm{kg} \qquad R_w = 0,326\,\mathrm{m} \qquad \eta = 0,84 \qquad n_d = 4 \tag{3.127}$$

und der Motor arbeitet auf Basis der Leistungsgleichung von

$$P_e = 100 - \frac{100}{398^2}(\omega_e - 398)^2 \,\text{kW} \tag{3.128}$$

wobei ω_e *in* [rad/ s] *angegeben ist. Wir haben einen Arbeitsbereich des Motors von*

$$272\,\text{rad/ s}(\approx 2600\,\text{rpm}) \leq \omega_e \leq 524\,\text{rad/ s}(\approx 5000\,\text{rpm}) \tag{3.129}$$

gewählt, wenn die Leistung $100\,\text{kW} \geq P_e \geq 90\,\text{kW}$ *ist. Wir möchten ein Getriebe entwerfen, um die Zeit bis zum Erreichen von* $v_x = 100\,\text{km/h} \approx 27{,}78\,\text{m/s} \approx$ zu minimieren.

*Die Leistungsperformancegleichung (*3.128*) ist in Abb.* 3.14 *dargestellt und der Arbeitsbereich ist schattiert. Um dieses Beispiel mit Beispiel* 150 *vergleichbar zu machen, nehmen wir an, dass die Gesamtwiderstandskraft konstant ist und der Motor das Auto bei* $v_x = 180\,\text{km/h}$ *nicht weiter beschleunigen kann. Darüber hinaus nehmen wir an, dass jeder Gangwechsel 0,47* s *dauert und eine Zeit* $t_0 = 2{,}58\,\text{s}$ *benötigt wird, um den Motor vollständig in den ersten Gang einzukuppeln.*

Lassen Sie uns ein Vierganggetriebe entwerfen und den dritten Gang so einstellen, dass wir die gewünschte Geschwindigkeit $v_x = 27{,}78\,\text{m/s}$ *am oberen Limit des Arbeitsbereichs* $\omega_e = 524\,\text{rad/s}$ *erreichen. Das Gang-Geschwindigkeits-Diagramm für ein solches Design ist in Abb.* 3.16 *dargestellt.*

*Mit der Geschwindigkeitsgleichung (*3.48*) lautet die Beziehung zwischen Fahrzeug- und Motorgeschwindigkeiten wie folgt:*

$$v_x = \frac{R_w}{n_d\, n_i}\omega_e = \frac{0{,}326}{4\, n_i}\omega_e \tag{3.130}$$

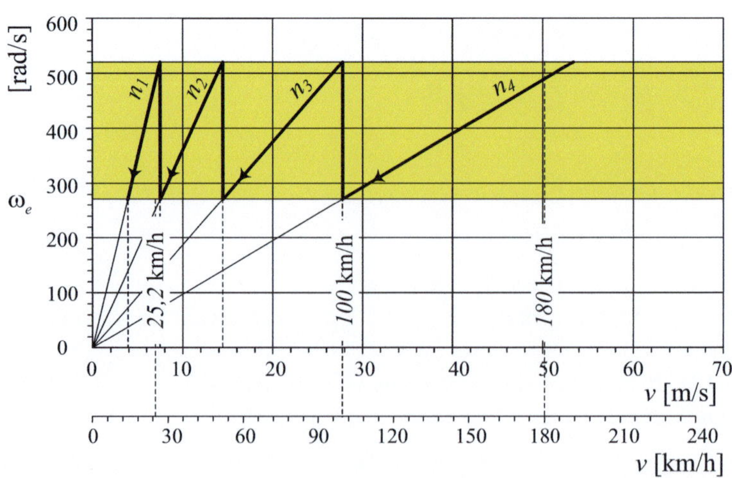

Abb. 3.16 Das Gang-Geschwindigkeits-Diagramm für Beispiel 151

Bei der Geschwindigkeit $v_x = 100\,\text{km/h} \approx 27{,}78\,\text{m/s}$ *ist die Geschwindigkeit des Motors am oberen Limit des Arbeitsbereichs* $\omega_e = 524\,\text{rad/s}$, *und das Getriebe arbeitet im dritten Gang* $n_i = n_3$. *Daher gilt:*

$$n_3 = \frac{0{,}326}{4}\frac{\omega_e}{v_x} = \frac{0{,}326}{4}\frac{524}{27{,}78} = 1{,}5373 \tag{3.131}$$

und die Geschwindigkeitsgleichung im dritten Gang $n_i = n_3$ *ist*

$$v_x = \frac{0{,}326}{4 \times 1{,}5373}\omega_e \tag{3.132}$$

während ω_e *im Arbeitsbereich liegt. Durch Herunterfahren auf die untere Grenze des Arbeitsbereichs,* $\omega_e = 272\,\text{rad/s}$, *reduziert sich die Geschwindigkeit des Autos auf*

$$\begin{aligned} v_x &= \tfrac{0{,}326}{4\times 1{,}5373} \times 272 = 14{,}42\,\text{m/s} \\ &\approx 51{,}91\,\text{km/h} \end{aligned} \tag{3.133}$$

Bei dieser Geschwindigkeit sollten wir auf n_2 *herunterschalten und zur höheren Winkelgeschwindigkeit* $\omega_e = 524\,\text{rad/s}$ *springen. Dies liefert uns*

$$n_2 = \frac{0{,}326}{4}\frac{\omega_e}{v_x} = \frac{0{,}326}{4}\frac{524}{14{,}42} = 2{,}9616 \tag{3.134}$$

Daher ist die Gang-Geschwindigkeitsbeziehung im zweiten Gang $n_i = n_2$ *wie folgt:*

$$v_x = \frac{0{,}326}{4 \times 2{,}9616}\omega_e \tag{3.135}$$

Das Herunterfahren der Winkelgeschwindigkeit des Motors auf $\omega_e = 272\,\text{rad/s}$ *reduziert die Fahrzeuggeschwindigkeit auf*

$$\begin{aligned} v_x &= \tfrac{0{,}326}{4\times 2{,}9616} \times 272 = 7{,}48\,\text{m/s} \\ &\approx 26{,}9\,\text{km/h} \end{aligned} \tag{3.136}$$

Bei dieser Geschwindigkeit schalten wir auf n_1 *herunter und springen erneut zur höheren Winkelgeschwindigkeit* $\omega_e = 524\,\text{rad/s}$. *Dies liefert uns:*

$$n_1 = \frac{0{,}326}{4}\frac{\omega_e}{v_x} = \frac{0{,}326}{4}\frac{524}{7{,}48} = 5{,}7055 \tag{3.137}$$

und daher wäre die Geschwindigkeitsgleichung für den ersten Gang:

$$v_x = \frac{0{,}326}{4 \times 5{,}7055}\omega_e \tag{3.138}$$

Im ersten Gang ist $n_i = n_1$, *und die Geschwindigkeit des Fahrzeugs am unteren Bereich der Motordrehzahl ist*

$$\begin{aligned} v_x &= \tfrac{0{,}326}{4\times 5{,}7055} \times 272 = 3{,}88\,\text{m/s} \\ &\approx 14\,\text{km/h} \approx 8.\,\text{mi/h} \end{aligned} \tag{3.139}$$

Um den vierten Gang $n_i = n_4$ zu berechnen, können wir die Gang-Geschwindigkeitsgleichung verwenden und die Motordrehzahl auf die untere Grenze $\omega_e =$ 272 rad/s setzen, während das Auto mit der maximalen Geschwindigkeit im dritten Gang fährt:

$$n_4 = \frac{0{,}326}{4} \frac{\omega_e}{v_x} = \frac{0{,}326}{4} \frac{272}{27{,}78} = 0{,}79798 \tag{3.140}$$

Daher verwendet das Vierganggetriebe die folgenden Verhältnisse:

$$\begin{aligned} n_1 &= 5{,}7055 \qquad n_2 = 2{,}9616 \\ n_3 &= 1{,}5373 \qquad n_4 = 0{,}79798 \end{aligned} \tag{3.141}$$

Um die benötigte Zeit zu berechnen, um die gewünschte Geschwindigkeit $v_x =$ 100 km/h ≈ 27,78 m/s zu erreichen, müssen wir die Zugkraftgleichungen verwenden und die Zugkraft F_x finden:

$$\begin{aligned} F_x &= \eta \tfrac{n_i n_d}{R_w} \tfrac{P_e}{\omega_e} = \tfrac{\eta}{\omega_e} \tfrac{n_i n_d}{R_w} \left(100 - \tfrac{100}{398^2} (\omega_e - 398)^2\right) \\ &= \tfrac{25}{39\,601} \tfrac{\eta}{R_w^2} n_d n_i (796 R_w - n_d n_i v_x) \text{ kN} \end{aligned} \tag{3.142}$$

Bei der Höchstgeschwindigkeit ist das Getriebe im vierten Gang, und die Zugkraft F_x ist gleich der Gesamtwiderstandskraft F_R, die als konstant angenommen wird:

$$F_x = F_R = \frac{\eta P_e}{v_x} = \frac{0{,}84 \times 90}{50} = 1{,}512 \text{ kN} \tag{3.143}$$

Daher ist die Zugkraft im ersten Gang:

$$\begin{aligned} F_x &= \tfrac{25}{39601} \tfrac{\eta}{R_w^2} n_d n_1 (796 R_w - n_d n_1 v_x) \\ &= \tfrac{25}{39601} \tfrac{0{,}84}{0{,}326^2} \times 4 \times 5{,}7055 (796 \times 0{,}326 - 4 \times 5{,}7055 v_x) \\ &= 29{,}55 - 2{,}5989 v_x \text{ kN} \end{aligned} \tag{3.144}$$

Mit Newtons Bewegungsgleichung

$$F_x - F_R = m \frac{dv_x}{dt} \tag{3.145}$$

können wir die benötigte Zeit zur Erreichung der Geschwindigkeit $v_x =$ 7,48 m/s berechnen:

$$\begin{aligned} t_1 &= m \int_0^{7{,}48} \tfrac{1}{F_x - F_R} dv_x \\ &= 860 \int_0^{7{,}48} \tfrac{10^{-3}}{29{,}55 - 2{,}5989 v_x - 1{,}512} dv_x = 0{,}39114 \text{ s} \end{aligned} \tag{3.146}$$

Im zweiten Gang haben wir:

$$\begin{aligned} F_x &= \tfrac{25}{39601} \tfrac{\eta}{R_w^2} n_d n_2 (796 R_w - n_d n_2 v_x) \\ &= \tfrac{25}{39601} \tfrac{0{,}84}{0{,}326^2} \times 4 \times 2{,}9616 (796 \times 0{,}326 - 4 \times 2{,}9616 v_x) \\ &= 15{,}339 - 0{,}70025 v_x \text{ kN} \end{aligned} \tag{3.147}$$

und daher ist die Durchlaufzeit im zweiten Gang

$$\begin{aligned} t_2 &= m \int_{7,48}^{14,42} \frac{1}{F_x - F_R} dv_x \\ &= 860 \int_{7,48}^{14,42} \frac{10^{-3}}{15,339 - 0,70025 v_x - 1,512} dv_x = 1,0246\,\mathrm{s} \end{aligned} \tag{3.148}$$

Die Zugkraftgleichung im dritten Gang ist

$$\begin{aligned} F_x &= \frac{25}{39601} \frac{\eta}{R_w^2} n_d n_3 (796 R_w - n_d n_3 v_x) \\ &= \frac{25}{39601} \frac{0,84}{0,326^2} \times 4 \times 1,5373 (796 \times 0,326 - 4 \times 1,5373 v_x) \\ &= 7,9621 - 0,18868 v_x\,\mathrm{kN} \end{aligned} \tag{3.149}$$

und die Durchlaufzeit ist

$$\begin{aligned} t_3 &= m \int_{14,42}^{27,78} \frac{1}{F_x - F_R} dv_x \\ &= 860 \int_{14,42}^{27,78} \frac{10^{-3}}{7,9621 - 0,18868 v_x - 1,512} dv_x = 5,1359\,\mathrm{s} \end{aligned} \tag{3.150}$$

Die Gesamtzeit, um die Geschwindigkeit $v_x = 100\,\mathrm{km/h} \approx 27{,}78\,\mathrm{m/s}$ *zu erreichen, ist dann gleich*

$$\begin{aligned} t &= t_0 + t_1 + t_2 + t_3 + 3 \times 0,07 \\ &= 2,58 + 0,39114 + 1,0246 + 5,1359 + 3 \times 0,47 = 10,542\,\mathrm{s} \end{aligned} \tag{3.151}$$

Beispiel 152 *Änderung des Arbeitsbereichs.*
Betrachten Sie ein Auto, das mit einem kleinen Motor ausgestattet ist, der folgende Leistungsgleichung hat:

$$P_e = 100 - \frac{100}{398^2} (\omega_e - 398)^2\,\mathrm{kW} \tag{3.152}$$

wobei ω_e *in* [rad/s] *angegeben ist. Die Eigenschaften des Autos sind*

$$m = 860\,\mathrm{kg} \qquad R_w = 0,326\,\mathrm{m} \qquad \eta = 0,84 \qquad n_d = 4 \tag{3.153}$$

Der Motor liefert eine maximale Leistung $P_M = 100\,\mathrm{kW}$ *bei* $\omega_M = 400\,\mathrm{rad/s}$.

Die Gesamtwiderstandskraft wird als konstant angenommen, und die maximal erreichbare Geschwindigkeit wird als $v_x = 180\,\mathrm{km/h}$ *angenommen. Darüber hinaus nehmen wir an, dass jeder Gangwechsel* $0{,}07\,\mathrm{s}$ *dauert und eine Mindestzeit* $t_0 = 0{,}18\,\mathrm{s}$ *benötigt wird, um die Motordrehzahl an die Geschwindigkeit des Autos im ersten Gang anzupassen. Wir möchten ein Vierganggetriebe entwerfen, um die Zeit bis zum Erreichen von* $v_x = 100\,\mathrm{km/h} \approx 27{,}78\,\mathrm{m/s}$ *zu minimieren.*

Um den besten Arbeitsbereich für den Motor zu finden, setzen wir den dritten Gang so, dass die gewünschte Geschwindigkeit $v_x = 100\,\mathrm{km/h}$ *am oberen Limit des Arbeitsbereichs erreicht wird. Daher beginnt der vierte Gang, wenn wir hochschalten, mit dem unteren Limit des Arbeitsbereichs. Wenn der vierte Gang so eingestellt ist, dass das Auto die maximale Geschwindigkeit* $v_x = 180\,\mathrm{km/h} \approx 50\,\mathrm{m/s}$ *am oberen Limit des Arbeitsbereichs erreicht, dann liefert uns die Gang-Geschwindigkeitsgleichung*

$$\omega_e = \frac{n_i \, n_d}{R_w} v_x \tag{3.154}$$

folgende Werte:

$$\omega_{Max} = \frac{4n_4}{0{,}326} \times 50 \qquad \omega_{min} = \frac{4n_4}{0{,}326} \times 27{,}78 \tag{3.155}$$

Indem wir ω_{min} und ω_{Max} auf einen gleichen Abstand von $\omega_{\text{M}} = 400\,\text{rad/s}$ setzen,

$$\frac{\omega_{Max} + \omega_{min}}{2} = 400 \tag{3.156}$$

finden wir

$$n_4 = 0{,}83826 \qquad \omega_{min} = 285{,}73\,\text{rad/ s} \qquad \omega_{Max} = 514{,}27\,\text{rad/ s} \tag{3.157}$$

Wir entwerfen ein Getriebe, sodass das Verhältnis ω_e/v_x in jedem Gang konstant gehalten wird. Die Motordrehzahl springt von ω_{min} auf ω_{Max} hoch, wenn wir von n_4 auf n_3 bei ω_{min} herunterschalten, daher gilt:

$$\omega_{Max} = \tfrac{4n_3}{0{,}326} \times 27{,}78 = 514{,}27 \tag{3.158}$$

$$n_3 = 1{,}5087 \tag{3.159}$$

Daher beträgt die Geschwindigkeit des Autos im dritten Gang bei der unteren Grenze der Motordrehzahl

$$v_x = 27{,}78 \frac{\omega_{min}}{\omega_{Max}} = 27{,}78 \times \frac{27{,}78}{50} = 15{,}435\,\text{m/ s} \tag{3.160}$$

Die Motordrehzahl springt wieder auf ω_{Max}, wenn wir sie von n_3 auf n_2 herunterschalten, daher gilt:

$$\omega_{Max} = \tfrac{4n_2}{0{,}326} \times 15{,}435 = 514{,}27 \tag{3.161}$$

$$n_2 = 2{,}715\,5 \tag{3.162}$$

Schließlich beträgt die Geschwindigkeit des Autos im zweiten Gang bei der unteren Grenze der Motordrehzahl

$$v_x = 15{,}435 \frac{\omega_{min}}{\omega_{Max}} = 15{,}435 \times \frac{27{,}78}{50} = 8{,}5757\,\text{m/ s} \tag{3.163}$$

das liefert uns das folgende Übersetzungsverhältnis im ersten Gang:

$$\omega_{Max} = \tfrac{4n_1}{0{,}326} \times 8{,}5757 = 514{,}27 \tag{3.164}$$

$$n_1 = 4{,}8874 \tag{3.165}$$

Die Geschwindigkeit des Autos im ersten Gang bei der unteren Grenze der Motordrehzahl ist dann gleich

$$v_x = 8{,}5757 \frac{\omega_{min}}{\omega_{Max}} = 8{,}5757 \times \frac{27{,}78}{50} = 4{,}7647\,\text{m/s} \tag{3.166}$$

Daher haben die vier Gänge des Getriebes die folgenden Verhältnisse:

$$\begin{array}{ll} n_1 = 4{,}8874 & n_2 = 2{,}7155 \\ n_3 = 1{,}5087 & n_4 = 0{,}83826 \end{array} \tag{3.167}$$

und der Arbeitsbereich für den Motor ist

$$285{,}73\,\text{rad/s}(\approx 2730\,\text{rpm}) \le \omega_e \le 514{,}27\,\text{rad/s}(\approx 4911\,\text{rpm}) \tag{3.168}$$

*Die Leistungskurve (*3.152*) ist in Abb.* 3.17 *dargestellt und der Arbeitsbereich ist schattiert. Das Gang-Geschwindigkeits-Diagramm dieses Designs ist in Abb.* 3.18 dargestellt.

Ausgleich der Zugkraft F_x *und der Gesamtwiderstandskraft* F_R *bei der Höchstgeschwindigkeit liefert uns:*

$$F_x = F_R = \frac{\eta P_e}{v_x} = \frac{0{,}84 \times 90}{50} = 1{,}512\,\text{kN} \tag{3.169}$$

Die Zugkraft im ersten Gang beträgt

$$\begin{aligned} F_x &= \tfrac{25}{39601} \tfrac{\eta}{R_w^2} n_d n_1 (796 R_w - n_d n_1 v_x) \\ &= \tfrac{25}{39601} \tfrac{0{,}84}{0{,}326^2} \times 4 \times 4{,}8874(796 \times 0{,}326 - 4 \times 4{,}8874 v_x) \\ &= 25{,}313 - 1{,}907 v_x\,\text{kN} \end{aligned} \tag{3.170}$$

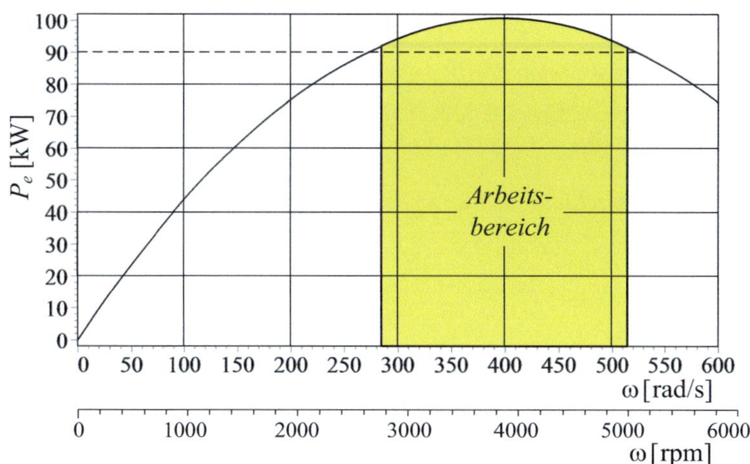

Abb. 3.17 Die Leistungskurve (3.152) und ihr Arbeitsbereich

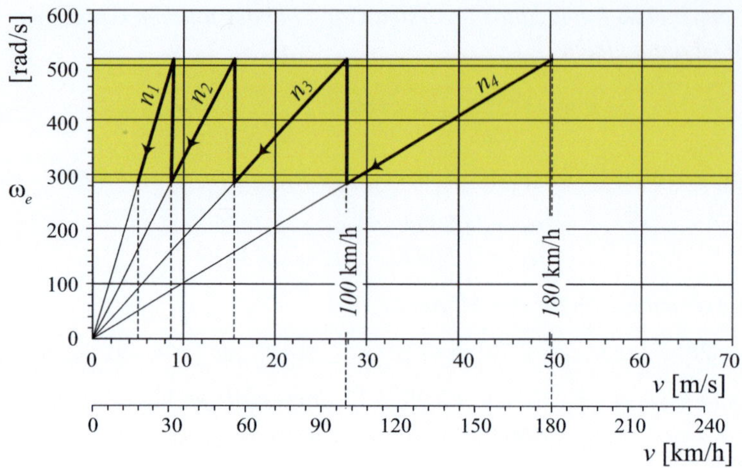

Abb. 3.18 Das Gang-Geschwindigkeits-Diagramm für Beispiel 152

Die Zeit im ersten Gang n_1 kann durch Integration der Bewegungsgleichung von Newton berechnet werden:

$$F_x - F_R = m\frac{dv_x}{dt} \tag{3.171}$$

und die Geschwindigkeit von $v_x = 0$ bis $v_x = 8{,}5757$ m/s durchlaufen

$$\begin{aligned} t_1 &= m\int_0^{8{,}5757} \frac{1}{F_x - F_R} dv_x \\ &= 860\int_0^{8{,}5757} \frac{10^{-3}}{25{,}313 - 1{,}907v_x - 1{,}512} dv_x = 0{,}52398\,\text{s} \end{aligned} \tag{3.172}$$

Im zweiten Gang ist die Zugkraft

$$\begin{aligned} F_x &= \frac{25}{39601}\frac{\eta}{R_w^2} n_d n_2 (796R_w - n_d n_2 v_x) \\ &= \frac{25}{39601}\frac{0{,}84}{0{,}326^2} \times 4 \times 2{,}7155(796 \times 0{,}326 - 4 \times 2{,}7155v_x) \\ &= 14{,}064 - 0{,}5887v_x\,\text{kN} \end{aligned} \tag{3.173}$$

und daher ist die Durchlaufzeit im zweiten Gang

$$\begin{aligned} t_2 &= m\int_{8{,}5757}^{15{,}435} \frac{1}{F_x - F_R} dv_x \\ &= 860\int_{8{,}5757}^{15{,}435} \frac{10^{-3}}{14{,}064 - 0{,}5887v_x - 1{,}512} dv_x = 1{,}1286\,\text{s} \end{aligned} \tag{3.174}$$

Im dritten Gang ist die Zugkraft

$$\begin{aligned} F_x &= \frac{25}{39601}\frac{\eta}{R_w^2} n_d n_3 (796R_w - n_d n_3 v_x) \\ &= \frac{25}{39601}\frac{0{,}84}{0{,}326^2} \times 4 \times 1{,}5087(796 \times 0{,}326 - 4 \times 1{,}5087v_x) \\ &= 7{,}814 - 0{,}18172v_x\,\text{kN} \end{aligned} \tag{3.175}$$

und die dritte Durchlaufzeit ist

$$\begin{aligned} t_3 &= m \int_{15,435}^{27,78} \frac{1}{F_x - F_R} dv_x \\ &= 860 \int_{15,435}^{27,78} \frac{10^{-3}}{7,814 - 0,18172 v_x - 1,512} dv_x = 4,8544\,\mathrm{s} \end{aligned} \tag{3.176}$$

Die Gesamtzeit, um die Geschwindigkeit $v_x = 100\,\mathrm{km/h} \approx 27{,}78\,\mathrm{m/s}$ *zu erreichen, ist dann gleich*

$$\begin{aligned} t &= t_0 + t_1 + t_2 + t_3 + 3 \times 0{,}07 \\ &= 2{,}58 + 0{,}52398 + 1{,}1286 + 4{,}8544 + 3 \times 0{,}47 = 10{,}497\,\mathrm{s} \end{aligned} \tag{3.177}$$

3.4.2 ★ Progressive Getriebeauslegung

Wenn der Geschwindigkeitsbereich eines Fahrzeugs in zwei aufeinanderfolgenden Gängen konstant gehalten wird, nennen wir das Getriebe *progressiv*. Die Auslegungsbedingung für ein progressives Getriebe ist:

$$n_{i+1} = \frac{n_i n_{i-1}}{2n_{i-1} - n_i} \tag{3.178}$$

wobei n_{i-1}, n_i und n_{i+1} die Übersetzungsverhältnisse von drei aufeinanderfolgenden Gängen sind.

Beweis Ein progressives Getriebe hat in jedem Gang eine konstante Fahrzeuggeschwindigkeitsspanne. Daher muss ein progressives Getriebe ein Geschwindigkeitsdiagramm wie das in Abb. 3.19 gezeigte haben.

Die maximale Fahrzeuggeschwindigkeit im Gang n_i wird durch v_i, im Gang n_{i-1} durch v_{i-1} und im Gang n_{i+1} durch v_{i+1} angegeben, wir haben

$$\omega_2 = \frac{n_i\, n_d}{R_w} v_i = \frac{n_{i-1}\, n_d}{R_w} v_{i-1} = \frac{n_{i+1}\, n_d}{R_w} v_{i+1} \tag{3.179}$$

Der Unterschied in der Fahrzeuggeschwindigkeit bei maximaler Motordrehzahl ist

$$v = v_i - v_{i-1} = v_{i+1} - v_i \tag{3.180}$$

und daher gilt:

$$v_{i+1} + v_{i-1} = 2v_i \tag{3.181}$$

$$\frac{v_{i+1}}{v_i} + \frac{v_{i-1}}{v_i} = 2 \tag{3.182}$$

$$\frac{n_i}{n_{i+1}} + \frac{n_i}{n_{i-1}} = 2 \tag{3.183}$$

$$n_{i+1} = \frac{n_i n_{i-1}}{2n_{i-1} - n_i} \tag{3.184}$$

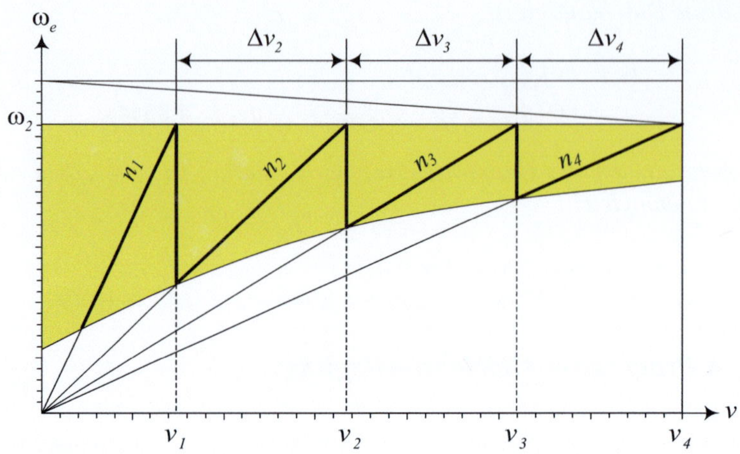

Abb. 3.19 Ein Geschwindigkeitsdiagramm für ein progressives Getriebedesign

Der Stufensprung eines progressiven Getriebes nimmt in höheren Gängen ab. Wenn der Stufensprung c_{g_i} zwischen n_i und n_{i+1} ist

$$\frac{n_i}{n_{i+1}} = c_{g_i} \tag{3.185}$$

dann ist

$$c_{g_i} = 2 - \frac{1}{c_{g_{i-1}}} \tag{3.186}$$

■

Beispiel 153 *Ein progressives Getriebe mit drei Gängen..*
Die Leistung des Motors eines Autos mit $\eta = \eta_{\mathrm{d}}\eta_{\mathrm{g}} = 0{,}84$ ist

$$P_e = 100 - \frac{100}{398^2}(\omega_e - 398)^2 \,\mathrm{kW} \tag{3.187}$$

wobei ω_{e} in $[\,\mathrm{rad/\,s}]$ angegeben ist und

$$P_M = 100\,\mathrm{kW} \qquad \omega_M = 400\,\mathrm{rad/\,s} \tag{3.188}$$

Die Differenzialübersetzung und der äquivalente Reifenradius sind

$$n_d = 4 \qquad R_w = 0,326\,\mathrm{m} \tag{3.189}$$

Die Gesamtwiderstandskraft wird als konstant angenommen, und der Motor kann das Auto bei maximaler Geschwindigkeit $v_{\mathrm{x}} = 180\,\mathrm{km/h} = 50\,\mathrm{m/s}$ nicht mehr beschleunigen.

Mit der Geschwindigkeitsgleichung (3.48) ist das Verhältnis zwischen Fahrzeug- und Motorgeschwindigkeit

$$v_x = \frac{R_w}{n_d\, n_i}\omega_e = \frac{0{,}326}{4\, n_i}\omega_e \tag{3.190}$$

Wir möchten ein vierstufiges progressives Getriebe mit gleichen Geschwindigkeitsspannen entwerfen, so dass das Auto die maximale Geschwindigkeit im vierten Gang erreicht, wenn der Motor auf der maximal zulässigen Geschwindigkeit $\omega_2 = \omega_e = 524\,\text{rad/s} \approx 5000\,\text{U/min}$ *läuft.*

Die Aufteilung der maximalen Geschwindigkeit des Autos in vier gleiche Segmente bestimmt die Geschwindigkeitsspanne bei jedem Gang:

$$v = \frac{v_M}{4} = \frac{50}{4} = 12{,}5\,\text{m/ s} \tag{3.191}$$

Daher sind die maximalen Geschwindigkeiten des Autos für die vier Gänge:

$$v_1 = 12{,}5 \tag{3.192}$$

$$v_2 = v_1 + \quad v = 12{,}5 + 12{,}5 = 25\,\text{m/ s} \tag{3.193}$$

$$v_3 = v_2 + \quad v = 25 + 12{,}5 = 37{,}5\,\text{m/ s} \tag{3.194}$$

$$v_4 = v_3 + \quad v = 37{,}5 + 12{,}5 = 50\,\text{m/ s} \tag{3.195}$$

Unter der Annahme, dass die maximalen Geschwindigkeiten des Autos alle bei der maximal zulässigen Motordrehzahl $\omega_e = 524\,\text{rad/s}$ *erreicht werden, bestimmt die Geschwindigkeitsgleichung (3.190) die Getriebeübersetzungen:*

$$n_4 = \tfrac{0{,}326}{4v_4}\omega_e = \tfrac{0{,}326}{4\times 50}524 = 0{,}85412 \tag{3.196}$$

$$n_3 = \tfrac{0{,}326}{4v_3}\omega_e = \tfrac{0{,}326}{4\times 37{,}5}524 = 1{,}1388 \tag{3.197}$$

$$n_2 = \tfrac{0{,}326}{4v_2}\omega_e = \tfrac{0{,}326}{4\times 25}524 = 1{,}7082 \tag{3.198}$$

$$n_1 = \tfrac{0{,}326}{4v_1}\omega_e = \tfrac{0{,}326}{4\times 12{,}5}524 = 3{,}4165 \tag{3.199}$$

Die minimale Motordrehzahl ω_1 *bei der das Getriebe gewechselt werden sollte, ist keine Konstante. Nehmen wir an, das Getriebe ist in* n_1 *und die Motordrehzahl erreicht den maximalen Wert von* $\omega_e = 524\,\text{rad/s}$. *Zu diesem Zeitpunkt müssen wir auf* n_2 *hochschalten und die Motordrehzahl senken. Das Einsetzen von* v_1 *in Gl. (3.198) bestimmt die Motordrehzahl beim ersten Hochschalten:*

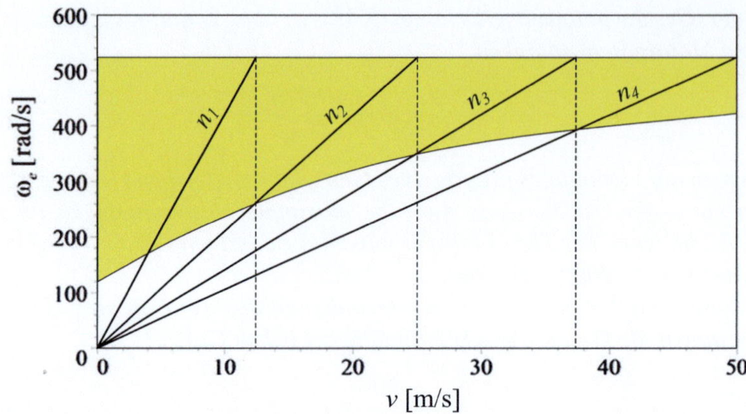

Abb. 3.20 Die Beziehungen zwischen der Motordrehzahl und der Fahrzeuggeschwindigkeit in verschiedenen Gängen

$$\omega_e = \frac{4v_1 n_2}{0{,}326} = \frac{4 \times 12{,}5 \times 1{,}7082}{0{,}326} = 261{,}99\,\text{rad/ s} \tag{3.200}$$

Das Einsetzen von v_2 in Gl. (3.197) *bestimmt die Motordrehzahl beim zweiten Hochschalten:*

$$\omega_e = \frac{4v_2 n_3}{0{,}326} = \frac{4 \times 25 \times 1{,}1388}{0{,}326} = 349{,}33\,\text{rad/ s} \tag{3.201}$$

Das Einsetzen von v_3 in Gl. (3.196) *bestimmt die Motordrehzahl beim dritten Hochschalten:*

$$\omega_e = \frac{4v_3 n_4}{0{,}326} = \frac{4 \times 37{,}5 \times 0{,}85412}{0{,}326} = 393\,\text{rad/ s} \tag{3.202}$$

Abb. 3.20 *veranschaulicht die Geschwindigkeitsgleichungen des Getriebes, um die Beziehungen zwischen Motordrehzahl und Fahrzeuggeschwindigkeit in verschiedenen Gängen zu zeigen.*

3.5 Zusammenfassung

Die maximal erreichbare Leistung P_e eines Verbrennungsmotors ist eine Funktion der Motordrehzahl ω_e. Diese Funktion muss durch Experimente bestimmt werden, jedoch kann die *Leistungsperformance*-Funktion $P_e = P_e(\omega_e)$ durch eine mathematische Funktion wie

$$P_e = P_1\,\omega_e + P_2\,\omega_e^2 + P_3\,\omega_e^3 \tag{3.203}$$

abgeschätzt werden, wobei

$$P_1 = \frac{P_M}{\omega_M} \qquad P_2 = \frac{P_M}{\omega_M^2} \qquad P_3 = -\frac{P_M}{\omega_M^3} \tag{3.204}$$

ω_M ist die Winkelgeschwindigkeit, gemessen in [rad/s], bei der die Motorleistung den maximalen Wert P_M gemessen in [W = N m/s] erreicht.

Das Motordrehmoment T_e, das P_e liefert, ist

$$T_e = \frac{P_e}{\omega_e} = P_1 + P_2\,\omega_e + P_3\,\omega_e^2 \tag{3.205}$$

Ein idealer Motor ist derjenige, der eine konstante Leistung unabhängig von der Geschwindigkeit erzeugt. Für den idealen Motor haben wir:

$$P_e = P_0 \qquad T_e = \frac{P_0}{\omega_e} \tag{3.206}$$

Wir verwenden ein Getriebe, um den Motor annähernd bei einer konstanten Leistung nahe P_M arbeiten zu lassen. Zur Auslegung eines Getriebes verwenden wir zwei Gleichungen: die *Geschwindigkeitsgleichung:*

$$\omega_e = \frac{n_i\,n_d}{R_w}\,v_x \tag{3.207}$$

und die *Zugkraftgleichung:*

$$T_e = \frac{1}{\eta}\,\frac{R_w}{n_i n_d} F_x \tag{3.208}$$

Diese Gleichungen besagen, dass die Vorwärtsgeschwindigkeit v_x eines Fahrzeugs proportional zur Winkelgeschwindigkeit des Motors ω_e ist, und die *Zugkraft* F_x der Reifen ist proportional zum Motordrehmoment T_e, wobei R_w der effektive Reifenradius ist, n_d das Differentialübersetzungsverhältnis, n_i das Getriebeübersetzungsverhältnis in Gangnummer i und η der Gesamtwirkungsgrad des Antriebsstrangs.

3.6 Schlüsselsymbole

$a \equiv \ddot{x}$	Beschleunigung
$a_i, i=0,\cdots,6$	Koeffizienten der Funktion $T_e = T_e \omega_e$
a_x	Beschleunigungskapazität
AWD	Allradantrieb
c_g	konstantes relatives Getriebeverhältnis
C_c	Schlupffaktor
d	zurückgelegte Strecke
D	Kupplungsdurchmesser
E	Energie
F_x	Zugkraft
FWD	Vorderradantrieb
H	thermischer Wert des Kraftstoffs
m	Fahrzeugmasse
$n = \omega_{in}/\omega_{out}$	Getriebeuntersetzung
n_i	Getriebeübersetzung im Gang i
n_d	Übersetzungsverhältnis
n_g	gesamtes Übersetzungsverhältnis
P	Leistung
P_0	ideale konstante Motorleistung
P_1, P_2, P_3	Koeffizienten der Leistungsperformance-Funktion
P_e	maximal erreichbare Leistung eines Motors
$P_e = P_e \omega_e$	Leistungsperformance-Funktion
P_M	maximale Leistung
q	Kraftstoffverbrauch pro Streckeneinheit
$r = \omega/\omega_n$	Frequenzverhältnis
RWD	Hinterradantrieb
T_d	Eingangsdrehmoment des Differentials
T_e	Motor-Drehmoment
T_M	maximales Drehmoment
T_w	Raddrehmoment
$v \equiv \dot{x}$, $\mathbf{v}$	Geschwindigkeit
v_{min}	minimale Fahrzeuggeschwindigkeit entsprechend ω_{min}
$\triangle v$	Unterschied in der maximalen Fahrzeuggeschwindigkeit bei zwei verschiedenen Gängen
x, y, z, $\mathbf{x}$	Verschiebung
η	Gesamtwirkungsgrad
η_c	Wandler-Wirkungsgrad
η_e	Motor-Wirkungsgrad
η_M	mechanischer Wirkungsgrad
η_t	Getriebe-Wirkungsgrad

η_t	thermischer Wirkungsgrad
η_T	thermischer Wirkungsgrad
η_V	volumetrischer Wirkungsgrad
μ_x	Haftungskoeffizient
ρ	Öldichte
ρ_f	Kraftstoffdichte
φ	Steigung der Straße
ω_d	Eingangswinkelgeschwindigkeit des Differentials
ω_e	Motorwinkelgeschwindigkeit
ω_{min}	minimale Motordrehzahl
ω_M	Motorwinkelgeschwindigkeit bei maximaler Leistung
ω_{Max}	maximale Motordrehzahl
ω_p	Pumpenwinkelgeschwindigkeit
$\omega_r = \omega_{out}/\omega_{in}$	Geschwindigkeitsverhältnis

Übungen

1. Leistungsperformance
   Ein Audi $R8^{TM}$ mit $m = 1558\,\text{kg}$ hat einen V 8-Motor mit
   $$P_M = 313\,\text{kW} \approx 420\,\text{PS}\ bei\ \omega_M = 7800\ rpm$$
   und ein Audi *TT* Coupe^{TM} mit $m = 1430\,\text{kg}$ hat einen V 6-Motor mit
   $$P_M = 184\,\text{kW} \approx 250\,\text{PS}\ bei\ \omega_M = 6300\ rpm$$
   Bestimmen Sie die Leistungsperformance-Gleichungen ihrer Motoren und vergleichen Sie das Leistungsmasseverhältnis P_M/m der Autos.
2. Leistungs- und Drehmomentperformance
   Ein Modell des Nissan *NISMO* 350Z mit $m = 1522\,\text{kg}$ hat einen V 6-Motor mit
   $$\begin{aligned} P_M &= 228\,\text{kW} \approx 306\,\text{PS}\ bei\ \omega_M = 6800\,\text{rpm} \\ T_M &= 363\,\text{N m}\ bei\ \omega = 4800\,\text{rpm} \end{aligned}$$
   Bestimmen Sie die Leistungs- und Drehmomentperformance-Gleichungen und vergleichen Sie T_M aus der Drehmomentgleichung mit der oben angegebenen Zahl.
3. Leistungsperformance und Modellierung
   Der BMW X3^{TM} wird in vier Modellen mit vier verschiedenen Motoren angeboten: xDrive20d, xDrive25i, xDrive30i und xDrive30d. Die maximale Leistung und das Drehmoment der Modelle und ihre zugehörige Motordrehzahl sind

	P_M kW	ω_M rpm	T_M N m	ω rpm	m kg
xDrive20d	130	4000	350	1750	1750
xDrive25i	160	6500	250	2750	1755
xDrive30i	200	6650	315	2750	1765
xDrive30d	160	4000	500	1750	1810

   (a) Verwenden Sie die Gl. (3.1) um die Leistungsperformance dieser Fahrzeuge auszudrücken.
   (b) Bestimmen Sie das maximale Drehmoment jedes Fahrzeugs auf Basis der analytischen Leistungsperformance-Gleichung. Vergleichen Sie die berechneten maximalen Drehmomente mit den tatsächlichen Werten und bestimmen Sie, welches Fahrzeug besser durch die analytische Gleichung modelliert werden kann.
4. Umrechnung des Kraftstoffverbrauchs
   Ein Modell des Subaru Impreza *WRX* STI^{TM} mit $m = 1521\,\text{kg}$ hat einen turboaufgeladenen Flat-4-Motor mit
   $$P_M = 219\,\text{kW} \approx 293\,\text{PS}\ bei\ \omega_M = 6000\,\text{rpm}$$
   Der Kraftstoffverbrauch des Autos beträgt 19 mi/gal in der Stadt und 25 mi/gal auf der Autobahn. Bestimmen Sie den Kraftstoffverbrauch in Liter pro 100 km.

5. Zugkraft
Ein Modell des Mercedes-Benz *SLR* 722 Edition^{TM} mit $m = 1724$ kg hat einen aufgeladenen V 8-Motor mit

$$P_M = 485\,\text{kW} \approx 650\,\text{PS}\ bei\ \omega_M = 6500\,\text{rpm}$$

Die maximale Geschwindigkeit des Autos beträgt

$$v_M = 337\,\text{km/ h}$$

Nehmen Sie an, dass die maximale Geschwindigkeit bei der maximalen Leistung auftritt, und verwenden Sie einen Gesamtwirkungsgrad $\eta = 0,75$, um die Zugkraft bei der maximalen Geschwindigkeit zu bestimmen.

6. Getriebe Geschwindigkeitsgleichung
Der BMW X3^{TM} hat vier Modelle mit vier verschiedenen Getrieben: xDrive20d, xDrive25i, xDrive30i und xDrive30d. Die Masse der Fahrzeuge und das Übersetzungsverhältnis ihrer Getriebe sind gegeben durch:

	n_1	n_2	n_3	n_4	n_5	n_6	n_r	n_d
xDrive20d	4,17	2,34	1,52	1,14	0,87	0,69	3,4	3,73
xDrive25i	4,07	2,37	1,55	1,16	0,85	0,67	3,20	4,44
xDrive30i	4,07	2,37	1,55	1,16	0,85	0,67	3,20	4,44
xDrive30d	4,17	2,34	1,52	1,14	0,87	0,69	3,40	3,46

Alle Modelle verwenden die gleichen Reifen und Felgen: 235⁄55 *R* 17, 8*Jx*17, und einige andere Spezifikationen der Fahrzeuge sind in Übung 3 angegeben, falls benötigt.

(a) Verwenden Sie die Geschwindigkeitsgleichung und stellen Sie sie in vier Diagrammen für die Fahrzeuge dar.
(b) Angenommen $\eta = 1$, stellen Sie im gleichen Diagramm das Beschleunigungsvermögen der Fahrzeuge zum Vergleich dar.
(c) Nehmen Sie an, dass $\omega_2 = 1{,}2\ \omega_M$ ist und erstellen Sie eine Tabelle der verschiedenen ω_1 bei jedem Gangwechsel für alle Fahrzeuge.
(d) Untersuchen Sie den Stabilitätszustand des Getriebes für alle Getriebe.
(e) ⋆ Bestimmen Sie das beste konstante ω_1 und ω_2 für jedes Getriebe, sodass das Getriebe so nah wie möglich an einem geometrischen Design ist.

7. Autogeschwindigkeit und Motordrehzahl
Ein Modell des Toyota Camry^{TM} hat einen 3. 5-Liter 6-Zylinder-Motor mit

$$P_M = 268\,\text{PS}\ bei\ \omega_M = 6200\,\text{rpm}$$

Das Auto verwendet einen Transaxle/Frontantrieb und ist mit einem sechsgängigen ECT-i Automatikgetriebe ausgestattet.

$$\begin{array}{rr}
1st \text{ gear ratio} = n_1 = 3.300 & 2nd \text{ gear ratio} = n_2 = 1.900 \\
3rd \text{ gear ratio} = n_3 = 1.420 & 4th \text{ gear ratio} = n_4 = 1.000 \\
5th \text{ gear ratio} = n_5 = 0.713 & 6th \text{ gear ratio} = n_6 = 0.609 \\
\text{reverse gear ratio} = n_r = 4.148 & \text{final drive ratio} = n_d = 3.685
\end{array}$$

Bestimmen Sie die Geschwindigkeit des Autos bei jedem Gang, wenn der Motor mit ω_M läuft, und es ausgestattet ist mit:
(a) $P215/55R17$ Reifen,
(b) $P215/60R16$ Reifen.

8. Gang-Geschwindigkeitsgleichungen
Ein Modell des Ford Mondeo[TM] ist ausgestattet mit einem 2. 0-Liter-Motor, der hat

$$T_M = 185\,\text{N m}\ bei\ \omega_e = 4500\,\text{rpm}$$

Es hat ein manuelles Fünfganggetriebe mit:

$$\begin{array}{rr} 1st\ \text{gear ratio} = n_1 = 3.42 & 2nd\ \text{gear ratio} = n_2 = 2.14 \\ 3rd\ \text{gear ratio} = n_3 = 1.45 & 4th\ \text{gear ratio} = n_4 = 1.03 \\ 5th\ \text{gear ratio} = n_5 = 0.81 & \\ \text{reverse gear ratio} = n_r = 3.46 & \text{final drive ratio} = n_d = 4.06 \end{array}$$

Wenn die Reifen des Autos $205/55R16$ sind, bestimmen Sie die Gang-Geschwindigkeitsgleichungen für jeden Gang.

9. Endantrieb und Getriebeübersetzungen
Ein Modell von Renault/Dacia Logan[TM] mit $m = 1115\,\text{kg}$ hat einen Vierzylindermotor mit

$$\begin{aligned} P_M &= 77\,\text{kW} \approx 105\,\text{hp}\ at\ \omega_M = 5750\,\text{rpm} \\ T_M &= 148\,\text{N m}\ at\ \omega_e = 3750\,\text{rpm} \\ v_M &= 183\,\text{km/h} \\ Tires &= 185/65R15 \end{aligned}$$

Es hat ein Fünfganggetriebe. Wenn der Motor mit 1000 U/min läuft, beträgt die Geschwindigkeit des Autos bei jedem Gang

$$\begin{aligned} \text{Geschwindigkeit im 1. Gang} &= v_{M_1} = 7,25\,\text{km/h} \\ \text{Geschwindigkeit im 2. Gang} &= v_{M_2} = 13,18\,\text{km/h} \\ \text{Geschwindigkeit im 3. Gang} &= v_{M_3} = 19,37\,\text{km/h} \\ \text{Geschwindigkeit im 4. Gang} &= v_{M_4} = 26,21\,\text{km/h} \\ \text{Geschwindigkeit im 5. Gang} &= v_{M_5} = 33,94\,\text{km/h} \end{aligned}$$

Bewerten Sie die Getriebeübersetzungen $n_i, i = 1, 2, \cdots 5$ für $n_d = 4$.

10. Zugkraftgleichung
Ein Modell des Jeep Wrangler[TM] ist mit einem $V\,6$-Motor ausgestattet und hat die folgenden Spezifikationen:

$$\begin{aligned} P_M &= 153\,\text{kW} \approx 205\,\text{PS}\ bei\ \omega_M = 5200\,\text{rpm} \\ T_M &= 325\,\text{Nm}\ \text{bei}\ \omega_e = 4000\,\text{rpm} \end{aligned}$$

Ein Modell des Autos kann ein Sechsgang-Schaltgetriebe mit den folgenden Getriebeübersetzungen haben

$$\begin{array}{rr} 1st\ \text{gear ratio} = n_1 = 4.46 & 2nd\ \text{gear ratio} = n_2 = 2.61 \\ 3rd\ \text{gear ratio} = n_3 = 1.72 & 4th\ \text{gear ratio} = n_4 = 1.25 \\ 5th\ \text{gear ratio} = n_5 = 1.00 & 6th\ \text{gear ratio} = n_6 = 0.84 \\ \text{reverse gear ratio} = n_r = 4.06 & \text{final drive ratio} = n_d = 3.21 \end{array}$$

oder ein Viergang-Automatikgetriebe mit den folgenden Getriebeübersetzungen:

$$\begin{array}{rr} 1st \text{ gear ratio} = n_1 = 2.84 & 2nd \text{ gear ratio} = n_2 = 1.57 \\ 3rd \text{ gear ratio} = n_3 = 1.0 & 4th \text{ gear ratio} = n_4 = 0.69 \\ \text{reverse gear ratio} = n_r = 2.21 & \text{final drive ratio} = n_d = 4.10 \end{array}$$

Nehmen Sie

$$\eta = 0.8 \qquad Tires = 245/75R16$$

an und bestimmen Sie die Zugkraftgleichung für die beiden Modelle.

11. Beschleunigungsvermögen
Der Lamborghini Murcielago[TM] ist mit einem 6.2-Liter V 12-Motor ausgestattet und hat die folgenden Spezifikationen:

$$\begin{aligned} P_M &= 631\,\text{PS } bei\ \omega_M = 8000\,\text{rpm} \\ T_M &= 660\,\text{Nm } bei\ \omega_M = 6000\,\text{rpm} \end{aligned}$$

$$\begin{aligned} m &= 1650\,\text{kg} \\ Vorderreifen &= P245/35ZR18 \\ Hinterreifen &= P335/30ZR18 \end{aligned}$$

Das Getriebe des Autos verwendet Übersetzungen, die den folgenden Werten nahekommen:

$$\begin{array}{rr} 1st \text{ gear ratio} = n_1 = 2.94 & 2nd \text{ gear ratio} = n_2 = 2.056 \\ 3rd \text{ gear ratio} = n_3 = 1.520 & 4th \text{ gear ratio} = n_4 = 1.179 \\ 5th \text{ gear ratio} = n_5 = 1.030 & 6th \text{ gear ratio} = n_6 = 0.914 \\ \text{reverse gear ratio} = n_r = 2.529 & \text{final drive ratio} = n_d = 3.42 \end{array}$$

Wenn $\eta = 0,8$, dann
(a) bestimmen Sie die Radmomentfunktion bei jedem Gang,
(b) bestimmen Sie das Beschleunigungsvermögen des Autos.

12. ⋆ Getriebestabilität
Ein Modell des Jaguar XJ[TM] ist ein Heckantriebsauto mit einem 4.2-Liter V 8-Motor. Einige der Spezifikationen des Autos sind den folgenden Werten nahe:

$$\begin{aligned} m &= 1650\,\text{kg} \qquad l = 3,03\,\text{m} \\ Vorderreifen &= P235/50R18 \\ Hinterreifen &= P235/50R18 \\ P_M &= 300\,\text{PS } bei\ \omega_M = 6000\,\text{rpm} \end{aligned}$$

Wenn die Getriebeübersetzungen des Getriebes des Autos

$$\begin{array}{rr} 1st \text{ gear ratio} = n_1 = 4.17 & 2nd \text{ gear ratio} = n_2 = 2.34 \\ 3rd \text{ gear ratio} = n_3 = 1.52 & 4th \text{ gear ratio} = n_4 = 1.14 \\ 5th \text{ gear ratio} = n_5 = 0.87 & 6th \text{ gear ratio} = n_6 = 0.69 \\ \text{reverse gear ratio} = n_r = 3.4 & \text{final drive ratio} = n_d = 2.87 \end{array}$$

sind, überprüfen Sie die Stabilitätsbedingung des Getriebes. Falls das relative Getriebeverhältnis nicht konstant ist, bestimmen Sie die neuen Getriebeübersetzungen unter Verwendung des relativen Verhältnisses der ersten beiden Gänge.

13. ⋆ Geometrisches Getriebedesign.
Der Lamborghini Diablo^{TM} ist ein Auto mit Heckantrieb, das in den Jahren 1990–2000 gebaut wurde. Das Auto ist mit einem 5,7-Liter V 12-Motor ausgestattet. Einige der Spezifikationen des Autos sind gegeben durch:

$$\begin{aligned} P_M &= 492\,\text{PS bei } \omega_M = 7000\,\text{rpm} \\ T_M &= 580\,\text{N m } bei\ \omega_e = 5200\,\text{rpm} \\ v_M &= 328\,\text{km/h} \end{aligned}$$

$$\begin{aligned} m &= 1576\,\text{kg} & l &= 2650\,\text{mm} \\ w_f &= 1540\,\text{mm} & w_r &= 1640\,\text{mm} \\ \text{Vorderreifen} &= 245/40ZR17 & \text{Hinterreifen} &= 335/35ZR17 \end{aligned}$$

Die Übersetzungsverhältnisse des Getriebes des Autos sind ungefähr folgende Werte:

$$\begin{aligned} 1st \text{ gear ratio} &= n_1 = 2.31 & v_M &= 97.3\,\text{km/h} \approx 60.5\,\text{mi/h} \\ 2nd \text{ gear ratio} &= n_2 = 1.52 & v_M &= 147.7\,\text{km/h} \approx 91.8\,\text{mi/h} \\ 3rd \text{ gear ratio} &= n_3 = 1.12 & v_M &= 200.2\,\text{km/h} \approx 124\,\text{mi/h} \\ 4th \text{ gear ratio} &= n_4 = 0.88 & v_M &= 254.8\,\text{km/h} \approx 158.4\,\text{mi/h} \\ 5th \text{ gear ratio} &= n_5 = 0.68 & v_M &= 325\,\text{km/h} \approx 202\,\text{mi/h} \\ \text{reverse gear ratio} &= n_r = 2.12 & v_M &= 105.7\,\text{km/h} \approx 65.7\,\text{mi/h} \\ \text{final drive ratio} &= n_d = 2.41 \end{aligned}$$

Nehmen Sie an, $\eta = 0{,}9$ und
(a) Bestimmen Sie den Stufenwechsel c_g bei jedem Gangwechsel.
(b) Bestimmen Sie den Geschwindigkeitsbereich für jeden Gangwechsel.
(c) Bestimmen Sie die Motordrehzahl bei der maximalen Geschwindigkeit des Autos für jeden Gang.
(d) Bestimmen Sie die Leistungsgleichung und finden Sie die Motorleistung bei der maximalen Geschwindigkeit des Autos für jeden Gang.
(e) Es gibt einen Unterschied zwischen der Höchstgeschwindigkeit des Autos und der maximalen Geschwindigkeit im 5*ten* Gang. Finden Sie die Motorleistung bei der Höchstgeschwindigkeit des Autos. Bestimmen Sie auf der Grundlage der Höchstgeschwindigkeit die gesamten Widerstandskräfte.

14. Vergleich von manueller und automatischer Schaltung
Ein Modell des Nissan U12 Pintara^{TM} kann mit manueller oder automatischer Schaltung geliefert werden. Ein Modell mit manueller Schaltung hat Übersetzungsverhältnisse und Eigenschaften, die den folgenden Werten nahekommen:

$$\begin{aligned} 1st \text{ gear ratio} &= n_1 = 3.285 & 2nd \text{ gear ratio} &= n_2 = 1.850 \\ 3rd \text{ gear ratio} &= n_3 = 1.272 & 4th \text{ gear ratio} &= n_4 = 0.954 \\ 5th \text{ gear ratio} &= n_5 = 0.740 \\ \text{reverse gear ratio} &= n_r = 3.428 & \text{final drive ratio} &= n_d = 3.895 \end{aligned}$$

und das Modell mit einer automatischen Schaltung hat Übersetzungsverhältnisse, die den folgenden Werten nahekommen:

$$\begin{array}{ll} 1st \text{ gear ratio} = n_1 = 2.785 & 2nd \text{ gear ratio} = n_2 = 1.545 \\ 3rd \text{ gear ratio} = n_3 = 1.000 & 4th \text{ gear ratio} = n_4 = 0.694 \\ \text{reverse gear ratio} = n_r = 2.272 & \text{final drive ratio} = n_d = 3.876 \end{array}$$

Vergleichen Sie die Schaltungen nach geometrischen Designbedingungen und bestimmen Sie, welche die maximale Abweichung aufweist.

15. ⋆ Progressives und geometrisches Getriebedesign
Ein Allradmodell des Hyundai Santa Fe^{TM} hat Spezifikationen, die den folgenden Zahlen nahekommen:

$$\begin{aligned} P_M &= 242\,\text{hp} at \omega_M = 6000\,\text{rpm} \\ T_M &= 226\,\text{lb ft} at \omega_e = 4500\,\text{rpm} \\ m &= 1724\,\text{kg} \approx 4022\,\text{lb} \\ l &= 2700\,\text{mm} \approx 106.3\,\text{in} \\ Tires &= P235/70R16 \end{aligned}$$

$$\begin{array}{ll} 1st \text{ gear ratio} = n_1 = 3.79 & 2nd \text{ gear ratio} = n_2 = 2.06 \\ 3rd \text{ gear ratio} = n_3 = 1.42 & 4th \text{ gear ratio} = n_4 = 1.03 \\ 5th \text{ gear ratio} = n_5 = 0.73 & \\ \text{reverse gear ratio} = n_r = 3.81 & \text{final drive ratio} = n_d = 3.68 \end{array}$$

Das Auto kann eine Geschwindigkeit $v = 200{,}2\,\text{km/h}$ bei der maximalen Leistung P_M im Endgang $n_5 = 0{,}73$ erreichen. Akzeptieren Sie n_1 und n_5 und gestalten Sie die Übersetzungsverhältnisse auf der Grundlage eines progressiven und eines geometrischen Getriebes neu.

16. ⋆ Schätzung der Motorleistung
Betrachten Sie ein Fahrzeug mit Heckantrieb mit den folgenden Spezifikationen:

$$\begin{aligned} m &= 6300\,\text{lb} \\ l &= 153\,\text{in} \\ F_{z_1}/F_{z_2} &= 4410/6000 \\ Tires &= 245/75R16 \end{aligned}$$

Wenn ein Experiment zeigt, dass

$$\begin{array}{ll} v_M = 100\,\text{km/h} & \text{bei } 3\% \text{ Steigung} \\ v_M = 83{,}8\,\text{km/h} & \text{bei } 6\% \text{ Steigung} \\ v_M = 0 & \text{bei } 33{,}2\% \text{ Steigung} \end{array}$$

schätzen Sie das maximale Drehmoment und die maximale Leistung des Fahrzeugs. Nehmen Sie $\eta = 0{,}85$ an.
Hinweis: Nehmen Sie an, dass der Motor bei maximaler Steigung und wenn das Fahrzeug feststeckt, mit maximalem Drehmoment arbeitet. Wenn das Fahrzeug jedoch mit maximaler Geschwindigkeit auf einer Steigung fährt,

arbeitet der Motor mit maximaler Leistung. Eine Steigung von 3% bedeutet, dass der Winkel der Straße zum Horizont

$$\phi = \tan^{-1}\frac{3}{100}$$

ist.

17. ⋆ Getriebeentwurf
Betrachten Sie ein Fahrzeug mit Hinterradantrieb mit den folgenden Spezifikationen:

$$\begin{aligned} P_M &= 141\,\text{kW} \approx 189\,\text{PS}\ \mathit{bei}\ \omega_M = 7800\,\text{rpm} \\ T_M &= 181\,\text{N\,m}\ \mathit{bei}\ \omega_e = 6800\,\text{rpm} \\ v_M &= 237\,\text{km/h} \\ \eta &= 0,90 \end{aligned}$$

$$\begin{aligned} m &= 875\,\text{kg} & l &= 2300\,\text{mm} \\ \mathit{Vorderreifen} &= 195/50R16 & \mathit{Hinterreifen} &= 225/45R17 \end{aligned}$$

$$\begin{aligned} 1st \text{ gear ratio} &= n_1 = 3.116 & 2nd \text{ gear ratio} &= n_2 = 2.050 \\ 3rd \text{ gear ratio} &= n_3 = 1.481 & 4th \text{ gear ratio} &= n_4 = 1.166 \\ 5th \text{ gear ratio} &= n_5 = 0.916 & 6th \text{ gear ratio} &= n_6 = 0.815 \\ \text{reverse gear ratio} &= n_r = 3.250 & \text{final drive ratio} &= n_d = 4.529 \end{aligned}$$

Basierend auf der maximalen Geschwindigkeit im *6ten* Gang n_6, überarbeiten Sie die Getriebeübersetzungen. Verwenden Sie ± 20%, um die maximale Leistung für den Arbeitsbereich zu finden.

Teil II
Fahrzeugkinematik

Kapitel 4
⋆ Angewandte Kinematik

Position, Geschwindigkeit und Beschleunigung werden als kinematische Informationen bezeichnet. Die Analyse der position bei einer Drehung ist der Schlüssel zur Berechnung der Kinematik von relativ bewegten starren Körpern. In diesem Kapitel überprüfen wir die Kinematik und zeigen angewandte Methoden zur Berechnung der relativen kinematischen Informationen von starren Körpern. Ein Fahrzeug hat viele bewegliche Teilsysteme wie Aufhängungen, und das Fahrzeug kann als bewegter starrer Körper in einem Trägheitskoordinatensystem behandelt werden.

4.1 Drehung um globale kartesische Achsen

Betrachten Sie ein orthogonales kartesisches körperfestes Koordinatensystem $B(Oxyz)$, das fest an einen starren Körper B gebundenist, der am Ursprungspunkt O am Boden G befestigt ist. Die Ausrichtung des starren Körpers B in Bezug auf das globale ortsfeste oordinatensystem $G(OXYZ)$ ist bekannt, wenn die Ausrichtung von $Oxyz$ in Bezug auf $OXYZ$ bestimmt werden kann. Abb. 4.1 veranschaulicht das Koordinatensystem eines Körpers B, der sich um Punkt O im globalen Koordinatensystem G dreht.

Wenn der starre Körper, B um α Grad um die Z-Achse des globalen Koordinatensystems dreht, sind die Koordinaten eines beliebigen Punktes P des starren Körpers in den lokalen und globalen Koordinatensystemen durch die Gleichung:

$$ {}^{G}\mathbf{r} = R_{Z,\alpha}\, {}^{B}\mathbf{r} \tag{4.1} $$

verbunden, wo bei:

$$ R_{Z,\alpha} = \begin{bmatrix} \cos\alpha & -\sin\alpha & 0 \\ \sin\alpha & \cos\alpha & 0 \\ 0 & 0 & 1 \end{bmatrix} \tag{4.2} $$

R. N. Jazar, *Fahrzeugdynamik*, https://doi.org/10.1007/978-3-031-53244-3_4

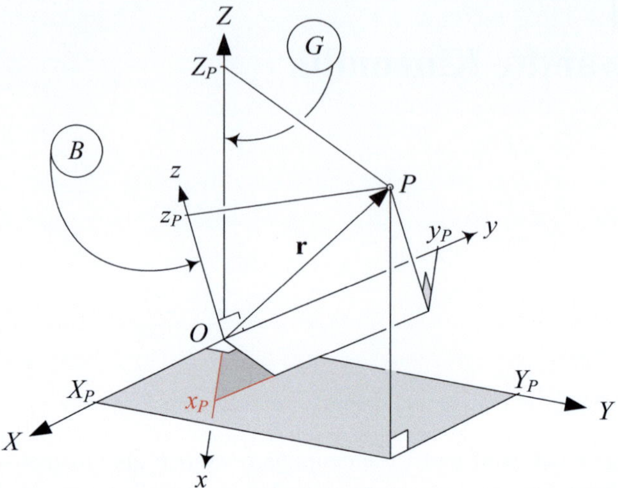

Abb. 4.1 Drehung eines körperfesten Koordinatensystems B um Punkt O im globalen Koordinatensystem G

und

$$
{}^{G}\mathbf{r} = \begin{bmatrix} X \\ Y \\ Z \end{bmatrix} \qquad {}^{B}\mathbf{r} = \begin{bmatrix} x \\ y \\ z \end{bmatrix} \tag{4.3}
$$

Ebenso setzen die Rotation um β Grad um die Y-Achse und um γ Grad um die X-Achse des globalen Koordinatensystems die lokalen und globalen Koordinaten des Punktes P durch die folgenden Gleichungen miteinander in Beziehung:

$$
{}^{G}\mathbf{r} = R_{Y,\beta}\,{}^{B}\mathbf{r} \tag{4.4}
$$

$$
{}^{G}\mathbf{r} = R_{X,\gamma}\,{}^{B}\mathbf{r} \tag{4.5}
$$

wo bei:

$$
R_{Y,\beta} = \begin{bmatrix} \cos\beta & 0 & \sin\beta \\ 0 & 1 & 0 \\ -\sin\beta & 0 & \cos\beta \end{bmatrix} \tag{4.6}
$$

$$
R_{X,\gamma} = \begin{bmatrix} 1 & 0 & 0 \\ 0 & \cos\gamma & -\sin\gamma \\ 0 & \sin\gamma & \cos\gamma \end{bmatrix} \tag{4.7}
$$

Beweis. Seien $(\hat{\imath}, \hat{\jmath}, \hat{k})$ und $(\hat{I}, \hat{J}, \hat{K})$ die Einheitsvektoren entlang der Koordinatenachsen von *Oxyz*und *OXYZ*. Der starre Körper hat einen raumfesten Punkt bei *O*, der der gemeinsame Ursprung von *OXYZ* und *OXYZ* ist. Betrachten Sie einen körperfesten Punkt *P* eines starren Körpers, der sich α rad um die z-Achse dreht. Abb. 4.2 zeigt die Draufsicht der Koordinatensysteme nach der Drehung, während die gestrichelten Linien den Punkt in der Anfangsposition (X_1, Y_1, Z_1) anzeigen.

Der Orts vektor **r** von *P* kann in Körper- und globalen Koordinatensystem durch

$$ {}^{B}\mathbf{r} = x\hat{\imath} + y\hat{\jmath} + z\hat{k} \tag{4.8} $$

$$ {}^{G}\mathbf{r} = X\hat{I} + Y\hat{J} + Z\hat{K} \tag{4.9} $$

ausgedrückt werden, wo bei ${}^{B}\mathbf{r}$ sich auf den Ortsvektor **r** bezieht, der im körperfesten Koordinatenrsystem *B* ausgedrückt wird, und ${}^{G}\mathbf{r}$ sich auf den Ortsvektor **r** bezieht, der im globalen Koordinatenrsystem *G* ausgedrückt wird.

Mit Gl. (4.8) und der Definition des inneren Produkts können wir schreiben:

$$ X = \hat{I} \cdot \mathbf{r} = \hat{I} \cdot x\hat{\imath} + \hat{I} \cdot y\hat{\jmath} + \hat{I} \cdot z\hat{k} \tag{4.10} $$

$$ Y = \hat{J} \cdot \mathbf{r} = \hat{J} \cdot x\hat{\imath} + \hat{J} \cdot y\hat{\jmath} + \hat{J} \cdot z\hat{k} \tag{4.11} $$

$$ Z = \hat{K} \cdot \mathbf{r} = \hat{K} \cdot x\hat{\imath} + \hat{K} \cdot y\hat{\jmath} + \hat{K} \cdot z\hat{k} \tag{4.12} $$

oder äquivalent:

$$ \begin{bmatrix} X \\ Y \\ Z \end{bmatrix} = \begin{bmatrix} \hat{I} \cdot \hat{\imath} & \hat{I} \cdot \hat{\jmath} & \hat{I} \cdot \hat{k} \\ \hat{J} \cdot \hat{\imath} & \hat{J} \cdot \hat{\jmath} & \hat{J} \cdot \hat{k} \\ \hat{K} \cdot \hat{\imath} & \hat{K} \cdot \hat{\jmath} & \hat{K} \cdot \hat{k} \end{bmatrix} \begin{bmatrix} x \\ y \\ z \end{bmatrix} \tag{4.13} $$

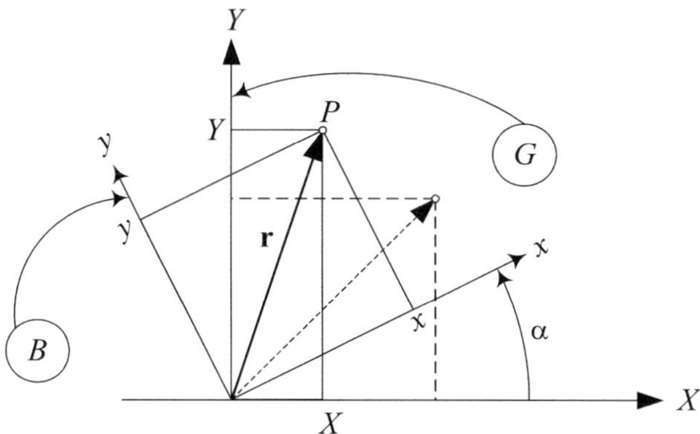

Abb. 4.2 Ortsvektoren des Punktes *P* vor und nach der Drehung des lokalen Koordinatensystems um die Z-Achse des globalen Koordinatensystems

Die Analyse von Abb. 4.2 zeigt, dass:

$$\begin{array}{lll} \hat{I} \cdot \hat{\imath} = \cos\alpha & \hat{I} \cdot \hat{\jmath} = -\sin\alpha & \hat{I} \cdot \hat{k} = 0 \\ \hat{J} \cdot \hat{\imath} = \sin\alpha & \hat{J} \cdot \hat{\jmath} = \cos\alpha & \hat{J} \cdot \hat{k} = 0 \\ \hat{K} \cdot \hat{\imath} = 0 & \hat{K} \cdot \hat{\jmath} = 0 & \hat{K} \cdot \hat{k} = 1 \end{array} \tag{4.14}$$

Die Kombination der Gl. (4.13) und (4.14) zeigt, dass:

$${}^{G}\mathbf{r} = R_{Z,\alpha}\,{}^{B}\mathbf{r} \tag{4.15}$$

$$\begin{bmatrix} X \\ Y \\ Z \end{bmatrix} = \begin{bmatrix} \cos\alpha & -\sin\alpha & 0 \\ \sin\alpha & \cos\alpha & 0 \\ 0 & 0 & 1 \end{bmatrix} \begin{bmatrix} x \\ y \\ z \end{bmatrix} \tag{4.16}$$

Die Elemente der *Z-Rotationsmatrix* $R_{Z,\alpha}$ werden als die *Richtungskosinusse* von ${}^{B}\mathbf{r}$ in Bezug auf *OXYZ* bezeichnet:

$$R_{Z,\alpha} = \begin{bmatrix} \cos\alpha & -\sin\alpha & 0 \\ \sin\alpha & \cos\alpha & 0 \\ 0 & 0 & 1 \end{bmatrix} \tag{4.17}$$

Gl. (4.15) besagt, dass der Vektor **r** an der zweiten Position im globalen Koordinatensystem gleich $R_{Z,\alpha}$ mal dem Ortsvektor im lokalen Koordinatensystem ist. Daher können wir die globalen Koordinaten eines Punktes eines starren Körpers nach der Rotation um die Z-Achse finden, wenn wir seine lokalen Koordinaten haben.

Ähnlich werden die Drehung um β um die Y-Achse und die Drehung um γ um die X-Achse durch die *Y-Rotationsmatrix* $R_{Y,\beta}$ und die *X-Rotationsmatrix* $R_{X,\gamma}$ ausgedrückt:

$$R_{Y,\beta} = \begin{bmatrix} \cos\beta & 0 & \sin\beta \\ 0 & 1 & 0 \\ -\sin\beta & 0 & \cos\beta \end{bmatrix} \tag{4.18}$$

$$R_{X,\gamma} = \begin{bmatrix} 1 & 0 & 0 \\ 0 & \cos\gamma & -\sin\gamma \\ 0 & \sin\gamma & \cos\gamma \end{bmatrix} \tag{4.19}$$

Die Rotationsmatrizen $R_{Z,\alpha}$, $R_{Y,\beta}$ und $R_{X,\gamma}$ werden als *grundlegende globale Rotationsmatrizen* bezeichnet. Wir bezeichnen normalerweise die erste, zweite und dritte Drehung um die Achsen des globalen Koordinatensystems als α, β und γ. ■

Beispiel 154 *Aufeinanderfolgende Rotation um globale Achsen.*

Die endgültige Position des Punktes P(1,2,3) nach einer 30 deg-*Drehung um die Z-Achse, gefolgt von* 30 deg *um die X-Achse, und dann* 90 deg *um die Y-Achse kann gefunden werden, indem man zuerst* $R_{Z,30}$ *mit [1,2,3]*^{T} *multipliziert, um die neue globale Position nach der ersten Drehung zu erhalten:*

$$\begin{bmatrix} X_2 \\ Y_2 \\ Z_2 \end{bmatrix} = \begin{bmatrix} \cos\frac{\pi}{6} & -\sin\frac{\pi}{6} & 0 \\ \sin\frac{\pi}{6} & \cos\frac{\pi}{6} & 0 \\ 0 & 0 & 1 \end{bmatrix} \begin{bmatrix} 1 \\ 2 \\ 3 \end{bmatrix} = \begin{bmatrix} -0{,}134 \\ 2{,}23 \\ 3 \end{bmatrix} \tag{4.20}$$

und dann $R_{X,30}$ *mit* $[-0{,}134{,}2{,}23{,}3]^{\mathrm{T}}$ *multipliziert, um die Position von P nach der zweiten Drehung zu berechnen:*

$$\begin{bmatrix} X_3 \\ Y_3 \\ Z_3 \end{bmatrix} = \begin{bmatrix} 1 & 0 & 0 \\ 0 & \cos\frac{\pi}{6} & -\sin\frac{\pi}{6} \\ 0 & \sin\frac{\pi}{6} & \cos\frac{\pi}{6} \end{bmatrix} \begin{bmatrix} -0{,}134 \\ 2{,}23 \\ 3 \end{bmatrix} = \begin{bmatrix} -0{,}134 \\ 0{,}433 \\ 3{,}714 \end{bmatrix} \tag{4.21}$$

und schließlich $R_{Y,90}$ *mit* $[-0{,}134{,}0{,}433{,}3{,}714]^{\mathrm{T}}$ *multipliziert, um die endgültige Position von P nach der dritten Rotation zu finden:*

$$\begin{bmatrix} X_4 \\ Y_4 \\ Z_4 \end{bmatrix} = \begin{bmatrix} \cos\frac{\pi}{2} & 0 & \sin\frac{\pi}{2} \\ 0 & 1 & 0 \\ -\sin\frac{\pi}{2} & 0 & \cos\frac{\pi}{2} \end{bmatrix} \begin{bmatrix} -0{,}134 \\ 0{,}433 \\ 3{,}714 \end{bmatrix} = \begin{bmatrix} 3{,}714 \\ 0{,}433 \\ 0{,}134 \end{bmatrix} \tag{4.22}$$

Beispiel 155 *Globale Rotation, lokale Position.*

Wenn ein Punkt P nach einer ${}^{G}\mathbf{r} = [2{,}3{,}2]^{\mathrm{T}}$*-Rotation um die Z-Achse verschoben wird, ist seine Position im lokalen Koordinatensystem:*

$$^{B}\mathbf{r} = R_{Z,60}^{-1}\, {}^{G}\mathbf{r}$$

$$\begin{bmatrix} x \\ y \\ z \end{bmatrix} = \begin{bmatrix} \cos\frac{\pi}{3} & -\sin\frac{\pi}{3} & 0 \\ \sin\frac{\pi}{3} & \cos\frac{\pi}{3} & 0 \\ 0 & 0 & 1 \end{bmatrix}^{-1} \begin{bmatrix} 2 \\ 3 \\ 2 \end{bmatrix} = \begin{bmatrix} 3{,}6 \\ -0{,}23 \\ 2 \end{bmatrix} \tag{4.23}$$

Beispiel 156 *Zeitabhängige globale Rotation.*

Nehmen Sie an, ein starrer Körper B dreht sich kontinuierlich um die Z-Achse mit einer Geschwindigkeit von 0,1 rad/s. *Die Transformationsmatrix des Körpers ist:*

$$^{G}R_{B} = \begin{bmatrix} \cos 0.1t & -\sin 0{,}1t & 0 \\ \sin 0{,}1t & \cos 0{,}1t & 0 \\ 0 & 0 & 1 \end{bmatrix} \tag{4.24}$$

Die Rotation

$$\begin{bmatrix} X \\ Y \\ Z \end{bmatrix} = \begin{bmatrix} \cos 0{,}1t & -\sin 0{,}1t & 0 \\ \sin 0{,}1t & \cos 0{,}1t & 0 \\ 0 & 0 & 1 \end{bmatrix} \begin{bmatrix} x \\ y \\ z \end{bmatrix} = \begin{bmatrix} x\cos 0{,}1t - y\sin 0{,}1t \\ y\cos 0{,}1t + x\sin 0{,}1t \\ z \end{bmatrix} \tag{4.25}$$

wird jeden Punkt von B auf einen Kreis mit Radius $R = \sqrt{X^2 + Y^2}$ *parallel zur* (X, Y)*-Ebene bewegen:*

$$\begin{aligned} X^2 + Y^2 &= (x\cos 0{,}1t - y\sin 0{,}1t)^2 + (y\cos 0{,}1t + x\sin 0{,}1t)^2 \\ &= x^2 + y^2 = R^2 \end{aligned} \tag{4.26}$$

Betrachten Sie einen Punkt P bei ${}^B\mathbf{r} = \begin{bmatrix} 1 & 0 & 0 \end{bmatrix}^T$. *Der Punkt wird bei*

$$\begin{bmatrix} X \\ Y \\ Z \end{bmatrix} = \begin{bmatrix} \cos 0{,}1 & -\sin 0{,}1 & 0 \\ \sin 0{,}1 & \cos 0{,}1 & 0 \\ 0 & 0 & 1 \end{bmatrix} \begin{bmatrix} 1 \\ 0 \\ 0 \end{bmatrix} = \begin{bmatrix} 0{,}995 \\ 0{,}0998 \\ 0 \end{bmatrix} \tag{4.27}$$

nach $t = 1$ s *sein, und bei*

$$\begin{bmatrix} X \\ Y \\ Z \end{bmatrix} = \begin{bmatrix} \cos 0{,}6 & -\sin 0{,}6 & 0 \\ \sin 0{,}6 & \cos 0{,}6 & 0 \\ 0 & 0 & 1 \end{bmatrix} \begin{bmatrix} 1 \\ 0 \\ 0 \end{bmatrix} = \begin{bmatrix} 0{,}825 \\ 0{,}564 \\ 0 \end{bmatrix} \tag{4.28}$$

nach $t = 6$ s.

4.2 Aufeinanderfolgende Rotationen um globale kartesische Achsen

Die endgültige globale Position eines Punktes P eines starren Körpers B mit Ortsvektor $\mathbf{r}$, nach einer Reihe von Rotationen R_1, R_2, R_3, …, R_n um die globalen Achsen kann durch

$${}^G\mathbf{r} = {}^G R_B\, {}^B\mathbf{r} \tag{4.29}$$

gefunden werden, wo bei:

$${}^G R_B = R_n \cdots R_3 R_2 R_1 \tag{4.30}$$

und ${}^G\mathbf{r}$ und ${}^B\mathbf{r}$ zeigen den Ortsvektor $\mathbf{r}$ ausgedrückt in den globalen und lokalen Koordinatensystemenan. Die Transformationsmatrix ${}^G R_B$ wird als *globale Rotationsmatrix* bezeichnet, die die lokalen Koordinaten auf ihre entsprechenden globalen Koordinaten abbildet.

Beispiel 157 *Aufeinanderfolgende globale Rotationen, globale Position.*

Der Punkt P eines starren Körpers, der am globalen Koordinatensystem bei O befestigt ist, befindet sich bei:

$$\begin{bmatrix} X \\ Y \\ Z \end{bmatrix} = \begin{bmatrix} 0{,}0 \\ 0{,}26 \\ 0{,}97 \end{bmatrix} \tag{4.31}$$

Die Rotationsmatrix zur Bestimmung der neuen Position des Punktes nach einer -29 deg-*Rotation um die X-Achse, gefolgt von* 30 deg *um die Z-Achse und erneut* 132 deg *um die X-Achse ist*

$${}^{G}R_{B} = R_{X,132} R_{Z,30} R_{X,-29} = \begin{bmatrix} 0{,}87 & -0{,}44 & -0{,}24 \\ -0{,}33 & -0{,}15 & -0{,}93 \\ 0{,}37 & 0{,}89 & -0{,}27 \end{bmatrix} \tag{4.32}$$

Dieser Satz muss nach Formel (4.32) stehen, wie im Original.

$$\begin{bmatrix} X \\ Y \\ Z \end{bmatrix} = \begin{bmatrix} 0{,}87 & -0{,}44 & -0{,}24 \\ -0{,}33 & -0{,}15 & -0{,}93 \\ 0{,}37 & 0{,}89 & -0{,}27 \end{bmatrix} \begin{bmatrix} 0{,}0 \\ 0{,}26 \\ 0{,}97 \end{bmatrix} = \begin{bmatrix} -0{,}35 \\ -0{,}94 \\ -0{,}031 \end{bmatrix} \tag{4.33}$$

Beispiel 158 *Reihenfolge der Drehungen und Reihenfolge der Matrixmultiplikationen.*

Das Ändern der Reihenfolge der globalen Rotationsmatrizen entspricht dem Ändern der Reihenfolge der Rotationen.

Die Position eines Punktes P eines starren Körpers B befindet sich bei ${}^{B}\mathbf{r} = \begin{bmatrix} 1 & 2 & 3 \end{bmatrix}^{T}$. *Seine globale Position nach der Rotationum* 30 deg *um die X-Achse und dannum* 45 deg *um die Y-Achse befindet sich bei:*

$$\begin{aligned} {}^{G}\mathbf{r}_{1} &= R_{Y,45}\, R_{X,30}\, {}^{B}\mathbf{r} \\ &= \begin{bmatrix} 0{,}53 & -0{,}84 & 0{,}13 \\ 0{,}0 & 0{,}15 & 0{,}99 \\ -0{,}85 & -0{,}52 & 0{,}081 \end{bmatrix} \begin{bmatrix} 1 \\ 2 \\ 3 \end{bmatrix} = \begin{bmatrix} -0{,}76 \\ 3{,}27 \\ -1{,}64 \end{bmatrix} \end{aligned} \tag{4.34}$$

und wenn wir die Reihenfolge der Rotationen ändern, dann wäre seine Position bei:

$$\begin{aligned} {}^{G}\mathbf{r}_{2} &= R_{X,30}\, R_{Y,45}\, {}^{B}\mathbf{r} \\ &= \begin{bmatrix} 0{,}53 & 0{,}0 & 0{,}85 \\ -0{,}84 & 0{,}15 & 0{,}52 \\ -0{,}13 & -0{,}99 & 0{,}081 \end{bmatrix} \begin{bmatrix} 1 \\ 2 \\ 3 \end{bmatrix} = \begin{bmatrix} 3{,}08 \\ 1{,}02 \\ -1{,}86 \end{bmatrix} \end{aligned} \tag{4.35}$$

Diese beiden Endpositionen von P sind $d = \left| {}^{G}\mathbf{r}_{1} - {}^{G}\mathbf{r}_{2} \right| = 4{,}456$ *auseinander.*

Beispiel 159 *Globale Roll-Nick-Gier-Winkel.*

Die Rotation um die X-Achse des globalen Koordinatensystems wird als ***Rollen****, die Rotation um die Y-Achse des globalen Koordinatensystems wird als* ***Nicken****, und die Rotation um die Z-Achse des globalen Koordinatensystems wird als* ***Gieren*** *bezeichnet. Die globale Roll-Nick-Gier-Rotationsmatrix ist:*

$$
\begin{aligned}
{}^{G}R_{B} &= R_{Z,\gamma} R_{Y,\beta} R_{X,\alpha} \\
&= \begin{bmatrix} c\beta c\gamma & -c\alpha s\gamma + c\gamma s\alpha s\beta & s\alpha s\gamma + c\alpha c\gamma s\beta \\ c\beta s\gamma & c\alpha c\gamma + s\alpha s\beta s\gamma & -c\gamma s\alpha + c\alpha s\beta s\gamma \\ -s\beta & c\beta s\alpha & c\alpha c\beta \end{bmatrix}
\end{aligned} \tag{4.36}
$$

Sind die Roll-, Nick- und Gierwinkel gegeben, können wir die Gesamtrotationsmatrix mit hilfe der Gl. (4.36) *berechnen. Außerdem können wir die äquivalenten Roll-, Nick- und Gierwinkel berechnen, wenn eine Rotationsmatrix gegeben ist. Angenommen, dass* r_{ij} *das Element der Zeile i und Spalte j der Roll-Nick-Gier-Rotationsmatrix anzeigt* (4.36)*, dann sind der Rollwinkel* α*, der Nickwinkel* β *und der Gierwinkel* γ*:*

$$
\alpha = \tan^{-1}\left(\frac{r_{32}}{r_{33}}\right) \tag{4.37}
$$

$$
\beta = -\sin^{-1}(r_{31}) \tag{4.38}
$$

$$
\gamma = \tan^{-1}\left(\frac{r_{21}}{r_{11}}\right) \tag{4.39}
$$

vorausgesetzt, dass $\cos\beta \neq 0$.

4.3 Drehung um lokale kartesische Achsen

Betrachten Sie einen starren Körper B mit einem raumfesten Punkt am Punkt O. Das lokale körperfeste Koordinatensystem $B(OXYZ)$ fällt mit dem globalen Koordinatensystem $G(OXYZ)$ zusammen, wobei der Ursprung beider Systeme imfesten Punkt O liegt. Wenn der Körper eine Rotation ϕ um die z-Achse seines lokalen Koordinatensystems durchführt, dann sind die Koordinaten eines beliebigen Punktes des starren Körpers in den lokalen und globalen Koordinatensystemen durch folgende Gleichung gegeben:

$$
{}^{B}\mathbf{r} = R_{z,\varphi}\, {}^{G}\mathbf{r} \tag{4.40}
$$

Abb. 4.3 zeigt die Draufsicht des Systems. Die Vektoren ${}^{G}\mathbf{r}$ und ${}^{B}\mathbf{r}$ sind die Ortsvektoren des Punktes in den globalen und lokalen Koordinatensystemen:

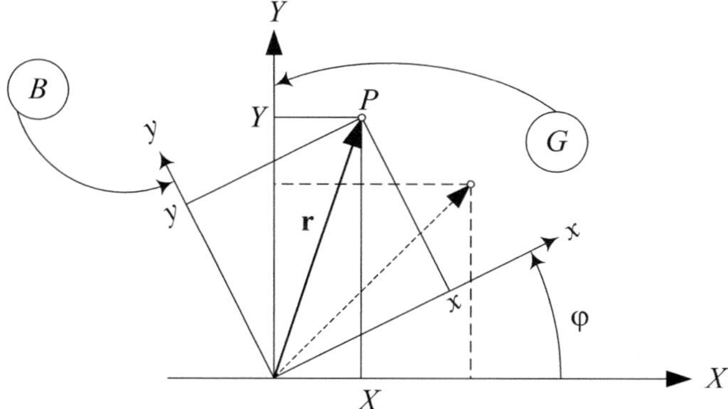

Abb. 4.3 Ortsvektoren des Punktes P vor und nach der Drehung des lokalen Koordinatensystems um die z-Achse des lokalen Koordinatensystems

$$^{G}\mathbf{r} = \begin{bmatrix} X \\ Y \\ Z \end{bmatrix} \qquad ^{B}\mathbf{r} = \begin{bmatrix} x \\ y \\ z \end{bmatrix} \tag{4.41}$$

und $R_{z,\phi}$ ist die *z-Rotationsmatrix:*

$$R_{z,\varphi} = \begin{bmatrix} \cos\varphi & \sin\varphi & 0 \\ -\sin\varphi & \cos\varphi & 0 \\ 0 & 0 & 1 \end{bmatrix} \tag{4.42}$$

Ähnlich werden die Drehung θ um die y-Achse und die Drehung ψ um die x-Achse durch die *y-Rotationsmatrix* $R_{y,\theta}$ und die *x-Rotationsmatrix* $R_{x,\psi}$ ausgedrückt:

$$R_{y,\theta} = \begin{bmatrix} \cos\theta & 0 & -\sin\theta \\ 0 & 1 & 0 \\ \sin\theta & 0 & \cos\theta \end{bmatrix} \tag{4.43}$$

$$R_{x,\psi} = \begin{bmatrix} 1 & 0 & 0 \\ 0 & \cos\psi & \sin\psi \\ 0 & -\sin\psi & \cos\psi \end{bmatrix} \tag{4.44}$$

Beweis. Der Vektor **r** zeigt die Position eines Punktes P des starren Körpers B nach der Rotation an. Unter Verwendung der Einheitsvektoren $(\hat{\imath}, \hat{\jmath}, \hat{k})$ entlang der Achsen des lokalen Koordinatensystems $B(OXYZ)$ und $(\hat{I}, \hat{J}, \hat{K})$ entlang der Achsen des globalen Koordinatensystems $G(OXYZ)$ lautet die Darstellung der Ortsvektoren **r** in beiden Koordinatensystemen:

$$^B\mathbf{r} = x\hat{\imath} + y\hat{\jmath} + z\hat{k} \tag{4.45}$$

$$^G\mathbf{r} = X\hat{I} + Y\hat{J} + Z\hat{K} \tag{4.46}$$

Die Komponenten von $^B\mathbf{r}$ können gefunden werden, wenn wir die Komponenten von $^G\mathbf{r}$ haben. Unter Verwendung der Gl. (4.45) und der Definition des inneren Produkts können wir schreiben:

$$x = \hat{\imath} \cdot \mathbf{r} = \hat{\imath} \cdot X\hat{I} + \hat{\imath} \cdot Y\hat{J} + \hat{\imath} \cdot Z\hat{K} \tag{4.47}$$

$$y = \hat{\jmath} \cdot \mathbf{r} = \hat{\jmath} \cdot X\hat{I} + \hat{\jmath} \cdot Y\hat{J} + \hat{\jmath} \cdot Z\hat{K} \tag{4.48}$$

$$z = \hat{k} \cdot \mathbf{r} = \hat{k} \cdot X\hat{I} + \hat{k} \cdot Y\hat{J} + \hat{k} \cdot Z\hat{K} \tag{4.49}$$

oder äquivalent:

$$\begin{bmatrix} x \\ y \\ z \end{bmatrix} = \begin{bmatrix} \hat{\imath} \cdot \hat{I} & \hat{\imath} \cdot \hat{J} & \hat{\imath} \cdot \hat{K} \\ \hat{\jmath} \cdot \hat{I} & \hat{\jmath} \cdot \hat{J} & \hat{\jmath} \cdot \hat{K} \\ \hat{k} \cdot \hat{I} & \hat{k} \cdot \hat{J} & \hat{k} \cdot \hat{K} \end{bmatrix} \begin{bmatrix} X \\ Y \\ Z \end{bmatrix} \tag{4.50}$$

Die Elemente der z-Rotationsmatrix $R_{z,\phi}$ sind die *Richtungskosinusse* von $^G\mathbf{r}_2$ in Bezug auf *OXYZ*. Daher sind die Elemente der Matrix in Gl. (4.50):

$$\begin{array}{lll} \hat{\imath} \cdot \hat{I} = \cos\varphi & \hat{\imath} \cdot \hat{J} = \sin\varphi & \hat{\imath} \cdot \hat{K} = 0 \\ \hat{\jmath} \cdot \hat{I} = -\sin\varphi & \hat{\jmath} \cdot \hat{J} = \cos\varphi & \hat{\jmath} \cdot \hat{K} = 0 \\ \hat{k} \cdot \hat{I} = 0 & \hat{k} \cdot \hat{J} = 0 & \hat{k} \cdot \hat{K} = 1 \end{array} \tag{4.51}$$

Indem wir die Gl. (4.50) und (4.51) kombinieren, können wir die Komponenten von $^B\mathbf{r}$ finden, indem wir die z-Rotationsmatrix $R_{z,\phi}$ und den Vektor $^G\mathbf{r}$ multiplizieren:

$$\begin{bmatrix} x \\ y \\ z \end{bmatrix} = \begin{bmatrix} \cos\varphi & \sin\varphi & 0 \\ -\sin\varphi & \cos\varphi & 0 \\ 0 & 0 & 1 \end{bmatrix} \begin{bmatrix} X \\ Y \\ Z \end{bmatrix} \tag{4.52}$$

Dies kann auch kurz geschrieben werden:

$$^B\mathbf{r} = R_{z,\varphi}\, {}^G\mathbf{r} \tag{4.53}$$

wo bei:

$$R_{z,\varphi} = \begin{bmatrix} \cos\varphi & \sin\varphi & 0 \\ -\sin\varphi & \cos\varphi & 0 \\ 0 & 0 & 1 \end{bmatrix} \tag{4.54}$$

Gl. (4.53) besagt, dass nach der Drehung um die z-Achse des lokalen Koordinatensystems der Ortsvektor im lokalen System gleich $R_{z,\phi}$ mal dem Ortsvektor im globalen System ist. Daher können wir nach der Drehung um die z-Achse die Koordinaten eines beliebigen Punktes eines starren Körpers in einem lokalen Koordinatensystem finden, wenn wir seine Koordinaten im globalen System haben.

Ähnlich werden die Drehung θ um die y-Achse und die Drehung ψ um die x-Achse durch die y-Rotationsmatrix $R_{y,\theta}$ und die x-Rotationsmatrix $R_{x,\psi}$ beschrieben:

$$R_{y,\theta} = \begin{bmatrix} \cos\theta & 0 & -\sin\theta \\ 0 & 1 & 0 \\ \sin\theta & 0 & \cos\theta \end{bmatrix} \tag{4.55}$$

$$R_{x,\psi} = \begin{bmatrix} 1 & 0 & 0 \\ 0 & \cos\psi & \sin\psi \\ 0 & -\sin\psi & \cos\psi \end{bmatrix} \tag{4.56}$$

Wir bezeichnen üblicherweise die erste, zweite und Drehung Rotation um die lokalen Achsen mit ϕ, θ und ψ. ■

Beispiel 160 *Lokale Rotation, lokale Position.*

Wenn ein lokales Koordinatensystem $B(Oxyz)$ um 60 deg um die z-Achse gedreht wurdeund ein Punkt P im globalen Koordinatensystem $G(OXYZ)$ bei (4,3,2) liegt, sind seine Koordinaten im lokalen Koordinatensystem B:

$$\begin{bmatrix} x \\ y \\ z \end{bmatrix} = \begin{bmatrix} \cos\frac{\pi}{3} & \sin\frac{\pi}{3} & 0 \\ -\sin\frac{\pi}{3} & \cos\frac{\pi}{3} & 0 \\ 0 & 0 & 1 \end{bmatrix} \begin{bmatrix} 4 \\ 3 \\ 2 \end{bmatrix} = \begin{bmatrix} 4{,}60 \\ -1{,}97 \\ 2{,}0 \end{bmatrix} \tag{4.57}$$

Beispiel 161 *Lokale Rotation, globale Position.*

Wenn ein lokales Koordinatensystem $B(Oxyz)$ um um ie z-Achse gedreht wurde und ein Punkt P im lokalen System B bei (4,3,2) liegt, ist seine Position im globalen Koordinatensystem $G(OXYZ)$ bei:

$$\begin{bmatrix} X \\ Y \\ Z \end{bmatrix} = \begin{bmatrix} \cos\frac{\pi}{3} & \sin\frac{\pi}{3} & 0 \\ -\sin\frac{\pi}{3} & \cos\frac{\pi}{3} & 0 \\ 0 & 0 & 1 \end{bmatrix}^{-1} \begin{bmatrix} 4 \\ 3 \\ 2 \end{bmatrix} = \begin{bmatrix} -0{,}60 \\ 4{,}96 \\ 2{,}0 \end{bmatrix} \tag{4.58}$$

Beispiel 162 *Aufeinanderfolgende lokale Rotation, globale Position.*

Lassen Sie uns einen starren Körper um $-90\,\text{deg}$ *um die y-Achse und dann um* $90\,\text{deg}$ *um die x-Achse. Wenn ein Punkt des Körpers P bei* ${}^{B}\mathbf{r} = \begin{bmatrix} 9{,}5 & -10{,}1 & 10{,}1 \end{bmatrix}^T$ *ist, dann ist seine Position im globalen Koordinatensystem bei:*

$$
\begin{aligned}
{}^G\mathbf{r}_2 &= \left[R_{x,90}\, R_{y,-90}\right]^{-1}\, {}^B\mathbf{r} = R_{y,-90}^{-1}\, R_{x,90}^{-1}\, {}^B\mathbf{r} \\
&= R_{y,-90}^{T}\, R_{x,90}^{T}\, {}^B\mathbf{r}_P = \begin{bmatrix} 10{,}1 \\ -10{,}1 \\ 9{,}5 \end{bmatrix}
\end{aligned} \tag{4.59}
$$

Die Inverse und Transponierte der Rotations-Transformationsmatrizen sind gleich:

$$
R^{-1} = R^T \tag{4.60}
$$

solche Matrizen werden orthogonale Matrizen genannt.

Beispiel 163 *Globale Position und Multiplikation der Rotationsmatrix.*

Die lokale Position eines Punktes P nach der Drehung ist ${}^B\mathbf{r} = \begin{bmatrix} 1 & 2 & 3 \end{bmatrix}^T$. *Wenn die lokale Rotationsmatrix zur Transformation von* ${}^G\mathbf{r}$ *zu* ${}^B\mathbf{r}$ *gegeben ist durch:*

$$
R_{z,\varphi} = \begin{bmatrix} \cos\varphi & \sin\varphi & 0 \\ -\sin\varphi & \cos\varphi & 0 \\ 0 & 0 & 1 \end{bmatrix} = \begin{bmatrix} \cos\frac{\pi}{6} & \sin\frac{\pi}{6} & 0 \\ -\sin\frac{\pi}{6} & \cos\frac{\pi}{6} & 0 \\ 0 & 0 & 1 \end{bmatrix} \tag{4.61}
$$

können wir den globalen Ortsvektor ${}^G\mathbf{r}$ *finden, indem wir* ${}^BR_{z,\phi}$ *von links mit dem lokalen Ortsvektor* ${}^B\mathbf{r}^T$ *multiplizieren:*

$$
\begin{aligned}
{}^G\mathbf{r}^T &= {}^B\mathbf{r}^T\, R_{z,\varphi} = \begin{bmatrix} 1 & 2 & 3 \end{bmatrix} \begin{bmatrix} \cos\frac{\pi}{6} & \sin\frac{\pi}{6} & 0 \\ -\sin\frac{\pi}{6} & \cos\frac{\pi}{6} & 0 \\ 0 & 0 & 1 \end{bmatrix} \\
&= \begin{bmatrix} -0{,}13 & 2{,}23 & 3{,}0 \end{bmatrix}
\end{aligned} \tag{4.62}
$$

anstatt ${R_{z,\phi}}^{-1}$ *von rechts mit* ${}^B\mathbf{r}$*:*

$$
\begin{aligned}
{}^G\mathbf{r} &= R_{z,\varphi}^{-1}\, {}^B\mathbf{r} \\
&= \begin{bmatrix} \cos\frac{\pi}{6} & -\sin\frac{\pi}{6} & 0 \\ \sin\frac{\pi}{6} & \cos\frac{\pi}{6} & 0 \\ 0 & 0 & 1 \end{bmatrix} \begin{bmatrix} 1 \\ 2 \\ 3 \end{bmatrix} = \begin{bmatrix} -0{,}13 \\ 2{,}23 \\ 3 \end{bmatrix}
\end{aligned} \tag{4.63}
$$

4.4 Aufeinanderfolgende Drehung um lokale kartesische Achsen

Die endgültige globale Position eines Punktes P in einem starren Körper B mit Ortsvektor $\mathbf{r}$ nach einigen Rotationen R_1, R_2, R_3, …, R_n um die lokalen Achsen, kann gefunden werden durch:

$$
{}^B\mathbf{r} = {}^BR_G\, {}^G\mathbf{r} \tag{4.64}
$$

wo bei:

$$^{B}R_G = R_n \cdots R_3 R_2 R_1 \tag{4.65}$$

Die Transformationsmatrix $^{B}R_G$ wird als *lokale Rotationsmatrix* bezeichnet, und sie bildet die globalen Koordinaten auf ihre entsprechenden lokalen Koordinaten ab.

Beispiel 164 *Aufeinanderfolgende lokale Rotation, lokale Position.*

Ein lokales Koordinatensystem B(Oxyz), das zunächst mit einem globalen Koordinatensystem G(OXY Z) zusammenfällt, durchläuft eine Rotation um $\varphi = 30\,\text{deg}$ *um die z-Achse, dann um* $\theta = 30\,\text{deg}$ *um die x-Achse und dann um* $\psi = 30\,\text{deg}$ *um die y-Achse. Die lokalen Koordinaten eines Punktes P, der sich bei* $X = 5$, $Y = 30$, $Z = 10$ *befindet, können gefunden werden durch:*

$$\begin{bmatrix} x \\ y \\ z \end{bmatrix} = {}^{B}R_G \begin{bmatrix} 5 \\ 30 \\ 10 \end{bmatrix} \tag{4.66}$$

Die lokale Rotationsmatrix ist:

$$^{B}R_G = R_{y,30} R_{x,30} R_{z,30} = \begin{bmatrix} 0{,}63 & 0{,}65 & -0{,}43 \\ -0{,}43 & 0{,}75 & 0{,}50 \\ 0{,}65 & -0{,}125 & 0{,}75 \end{bmatrix} \tag{4.67}$$

und die Koordinaten von P in lokalen Koordinatensystem sind

$$\begin{bmatrix} x \\ y \\ z \end{bmatrix} = \begin{bmatrix} 0{,}63 & 0{,}65 & -0{,}43 \\ -0{,}43 & 0{,}75 & 0{,}50 \\ 0{,}65 & -0{,}125 & 0{,}75 \end{bmatrix} \begin{bmatrix} 5 \\ 30 \\ 10 \end{bmatrix} = \begin{bmatrix} 18{,}35 \\ 25{,}35 \\ 7{,}0 \end{bmatrix} \tag{4.68}$$

Beispiel 165 *Aufeinanderfolgende lokale Rotation.*

Die Rotationsmatrix für einen Körperpunkt P(x,y,z) nach der Rotation $R_{z,\phi}$ *gefolgt von* $R_{x,\theta}$ *und* $R_{y,\psi}$ *ist:*

$$\begin{aligned} ^{B}R_G &= R_{y,\psi} R_{x,\theta} R_{z,\varphi} \\ &= \begin{bmatrix} c\varphi c\psi - s\theta s\varphi s\psi & c\psi s\varphi + c\varphi s\theta s\psi & -c\theta s\psi \\ -c\theta s\varphi & c\theta c\varphi & s\theta \\ c\varphi s\psi + s\theta c\psi s\varphi & s\varphi s\psi - c\varphi s\theta c\psi & c\theta c\psi \end{bmatrix} \end{aligned} \tag{4.69}$$

Beispiel 166 *Lokale Roll-Nick-Gier-Winkel.*

Die Drehung um die x-Achse des lokalen Koordinatensystems wird ***Rollen*** *oder* ***Wanken*** *genannt, die Rotation um die y-Achse des lokalen Rahmens wird* ***Nicken*** *oder* ***Stampfen*** *genannt, und die Rotation um die z-Achse des lokalen Rahmens wird* ***Gieren****, oder* ***Schlingern*** *genannt. Die lokalen Roll-Nick-Gier-Winkel eines Autos sind in Abb.* 4.4 *dargestellt.*

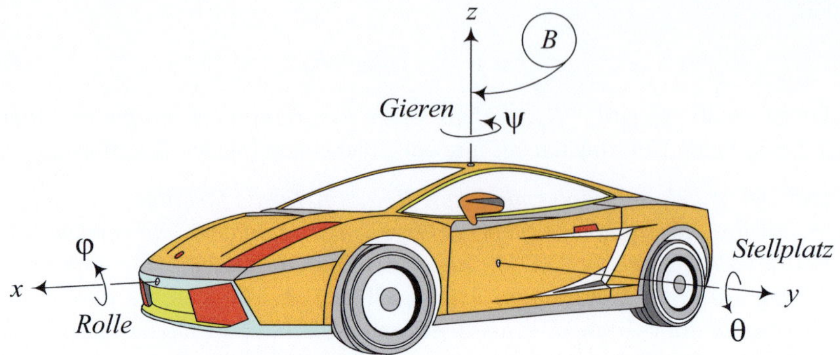

Abb. 4.4 Lokale Roll-Nick-Gier-Winkel

Die lokale Roll-Nick-Gier-Rotationsmatrix ist:

$$\begin{aligned} {}^{B}R_G &= R_{z,\psi} R_{y,\theta} R_{x,\varphi} \\ &= \begin{bmatrix} c\theta c\psi & c\varphi s\psi + s\theta c\psi s\varphi & s\varphi s\psi - c\varphi s\theta c\psi \\ -c\theta s\psi & c\varphi c\psi - s\theta s\varphi s\psi & c\psi s\varphi + c\varphi s\theta s\psi \\ s\theta & -c\theta s\varphi & c\theta c\varphi \end{bmatrix} \end{aligned} \tag{4.70}$$

Beispiel 167 ⋆ *Euler-Winkel.*

Die Drehung um die Z-Achse des globalen Koordinatensystems wird Präzession genannt, die Drehung um die x-Achse des lokalen Koordinatensystems wird Nutation genannt, und die Drehung um die z-Achse des lokalen Koordinatensystems wird Eigenrotation genannt. Die Präzessions-Nutations-Rotationswinkel werden auch Euler-Winkel genannt. Die auf Euler-Winkeln basierende Rotationsmatrix findet Anwendung in der Starrkörperkinematik. Um die Euler-Winkel-Rotationsmatrix zu finden, die vom globalen Koordinatensystem G(OXYZ) zum endgültigen körperfesten Koordinatensystem B(Oxyz) führt, verwenden wir ein körperfestes Koordinatensystem $B'(Ox'y'z')$, wie in Abb. 4.5*(a) dargestellt, das vor der ersten Rotation mit dem Koordinatensystem übereinstimmt. Lassen Sie eine Rotation ϕ um die z'-Achse zu. Da die Z-Achse und die z'-Achse übereinstimmen, haben wir:*

$${}^{B'}\mathbf{r} = {}^{B'}R_G\,{}^{G}\mathbf{r} \tag{4.71}$$

$${}^{B'}R_G = R_{z,\varphi} = \begin{bmatrix} \cos\varphi & \sin\varphi & 0 \\ -\sin\varphi & \cos\varphi & 0 \\ 0 & 0 & 1 \end{bmatrix} \tag{4.72}$$

Als Nächstes betrachten wir das $B'(Ox'y'z')$ -Koordinatensystem als neues festes globales Koordinatensystem und führen ein neues körperfestes Koordinatensystem $B''(Ox''y''z'')$ ein. Vor der zweiten Rotation fallen die beiden Koordinatensysteme zusammen. Dann führen wir eine θ-Drehung um die x''-Achse durch, wie in Abb. 4.5b *gezeigt. Die Transformation zwischen $B'(Ox'y'z')$ und $B''(Ox''y''z'')$ ist:*

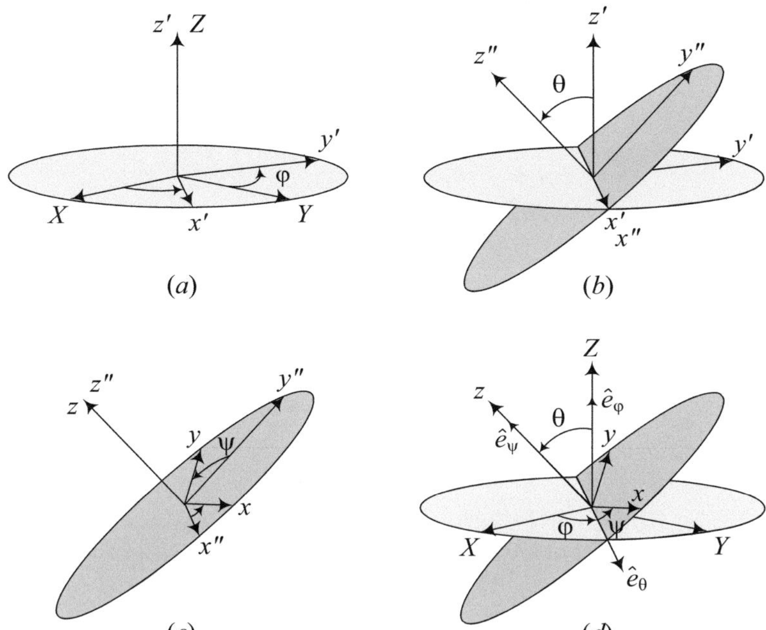

Abb. 4.5 **a** Erster Euler-Winkel. **b** Zweiter Euler-Winkel. **c** Dritter Euler-Winkel

$$^{B''}\mathbf{r} = {}^{B''}R_{B'}\,{}^{B'}\mathbf{r} \tag{4.73}$$

$$^{B''}R_{B'} = R_{x,\theta} = \begin{bmatrix} 1 & 0 & 0 \\ 0 & \cos\theta & \sin\theta \\ 0 & -\sin\theta & \cos\theta \end{bmatrix} \tag{4.74}$$

Schließlich betrachten wir das $B''(Ox''y''z'')$-Koordinatensystem als ein neue feste globales Koordinatensystem und betrachten das endgültige körperfeste Koordinatensystem $B(Oxyz)$ als mit B'' vor der dritten Drehung übereinstimmend. Wir führen nun eine ψ-Drehung um die z''-Achse durch, wie in Abb. 4.5c *gezeigt. Die Transformation zwischen $B''(Ox''y''z'')$ und $B(Oxyz)$ ist:*

$$^{B}\mathbf{r} = {}^{B}R_{B''}\,{}^{B''}\mathbf{r} \tag{4.75}$$

$$^{B}R_{B''} = R_{z,\psi} = \begin{bmatrix} \cos\psi & \sin\psi & 0 \\ -\sin\psi & \cos\psi & 0 \\ 0 & 0 & 1 \end{bmatrix} \tag{4.76}$$

Nach der Regel der Zusammensetzung von Rotationen ist die Transformation von $G(OXYZ)$ zu $B(Oxyz)$:

$$^B\mathbf{r} = {}^BR_G\,{}^G\mathbf{r} \tag{4.77}$$

wo:

$$\begin{aligned} {}^BR_G &= R_{z,\psi}R_{x,\theta}R_{z,\varphi} \\ &= \begin{bmatrix} c\varphi c\psi - c\theta s\varphi s\psi & c\psi s\varphi + c\theta c\varphi s\psi & s\theta s\psi \\ -c\varphi s\psi - c\theta c\psi s\varphi & -s\varphi s\psi + c\theta c\varphi c\psi & s\theta c\psi \\ s\theta s\varphi & -c\varphi s\theta & c\theta \end{bmatrix} \end{aligned} \tag{4.78}$$

und daher:

$$\begin{aligned} {}^BR_G^{-1} &= {}^BR_G^T = {}^GR_B = \left[R_{z,\psi}R_{x,\theta}R_{z,\varphi}\right]^T \\ &= \begin{bmatrix} c\varphi c\psi - c\theta s\varphi s\psi & -c\varphi s\psi - c\theta c\psi s\varphi & s\theta s\varphi \\ c\psi s\varphi + c\theta c\varphi s\psi & -s\varphi s\psi + c\theta c\varphi c\psi & -c\varphi s\theta \\ s\theta s\psi & s\theta c\psi & c\theta \end{bmatrix} \end{aligned} \tag{4.79}$$

Angesichts der Winkel der Präzession ϕ, der Nutation θ und der Eigenrotation ψ können wir die Gesamtdrehmatrix mit hilfe der Gl. (4.78) *berechnen. Außerdem können wir die äquivalenten Winkel der Präzession, Nutation und Eigenrotation berechnen, wenn eine Drehmatrix gegeben ist.*

Wenn r_{ij} das Element der Zeile i und der Spalte j der Präzessions-Nutations-Eigenrotations-Drehmatrix anzeigt, dann:

$$\theta = \cos^{-1}(r_{33}) \tag{4.80}$$

$$\varphi = -\tan^{-1}\left(\frac{r_{31}}{r_{32}}\right) \tag{4.81}$$

$$\psi = \tan^{-1}\left(\frac{r_{13}}{r_{23}}\right) \tag{4.82}$$

vorausgesetzt, dass sin $\theta \neq 0$.

Beispiel 168 ★ *Euler-Winkel einer lokalen Drehmatrix.*

Die lokale Drehmatrix nach einer Drehung um 30 deg *um die z-Achse,* 30 deg *um die x-Achse und* 30 deg *um die y-Achse ist:*

$$\begin{aligned} {}^BR_G &= R_{y,30}R_{x,30}R_{z,30} \\ &= \begin{bmatrix} 0{,}63 & 0{,}65 & -0{,}43 \\ -0{,}43 & 0{,}75 & 0{,}50 \\ 0{,}65 & -0{,}125 & 0{,}75 \end{bmatrix} \end{aligned} \tag{4.83}$$

und daher sind die lokalen Koordinaten eines Stichprobenpunktes bei $X = 5$, $Y = 30$ und $Z = 10$:

$$\begin{bmatrix} x \\ y \\ z \end{bmatrix} = \begin{bmatrix} 0{,}63 & 0{,}65 & -0{,}43 \\ -0{,}43 & 0{,}75 & 0{,}50 \\ 0{,}65 & -0{,}125 & 0{,}75 \end{bmatrix} \begin{bmatrix} 5 \\ 30 \\ 10 \end{bmatrix} = \begin{bmatrix} 18{,}35 \\ 25{,}35 \\ 7{,}0 \end{bmatrix} \tag{4.84}$$

Die Euler-Winkel der entsprechenden Präzessions-Nutations-Eigenrotation-Drehmatrix sind:

$$\theta = \cos^{-1}(0{,}75) = 41{,}41 \deg \tag{4.85}$$

$$\varphi = -\tan^{-1}\left(\frac{0{,}65}{-0{,}125}\right) = 79{,}15 \deg \tag{4.86}$$

$$\psi = \tan^{-1}\left(\frac{-0{,}43}{0{,}50}\right) = -40{,}7 \deg \tag{4.87}$$

Wir können feststellen, dass die Präzessions-Nutations-Eigenrotations-Drehmatrix für $\varphi = 79{,}15$ deg, $\theta = 41{,}41$ deg *und* $\psi = -40{,}7$ deg *auch:*

$$\begin{aligned} {}^{B}R_G &= R_{z,-40,7}R_{x,41,41}R_{z,79,15} \\ &= \begin{bmatrix} 0{,}63 & 0{,}65 & -0{,}43 \\ -0{,}43 & 0{,}75 & 0{,}50 \\ 0{,}65 & -0{,}125 & 0{,}75 \end{bmatrix} \end{aligned} \tag{4.88}$$

Daher ist $R_{y,30}R_{x,30}R_{z,30} = R_{z,\psi}R_{x,\theta}R_{z,\phi}$ *wenn* $\varphi = 79{,}15$ deg, $\theta = 41{,}41$ deg *und* $\psi = -40{,}7$ deg. *Mit anderen Worten, der an das lokale Koordinatensystem angehängte starre Körper gelangt entweder durch drei aufeinanderfolgende Drehungen um* $\varphi = 79{,}15$ deg, $\theta = 41{,}41$ deg, *und* $\psi = -40{,}7$ deg um die z-, x- und z-Achsen oder drei aufeinanderfolgende Drehungen um 30 deg, 30 deg *und* 30 deg *um die z-, x- und y-Achsen in die Endposition. Daher sind die dreifachen Drehungen zwischen der Anfangs- und Endkonfiguration eines starren Körpers nicht eindeutig.*

Beispiel 169 ⋆ *Relative Rotationsmatrix zweier Körper.*

Betrachten Sie einen starren Körper B_1 *mit einer Orientierungsmatrix* ${}^{1}R_G$, *die durch Euler-Winkel erstellt wurde, mit* $\varphi = 30$ deg, $\theta = -45$ deg, $\psi = 60$ deg, *und einen weiteren starren Körper* B_2 *mit* $\varphi = 10$ deg, $\theta = 25$ deg *und* $\psi = -15$ deg *im Bezug auf das globale Koordinatensystem. Um die relative Rotationsmatrix* ${}^{1}R_2$ *zu finden, die die Koordinaten des zweiten körperfesten Koordinatensystems* B_2 *auf das erste körperfeste Koordinatensystem* B_1 *abbildet, müssen wir zuerst die einzelnen Rotationsmatrizen finden:*

$$\begin{aligned} {}^{1}R_G &= R_{z,60}R_{x,-45}R_{z,30} \\ &= \begin{bmatrix} 0{,}127 & 0{,}78 & -0{,}612 \\ -0{,}927 & -0{,}127 & -0{,}354 \\ -0{,}354 & 0{,}612 & 0{,}707 \end{bmatrix} \end{aligned} \tag{4.89}$$

$$\begin{aligned} {}^{2}R_G &= R_{z,10}R_{x,25}R_{z,-15} \\ &= \begin{bmatrix} 0{,}992 & -6{,}33 \times 10^{-2} & -0{,}109 \\ 0{,}103 & 0{,}907 & 0{,}408 \\ 7{,}34 \times 10^{-2} & -0{,}416 & 0{,}906 \end{bmatrix} \end{aligned} \tag{4.90}$$

Die gewünschte Rotationsmatrix ${}^1R_2$ *kann gefunden werden durch:*

$$ {}^1R_2 = {}^1R_G \, {}^GR_2 \tag{4.91} $$

was gleich ist mit

$$ \begin{aligned} {}^1R_2 &= {}^1R_G \, {}^2R_G^T \\ &= \begin{bmatrix} 0{,}992 & 0{,}103 & 7{,}34 \times 10^{-2} \\ -6{,}33 \times 10^{-2} & 0{,}907 & -0{,}416 \\ -0{,}109 & 0{,}408 & 0{,}906 \end{bmatrix} \end{aligned} \tag{4.92} $$

Beispiel 170 ⋆ *Euler-Winkel Rotationsmatrix für kleine Winkel.*

Die Eulersche Rotationsmatrix ${}^BR_G = R_{z,\psi}R_{x,\theta}R_{z,\phi}$ *für sehr kleine Euler-Winkel* ϕ, θ *und* ψ *wird approximiert durch:*

$$ {}^BR_G = \begin{bmatrix} 1 & \gamma & 0 \\ -\gamma & 1 & \theta \\ 0 & -\theta & 1 \end{bmatrix} \tag{4.93} $$

wo

$$ \gamma = \varphi + \psi \tag{4.94} $$

Daher sind die Winkel ϕ *und* ψ *bei kleinen Drehwinkeln nicht unterscheidbar. Wenn* $\theta \to 0$*, dann nähert sich die Eulersche Rotationsmatrix* ${}^BR_G = R_{z,\psi}R_{x,\theta}R_{z,\phi}$ *der Matrix:*

$$ \begin{aligned} {}^BR_G &= \begin{bmatrix} c\varphi c\psi - s\varphi s\psi & c\psi s\varphi + c\varphi s\psi & 0 \\ -c\varphi s\psi - c\psi s\varphi & -s\varphi s\psi + c\varphi c\psi & 0 \\ 0 & 0 & 1 \end{bmatrix} \\ &= \begin{bmatrix} \cos(\varphi + \psi) & \sin(\varphi + \psi) & 0 \\ -\sin(\varphi + \psi) & \cos(\varphi + \psi) & 0 \\ 0 & 0 & 1 \end{bmatrix} \end{aligned} \tag{4.95} $$

und daher sind die Winkel ϕ *und* ψ *auch dann nicht unterscheidbar, wenn der Wert von* ϕ *und* ψ *endlich ist. Daher ist die Menge der Eulerschen Winkel in der Rotationsmatrix* (4.78) *nicht eindeutig, wenn* $\theta = 0$*.*

Beispiel 171 ⋆ *Winkelgeschwindigkeitsvektor in Bezug auf Eulersche Frequenzen.*

Einlokales Eulersches Koordinatensystem $E\left(O, \hat{e}_\varphi, \hat{e}_\theta, \hat{e}_\psi\right)$ *kann eingeführt werden, indem Einheitsvektoren* $\hat{e}_\varphi$*,* $\hat{e}_\theta$*, und* $\hat{e}_\psi$ *wie in Abb.* 4.5d *gezeigt definiert werden. Obwohl das Eulersche Koordinatensystem nicht notwendigerweise orthogonal ist, ist es sehr nützlich in der kinematischen Analyse starrer Körper.*

Der Winkelgeschwindigkeitsvektor ${}_G\boldsymbol{\omega}_B$ *des körperfesten Koordinatensystems B(Oxyz) in Bezug auf das globale Koordinatensystem G(OXYZ) kann im Euler-Winkel-Koordinatensystem E als Summe von drei Euler-Winkelgeschwindigkeitsvektoren Geschrieben werden:*

$$_G^E\boldsymbol{\omega}_B = \dot{\varphi}\hat{e}_\varphi + \dot{\theta}\hat{e}_\theta + \dot{\psi}\hat{e}_\psi \tag{4.96}$$

wobei die Geschwindigkeiten der Euler-Winkel $\dot{\varphi}$*,* $\dot{\theta}$ *und* $\dot{\psi}$ *als Euler-Frequenzen bezeichnet werden.*

Um $_G\boldsymbol{\omega}_B$ *im körper festem Koordinatensystem zu finden, müssen wir die Einheitsvektoren* $\hat{e}_\varphi$*,* $\hat{e}_\theta$*, und* $\hat{e}_\psi$ *im Körperkoordinatensystem ausdrücken. Der Einheitsvektor* $\hat{e}_\varphi = \begin{bmatrix} 0 & 0 & 1 \end{bmatrix}^T = \hat{K}$ *befindet sich im globalen Koordinatensystem und kann nach drei Drehungen in das Körperkoordinatensystem transformiert werden:*

$$^B\hat{e}_\varphi = {}^B R_G \hat{K} = R_{z,\psi} R_{x,\theta} R_{z,\varphi} \hat{K} = \begin{bmatrix} \sin\theta \sin\psi \\ \sin\theta \cos\psi \\ \cos\theta \end{bmatrix} \tag{4.97}$$

Der Einheitsvektor $\hat{e}_\theta = \begin{bmatrix} 1 & 0 & 0 \end{bmatrix}^T = \hat{\imath}'$ *befindet sich im Zwischenkoordinatensystem* $Ox'y'z'$ *und benötigt zwei Drehungen* $R_{x,\theta}$ *und* $R_{z,\psi}$ *um in das körperfeste Koordinatensystem transformiert zu werden:*

$$^B\hat{e}_\theta = {}^B R_{Ox'y'z'}\, \hat{\imath}' = R_{z,\psi}\, R_{x,\theta}\, \hat{\imath}' = \begin{bmatrix} \cos\psi \\ -\sin\psi \\ 0 \end{bmatrix} \tag{4.98}$$

Der Einheitsvektor $\hat{e}_\psi$ *befindet sich bereits im körperfesten Koordinatensystem,* $\hat{e}_\psi = \begin{bmatrix} 0 & 0 & 1 \end{bmatrix}^T = \hat{k}$*. Daher wird,* $_G\boldsymbol{\omega}_B$ *im körperfesten Koordinatensystem ausgedrückt als:*

$$\begin{aligned} _G^B\boldsymbol{\omega}_B &= \dot{\varphi} \begin{bmatrix} \sin\theta \sin\psi \\ \sin\theta \cos\psi \\ \cos\theta \end{bmatrix} + \dot{\theta} \begin{bmatrix} \cos\psi \\ -\sin\psi \\ 0 \end{bmatrix} + \dot{\psi} \begin{bmatrix} 0 \\ 0 \\ 1 \end{bmatrix} \\ &= \left(\dot{\varphi} \sin\theta \sin\psi + \dot{\theta} \cos\psi\right)\hat{\imath} + \left(\dot{\varphi} \sin\theta \cos\psi - \dot{\theta} \sin\psi\right)\hat{\jmath} \\ &\quad + \left(\dot{\varphi} \cos\theta + \dot{\psi}\right)\hat{k} \end{aligned} \tag{4.99}$$

und daher stehen die Komponenten von $_G\boldsymbol{\omega}_B$ *im körperfesten Koordinatensystem* $B(Oxyz)$ *mit dem Euler-Winkel-Koordinatensystem* $E(O\varphi\theta\psi)$ *in folgender Beziehung:*

$$_G^B\boldsymbol{\omega}_B = {}^B R_E\ {}_G^E\boldsymbol{\omega}_B \tag{4.100}$$

$$\begin{bmatrix} \omega_x \\ \omega_y \\ \omega_z \end{bmatrix} = \begin{bmatrix} \sin\theta \sin\psi & \cos\psi & 0 \\ \sin\theta \cos\psi & -\sin\psi & 0 \\ \cos\theta & 0 & 1 \end{bmatrix} \begin{bmatrix} \dot{\varphi} \\ \dot{\theta} \\ \dot{\psi} \end{bmatrix} \tag{4.101}$$

Dannkann, $_G\boldsymbol{\omega}_B$ *im globalen Koordinatensystem durch eine inverse Transformation der Euler-Rotationsmatrix (4.78) ausgedrückt werden:*

$$
{}_G^G\boldsymbol{\omega}_B = {}^BR_G^{-1}\,{}_G^B\boldsymbol{\omega}_B = {}^BR_G^{-1}\begin{bmatrix}\dot{\varphi}\sin\theta\sin\psi+\dot{\theta}\cos\psi\\ \dot{\varphi}\sin\theta\cos\psi-\dot{\theta}\sin\psi\\ \dot{\varphi}\cos\theta+\dot{\psi}\end{bmatrix} \tag{4.102}
$$

$$
\begin{aligned}
&= \left(\dot{\theta}\cos\varphi+\dot{\psi}\sin\theta\sin\varphi\right)\hat{I}+\left(\dot{\theta}\sin\varphi-\dot{\psi}\cos\varphi\sin\theta\right)\hat{J}\\
&\quad+\left(\dot{\varphi}+\dot{\psi}\cos\theta\right)\hat{K}
\end{aligned} \tag{4.103}
$$

und daher stehen die Komponenten von ${}_G\boldsymbol{\omega}_B$ *im globalen Koordinatensystem G(OXY Z) mit dem Euler-Winkel-Koordinatensystem* $E(O\varphi\theta\psi)$ *in folgender Beziehung:*

$$
{}_G^G\boldsymbol{\omega}_B = {}^GR_E\,{}_G^E\boldsymbol{\omega}_B \tag{4.104}
$$

$$
\begin{bmatrix}\omega_X\\ \omega_Y\\ \omega_Z\end{bmatrix} = \begin{bmatrix}0 & \cos\varphi & \sin\theta\sin\varphi\\ 0 & \sin\varphi & -\cos\varphi\sin\theta\\ 1 & 0 & \cos\theta\end{bmatrix}\begin{bmatrix}\dot{\varphi}\\ \dot{\theta}\\ \dot{\psi}\end{bmatrix} \tag{4.105}
$$

Beispiel 172 ⋆ *Euler-Frequenzen basierend auf einem kartesischen Winkelgeschwindigkeitsvektor.*

Der Vektor ${}_G^B\,\boldsymbol{\omega}_B$, *der die Winkelgeschwindigkeit eines starren Körpers B in Bezug auf das globale Koordinatensystem G angibt, geschrieben im Koordinatensystem B, steht in Beziehung zu den Euler-Frequenzen durch:*

$$
\begin{aligned}
{}_G^B\boldsymbol{\omega}_B &= {}^BR_E\,{}_G^E\boldsymbol{\omega}_B\\
{}_G^B\boldsymbol{\omega}_B &= \begin{bmatrix}\omega_x\\ \omega_y\\ \omega_z\end{bmatrix} = \begin{bmatrix}\sin\theta\sin\psi & \cos\psi & 0\\ \sin\theta\cos\psi & -\sin\psi & 0\\ \cos\theta & 0 & 1\end{bmatrix}\begin{bmatrix}\dot{\varphi}\\ \dot{\theta}\\ \dot{\psi}\end{bmatrix}
\end{aligned} \tag{4.106}
$$

Die Matrix ist keine orthogonale Matrix, weil:

$$
{}^BR_E^T \neq {}^BR_E^{-1} \tag{4.107}
$$

$$
{}^BR_E^T = \begin{bmatrix}\sin\theta\sin\psi & \sin\theta\cos\psi & \cos\theta\\ \cos\psi & -\sin\psi & 0\\ 0 & 0 & 1\end{bmatrix} \tag{4.108}
$$

$$
{}^BR_E^{-1} = \frac{1}{\sin\theta}\begin{bmatrix}\sin\psi & \cos\psi & 0\\ \sin\theta\cos\psi & -\sin\theta\sin\psi & 0\\ -\cos\theta\sin\psi & -\cos\theta\cos\psi & 1\end{bmatrix} \tag{4.109}
$$

Dies liegt daran, dass das Koordinatensystem der Euler-Winkel $E(O\varphi\theta\psi)$ *kein orthogonales Koordinatensystem ist. Aus demselben Grund ist die Koeffizienten-Matrix, die die Euler-Frequenzen und die Komponenten von* ${}_G^G\boldsymbol{\omega}_B$ *miteinander in Beziehung setzt:*

$$ {}_G^G\boldsymbol{\omega}_B = {}^G R_E \, {}_G^E\boldsymbol{\omega}_B \tag{4.110} $$

$$ {}_G^G\boldsymbol{\omega}_B = \begin{bmatrix} \omega_X \\ \omega_Y \\ \omega_Z \end{bmatrix} = \begin{bmatrix} 0 & \cos\varphi & \sin\theta\sin\varphi \\ 0 & \sin\varphi & -\cos\varphi\sin\theta \\ 1 & 0 & \cos\theta \end{bmatrix} \begin{bmatrix} \dot{\varphi} \\ \dot{\theta} \\ \dot{\psi} \end{bmatrix} \tag{4.111} $$

keine orthogonale Matrix. Daher müssen die Euler-Frequenzen, die auf der lokalen und globalen Zerlegung des Winkelgeschwindigkeitsvektors ${}_G\boldsymbol{\omega}_B$ *basieren, ausschließlich durch die Inverse der Koeffizientenmatrizen gefunden werden:*

$$ {}_G^E\boldsymbol{\omega}_B = {}^B R_E^{-1} \, {}_G^B\boldsymbol{\omega}_B \tag{4.112} $$

$$ \begin{bmatrix} \dot{\varphi} \\ \dot{\theta} \\ \dot{\psi} \end{bmatrix} = \frac{1}{\sin\theta} \begin{bmatrix} \sin\psi & \cos\psi & 0 \\ \sin\theta\cos\psi & -\sin\theta\sin\psi & 0 \\ -\cos\theta\sin\psi & -\cos\theta\cos\psi & 1 \end{bmatrix} \begin{bmatrix} \omega_x \\ \omega_y \\ \omega_z \end{bmatrix} \tag{4.113} $$

und

$$ {}_G^E\boldsymbol{\omega}_B = {}^G R_E^{-1} \, {}_G^G\boldsymbol{\omega}_B \tag{4.114} $$

$$ \begin{bmatrix} \dot{\varphi} \\ \dot{\theta} \\ \dot{\psi} \end{bmatrix} = \frac{1}{\sin\theta} \begin{bmatrix} -\cos\theta\sin\varphi & \cos\theta\cos\varphi & 1 \\ \sin\theta\cos\varphi & \sin\theta\sin\varphi & 0 \\ \sin\varphi & -\cos\varphi & 0 \end{bmatrix} \begin{bmatrix} \omega_X \\ \omega_Y \\ \omega_Z \end{bmatrix} \tag{4.115} $$

Mit hilfe von (4.112) *und* (4.114) *kann überprüft werden, ob die Transformationsmatrix* ${}^B R_G = {}^B R_E \, {}^G R_E^{-1}$ *die gleiche wie die Euler-Transformationsmatrix ist* (4.78).

Der Winkelgeschwindigkeitsvektor kann daher ausgedrückt werden durch:

$$ \begin{aligned} {}_G\boldsymbol{\omega}_B &= \begin{bmatrix} \hat{\imath} & \hat{\jmath} & \hat{k} \end{bmatrix} \begin{bmatrix} \omega_x \\ \omega_y \\ \omega_z \end{bmatrix} = \begin{bmatrix} \hat{I} & \hat{J} & \hat{K} \end{bmatrix} \begin{bmatrix} \omega_X \\ \omega_Y \\ \omega_Z \end{bmatrix} \\ &= \begin{bmatrix} \hat{K} & \hat{e}_\theta & \hat{k} \end{bmatrix} \begin{bmatrix} \dot{\varphi} \\ \dot{\theta} \\ \dot{\psi} \end{bmatrix} \end{aligned} \tag{4.116} $$

4.5 Allgemeine Transformation

Betrachten Sie eine allgemeine Situation, in der zwei Koordinatensysteme $G(OXYZ)$ und $B(OXYZ)$ mit einem gemeinsamen Ursprung O verwendet werden, um die Komponenten eines Vektors $\mathbf{r}$ auszudrücken. Es gibt immer eine *Transformationsmatrix* ${}^G R_B$ um die Komponenten von $\mathbf{r}$ vom Koordinatensystem $B(OXYZ)$ auf das andere Koordinatensystem $G(OXYZ)$ abzubilden:

$$ {}^G\mathbf{r} = {}^G R_B \, {}^B\mathbf{r} \tag{4.117} $$

Darüber hinaus kann die inverse Abbildung ${}^B\mathbf{r}={}^GR_B^{-1}\,{}^G\mathbf{r}$ durchgeführt werden durch ${}^BR_G$:

$$ {}^B\mathbf{r} = {}^BR_G\,{}^G\mathbf{r} \tag{4.118} $$

Wenn die Koordinatensysteme B und G orthogonal sind, wird die Rotationsmatrix ${}^GR_B$ als *orthogonale Matrix* bezeichnet. Die Transponierte R^T und die Inverse $R{-}^1$ einer orthogonalen Matrix $[R]$ sind gleich:

$$ {}^BR_G = {}^GR_B^{-1} = {}^GR_B^T \tag{4.119} $$

$$ \left|{}^GR_B\right| = \left|{}^BR_G\right| = 1 \tag{4.120} $$

Aufgrund der Matrixorthogonalitätsbedingung sind nur drei der neun Elemente von ${}^GR_B$ unabhängig.

Beweis. Zerlegung der Einheitsvektoren von $G(OXYZ)$ entlang der Achsen von $B(OXYZ)$:

$$ \hat{I} = (\hat{I}\cdot\hat{\imath})\hat{\imath} + (\hat{I}\cdot\hat{\jmath})\hat{\jmath} + (\hat{I}\cdot\hat{k})\hat{k} \tag{4.121} $$

$$ \hat{J} = (\hat{J}\cdot\hat{\imath})\hat{\imath} + (\hat{J}\cdot\hat{\jmath})\hat{\jmath} + (\hat{J}\cdot\hat{k})\hat{k} \tag{4.122} $$

$$ \hat{K} = (\hat{K}\cdot\hat{\imath})\hat{\imath} + (\hat{K}\cdot\hat{\jmath})\hat{\jmath} + (\hat{K}\cdot\hat{k})\hat{k} \tag{4.123} $$

führt die Transformationsmatrix ${}^GR_B$ ein, um das lokale Koordinatensystem auf das globale Koordinatensystem abzubilden:

$$ \begin{bmatrix} \hat{I} \\ \hat{J} \\ \hat{K} \end{bmatrix} = \begin{bmatrix} \hat{I}\cdot\hat{\imath} & \hat{I}\cdot\hat{\jmath} & \hat{I}\cdot\hat{k} \\ \hat{J}\cdot\hat{\imath} & \hat{J}\cdot\hat{\jmath} & \hat{J}\cdot\hat{k} \\ \hat{K}\cdot\hat{\imath} & \hat{K}\cdot\hat{\jmath} & \hat{K}\cdot\hat{k} \end{bmatrix} \begin{bmatrix} \hat{\imath} \\ \hat{\jmath} \\ \hat{k} \end{bmatrix} = {}^GR_B \begin{bmatrix} \hat{\imath} \\ \hat{\jmath} \\ \hat{k} \end{bmatrix} \tag{4.124} $$

wo bei:

$$ \begin{aligned} {}^GR_B &= \begin{bmatrix} \hat{I}\cdot\hat{\imath} & \hat{I}\cdot\hat{\jmath} & \hat{I}\cdot\hat{k} \\ \hat{J}\cdot\hat{\imath} & \hat{J}\cdot\hat{\jmath} & \hat{J}\cdot\hat{k} \\ \hat{K}\cdot\hat{\imath} & \hat{K}\cdot\hat{\jmath} & \hat{K}\cdot\hat{k} \end{bmatrix} \\ &= \begin{bmatrix} \cos(\hat{I},\hat{\imath}) & \cos(\hat{I},\hat{\jmath}) & \cos(\hat{I},\hat{k}) \\ \cos(\hat{J},\hat{\imath}) & \cos(\hat{J},\hat{\jmath}) & \cos(\hat{J},\hat{k}) \\ \cos(\hat{K},\hat{\imath}) & \cos(\hat{K},\hat{\jmath}) & \cos(\hat{K},\hat{k}) \end{bmatrix} \end{aligned} \tag{4.125} $$

Die Elemente von ${}^GR_B$ sind Richtungskosinusse der Achsen von $G(OXYZ)$ im Koordinatensystem von $B(OXYZ)$. Diese Gruppe von neun Richtungskosinussen bestimmt dann vollständig die Ausrichtung des Koordinatensystems $B(OXYZ)$ im Koordinatensystem $G(OXYZ)$ und kann verwendet werden, um die lokalen Koordinaten eines beliebigen Punktes (x, y, z) auf seine entsprechenden globalen Koordinaten (X, Y, Z) abzubilden.

Alternativ führt die Verwendung der Methode der Einheitsvektorzerlegung zur Entwicklung der Matrix ${}^{B}R_{G}$ und damit zu:

$$ {}^{B}\mathbf{r} = {}^{B}R_{G}\, {}^{G}\mathbf{r} = {}^{G}R_{B}^{-1}\, {}^{G}\mathbf{r} \tag{4.126}$$

$$\begin{aligned} {}^{B}R_{G} &= \begin{bmatrix} \hat{\imath}\cdot\hat{I} & \hat{\imath}\cdot\hat{J} & \hat{\imath}\cdot\hat{K} \\ \hat{\jmath}\cdot\hat{I} & \hat{\jmath}\cdot\hat{J} & \hat{\jmath}\cdot\hat{K} \\ \hat{k}\cdot\hat{I} & \hat{k}\cdot\hat{J} & \hat{k}\cdot\hat{K} \end{bmatrix} \\ &= \begin{bmatrix} \cos(\hat{\imath},\hat{I}) & \cos(\hat{\imath},\hat{J}) & \cos(\hat{\imath},\hat{K}) \\ \cos(\hat{\jmath},\hat{I}) & \cos(\hat{\jmath},\hat{J}) & \cos(\hat{\jmath},\hat{K}) \\ \cos(\hat{k},\hat{I}) & \cos(\hat{k},\hat{J}) & \cos(\hat{k},\hat{K}) \end{bmatrix} \end{aligned} \tag{4.127}$$

und zeigt, dass das Inverse einer Transformationsmatrix gleich der Transponierten der Transformationsmatrix ist:

$$ {}^{G}R_{B}^{-1} = {}^{G}R_{B}^{T} \tag{4.128}$$

Eine Matrix mit Bedingung (4.128) wird als *orthogonal* bezeichnet. Die Orthogonalität von R resultiert aus der Tatsache, dass sie ein orthogonales Koordinatensystem auf ein anderes orthogonales Koordinatensystem abbildet.

Die Transformationsmatrix R hat nur drei *unabhängige* Elemente. Gleichungen für die Nebenbedingungen unter den Elementen von R werden durch Anwendung der Orthogonalitätsbedingung (4.128) gefunden:

$$ {}^{G}R_{B} \cdot {}^{G}R_{B}^{T} = I \tag{4.129}$$

$$\begin{bmatrix} r_{11} & r_{12} & r_{13} \\ r_{21} & r_{22} & r_{23} \\ r_{31} & r_{32} & r_{33} \end{bmatrix} \begin{bmatrix} r_{11} & r_{21} & r_{31} \\ r_{12} & r_{22} & r_{32} \\ r_{13} & r_{23} & r_{33} \end{bmatrix} = \begin{bmatrix} 1 & 0 & 0 \\ 0 & 1 & 0 \\ 0 & 0 & 1 \end{bmatrix} \tag{4.130}$$

Daher ist das Skalarprodukt von zwei verschiedenen Zeilen von ${}^{G}R_{B}$ null, und das Skalarprodukt einer Zeile von ${}^{G}R_{B}$ mit der gleichen Zeile ist eins:

$$\begin{aligned} r_{11}^2 + r_{12}^2 + r_{13}^2 &= 1 \\ r_{21}^2 + r_{22}^2 + r_{23}^2 &= 1 \\ r_{31}^2 + r_{32}^2 + r_{33}^2 &= 1 \\ r_{11}r_{21} + r_{12}r_{22} + r_{13}r_{23} &= 0 \\ r_{11}r_{31} + r_{12}r_{32} + r_{13}r_{33} &= 0 \\ r_{21}r_{31} + r_{22}r_{32} + r_{23}r_{33} &= 0 \end{aligned} \tag{4.131}$$

Diese Beziehungen gelten auch für Spalten von ${}^{G}R_{B}$, und offensichtlich für Zeilen und Spalten von ${}^{B}R_{G}$. Die Orthogonalitätsbedingung kann in der folgenden Gleichung zusammengefasst werden:

$$\hat{\mathbf{r}}_{H_i} \cdot \hat{\mathbf{r}}_{H_j} = \hat{\mathbf{r}}_{H_i}^{T}\, \hat{\mathbf{r}}_{H_j} = \sum_{i=1}^{3} r_{ij} r_{ik} = \delta_{jk} \qquad (j,k = 1,2,3) \tag{4.132}$$

wo bei r_{ij} das Element der Zeile i und der Spalte j der Transformationsmatrix R ist, und δ_{jk} ist das *Kronecker-Delta*

$$\delta_{jk} = \begin{cases} 1 \; j = k \\ 0 \; j \neq k \end{cases} \tag{4.133}$$

Gl. (4.132) gibt sechs unabhängige Beziehungen, die von neun Richtungskosinussen erfüllt werden. Daher gibt es nur drei unabhängige Richtungskosinusse. Die unabhängigen Elemente der Matrix R können nicht in der gleichen Zeile oder Spalte oder einer Diagonalen sein.

Die Determinante einer Transformationsmatrix ist gleich eins:

$$\left|{}^G R_B\right| = 1 \tag{4.134}$$

Dies liegt an der Gl. (4.129), und unter Berücksichtigung, dass:

$$\left|{}^G R_B \cdot {}^G R_B^T\right| = \left|{}^G R_B\right| \cdot \left|{}^G R_B^T\right| = \left|{}^G R_B\right| \cdot \left|{}^G R_B\right| = \left|{}^G R_B\right|^2 = 1 \tag{4.135}$$

Mit hilfe der linearen Algebra und der Zeilenvektoren $\hat{\mathbf{r}}_{H_1}, \hat{\mathbf{r}}_{H_2}$, und $\hat{\mathbf{r}}_{H_3}$ von ${}^G R_B$, wissen wir, dass gilt:

$$\left|{}^G R_B\right| = \hat{\mathbf{r}}_{H_1}^T \cdot \left(\hat{\mathbf{r}}_{H_2} \times \hat{\mathbf{r}}_{H_3}\right) \tag{4.136}$$

und da das Koordinatensystem rechtshändig ist, haben wir: $\hat{\mathbf{r}}_{H_2} \times \hat{\mathbf{r}}_{H_3} = \hat{\mathbf{r}}_{H_1}$ also $\left|{}^G R_B\right| = \hat{\mathbf{r}}_{H_1}^T \cdot \hat{\mathbf{r}}_{H_1} = 1.$ ■

Beispiel 173 *Elemente der Transformationsmatrix.*

Der Ortsvektor $\mathbf{r}$ *eines Punktes P kann in Bezug auf seine Komponenten entweder im* $G(OXYZ)$ *-oder im* $B(Oxyz)$ *-Koordinatensystem ausgedrückt werden. Wenn* ${}^G\mathbf{r} = 100\hat{I} - 50\hat{J} + 150\hat{K}$, *und wir nach Komponenten von* $\mathbf{r}$ *im* $B(Oxyz)$ *-Koordinatensystem suchen, dann müssen wir zuerst die richtige Rotationsmatrix finden* ${}^B R_G$. *Nehmen wir an, dass der Winkel zwischen den x- und X-Achsen* 40 deg *und der Winkel zwischen den y- und Y-Achsen ist* 60 deg *beträgt.*

Die Zeilenelemente von ${}^B R_G$ *sind die Richtungskosinusse der* $B(Oxyz)$*-Achsen im* $G(OXYZ)$*-Koordinatensystem. Die x-Achse liegt in der XZ-Ebene bei* 40 deg *von der X-Achse, und der Winkel zwischen y und Y ist* 60 deg. *Daher,*

$$\begin{aligned} {}^B R_G &= \begin{bmatrix} \hat{\imath}\cdot\hat{I} & \hat{\imath}\cdot\hat{J} & \hat{\imath}\cdot\hat{K} \\ \hat{\jmath}\cdot\hat{I} & \hat{\jmath}\cdot\hat{J} & \hat{\jmath}\cdot\hat{K} \\ \hat{k}\cdot\hat{I} & \hat{k}\cdot\hat{J} & \hat{k}\cdot\hat{K} \end{bmatrix} = \begin{bmatrix} \cos 40 & 0 & \sin 40 \\ \hat{\jmath}\cdot\hat{I} & \cos 60 & \hat{\jmath}\cdot\hat{K} \\ \hat{k}\cdot\hat{I} & \hat{k}\cdot\hat{J} & \hat{k}\cdot\hat{K} \end{bmatrix} \\ &= \begin{bmatrix} 0{,}766 & 0 & 0{,}643 \\ \hat{\jmath}\cdot\hat{I} & 0{,}5 & \hat{\jmath}\cdot\hat{K} \\ \hat{k}\cdot\hat{I} & \hat{k}\cdot\hat{J} & \hat{k}\cdot\hat{K} \end{bmatrix} \end{aligned} \tag{4.137}$$

und durch Verwendung von ${}^B R_G {}^G R_B = {}^B R_G {}^B R_G^T = I$:

$$\begin{bmatrix} 0{,}766 & 0 & 0{,}643 \\ r_{21} & 0{,}5 & r_{23} \\ r_{31} & r_{32} & r_{33} \end{bmatrix} \begin{bmatrix} 0{,}766 & r_{21} & r_{31} \\ 0 & 0{,}5 & r_{32} \\ 0{,}643 & r_{23} & r_{33} \end{bmatrix} = \begin{bmatrix} 1 & 0 & 0 \\ 0 & 1 & 0 \\ 0 & 0 & 1 \end{bmatrix} \tag{4.138}$$

erhalten wir einen Satz von sechs Gleichungen, um die fehlenden Elemente zu finden:

$$\begin{aligned} 0{,}766\, r_{21} + 0{,}643\, r_{23} &= 0 \\ 0{,}766\, r_{31} + 0{,}643\, r_{33} &= 0 \\ r_{21}^2 + r_{23}^2 + 0{,}25 &= 1 \\ r_{21}r_{31} + 0{,}5 r_{32} + r_{23}r_{33} &= 0 \\ r_{31}^2 + r_{32}^2 + r_{33}^2 &= 1 \end{aligned} \tag{4.139}$$

Die Lösung dieser Gleichungen liefert die folgende Transformationsmatrix:

$${}^{B}R_{G} = \begin{bmatrix} 0{,}766 & 0 & 0{,}643 \\ 0{,}557 & 0{,}5 & -0{,}663 \\ -0{,}322 & 0{,}866 & 0{,}383 \end{bmatrix} \tag{4.140}$$

und dann können wir die Komponenten von ${}^{\mathrm{B}}\mathbf{r}$ *finden:*

$$\begin{aligned} {}^{B}\mathbf{r} &= {}^{B}R_{G}\, {}^{G}\mathbf{r} \\ &= \begin{bmatrix} 0{,}766 & 0 & 0{,}643 \\ 0{,}557 & 0{,}5 & -0{,}663 \\ -0{,}322 & 0{,}866 & 0{,}383 \end{bmatrix} \begin{bmatrix} 100 \\ -50 \\ 150 \end{bmatrix} = \begin{bmatrix} 173{,}05 \\ -68{,}75 \\ -18{,}05 \end{bmatrix} \end{aligned} \tag{4.141}$$

Beispiel 174 *Globale Position, unter Verwendung von* ${}^{\mathrm{B}}\mathbf{r}$ *und* ${}^{\mathrm{B}}R_{\mathrm{G}}$.

Der Ortsvektor $\mathbf{r}$ *eines Punktes* P *kann entweder im* $G(OXYZ)$ *-oder* $B(Oxyz)$ *-Koordinatensystem ausgedrückt werden. Wenn* ${}^{B}\mathbf{r} = 100\hat{\imath} - 50\hat{\jmath} + 150\hat{k}$, *und* ${}^{\mathrm{B}}R_{\mathrm{G}}$ *die Transformationsmatrix zur Abbildung von* ${}^{\mathrm{G}}\mathbf{r}$ *auf* ${}^{\mathrm{B}}\mathbf{r}$ *ist,*

$${}^{B}\mathbf{r} = {}^{B}R_{G}\, {}^{G}\mathbf{r} = \begin{bmatrix} 0{,}766 & 0 & 0{,}643 \\ 0{,}557 & 0{,}5 & -0{,}663 \\ -0{,}322 & 0{,}866 & 0{,}383 \end{bmatrix} {}^{G}\mathbf{r} \tag{4.142}$$

dann lauten die Komponenten von ${}^{\mathrm{G}}\mathbf{r}$ *in* $G(OXYZ)$ *:*

$$\begin{aligned} {}^{G}\mathbf{r} &= {}^{G}R_{B}\, {}^{B}\mathbf{r} = {}^{B}R_{G}^{T}\, {}^{B}\mathbf{r} \\ &= \begin{bmatrix} 0{,}766 & 0{,}557 & -0{,}322 \\ 0 & 0{,}5 & 0{,}866 \\ 0{,}643 & -0{,}663 & 0{,}383 \end{bmatrix} \begin{bmatrix} 100 \\ -50 \\ 150 \end{bmatrix} = \begin{bmatrix} 0{,}45 \\ 104{,}9 \\ 154{,}9 \end{bmatrix} \end{aligned} \tag{4.143}$$

Beispiel 175 *Transformationsmatrix für zwei Punkte.*

Die globalen Ortsvektoren von zwei Punkten P_1 *und* P_2 *eines starren Körpers* B *sind:*

$${}^{G}\mathbf{r}_{P_1} = \begin{bmatrix} 1{,}077 \\ 1{,}365 \\ 2{,}666 \end{bmatrix} \qquad {}^{G}\mathbf{r}_{P_2} = \begin{bmatrix} -0{,}473 \\ 2{,}239 \\ -0{,}959 \end{bmatrix} \tag{4.144}$$

Der Ursprung des Körpers $B(Oxyz)$ ist am Ursprung von $G(OXYZ)$, und die Punkte P_1 und P_2 liegen jeweils auf der lokalen x-Achse und y-Achse. Um ${}^{G}R_{B}$ zu finden, verwenden wir die lokalen Einheitsvektoren ${}^{G}\hat{\imath}$ und ${}^{G}\hat{\jmath}$:

$$ {}^{G}\hat{\imath} = \frac{{}^{G}\mathbf{r}_{P_1}}{\left|{}^{G}\mathbf{r}_{P_1}\right|} = \begin{bmatrix} 0{,}338 \\ 0{,}429 \\ 0{,}838 \end{bmatrix} \qquad {}^{G}\hat{\jmath} = \frac{{}^{G}\mathbf{r}_{P_2}}{\left|{}^{G}\mathbf{r}_{P_2}\right|} = \begin{bmatrix} -0{,}191 \\ 0{,}902 \\ -0{,}387 \end{bmatrix} \tag{4.145} $$

um ${}^{G}\hat{k}$ zu erhalten:

$$ \begin{aligned} {}^{G}\hat{k} &= \hat{\imath} \times \hat{\jmath} = \tilde{\imath}\ \hat{\jmath} \\ &= \begin{bmatrix} 0 & -0{,}838 & 0{,}429 \\ 0{,}838 & 0 & -0{,}338 \\ -0{,}429 & 0{,}338 & 0 \end{bmatrix} \begin{bmatrix} -0{,}191 \\ 0{,}902 \\ -0{,}387 \end{bmatrix} \\ &= \begin{bmatrix} -0{,}922 \\ -0{,}029 \\ 0{,}387 \end{bmatrix} \end{aligned} \tag{4.146} $$

wo bei $\tilde{\imath}$ die schiefsymmetrische Matrix ist, die $\hat{\imath}$ entspricht, und $\tilde{\imath}\ \hat{\jmath}$ ist eine alternative für Schreibweise $\hat{\imath} \times \hat{\jmath}$. Daher ist die Transformationsmatrix unter Verwendung der Koordinaten von zwei Punkten ${}^{G}\mathbf{r}_{P_1}$ und ${}^{G}\mathbf{r}_{P_2}$:

$$ \begin{aligned} {}^{G}R_{B} &= \begin{bmatrix} {}^{G}\hat{\imath} & {}^{G}\hat{\jmath} & {}^{G}\hat{k} \end{bmatrix} \\ &= \begin{bmatrix} 0{,}338 & -0{,}191 & -0{,}922 \\ 0{,}429 & 0{,}902 & -0{,}029 \\ 0{,}838 & -0{,}387 & 0{,}387 \end{bmatrix} \end{aligned} \tag{4.147} $$

Beispiel 176 *Längeninvarianz eines Ortsvektors.*

Die Beschreibung eines Vektors in verschiedenen Koordinatensystemen unter Verwendung von Rotationsmatrizen beeinflusst nicht die Längen- und Richtungseigenschaften des Vektors. Daher ist die Länge eines Vektors eine Invariante:

$$ |\mathbf{r}| = \left|{}^{G}\mathbf{r}\right| = \left|{}^{B}\mathbf{r}\right| \tag{4.148} $$

Die Längeninvarianzeigenschaft kann gezeigt werden durch:

$$ \begin{aligned} |\mathbf{r}|^2 &= {}^{G}\mathbf{r}^{T}\, {}^{G}\mathbf{r} = \left[{}^{G}R_{B}\, {}^{B}\mathbf{r}\right]^{T} {}^{G}R_{B}\, {}^{B}\mathbf{r} \\ &= {}^{B}\mathbf{r}^{T}\, {}^{G}R_{B}^{T}\, {}^{G}R_{B}\, {}^{B}\mathbf{r} = {}^{B}\mathbf{r}^{T}\, {}^{B}\mathbf{r} \end{aligned} \tag{4.149} $$

Beispiel 177 ⋆ *Schiefsymmetrische Matrizen für $\hat{\imath}$, $\hat{\jmath}$ und $\hat{k}$.*

Die Definition der schiefsymmetrischen Matrix $\tilde{a}$, die zu einem einem Vektor **a** *gehört, wird definiert durch:*

$$\tilde{a} = \begin{bmatrix} 0 & -a_3 & a_2 \\ a_3 & 0 & -a_1 \\ -a_2 & a_1 & 0 \end{bmatrix} \tag{4.150}$$

Daher gilt:

$$\tilde{\imath} = \begin{bmatrix} 0 & 0 & 0 \\ 0 & 0 & -1 \\ 0 & 1 & 0 \end{bmatrix} \quad \tilde{\jmath} = \begin{bmatrix} 0 & 0 & 1 \\ 0 & 0 & 0 \\ -1 & 0 & 0 \end{bmatrix} \quad \tilde{k} = \begin{bmatrix} 0 & -1 & 0 \\ 1 & 0 & 0 \\ 0 & 0 & 0 \end{bmatrix} \tag{4.151}$$

Beispiel 178 *Inverse der Euler-Winkel-Rotationsmatrix.*

Die Präzessions-Nutation-Eigendrehung oder Euler-Winkel-Rotationsmatrix (4.78)

$$\begin{aligned} {}^B R_G &= R_{z,\psi} R_{x,\theta} R_{z,\varphi} \\ &= \begin{bmatrix} c\varphi c\psi - c\theta s\varphi s\psi & c\psi s\varphi + c\theta c\varphi s\psi & s\theta s\psi \\ -c\varphi s\psi - c\theta c\psi s\varphi & -s\varphi s\psi + c\theta c\varphi c\psi & s\theta c\psi \\ s\theta s\varphi & -c\varphi s\theta & c\theta \end{bmatrix} \end{aligned} \tag{4.152}$$

muss invertiert werden, um eine Transformationsmatrix zu werden, die körperfeste Koordinaten in globale Koordinaten abbildet:

$$\begin{aligned} {}^G R_B &= {}^B R_G^{-1} = R_{z,\varphi}^T R_{x,\theta}^T R_{z,\psi}^T \\ &= \begin{bmatrix} c\varphi c\psi - c\theta s\varphi s\psi & -c\varphi s\psi - c\theta c\psi s\varphi & s\theta s\varphi \\ c\psi s\varphi + c\theta c\varphi s\psi & -s\varphi s\psi + c\theta c\varphi c\psi & -c\varphi s\theta \\ s\theta s\psi & s\theta c\psi & c\theta \end{bmatrix} \end{aligned} \tag{4.153}$$

Die Transformationsmatrix (4.152) *wird als lokale Euler-Rotationsmatrix bezeichnet, und* (4.153) *wird als globale Euler-Rotationsmatrix bezeichnet.*

Beispiel 179 ⋆ *Alternativer Beweis für Transformationsmatrix.*

Beginnend mit einer Identität

$$\begin{bmatrix} \hat{\imath} & \hat{\jmath} & \hat{k} \end{bmatrix} \begin{bmatrix} \hat{\imath} \\ \hat{\jmath} \\ \hat{k} \end{bmatrix} = 1 \tag{4.154}$$

können wir schreiben:

$$\begin{bmatrix} \hat{I} \\ \hat{J} \\ \hat{K} \end{bmatrix} = \begin{bmatrix} \hat{I} \\ \hat{J} \\ \hat{K} \end{bmatrix} \begin{bmatrix} \hat{\imath} & \hat{\jmath} & \hat{k} \end{bmatrix} \begin{bmatrix} \hat{\imath} \\ \hat{\jmath} \\ \hat{k} \end{bmatrix} \tag{4.155}$$

Da die Matrixmultiplikation in beliebiger Reihenfolge durchgeführt werden kann, finden wir:

$$\begin{bmatrix} \hat{I} \\ \hat{J} \\ \hat{K} \end{bmatrix} = \begin{bmatrix} \hat{I}\cdot\hat{\imath} & \hat{I}\cdot\hat{\jmath} & \hat{I}\cdot\hat{k} \\ \hat{J}\cdot\hat{\imath} & \hat{J}\cdot\hat{\jmath} & \hat{J}\cdot\hat{k} \\ \hat{K}\cdot\hat{\imath} & \hat{K}\cdot\hat{\jmath} & \hat{K}\cdot\hat{k} \end{bmatrix} \begin{bmatrix} \hat{\imath} \\ \hat{\jmath} \\ \hat{k} \end{bmatrix} = {}^G R_B \begin{bmatrix} \hat{\imath} \\ \hat{\jmath} \\ \hat{k} \end{bmatrix} \tag{4.156}$$

wo bei:

$${}^G R_B = \begin{bmatrix} \hat{I} \\ \hat{J} \\ \hat{K} \end{bmatrix} \begin{bmatrix} \hat{\imath} & \hat{\jmath} & \hat{k} \end{bmatrix} \tag{4.157}$$

Mit der gleichen Methode können wir zeigen, dass gilt:

$${}^B R_G = \begin{bmatrix} \hat{\imath} \\ \hat{\jmath} \\ \hat{k} \end{bmatrix} \begin{bmatrix} \hat{I} & \hat{J} & \hat{K} \end{bmatrix} \tag{4.158}$$

4.6 Lokale und globale Drehungen

Die globale Rotationsmatrix ${}^G R_B$ ist das Inverse der lokalen Rotationsmatrix ${}^B R_G$ und umgekehrt:

$${}^G R_B = {}^B R_G^{-1} \qquad {}^B R_G = {}^G R_B^{-1} \tag{4.159}$$

Die Linksrmultiplikation der globalen Rotationsmatrix entspricht der Rechtsmultiplikation der lokalen Rotationsmatrix.

Beweis. Lassen Sie uns Rotationsmatrizen um die globalen Achsen durch $[Q]$ und Rotationsmatrizen um die lokalen Achsen durch $[A]$ darstellen. Betrachten Sie eine Sequenz von globalen Rotationen und ihre resultierende globale Rotationsmatrix ${}^G Q_B$ um einen Ortsvektor ${}^B\mathbf{r}$ zu ${}^G\mathbf{r}$ zu transformieren:

$${}^G\mathbf{r} = {}^G Q_B\, {}^B\mathbf{r} \tag{4.160}$$

Der globale Ortsvektor ${}^G\mathbf{r}$ kann auch zu ${}^B\mathbf{r}$ mit hilfe einer lokalen Rotationsmatrix ${}^B A_G$ transformiert werden:

$${}^B\mathbf{r} = {}^B A_G\, {}^G\mathbf{r} \tag{4.161}$$

Die Kombination der Gl. (4.160) und (4.161) ergibt:

$${}^G\mathbf{r} = {}^G Q_B\, {}^B A_G\, {}^G\mathbf{r} \tag{4.162}$$

$${}^B\mathbf{r} = {}^B A_G\, {}^G Q_B\, {}^B\mathbf{r} \tag{4.163}$$

und daher:

$${}^G Q_B\, {}^B A_G = {}^B A_G\, {}^G Q_B = \mathbf{I} \tag{4.164}$$

Daher sind die globalen und lokalen Rotationsmatrizen invers zueinander:

$$ {}^{G}Q_{B} = {}^{B}A_{G}^{-1} \tag{4.165} $$

$$ {}^{G}Q_{B}^{-1} = {}^{B}A_{G} \tag{4.166} $$

Nehmen Sie an, dass:

$$ {}^{G}Q_{B} = Q_{n} \cdots Q_{3}Q_{2}Q_{1} \tag{4.167} $$

$$ {}^{B}A_{G} = A_{n} \cdots A_{3}A_{2}A_{1} \tag{4.168} $$

dann

$$ {}^{G}Q_{B} = {}^{B}A_{G}^{-1} = A_{1}^{-1}A_{2}^{-1}A_{3}^{-1} \cdots A_{n}^{-1} \tag{4.169} $$

$$ {}^{B}A_{G} = {}^{G}Q_{B}^{-1} = Q_{1}^{-1}Q_{2}^{-1}Q_{3}^{-1} \cdots Q_{n}^{-1} \tag{4.170} $$

und Gl. (4.164) wird zu

$$ Q_{n} \cdots Q_{2}Q_{1}A_{n} \cdots A_{2}A_{1} = A_{n} \cdots A_{2}A_{1}Q_{n} \cdots Q_{2}Q_{1} = \mathbf{I} \tag{4.171} $$

Daher gitl:

$$ Q_{n} \cdots Q_{3}Q_{2}Q_{1} = A_{1}^{-1}A_{2}^{-1}A_{3}^{-1} \cdots A_{n}^{-1} \tag{4.172} $$

$$ A_{n} \cdots A_{3}A_{2}A_{1} = Q_{1}^{-1}Q_{2}^{-1}Q_{3}^{-1} \cdots Q_{n}^{-1} \tag{4.173} $$

oder:

$$ Q_{1}^{-1}Q_{2}^{-1}Q_{3}^{-1} \cdots Q_{n}^{-1}Q_{n} \cdots Q_{3}Q_{2}Q_{1} = \mathbf{I} \tag{4.174} $$

$$ A_{1}^{-1}A_{2}^{-1}A_{3}^{-1} \cdots A_{n}^{-1}A_{n} \cdots A_{3}A_{2}A_{1} = \mathbf{I} \tag{4.175} $$

Daher ist die Wirkung der Reihenfolge der Rotationen um die globalen Koordinatenachsen gleich der Wirkung der gleichen Rotationen um die lokalen Koordinatenachsen, die in umgekehrter Reihenfolge ausgeführt werden:

$$ {}^{G}Q_{B} = A_{1}^{-1}A_{2}^{-1}A_{3}^{-1} \cdots A_{n}^{-1} \tag{4.176} $$

$$ {}^{B}A_{G} = Q_{1}^{-1}Q_{2}^{-1}Q_{3}^{-1} \cdots Q_{n}^{-1} \tag{4.177} $$

Daher ist die globale Rotationsmatrix ${}^{G}R_{B}$ das Inverse der lokalen Rotationsmatrix ${}^{B}R_{G}$ und umgekehrt:

$$ {}^{G}R_{B} = {}^{B}R_{G}^{-1} \qquad {}^{B}R_{G} = {}^{G}R_{B}^{-1} \tag{4.178} $$

■

Beispiel 180 *Rechtsmultiplikation der Rotationsmatrix.*

Nehmen wir an, dass die lokale Position eines Punktes P nach einer Rotation bei ${}^{B}\mathbf{r} = \begin{bmatrix} 1 & 2 & 3 \end{bmatrix}^{T}$ *liegt. Wenn die lokale Rotationsmatrix zur Transformation von* ${}^{G}\mathbf{r}$ *zu* ${}^{B}\mathbf{r}$ *gegeben ist durch:*

$$^{B}R_{z,\varphi} = \begin{bmatrix} \cos\varphi & \sin\varphi & 0 \\ -\sin\varphi & \cos\varphi & 0 \\ 0 & 0 & 1 \end{bmatrix} = \begin{bmatrix} \cos 30 & \sin 30 & 0 \\ -\sin 30 & \cos 30 & 0 \\ 0 & 0 & 1 \end{bmatrix} \tag{4.179}$$

dann können wir den globalen Ortsvektor $^{G}\mathbf{r}$ *finden, indem wir* $^{B}R_{z,\phi}$ *von rechts mit dem lokalen Ortsvektor* $^{B}\mathbf{r}^{T}$ *multiplizieren:*

$$\begin{aligned} {}^{G}\mathbf{r}^{T} &= {}^{B}\mathbf{r}^{T}\,{}^{B}R_{z,\varphi} = \begin{bmatrix} 1 & 2 & 3 \end{bmatrix} \begin{bmatrix} \cos 30 & \sin 30 & 0 \\ -\sin 30 & \cos 30 & 0 \\ 0 & 0 & 1 \end{bmatrix} \\ &= \begin{bmatrix} -0{,}13 & 2{,}23 & 3 \end{bmatrix} \end{aligned} \tag{4.180}$$

statt $^{B}R_{z,\phi}{-}^{1}$ *von rechts* $^{B}\mathbf{r}$*:*

$$\begin{aligned} {}^{G}\mathbf{r} &= {}^{B}R_{z,\varphi}^{-1}\,{}^{B}\mathbf{r} \\ &= \begin{bmatrix} \cos 30 & -\sin 30 & 0 \\ \sin 30 & \cos 30 & 0 \\ 0 & 0 & 1 \end{bmatrix} \begin{bmatrix} 1 \\ 2 \\ 3 \end{bmatrix} = \begin{bmatrix} -0{,}13 \\ 2{,}23 \\ 3 \end{bmatrix} \end{aligned} \tag{4.181}$$

4.7 Achsen-Winkel-Rotation

Die endgültige Ausrichtung eines starren Körpers nach einer endlichen Anzahl von Drehungen entspricht einer einmaligen Drehung um eine eindeutige Achse. Die Bestimmung des Winkels und der Achse wird als *Orientierungskinetik* starrer Körper bezeichnet. Nehmen wir an, das körperfeste System *B*(*OXYZ*) rotiert φ um eine feste Achse im globalen System *G*(*OXYZ*). Die Achse wird durch einen Einheitsvektor $\hat{u}$ mit Richtungskosinus u_1, u_2, u_3 festgelegt:

$$\hat{u} = u_1\hat{I} + u_2\hat{J} + u_3\hat{K} \tag{4.182}$$

$$\sqrt{u_1^2 + u_2^2 + u_3^2} = 1 \tag{4.183}$$

Zwei Parameter sind erforderlich, um die Rotationsachse zu definieren, die durch *O* geht, und ein Parameter ist erforderlich, um die Menge der Rotation um die Achse zu definieren. Dies wird als *Achsen-Winkel-Darstellung* einer Rotation bezeichnet. Eine Achsen-Winkel-Rotation benötigt drei unabhängige Parameter zur Definition.

Die Achsen-Winkel-Transformationsmatrix $^{G}R_{B}$, die die Koordinaten des körperfesten Koordinatensystems *B*(*OXYZ*) in die zugehörigen Koordinaten im globalen Koordinatensystem *G*(*OXYZ*) transformiert:

$$^{G}\mathbf{r} = {}^{G}R_{B}\,{}^{B}\mathbf{r} \tag{4.184}$$

ist:

$$^GR_B = R_{\hat{u},\phi} = \mathbf{I}\cos\phi + \hat{u}\hat{u}^T\mathrm{vers}\phi + \tilde{u}\sin\phi \tag{4.185}$$

$$^GR_B = \begin{bmatrix} u_1^2\mathrm{vers}\phi + c\phi & u_1u_2\mathrm{vers}\phi - u_3s\phi & u_1u_3\mathrm{vers}\phi + u_2s\phi \\ u_1u_2\mathrm{vers}\phi + u_3s\phi & u_2^2\mathrm{vers}\phi + c\phi & u_2u_3\mathrm{vers}\phi - u_1s\phi \\ u_1u_3\mathrm{vers}\phi - u_2s\phi & u_2u_3\mathrm{vers}\phi + u_1s\phi & u_3^2\mathrm{vers}\phi + c\phi \end{bmatrix} \tag{4.186}$$

wo bei:

$$\mathrm{vers}\phi = \mathit{versine}\,\phi = 1 - \cos\phi = 2\sin^2\frac{\phi}{2} \tag{4.187}$$

und $\tilde{u}$ ist die schiefsymmetrische Matrix, die mit dem Vektor $\hat{u}$ verbunden ist:

$$\tilde{u} = \begin{bmatrix} 0 & -u_3 & u_2 \\ u_3 & 0 & -u_1 \\ -u_2 & u_1 & 0 \end{bmatrix} \tag{4.188}$$

Eine Matrix $\tilde{u}$ ist *schiefsymmetrisch*, wenn

$$\tilde{u}^T = -\tilde{u} \tag{4.189}$$

Für jede Transformationsmatrix ^GR_B können wir die Achse $\hat{u}$ und den Winkel φ bestimmen, um die gleiche Matrix zu erhalten, nämlich durch

$$\tilde{u} = \tfrac{1}{2\sin\phi}\left({}^GR_B - {}^GR_B^T\right) \tag{4.190}$$

$$\cos\phi = \tfrac{1}{2}\left(\mathrm{tr}\left({}^GR_B\right) - 1\right) \tag{4.191}$$

Gl. (4.186) wird als *Winkel-Achsen-* oder *Achsen-Winkel-Rotationsmatrix* bezeichnet und ist die allgemeinste Transformationsmatrix für die Rotation eines körperfesten Koordinatensystems B in einem globalen Koordinatensystem G. Wenn die Rotationsachse (4.182) mit einer globalen Koordinatenachse Z, Y oder X übereinstimmt, dann reduziert sich Gl. (4.186) auf die lokalen Hauptrotationsmatrizen.

Beweis. Die Drehung φ um eine Achse $\hat{u}$ entspricht einer Abfolge von Drehungen um die Achsen eines körperfesten Koordinatensystems B, so dass das lokale Koordinatensystem zunächst so gedreht wird, dass eine seiner Achsen, sagen wir die z-Achse, mit der Drehachse $\hat{u}$ übereinstimmt, gefolgt von einer Drehung φ um diese lokale Achse, dann folgt die Umkehrung der ersten Sequenz von Drehungen.

Abb. 4.6 veranschaulicht eine Drehachse $\hat{u} = u_1\hat{I} + u_2\hat{J} + u_3\hat{K}$, das globale Koordinatensystem $G(OXYZ)$ und das gedrehte körperfeste Koordinatensystem $B(Oxyz)$, wenn die lokale z-Achse mit $\hat{u}$ übereinstimmt. Nehmen wir an, dass das körperfeste und das globale Koordinatensystem ursprünglich übereinstimmten. Wenn wir eine Abfolge von Drehungen um ϕ um die z-Achse und um θ um die y-Achse auf das körperfeste Koordinatensystem $B(Oxyz)$ anwenden, wird die lokale z-Achse mit der Drehachse $\hat{u}$ übereinstimmen. Nun wenden wir die Drehung um φ um $\hat{u}$ an und führen dann die Sequenz von Drehungen um ϕ und θ rückwärts aus.

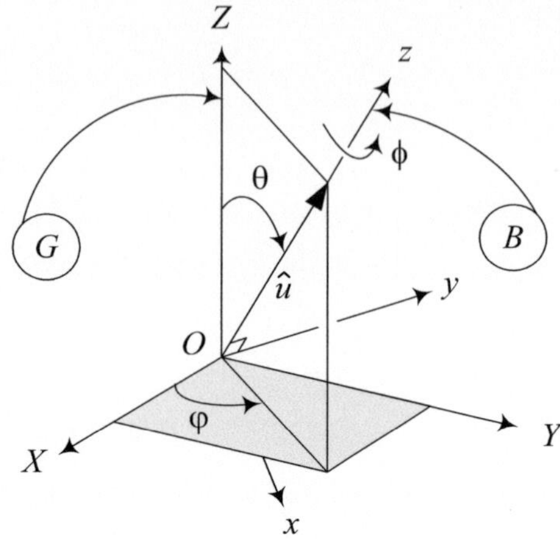

Abb. 4.6 Achsen-Winkel-Rotation, wenn die Rotationsachse $\hat{u}$ mit der lokalen z-Achse zusammenfällt

Nach Gl. (4.169) ist die Rotationsmatrix ${}^{G}R_{B}$ zur Abbildung der Koordinaten eines Punktes im körperfesten Koordinatensystem auf seine Koordinaten im globalen Koordinatensystem nach der Drehung φ um $\hat{u}$:

$$\begin{aligned} {}^{G}R_{B} &= {}^{B}R_{G}^{-1} = {}^{B}R_{G}^{T} = R_{\hat{u},\phi} \\ &= \left[R_{z,-\varphi}\ R_{y,-\theta}\ R_{z,\phi}\ R_{y,\theta}\ R_{z,\varphi}\right]^{T} \\ &= R_{z,\varphi}^{T}\ R_{y,\theta}^{T}\ R_{z,\phi}^{T}\ R_{y,-\theta}^{T}\ R_{z,-\varphi}^{T} \end{aligned} \tag{4.192}$$

Das Einsetzen der Gleichungen

$$\begin{aligned} \sin\varphi &= \frac{u_2}{\sqrt{u_1^2+u_2^2}} & \cos\varphi &= \frac{u_1}{\sqrt{u_1^2+u_2^2}} \\ \sin\theta &= \sqrt{u_1^2+u_2^2} & \cos\theta &= u_3 \\ \sin\theta\sin\varphi &= u_2 & \sin\theta\cos\varphi &= u_1 \end{aligned} \tag{4.193}$$

in ${}^{G}R_{B}$ liefert uns die Achsen-Winkel-Rotationsmatrix:

$$\begin{aligned} &{}^{G}R_{B} = R_{\hat{u},\phi} = \\ &\begin{bmatrix} u_1^2\operatorname{vers}\phi + c\phi & u_1u_2\operatorname{vers}\phi - u_3s\phi & u_1u_3\operatorname{vers}\phi + u_2s\phi \\ u_1u_2\operatorname{vers}\phi + u_3s\phi & u_2^2\operatorname{vers}\phi + c\phi & u_2u_3\operatorname{vers}\phi - u_1s\phi \\ u_1u_3\operatorname{vers}\phi - u_2s\phi & u_2u_3\operatorname{vers}\phi + u_1s\phi & u_3^2\operatorname{vers}\phi + c\phi \end{bmatrix} \end{aligned} \tag{4.194}$$

Die Matrix (4.194) kann zerlegt werden, in

$$\begin{aligned} R_{\hat{u},\phi} &= \cos\phi \begin{bmatrix} 1 & 0 & 0 \\ 0 & 1 & 0 \\ 0 & 0 & 1 \end{bmatrix} + (1-\cos\phi) \begin{bmatrix} u_1 \\ u_2 \\ u_3 \end{bmatrix} \begin{bmatrix} u_1 & u_2 & u_3 \end{bmatrix} \\ &+ \sin\phi \begin{bmatrix} 0 & -u_3 & u_2 \\ u_3 & 0 & -u_1 \\ -u_2 & u_1 & 0 \end{bmatrix} \end{aligned} \tag{4.195}$$

die zusammengefasst werden können als (4.185). Wenn wir die Rotationsmatrix durch ihre Elemente ${}^{G}R_B = R_{\hat{u},\phi} = \left[r_{ij}\right]$ darstellen, erhalten wir:

$$r_{ij} = \delta_{ij}\cos\phi + u_i u_j (1 - \cos\phi) - \epsilon_{ijk} u_k \sin\phi \tag{4.196}$$

Die *Achsen-Winkel-Rotationsgleichung* (4.185) wird auch als *Rodriguez-Rotationsformel* bezeichnet. Wir können zeigen, dass die Rodriguez-Rotationsformel auch durch eine der folgenden äquivalenten Formen ausgedrückt werden kann:

$$R_{\hat{u},\phi} = \mathbf{I} + \tilde{u}\sin\phi + 2\tilde{u}^2 \sin^2\frac{\phi}{2} \tag{4.197}$$

$$R_{\hat{u},\phi} = \mathbf{I} + 2\tilde{u}\sin\frac{\phi}{2}\left(\mathbf{I}\cos\frac{\phi}{2} + \tilde{u}\sin\frac{\phi}{2}\right) \tag{4.198}$$

$$R_{\hat{u},\phi} = \mathbf{I} + \tilde{u}\sin\phi + \tilde{u}^2 \text{vers}\phi \tag{4.199}$$

$$R_{\hat{u},\phi} = \left[\mathbf{I} - \hat{u}\hat{u}^T\right]\cos\phi + \tilde{u}\sin\phi + \hat{u}\hat{u}^T \tag{4.200}$$

$$R_{\hat{u},\phi} = \mathbf{I} + \tilde{u}^2 + \tilde{u}\sin\phi - \tilde{u}^2\cos\phi \tag{4.201}$$

Das *Inverse einer Achsen-Winkel-Rotation* ist:

$${}^{B}R_G = {}^{G}R_B^T = R_{\hat{u},-\phi} = \mathbf{I}\cos\phi + \hat{u}\hat{u}^T \text{vers}\phi - \tilde{u}\sin\phi \tag{4.202}$$

Das bedeutet, dass die Orientierung von B in G, wenn B um φ um $\hat{u}$ gedreht wird, die gleiche ist wie die Orientierung von G in B wenn B um $-\varphi$ um $\hat{u}$ gedreht wird. Die Rotation $R_{\hat{u},-\phi}$ wird auch als *umgekehrte Rotation* bezeichnet.

Beispiel 181 ⋆ *Achsen-Winkel-Rotation, wenn $\hat{u} = \hat{K}$.*

Wenn das sich lokale Koordinatensystem $B(Oxyz)$ um die Z-Achse dreht dann gilt:

$$\hat{u} = \hat{K} \tag{4.205}$$

und die Transformationsmatrix (4.186) *reduziert sich auf:*

$$\begin{aligned} {}^{G}R_B &= \begin{bmatrix} 0\text{vers}\phi + \cos\phi & 0\text{vers}\phi - 1\sin\phi & 0\text{vers}\phi + 0\sin\phi \\ 0\text{vers}\,\phi + 1\sin\phi & 0\text{vers}\,\phi + \cos\phi & 0\text{vers}\,\phi - 0\sin\phi \\ 0\text{vers}\phi - 0\sin\phi & 0\text{vers}\phi + 0\sin\phi & 1\text{vers}\phi + \cos\phi \end{bmatrix} \\ &= \begin{bmatrix} \cos\phi & -\sin\phi & 0 \\ \sin\phi & \cos\phi & 0 \\ 0 & 0 & 1 \end{bmatrix} \end{aligned} \tag{4.206}$$

was der Rotationsmatrix um die Z-Achse des globalen Koordinatensystems entspricht.

Beispiel 182 ⋆ *Rotation um eine gedrehte lokale Achse.*

Wenn das sich körperfeste Koordinatensystem $B(Oxyz)$ um φ deg *um die globale Z-Achse dreht dann verläuft die x-Achse entlang*

$$\hat{u}_x = {}^G R_{Z,\varphi}\, \hat{\imath} = \begin{bmatrix} \cos\varphi & -\sin\varphi & 0 \\ \sin\varphi & \cos\varphi & 0 \\ 0 & 0 & 1 \end{bmatrix} \begin{bmatrix} 1 \\ 0 \\ 0 \end{bmatrix} = \begin{bmatrix} \cos\varphi \\ \sin\varphi \\ 0 \end{bmatrix} \tag{4.207}$$

Drehung um θ um $\hat{u}_x = (\cos\varphi)\hat{I} + (\sin\varphi)\hat{J}$ wird durch die Rodriguez-Formel definiert (4.186):

$${}^G R_{\hat{u}_x,\theta} = \begin{bmatrix} \cos^2\varphi \operatorname{vers}\theta + \cos\theta & \cos\varphi\sin\varphi\operatorname{vers}\theta & \sin\varphi\sin\theta \\ \cos\varphi\sin\varphi\operatorname{vers}\theta & \sin^2\varphi\operatorname{vers}\theta + \cos\theta & -\cos\varphi\sin\theta \\ -\sin\varphi\sin\theta & \cos\varphi\sin\theta & \cos\theta \end{bmatrix} \tag{4.208}$$

Nun wird die Drehung um ϕ um die globale Z-Achse gefolgt von der Drehung um θ um die lokale x-Achse durch

$${}^G R_B = {}^G R_{\hat{u}_x,\theta}\, {}^G R_{Z,\varphi} = \begin{bmatrix} \cos\varphi & -\cos\theta\sin\varphi & \sin\theta\sin\varphi \\ \sin\varphi & \cos\theta\cos\varphi & -\cos\varphi\sin\theta \\ 0 & \sin\theta & \cos\theta \end{bmatrix} \tag{4.209}$$

transformiert, das muss gleich sein wie $\left[R_{x,\theta}\, R_{z,\varphi}\right]^{-1} = R^T_{z,\varphi}\, R^T_{x,\theta}$.

Beispiel 183 ⋆ *Achse und Winkel einer Rotationsmatrix.*

Ein körperfestes Koordinatensystem B durchläuft drei Euler-Rotationen $(\varphi, \theta, \psi) = (30, 45, 60)$ deg *in Bezug auf ein globales System G. Die Rotationsmatrix zur Transformation der Koordinaten von B nach G ist:*

$${}^G R_B = {}^B R_G^T = \left[R_{z,\psi} R_{x,\theta} R_{z,\varphi}\right]^T = R^T_{z,\varphi} R^T_{x,\theta} R^T_{z,\psi} = \begin{bmatrix} 0{,}126\,83 & -0{,}926\,78 & 0{,}353\,55 \\ 0{,}780\,33 & -0{,}126\,83 & -0{,}612\,37 \\ 0{,}612\,37 & 0{,}353\,55 & 0{,}707\,11 \end{bmatrix} \tag{4.210}$$

Der eindeutige Winkel-Achsen-Rotation für diese Rotationsmatrix kann dann durch die Gleichungen gefunden werden (4.190) *und* (4.191)*:*

$$\phi = \cos^{-1}\left(\frac{1}{2}\left(\operatorname{tr}\left({}^G R_B\right) - 1\right)\right) = \cos^{-1}(-0{,}146\,45) = 98 \text{ deg} \tag{4.211}$$

$$\tilde{u} = \frac{1}{2\sin\phi}\left({}^G R_B - {}^G R_B^T\right) = \begin{bmatrix} 0{,}0 & -0{,}862\,85 & -0{,}130\,82 \\ 0{,}862\,85 & 0{,}0 & -0{,}488\,22 \\ 0{,}130\,82 & 0{,}488\,22 & 0{,}0 \end{bmatrix} \tag{4.212}$$

$$\hat{u} = \begin{bmatrix} 0{,}488\,22 \\ -0{,}130\,82 \\ 0{,}862\,85 \end{bmatrix} \tag{4.213}$$

Um das nochmal genau zu überprüfen, können wir die Winkel-Achsen-Rotationsformel verifizieren und die gleiche Rotationsmatrix ableiten:

$$\begin{aligned} {}^{G}R_{B} &= R_{\hat{u},\phi} = \mathbf{I}\cos\phi + \hat{u}\hat{u}^{T}\operatorname{vers}\phi + \tilde{u}\sin\phi \\ &= \begin{bmatrix} 0{,}126\,82 & -0{,}926\,77 & 0{,}353\,54 \\ 0{,}780\,32 & -0{,}126\,83 & -0{,}612\,37 \\ 0{,}612\,36 & 0{,}353\,55 & 0{,}707\,09 \end{bmatrix} \end{aligned} \tag{4.214}$$

4.8 Bewegung starrer Körper

Betrachten Sie einen starren Körper mit einem lokalen Koordinatensystem $B(oxyz)$, das sich in einem globalen Koordinatensystem bewegt $G(OXYZ)$. Der starre Körper kann sich in G drehen, während der Punkt o von B sich relativ zum Ursprung O von G verschieben kann, wie in Abb. 4.7 gezeigt. Der Vektor ${}^{G}\mathbf{d}$ gibt die Position des beweglichen Ursprungs o relativ zum festen Ursprung O an. Die Koordinaten eines Körperpunktes P in lokalen und globalen Koordinatensystem sind durch

$${}^{G}\mathbf{r}_{P} = {}^{G}R_{B}\,{}^{B}\mathbf{r}_{P} + {}^{G}\mathbf{d} \tag{4.215}$$

verbunden, wobei:

$${}^{G}\mathbf{r} = \begin{bmatrix} X_P \\ Y_P \\ Z_P \end{bmatrix} \qquad {}^{B}\mathbf{r} = \begin{bmatrix} x_P \\ y_P \\ z_P \end{bmatrix} \qquad {}^{G}\mathbf{d} = \begin{bmatrix} X_o \\ Y_o \\ Z_o \end{bmatrix} \tag{4.216}$$

Der Vektor ${}^{G}\mathbf{d}$ wird als die *Verschiebung* oder *Translation* von B in Bezug auf G bezeichnet, und ${}^{G}R_{B}$ ist die *Rotationsmatrix*, die ${}^{B}\mathbf{r}$ zu ${}^{G}\mathbf{r}$ transformiert, wenn ${}^{G}\mathbf{d} = 0$. Eine solche Kombination aus Rotation und Translation in Gl. (4.215) wird als *Bewegung starrer Körper* bezeichnet, in der die Konfiguration des Körpers

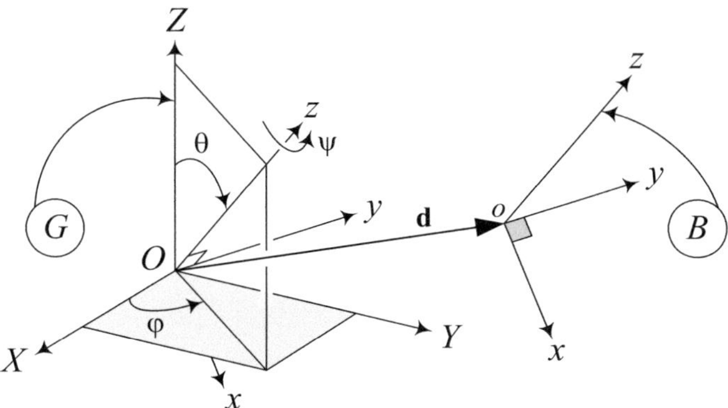

Abb. 4.7 Rotation und Translation eines körperfesten Koordinatensystems

durch die Position des Ursprungs o von B und die Ausrichtung von B ausgedrückt werden kann.

Die Zerlegung einer starren Bewegung in eine Rotation und eine Translation ist die praktische Methode zur Darstellung der räumlichen Verschiebung starrer Körper. Wir zeigen die Translation durch einen Vektor und die Rotation durch die orthogonale kartesische Transformationsmatrix.

Beweis. Betrachten Sie ein körperfestes Koordinatensystem B, das zunächst mit einem global festen System G zusammenfällt. Abb. 4.7 zeigt ein verschobenes und gedrehtes System B in G. Die allgemeinste Drehung wird durch die *Rodriguez-Rotationsformel*, (4.185) dargestellt:

$$ {}^{G}R_{B} = R_{\hat{u},\phi} = \mathbf{I}\cos\phi + \hat{u}\hat{u}^{T}\operatorname{vers}\phi + \tilde{u}\sin\phi \tag{4.217}$$

Alle Punkte des Körpers haben die gleiche Verschiebung für die Translation ${}^{G}\mathbf{d}$. Daher ist die Translation eines starren Körpers unabhängig vom lokalen Ortsvektor ${}^{B}\mathbf{r}$. Deshalb können wir die allgemeinste Verschiebung eines starren Körpers durch eine Rotation und eine Translation darstellen:

$$ {}^{G}\mathbf{r} = \left(\mathbf{I}\cos\phi + \hat{u}\hat{u}^{T}\operatorname{vers}\phi + \tilde{u}\sin\phi\right){}^{B}\mathbf{r} + {}^{G}\mathbf{d} = {}^{G}R_{B}\,{}^{B}\mathbf{r} + {}^{G}\mathbf{d} \tag{4.218}$$

Gl. (4.218) zeigt, dass die allgemeinste Verschiebung eines starren Körpers eine Rotation um eine Achse und eine Translation entlang einer Achse ist. Die Wahl des Bezugspunktes o ist willkürlich; wenn jedoch dieser Punkt gewählt und das körperfeste Koordinatensystem aufgestellt ist, sind die Rotation und Translation bestimmt.

Auf Basis von Translation und Rotation kann die Konfiguration eines Körpers eindeutig durch sechs unabhängige Parameter bestimmt werden: drei Translationskomponenten X_o, Y_o, Z_o und drei Rotationskomponenten. Wenn sich ein Körper so bewegt, dass seine Rotationskomponenten konstant bleiben, wird die Bewegung als *reine Translation* bezeichnet; wenn er sich so bewegt, dass X_o, Y_o, und Z_o konstant bleiben, wird die Bewegung als *reine Rotation* bezeichnet. Daher hat ein starrer Körper drei translatorische und drei rotatorische Freiheitsgrade. ■

Beispiel 184 *Rotation und Translation eines körperfesten Koordinatensystems.*

Ein körperfestes Koordinatensystem B(oxyz), das ursprünglich mit dem globalen Koordinatensystem G(OXY Z) übereinstimmt, rotiert um 60 deg *um die X-Achse und verschiebt sich zu* $\begin{bmatrix} 3 & 4 & 5 \end{bmatrix}^T$. *Die globale Position eines Punktes bei* ${}^{B}\mathbf{r} = \begin{bmatrix} x & y & z \end{bmatrix}^T$ *ist:*

$$\begin{aligned} {}^{G}\mathbf{r} &= {}^{G}R_{B}\,{}^{B}\mathbf{r} + {}^{G}\mathbf{d} \\ &= \begin{bmatrix} 1 & 0 & 0 \\ 0 & \cos\frac{\pi}{3} & -\sin\frac{\pi}{3} \\ 0 & \sin\frac{\pi}{3} & \cos\frac{\pi}{3} \end{bmatrix} \begin{bmatrix} x \\ y \\ z \end{bmatrix} + \begin{bmatrix} 3 \\ 4 \\ 5 \end{bmatrix} \\ &= (x+3)\hat{I} + \left(\frac{1}{2}y - \frac{\sqrt{3}}{2}z + 4\right)\hat{J} + \left(\frac{1}{2}z + \sqrt{3}y + 5\right)\hat{K} \end{aligned} \tag{4.219}$$

Beispiel 185 *Zusammensetzung der Bewegung eines starren Körpers.*

Betrachten Sie eine starre Bewegung des Körpers B_1 in Bezug auf den Körper B_2´ und dann eine starre Bewegung des Körpers B_2 in Bezug auf das System G, so dass:

$$^2\mathbf{r} = {}^2R_1\,{}^1\mathbf{r} + {}^2\mathbf{d}_1 \tag{4.220}$$

$$^G\mathbf{r} = {}^GR_2\,{}^2\mathbf{r} + {}^G\mathbf{d}_2 \tag{4.221}$$

Diese beiden Bewegungen können kombiniert werden, um eine starre Bewegung zu bestimmen, die $^1\mathbf{r}$ zu $^G\mathbf{r}$ transformiert:

$$\begin{aligned} ^G\mathbf{r} &= {}^GR_2\left({}^2R_1\,{}^1\mathbf{r} + {}^2\mathbf{d}_1\right) + {}^G\mathbf{d}_2 \\ &= {}^GR_2\,{}^2R_1\,{}^1\mathbf{r} + {}^GR_2\,{}^2\mathbf{d}_1 + {}^G\mathbf{d}_2 \\ &= {}^GR_1\,{}^1\mathbf{r} + {}^G\mathbf{d}_1 \end{aligned} \tag{4.222}$$

Daher,

$$^GR_1 = {}^GR_2\,{}^2R_1 \tag{4.223}$$

$$^G\mathbf{d}_1 = {}^GR_2\,{}^2\mathbf{d}_1 + {}^G\mathbf{d}_2 \tag{4.224}$$

was zeigt, dass die Transformation vom System B_1 zum System G durch Rotation $^GR_1$ und Translation $^G\mathbf{d}_1$ erfolgen kann.

Beispiel 186 *Rotation eines verschobenen starren Körpers.*

Punkt P eines starren Körpers B hat den Anfangsortsvektor $^B\mathbf{r}_P$.

$$^B\mathbf{r}_P = \begin{bmatrix} 1 \\ 2 \\ 3 \end{bmatrix} \tag{4.225}$$

Wenn der Körper sich um 45 deg *um die x-Achse dreht und dann um $^G\mathbf{d} = \begin{bmatrix} 3 & 2 & 1 \end{bmatrix}^T$ verschoben wird, ist die Endposition von P:*

$$\begin{aligned} ^G\mathbf{r} &= {}^BR_{x,45}^T\;{}^B\mathbf{r}_P + {}^G\mathbf{d} \\ &= \begin{bmatrix} 1 & 0 & 0 \\ 0 & \cos\frac{\pi}{4} & \sin\frac{\pi}{4} \\ 0 & -\sin\frac{\pi}{4} & \cos\frac{\pi}{4} \end{bmatrix}^T \begin{bmatrix} 1 \\ 2 \\ 3 \end{bmatrix} + \begin{bmatrix} 3 \\ 2 \\ 1 \end{bmatrix} = \begin{bmatrix} 4 \\ 1{,}29 \\ 4{,}53 \end{bmatrix} \end{aligned} \tag{4.226}$$

4.9 Winkelgeschwindigkeit

Betrachten Sie einen rotierenden starren Körper $B(OXYZ)$ mit einem festen Punkt O in einem Referenzkoordinatensystem $G(OXYZ)$. Die Bewegung des Körpers kann durch eine zeitveränderliche Rotations-Transformationsmatrix zwischen den globalen und dem körperfesten Koordinatensystem ausgedrückt werden, um die momentanen Koordinaten eines festen Punktes im körperfesten Koordinatensystem B in ihre Koordinaten im globalen Koordinatensystem G zu übertragen:

$$^G\mathbf{r}(t) = {}^G R_B(t)\, {}^B\mathbf{r} \tag{4.227}$$

Die Geschwindigkeit eines Körperpunktes im globalen Koordinatensystem ist:

$$^G\dot{\mathbf{r}}(t) = {}^G\mathbf{v}(t) = {}^G\dot{R}_B(t)\, {}^B\mathbf{r} = {}_G\tilde{\omega}_B\, {}^G\mathbf{r}(t) = {}_G\boldsymbol{\omega}_B \times {}^G\mathbf{r}(t) \tag{4.228}$$

wobei ${}_G\boldsymbol{\omega}_B$ der *Winkelgeschwindigkeitsvektor* von B in Bezug auf G ist. Er entspricht einer Rotation mit *Winkelgeschwindigkeit* $\dot{\phi}$ um eine *momentane Rotationsachse* $\hat{u}$:

$$\boldsymbol{\omega} = \begin{bmatrix} \omega_1 \\ \omega_2 \\ \omega_3 \end{bmatrix} = \dot{\phi}\,\hat{u} \tag{4.229}$$

Der Winkelgeschwindigkeitsvektor ist mit einer schief-symmetrischen Matrix ${}_G\tilde{\omega}_B$ verbunden, die als *Winkelgeschwindigkeitsmatrix* bezeichnet wird:

$$\tilde{\omega} = \begin{bmatrix} 0 & -\omega_3 & \omega_2 \\ \omega_3 & 0 & -\omega_1 \\ -\omega_2 & \omega_1 & 0 \end{bmatrix} \tag{4.230}$$

wo bei:

$${}_G\tilde{\omega}_B = {}^G\dot{R}_B\, {}^G R_B^T = \dot{\phi}\,\tilde{u} \tag{4.231}$$

Beweis. Betrachten Sie einen starren Körper mit einem festen Punkt O und einem damit verbundenen Koordinatensystem $B(OXYZ)$. Das körperfeste Koordinatensystem B fällt zunächst mit dem globalen Koordinatensystem G zusammen. Daher ist der Ortsvektor eines Körperpunktes P:

$$^G\mathbf{r}(t_0) = {}^B\mathbf{r} \tag{4.232}$$

Die globale Zeitableitung von ${}^G\mathbf{r}$ ist:

$$\begin{aligned} ^G\mathbf{v} = {}^G\dot{\mathbf{r}} = \frac{^Gd}{dt}\, {}^G\mathbf{r}(t) = \frac{^Gd}{dt}\left[{}^G R_B(t)\, {}^B\mathbf{r}\right] \\ = \frac{^Gd}{dt}\left[{}^G R_B(t)\, {}^G\mathbf{r}(t_0)\right] = {}^G\dot{R}_B(t)\, {}^B\mathbf{r} \end{aligned} \tag{4.233}$$

Durch Eliminieren von ${}^B\mathbf{r}$ zwischen (4.227) und (4.233) wird die Geschwindigkeit des Punktes im globalen Rahmen bestimmt

$$^G\mathbf{v} = {}^G\dot{R}_B(t)\; {}^G R_B^T(t)\; {}^G\mathbf{r}(t) \tag{4.234}$$

Wir bezeichnen den Koeffizienten von ${}^G\mathbf{r}(t)$: durch $\tilde{\omega}$

$${}_G\tilde{\omega}_B = {}^G\dot{R}_B\; {}^G R_B^T \tag{4.235}$$

und schreiben Gl. (4.234) als:

$$^G\mathbf{v} = {}_G\tilde{\omega}_B\; {}^G\mathbf{r}(t) \tag{4.236}$$

oder als

$$^{G}\mathbf{v} = {}_{G}\boldsymbol{\omega}_{B} \times {}^{G}\mathbf{r}(t) \tag{4.237}$$

Die Zeitableitung der Orthogonalitätsbedingung, ${}^{G}R_{B}\ {}^{G}R_{B}{}^{T} = \mathbf{I}$, führt zu einer wichtigen Identität:

$${}^{G}\dot{R}_{B}\ {}^{G}R_{B}^{T} + {}^{G}R_{B}\ {}^{G}\dot{R}_{B}^{T} = 0 \tag{4.238}$$

die genutzt werden kann, um zu zeigen, dass ${}_{G}\tilde{\omega}_{B} = [{}^{G}\dot{R}_{B}\,{}^{G}R_{B}^{T}]$ eine schiefsymmetrische Matrix ist, weil

$${}^{G}R_{B}\ {}^{G}\dot{R}_{B}^{T} = \left[{}^{G}\dot{R}_{B}\ {}^{G}R_{B}^{T}\right]^{T} \tag{4.239}$$

Der Vektor ${}_{G}^{G}\boldsymbol{\omega}_{B}$ wird als die *momentane Winkelgeschwindigkeit* des Körpers B relativ zum globalen Koordinatensystems G aus der Sicht des Koordinatensystems G bezeichnet.

Da eine vektorielle Gleichung in jedem Koordinatensystem ausgedrückt werden kann, können wir eine der folgenden Ausdrücke für die Geschwindigkeit eines Körperpunktes in körperfesten- oder globalen Koordinatensystem verwenden:

$${}_{G}^{G}\mathbf{v}_{P} = {}_{G}^{G}\boldsymbol{\omega}_{B} \times {}^{G}\mathbf{r}_{P} \tag{4.240}$$

$${}_{G}^{B}\mathbf{v}_{P} = {}_{G}^{B}\boldsymbol{\omega}_{B} \times {}^{B}\mathbf{r}_{P} \tag{4.241}$$

wo bei ${}_{G}^{G}\mathbf{v}_{P}$ die globale Geschwindigkeit des Punktes P ausgedrückt im globalen Koordinatensystem und ${}_{G}^{B}\mathbf{v}_{P}$ die globale Geschwindigkeit des Punktes P ausgedrückt im körperfesten Koordinatensystem:

$${}_{G}^{G}\mathbf{v}_{P} = {}^{G}R_{B}\ {}_{G}^{B}\mathbf{v}_{P} = {}^{G}R_{B}\left({}_{G}^{B}\boldsymbol{\omega}_{B} \times {}^{B}\mathbf{r}_{P}\right) \tag{4.242}$$

${}_{G}^{G}\mathbf{v}_{P}$ und ${}_{G}^{B}\mathbf{v}_{P}$ können mit einer Rotationsmatrix ineinander umgewandelt werden:

$$\begin{aligned} {}_{G}^{B}\mathbf{v}_{P} &= {}^{G}R_{B}^{T}\ {}_{G}^{G}\mathbf{v}_{P} = {}^{G}R_{B}^{T}\ {}_{G}\tilde{\omega}_{B}\ {}_{G}^{G}\mathbf{r}_{P} \\ &= {}^{G}R_{B}^{T}\ {}^{G}\dot{R}_{B}\ {}^{G}R_{B}^{T}\ {}_{G}^{G}\mathbf{r}_{P} = {}^{G}R_{B}^{T}\ {}^{G}\dot{R}_{B}\ {}_{G}^{B}\mathbf{r}_{P} \end{aligned} \tag{4.243}$$

was zeigt, dass:

$${}_{G}^{B}\tilde{\omega}_{B} = {}^{G}R_{B}^{T}\ {}^{G}\dot{R}_{B} \tag{4.244}$$

was als die *momentane Winkelgeschwindigkeit* von B relativ zum globalen Koordinatensystem G, gesehen vom Koordinatensystem B bezeichnet wird. Aus den Definitionen von ${}_{G}\tilde{\omega}_{B}$ und ${}_{G}^{B}\tilde{\omega}_{B}$ können wir die beiden Winkelgeschwindigkeitsmatrizen umwandeln durch:

$${}_{G}\tilde{\omega}_{B} = {}^{G}R_{B}\ {}_{G}^{B}\tilde{\omega}_{B}\ {}^{G}R_{B}^{T} \tag{4.245}$$

$${}_{G}^{B}\tilde{\omega}_{B} = {}^{G}R_{B}^{T}\ {}_{G}^{G}\tilde{\omega}_{B}\ {}^{G}R_{B} \tag{4.246}$$

oder äquivalent:

$$ {}^{G}\dot{R}_{B} = {}_{G}\tilde{\omega}_{B}\; {}^{G}R_{B} \tag{4.247} $$

$$ {}^{G}\dot{R}_{B} = {}^{G}R_{B}\; {}_{G}^{B}\tilde{\omega}_{B} \tag{4.248} $$

$$ {}_{G}\tilde{\omega}_{B}\; {}^{G}R_{B} = {}^{G}R_{B}\; {}_{G}^{B}\tilde{\omega}_{B} \tag{4.249} $$

Die Winkelgeschwindigkeit von B in G ist das Negativ der Winkelgeschwindigkeit von G in B, wenn beide im selben Koordinatensystem ausgedrückt werden:

$$ {}_{G}^{G}\tilde{\omega}_{B} = -\, {}_{B}^{G}\tilde{\omega}_{G} \tag{4.250} $$

$$ {}_{G}^{B}\tilde{\omega}_{B} = -\, {}_{B}^{B}\tilde{\omega}_{G} \tag{4.251} $$

${}_{G}\boldsymbol{\omega}_{B}$ kann immer in der Form

$$ {}_{G}\boldsymbol{\omega}_{B} = \omega\hat{u} \tag{4.252} $$

ausgedrückt werden, wo bei $\hat{u}$ ein Einheitsvektor parallel zu ${}_{G}\boldsymbol{\omega}_{B}$ ist und die *momentane Drehachse* anzeigt. ■

Beispiel 187 *Drehung eines Körperpunktes um eine globale Achse.*

Betrachten Sie einen starren Körper, der sich um die Z-Achse dreht mit $\dot{\alpha} = 10\,\text{deg/s}$*. Die globale Geschwindigkeit eines Punktes P(5,30,10), wenn der Körper um* $\alpha = 30\,\text{deg}$ *um, ist:*

$$ \begin{aligned} {}^{G}\mathbf{v}_{P} &= {}^{G}\dot{R}_{B}(t)\,{}^{B}\mathbf{r}_{P} \\ &= \frac{{}^{G}d}{dt}\left(\begin{bmatrix} \cos\alpha & -\sin\alpha & 0 \\ \sin\alpha & \cos\alpha & 0 \\ 0 & 0 & 1 \end{bmatrix}\right)\begin{bmatrix} 5 \\ 30 \\ 10 \end{bmatrix} \\ &= \dot{\alpha}\begin{bmatrix} -\sin\alpha & -\cos\alpha & 0 \\ \cos\alpha & -\sin\alpha & 0 \\ 0 & 0 & 0 \end{bmatrix}\begin{bmatrix} 5 \\ 30 \\ 10 \end{bmatrix} \\ &= \frac{10\pi}{180}\begin{bmatrix} -\sin\frac{\pi}{6} & -\cos\frac{\pi}{6} & 0 \\ \cos\frac{\pi}{6} & -\sin\frac{\pi}{6} & 0 \\ 0 & 0 & 0 \end{bmatrix}\begin{bmatrix} 5 \\ 30 \\ 10 \end{bmatrix} = \begin{bmatrix} -4{,}97 \\ -1{,}86 \\ 0 \end{bmatrix} \end{aligned} \tag{4.253} $$

in diesem Moment ist Punkt P bei

$$ \begin{aligned} {}^{G}\mathbf{r}_{P} &= {}^{G}R_{B}\,{}^{B}\mathbf{r}_{P} \\ &= \begin{bmatrix} \cos\frac{\pi}{6} & -\sin\frac{\pi}{6} & 0 \\ \sin\frac{\pi}{6} & \cos\frac{\pi}{6} & 0 \\ 0 & 0 & 1 \end{bmatrix}\begin{bmatrix} 5 \\ 30 \\ 10 \end{bmatrix} = \begin{bmatrix} -10{,}67 \\ 28{,}48 \\ 10 \end{bmatrix} \end{aligned} \tag{4.254} $$

Beispiel 188 *Rotation eines globalen Punktes um eine globale Achse.*

Ein Punkt P eines starren Körpers befindet sich bei ${}^{B}\mathbf{r}_{P} = \begin{bmatrix} 5 & 30 & 10 \end{bmatrix}^{T}$*. Wenn er um* $\alpha = 30\,\text{deg}$ *um die Z-Achse gedreht wird, ist die globale Position von P:*

$$
\begin{aligned}
{}^{G}\mathbf{r}_P &= {}^{G}R_B\,{}^{B}\mathbf{r}_P \\
&= \begin{bmatrix} \cos\frac{\pi}{6} & -\sin\frac{\pi}{6} & 0 \\ \sin\frac{\pi}{6} & \cos\frac{\pi}{6} & 0 \\ 0 & 0 & 1 \end{bmatrix} \begin{bmatrix} 5 \\ 30 \\ 10 \end{bmatrix} = \begin{bmatrix} -10{,}67 \\ 28{,}48 \\ 10 \end{bmatrix}
\end{aligned} \tag{4.255}
$$

Wenn sich der Körper mit $\dot{\alpha} = 10\,\mathrm{deg/s}$ *dreht, beträgt die globale Geschwindigkeit des Punktes P:*

$$
\begin{aligned}
{}^{G}\mathbf{v}_P &= {}^{G}\dot{R}_B\,{}^{G}R_B^T\,{}^{G}\mathbf{r}_P \\
&= \frac{10\pi}{180} \begin{bmatrix} -s\frac{\pi}{6} & -c\frac{\pi}{6} & 0 \\ c\frac{\pi}{6} & -s\frac{\pi}{6} & 0 \\ 0 & 0 & 0 \end{bmatrix} \begin{bmatrix} c\frac{\pi}{6} & -s\frac{\pi}{6} & 0 \\ s\frac{\pi}{6} & c\frac{\pi}{6} & 0 \\ 0 & 0 & 1 \end{bmatrix}^T \begin{bmatrix} -10{,}67 \\ 28{,}48 \\ 10 \end{bmatrix} \\
&= \begin{bmatrix} -4{,}97 \\ -1{,}86 \\ 0 \end{bmatrix}
\end{aligned} \tag{4.256}
$$

Beispiel 189 ⋆ *Hauptwinkelgeschwindigkeiten.*

Die Hauptrotationsmatrizen um die Achsen X, Y und Z sind:

$$
\begin{aligned}
R_{X,\gamma} &= \begin{bmatrix} 1 & 0 & 0 \\ 0 & \cos\gamma & -\sin\gamma \\ 0 & \sin\gamma & \cos\gamma \end{bmatrix} \qquad R_{Y,\beta} = \begin{bmatrix} \cos\beta & 0 & \sin\beta \\ 0 & 1 & 0 \\ -\sin\beta & 0 & \cos\beta \end{bmatrix} \\
R_{Z,\alpha} &= \begin{bmatrix} \cos\alpha & -\sin\alpha & 0 \\ \sin\alpha & \cos\alpha & 0 \\ 0 & 0 & 1 \end{bmatrix}
\end{aligned} \tag{4.257}
$$

und daher sind ihre Zeitableitungen:

$$
\begin{aligned}
\dot{R}_{X,\gamma} &= \dot{\gamma} \begin{bmatrix} 0 & 0 & 0 \\ 0 & -s\gamma & -c\gamma \\ 0 & c\gamma & -s\gamma \end{bmatrix} \qquad \dot{R}_{Y,\beta} = \dot{\beta} \begin{bmatrix} -s\beta & 0 & c\beta \\ 0 & 0 & 0 \\ -c\beta & 0 & -s\beta \end{bmatrix} \\
\dot{R}_{Z,\alpha} &= \dot{\alpha} \begin{bmatrix} -s\alpha & -c\alpha & 0 \\ c\alpha & -s\alpha & 0 \\ 0 & 0 & 0 \end{bmatrix}
\end{aligned} \tag{4.258}
$$

Daher sind die Hauptwinkelgeschwindigkeitsmatrizen um die Achsen X, Y und Z:

$$
{}_G\tilde{\omega}_X = \dot{R}_{X,\gamma} R_{X,\gamma}^T = \dot{\gamma} \begin{bmatrix} 0 & 0 & 0 \\ 0 & 0 & -1 \\ 0 & 1 & 0 \end{bmatrix} \tag{4.259}
$$

$$
{}_G\tilde{\omega}_Y = \dot{R}_{Y,\beta} R_{Y,\beta}^T = \dot{\beta} \begin{bmatrix} 0 & 0 & 1 \\ 0 & 0 & 0 \\ -1 & 0 & 0 \end{bmatrix} \tag{4.260}
$$

$$
{}_G\tilde{\omega}_Z = \dot{R}_{Z,\alpha} R_{Z,\alpha}^T = \dot{\alpha} \begin{bmatrix} 0 & -1 & 0 \\ 1 & 0 & 0 \\ 0 & 0 & 0 \end{bmatrix} \tag{4.261}
$$

die äquivalent sind zu:

$$
{}_G\tilde{\omega}_X = \dot{\gamma}\tilde{I} \qquad {}_G\tilde{\omega}_Y = \dot{\beta}\tilde{J} \qquad {}_G\tilde{\omega}_Z = \dot{\alpha}\tilde{K} \tag{4.262}
$$

und daher sind die Hauptwinkelgeschwindigkeitsvektoren:

$$
{}_G\boldsymbol{\omega}_X = \omega_X \hat{I} = \dot{\gamma}\hat{I} \tag{4.263}
$$

$$
{}_G\boldsymbol{\omega}_Y = \omega_Y \hat{J} = \dot{\beta}\hat{J} \tag{4.264}
$$

$$
{}_G\boldsymbol{\omega}_Z = \omega_Z \hat{K} = \dot{\alpha}\hat{K} \tag{4.265}
$$

Mit der gleichen Technik können wir die folgenden Hauptwinkelgeschwindigkeitsmatrizen um die lokalen Achsen finden:

$$
{}_G^B\tilde{\omega}_x = R_{x,\psi}^T \dot{R}_{x,\psi} = \dot{\psi} \begin{bmatrix} 0 & 0 & 0 \\ 0 & 0 & -1 \\ 0 & 1 & 0 \end{bmatrix} = \dot{\psi}\,\tilde{\imath} \tag{4.266}
$$

$$
{}_G^B\tilde{\omega}_y = R_{y,\theta}^T \dot{R}_{y,\theta} = \dot{\theta} \begin{bmatrix} 0 & 0 & 1 \\ 0 & 0 & 0 \\ -1 & 0 & 0 \end{bmatrix} = \dot{\theta}\,\tilde{\jmath} \tag{4.267}
$$

$$
{}_G^B\tilde{\omega}_z = R_{z,\varphi}^T \dot{R}_{z,\varphi} = \dot{\varphi} \begin{bmatrix} 0 & -1 & 0 \\ 1 & 0 & 0 \\ 0 & 0 & 0 \end{bmatrix} = \dot{\varphi}\,\tilde{k} \tag{4.268}
$$

Beispiel 190 *Zerlegung eines Winkelgeschwindigkeitsvektors.*

Jeder Winkelgeschwindigkeitsvektor kann in drei Hauptwinkelgeschwindigkeitsvektoren zerlegt werden:

$$
\begin{aligned}
{}_G\boldsymbol{\omega}_B &= \left({}_G\boldsymbol{\omega}_B \cdot \hat{I}\right)\hat{I} + \left({}_G\boldsymbol{\omega}_B \cdot \hat{J}\right)\hat{J} + \left({}_G\boldsymbol{\omega}_B \cdot \hat{K}\right)\hat{K} \\
&= \omega_X \hat{I} + \omega_Y \hat{J} + \omega_Z \hat{K} = \dot{\gamma}\hat{I} + \dot{\beta}\hat{J} + \dot{\alpha}\hat{K} \\
&= \boldsymbol{\omega}_X + \boldsymbol{\omega}_Y + \boldsymbol{\omega}_Z
\end{aligned} \tag{4.269}
$$

Beispiel 191 *Kombination von Winkelgeschwindigkeiten.*

Ausgehend von einer Kombination von Drehungen

$$
{}^0R_2 = {}^0R_1\,{}^1R_2 \tag{4.270}
$$

und durch Ableiten nach der Zeit finden wir:

$$
{}^0\dot{R}_2 = {}^0\dot{R}_1\,{}^1R_2 + {}^0R_1\,{}^1\dot{R}_2 \tag{4.271}
$$

Durch Substitution der Ableitung von Rotationsmatrizen mit

$$
{}^0\dot{R}_2 = {}_0\tilde{\omega}_2\,{}^0R_2 \qquad {}^0\dot{R}_1 = {}_0\tilde{\omega}_1\,{}^0R_1 \qquad {}^1\dot{R}_2 = {}_1\tilde{\omega}_2\,{}^1R_2 \tag{4.272}
$$

ergibt sich:

$$\begin{aligned} {}_0\tilde{\omega}_2 \, {}^0R_2 &= {}_0\tilde{\omega}_1 \, {}^0R_1 \, {}^1R_2 + {}^0R_1 \, {}_1\tilde{\omega}_2 \, {}^1R_2 \\ &= {}_0\tilde{\omega}_1 \, {}^0R_2 + {}^0R_1 \, {}_1\tilde{\omega}_2 \, {}^0R_1^T \, {}^0R_1 \, {}^1R_2 \\ &= {}_0\tilde{\omega}_1 \, {}^0R_2 + {}_1^0\tilde{\omega}_2 \, {}^0R_2 \end{aligned} \tag{4.273}$$

wo bei:

$${}^0R_1 \, {}_1\tilde{\omega}_2 \, {}^0R_1^T = {}_1^0\tilde{\omega}_2 \tag{4.274}$$

Daher finden wir:

$${}_0\tilde{\omega}_2 = {}_0\tilde{\omega}_1 + {}_1^0\tilde{\omega}_2 \tag{4.275}$$

was darauf hinweist, dass die Winkelgeschwindigkeiten relativ addiert werden können:

$${}_0\boldsymbol{\omega}_2 = {}_0\boldsymbol{\omega}_1 + {}_1^0\boldsymbol{\omega}_2 \tag{4.276}$$

Dieses Ergebnis gilt auch für eine beliebige Anzahl von Winkelgeschwindigkeiten:

$${}_0\boldsymbol{\omega}_n = {}_0\boldsymbol{\omega}_1 + {}_1^0\boldsymbol{\omega}_2 + {}_2^0\boldsymbol{\omega}_3 + \cdots + {}_{n-1}^{\ \ 0}\boldsymbol{\omega}_n = \sum_{i=1}^{n} {}_{i-1}^{\ \ 0}\boldsymbol{\omega}_i \tag{4.277}$$

Beispiel 192 ⋆ *Winkelgeschwindigkeit in Bezug auf Euler-Frequenzen.*

Der Winkelgeschwindigkeitsvektor kann durch Euler-Frequenzen ausgedrückt werden. Daher gilt:

$$\begin{aligned} {}_G^B\boldsymbol{\omega}_B &= \omega_x \hat{\imath} + \omega_y \hat{\jmath} + \omega_z \hat{k} = \dot{\varphi}\hat{e}_\varphi + \dot{\theta}\hat{e}_\theta + \dot{\psi}\hat{e}_\psi \\ &= \dot{\varphi}\begin{bmatrix} \sin\theta\sin\psi \\ \sin\theta\cos\psi \\ \cos\theta \end{bmatrix} + \dot{\theta}\begin{bmatrix} \cos\psi \\ -\sin\psi \\ 0 \end{bmatrix} + \dot{\psi}\begin{bmatrix} 0 \\ 0 \\ 1 \end{bmatrix} \\ &= \begin{bmatrix} \sin\theta\sin\psi & \cos\psi & 0 \\ \sin\theta\cos\psi & -\sin\psi & 0 \\ \cos\theta & 0 & 1 \end{bmatrix} \begin{bmatrix} \dot{\varphi} \\ \dot{\theta} \\ \dot{\psi} \end{bmatrix} \end{aligned} \tag{4.278}$$

und

$$\begin{aligned} {}_G^G\boldsymbol{\omega}_B &= {}^BR_G^{-1} \, {}_G^B\boldsymbol{\omega}_B = {}^BR_G^{-1} \begin{bmatrix} \dot{\varphi}\sin\theta\sin\psi + \dot{\theta}\cos\psi \\ \dot{\varphi}\sin\theta\cos\psi - \dot{\theta}\sin\psi \\ \dot{\varphi}\cos\theta + \dot{\psi} \end{bmatrix} \\ &= \begin{bmatrix} 0 & \cos\varphi & \sin\theta\sin\varphi \\ 0 & \sin\varphi & -\cos\varphi\sin\theta \\ 1 & 0 & \cos\theta \end{bmatrix} \begin{bmatrix} \dot{\varphi} \\ \dot{\theta} \\ \dot{\psi} \end{bmatrix} \end{aligned} \tag{4.279}$$

wo bei die Inverse der Euler-Transformationsmatrix folgende ist

$${}^BR_G^{-1} = \begin{bmatrix} c\varphi c\psi - c\theta s\varphi s\psi & -c\varphi s\psi - c\theta c\psi s\varphi & s\theta s\varphi \\ c\psi s\varphi + c\theta c\varphi s\psi & -s\varphi s\psi + c\theta c\varphi c\psi & -c\varphi s\theta \\ s\theta s\psi & s\theta c\psi & c\theta \end{bmatrix} \tag{4.280}$$

Beispiel 193 ⋆ *Winkelgeschwindigkeit in Bezug auf Rotationsfrequenzen.*
Betrachten Sie die Transformationsmatrix der Euler-Winkel:

$$^{B}R_{G} = R_{z,\psi} R_{x,\theta} R_{z,\varphi} \tag{4.281}$$

Die Winkelgeschwindigkeitsmatrix ist dann gleich:

$$\begin{aligned} {}_{B}\tilde{\omega}_{G} &= {}^{B}\dot{R}_{G}\, {}^{B}R_{G}^{T} \\ &= \left(\dot{\varphi}\, R_{z,\psi} R_{x,\theta} \frac{dR_{z,\varphi}}{dt} + \dot{\theta}\, R_{z,\psi} \frac{dR_{x,\theta}}{dt} R_{z,\varphi} + \dot{\psi}\, \frac{dR_{z,\psi}}{dt} R_{x,\theta} R_{z,\varphi}\right) \\ &\times \left(R_{z,\psi} R_{x,\theta} R_{z,\varphi}\right)^{T} \\ &= \dot{\varphi}\, R_{z,\psi} R_{x,\theta} \frac{dR_{z,\varphi}}{dt} R_{z,\varphi}^{T} R_{x,\theta}^{T} R_{z,\psi}^{T} + \dot{\theta}\, R_{z,\psi} \frac{dR_{x,\theta}}{dt} R_{x,\theta}^{T} R_{z,\psi}^{T} \\ &+ \dot{\psi}\, \frac{dR_{z,\psi}}{dt} R_{z,\psi}^{T} \end{aligned} \tag{4.282}$$

was in Matrixform folgendermaßen aussieht:

$$\begin{aligned} {}_{B}\tilde{\omega}_{G} = \dot{\varphi} &\begin{bmatrix} 0 & \cos\theta & -\sin\theta\cos\psi \\ -\cos\theta & 0 & \sin\theta\sin\psi \\ \sin\theta\cos\psi & -\sin\theta\sin\psi & 0 \end{bmatrix} \\ &+ \dot{\theta} \begin{bmatrix} 0 & 0 & \sin\psi \\ 0 & 0 & \cos\psi \\ -\sin\psi & -\cos\psi & 0 \end{bmatrix} + \dot{\psi} \begin{bmatrix} 0 & 1 & 0 \\ -1 & 0 & 0 \\ 0 & 0 & 0 \end{bmatrix} \end{aligned} \tag{4.283}$$

oder

$${}_{B}\tilde{\omega}_{G} = \begin{bmatrix} 0 & \dot{\psi} + \dot{\varphi} c\theta & \dot{\theta} s\psi - \dot{\varphi} s\theta c\psi \\ -\dot{\psi} - \dot{\varphi} c\theta & 0 & \dot{\theta} c\psi + \dot{\varphi} s\theta s\psi \\ -\dot{\theta} s\psi + \dot{\varphi} s\theta c\psi & -\dot{\theta} c\psi - \dot{\varphi} s\theta s\psi & 0 \end{bmatrix} \tag{4.284}$$

Der entsprechende Winkelgeschwindigkeitsvektor ist

$$\begin{aligned} {}_{B}\boldsymbol{\omega}_{G} &= -\begin{bmatrix} \dot{\theta} c\psi + \dot{\varphi} s\theta s\psi \\ -\dot{\theta} s\psi + \dot{\varphi} s\theta c\psi \\ \dot{\psi} + \dot{\varphi} c\theta \end{bmatrix} \\ &= -\begin{bmatrix} \sin\theta\sin\psi & \cos\psi & 0 \\ \sin\theta\cos\psi & -\sin\psi & 0 \\ \cos\theta & 0 & 1 \end{bmatrix} \begin{bmatrix} \dot{\varphi} \\ \dot{\theta} \\ \dot{\psi} \end{bmatrix} \end{aligned} \tag{4.285}$$

Jedoch gilt:

$${}_{B}{}^{B}\tilde{\omega}_{G} = -\, {}_{G}{}^{B}\tilde{\omega}_{B} \tag{4.286}$$

$${}_{B}{}^{B}\boldsymbol{\omega}_{G} = -\, {}_{G}{}^{B}\boldsymbol{\omega}_{B} \tag{4.287}$$

und daher:

$${}_{G}{}^{B}\boldsymbol{\omega}_{B} = \begin{bmatrix} \sin\theta\sin\psi & \cos\psi & 0 \\ \sin\theta\cos\psi & -\sin\psi & 0 \\ \cos\theta & 0 & 1 \end{bmatrix} \begin{bmatrix} \dot{\varphi} \\ \dot{\theta} \\ \dot{\psi} \end{bmatrix} \tag{4.288}$$

Beispiel 194 ⋆ *Koordinatentransformation der Winkelgeschwindigkeit.*

Die Winkelgeschwindigkeit ${}_1\boldsymbol{\omega}_2$ *des Koordinatensystems* B_2 *bezogen auf* B_1 *und ausgedrückt in* B_1 *kann im Basis-Koordinatensystem* B_2 *ausgedrückt werden gemäß:*

$$ {}^0R_1\, {}_1\tilde{\omega}_2\, {}^0R_1^T = {}_1^0\tilde{\omega}_2 \tag{4.289}$$

Um diese Gleichung zu zeigen, genügt es, beide Seiten auf einen beliebigen Vektor anzuwenden ${}^0\mathbf{r}$. *Damit ist die linke Seite:*

$$\begin{aligned} {}^0R_1\, {}_1\tilde{\omega}_2\, {}^0R_1^T\, {}^0\mathbf{r} &= {}^0R_1\, {}_1\tilde{\omega}_2\, {}^1R_0\, {}^0\mathbf{r} = {}^0R_1\, {}_1\tilde{\omega}_2\, {}^1\mathbf{r} \\ &= {}^0R_1 \left({}_1\boldsymbol{\omega}_2 \times {}^1\mathbf{r}\right) = {}^0R_1\, {}_1\boldsymbol{\omega}_2 \times {}^0R_1\, {}^1\mathbf{r} \\ &= {}_1{}^0\boldsymbol{\omega}_2 \times {}^0\mathbf{r} \end{aligned} \tag{4.290}$$

was gleich der rechten Seite ist, nach Anwendung auf den Vektor ${}^0\mathbf{r}$:

$$ {}_1^0\tilde{\omega}_2\, {}^0\mathbf{r} = {}_1^0\boldsymbol{\omega}_2 \times {}^0\mathbf{r} \tag{4.291}$$

Beispiel 195 ⋆ *Zeitableitung von Einheitsvektoren.*

Mit der Gl. (4.241) *können wir die Zeitableitung von Einheitsvektoren eines körperfesten Koordinatensystems* $B(\hat{\imath}, \hat{\jmath}, \hat{k})$ *definieren, die im globalen Koordinatensystem* $G(\hat{I}, \hat{J}, \hat{K})$ *rotieren:*

$$\frac{{}^Gd\hat{\imath}}{dt} = {}_G{}^B\boldsymbol{\omega}_B \times \hat{\imath} \qquad \frac{{}^Gd\hat{\jmath}}{dt} = {}_G{}^B\boldsymbol{\omega}_B \times \hat{\jmath} \qquad \frac{{}^Gd\hat{k}}{dt} = {}_G{}^B\boldsymbol{\omega}_B \times \hat{k} \tag{4.292}$$

4.10 ⋆ Zeitableitung und Koordinatensysteme

Die Zeitableitung eines Vektors hängt vom Koordinatensystem ab, in dem wir die Ableitung nehmen. Die Zeitableitung eines Vektors **r** im globalen Koordinatensystem wird als *G-Ableitung* bezeichnet und durch

$$\frac{{}^Gd}{dt}\mathbf{r}$$

bezeichnet, während die Zeitableitung des Vektors im körperfesten Koordinatensystem als *B-Ableitung* bezeichnet und durch

$$\frac{{}^Bd}{dt}\mathbf{r}$$

bezeichnet wird. Das linke Superskript auf dem Ableitungssymbol gibt das Koordinatensystem an, in dem die Ableitung genommen wird, und daher werden seine Einheitsvektoren als konstant betrachtet.

Die Zeitableitung wird als einfach bezeichnet, wenn der Vektor im selben Koordinatensystem ausgedrückt wird, in dem wir die Ableitung nehmen, weil die Einheitsvektoren konstant sind und die Skalarkoeffizienten die einzigen Zeitvariablen sind. Die einfachen Ableitungen von ${}^B\mathbf{r}_P$ in B und ${}^G\mathbf{r}_P$ in G sind:

$$\frac{{}^Bd}{dt}\, {}^B\mathbf{r}_P = {}^B\dot{\mathbf{r}}_P = {}^B\mathbf{v}_P = \dot{x}\,\hat{\imath} + \dot{y}\,\hat{\jmath} + \dot{z}\,\hat{k} \tag{4.293}$$

$$\tfrac{^G d}{dt}\,{}^G\mathbf{r}_P = {}^G\dot{\mathbf{r}}_P = {}^G\mathbf{v}_P = \dot{X}\hat{I} + \dot{Y}\hat{J} + \dot{Z}\hat{K} \tag{4.294}$$

Es ist auch möglich, die G-Ableitung von ${}^B\mathbf{r}_P$ und die B-Ableitung von ${}^G\mathbf{r}_P$ zu finden. Wir definieren die G-Ableitung eines Körpervektors ${}^B\mathbf{r}_P$ durch:

$${}_G{}^B\mathbf{v}_P = \frac{^G d}{dt}\,{}^B\mathbf{r}_P \tag{4.295}$$

und ähnlich, eine B-Ableitung eines globalen Vektors ${}^G\mathbf{r}_P$ durch:

$${}_B{}^G\mathbf{v}_P = \frac{^B d}{dt}\,{}^G\mathbf{r}_P \tag{4.296}$$

Wenn Punkt P sich im Koordinatensystem B bewegt, während B in G rotiert, wird die G-Ableitung von ${}^B\mathbf{r}_P(t)$ definiert durch:

$$\frac{^G d}{dt}\,{}^B\mathbf{r}_P(t) = {}^B\dot{\mathbf{r}}_P + {}_G{}^B\omega_B \times {}^B\mathbf{r}_P = {}_G{}^B\dot{\mathbf{r}}_P \tag{4.297}$$

und die B-Ableitung von ${}^G\mathbf{r}_P$ wird definiert durch:

$$\frac{^B d}{dt}\,{}^G\mathbf{r}_P(t) = {}^G\dot{\mathbf{r}}_P - {}_G\boldsymbol{\omega}_B \times {}^G\mathbf{r}_P = {}_B{}^G\dot{\mathbf{r}}_P \tag{4.298}$$

Beweis. Sei $G(OXYZ)$ mit Einheitsvektoren $\hat{I}$, $\hat{J}$ und $\hat{K}$ d as globale Koordinatensystem und lassen Sie $B(OXYZ)$ mit Einheitsvektoren $\hat{\imath}$, $\hat{\jmath}$ und $\hat{k}$ ein körperfestes Koordinatensystem. Der Ortsvektor eines beweglichen Punktes P kann im körperfesten und im globalen Koordinatensystem ausgedrückt werden:

$${}^B\mathbf{r}_P(t) = x(t)\hat{\imath} + y(t)\hat{\jmath} + z(t)\hat{k} \tag{4.299}$$

$${}^G\mathbf{r}_P(t) = X(t)\hat{I} + Y(t)\hat{J} + Z(t)\hat{K} \tag{4.300}$$

Die Zeitableitungen von ${}^B\mathbf{r}_P$ in B und ${}^G\mathbf{r}_P$ in G sind:

$$\tfrac{^B d}{dt}\,{}^B\mathbf{r}_P = {}^B\dot{\mathbf{r}}_P = {}^B\mathbf{v}_P = \dot{x}\,\hat{\imath} + \dot{y}\,\hat{\jmath} + \dot{z}\,\hat{k} \tag{4.301}$$

$$\tfrac{^G d}{dt}\,{}^G\mathbf{r}_P = {}^G\dot{\mathbf{r}}_P = {}^G\mathbf{v}_P = \dot{X}\hat{I} + \dot{Y}\hat{J} + \dot{Z}\hat{K} \tag{4.302}$$

weil die Einheitsvektoren von B in Gl. (4.299) und die Einheitsvektoren von G in Gl. (4.300) als konstant betrachtet werden.

Mit Gl. (4.241) für die globale Geschwindigkeit eines körperfesten Punktes P, ausgedrückt im körperfesten Koordinatensystem

$${}_G{}^B\mathbf{v}_P = {}_G{}^B\boldsymbol{\omega}_B \times {}^B\mathbf{r}_P = \frac{^G d}{dt}\,{}^B\mathbf{r}_P \tag{4.303}$$

und Definition (4.295), können wir die G-Ableitung des Ortsvektors ${}^B\mathbf{r}_P$ als

$$\begin{aligned}
\frac{{}^G d}{dt}\,{}^B\mathbf{r}_P &= \frac{{}^G d}{dt}\left(x\hat{\imath} + y\hat{\jmath} + z\hat{k}\right) \\
&= \dot{x}\,\hat{\imath} + \dot{y}\,\hat{\jmath} + \dot{z}\,\hat{k} + x\frac{{}^G d\hat{\imath}}{dt} + y\frac{{}^G d\hat{\jmath}}{dt} + z\frac{{}^G d\hat{k}}{dt} \\
&= {}^B\dot{\mathbf{r}}_P + x\,{}_G{}^B\boldsymbol{\omega}_B \times \hat{\imath} + y\,{}_G{}^B\boldsymbol{\omega}_B \times \hat{\jmath} + z\,{}_G{}^B\boldsymbol{\omega}_B \times \hat{k} \\
&= {}^B\dot{\mathbf{r}}_P + {}_G{}^B\boldsymbol{\omega}_B \times \left(x\hat{\imath} + y\hat{\jmath} + z\hat{k}\right) \\
&= {}^B\dot{\mathbf{r}}_P + {}_G{}^B\boldsymbol{\omega}_B \times {}^B\mathbf{r}_P = \frac{{}^B d}{dt}\,{}^B\mathbf{r}_P + {}_G{}^B\boldsymbol{\omega}_B \times {}^B\mathbf{r}_P
\end{aligned} \tag{4.304}$$

finden. Wir haben dieses Ergebnis erzielt, weil die x-, y- und z- Komponenten von ${}^B\mathbf{r}_P$ Skalare sind. Skalare sind invariant bezüglich Koordinatentransformationen. Daher, wenn x ein Skalar ist, gilt:

$$\frac{{}^G d}{dt}x = \frac{{}^B d}{dt}x = \dot{x} \tag{4.305}$$

Die B-Ableitung von ${}^G\mathbf{r}_P$ kann ähnlich gefunden werden:

$$\begin{aligned}
\frac{{}^B d}{dt}\,{}^G\mathbf{r}_P &= \frac{{}^B d}{dt}\left(X\hat{I} + Y\hat{J} + Z\hat{K}\right) \\
&= \dot{X}\,\hat{I} + \dot{Y}\,\hat{J} + \dot{Z}\,\hat{K} + X\frac{{}^B d\hat{I}}{dt} + Y\frac{{}^B d\hat{J}}{dt} + Z\frac{{}^B d\hat{K}}{dt} \\
&= {}^G\dot{\mathbf{r}}_P + {}_B{}^G\boldsymbol{\omega}_G \times {}^G\mathbf{r}_P
\end{aligned} \tag{4.306}$$

und dahergilt:

$$\frac{{}^B d}{dt}\,{}^G\mathbf{r}_P = {}^G\dot{\mathbf{r}}_P - {}_G\boldsymbol{\omega}_B \times {}^G\mathbf{r}_P \tag{4.307}$$

Die Winkelgeschwindigkeit von B relativ zu G ist eine Vektorgröße und kann in beiden Koordinatensystemen ausgedrückt werden:

$${}_G{}^G\boldsymbol{\omega}_B = \omega_X\,\hat{I} + \omega_Y\,\hat{J} + \omega_Z\,\hat{K} \tag{4.308}$$

$${}_G{}^B\boldsymbol{\omega}_B = \omega_x\hat{\imath} + \omega_y\hat{\jmath} + \omega_z\hat{k} \tag{4.309}$$

■

Beispiel 196 ⋆ *Zeitableitung eines bewegten Punktes in B.*

Betrachten Sie ein lokales Koordinatensystem B, das sich in G dreht mit $\dot{\alpha}$ *um die Z-Achse und einen bewegten Punkt bei* ${}^B\mathbf{r}_P(t) = t\hat{\imath}$. *Daher gilt:*

$$\begin{aligned}
{}^G\mathbf{r}_P &= {}^G R_B\,{}^B\mathbf{r}_P = R_{Z,\alpha}(t)\,{}^B\mathbf{r}_P \\
&= \begin{bmatrix} \cos\alpha & -\sin\alpha & 0 \\ \sin\alpha & \cos\alpha & 0 \\ 0 & 0 & 1 \end{bmatrix} \begin{bmatrix} t \\ 0 \\ 0 \end{bmatrix} \\
&= t\cos\alpha\hat{I} + t\sin\alpha\hat{J}
\end{aligned} \tag{4.310}$$

Die Winkelgeschwindigkeitsmatrix ist:

$${}_G\tilde{\omega}_B = {}^G\dot{R}_B\,{}^G R_B^T = \dot{\alpha}\tilde{K} \tag{4.311}$$

das gibt:

$$ {}_G\boldsymbol{\omega}_B = \dot{\alpha}\hat{K} \tag{4.312} $$

Es kann auch überprüft werden, dass:

$$ {}_G^B\tilde{\omega}_B = {}^GR_B^T \, {}_G^G\tilde{\omega}_B \, {}^GR_B = \dot{\alpha}\tilde{k} \tag{4.313} $$

und daher:

$$ {}_G^B\boldsymbol{\omega}_B = \dot{\alpha}\hat{k} \tag{4.314} $$

Jetzt können wir die folgenden Ableitungen finden:

$$ \frac{{}^Bd}{dt} \, {}^B\mathbf{r}_P = {}^B\dot{\mathbf{r}}_P = \hat{\imath} \tag{4.315} $$

$$ \frac{{}^Gd}{dt} \, {}^G\mathbf{r}_P = {}^G\dot{\mathbf{r}}_P = (\cos\alpha - t\dot{\alpha}\sin\alpha)\hat{I} + (\sin\alpha + t\dot{\alpha}\cos\alpha)\hat{J} \tag{4.316} $$

Für die gemischten Ableitungen beginnen wir mit

$$ \begin{aligned} \tfrac{{}^Gd}{dt} \, {}^B\mathbf{r}_P &= \tfrac{{}^Bd}{dt} \, {}^B\mathbf{r}_P + {}_G^B\boldsymbol{\omega}_B \times {}^B\mathbf{r}_P \\ &= \begin{bmatrix} 1 \\ 0 \\ 0 \end{bmatrix} + \dot{\alpha} \begin{bmatrix} 0 \\ 0 \\ 1 \end{bmatrix} \times \begin{bmatrix} t \\ 0 \\ 0 \end{bmatrix} = \begin{bmatrix} 1 \\ t\dot{\alpha} \\ 0 \end{bmatrix} \\ &= \hat{\imath} + t\dot{\alpha}\hat{\jmath} = {}_G^B\dot{\mathbf{r}}_P \end{aligned} \tag{4.317} $$

was die globale Geschwindigkeit von P ausgedrückt in B ist. Wir können jedoch ${}_G^B\dot{\mathbf{r}}_P$ *in das globale Koordinatensystem umwandeln und finden die globale Geschwindigkeit ausgedrückt in G:*

$$ \begin{aligned} {}^G\dot{\mathbf{r}}_P &= {}^GR_B \, {}_G^B\dot{\mathbf{r}}_P \\ &= \begin{bmatrix} \cos\alpha & -\sin\alpha & 0 \\ \sin\alpha & \cos\alpha & 0 \\ 0 & 0 & 1 \end{bmatrix} \begin{bmatrix} 1 \\ t\dot{\alpha} \\ 0 \end{bmatrix} = \begin{bmatrix} \cos\alpha - t\dot{\alpha}\sin\alpha \\ \sin\alpha + t\dot{\alpha}\cos\alpha \\ 0 \end{bmatrix} \\ &= (\cos\alpha - t\dot{\alpha}\sin\alpha)\hat{I} + (\sin\alpha + t\dot{\alpha}\cos\alpha)\hat{J} \end{aligned} \tag{4.318} $$

Die nächste Ableitung ist:

$$ \begin{aligned} \tfrac{{}^Bd}{dt} \, {}^G\mathbf{r}_P &= {}^G\dot{\mathbf{r}}_P - {}_G\boldsymbol{\omega}_B \times {}^G\mathbf{r}_P \\ &= \begin{bmatrix} \cos\alpha - t\dot{\alpha}\sin\alpha \\ \sin\alpha + t\dot{\alpha}\cos\alpha \\ 0 \end{bmatrix} - \dot{\alpha} \begin{bmatrix} 0 \\ 0 \\ 1 \end{bmatrix} \times \begin{bmatrix} t\cos\alpha \\ t\sin\alpha \\ 0 \end{bmatrix} \\ &= \begin{bmatrix} \cos\alpha \\ \sin\alpha \\ 0 \end{bmatrix} = (\cos\alpha)\hat{I} + (\sin\alpha)\hat{J} = {}_B^G\dot{\mathbf{r}}_P \end{aligned} \tag{4.319} $$

was die Geschwindigkeit von P relativ zu B und ausgedrückt in G ist. Um diese Geschwindigkeit in B auszudrücken, wenden wir eine Koordinatentransformation an:

$$
\begin{aligned}
{}^{B}\dot{\mathbf{r}}_P &= {}^{G}R_B^T \, {}_B{}^{G}\dot{\mathbf{r}}_P \\
&= \begin{bmatrix} \cos\alpha & -\sin\alpha & 0 \\ \sin\alpha & \cos\alpha & 0 \\ 0 & 0 & 1 \end{bmatrix}^T \begin{bmatrix} \cos\alpha \\ \sin\alpha \\ 0 \end{bmatrix} = \begin{bmatrix} 1 \\ 0 \\ 0 \end{bmatrix} = \hat{\imath}
\end{aligned} \tag{4.320}
$$

Manchmal ist es einfacher, wenn wir den Vektor in das gleichen Koordinatensystem transformieren, in dem wir die Ableitung nehmen, und dann den Differentialoperator anwenden. Daher gelten:

$$
\begin{aligned}
\frac{{}^{G}d}{dt} {}^{B}\mathbf{r}_P &= \frac{{}^{G}d}{dt} \left({}^{G}R_B \, {}^{B}\mathbf{r}_P \right) \\
&= \frac{{}^{G}d}{dt} \begin{bmatrix} t\cos\alpha \\ t\sin\alpha \\ 0 \end{bmatrix} = \begin{bmatrix} \cos\alpha - t\dot{\alpha}\sin\alpha \\ \sin\alpha + t\dot{\alpha}\cos\alpha \\ 0 \end{bmatrix}
\end{aligned} \tag{4.321}
$$

und

$$
\frac{{}^{B}d}{dt} {}^{G}\mathbf{r}_P = \frac{{}^{B}d}{dt} \left({}^{G}R_B^T \, {}^{G}\mathbf{r}_P \right) = \frac{{}^{B}d}{dt} \begin{bmatrix} t \\ 0 \\ 0 \end{bmatrix} = \begin{bmatrix} 1 \\ 0 \\ 0 \end{bmatrix} \tag{4.322}
$$

Beispiel 197 ⋆ *Orthogonalität von Orts- und Geschwindigkeitsvektoren.*

Wenn der Ortsvektor eines Körperpunkts im globalen Koordinatensystem durch $\mathbf{r}$ *bezeichnet wird, gilt:*

$$
\frac{d\mathbf{r}}{dt} \cdot \mathbf{r} = 0 \tag{4.323}
$$

Um diese Eigenschaft zu zeigen, können wir

$$
\mathbf{r} \cdot \mathbf{r} = r^2 \tag{4.324}
$$

ableiten und finden:

$$
\frac{d}{dt}(\mathbf{r} \cdot \mathbf{r}) = \frac{d\mathbf{r}}{dt} \cdot \mathbf{r} + \mathbf{r} \cdot \frac{d\mathbf{r}}{dt} = 2\frac{d\mathbf{r}}{dt} \cdot \mathbf{r} = 0 \tag{4.325}
$$

Gl. (4.323) *ist korrekt in jedem Koordinatenrsystem und für jeden Vektorkonstantent Länge, solange der Vektor und die Ableitung im gleichen Koordinaten ausgedrückt sind.*

Beispiel 198 ⋆ *Formel zur Ableitungstransformation.*

Die globale Geschwindigkeit eines festen Punktes im körperfesten Koordinatensystem $B(Oxyz)$ *kann durch Gl.* (4.228) *ermittelt werden. Betrachten Sie nun einen Punkt P, der sich in* $B(Oxyz)$ *bewegen kann. In diesem Fall ist der Körper-Ortsvektor* ${}^{\mathrm{B}}\,\mathbf{r}_{\mathrm{P}}$ *nicht konstant, und daher ist die globale Geschwindigkeit eines solchen Punktes ausgedrückt in B*

$$\frac{{}^{G}d}{dt}\,{}^{B}\mathbf{r}_P = \frac{{}^{B}d}{dt}\,{}^{B}\mathbf{r}_P + {}_{G}^{B}\boldsymbol{\omega}_B \times {}^{B}\mathbf{r}_P = {}_{G}^{B}\dot{\mathbf{r}}_P \tag{4.326}$$

Manchmal wird das Ergebnis der Gl. (4.326) *verwendet, um die Transformation des Differentialoperators von einem Körper- zu einem globalen Koordinatensystem zu definieren:*

$$\frac{{}^{G}d}{dt}\Box = \frac{{}^{B}d}{dt}\Box + {}_{G}^{B}\boldsymbol{\omega}_B \times {}^{B}\Box = {}_{G}^{B}\dot{\Box} \tag{4.327}$$

Das endgültige Ergebnis ${}_{G}^{B}\dot{\Box}$ *zeigt die globale (G)-Zeitableitung ausgedrückt im körperfesten Koordinatensystem (B). Der Vektor □ könnte ein beliebiger Vektor sein, wie Position, Geschwindigkeit, Winkelgeschwindigkeit, Impuls, Winkelgeschwindigkeit oder sogar ein zeitveränderlicher Kraftvektor.*

Gl. (4.327) *wird als* ***Formel zur Ableitungstransformation*** *bezeichnet und stellt den Zusammenhang zwischen der Zeitableitung eines Vektors, wie sie aus dem Koordinatensystem G gesehen würde, und seiner Ableitung, wie sie im Koordinatensystem B gesehen wird, her. Die Formel zur Ableitungstransformation* (4.327) *ist allgemein und kann auf jeden Vektor für die Ableitungstransformation zwischen jedem von zwei sich relativ zueinander bewegenden Koordinatensystemen angewendet werden.*

Beispiel 199 ★ *Differentialgleichung für die Rotationsmatrix.*

Gl. (4.231) *zur Definition der Winkelgeschwindigkeitsmatrix kann als Differentialgleichung erster Ordnung geschrieben werden:*

$$\frac{d}{dt}\,{}^{G}R_B - {}^{G}R_B\,{}_{G}\tilde{\omega}_B = 0 \tag{4.328}$$

Die Lösung der Gleichung bestätigt die exponentielle Definition der Rotationsmatrix als:

$${}^{G}R_B = e^{\tilde{\omega}t} \tag{4.329}$$

oder:

$$\tilde{\omega}t = \dot{\phi}\,\tilde{u} = \ln\left({}^{G}R_B\right) \tag{4.330}$$

Beispiel 200 ★ *Beschleunigung eines Körperpunktes im globalen Koordinatensystem.*

Der Winkelbeschleunigungsvektor eines starren Körpers B(Oxyz) im globalen Koordinatensystem G(OXY Z) wird durch ${}_{\mathrm{G}}\boldsymbol{\alpha}_{\mathrm{B}}$ *bezeichnet und ist definiert als die globale Zeitableitung von* ${}_{\mathrm{G}}\boldsymbol{\omega}_{\mathrm{B}}$*:*

$${}_{G}\boldsymbol{\alpha}_B = \frac{{}^{G}d}{dt}\,{}_{G}\boldsymbol{\omega}_B \tag{4.331}$$

Mit dieser Definition ist die Beschleunigung eines festen Körperpunktes im globalen Koordinatensystem:

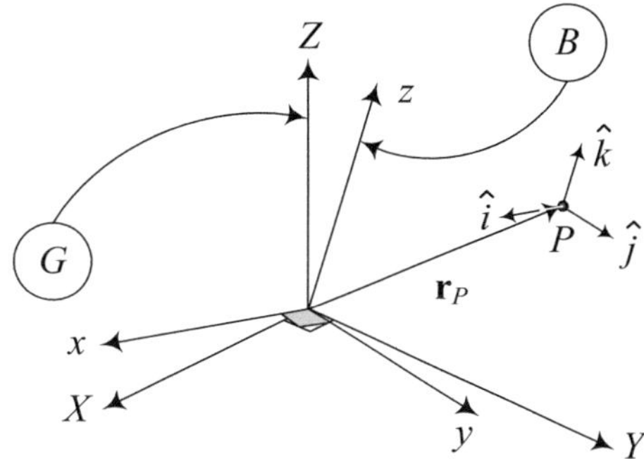

Abb. 4.8 Ein körperfestes Koordinatensystem das sich mit einem festen Punkt im globalen Koordinatensystem bewegt

$$^{G}\mathbf{a}_P = \frac{^{G}d}{dt}\left({_G}\boldsymbol{\omega}_B \times {^{G}}\mathbf{r}_P\right) = {_G}\boldsymbol{\alpha}_B \times {^{G}}\mathbf{r}_P + {_G}\boldsymbol{\omega}_B \times \left({_G}\boldsymbol{\omega}_B \times {^{G}}\mathbf{r}_P\right) \tag{4.332}$$

Beispiel 201 ⋆ *Alternative Definition des Winkelgeschwindigkeitsvektors.*

Der Winkelgeschwindigkeitsvektor eines starren Körpers $B(\hat{\imath}, \hat{\jmath}, \hat{k})$ im globalen Koordinatensystem $G(\hat{I}, \hat{J}, \hat{K})$ kann auch ausgedrückt werden durch

$${_G^B}\boldsymbol{\omega}_B = \hat{\imath}\left(\frac{^{G}d\hat{\jmath}}{dt} \cdot \hat{k}\right) + \hat{\jmath}\left(\frac{^{G}d\hat{k}}{dt} \cdot \hat{\imath}\right) + \hat{k}\left(\frac{^{G}d\hat{\imath}}{dt} \cdot \hat{\jmath}\right) \tag{4.333}$$

Beweis. *Betrachten Sie ein körperfestes Koordinatensystem B, das sich mit einem festen Punkt im globalen Koordinatensystem G bewegt. Der feste Punkt des Körpers wird als Ursprung beider Koordinatensysteme genommen, wie in Abb. 4.8 dargestellt. Um die Bewegung des Körpers zu beschreiben, genügt es, die Bewegung der lokalen Einheitsvektoren $\hat{\imath}$, $\hat{\jmath}$ und $\hat{k}$* zu beschreiben. *Sei $\mathbf{r}_\mathrm{p}$ der Ortsvektor eines Körperpunktes P Sei. Dann ist $^{B}\mathbf{r}_\mathrm{p}$ ein Vektor mit konstanten Komponenten:*

$$^{B}\mathbf{r}_P = x\hat{\imath} + y\hat{\jmath} + z\hat{k} \tag{4.334}$$

Wenn sich der Körper bewegt, sind es nur die Einheitsvektoren $\hat{\imath}$, $\hat{\jmath}$, und $\hat{k}$, die sich relativ zum globalen Koordinatensystem ändern. Daher ist der Vektor der differentiellen Verschiebung:

$$d\mathbf{r}_P = x\,d\hat{\imath} + y\,d\hat{\jmath} + z\,d\hat{k} \tag{4.335}$$

der auch ausgedrückt werden kann durch:

$$d\mathbf{r}_P = \left(d\mathbf{r}_P \cdot \hat{\imath}\right)\hat{\imath} + \left(d\mathbf{r}_P \cdot \hat{\jmath}\right)\hat{\jmath} + \left(d\mathbf{r}_P \cdot \hat{k}\right)\hat{k} \tag{4.336}$$

Ersetzen von (4.335) *in der rechten Seite von* (4.336) *ergibt:*

$$\begin{aligned} d\mathbf{r}_P = &\left(x\hat{\imath} \cdot d\hat{\imath} + y\hat{\imath} \cdot d\hat{\jmath} + z\hat{\imath} \cdot d\hat{k}\right)\hat{\imath} \\ &+ \left(x\hat{\jmath} \cdot d\hat{\imath} + y\hat{\jmath} \cdot d\hat{\jmath} + z\hat{\jmath} \cdot d\hat{k}\right)\hat{\jmath} \\ &+ \left(x\hat{k} \cdot d\hat{\imath} + y\hat{k} \cdot d\hat{\jmath} + z\hat{k} \cdot d\hat{k}\right)\hat{k} \end{aligned} \tag{4.337}$$

Unter Verwendung der Beziehungen der Einheitsvektoren:

$$\hat{\jmath} \cdot d\hat{\imath} = -\hat{\imath} \cdot d\hat{\jmath} \tag{4.338}$$

$$\hat{k} \cdot d\hat{\jmath} = -\hat{\jmath} \cdot d\hat{k} \tag{4.339}$$

$$\hat{\imath} \cdot d\hat{k} = -\hat{k} \cdot d\hat{\imath} \tag{4.340}$$

$$\hat{\imath} \cdot d\hat{\imath} = \hat{\jmath} \cdot d\hat{\jmath} = \hat{k} \cdot d\hat{k} = 0 \tag{4.341}$$

$$\hat{\imath} \cdot \hat{\jmath} = \hat{\jmath} \cdot \hat{k} = \hat{k} \cdot \hat{\imath} = 0 \tag{4.342}$$

$$\hat{\imath} \cdot \hat{\imath} = \hat{\jmath} \cdot \hat{\jmath} = \hat{k} \cdot \hat{k} = 1 \tag{4.343}$$

reduziert sich das $d\mathbf{r}_{\mathrm{P}}$ *auf:*

$$\begin{aligned} d\mathbf{r}_P = & \left(z\hat{\imath} \cdot d\hat{k} - y\hat{\jmath} \cdot d\hat{\imath}\right)\hat{\imath} + \left(x\hat{\jmath} \cdot d\hat{\imath} - z\hat{k} \cdot d\hat{\jmath}\right)\hat{\jmath} \\ & + \left(y\hat{k} \cdot d\hat{\jmath} - x\hat{\imath} \cdot d\hat{k}\right)\hat{k} \end{aligned} \tag{4.344}$$

Diese Gleichung kann umgestellt und als Vektorprodukt ausgedrückt werden:

$$d\mathbf{r}_P = \left((\hat{k} \cdot d\hat{\jmath})\hat{\imath} + (\hat{\imath} \cdot d\hat{k})\hat{\jmath} + (\hat{\jmath} \cdot d\hat{\imath})\hat{k}\right) \times \left(x\hat{\imath} + y\hat{\jmath} + z\hat{k}\right) \tag{4.345}$$

oder:

$${}_G^B\dot{\mathbf{r}}_P = \left((\hat{k} \cdot \frac{{}^G d\hat{\jmath}}{dt})\hat{\imath} + (\hat{\imath} \cdot \frac{{}^G d\hat{k}}{dt})\hat{\jmath} + (\hat{\jmath} \cdot \frac{{}^G d\hat{\imath}}{dt})\hat{k}\right) \times \left(x\hat{\imath} + y\hat{\jmath} + z\hat{k}\right) \tag{4.346}$$

Ein Vergleich dieses Ergebnisses mit

$$\dot{\mathbf{r}}_P = {}_G\omega_B \times \mathbf{r}_P \tag{4.347}$$

zeigt, dass

$${}_G^B\boldsymbol{\omega}_B = \hat{\imath}\left(\frac{{}^G d\hat{\jmath}}{dt} \cdot \hat{k}\right) + \hat{\jmath}\left(\frac{{}^G d\hat{k}}{dt} \cdot \hat{\imath}\right) + \hat{k}\left(\frac{{}^G d\hat{\imath}}{dt} \cdot \hat{\jmath}\right) \tag{4.348}$$

■

Beispiel 202 ⋆ *Alternativer Beweis für die Definition der Winkelgeschwindigkeit* (4.333).

Die in Gl. (4.333) *vorgestellte Definition der Winkelgeschwindigkeit kann auch durch direktes Einsetzen von* ${}^{\mathrm{G}}R_{\mathrm{B}}$ *in die Winkelgeschwindigkeitsmatrix* ${}_G^B\tilde{\omega}_B$ gezeigt werden:

$${}_G^B\tilde{\omega}_B = {}^G R_B^T\, {}^G\dot{R}_B \tag{4.349}$$

Daher gilt:

$$
\begin{aligned}
{}^B_G\tilde{\omega}_B &= \begin{bmatrix} \hat{\imath}\cdot\hat{I} & \hat{\imath}\cdot\hat{J} & \hat{\imath}\cdot\hat{K} \\ \hat{\jmath}\cdot\hat{I} & \hat{\jmath}\cdot\hat{J} & \hat{\jmath}\cdot\hat{K} \\ \hat{k}\cdot\hat{I} & \hat{k}\cdot\hat{J} & \hat{k}\cdot\hat{K} \end{bmatrix} \cdot \frac{{}^G d}{dt} \begin{bmatrix} \hat{I}\cdot\hat{\imath} & \hat{I}\cdot\hat{\jmath} & \hat{I}\cdot\hat{k} \\ \hat{J}\cdot\hat{\imath} & \hat{J}\cdot\hat{\jmath} & \hat{J}\cdot\hat{k} \\ \hat{K}\cdot\hat{\imath} & \hat{K}\cdot\hat{\jmath} & \hat{K}\cdot\hat{k} \end{bmatrix} \\
&= \begin{bmatrix} \left(\hat{\imath}\cdot\frac{{}^G d\hat{\imath}}{dt}\right) & \left(\hat{\imath}\cdot\frac{{}^G d\hat{\jmath}}{dt}\right) & \left(\hat{\imath}\cdot\frac{{}^G d\hat{k}}{dt}\right) \\ \left(\hat{\jmath}\cdot\frac{{}^G d\hat{\imath}}{dt}\right) & \left(\hat{\jmath}\cdot\frac{{}^G d\hat{\jmath}}{dt}\right) & \left(\hat{\jmath}\cdot\frac{{}^G d\hat{k}}{dt}\right) \\ \left(\hat{k}\cdot\frac{{}^G d\hat{\imath}}{dt}\right) & \left(\hat{k}\cdot\frac{{}^G d\hat{\jmath}}{dt}\right) & \left(\hat{k}\cdot\frac{{}^G d\hat{k}}{dt}\right) \end{bmatrix}
\end{aligned}
\tag{4.350}
$$

was zeigt, dass:

$$
{}^B_G\boldsymbol{\omega}_B = \begin{bmatrix} \left(\frac{{}^G d\hat{\jmath}}{dt}\cdot\hat{k}\right) \\ \left(\frac{{}^G d\hat{k}}{dt}\cdot\hat{\imath}\right) \\ \left(\frac{{}^G d\hat{\imath}}{dt}\cdot\hat{\jmath}\right) \end{bmatrix}
\tag{4.351}
$$

Beispiel 203 ⋆ *Zweite Ableitung.*

Im Allgemeinen ist ${}^G d\mathbf{r}/dt$ *ein variabler Vektor in G(OXY Z) und in jedem anderen Koordinatensystem wie B(oxyz). Daher kann er in den Koordinatensystemen G oder B differenziert werden. Allerdings ist die Reihenfolge der Differenzierung wichtig. Im Allgemeinen gilt:*

$$
\frac{{}^B d}{dt}\frac{{}^G d\mathbf{r}}{dt} \neq \frac{{}^G d}{dt}\frac{{}^B d\mathbf{r}}{dt}
\tag{4.352}
$$

Als Beispiel betrachten Sie ein um die Z-Achse rotierendes körperfestes Koordinatensystem und einen variablen Vektor als

$$
{}^G\mathbf{r} = t\hat{I}
\tag{4.353}
$$

Daher gilt:

$$
\frac{{}^G d\mathbf{r}}{dt} = {}^G\dot{\mathbf{r}} = \hat{I}
\tag{4.354}
$$

und daher:

$$
\begin{aligned}
{}^B\left(\frac{{}^G d\mathbf{r}}{dt}\right) &= {}^B_G\dot{\mathbf{r}} = R^T_{Z,\varphi}\left[\hat{I}\right] = \begin{bmatrix} \cos\varphi & \sin\varphi & 0 \\ -\sin\varphi & \cos\varphi & 0 \\ 0 & 0 & 1 \end{bmatrix}\begin{bmatrix} 1 \\ 0 \\ 0 \end{bmatrix} \\
&= \cos\varphi\hat{\imath} - \sin\varphi\hat{\jmath}
\end{aligned}
\tag{4.355}
$$

was liefert:

$$\frac{{}^{B}d}{dt}\frac{{}^{G}d\mathbf{r}}{dt} = -\dot{\varphi}\sin\varphi\hat{\imath} - \dot{\varphi}\cos\varphi\hat{\jmath} \tag{4.356}$$

und:

$${}^{G}\left(\frac{{}^{B}d}{dt}\frac{{}^{G}d\mathbf{r}}{dt}\right) = -\dot{\varphi}\hat{J} \tag{4.357}$$

Jetzt gilt:

$${}^{B}\mathbf{r} = R_{Z,\varphi}^{T}\left[t\hat{I}\right] = t\cos\varphi\hat{\imath} - t\sin\varphi\hat{\jmath} \tag{4.358}$$

das liefert:

$$\frac{{}^{B}d\mathbf{r}}{dt} = (-t\dot{\varphi}\sin\varphi + \cos\varphi)\hat{\imath} - (\sin\varphi + t\dot{\varphi}\cos\varphi)\hat{\jmath} \tag{4.359}$$

und:

$$\begin{aligned}
{}^{G}\left(\frac{{}^{B}d\mathbf{r}}{dt}\right) &= {}_{B}{}^{G}\dot{\mathbf{r}} = R_{Z,\varphi}\big((-t\dot{\varphi}\sin\varphi + \cos\varphi)\hat{\imath} - (\sin\varphi + t\dot{\varphi}\cos\varphi)\hat{\jmath}\big) \\
&= \begin{bmatrix} \cos\varphi & -\sin\varphi & 0 \\ \sin\varphi & \cos\varphi & 0 \\ 0 & 0 & 1 \end{bmatrix} \begin{bmatrix} -t\dot{\varphi}\sin\varphi + \cos\varphi \\ -\sin\varphi - t\dot{\varphi}\cos\varphi \\ 0 \end{bmatrix} \\
&= \hat{I} - t\dot{\varphi}\hat{J}
\end{aligned} \tag{4.360}$$

was zeigt:

$$\frac{{}^{G}d}{dt}\frac{{}^{B}d\mathbf{r}}{dt} = -(\dot{\varphi} + t\ddot{\varphi})\hat{J} \neq \frac{{}^{B}d}{dt}\frac{{}^{G}d\mathbf{r}}{dt}$$

4.11 Geschwindigkeit eines starren Körpers

Betrachten Sie einen starren Körper mit einem damit fest verbundenen lokalen Koordinatensystem $B(oxyz)$, der frei in einem feststehenden globalen Koordinatensystem $G(OXYZ)$ bewegt wird, wie in Abb. 4.9 dargestellt. Der starre Körper kann sich im globalen Koordinatensystem drehen, während der Ursprung des körperfesten B sich relativ zum Ursprung von G verschieben kann. Die Koordinaten eines Körperpunktes P in lokalen und globalen Koordinatensystemen sind durch die folgende Gleichung miteinander verbunden:

$${}^{G}\mathbf{r}_P = {}^{G}R_B\,{}^{B}\mathbf{r}_P + {}^{G}\mathbf{d}_B \tag{4.361}$$

wo bei ${}^{G}\mathbf{d}_B$ die Position des beweglichen Ursprungs o relativ zum festen Ursprung O angibt.

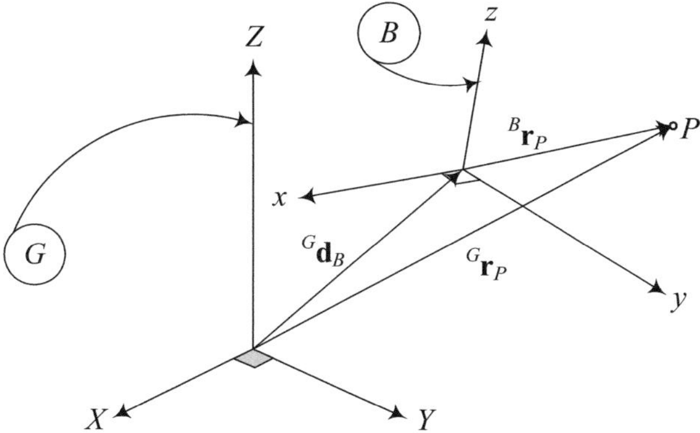

Abb. 4.9 Ein starrer Körper mit einem angehängten Koordinatensystem $B(oxyz)$, der frei in einem globalen Koordinatensystem $G(OXYZ)$ bewegt wird

Die Geschwindigkeit des Punktes P in G ist:

$$\begin{aligned}
{}^G\mathbf{v}_P &= {}^G\dot{\mathbf{r}}_P = {}^G\dot{R}_B\,{}^B\mathbf{r}_P + {}^G\dot{\mathbf{d}}_B = {}_G\tilde{\omega}_B\,{}_B{}^G\mathbf{r}_P + {}^G\dot{\mathbf{d}}_B \\
&= {}_G\tilde{\omega}_B\left({}^G\mathbf{r}_P - {}^G\mathbf{d}_B\right) + {}^G\dot{\mathbf{d}}_B \\
&= {}_G\boldsymbol{\omega}_B \times \left({}^G\mathbf{r}_P - {}^G\mathbf{d}_B\right) + {}^G\dot{\mathbf{d}}_B
\end{aligned} \tag{4.362}$$

Beweis. Direktes Differenzieren zeigt:

$$\begin{aligned}
{}^G\mathbf{v}_P &= \frac{{}^Gd}{dt}\,{}^G\mathbf{r}_P = {}^G\dot{\mathbf{r}}_P = \frac{{}^Gd}{dt}\left({}^GR_B\,{}^B\mathbf{r}_P + {}^G\mathbf{d}_B\right) \\
&= {}^G\dot{R}_B\,{}^B\mathbf{r}_P + {}^G\dot{\mathbf{d}}_B
\end{aligned} \tag{4.363}$$

Der lokale Ortsvektor ${}^B\mathbf{r}_P$ kann aus (4.361) ersetzt werden, um

$$\begin{aligned}
{}^G\mathbf{v}_P &= {}^G\dot{R}_B\,{}^GR_B^T\left({}^G\mathbf{r}_P - {}^G\mathbf{d}_B\right) + {}^G\dot{\mathbf{d}}_B \\
&= {}_G\tilde{\omega}_B\left({}^G\mathbf{r}_P - {}^G\mathbf{d}_B\right) + {}^G\dot{\mathbf{d}}_B \\
&= {}_G\boldsymbol{\omega}_B \times \left({}^G\mathbf{r}_P - {}^G\mathbf{d}_B\right) + {}^G\dot{\mathbf{d}}_B
\end{aligned} \tag{4.364}$$

zu erhalten. Es kann auch unter Verwendung des relativen Ortsvektors geschrieben werden:

$$ {}^G\mathbf{v}_P = {}_G\boldsymbol{\omega}_B \times {}_B{}^G\mathbf{r}_P + {}^G\dot{\mathbf{d}}_B \tag{4.365}$$

■

Beispiel 204 *Geometrische Interpretation der Geschwindigkeit eines starren Körpers.*

Betrachten Sie einen Körperpunkt P eines sich bewegenden starren Körpers. Die globale Geschwindigkeit des Punktes P

$$ {}^G\mathbf{v}_P = {}_G\boldsymbol{\omega}_B \times {}_B{}^G\mathbf{r}_P + {}^G\dot{\mathbf{d}}_B $$

ist eine Vektoraddition von Rotations- und Translationsgeschwindigkeiten, beide ausgedrückt im globalen Koordinatensystem. Im Moment wird angenommen, dass das körperfeste Koordinatensystem mit dem globalen Koordinatensystem übereinstimmt, und das körperfeste Koordinatensystem eine Geschwindigkeit ${}^G\dot{\mathbf{d}}_B$ *in Bezug auf das globale Koordinatensystem hat. Die Translationsgeschwindigkeit* ${}^G\dot{\mathbf{d}}_B$ *ist eine gemeinsame Eigenschaft für jeden Punkt des Körpers, aber die Rotationsgeschwindigkeit* ${}_G\boldsymbol{\omega}_B \times {}_B{}^G\mathbf{r}_P$ *unterscheidet sich für verschiedene Punkte des Körpers.*

Beispiel 205 *Geschwindigkeit eines bewegten Punktes in einem bewegten körperfesten Koordinatensystem.*

Nehmen Sie an, dass Punkt P in Abb. 4.9 *sich im Koordinatensystem B bewegt, angezeigt durch den zeitlich variierenden Ortsvektor* ${}^B\mathbf{r}_P(t)$*. Die globale Geschwindigkeit von P ist eine Zusammensetzung der Geschwindigkeit von P in B, der Rotation von B relativ zu G und der Geschwindigkeit von B relativ zu G:*

$$\begin{aligned} \frac{{}^Gd}{dt}\,{}^G\mathbf{r}_P &= \frac{{}^Gd}{dt}\left({}^G\mathbf{d}_B + {}^GR_B\,{}^B\mathbf{r}_P\right) \\ &= \frac{{}^Gd}{dt}\,{}^G\mathbf{d}_B + \frac{{}^Gd}{dt}\left({}^GR_B\,{}^B\mathbf{r}_P\right) \\ &= {}^G\dot{\mathbf{d}}_B + {}_B{}^G\dot{\mathbf{r}}_P + {}_G\boldsymbol{\omega}_B \times {}_B{}^G\mathbf{r}_P \end{aligned} \tag{4.366}$$

Beispiel 206 *Geschwindigkeit eines Körperpunktes in mehreren Koordinatensystemen.*

Betrachten Sie drei Koordinatensysteme, B_0*,* B_1 *und* B_2*, wie in Abb.* 4.10 *dargestellt. Lassen Sie uns die Geschwindigkeit des Punktes P analysieren. Wenn der Punkt in einem Koordinatensystem stationär ist, sagen wir* B_2*, dann ist die Zeitableitung von* ${}^2\mathbf{r}_P$ *in* B_2 *null. Wenn Koordinatensystem* B_2 *sich relativ zu Rahmen* B_1 *bewegt, dann ist die Zeitableitung von* ${}^1\mathbf{r}_P$ *eine Kombination aus der Rotationskomponente aufgrund der Rotation von* B_2 *relativ zu* B_1 *und der Geschwindigkeit von* B_2 *relativ zu* B_1*. In der Vorwärtsgeschwindigkeitskinematik müssen die Geschwindigkeiten im Basiskoordinatensystem* B_0 *gemessen werden. Daher ist die Geschwindigkeit des Punktes P im Basiskoordinatensystem eine Kombination aus der Geschwindigkeit von* B_2 *relativ zu* B_1 *und der Geschwindigkeit von* B_1 *relativ zu* B_0*.*

Die globale Koordinate des Körperpunktes P ist:

$${}^0\mathbf{r}_P = {}^0\mathbf{d}_1 + {}_1^0\mathbf{d}_2 + {}_2^0\mathbf{r}_P = {}^0\mathbf{d}_1 + {}^0R_1\,{}^1\mathbf{d}_2 + {}^0R_2\,{}^2\mathbf{r}_P \tag{4.367}$$

Daher kann die Geschwindigkeit des Punktes P durch Kombination der relativen Geschwindigkeiten ermittelt werden

$$\begin{aligned} {}^0\dot{\mathbf{r}}_P &= {}^0\dot{\mathbf{d}}_1 + ({}^0\dot{R}_1\,{}^1\mathbf{d}_2 + {}^0R_1\,{}^1\dot{\mathbf{d}}_2) + {}^0\dot{R}_2\,{}^2\mathbf{r}_P \\ &= {}^0\dot{\mathbf{d}}_1 + {}_0^0\omega_1 \times {}_1^0\mathbf{d}_2 + {}^0R_1\,{}^1\dot{\mathbf{d}}_2 + {}_0^0\omega_2 \times {}_2^0\mathbf{r}_P \end{aligned} \tag{4.368}$$

Es ist normalerweise einfacher, die Methode der relativen Geschwindigkeit zu verwenden und zu schreiben:

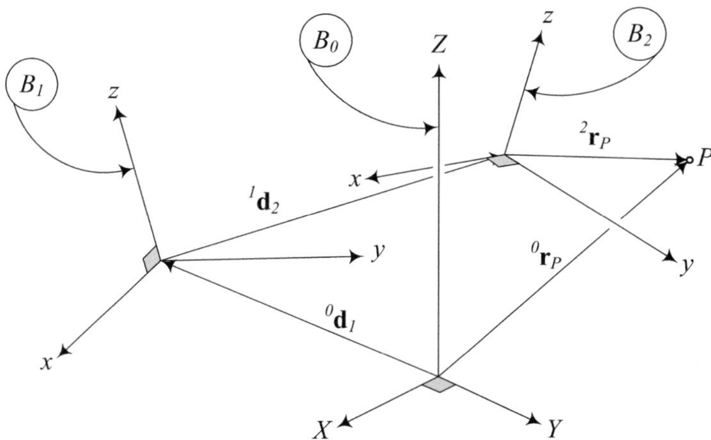

Abb. 4.10 Ein starrers körperfestes Koordinatensystem B_2 bewegt sich in einem Rahmen B_1, das sich im Basis-Koordinatenrahmen B_0 bewegt

$$ {}_0^0\mathbf{v}_P = {}_0^0\mathbf{v}_1 + {}_1^0\mathbf{v}_2 + {}_2^0\mathbf{v}_P \tag{4.369} $$

weil:

$$ {}_0^0\mathbf{v}_1 = {}_0^0\dot{\mathbf{d}}_1 \qquad {}_1^0\mathbf{v}_2 = {}_0^0\boldsymbol{\omega}_1 \times {}_1^0\mathbf{d}_2 + {}^0R_1\,{}^1\dot{\mathbf{d}}_2 \qquad {}_2^0\mathbf{v}_P = {}_0^0\boldsymbol{\omega}_2 \times {}_2^0\mathbf{r}_P \tag{4.370} $$

und daher:

$$ {}^0\mathbf{v}_P = {}^0\dot{\mathbf{d}}_1 + {}_0^0\boldsymbol{\omega}_1 \times {}_1^0\mathbf{d}_2 + {}^0R_1\,{}^1\dot{\mathbf{d}}_2 + {}_0^0\boldsymbol{\omega}_2 \times {}_2^0\mathbf{r}_P \tag{4.371} $$

Beispiel 207 *Geschwindigkeitsvektoren in verschiedenen Koordinatensystemen.*

Um die Geschwindigkeitsvektoren in verschiedenen Koordinatensystemen auszudrücken, müssen wir sie nur von links mit einer Rotationsmatrix multiplizieren. Daher, unter Berücksichtigung von ${}_j^k\mathbf{v}_i$ als die Geschwindigkeit des Ursprungs des B_i -Koordinatensystems in Bezug auf den Ursprung des Koordinatensystems B_j, ausgedrückt im Koordinatensystem B_k, können wir schreiben:

$$ {}_j^k\mathbf{v}_i = -{}_i^k\mathbf{v}_j \tag{4.372} $$

und:

$$ {}_j^k\mathbf{v}_i = {}^kR_m\,{}_j^m\mathbf{v}_i \tag{4.373} $$

und daher:

$$ \frac{{}^id}{dt}\,{}_i^i\mathbf{r}_P = {}^i\mathbf{v}_P = {}_j{}^i\mathbf{v}_P + {}_i{}^i\boldsymbol{\omega}_j \times {}_j{}^i\mathbf{r}_P \tag{4.374} $$

Beispiel 208 ⋆ *Punkte mit Geschwindigkeit null.*

Um zu beantworten, ob es immer einen Punkt mit Geschwindigkeit null gibt, können wir die Gleichung verwenden (4.364) *und schreiben:*

$$ {}_G\tilde{\omega}_B \left({}^G\mathbf{r}_0 - {}^G\mathbf{d}_B \right) + {}^G\dot{\mathbf{d}}_B = 0 \tag{4.375} $$

um nach ${}^G\mathbf{r}_0$ *zu suchen, was sich auf einen Punkt mit Geschwindigkeit null bezieht:*

$$ {}^G\mathbf{r}_0 = {}^G\mathbf{d}_B - {}_G\tilde{\omega}_B^{-1}\, {}^G\dot{\mathbf{d}}_B \tag{4.376} $$

jedoch ist die schiefsymmetrische Matrix ${}_G\tilde{\omega}_B$ *singulär und hat keine Inverse. Mit anderen Worten, es gibt keine allgemeine Lösung für Gl.* (4.375) .
Wenn wir uns auf ebene Bewegungen beschränken, sagen wir XY-Ebene, dann gilt ${}_G\boldsymbol{\omega}_B = \omega\hat{K}$ *und* ${}_G\tilde{\omega}_B^{-1} = 1/\omega$*. Daher gibt es in einem zweidimensionalen-Raum zu jedem Zeitpunkt einen Punkt mit Geschwindigkeit null an der Position* ${}^G\mathbf{r}_0$, *gegeben durch:*

$$ {}^G\mathbf{r}_0(t) = {}^G\mathbf{d}_B(t) - \frac{1}{\omega}\, {}^G\dot{\mathbf{d}}_B(t) \tag{4.377} $$

Der Punkt mit Geschwindigkeit null wird als ***Pol*** *oder* ***Momentanpol*** *bezeichnet. Die Position des Pols ist im Allgemeinen eine Funktion der Zeit, und der Pfad seiner Bewegung wird als* ***Zentroide*** *bezeichnet.*

Beispiel 209 ⋆ *Eulerische und Lagrangesche Standpunkte.*

Wenn eine variable Größe im stationären globalen Koordinatensystem gemessen wird, wird sie als absolut oder der in der Lagrangefunktion-Betrachtungsweise bezeichnet. Wenn die Variable im beweglichen körperfesten Koordinatensystem gemessen wird, wird sie als relativ oder in der Euler-Sichtweise bezeichnet.

Bei der zweidimensionalen ebenen Bewegung eines starren Körpers gibt es immer einen Pol mit Geschwindigkeit null bei

$$ {}^G\mathbf{r}_0 = {}^G\mathbf{d}_B - \frac{1}{\omega}\, {}^G\dot{\mathbf{d}}_B \tag{4.378} $$

Die Position des Pols im körperfesten Koordinatensystem kann gefunden werden, indem man für ${}^G\mathbf{r}$ *aus* (4.361)

$$ {}^G R_B\, {}^B\mathbf{r}_0 + {}^G\mathbf{d}_B = {}^G\mathbf{d}_B - {}_G\tilde{\omega}_B^{-1}\, {}^G\dot{\mathbf{d}}_B \tag{4.379} $$

einsetzt und die Position des Punktes mit Geschwindigkeit null im körperfesten Koordinatensystem ${}^B\mathbf{r}_0$ *löst:*

$$ \begin{aligned} {}^B\mathbf{r}_0 &= -\,{}^G R_B^T\, {}_G\tilde{\omega}_B^{-1}\, {}^G\dot{\mathbf{d}}_B = -\,{}^G R_B^T \left[{}^G\dot{R}_B\, {}^G R_B^T \right]^{-1} {}^G\dot{\mathbf{d}}_B \\ &= -\,{}^G R_B^T \left[{}^G R_B\, {}^G\dot{R}_B^{-1} \right] {}^G\dot{\mathbf{d}}_B = -\,{}^G\dot{R}_B^{-1}\, {}^G\dot{\mathbf{d}}_B \end{aligned} \tag{4.380} $$

Daher zeigt ${}^{G}\mathbf{r}_0$ *den Bewegungspfad des Pols im globalen Koordinatensystem an, während* ${}^{B}\mathbf{r}_0$ *den gleichen Pfad im körperfesten Koordinatensystem anzeigt. Das* ${}^{G}\mathbf{r}_0$ *bezieht sich auf den Lagrangeschen Zentroid und* ${}^{B}\mathbf{r}_0$ *bezieht sich auf den Eulerischen Zentroid.*

4.12 Winkelbeschleunigung

Betrachten Sie einen rotierenden starren Körper $B(OXYZ)$ mit einem festen Punkt O in einem Referenzkoordinatensystem $G(OXYZ)$. Gl. (4.228), für den Geschwindigkeitsvektor eines Punktes in einem körperfesten Koordinatensystem mit festem Ursprung,

$$ {}^{G}\dot{\mathbf{r}}(t) = {}^{G}\mathbf{v}(t) = {}_{G}\tilde{\omega}_{B}\, {}^{G}\mathbf{r}(t) = {}_{G}\boldsymbol{\omega}_{B} \times {}^{G}\mathbf{r}(t) \tag{4.381} $$

kann genutzt werden, um den Beschleunigungsvektor des Körperpunktes zu bestimmen:

$$ {}^{G}\ddot{\mathbf{r}} = \frac{{}^{G}d}{dt}\, {}^{G}\dot{\mathbf{r}}(t) = {}_{G}\boldsymbol{\alpha}_{B} \times {}^{G}\mathbf{r} + {}_{G}\boldsymbol{\omega}_{B} \times \left({}_{G}\boldsymbol{\omega}_{B} \times {}^{G}\mathbf{r} \right) \tag{4.382} $$

$$ = \left(\ddot{\phi}\hat{u} + \dot{\phi}\dot{\mathbf{u}} \right) \times {}^{G}\mathbf{r} + \dot{\phi}^{2}\hat{u} \times \left(\hat{u} \times {}^{G}\mathbf{r} \right) \tag{4.383} $$

${}_{G}\boldsymbol{\alpha}_{B}$ ist der *Winkelbeschleunigungsvektor* des Körpers bezüglich des G:

$$ {}_{G}\boldsymbol{\alpha}_{B} = \frac{{}^{G}d}{dt}\, {}_{G}\boldsymbol{\omega}_{B} \tag{4.384} $$

Beweis. Die Differentiation der Gl. (4.381) ergibt:

$$ \begin{aligned} {}^{G}\mathbf{a} &= {}^{G}\dot{\mathbf{v}} = {}^{G}\ddot{\mathbf{r}} = {}_{G}\dot{\omega}_{B} \times {}^{G}\mathbf{r} + {}_{G}\boldsymbol{\omega}_{B} \times {}^{G}\dot{\mathbf{r}} \\ &= {}_{G}\boldsymbol{\alpha}_{B} \times {}^{G}\mathbf{r} + {}_{G}\boldsymbol{\omega}_{B} \times \left({}_{G}\boldsymbol{\omega}_{B} \times {}^{G}\mathbf{r} \right) \end{aligned} \tag{4.385} $$

und weil

$$ \boldsymbol{\omega} = \dot{\phi}\hat{u} \tag{4.386} $$

$$ \boldsymbol{\alpha} = \ddot{\phi}\hat{u} + \dot{\phi}\dot{\mathbf{u}} \tag{4.387} $$

leiten wir die Gl. (4.383) ab. Daher sind die Position, Geschwindigkeit und Beschleunigungsvektoren eines Körperpunktes:

$$ {}^{B}\mathbf{r}_{P} = x\hat{\imath} + y\hat{\jmath} + z\hat{k} \tag{4.388} $$

$$ {}^{G}\mathbf{v}_{P} = {}^{G}\dot{\mathbf{r}}_{P} = \frac{{}^{G}d}{dt}\, {}^{B}\mathbf{r}_{P} = {}_{G}\boldsymbol{\omega}_{B} \times {}^{G}\mathbf{r} \tag{4.389} $$

$$\begin{aligned} {}^G\mathbf{a}_P &= {}^G\dot{\mathbf{v}}_P = {}^G\ddot{\mathbf{r}}_P = \tfrac{{}^Gd^2}{dt^2}\,{}^B\mathbf{r}_P = {}_G\boldsymbol{\alpha}_B \times {}^G\mathbf{r} + {}_G\boldsymbol{\omega}_B \times {}^G\dot{\mathbf{r}} \\ &= {}_G\boldsymbol{\alpha}_B \times {}^G\mathbf{r} + {}_G\boldsymbol{\omega}_B \times ({}_G\boldsymbol{\omega}_B \times {}^G\mathbf{r}) \end{aligned} \tag{4.390}$$

Die Winkelbeschleunigung, ausgedrückt im körperfesten Koordinatensystem, ist die körperfeste Ableitung des Winkelgeschwindigkeitsvektors. Um dies zu zeigen, verwenden wir die Verschiebungsformel der Ableitung (4.327):

$${}_G^B\boldsymbol{\alpha}_B = \frac{{}^Gd}{dt}\,{}_G^B\boldsymbol{\omega}_B = \frac{{}^Bd}{dt}\,{}_G^B\boldsymbol{\omega}_B + {}_G^B\boldsymbol{\omega}_B \times {}_G^B\boldsymbol{\omega}_B = \frac{{}^Bd}{dt}\,{}_G^B\boldsymbol{\omega}_B = {}_G^B\dot{\omega}_B \tag{4.391}$$

Die Winkelbeschleunigung von B in G kann immer in dieser Form ausgedrückt werden:

$${}_G\boldsymbol{\alpha}_B = {}_G\alpha_B\,\hat{u}_\alpha \tag{4.392}$$

wo bei $\hat{u}_\alpha$ ein Einheitsvektor parallel zu ${}_G\boldsymbol{\alpha}_B$ ist. Die Winkelgeschwindigkeits- und Winkelbeschleunigungsvektoren sind im Allgemeinen nicht parallel, und daher gilt:

$$\hat{u}_\alpha \neq \hat{u}_\omega \tag{4.393}$$

$${}_G\alpha_B \neq {}_G\dot{\omega}_B \tag{4.394}$$

Allerdings ist der einzige Sonderfall, wenn die Rotationsachse sowohl in G als auch in B fest ist. In diesem Fall ist:

$${}_G\boldsymbol{\alpha}_B = \alpha\,\hat{u} = \dot{\omega}\,\hat{u} = \ddot{\phi}\,\hat{u} \tag{4.395}$$

■

Beispiel 210 *Geschwindigkeit und Beschleunigung eines einfachen Pendels.*

Eine Punktmasse, die an einer masselosen Stange hängt und von einem Drehgelenk aus schwingt, wird als einfaches Pendel bezeichnet. Abb. 4.11 *veranschaulicht ein einfaches Pendel. Ein lokales Koordinatensystem B ist an das Pendel angebracht, das in einem globalen Koordinatensystem G rotiert. Der Ortsvektor des Pendelkörpers und der Winkelgeschwindigkeitsvektor* ${}_G\boldsymbol{\omega}_B$ *sind:*

$${}^B\mathbf{r} = l\hat{\imath} \qquad {}^G\mathbf{r} = {}^GR_B\,{}^B\mathbf{r} = \begin{bmatrix} l\sin\phi \\ -l\cos\phi \\ 0 \end{bmatrix} \tag{4.396}$$

$${}_G^B\boldsymbol{\omega}_B = \dot{\phi}\hat{k} \qquad {}_G\boldsymbol{\omega}_B = {}^GR_B^T\,{}_G^B\boldsymbol{\omega}_B = \dot{\phi}\,\hat{K} \tag{4.397}$$

$$\begin{aligned} {}^GR_B &= \begin{bmatrix} \cos\left(\frac{3}{2}\pi+\phi\right) & -\sin\left(\frac{3}{2}\pi+\phi\right) & 0 \\ \sin\left(\frac{3}{2}\pi+\phi\right) & \cos\left(\frac{3}{2}\pi+\phi\right) & 0 \\ 0 & 0 & 1 \end{bmatrix} \\ &= \begin{bmatrix} \sin\phi & \cos\phi & 0 \\ -\cos\phi & \sin\phi & 0 \\ 0 & 0 & 1 \end{bmatrix} \end{aligned} \tag{4.398}$$

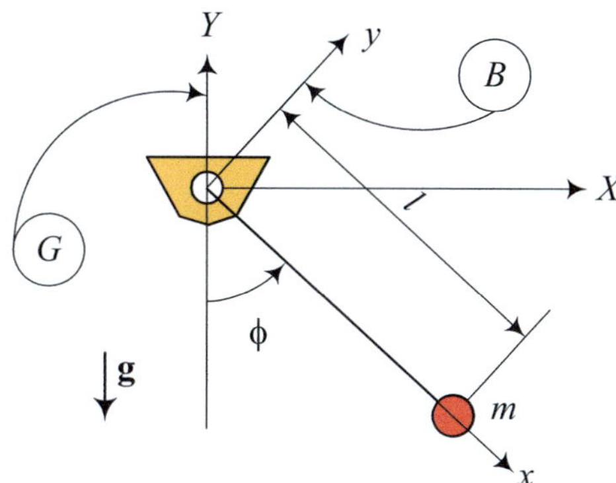

Abb. 4.11 Ein einfaches Pendel

Seine Geschwindigkeit ist daher gegeben durch:

$$ {}_G^B\mathbf{v} = {}^B\dot{\mathbf{r}} + {}_G^B\boldsymbol{\omega}_B \times {}_G^B\mathbf{r} = 0 + \dot{\phi}\hat{k} \times l\hat{\imath} = l\dot{\phi}\hat{\jmath} \tag{4.399} $$

$$ {}^G\mathbf{v} = {}^G R_B \, {}^B\mathbf{v} = \begin{bmatrix} l\dot{\phi}\cos\phi \\ l\dot{\phi}\sin\phi \\ 0 \end{bmatrix} \tag{4.400} $$

Die Beschleunigung des Pendelkörpers ist dann gleich:

$$ {}_G^B\mathbf{a} = {}_G^B\dot{\mathbf{v}} + {}_G^B\boldsymbol{\omega}_B \times {}_G^B\mathbf{v} = l\ddot{\phi}\hat{\jmath} + \dot{\phi}\hat{k} \times l\dot{\phi}\hat{\jmath} = l\ddot{\phi}\hat{\jmath} - l\dot{\phi}^2\hat{\imath} \tag{4.401} $$

$$ {}^G\mathbf{a} = {}^G R_B \, {}^B\mathbf{a} = \begin{bmatrix} l\ddot{\phi}\cos\phi - l\dot{\phi}^2\sin\phi \\ l\ddot{\phi}\sin\phi + l\dot{\phi}^2\cos\phi \\ 0 \end{bmatrix} \tag{4.402} $$

Beispiel 211 *Bewegung eines Fahrzeugs auf der Erde.*

Betrachten Sie die Bewegung eines Fahrzeugs auf der Erde auf dem Breitengrad 30 deg *und in Richtung Norden, wie in Abb. 4.12 dargestellt. Das Fahrzeug hat die Geschwindigkeit* $v = {}_E^B\dot{\mathbf{r}} = 80\ \mathrm{km/h} = 22.22\,\mathrm{m/s}$ *und Beschleunigung* $a = {}_E^B\ddot{\mathbf{r}} = 0{,}1\,\mathrm{m/\,s^2}$*, beide in Bezug auf die Straße. Der Radius der Erde ist R, und daher gilt für die Kinematik des Fahrzeugs:*

$$ {}_E^B\mathbf{r} = R\hat{k}\ \mathrm{m} \qquad {}_E^B\dot{\mathbf{r}} = 22{,}22\hat{\imath}\ \mathrm{m/s} \qquad {}_E^B\ddot{\mathbf{r}} = 0{,}1\hat{\imath}\ \mathrm{m/s^2} \tag{4.403} $$

$$ \dot{\theta} = \tfrac{v}{R}\,\mathrm{rad/s} \qquad \ddot{\theta} = \tfrac{a}{R}\,\mathrm{rad/s^2} \tag{4.404} $$

Es sind drei Koordinatensysteme beteiligt. Ein körperfestes Koordinatensystem B ist am Fahrzeug befestigt. Ein globales Koordinatensystem G ist im Zentrum der Erde eingerichtet. Ein weiteres lokales Koordinatensystem E ist starr an der Erde befestigt und dreht sich mit der Erde. Die Systeme E und G werden im Moment als deckungsgleich angenommen. Die Winkelgeschwindigkeit von B ist:

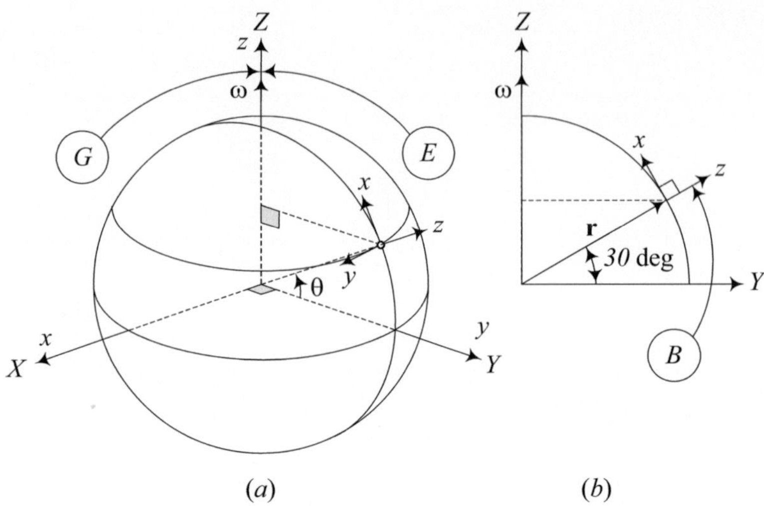

Abb. 4.12 Die Bewegung eines Fahrzeugs auf dem Breitengrad 30 deg und Richtung Norden auf der Erde

$$
\begin{aligned}
{}_G^B\boldsymbol{\omega}_B &= {}_G\boldsymbol{\omega}_E + {}_E^G\boldsymbol{\omega}_B = {}^BR_G\left(\omega_E\,\hat{K} + \dot{\theta}\hat{I}\right) \\
&= (\omega_E\cos\theta)\hat{\imath} + (\omega_E\sin\theta)\hat{k} + \dot{\theta}\,\hat{\jmath} \\
&= (\omega_E\cos\theta)\hat{\imath} + (\omega_E\sin\theta)\hat{k} + \tfrac{v}{R}\,\hat{\jmath}
\end{aligned}
\tag{4.405}
$$

Daher sind die Geschwindigkeit und Beschleunigung des Fahrzeugs:

$$
\begin{aligned}
{}_G^B\mathbf{v} &= {}^B\dot{\mathbf{r}} + {}_G^B\boldsymbol{\omega}_B \times {}_G^B\mathbf{r} = 0 + {}_G^B\boldsymbol{\omega}_B \times R\hat{k} \\
&= v\hat{\imath} - (R\omega_E\cos\theta)\,\hat{\jmath} \\
{}_G^B\mathbf{a} &= {}_G^B\dot{\mathbf{v}} + {}_G^B\boldsymbol{\omega}_B \times {}_G^B\mathbf{v}
\end{aligned}
\tag{4.406}
$$

$$
\begin{aligned}
&= a\hat{\imath} + \left(R\omega_E\,\dot{\theta}\sin\theta\right)\hat{\jmath} + \begin{bmatrix} \omega_E\cos\theta \\ \dfrac{v}{R} \\ \omega_E\sin\theta \end{bmatrix} \times \begin{bmatrix} v \\ -R\omega_E\cos\theta \\ 0 \end{bmatrix} \\
&= \begin{bmatrix} a + R\omega_E^2\cos\theta\sin\theta \\ 2R\omega_E\,\dot{\theta}\sin\theta \\ -\frac{1}{R}v^2 - R\omega_E^2\cos^2\theta \end{bmatrix}
\end{aligned}
\tag{4.407}
$$

Der Term $a\hat{\imath}$ ist die Beschleunigung relativ zur Erde, $(2R\omega_E\,\dot{\theta}\sin\theta)\,\hat{\jmath}$ ist die Coriolis-Beschleunigung, $-\frac{v^2}{R}\hat{k}$ ist die Zentrifugalbeschleunigung aufgrund der Fahrt, und $-(R\omega_E{}^2\cos^2\theta)$ ist die Zentrifugalbeschleunigung aufgrund der Erdrotation.

Die numerischen Werte einsetzen und $R = 6{,}3677 \times 10^6$m annehmen liefert:

$$
\begin{aligned}
{}_G^B\mathbf{v} &= 22{,}22\hat{\imath} - 6{,}3677\times 10^6\left(\tfrac{2\pi}{24\times 3600}\,\tfrac{366{,}25}{365{,}25}\right)\cos\tfrac{\pi}{6}\,\hat{\jmath} \\
&= 22{,}22\hat{\imath} - 402{,}13\,\hat{\jmath}\ \ \text{m/s}
\end{aligned}
\tag{4.408}
$$

$$_G^B\mathbf{a} = 1{,}5662 \times 10^{-2}\hat{\imath} + 1{,}6203 \times 10^{-3}\hat{\jmath} - 2{,}5473 \times 10^{-2}\hat{k} \text{ m/s}^2 \tag{4.409}$$

Beispiel 212 ⋆ *Kombination von Winkelbeschleunigungen.*

Es wird gezeigt, dass für die Winkelgeschwindigkeit mehrerer Körper, die sich relativ zueinander drehen, gemäß (4.277) gilt:

$$_0\boldsymbol{\omega}_n = {}_0\boldsymbol{\omega}_1 + {}_1^0\boldsymbol{\omega}_2 + {}_2^0\boldsymbol{\omega}_3 + \cdots + {}_{n-1}^{\;\;0}\boldsymbol{\omega}_n \tag{4.410}$$

Die Winkelbeschleunigungen mehrerer relativ zueinander rotierender starrer Körper folgen der gleichen Regel:

$$_0\boldsymbol{\alpha}_n = {}_0\boldsymbol{\alpha}_1 + {}_1^0\boldsymbol{\alpha}_2 + {}_2^0\boldsymbol{\alpha}_3 + \cdots + {}_{n-1}^{\;\;0}\boldsymbol{\alpha}_n \tag{4.411}$$

Betrachten wir ein Paar relativ zueinander rotierender starrer Verbindungen in einem Basis-Koordinatensystem B_0 mit einem festen Punkt bei O. Die Winkelgeschwindigkeiten der Verbindungen sind gegeben durch:

$$_0\boldsymbol{\omega}_2 = {}_0\boldsymbol{\omega}_1 + {}_1^0\boldsymbol{\omega}_2 \tag{4.412}$$

Also sind ihre Winkelbeschleunigungen:

$$_0\boldsymbol{\alpha}_1 = \frac{{}^0d}{dt}\,{}_0\boldsymbol{\omega}_1 \tag{4.413}$$

$$_0\boldsymbol{\alpha}_2 = \frac{{}^0d}{dt}\,{}_0\boldsymbol{\omega}_2 = {}_0\boldsymbol{\alpha}_1 + {}_1{}^0\boldsymbol{\alpha}_2 \tag{4.414}$$

Beispiel 213 ⋆ *Winkelbeschleunigung und Euler-Winkel.*

Die Winkelgeschwindigkeit ${}_G{}^B\boldsymbol{\omega}_B$ in Bezug auf Euler-Winkel ist:

$$\begin{aligned} {}_G{}^G\boldsymbol{\omega}_B &= \begin{bmatrix} \omega_X \\ \omega_Y \\ \omega_Z \end{bmatrix} = \begin{bmatrix} 0 & \cos\varphi & \sin\theta\sin\varphi \\ 0 & \sin\varphi & -\cos\varphi\sin\theta \\ 1 & 0 & \cos\theta \end{bmatrix} \begin{bmatrix} \dot\varphi \\ \dot\theta \\ \dot\psi \end{bmatrix} \\ &= \begin{bmatrix} \dot\theta\cos\varphi + \dot\psi\sin\theta\sin\varphi \\ \dot\theta\sin\varphi - \dot\psi\cos\varphi\sin\theta \\ \dot\varphi + \dot\psi\cos\theta \end{bmatrix} \end{aligned} \tag{4.415}$$

Die Winkelbeschleunigung ist dann gleich:

$$\begin{aligned} {}_G{}^G\boldsymbol{\alpha}_B &= \frac{{}^Gd}{dt}\,{}_G{}^G\boldsymbol{\omega}_B \\ &= \begin{bmatrix} \cos\varphi\left(\ddot\theta + \dot\varphi\dot\psi\sin\theta\right) + \sin\varphi\left(\ddot\psi\sin\theta + \dot\theta\dot\psi\cos\theta - \dot\theta\dot\varphi\right) \\ \sin\varphi\left(\ddot\theta + \dot\varphi\dot\psi\sin\theta\right) + \cos\varphi\left(\dot\theta\dot\varphi - \ddot\psi\sin\theta - \dot\theta\dot\psi\cos\theta\right) \\ \ddot\varphi + \ddot\psi\cos\theta - \dot\theta\dot\psi\sin\theta \end{bmatrix} \end{aligned} \tag{4.416}$$

Der Winkelbeschleunigungsvektor im körperfesten Koordinatensystem ist dann gleich:

$$\begin{aligned} {}_G{}^B\boldsymbol{\alpha}_B &= {}^GR_B^T\;{}_G{}^G\boldsymbol{\alpha}_B \\ &= \begin{bmatrix} c\varphi c\psi - c\theta s\varphi s\psi & c\psi s\varphi + c\theta c\varphi s\psi & s\theta s\psi \\ -c\varphi s\psi - c\theta c\psi s\varphi & -s\varphi s\psi + c\theta c\varphi c\psi & s\theta c\psi \\ s\theta s\varphi & -c\varphi s\theta & c\theta \end{bmatrix} {}_G{}^G\boldsymbol{\alpha}_B \\ &= \begin{bmatrix} \cos\psi\left(\ddot\theta + \dot\varphi\dot\psi\sin\theta\right) + \sin\psi\left(\ddot\varphi\sin\theta + \dot\theta\dot\varphi\cos\theta - \dot\theta\dot\psi\right) \\ \cos\psi\left(\ddot\varphi\sin\theta + \dot\theta\dot\varphi\cos\theta - \dot\theta\dot\psi\right) - \sin\psi\left(\ddot\theta + \dot\varphi\dot\psi\sin\theta\right) \\ \ddot\varphi\cos\theta - \ddot\psi - \dot\theta\dot\varphi\sin\theta \end{bmatrix} \end{aligned} \tag{4.417}$$

4.13 Beschleunigung starrer Körper

Betrachten Sie einen starren Körper mit einem damit verbundenem lokalen Koordinatensystem $B(oxyz)$, der sich frei in einem festen globalen Koordinatensystem $G(OXYZ)$ bewegt. Der starre Körper kann sich im globalen Koordinatensystem drehen, während der Ursprung des körperfesten Koordinatensystems B sich relativ zum Ursprung von G verschieben kann. Die Koordinaten eines Körperpunktes P in lokalen und globalen Koordinatensystem, wie in Abb. 4.13 dargestellt, sind durch die Gleichung

$$ {}^{G}\mathbf{r}_P = {}^{G}R_B\,{}^{B}\mathbf{r}_P + {}^{G}\mathbf{d}_B \tag{4.418}$$

gegeben, wo bei ${}^{G}\mathbf{d}_B$ die Position des beweglichen Ursprungs o relativ zum festen Ursprung O angibt.

Die Beschleunigung des Punktes P in G ist:

$$\begin{aligned} {}^{G}\mathbf{a}_P = {}^{G}\dot{\mathbf{v}}_P = {}^{G}\ddot{\mathbf{r}}_P &= {}_{G}\boldsymbol{\alpha}_B \times \left({}^{G}\mathbf{r}_P - {}^{G}\mathbf{d}_B\right) \\ &+ {}_{G}\boldsymbol{\omega}_B \times \left({}_{G}\boldsymbol{\omega}_B \times \left({}^{G}\mathbf{r}_P - {}^{G}\mathbf{d}_B\right)\right) + {}^{G}\ddot{\mathbf{d}}_B \end{aligned} \tag{4.419}$$

Beweis. Die Beschleunigung des Punktes P ist eine Folge der Differentiation der Geschwindigkeitsgleichung (4.364) oder (4.365):

$$\begin{aligned} {}^{G}\mathbf{a}_P &= \frac{{}^{G}d}{dt}\,{}^{G}\mathbf{v}_P = {}_{G}\boldsymbol{\alpha}_B \times {}_{B}{}^{G}\mathbf{r}_P + {}_{G}\boldsymbol{\omega}_B \times {}_{B}{}^{G}\dot{\mathbf{r}}_P + {}^{G}\ddot{\mathbf{d}}_B \\ &= {}_{G}\boldsymbol{\alpha}_B \times {}_{B}{}^{G}\mathbf{r}_P + {}_{G}\boldsymbol{\omega}_B \times \left({}_{G}\boldsymbol{\omega}_B \times {}_{B}{}^{G}\mathbf{r}_P\right) + {}^{G}\ddot{\mathbf{d}}_B \\ &= {}_{G}\boldsymbol{\alpha}_B \times \left({}^{G}\mathbf{r}_P - {}^{G}\mathbf{d}_B\right) \\ &\quad + {}_{G}\boldsymbol{\omega}_B \times \left({}_{G}\boldsymbol{\omega}_B \times \left({}^{G}\mathbf{r}_P - {}^{G}\mathbf{d}_B\right)\right) + {}^{G}\ddot{\mathbf{d}}_B \end{aligned} \tag{4.420}$$

Der Begriff ${}_{G}\boldsymbol{\omega}_B \times \left({}_{G}\boldsymbol{\omega}_B \times {}_{B}{}^{G}\mathbf{r}_P\right)$ wird als *Zentripetalbeschleunigung* bezeichnet und ist unabhängig von der Winkelbeschleunigung. Der Begriff ${}_{G}\boldsymbol{\alpha}_B \times {}_{B}{}^{G}\mathbf{r}_P$ wird als *Tangentialbeschleunigung* bezeichnet und steht senkrecht auf ${}_{B}{}^{G}\mathbf{r}_P$. ■

Beispiel 214 *Beschleunigung des Gelenks 2 eines 2R-Planarmanipulators.*

Ein 2R-Planarmanipulator ist in Abb. 4.14 *dargestellt. Das Kniestück führt eine Kreisbewegung um das Basisgelenk aus. Wir wissen, dass gilt:*

$$ {}_{0}\boldsymbol{\omega}_1 = \dot{\theta}_1\,{}^{0}\hat{k}_0 \tag{4.421}$$

deshalb können wir schreiben:

$$ {}_{0}\boldsymbol{\alpha}_1 = {}_{0}\dot{\boldsymbol{\omega}}_1 = \ddot{\theta}_1\,{}^{0}\hat{k}_0 \tag{4.422}$$

$$ {}_{0}\dot{\boldsymbol{\omega}}_1 \times {}^{0}\mathbf{r}_1 = \ddot{\theta}_1\,{}^{0}\hat{k}_0 \times {}^{0}\mathbf{r}_1 = \ddot{\theta}_1\,R_{Z,\theta+90}\,{}^{0}\mathbf{r}_1 \tag{4.423}$$

$$ {}_{0}\boldsymbol{\omega}_1 \times \left({}_{0}\boldsymbol{\omega}_1 \times {}^{0}\mathbf{r}_1\right) = -\dot{\theta}_1^2\,{}^{0}\mathbf{r}_1 \tag{4.424}$$

und so die Beschleunigung des Kniestücks berechnen:

$$ {}^{0}\ddot{\mathbf{r}}_1 = \ddot{\theta}_1\,R_{Z,\theta+90}\,{}^{0}\mathbf{r}_1 - \dot{\theta}_1^2\,{}^{0}\mathbf{r}_1 \tag{4.425}$$

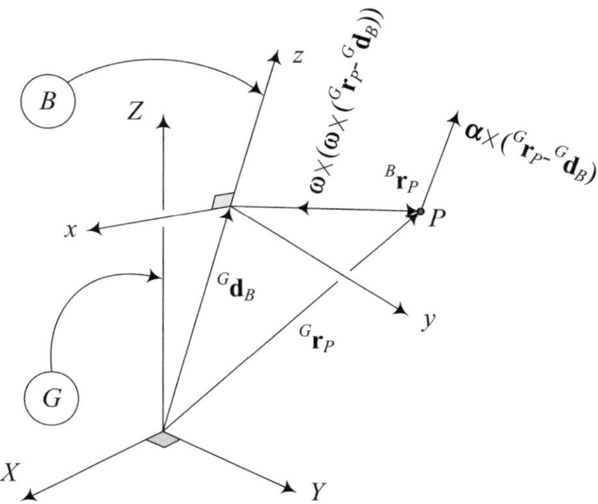

Abb. 4.13 Ein starrer Körper mit Koordinatensystem $B(oxyz)$ bewegt sich frei in einem festen globalen Koordinatensystem $G(OXYZ)$

Beispiel 215 *Beschleunigung eines bewegten Punktes in einem bewegten körperfesten Koordinatensystem.*

Nehmen Sie an, der Punkt P in Abb. 4.13 *wird durch einen zeitveränderlichen lokalen Ortsvektor angezeigt* $^B\mathbf{r}_P(t)$. *Dann können die Geschwindigkeit und Beschleunigung von P durch Anwendung der Ableitungs-Transformationsformel gefunden werden* (4.327).

$$\begin{aligned} {}^G\mathbf{v}_P &= {}^G\dot{\mathbf{d}}_B + {}^B\dot{\mathbf{r}}_P + {}_G^B\boldsymbol{\omega}_B \times {}^B\mathbf{r}_P \\ &= {}^G\dot{\mathbf{d}}_B + {}^B\mathbf{v}_P + {}_G^B\boldsymbol{\omega}_B \times {}^B\mathbf{r}_P \end{aligned} \tag{4.426}$$

$$\begin{aligned} {}^G\mathbf{a}_P &= {}^G\ddot{\mathbf{d}}_B + {}^B\ddot{\mathbf{r}}_P + {}_G^B\boldsymbol{\omega}_B \times {}^B\dot{\mathbf{r}}_P + {}_G^B\dot{\boldsymbol{\omega}}_B \times {}^B\mathbf{r}_P \\ &\quad + {}_G^B\boldsymbol{\omega}_B \times \left({}^B\dot{\mathbf{r}}_P + {}_G^B\boldsymbol{\omega}_B \times {}^B\mathbf{r}_P\right) \\ &= {}^G\ddot{\mathbf{d}}_B + {}^B\mathbf{a}_P + 2\,{}_G^B\boldsymbol{\omega}_B \times {}^B\mathbf{v}_P + {}_G^B\dot{\boldsymbol{\omega}}_B \times {}^B\mathbf{r}_P \\ &\quad + {}_G^B\boldsymbol{\omega}_B \times \left({}_G^B\boldsymbol{\omega}_B \times {}^B\mathbf{r}_P\right) \end{aligned} \tag{4.427}$$

Es ist auch möglich, die Ableitung aus der Gleichung (4.361) *zu nehmen unter der Annahme* $^B\dot{\mathbf{r}}_P \neq 0$ *und die Beschleunigung von P zu finden:*

$$^G\mathbf{r}_P = {}^GR_B\,{}^B\mathbf{r}_P + {}^G\mathbf{d}_B \tag{4.428}$$

$$\begin{aligned} {}^G\dot{\mathbf{r}}_P &= {}^G\dot{R}_B\,{}^B\mathbf{r}_P + {}^GR_B\,{}^B\dot{\mathbf{r}}_P + {}^G\dot{\mathbf{d}}_B \\ &= {}_G\boldsymbol{\omega}_B \times {}^GR_B\,{}^B\mathbf{r}_P + {}^GR_B\,{}^B\dot{\mathbf{r}}_P + {}^G\dot{\mathbf{d}}_B \end{aligned} \tag{4.429}$$

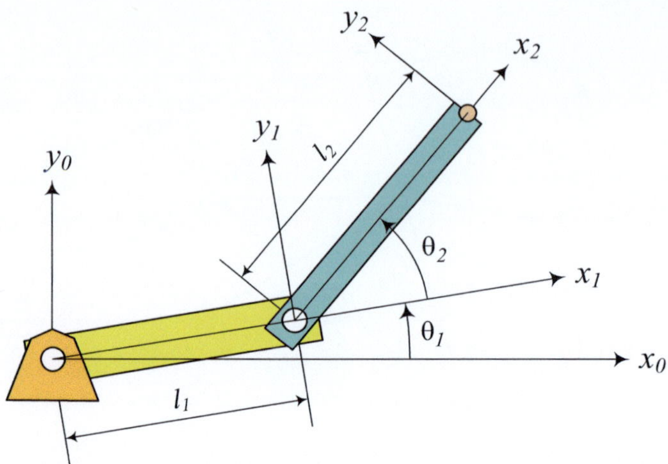

Abb. 4.14 Ein 2R-Planarmanipulator

$$\begin{aligned} {}^G\ddot{\mathbf{r}}_P &= {}_G\dot{\boldsymbol{\omega}}_B \times {}^GR_B\,{}^B\mathbf{r}_P + {}_G\boldsymbol{\omega}_B \times {}^G\dot{R}_B\,{}^B\mathbf{r}_P + {}_G\boldsymbol{\omega}_B \times {}^GR_B\,{}^B\dot{\mathbf{r}}_P \\ &\quad + {}^G\dot{R}_B\,{}^B\dot{\mathbf{r}}_P + {}^GR_B\,{}^B\ddot{\mathbf{r}}_P + {}^G\ddot{\mathbf{d}}_B \\ &= {}_G\dot{\boldsymbol{\omega}}_B \times {}_B{}^G\mathbf{r}_P + {}_G\boldsymbol{\omega}_B \times \left({}_G\boldsymbol{\omega}_B \times {}^G\mathbf{r}_P\right) + 2\,{}_G\boldsymbol{\omega}_B \times {}_B{}^G\dot{\mathbf{r}}_P \\ &\quad + {}_B{}^G\ddot{\mathbf{r}}_P + {}^G\ddot{\mathbf{d}}_B \end{aligned} \tag{4.430}$$

Der dritte Term auf der rechten Seite wird als ***Coriolis-Beschleunigung*** *bezeichnet. Die Coriolis-Beschleunigung steht senkrecht sowohl auf* ${}_{\mathrm{G}}\,\boldsymbol{\omega}_{\mathrm{B}}$ *als auch auf* ${}^B\dot{\mathbf{r}}_P$.

Beispiel 216 ⋆ *Beschleunigung eines Körperpunkts.*

Betrachten Sie einen starren Körper, der sich bewegt und in einem globalen Koordinatensystem rotiert. Die Beschleunigung eines Körperpunktes kann gefunden werden, indem man zweimal die Zeitableitung seines Ortsvektors nimmt:

$$ {}^G\mathbf{r}_P = {}^GR_B\,{}^B\mathbf{r}_P + {}^G\mathbf{d}_B \tag{4.431}$$

$$ {}^G\dot{\mathbf{r}}_P = {}^G\dot{R}_B\,{}^B\mathbf{r}_P + {}^G\dot{\mathbf{d}}_B \tag{4.432}$$

$$\begin{aligned} rcl^G\ddot{\mathbf{r}}_P &= {}^G\ddot{R}_B\,{}^B\mathbf{r}_P + {}^G\ddot{\mathbf{d}}_B \\ &= {}^G\ddot{R}_B\,{}^GR_B^T\left({}^G\mathbf{r}_P - {}^G\mathbf{d}_B\right) + {}^G\ddot{\mathbf{d}}_B \end{aligned} \tag{4.433}$$

Differentiation der Winkelgeschwindigkeitsmatrix

$$ {}_G\tilde{\omega}_B = {}^G\dot{R}_B\,{}^GR_B^T \tag{4.434}$$

ergibt:

$$\begin{aligned} {}_G\dot{\tilde{\omega}}_B &= \tfrac{{}^Gd}{dt}\,{}_G\tilde{\omega}_B = {}^G\ddot{R}_B\,{}^GR_B^T + {}^G\dot{R}_B\,{}^G\dot{R}_B^T \\ &= {}^G\ddot{R}_B\,{}^GR_B^T + {}_G\tilde{\omega}_B\,{}_G\tilde{\omega}_B^T \end{aligned} \tag{4.435}$$

und daher:

$$ {}^G\ddot{R}_B \, {}^G R_B^T = {}_G\dot{\tilde{\omega}}_B - {}_G\tilde{\omega}_B \, {}_G\tilde{\omega}_B^T \tag{4.436} $$

Der Beschleunigungsvektor des Körperpunktes wird zu:

$$ {}^G\ddot{\mathbf{r}}_P = \left({}_G\dot{\tilde{\omega}}_B - {}_G\tilde{\omega}_B \, {}_G\tilde{\omega}_B^T \right) \left({}^G\mathbf{r}_P - {}^G\mathbf{d}_B \right) + {}^G\ddot{\mathbf{d}}_B \tag{4.437} $$

wo bei:

$$ {}_G\dot{\tilde{\omega}}_B = {}_G\tilde{\alpha}_B = \begin{bmatrix} 0 & -\dot{\omega}_3 & \dot{\omega}_2 \\ \dot{\omega}_3 & 0 & -\dot{\omega}_1 \\ -\dot{\omega}_2 & \dot{\omega}_1 & 0 \end{bmatrix} \tag{4.438} $$

und

$$ {}_G\tilde{\omega}_B \, {}_G\tilde{\omega}_B^T = \begin{bmatrix} \omega_2^2 + \omega_3^2 & -\omega_1\omega_2 & -\omega_1\omega_3 \\ -\omega_1\omega_2 & \omega_1^2 + \omega_3^2 & -\omega_2\omega_3 \\ -\omega_1\omega_3 & -\omega_2\omega_3 & \omega_1^2 + \omega_2^2 \end{bmatrix} \tag{4.439} $$

4.14 ⋆ Schraubenbewegung

Nach dem *Chasles-Theorem* kann jede Bewegung eines starren Körpers durch eine einzelne Translation entlang einer Achse kombiniert mit einer eindeutigen Rotation um die Achse ausgedrückt werden. Eine solche Bewegung wird als *Schraube* bezeichnet. Betrachten Sie die in Abb. 4.15 dargestellte *Schraubenbewegung*. Punkt P rotiert um die durch $\hat{u}$ angezeigte Schraubenachse und verschiebt sich gleichzeitig entlang derselben Achse. Daher bewegt sich jeder Punkt auf der *Schraubenachse* entlang der Achse, während jeder Punkt außerhalb der Achse entlang einer *Helix* bewegt.

Die Winkelrotation des starren Körpers um die Schraube wird als *Verdrehung* bezeichnet. Die *Steigungp* einer Schraube, p, ist das Verhältnis von *Translation* zu *Rotation*, φ:

$$ p = \frac{h}{\phi} \tag{4.440} $$

Die Steigung ist also der geradlinige Abstand, durch den der starre Körper parallel zur Schraubenachse für eine Einheitsrotation verschoben wird. Wenn $p > 0$ ist, dann ist die Schraube *rechtshändig*, und wenn $p<0$ ist, ist sie *linkshändig*.

Eine Schraube wird durch $\check{s}(h, \phi, \hat{u}, \mathbf{s})$ dargestellt und wird durch einen Einheitsvektor $\hat{u}$, einen *Ortsvektor* $\mathbf{s}$, einen Verdrehwinkel φ und eine Translation h (oder Steigung p) bestimmt. Der Ortsvektor $\mathbf{s}$ gibt die globale Position eines

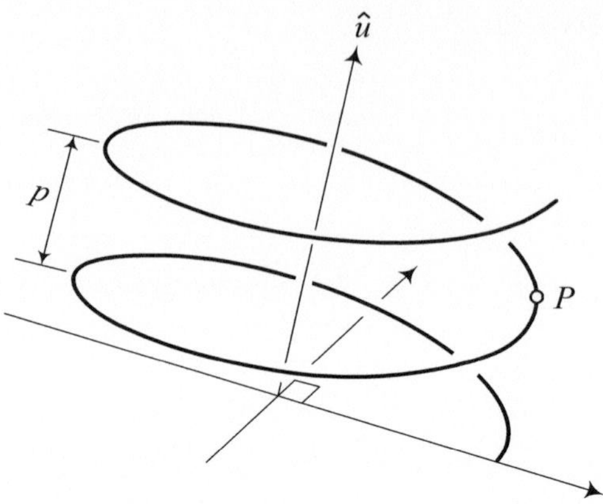

Abb. 4.15 Eine Schraubenbewegung ist die Translation entlang einer Linie kombiniert mit einer Rotation um die Linie

Punktes auf der Schraubenachse an. Der Verdrehwinkel φ, die Verdrehachse $\hat{u}$, und die Translation h (oder Steigung p) werden als *Schraubenparameter* bezeichnet.

Die Schraube ist eine weitere Transformationsmethode, um die Bewegung eines starren Körpers auszudrücken. Eine lineare Verschiebung entlang einer Achse kombiniert mit einer Winkelverschiebung um die gleiche Achse entsteht in der Lenkkinematik von Fahrzeugen. Wenn ${}^{B}\mathbf{r}_{P}$ den Ortsvektor eines Körperpunktes anzeigt, ist sein Ortsvektor im globalen Koordinatensystem nach einer Schraubenbewegung:

$$ {}^{G}\mathbf{r}_{P} = \check{s}(h, \phi, \hat{u}, \mathbf{s})\, {}^{B}\mathbf{r}_{P} \tag{4.441} $$

das entspricht einer Verschiebung ${}^{G}\mathbf{d}_{B}$ zusammen mit einer Drehung ${}^{G}R_{B}$:

$$ {}^{G}\mathbf{r}_{P} = {}^{G}R_{B}\, {}^{B}\mathbf{r}_{P} + {}^{G}\mathbf{d}_{B} \tag{4.442} $$

Wir können eine 4×4-Matrix $[T]$ einführen, die als *homogene Matrix* bezeichnet wird:

$$ {}^{G}T_{B} = \begin{bmatrix} {}^{G}R_{B} & {}^{G}\mathbf{d} \\ 0 & 1 \end{bmatrix} \tag{4.443} $$

und die Verschiebung und Drehung kombinieren, um die Bewegung nur mit einer Matrixmultiplikation auszudrücken:

$$ {}^{G}\mathbf{r}_{P} = {}^{G}T_{B}\, {}^{B}\mathbf{r}_{P} \tag{4.444} $$

wo bei, ${}^{G}\mathbf{r}_{P}$ und ${}^{B}\mathbf{r}_{P}$ mit einem zusätzlichen Null-Element erweitert sind, um mit der 4×4-Matrix konsistent zu sein $[T]$:

$$ {}^{G}\mathbf{r}_{P} = \begin{bmatrix} X \\ Y \\ Z \\ 0 \end{bmatrix} \qquad {}^{B}\mathbf{r}_{P} = \begin{bmatrix} x \\ y \\ z \\ 0 \end{bmatrix} \tag{4.445} $$

Die Darstellung der homogenen Matrix kann für Schraubtransformationen verwendet werden, um die Schraubrotation und die Schraubverschiebung um die Schraubenachse zu kombinieren.

Wenn $\hat{u}$ durch den Ursprung des Koordinatensystems verläuft, dann ist $\mathbf{s}= 0$, und die Schraubenbewegung wird als *zentrale Schraube* $\check{s}(h, \phi, \hat{u})$ bezeichnet. Für eine zentrale Schraube haben wir:

$$^G\check{s}_B(h, \phi, \hat{u}) = D_{\hat{u},h}\ R_{\hat{u},\phi} \tag{4.446}$$

wo bei,

$$D_{\hat{u},h} = \begin{bmatrix} 1 & 0 & 0 & hu_1 \\ 0 & 1 & 0 & hu_2 \\ 0 & 0 & 1 & hu_3 \\ 0 & 0 & 0 & 1 \end{bmatrix} \tag{4.447}$$

$$R_{\hat{u},\phi} = \begin{bmatrix} u_1^2 \text{vers}\phi + c\phi & u_1u_2\text{vers}\phi - u_3s\phi & u_1u_3\text{vers}\phi + u_2s\phi & 0 \\ u_1u_2\text{vers}\phi + u_3s\phi & u_2^2\text{vers}\phi + c\phi & u_2u_3\text{vers}\phi - u_1s\phi & 0 \\ u_1u_3\text{vers}\phi - u_2s\phi & u_2u_3\text{vers}\phi + u_1s\phi & u_3^2\text{vers}\phi + c\phi & 0 \\ 0 & 0 & 0 & 1 \end{bmatrix} \tag{4.448}$$

und daher:

$$^G\check{s}_B(h, \phi, \hat{u}) = \begin{bmatrix} {}^GR_B & {}^G\mathbf{d} \\ 0 & 1 \end{bmatrix} = \begin{bmatrix} u_1^2 \text{vers}\phi + c\phi & u_1u_2\text{vers}\phi - u_3s\phi & u_1u_3\text{vers}\phi + u_2s\phi & hu_1 \\ u_1u_2\text{vers}\phi + u_3s\phi & u_2^2\text{vers}\phi + c\phi & u_2u_3\text{vers}\phi - u_1s\phi & hu_2 \\ u_1u_3\text{vers}\phi - u_2s\phi & u_2u_3\text{vers}\phi + u_1s\phi & u_3^2\text{vers}\phi + c\phi & hu_3 \\ 0 & 0 & 0 & 1 \end{bmatrix} \tag{4.449}$$

Als Ergebnis beinhaltet eine zentrale Schraubentransformationsmatrix die reinen oder grundlegenden Translationen und Rotationen als Spezialfälle, weil eine reine Translation $\varphi = 0$ und eine reine Rotation $h = 0$ (oder $p = \infty$) entspricht.

Wenn die Schraube nicht zentral ist und $\hat{u}$ nicht durch den Ursprung verläuft, wird eine Schraubenbewegung, um $\mathbf{p}$ zu $\mathbf{p}''$ zu bewegen, durch

$$\begin{aligned} \mathbf{p}'' &= (\mathbf{p} - \mathbf{s}) \cos\phi + (1 - \cos\phi)\big(\hat{u} \cdot (\mathbf{p} - \mathbf{s})\big)\hat{u} \\ &\quad + \big(\hat{u} \times (\mathbf{p} - \mathbf{s})\big) \sin\phi + \mathbf{s} + h\hat{u} \end{aligned} \tag{4.450}$$

oder

$$\mathbf{p}'' = {}^GR_B(\mathbf{p} - \mathbf{s}) + \mathbf{s} + h\hat{u} = {}^GR_B\,\mathbf{p} + \mathbf{s} - {}^GR_B\,\mathbf{s} + h\hat{u} \tag{4.451}$$

bezeichnet und daher gilt:

$$\mathbf{p}'' = \check{s}(h, \phi, \hat{u}, \mathbf{s})\mathbf{p} = [T]\mathbf{p} \tag{4.452}$$

wo bei:

$$[T] = \begin{bmatrix} {}^G R_B & {}^G\mathbf{s} - {}^G R_B \, {}^G\mathbf{s} + h\hat{u} \\ 0 & 1 \end{bmatrix} = \begin{bmatrix} {}^G R_B & {}^G\mathbf{d} \\ 0 & 1 \end{bmatrix} \tag{4.453}$$

Der Vektor ${}^G\mathbf{s}$, genannt *Ortsvektor*, ist die globale Position des körperfesten Koordinatensystems vor der Schraubenbewegung. Die Vektoren $\mathbf{p}''$ und $\mathbf{p}$ sind globale Positionen eines Punktes P nach und vor der Schraubenbewegung, wie in Abb. 4.16 gezeigt.

Die Schraubenachse wird durch den Einheitsvektor $\hat{u}$ angezeigt. Nun bewegt sich ein Körperpunkt P von seiner ersten Position zu seiner zweiten Position P' durch eine Drehung um $\hat{u}$. Dann bewegt er sich zu P'' durch eine Translation h parallel zu $\hat{u}$. Die Anfangsposition von P wird durch $\mathbf{p}$ angezeigt und seine Endposition wird durch $\mathbf{p}''$ angezeigt.

Eine Schraubenbewegung ist eine Funktion mit vier Variablen $\check{s}(h, \phi, \hat{u}, \mathbf{s})$. Eine Schraube hat eine Wirkungslinie $\hat{u}$ bei ${}^G\mathbf{s}$, eine Verdrehung φ und eine Translation h.

Die momentane Schraubenachse wurde erstmals von Mozzi (1730–1813) im Jahr 1763 verwendet, obwohl Chasles (1793 – 1880) diese Entdeckung zugeschrieben wird.

Beweis. Die Winkel-Achsen-Drehformel (4.185) stellt einen Zusammenhang zwischen $\mathbf{r}'$ und $\mathbf{r}$ her, die Ortsvektoren von P nach und vor der Drehung um φ um $\hat{u}$ sind, wenn $\mathbf{s} = 0$, und $h = 0$:

$$\mathbf{r}' = \mathbf{r}\cos\phi + (1 - \cos\phi)\big(\hat{u} \cdot \mathbf{r}\big)\hat{u} + \big(\hat{u} \times \mathbf{r}\big)\sin\phi \tag{4.454}$$

Wenn jedoch die Schraubenachse nicht durch den Ursprung von $G(OXYZ)$ verläuft, dann müssen $\mathbf{r}'$ und $\mathbf{r}$ entsprechend ersetzt werden durch:

$$\mathbf{r} = \mathbf{p} - \mathbf{s} \tag{4.455}$$

$$\mathbf{r}' = \mathbf{p}'' - \mathbf{s} - h\hat{u} \tag{4.456}$$

wo bei $\mathbf{r}'$ ein Vektor nach der Drehung und daher im Koordinatensystem G ist und $\mathbf{r}$ ein Vektor vor der Drehung und daher im Koordinatensystem B ist.

Daher ist die Beziehung zwischen den neuen und alten Positionen des Körperpunktes P nach einer Schraubenbewegung:

$$\begin{aligned} \mathbf{p}'' = {} & (\mathbf{p} - \mathbf{s})\cos\phi + (1 - \cos\phi)\big(\hat{u} \cdot (\mathbf{p} - \mathbf{s})\big)\hat{u} \\ & + \big(\hat{u} \times (\mathbf{p} - \mathbf{s})\big)\sin\phi + (\mathbf{s} + h\hat{u}) \end{aligned} \tag{4.457}$$

Gl. (4.457) ist die *Rodriguez-Formel* für die allgemeinste Bewegung eines starren Körpers. Wenn wir die neuen Notationen ${}^G\mathbf{p} = \mathbf{p}''$ und ${}^B\mathbf{p} = \mathbf{p}$ definieren und auch beachtend, dass $\mathbf{s}$ einen Punkt auf der Rotationsachse anzeigt und daher die Rotation $\mathbf{s}$ nicht beeinflusst, können wir ${}^B\mathbf{p}$ herausfaktorisieren und die Rodriguez-Formel in der folgenden Form schreiben:

$$\begin{aligned} {}^G\mathbf{p} = {} & \big(\mathbf{I}\cos\phi + \hat{u}\hat{u}^T(1 - \cos\phi) + \tilde{u}\,\sin\phi\big)\,{}^B\mathbf{p} \\ & - \big(\mathbf{I}\cos\phi + \hat{u}\hat{u}^T(1 - \cos\phi) + \tilde{u}\,\sin\phi\big)\,{}^G\mathbf{s} + {}^G\mathbf{s} + h\hat{u} \end{aligned} \tag{4.458}$$

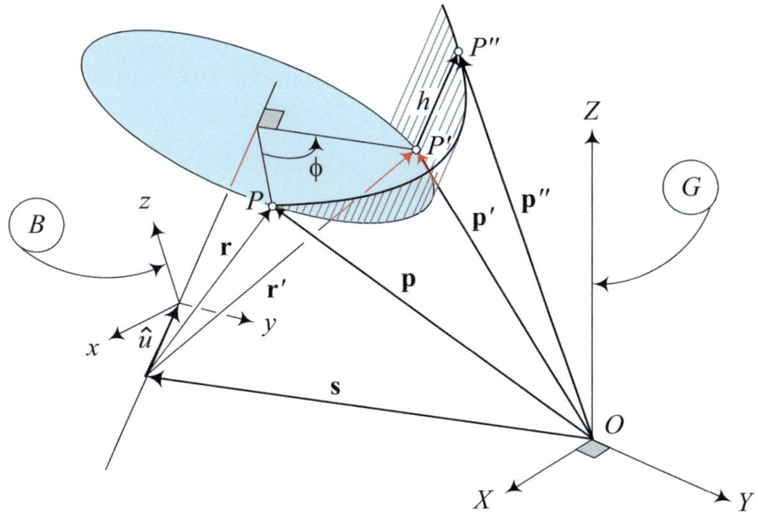

Abb. 4.16 Schraubbewegung eines starren Körpers

die umgestellt werden kann, um zu zeigen, dass eine Schraube durch eine homogene Transformation dargestellt werden kann:

$$\begin{aligned} {}^{G}\mathbf{p} &= {}^{G}R_{B}\,{}^{B}\mathbf{p} + {}^{G}\mathbf{s} - {}^{G}R_{B}\,{}^{G}\mathbf{s} + h\hat{u} \\ &= {}^{G}R_{B}\,{}^{B}\mathbf{p} + {}^{G}\mathbf{d} = {}^{G}T_{B}\,{}^{B}\mathbf{p} \end{aligned} \tag{4.459}$$

$$\begin{aligned} {}^{G}T_{B} &= {}^{G}\check{s}_{B}(h, \phi, \hat{u}, \mathbf{s}) \\ &= \begin{bmatrix} {}^{G}R_{B} & {}^{G}\mathbf{s} - {}^{G}R_{B}\,{}^{G}\mathbf{s} + h\hat{u} \\ 0 & 1 \end{bmatrix} = \begin{bmatrix} {}^{G}R_{B} & {}^{G}\mathbf{d} \\ 0 & 1 \end{bmatrix} \end{aligned} \tag{4.460}$$

wo bei:

$${}^{G}R_{B} = \mathbf{I}\cos\phi + \hat{u}\hat{u}^{T}(1 - \cos\phi) + \tilde{u}\,\sin\phi \tag{4.461}$$

$${}^{G}\mathbf{d} = \left(\left(\mathbf{I} - \hat{u}\hat{u}^{T}\right)(1 - \cos\phi) - \tilde{u}\sin\phi\right){}^{G}\mathbf{s} + h\hat{u} \tag{4.462}$$

Direkte Substitution zeigt, dass:

$${}^{G}R_{B} = \begin{bmatrix} u_1^2\text{vers}\phi + c\phi & u_1u_2\text{vers}\phi - u_3s\phi & u_1u_3\text{vers}\phi + u_2s\phi \\ u_1u_2\text{vers}\phi + u_3s\phi & u_2^2\text{vers}\phi + c\phi & u_2u_3\text{vers}\phi - u_1s\phi \\ u_1u_3\text{vers}\phi - u_2s\phi & u_2u_3\text{vers}\phi + u_1s\phi & u_3^2\text{vers}\phi + c\phi \end{bmatrix} \tag{4.463}$$

$${}^{G}\mathbf{d} = \begin{bmatrix} hu_1 + \left(\left(1 - u_1^2\right)s_1 - u_1(s_2u_2 + s_3u_3)\right)\text{vers}\phi + (s_2u_3 - s_3u_2)s\phi \\ hu_2 + \left(\left(1 - u_2^2\right)s_2 - u_2(s_3u_3 + s_1u_1)\right)\text{vers}\phi + (s_3u_1 - s_1u_3)s\phi \\ hu_3 + \left(\left(1 - u_3^2\right)s_3 - u_3(s_1u_1 + s_2u_2)\right)\text{vers}\phi + (s_1u_2 - s_2u_1)s\phi \end{bmatrix} \tag{4.464}$$

Diese Darstellung einer starren Bewegung erfordert sechs unabhängige Parameter, nämlich einen für den Rotationswinkel φ, einen für die Translation h, zwei für die Schraubenachse $\hat{u}$, und zwei für den Ortsvektor ${}^G\mathbf{s}$. Dies liegt daran, dass drei Komponenten von $\hat{u}$ gemäß

$$\hat{u}^T \hat{u} = 1 \tag{4.465}$$

miteinander in Beziehung stehen und der Ortsvektor ${}^G\mathbf{s}$ jeden beliebigen Punkt auf der Schraubenachse lokalisieren kann. Es ist praktisch, den Punkt zu wählen, der den geringsten Abstand von O hat, um ${}^G\mathbf{s}$ senkrecht zu $\hat{u}$ zu machen. Lassen Sie uns den *kürzesten Ortsvektor* mit ${}^G\mathbf{s}_0$ bezeichnen, dann gibt es eine Nebenbedingung für die Komponenten des Ortsvektors:

$${}^G\mathbf{s}_0^T \, \hat{u} = 0 \tag{4.466}$$

Wenn $\mathbf{s} = 0$, dann geht die Schraubenachse durch den Ursprung von G, und (4.460) reduziert sich auf (4.449).

Die Schraubenparameter φ und h, zusammen mit der Schraubenachse $\hat{u}$ und dem Ortsvektor ${}^G\mathbf{s}$, definieren vollständig eine starre Bewegung von $B(OXYZ)$ in $G(OXYZ)$. Haben wir die Schraubenparameter und die Schraubenachse, können wir die Elemente der Transformationsmatrix durch die Gl. (4.463) und (4.464) finden. Also, gegeben die Transformationsmatrix ${}^GT_B$, können wir den Schraubenwinkel und die Achse bestimmen durch:

$$\begin{aligned} \cos\phi &= \tfrac{1}{2}\left(\mathrm{tr}\left({}^GR_B\right) - 1\right) = \tfrac{1}{2}\left(\mathrm{tr}\left({}^GT_B\right) - 2\right) \\ &= \tfrac{1}{2}(r_{11} + r_{22} + r_{33} - 1) \end{aligned} \tag{4.467}$$

$$\tilde{u} = \frac{1}{2\sin\phi}\left({}^GR_B - {}^GR_B^T\right) \tag{4.468}$$

daher:

$$\hat{u} = \frac{1}{2\sin\phi}\begin{bmatrix} r_{32} - r_{23} \\ r_{13} - r_{31} \\ r_{21} - r_{12} \end{bmatrix} \tag{4.469}$$

Um alle erforderlichen Schraubenparameter zu finden, müssen wir auch h und die Koordinaten eines Punktes auf der Schraubenachse finden. Da die Punkte auf der Schraubenachse invariant unter der Rotation sind, muss

$$\begin{bmatrix} r_{11} & r_{12} & r_{13} & r_{14} \\ r_{21} & r_{22} & r_{23} & r_{24} \\ r_{31} & r_{32} & r_{33} & r_{34} \\ 0 & 0 & 0 & 1 \end{bmatrix}\begin{bmatrix} X \\ Y \\ Z \\ 1 \end{bmatrix} = \begin{bmatrix} 1 & 0 & 0 & hu_1 \\ 0 & 1 & 0 & hu_2 \\ 0 & 0 & 1 & hu_3 \\ 0 & 0 & 0 & 1 \end{bmatrix}\begin{bmatrix} X \\ Y \\ Z \\ 1 \end{bmatrix} \tag{4.470}$$

gelten, wobei (X, Y, Z) die Koordinaten von Punkten auf der Schraubenachse sind.

Wir können den Schnittpunkt der Schraubenlinie mit der YZ-Ebene finden, als ein Beispiel für einen Punkt, indem wir $X_s = 0$ setzen und nach $\mathbf{s} = \begin{bmatrix} 0 & Y_s & Z_s \end{bmatrix}^T$ suchen. Daher erzeugt

$$\begin{bmatrix} r_{11}-1 & r_{12} & r_{13} & r_{14}-hu_1 \\ r_{21} & r_{22}-1 & r_{23} & r_{24}-hu_2 \\ r_{31} & r_{32} & r_{33}-1 & r_{34}-hu_3 \\ 0 & 0 & 0 & 0 \end{bmatrix} \begin{bmatrix} 0 \\ Y_s \\ Z_s \\ 1 \end{bmatrix} = \begin{bmatrix} 0 \\ 0 \\ 0 \\ 0 \end{bmatrix} \tag{4.471}$$

drei Gleichungen, die für Y_s, Z_s und h gelöst werden müssen:

$$\begin{bmatrix} h \\ Y_s \\ Z_s \end{bmatrix} = \begin{bmatrix} u_1 & -r_{12} & -r_{13} \\ u_2 & 1-r_{22} & -r_{23} \\ u_3 & -r_{32} & 1-r_{33} \end{bmatrix}^{-1} \begin{bmatrix} r_{14} \\ r_{24} \\ r_{34} \end{bmatrix} \tag{4.472}$$

Jetzt können wir den kürzesten Ortsvektor ${}^G\mathbf{s}_0$ durch

$${}^G\mathbf{s}_0 = \mathbf{s} - (\mathbf{s} \cdot \hat{u})\hat{u} \tag{4.473}$$

finden. ■

Beispiel 217 ⋆ *Zentrale Schraubentransformation eines Basis-Einheitsvektors.*

Betrachten Sie zwei ursprünglich zusammenfallende Koordinatensysteme G(OXYZ) und B(oxyz). Der Körper führt eine Schraubenbewegung entlang der Y-Achse für $h = 2$ und $\phi = 90\,\text{deg}$ aus. Die Position eines Körperpunktes bei $\begin{bmatrix} 1 & 0 & 0 & 1 \end{bmatrix}^T$ kann durch Anwendung der zentralen Schraubentransformation gefunden werden:

$$\begin{aligned} \check{s}(h, \phi, \hat{u}) &= \check{s}(2, \tfrac{\pi}{2}, \hat{J}) = D(2\hat{J})\, R(\hat{J}, \tfrac{\pi}{2}) \\ &= \begin{bmatrix} 1 & 0 & 0 & 0 \\ 0 & 1 & 0 & 2 \\ 0 & 0 & 1 & 0 \\ 0 & 0 & 0 & 1 \end{bmatrix} \begin{bmatrix} 0 & 0 & 1 & 0 \\ 0 & 1 & 0 & 0 \\ -1 & 0 & 0 & 0 \\ 0 & 0 & 0 & 1 \end{bmatrix} = \begin{bmatrix} 0 & 0 & 1 & 0 \\ 0 & 1 & 0 & 2 \\ -1 & 0 & 0 & 0 \\ 0 & 0 & 0 & 1 \end{bmatrix} \end{aligned} \tag{4.474}$$

Daher gilt:

$$\begin{aligned} {}^G\hat{\imath} &= \check{s}(2, \frac{\pi}{2}, \hat{J})\, {}^B\hat{\imath} \\ &= \begin{bmatrix} 0 & 0 & 1 & 0 \\ 0 & 1 & 0 & 2 \\ -1 & 0 & 0 & 0 \\ 0 & 0 & 0 & 1 \end{bmatrix} \begin{bmatrix} 1 \\ 0 \\ 0 \\ 1 \end{bmatrix} = \begin{bmatrix} 0 \\ 2 \\ -1 \\ 1 \end{bmatrix} \end{aligned} \tag{4.475}$$

Die Steigung dieser Schraube ist:

$$p = \frac{h}{\phi} = \frac{2}{\frac{\pi}{2}} = \frac{4}{\pi} = 1{,}2732 \qquad \text{unit/rad} \tag{4.476}$$

Beispiel 218 ⋆ *Schraubentransformation eines Punktes.*

Betrachten Sie zwei ursprünglich parallele Koordinatensysteme G(OXYZ) und B(oxyz). Der Körper führt eine Schraubenbewegung entlang $X = 2$ *und parallel zur Y-Achse für* $h = 2$ *und* $\phi = 90\deg$ *aus. Daher befindet sich das körperfestes Koordinatensystem an der Position* $\mathbf{s} = \begin{bmatrix} 2 & 0 & 0 \end{bmatrix}^T$*. Die Position eines Körperpunktes bei* ${}^B\mathbf{r} = \begin{bmatrix} 3 & 0 & 0 & 1 \end{bmatrix}^T$ *kann durch Anwendung der Schraubentransformation gefunden werden, die ist:*

$$ {}^GT_B = \begin{bmatrix} {}^GR_B & \mathbf{s} - {}^GR_B\,\mathbf{s} + h\hat{u} \\ 0 & 1 \end{bmatrix} = \begin{bmatrix} 0 & 0 & 1 & 2 \\ 0 & 1 & 0 & 2 \\ -1 & 0 & 0 & 2 \\ 0 & 0 & 0 & 1 \end{bmatrix} \tag{4.477} $$

weil:

$$ {}^GR_B = \begin{bmatrix} 0 & 0 & 1 \\ 0 & 1 & 0 \\ -1 & 0 & 0 \end{bmatrix} \qquad \mathbf{s} = \begin{bmatrix} 2 \\ 0 \\ 0 \end{bmatrix} \qquad \hat{u} = \begin{bmatrix} 0 \\ 1 \\ 0 \end{bmatrix} \tag{4.478} $$

Daher ist der Ortsvektor von ${}^G\mathbf{r}$ *dann*

$$ \begin{aligned} {}^G\mathbf{r} &= {}^GT_B\,{}^B\mathbf{r} \\ &= \begin{bmatrix} 0 & 0 & 1 & 2 \\ 0 & 1 & 0 & 2 \\ -1 & 0 & 0 & 2 \\ 0 & 0 & 0 & 1 \end{bmatrix} \begin{bmatrix} 3 \\ 0 \\ 0 \\ 1 \end{bmatrix} = \begin{bmatrix} 2 \\ 2 \\ -1 \\ 1 \end{bmatrix} \end{aligned} \tag{4.479} $$

Beispiel 219 ⋆ *Rotation eines Vektors.*

Transformationsgleichung ${}^G\mathbf{r} = {}^GR_B\;{}^B\mathbf{r}$ *und Rodriguez Rotationsformel* (4.185) *beschreiben die Rotation eines beliebigen Vektors, der in einem starren Körper fixiert ist. Der Vektor kann jedoch bequem in Bezug auf zwei Punkte beschrieben werden, die im Körper fixiert sind, um die Schraubengleichung abzuleiten.*

Ein Referenzpunkt P_1 *mit Ortsvektor* $\mathbf{r}_1$ *am Ende und ein Punkt* P_2 *mit Ortsvektor* $\mathbf{r}_2$ *am Kopf definieren einen Vektor im starren Körper. Dann kann die Transformationsgleichung zwischen körperfestem- und globalem Koordinatensystem geschrieben werden als:*

$$ {}^G(\mathbf{r}_2 - \mathbf{r}_1) = {}^GR_B\;{}^B(\mathbf{r}_2 - \mathbf{r}_1) \tag{4.480} $$

Nehmen Sie an, die ursprünglichen und endgültigen Positionen des Referenzpunktes P_1 *liegen entlang der Rotationsachse. Gl.* (4.480) *kann dann in eine Form umgestellt werden, die für die Berechnung der Koordinaten der neuen Position des Punktes* P_2 *in einer Transformationsmatrixform geeignet ist:*

$$ \begin{aligned} {}^G\mathbf{r}_2 &= {}^GR_B\;{}^B(\mathbf{r}_2 - \mathbf{r}_1) + {}^G\mathbf{r}_1 = {}^GR_B\;{}^B\mathbf{r}_2 + {}^G\mathbf{r}_1 - {}^GR_B\;{}^B\mathbf{r}_1 \\ &= {}^GT_B\;{}^B\mathbf{r}_2 \end{aligned} \tag{4.481} $$

wo bei:

$$
{}^{G}T_{B} = \begin{bmatrix} {}^{G}R_{B} & {}^{G}\mathbf{r}_{1} - {}^{G}R_{B}\,{}^{B}\mathbf{r}_{1} \\ 0 & 1 \end{bmatrix} \tag{4.482}
$$

Dies ist kompatibel mit der Schraubenbewegung (4.460) *für $h = 0$.*

Beispiel 220 ⋆ *Spezialfälle für die Schraubenbestimmung.*

Es gibt zwei Spezialfälle für Schrauben. Der erste tritt auf, wenn $r_{11} = r_{22} = r_{33} = 1$, dann ist $\varphi = 0$, und die Bewegung ist eine reine Translation h parallel zu $\hat{u}$, wo bei:

$$
\hat{u} = \frac{r_{14} - s_1}{h}\hat{I} + \frac{r_{24} - s_2}{h}\hat{J} + \frac{r_{34} - s_3}{h}\hat{K} \tag{4.483}
$$

Da es in diesem Fall keine eindeutige Schraubenachse gibt, können wir keinen spezifischen Punkt auf der Schraubenachse lokalisieren.

Der zweite Spezialfall tritt auf, wenn $\phi = 180\,\text{deg}$. In diesem Fall ist

$$
\hat{u} = \begin{bmatrix} \sqrt{\frac{1}{2}(r_{11} + 1)} \\ \sqrt{\frac{1}{2}(r_{22} + 1)} \\ \sqrt{\frac{1}{2}(r_{33} + 1)} \end{bmatrix} \tag{4.484}
$$

jedoch können h und (X, Y, Z) erneut aus (4.472) *berechnet werden.*

Beispiel 221 ⋆ *Bestimmung der Schraubenparameter.*

Wir können die Schraubenparameter bestimmen, wenn wir die ursprüngliche und endgültige Position von drei nicht kolinearen Punkten eines starren Körpers haben. Nehmen wir an, $\mathbf{p}_0$, $\mathbf{q}_0$ und $\mathbf{r}_0$ bezeichnen die Position der Punkte P, Q und R vor der Schraubenbewegung, und $\mathbf{p}_1$, $\mathbf{q}_1$, und $\mathbf{r}_1$ bezeichnen ihre Positionen nach der Schraubenbewegung.

Um die Schraubenparameter, φ, $\hat{u}$, h und $\mathbf{s}$ zu bestimmen, sollten wir die folgenden drei simultanen Rodriguez-Gleichungen lösen:

$$
\mathbf{p}_1 - \mathbf{p}_0 = \tan\frac{\phi}{2}\hat{u} \times \left(\mathbf{p}_1 + \mathbf{p}_0 - 2\mathbf{s}\right) + h\hat{u} \tag{4.485}
$$

$$
\mathbf{q}_1 - \mathbf{q}_0 = \tan\frac{\phi}{2}\hat{u} \times \left(\mathbf{q}_1 + \mathbf{q}_0 - 2\mathbf{s}\right) + h\hat{u} \tag{4.486}
$$

$$
\mathbf{r}_1 - \mathbf{r}_0 = \tan\frac{\phi}{2}\hat{u} \times (\mathbf{r}_1 + \mathbf{r}_0 - 2\mathbf{s}) + h\hat{u} \tag{4.487}
$$

Wir beginnen damit, Gl. (4.487) *von* (4.485) *und* (4.486) *zu subtrahieren:*

$$
\left(\mathbf{p}_1 - \mathbf{p}_0\right) - (\mathbf{r}_1 - \mathbf{r}_0) = \tan\frac{\phi}{2}\hat{u} \times \left[\left(\mathbf{p}_1 + \mathbf{p}_0\right) - (\mathbf{r}_1 - \mathbf{r}_0)\right] \tag{4.488}
$$

$$
\left(\mathbf{q}_1 - \mathbf{q}_0\right) - (\mathbf{r}_1 - \mathbf{r}_0) = \tan\frac{\phi}{2}\hat{u} \times \left[\left(\mathbf{q}_1 + \mathbf{q}_0\right) - (\mathbf{r}_1 - \mathbf{r}_0)\right] \tag{4.489}
$$

Jetzt multiplizieren wir beide Seiten von (4.488) *mit* $\left[(\mathbf{q}_1-\mathbf{q}_0)-(\mathbf{r}_1-\mathbf{r}_0)\right]$, *das senkrecht zu steht:* $\hat{u}$

$$\begin{aligned}&\left[(\mathbf{q}_1-\mathbf{q}_0)-(\mathbf{r}_1-\mathbf{r}_0)\right]\times\left[(\mathbf{p}_1-\mathbf{p}_0)-(\mathbf{r}_1-\mathbf{r}_0)\right]\\&=\tan\frac{\phi}{2}\left[(\mathbf{q}_1-\mathbf{q}_0)-(\mathbf{r}_1-\mathbf{r}_0)\right]\times\left\{\hat{u}\times\left[(\mathbf{p}_1+\mathbf{p}_0)-(\mathbf{r}_1-\mathbf{r}_0)\right]\right\}\end{aligned}\tag{4.490}$$

das liefert uns:

$$\begin{aligned}&\left[(\mathbf{q}_1-\mathbf{q}_0)-(\mathbf{r}_1-\mathbf{r}_0)\right]\times\left[(\mathbf{p}_1+\mathbf{p}_0)-(\mathbf{r}_1-\mathbf{r}_0)\right]\\&=\tan\frac{\phi}{2}\left\{\left[(\mathbf{q}_1-\mathbf{q}_0)-(\mathbf{r}_1-\mathbf{r}_0)\right]\cdot\left[(\mathbf{p}_1+\mathbf{p}_0)-(\mathbf{r}_1-\mathbf{r}_0)\right]\right\}\hat{u}\end{aligned}\tag{4.491}$$

und daher kann der Drehwinkel gefunden werden, indem $\tan\frac{\phi}{2}$ *mit der Norm der rechten Seite der folgenden Gleichung gleichgesetzt wird:*

$$\tan\frac{\phi}{2}\hat{u}=\frac{\left[(\mathbf{q}_1-\mathbf{q}_0)-(\mathbf{r}_1-\mathbf{r}_0)\right]\times(\mathbf{p}_1+\mathbf{p}_0)-(\mathbf{r}_1-\mathbf{r}_0)}{\left[(\mathbf{q}_1-\mathbf{q}_0)-(\mathbf{r}_1-\mathbf{r}_0)\right]\cdot(\mathbf{p}_1+\mathbf{p}_0)-(\mathbf{r}_1-\mathbf{r}_0)}\tag{4.492}$$

Um $\mathbf{s}$ *zu finden, können wir mit dem Kreuzprodukt von* $\hat{u}$ *mit Gl.* (4.485) *beginnen:*

$$\begin{aligned}\hat{u}\times(\mathbf{p}_1-\mathbf{p}_0)&=\hat{u}\times\left[\tan\tfrac{\phi}{2}\hat{u}\times(\mathbf{p}_1+\mathbf{p}_0-2\mathbf{s})+h\hat{u}\right]\\&=\tan\tfrac{\phi}{2}\left\{\left[\hat{u}\cdot(\mathbf{p}_1+\mathbf{p}_0)\right]\hat{u}-(\mathbf{p}_1+\mathbf{p}_0)+2\left[\mathbf{s}-(\hat{u}\cdot\mathbf{s})\hat{u}\right]\right\}\end{aligned}\tag{4.493}$$

Beachten Sie, dass $\mathbf{s}-(\hat{u}\cdot\mathbf{s})\hat{u}$ *die Komponente von* $\mathbf{s}$ *senkrecht zu* $\hat{u}$ *ist, wo bei* s *ein Vektor vom Ursprung des globalen Koordinatensystems G(OXYZ) zu einem beliebigen Punkt auf der Schraubenachse ist. Diese senkrechte Komponente zeigt einen Vektor mit dem kürzesten Abstand zwischen O und* $\hat{u}$. *Nehmen wir an* s_0 *ist der Name des kürzesten* s . *Daher gilt:*

$$\begin{aligned}\mathbf{s}_0&=\mathbf{s}-(\hat{u}\cdot\mathbf{s})\hat{u}\\&=\tfrac{1}{2}\left[\frac{\hat{u}\times\mathbf{p}_1-\mathbf{p}_0}{\tan\frac{\phi}{2}}-\left[\hat{u}\cdot(\mathbf{p}_1+\mathbf{p}_0)\right]\hat{u}+\mathbf{p}_1+\mathbf{p}_0\right]\end{aligned}\tag{4.494}$$

Der letzte Parameter der Schraube ist die Steigung h, die aus einer der Gl. (4.485), (4.486), *oder* (4.487) *gefunden werden kann:*

$$h=\hat{u}\cdot(\mathbf{p}_1-\mathbf{p}_0)=\hat{u}\cdot(\mathbf{q}_1-\mathbf{q}_0)=\hat{u}\cdot(\mathbf{r}_1-\mathbf{r}_0)\tag{4.495}$$

Beispiel 222 ⋆ *Alternative Ableitung der Schraubentransformation.*

Nehmen Sie an, die Schraubenachse verläuft nicht durch den Ursprung von G. Wenn ${}^{G}\mathbf{s}$ *der Ortsvektor eines Punktes auf der Achse* $\hat{u}$ *ist, dann können wir die Matrixdarstellung der Schraube* $\check{s}(h,\phi,\hat{u},\mathbf{s})$ *ableiten, indem wir die Schraubenachse zurück zum Ursprung verschieben, die zentrale Schraubenbewegung ausführen und die Linie zurück zu ihrer ursprünglichen Position verschieben.*

$$\begin{aligned}\check{s}(h,\phi,\hat{u},\mathbf{s}) &= D(^G\mathbf{s})\ \check{s}(h,\phi,\hat{u})\,D(-\,^G\mathbf{s}) \\ &= D(^G\mathbf{s})\,D(h\hat{u})\,R(\hat{u},\phi)\,D(-\,^G\mathbf{s}) \\ &= \begin{bmatrix} \mathbf{I} & ^G\mathbf{s} \\ 0 & 1 \end{bmatrix} \begin{bmatrix} ^GR_B & h\hat{u} \\ 0 & 1 \end{bmatrix} \begin{bmatrix} \mathbf{I} & -\,^G\mathbf{s} \\ 0 & 1 \end{bmatrix} \\ &= \begin{bmatrix} ^GR_B & ^G\mathbf{s} - {}^GR_B\,^G\mathbf{s} + h\hat{u} \\ 0 & 1 \end{bmatrix}\end{aligned} \tag{4.496}$$

Beispiel 223 ⋆ *Rotation um eine exzentrische Achse.*

Rotation eines starren Körpers um eine Achse, die durch $\hat{u}$ angezeigt und durch einen Punkt bei $^G\mathbf{s}$ verläuft, wo bei $^G\mathbf{s} \times \hat{u} \neq 0$ eine Rotation um eine exzentrische Achse ist. Die Transformationsmatrix, die mit einer exzentrischen Rotation verbunden ist, kann aus der Schraubentransformation erhalten werden, indem $h = 0$ gesetzt wird. Daher ist eine exzentrische Rotationsumwandlung:

$$^GT_B = \begin{bmatrix} ^GR_B & ^G\mathbf{s} - {}^GR_B\,^G\mathbf{s} \\ 0 & 1 \end{bmatrix} \tag{4.497}$$

Beispiel 224 ⋆ *Zentrale Hauptachse der Schraube.*

Es gibt drei zentrale achsen der Schrauben, nämlich die x-Schraube, y-Schraube und z-Schraube, diese sind:

$$\check{s}(h_Z,\alpha,\hat{K}) = \begin{bmatrix} \cos\alpha & -\sin\alpha & 0 & 0 \\ \sin\alpha & \cos\alpha & 0 & 0 \\ 0 & 0 & 1 & p_Z\,\alpha \\ 0 & 0 & 0 & 1 \end{bmatrix} \tag{4.498}$$

$$\check{s}(h_Y,\beta,\hat{J}) = \begin{bmatrix} \cos\beta & 0 & \sin\beta & 0 \\ 0 & 1 & 0 & p_Y\,\beta \\ -\sin\beta & 0 & \cos\beta & 0 \\ 0 & 0 & 0 & 1 \end{bmatrix} \tag{4.499}$$

$$\check{s}(h_X,\gamma,\hat{I}) = \begin{bmatrix} 1 & 0 & 0 & p_X\,\gamma \\ 0 & \cos\gamma & -\sin\gamma & 0 \\ 0 & \sin\gamma & \cos\gamma & 0 \\ 0 & 0 & 0 & 1 \end{bmatrix} \tag{4.500}$$

Beispiel 225 ⋆ *Beweis des Chasles-Theorems.*

Sei [T] eine beliebige räumliche Verschiebung, die in eine Rotation R um $\hat{u}$ und eine Translation D zerlegt wird:

$$[T] = [D][R] \tag{4.501}$$

Wir können die Translation [D] auch in zwei Komponenten $[D_\parallel]$ und $[D_\perp]$, parallel und senkrecht zu $\hat{u}$, zerlegen:

$$[T] = [D_\parallel][D_\perp][R] \tag{4.502}$$

Nun ist $[D_\perp][R]$ eine ebene Bewegung und daher äquivalent zu einer Rotation $[R'] = [D_\perp][R]$ um eine Achse parallel zur Rotationsachse $\hat{u}$. Dies ergibt die Zerlegung $[T] = [D_\|][R']$. Diese Zerlegung vervollständigt den Beweis, da die Achse von $[D_\|]$ gleich $\hat{u}$ gewählt werden kann.

Beispiel 226 ⋆ *Jede starre Bewegung ist eine Schraubenbewegung.*

Um zu zeigen, dass jede geeignete starre Bewegung als Schraubbewegung betrachtet werden kann, müssen wir zeigen, dass eine homogene Transformationsmatrix

$$ {}^{G}T_{B} = \begin{bmatrix} {}^{G}R_{B} & {}^{G}\mathbf{d} \\ 0 & 1 \end{bmatrix} \tag{4.503}$$

in der folgenden Form geschrieben werden kann:

$$ {}^{G}T_{B} = \begin{bmatrix} {}^{G}R_{B} & (\mathbf{I} - {}^{G}R_{B})\,\mathbf{s} + h\hat{u} \\ 0 & 1 \end{bmatrix} \tag{4.504}$$

Dieses Problem ist dann gleichwertig mit der folgenden Gleichung, um h und $\hat{u}$ zu finden:

$$ {}^{G}\mathbf{d} = (\mathbf{I} - {}^{G}R_{B})\,\mathbf{s} + h\hat{u} \tag{4.505}$$

Die Matrix $[\mathbf{I} - {}^{G}R_{B}]$ ist singulär, weil ${}^{G}R_{B}$immer 1 als Eigenwert hat. Dieser Eigenwert entspricht $\hat{u}$ als Eigenvektor. Daher,

$$ [\mathbf{I} - {}^{G}R_{B}]\hat{u} = [\mathbf{I} - {}^{G}R_{B}^{T}]\hat{u} = 0 \tag{4.506}$$

und ein inneres Produkt zeigt, dass gilt:

$$ \begin{aligned} \hat{u} \cdot {}^{G}\mathbf{d} &= \hat{u} \cdot \left[\mathbf{I} - {}^{G}R_{B}\right] \mathbf{s} + \hat{u} \cdot h\hat{u} \\ &= \left[\mathbf{I} - {}^{G}R_{B}\right] \hat{u} \cdot \mathbf{s} + \hat{u} \cdot h\hat{u} \end{aligned} \tag{4.507}$$

was zu

$$ h = \hat{u} \cdot {}^{G}\mathbf{d} \tag{4.508}$$

wird. Jetzt können wir h verwenden, um **s**zu bestimmen:

$$ \mathbf{s} = \left[\mathbf{I} - {}^{G}R_{B}\right]^{-1} ({}^{G}\mathbf{d} - h\hat{u}). \tag{4.509}$$

4.15 Zusammenfassung

Um die relative Bewegung von starren Körpern zu analysieren, installieren wir ein körperfestes Koordinatensystem im Massenmittelpunkt jedes Körpers. Die relative Bewegung der Körper kann durch die relative Bewegung der Koordinatensysteme ausgedrückt werden.

Die Koordinaten eines Punktes in zwei kartesischen Koordinatensystemen mit einem gemeinsamen Ursprung sind umwandelbar, wozu man die neun Richtungskosinussen der drei Achsen eines Koordinatensystems im anderen verwendet. Die Umwandlung von Koordinaten in den beiden Koordinatensystemen kann in eine Matrixtransformation

$$ {}^{G}\mathbf{r} = {}^{G}R_{B}\,{}^{B}\mathbf{r} \tag{4.510}$$

$$\begin{bmatrix} X_2 \\ Y_2 \\ Z_2 \end{bmatrix} = \begin{bmatrix} \hat{I}\cdot\hat{\imath} & \hat{I}\cdot\hat{\jmath} & \hat{I}\cdot\hat{k} \\ \hat{J}\cdot\hat{\imath} & \hat{J}\cdot\hat{\jmath} & \hat{J}\cdot\hat{k} \\ \hat{K}\cdot\hat{\imath} & \hat{K}\cdot\hat{\jmath} & \hat{K}\cdot\hat{k} \end{bmatrix} \begin{bmatrix} x_2 \\ y_2 \\ z_2 \end{bmatrix} \tag{4.511}$$

umgeformt werden, wo bei:

$$ {}^{G}R_{B} = \begin{bmatrix} \cos(\hat{I},\hat{\imath}) & \cos(\hat{I},\hat{\jmath}) & \cos(\hat{I},\hat{k}) \\ \cos(\hat{J},\hat{\imath}) & \cos(\hat{J},\hat{\jmath}) & \cos(\hat{J},\hat{k}) \\ \cos(\hat{K},\hat{\imath}) & \cos(\hat{K},\hat{\jmath}) & \cos(\hat{K},\hat{k}) \end{bmatrix} \tag{4.512}$$

Die Transformationsmatrix ${}^{G}R_{B}$ ist orthogonal und daher ist ihr Inverses gleich ihrer Transponierten:

$$ {}^{G}R_{B}^{-1} = {}^{G}R_{B}^{T} \tag{4.513}$$

Wenn ein körperfestes Koordinatensystem B und ein globales System G einen gemeinsamen Ursprung haben und das System B sich kontinuierlich in Bezug auf das System G dreht, ist die Rotationsmatrix ${}^{G}R_{B}$ zeitabhängig:

$$ {}^{G}\mathbf{r}(t) = {}^{G}R_{B}(t)\,{}^{B}\mathbf{r} \tag{4.514}$$

Dann ist die globale Geschwindigkeit eines Punktes in B:

$$ {}^{G}\dot{\mathbf{r}}(t) = {}^{G}\mathbf{v}(t) = {}^{G}\dot{R}_{B}(t)\,{}^{B}\mathbf{r} = {}_{G}\tilde{\omega}_{B}\,{}^{G}\mathbf{r}(t) \tag{4.515}$$

wo bei ${}_{G}\tilde{\omega}_{B}$ die schiefsymmetrische Winkelgeschwindigkeitsmatrix ist:

$$ {}_{G}\tilde{\omega}_{B} = {}^{G}\dot{R}_{B}\,{}^{G}R_{B}^{T} \tag{4.516}$$

$$ {}_{G}\tilde{\omega}_{B} = \begin{bmatrix} 0 & -\omega_3 & \omega_2 \\ \omega_3 & 0 & -\omega_1 \\ -\omega_2 & \omega_1 & 0 \end{bmatrix} \tag{4.517}$$

Die Matrix ${}_{G}\tilde{\omega}_{B}$ ist mit dem Winkelgeschwindigkeitsvektor ${}_{G}\boldsymbol{\omega}_{B} = \dot{\phi}\,\hat{u}$ verbunden, der gleich einer Winkelrate $\dot{\phi}$ um die momentane Rotationsachse $\hat{u}$ ist.

Die Winkelgeschwindigkeiten von verbundenen starren Körpern können relativ hinzugefügt werden, um die Winkelgeschwindigkeit des n ten Körpers im Basis-Koordinatensystem zu finden:

$$ {}_{0}\boldsymbol{\omega}_{n} = {}_{0}\boldsymbol{\omega}_{1} + {}_{1}^{0}\boldsymbol{\omega}_{2} + {}_{2}^{0}\boldsymbol{\omega}_{3} + \cdots + {}_{n-1}^{\;\;0}\boldsymbol{\omega}_{n} = \sum_{i=1}^{n} {}_{i-1}^{\;\;0}\boldsymbol{\omega}_{i} \tag{4.518}$$

Relative Zeitableitungen zwischen dem globalen und einem an einen bewegten starren Körper angehängten Koordinatensystem müssen gemäß den folgenden Regeln vorgenommen werden:

$$\frac{{}^{B}d}{dt}\,{}^{B}\mathbf{r}_P = {}^{B}\dot{\mathbf{r}}_P = {}^{B}\mathbf{v}_P = \dot{x}\,\hat{\imath} + \dot{y}\,\hat{\jmath} + \dot{z}\,\hat{k} \tag{4.519}$$

$$\frac{{}^{G}d}{dt}\,{}^{G}\mathbf{r}_P = {}^{G}\dot{\mathbf{r}}_P = {}^{G}\mathbf{v}_P = \dot{X}\,\hat{I} + \dot{Y}\,\hat{J} + \dot{Z}\,\hat{K} \tag{4.520}$$

$$\frac{{}^{G}d}{dt}\,{}^{B}\mathbf{r}_P(t) = {}^{B}\dot{\mathbf{r}}_P + {}_{G}^{B}\boldsymbol{\omega}_B \times {}^{B}\mathbf{r}_P = {}_{G}^{B}\dot{\mathbf{r}}_P \tag{4.521}$$

$$\frac{{}^{B}d}{dt}\,{}^{G}\mathbf{r}_P(t) = {}^{G}\dot{\mathbf{r}}_P - {}_{G}\boldsymbol{\omega}_B \times {}^{G}\mathbf{r}_P = {}_{B}^{G}\dot{\mathbf{r}}_P \tag{4.522}$$

Die globale Geschwindigkeit eines Punktes P in einem bewegten Koordinatensystem B bei

$${}^{G}\mathbf{r}_P = {}^{G}R_B\,{}^{B}\mathbf{r}_P + {}^{G}\mathbf{d}_B \tag{4.523}$$

ist:

$$\begin{aligned} {}^{G}\mathbf{v}_P &= {}^{G}\dot{\mathbf{r}}_P = {}_{G}\tilde{\omega}_B\left({}^{G}\mathbf{r}_P - {}^{G}\mathbf{d}_B\right) + {}^{G}\dot{\mathbf{d}}_B \\ &= {}_{G}\boldsymbol{\omega}_B \times \left({}^{G}\mathbf{r}_P - {}^{G}\mathbf{d}_B\right) + {}^{G}\dot{\mathbf{d}}_B \end{aligned} \tag{4.524}$$

Wenn ein körperfestes Koordinatensystem B und ein globales System G einen gemeinsamen Ursprung haben, ist die globale Beschleunigung eines Punktes P im Koordinatensystem B:

$${}^{G}\ddot{\mathbf{r}} = \frac{{}^{G}d}{dt}\,{}^{G}\mathbf{v}_P = {}_{G}\boldsymbol{\alpha}_B \times {}^{G}\mathbf{r} + {}_{G}\boldsymbol{\omega}_B \times \left({}_{G}\boldsymbol{\omega}_B \times {}^{G}\mathbf{r}\right) \tag{4.525}$$

wo bei ${}_{G}\boldsymbol{\alpha}_B$ die Winkelbeschleunigung von B in Bezug auf G ist:

$${}_{G}\boldsymbol{\alpha}_B = \frac{{}^{G}d}{dt}\,{}_{G}\boldsymbol{\omega}_B \tag{4.526}$$

Wenn jedoch das körperfeste Koordinatensystem B eine starre Bewegung in Bezug auf G hat, dann gilt:

$$\begin{aligned} {}^{G}\mathbf{a}_P = \frac{{}^{G}d}{dt}\,{}^{G}\mathbf{v}_P &= {}_{G}\boldsymbol{\alpha}_B \times \left({}^{G}\mathbf{r}_P - {}^{G}\mathbf{d}_B\right) \\ &+ {}_{G}\boldsymbol{\omega}_B \times \left({}_{G}\boldsymbol{\omega}_B \times \left({}^{G}\mathbf{r}_P - {}^{G}\mathbf{d}_B\right)\right) + {}^{G}\ddot{\mathbf{d}}_B \end{aligned} \tag{4.527}$$

wo ${}^{G}\mathbf{d}_B$ gibt die Position des Ursprungs von B in Bezug auf den Ursprung von G an.

Die Winkelbeschleunigungen von zwei verbundenen starren Körpern sind gemäß

$${}_{0}\boldsymbol{\alpha}_2 = {}_{0}\boldsymbol{\alpha}_1 + {}_{1}^{0}\boldsymbol{\alpha}_2 + {}_{0}\boldsymbol{\omega}_1 \times {}_{1}^{0}\boldsymbol{\omega}_2 \tag{4.528}$$

4.16 Schlüsselsymbole

B, $OXYZ$	Körperfestes kartesisches Koordinatensystem
${}^{G}\mathbf{d}_B$	Ortsvektor des körperfestenkoordinatensystems B in G
${}_1{}^{0}\mathbf{d}_2$	Position des Koordinatensystems B_2 in Bezug auf B_1 ausgedrückt in B_0
$\hat{e}_\varphi, \hat{e}_\theta, \hat{e}_\psi$	Euler-Winkel-Koordinatensystem-Einheitsvektoren
G, $OXYZ$	globales kartesisches Koordinatensystem
$\hat{\imath}, \hat{\jmath}, \hat{k}$	körperfestes Koordinatensystem-Einheitsvektoren
$\tilde{\imath}, \tilde{\jmath}, \tilde{k}$	mit $\hat{\imath}, \hat{\jmath}, \hat{k}$ assoziierte schiefsymmetrische Matrix
$\hat{I}, \hat{J}, \hat{K}$	globale Koordinatensystem-Einheitsvektoren
$p = h/\varphi$	Steigung der Schraube
P	Punkt
${}^{G}\mathbf{r}$	Ortsvektor im globalen Koordinatensystem
${}^{B}\mathbf{r}$	Ortsvektor im körperfestenoordinatensystem
$\hat{\mathbf{r}}_{H_1}, \hat{\mathbf{r}}_{H_2}, \hat{\mathbf{r}}_{H_3}$	Zeilenvektoren einer Rotationsmatrix
R_Z	Rotationsmatrix um die globale Z-Achse
R_Y	Rotationsmatrix um die globale Y-Achse
R_X	Drehmatrix um die globale X-Achse
$\dot{R}$	Zeitableitung einer Drehmatrix R
${}^{G}R_B$	Drehmatrix vom lokalen zum globalen Koordinatensystem
R^T	Transponierte einer Drehmatrix
$R-^1$	Inverse einer Drehmatrix
R_Z	Drehmatrix um die z-Achse des Körpers
$R_{\ Y}$	Drehmatrix um die y-Achse des Körpers
R_X	Drehmatrix um die x-Achse des Körpers
${}^{B_1}R_{B_2}$	Drehmatrix vom Koordinatenrahmen B_1 zu B_2
${}^{B}R_G$	Drehmatrix vom globalen zum lokalen Koordinatensystem
$\check{s}(h, \phi, \hat{u}, \mathbf{s})$	Schraubenbewegung
t	Zeit
$\hat{u}, \phi$	Achse und Winkel der Drehung
$\hat{u}_\alpha$	Augenblickliche Winkelbeschleunigungsachse
$\hat{u}_\omega$	Augenblickliche Winkelgeschwindigkeitsachse
x, y, z	Körperfeste Koordinaten eines Punktes
X, Y, Z	Körperfeste Koordinaten eines Punktes
$x, y, z, \mathbf{x}$	Verschiebung
${}_G\boldsymbol{\alpha}_B$	Winkelbeschleunigung des Körpers B ausgedrückt in G
δ_{jk}	Kroneckers-Delta
ε_{ijk}	Permutationssymbol
$\dot{\varphi}, \dot{\theta}, \dot{\psi}$	Euler-Frequenzen
${}_G\boldsymbol{\omega}_B$	Winkelgeschwindigkeit des starren Körpers B ausgedrückt in G
$\tilde{\omega}$	schief-symmetrische Matrix, die mit ω assoziiert ist

Übungen

1. Körperpunkt und globale Rotationen.
   Der Punkt P befindet sich bei $\mathbf{r}_P = (1,\ 2,\ 1)$ in einem körperfesten Koordinatensystem $B(OXYZ)$. Finden Sie die endgültige globale Position von P nach einer Drehung um 30 deg um die X-Achse, gefolgt von einer Drehung um 45 deg um die Z-Achse.
2. Körperpunkt nach globaler Rotation.
   Finden Sie die Position eines Punktes P im lokalen Koordinatensystem, wenn er zu ${}^G\mathbf{r}_P = [1, 3, 2]^T$ nach
   (a) einer 60 deg-Drehung um die Z-Achse.
   (b) einer 60 deg-Drehung um die X-Achse.
   (c) einer 60 deg-Drehung um die Z-Achse gefolgt von einer 60 deg-Drehung um die X-Achse.
   (d) ⋆ Ist es möglich, die Drehungen in Teil (c) zu kombinieren und nur eine Rotation um die Halbierende der X- und Z-Achsen durchzuführen?
3. Invariante eines Vektors.
   Ein Punkt war bei ${}^B\mathbf{r}_P = [1, 2, z]^T$. Nach einer Drehung um 60 deg um die X-Achse, gefolgt von einer 30 deg-Drehung um die Z-Achse, befindet er sich bei

$$
{}^G\mathbf{r}_P = \begin{bmatrix} X \\ Y \\ 2{,}933 \end{bmatrix}
$$

   Finden Sie z, X und Y.
4. ⋆ Konstanter Längenvektor
   Zeigen Sie, dass die Länge eines Vektors durch Rotation nicht verändert wird:

$$
\left|{}^G\mathbf{r}\right| = \left|{}^G R_B\, {}^B\mathbf{r}\right|
$$

   Zeigen Sie, dass der Abstand zwischen zwei Körperpunkten durch Rotation nicht verändert wird:

$$
\left|{}^B\mathbf{p}_1 - {}^B\mathbf{p}_2\right| = \left|{}^G R_B\, {}^B\mathbf{p}_1 - {}^G R_B\, {}^B\mathbf{p}_2\right|
$$

5. Globale Roll-Nick-Gier Rotationswinkel.
   Berechnen Sie die Roll-Nick-Gier-Winkel für die folgende Rotationsmatrix:

$$
{}^B R_G = \begin{bmatrix} 0{,}53 & -0{,}84 & 0{,}13 \\ 0{,}0 & 0{,}15 & 0{,}99 \\ -0{,}85 & -0{,}52 & 0{,}081 \end{bmatrix}
$$

6. Körperpunkt, lokale Rotation.
   Was sind die globalen Koordinaten eines Körperpunktes bei ${}^B\mathbf{r}_P = [2, 2, 3]^T$, nach einer Rotation von 60 deg um die x-Achse?

7. Zwei lokale Rotationen
   Finden Sie die globalen Koordinaten eines Körperpunktes bei ${}^B\mathbf{r}_P = [2, 2, 3]^T$ nach einer Drehung um 60 deg um die x-Achse gefolgt von 60 deg um die z-Achse.
8. Kombination von lokalen und globalen Drehungen
   Finden Sie die endgültige globale Position eines Körperpunktes bei ${}^B\mathbf{r}_P = [10, 10, -10]^T$ nach einer Drehungen um 45 deg um die x-Achse gefolgt von 60 deg um die Z-Achse.
9. Kombination von globalen und lokalen Drehungen
   Finden Sie die endgültige globale Position eines Körperpunktes bei ${}^B\mathbf{r}_P = [10, 10, -10]^T$ nach einer Drehungen um 45 deg um die X-Achse gefolgt von 60 deg um die z-Achse.
10. ⋆ Euler-Winkel aus Rotationsmatrix
    Finden Sie die Euler-Winkel für die folgende Rotationsmatrix:

$$
{}^B R_G = \begin{bmatrix} 0{,}53 & -0{,}84 & 0{,}13 \\ 0{,}0 & 0{,}15 & 0{,}99 \\ -0{,}85 & -0{,}52 & 0{,}081 \end{bmatrix}
$$

11. ⋆ Äquivalente Euler-Winkel zu zwei Rotationen
    Finden Sie die Euler-Winkel, die der Rotationsmatrix ${}^B R_G = A_{y,\,45} A_{x,\,30}$ entsprechen.
12. ⋆ Äquivalente Euler-Winkel zu drei Rotationen.
    Finden Sie die Euler-Winkel, die der Rotationsmatrix ${}^B R_G = A_{z,\,60} A_{y,\,45} A_{x,\,30}$ entsprechen.
13. ⋆ Lokale und globale Positionen, Euler-Winkel.
    Finden Sie die Bedingungen zwischen den Euler-Winkeln, um ${}^G\mathbf{r}_P = [1, 1, 0]^T$ in ${}^B\mathbf{r}_P = [0, 1, 1]^T$ zu transformieren.
14. Elemente der Rotationsmatrix.
    Die Elemente der Rotationsmatrix ${}^G R_B$ sind:

$$
{}^G R_B = \begin{bmatrix} \cos(\hat{I},\hat{\imath}) & \cos(\hat{I},\hat{\jmath}) & \cos(\hat{I},\hat{k}) \\ \cos(\hat{J},\hat{\imath}) & \cos(\hat{J},\hat{\jmath}) & \cos(\hat{J},\hat{k}) \\ \cos(\hat{K},\hat{\imath}) & \cos(\hat{K},\hat{\jmath}) & \cos(\hat{K},\hat{k}) \end{bmatrix}
$$

    Finden Sie ${}^G R_B$, wenn ${}^G\mathbf{r}_{P_1} = (0{,}7071, -1{,}2247, 1{,}4142)$ ein Punkt auf der x-Achse ist, und ${}^G\mathbf{r}_{P_2} = (2{,}7803, 0{,}38049, -1{,}0607)$ ein Punkt auf der y-Achse ist.
15. Lokale Position, globale Geschwindigkeit
    Ein Körper dreht sich um die Z-Achse mit einer konstanten Winkelgeschwindigkeit $\dot{\alpha} = 2\,\mathrm{rad/s}$. Finden Sie die globale Geschwindigkeit eines Punktes bei

$$
{}^B\mathbf{r} = \begin{bmatrix} 5 \\ 30 \\ 10 \end{bmatrix}
$$

16. Globale Position, konstante Winkelgeschwindigkeit
    Ein Körper dreht sich um die Z-Achse mit einer konstanten Winkelgeschwindigkeit $\dot{\alpha} = 2\,\text{rad/ s}$. Finden Sie die globale Position eines Punktes bei

$$^{B}\mathbf{r} = \begin{bmatrix} 5 \\ 30 \\ 10 \end{bmatrix}$$

    nach $t = 3\text{s}$, wenn die körperfesten- und globalen Koordinatensysteme bei $t=$ 0 s übereinstimmen.
17. Drehung um die x-Achse
    Finden Sie die Winkelgeschwindigkeitsmatrix, wenn das körperfeste Koordinatensystem 35 deg/s bei 45 deg um die x-Achse dreht.
18. Kombinierte Rotation und Winkelgeschwindigkeit
    Finden Sie die Rotationsmatrix für ein körperfestes Koordinatenssystem nach einer 30 deg Drehung um die Z-Achse, gefolgt von einer 30 deg um die X-Achse und dann einer 90 deg um die Y-Achse. Berechnen Sie dann die Winkelgeschwindigkeit des Körpers, wenn er sich mit $\dot{\alpha} = 20\,\text{deg/s}$, $\dot{\beta} = -40\,\text{deg/s}$ und $\dot{\gamma} = 55\,\text{deg/s}$ um die Z-, Y- und X-Achsen dreht.
19. Winkelgeschwindigkeit, ausgedrückt im körperfestes Koordinatensystem
    Der Punkt P befindet sich bei $\mathbf{r}_P = (1,\ 2,\ 1)$ in einem körperfestes Koordinatensystem $B(OXYZ)$. Finden Sie ${}_G^B\tilde{\omega}_B$ heraus, wenn das körperfeste Koordinatensystem um die X-Achse mit einer Geschwindigkeit 30 deg gedreht wird, gefolgt von einer Drehung um die Z-Achse mit einer Geschwindigkeit $\dot{\gamma} = 75\,\text{deg/s}$.
20. Globale Roll-Nick-Gier-Winkelgeschwindigkeit
    Berechnen Sie die Winkelgeschwindigkeit für eine globale Roll-Nick-Gier-Rotation von $\alpha = 30\,\text{deg}$ $\beta = 30\,\text{deg}$ und $\gamma = 30\,\text{deg}$ mit $\dot{\alpha} = 20\,\text{deg/s}$ $\dot{\beta} = -20\,\text{deg/s}$ und $\dot{\gamma} = 20\,\text{deg/s}$.
21. Roll-Nick-Gier-Winkelgeschwindigkeit
    Finden Sie ${}_G^B\tilde{\omega}_B$ und ${}_G\tilde{\omega}_B$ für die Roll-, Nick- und Giergeschwindigkeiten gleich $\dot{\alpha} = 20\,\text{deg/s}$ $\dot{\beta} = -20\,\text{deg/s}$ und $\dot{\gamma} = 20\,\text{deg/s}$ jeweils, und folgender Rotationsmatrix:

$$^{B}R_G = \begin{bmatrix} 0{,}53 & -0{,}84 & 0{,}13 \\ 0{,}0 & 0{,}15 & 0{,}99 \\ -0{,}85 & -0{,}52 & 0{,}081 \end{bmatrix}$$

22. ⋆ Differtiation in lokalen und globalen Koordinatensystemen
    Betrachten Sie einen lokalen Punkt bei $^{B}\mathbf{r}_P = t\hat{\imath} + \hat{\jmath}$. Das lokale Koordinatensystem B rotiert in G um $\dot{\alpha}$ um die Z-Achse. Berechnen Sie $\frac{^{B}d}{dt}\,{}^{B}\mathbf{r}_P$, $\frac{^{G}d}{dt}\,{}^{G}\mathbf{r}_P$, $\frac{^{B}d}{dt}\,{}^{G}\mathbf{r}_P$, und $\frac{^{G}d}{dt}\,{}^{B}\mathbf{r}_P$.

23. ⋆ Transformation von Winkelgeschwindigkeitsexponenten
Zeigen Sie, dass

$$ {}_G^B\tilde{\omega}_B^n = {}^GR_B^T \, {}_G\tilde{\omega}_B^n \, {}^GR_B $$

24. Lokale Position, globale Beschleunigung
Ein Körper dreht sich um die Z-Achse mit einer konstanten Winkelbeschleunigung $\ddot{\alpha} = 2\,\mathrm{rad/s^2}$. Finden Sie die globale Geschwindigkeit eines Punktes, wenn $\dot{\alpha} = 2\,\mathrm{rad/s}$, $\alpha = \pi/3$ rad und

$$ {}^B\mathbf{r} = \begin{bmatrix} 5 \\ 30 \\ 10 \end{bmatrix} $$

25. Globale Position, konstante Winkelbeschleunigung.
Ein Körper dreht sich um die Z-Achse mit einer konstanten Winkelbeschleunigung $\ddot{\alpha} = 2\,\mathrm{rad/s^2}$. Finden Sie die globale Position eines Punktes bei

$$ {}^B\mathbf{r} = \begin{bmatrix} 5 \\ 30 \\ 10 \end{bmatrix} $$

nach $t = 3$sec, wenn der Körper und die globalen Koordinatensysteme bei $t=$ 0s übereinstimmen.

26. Drehung um die x-Achse.
Finden Sie die Winkelbeschleunigungsmatrix, wennsich das körperfeste Koordinatensystem dreht mit $-5\,\mathrm{deg/s^2}$, 35 deg/s bei 45 deg um die x-Achse.

27. Winkelbeschleunigung und Euler-Winkel
Berechnen Sie die Winkelgeschwindigkeits- und Beschleunigungsvektoren in Körper- und globalen Koordinatensystemen, wenn die Euler-Winkel und ihre Ableitungen folgende sind:

$$ \begin{array}{lll} \varphi = {,}25\,\mathrm{rad} & \dot{\varphi} = 2{,}5\,\mathrm{rad/s} & \ddot{\varphi} = 25\,\mathrm{rad/s^2} \\ \theta = -{,}25\,\mathrm{rad} & \dot{\theta} = -4{,}5\,\mathrm{rad/s} & \ddot{\theta} = 35\,\mathrm{rad/s^2} \\ \psi = {,}5\,\mathrm{rad} & \dot{\psi} = 3\,\mathrm{rad/s} & \ddot{\psi} = 25\,\mathrm{rad/s^2} \end{array} $$

28. Kombinierte Rotation und Winkelbeschleunigung
Finden Sie die Rotationsmatrix für ein körperfestes Koordinatensystem nach einer 30 deg-Drehung um die Z-Achse, gefolgt von einer 30 deg um die X-Achse und dann einer 90 deg um die Y-Achse. Berechnen Sie dann die Winkelgeschwindigkeit des Körpers, wenn er sich mit $\dot{\alpha} = 20\,\mathrm{deg/s}$, $\dot{\beta} = -40\,\mathrm{deg/s}$ und $\dot{\gamma} = 55\,\mathrm{deg/s}$ um die Z-, Y- und X-Achsen dreht. Berechnen Sie schließlich die Winkelbeschleunigung des Körpers, wenn er sich mit $\ddot{\alpha} = 2\,\mathrm{deg/s^2}$, $\ddot{\beta} = 4\,\mathrm{deg/s^2}$ und $\ddot{\gamma} = -6\,\mathrm{deg/s^2}$ um die Z-, Y- und X-Achsen dreht.

Literatur

Abe, M. 2009. *Vehicle Handling Dynamics: Theory and Application*. Oxford, UK: Butterworth-Heinemann.

Alkhatib, R., R.N. Jazar, und M.F. Golnaraghi. 2004. Optimal design of passive linear mounts with genetic algorithm method. *Journal of Sound and Vibration* 275(3–5):665–691.

American Association of State Highway Officials, AASHO. June 1968. *Highway Definitions*.

American National Standard. 1996. *Manual on Classification of Motor Vehicle Traffic Accidents*, 6. Aufl. Itasca, IL: National Safety Council.

Andrzejewski, R., und J. Awrejcewicz. 2005. *Nonlinear Dynamics of a Wheeled Vehicle*. New York: Springer-Verlag.

Asada, H., und J.J.E. Slotine. 1986. *Robot Analysis and Control*. New York: John Wiley & Sons.

Balachandran, B., und E.B. Magrab. 2003. *Vibrations*. Pacific Grove, CA: Brooks/Cole.

Beatty, M.F. 1986. *Principles of Engineering Mechanics, Bd. 1, Kinematics-The Geometry of Motion*. New York: Plenum Press.

Beik V., M. Fard, und R.N. Jazar. 2016. Crashworthiness of tapered beams in automotive application. In *Nonlinear Approaches in Engineering Applications: Advanced Analysis of Vehicle Related Technologies*, Hrsg. R.N. Jazar und L. Dai. New York: Springer.

Benaroya, H. 2004. *Mechaniscal Vibration: Analysis, Uncertainities, and Control*. New York: Marcel Dekker.

Bourmistrova, A., M. Simic, R. Hoseinnezhad, und R.N. Jazar. 2011. Autodriver algorithm. *Journal of Systemics, Cybernetics and Informatics* 9(1):56–66.

Bottema, O., und B. Roth. 1979. *Theoretical Kinematics*. Amsterdam, The Netherlands: North-Holland Publication.

Cossalter, V. 2002. *Motorcycle Dynamics*. Greendale, WI: Race Dynamic Publishing.

Dai, Q., H. Marzbani, M. Fard, und R.N. Jazar. 2016. Camber-caster relationship in vehicles. In *Nonlinear Approaches in Engineering Applications: Advanced Analysis of Vehicle Related Technologies*, Hrsg. R.N. Jazar und L. Dai. New York: Springer.

Del Pedro, M., und P. Pahud. 1991. *Vibration Mechanics*. The Netherland: Kluwer Academic Publishers.

Den Hartog, J.P. 1934. *Mechanical Vibrations*. New York: McGraw-Hill.

Dixon, J.C. 1996. *Tire, Suspension and Handling*. Warrendale, PA: SAE Inc.

Dukkipati, R.V., J. Pang, M.S. Qatu, G. Sheng, und Z. Shuguang. 2008. *Road Vehicle Dynamics*. Warrendale, PA: SAE Inc.

Ellis, J.R. 1994. *Vehicle Handling Kinematics*. London: Mechanical Engineering Publications Limited.

Esmailzadeh, E. 1978. Design synthesis of a vehicle suspension system using multi-parameter optimization. *Vehicle System Dynamics* 7:83–96.

Fahimi, F. 2009. *Autonomous Robots: Modeling, Path Planning, and Control*. New York: Springer.

Genta, G. 2007. *Motor Vehicle Dynamics, Modeling and Simulation*. Singapore: World Scientific.

Genta, G., und L. Morello. 2009. *The Automotive Chassis: Volume 1: Components Design*. New York: Springer.

Genta, G., und L. Morello. 2009. *The Automotive Chassis: Volume 2: System Design*. New York: Springer.

Goldstein, H., C. Poole, und J. Safko. 2002. *Classical Mechanics*, 3rd ed. New York: Addison Wesley.

Haney, P. 2003, *The Racing and High-Performance Tire*. Warrendale, PA: SAE Inc.

Harris, C.M., und A.G. Piersol. 2002. *Harris' Shock and Vibration Handbook*. New York: McGraw-Hill.

Hartenberg, R.S., und J. Denavit. 1964. *Kinematic Synthesis of Linkages*. New York: McGraw-Hill Book Co.

Hunt, K.H. 1978. *Kinematic Geometry of Mechanisms*. London: Oxford University Press.

Inman, D. 2007. *Engineering Vibrations*. New York: Prentice Hall.
Jazar, R.N. 2010. *Theory of Applied Robotics: Kinematics, Dynamics, and Control*, 2nd. Aufl. New York: Springer.
Jazar, R.N. 2010. Mathematical theory of autodriver for autonomous vehicles. *Journal of Vibration and Control* 16(2):253–279.
Jazar, R.N. 2011. *Advanced Dynamics: Rigid Body, Multibody, and Aerospace Applications*. New York: Wiley.
Jazar, R.N. 2013. *Advanced Vibrations: A Modern Approach*. New York: Springer.
Jazar, R.N. 2012. Derivative and coordinate frames. *Journal of Nonlinear Engineering* 1(1):25–34. Doi:10.1515/nleng-2012-0001.
Jazar, R.N., und M.F. Golnaraghi. 2002. Engine mounts for automotive applications: a survey. *The Shock and Vibration Digest* 34(5):363–379.
Jazar, R.N., R. Alkhatib, und M.F. Golnaraghi. 2006. Root mean square optimization criterion for vibration behavior of linear quarter car using analytical methods. *Journal of Vehicle System Dynamics* 44(6):477–512.
Jazar, R.N., M. Kazemi, und Borhani, S. 1992. *Mechanical Vibrations*. Tehran: Ettehad Publications (in Persian).
Jazar, R.N., A. Narimani, M.F. Golnaraghi, und D.A. Swanson. 2003. Practical frequency and time optimal design of passive linear vibration isolation mounts. *Journal of Vehicle System Dynamics* 39(6):437–466.
Jazar, R.N., A. Subic, und N. Zhong. 2012. Kinematics of a smart variable caster mechanism for a vehicle steerable wheel. *Vehicle System Dynamics* 50(12):1861–1875.
Karnopp, D. 2013. *Vehicle Dynamics, Stability, and Control*, 2nd. Aufl. London, UK: CRC Press.
Kane, T.R., P.W. Likins, und D.A. Levinson. 1983. *Spacecraft Dynamics*. New York: McGraw-Hill.
MacMillan, W.D. 1936. *Dynamics of Rigid Bodies*. New York: McGraw-Hill.
Marzbani, H., und R.N. Jazar. 2013. Smart flat ride tuning. In: *Nonlinear Approaches in Engineering Applications*, Bd. 2, Hrsg. L. Dai und R.N. Jazar. New York: Springer.
Marzbani, H., R.N. Jazar, und M. Fard. 2012. Hydraulic engine mounts: a survey. *Journal of Vibration and Control*. 10.1177/1077546 312456724.
Marzbani, H., R.N. Jazar, und M. Fard. 2015. Steady-state vehicle dynamics. In *Nonlinear Approaches in Engineering Applications: Applied Mechanics, Vibration Control, and Numerical Analysis*, Hrsg. L. Dai und R.N. Jazar. New York: Springer.
Marzbani, H., R.N. Jazar, und A. Khazaei. 2012. Smart passive vibration isolation: requirements and unsolved problems. *Journal of Applied Nonlinear Dynamics* 1(4):341–386. 10.5890/JAND.2012.09.002.
Mason, M.T. 2001. *Mechanics of Robotic Manipulation*. Cambridge, MA: MIT Press.
Meirovitch, L. 2002. *Fundamentals of Vibrations*. New York: McGraw-Hill.
Meirovitch, L. 1967. *Analytical Methods in Vibrations*. New York: Macmillan.
Milliken, W.F., und D.L. Milliken. 2002. *Chassis Design*. Warrendale, PA: SAE Inc.
Milliken, W.F., und D.L. Milliken. 1995. *Race Car Vehicle Dynamics*. Warrendale, PA: SAE Inc.
Murray, R.M., Z. Li, und S.S.S. Sastry. 1994. *A Mathematical Introduction to Robotic Manipulation*. Boca Raton, FL: CRC Press.
National Committee on Uniform Traffic Laws and Ordinances. 1992. *Uniform Vehicle Code and Model Traffic Ordinance*.
Nikravesh, P. 1988. *Computer-Aided Analysis of Mechanical Systems*. New Jersey: Prentice Hall.
Norbe, J.P. 1980. *The Car and its Weels, A Guide to Modern Suspension Systems*. New York, NY: TAB Books Inc.
Pacejka, H. 2012. *Tire and Vehicle Dynamics*, 3rd ed. Oxford, UK: Butterworth-Heinemann.
Paul, R.P. 1981. *Robot Manipulators: Mathematics, Programming, and Control*. Cambridge, MA: MIT Press.
Pawlowski, J. 1969. *Vehicle Body Engineering*. London: Business Books Limited.
Rajamani, R. 2006. *Vehicle Dynamics and Control*. New York: Springer-Verlag.

Rao, S.S. 2003. *Mechanical Vibrations*. New York: Prentice Hall.
Roseau, M. 1987. *Vibrations in Mechanical Systems*. Berlin: Springer-Verlag.
Rosenberg, R.M. 1977. *Analytical Dynamics of Discrete Systems*. New York: Plenum Publishing Co.
Schaub, H., und J.L. Junkins. 2003. *Analytical Mechanics of Space Systems*. AIAA Educational Series. Reston, VA: American Institute of Aeronautics and Astronautics, Inc.
Shabana, A.A. 1997. *Vibration of Discrete and Continuous Systems*. New York: Springer-Verlag.
Skalmierski, B. 1991. *Mechanics*. Poland: Elsevier.
Snowdon, J.C. 1968. *Vibration and Shock in Damped Mechanical Systems*. New York: John Wiley.
Spong, M.W., S. Hutchinson, und M. Vidyasagar. 2006. *Robot Modeling and Control*. New York: John Wiley & Sons.
Soni, A.H. 1974. *Mechanism Synthesis and Analysis*. New York: McGraw-Hill Book Co.
Tsai, L.W. 1999. *Robot Analysis*. New York: John Wiley & Sons.
United States Code. 2015. Title 23. Highways. Washington: U.S. Government Printing Office.
Wittacker, E.T. 1947. *A Treatise on the Analytical Dynamics of Particles and Rigid Bodies*, 4. Aufl. New York: Cambridge University Press.
Wong, J.Y. 2008. *Theory of Ground Vehicles*, 4. Aufl. New York: John Wiley & Sons.

Kapitel 5
Getriebeanwendungen

Die Getriebe, die in Teilsystemen des Fahrzeugs verwendet werden, bestehen hauptsächlich aus Gelenkvierecken. Doppelquerlenkerachsen für unabhängige Aufhängung und Trapezführungen sind zwei Beispiele für Subsysteme in Fahrzeugen. In diesem Kapitel überprüfen wir die Analyse- und Entwurfsmethoden für solche Mechanismen.

5.1 Gelenkvierecke (engl. four-bar linkage)

Ein einzelnes starres Teil, das sich relative zu allen anderen Teilen bewegen kann, wird als *Glied* bezeichnet. Ein Glied kann auch *Stab, Körper, Arm* oder *Element* genannt werden. Je zwei oder mehr Glieder, die so miteinander verbunden sind, dass keine relative Bewegung zwischen ihnen auftreten kann, werden als ein einzelnes Glied betrachtet.

Zwei Glieder sind durch ein *Gelenk* verbunden, bei dem ihre relative Bewegung durch eine einzelne Koordinate ausgedrückt werden kann. Gelenke sind typischerweise *drehbar* (rotierend, Drehgelenk) oder *prismatisch* (verschieben, Schubgelenk). Abb. 5.1 veranschaulicht Dreh- und Schubgelenke. Ein *Drehgelenk* (R), ist wie ein Scharnier, das eine relative Drehung zwischen den beiden verbundenen Gliedern ermöglicht. Ein *Schubgelenk* (P), ermöglicht eine relative Translation zwischen den beiden verbundenen Gliedern.

Relative Drehung oder Translation zwischen zwei durch ein Dreh- oder Schubgelenk verbundenen Gliedern erfolgt um eine Linie namens *Gelenkachse*. Der Wert der einzelnen Variablen, die die relative Position von zwei an einem Gelenk verbundenen Gliedern beschreibt, wird als *Gelenkkoordinate* oder *Gelenkvariable* bezeichnet. Es handelt sich um einen *Winkel* für ein drehbares Gelenk oder eine *Entfernung* für ein Schubgelenk.

R. N. Jazar, *Fahrzeugdynamik*, https://doi.org/10.1007/978-3-031-53244-3_5

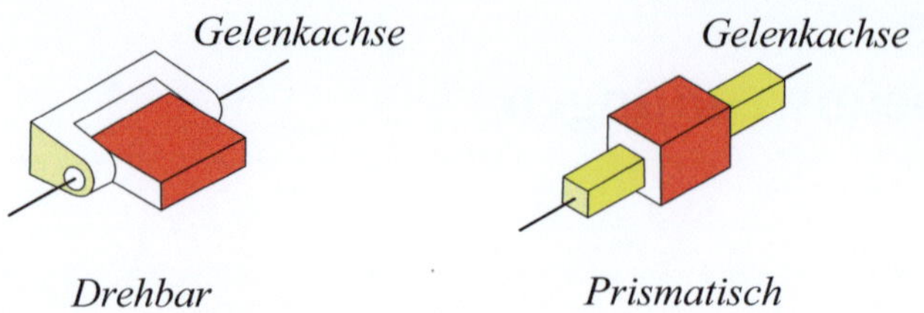

Abb. 5.1 Ein Dreh- und ein Schubgelenk

Eine Reihe von verbundenen Gliedern wird als *Getriebe* bezeichnet. Ein *Gestänge* wird hergestellt, indem man ein Glied eines Getriebes am Boden fixiert. Das fixierte Glied wird als *Grundglied* oder *Festlager* bezeichnet. Es gibt zwei Arten von Gestängen, *geschlossene Schleife* (engl. closed-loop linkage) oder *parallel* und *offene Schleife* (engl. open loop linkage) oder *seriell*. In Teilsystemen eines Fahrzeugs

verwenden wir normalerweise geschlossene Schleifen. Offene Schleifen werden in Robotersystemen verwendet, bei denen ein Aktuator die Gelenkvariable an jedem Gelenk steuert.

Ein Gelenkviereck, auch viergliedrige kinematische Kette, ist in Abb. 5.2 dargestellt. Glied Nummer 1 ist das Grundglied *MN*. Das Grundglied ist die Basis und wird als Referenzglied verwendet. Wir messen alle Variablen in Bezug auf das Grundglied. Glied Nummer $2 \equiv MA$ ist normalerweise das *Eingabeglied*, das durch den *Eingabewinkel* θ_2 gesteuert wird. Glied Nummer $4 \equiv NB$ ist normalerweise das *Ausgabeglied* mit Winkelposition θ_4, und Glied Nummer $3 \equiv AB$ ist das *Kupplungsglied* mit Winkelposition θ_3, das die Eingabe- und Ausgabeglieder verbindet.

Die Winkelposition der Ausgangs- und Koppelglieder, θ_4 und θ_3, sind Funktionen der Länge der Glieder und des Wertes der *Eingabevariable* θ_2. Die Winkel θ_4 und θ_3 können durch folgende Funktionen beschrieben werden:

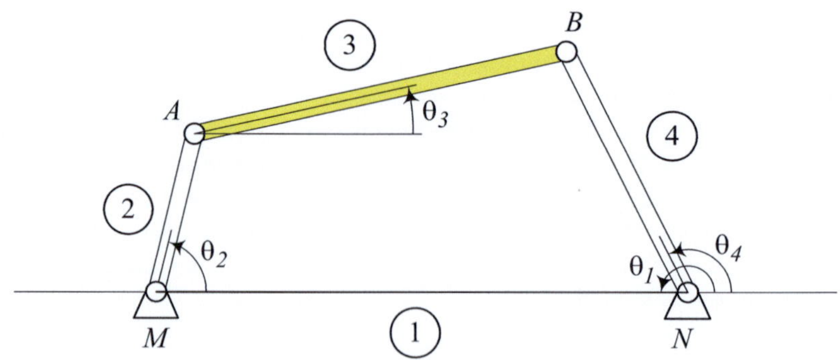

Abb. 5.2 Ein Gelenkviereck

$$\theta_4 = 2\tan^{-1}\left(\frac{-B \pm \sqrt{B^2 - 4AC}}{2A}\right) \tag{5.1}$$

$$\theta_3 = 2\tan^{-1}\left(\frac{-E \pm \sqrt{E^2 - 4DF}}{2D}\right) \tag{5.2}$$

wobei:

$$A = J_3 - J_1 + (1 - J_2)\cos\theta_2 \tag{5.3}$$

$$B = -2\sin\theta_2 \tag{5.4}$$

$$C = J_1 + J_3 - (1 + J_2)\cos\theta_2 \tag{5.5}$$

$$D = J_5 - J_1 + (1 + J_4)\cos\theta_2 \tag{5.6}$$

$$E = -2\sin\theta_2 \tag{5.7}$$

$$F = J_5 + J_1 - (1 - J_4)\cos\theta_2 \tag{5.8}$$

und

$$J_1 = \frac{d}{a} \tag{5.9}$$

$$J_2 = \frac{d}{c} \tag{5.10}$$

$$J_3 = \frac{a^2 - b^2 + c^2 + d^2}{2ac} \tag{5.11}$$

$$J_4 = \frac{d}{b} \tag{5.12}$$

$$J_5 = \frac{c^2 - d^2 - a^2 - b^2}{2ab} \tag{5.13}$$

Beweis. Wir können ein Gelenkviereck durch eine Vektorschleife darstellen, wie in Abb. 5.3 gezeigt. Die Richtung jedes Vektors ist willkürlich. Allerdings sollte der Winkel jedes Vektors in Bezug auf die positive Richtung der x-Achse gemessen werden. Der Vektorausdruck jedes Glieds wird in Tab. 5.1 gezeigt.

Die Vektorschleife im globalen Koordinatensystem G ist:

$${}^G\mathbf{r}_4 + {}^G\mathbf{r}_1 + {}^G\mathbf{r}_2 - {}^G\mathbf{r}_3 = \mathbf{0} \tag{5.14}$$

wobei:

$${}^G\mathbf{r}_1 = -d\,\hat{\imath} \tag{5.15}$$

$${}^G\mathbf{r}_2 = a\big(\cos\theta_2\,\hat{\imath} + \sin\theta_2\,\hat{\jmath}\big) \tag{5.16}$$

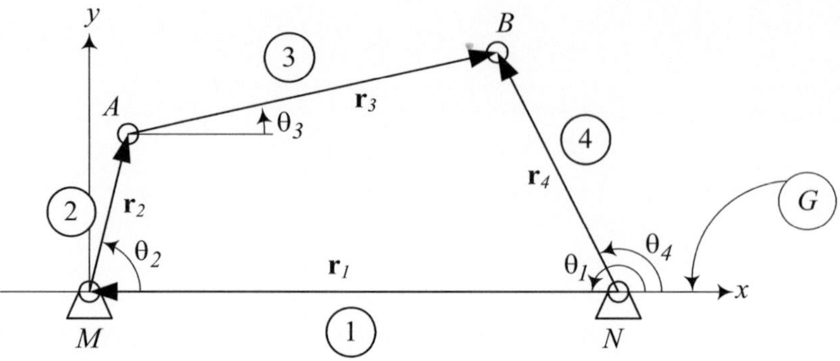

Abb. 5.3 Darstellung eines Gelenkvierecks mit einer Vektorschleife

Tab. 5.1 Vektordarstellung des in Abb. 5.3 gezeigten Gelenkvierecks

Glied	Name	Vektor	Länge	Winkel	Variable
1	Grundglied	$\mathbf{r}_1$	d	$\theta_1 = 180\,\text{deg}$	–
2	Eingabe	$\mathbf{r}_2$	a	θ_2	θ_2
3	Kupplungsglied	$\mathbf{r}_3$	b	θ_3	θ_3
4	Ausgabe	$\mathbf{r}_4$	c	θ_4	θ_4

$$^G\mathbf{r}_3 = b\big(\cos\theta_3\,\hat{\imath} + \sin\theta_3\,\hat{\jmath}\big) \tag{5.17}$$

$$^G\mathbf{r}_4 = c\big(\cos\theta_4\,\hat{\imath} + \sin\theta_4\,\hat{\jmath}\big) \tag{5.18}$$

und das linke Superskript G erinnert daran, dass die Vektoren im globalen Koordinatensystem ausgedrückt sind, das an das Grundglied angehängt ist. Die Substitution der kartesischen Ausdrücke für die planaren Vektoren in Gl. (5.14) ergibt:

$$\begin{aligned} &-d\,\hat{\imath} + a\big(\cos\theta_2\,\hat{\imath} + \sin\theta_2\,\hat{\jmath}\big) + b\big(\cos\theta_3\,\hat{\imath} + \sin\theta_3\,\hat{\jmath}\big) \\ &-c\big(\cos\theta_4\,\hat{\imath} + \sin\theta_4\,\hat{\jmath}\big) = 0 \end{aligned} \tag{5.19}$$

Wir können Gl. (5.19) in Sinus- und Kosinuskomponenten zerlegen:

$$a\sin\theta_2 + b\sin\theta_3 - c\sin\theta_4 = 0 \tag{5.20}$$

$$-d + a\cos\theta_2 + b\cos\theta_3 - c\cos\theta_4 = 0 \tag{5.21}$$

Um die Beziehung zwischen dem Eingangswinkel θ_2 und dem Ausgangswinkel θ_4 abzuleiten, muss der Kupplungswinkel θ_3 zwischen den Gl. (5.20) und (5.21) eliminiert werden. Durch Übertragung der Terme, die θ_3 nicht enthalten, auf die andere Seite der Gleichungen und Quadrierung beider Seiten, ergeben sich die folgenden Gleichungen:

$$(b \sin \theta_3)^2 = (-a \sin \theta_2 + c \sin \theta_4)^2 \tag{5.22}$$

$$(b \cos \theta_3)^2 = (-a \cos \theta_2 + c \cos \theta_4 + d)^2 \tag{5.23}$$

Durch Addition der Gl. (5.22) und (5.23) und Vereinfachung leiten wir die folgende Gleichung ab:

$$J_1 \cos \theta_4 - J_2 \cos \theta_2 + J_3 = \cos(\theta_4 - \theta_2) \tag{5.24}$$

wobei:

$$J_1 = \frac{d}{a} \qquad J_2 = \frac{d}{c} \qquad J_3 = \frac{a^2 - b^2 + c^2 + d^2}{2ac} \tag{5.25}$$

Gl. (5.24) wird als *Freudenstein-Gleichung* bezeichnet. Die Freudenstein-Gleichung kann durch Verwendung der Trigonometrie

$$\sin \theta_4 = \frac{2 \tan \dfrac{\theta_4}{2}}{1 + \tan^2 \dfrac{\theta_4}{2}} \qquad \cos \theta_4 = \frac{1 - \tan^2 \dfrac{\theta_4}{2}}{1 + \tan^2 \dfrac{\theta_4}{2}} \tag{5.26}$$

erweitert werden, um eine praktischere Gleichung zu liefern:

$$A \tan^2 \frac{\theta_4}{2} + B \tan \frac{\theta_4}{2} + C = 0 \tag{5.27}$$

wobei *A, B* und *C* Funktionen der Eingangsvariable sind:

$$A = J_3 - J_1 + (1 - J_2) \cos \theta_2 \tag{5.28}$$

$$B = -2 \sin \theta_2 \tag{5.29}$$

$$C = J_1 + J_3 - (1 + J_2) \cos \theta_2 \tag{5.30}$$

Gl. (5.27) ist quadratisch in $\tan(\theta_4/2)$ und kann verwendet werden, um den Ausgangswinkel θ_4 als Funktion des Eingangswinkels θ_2 zu finden:

$$\theta_4 = 2 \tan^{-1} \left(\frac{-B \pm \sqrt{B^2 - 4AC}}{2A} \right) \tag{5.31}$$

Um die Beziehung zwischen dem Eingangswinkel θ_2 und dem Kupplungswinkel θ_3 zu finden, muss der Ausgangswinkel θ_4 zwischen den Gl. (5.20) und (5.21) eliminiert werden. Indem die Terme, die θ_4 nicht enthalten, auf die rechte Seite der Gleichungen übertragen und beide Seiten quadriert werden, erhalten wir:

$$(c\sin\theta_4)^2 = (a\sin\theta_2 + b\sin\theta_3)^2 \tag{5.32}$$

$$(c\cos\theta_4)^2 = (a\cos\theta_2 + b\cos\theta_3 - d)^2 \tag{5.33}$$

Durch Addition der Gl. (5.32) und (5.33) und Vereinfachung leiten wir die Gleichung ab:

$$J_1\cos\theta_3 + J_4\cos\theta_2 + J_5 = \cos(\theta_3 - \theta_2) \tag{5.34}$$

wobei:

$$J_4 = \frac{d}{b} \qquad J_5 = \frac{c^2 - d^2 - a^2 - b^2}{2ab} \tag{5.35}$$

Gl. (5.34) kann erweitert und umgewandelt werden zu:

$$D\tan^2\frac{\theta_3}{2} + E\tan\frac{\theta_3}{2} + F = 0 \tag{5.36}$$

wobei D, E und F Funktionen der Eingangsvariable sind:

$$D = J_5 - J_1 + (1 + J_4)\cos\theta_2 \tag{5.37}$$

$$E = -2\sin\theta_2 \tag{5.38}$$

$$F = J_5 + J_1 - (1 - J_4)\cos\theta_2 \tag{5.39}$$

Gl. (5.36) ist quadratisch

$$\theta_3 = 2\tan^{-1}\left(\frac{-E \pm \sqrt{E^2 - 4DF}}{2D}\right) \tag{5.40}$$

Die Gl. (5.31) und (5.40) berechnen die Ausgangs- und Kupplungswinkel θ_4 und θ_3 als zwei Funktionen des Eingangswinkels θ_2, vorausgesetzt, die Längen a, b, c und d sind gegeben. ▪

Beispiel 227 *Zwei mögliche Konfigurationen für ein Gelenkviereck*

Bei jedem Winkel θ_2 und für geeignete Werte von a, b, c und d liefern uns die Gl. (5.1) und (5.2) zwei Werte für die Ausgangs- und Kupplungswinkel θ_4 und θ_3. Beide Lösungen sind möglich und liefern zwei verschiedene Konfigurationen für jeden Eingangswinkel θ_2.

Ein geeignetes System von (a, b, c, d) macht das Gelenkviereck zu einer geschlossenen Schleife. Eine geeignete Zahlenmenge macht die Nullstellen in den Gl. (5.1) und (5.2) reell.

Als Beispiel betrachten Sie ein Gestänge mit

$$a = 1 \qquad b = 2 \qquad c = 2{,}5 \qquad d = 3 \tag{5.41}$$

Die J_i, $i = 1,2,3,4,5$ sind Funktionen der Länge der Verbindungen und gleich

$$
\begin{aligned}
J_1 &= \frac{d}{a} = 3 \\
J_2 &= \frac{d}{c} = \frac{3}{2{,}5} = 1,2 \\
J_3 &= \frac{a^2 - b^2 + c^2 + d^2}{2ac} = 2{,}45 \\
J_4 &= \frac{d}{b} = 1{,}5 \\
J_5 &= \frac{c^2 - d^2 - a^2 - b^2}{2ab} = -1{,}9375
\end{aligned}
\tag{5.42}
$$

Dann können die Koeffizienten der quadratischen Gleichungen berechnet werden:

$$
\begin{array}{ll}
A = -0{,}6914213562 & B = -1{,}414213562 \\
C = 3{,}894365082 & D = -3{,}169733048 \\
E = -1{,}414213562 & F = 1{,}416053390
\end{array}
\tag{5.43}
$$

Unter Verwendung des Minuszeichens von (5.1) und (5.2) sind die Ausgangs- und Kupplungswinkel bei $\theta_2 = \pi/4\,\mathrm{rad} = 45\,\mathrm{deg}$*:*

$$
\begin{aligned}
\theta_4 &\approx 2\,\mathrm{rad} \approx 114{,}73\,\mathrm{deg} \\
\theta_3 &\approx 0{,}897\,\mathrm{rad} \approx 51{,}42\,\mathrm{deg}
\end{aligned}
\tag{5.44}
$$

und unter Verwendung des Pluszeichens sind sie

$$
\begin{aligned}
\theta_4 &\approx -2{,}6\,\mathrm{rad} \approx -149\,\mathrm{deg} \\
\theta_3 &\approx -1{,}495\,\mathrm{rad} \approx -85{,}7\,\mathrm{deg}
\end{aligned}
\tag{5.45}
$$

Abb. 5.4 zeigt die zwei möglichen Konfigurationen der Gestänge für $\theta_2 = 45\,\mathrm{deg}$*. Die Konfiguration in Abb. 5.4a wird als* ***konvex***, ***nicht gekreuzt*** *oder* ***Ellbogen-hoch***

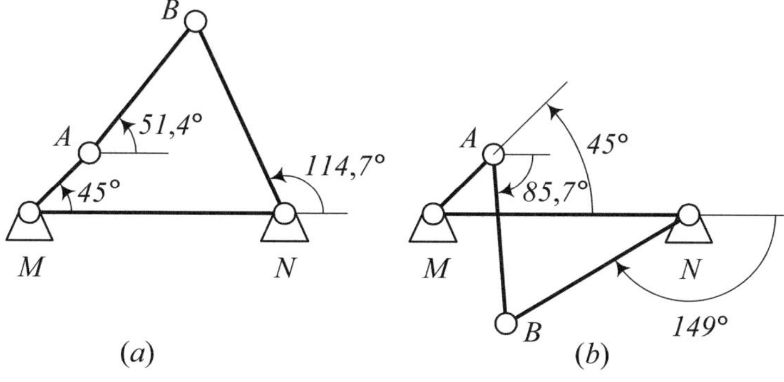

Abb. 5.4 Zwei mögliche Konfigurationen eines Gelenkvierecks mit dem gleichen Eingangswinkel θ_2

bezeichnet, und die Konfiguration in Abb. 5.4b wird als ***konkav***, ***gekreuzt*** *oder* ***Ellbogen-runter*** bezeichnet.

Beispiel 228 *Geschwindigkeitsanalyse eines Gelenkvierecks*

Die Geschwindigkeitsanalyse eines Gelenkvierecks ist möglich, indem man Gl. (5.20) und (5.21) nach der Zeit ableitet:

$$\begin{aligned}&\frac{d}{dt}(a\sin\theta_2 + b\sin\theta_3 - c\sin\theta_4)\\&= a\,\omega_2\cos\theta_2 + b\,\omega_3\cos\theta_3 - c\,\omega_4\cos\theta_4 = 0\end{aligned} \tag{5.46}$$

$$\begin{aligned}&\frac{d}{dt}(-d + a\cos\theta_2 + b\cos\theta_3 - c\cos\theta_4)\\&= -a\,\omega_2\sin\theta_2 - b\,\omega_3\sin\theta_3 + c\,\omega_4\sin\theta_4 = 0\end{aligned} \tag{5.47}$$

wobei

$$\omega_2 = \dot{\theta}_2 \qquad \omega_3 = \dot{\theta}_3 \qquad \omega_4 = \dot{\theta}_4 \tag{5.48}$$

Angenommen θ_2 und ω_2 sind gegeben, und θ_3, θ_4 sind bekannt aus den Gl. (5.1) und (5.2), wir lösen die Gl. (5.46) und (5.47) für ω_3 und ω_4:

$$\omega_4 = \frac{a\sin(\theta_2-\theta_3)}{c\sin(\theta_4-\theta_3)}\omega_2 \tag{5.49}$$

$$\omega_3 = \frac{a\sin(\theta_2-\theta_4)}{b\sin(\theta_4-\theta_3)}\omega_2 \tag{5.50}$$

Beispiel 229 *Geschwindigkeit der beweglichen Gelenke eines Gelenkvierecks.*

Mit den Koordinaten θ_2, θ_3, θ_4 und Geschwindigkeiten ω_2, ω_3, ω_4 können wir die absoluten und relativen Geschwindigkeiten der Punkte A und B berechnen, die in Abb. 5.3 dargestellt sind. Die absolute Geschwindigkeit eines Punktes bezieht sich auf seine Geschwindigkeit relativ zum Grundglied, und die relative Geschwindigkeit eines Punktes bezieht sich auf seine Geschwindigkeit relativ zu einem anderen beweglichen Punkt.

Die absolute Geschwindigkeit der Punkte A und B sind

$$\begin{aligned}{}^G\mathbf{v}_A &= {}_G\boldsymbol{\omega}_2 \times {}^G\mathbf{r}_2\\&= \begin{bmatrix}0\\0\\\omega_2\end{bmatrix} \times \begin{bmatrix}a\cos\theta_2\\a\sin\theta_2\\0\end{bmatrix} = \begin{bmatrix}-a\omega_2\sin\theta_2\\a\omega_2\cos\theta_2\\0\end{bmatrix}\end{aligned} \tag{5.51}$$

$$\begin{aligned}{}^G\mathbf{v}_B &= {}_G\boldsymbol{\omega}_4 \times {}^G\mathbf{r}_4\\&= \begin{bmatrix}0\\0\\\omega_4\end{bmatrix} \times \begin{bmatrix}c\cos\theta_4\\c\sin\theta_4\\0\end{bmatrix} = \begin{bmatrix}-c\omega_4\sin\theta_4\\c\omega_4\cos\theta_4\\0\end{bmatrix}\end{aligned} \tag{5.52}$$

und die Geschwindigkeit des Punktes B relativ zum Punkt A ist

$$\begin{aligned} {}^G\mathbf{v}_{B/A} = {}^G\mathbf{v}_B - {}^G\mathbf{v}_A &= \begin{bmatrix} -c\omega_4 \sin\theta_4 \\ c\omega_4 \cos\theta_4 \\ 0 \end{bmatrix} - \begin{bmatrix} -a\omega_2 \sin\theta_2 \\ a\omega_2 \cos\theta_2 \\ 0 \end{bmatrix} \\ &= \begin{bmatrix} a\omega_2 \sin\theta_2 - c\omega_4 \sin\theta_4 \\ c\omega_4 \cos\theta_4 - a\omega_2 \cos\theta_2 \\ 0 \end{bmatrix} \end{aligned} \tag{5.53}$$

Die Geschwindigkeit des Punktes B relativ zu A kann auch gefunden werden als

$$\begin{aligned} &{}^G\mathbf{v}_{B/A} = {}^G R_2\, {}^2\mathbf{v}_B = {}^G R_2\, {}^2\mathbf{v}_B = {}^G R_2 \left({}_2\boldsymbol{\omega}_3 \times {}^2\mathbf{r}_3 \right) = {}_G\boldsymbol{\omega}_3 \times {}^G\mathbf{r}_3 \\ &= \begin{bmatrix} 0 \\ 0 \\ \omega_3 \end{bmatrix} \times \begin{bmatrix} b\cos\theta_3 \\ b\sin\theta_3 \\ 0 \end{bmatrix} = \begin{bmatrix} -b\omega_3 \sin\theta_3 \\ b\omega_3 \cos\theta_3 \\ 0 \end{bmatrix} \end{aligned} \tag{5.54}$$

Die Gl. (5.53) und (5.54) sind beide korrekt und ineinander umwandelbar.

Beispiel 230 *Beschleunigungsanalyse eines Gelenkvierecks*

Die Beschleunigungsanalyse eines Gelenkvierecks ist möglich, durch eine Zeitableitung der Gl. (5.46) und (5.47):

$$\begin{aligned} &\tfrac{d}{dt}(a\,\omega_2 \cos\theta_2 + b\,\omega_3 \cos\theta_3 - c\,\omega_4 \cos\theta_4) \\ &\quad = a\alpha_2 \cos\theta_2 + b\alpha_3 \cos\theta_3 - c\alpha_4 \cos\theta_4 \\ &-a\omega_2^2 \sin\theta_2 - b\omega_3^2 \sin\theta_3 + c\omega_4^2 \sin\theta_4 = 0 \end{aligned} \tag{5.55}$$

$$\begin{aligned} &\tfrac{d}{dt}(-a\,\omega_2 \sin\theta_2 - b\,\omega_3 \sin\theta_3 + c\,\omega_4 \sin\theta_4) \\ &\quad = -a\alpha_2 \sin\theta_2 - b\alpha_3 \sin\theta_3 + c\alpha_4 \sin\theta_4 \\ &-a\omega_2^2 \cos\theta_2 - b\omega_3^2 \cos\theta_3 + c\omega_4^2 \cos\theta_4 = 0 \end{aligned} \tag{5.56}$$

wobei

$$\alpha_2 = \dot{\omega}_2 \qquad \alpha_3 = \dot{\omega}_3 \qquad \alpha_4 = \dot{\omega}_4 \tag{5.57}$$

Angenommen, θ_2, ω_2 und α_2 sind als die Kinematik des Eingangsglieds gegeben, θ_3, θ_4 sind aus den Gl. (5.1) und (5.2) bekannt, und ω_3, ω_4 sind aus den Gl. (5.49) und (5.50) bekannt, dann lösen wir die Gl. (5.55) und (5.56) für α_3 und α_4:

$$\alpha_4 = \tfrac{C_3 C_4 - C_1 C_6}{C_1 C_5 - C_2 C_4} \tag{5.58}$$

$$\alpha_3 = \tfrac{C_3 C_5 - C_2 C_6}{C_1 C_5 - C_2 C_4} \tag{5.59}$$

wobei

$$\begin{aligned} C_1 &= c\sin\theta_4 \qquad C_2 = b\sin\theta_3 \\ C_3 &= a\alpha_2 \sin\theta_2 + a\omega_2^2 \cos\theta_2 + b\omega_3^2 \cos\theta_3 - c\omega_4^2 \cos\theta_4 \\ C_4 &= c\cos\theta_4 \qquad C_5 = b\cos\theta_3 \\ C_6 &= a\alpha_2 \cos\theta_2 - a\omega_2^2 \sin\theta_2 - b\omega_3^2 \sin\theta_3 + c\omega_4^2 \sin\theta_4 \end{aligned} \tag{5.60}$$

Beispiel 231 *Beschleunigung von beweglichen Gelenken für ein Gelenkviereck*

Die Winkelkinematik eines Gelenkvierecks θ_2, θ_3, θ_4, ω_2, ω_3, ω_4, α_2, α_3 und α_4 ist notwendig und ausreichend, um die absoluten und relativen Beschleunigungen der Punkte A und B in Abb. 5.3 zu berechnen.

Die absolute Beschleunigung der Punkte A und B sind

$$
\begin{aligned}
{}^G\mathbf{a}_A &= {}_G\boldsymbol{\alpha}_2 \times {}^G\mathbf{r}_2 + {}_G\boldsymbol{\omega}_2 \times \left({}_G\boldsymbol{\omega}_2 \times {}^G\mathbf{r}_2\right) \\
&= \begin{bmatrix} -a\alpha_2 \sin\theta_2 - a\omega_2^2 \cos\theta_2 \\ a\alpha_2 \cos\theta_2 - a\omega_2^2 \sin\theta_2 \\ 0 \end{bmatrix}
\end{aligned}
\tag{5.61}
$$

$$
\begin{aligned}
{}^G\mathbf{a}_B &= {}_G\boldsymbol{\alpha}_4 \times {}^G\mathbf{r}_4 + {}_G\boldsymbol{\omega}_4 \times \left({}_G\boldsymbol{\omega}_4 \times {}^G\mathbf{r}_4\right) \\
&= \begin{bmatrix} -c\alpha_4 \sin\theta_4 - c\omega_4^2 \cos\theta_4 \\ c\alpha_4 \cos\theta_4 - c\omega_4^2 \sin\theta_4 \\ 0 \end{bmatrix}
\end{aligned}
\tag{5.62}
$$

wobei

$$
{}^G\mathbf{r}_2 = \begin{bmatrix} a\cos\theta_2 \\ a\sin\theta_2 \\ 0 \end{bmatrix} \qquad {}^G\mathbf{r}_4 = \begin{bmatrix} c\cos\theta_4 \\ c\sin\theta_4 \\ 0 \end{bmatrix}
\tag{5.63}
$$

$$
{}_G\boldsymbol{\omega}_2 = \begin{bmatrix} 0 \\ 0 \\ \omega_2 \end{bmatrix} \qquad {}_G\boldsymbol{\omega}_4 = \begin{bmatrix} 0 \\ 0 \\ \omega_4 \end{bmatrix}
\tag{5.64}
$$

$$
{}_G\boldsymbol{\alpha}_2 = \begin{bmatrix} 0 \\ 0 \\ \alpha_2 \end{bmatrix} \qquad {}_G\boldsymbol{\alpha}_4 = \begin{bmatrix} 0 \\ 0 \\ \alpha_4 \end{bmatrix}
\tag{5.65}
$$

Die Beschleunigung des Punktes B in Bezug auf Punkt A ist

$$
\begin{aligned}
{}^G\mathbf{a}_{B/A} &= {}_G\boldsymbol{\alpha}_3 \times {}^G\mathbf{r}_3 + {}_G\boldsymbol{\omega}_3 \times \left({}_G\boldsymbol{\omega}_3 \times {}^G\mathbf{r}_3\right) \\
&= \begin{bmatrix} -b\alpha_3 \sin\theta_3 - b\omega_3^2 \cos\theta_3 \\ b\alpha_3 \cos\theta_3 - b\omega_3^2 \sin\theta_3 \\ 0 \end{bmatrix}
\end{aligned}
\tag{5.66}
$$

wobei

$$
{}^G\mathbf{r}_3 = \begin{bmatrix} b\cos\theta_3 \\ b\sin\theta_3 \\ 0 \end{bmatrix} \qquad {}_G\boldsymbol{\omega}_3 = \begin{bmatrix} 0 \\ 0 \\ \omega_3 \end{bmatrix} \qquad {}_G\boldsymbol{\alpha}_3 = \begin{bmatrix} 0 \\ 0 \\ \alpha_3 \end{bmatrix}
\tag{5.67}
$$

Beispiel 232 *Grashoff-Kriterium*

Die Fähigkeit eines Gelenkvierecks, eine drehbare Verbindung zu haben, wird durch das Grashoff-Kriterium bestimmt. Nehmen Sie an, die vier Verbindungen haben die Längen s, l, p und q, wobei

$$l = \textit{längstes Glied}$$
$$s = \textit{kürzestes Glied}$$
$$p, q = \textit{die anderen beiden Glieder}$$

dann besagt das ***Grashoff-Kriterium,*** *dass die Kupplung eine drehbare Verbindung hat, wenn gilt:*

$$l + s < p + q \tag{5.68}$$

Verschiedene Arten eines Grashoff-Mechanismus sind:

1. *Die kürzeste Verbindung ist die Eingangsverbindung, dann ist der Mechanismus eine Kurbelschwinge (engl. crank-rocker).*
2. *Die kürzeste Verbindung ist die Grundverbindung, und der Mechanismus ist ein Crank-Crank (engl. crank: Kurbel).*
3. *Unter allen anderen Bedingungen ist der Mechanismus ein Rocker-Rocker (engl. rocker: Schwinge).*

Ein Crank-Crank-Mechanismus wird auch als Schwenkgelenk bezeichnet.

Beispiel 233 *Grenzlage für ein Gelenkviereck*

Wenn die Ausgangsverbindung eines Gelenkvierecks stoppt, während die Eingangsverbindung sich drehen kann, sagen wir die Kupplung ist an einer ***Grenzlage****. Dies tritt auf, wenn der Winkel zwischen der Eingangs- und der Kupplungsverbindung entweder* 180 deg *oder* 360 deg *beträgt. Grenzlagen eines Gelenkvierecks, falls vorhanden, müssen vom Designer bestimmt werden, um sicherzustellen, dass die Kupplung richtig konstruiert ist. Ein Beispiel für Grenzlagen eines Gelenkvierecks ist in Abb. 5.5 dargestellt.*

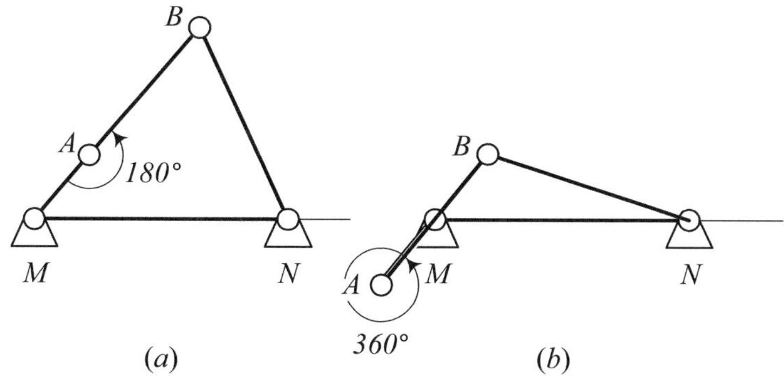

Abb. 5.5 Grenzlagen für ein Gelenkviereck

Wir bezeichnen die Grenzwinkel der Ausgangsverbindung durch $\theta_{4_{L1}}, \theta_{4_{L2}}$, *und die entsprechenden Eingangswinkel durch* $\theta_{2_{L1}}, \theta_{2_{L2}}$. *Sie können wie folgt berechnet werden:*

$$\theta_{2_{L1}} = \cos^{-1}\left[\frac{(a+b)^2+d^2-c^2}{2d(a+b)}\right] \tag{5.69}$$

$$\theta_{4_{L1}} = \cos^{-1}\left[\frac{(a+b)^2-d^2-c^2}{2cd}\right] \tag{5.70}$$

$$\theta_{2_{L2}} = \cos^{-1}\left[\frac{(b-a)^2+d^2-c^2}{2d(b-a)}\right] \tag{5.71}$$

$$\theta_{4_{L2}} = \cos^{-1}\left[\frac{(b-a)^2-d^2-c^2}{2cd}\right] \tag{5.72}$$

Der Schwenkwinkel der Ausgangsverbindung wäre

$$\phi = \theta_{4_{L2}} - \theta_{4_{L1}} \tag{5.73}$$

Beispiel 234 *Totpunktlagen für ein Gelenkviereck*

Wenn die Eingangsstange eines Gelenkvierecks blockiert, sagen wir, die Kupplung befindet sich in einer **Totpunktlage**. *Dies geschieht, wenn der Winkel zwischen der Ausgangs- und Kupplungsstange entweder* 180 deg *oder* 360 deg *beträgt. Totpunktlagen eines Gelenkvierecks, falls vorhanden, müssen vom Designer bestimmt werden, um sicherzustellen, dass die Kupplung nie in einer Totpunktlage stecken bleibt. Eine Totpunktlage für ein Gelenkviereck ist in Abb.* 5.6 dargestellt.

Wir bezeichnen den toten Winkel der Ausgangsstange durch $\theta_{4_{D1}}$, $\theta_{4_{D2}}$ *und die entsprechenden Eingangswinkel durch* $\theta_{2_{D1}}$, $\theta_{2_{D2}}$. *Sie können wie folgt berechnet werden:*

$$\theta_{2_{D1}} = \cos^{-1}\left[\frac{a^2+d^2-(b+c)^2}{2ad}\right] \tag{5.74}$$

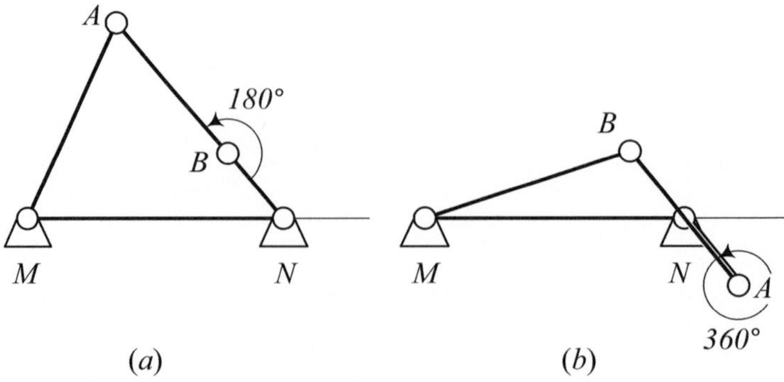

Abb. 5.6 Totpunktlagen für ein Gelenkviereck

$$\theta_{4_{D1}} = \cos^{-1}\left[\frac{a^2-d^2-(b+c)^2}{2(b+c)d}\right] \tag{5.75}$$

$$\theta_{2_{D2}} = \cos^{-1}\left[\frac{a^2+d^2-(b-c)^2}{2ad}\right] \tag{5.76}$$

$$\theta_{4_{D2}} = \cos^{-1}\left[\frac{a^2-d^2-(b-c)^2}{2ad}\right] \tag{5.77}$$

Beispiel 235 ⋆ *Entwurf eines Gelenkvierecks mithilfe der Freudenstein-Gleichung*
Das Entwerfen eines Getriebes kann als Bestimmung der erforderlichen Längen der Stangen zur Erfüllung einer spezifischen Aufgabe betrachtet werden.

Freudensteins Gl. (5.24)

$$J_1 \cos\theta_4 - J_2 \cos\theta_2 + J_3 = \cos(\theta_4 - \theta_2) \tag{5.78}$$

$$J_1 = \frac{d}{a} \qquad J_2 = \frac{d}{c} \qquad J_3 = \frac{a^2 - b^2 + c^2 + d^2}{2ac} \tag{5.79}$$

bestimmt die Eingabe-Ausgabe-Beziehung eines Gelenkvierecks. Diese Gleichung kann verwendet werden, um ein Gelenkviereck für drei zugehörige Eingabe-Ausgabe-Winkel zu entwerfen.

Abb. 5.7 zeigt die vier beliebtesten Scheibenwischersysteme. Die gleichlaufenden Wischer (Doppelarm-Parallelmethode) sind das am häufigsten verwendete Wischersystem, das man in den meisten Personenkraftwagen findet. Die gegenläufigen Wischer (Doppelarm-Gegenmethode) werden seit dem letzten Jahrhundert verwendet, waren jedoch nie sehr beliebt. Die Einhebelwischer (Einfacharm-Methode) sind

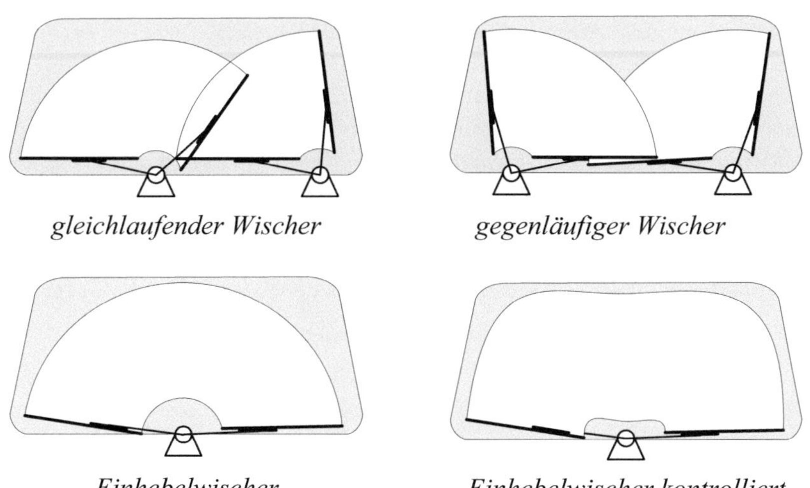

Abb. 5.7 Vier beliebte Scheibenwischersysteme

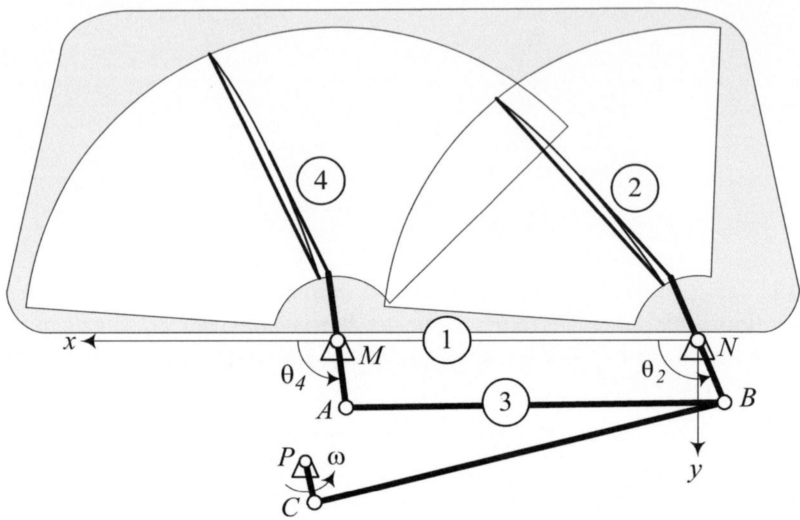

Abb. 5.8 Ein Beispiel für einen gleichlaufenden Doppelarm-Scheibenwischermechanismus

nicht sehr effizient, daher wurde der kontrollierte Einhebelwischer entworfen, um die gewischte Fläche zu maximieren.

Wischer werden an Windschutzscheiben und Scheinwerfern verwendet. Abb. 5.8 zeigt ein Beispiel für einen gleichlaufenden Doppelarm-Scheibenwischermechanismus. Ein Viergelenkgetriebe sorgt dafür, dass die Winkelpositionen der linken und rechten Wischer übereinstimmen. Eine ***Dyade*** *oder ein Doppelgelenk verbindet den Antriebsmotor mit dem Haupt-Viergelenkgetriebe und wandelt die Drehbewegung des Motors in die Hin- und Herbewegung der Wischer um.*

Die Eingabe- und Ausgabelinks des Haupt-Viergelenkgetriebes in drei verschiedenen Positionen sind in Abb. 5.9 dargestellt. Wir zeigen die Anfangs- und Endwinkel für das Eingabeglied durch θ_{21} *und* θ_{23} *und für das Ausgabeglied durch* θ_{41} *und* θ_{43}*. Um das Getriebe zu entwerfen, müssen wir die Winkel-*

Positionen der linken und rechten Wischerblätter am Anfang und am Ende der Positionen kennen. Lassen Sie uns einen weiteren Übereinstimmungspunkt ungefähr in der Mitte der gesamten Schwenkwinkel hinzufügen und ein Gelenkviereck entwerfen, so finden wir die in Tab. 5.2 angegebenen Winkel.

Ersetzen der Eingangs- und Ausgangswinkel in Freudensteins Gl. (5.24)

$$\begin{aligned} J_1 \cos\theta_{41} - J_2 \cos\theta_{21} + J_3 &= \cos(\theta_{41} - \theta_{21}) \\ J_1 \cos\theta_{42} - J_2 \cos\theta_{22} + J_3 &= \cos(\theta_{42} - \theta_{22}) \\ J_1 \cos\theta_{43} - J_2 \cos\theta_{23} + J_3 &= \cos(\theta_{43} - \theta_{23}) \end{aligned} \tag{5.80}$$

liefert uns die Gleichungen

$$\begin{aligned} J_1 \cos 2{,}74 - J_2 \cos 2{,}75 + J_3 &= \cos(2{,}74 - 2{,}75) \\ J_1 \cos 1{,}7 - J_2 \cos 1{,}97 + J_3 &= \cos(1{,}7 - 1{,}97) \\ J_1 \cos 0{,}468 - J_2 \cos 1{,}213 + J_3 &= \cos(0{,}468 - 1{,}213) \end{aligned} \tag{5.81}$$

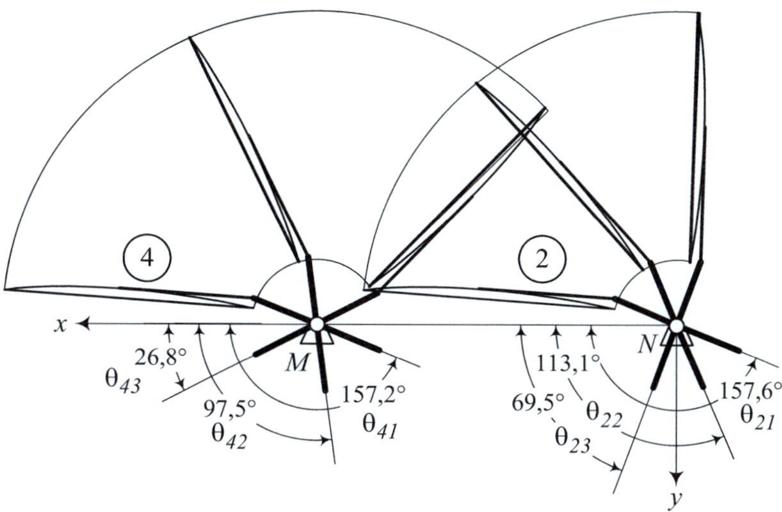

Abb. 5.9 Die Eingabe- und Ausgabeglieder des Haupt-Viergelenkgetriebes eines Scheibenwischers in drei verschiedenen Positionen

Tab. 5.2 Übereinstimmende Winkel für ein Gelenkviereck des doppelarmigen Parallelmechanismus, der in Abb. 5.9 dargestellt ist

Übereinstimmung	Eingangswinkel	Ausgangswinkel
1	$\theta_{21} = 157{,}6\,\text{deg} \approx 2{,}75\,\text{rad}$	$\theta_{41} = 157{,}2\,\text{deg} \approx 2{,}74\,\text{rad x}$
2	$\theta_{22} = 113{,}1\,\text{deg} \approx 1{,}97\,\text{rad}$	$\theta_{42} = 97{,}5\,\text{deg} \approx 1{,}7\,\text{rad}$
3	$\theta_{23} = 69{,}5\,\text{deg} \approx 1{,}213\,\text{rad}$	$\theta_{43} = 26{,}8\,\text{deg} \approx 0{,}468\,\text{rad}$

Die Gleichungsgruppe (5.81) ist linear für die Unbekannten J_1, J_2, und J_3

$$\begin{bmatrix} -0{,}92044 & 0{,}9243 & 1 \\ -0{,}12884 & 0{,}38868 & 1 \\ 0{,}89247 & -0{,}35021 & 1 \end{bmatrix} \begin{bmatrix} J_1 \\ J_2 \\ J_3 \end{bmatrix} = \begin{bmatrix} 0{,}99995 \\ 0{,}96377 \\ 0{,}73509 \end{bmatrix} \tag{5.82}$$

mit der folgenden Lösung:

$$\begin{bmatrix} J_1 \\ J_2 \\ J_3 \end{bmatrix} = \begin{bmatrix} 2{,}5284 \\ 3{,}8043 \\ -0{,}18911 \end{bmatrix} \tag{5.83}$$

Die drei Faktoren J_1, J_2, J_3 sollten verwendet werden, um die Länge der vier Verbindungen zu finden:

$$J_1 = \frac{d}{a} \qquad J_2 = \frac{d}{c} \qquad J_3 = \frac{a^2 - b^2 + c^2 + d^2}{2ac} \tag{5.84}$$

So können wir die Länge einer der Verbindungen festlegen, basierend auf der physischen Situation und die Gleichungen für die anderen drei Längen lösen. Traditionell verwenden wir $a = 1$ und finden die verbleibenden Längen. Dann kann der entworfene Mechanismus vergrößert oder verkleinert werden, um ihn an die erforderliche Geometrie anzupassen. In diesem Beispiel finden wir:

$$a = 1 \qquad b = 2{,}8436 \qquad c = 0{,}66462 \qquad d = 2{,}5284 \tag{5.85}$$

Angenommen, eine Entfernung $d = 75$ cm für einen echten Pkw zwischen den linken und rechten festen Gelenken M und N, finden wir die folgenden Abmessungen:

$$\begin{aligned} a &= 296\,\text{mm} \qquad & b &= 843\,\text{mm} \\ c &= 197\,\text{mm} \qquad & d &= 750\,\text{mm} \end{aligned} \tag{5.86}$$

Ein solcher Mechanismus ist in Abb. 5.10 in der Ausgangsposition dargestellt.

Beispiel 236 ⋆ *Gleiche Schwenkwinkel für Eingangs- und Ausgangsglieder*

Lassen Sie uns den zweiten passenden Punkt des Scheibenwischermechanismus im Beispiel 235 genau in der Mitte der gesamten Schwenkwinkel platzieren:

$$\begin{aligned} \theta_{22} &= \frac{157{,}6+69{,}5}{2} = 113{,}55\,\text{deg} \approx 1{,}982\,\text{rad} \\ \theta_{42} &= \frac{157{,}2+26{,}8}{2} = 92\,\text{deg} \approx 1{,}605\,\text{rad} \end{aligned} \tag{5.87}$$

Die ersten und zweiten Schwenkwinkel für solche passenden Punkte wären gleich. Gleichmäßige Schwenkwinkel machen die Bewegung der Wischer gleichmäßiger, obwohl sie nicht garantieren können, dass das Winkelgeschwindigkeitsverhältnis der linken und rechten Wischer konstant bleibt.

Die Punkte der Übereinstimmung für die Haupt-Viergelenkgetriebe des Scheibenwischers mit gleichen Wischwinkeln sind in Tab. 5.3 angegeben. Das Einsetzen der Winkel in die Freudenstein-Gl. (5.24) liefert uns drei Gleichungen:

$$\begin{aligned} J_1 \cos 2{,}74 - J_2 \cos 2{,}75 + J_3 &= \cos(2{,}74 - 2{,}75) \\ J_1 \cos 1{,}605 - J_2 \cos 1{,}982 + J_3 &= \cos(1{,}605 - 1{,}982) \\ J_1 \cos 0{,}468 - J_2 \cos 1{,}213 + J_3 &= \cos(0{,}468 - 1{,}213) \end{aligned} \tag{5.88}$$

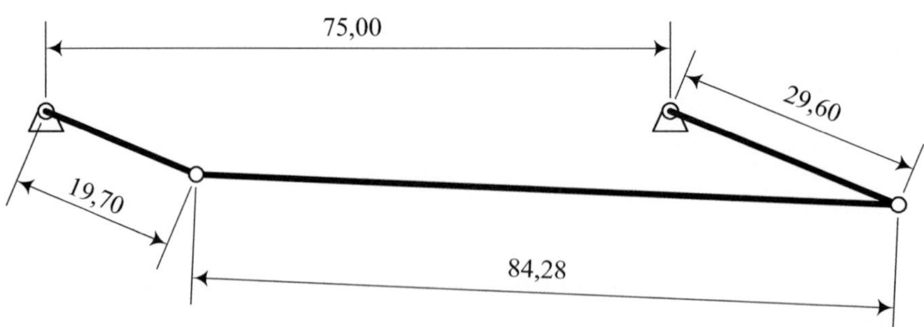

Abb. 5.10 Das Hauptgelenkviereck des Scheibenwischers in der Ausgangsposition gemessen in [cm]

Tab. 5.3 Punkte der Übereinstimmung mit gleichem Wischwinkel für das Viergelenkgetriebe des gleichläufigen Doppelarm-Mechanismus, dargestellt in Abb. 5.9

Übereinstimmung	Eingangswinkel	Ausgangswinkel
1	$\theta_{21} = 157{,}6\,\text{deg} \approx 2{,}75\,\text{rad}$	$\theta_{41} = 157{,}2\,\text{deg} \approx 2{,}74\,\text{rad}$
2	$\theta_{22} = 113{,}55\,\text{deg} \approx 1{,}982\,\text{rad}$	$\theta_{42} = 92\,\text{deg} \approx 1{,}605\,\text{rad}$
3	$\theta_{23} = 69{,}5\,\text{deg} \approx 1{,}213\,\text{rad}$	$\theta_{43} = 26{,}8\,\text{deg} \approx 0{,}468\,\text{rad}$

Die Gleichungsgruppe kann in Matrixform für die drei Unbekannten J_1, J_2 und J_3 geschrieben werden:

$$\begin{bmatrix} -0{,}920\,44 & 0{,}924\,3 & 1 \\ -{,}0332 & {,}3993 & 1 \\ 0{,}892\,47 & -0{,}350\,21 & 1 \end{bmatrix} \begin{bmatrix} J_1 \\ J_2 \\ J_3 \end{bmatrix} = \begin{bmatrix} 0{,}99995 \\ {,}929589 \\ 0{,}73509 \end{bmatrix} \tag{5.89}$$

mit der Lösung:

$$\begin{bmatrix} J_1 \\ J_2 \\ J_3 \end{bmatrix} = \begin{bmatrix} 0{,}276 \\ 0{,}6 \\ 0{,}699 \end{bmatrix} \tag{5.90}$$

Unter Verwendung von $a = 1$ und den drei Faktoren J_1, J_2 und J_3

$$J_1 = \frac{d}{a} \qquad J_2 = \frac{d}{c} \qquad J_3 = \frac{a^2 - b^2 + c^2 + d^2}{2ac} \tag{5.91}$$

können wir die Länge der Verbindungen ermitteln:

$$a = 1 \qquad b = 0{,}803 \qquad c = 0{,}46 \qquad d = 0{,}276 \tag{5.92}$$

Unter der Annahme einer Entfernung $d = 75$ cm zwischen dem linken und rechten festen Gelenk M und N finden wir die folgenden Abmessungen für einen realen Pkw:

$$\begin{aligned} a &= 2717\,\text{mm} \qquad & b &= 2182\,\text{mm} \\ c &= 1250\,\text{mm} \qquad & d &= 750\,\text{mm} \end{aligned} \tag{5.93}$$

Diese Abmessungen zeigen kein praktisches Design, da die Verbindungen länger sein können als die Breite des Fahrzeugs.

Es zeigt, dass das entworfene Mechanismus stark von dem zweiten Übereinstimmungspunkt abhängt. Daher könnte es möglich sein, einen wünschenswerten Mechanismus zu entwerfen, indem ein geeigneter zweiter Übereinstimmungspunkt ausgewählt wird.

Beispiel 237 ⋆ *Zweiter Übereinstimmungspunkt und Länge der Verbindung*

Um zu untersuchen, wie das Design des Scheibenwischermechanismus in Beispiel 235 von dem zweiten Übereinstimmungspunkt abhängt, setzen wir

$$\theta_{22} = \frac{157{,}6 + 69{,}5}{2} = 113{,}55\,\text{deg} \approx 1{,}982\,\text{rad} \tag{5.94}$$

und machen θ_{42} zu einer Variablen. Die drei Übereinstimmungspunkte für das Haupt-Gelenkviereck des Scheibenwischers sind in Tab. 5.4 *angegeben. Die Freudenstein-Gl. (5.24) liefert uns:*

$$\begin{aligned} J_1 \cos 2{,}74 - J_2 \cos 2{,}75 + J_3 &= \cos(2{,}74 - 2{,}75) \\ J_1 \cos \theta_{42} - J_2 \cos 1{,}982 + J_3 &= \cos(\theta_{42} - 1{,}982) \\ J_1 \cos 0{,}468 - J_2 \cos 1{,}213 + J_3 &= \cos(0{,}468 - 1{,}213) \end{aligned} \tag{5.95}$$

Das Gleichungssystem ergibt folgende Lösungen:

$$\begin{aligned} J_1 &= \frac{79{,}657 \cos(\theta_{42} - 1{,}9815) - 70{,}96}{79{,}657 \cos \theta_{42} + 13{,}828} \\ J_2 &= \frac{93{,}642 \cos(\theta_{42} - 1{,}981) + 13{,}681 \cos \theta_{42} - 81{,}045}{65{,}832 \cos \theta_{42} + 11{,}428} \\ J_3 &= \frac{32{,}357 - 25{,}959 \cos(\theta_{42} - 1{,}981) + 53{,}184 \cos(\theta_{42})}{11{,}428 + 65{,}83 \cos(\theta_{42})} \end{aligned} \tag{5.96}$$

Mit $d = 75$ cm *zwischen den linken und rechten festen Gelenken M und N als Grundverbindung und unter Verwendung der Faktoren J_1, J_2 und J_3*

$$J_1 = \frac{d}{a} \qquad J_2 = \frac{d}{c} \qquad J_3 = \frac{a^2 - b^2 + c^2 + d^2}{2ac} \tag{5.97}$$

können wir die Länge der anderen Verbindungen a, b und c als Funktionen von θ_{42} finden. Abb. 5.11 *zeigt, wie der Winkel θ_{42} die Längen der Verbindungen beeinflusst.*

Um den Mechanismus in einem kleinen Raum unter der Haube unterzubringen, müssen die Längen a und c viel kürzer sein als

der Boden d. Basierend auf Abb. 5.11 *wäre eine mögliche Lösung ungefähr* $\theta_{42} = 100$ deg. *Abb.* 5.12 *zeigt eine vergrößerte Ansicht um* $\theta_{42} = 100$ deg.

Um die Länge von a und c kleiner als 100 mm *zu halten, wählen wir* $\theta_{42} = 99{,}52$ deg $\approx 1{,}737$ rad. *Dann sind die Faktoren J_1, J_2 und J_3 gleich*

$$\begin{bmatrix} J_1 \\ J_2 \\ J_3 \end{bmatrix} = \begin{bmatrix} 9{,}740208376 \\ 14{,}06262379 \\ -3{,}032892944 \end{bmatrix} \tag{5.98}$$

Tab. 5.4 Veränderlicher zweiter Übereinstimmungspunkt für das Gelenkviereck des gleichläufigen Doppelarm-Mechanismus, dargestellt in Abb. 5.9

Übereinstimmung	Eingangswinkel	Ausgangswinkel
1	$\theta_{21} = 157,6\,\text{deg} \approx 2,75\,\text{rad}$	$\theta_{41} = 157,2\,\text{deg} \approx 2,74\,\text{rad}$
2	$\theta_{22} = 113,55\,\text{deg} \approx 1,982\,\text{rad}$	θ_{42}
3	$\theta_{23} = 69,5\,\text{deg} \approx 1,213\,\text{rad}$	$\theta_{43} = 26,8\,\text{deg} \approx 0,468\,\text{rad}$

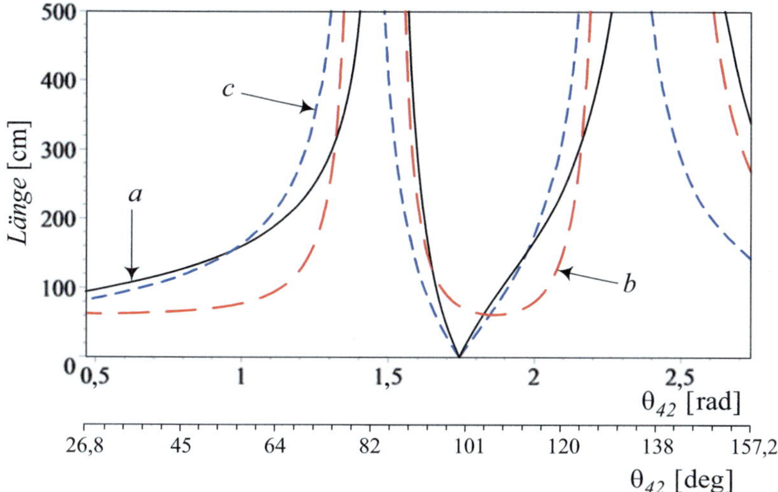

Abb. 5.11 Die Länge der Verbindungen a, b und c als Funktionen von θ_{42}

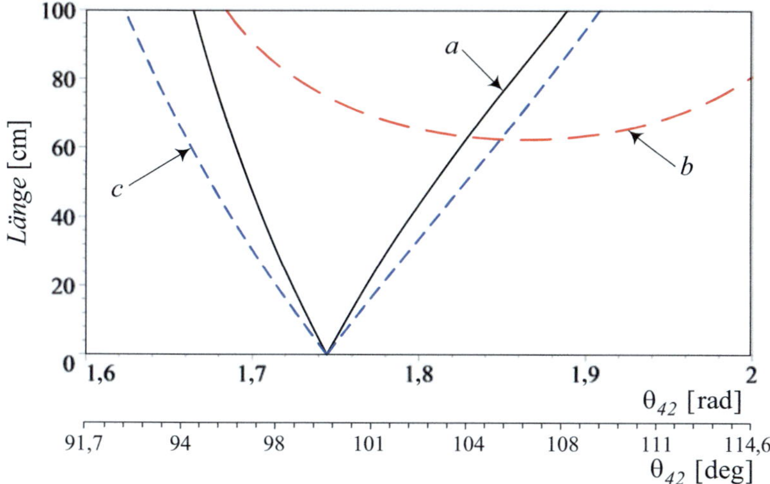

Abb. 5.12 Vergrößerung der Darstellung für die Länge der Verbindungen a, b und c als Funktionen von θ_{42} um das optimale Design

und die Verbindungen für $d = 75$ cm sind

$$\begin{array}{ll} a = 77\,\text{mm} & b = 772\,\text{mm} \\ c = 53,3\,\text{mm} & d = 750\,\text{mm} \end{array} \tag{5.99}$$

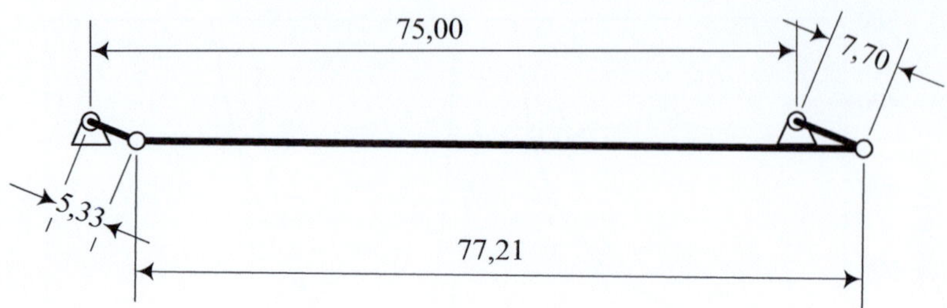

Abb. 5.13 Die endgültiges Haupt-Gelenkviereck des Scheibenwischers in der Ausgangsposition gemessen in [cm]

Diese Zahlen zeigen einen kompakten und vernünftigen Mechanismus. Abb. 5.13 *zeigt das endgültige Gelenkviereck des Scheibenwischers in der Ausgangsposition.*

Beispiel 238 ⋆ *Entwurf einer Dyade zum Anbau eines Motors*

Das Haupt-Gelenkviereck eines Scheibenwischers ist ein Schwinggetriebe (engl. rocker-rocker), weil sowohl die Eingangs- als auch die Ausgangsglieder zwischen zwei spezifischen Grenzen oszillieren müssen. Um die Wischer zu betreiben und sie an den Grenzen zu stoppen, kann eine zweigliedrige Dyade entworfen werden. Zuerst legen wir den Punkt der Installation eines Drehmotors entsprechend den physischen Bedingungen fest. Lassen Sie Punkt P, wie in Abb. 5.14 *dargestellt, der Punkt sein, an dem wir den Elektromotor zur Betätigung des Mechanismus installieren. Der nächste Schritt wäre, einen Punkt auf dem Eingangsglied auszuwählen, um das zweite Glied der Dyade anzubringen. Obwohl*

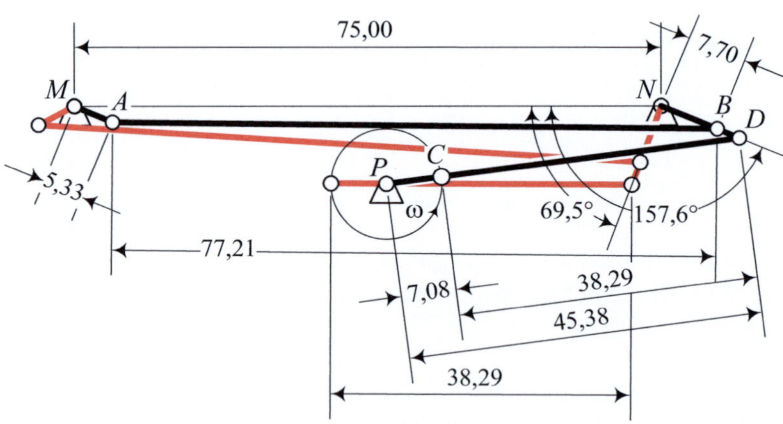

Abb. 5.14 Das endgültige Design des Scheibenwischermechanismus in der Anfangs- und Endposition

Gelenk B normalerweise die beste Wahl ist, wählen wir einen Punkt auf der Verlängerung des Eingangsglieds, angezeigt durch D. Es muss ein Paar zwischen den Gelenken D und P mit den Längen p und q geben. Wenn der Mechanismus in der Anfangsposition ist, befindet sich Gelenk D auf der längsten Entfernung vom Motor P, und wenn er in der Endposition ist, befindet sich Gelenk D auf der kürzesten Entfernung vom Motor P.

Lassen Sie uns die längste Entfernung zwischen P und D durch l und die kürzeste Entfernung durch s anzeigen.

$$\begin{aligned} l &= \text{längste Entfernung zwischen } P \text{ und } D \\ s &= \text{kürzeste Entfernung zwischen } P \text{ und } D \\ p,q &= \text{Längen des Paars zwischen } P \text{ und } D \end{aligned}$$

Wenn P und D auf der maximalen Entfernung sind, müssen die beiden Glieder des Paars aneinander entlang liegen, und wenn P und D in der minimalen Entfernung sind, muss die zweigliedrige Dyade übereinanderliegen. Daher:

$$l = q + p \qquad s = q - p \tag{5.100}$$

wobei p das kürzeste Glied und q das längste Glied der Dyade ist. Die Lösung der Gl. (5.100) für p und q ergibt:

$$p = \frac{l-s}{2} \qquad q = \frac{l+s}{2} \tag{5.101}$$

In diesem Beispiel messen wir:

$$l = 453{,}8\,\text{mm} \qquad s = 312{,}1\,\text{mm} \tag{5.102}$$

und berechnen für p und q:

$$p = 70{,}8\,\text{mm} \qquad q = 382{,}9\,\text{mm} \tag{5.103}$$

Das endgültige Design des Scheibenwischermechanismus und des laufenden Motors ist in Abb. 5.14 in den Anfangs- und Endpositionen dargestellt. Das kürzere Glied der laufenden Dyade p muss am Motor bei P befestigt werden, und das größere Glied q verbindet Gelenk D mit dem

kürzeren Glied zu C. Der Motor wird das kürzere Glied PC kontinuierlich mit einer Winkelgeschwindigkeit ω drehen, während das längere Glied CD den Mechanismus betreiben und die Wischerglieder vor dem Überschreiten der Anfangs- und Endwinkel schützen wird.

Beispiel 239 *Anwendung von Gelenkvierecken in einem Fahrzeug*

Die ***Doppel-Dreieckslenkeraufhängung*** *ist ein sehr beliebter Mechanismus für die unabhängige Aufhängung von Straßenfahrzeugen. Abb. 5.15 veranschaulicht eine Doppel-Dreieckslenkeraufhängung und ihr äquivalentes kinematisches Modell. Wir befestigen das Rad an einem Kupplungspunkt bei C. Die Doppel-Dreieckslenkeraufhängung wird auch als* ***Schwingarmaufhängung*** *bezeichnet.*

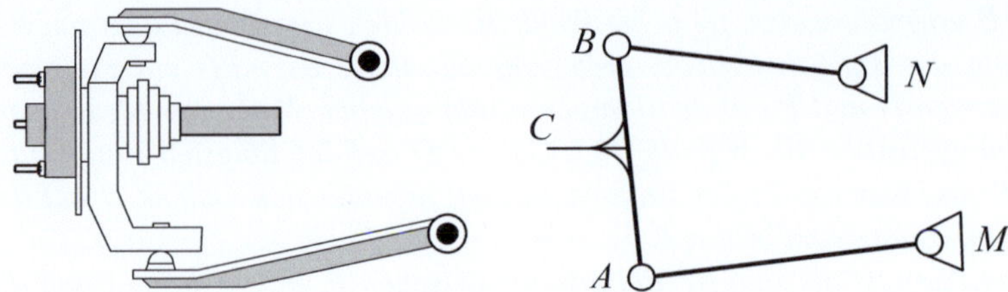

Abb. 5.15 Doppel-Dreieckslenkeraufhängung in einem Viergelenkgetriebe

5.2 Schubkurbeltrieb

Ein *Schubkurbeltrieb* ist in Abb. 5.16 dargestellt. Ein Schubkurbeltrieb ist ein Gelenkviereck. Glied Nummer 1 ist der Boden, der als Basis und Referenzglied dient. Glied Nummer $2 \equiv MA$ ist normalerweise das Eingangsglied, das durch den Eingangswinkel θ_2 gesteuert wird. Glied Nummer 4 ist das Schiebeglied, das normalerweise als Ausgangsglied betrachtet wird. Die Ausgangsvariable ist der horizontale Abstand s zwischen dem Schieber und einem festen Punkt auf dem Boden, der normalerweise das Drehgelenk bei M ist. Wenn der Schieber auf einer flachen Oberfläche gleitet, definieren wir den Horizont durch eine gerade Linie parallel zur flachen Oberfläche und durch M. Das Glied Nummer $3 \equiv AB$ ist das Kupplungsglied mit der Winkelposition θ_3, das das Eingangsglied mit dem Ausgangsschieber verbindet. Dieser Mechanismus wird als Schubkurbel bezeichnet, weil in den meisten Anwendungen das Eingangsglied ein Kurbelglied ist, das 360 deg dreht, und der Ausgang ist ein Schieber.

Die Position des Ausgangsschieber s und die Winkelposition des Kupplungsglieds θ_3 sind Funktionen der Gliedlänge und des Wertes der Eingangsvariable θ_2. Die Funktionen sind

$$s = \tfrac{-G \pm \sqrt{G^2 - 4H}}{2} \tag{5.104}$$

$$\theta_3 = \sin^{-1}\left(\tfrac{e - a\sin\theta_2}{-b}\right) \tag{5.105}$$

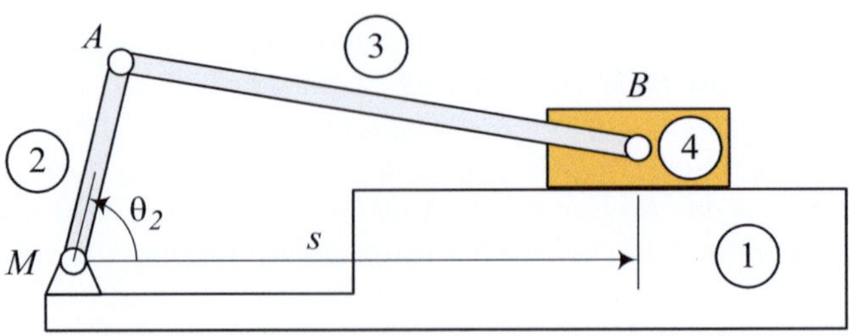

Abb. 5.16 Ein Schubkurbeltrieb

wobei

$$G = -2a\cos\theta_2 \tag{5.106}$$

$$H = a^2 + e^2 - b^2 - 2ae\sin\theta_2 \tag{5.107}$$

Beweis Wir zeigen den Schubkurbeltrieb durch eine Vektorschleife, wie in Abb. 5.17 dargestellt. Die Richtung jedes Vektors ist willkürlich, jedoch sollten die Winkel mit der Richtung des Vektors in Verbindung gebracht und von der positiven Richtung der x-Achse gemessen werden. Die Verbindungen und ihre Ausdrucksvektoren sind in Tab. 5.5 dargestellt.

Die Gleichung der Vektorschleife ist

$${}^G\mathbf{r}_1 + {}^G\mathbf{r}_2 - {}^G\mathbf{r}_3 - {}^G\mathbf{r}_4 = \mathbf{0} \tag{5.108}$$

Wir können die Vektorgleichung (5.108) in Sinus- und Kosinuskomponenten zerlegen, um zwei unabhängige Gleichungen zu erzeugen:

$$a\sin\theta_2 - b\sin\theta_3 - e = 0 \tag{5.109}$$

$$a\cos\theta_2 - b\cos\theta_3 - s = 0 \tag{5.110}$$

Um die Beziehung zwischen dem Eingangswinkel θ_2 und der Ausgangsposition s abzuleiten, muss der Kupplungswinkel θ_3 zwischen den Gl. (5.109) und (5.110)

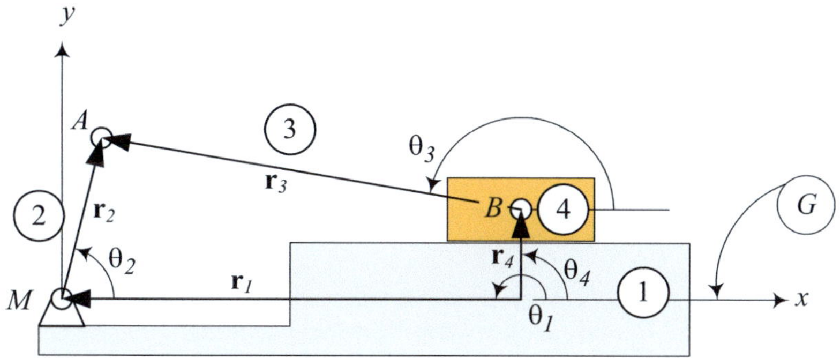

Abb. 5.17 Ein Schubkurbeltrieb ausgedrückt durch eine Vektorschleife

Tab. 5.5 Vektorrepräsentation des in Abb. 5.17 dargestellten Schubkurbeltriebs

Verbindung	Vektor	Länge	Winkel	Variable
1	${}^G\mathbf{r}_1$	s	$\theta_1 = 180\,\text{deg}$	s
2	${}^G\mathbf{r}_2$	a	θ_2	θ_2
3	${}^G\mathbf{r}_3$	b	θ_3	θ_3
4	${}^G\mathbf{r}_4$	e	$\theta_4 = 90\,\text{deg}$	–

eliminiert werden. Indem wir die Terme, die θ_3 enthalten, auf die andere Seite der Gleichungen übertragen und beide Seiten quadrieren, erhalten wir:

$$(b\sin\theta_3)^2 = (a\sin\theta_2 - e)^2 \tag{5.111}$$

$$(b\cos\theta_3)^2 = (a\cos\theta_2 - s)^2 \tag{5.112}$$

Nach Addition der Gl. (5.111) und (5.112) leiten wir die folgende Gleichung ab:

$$s^2 - 2as\cos\theta_2 + a^2 + e^2 - b^2 - 2ae\sin\theta_2 = 0 \tag{5.113}$$

oder:

$$s^2 + Gs + H = 0 \tag{5.114}$$

wobei:

$$G = -2a\cos\theta_2 \tag{5.115}$$

$$H = a^2 + e^2 - b^2 - 2ae\sin\theta_2 \tag{5.116}$$

Die Gl. (5.114) ist quadratisch in s und liefert zwei Lösungen:

$$s = \frac{-G \pm \sqrt{G^2 - 4H}}{2} \tag{5.117}$$

Um die Beziehung zwischen dem Eingangswinkel θ_2 und dem Kupplungswinkel θ_3 zu finden, können wir die Gl. (5.109) oder (5.110) verwenden, um nach θ_3 aufzulösen:

$$\theta_3 = \sin^{-1}\left(\tfrac{e - a\sin\theta_2}{-b}\right) \tag{5.118}$$

$$\theta_3 = \cos^{-1}\left(\tfrac{s - a\cos\theta_2}{-b}\right) \tag{5.119}$$

Die Gl. (5.117) und (5.118) berechnen die Ausgangs- und Kupplungsvariablen s und θ_3 als Funktionen des Eingangswinkels θ_2, vorausgesetzt, die Längen a, b und e sind gegeben.▪

Beispiel 240 *Zwei mögliche Konfigurationen für einen Schubkurbeltrieb*

Bei jedem Winkel θ_2 und für geeignete Werte von a, b und e liefert Gl. (5.117) zwei Werte für die Ausgangsvariable s. Beide Lösungen sind möglich und liefern zwei verschiedene Konfigurationen für den Mechanismus. Ein geeigneter Satz von (a, b, e) sind die Zahlen, die die Nullstellen in den Gl. (5.117) reell machen.

Als Beispiel betrachten wir einen Schubkurbeltrieb bei $\theta_2 = \pi/4\,\text{rad} = 45\,\text{deg}$ mit den Längen

$$a = 1 \qquad b = 2 \qquad e = 0{,}5 \tag{5.120}$$

Um die möglichen Konfigurationen zu lösen, beginnen wir mit der Berechnung der Koeffizienten der quadratischen Gl. (5.114):

$$G = -2a\cos\theta_2 = -1{,}4142 \tag{5.121}$$

$$H = a^2 + e^2 - b^2 - 2ae\sin\theta_2 = -3{,}4571 \tag{5.122}$$

Die Anwendung von Gl. (5.117) liefert:

$$s = \frac{-G \pm \sqrt{G^2 - 4H}}{2} = \begin{cases} 2{,}696 \\ -1{,}282 \end{cases} \tag{5.123}$$

Der entsprechende Kupplungswinkel θ_3 kann entweder aus Gl. (5.118) oder (5.119) berechnet werden:

$$\theta_3 = \sin^{-1}\left(\tfrac{e - a\sin\theta_2}{-b}\right) = \cos^{-1}\left(\tfrac{s - a\cos\theta_2}{-b}\right) \approx \begin{cases} 3{,}037\,\text{rad} \approx 174\,\text{deg} \\ 0{,}103\,\text{rad} \approx 5{,}9\,\text{deg} \end{cases} \tag{5.124}$$

Abb. 5.18 zeigt die zwei möglichen Konfigurationen des Mechanismus für $\theta_2 = 45\,\text{deg}$.

Beispiel 241 *Geschwindigkeitsanalyse eines Schubkurbeltriebs*

Die Geschwindigkeitsanalyse eines Schubkurbeltriebs ist möglich, indem man die Gl. (5.109) und (5.110) nach der Zeit ableitet:

$$\frac{d}{dt}(a\sin\theta_2 - b\sin\theta_3 - e) = a\,\omega_2\cos\theta_2 - b\,\omega_3\cos\theta_3 = 0 \tag{5.125}$$

$$\frac{d}{dt}(a\cos\theta_2 - b\cos\theta_3 - s) = -a\,\omega_2\sin\theta_2 + b\,\omega_3\sin\theta_3 - \dot{s} = 0 \tag{5.126}$$

wobei:

$$\omega_2 = \dot{\theta}_2 \qquad \omega_3 = \dot{\theta}_3 \tag{5.127}$$

Angenommen θ_2 und ω_2 sind gegebene Werte, und s, θ_3 sind bekannt aus den Gl. (5.104) und (5.105), wir können die Gl. (5.125) und (5.126) für $\dot{s}$ und ω_3 lösen:

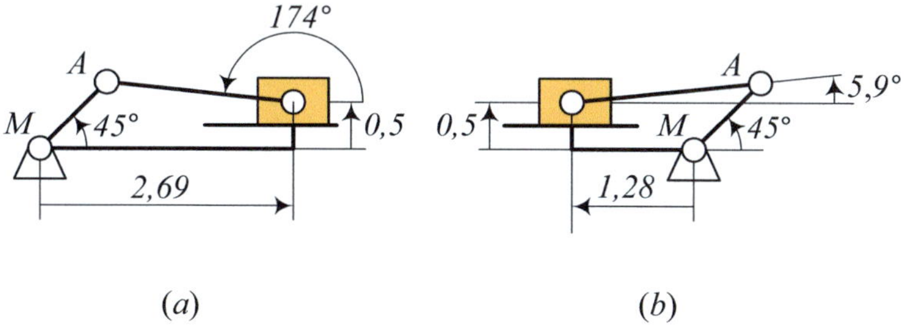

Abb. 5.18 Zwei mögliche Konfigurationen eines Schubkurbeltriebs mit dem gleichen Eingangswinkel θ_2

$$\dot{s} = \frac{\sin(\theta_3 - \theta_2)}{\cos\theta_3} a\omega_2 \tag{5.128}$$

$$\omega_3 = \frac{\cos\theta_2}{\cos\theta_3} \frac{a}{b} \omega_2 \tag{5.129}$$

Beispiel 242 *Geschwindigkeit der beweglichen Gelenke für einen Schubkurbeltrieb*

Mit den Koordinaten θ_2, θ_3, s und den Geschwindigkeiten ω_2, ω_3, $\dot{s}$ können wir die absoluten und relativen Geschwindigkeiten der Punkte A und B berechnen, die in Abb. 5.17 *dargestellt sind. Die absoluten Geschwindigkeiten der Punkte A und B sind*

$$\begin{aligned} {}^G\mathbf{v}_A &= {}_G\boldsymbol{\omega}_2 \times {}^G\mathbf{r}_2 \\ &= \begin{bmatrix} 0 \\ 0 \\ \omega_2 \end{bmatrix} \times \begin{bmatrix} a\cos\theta_2 \\ a\sin\theta_2 \\ 0 \end{bmatrix} = \begin{bmatrix} -a\omega_2\sin\theta_2 \\ a\omega_2\cos\theta_2 \\ 0 \end{bmatrix} \end{aligned} \tag{5.130}$$

$$ {}^G\mathbf{v}_B = \dot{s}\,\hat{\imath} = \begin{bmatrix} \dfrac{\sin(\theta_3 - \theta_2)}{\cos\theta_3} a\omega_2 \\ 0 \\ 0 \end{bmatrix} \tag{5.131}$$

und die Geschwindigkeit des Punktes B in Bezug auf Punkt A ist

$$\begin{aligned} {}^G\mathbf{v}_{B/A} &= {}^G\mathbf{v}_B - {}^G\mathbf{v}_A \\ &= \begin{bmatrix} \dfrac{\sin(\theta_3 - \theta_2)}{\cos\theta_3} a\omega_2 \\ 0 \\ 0 \end{bmatrix} - \begin{bmatrix} -a\omega_2\sin\theta_2 \\ a\omega_2\cos\theta_2 \\ 0 \end{bmatrix} \\ &= \begin{bmatrix} a\omega_2\sin\theta_2 + a\frac{\omega_2}{\cos\theta_3}\sin(\theta_3 - \theta_2) \\ -a\omega_2\cos\theta_2 \\ 0 \end{bmatrix} \end{aligned} \tag{5.132}$$

Die Geschwindigkeit des Punktes B in Bezug auf A kann auch gefunden werden als:

$$\begin{aligned} {}^G\mathbf{v}_{B/A} &= {}^G R_2\, {}^2\mathbf{v}_B = {}^G R_2\, {}^2\mathbf{v}_B = {}^G R_2 \left({}_2\boldsymbol{\omega}_3 \times {}^2\mathbf{r}_3 \right) = {}_G\boldsymbol{\omega}_3 \times {}^G\mathbf{r}_3 \\ &= \begin{bmatrix} 0 \\ 0 \\ \omega_3 \end{bmatrix} \times \begin{bmatrix} b\cos\theta_3 \\ b\sin\theta_3 \\ 0 \end{bmatrix} = \begin{bmatrix} -b\omega_3\sin\theta_3 \\ b\omega_3\cos\theta_3 \\ 0 \end{bmatrix} \end{aligned} \tag{5.133}$$

Gl. (5.132) *und* (5.133) *sind beide korrekt und ineinander umwandelbar.*

Beispiel 243 *Beschleunigungsanalyse eines Schubkurbeltriebs*

Die Beschleunigungsanalyse eines Schubkurbeltriebs ist möglich, indem man eine weitere Zeitableitung an den Gl. (5.125) *und* (5.126) *durchführt:*

$$\begin{aligned}&\frac{d}{dt}(a\,\omega_2\cos\theta_2 - b\,\omega_3\cos\theta_3)\\&= a\alpha_2\cos\theta_2 - b\alpha_3\cos\theta_3 - a\omega_2^2\sin\theta_2 + b\omega_3^2\sin\theta_3 = 0\end{aligned} \tag{5.134}$$

$$\begin{aligned}&\frac{d}{dt}(-a\,\omega_2\sin\theta_2 + b\,\omega_3\sin\theta_3 - \dot{s})\\&= -a\alpha_2\sin\theta_2 - b\alpha_3\sin\theta_3 + a\omega_2^2\cos\theta_2 + b\omega_3^2\cos\theta_3 - \ddot{s} = 0\end{aligned} \tag{5.135}$$

wobei:

$$\alpha_2 = \dot{\omega}_2 \qquad \alpha_3 = \dot{\omega}_3 \tag{5.136}$$

Angenommen, θ_2*,* ω_2 *und* α_2 *sind gegebene Werte als die Kinematik des Eingangsglieds,* s*,* θ_3 *sind bekannt aus den Gl.* (5.104) *und* (5.105)*, und* $\dot{s}$ *und* ω_3 *sind bekannt aus den Gl.* (5.128) *und* (5.129)*, wir können die Gl.* (5.134) *und* (5.135) *für* $\ddot{s}$ *und* α_3 lösen:

$$\ddot{s} = \frac{-a\alpha_2\sin(\theta_2+\theta_3) + b\omega_3^2\cos 2\theta_3 + a\omega_2^2\cos(\theta_2-\theta_3)}{\cos\theta_3} \tag{5.137}$$

$$\alpha_3 = \frac{a\alpha_2\cos\theta_2 - a\omega_2^2\sin\theta_2 + b\omega_3^2\sin\theta_3}{b\cos\theta_3} \tag{5.138}$$

Beispiel 244 *Beschleunigung der beweglichen Gelenke eines Schubkurbeltriebs*

Mit der Winkelkinematik eines Schubkurbeltriebs sind θ_2*,* θ_3*,* s*,* ω_2*,* ω_3*,* $\dot{s}$*,* α_2*,* α_3 *und* $\ddot{s}$ *notwendig und ausreichend, um die absoluten und relativen Beschleunigungen der Punkte A und B, dargestellt in Abb.* 5.17, zu berechnen.

Die absolute Beschleunigung der Punkte A und B ist:

$$\begin{aligned}{}^G\mathbf{a}_A &= {}_G\boldsymbol{\alpha}_2 \times {}^G\mathbf{r}_2 + {}_G\boldsymbol{\omega}_2 \times \left({}_G\boldsymbol{\omega}_2 \times {}^G\mathbf{r}_2\right)\\&= \begin{bmatrix} -a\alpha_2\sin\theta_2 - a\omega_2^2\cos\theta_2 \\ a\alpha_2\cos\theta_2 - a\omega_2^2\sin\theta_2 \\ 0 \end{bmatrix}\end{aligned} \tag{5.139}$$

$$\begin{aligned}&{}^G\mathbf{a}_B = \ddot{s}\,\hat{\imath}\\&= \begin{bmatrix} \dfrac{-a\alpha_2\sin(\theta_2+\theta_3) + b\omega_3^2\cos 2\theta_3 + a\omega_2^2\cos(\theta_2-\theta_3)}{\cos\theta_3} \\ 0 \\ 0 \end{bmatrix}\end{aligned} \tag{5.140}$$

Die Beschleunigung des Punktes B in Bezug auf Punkt A ist:

$$\begin{aligned} {}^G\mathbf{a}_{B/A} &= {}_G\boldsymbol{\alpha}_3 \times {}^G\mathbf{r}_3 + {}_G\boldsymbol{\omega}_3 \times \left({}_G\boldsymbol{\omega}_3 \times {}^G\mathbf{r}_3 \right) \\ &= \begin{bmatrix} -b\alpha_3 \sin\theta_3 - b\omega_3^2 \cos\theta_3 \\ b\alpha_3 \cos\theta_3 - b\omega_3^2 \sin\theta_3 \\ 0 \end{bmatrix} \end{aligned} \tag{5.141}$$

Beispiel 245 *Totpunktlagen für einen Schubkurbeltrieb*

*Wenn der Ausgangsschieber eines Schubkurbeltriebs stoppt, während das Eingangsglied sich drehen kann, sagen wir, der Schieber befindet sich in einer **Totpunktlage**. Dies tritt auf, wenn der Winkel zwischen dem Eingangs- und Kupplungsglied entweder* 180 deg *oder* 360 deg *beträgt. Totpunktlagen eines Schubkurbeltriebs werden in der Regel durch die Designanforderungen vorgegeben. Eine Totpunktlage für einen Schubkurbeltrieb ist in Abb.* 5.19 dargestellt.

Wir zeigen den Grenzwinkel des Eingangsglieds durch $\theta_{2_{L1}}$ *und* $\theta_{2_{L2}}$ *und den entsprechenden horizontalen Abstand des Schiebers durch* $s_{\text{Max und}}$ s_{min}. *Diese können durch die folgenden Gleichungen berechnet werden:*

$$\theta_{2_{L1}} = \sin^{-1}\left[\frac{e}{b+a}\right] \tag{5.142}$$

$$s_{Max} = \sqrt{(b+a)^2 - e^2} \tag{5.143}$$

$$\theta_{2_{L2}} = \pi + \sin^{-1}\left[\frac{e}{b-a}\right] \tag{5.144}$$

$$s_{min} = \sqrt{(b-a)^2 - e^2} \tag{5.145}$$

Die Länge des Hubs, den der Schieber wiederholt zurücklegt, ist dann

$$s = s_{Max} - s_{min} = \sqrt{(b+a)^2 - e^2} - \sqrt{(b-a)^2 - e^2} \tag{5.146}$$

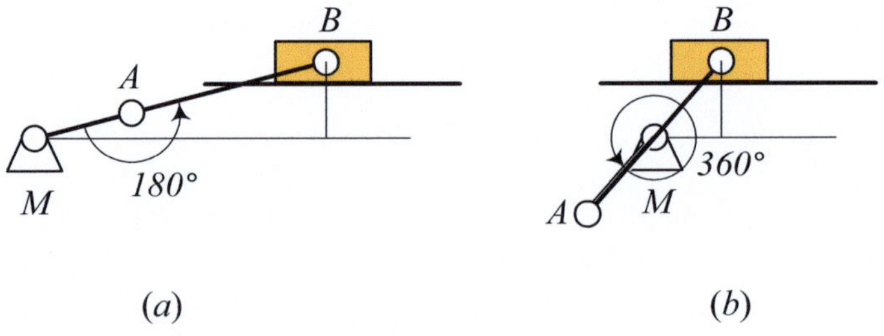

Abb. 5.19 Totpunktlage für einen Schubkurbeltrieb

Beispiel 246 ⋆ *Schnellrückkehr-Schubkurbeltrieb*

Betrachten Sie eine Schubkurbel mit einem rotierenden Eingangsglied bei einer konstanten Winkelgeschwindigkeit ω_2. Die benötigte Zeit für den Schieber, um sich von $s_{\min}$ nach s_{Max} zu bewegen, ist:

$$t_1 = \frac{\theta_{2_{L2}} - \theta_{2_{L1}}}{\omega_2} = \frac{1}{\omega_2}\left(\pi + \sin^{-1}\left[\frac{e}{b-a}\right] - \sin^{-1}\left[\frac{e}{b+a}\right]\right) \tag{5.147}$$

und die benötigte Zeit für die Rückkehr von s_{Max} nach $s_{\min}$ ist:

$$t_2 = \frac{\theta_{2_{L1}} - \theta_{2_{L2}}}{\omega_2} = \frac{1}{\omega_2}\left(\sin^{-1}\left[\frac{e}{b+a}\right] - \pi - \sin^{-1}\left[\frac{e}{b-a}\right]\right) \tag{5.148}$$

Wenn $e = 0$, dann gilt:

$$\theta_{2_{L1}} = 0 \qquad \theta_{2_{L2}} = 180\,\mathrm{deg} \tag{5.149}$$

und daher:

$$t_1 = t_2 = \frac{\pi}{\omega_2} \tag{5.150}$$

Jedoch, wenn $e < 0$, dann gilt:

$$t_2 < t_1 \tag{5.151}$$

und der Schieber kehrt schneller zu $s_{\min}$ zurück. Ein solcher Mechanismus wird als ***Schnellrückkehr****-Mechanismus bezeichnet.*

5.3 Umgekehrter Schubkurbeltrieb

Ein *umgekehrter Schubkurbeltrieb* ist in Abb. 5.20 dargestellt. Es handelt sich um ein Viergelenkgetriebe. Glied Nummer 1 ist das Grundglied, das als Basis und Referenzglied dient. Glied Nummer $2 \equiv MA$ ist normalerweise das Eingangsglied, das durch den Eingangswinkel θ_2 gesteuert wird. Glied Nummer 4 ist das Schieberglied und wird normalerweise als Ausgangsglied betrachtet. Das Schieberglied ist über ein Drehgelenk mit dem Boden verbunden, und hat ein Schubgelenk mit dem Koppelglied $3 \equiv AB$. Die Ausgangsvariable kann der Winkel des Schiebers mit dem Horizont oder die Länge AB sein. Das Glied Nummer $3 \equiv AB$ ist das Koppelglied mit der Winkelposition θ_3.

Wenn wir das Koppelglied eines Schubkurbeltriebs mit dem Boden verbinden, entsteht ein umgekehrter Schubkurbeltrieb. Durch Ändern des mit dem Boden verbundenen Glieds entsteht ein neuer Mechanismus, der als *Inversion* des vorherigen Mechanismus bezeichnet wird. Daher ist der umgekehrte Schubkurbeltrieb eine Inversion eines Schubkurbeltriebs.

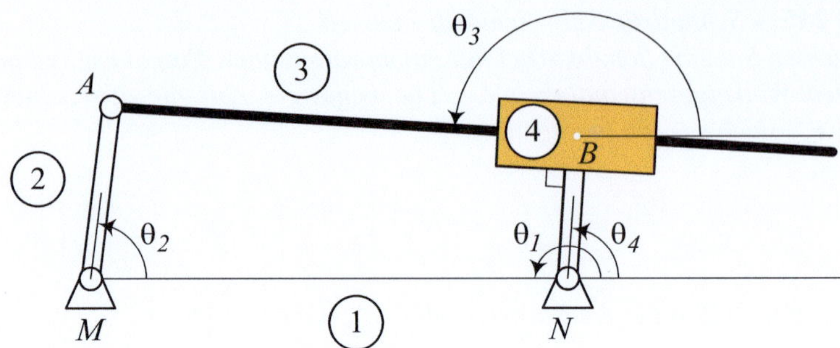

Abb. 5.20 Ein umgekehrter Schubkurbeltrieb

Die Winkelposition des Ausgabeschiebers θ_4 und die Länge des Kupplungsglieds b sind Funktionen der Länge der Glieder und des Wertes der Eingabevariablen θ_2. Diese Variablen sind:

$$b = \pm\sqrt{a^2 + d^2 - e^2 - 2ad\cos\theta_2} \tag{5.152}$$

$$\theta_4 = \theta_3 + \frac{\pi}{2} = 2\tan^{-1}\left(\frac{-H \pm \sqrt{H^2 - 4GI}}{2G}\right) \tag{5.153}$$

wobei:

$$G = d - e - a\cos\theta_2 \tag{5.154}$$

$$H = 2a\sin\theta_2 \tag{5.155}$$

$$I = a\cos\theta_2 - d - e \tag{5.156}$$

Beweis Wir zeigen den invertierten Schubkurbeltrieb durch eine Vektorschleife, wie in Abb. 5.21 dargestellt. Die Richtung jedes Vektors ist willkürlich, jedoch sollten die Winkel mit der Richtung des Vektors verbunden sein und von der positiven Richtung der x-Achse gemessen werden. Die Verbindungen und die Vektoren, mit denen sie ausgedrückt werden, sind in Tab. 5.6 dargestellt.

Die Vektorschleife ist

$${}^G\mathbf{r}_1 + {}^G\mathbf{r}_2 - {}^G\mathbf{r}_3 - {}^G\mathbf{r}_4 = \mathbf{0} \tag{5.157}$$

Sie kann in Sinus- und Kosinuskomponenten zerlegt werden:

$$a\sin\theta_2 - b\sin\left(\theta_4 - \frac{\pi}{2}\right) - e\sin\theta_4 = 0 \tag{5.158}$$

$$-d + a\cos\theta_2 - b\sin\left(\theta_4 - \frac{\pi}{2}\right) - e\cos\theta_4 = 0 \tag{5.159}$$

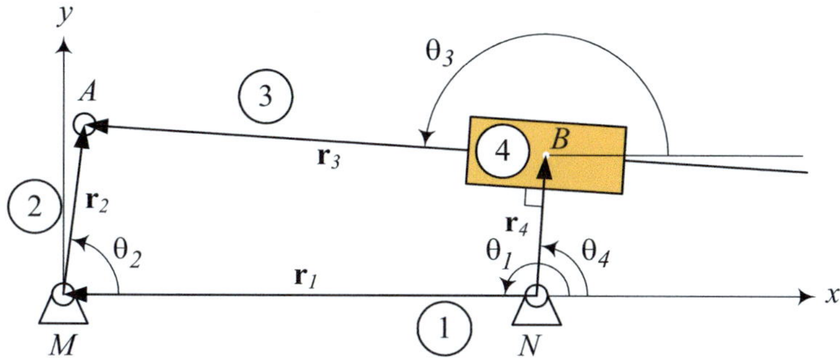

Abb. 5.21 Kinetisches Modell eines invertierten Schubkurbeltriebs

Tab. 5.6 Vektor-Darstellung des invertierten Schubkurbeltriebs, der in Abb. 5.21 dargestellt ist

Verbindung	Vektor	Länge	Winkel	Variable
1	${}^G\mathbf{r}_1$	d	$\theta_1 = 180\,\text{deg}$	d
2	${}^G\mathbf{r}_2$	a	θ_2	θ_2
3	${}^G\mathbf{r}_3$	b	θ_3	θ_3 oder θ_4
4	${}^G\mathbf{r}_4$	e	$\theta_4 = \theta_3 + 90\,\text{deg}$	–

Um die Beziehung zwischen dem Eingangswinkel θ_2 und dem Ausgang θ_4 abzuleiten, eliminieren wir b zwischen den Gl. (5.158) und (5.159) und finden:

$$(a\cos\theta_2 - d)\cos\theta_4 + a\sin\theta_2\sin\theta_4 - e = 0 \tag{5.160}$$

Um einen besseren Ausdruck zu haben, der für die Computerprogrammierung geeignet ist, können wir trigonometrische Gleichungen

$$\sin\theta_4 = \frac{2\tan\dfrac{\theta_4}{2}}{1+\tan^2\dfrac{\theta_4}{2}} \qquad \cos\theta_4 = \frac{1-\tan^2\dfrac{\theta_4}{2}}{1+\tan^2\dfrac{\theta_4}{2}} \tag{5.161}$$

verwenden, um die Gl. (5.160) in eine nützlichere Gleichung

$$G\tan^2\frac{\theta_4}{2} + H\tan\frac{\theta_4}{2} + I = 0 \tag{5.162}$$

umzuwandeln, wobei *G, H* und *I* Funktionen der Eingangsvariable sind:

$$G = d - e - a\cos\theta_2 \tag{5.163}$$

$$H = 2a\sin\theta_2 \tag{5.164}$$

$$I = a\cos\theta_2 - d - e \tag{5.165}$$

Die Gl. (5.162) ist quadratisch in tan $(\theta_4/2)$ und kann verwendet werden, um den Ausgangswinkel θ_4 zu finden:

$$\theta_4 = 2\tan^{-1}\left(\frac{-H \pm \sqrt{H^2 - 4GI}}{2G}\right) \tag{5.166}$$

Um die Beziehung zwischen dem Eingangswinkel θ_2 und der Kupplungslänge b zu finden, können wir die Gl. (5.158) und (5.159) für $\sin\theta_4$ und $\cos\theta_4$ lösen:

$$\sin\theta_4 = \frac{ab\cos\theta_2 - ae\sin\theta_2 + bd}{b^2 + e^2} \tag{5.167}$$

$$\cos\theta_4 = -\frac{ab\sin\theta_2 - ae\cos\theta_2 + ed}{b^2 + e^2} \tag{5.168}$$

oder (5.166) in (5.160) einsetzen und nach b auflösen. Durch Quadrieren und Addieren der Gl. (5.167) und (5.168) finden wir die folgende Gleichung:

$$a^2 - b^2 + d^2 - e^2 - 2ad\cos\theta_2 = 0 \tag{5.169}$$

die nach b aufgelöst werden muss:

$$b = \pm\sqrt{a^2 + d^2 - e^2 - 2ad\cos\theta_2} \tag{5.170}$$

■

Beispiel 247 *Zwei mögliche Konfigurationen für umgekehrte Schubkurbeltriebe*

Bei jedem Winkel θ_2 und für geeignete Werte von a, d und e liefern die Gl. (5.152) und (5.153) zwei Werte für die Ausgabe b und Kupplungswinkel θ_4. Beide Lösungen sind möglich und liefern zwei verschiedene Konfigurationen für den Mechanismus. Ein geeignetes Set von (a, d, e) sind die Zahlen, die die Nullstellen in den Gl. (5.152) und (5.153) reell machen.

Betrachten Sie einen umgekehrten Schubkurbeltrieb bei $\theta_2 = \pi/4\,\text{rad} = 45\,\text{deg}$ mit den Längen

$$a = 1 \qquad e = 0{,}5 \qquad d = 3 \tag{5.171}$$

Die Parameter der Gl. (5.152) sind:

$$\begin{aligned} G &= d - e - a\cos\theta_2 = 1{,}7929 \\ H &= 2a\sin\theta_2 = 1{,}4142 \\ I &= a\cos\theta_2 - d - e = -2{,}7929 \end{aligned} \tag{5.172}$$

Nun liefert die Gl. (5.162) zwei reelle Werte für θ_4

$$\theta_4 \approx \begin{cases} 1{,}48\,\text{rad} \approx 84{,}8\,\text{deg} \\ -2{,}08\,\text{rad} \approx -120\,\text{deg} \end{cases} \tag{5.173}$$

Mit $\theta_4 = 1{,}48$ rad *liefern die Gl.* (5.167) *uns*

$$b \approx 2{,}33 \tag{5.174}$$

und wenn $\theta_4 = -1{,}732$ rad, *erhalten wir:*

$$b = -2{,}28 \tag{5.175}$$

Abb. 5.22 *zeigt die beiden Konfigurationen des Mechanismus für* $\theta_2 = 45$ deg.

Beispiel 248 *Geschwindigkeitsanalyse eines invertierten Schubkurbeltriebs.*

Die Geschwindigkeitsanalyse eines Schubkurbeltriebs kann durch Ableiten der Gl. (5.158) *und* (5.159) *nach der Zeit gefunden werden:*

$$\begin{aligned}&\frac{d}{dt}(a\sin\theta_2 + b\cos\theta_4 - e\sin\theta_4)\\&\quad = a\,\omega_2\cos\theta_2 - b\,\omega_4\sin\theta_4 + \dot{b}\cos\theta_4 - e\,\omega_4\cos\theta_4 = 0\end{aligned} \tag{5.176}$$

$$\begin{aligned}&\frac{d}{dt}(a\cos\theta_2 + b\cos\theta_4 - e\cos\theta_4 - d)\\&\quad = -a\,\omega_2\sin\theta_2 - b\,\omega_4\sin\theta_4 + \dot{b}\cos\theta_4 + e\,\omega_4\sin\theta_4 = 0\end{aligned} \tag{5.177}$$

wobei

$$\omega_2 = \dot{\theta}_2 \qquad \omega_4 = \omega_3 = \dot{\theta}_4 \tag{5.178}$$

Angenommen, θ_2 *und* ω_2 *sind gegeben, und* b, θ_4 *sind aus den Gl.* (5.152) *und* (5.153) *bekannt, dann können wir die Gl.* (5.176) *und* (5.177) *für* $\dot{b}$ *und* ω_4 *lösen:*

$$rcl\dot{b} = \frac{a}{b}\omega_2[b\cos(\theta_4 - \theta_2) - e\sin(\theta_4 - \theta_2)] \tag{5.179}$$

$$\omega_4 = \omega_3 = \tfrac{a}{b}\omega_2\sin(\theta_2 - \theta_4) \tag{5.180}$$

Beispiel 249 *Geschwindigkeit der beweglichen Gelenke des umgekehrten Schubkurbeltriebs*

Mit den Koordinaten θ_2, θ_4, b *und Geschwindigkeiten* ω_2, ω_4, $\dot{b}$ *können wir die absoluten und relativen Geschwindigkeiten der Punkte A und B berechnen, die in Abb.* 5.21 *dargestellt sind. Die absoluten und relativen Geschwindigkeiten der Punkte A und B sind:*

$$\begin{aligned}{}^G\mathbf{v}_A &= {}_G\boldsymbol{\omega}_2 \times {}^G\mathbf{r}_2\\&= \begin{bmatrix}0\\0\\\omega_2\end{bmatrix} \times \begin{bmatrix}a\cos\theta_2\\a\sin\theta_2\\0\end{bmatrix} = \begin{bmatrix}-a\omega_2\sin\theta_2\\a\omega_2\cos\theta_2\\0\end{bmatrix}\end{aligned} \tag{5.181}$$

$$\begin{aligned}{}^G\mathbf{v}_{B_4} &= {}_G\boldsymbol{\omega}_4 \times {}^G\mathbf{r}_4\\&= \begin{bmatrix}0\\0\\\omega_4\end{bmatrix} \times \begin{bmatrix}e\cos\theta_4\\e\sin\theta_4\\0\end{bmatrix} = \begin{bmatrix}-e\omega_4\sin\theta_4\\e\omega_4\cos\theta_4\\0\end{bmatrix}\end{aligned} \tag{5.182}$$

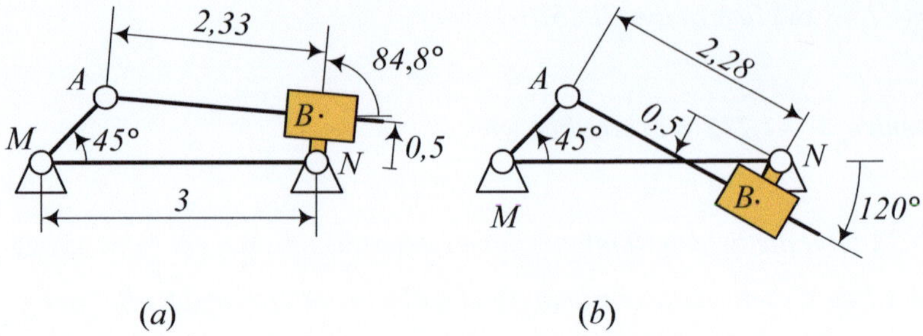

Abb. 5.22 Zwei Konfigurationen eines umgekehrten Schubkurbeltriebss für $\theta_2 = 45\,\text{deg}$

$$
\begin{aligned}
{}^G\mathbf{v}_{B_3/A} &= {}_G\boldsymbol{\omega}_3 \times \left(-{}^G\mathbf{r}_3\right) \\
&= \begin{bmatrix} 0 \\ 0 \\ \omega_4 \end{bmatrix} \times \begin{bmatrix} -b\cos\theta_4 \\ -b\sin\theta_4 \\ 0 \end{bmatrix} = \begin{bmatrix} b\omega_4 \sin\theta_4 \\ -b\omega_4\cos\theta_4 \\ 0 \end{bmatrix}
\end{aligned} \tag{5.183}
$$

$$
\begin{aligned}
{}^G\mathbf{v}_{B_3} &= {}^G\mathbf{v}_{B_3/A} + {}^G\mathbf{v}_A \\
&= \begin{bmatrix} b\omega_4 \sin\theta_4 \\ -b\omega_4\cos\theta_4 \\ 0 \end{bmatrix} + \begin{bmatrix} -a\omega_2 \sin\theta_2 \\ a\omega_2\cos\theta_2 \\ 0 \end{bmatrix} \\
&= \begin{bmatrix} b\omega_4 \sin\theta_4 - a\omega_2\sin\theta_2 \\ a\omega_2\cos\theta_2 - b\omega_4\cos\theta_4 \\ 0 \end{bmatrix}
\end{aligned} \tag{5.184}
$$

$$
\begin{aligned}
{}^G\mathbf{v}_{B_3/B_4} &= {}^G\mathbf{v}_{B_3} - {}^G\mathbf{v}_{B_4} \\
&= \begin{bmatrix} b\omega_4 \sin\theta_4 - a\omega_2\sin\theta_2 \\ a\omega_2\cos\theta_2 - b\omega_4\cos\theta_4 \\ 0 \end{bmatrix} - \begin{bmatrix} -e\omega_4 \sin\theta_4 \\ e\omega_4\cos\theta_4 \\ 0 \end{bmatrix} \\
&= \begin{bmatrix} \omega_4 e \sin\theta_4 - a\omega_2\sin\theta_2 + b\omega_4\sin\theta_4 \\ a\omega_2\cos\theta_2 - \omega_4 e\cos\theta_4 - b\omega_4\cos\theta_4 \\ 0 \end{bmatrix}
\end{aligned} \tag{5.185}
$$

Beispiel 250 *Beschleunigungsanalyse des umgekehrten Schubkurbeltriebs*

Die Beschleunigungsanalyse eines umgekehrten Schubkurbeltriebs ist durch Ableiten der Gl. (5.176) *und* (5.177) *möglich*:

$$
\begin{aligned}
&\tfrac{d}{dt}\left(a\,\omega_2\cos\theta_2 - b\,\omega_4\sin\theta_4 + \dot{b}\cos\theta_4 - e\,\omega_4\cos\theta_4\right) \\
&\quad = a\alpha_2\cos\theta_2 - a\omega_2^2\sin\theta_2 - b\alpha_4\sin\theta_4 + b\omega_4^2\cos\theta_4 \\
&\quad + \ddot{b}\cos\theta_4 - \dot{b}\omega_4\sin\theta_4 - e\alpha_4\cos\theta_4 + e\omega_4^2\sin\theta_4 = 0
\end{aligned} \tag{5.186}
$$

$$\begin{aligned}\tfrac{d}{dt}\left(-a\,\omega_2\sin\theta_2 - b\,\omega_4\sin\theta_4 + \dot{b}\cos\theta_4 + e\,\omega_4\sin\theta_4\right)\\ = -a\alpha_2\sin\theta_2 + a\omega_2^2\cos\theta_2 - b\alpha_4\sin\theta_4 - b\omega_4^2\cos\theta_4\\ +\ddot{b}\cos\theta_4 - \dot{b}\omega_4\sin\theta_4 + e\alpha_4\sin\theta_4 + e\omega_4^2\cos\theta_4 = 0\end{aligned} \tag{5.187}$$

wobei:

$$\alpha_2 = \dot{\omega}_2 \qquad \alpha_4 = \alpha_3 = \dot{\omega}_4 = \dot{\omega}_3 \tag{5.188}$$

Angenommen, θ_2, ω_2 und α_4 sind aus der Kinematik des Eingangsglieds gegebene Werte, b und θ_4 sind bekannt aus den Gl. (5.152) *und* (5.153), *und auch $\dot{b}$ und ω_4 sind bekannt aus den Gl. (5.179) und (5.180). Wir können die Gl. (5.186) und (5.187) für $\ddot{b}$ und α_4 lösen:*

$$\ddot{b} = \frac{C_7C_{12} - C_9C_{10}}{C_7C_{11} - C_8C_{10}} \tag{5.189}$$

$$\alpha_4 = \frac{C_9C_{11} - C_8C_{12}}{C_7C_{11} - C_8C_{10}} \tag{5.190}$$

wobei:

$$\begin{aligned}C_7 &= \sin\theta_4\\ C_8 &= b\cos\theta_4 + e\sin\theta_4\\ C_9 &= a\alpha_2\sin\theta_2 + a\omega_2^2\cos\theta_2 - 2\dot{b}\omega_4\cos\theta_4\\ &\quad + b\omega_4^2\sin\theta_4 - e\omega_4^2\cos\theta_4\\ C_{10} &= \cos\theta_4\\ C_{11} &= -b\sin\theta_4 + e\cos\theta_4\\ C_{12} &= a\alpha_2\cos\theta_2 - a\omega_2^2\sin\theta_2 + 2\dot{b}\omega_4\sin\theta_4\\ &\quad + b\omega_4^2\cos\theta_4 + e\omega_4^2\sin\theta_4\end{aligned} \tag{5.191}$$

Beispiel 251 *Anwendung des umgekehrten Schubkurbeltriebs in Fahrzeugen*

Die McPherson-Federbeinaufhängung ist ein sehr beliebter Mechanismus für die unabhängige Vorderradaufhängung von Straßenfahrzeugen. Abb. 5.23 veranschaulicht eine McPherson-Federbeinaufhängung und ihr äquivalentes kinematisches Modell. Wir befestigen das Rad an einem Kupplungspunkt bei C.

Der Pleuel des Stoßdämpfers dient als Achsschenkelbolzen am oberen Ende des Federbeins. Am unteren Ende schwenkt der Stoßdämpfer auf einem Kugelgelenk an einem einzigen unteren Arm. Die McPherson-Federbeinaufhängung, auch Chapman-Federbein genannt, wurde in den 1940er-Jahren von Earl McPherson erfunden. Sie wurde erstmals 1949 in der Ford Vedette eingeführt und auch in den Ford Consul von 1951 übernommen, und wurde dann aufgrund ihrer Kompaktheit und geringen Kosten zu einem der dominierenden Aufhängungssysteme.

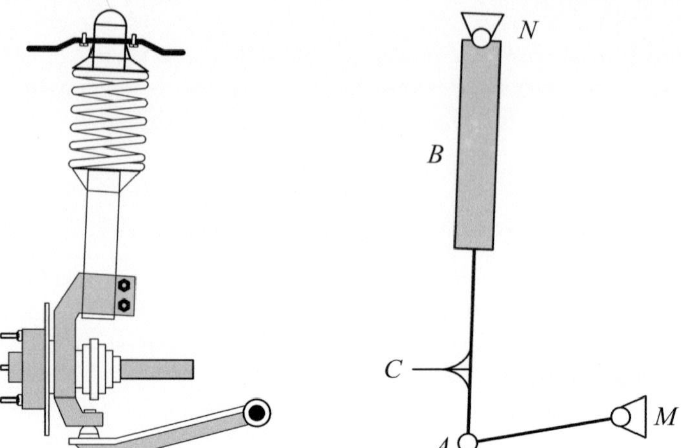

Abb. 5.23 Die McPherson-Federbeinaufhängung ist ein umgekehrter Schubkurbeltrieb

5.4 Momentanpol einer Drehung

Bei der allgemeinen ebenen Bewegung eines starren Körpers kann die Geschwindigkeit eines beliebigen Punktes des Körpers zu einem gegebenen Zeitpunkt als Drehung um eine Achse ausgedrückt werden, die senkrecht zur Ebene steht. Die Achse schneidet die Ebene an einem Punkt, der als *Momentanpol* des Körpers in Bezug auf den Boden bezeichnet wird. Der Momentanpol wird auch *Drehmittelpunkt (engl. instant center of rotation)* genannt.

Wenn die Richtungen der Geschwindigkeiten von zwei verschiedenen Körperpunkten A und B bekannt sind, befindet sich der Momentanpol I am Schnittpunkt der Linien senkrecht zu den Geschwindigkeitsvektoren $\mathbf{v}_A$ und $\mathbf{v}_B$. Eine solche Situation ist in Abb. 5.24*a* dargestellt.

In dem außergewöhnlichen Fall, in dem die Punkte A und B so liegen, dass die Geschwindigkeitsvektoren $\mathbf{v}_A$ und $\mathbf{v}_B$ senkrecht zur Linie AB stehen, befindet sich der Momentanpol I am Schnittpunkt von AB mit der Linie, die die Enden der Geschwindigkeitsvektoren verbindet. Eine solche Situation ist in Abb. 5.24*b* dargestellt.

Zwischen je zwei sich relativ zueinander bewegenden Gliedern gibt es einen Momentanpol. Dies ist ein Punkt, der beiden Körpern gemeinsam ist und in jedem körperfesten Koordinatensystem die gleiche Geschwindigkeit hat.

Die drei Momentanpole I_{12}, I_{23} und I_{13} zwischen drei nummerierten Gliedern 1, 2, und 3 liegen auf einer geraden Linie. Diese Aussage wird als *Kennedy-Theorem* für drei Momentanpole bezeichnet.

Beweis Betrachten Sie die beiden sich relativ zueinander bewegenden und mit dem Boden verbundenen Körper in Abb. 5.25. Der Boden ist Glied Nummer

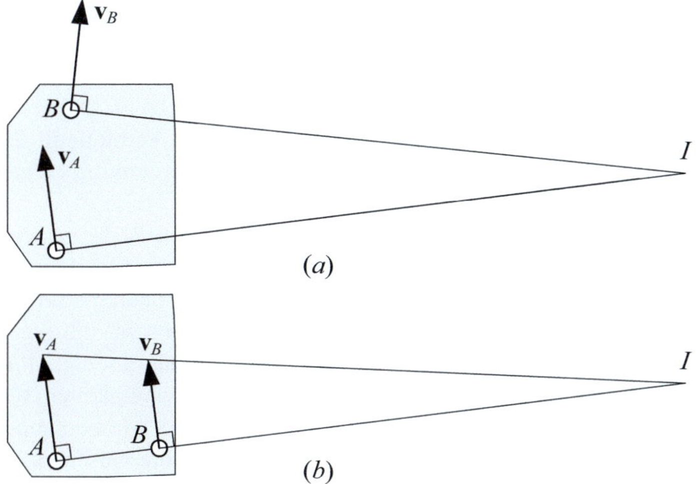

Abb. 5.24 Bestimmung des Momentanpols I für einen sich bewegenden starren Körper

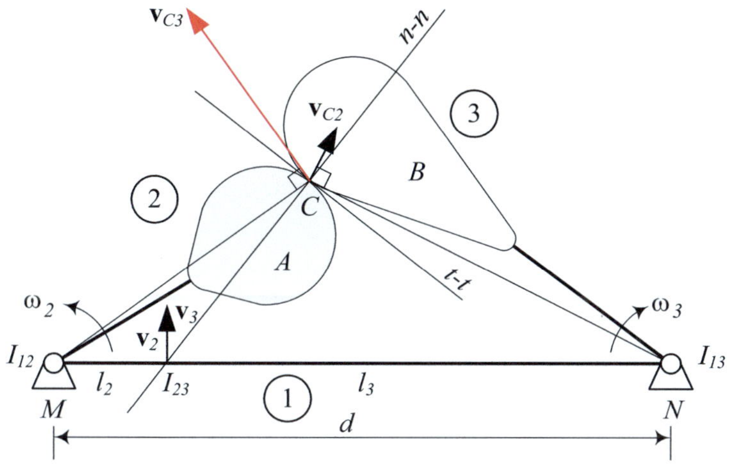

Abb. 5.25 Ein 3-Glieder-Mechanismus mit dem Boden als Glied Nummer 1 und zwei beweglichen Gliedern Nummer 2 und 3

1. Die Glieder Nummer 2 und 3 sind an den Punkten M und N am Boden befestigt und drehen sich mit den Winkelgeschwindigkeiten ω_2 und ω_3 in Bezug auf den Boden. Die beiden Glieder sind am Punkt C miteinander verbunden.

Das Drehgelenk bei M ist der Momentanpol I_{12} zwischen Verbindung 2 und 1, und das Drehgelenk bei N ist der Momentanpol I_{13} zwischen Verbindungen

3 und 1. Die Geschwindigkeit eines beliebigen Punktes der Verbindung 2 in Bezug auf den Boden ist senkrecht zur Verbindungslinie des Punktes zu *M*. Ebenso ist die Geschwindigkeit eines beliebigen Punktes der Verbindung 3 in Bezug auf den Boden senkrecht zur Verbindungslinie des Punktes zu *N*. Daher ist die Geschwindigkeit $\mathbf{v}_{C_2}$ des Kontaktpunktes C als Punkt der Verbindung 2 senkrecht zum Radius *MC*, und die Geschwindigkeit $\mathbf{v}_{C_3}$ von C als Punkt der Verbindung 3 ist senkrecht zum Radius *NC*.

Der Momentanpol I_{23} muss ein Punkt mit der gleichen Bodengeschwindigkeit in beiden Körpern sein. Lassen Sie uns die Normallinie $n - n$ und die Tangentenlinie $t - t$ zu den Kurven der Verbindungen 2 und 3 am Kontaktpunkt C zeichnen. Die Normalkomponenten von $\mathbf{v}_{C_2}$ und $\mathbf{v}_{C_3}$ müssen gleich sein, um die Körper in Berührung zu halten, genauso die Geschwindigkeit eines anderen Punktes auf $n - n$. Der einzige Unterschied zwischen den Geschwindigkeiten $\mathbf{v}_{C_2}$ und $\mathbf{v}_{C_3}$ liegt in ihren Tangentenkomponenten. Daher muss der Momentanpol I_{23} auf der Normallinie $n - n$ an einer Position liegen, an der die Geschwindigkeit des Punktes auf beiden Körpern auf der Linie $t - t$ gleich ist. Der Schnittpunkt der Normallinie $n - n$ mit der Mittellinie *MN* ist der einzig mögliche Punkt für den Momentanpol I_{13}, an dem die Geschwindigkeit auf beiden Körpern übereinstimmt. Da ihre Komponenten auf $n - n$ gleich sind, müssen sie gleich sein.

Sei nun

$$I_{12}I_{23} = l_2 \tag{5.192}$$

$$I_{13}I_{23} = l_3 \tag{5.193}$$

dann haben wir, weil die Geschwindigkeiten der beiden Körper am gemeinsamen momentanen Drehzentrum gleich sein müssen:

$$l_2\omega_2 = l_3\omega_3 \tag{5.194}$$

oder

$$\frac{\omega_2}{\omega_3} = \frac{l_3}{l_2} = \frac{1}{1 + \frac{d}{l_2}} \tag{5.195}$$

wobei d die Länge der Bodenverbindung *MN ist.*▪

Beispiel 252 *Anzahl der Momentanpole*

Es gibt einen Momentanpol zwischen jedem Paar relativ zueinander beweglicher Körper. Daher gibt es drei Momentanpole zwischen drei Körpern. Die Anzahl N der Momentanpole zwischen n relativ beweglichen Körpern ist

$$N = \frac{n(n-1)}{2} \tag{5.196}$$

Somit hat ein Gelenkviereck sechs Momentanpole $I_{12}, I_{13}, I_{14}, I_{23}, I_{24}, I_{34}$. *Das Symbol* I_{ij} *zeigt den Momentanpol der Rotation zwischen den Verbindungen i und j an. Da zwei Verbindungen nur einen Momentanpol haben, haben wir:*

$$I_{ij} = I_{ji} \tag{5.197}$$

Die vier Momentanpole der Rotation für ein Gelenkviereck, einen Schubkurbeltrieb und einen umgekehrten Schubkurbeltrieb sind in Abb. 5.26 dargestellt. Der Momentanpol der Rotation für zwei Verbindungen, die aufeinander gleiten, liegt im Unendlichen, auf einer Linie senkrecht zur gemeinsamen Tangente. Daher liegt I_{14} in Abb. 5.26b auf einer Linie senkrecht zum Boden im Unendlichen, und I_{34} in Abb. 5.26c liegt auf der Senkrechten zur Verbindung 3 im Unendlichen.

Abb. 5.27 zeigt die 15 Momentanpole für einen Mechanismus aus sechs Gliedern.

Beispiel 253 *Anwendung des Momentanpols der Rotation in Fahrzeugen*

Abb. 5.28 veranschaulicht eine Doppelquerlenkerachsen-Aufhängung und ihr äquivalentes kinematisches Modell eines Gelenkvierecks. Das Rad wird an der Kupplungsverbindung AB befestigt, die den oberen Doppelquerlenkerarm BN mit dem unteren AN verbindet. Die Doppelquerlenkerachsen sind mit zwei Drehgelenken an N und M mit der Karosserie verbunden. Die Karosserie des Fahrzeugs fungiert als Grundverbindung für den Aufhängungsmechanismus.

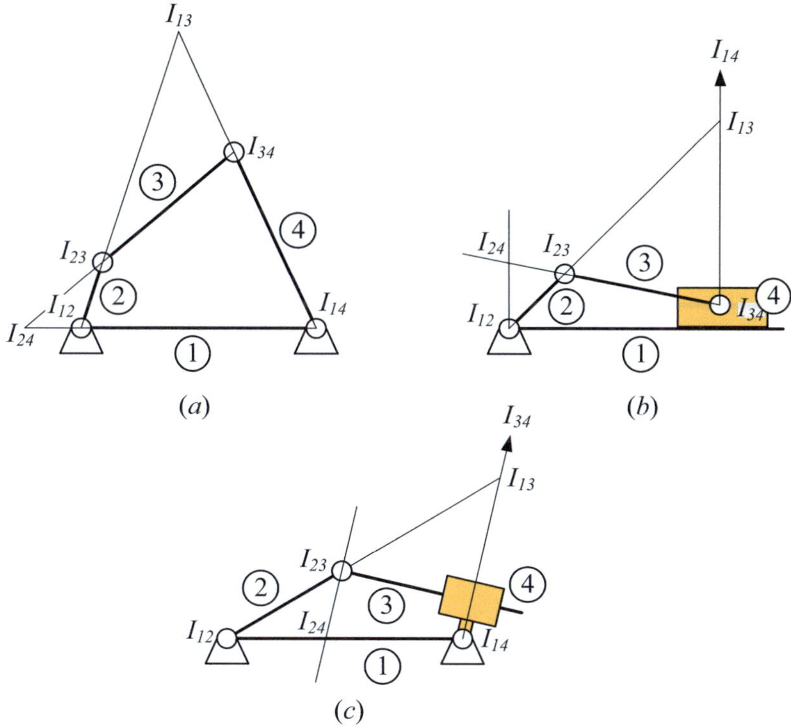

Abb. 5.26 Die Momentanpole der Rotation für ein Gelenkviereck, einen Schubkurbeltrieb und einen umgekehrten Schubkurbeltrieb

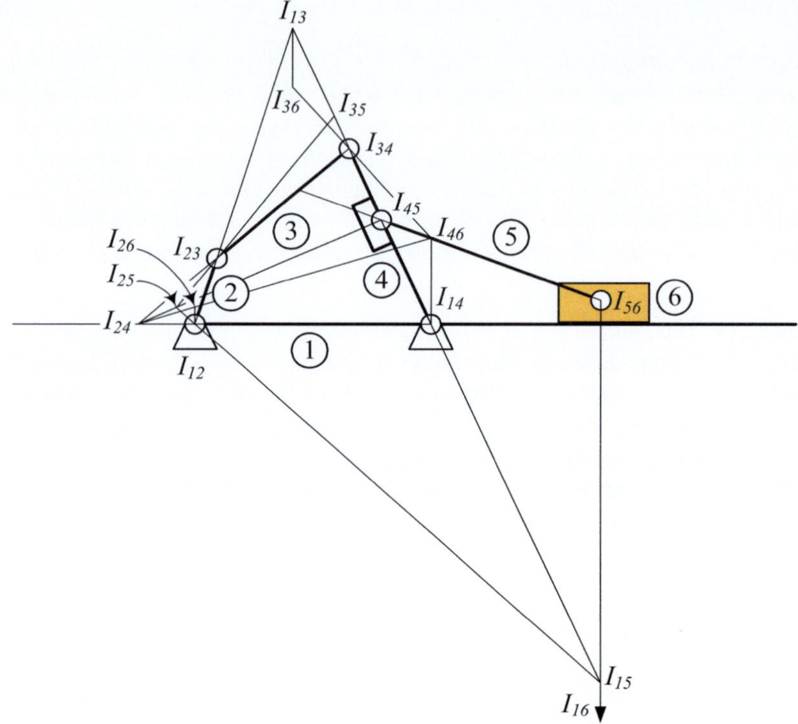

Abb. 5.27 Fünfzehn Momentanpole der Rotation für einen sechsgliedrigen Mechanismus

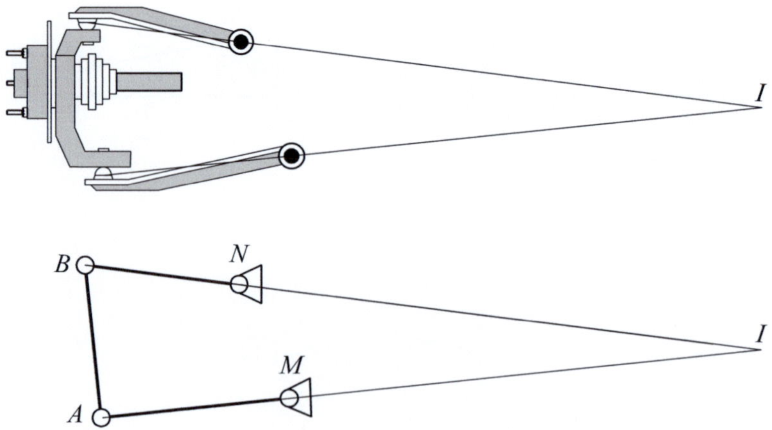

Abb. 5.28 Das Rollzentrum einer Doppelquerlenkerachsen-Aufhängung und ihr äquivalentes kinematisches Modell

Die Punkte N und M sind jeweils die Momentanpole der Rotation für den oberen und unteren Arm in Bezug auf den Körper. Der Schnittpunkt der Verlängerungslinie für die oberen und unteren Doppelquerlenkerachsen zeigt den Momentanpol der Rotation für die Kupplung in Bezug auf den Körper an. Wenn die Aufhängung sich bewegt, wird das Rad um den Punkt I in Bezug auf den Körper rotieren. Punkt I wird als **Rollzentrum** *des Rades und des Körpers bezeichnet.*

Beispiel 254 *Die Momentanpole der Rotation müssen nicht stationär sein.*

Wenn ein Mechanismus sich bewegt, können die Momentanpole der Rotation sich bewegen, wenn sie nicht an einem festen Gelenk mit dem Boden sind. Abb. 5.29 *veranschaulicht ein Gelenkviereck in einigen verschiedenen Positionen und zeigt die Momentanpole der Rotation für den Kuppler in Bezug auf den Boden* I_{13}. *Punkt* I_{13} *wird sich bewegen, wenn sich die Verbindung bewegt, und zeichnet einen in der Abbildung gezeigten Pfad nach.*

Für einen gegebenen Satz der Längen a,b,c,d sind die Koordinaten der Punkte M,A,B,N wie in Tab. 5.7 gegeben.

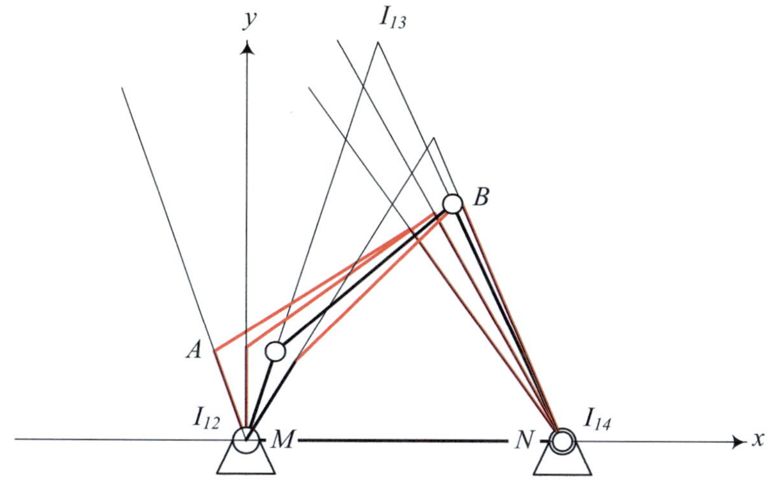

Abb. 5.29 Bewegungspfad für den Momentanpol der Rotation I_{13}

Tab. 5.7 Koordinaten der Gelenke einer Gelenkvierecks

Punkt	x-Koordinate	y-Koordinate
M	0	0
A	$a\cos\theta_2$	$a\sin\theta_2$
B	$d + c\cos\theta_4$	$c\sin\theta_4$
N	d	0

Die Gleichung der Linie MA ist:

$$y = \frac{y_A}{x_A} x = (\tan\theta_2)x \tag{5.198}$$

und die Gleichung von NB ist:

$$y = \frac{y_B}{x_B - d}(x - d) = (\tan\theta_4)(x - d) \tag{5.199}$$

Der Momentanpol I_{23} des Kupplungsglieds AB bezüglich des Bodens MN befindet sich an der Schnittstelle der Linien MA und NB:

$$x = d\frac{\tan\theta_4}{\tan\theta_4 - \tan\theta_2} \tag{5.200}$$

$$y = d\frac{\tan\theta_4 \tan\theta_2}{\tan\theta_4 - \tan\theta_2} \tag{5.201}$$

Abb. 5.30 *zeigt die Koordinaten* (x, y) *des Momentanpols I_{13} für*

$$a = 1 \qquad b = 2 \qquad c = 2,5 \qquad d = 3 \tag{5.202}$$

Die Position des Momentanpols I_{23} geht gegen unendlich, wann immer $\theta_4 = \theta_2$ und die Eingangs- und Ausgangsverbindungen parallel werden. Die Freudenstein-Gl. (5.24)

$$J_1 \cos\theta_4 - J_2 \cos\theta_2 + J_3 = \cos(\theta_4 - \theta_2) \tag{5.203}$$

unter der parallelen Bedingung ergibt:

$$\cos\theta_2 = \frac{1 - J_3}{J_1 - J_2} = \frac{(a - c)^2 - b^2 + d^2}{2d(a - c)} \tag{5.204}$$

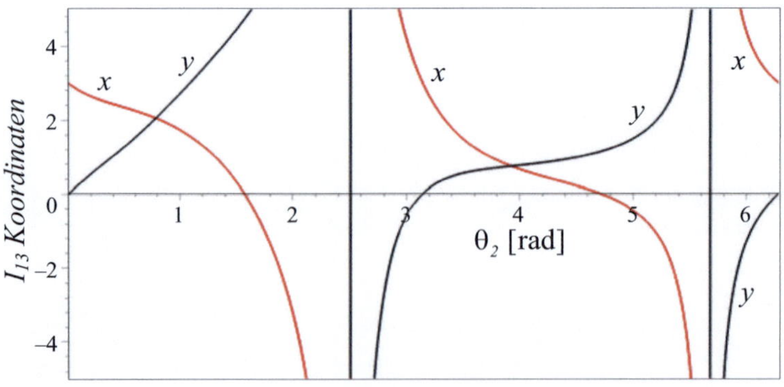

Abb. 5.30 Die Koordinaten (x, y) des Momentanpols I_{13} als Funktionen von θ_2

Die Werte von $\theta_2 = \theta_4$ für die Stichprobendaten (5.202) *sind:*

$$\theta_2 = \cos^{-1}\frac{(a-c)^2 - b^2 + d^2}{2d(a-c)} = \begin{cases} 2,1598\,\text{rad} \\ 5,3014\,\text{rad} \end{cases} \tag{5.205}$$

Abb. 5.31 *zeigt den Bewegungspfad des Momentanpols I_{23}, wenn $0 \le \theta_2 \le 2\pi$. Beginnend bei $\theta_2 = 0$ bewegt sich I_{23} von*$(3,0)$*, angezeigt durch 1, zu Punkt 2 und geht gegen Unendlich, wenn $\theta_2 \to 2{,}1598$. Wenn θ_2 über 2,1598 hinausgeht, erscheint I_{23} an Punkt 3 und bewegt sich zu Punkt 4 und Unendlich, wenn $\theta_2 \to 5{,}3014$. Der Momentanpol I_{23} erscheint erneut an Punkt 5 und bewegt sich zu* $(3,0)$*, wenn $5{,}3014 < \theta_2 \le 2\pi$.*

Beispiel 255 *Ein schlanker Stab rutscht an einer Wand*

Abb. 5.32 *veranschaulicht eine schlanke Stange AB, die an den Punkten A und C rutscht. Wir haben die Geschwindigkeitsachsen der Punkte A und C und können daher das momentane Drehzentrum I finden.*

Die Koordinaten des Punktes I sind eine Funktion des Parameters θ:

$$x_I = h\cot\theta \tag{5.206}$$

$$y_I = h + x_I\cot\theta = h\big(1 + \cot^2\theta\big) \tag{5.207}$$

Die Eliminierung von θ zwischen x und y erzeugt den Bewegungspfad für I:

$$y_I = h\left(1 + \frac{x_I^2}{h^2}\right) \tag{5.208}$$

Beispiel 256 ⋆ *Ebene Bewegung eines starren Körpers.*

Die Bewegung eines starren Körpers in einer Ebene ist so, dass sich alle Punkte des Körpers nur in parallelen Ebenen bewegen. Daher reicht es aus, die

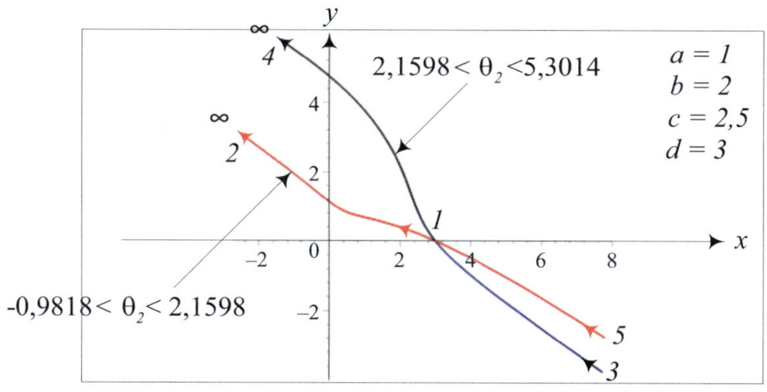

Abb. 5.31 Der Bewegungspfad des Momentanpol I_{23}, wenn $0 \le \theta_2 \le 2\pi$

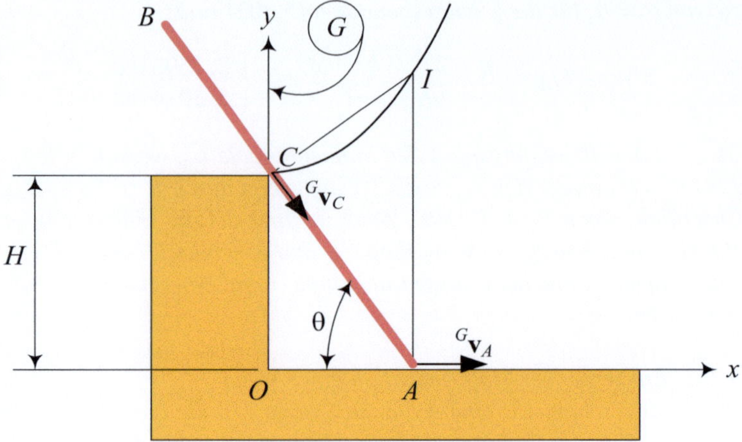

Abb. 5.32 Eine schlanke Stange AB rutscht an den Punkten A und C

Bewegung von Punkten in einer Ebene zu untersuchen, um die Bewegung des Körpers zu studieren.

Abb. 5.33 *veranschaulicht einen starren Körper in einer ebenen Bewegung und die entsprechenden Koordinatensysteme. Die Position und Geschwindigkeit eines Punktes P des Körpers sind:*

$$ {}^G\mathbf{r}_P = {}^G\mathbf{d}_B + {}^GR_B\,{}^B\mathbf{r}_P = {}^G\mathbf{d}_B + {}^G_B\mathbf{r}_P \tag{5.209} $$

$$ {}^G\mathbf{v}_P = {}^G\dot{\mathbf{d}}_B + {}_G\boldsymbol{\omega}_B \times \left({}^G\mathbf{r}_P - {}^G\mathbf{d}_B\right) = {}^G\dot{\mathbf{d}}_B + {}_G\boldsymbol{\omega}_B \times {}^G_B\mathbf{r}_P \tag{5.210} $$

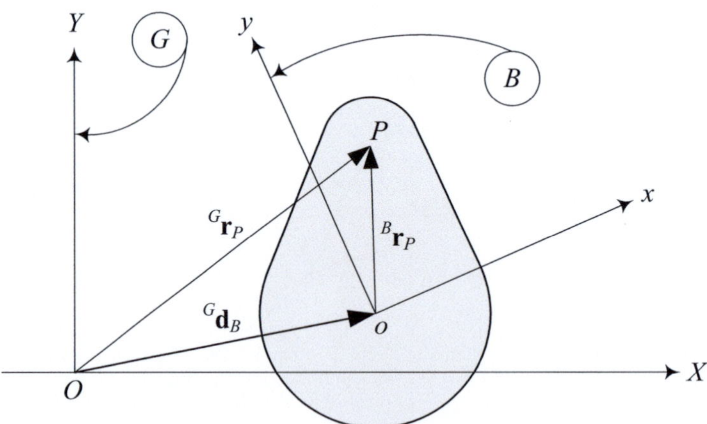

Abb. 5.33 Ein starrer Körper in einer ebenen Bewegung

wobei ${}^{G}\mathbf{d}_{B}$ *die Position des beweglichen Ursprungs o relativ zum festen Ursprung O anzeigt. Der Begriff* ${}^{G}\dot{\mathbf{d}}_{B}$ *ist die Geschwindigkeit des Punktes o, und* ${}_{G}\boldsymbol{\omega}_{B} \times {}_{B}^{G}\mathbf{r}_{P}$ *ist die Geschwindigkeit des Punktes P relativ zu o, beide in G:*

$$ {}^{G}\mathbf{v}_{P/o} = {}_{G}\boldsymbol{\omega}_{B} \times {}_{B}^{G}\mathbf{r}_{P} \tag{5.211} $$

Obwohl es keine korrekte Sichtweise ist, kann es manchmal hilfreich sein, wenn wir ${}^{G}\dot{\mathbf{d}}_{B}$ *als die translatorische Geschwindigkeit und* ${}_{G}\boldsymbol{\omega}_{B} \times {}_{B}^{G}\mathbf{r}_{P}$ *als die Rotationsgeschwindigkeitskomponenten von* ${}^{G}\mathbf{v}_{P}$ *interpretieren. Dann ist die Geschwindigkeit eines beliebigen Punktes P des starren Körpers eine Überlagerung der Geschwindigkeit* ${}^{G}\dot{\mathbf{d}}_{B}$ *eines beliebigen Punktes o und der Winkelgeschwindigkeit* ${}_{G}\boldsymbol{\omega}_{B} \times {}_{B}^{G}\mathbf{r}_{P}{}^{G}\mathbf{r}_{P}$ *der Punkte P um o.*

Der relative Geschwindigkeitsvektor ${}^{G}\mathbf{v}\backslash_{P/o}$ *ist senkrecht zum relativen Ortsvektor* ${}_{B}^{G}\mathbf{r}_{P}$*. Mit dem gleichen Konzept interpretieren wir, dass die Geschwindigkeiten der Punkte P und o in Bezug auf einen anderen Punkt Q senkrecht zu* ${}_{B}^{G}\mathbf{r}_{P/Q}$ *und* ${}_{B}^{G}\mathbf{r}_{o/Q}$ *sind. Wir können nach einem Punkt Q suchen, als dem Momentanpol, an dem die Geschwindigkeit null ist. Die Punkte o, P und Q sind in Abb.* 5.34 dargestellt.

Angenommen, ein Ortsvektor ist ${}^{G}\mathbf{r}_{o/Q}$ *für den Momentanpol Q, definieren wir:*

$$ {}^{G}\mathbf{r}_{o/Q} = a_{Q}\,{}^{G}\dot{\mathbf{d}}_{B} + b_{Q}\,{}_{G}\boldsymbol{\omega}_{B} \times {}^{G}\dot{\mathbf{d}}_{B} \tag{5.212} $$

*dann, folgend (*5.210*), kann die Geschwindigkeit des Punktes Q ausgedrückt werden durch:*

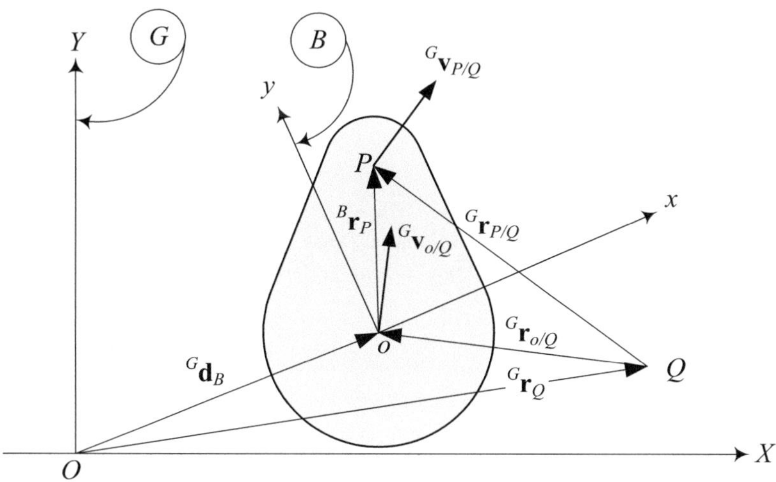

Abb. 5.34 Momentanpol Q, für die ebene Bewegung eines starren Körpers

$$
\begin{aligned}
{}^G\mathbf{v}_Q &= {}^G\dot{\mathbf{d}}_B + {}_G\boldsymbol{\omega}_B \times {}^G\mathbf{r}_{Q/o} = {}^G\dot{\mathbf{d}}_B - {}_G\boldsymbol{\omega}_B \times {}^G\mathbf{r}_{o/Q} \\
&= {}^G\dot{\mathbf{d}}_B - {}_G\boldsymbol{\omega}_B \times \left(a_Q\, {}^G\dot{\mathbf{d}}_B + b_Q\, {}_G\boldsymbol{\omega}_B \times {}^G\dot{\mathbf{d}}_B\right) \\
&= {}^G\dot{\mathbf{d}}_B - a_Q\, {}_G\boldsymbol{\omega}_B \times {}^G\dot{\mathbf{d}}_B - b_Q\, {}_G\boldsymbol{\omega}_B \times \left({}_G\boldsymbol{\omega}_B \times {}^G\dot{\mathbf{d}}_B\right) \\
&= 0
\end{aligned}
\tag{5.213}
$$

Unter Verwendung der Gleichungen

$$
{}_G\boldsymbol{\omega}_B = \omega \hat{K} \tag{5.214}
$$

$$
10_G\boldsymbol{\omega}_B \times \left({}_G\boldsymbol{\omega}_B \times {}^G\dot{\mathbf{d}}_B\right) = \left({}_G\boldsymbol{\omega}_B \cdot {}^G\dot{\mathbf{d}}_B\right) {}_G\boldsymbol{\omega}_B - \omega^2\, {}^G\dot{\mathbf{d}}_B \tag{5.215}
$$

$$
{}_G\boldsymbol{\omega}_B \cdot {}^G\dot{\mathbf{d}}_B = 0 \tag{5.216}
$$

finden wir

$$
\left(1 + b_Q\, \omega^2\right) {}^G\dot{\mathbf{d}}_B - a_Q\, {}_G\boldsymbol{\omega}_B \times {}^G\dot{\mathbf{d}}_B = 0 \tag{5.217}
$$

Weil ${}^G\dot{\mathbf{d}}_B$ *und* ${}_G\boldsymbol{\omega}_B \times {}^G\dot{\mathbf{d}}_B$ *senkrecht sein müssen, liefert Gl.* (5.217)*:*

$$
1 + b_Q\, \omega^2 = 0 \qquad a_Q = 0 \tag{5.218}
$$

und daher:

$$
{}^G\mathbf{r}_{Q/o} = \frac{1}{\omega^2}\left({}_G\boldsymbol{\omega}_B \times {}^G\dot{\mathbf{d}}_B\right) \tag{5.219}
$$

Beispiel 257 ⋆ *Momentanpol der Beschleunigung*

Für ebene Bewegungen starrer Körper ist es möglich, einen Punkt des Körpers mit Beschleunigung null zu finden. Ein solcher Punkt kann als Momentanpol der Beschleunigung bezeichnet werden. Wenn ein starrer Körper in einer ebenen Bewegung ist, können wir die Beschleunigung eines Punktes P des Körpers wie in Abb. 5.34 dargestellt ausdrücken als:

$$
\begin{aligned}
{}^G\mathbf{a}_P = {}^G\ddot{\mathbf{d}}_B &+ {}_G\boldsymbol{\alpha}_B \times \left({}^G\mathbf{r}_P - {}^G\mathbf{d}_B\right) \\
&+ {}_G\boldsymbol{\omega}_B \times \left({}_G\boldsymbol{\omega}_B \times \left({}^G\mathbf{r}_P - {}^G\mathbf{d}_B\right)\right) \\
= {}^G\ddot{\mathbf{d}}_B &+ {}_G\boldsymbol{\alpha}_B \times {}^G_B\mathbf{r}_P + {}_G\boldsymbol{\omega}_B \times \left({}_G\boldsymbol{\omega}_B \times {}^G_B\mathbf{r}_P\right)
\end{aligned}
\tag{5.220}
$$

Der Begriff ${}_G\boldsymbol{\omega}_B \times \left({}_G\boldsymbol{\omega}_B \times {}^G_B\mathbf{r}_P\right)$ *ist die Zentripetalbeschleunigung, und der Begriff* ${}_G\boldsymbol{\alpha}_B \times {}_B{}^G\mathbf{r}_P$ *ist die tangentiale Beschleunigung. Da die Bewegung eben ist, ist der Vektor der Winkelgeschwindigkeit immer parallel zu den Einheitsvektoren* $\hat{k}$ *und* $\hat{K}$*:*

$$
{}_G\boldsymbol{\omega}_B = \omega \hat{K} \qquad {}_G\boldsymbol{\alpha}_B = \alpha \hat{K} \tag{5.221}
$$

Daher können die Geschwindigkeit ${}^G\mathbf{v}_P$ *und die Beschleunigung* ${}^G\mathbf{a}_P$ *vereinfacht werden zu:*

$$
{}^G\mathbf{a}_P = {}^G\ddot{\mathbf{d}}_B + {}_G\boldsymbol{\alpha}_B \times {}^G_B\mathbf{r}_P - \omega^2\, {}^G_B\mathbf{r}_P \tag{5.222}
$$

Wir suchen nun nach einem Punkt S mit null Beschleunigung und drücken seinen Ortsvektor aus durch:

$$ {}^{G}\mathbf{r}_{S/o} = a_S \, {}^{G}\ddot{\mathbf{d}}_B + b_S \, {}_{G}\boldsymbol{\alpha}_B \times {}^{G}\ddot{\mathbf{d}}_B \tag{5.223} $$

und basierend auf (5.222) haben wir:

$$ \begin{aligned} {}^{G}\mathbf{a}_S &= {}^{G}\ddot{\mathbf{d}}_B + {}_{G}\boldsymbol{\alpha}_B \times {}^{G}_{B}\mathbf{r}_S - \omega^2 \, {}^{G}_{B}\mathbf{r}_S \\ &= {}^{G}\ddot{\mathbf{d}}_B + {}_{G}\boldsymbol{\alpha}_B \times {}^{G}\mathbf{r}_{S/o} - \omega^2 \, {}^{G}\mathbf{r}_{S/o} \\ &= {}^{G}\ddot{\mathbf{d}}_B + {}_{G}\boldsymbol{\alpha}_B \times \left(a_S \, {}^{G}\ddot{\mathbf{d}}_B + b_S \, {}_{G}\boldsymbol{\alpha}_B \times {}^{G}\ddot{\mathbf{d}}_B\right) \\ &\quad - \omega^2 \left(a_S \, {}^{G}\ddot{\mathbf{d}}_B + b_S \, {}_{G}\boldsymbol{\alpha}_B \times {}^{G}\ddot{\mathbf{d}}_B\right) \\ &= {}^{G}\ddot{\mathbf{d}}_B + a_S \, {}_{G}\boldsymbol{\alpha}_B \times {}^{G}\ddot{\mathbf{d}}_B + b_S \, {}_{G}\boldsymbol{\alpha}_B \times \left({}_{G}\boldsymbol{\alpha}_B \times {}^{G}\ddot{\mathbf{d}}_B\right) \\ &\quad - a_S \, \omega^2 \, {}^{G}\ddot{\mathbf{d}}_B - b_S \, \omega^2 \, {}_{G}\boldsymbol{\alpha}_B \times {}^{G}\ddot{\mathbf{d}}_B = 0 \end{aligned} \tag{5.224} $$

Die Vereinfachung der obigen Gleichung ergibt:

$$ \left(1 - a_S \, \omega^2 - b_S \, \alpha^2\right) {}^{G}\ddot{\mathbf{d}}_B + \left(a_S - b_S \, \omega^2\right) {}_{G}\boldsymbol{\alpha}_B \times {}^{G}\ddot{\mathbf{d}}_B = 0 \tag{5.225} $$

und weil ${}^{G}\ddot{\mathbf{d}}_B$ *und* ${}_{G}\boldsymbol{\alpha}_B \times {}^{G}\ddot{\mathbf{d}}_B$ *senkrecht zueinander sind, muss gelten:*

$$ 1 - a_S \, \omega^2 - b_S \, \alpha^2 = 0 \qquad a_S - b_S \, \omega^2 = 0 \tag{5.226} $$

und daher:

$$ a_S = \frac{\omega^2}{\omega^2 + \alpha^2} \qquad b_S = \frac{1}{\omega^2 + \alpha^2} \tag{5.227} $$

Der Ortsvektor des Momentanpols der Beschleunigung ist dann gleich:

$$ {}^{G}\mathbf{r}_{S/o} = \frac{1}{\omega^2 + \alpha^2} \left(\omega^2 \, {}^{G}\ddot{\mathbf{d}}_B + {}_{G}\boldsymbol{\alpha}_B \times {}^{G}\ddot{\mathbf{d}}_B\right) \tag{5.228} $$

5.5 Koppelkurve

Um Flexibilität zwischen Rädern und Fahrzeugchassis zu gewährleisten, werden die Räder mit einem Mechanismus am Chassis befestigt. Die gebräuchlichsten Aufhängungsmechanismen sind Doppelquerlenkerachsen und umgekehrter Schubkurbeltrieb. Das Rad des Fahrzeugs wird dann an einem Punkt des Koppelglieds des Mechanismus befestigt. Die relative Bewegung von Rad und Chassis wird durch die Analyse der Verschiebung des Koppelpunktes berechnet.

5.5.1 Koppelkurve für Gelenkvierecke

Abb. 5.35 zeigt ein Gelenkviereck *MNAB* und einen Koppelpunkt bei *C*. Wenn der Mechanismus sich bewegt, wird der Koppelpunkt *C* sich auf einem Pfad bewegen.

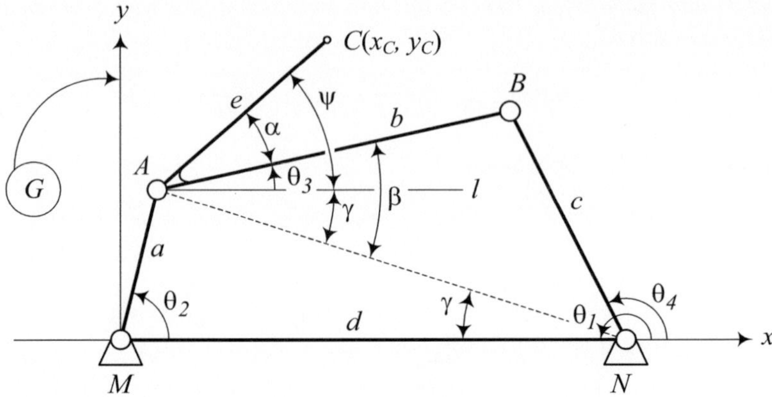

Abb. 5.35 Ein Gelenkviereck *MNAB* und ein Koppelpunkt bei *C*

Der Pfad des Koppelpunktes wird als *Koppelpunktkurve* bezeichnet. Betrachtet man θ_2 als Eingangsvariable des Mechanismus, so sind die parametrischen Koordinaten der Koppelpunktkurve (x_C, y_C) :

$$x_C = a\cos\theta_2 + e\cos(\beta - \gamma + \alpha) \tag{5.229}$$

$$y_C = a\sin\theta_2 + e\sin(\beta - \gamma + \alpha) \tag{5.230}$$

wobei:

$$\gamma = \tan^{-1}\frac{a\sin\theta_2}{d - a\cos\theta_2} \tag{5.231}$$

$$\beta = \tan^{-1}\frac{\sqrt{4b^2f^2 - \left(b^2 + f^2 - c^2\right)^2}}{b^2 + f^2 - c^2} \tag{5.232}$$

$$f = \sqrt{a^2 + d^2 - 2ad\cos\theta_2} \tag{5.233}$$

Beweis Die Position des Koppelpunktes C in Abb. 5.35 wird durch die Polarkoordinaten Länge e und Winkel α in Bezug auf das Koppelglied AB und durch (x_C, y_C) im kartesischen Koordinatensystem G definiert, das am Boden befestigt ist. Die Längen der Verbindungen sind durch $MA = a$, $AB = b$, $NB = c$ und $MN = d$ angegeben. Wir bezeichnen den Winkel $\angle ANM$ durch γ und $\angle BAN$ durch β. Lassen Sie uns eine Linie l durch A und parallel zum Bodenglied MN ziehen, dann gilt:

$$\angle NAl = \angle ANM = \gamma \tag{5.234}$$

$$\angle CAl = \psi \tag{5.235}$$

$$\psi = \beta - \gamma + \alpha \tag{5.236}$$

Die globalen Koordinaten des Punktes C sind dann:

$$x_C = a\cos\theta_2 + e\cos\psi \tag{5.237}$$

$$y_C = a\sin\theta_2 + e\sin\psi \tag{5.238}$$

wobei ψ aus Gl. (5.236) stammt. Der Winkel β kann aus dem Kosinusgesetz in $\triangle BAN$ berechnet werden:

$$\cos\beta = \frac{b^2 + f^2 - c^2}{2bf} \tag{5.239}$$

wobei $f = AN$. Die Anwendung des Kosinusgesetzes in $\triangle AMN$ zeigt, dass f gleich

$$f = \sqrt{a^2 + d^2 - 2ad\cos\theta_2} \tag{5.240}$$

ist, gegeben durch Gl. (5.233).

Für die einfache Computerberechnung ist es besser, β aus der trigonometrischen Gleichung

$$\tan^2\beta = \sec^2\beta - 1 \tag{5.241}$$

zu finden und $\sec\beta$ aus Gl. (5.239) zu ersetzen:

$$\beta = \tan^{-1}\frac{\sqrt{4b^2f^2 - \left(b^2 + f^2 - c^2\right)^2}}{b^2 + f^2 - c^2} \tag{5.242}$$

Der Winkel γ kann aus einer Tan-Gleichung ermittelt werden, die auf der vertikalen Entfernung des Punktes A vom Bodenverbindungsglied MN basiert.

$$\gamma = \tan^{-1}\frac{a\sin\theta_2}{d - a\cos\theta_2} \tag{5.243}$$

Daher können die Koordinaten x_C und y_C als zwei parametrische Funktionen von θ_2 für einen gegebenen Satz von a, b, c, d, e und α berechnet werden. ▪

Beispiel 258 *Ein schlecht konstruierter Doppelquerlenkerachsen-Aufhängungsmechanismus*

Abb. 5.37 zeigt einen Doppelquerlenkerachsen-Aufhängungsmechanismus und sein äquivalentes kinematisches Modell mit einem Gelenkviereck. Punkte M und N sind feste Gelenke an der Karosserie, und Punkte A und B sind bewegliche Gelenke, die am das Rad tragenden Koppelglied befestigt sind. Punkt C befindet sich auf der Spindel und soll das Radzentrum sein. Wenn das Rad auf und ab bewegt wird, bewegt sich das Radzentrum auf der in der Abbildung gezeigten Koppelpunktkurve. Das Radzentrum des richtigen Aufhängungsmechanismus soll sich vertikal für den Arbeitsbereich des Aufhängungsweges bewegen. Das Radzentrum der Aufhängung der Abb. 5.37 bewegt sich jedoch auf einem Pfad mit hoher Krümmung und erzeugt einen unerwünschten Sturz.

Eine kleine Bewegung des kinematischen Modells der Aufhängung ist in Abb. 5.36 dargestellt, und die tatsächlichen Aufhängungs- und Radkonfigurationen sind in der Abbildung gezeigt.

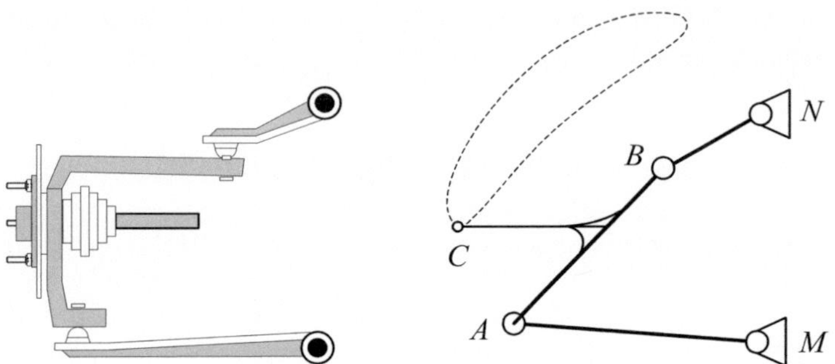

Abb. 5.36 Eine kleine Bewegung des kinematischen Modells und der tatsächlichen Aufhängungskonfigurationen

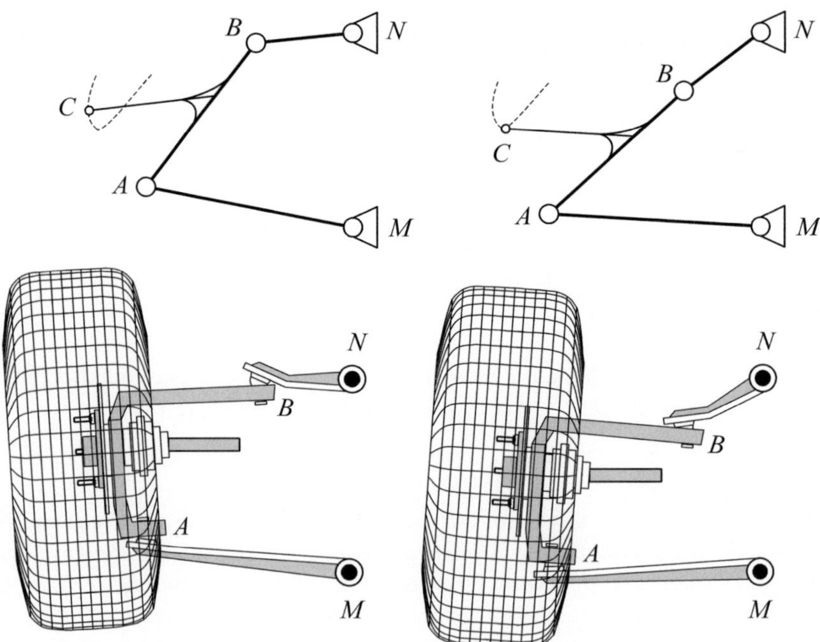

Abb. 5.37 Ein Doppelquerlenkerachsen-Aufhängungsmechanismus und sein äquivalentes kinematisches Modell mit Gelenkviereck

5.5.2 *Koppelpunktkurve für einen Schubkurbeltrieb*

Abb. 5.38 zeigt einen Schubkurbeltrieb und einen Koppelpunkt bei C. Wenn der Mechanismus sich bewegt.

Der Koppelpunkt C wird sich auf einer Koppelpunktkurve mit der folgenden Parametergleichung bewegen:

$$x_C = a\cos\theta_2 + c\cos(\alpha - \gamma) \tag{5.244}$$

$$y_C = a\sin\theta_2 + c\sin(\alpha - \gamma) \tag{5.245}$$

Der Winkel θ_2 ist der Eingangswinkel und fungiert als Parameter der Gleichungen. Der Winkel γ kann berechnet werden aus:

$$\gamma = \sin^{-1}\frac{a\sin\theta_2 - e}{b} \tag{5.246}$$

Beweis Wir befestigen ein ebenes kartesisches Koordinatensystem am Bodenglied bei M. Die x-Achse ist parallel zum Boden, wie durch die Gleitfläche angezeigt, wie in Abb. 5.38 dargestellt. Eine Linie l durch A und parallel zum Boden zeigt, dass

$$\beta = \alpha - \gamma \tag{5.247}$$

wobei γ der Winkel zwischen dem Koppelglied und dem Boden ist.

Die Koordinaten (x_C, y_C) für den Koppelpunkt C sind

$$x_C = a\cos\theta_2 + c\cos\beta \tag{5.248}$$

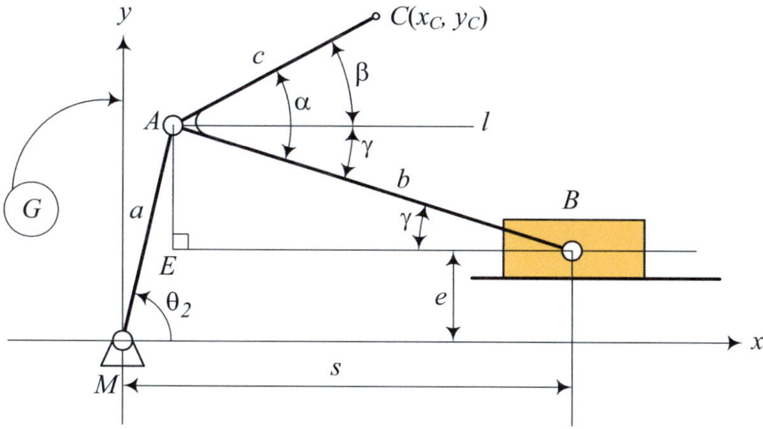

Abb. 5.38 Ein Schubkurbeltrieb und ein Koppelpunkt bei C

$$y_C = a \sin\theta_2 + c \sin\beta \tag{5.249}$$

Um den Winkel γ zu berechnen, betrachten wir ΔAEB und finden:

$$\sin\gamma = \frac{AE}{AB} = \frac{a \sin\theta_2 - e}{b} \tag{5.250}$$

was den Beweis der Gl. (5.246) abschließt. Daher können die Koordinaten x_C und y_C als zwei parametrische Funktionen von θ_2 für einen gegebenen Satz von a, b, c, e und α berechnet werden. ▪

Beispiel 259 *Ein zentrischer und symmetrischer Schubkurbeltrieb*

Punkt $C(x_C, y_C)$ ist der Koppelpunkt eines zentrischen und symmetrischen Schubkurbeltriebs, der in Abb. 5.39 dargestellt ist. Er ist zentrisch, weil $e = 0$, und symmetrisch, weil $a = b$ und daher, $\theta_2 = \theta_4$. Punkt C liegt auf dem Koppelglied AB und in einem Abstand kb von A, wobei $0 < k < 1$.

Die Koordinaten des Punktes C sind:

$$x_C = a \cos\theta_2 + ka \cos\theta_2 = a(1 + k) \cos\theta_2 \tag{5.251}$$

$$y_C = a \sin\theta_2 - ka \sin\theta_2 = a(1 - k) \sin\theta_2 \tag{5.252}$$

und daher:

$$\cos\theta_2 = \frac{x_C}{a(1 + k)} \qquad \sin\theta_2 = \frac{y_C}{a(1 - k)} \tag{5.253}$$

Unter Verwendung von $\cos^2\theta_2 + \sin^2\theta_2 = 1$ können wir zeigen, dass der Koppelpunkt C auf einer Ellipse bewegt wird:

$$\frac{x_C^2}{a^2(1 + k)^2} + \frac{y_C^2}{a^2(1 - k)^2} = 1 \tag{5.254}$$

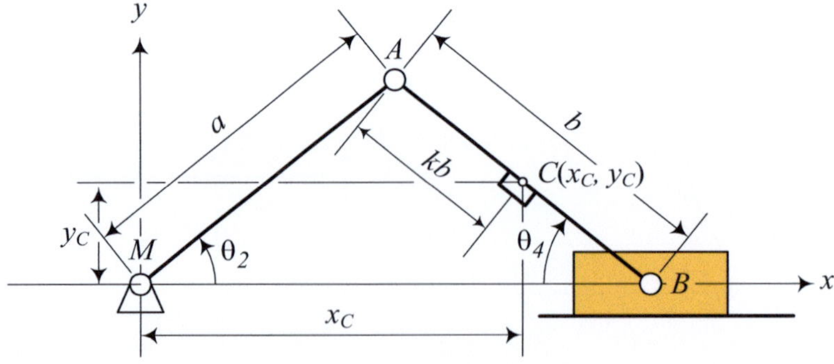

Abb. 5.39 Ein zentrischer und symmetrischer Schubkurbeltrieb

5.5.3 *Koppelpunktkurve für umgekehrten Schubkurbeltrieb*

Abb. 5.40 zeigt einen umgekehrten Schubkurbeltrieb und einen Koppelpunkt bei C. Wenn der Mechanismus sich bewegt, wird sich der Koppelpunkt C auf einer Kurve mit der folgenden parametrischen Gleichung bewegen:

$$x_C = a\cos\theta_2 + c\cos(\pi - \alpha - \theta_4) \tag{5.255}$$

$$y_C = a\sin\theta_2 + c\sin(\pi - \alpha - \theta_4) \tag{5.256}$$

Der Winkel θ_2 ist der Eingangswinkel und fungiert als Parameter, und θ_4 ist der Winkel des Ausgangsglieds, gegeben durch Gl. (5.153):

$$\theta_4 = 2\tan^{-1}\left(\frac{-H\pm\sqrt{H^2-4GI}}{2G}\right) \tag{5.257}$$

$$G = d - e - a\cos\theta_2 \tag{5.258}$$

$$H = 2a\sin\theta_2 \tag{5.259}$$

$$I = a\cos\theta_2 - d - e \tag{5.260}$$

Beweis Wir befestigen ein ebenes kartesisches Koordinatensystem an der Bodenverbindung bei MN. Einzeichnen einer vertikalen Linie durch C definiert den variablen Winkel $\gamma = \angle\, A\ C\ F$, wie in Abb. 5.40 gezeigt. Wir definieren auch die drei Winkel $\beta_1 = \angle\, A\ N\ M$, $\beta_2 = \angle\, A\ N\ B$ und $\beta_3 = \angle\, B\ E\ F$, um die Berechnungen zu vereinfachen. Aus dem Dreieck ΔACE finden wir:

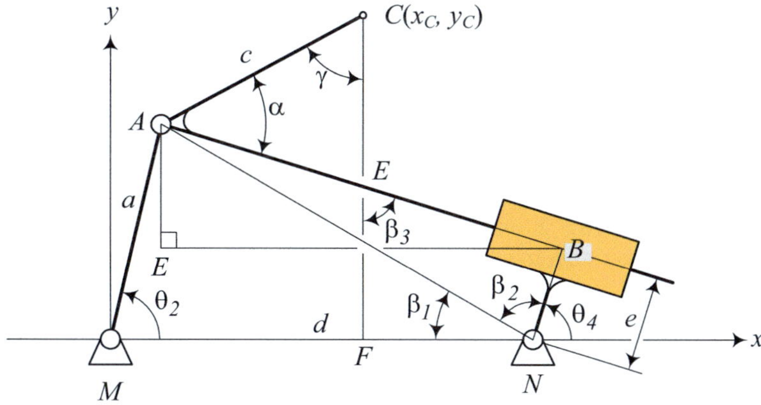

Abb. 5.40 Ein umgekehrter Schubkurbeltrieb und ein Koppelpunkt bei C

$$\gamma = \pi - \beta_3 - \alpha \tag{5.261}$$

und aus dem Viereck $\square EFNB$ finden wir:

$$\beta_3 + \angle EFN + \beta_2 + \beta_1 + \angle EBN = 2\pi \tag{5.262}$$

Allerdings gilt:

$$\angle EBN = \frac{\pi}{2} \tag{5.263}$$

$$\angle EFN = \frac{\pi}{2} \tag{5.264}$$

und daher:

$$\beta_3 + \beta_2 + \beta_1 = \pi \tag{5.265}$$

Der Ausgangswinkel θ_4 ist:

$$\theta_4 = \pi - (\beta_2 + \beta_1) \tag{5.266}$$

und somit:

$$\theta_4 = \beta_3 \tag{5.267}$$

Nun kann der Winkel γ geschrieben werden als:

$$\gamma = \pi - \theta_4 - \alpha \tag{5.268}$$

wobei θ_4 der Ausgangswinkel ist, den wir aus Gl. (5.153) finden.

Daher können die Koordinaten x_C und y_C als zwei parametrische Funktionen von θ_2 für einen gegebenen Satz von a, d, c, e und α berechnet werden.▪

5.6 ⋆ Kardangelenk

Das in Abb. 5.41 dargestellte *Kardangelenk*ist ein Mechanismus zur Verbindung von rotierenden Wellen, die sich unter einem Winkel ϕ schneiden. Das Kardangelenk ist auch bekannt als *Doppelgelenk, Kreuzgelenk* oder *Universalgelenk*.

Abb. 5.42 zeigt ein praktisches Kardangelenk. Ein Kardangelenk besteht aus vier Verbindungen: Verbindung Nummer 1 ist der Boden, der ein Drehgelenk mit der Eingangsverbindung 2 und der Ausgangsverbindung 4 hat. Die Eingangs- und Ausgangsverbindungen sind mit einer Kreuzverbindung 3 verbunden. Das Kardangelenk ist ein dreidimensionales Gelenkviereck, bei der die Kreuzverbindung als Kupplungsverbindung fungiert.

Die treibende und die angetriebene Welle machen gleichzeitig eine vollständige Umdrehung, aber das Geschwindigkeitsverhältnis ist während der Umdrehung nicht konstant. Die Winkelgeschwindigkeit der Ausgangswelle 4 relativ zur Eingangswelle 2 wird als *Geschwindigkeitsverhältnis* Ω bezeichnet und ist eine Funktion der Winkelposition der Eingangswelle θ und des Winkels zwischen den Wellen ϕ:

Abb. 5.41 Ein Kardangelenk

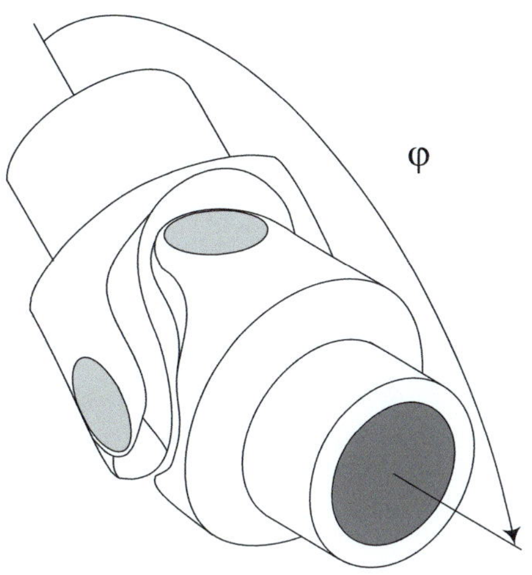

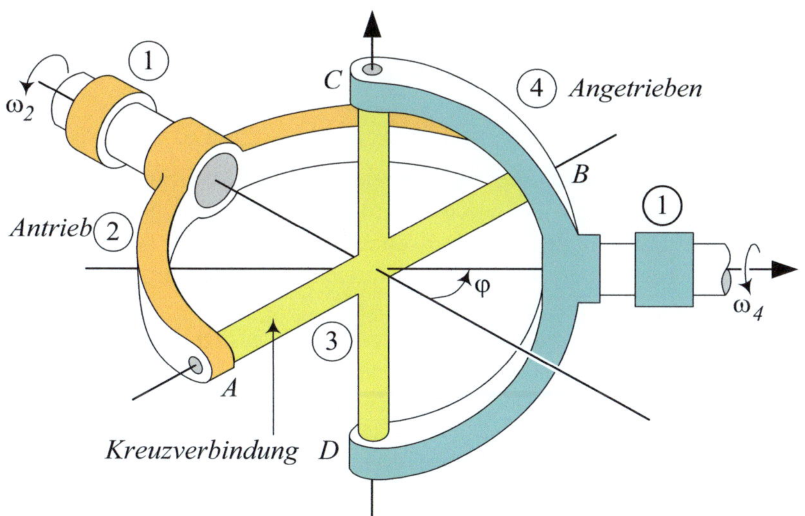

Abb. 5.42 Ein Kardangelenk mit vier Verbindungen: Verbindung 1 ist der Boden, Verbindung 2 ist der Eingang, Verbindung 4 ist der Ausgang und die Kreuzverbindung 3 ist eine Kupplungsverbindung

$$\Omega = \frac{\omega_4}{\omega_2} = \frac{\cos\varphi}{1 - \sin^2\varphi\cos^2\theta} \tag{5.269}$$

Beweis Ein Kardangelenk kann in vielen Formen auftreten, jedoch hat es unabhängig von seiner Konstruktion im Wesentlichen die in Abb. 5.42 gezeigte Form. Jede Verbindungswelle endet in einer U-förmigen Gabel.

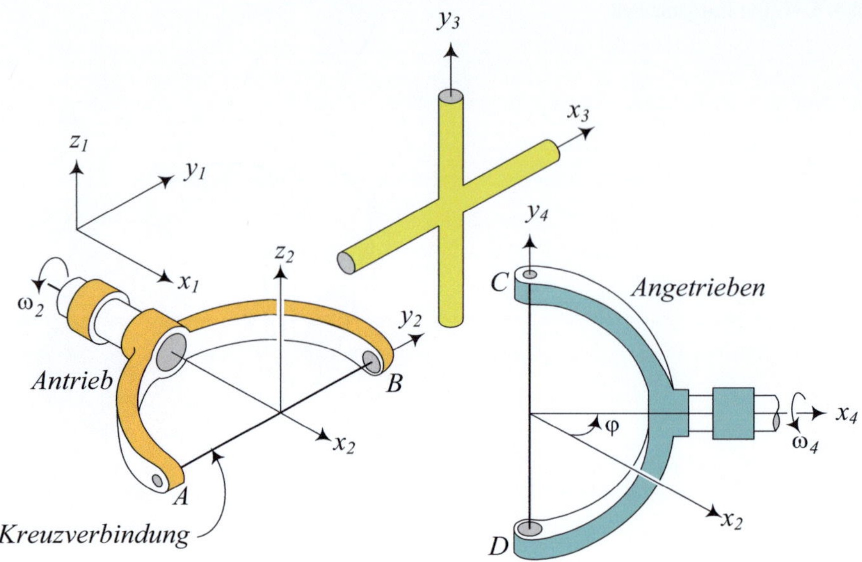

Abb. 5.43 Eine separate Darstellung der Eingangs-, Ausgangs- und Kreuzverbindungen für ein Kardangelenk

Die Gabeln sind durch eine starre Kreuzverbindung verbunden. Die Enden der Kreuzverbindung sind in Lagern in den Gabeln gelagert. Wenn sich die antreibende Gabel dreht, dreht sich die Kreuzverbindung relativ zur Gabel um ihre Achse *AB*. Die Kreuzverbindung dreht sich auch relativ zur angetriebenen Gabel um die Achse *CD*.

Obwohl die treibende und die angetriebene Welle zusammen eine vollständige Umdrehung machen, ist ihr Geschwindigkeitsverhältnis während der Umdrehung nicht konstant. Eine zerlegte Darstellung der Eingangs-, Ausgangs- und Kreuzverbindungen ist in Abb. 5.43 gezeigt.

Die Winkelgeschwindigkeit der Kreuzverbindung kann durch

$$
{}_1\boldsymbol{\omega}_3 = {}_1\boldsymbol{\omega}_2 + {}_2^1\boldsymbol{\omega}_3 = {}_1\boldsymbol{\omega}_4 + {}_4^1\boldsymbol{\omega}_3 \tag{5.270}
$$

beschrieben werden, wobei ${}_1\boldsymbol{\omega}_2$ die Winkelgeschwindigkeit der treibenden Gabel um die x_2-Achse und ${}_2^1\,\boldsymbol{\omega}_3$ die Winkelgeschwindigkeit der Kreuzverbindung um die Achse *AB* relativ zur treibenden Gabel ausgedrückt im Bodenkoordinatensystem sind.

Abb. 5.44 zeigt, dass die Einheitsvektoren $\hat{j}_2$ und $\hat{j}_3$ entlang der Arme des Kreuzgelenks liegen und die Einheitsvektoren $\hat{\imath}_2$ und $\hat{\imath}_4$ entlang der Wellen. Mit den Winkelgeschwindigkeitsvektoren

$$
{}_1\boldsymbol{\omega}_2 = \begin{bmatrix} \omega_{21}\,\hat{\imath}_1 \\ \hat{j}_1 \\ \hat{k}_1 \end{bmatrix} = \begin{bmatrix} \omega_{21} \\ 0 \\ 0 \end{bmatrix} \tag{5.271}
$$

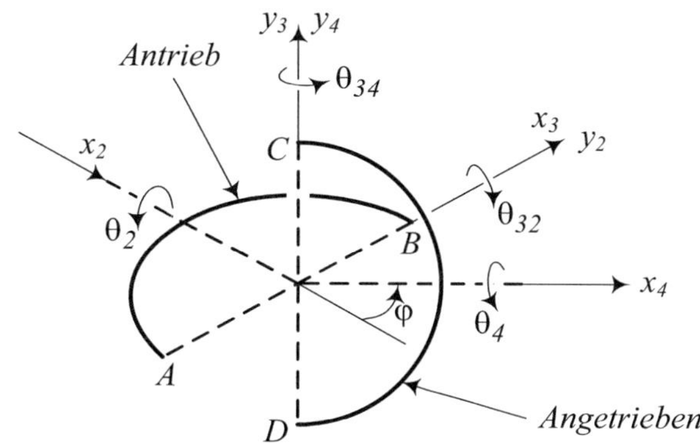

Abb. 5.44 Ein kinematisches Modell für ein Kardangelenk

$$ {}_1\boldsymbol{\omega}_4 = \begin{bmatrix} \omega_{41}\,\hat{\imath}_4 \\ \hat{\jmath}_4 \\ \hat{k}_4 \end{bmatrix} = \begin{bmatrix} \omega_{41} \\ 0 \\ 0 \end{bmatrix} \tag{5.272} $$

$$ {}_2\boldsymbol{\omega}_3 = \begin{bmatrix} \hat{\imath}_2 \\ \omega_{32}\,\hat{\jmath}_2 \\ \hat{k}_2 \end{bmatrix} \qquad {}_2^3\boldsymbol{\omega}_3 = \begin{bmatrix} \omega_{32}\,\hat{\imath}_3 \\ \hat{\jmath}_3 \\ \hat{k}_3 \end{bmatrix} \tag{5.273} $$

$$ {}_4\boldsymbol{\omega}_3 = \begin{bmatrix} \hat{\imath}_4 \\ \omega_{34}\,\hat{\jmath}_4 \\ \hat{k}_4 \end{bmatrix} \qquad {}_4^3\boldsymbol{\omega}_3 = \begin{bmatrix} \hat{\imath}_3 \\ \omega_{34}\,\hat{\jmath}_3 \\ \hat{k}_3 \end{bmatrix} \tag{5.274} $$

können wir Gl. (5.270) vereinfachen zu:

$$ \omega_{32}\,\hat{\imath}_3 + \omega_{21}\,\hat{\imath}_2 = \omega_{41}\,\hat{\imath}_4 + \omega_{34}\,\hat{\jmath}_3 \tag{5.275} $$

Da jedoch das Koordinatensystem des Kardangelenks rechtshändig ist, haben wir:

$$ \hat{\imath}_3 \times \hat{\jmath}_3 = \hat{k}_3 \tag{5.276} $$

und daher:

$$ \left(\omega_{32}\,\hat{\imath}_3 + \omega_{21}\,\hat{\imath}_2\right) \cdot \hat{k}_3 = \left(\omega_{41}\,\hat{\imath}_4 + \omega_{34}\,\hat{\jmath}_3\right) \cdot \hat{k}_3 \tag{5.277} $$

das ergibt:

$$ \omega_{21}\,\hat{\imath}_2 \cdot \hat{k}_3 = \omega_{41}\,\hat{\imath}_4 \cdot \hat{k}_3 \tag{5.278} $$

Jetzt ist die benötigte Gleichung für das Geschwindigkeitsverhältnis $\Omega = \omega_{41}/\omega_{21}$

$$ \Omega = \frac{\omega_{41}}{\omega_{21}} = \frac{\hat{\imath}_3 \times \hat{\jmath}_3 \cdot \hat{\imath}_2}{\hat{\imath}_3 \times \hat{\jmath}_3 \cdot \hat{\imath}_4} \tag{5.279} $$

Der Einheitsvektor $\hat{\jmath}_3$ steht senkrecht zu $\hat{\imath}_3$ und $\hat{\imath}_4$, wir können schreiben:

$$\hat{\jmath}_3 = a\hat{\imath}_4 \times \hat{\imath}_3 \tag{5.280}$$

wobei a ein Koeffizient ist. Jetzt gilt:

$$\hat{\imath}_3 \times \hat{\jmath}_3 = \hat{\imath}_3 \times \left(a\hat{\imath}_4 \times \hat{\imath}_3\right) = a\left[\hat{\imath}_4 - \left(\hat{\imath}_3 \cdot \hat{\imath}_4\right)\hat{\imath}_3\right] \tag{5.281}$$

und weil

$$\hat{\imath}_3 \cdot \hat{\imath}_2 = 0 \tag{5.282}$$

finden wir:

$$\begin{aligned} \Omega &= \frac{\omega_{41}}{\omega_{21}} = \frac{\hat{\imath}_2 \cdot a\left[\hat{\imath}_4 - \left(\hat{\imath}_3 \cdot \hat{\imath}_4\right)\hat{\imath}_3\right]}{\hat{\imath}_3 \cdot a\left[\hat{\imath}_4 - \left(\hat{\imath}_3 \cdot \hat{\imath}_4\right)\hat{\imath}_3\right]} \\ &= \frac{\hat{\imath}_2 \cdot \hat{\imath}_4}{1-\left(\hat{\imath}_3 \cdot \hat{\imath}_4\right)^2} = \frac{\cos\varphi}{1-\left(\hat{\imath}_3 \cdot \hat{\imath}_4\right)^2} \end{aligned} \tag{5.283}$$

Wenn wir die Winkelposition der Eingangsgabel durch θ darstellen, gilt:

$$\hat{\imath}_3 = \cos\theta\,\hat{\jmath}_1 + \sin\theta\,\hat{k}_1 \tag{5.284}$$

$$\hat{\imath}_4 = \cos\varphi\,\hat{\imath}_1 - \sin\varphi\,\hat{\jmath}_1 \tag{5.285}$$

und die endgültige Gleichung für das Geschwindigkeitsverhältnis ergibt sich als:

$$\Omega = \frac{\omega_{41}}{\omega_{21}} = \frac{\cos\varphi}{1-\sin^2\varphi\cos^2\theta} \tag{5.286}$$

Diese Formel zeigt, dass obwohl beide Wellen gleichzeitig eine Umdrehung vollenden, das Verhältnis ihrer Winkelgeschwindigkeiten mit dem Drehwinkel $\theta(t)$ des Antriebs variiert und auch eine Funktion des Wellenwinkels ϕ ist. Daher wird, selbst wenn die Winkelgeschwindigkeit ω_{21} der Antriebswelle konstant ist, die Winkelgeschwindigkeit ω_{41} einer angetriebenen Welle nicht gleichmäßig sein. ▪

Beispiel 260 ⋆ *Illustration des Geschwindigkeitsverhältnisses Ω des Kardangelenks*
Abb. 5.45 *zeigt eine dreidimensionale Darstellung für Ω als Funktion von θ und ϕ. Die Ω-Oberfläche wird für eine Umdrehung der Antriebswelle und jeden möglichen Winkel zwischen den beiden Wellen gezeichnet:*

$$-\pi < \theta < \pi \qquad -\pi < \varphi < \pi \tag{5.287}$$

Eine zweidimensionale Ansicht für Ω ist in Abb. 5.46 *dargestellt. Wenn $\varphi \precapprox 10\,\text{deg}$, gibt es keine große Schwankung im Geschwindigkeitsverhältnis, wenn jedoch der Winkel zwischen den beiden Wellen mehr als* $10\,\text{deg}$ *beträgt, dann kann das Geschwindigkeitsverhältnis Ω nicht als konstant angenommen werden. Das Kardangelenk klemmt, wenn $\varphi = 90\,\text{deg}$, weil theoretisch*

$$\lim_{\varphi\to 90} \Omega = \textit{unbestimmt} \tag{5.288}$$

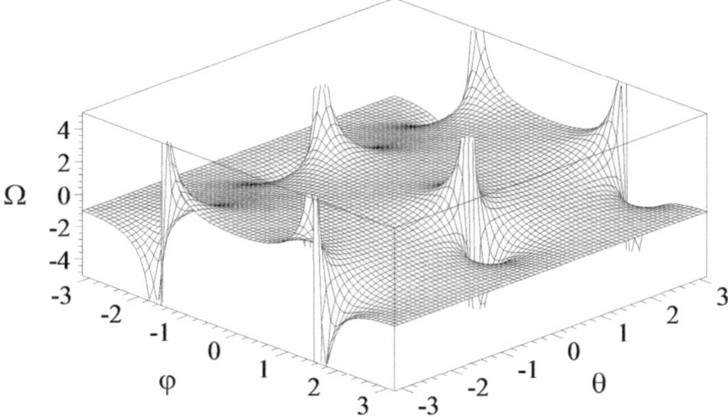

Abb. 5.45 Eine dreidimensionale Darstellung des Geschwindigkeitsverhältnisses eines Kardangelenks Ω als Funktion des Eingangswinkels θ und des Winkels zwischen Eingangs- und Ausgangswelle ϕ

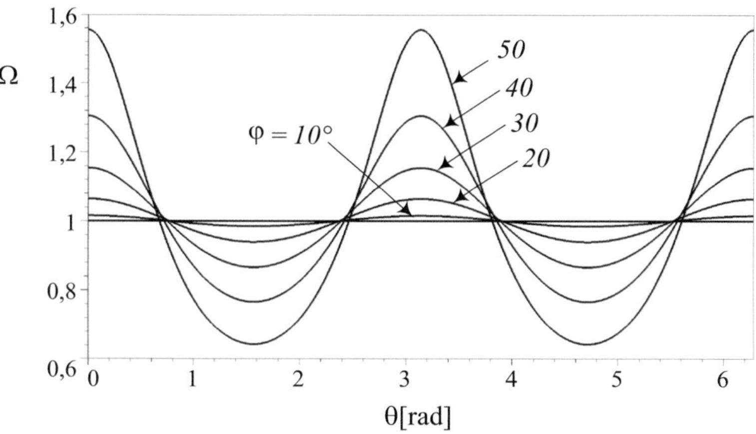

Abb. 5.46 Eine zweidimensionale Ansicht von Ω als Funktion des Eingangswinkels θ und des Winkels zwischen Eingangs- und Ausgangswelle ϕ

Das Verhalten von Ω als Funktion von θ und ϕ kann besser in einem Polarkoordinatensystem betrachtet werden, wie in Abb. 5.47 gezeigt.

Beispiel 261 ⋆ *Maximum und Minimum von ω_{41} in einer Umdrehung*
Der maximale Wert von Ω ist:

$$\Omega_M = \frac{1}{\cos\varphi} \tag{5.289}$$

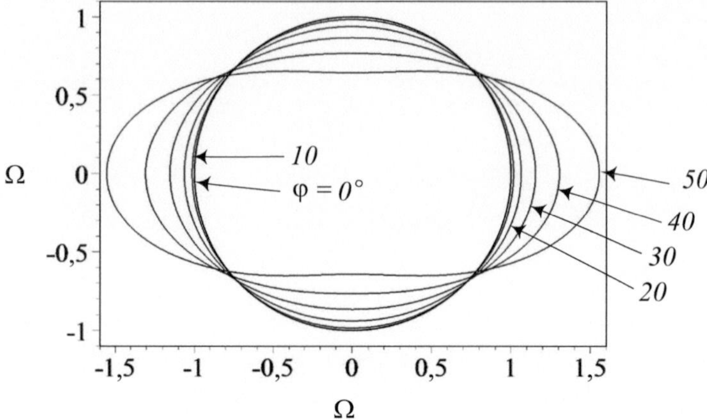

Abb. 5.47 Das Verhalten des Geschwindigkeitsverhältnisses Ω als Funktion von θ und ϕ in einem Polarkoordinatensystem

Er tritt auf bei:

$$\theta = 0, \pi \tag{5.290}$$

Der minimale Wert von Ω ist:

$$\Omega_m = \cos\varphi \tag{5.291}$$

Er tritt auf bei:

$$\theta = \frac{\pi}{2}, \frac{3\pi}{2} \tag{5.292}$$

Beispiel 262 ⋆ *Doppelgelenkwelle*

Um das nicht einheitliche Geschwindigkeitsverhältnis zwischen der Eingangs- und Ausgangswelle, die durch ein Kardangelenk verbunden sind, zu beseitigen, können wir ein zweites Gelenk anschließen, so hat zwar die Zwischenwelle ein variables Geschwindigkeitsverhältnis sowohl zur Eingangs- als auch zur Ausgangswelle, aber das Gesamtgeschwindigkeitsverhältnis zwischen der Eingangs- und Ausgangswelle bleibt gleich eins. Abb. 5.48 *zeigt die zwei möglichen Anordnungen zur Aufhebung des wechselnden Geschwindigkeitsverhältnisses der Universalgelenke zwischen zwei Wellen mit einem Winkel oder Versatz.*

Beispiel 263 ⋆ *Alternativer Beweis für die universelle Gelenkgleichung*

Betrachten Sie ein Kardangelenk der Abb. 5.42. *Wenn wir entlang der Achse der Eingangswelle schauen, sehen wir die Punkte A und B, die sich auf einem Kreis bewegen, und die Punkte C und D, die sich auf einer Ellipse bewegen, wie in Abb.* 5.49*a dargestellt. Dies liegt daran, dass A und B einen Kreis in einer*

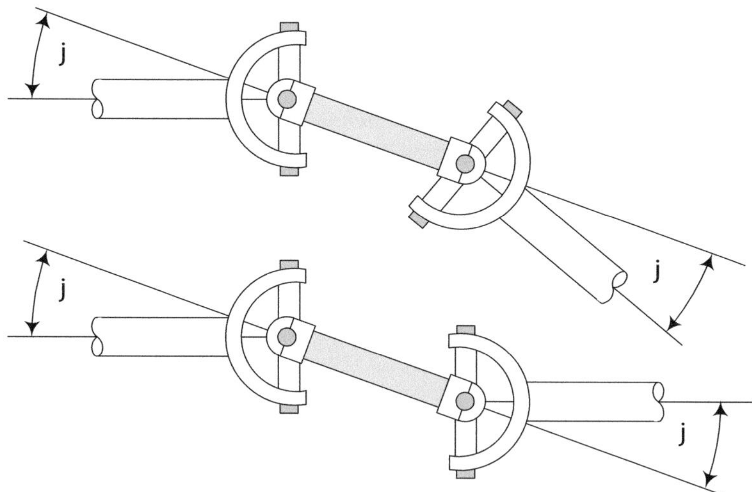

Abb. 5.48 Zwei mögliche Anordnungen zur Aufhebung des wechselnden Geschwindigkeitsverhältnisses der Universalgelenke zwischen zwei Wellen mit einem Winkel oder Versatz

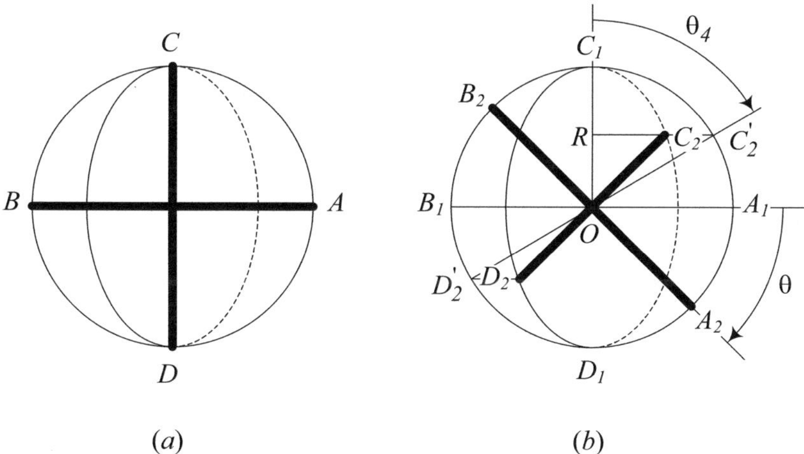

Abb. 5.49 Drehung des Kardangelenks aus einer Sicht entlang der Eingangswelle

normalen Ebene nachzeichnen und C und D einen Kreis in einer um den Winkel ϕ gedrehten Ebene. Nehmen wir an, das Kardangelenk beginnt sich zu drehen, wenn die Achse CD des Kardangelenks an der Schnittstelle der Bewegungsebenen CD und AB liegt, wie in Abb. 5.49a gezeigt. Wenn die Achse AB einen Winkel θ dreht, dann dreht sich die

Projektion der Achse CD auf der Ellipse, wie in Abb. 5.49b zu sehen ist. Allerdings unterscheidet sich der Drehwinkel CD $\theta_4$von θ, wenn wir entlang der Ausgangswelle auf die Achse CD schauen.

Wenn wir entlang der Eingangswelle schauen, beginnt die Achse AB bei A_1B_1 und bewegt sich nach der Drehung θ zu A_2B_2. Aus der gleichen Perspektive beginnt die Achse CD bei C_1D_1und bewegt sich zu C_2D_2, jedoch wäre CD bei $C_2'D_2'$, wenn man entlang der Ausgangswelle schauen würde. Die geometrische Beziehung zwischen den Winkeln ist:

$$\frac{C_2'R}{OR} = \tan\theta_4 \qquad \frac{C_2R}{OR} = \tan\theta \qquad \frac{C_2R}{C_2'R} = \cos\varphi \tag{5.293}$$

Daher:

$$\tan\theta = \tan\theta_4 \cos\varphi \tag{5.294}$$

was nach der Differenzierung wird zu:

$$\frac{\omega_2}{\csc^2\theta} = \frac{\omega_4}{\csc^2\theta_4}\cos\varphi \tag{5.295}$$

Durch Eliminieren von θ_4 zwischen (5.294) und (5.295) finden wir die Beziehung zwischen den Winkelgeschwindigkeiten der Eingangs- und Ausgangswellen:

$$\omega_4 = \frac{\cos\varphi}{\sin^2\theta + \cos^2\theta\cos^2\varphi}\omega_2 \tag{5.296}$$

Das Geschwindigkeitsverhältnis wäre dann das gleiche wie in (5.269):

$$\Omega = \frac{\omega_4}{\omega_2} = \frac{\cos\varphi}{\sin^2\theta + \cos^2\theta\cos^2\varphi} = \frac{\cos\varphi}{1 - \sin^2\varphi\cos^2\theta} \tag{5.297}$$

Beispiel 264 ⋆ *Geschichte des Kardangelenks*

Das Bedürfnis, eine Drehbewegung von einer Welle auf eine andere zu übertragen, die in einem Winkel aufeinandertreffen, war ein Problem bei der Installation von Uhrtürmen im 14. Jahrhundert. Die Übertragung der Drehung auf die Zeiger sollte aufgrund der Turmkonstruktion versetzt werden. Cardano (1501–1576) im Jahr 1550, Hooke (1635–1703) im Jahr 1663 und Schott (1608–1666) im Jahr 1664 verwendeten das Gelenk zur Übertragung der Drehbewegung. Hooke war der erste, der sagte, dass die Drehbewegung zwischen der Eingangs- und Ausgangswelle nicht gleichmäßig ist. Monge (1746–1818) war jedoch die erste Person, die 1794 die mathematischen Prinzipien des Gelenks veröffentlichte, und später Poncelet (1788–1867) im Jahr 1822.

Als alternativer Beweis für die Gleichung des Geschwindigkeitsverhältnisses des Kardangelenks verwendete Poncelet (1788–1867) im Jahr 1824 die sphärische Trigonometrie, um die Gleichung des Geschwindigkeitsverhältnisses des

Kardangelenks zu finden, und Jazar verwendete 2011 die Koordinatentransformationsmethode, um die Gleichung abzuleiten.

Das Kardangelenk kann verwendet werden, um Drehmoment bei größeren Winkeln als flexible Kupplungen zu übertragen. Ein Kardangelenk kann verwendet werden, um Leistung bis zu $\varphi = 15\,\deg$ *je nach Anwendung zu übertragen. Kardangelenke sind in einer Vielzahl von Drehmomentkapazitäten erhältlich.*

5.7 Zusammenfassung

Jede bewegliche Komponente eines Fahrzeugs, wie Türen, Hauben, Scheibenwischer, Achsen, Räder und Aufhängungen, sind mithilfe von Getriebemechanismen mit der Karosserie des Fahrzeugs verbunden. Das Gelenkviereck und der umgekehrte Schubkurbeltrieb sind die beiden gängigen Mechanismen, die wir verwenden, um die Räder von unabhängigen Aufhängungen mit dem Fahrzeugchassis zu verbinden. Es gibt analytische Gleichungen zur Bestimmung der Konfiguration aller Glieder eines Mechanismus in Bezug auf eines der Glieder, das als fest angenommen und als Grundglied bezeichnet wird.

Die Räder sind auf einer Spindel montiert, die starr mit dem Koppelglied der Mechanismen verbunden ist. Das Zentrum des Rades bewegt sich auf einer Koppelpunktkurve. Analytische Ausdrücke bestimmen den Bewegungspfad des Zentrums sowie den Winkel des Rades in Bezug auf die Karosserie.

5.8 Schlüsselsymbole

$a \equiv \ddot{x}$	Beschleunigung
a, b	Koeffizienten der Gleichung
$a, b, c, \cdots$	Länge der Glieder einer Kette
$\mathbf{a}$	Beschleunigungsvektor
$A, B, \cdots$	Koeffizienten von quadratischen Gleichungen
b	relative Position eines umgekehrten Schubgelenks
$\dot{b}$	relative Geschwindigkeit eines Schubgelenks
$\ddot{b}$	relative Beschleunigung eines Schubgelenks
$C_1, C_2, \cdots$	Beschleunigungsparameter der Glieder von Kettengliedern
$\mathbf{d}$	Ortsvektor eines bewegten Koordinatensystems
$f = 1/T$	Zyklische Frequenz Hz
g	Gravitationsbeschleunigung
$\hat{\imath}, \hat{\jmath}, \hat{k}$	Einheitsvektoren von kartesischen Koordinatensystemen
I	Momentanpol der Rotation
$J_1, J_2, \cdots$	Positionsparameter der Verbindungen
k	Ein Parameter zwischen null und eins, $0 < k < 1$
l	Länge, Länge der längsten Verbindung
n	Anzahl der Verbindungen
N	Anzahl der Momentanpole der Rotation
p, q	Länge der mittleren Verbindungen
Q	Momentanpol der Geschwindigkeit
$\mathbf{r}$	Gelenk-Relativortsvektor
s	Verschiebungsposition eines Schubgelenks
s	Länge der kürzesten Verbindung
S	Momentanpol der Beschleunigung
$\dot{s}$	Geschwindigkeit eines Schubgelenks
$\ddot{s}$	Beschleunigung eines Schubgelenks
t	Zeit
T	Periode
$x, y, z,\ \mathbf{x}$	Verschiebung
x, y, z	Kartesische Koordinaten
x_C, y_C	Koppelpunktkoordinaten
$\mathbf{v}$	Geschwindigkeitsvektor
$\boldsymbol{\alpha}$	Winkelbeschleunigungsvektor
α_i	Winkelbeschleunigung des Verbindungselements Nummer i
θ_i	Winkelposition des Verbindungselements Nummer i
θ	Winkelposition der Eingangs- und Ausgangsachsen eines Kardangelenks
φ	Winkel zwischen den Eingangs- und Ausgangsachsen eines Kardangelenks
$\boldsymbol{\omega}$	Winkelgeschwindigkeitsvektor
ω_i	Winkelgeschwindigkeit des Verbindungselements Nummer i
Ω	Winkelgeschwindigkeitsverhältnis

Übungen

1. Zwei mögliche Konfigurationen für ein Gelenkviereck
Betrachten Sie ein Gelenkviereck mit den folgenden Verbindungen:
$$a = 10\,\text{cm} \qquad b = 25\,\text{cm} \qquad c = 30\,\text{cm} \qquad d = 25\,\text{cm}$$
Wenn $\theta_2 = 30\,\text{deg}$, was sind die Winkel θ_3 und θ_4 für eine konvexe Konfiguration?
2. Winkelgeschwindigkeit des Ausgangsverbindungselements eines Gelenkvierecks
Betrachten Sie ein Gelenkviereck mit den folgenden Verbindungen:
$$a = 10\,\text{cm} \qquad b = 25\,\text{cm} \qquad c = 30\,\text{cm} \qquad d = 25\,\text{cm}$$
Bestimmen Sie die Winkelgeschwindigkeit des Ausgangsverbindungselements ω_4 bei $\theta_2 = 30\,\text{deg}$, wenn $\omega_2 = 2\pi\,\text{rad/s}$.
3. Winkelbeschleunigung eines Ausgangsglieds eines Gelenkvierecks
Betrachten Sie ein Gelenkviereck mit den folgenden Gliedern:
$$a = 10\,\text{cm} \qquad b = 25\,\text{cm} \qquad c = 30\,\text{cm} \qquad d = 25\,\text{cm}$$
Bestimmen Sie die Winkelbeschleunigung des Ausgangsglieds α_4 bei $\theta_2 = 30\,\text{deg}$, wenn $\alpha_2 = 0, 2\pi\,\text{rad/s}^2$ und $\omega_2 = 2\pi\,\text{rad/s}$.
4. Grashoff-Kriterium
Betrachten Sie ein Gelenkviereck mit den folgenden Gliedern:
$$a = 10\,\text{cm} \qquad b = 25\,\text{cm} \qquad c = 30\,\text{cm}$$
Bestimmen Sie die Grenzwerte der Länge *d*, um das Grashoff-Kriterium zu erfüllen.
5. Grenz- und Totpunkte
Betrachten Sie ein Gelenkviereck mit den folgenden Gliedern:
$$a = 10\,\text{cm} \qquad b = 25\,\text{cm} \qquad c = 30\,\text{cm} \qquad d = 25\,\text{cm}$$
Bestimmen Sie, ob es Grenz- oder Totpunkte für die Kopplung gibt.
6. ⋆ Bestimmung der Grenzposition
Erklären Sie, wie wir die Grenzpositionen eines Gelenkvierecks anhand der folgenden Bedingung bestimmen könnten:
$$\frac{d\theta}{dt} = 0$$
7. ⋆ Entwerfen Sie einen Scheibenwischermechanismus
Abb. 5.50 zeigt einen Scheibenwischermechanismus mit sechs Gliedern, der durch Kombination von zwei Gelenkvierecken entsteht. Das Glied *PC* ist an einen Antriebsmotor angeschlossen. Nehmen Sie an, $PC = 1$ und $MP = NP$. Entwerfen Sie den Mechanismus so, dass die Glieder *MA* und *NB* die in der folgenden Tabelle angegebenen erforderlichen Winkel einhalten.

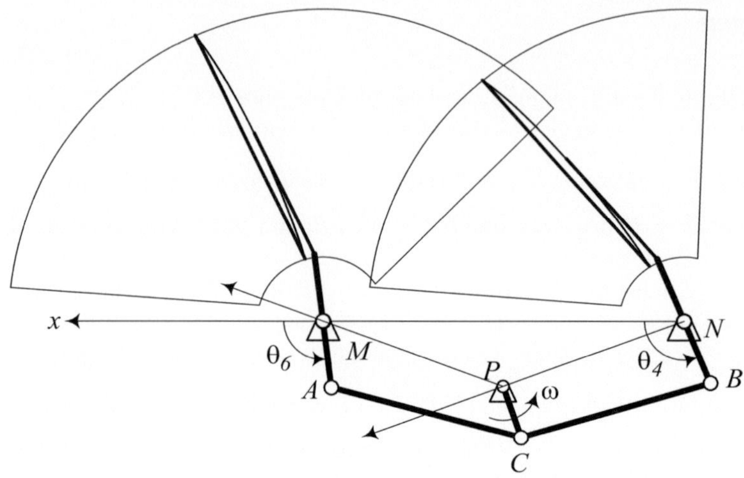

Abb. 5.50 Ein Scheibenwischermechanismus mit sechs Gliedern

8. Zwei mögliche Konfigurationen für einen Schubkurbeltrieb
   Betrachten Sie einen Schubkurbeltrieb mit den folgenden Gliedern:

   $$a = 10\,\text{cm} \qquad b = 45\,\text{cm} \qquad e = 0$$

   Wenn $\theta_2 = 30\,\text{deg}$, was sind der Winkel θ_3 und die Position des Schiebers s für eine konvexe Konfiguration?
9. Winkelgeschwindigkeit und Beschleunigung des Schiebers eines Schubkurbeltriebs
   Betrachten Sie einen Schubkurbeltrieb mit den folgenden Verbindungen:

   $$a = 10\,\text{cm} \qquad b = 45\,\text{cm} \qquad e = 0$$

   Bestimmen Sie die Winkelgeschwindigkeit und Beschleunigung des Schiebers bei $\theta_2 = 30\,\text{deg}$, wenn $\omega_2 = 2\pi\,\text{rad/s}$ und $\alpha_2 = 0.\,2\pi\,\text{rad/s}^2$.
10. Schnelle Rückkehrzeit.
    Betrachten Sie einen Schubkurbeltrieb mit den folgenden Verbindungen:

    $$a = 10\,\text{cm} \qquad b = 45\,\text{cm} \qquad e = 3\,\text{cm}$$

    Bestimmen Sie die Zeitdifferenz zwischen Hin- und Rückhalbschwingung der Schieberbewegung, wenn $\omega_2 = 2\pi\,\text{rad/s}$.
11. Zwei mögliche Konfigurationen für einen umgekehrten Schubkurbeltrieb
    Betrachten Sie einen umgekehrten Schubkurbeltrieb mit den folgenden Verbindungen:

    $$a = 10\,\text{cm} \qquad d = 45\,\text{cm} \qquad e = 5\,\text{cm}$$

    Wenn $\theta_2 = 30\,\text{deg}$, was sind der Winkel θ_3 und die Position der Schieber b?

12. Momentanpol
    Finden Sie den Momentanpol für das Gelenksechseck, das in folgenden Abbildungen gezeigt ist:
    (a) Abb. 5.51.
    (b) Abb. 5.52.
13. Ein Koppelpunkt eines Gelenkvierecks
    Betrachten Sie ein Gelenkviereck mit den folgenden Verbindungen:

$$a = 10\,\text{cm} \qquad b = 25\,\text{cm} \qquad c = 30\,\text{cm} \qquad d = 25\,\text{cm}$$

und einem Koppelpunkt mit den folgenden Parametern:

$$e = 10\,\text{cm} \qquad \alpha = 30\,\text{deg}$$

Bestimmen Sie die Koordinaten des Koppelpunktes, wenn $\theta_2 = 30\,\text{deg}$.

14. Ein Koppelpunkt eines Schubkurbeltriebs
    Betrachten Sie einen Schubkurbeltrieb mit den folgenden Parametern:

$$a = 10\,\text{cm} \qquad b = 45\,\text{cm} \qquad e = 3\,\text{cm}$$
$$c = 10\,\text{cm} \qquad \alpha = 30\,\text{deg}$$

Bestimmen Sie die Koordinaten des Koppelpunktes.

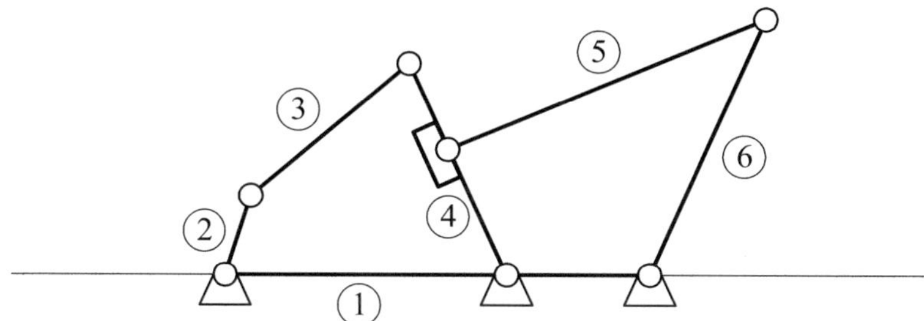

Abb. 5.51 Ein Gelenksechseck

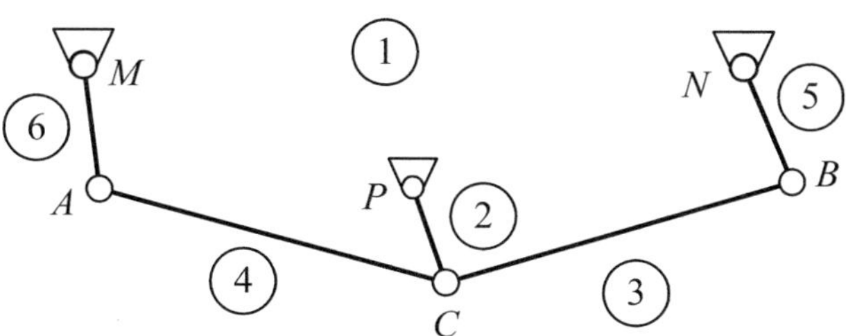

Abb. 5.52 Ein Gelenksechseck

15. Ein Koppelpunkt eines umgekehrten Schubkurbeltriebs mit $\theta_2 = 30\,\text{deg}$. Betrachten Sie einen umgekehrten Schubkurbeltrieb mit den folgenden Parametern:

$$a = 10\,\text{cm} \qquad d = 45\,\text{cm} \qquad e = 5\,\text{cm}$$
$$c = 10\,\text{cm} \qquad \alpha = 30\,\text{deg}$$

Bestimmen Sie die Koordinaten des Koppelpunktes, wenn $\theta_2 = 30\,\text{deg}$.

Kapitel 6
Lenkdynamik

Um ein Fahrzeug zu manövrieren, benötigen wir einen Lenkmechanismus, um lenkbare Räder zu drehen. Die Lenkdynamik, die wir in diesem Kapitel betrachten, zeigt die Anforderungen und Herausforderungen an ein Lenksystem, das ein Fahrzeug auf nicht geraden Wegen führen soll.

6.1 Kinematische Lenkung

Betrachten Sie ein Fahrzeug mit Vorderradlenkung (engl. front-wheel-steering, FWS), das nach links abbiegt, wie in Abb. 6.1 gezeigt. Wenn das Fahrzeug sehr langsam fährt, gibt es eine kinematische Bedingung zwischen den inneren und äußeren Rädern, die es ermöglicht, ohne zu rutschen um die Kurve zu fahren. Die kinematische Bedingung wird als *Ackerman-Bedingung* bezeichnet und durch

$$\cot \delta_o - \cot \delta_i = \frac{w}{l} \tag{6.1}$$

ausgedrückt, wobei δ_i der Lenkwinkel des *inneren Rades* und δ_o der Lenkwinkel des *äußeren Rades* ist. Die inneren und äußeren Räder werden auf der Basis des Drehzentrums O definiert.

Der Abstand zwischen den Lenkachsen der lenkbaren Räder wird als *Spur* bezeichnet und durch w dargestellt. Der Abstand zwischen den vorderen und hinteren Achsen wird als *Radstand* bezeichnet und durch l dargestellt. Spur w und Radstand l werden als kinematische Breite und Länge des Fahrzeugs betrachtet.

Wir können auch die folgende allgemeinere Gleichung für die kinematische Bedingung zwischen den Lenkwinkeln eines Fahrzeugs mit Vorderradlenkung verwenden:

$$\cot \delta_{fr} - \cot \delta_{fl} = \frac{w_f}{l} \tag{6.2}$$

R. N. Jazar, *Fahrzeugdynamik*, https://doi.org/10.1007/978-3-031-53244-3_6

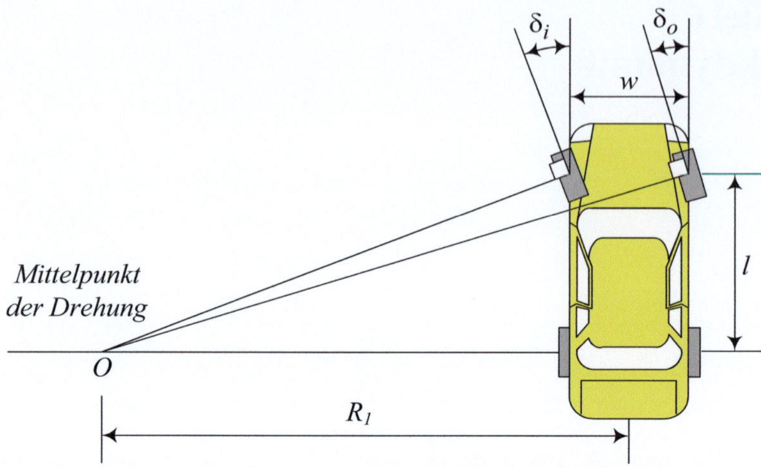

Abb. 6.1 Ein Fahrzeug mit Vorderradlenkung und die Ackerman-Bedingung

wobei δ_{fl} und δ_{fr} die Lenkwinkel der linken und rechten Vorderräder sind. In dieser Gleichung wird der Lenkwinkel in Bezug auf die x-Achse gemessen und ist positiv, wenn er um die positive z-Achse geht.

Das Massenzentrum eines gelenkten Fahrzeugs wird sich auf einem Kreis mit dem Radius R bewegen:

$$R = \sqrt{a_2^2 + l^2 \cot^2 \delta} \tag{6.3}$$

wobei δ der durchschnittliche Wert des Cotangens der inneren und äußeren Lenkwinkel ist:

$$\cot \delta = \frac{\cot \delta_o + \cot \delta_i}{2} \tag{6.4}$$

Der Winkel δ ist der äquivalente Lenkwinkel eines Fahrrads mit dem gleichen Radstand l und Drehradius R.

Beweis Damit sich alle Räder frei auf einer kurvigen Straße drehen können, müssen alle sich Reifenachsen in einem gemeinsamen Punkt schneiden. Dieses Kriterium ist die Ackerman-Bedingung. Die Reifenachse ist die Normallinie zur Reifenebene in der Mitte des Reifens.

Abb. 6.2 zeigt ein Fahrzeug, das um das Drehzentrum O nach links abbiegt. Daher sind die linken Räder die Innenräder und liegen näher am Drehzentrum. Die inneren und äußeren Lenkwinkel δ_i und δ_o können aus den Dreiecken $\triangle OAD$ und $\triangle OBC$ berechnet werden:

$$\tan \delta_i = \frac{l}{R_1 - \frac{w}{2}} \tag{6.5}$$

$$\tan \delta_o = \frac{l}{R_1 + \frac{w}{2}} \tag{6.6}$$

Durch Eliminieren von R_1

$$R_1 = \frac{1}{2}w + \frac{l}{\tan \delta_i} = -\frac{1}{2}w + \frac{l}{\tan \delta_o} \tag{6.7}$$

erhalten wir die Ackerman-Bedingung (6.1), die eine direkte Beziehung zwischen δ_i und δ_o ist:

$$\cot \delta_o - \cot \delta_i = \frac{w}{l} \tag{6.8}$$

Um den Wendekreis R des Fahrzeugs zu finden, definieren wir ein äquivalentes Fahrradmodell, wie in Abb. 6.3 dargestellt. Der Drehkreis R steht senkrecht zum

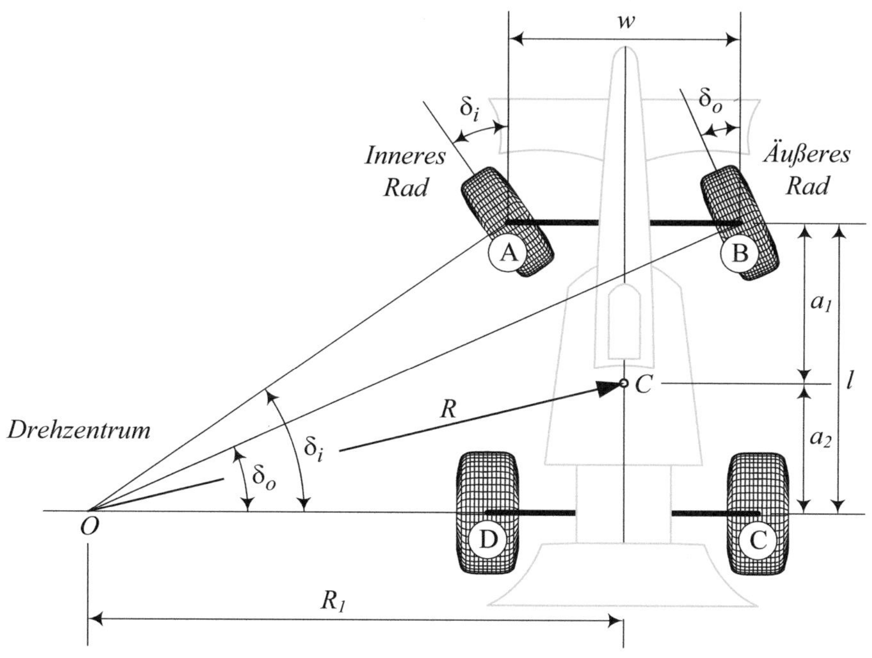

Abb. 6.2 Ein Fahrzeug mit Vorderradlenkung und Lenkwinkel der inneren und äußeren Räder.

Geschwindigkeitsvektor **v** des Fahrzeugs am Massenmittelpunkt C. Mit der im Fahrradmodell gezeigten Geometrie haben wir:

$$R^2 = a_2^2 + R_1^2 \tag{6.9}$$

$$\cot\delta = \frac{R_1}{l} = \frac{1}{2}(\cot\delta_i + \cot\delta_o) \tag{6.10}$$

und daher:

$$R = \sqrt{a_2^2 + l^2 \cot^2\delta} \tag{6.11}$$

Die Ackerman-Bedingung ist erforderlich, wenn die Geschwindigkeit des Fahrzeugs sehr gering ist und die Schlupfwinkel sehr nahe bei null liegen. Unter diesen Bedingungen gäbe es keine Seitenkraft und keine Zentrifugalkraft, die sich gegenseitig ausbalancieren könnten. Die Ackerman-Lenkbedingung wird auch als *kinematische Lenkbedingung* bezeichnet, da sie nur eine statische Bedingung bei Geschwindigkeit null ist.

Ein Gerät, das die Lenkung gemäß der Ackerman-Bedingung (6.1) bietet, wird als *Ackerman-Lenkung, Ackerman-Mechanismus* oder *Ackerman-Geometrie* bezeichnet. Es gibt keinen praktischen Gelenkviereck-Lenkmechanismus, der die Ackerman-Bedingung perfekt erfüllen kann. Wir können jedoch einen

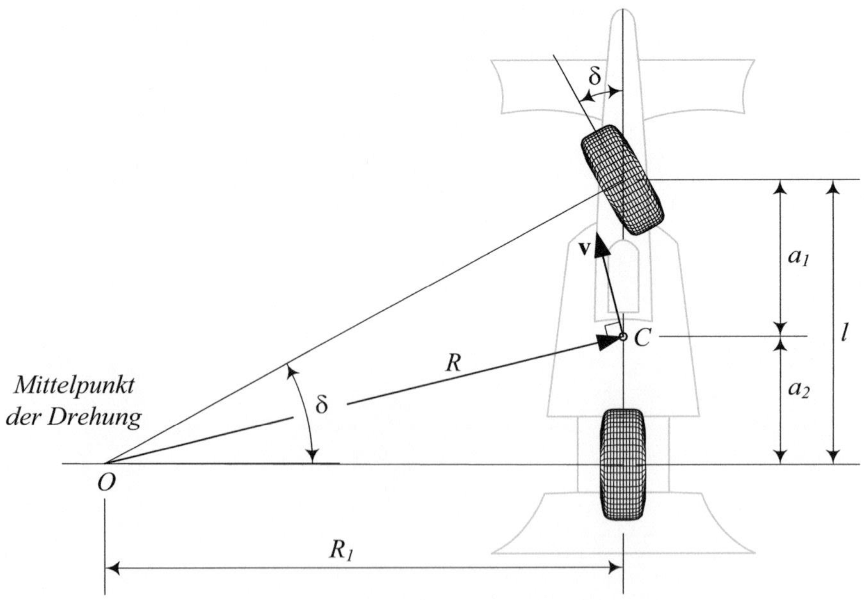

Abb. 6.3 Äquivalentes Fahrradmodell für ein Fahrzeug mit Vorderradlenkung

Mechanismus mit mehreren Gelenken entwerfen, der nahe an der Bedingung arbeitet und bei einigen Winkeln genau ist.

Abb. 6.4 veranschaulicht die Ackerman-Bedingung für verschiedene Werte von w/l. Der Unterschied zwischen den inneren und äußeren Lenkwinkeln verringert sich mit abnehmendem w/l.■

Beispiel 265 *Lenkwinkel und Radien*

Betrachten Sie ein Fahrzeug mit den folgenden Abmessungen und dem inneren Lenkwinkel:

$$\begin{aligned} l &= 103{,}1\,\text{in} \approx 2{,}619\,\text{m} & w &= 61{,}6\,\text{in} \approx 1{,}565\,\text{m} \\ a_2 &= 60\,\text{in} \approx 1{,}524\,\text{m} & \delta_i &= 12\,\text{deg} \approx 0{,}209\,\text{rad} \end{aligned} \tag{6.12}$$

Die kinematischen Lenkeigenschaften des Fahrzeugs sind:

$$\delta_o = \cot^{-1}\left(\tfrac{w}{l} + \cot\delta_i\right) = 0{,}186\,\text{rad} \approx 10{,}661\,\text{deg} \tag{6.13}$$

$$\delta = \cot^{-1}\left(\tfrac{\cot\delta_o + \cot\delta_i}{2}\right) = 0{,}19684\,\text{rad} \approx 11{,}278\,\text{deg} \tag{6.14}$$

$$R_1 = l\cot\delta_i + \tfrac{1}{2}w = 516{,}9\,\text{in} \approx 13{,}129\,\text{m} \tag{6.15}$$

$$R = \sqrt{a_2^2 + l^2\cot^2\delta} = 520{,}46\,\text{in} \approx 13{,}219\,\text{m} \tag{6.16}$$

Beispiel 266 *w ist die vordere Spur*

Die meisten Autos haben vorne und hinten unterschiedliche Spuren. Die Spur w in der kinematischen Bedingung (6.1) bezieht sich auf die vordere Spur w_f. Die

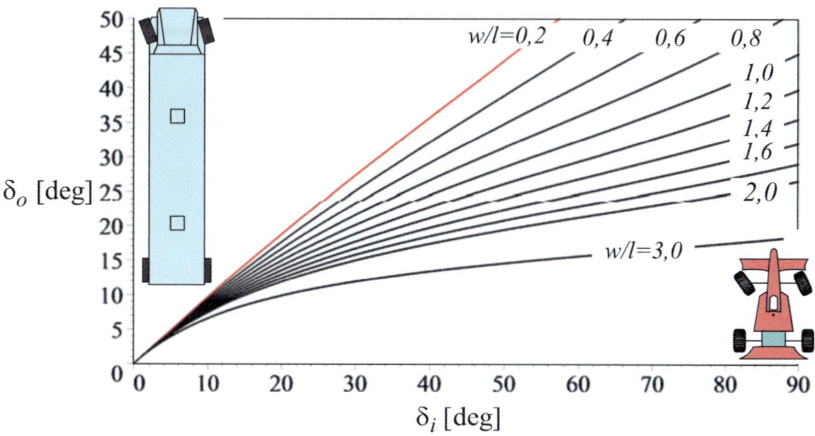

Abb. 6.4 Auswirkung von w/l auf die Ackerman-Bedingung für Fahrzeuge mit Vorderradlenkung

hintere Spur hat keinen Einfluss auf die kinematische Bedingung eines Fahrzeugs mit Vorderradlenkung. Die hintere Spur w_r eines FWS-Fahrzeugs kann bei gleicher kinematischer Lenkbedingung (6.1) null sein.

Beispiel 267 *Breitenanforderung*

Die kinematische Lenkbedingung kann verwendet werden, um den Platzbedarf eines Fahrzeugs während einer Kurvenfahrt zu berechnen. Betrachten Sie die Vorderräder eines Fahrzeugs mit zwei Achsen, die nach der Ackerman-Geometrie gelenkt werden, wie in Abb. 6.5 dargestellt.

Der äußere Punkt der Fahrzeugfront läuft auf dem maximalen Radius R_{Max}, während ein Punkt auf der Innenseite des Fahrzeugs an der Stelle der Hinterachse auf dem minimalen Radius R_{min} läuft. Der äußere vordere Punkt hat einen Überhangabstand g von der Vorderachse. Der maximale Radius R_{Max} ist:

$$R_{Max} = \sqrt{(R_{min} + w)^2 + (l + g)^2} \tag{6.17}$$

Daher ist der benötigte Platz für das Wenden ein Ring mit einer Breite $\triangle R$:

$$\triangle R = R_{Max} - R_{min} = \sqrt{(R_{min} + w)^2 + (l + g)^2} - R_{min} \tag{6.18}$$

Der benötigte Platz $\triangle R$ kann auf der Grundlage des Lenkwinkels berechnet werden, dann ist R_{min}

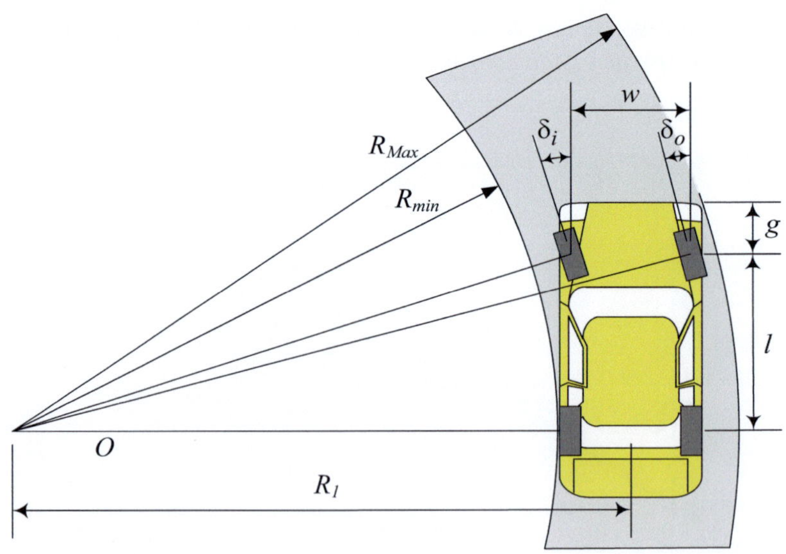

Abb. 6.5 Der benötigte Platz für ein um die Kurve fahrendes Fahrzeug mit zwei Achsen

$$R_{min} = R_1 - \frac{1}{2}w = \frac{l}{\tan\delta_i} = \frac{l}{\tan\delta_o} - w \quad (6.19)$$

und man erhält:

$$\triangle R = \sqrt{\left(\tfrac{l}{\tan\delta_i} + 2w\right)^2 + (l+g)^2} - \tfrac{l}{\tan\delta_i} \quad (6.20)$$

$$= \sqrt{\left(\tfrac{l}{\tan\delta_o} + w\right)^2 + (l+g)^2} - \tfrac{l}{\tan\delta_o} + w \quad (6.21)$$

In diesem Beispiel wird angenommen, dass die Breite des Autos w_v und die Spur w gleich sind. Die Breite der Fahrzeuge ist immer größer als ihre Spur.

$$w_v > w \quad (6.22)$$

Der Bedarf an mehr Platz wird kritischer, wenn das Fahrzeug länger ist und w/l zunimmt. Abb. 6.6 *vergleicht den benötigten Platz $\triangle R$ für einen Bus und einen langen Lkw.*

Beispiel 268 *$\triangle R$ für einen Sattelauflieger*

Abb. 6.7 *veranschaulicht einen Sattelauflieger in einer Kurve. Die Analyse der Zugmaschine liefert uns den Radius R_1 als Funktion des Lenkwinkels und der Vorderbreite der Zugmaschine:*

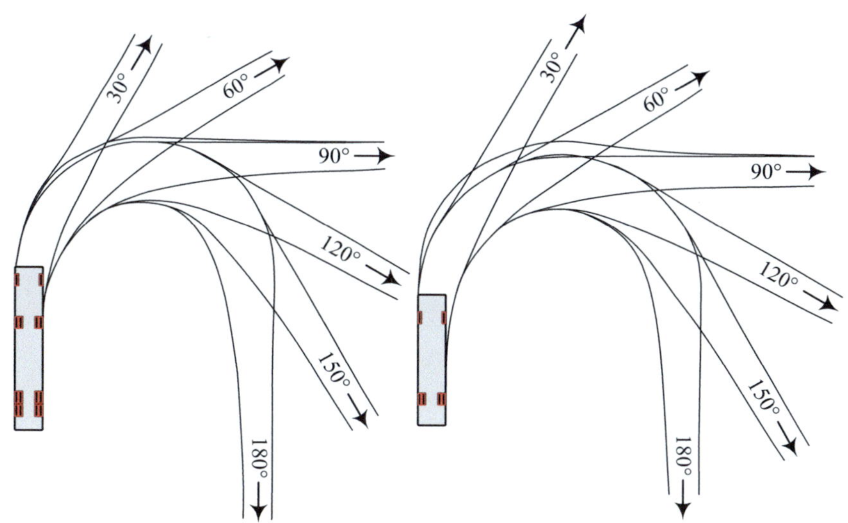

Abb. 6.6 Der benötigte Platz △R für einen Bus und einen langen LKW

$$R_1 = \frac{1}{2}w + \frac{a_1}{\tan\delta_i} = -\frac{1}{2}w + \frac{a_1}{\tan\delta_o} \tag{6.23}$$

Daher ist der maximale Radius, der zur Zugmaschine gehört:

$$R_{Max} = \sqrt{\left(R_1 + \frac{w}{2}\right)^2 + a_3^2} \tag{6.24}$$

Der minimale Radius $R_{\min}$ gehört zum Anhänger und ist:

$$R_{min} = \sqrt{R_1 - a_2^2} - \frac{1}{2}w_r \tag{6.25}$$

Daher ist der benötigte Platz für das Wenden ein Ring mit einer Breite $\triangle R$:

$$\triangle R = R_{Max} - R_{min} = \sqrt{\left(R_1 + \frac{w}{2}\right)^2 + a_3^2} - \sqrt{R_1 - a_2^2} - \frac{w_r}{2} \tag{6.26}$$

Beispiel 269 *Trapezförmiges Lenkgetriebe*

*Abb. 6.8 veranschaulicht ein symmetrisches Viergelenkgetriebe, das als **trapezförmiges Lenkgetriebe** bezeichnet wird und seit mehr als 100 Jahren als Lenkverbindung verwendet wird. Der Mechanismus hat zwei charakteristische Parameter: Winkel β und Versatzarmlänge d. Eine gelenkte Position des trapezförmigen Getriebes ist in Abb. 6.9 dargestellt, um die inneren und äußeren Lenkwinkel δ_i und δ_o zu veranschaulichen.*

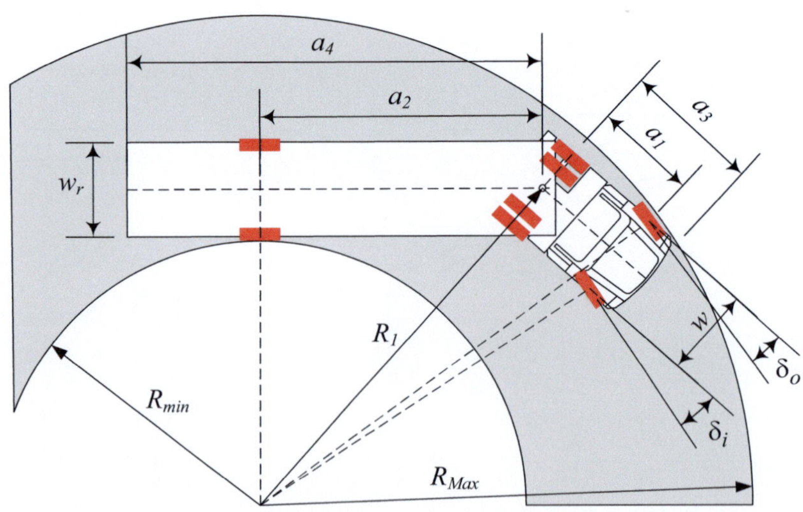

Abb. 6.7 Ein Sattelauflieger in einer Kurve

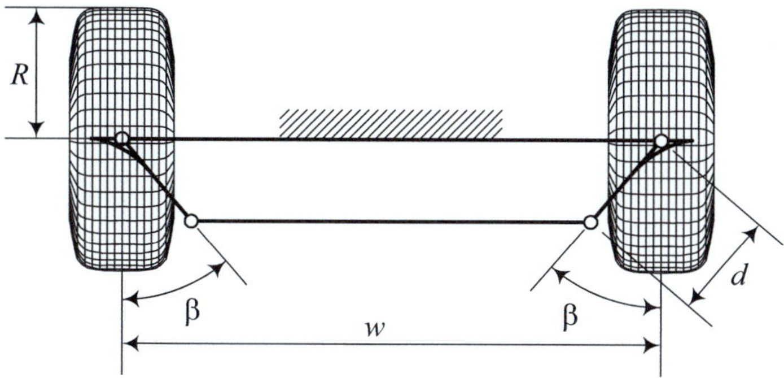

Abb. 6.8 Ein trapezförmiges Lenkgetriebe

Die Beziehung zwischen den inneren und äußeren Lenkwinkeln eines trapezförmigen Lenkgetriebes wird durch eine implizite Funktion gegeben:

$$\begin{aligned} &\sin(\beta + \delta_i) + \sin(\beta - \delta_o) \\ &= \frac{w}{d} - \sqrt{\left(\frac{w}{d} - 2\sin\beta\right)^2 - (\cos(\beta - \delta_o) - \cos(\beta + \delta_i))^2} \end{aligned} \tag{6.27}$$

Um diese Gleichung zu beweisen, betrachten wir Abb. 6.10. *Im Dreieck* $\triangle ABC$ *können wir schreiben:*

$$\begin{aligned} (w - 2d\sin\beta)^2 = &(w - d\sin(\beta - \delta_o) - d\sin(\beta + \delta_i))^2 \\ &+(d\cos(\beta - \delta_o) - d\cos(\beta + \delta_i))^2 \end{aligned} \tag{6.28}$$

*dann leiten wir Gl. (*6.27*) mit einigen Umformungen ab.*

Die Funktionalität eines trapezförmigen Lenkgetriebes, im Vergleich zur zugehörigen Ackerman-Bedingung, wird in den Abb. 6.11 *und* 6.12 *für* $l = 2{,}93$ m,

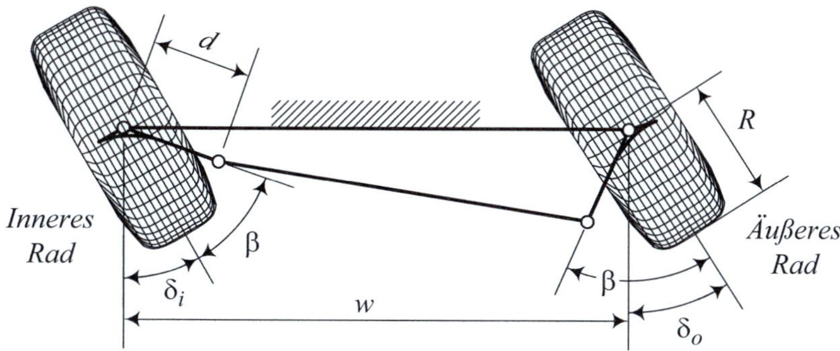

Abb. 6.9 Gelenkte Konfiguration eines trapezförmigen Lenkgetriebes

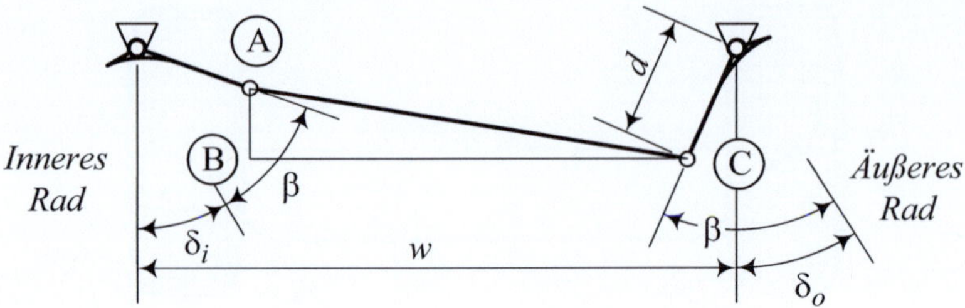

Abb. 6.10 Trapezförmiges Lenkdreieck ABC

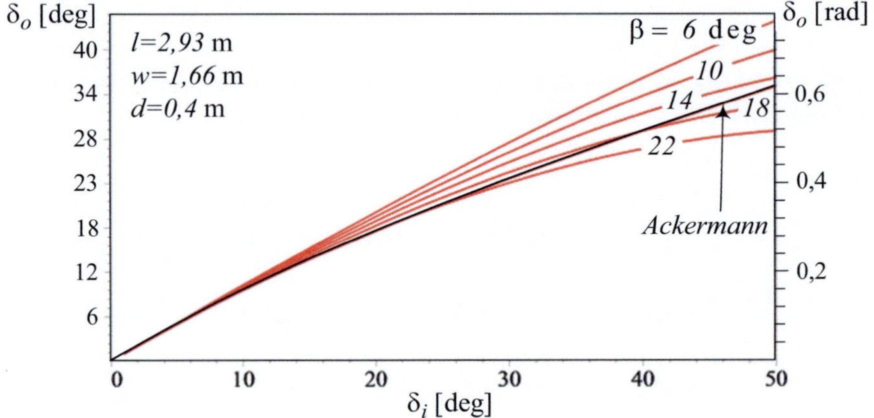

Abb. 6.11 Verhalten eines trapezförmigen Lenkgetriebes im Vergleich zum zugehörigen Ackerman-Mechanismus, d = 0,4 m

$w = 1{,}66$ m ≈ 5.45 ft *und jeweils für* $d = 0{,}4$ m und ≈ 1.3 ft d = 0,2 m ≈ 0.65 ft *gezeigt. Die horizontale Achse zeigt den inneren Lenkwinkel, und die vertikale Achse zeigt den äußeren Lenkwinkel. Es zeigt sich, dass für gegebene l und w, ein Getriebe mit* $18\,\text{deg} \precsim \beta \precsim 22\,\text{deg}$ *der beste Simulator des Ackerman-Mechanismus ist, wenn* $\delta_i < 50\,\text{deg}$.

Um das trapezförmige Lenkgetriebe zu untersuchen und es mit der Ackerman-Bedingung zu vergleichen, definieren wir einen Fehlerparameter $e = \delta_{D_o} - \delta_{A_o}$. *Der Fehler e ist die Differenz zwischen den äußeren Lenkwinkeln, die durch das trapezförmige Getriebe und die Ackerman-Bedingung bei demselben inneren Lenkwinkel* δ_i *berechnet werden:*

$$e = \Delta\delta_o = \delta_{D_o} - \delta_{A_o} \tag{6.29}$$

Abb. 6.13 *und* 6.14 *zeigen den Fehler e für dieselben Beispiel-Lenkgetriebe unter Verwendung des Winkels β als Parameter.*

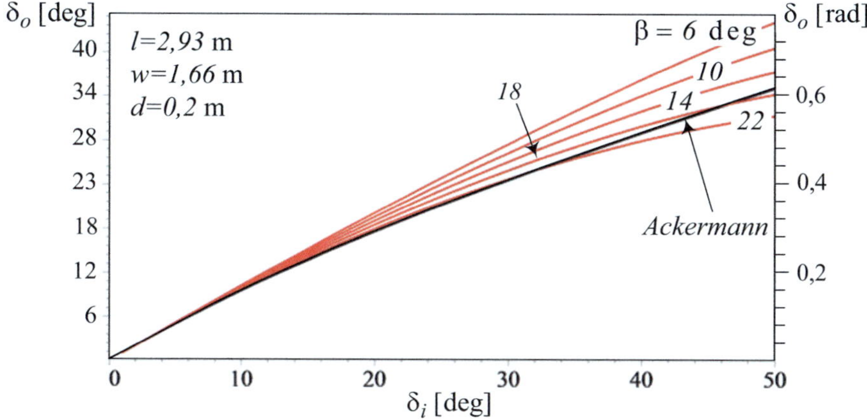

Abb. 6.12 Verhalten eines trapezförmigen Lenkgetriebes im Vergleich zum zugehörigen Ackerman-Mechanismus d = 0,2 m

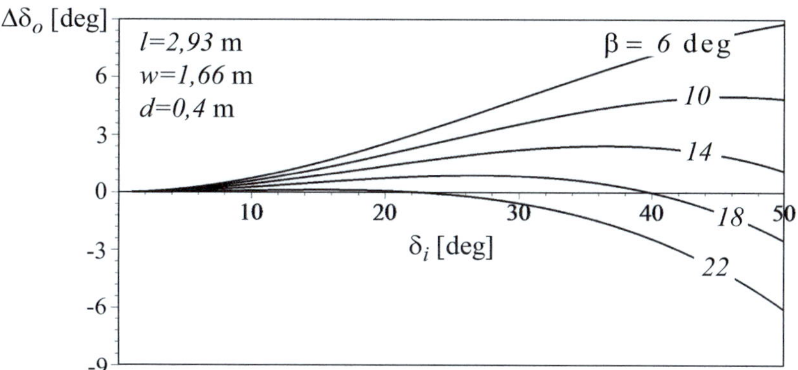

Abb. 6.13 Der Fehlerparameter $e = \delta_{D_o} - \delta_{A_o}$ für ein Beispiel eines trapezförmigen Lenkgetriebes mit d = 0,4 m

Beispiel 270 ⋆ *Gesperrte Hinterachse*

Bei der Konstruktion einfacher Fahrzeuge verzichten wir manchmal auf das Differential und verwenden eine gesperrte Hinterachse, bei der keine relative Drehung zwischen den linken und rechten Rädern möglich ist. Ein solch einfaches Design wird normalerweise bei Spielzeugautos oder kleinen Geländefahrzeugen wie einem Mini Baja verwendet.

Betrachten Sie das Fahrzeug in Abb. 6.2. Bei einer langsamen Linkskurve muss die Geschwindigkeit des inneren Hinterrads folgenden Wert haben:

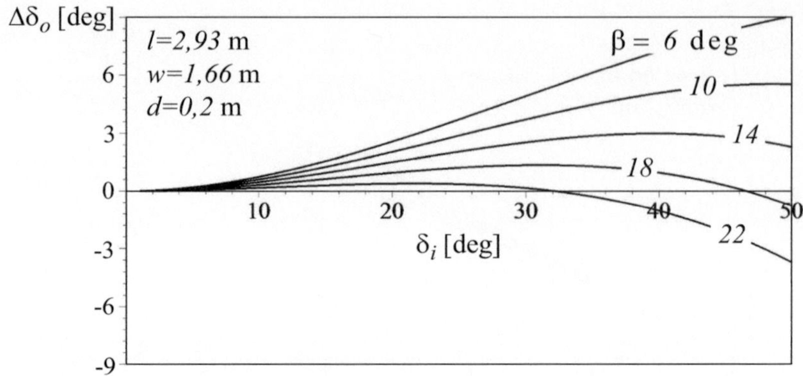

Abb. 6.14 Der Fehlerparameter $e = \delta_{D_o} - \delta_{A_o}$ für ein Beispiel eines trapezförmigen Lenkgetriebes mit d = 0,2 m

$$v_{ri} = \left(R_1 - \frac{w}{2}\right) r = R_w \omega_{ri} \tag{6.30}$$

und die Geschwindigkeit des äußeren Hinterrads:

$$v_{ro} = \left(R_1 + \frac{w}{2}\right) r = R_w \omega_{ro} \tag{6.31}$$

wobei r die Giergeschwindigkeit des Fahrzeugs ist, R_w der Radius der Hinterräder, und ω_{ri} und *ω_{ro} sollten jeweils die Winkelgeschwindigkeiten der inneren und äußeren Hinterräder um ihre gemeinsame Achse sein. Wenn die Hinterachse gesperrt ist, haben wir:*

$$\omega_{ri} = \omega_{ro} = \omega \tag{6.32}$$

jedoch gilt:

$$\left(R_1 - \frac{w}{2}\right) \neq \left(R_1 + \frac{w}{2}\right) \tag{6.33}$$

was zeigt, dass es unmöglich ist, eine gesperrte Achse für ein von null verschiedenes w zu haben.

Das Abbiegen reduziert die Last auf den inneren Rädern und lässt das innere Hinterrad einer gesperrten Achse die Reibungskraft überwinden und drehen. Daher fällt die Traktion des inneren Rads auf die maximale Reibungskraft unter reduzierter Last. Die Last auf den äußeren Rädern erhöht sich jedoch, und daher hilft die höhere Reibungsgrenze des äußeren Rads, eine höhere Traktionskraft auf dem äußeren Hinterrad zu haben.

Das Weglassen des Differentials und die Verwendung einer gesperrten Antriebsachse ist ein unpraktisches Design für Straßenautos. Es kann jedoch ein akzeptables Design für kleine und leichte Autos sein, die auf Schmutz oder rutschigen Oberflächen fahren. Es reduziert die Kosten und vereinfacht das Design erheblich.

In einem herkömmlichen Fahrzeug mit Zweiradantrieb werden die Hinterräder mit einem Differential angetrieben, und das Fahrzeug wird gesteuert, indem die Richtung der Vorderräder geändert wird. Mit einem idealen Differential wird jedem Antriebsrad gleiches Drehmoment geliefert. Die Drehgeschwindigkeit der Antriebsräder wird durch das Differential und die Reifen-Straßen-Eigenschaften bestimmt. Ein Fahrzeug mit Differential hat jedoch Nachteile, wenn ein Rad weniger Traktion hat. Unterschiede in den Traktionseigenschaften jedes der Antriebsräder können von unterschiedlichen Reifen-Straßen-Eigenschaften oder Gewichtsverteilungen herrühren. Da ein Differential gleiches Drehmoment liefert, kann das Rad mit größerer Traktionsfähigkeit nur den gleichen Betrag an Drehmoment liefern wie das Rad mit der geringeren Traktion. Das Lenkverhalten eines Fahrzeugs mit Differential ist unter sich ändernden Reifen-Straßen-Bedingungen relativ stabil. Der Gesamtschub kann jedoch reduziert werden, wenn die Traktionsbedingungen für das Antriebsrad unterschiedlich sind.

Beispiel 271 ★ *Hinterradlenkung*

Hinterradlenkung wird verwendet, wo hohe Manövrierfähigkeit bei einem Fahrzeug mit niedriger Geschwindigkeit notwendig ist, wie z. B. bei Gabelstaplern. Hinterradlenkung wird nicht bei Straßenfahrzeugen verwendet, da sie bei hohen Geschwindigkeiten instabil ist. Das Drehzentrum für ein Fahrzeug mit Hinterradlenkung ist immer ein Punkt auf der Verlängerung der Vorderachse.

Abb. 6.15 *veranschaulicht ein Fahrzeug mit Hinterradlenkung. Die kinematische Lenkbedingung* (6.1) *bleibt für ein Fahrzeug mit Hinterradlenkung gleich:*

$$\cot \delta_o - \cot \delta_i = \frac{w}{l} \tag{6.34}$$

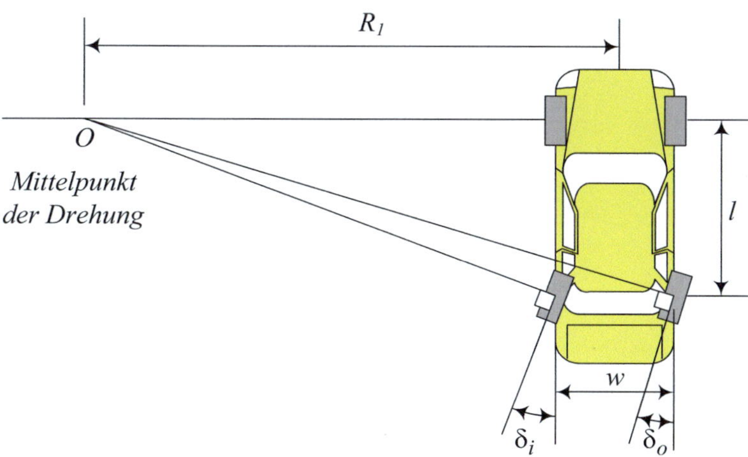

Abb. 6.15 Ein Fahrzeug mit Hinterradlenkung

Beispiel 272 ⋆*Alternative kinematische Lenkwinkelgleichung*

Betrachten Sie ein Fahrzeug mit Hinterradantrieb und lenkbaren Vorderrädern, wie in Abb. 6.16 dargestellt. Nehmen Sie an, dass die Spurbreiten vorne und hinten gleich sind und die Antriebsräder ohne Schlupf drehen. Wenn wir die Winkelgeschwindigkeiten der inneren und äußeren Antriebsräder durch ω_i *und* ω_o *bezeichnen, können die kinematischen Lenkwinkel der Vorderräder ausgedrückt werden durch:*

$$\delta_i = \tan^{-1}\left(\frac{l}{w}\left(\frac{\omega_o}{\omega_i} - 1\right)\right) \tag{6.35}$$

$$\delta_o = \tan^{-1}\left(\frac{l}{w}\left(1 - \frac{\omega_i}{\omega_o}\right)\right) \tag{6.36}$$

Um diese Gleichungen zu beweisen, könnten wir von der Nicht-Schlupf-Bedingung für die Antriebsräder ausgehen:

$$\frac{R_w\,\omega_o}{R_1 + \dfrac{w}{2}} = \frac{R_w\,\omega_i}{R_1 - \dfrac{w}{2}} \tag{6.37}$$

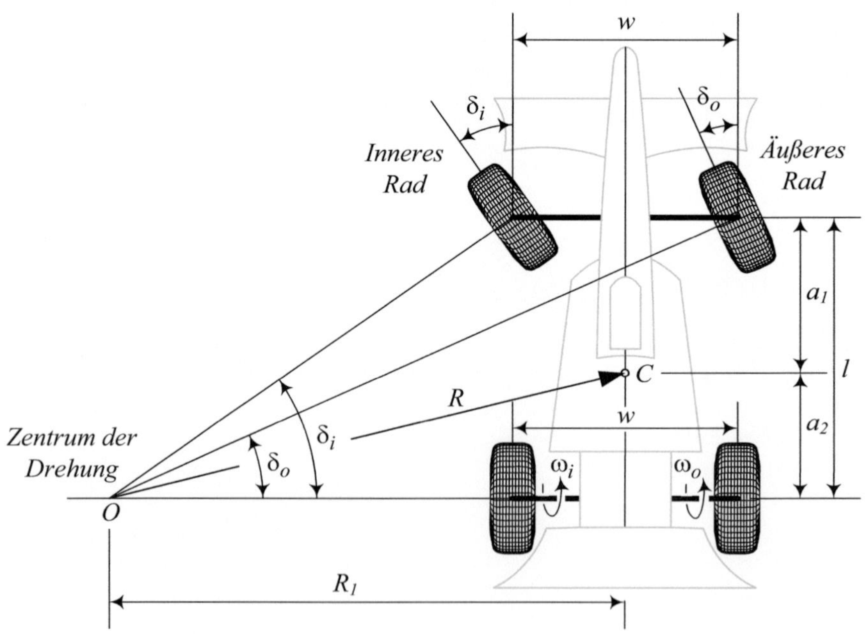

Abb. 6.16 Kinematischer Zustand eines Fahrzeugs mit Vorderradantrieb unter Verwendung der Winkelgeschwindigkeit der inneren und äußeren Räder

Gl. (6.37) kann umgestellt werden zu:

$$\frac{\omega_o}{\omega_i} = \frac{R_1 + \frac{w}{2}}{R_1 - \frac{w}{2}} \tag{6.38}$$

und in die Gl. (6.35) und (6.36) eingesetzt werden, um sie auf die Gl. (6.5) und (6.6) zu kürzen.

Die Gleichheit (6.37) ist die Giergeschwindigkeit des Fahrzeugs um die z-Achse, die auch die Winkelgeschwindigkeit des Fahrzeugs um das Zentrum der Drehbewegung ist:

$$r = \frac{R_w\,\omega_o}{R_1 + \frac{w}{2}} = \frac{R_w\,\omega_i}{R_1 - \frac{w}{2}} \tag{6.39}$$

Beispiel 273 ⋆*Ungleiche Spurweiten vorne und hinten*

Wir entwerfen normalerweise Fahrzeuge mit unterschiedlichen Spurweiten vorne und hinten. Dies ist ein gängiges Design für Rennwagen, die normalerweise mit breiteren und größeren Hinterreifen ausgestattet sind, um die Traktion und Stabilität zu erhöhen. Ein solches Fahrzeug ist in Abb. 6.17 dargestellt. Für Straßenautos verwenden wir normalerweise die gleichen Reifen vorne und hinten, jedoch ist es üblich, eine um einige Zentimeter größere Hinterachsspurweite zu haben.

Die Giergeschwindigkeit oder Winkelgeschwindigkeit des Fahrzeugs ist:

$$r = \frac{R_w\,\omega_o}{R_1 + \frac{w_r}{2}} = \frac{R_w\,\omega_i}{R_1 - \frac{w_r}{2}} \tag{6.40}$$

und die kinematischen Lenkwinkel der Vorderräder sind:

$$\delta_i = \tan^{-1} \frac{2l(\omega_o+\omega_i)}{w_f(\omega_o-\omega_i)+w_r(\omega_o+\omega_i)} \tag{6.41}$$

$$\delta_o = \tan^{-1} \frac{2l(\omega_o-\omega_i)}{w_f(\omega_o-\omega_i)+w_r(\omega_o+\omega_i)} \tag{6.42}$$

Um diese Gleichungen zu zeigen, sollten wir R_1 aus Gl. (6.40) ermitteln:

$$R_1 = \frac{w_r}{2}\,\frac{\omega_o + \omega_i}{\omega_o - \omega_i} \tag{6.43}$$

und es in die folgenden geometrischen Gleichungen einsetzen:

$$\tan\delta_i = \frac{l}{R_1 - \frac{w_f}{2}} \tag{6.44}$$

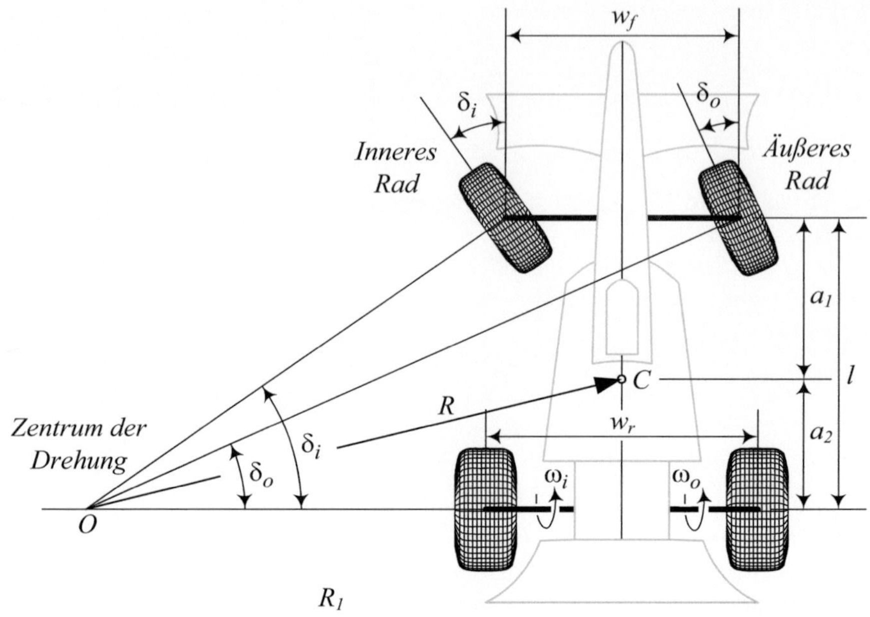

Abb. 6.17 Kinematische Lenkbedingung für ein Fahrzeug mit unterschiedlichen Spurweiten vorne und hinten

$$\tan \delta_o = \frac{l}{R_1 + \frac{w_f}{2}} \tag{6.45}$$

In den obigen Gleichungen sind w_f *die Spurweite vorne,* w_r *die Spurweite hinten und* R_w *der effektive Radradius.*

Beispiel 274 ⋆ *Unabhängiger Hinterradantrieb*

Für einige Spezialfahrzeuge, wie Mondrover und autonome mobile Roboter, können wir jedes Antriebsrad an einen unabhängig gesteuerten Motor anschließen, um jede gewünschte Winkelgeschwindigkeit zu erzeugen. Die lenkbaren Räder solcher Fahrzeuge sind in der Regel so konzipiert, dass sie sich mehr als 90 deg *nach links und rechts drehen können. Ein solches Fahrzeug ist bei niedrigen Geschwindigkeiten sehr wendig.*

Abb. 6.18 *veranschaulicht die Vorteile eines solchen hochlenkbaren Fahrzeugs und seine möglichen Drehungen. Abb.* 6.18 *a–c zeigt das Vorwärtsmanövrieren. Die Pfeile neben den Hinterrädern veranschaulichen die Größe der Winkelgeschwindigkeit des Rades, und die Pfeile an den Vorderrädern zeigen die Richtung ihrer Bewegung. Das Manövrieren in rückwärtiger Bewegung wird in Abb.* 6.18 *d–f dargestellt. Ein solches Fahrzeug ermöglicht es uns, das Fahrzeug um jeden Punkt auf der Hinterachse, einschließlich der inneren Punkte, zu drehen. In Abb.*6.18*g dreht sich das Fahrzeug um die Mitte des rechten Hinterrades und in*

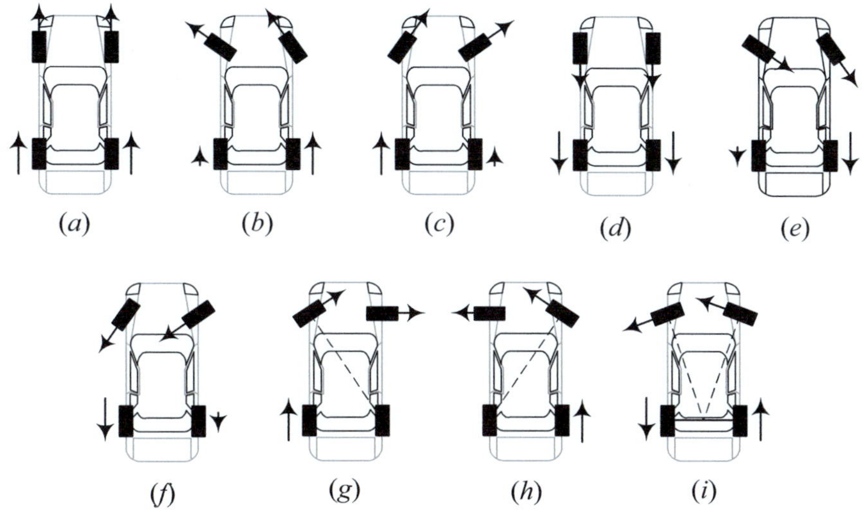

Abb. 6.18 Ein hochlenkbares Fahrzeug

Abb.6.18h um die Mitte des linken Hinterrades. Abb. 6.18i zeigt eine Drehung um den Mittelpunkt der Hinterachse.

In jedem der oben genannten Szenarien sollte der Lenkwinkel der Vorderräder mit einer geeigneten Gleichung bestimmt werden, wie z. B. (6.44) und (6.45). Das Verhältnis der äußeren zu den inneren Winkelgeschwindigkeiten der Antriebsräder ω_o/ω_i *kann entweder mit den äußeren oder inneren Lenkwinkeln bestimmt werden:*

$$\frac{\omega_o}{\omega_i} = \frac{\delta_o(w_f - w_r) - 2l}{\delta_o(w_f + w_r) - 2l} \tag{6.46}$$

$$\frac{\omega_o}{\omega_i} = \frac{\delta_i(w_f + w_r) + 2l}{\delta_i(w_f - w_r) + 2l} \tag{6.47}$$

Beispiel 275 ⋆*Rennwagenlenkung*

Die Ackerman- oder kinematische Lenkung ist eine korrekte Bedingung, wenn die Drehgeschwindigkeit des Fahrzeugs sehr langsam ist. Wenn das Fahrzeug sehr schnell um eine Kurve fährt, ist eine erhebliche Querbeschleunigung erforderlich, und daher arbeiten die Räder bei hohen Schlupfwinkeln. Darüber hinaus werden die Lasten auf den inneren Rädern viel geringer sein als auf den äußeren Rädern. Reifenleistungskurven zeigen, dass durch Erhöhung der Radlast ein geringerer Schlupfwinkel erforderlich ist, um den Höhepunkt der Querkraft zu erreichen. Unter diesen Bedingungen könnte das innere Vorderrad eines kinematisch lenkenden Fahrzeugs bei einem höheren Schlupfwinkel sein als für die maximale Querkraft erforderlich. Daher muss das innere Rad eines Fahrzeugs in einer Hochgeschwindigkeitskurve bei einem geringeren Lenkwinkel als bei der kinematischen

Lenkung und das äußere Rad bei einem höheren Lenkwinkel als bei der kinematischen Lenkung arbeiten. Diese Anforderungen verringern den Unterschied zwischen den Lenkwinkeln der inneren und äußeren Räder.

Für Rennwagen ist es üblich, eine parallele oder umgekehrte Lenkung zu verwenden. Ackerman-, parallele und umgekehrte Ackerman-Lenkung sind in Abb. 6.19 *dargestellt.*

Der korrekte Lenkwinkel ist eine Funktion der momentanen Radlast, der Straßenbedingungen, der Geschwindigkeit und der Reifeneigenschaften. Darüber hinaus muss das Fahrzeug auch in der Lage sein, bei niedriger Geschwindigkeit unter einer Ackerman-Lenkbedingung um die Kurve zu fahren. Daher gibt es keine ideale Lenkmechanik, es sei denn, wir steuern den Lenkwinkel jedes lenkbaren Rades unabhängig mit einer Lenkung per Draht und einem intelligenten System.

Beispiel 276 ⋆*Geschwindigkeitsabhängiges Lenksystem*

Es gibt eine Idee für die Geschwindigkeitsanpassung, die besagt, dass es besser ist, ein härteres Lenksystem bei hohen Geschwindigkeiten zu haben, das höhere Drehmomente benötigt. Diese Idee kann in Servolenkungssystemen angewendet werden, um sie geschwindigkeitsabhängig zu machen, sodass die Lenkung bei niedrigen Geschwindigkeiten stark unterstützt und bei hohen Geschwindigkeiten leicht unterstützt wird. Die Idee wird durch die Tatsache unterstützt, dass die Fahrer möglicherweise eine stark unterstützte Lenkung zum Parken und eine gering unterstützt Lenkung bei hohen Geschwindigkeiten benötigen.

Beispiel 277 ⋆*Geschichte der Ackerman-Bedingung*

Die korrekte Lenkgeometrie war ein großes Problem in den Anfangstagen von Kutschen, Pferdefuhrwerken und Autos. Vier- oder sechsrädrige Autos und Kutschen hinterließen immer Gummispuren. Deshalb gab es in der Vergangenheit

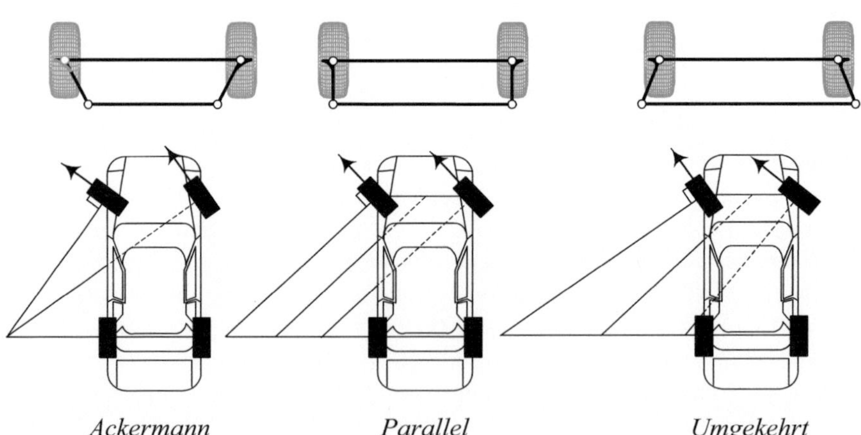

Abb. 6.19 Mit zunehmender Geschwindigkeit in einer Kurve ist eine parallele oder umgekehrte Lenkung anstelle einer Ackerman-Lenkung erforderlich

so viele dreirädrige Autos und Kutschen. Das Problem bestand darin, einen Mechanismus zu schaffen, der dem inneren Rad einen kleineren Wendekreis als dem äußeren Rad gibt, wenn das Fahrzeug in einem Kreis gefahren wird.

Die erforderliche geometrische Bedingung für eine Vorderradlenkung eines vierrädrigen Wagens wurde 1816 von George Langensperger in München, Deutschland, eingeführt. Langenspergers Mechanismus ist in Abb. 6.20 *dargestellt.*

Rudolf Ackerman traf Langensperger und sah seine Erfindung und fungierte als Langenspergers Patentagent in London, um die Erfindung den britischen Kutschenbauern vorzustellen. Autobauer haben seit 1881 die Ackerman-Geometrie für ihre Lenkmechanismen übernommen und verbessert.

Das grundlegende Design von Fahrzeuglenksystemen hat sich seit der Erfindung des Lenkmechanismus wenig verändert. Die Lenkeingabe des Fahrers wird durch eine Welle über irgendeine Art von Getriebeuntersetzung übertragen, um eine Lenkbewegung an den Vorderrädern zu erzeugen.

6.2 Fahrzeuge mit mehr als zwei Achsen

Wenn ein Fahrzeug mehr als zwei Achsen hat, müssen alle Achsen, mit einer Ausnahme, lenkbar sein, um eine schlupffreie Kurvenfahrt bei Nullgeschwindigkeit zu ermöglichen. Wenn ein n-Achsen-Fahrzeug nur eine nicht lenkbare Achse hat, gibt es $n - 1$ geometrische Lenkbedingungen. Ein Dreiachsenfahrzeug mit zwei lenkbaren Achsen ist in Abb. 6.22 dargestellt.

Um die Geometrie eines Mehr-Achsen-Fahrzeugs anzugeben, beginnen wir mit der Vorderachse und messen den Längsabstand a_i zwischen Achse i und dem

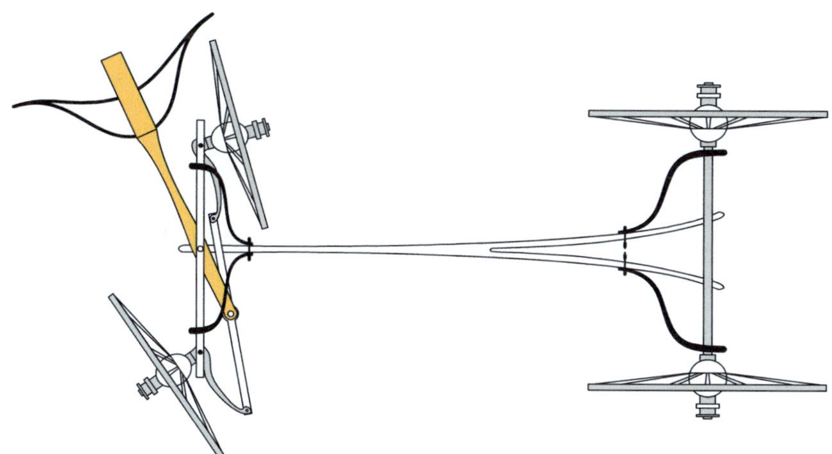

Abb. 6.20 Langenspergers Erfindung für die Lenkgeometrie-Bedingung

Massenmittelpunkt C. Daher ist a_1 der Längsabstand zwischen der Vorderachse und C, und a_2 ist der Abstand zwischen der zweiten Achse und C und so weiter. Darüber hinaus nummerieren wir die Räder im Uhrzeigersinn, beginnend mit dem vorderen linken Rad als Nummer 1. In den Vereinigten Staaten, Europa und anderen Ländern mit Linksverkehr *(LHD)* ist das vordere linke Rad das Fahrerrad, während in Großbritannien und anderen Ländern mit Rechtsverkehr *(RHD)* das vordere linke Rad das Beifahrerrad ist (Abb. 6.21).

Für das in Abb. 6.22 dargestellte Dreiachsenfahrzeug gibt es zwei unabhängige Ackerman-Bedingungen:

$$\cot \delta_2 - \cot \delta_1 = \frac{w}{a_1 + a_3} \tag{6.48}$$

$$\cot \delta_3 - \cot \delta_4 = \frac{w}{a_2 + a_3} \tag{6.49}$$

Beispiel 278 *Ein Sechs-Rad-Fahrzeug mit einer lenkbaren Achse*

Wenn ein Mehr-Achsen-Fahrzeug nur eine lenkbare Achse hat, ist eine schlupffreie Kurvenfahrt für die nicht lenkbaren Räder unmöglich. Die kinematische Länge oder der Radstand des Fahrzeugs ist nicht klar definiert, und es ist nicht möglich, einen kinematischen Lenkzustand zu definieren. Starke Abnutzung tritt

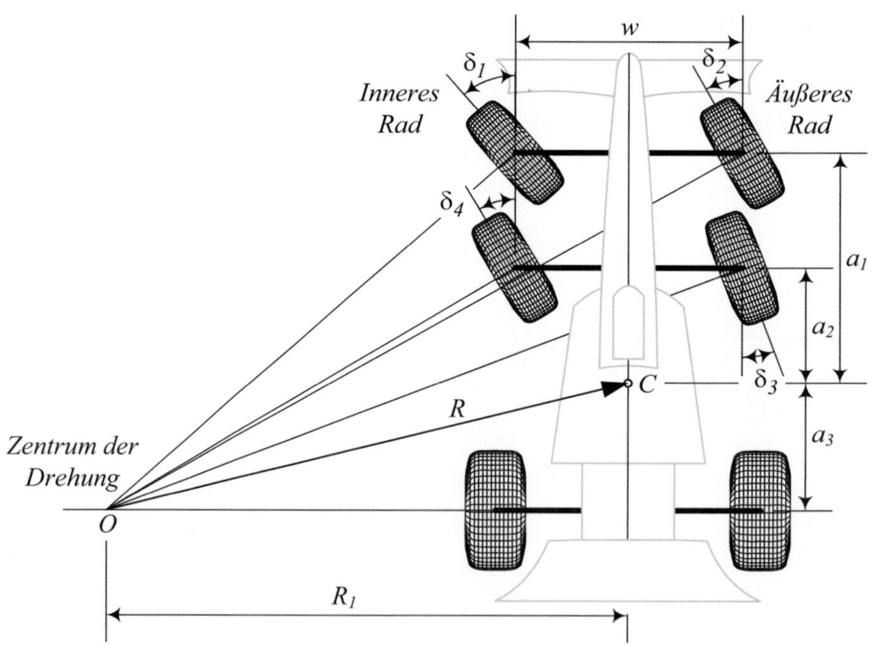

Abb. 6.21 Lenkung eines Dreiachsenfahrzeugs

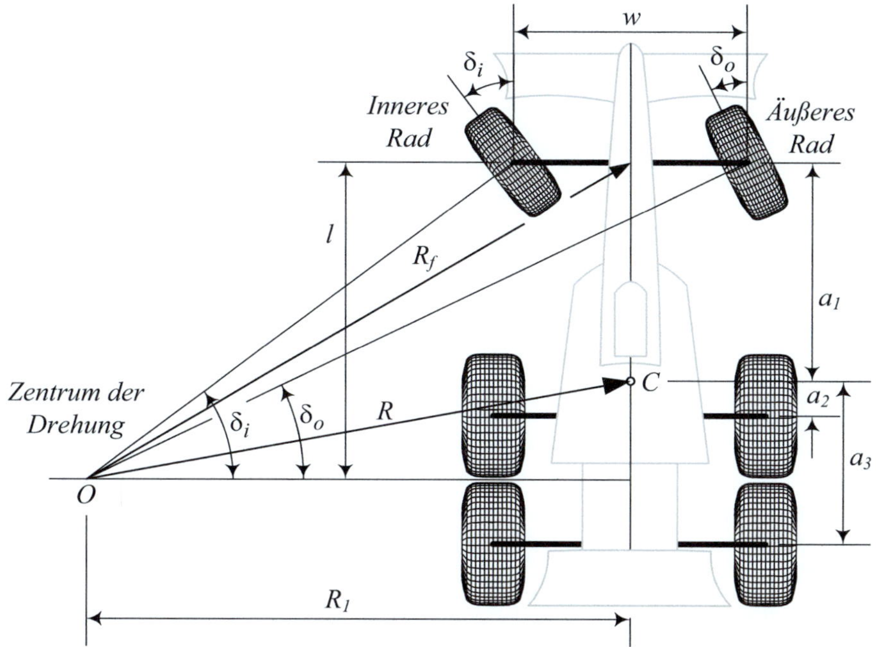

Abb. 6.22 Ein Sechs-Rad-Fahrzeug mit einer lenkbaren Achse vorne

bei den Reifen auf, insbesondere bei niedrigen Geschwindigkeiten und großen Lenkwinkeln. Daher wird eine solche Kombination nicht empfohlen. Bei einem langen Dreiachser mit zwei eng beieinanderliegenden, nicht lenkbaren Achsen ist jedoch eine approximierte Analyse bei Lenkung bei niedriger Geschwindigkeit möglich.

Abb. 6.22 zeigt ein Sechs-Rad-Fahrzeug mit nur einer lenkbaren Achse vorne. Wir gestalten den Lenkmechanismus so, dass das Drehzentrum O auf einer seitlichen Linie, der sogenannten ***Mittellinie,*** *zwischen den hinteren Achsen liegt. Die kinematische Länge des Fahrzeugs l ist der Abstand zwischen der Vorderachse und der Mittellinie. Für dieses Design haben wir:*

$$\cot\delta_o - \cot\delta_i = \frac{w}{l} \tag{6.50}$$

und:

$$l = a_1 + a_2 + \frac{a_3 - a_2}{2} \tag{6.51}$$

$$R_1 = l\cot\delta_o - \tfrac{w}{2} = l\cot\delta_i + \tfrac{w}{2} \tag{6.52}$$

Das Zentrum der Vorderachse und der Massenmittelpunkt des Fahrzeugs drehen sich um O mit den Radien R_f und R:

$$R_f = \frac{R_1}{\cos\left(\tan^{-1}\dfrac{l}{R_1}\right)} \qquad R = \frac{R_1}{\cos\left(\tan^{-1}\dfrac{a_3 - a_2}{2R_1}\right)} \tag{6.53}$$

Wenn der Drehradius im Vergleich zum Radstand groß ist, können wir die Gl. (6.52) und (6.53) approximieren zu:

$$R_1 = \tfrac{l}{2}(\cot\delta_o + \cot\delta_i) \tag{6.54}$$

$$R_f \approx \frac{R_1}{\cos\left(\dfrac{l}{R_1}\right)} \qquad R \approx \frac{R_1}{\cos\left(\dfrac{a_3 - a_2}{2R_1}\right)} \tag{6.55}$$

Um eine starke Abnutzung der Reifen von schweren Lastwagen zu vermeiden, ist es möglich, eine Achse anzuheben, wenn das Fahrzeug keine schweren Lasten trägt. Für ein solches Fahrzeug können wir den Lenkmechanismus so gestalten, dass er einer Ackerman-Bedingung folgt, die auf einem Radstand für die nicht angehobene Achse basiert. Wenn dieses Fahrzeug jedoch eine schwere Last trägt und alle Achsen verwendet, trifft die anhebbare Achse bei großen Lenkwinkeln auf enorme Abnutzung.

Eine weitere Option für Mehr-Achsen-Fahrzeuge besteht darin, ***selbstlenkende*** *Räder zu verwenden, die sich selbst anpassen können, um den Seitenschlupf zu minimieren. Solche Räder können keine Querkraft erzeugen und daher nicht sehr viel bei Manövern helfen. Selbstlenkende Räder können auf Buggys und Anhängern installiert werden. Ein solcher selbstlenkender Achsmechanismus für Lokomotivwagen ist in Abb. 6.23 dargestellt.*

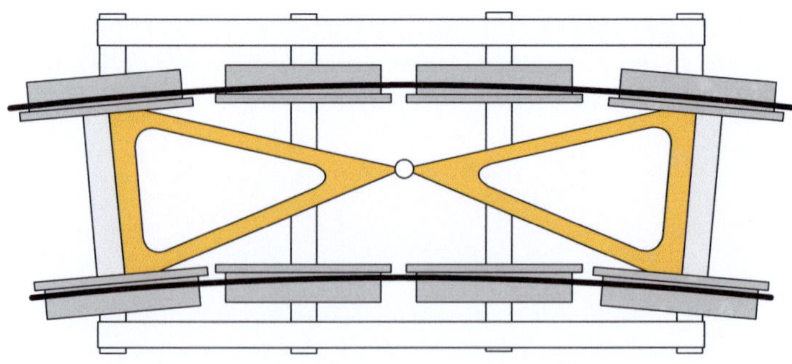

Abb. 6.23 Ein selbstlenkender Achsmechanismus für Lokomotivwagen

6.3 ★ Fahrzeug mit Anhänger

Wenn ein vierrädriges Fahrzeug einen Anhänger mit einer Achse hat, ist es möglich, eine kinematische Bedingung für schlupffreies Lenken abzuleiten. Abb. 6.24 veranschaulicht ein Fahrzeug mit einem Einachsanhänger. Das Massenzentrum des Fahrzeugs dreht sich auf einem Kreis mit dem Radius R, während der Anhänger sich auf einem Kreis mit dem Radius R_t um die Kurve fährt:

$$R_t = \sqrt{\left(l \cot \delta_i + \tfrac{1}{2} w\right)^2 + b_1^2 - b_2^2} \tag{6.56}$$

$$R_t = \sqrt{\left(l \cot \delta_o - \tfrac{1}{2} w\right)^2 + b_1^2 - b_2^2} \tag{6.57}$$

Bei einem stationären Zustand beträgt der Winkel zwischen dem Anhänger und dem Fahrzeug:

$$\theta = \begin{cases} 2 \tan^{-1} \left[\dfrac{1}{b_1 - b_2} \left(R_t \mp \sqrt{R_t^2 - b_1^2 + b_2^2} \right) \right] & b_1 - b_2 \neq 0 \\ 2 \tan^{-1} \dfrac{1}{2R_t} (b_1 + b_2) & b_1 - b_2 = 0 \end{cases} \tag{6.58}$$

Beweis Unter Verwendung des rechtwinkligen Dreiecks $\triangle OAB$ in Abb. 6.24 können wir den Kurvenradius des Anhängers als

$$R_t = \sqrt{R_1^2 + b_1^2 - b_2^2} \tag{6.59}$$

schreiben, weil die Länge $\overline{OB}$ ist:

$$\overline{OB}^2 = R_t^2 + b_2^2 = R_1^2 + b_1^2 \tag{6.60}$$

Durch Substitution von R_1 aus Gl. (6.7) zeigt sich, dass der Kurvenradius des Anhängers mit der Fahrzeuggeometrie und den Lenkwinkeln gegeben ist durch

$$R_t = \sqrt{\left(l \cot \delta_i + \tfrac{1}{2} w\right)^2 + b_1^2 - b_2^2} \tag{6.61}$$

$$R_t = \sqrt{\left(l \cot \delta_o - \tfrac{1}{2} w\right)^2 + b_1^2 - b_2^2} \tag{6.62}$$

$$R_t = \sqrt{R^2 - a_2^2 + b_1^2 - b_2^2} \tag{6.63}$$

Durch Verwendung der Gleichung

$$R_t \sin \theta = b_1 + b_2 \cos \theta \tag{6.64}$$

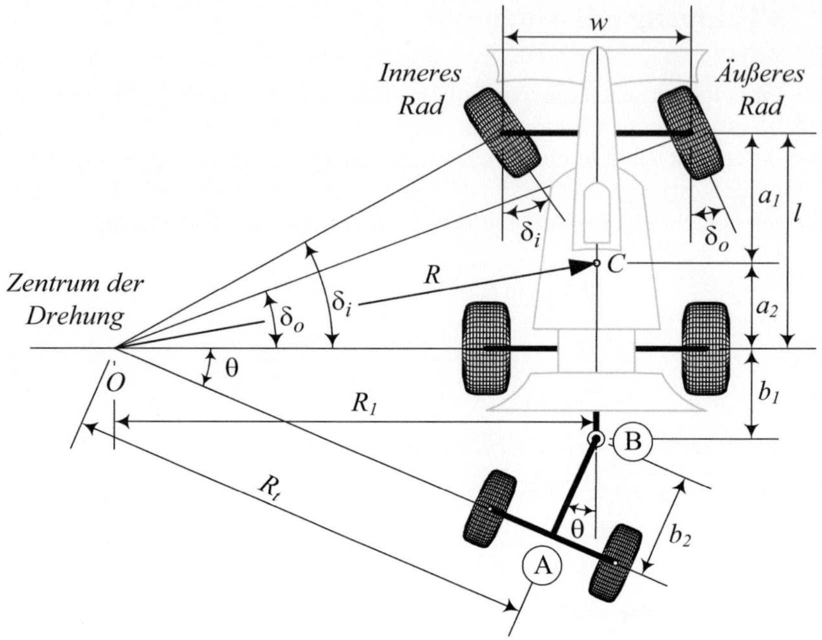

Abb. 6.24 Ein Fahrzeug mit einem Einachsanhänger

und Anwendung der Trigonometrie berechnen wir den Winkel θ zwischen dem Anhänger und dem Fahrzeug als (6.58).

Das Minuszeichen in (6.58), im Fall $b_1 - b_2 \neq 0$, ist der übliche Fall bei Vorwärtsbewegung, und das Pluszeichen ist eine Lösung, die mit einer Rückwärtsbewegung verbunden ist. Beide möglichen θ für eine Konfigurationsgruppe (R_t, b_1, b_2) sind in Abb. 6.25 dargestellt. Das instabile und unerwünschte θ_2 wird als Schleuderstellung bezeichnet. Die zweite Konfiguration stört normalerweise die physischen Grenzen der Fahrzeuge und ist ohne Unfall nicht erreichbar. ■

Beispiel 279 ⋆*Zwei mögliche Anhänger-Fahrzeug-Winkel*

Betrachten Sie ein vierrädriges Fahrzeug, das einen Einachsanhänger mit den folgenden Abmessungen zieht:

$$\begin{aligned} l &= 104\,\text{in} \approx 2{,}641\,\text{m} & w &= 64\,\text{in} \approx 1{,}626\,\text{m} \\ b_1 &= 24\,\text{in} \approx 0{,}61\,\text{m} & b_2 &= 90\,\text{in} \approx 2{,}286\,\text{m} \\ a_2 &= 50\,\text{in} \approx 1{,}27\,\text{m} & \delta_i &= 12\,\text{deg} \approx 0{,}209\,\text{rad} \end{aligned} \tag{6.65}$$

Die kinematischen Lenkeigenschaften des Fahrzeugs wären:

$$\delta_o = \cot^{-1}\left(\frac{w}{l} + \cot\delta_i\right) \approx 0{,}185\,\text{rad} \approx 10{,}626\,\text{deg} \tag{6.66}$$

$$R_t = \sqrt{\left(l\cot\delta_i + \frac{1}{2}w\right)^2 + b_1^2 - b_2^2} = 13{,}083\,\text{m} \tag{6.67}$$

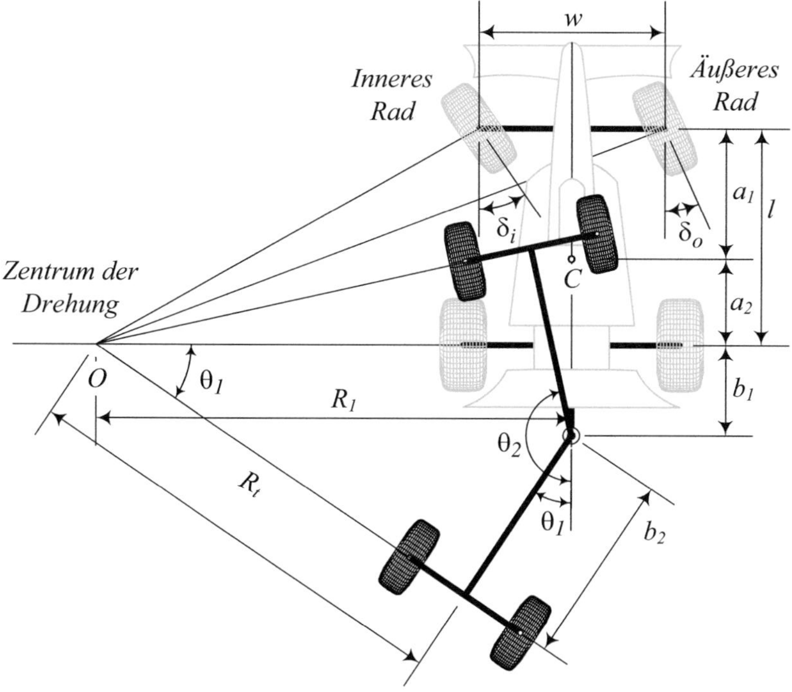

Abb. 6.25 Zwei mögliche Winkel θ für eine Gruppe von (R_t, b_1, b_2).

$$R_1 = l \cot \delta_i + \tfrac{1}{2} w = 13{,}268\,\mathrm{m} \tag{6.68}$$

$$\delta = \cot^{-1}\left(\tfrac{\cot \delta_o + \cot \delta_i}{2}\right) = 0{,}20274\,\mathrm{rad} \approx 11{,}616\,\mathrm{deg} \tag{6.69}$$

$$R = \sqrt{a_2^2 + l^2 \cot^2 \delta} = 508{,}39\,\mathrm{in} \approx 12{,}913\,\mathrm{m} \tag{6.70}$$

$$\begin{aligned}\theta &= 2 \tan^{-1}\left[\frac{1}{b_1 - b_2}\left(R_t \mp \sqrt{R_t^2 - b_1^2 + b_2^2}\right)\right] \\ &= \begin{cases} \theta_1 = 0{,}21890\,\mathrm{rad} \approx 12{,}542\,\mathrm{deg} \\ \theta_2 = -3{,}0145\,\mathrm{rad} \approx -172{,}72\,\mathrm{deg} \end{cases}\end{aligned} \tag{6.71}$$

Beispiel 280 ⋆*Platzbedarf*

Die kinematische Lenkbedingung kann verwendet werden, um den Platzbedarf eines Fahrzeugs mit Anhänger während einer Kurvenfahrt zu berechnen. Betrachten Sie, dass die Vorderräder eines Zweiachsfahrzeugs mit Anhänger gemäß der Ackerman-Geometrie gelenkt werden, wie in Abb. 6.26 dargestellt.

Der äußere Punkt der Fahrzeugfront wird auf dem maximalen Radius R_{Max} laufen, während ein Punkt auf der Innenseite des Rades an der hinteren Achse des Anhängers auf dem minimalen Radius $R_{\min}$ läuft. Der maximale Radius R_{Max} ist:

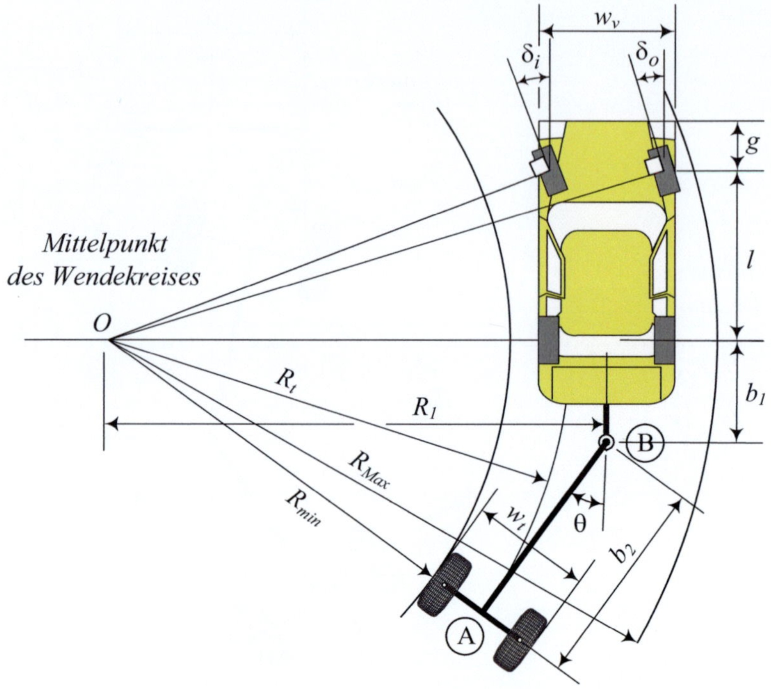

Abb. 6.26 Ein Zweiachsfahrzeug mit Anhänger wird gemäß der Ackerman-Bedingung gelenkt

$$R_{Max} = \sqrt{\left(R_1 + \frac{w_v}{2}\right)^2 + (l + g)^2} \tag{6.72}$$

wobei:

$$R_1 = \sqrt{\left(R_{min} + \frac{w_t}{2}\right)^2 + b_2^2 - b_1^2} \tag{6.73}$$

und die Breite des Fahrzeugs wird durch w_v *angezeigt.*
Der für die Kurvenfahrt des Fahrzeugs und des Anhängers erforderliche Platz ist ein Ring mit einer Breite $\triangle R$*, die eine Funktion der Fahrzeug- und Anhängergeometrie ist:*

$$\triangle R = R_{Max} - R_{min} \tag{6.74}$$

Der erforderliche Platz $\triangle R$ *kann auf der Grundlage des Lenkwinkels berechnet werden, so ist* R_{min}

$$\begin{aligned} R_{min} = R_t - \tfrac{1}{2}w_t &= \sqrt{\left(l\cot\delta_i + \tfrac{1}{2}w\right)^2 + b_1^2 - b_2^2} - \tfrac{1}{2}w_t \\ &= \sqrt{\left(l\cot\delta_o - \tfrac{1}{2}w\right)^2 + b_1^2 - b_2^2} - \tfrac{1}{2}w_t \\ &= \sqrt{R^2 - a_2^2 + b_1^2 - b_2^2} - \tfrac{1}{2}w_t \end{aligned} \tag{6.75}$$

6.4 Lenkmechanismen

Ein Lenksystem beginnt mit dem *Lenkrad* oder dem *Steuerhebel*. Die Lenkeingabe des Fahrers wird durch eine Welle über ein Getriebeuntersetzungssystem, normalerweise Zahnstangengetriebe oder Kugelumlauflager, übertragen. Die Ausgabe der Lenkung wird zu lenkbaren Rädern geleitet, um über ein *Lenkgetriebe* Bewegung zu erzeugen. Der Hebel, der die Bewegung vom Lenkgetriebe zur Lenkverbindung überträgt, wird *Lenkstockhebel* (engl. *Pitman-Arm)* genannt.

Die Richtung jedes Rades wird durch einen Lenkarm gesteuert. Der Lenkarm ist mit der lenkbaren Radnabe durch eine Keilnut, einen Sicherungskegel und eine Nabe verbunden. In einigen Fahrzeugen sind Nabe und Lenkhebel in einem einzigen Bauteil integriert.

Um eine gute Manövrierfähigkeit zu erreichen, muss an den Vorderrädern von Personenkraftwagen ein Mindestlenkwinkel von etwa 35 deg vorgesehen sein.

Ein Beispiel für ein Lenkstocklenkungsgetriebe und seine Komponenten ist in Abb. 6.27 dargestellt. Das Lenkstocklenkungsgetriebe ist üblich bei Fahrzeugen mit unabhängiger Vorderradaufhängung. Es gibt viele Arten von Lenkgetrieben, jeder mit einigen Vor- und Nachteilen.

Beispiel 281 Lenkungsübersetzung

*Die **Lenkungsübersetzung** ist der Drehwinkel eines Lenkrads geteilt durch den Lenkwinkel der lenkbaren Räder. Die Lenkungsübersetzung von Straßenautos liegt bei etwa 10:1 und die Lenkungsübersetzung von Rennwagen beträgt etwa 5:1. Allgemein gesagt variiert die Lenkungsübersetzung von Bodenfahrzeugen zwischen 1:1 bis 20:1.*

Die Lenkungsübersetzung der Ackermann-Lenkung unterscheidet sich für innere und äußere Räder. Darüber hinaus hat sie ein nichtlineares Verhalten und ist eine Funktion des Radwinkels.

Beispiel 282 *Zahnstangenlenkung*

*Die Zahnstangenlenkung ist das gebräuchlichste Lenksystem von Personenkraftwagen. Abb. 6.28 zeigt ein Beispiel für ein Zahnstangenlenksystem. Die Zahnstange befindet sich entweder vor oder hinter der Lenkachse. Der Lenkbefehl des Fahrers δ_S für eine Drehung wird durch ein Lenkgetriebe in eine Translation $u_R = u_R(\delta_S)$ der Zahnstangen umgewandelt und dann durch die **Zugstangen** zur Radlenkung $\delta_i = \delta_i(u_R)$, $\delta_o = \delta_o(u_R)$. Die Gesamtlenkungsübersetzung hängt vom Verhältnis des Lenkgetriebes und von der Kinematik der Lenkverbindung ab. Die Zugstange wird auch als **Spurstange** bezeichnet.*

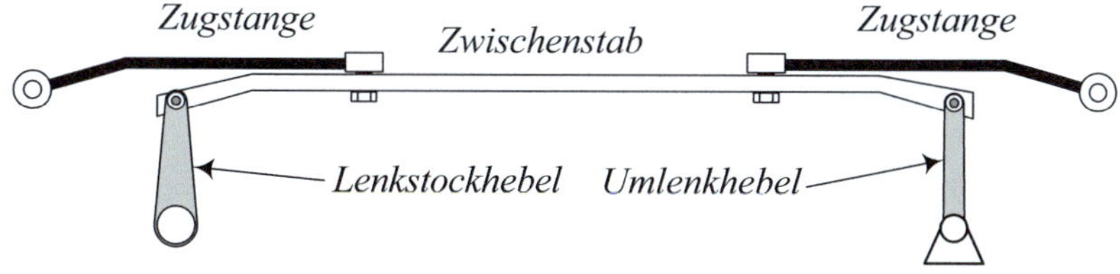

Abb. 6.27 Ein Beispiel für ein Lenkstocklenkungsgetriebe und seine Komponenten

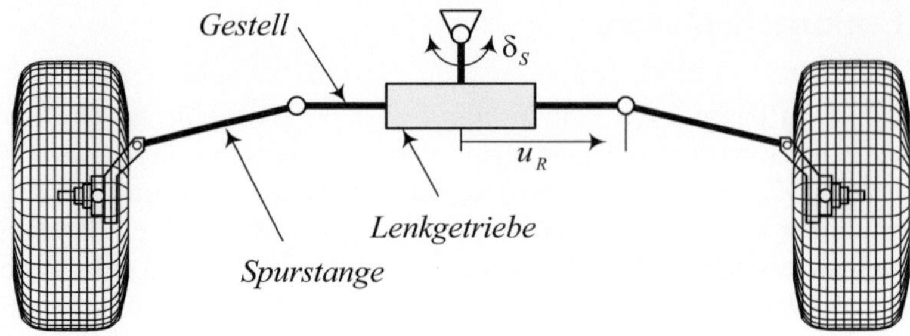

Abb. 6.28 Ein Zahnstangenlenksystem

Beispiel 283 *Hebelarm-Lenksystem.*

*Abb. 6.29 zeigt eine Lenkverbindung, die manchmal als **Hebelarm-**Lenksystem bezeichnet wird. Mit einem Hebelarm-Lenksystem sind große Lenkwinkel an den Rädern möglich. Dieses Lenksystem wird bei Lastkraftwagen mit großen Radständen und unabhängigen Radaufhängungen an der Vorderachse verwendet. Die Lenkgetriebe und das Dreieck können auch außerhalb des Zentrums der Achse platziert werden.*

Beispiel 284 *Lenksystem mit Spurstange*

Es ist manchmal besser, das Lenkkommando nur an ein Rad zu senden und das andere Rad mit einer Spurstange mit dem ersten Rad zu verbinden, wie in Abb. 6.30 dargestellt. Solche Lenkverbindungen werden normalerweise für Lkws und Busse mit einer starren Vorderachse verwendet. Die Drehungen des Lenkrads werden durch ein Lenkgetriebe in die Bewegung des Lenkarms und dann in die Drehung des linken Rads umgewandelt. Eine Spurstange überträgt die Drehung des linken Rads auf das rechte Rad.

Abb. 6.31 zeigt ein Beispiel für die Verbindung eines Lenkgetriebes mit dem Lenkstockhebel des linken Rads und die Verwendung einer trapezförmigen Verbindung, um das rechte Rad mit dem linken Rad zu verbinden.

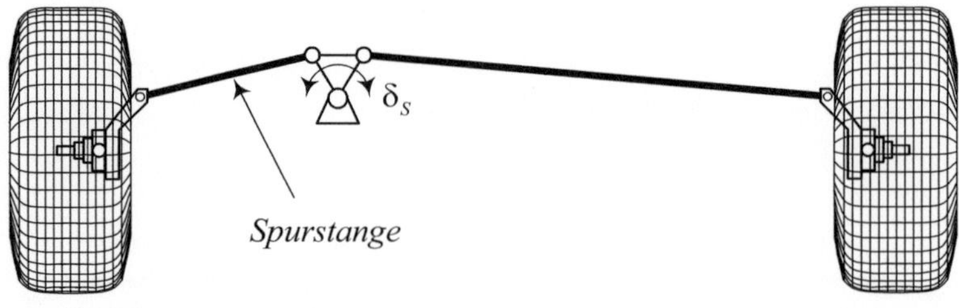

Abb. 6.29 Ein Hebelarm-Lenksystem

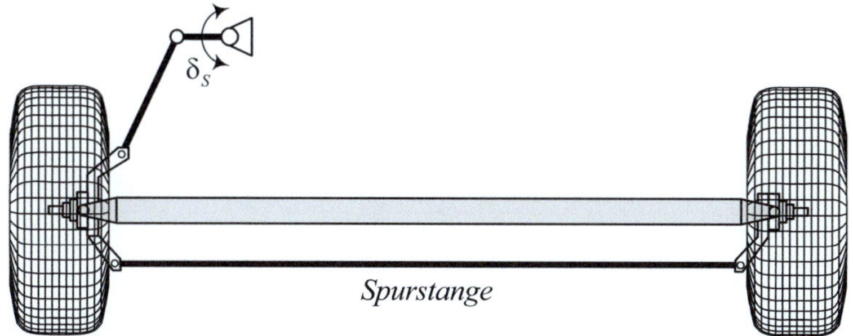

Abb. 6.30 Ein Lenksystem mit Spurstange

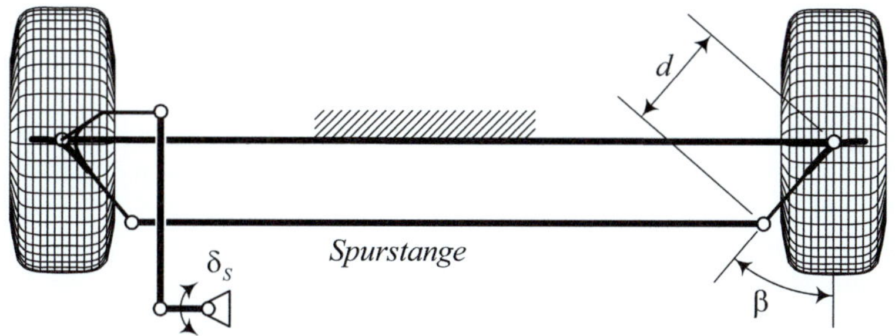

Abb. 6.31 Verbindung des Lenkstockhebels mit einem trapezförmigen Lenkgetriebe

Beispiel 285 *Mehrlenker-Lenksystem*

In Bussen und großen Lkws sitzt der Fahrer möglicherweise mehr als 2 m *vor der Vorderachse. Diese Fahrzeuge benötigen große Lenkwinkel an den Vorderrädern, um eine gute Manövrierfähigkeit zu erreichen. Daher ist ein ausgeklügeltes Mehrlenker-Lenksystem erforderlich. Ein Beispiel für ein Mehrlenker-Lenksystem ist in Abb.* 6.32 *dargestellt.*

Die Drehungen des Lenkrads werden durch das Lenkgetriebe in einen Lenkhebelarm umgewandelt. Der Hebelarm ist mit einer Verteilerverbindung verbunden, die die linken und rechten Räder durch eine lange Reifenstange dreht.

Beispiel 286 ⋆*Effizienz der Rückwirkung*

Die Fähigkeit des Lenkmechanismus, die Straßeneingaben an den Fahrer zurückzumelden, wird als ***Effizienz der Rückwirkung*** *bezeichnet. Das Gefühl des aufgebrachten Lenkmoments oder des ausrichtenden Moments hilft dem Fahrer, sanfter zu lenken.*

Zahnstangen- und Kugelumlauflager-Lenkgetriebe melden das Lenkmoment der Räder an den Fahrer zurück. Schnecken- und Sektorlenkgetriebe haben jedoch

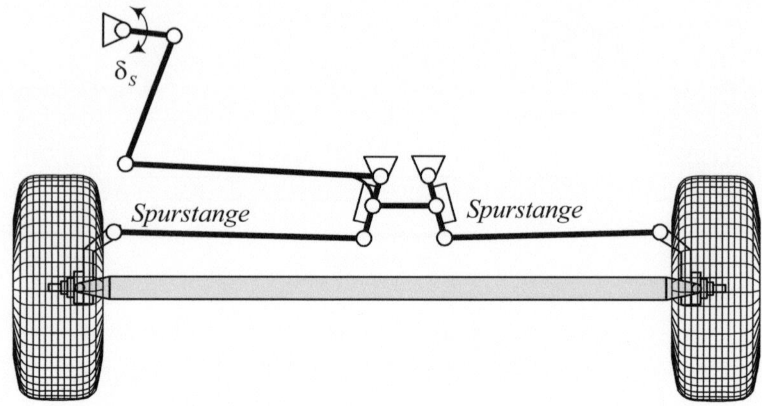

Abb. 6.32 Ein Mehrlenker-Lenksystem

eine sehr schwache Rückmeldung. Eine geringe Rückmeldung kann für Geländefahrzeuge wünschenswert sein, um die Ermüdung des Fahrers zu reduzieren.

Aus Sicherheitsgründen sollte das Lenkmoment proportional zur Geschwindigkeit des Fahrzeugs sein. Auf diese Weise ist das zum Lenken des Fahrzeugs erforderliche Moment bei höheren Geschwindigkeiten höher. Eine solche Lenkung verhindert einen scharfen und hohen Lenkwinkel. Ein Lenkungsdämpfer mit einem Dämpfungskoeffizienten, der mit der Geschwindigkeit zunimmt, ist der Mechanismus, der ein solches Verhalten ermöglicht. Ein Lenkungsdämpfer kann auch Schwingungen reduzieren.

Beispiel 287 ⋆*Servolenkung*

Die Servolenkung wurde in den 1950er-Jahren entwickelt, als erstmals eine hydraulische Servolenkungsunterstützung eingeführt wurde. Seitdem hat sich die Servounterstützung allmählich zu einer Standardkomponente in Automobillenksystemen entwickelt. Durch den Einsatz von hydraulischem Druck, der von einer vom Motor angetriebenen Pumpe geliefert wird, wird das vom Fahrer am Lenkrad aufgebrachte Drehmoment verstärkt. Dadurch wird der Lenkaufwand reduziert.

In den letzten Jahren wurden elektrische Drehmomentverstärker als Ersatz für hydraulische Verstärker in Automobillenksystemen eingeführt. Die elektrische Lenkung eliminiert die Notwendigkeit der hydraulischen Pumpe. Die elektrische Servolenkung ist effizienter als die herkömmliche Servolenkung, da der Elektromotor der Servolenkung nur dann Unterstützung leisten muss, wenn das Lenkrad gedreht wird, während die hydraulische Pumpe ständig läuft. Das Unterstützungsniveau ist auch nach Fahrzeugtyp, Straßengeschwindigkeit und Fahrerpräferenz einstellbar.

Beispiel 288 *Einfederungs-Eigenlenkung*

Der Lenkwinkel, der durch die vertikale Bewegung des Rades in Bezug auf die Karosserie verursacht wird, wird als ***Einfederungs-Eigenlenkung*** *bezeichnet. Sie ist normalerweise ein unerwünschtes Phänomen und eine Funktion der Aufhängungs- und Lenkmechanismen. Wenn das Fahrzeug einen Einfederungs-*

Eigenlenkungscharakter hat, dann lenkt das Rad, wenn es über eine Unebenheit fährt oder wenn das Fahrzeug in einer Kurve rollt. Infolgedessen wird das Fahrzeug auf einem vom Fahrer nicht ausgewählten Weg fahren.

Einfederungs-Eigenlenkung tritt auf, wenn das Ende der Spurstange nicht im Momentanpol des Aufhängungsmechanismus liegt. Daher werden sich bei einer Aufhängungsverformung der Aufhängungs- und Lenkmechanismus um verschiedene Zentren drehen.

Beispiel 289 ★*Versetzte Lenkachse*

Theoretisch muss die Lenkachse jedes lenkbaren Rades vertikal durch das Zentrum des Rades auf der Reifenebene gehen, um das erforderliche Lenkmoment zu minimieren. Abb. 6.31 *ist ein Beispiel für die Übereinstimmung des Zentrums eines Rades mit der Lenkachse. Es ist jedoch möglich, die Räder mit einem versetzten Design an den Lenkmechanismus anzubringen, wie in Abb.* 6.33 *gezeigt.*

Abb. 6.34 *zeigt einen gelenkten trapezförmigen Mechanismus mit versetzter Radbefestigung. Der Bewegungspfad für das Zentrum des Reifenlatsches bei einem versetzten Design ist ein Kreis mit dem Radius des versetzten Arms. Ein solches Design wird für Straßenfahrzeuge nicht empfohlen, insbesondere wegen des enormen Lenkmoments von stehenden Fahrzeugen. Allerdings reduziert sich das Lenkmoment dramatisch auf einen akzeptablen Wert, wenn das Fahrzeug in Bewegung ist. Darüber hinaus bietet ein versetztes Design manchmal mehr Platz zur Befestigung anderer Geräte und vereinfacht die Herstellung. Daher kann es für kleine Geländefahrzeuge, wie ein Mini Baja und Spielzeugfahrzeuge verwendet werden.*

6.5 ★ Vierradlenkung

Bei sehr niedrigen Geschwindigkeiten muss die kinematische Lenkbedingung, dass die Senkrechten zu jedem Reifen an einem Punkt zusammentreffen, angewendet werden. Der Schnittpunkt ist das *Zentrum des Wendekreises* des Fahrzeugs.

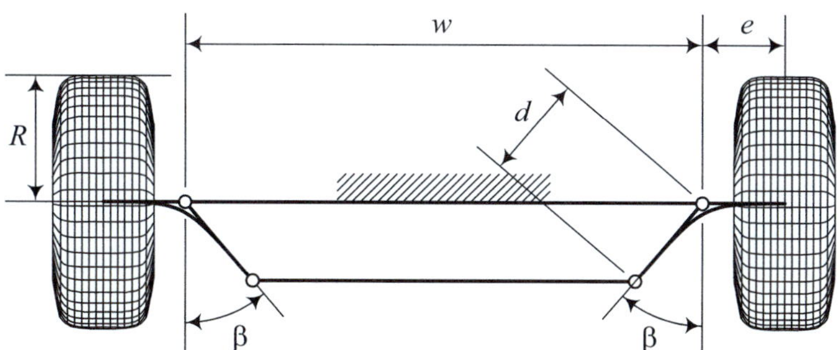

Abb. 6.33 Ein versetztes Design zur Radbefestigung an einem Lenkmechanismus

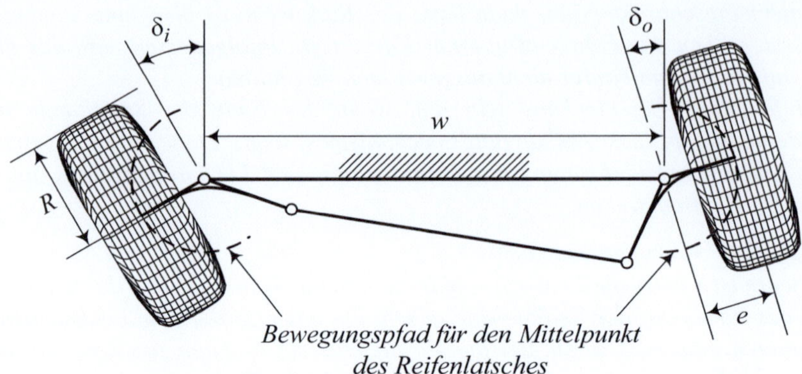

Abb. 6.34 Versetzte Befestigung von lenkbaren Rädern an einem trapezförmigen Lenkmechanismus

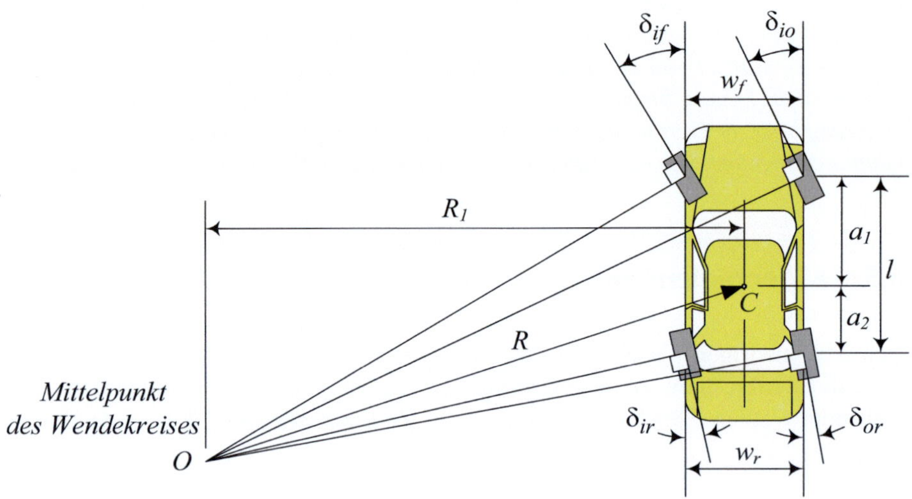

Abb. 6.35 Ein Fahrzeug mit positiver Vierradlenkung.

Abb. 6.35 zeigt ein Fahrzeug mit *positiver* Vierradlenkung, und Abb. 6.36 zeigt ein Fahrzeug mit *negativer* Vierradlenkung. Bei einer Konfiguration mit *positiver* Vierradlenkung lenken die Vorder- und Hinterreifen in die gleiche Richtung, und bei einer Konfiguration mit *negativer* Vierradlenkung lenken die Vorder- und Hinterreifen in entgegengesetzte Richtungen. Die kinematische Bedingung zwischen den Lenkwinkeln eines Fahrzeugs mit Vierradlenkung ist:

$$\cot\delta_{of} - \cot\delta_{if} = \frac{w_f}{l} - \frac{w_r}{l}\frac{\cot\delta_{of} - \cot\delta_{if}}{\cot\delta_{or} - \cot\delta_{ir}} \tag{6.76}$$

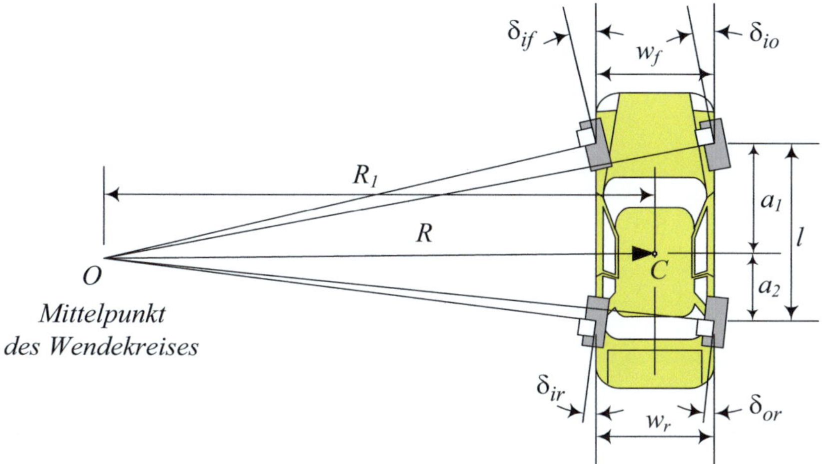

Abb. 6.36 Ein Fahrzeug mit negativer Vierradlenkung.

wobei w_f und w_r die vorderen und hinteren Spuren sind, δ_{if} und δ_{of} sind die Lenkwinkel der vorderen inneren und äußeren Räder, δ_{ir} und δ_{or} sind die Lenkwinkel der hinteren inneren und äußeren Räder, und l ist der Radstand des Fahrzeugs. Wir können auch die folgende allgemeinere Gleichung für den kinematischen Zustand zwischen den Lenkwinkeln eines Fahrzeugs mit Vierradlenkung verwenden:

$$\cot\delta_{fr} - \cot\delta_{fl} = \frac{w_f}{l} - \frac{w_r}{l}\,\frac{\cot\delta_{fr} - \cot\delta_{fl}}{\cot\delta_{rr} - \cot\delta_{rl}} \tag{6.77}$$

wobei δ_{fl} und δ_{fr} die Lenkwinkel der vorderen linken und rechten Räder sind und δ_{rl} und δ_{rr} die Lenkwinkel der hinteren linken und rechten Räder.

Wenn wir die Lenkwinkel gemäß der in Abb. 6.37 dargestellten Vorzeichenkonvention definieren, dann drückt die Gl. (6.77) den kinematischen Zustand für Systeme mit positiver und negativer Vierradlenkung aus. Unter Verwendung des Radkoordinatensystems (x_w, y_w, z_w) definieren wir den Lenkwinkel als den Winkel zwischen der Fahrzeug x-Achse und der Rad x_w-Achse, gemessen um die z-Achse. Daher ist ein Lenkwinkel positiv, wenn das Rad nach links gedreht wird, und es ist negativ, wenn das Rad nach rechts gedreht wird.

Beweis Die schlupffreie Bedingung für Räder eines Fahrzeugs mit Vierradlenkung in einer Kurve erfordert, dass die Normallinien zum Zentrum jeder Reifenebene sich in einem gemeinsamen Punkt schneiden. Dies ist die kinematische Lenkbedingung.

Abb. 6.38 zeigt ein Fahrzeug mit positiver Vierradlenkung in einer Linkskurve. Die inneren Räder sind die linken Räder, die näher am Zentrum des Wendekreises O liegen. Die Längsabstände zwischen Punkt O und den Achsen des Autos sind durch c_1 und c_2 angegeben, gemessen im körperfesten Koordinatensystem.

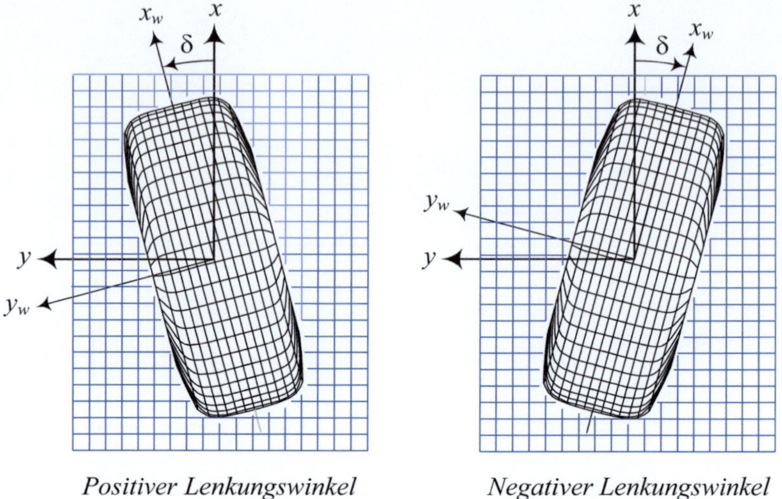

Abb. 6.37 Vorzeichenskonvention für Lenkwinkel

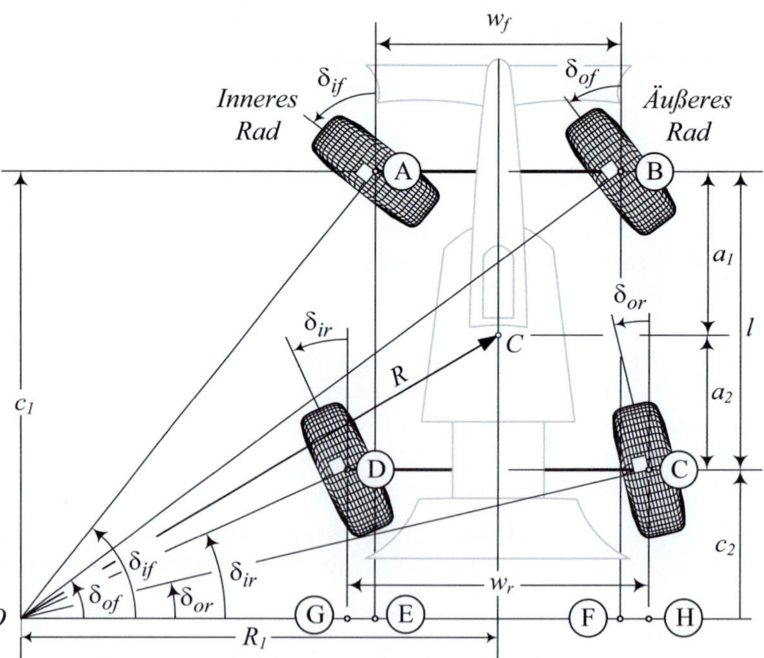

Abb. 6.38 Illustration eines Fahrzeugs mit positiven Vierradlenkung in einer Linkskurve

Die vorderen inneren und äußeren Lenkwinkel δ_{if}, δ_{of} können aus den Dreiecken $\triangle OAE$ und $\triangle OBF$ berechnet werden, während die hinteren inneren und äußeren Lenkwinkel δ_{ir}, δ_{or} aus den Dreiecken $\triangle ODG$ und $\triangle OCH$ wie folgt berechnet werden können:

$$\tan\delta_{if} = \frac{c_1}{R_1 - \frac{w_f}{2}} \tag{6.78}$$

$$\tan\delta_{of} = \frac{c_1}{R_1 + \frac{w_f}{2}} \tag{6.79}$$

$$\tan\delta_{ir} = \frac{c_2}{R_1 - \frac{w_r}{2}} \tag{6.80}$$

$$\tan\delta_{or} = \frac{c_2}{R_1 + \frac{w_r}{2}} \tag{6.81}$$

Durch Eliminieren von R_1

$$R_1 = \frac{1}{2}w_f + \frac{c_1}{\tan\delta_{if}} = -\frac{1}{2}w_f + \frac{c_1}{\tan\delta_{of}} \tag{6.82}$$

zwischen (6.78) und (6.79) ergibt sich die kinematische Bedingung zwischen den vorderen Lenkwinkeln δ_{if} und δ_{of}:

$$\cot\delta_{of} - \cot\delta_{if} = \frac{w_f}{c_1} \tag{6.83}$$

Ebenso können wir R_1

$$R_1 = \frac{1}{2}w_r + \frac{c_2}{\tan\delta_{ir}} = -\frac{1}{2}w_r + \frac{c_2}{\tan\delta_{or}} \tag{6.84}$$

zwischen (6.80) und (6.81) eliminieren, um die kinematische Bedingung zwischen den hinteren Lenkwinkeln δ_{ir} und δ_{or} zu erhalten:

$$\cot\delta_{or} - \cot\delta_{ir} = \frac{w_r}{c_2} \tag{6.85}$$

Mit der Einschränkung

$$c_1 - c_2 = l \tag{6.86}$$

können wir die Gl. (6.83) und (6.85)

$$\frac{w_f}{\cot\delta_{of} - \cot\delta_{if}} - \frac{w_r}{\cot\delta_{or} - \cot\delta_{ir}} = l \tag{6.87}$$

ineinander einsetzen, um die kinematische Bedingung (6.76) zwischen den Lenkwinkeln der Vorder- und Hinterreifen für ein Fahrzeug mit positiver Vierradlenkung zu finden.

Abb. 6.39 zeigt ein Fahrzeug mit negativer Vierradlenkung in einer Linkskurve. Die inneren Räder sind die linken Räder, die näher am Kurvenmittelpunkt O liegen. Die vorderen inneren und äußeren Lenkwinkel δ_{if}, δ_{of} können aus den Dreiecken $\triangle OAE$ und $\triangle OBF$ berechnet werden, während die hinteren inneren und äußeren Lenkwinkel δ_{ir}, δ_{or} aus den Dreiecken $\triangle ODG$ und $\triangle OCH$ wie folgt berechnet werden können:

$$\tan \delta_{if} = \frac{c_1}{R_1 - \frac{w_f}{2}} \tag{6.88}$$

$$\tan \delta_{of} = \frac{c_1}{R_1 + \frac{w_f}{2}} \tag{6.89}$$

$$-\tan \delta_{ir} = \frac{-c_2}{R_1 - \frac{w_r}{2}} \tag{6.90}$$

$$-\tan \delta_{or} = \frac{-c_2}{R_1 + \frac{w_r}{2}} \tag{6.91}$$

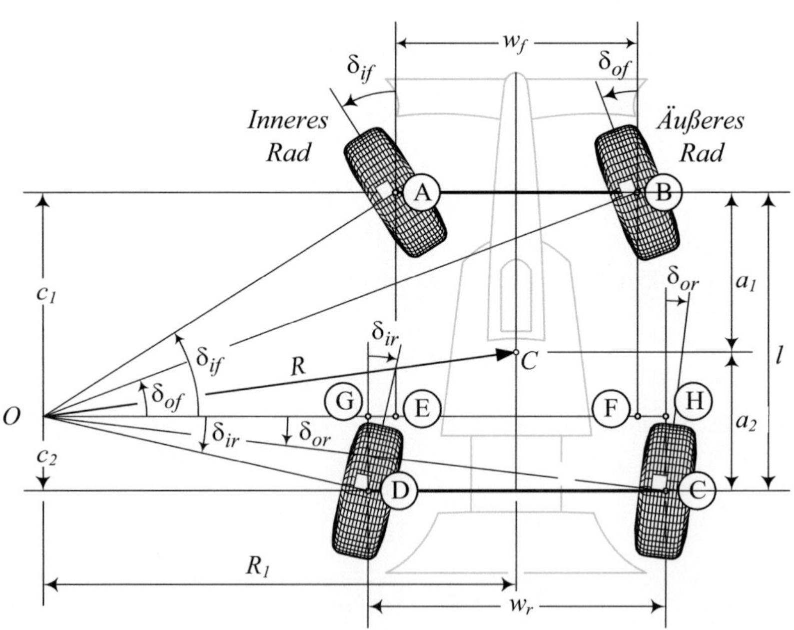

Abb. 6.39 Illustration eines Fahrzeugs mit negativer Vierradlenkung in einer Linkskurve

Durch Eliminierung von $R_{1:}$

$$R_1 = \frac{1}{2}w_f + \frac{c_1}{\tan\delta_{if}} = -\frac{1}{2}w_f + \frac{c_1}{\tan\delta_{of}} \tag{6.92}$$

mithilfe von (6.88) und (6.89) erhalten wir die kinematische Bedingung zwischen den vorderen Lenkwinkeln δ_{if} und δ_{of}:

$$\cot\delta_{of} - \cot\delta_{if} = \frac{w_f}{c_1} \tag{6.93}$$

Ebenso können wir R_1

$$R_1 = \frac{1}{2}w_r + \frac{c_2}{\tan\delta_{ir}} = -\frac{1}{2}w_r + \frac{c_2}{\tan\delta_{or}} \tag{6.94}$$

mithilfe von (6.90) und (6.91) eliminieren, um die kinematische Bedingung zwischen den hinteren Lenkwinkeln δ_{ir} und δ_{or} zu liefern.

$$\cot\delta_{or} - \cot\delta_{ir} = \frac{w_r}{c_2} \tag{6.95}$$

Mit der Einschränkung

$$c_1 - c_2 = l \tag{6.96}$$

können wir die Gl. (6.93) und (6.95)

$$\frac{w_f}{\cot\delta_{of} - \cot\delta_{if}} - \frac{w_r}{\cot\delta_{or} - \cot\delta_{ir}} = l \tag{6.97}$$

ineinander einsetzen, um die kinematische Bedingung (6.76) zwischen den Lenkwinkeln der Vorder- und Hinterreifen für ein Fahrzeug mit negativer Vierradlenkung zu finden.

Unter Verwendung der Vorzeichenkonvention von Abb. 6.37 können wir die Abb. 6.38und 6.39 erneut betrachten. Wenn der Lenkwinkel der Vorderräder positiv ist, dann ist der Lenkwinkel der Hinterräder in einem System mit negativer Vierradlenkung negativ und in einem mit positiver Vierradlenkung positiv. Daher drückt die Gl. (6.77)

$$\cot\delta_{fr} - \cot\delta_{fl} = \frac{w_f}{l} - \frac{w_r}{l}\frac{\cot\delta_{fr} - \cot\delta_{fl}}{\cot\delta_{rr} - \cot\delta_{rl}} \tag{6.98}$$

die kinematische Bedingung für beide, positive und negative Systeme mit Vierradlenkung aus. Ebenso können die folgenden Gleichungen eindeutig c_1 und c_2 bestimmen, unabhängig vom System mit positiver oder negativer Vierradlenkung:

$$c_1 = \frac{w_f}{\cot\delta_{fr} - \cot\delta_{fl}} \tag{6.99}$$

$$c_2 = \frac{w_r}{\cot\delta_{rr} - \cot\delta_{rl}} \tag{6.100}$$

Vierradlenkung oder Allradlenkung (*AWS)* kann bei Fahrzeugen angewendet werden, um die Lenkreaktion zu verbessern, die Stabilität bei hohen Geschwindigkeiten zu erhöhen oder den Wendekreis bei niedrigen Geschwindigkeiten zu verringern. Ein Fahrzeug mit negativer Vierradlenkung hat einen kleineren Wendekreis R als ein Fahrzeug mit Vorderradlenkung (*FWS*).

Bei einem Fahrzeug mit Vorderradlenkung treffen die Senkrechten zu den Vorderrädern an einem Punkt auf der Verlängerung der Hinterachse zusammen. Bei einem Fahrzeug mit Vierradlenkung kann der Schnittpunkt jedoch jeder Punkt in der xy-Ebene sein. Dieser Punkt ist der Mittelpunkt der Kurve, die das Auto fährt (das *Drehzentrum* des Autos), und seine Position hängt von den Lenkwinkeln der Räder ab. Positive Lenkung wird auch *Gleichlenkung* genannt, und negative Lenkung wird auch *Gegenlenkung* genannt. ■

Beispiel 290 ⋆*Beziehung der Lenkwinkel*

Betrachten Sie ein Auto mit den folgenden Abmessungen.

$$l = 2{,}8\,\mathrm{m} \qquad w_f = 1{,}35\,\mathrm{m} \qquad w_r = 1{,}4\,\mathrm{m} \tag{6.101}$$

*Der Satz der Gl. (*6.78, 6.79, 6.80 *und* 6.81*), die gleich sind wie (*6.88, 6.89, 6.90 *und* 6.91*), muss verwendet werden, um die kinematischen Lenkwinkel der Räder zu finden. Nehmen Sie an, einer der Winkel, z.B.*

$$\delta_{if} = 15\,\mathrm{deg}, \tag{6.102}$$

ist als Eingangslenkwinkel bekannt. Um die anderen Lenkwinkel zu finden, müssen wir die Position des Drehzentrums O kennen. Die Position des Drehzentrums kann bestimmt werden, wenn wir einen der drei Parameter c_1, c_2, R_1 haben. Um diese Tatsache zu verdeutlichen, nehmen wir an, dass das Auto nach links abbiegt, und wir den Wert von δ_{if} kennen. Daher ist die Senkrechte zum linken Vorderrad bekannt. Das Drehzentrum kann jeder Punkt auf dieser Linie sein. Wenn wir einen Punkt auswählen, können die anderen Räder entsprechend eingestellt werden.

Die Lenkwinkel für ein System mit Vierradlenkung sind ein Satz von vier Gleichungen, jede mit zwei Variablen:

$$\delta_{if} = \delta_{if}(c_1, R_1) \qquad \delta_{of} = \delta_{of}(c_1, R_1) \tag{6.103}$$

$$\delta_{ir} = \delta_{ir}(c_2, R_1) \qquad \delta_{or} = \delta_{or}(c_2, R_1) \tag{6.104}$$

Wenn c_1 und R_1 bekannt sind, können wir die Lenkwinkel δ_{if}, δ_{of}, δ_{ir} und δ_{or} eindeutig bestimmen. Eine praktische Situation ist jedoch, wenn wir einen der Lenkwinkel, wie δ_{if}, haben und den erforderlichen Lenkwinkel der anderen Räder, δ_{of}, δ_{ir}, δ_{or}, bestimmen müssen. Dies kann erfolgen, wenn wir c_1 oder R_1 kennen.

Das Drehzentrum ist der Krümmungsmittelpunkt des Bewegungspfades. Wenn der Bewegungspfad bekannt ist, kann an jedem Punkt der Straße das Drehzentrum im Fahrzeugkoordinatensystem gefunden werden.

In diesem Beispiel nehmen wir an:

$$R_1 = 50\,\mathrm{m} \tag{6.105}$$

daher haben wir aus Gl. (6.78)*:*

$$c_1 = \left(R_1 - \frac{w_f}{2}\right)\tan\delta_{if} = \left(50 - \frac{1{,}35}{2}\right)\tan\frac{\pi}{12} = 13{,}217\,\mathrm{m} \qquad (6.106)$$

Da $c_1 > l$ *und* $\delta_{if} > 0$*, befindet sich das Fahrzeug in einer positiven Vierradlenkungs-Konfiguration, und das Drehzentrum liegt hinter der Hinterachse des Autos:*

$$c_2 = c_1 - l = 13{,}217 - 2{,}8 = 10{,}417\,\mathrm{m} \qquad (6.107)$$

Jetzt liefern uns die Gl. (6.79, 6.80 *und* 6.81) *die anderen Lenkwinkel:*

$$\begin{aligned}\delta_{of} &= \tan^{-1}\frac{c_1}{R_1 + \frac{w_f}{2}} = \tan^{-1}\frac{13{,}217}{50 + \frac{1{,}35}{2}} \\ &= 0{,}25513\,\mathrm{rad} \approx 14{,}618\,\mathrm{deg}\end{aligned} \qquad (6.108)$$

$$\begin{aligned}\delta_{ir} &= \tan^{-1}\frac{c_2}{R_1 - \frac{w_r}{2}} = \tan^{-1}\frac{10{,}417}{50 - \frac{1{,}4}{2}} \\ &= 0{,}20824\,\mathrm{rad} \approx 11{,}931\,\mathrm{deg}\end{aligned} \qquad (6.109)$$

$$\begin{aligned}\delta_{or} &= \tan^{-1}\frac{c_2}{R_1 + \frac{w_r}{2}} = \tan^{-1}\frac{10{,}417}{50 + \frac{1{,}4}{2}} \\ &= 0{,}20264\,\mathrm{rad} \approx 11{,}61\,\mathrm{deg}\end{aligned} \qquad (6.110)$$

Beispiel 291 ⋆*Position des Drehzentrums*

Das Drehzentrum eines Fahrzeugs, im Koordinatensystem des Fahrzeugkörpers, befindet sich an einem Punkt mit den Koordinaten (x_O, y_O)*. Die Koordinaten des Drehzentrums sind:*

$$x_O = -a_2 - c_2 = -a_2 - \frac{w_r}{\cot\delta_{or} - \cot\delta_{ir}} \qquad (6.111)$$

$$y_O = R_1 = \frac{l + \frac{1}{2}\left(w_f\tan\delta_{if} - w_r\tan\delta_{ir}\right)}{\tan\delta_{if} - \tan\delta_{ir}} \qquad (6.112)$$

Gl. (6.112) *wird gefunden, indem* c_1 *und* c_2 *aus* (6.92) *und* (6.94) *in* (6.96) *eingesetzt und* y_O *in Bezug auf* δ_{if} *und* δ_{ir} *definiert wird. Es ist auch möglich,* y_O *in Bezug auf* δ_{of} *und* δ_{or} *zu definieren.*

Die Gl. (6.111) *und* (6.112) *können verwendet werden, um die Koordinaten des Drehzentrums sowohl für positive als auch für negative Vierradlenkungs-Systeme zu definieren.*

Als Beispiel betrachten wir ein Auto mit

$$l = 2{,}8\,\mathrm{m} \qquad w_f = 1{,}35\,\mathrm{m} \qquad w_r = 1{,}4\,\mathrm{m} \qquad a_1 = a_2 \qquad (6.113)$$

$$\begin{aligned}\delta_{if} &= 0{,}26180\,\text{rad} \approx 15\,\text{deg}\\ \delta_{of} &= 0{,}25513\,\text{rad} \approx 14{,}618\,\text{deg}\\ \delta_{ir} &= 0{,}20824\,\text{rad} \approx 11{,}931\,\text{deg}\\ \delta_{or} &= 0{,}20264\,\text{rad} \approx 11{,}61\,\text{deg}\end{aligned} \tag{6.114}$$

und finden die Position des Drehzentrums:

$$\begin{aligned}x_O &= -a_2 - \frac{w_r}{\cot\delta_{or} - \cot\delta_{ir}}\\ &= -\frac{2{,}8}{2} - \frac{1{,}4}{\cot 0{,}20264 - \cot 0{,}20824} = -11{,}802\,\text{m}\end{aligned} \tag{6.115}$$

$$\begin{aligned}y_O &= \frac{l + \frac{1}{2}\left(w_f \tan\delta_{if} - w_r \tan\delta_{ir}\right)}{\tan\delta_{if} - \tan\delta_{ir}}\\ &= \frac{2{,}8 + \frac{1}{2}(1{,}35\tan 0{,}26180 - 1{,}4\tan 0{,}20824)}{\tan 0{,}26180 - \tan 0{,}20824} = 50{,}011\,\text{m}\end{aligned} \tag{6.116}$$

Die Position des Drehzentrums für ein Fahrzeug Frontantrieb befindet sich bei:

$$x_O = -a_2 \qquad y_O = \frac{1}{2}w_f + \frac{l}{\tan\delta_{if}} \tag{6.117}$$

und für ein Fahrzeug mit Hinterradantrieb bei:

$$x_O = a_1 \qquad y_O = \frac{1}{2}w_r + \frac{l}{\tan\delta_{ir}} \tag{6.118}$$

Beispiel 292 ⋆*Krümmungsradius*

Betrachten Sie eine Straße als Bewegungspfad, der mathematisch durch eine Funktion $Y = f(X)$ in einem globalen Koordinatensystem ausgedrückt wird. Der Krümmungsradius R_κ einer solchen Straße am Punkt X ist:

$$R_\kappa = \frac{\left(1 + Y'^2\right)^{3/2}}{Y''} \tag{6.119}$$

wobei:

$$Y' = \frac{dY}{dX} \qquad Y'' = \frac{d^2Y}{dX^2} \tag{6.120}$$

Betrachten Sie eine Straße, die durch folgende Gleichung gegeben ist:

$$Y = \frac{X^2}{200} \qquad Y' = \frac{X}{100} \qquad Y'' = \frac{1}{100} \tag{6.121}$$

wobei sowohl X als auch Y in Meter [m] *gemessen werden. Der Krümmungsradius der Straße ist:*

$$R_\kappa = \frac{\left(1 + Y'^2\right)^{3/2}}{Y''} = 100\left(\frac{1}{10000}X^2 + 1\right)^{3/2} \tag{6.122}$$

Bei $X = 30$ m haben wir:

$$Y = \frac{9}{2}\,\mathrm{m} \qquad Y' = \frac{3}{10} \qquad Y'' = \frac{1}{100}\,\mathrm{m}^{-1} \tag{6.123}$$

und daher:

$$R_\kappa = 113{,}80\,\mathrm{m} \tag{6.124}$$

Beispiel 293 *⋆Symmetrisches System einer Vierradlenkung*

Abb. 6.40 zeigt ein Fahrzeug mit einer symmetrischen Vierradlenkung, bei dem die Vorder- und Hinterräder gleich stark gegeneinander lenken. Die kinematische Lenkbedingung für eine symmetrische Lenkung wird vereinfacht zu:

$$\cot\delta_o - \cot\delta_i = \frac{w_f}{l} + \frac{w_r}{l} \tag{6.125}$$

und c_1 und c_2 werden reduziert auf:

$$c_1 = c_2 = -\frac{1}{2}l \tag{6.126}$$

Beispiel 294 *⋆c_2/c_1-Verhältnis*

*Die Längsentfernung des Drehzentrums eines Fahrzeugs von der Vorderachse ist c_1 und von der Hinterachse ist c_2. Wir zeigen das Verhältnis dieser Entfernungen durch c_s und nennen es den **Vierradlenkungsfaktor:***

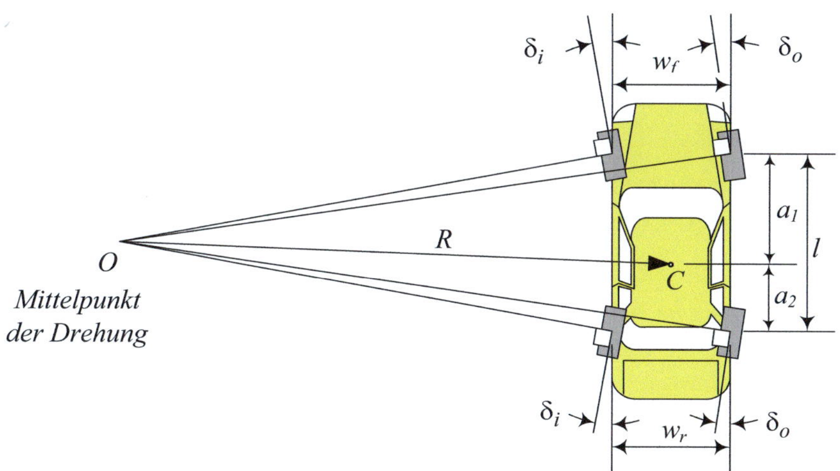

Abb. 6.40 Ein Fahrzeug mit symmetrischer Vierradlenkung

$$c_s = \frac{c_2}{c_1} = \frac{w_r}{w_f} \frac{\cot \delta_{fr} - \cot \delta_{fl}}{\cot \delta_{rr} - \cot \delta_{rl}} \tag{6.127}$$

c_s ist negativ für ein Fahrzeug mit negativer Vierradlenkung und positiv für ein Fahrzeug mit positiver Vierradlenkung. Wenn $c_s = 0$, hat das Auto eine Vorderradlenkung, und wenn $c_s = -\infty$, hat das Auto eine Hinterradlenkung. Ein symmetrisches Vierradlenkungs-System hat $c_s = -\frac{1}{2}$.

Beispiel 295 ⋆ *Lenklänge l_s*

*Für ein Fahrzeug mit Vierradlenkung können wir eine **Lenklänge** l_s wie folgt definieren:*

$$\begin{aligned} l_s &= \tfrac{c_1+c_2}{l} = \tfrac{l}{c_1} + 2c_s \\ &= \tfrac{1}{l}\left(\tfrac{w_f}{\cot \delta_{fr} - \cot \delta_{fl}} + \tfrac{w_r}{\cot \delta_{rr} - \cot \delta_{rl}}\right) \end{aligned} \tag{6.128}$$

Die Lenklänge l_s ist 1 für ein Auto mit Vorderradlenkung, null für ein Auto mit symmetrischer Lenkung und -1 und für ein Auto mit Hinterradlenkung. Wenn ein Auto ein negatives Vierradlenkungs-System hat, dann gilt $-1 < l_s < 1$, und wenn das Auto ein positives Vierradlenkung-System hat, dann gilt $l_s > 1$ oder $l_s < -1$. Der Fall $l_s > 1$ tritt auf, wenn das Drehzentrum hinter dem Auto liegt, und der Fall $l_s < -1$ tritt auf, wenn das Drehzentrum vor dem Auto liegt.

Ein Vergleich von Vorderradlenkung und Vierradlenkung zeigt, dass das Drehzentrum eines Autos mit Vorderradlenkung immer auf der Verlängerung der Hinterachse liegt und seine Lenklänge l_s immer gleich 1 ist. Das Drehzentrum eines Autos mit Vierradlenkung kann jedoch sein:

1. *vor der Vorderachse, wenn $l_s < -1$*
2. *zwischen den Vorder- und Hinterachsen, wenn $-1 < l_s < 1$*
3. *hinter der Hinterachse, wenn $l_s > 1$*

Abb. 6.41 *veranschaulicht den Vergleich zwischen den verschiedenen Lenklängen. Ein Auto mit Vorderradlenkung ist in Abb.* 6.41*a dargestellt, während die Vierradlenkungs-Systeme mit $l_s < -1$, $-1 < l_s < 1$ und $l_s < 1$ in Abb.* 6.41*b–d dargestellt sind.*

Beispiel 296 ⋆*Vorderradlenkung und Ackerman-Bedingung*

Durch Einsetzen von

$$\delta_{rr} \to 0 \qquad \delta_{rl} \to 0$$

*in die kinematische Bedingung für Vierradlenkung (*6.77*) reduziert sich die Gleichung auf die Ackerman-Bedingung (*6.1*) für Fahrzeuge mit Vorderradlenkung:*

$$\cot \delta_{fr} - \cot \delta_{fl} = \frac{w}{l} \tag{6.129}$$

Die Formulierung der Ackerman-Bedingung in Form dieser Gleichung befreit uns von der Überprüfung der inneren und äußeren Räder.

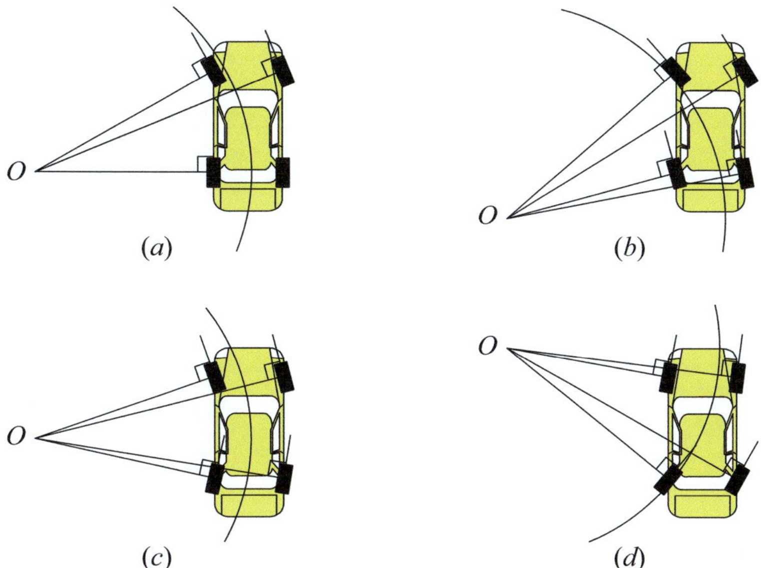

Abb. 6.41 Ein Vergleich zwischen den verschiedenen Lenklängen

Beispiel 297 ⋆*Wendekreis*

Um den Wendekreis R des Fahrzeugs zu finden, können wir äquivalente Fahrradmodelle definieren, wie sie in den Abb. 6.42 *und* 6.43 *für Fahrzeuge mit positiver und negativer Vierradlenkung dargestellt sind. Der Wendekreis R steht senkrecht zum Geschwindigkeitsvektor* **v** *des Fahrzeugs am Massenmittelpunkt C.*

Betrachten wir die positive Vierradlenkungs-Konfiguration der Abb. 6.42*. Unter Verwendung der im Fahrradmodell gezeigten Geometrie haben wir:*

$$R^2 = (a_2 + c_2)^2 + R_1^2 \tag{6.130}$$

$$\cot\delta_f = \frac{R_1}{c_1} = \frac{1}{2}\left(\cot\delta_{if} + \cot\delta_{of}\right) \tag{6.131}$$

und daher:

$$R = \sqrt{(a_2 + c_2)^2 + c_1^2 \cot^2\delta_f} \tag{6.132}$$

Die Untersuchung der Abb. 6.43 *zeigt, dass der Wendekreis eines Fahrzeugs mit negativer Vierradlenkung aus derselben Gl.* (6.132) *bestimmt werden kann.*

Beispiel 298 ⋆*Passive und aktive Vierradlenkung*

Die negative Vierradlenkung wird bei hohen Geschwindigkeiten aufgrund hoher Giergeschwindigkeiten nicht empfohlen, und die positive wird bei niedrigen Geschwindigkeiten aufgrund des zunehmenden Wendekreises nicht empfohlen.

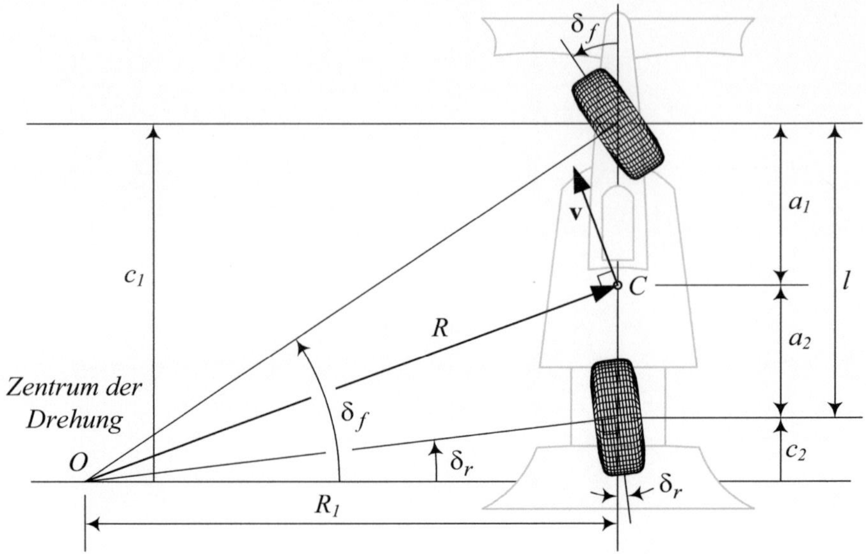

Abb. 6.42 Fahrradmodell für ein Fahrzeug mit positiver Vierradlenkung

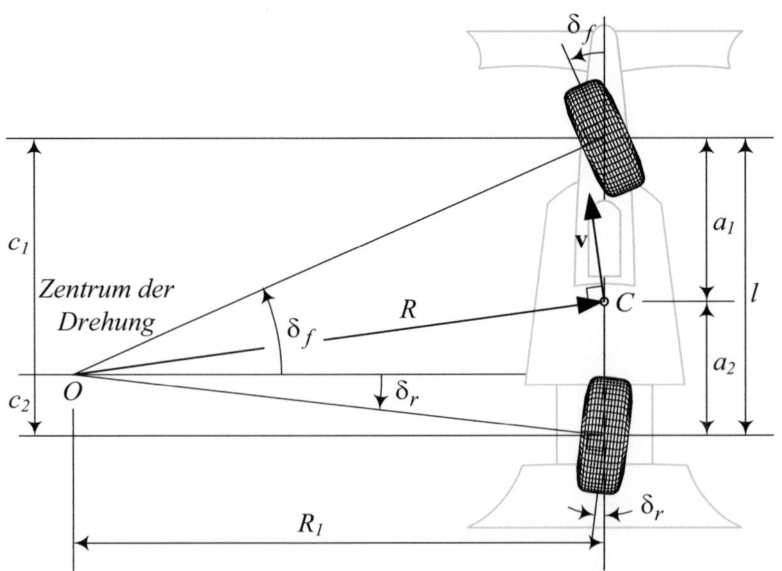

Abb. 6.43 Fahrradmodell für ein Fahrzeug mit negativer Vierradlenkung

Daher benötigen wir ein intelligentes System, um die Vorteile eines Vierradlenkungs-Systems zu maximieren, das es dem Fahrzeug ermöglicht, den Lenkmodus entsprechend der Geschwindigkeit des Fahrzeugs zu ändern und die Lenkwinkel für

verschiedene Zwecke anzupassen. Ein **intelligentes Lenksystem** *wird auch als* **aktives Lenksystem** *bezeichnet.*

Ein aktives System kann bei niedrigen Geschwindigkeiten eine negative Lenkung und bei hohen Geschwindigkeiten eine positive Lenkung bieten. Bei einer negativen Lenkung werden die Hinterräder in entgegengesetzte Richtungen wie die Vorderräder gelenkt, um in einem deutlich kleineren Radius um die Kurve zu fahren, während bei einer positiven Lenkung die Hinterräder in dieselbe Richtung wie die Vorderräder gelenkt werden, um die Querkraft zu erhöhen.

Wenn das Vierradlenkungs-System passiv ist, besteht ein konstantes Verhältnis zwischen den Lenkwinkeln vorne und hinten, was einem konstanten c_s *entspricht. Eine passive Lenkung kann in Fahrzeugen angewendet werden, um einige unerwünschte Fahrzeugtendenzen auszugleichen. Als Beispiel neigen die Hinterräder in einem System mit Vorderradlenkung dazu, sich leicht nach außen zu drehen. Eine solche Tendenz kann die Stabilität verringern.*

Beispiel 299 ⋆*Autonomer Fahrer*

Betrachten Sie ein Auto an der globalen Position (X, Y)*, das sich auf einer Straße bewegt, wie in Abb. 6.44 dargestellt. Punkt C zeigt das Zentrum der Krümmung der Straße an der Position des Autos. Das Zentrum der Krümmung der Straße soll das Drehzentrum des Autos im Moment der Betrachtung sein.*

Es gibt ein globales Koordinatensystem G, das am Boden befestigt ist, und ein Fahrzeugkoordinatensystem B, das am Massenzentrum C des Autos befestigt ist. Die z- und Z-Achsen sind parallel, und der Winkel ψ *zeigt den Winkel zwischen den X- und x-Achsen an. Wenn* (X_C, Y_C) *die Koordinaten von C im globalen Koordinatensystem G sind, dann wären die Koordinaten von C in B:*

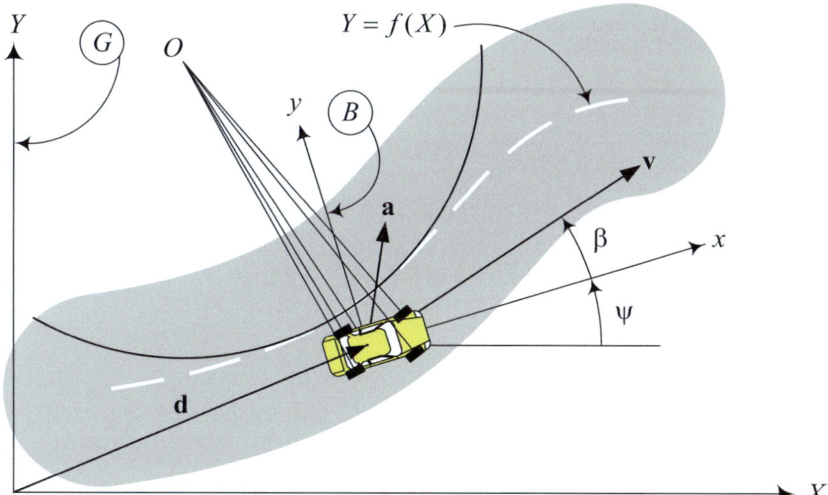

Abb. 6.44 Illustration eines Autos, das sich auf einer Straße bewegt, an dem Punkt, an dem O den Krümmungsmittelpunkt

$$ {}^{B}\mathbf{r}_C = R_{z,\psi}\left({}^{G}\mathbf{r}_C - {}^{G}\mathbf{d}\right) \tag{6.133} $$

$$ \begin{aligned} \begin{bmatrix} x_C \\ y_C \\ 0 \end{bmatrix} &= \begin{bmatrix} \cos\psi & \sin\psi & 0 \\ -\sin\psi & \cos\psi & 0 \\ 0 & 0 & 1 \end{bmatrix} \left(\begin{bmatrix} X_C \\ Y_C \\ 0 \end{bmatrix} - \begin{bmatrix} X \\ Y \\ 0 \end{bmatrix} \right) \\ &= \begin{bmatrix} (X_C - X)\cos\psi + (Y_C - Y)\sin\psi \\ (Y_C - Y)\cos\psi - (X_C - X)\sin\psi \\ 0 \end{bmatrix} \end{aligned} \tag{6.134} $$

Das Vorhandensein von Koordinaten von C im Fahrzeugkoordinatensystem reicht aus, um R_1, c_1 und c_2 zu bestimmen:

$$ R_1 = y_C = (Y_C - Y)\cos\psi - (X_C - X)\sin\psi \tag{6.135} $$

$$ c_2 = -a_2 - x_C = -(X_C - X)\cos\psi - (Y_C - Y)\sin\psi - a_2 \tag{6.136} $$

$$ c_1 = c_2 + l = -(X_C - X)\cos\psi - (Y_C - Y)\sin\psi + a_1 \tag{6.137} $$

Dann können die erforderlichen Lenkwinkel der Räder eindeutig durch die Gl. (6.78, 6.79, 6.80 *und* 6.81) *bestimmt werden.*

Es ist möglich, eine Straße durch eine mathematische Funktion $Y = f(X)$ in einem globalen Koordinatensystem zu definieren. An jedem Punkt X der Straße können die Position des Fahrzeugs und die Position des Drehzentrums im Fahrzeugkoordinatensystem bestimmt werden. Die erforderlichen Lenkwinkel können entsprechend eingestellt werden, um das Fahrzeug auf der Straße zu halten und das Fahrzeug in die richtige Richtung zu lenken. Dieses Prinzip kann zur Gestaltung eines ***autonomen Fahrers*** *verwendet werden.*

$$ Y = \frac{X^2}{200} \tag{6.138} $$

wobei sowohl X als auch Y in Meter gemessen werden [m]. *Bei $X = 30$* m , *haben wir $Y = 4.5$* m *und $Y' = 0.3$, $Y'' = 0.01$, und daher*

$$ \psi = \arctan\frac{dY}{dX} = \arctan 0{,}3 = 0{,}29146\,\text{rad} \approx 16{,}7\,\text{deg} \tag{6.139} $$

Der Krümmungsradius bei (30.4,5)*, aus Beispiel* 292 *, ist*

$$ R_\kappa = 113{,}80\,\text{m} \tag{6.140} $$

Die Tangente an die Straße ist

$$ Y - 4.5 = 0{,}3(X - 30) \tag{6.141} $$

und daher ist die Senkrechte zur Straße

$$ Y - 4.5 = -\frac{10}{3}(X - 30) \tag{6.142} $$

Mit $R_\kappa = 113.80$ m,

$$R_\kappa = \frac{\left(1 + Y'^2\right)^{3/2}}{Y''} = \frac{\left(1 + 0{,}3^2\right)^{3/2}}{0.01} = 113{,}8\,\mathrm{m} \tag{6.143}$$

haben wir

$$(X - X_C)^2 + (Y - Y_C)^2 = R_\kappa^2 \tag{6.144}$$

und wir können die globalen Koordinaten des Krümmungszentrums finden (X_C, Y_C) *an der richtigen Schnittstelle der Linie (*6.142*) und des Kreises (*6.144*).*

$$X_C = -2{,}7002\,\mathrm{m} \qquad Y_C = 113{,}5\,\mathrm{m} \tag{6.145}$$

Die Koordinaten des Drehzentrums im Körperkoordinatensystem wären dann

$$\begin{bmatrix} x_C \\ y_C \\ 0 \end{bmatrix} = \begin{bmatrix} \cos\psi & \sin\psi & 0 \\ -\sin\psi & \cos\psi & 0 \\ 0 & 0 & 1 \end{bmatrix} \left(\begin{bmatrix} X_C \\ Y_C \\ 0 \end{bmatrix} - \begin{bmatrix} X \\ Y \\ 0 \end{bmatrix} \right) = \begin{bmatrix} 0 \\ 113.8 \\ 0 \end{bmatrix} \tag{6.146}$$

Beispiel 300 ⋆*Krümmungsgleichung.*

Betrachten Sie ein Fahrzeug, das sich auf einem Pfad $Y = f(X)$ *mit Geschwindigkeit* **v** *und Beschleunigung* **a** *bewegt. Die Krümmung* $\kappa = 1/R$ *des Pfades, auf dem sich das Fahrzeug bewegt, ist*

$$\kappa = \frac{1}{R} = \frac{a_n}{v^2} \tag{6.147}$$

wo, a_n *ist die normale Komponente der Beschleunigung* **a** *. Die normale Komponente* a_n *zeigt zum Rotationszentrum und ist gleich*

$$\begin{aligned} a_n &= \left|\tfrac{\mathbf{v}}{v} \times \mathbf{a}\right| = \tfrac{1}{v}|\mathbf{v} \times \mathbf{a}| \\ &= \tfrac{1}{v}(a_Y v_X - a_X v_Y) = \tfrac{\ddot{Y}\dot{X} - \ddot{X}\dot{Y}}{\sqrt{\dot{X}^2 + \dot{Y}^2}} \end{aligned} \tag{6.148}$$

und daher,

$$\kappa = \frac{\ddot{Y}\dot{X} - \ddot{X}\dot{Y}}{\left(\dot{X}^2 + \dot{Y}^2\right)^{3/2}} = \frac{\ddot{Y}\dot{X} - \ddot{X}\dot{Y}}{\dot{X}^3} \frac{1}{\left(1 + \dfrac{\dot{Y}^2}{\dot{X}^2}\right)^{3/2}} \tag{6.149}$$

Jedoch,

$$Y' = \tfrac{dY}{dX} = \tfrac{\dot{Y}}{\dot{X}} \tag{6.150}$$

$$Y'' = \tfrac{d^2Y}{dX^2} = \tfrac{d}{dx}\left(\tfrac{\dot{Y}}{\dot{X}}\right) = \tfrac{d}{dt}\left(\tfrac{\dot{Y}}{\dot{X}}\right)\tfrac{1}{\dot{X}} = \tfrac{\ddot{Y}\dot{X} - \ddot{X}\dot{Y}}{\dot{X}^3} \tag{6.151}$$

und wir finden die Gleichung für die Krümmung des Pfades und den Radius der Krümmung basierend auf der Gleichung des Pfades.

$$\kappa = \frac{Y''}{\left(1+Y'^2\right)^{3/2}} \tag{6.152}$$

$$R_\kappa = \frac{1}{\kappa} = \frac{\left(1 + Y'^2\right)^{3/2}}{Y''} = \frac{\left(\dot{X}^2 + \dot{Y}^2\right)^{3/2}}{\ddot{Y}\dot{X} - \ddot{X}\dot{Y}} \tag{6.153}$$

Als Beispiel betrachten wir eine Straße mit einer gegebenen Gleichung

$$Y = \frac{X^2}{200} \tag{6.154}$$

An einem Punkt mit $X = 30$ m *, haben wir*

$$Y = \frac{9}{2}\,\text{m} \qquad Y' = \frac{3}{10} \qquad Y'' = \frac{1}{100}\,\text{m}^{-1} \tag{6.155}$$

und daher,

$$\kappa = 8{,}7874 \times 10^{-3}\,\text{m}^{-1} \qquad R_\kappa = 113{,}80\,\text{m} \tag{6.156}$$

Beispiel 301 ⋆*Krümmungsmittelpunkt im globalen Koordinatensystem.*

Nehmen Sie an, eine ebene Straße wird durch eine parametrische Gleichung in einem globalen Rahmen ausgedrückt als

$$X = X(t) \qquad Y = Y(t) \tag{6.157}$$

Die senkrechte Linie zur Straße an einem Punkt(X_0, Y_0)*ist:*

$$Y = Y_0 - (X - X_0)/\tan\theta \tag{6.158}$$

$$\tan\theta = \frac{dY}{dX} = \frac{dY/dt}{dX/dt} = \frac{\dot{Y}}{\dot{X}} \tag{6.159}$$

Das Krümmungszentrum(X_C, Y_C)*befindet sich auf der senkrechten Linie und ist in einer Entfernung* R_κ *vom Punkt*$(X, Y) = (X_0, Y_0)$*. Daher,*

$$X_C = X - \frac{\dot{Y}\left(\dot{X}^2 + \dot{Y}^2\right)}{\ddot{Y}\dot{X} - \ddot{X}\dot{Y}} \qquad Y_C = Y + \frac{\dot{X}\left(\dot{X}^2 + \dot{Y}^2\right)}{\ddot{Y}\dot{X} - \ddot{X}\dot{Y}} \tag{6.160}$$

Unter Verwendung der Gl. (6.146)*, ist das Krümmungszentrum im Körperkoordinatensystem eines sich bewegenden Fahrzeugs, dessen x-Achse den Winkel* ψ *mit der globalen X-Achse bildet,*

$$\begin{aligned} x_C &= (X_C - X)\cos\psi + (Y_C - Y)\sin\psi \\ &= \left(\dot{X}\sin\psi - \dot{Y}\cos\psi\right)\frac{\dot{X}^2 + \dot{Y}^2}{\ddot{Y}\dot{X} - \ddot{X}\dot{Y}} \end{aligned} \tag{6.161}$$

$$\begin{aligned} y_C &= (Y_C - Y)\cos\psi - (X_C - X)\sin\psi \\ &= \left(\dot{X}\cos\psi + \dot{Y}\sin\psi\right)\frac{\dot{X}^2 + \dot{Y}^2}{\ddot{Y}\dot{X} - \ddot{X}\dot{Y}} \end{aligned} \tag{6.162}$$

Als Beispiel wäre das globale Koordinatensystem eines parabolischen Pfades

$$X = t \qquad Y = \frac{t^2}{200} \tag{6.163}$$

würde sein

$$X_C = X - \frac{\dot{X}^2 + \dot{Y}^2}{\ddot{Y}\dot{X} - \ddot{X}\dot{Y}}\dot{Y} = 2{,}5244 \times 10^{-29} t - 0{,}0001 t^3 \tag{6.164}$$

$$Y_C = Y + \frac{\dot{X}^2 + \dot{Y}^2}{\ddot{Y}\dot{X} - \ddot{X}\dot{Y}}\dot{X} = 0{,}015\, t^2 + 100 \tag{6.165}$$

Beispiel 302 ⋆*Ein elliptischer Pfad und Krümmungsmittelpunkt*
Betrachten Sie einen elliptischen Pfad mit den Gleichungen:

$$X = a\cos t \qquad Y = b\sin t \tag{6.166}$$

$$a = 100\,\mathrm{m} \qquad b = 65\,\mathrm{m} \tag{6.167}$$

Der Krümmungsmittelpunkt der Straße im globalen Koordinatensystem befindet sich bei

$$X_C = X - \frac{\dot{Y}\left(\dot{X}^2 + \dot{Y}^2\right)}{\ddot{Y}\dot{X} - \ddot{X}\dot{Y}} = \frac{a^2 - b^2}{a}\cos^3 t = \frac{231}{4}\cos^3 t \tag{6.168}$$

$$Y_C = Y + \frac{\dot{X}\left(\dot{X}^2 + \dot{Y}^2\right)}{\ddot{Y}\dot{X} - \ddot{X}\dot{Y}} = -\frac{a^2 - b^2}{b}\sin^3 t = \frac{-1155}{13}\sin^3 t \tag{6.169}$$

Daher ist der Krümmungsmittelpunkt im Fahrzeugkoordinatensystem:

$$\begin{aligned} x_C &= \left(\dot{X}\sin\psi - \dot{Y}\cos\psi\right)\frac{\dot{X}^2 + \dot{Y}^2}{\ddot{Y}\dot{X} - \ddot{X}\dot{Y}} \\ &= \left(\frac{a^2 - b^2}{a}\cos^3 t - a\cos t\right)\cos\psi \\ &\quad - \left(\frac{a^2 - b^2}{b}\sin^3 t + b\sin t\right)\sin\psi \end{aligned} \tag{6.170}$$

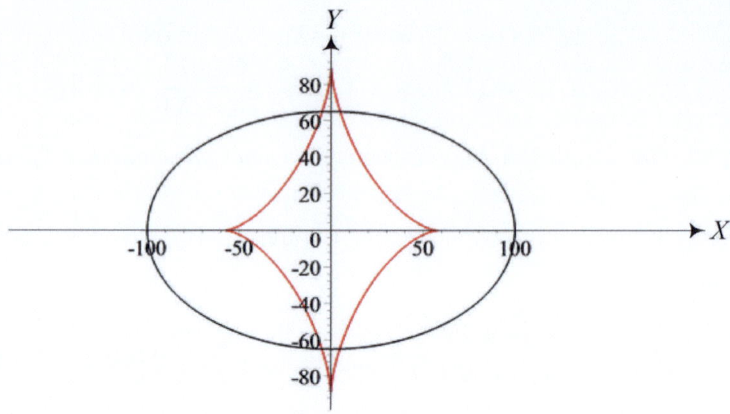

Abb. 6.45 Ein elliptischer Pfad und sein Krümmungsmittelpunkt

$$\begin{aligned} y_C &= \left(\dot{X}\cos\psi + \dot{Y}\sin\psi\right)\frac{\dot{X}^2+\dot{Y}^2}{\ddot{Y}\dot{X}-\ddot{X}\dot{Y}} \\ &= -\left(\frac{a^2-b^2}{a}\sin^3 t + b\sin t\right)\cos\psi \\ &\quad -\left(\frac{a^2-b^2}{a}\cos^3 t - a\cos t\right)\sin\psi \end{aligned} \tag{6.171}$$

Abb. 6.45 veranschaulicht den elliptischen Pfad und seinen Krümmungsmittelpunkt.

6.6 ⋆ Optimierung des Lenkgetriebes

Die Optimierung des Lenkgetriebes bedeutet, ein System zu entwerfen, das so nah wie möglich an einer gewünschten Funktion arbeitet. Nehmen wir an, die Ackerman-Kinematikbedingung ist die gewünschte Funktion für ein Lenksystem. Wenn wir die Funktion des entworfenen Lenkgetriebes mit der Ackerman-Bedingung vergleichen, definieren wir eine Fehlerfunktion e, um die beiden Systeme zu vergleichen. Ein Beispiel für die Funktion e könnte die Differenz zwischen den äußeren Lenkwinkeln des entworfenen Mechanismus δ_{D_o} und dem Ackerman δ_{A_o} für den gleichen inneren Winkel δ_i sein.

Die Fehlerfunktion kann der absolute Wert der maximalen Differenz sein:

$$e = \max\left|\delta_{D_o} - \delta_{A_o}\right| \tag{6.172}$$

oder die Quadratwurzel des Mittelwerts (*RMS*) der Differenz zwischen den beiden Funktionen:

$$e = \sqrt{\frac{1}{\delta_2 - \delta_1} \int_{\delta_1}^{\delta_2} \left(\delta_{D_o} - \delta_{A_o}\right)^2 d\delta_i} \tag{6.173}$$

oder einfach:

$$e = \sqrt{\int_{\delta_1}^{\delta_2} \left(\delta_{D_o} - \delta_{A_o}\right)^2 d\delta_i} \tag{6.174}$$

in einem bestimmten Bereich des inneren Lenkwinkels $\delta_1 < \delta_i < \delta_2$.

Der Fehler e ist eine Funktion eines Parametersatzes. Die Minimierung der Fehlerfunktion für einen Parameter, über den Arbeitsbereich des Lenkwinkels δ_i, erzeugt den optimierten Wert des Parameters.

Die *RMS*-Funktion (6.173) ist definiert für kontinuierliche Variablen δ_{D_o} und δ_{A_o}. Je nach dem entworfenen Mechanismus ist es jedoch nicht immer möglich, eine geschlossene Gleichung für e zu finden. In einem solchen Fall kann die Fehlerfunktion nicht explizit definiert werden, und daher sollte die Fehlerfunktion für n verschiedene Werte des inneren Lenkwinkels δ_i numerisch ausgewertet werden. Die *RMS*-Fehlerfunktion für einen Satz von diskreten Werten von e wird definiert durch:

$$e = \sqrt{\frac{1}{n} \sum_{i=1}^{n} \left(\delta_{D_o} - \delta_{A_o}\right)^2} \tag{6.175}$$

wobei n die Anzahl der Unterteilungen von δ_i im Arbeitsbereich $\delta_1 \leq \delta_i \leq \delta_2$ ist. Die Fehlerfunktion (6.173) oder (6.175) muss für verschiedene Werte eines Parameters ausgewertet werden. Dann kann ein Plot für $e = e(Parameter)$ den Trend der Variation von e als Funktion des Parameters zeigen. Wenn es ein Minimum für e gibt, dann kann der optimale Wert für den Parameter gefunden werden. Andernfalls kann der Trend der e-Funktion die Richtung für die Mindestsuche anzeigen.

Beispiel 303 ⋆*Optimiertes trapezförmiger Lenkgetriebe*

Die Beziehung zwischen inneren und äußeren Winkeln für ein trapezförmiges Lenkgetriebe, dargestellt in Abb. 6.8, *ist:*

$$\begin{aligned} &\sin(\beta + \delta_i) + \sin(\beta - \delta_o) \\ &= \frac{w}{d} - \sqrt{\left(\frac{w}{d} - 2\sin\beta\right)^2 - \left(\cos(\beta - \delta_o) - \cos(\beta + \delta_i)\right)^2} \end{aligned} \tag{6.176}$$

Vergleicht man Gl. (6.176) mit der Ackerman-Bedingung:

$$\cot\delta_o - \cot\delta_i = \frac{w}{l} \tag{6.177}$$

so definieren wir eine Fehlerfunktion

$$e = \sqrt{\frac{1}{n}\sum_{i=1}^{n}\left(\delta_{D_o} - \delta_{A_o}\right)^2} \tag{6.178}$$

und suchen nach ihrem Minimum, um das trapezförmige Lenkgetriebe zu optimieren. Betrachten Sie ein Fahrzeug mit den Abmessungen

$$w = 1{,}66\,\text{m} \qquad l = 2{,}93\,\text{m} \tag{6.179}$$

Optimieren wir ein trapezförmiges Lenkgetriebe für

$$d = 0{,}4\,\text{m} \tag{6.180}$$

und verwenden β als Parameter.

Eine Vergleichsgrafik zwischen einem solchen Getriebe und der Ackerman-Bedingung für einen Satz von verschiedenen β ist in Abb. 6.11 *dargestellt und ihre Differenz $\Delta\delta_o = \delta_{D_o} - \delta_{A_o}$ in Abb.* 6.13.

Wir können einen Wert für β festlegen, sagen wir $\beta = 6\,\text{deg}$, und δ_{D_o} und δ_{A_o} bei $n = 100$ verschiedenen Werten von δ_i für einen Arbeitsbereich von z. B. $-40\,\text{deg} \leq \delta_i \leq 40\,\text{deg}$ bewerten. Dann berechnen wir die zugehörige Fehlerfunktion e

$$e = \sqrt{\frac{1}{100}\sum_{i=1}^{100}\left(\delta_{D_o} - \delta_{A_o}\right)^2} \tag{6.181}$$

für das spezifische β. Jetzt führen wir unsere Berechnung erneut für neue Werte von β durch, wie zum Beispiel $\beta = 10\,\text{deg}, 11\,\text{deg}, \cdots$. Abb. 6.46 *zeigt die Funktion $e = e(\beta)$ mit einem Minimum bei $\beta \approx 19{,}5\,\text{deg}$.*

Die Geometrie des optimalen trapezförmigen Lenkgetriebes ist in Abb. 6.47a *dargestellt. Die beiden Seitenarme treffen sich auf ihren Verlängerungen am Punkt G. Bei einem optimalen Mechanismus kann der Schnittpunkt G vor oder hinter der Hinterachse liegen. Es wird jedoch empfohlen, den Schnittpunkt in die Mitte der Hinterachse zu setzen und ein nahezu optimales trapezförmiges Lenkgetriebe zu entwerfen. Mit dieser Empfehlung ist es möglich, den Optimierungsprozess zu stoppen und ein ausreichend gutes Design zu erhalten. Ein solches geschätztes Design ist in Abb.* 6.47b *dargestellt. Der Winkel β für das optimale Design ist $\beta = 19{,}5\,\text{deg}$, und für das geschätzte Design ist $\beta \approx 15{,}8\,\text{deg}$:*

$$\beta \approx \arctan\frac{w/2}{l} = \arctan\frac{1{,}66/2}{2{,}93} = 0{,}27604\,\text{rad} = 15{,}816\,\text{deg} \tag{6.182}$$

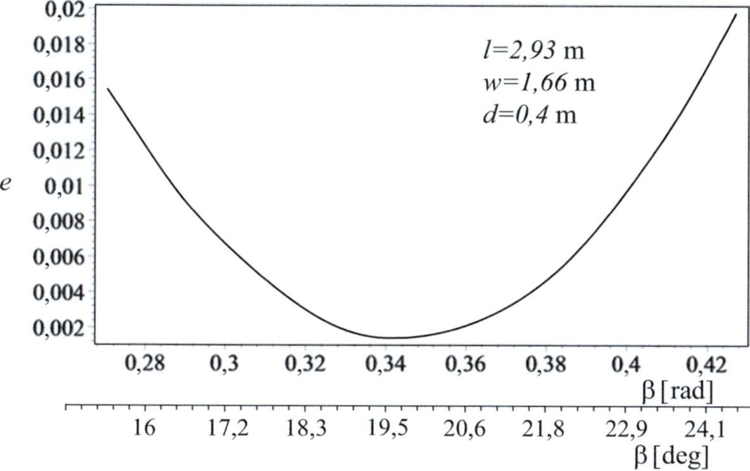

Abb. 6.46 Fehlerfunktion e = e(β) für ein spezifisches trapezförmiges Lenkgetriebe mit einem Minimum bei $\beta \approx 19{,}5$ deg

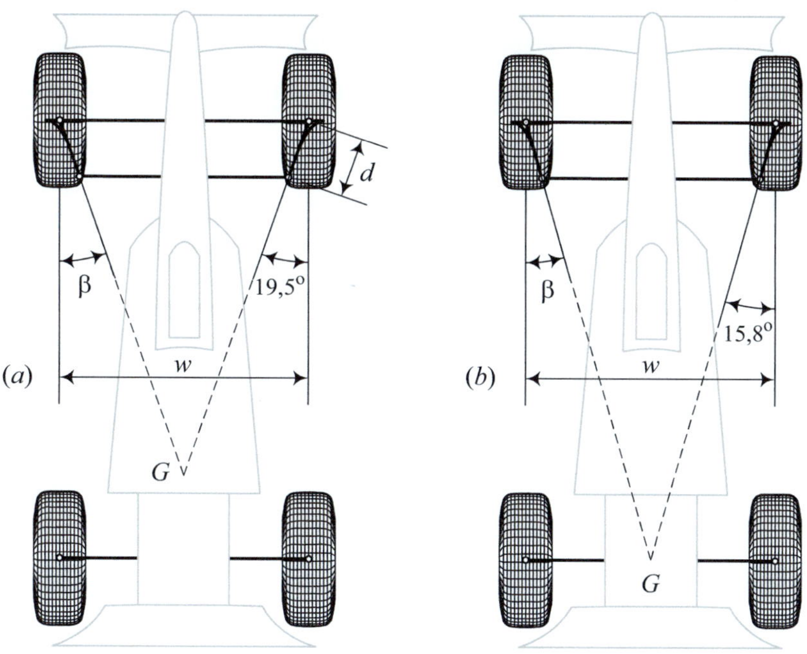

Abb. 6.47 Die Geometrie des optimalen trapezförmigen Lenkgetriebes und das geschätzte Design

Beispiel 304 ⋆*Kein exakter Ackerman-Mechanismus*

Es ist nicht möglich, eine einfache Lenkverbindung so zu gestalten, dass sie genau auf der Ackerman-Lenkbedingung basiert. Es ist jedoch möglich, verschiedene Lenkverbindungen für einen Arbeitsbereich zu optimieren, sodass sie nahe an der Ackerman-Bedingung funktionieren und an einigen Punkten genau sind. Eine gleichschenklige trapezförmige Verbindung ist nicht so exakt wie die Ackerman-Lenkung bei jedem beliebigen Wendekreis, sie ist jedoch einfach genug, um in Serie produziert zu werden, und genau genug, um in Straßenautos eingebaut zu werden.

Die trapezförmige Verbindung kann nicht als Ackerman-Mechanismus fungieren, weil die Ackerman-Bedingung eine Funktion des Radstandes l ist, während die trapezförmige Verbindung keine Funktion von l ist.

Beispiel 305 ⋆*Optimierung eines Mehrlenker-Lenksystem*

Nehmen wir an, wir möchten ein Mehrlenker-Lenksystem für ein Fahrzeug mit den folgenden Abmessungen entwerfen:

$$w = 2{,}4\,\mathrm{m} \qquad l = 4{,}8\,\mathrm{m} \qquad a_2 = 0{,}45l = 2{,}16\,\mathrm{m} \tag{6.183}$$

Aufgrund von Platzbeschränkungen sind die Positionen einiger Gelenke des Getriebes festgelegt, wie in Abb. 6.48 dargestellt. Wir können jedoch die Länge x variieren, um den besten Mechanismus zu entwerfen, der so nah wie möglich an der Ackerman-Bedingung funktioniert:

$$\cot\delta_2 - \cot\delta_1 = \frac{w}{l} = \frac{1}{2} \tag{6.184}$$

Der Lenkradeingang δ_s dreht das Dreieck PBC, das sowohl das linke als auch das rechte Rad dreht.

Das Fahrzeug muss in der Lage sein, in einem Mindestkreis mit dem Radius R_m zu wenden:

$$R_m = 10\,\mathrm{m} \tag{6.185}$$

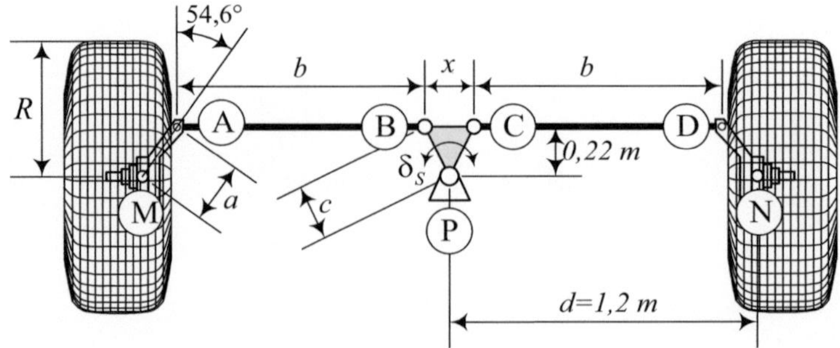

Abb. 6.48 Ein Mehrlenker-Lenksystem, der durch Variieren von x optimiert werden muss

Der minimale Wendekreis bestimmt den maximalen Lenkwinkel δ_M

$$\begin{aligned} R_m &= \sqrt{a_2^2 + l^2 \cot^2 \delta_M} \\ 10 &= \sqrt{(0{,}45 \times 4{,}8)^2 + 4{,}8^2 \cot^2 \delta_M} \\ \delta_M &= 0{,}4569\,\text{rad} \approx 26{,}178\,\text{deg} \end{aligned} \tag{6.186}$$

wobei δ_M *der* cot*-Durchschnitt der inneren und äußeren Lenkwinkel ist. Mit R und* δ_M *ist es ausreichend,* δ_o *und* δ_i *zu bestimmen:*

$$R_1 = l \cot \delta_M = 4{,}8 \cot 0{,}4569 = 9{,}7642\,\text{m} \tag{6.187}$$

$$\delta_i = \tan^{-1} \frac{l}{R_1 - \frac{w}{2}} = 0{,}51085\,\text{rad} \approx 29{,}270\,\text{deg} \tag{6.188}$$

$$\delta_o = \tan^{-1} \frac{l}{R_1 + \frac{w}{2}} = 0{,}41265\,\text{rad} \approx 23{,}643\,\text{deg} \tag{6.189}$$

Da der Mechanismus symmetrisch ist, muss jedes Rad des Lenkgetriebes in Abb. 6.48 *mindestens* 29.27 deg *drehen können. Um sicher zu sein, versuchen wir, das Getriebe für einen größeren Bereich zu optimieren, sagen wir* $\delta = \pm 35$ deg, *jedoch verwenden Fahrzeuge unter normalen Fahrbedingungen kaum Lenkwinkel über* $\delta = \pm 15$ deg. *Daher versuchen wir, den Lenkmechanismus für diesen praktischen Bereich zu optimieren.*

Das Mehrfachlenkgetriebe ist ein sechsgliedriges Wattgestänge. Wir teilen den Mechanismus in zwei Viergelenkgetriebe. Das Viergelenkgetriebe 1 befindet sich links und das Viergelenkgetriebe 2 rechts, wie in Abb. 6.49 *dargestellt. Wir können annehmen, dass MA das Eingangsglied des linken Gestänges und PB ihr Ausgangsglied ist. Das Glied PB ist starr mit PC verbunden, das die Eingabe des rechten Gestänges ist. Der Ausgang des rechten Gestänges ist ND. Um die Beziehung zwischen den inneren und äußeren Lenkwinkeln zu finden, müssen wir den*

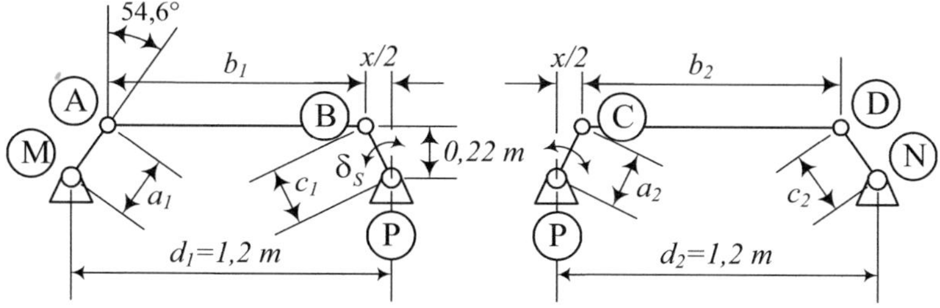

Abb. 6.49 Die Mehrfachlenkung ist ein sechsgliedriges Wattgestänge, das als zwei kombinierte Viergelenkgetriebe behandelt werden kann

Winkel von ND als Funktion des Winkels von MA finden. In der folgenden Analyse sind a_1 und a_2 die Länge der Eingangsglieder des Getriebes 1 und 2.

Abb. 6.50 veranschaulicht die Verbindungsnummern und die Ein- und Ausgangswinkel der Viergelenkgetriebe. Die Lenkwinkel können auf der Grundlage des Winkels dieser beiden Verbindungen berechnet werden:

$$\delta_1 = \theta_2 - (90 - 54{,}6)\ \deg \tag{6.190}$$

$$\delta_2 = \varphi_4 - (90 + 54{,}6)\ \deg \tag{6.191}$$

Die Längen der Verbindungen für die Mechanismen sind in Tab. 6.1 gesammelt.

Gl. (5.1), die unten wiederholt wird, liefert den Winkel θ_4 als Funktion von θ_2:

$$\theta_4 = 2\tan^{-1}\left(\frac{-B_1 \pm \sqrt{B_1^2 - 4A_1C_1}}{2A_1}\right) \tag{6.192}$$

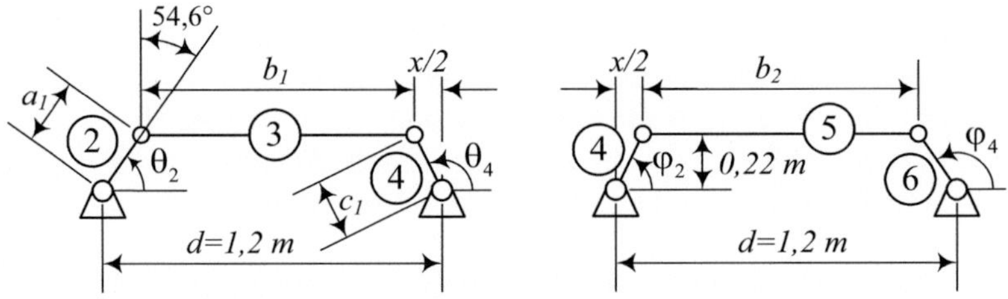

Abb. 6.50 Die Ein- und Ausgangswinkel der beiden Viergelenkgetriebe

Tab. 6.1 Verbindungszahlen und die Ein- und Ausgangswinkel für den Mehrfachlenkungsmechanismus

Linke Verbindung		
Verbindung	Länge	Winkel
1	$d_1 = 1{,}2$	180
2	$a_1 = 0{,}22/\cos 54{,}6 = 0{,}37978$	θ_2
3	$b_1 = 1{,}2 - 0{,}22\tan 54{,}6 - \frac{x}{2}$	θ_3
	$= 0{,}89043 - \frac{x}{2}$	
4	$c_1 = \sqrt{0{,}22^2 + x^2/4}$	θ_4
Rechte Verbindung		
Verbindung	Länge	Winkel
1	$d_2 = 1{,}2$	180
4	$a_2 = \sqrt{0{,}22^2 + x^2/4}$	$\varphi_2 = \theta_4 - 2\tan^{-1}\frac{x}{0{,}44}$
5	$b_2 = 0{,}89043 - \frac{x}{2}$	ϕ_3
6	$c_2 = 0{,}22/\cos 54{,}6 = 0{,}37978$	ϕ_4

$$A_1 = J_3 - J_1 + (1 - J_2)\cos\theta_2 \qquad B_1 = -2\sin\theta_2$$
$$C_1 = J_1 + J_3 - (1 + J_2)\cos\theta_2 \tag{6.193}$$

$$J_{11} = \frac{d_1}{a_1} \qquad J_{12} = \frac{d_1}{c_1} \qquad J_{13} = \frac{a_1^2 - b_1^2 + c_1^2 + d_1^2}{2a_1c_1}$$
$$J_{14} = \frac{d_1}{b_1} \qquad J_{15} = \frac{c_1^2 - d_1^2 - a_1^2 - b_1^2}{2a_1b_1} \tag{6.194}$$

Die gleiche Gl. (6.192) kann verwendet werden, um die Ein- und Ausgangswinkel des rechten Viergelenkgetriebes zu verbinden:

$$\varphi_4 = 2\tan^{-1}\left(\frac{-B_2 \pm \sqrt{B_2^2 - 4A_2C_2}}{2A_2}\right) \tag{6.195}$$

$$A_2 = J_{23} - J_{21} + (1 - J_{22})\cos\varphi_2 \qquad B_2 = -2\sin\varphi_2$$
$$C_2 = J_{21} + J_{23} - (1 + J_{22})\cos\varphi_2 \tag{6.196}$$

$$J_{21} = \frac{d_2}{a_2} \qquad J_{22} = \frac{d_2}{c_2} \qquad J_{23} = \frac{a_2^2 - b_2^2 + c_2^2 + d_2^2}{2a_2c_2}$$
$$J_{24} = \frac{d_2}{b_2} \qquad J_{25} = \frac{c_2^2 - d_2^2 - a_2^2 - b_2^2}{2a_2b_2} \tag{6.197}$$

Beginnend mit einem Schätzwert für x, können wir die Länge der Verbindungen berechnen. Mit den Gl. (6.192) und (6.195), zusammen mit (6.190) und (6.191), berechnen wir δ_2 für einen gegebenen Wert von δ_1.

Beginnen wir mit $x = 0$, dann gilt:

$$a_1 = 0{,}37978\,\text{m} \qquad b_1 = 0{,}89043\,\text{m} \qquad c_1 = 0{,}22\,\text{m} \tag{6.198}$$

$$a_2 = 0{,}22\,\text{m} \qquad b_2 = 0{,}89043\,\text{m} \qquad c_2 = 0{,}37978\,\text{m} \tag{6.199}$$

Mit den Gl. (6.190) und (6.192) können wir den Ausgang des ersten Viergelenkgetriebes θ_4 für eine Reihe von Lenkwinkeln $-15\,\text{deg} < \delta_1 < 15\,\text{deg}$ auf der linken Seite berechnen. Die folgende Einschränkung liefert die numerischen Werte für ϕ_2, die als Eingabe für das rechte Viergelenkgetriebe verwendet werden sollen:

$$\varphi_2 = \theta_4 - 2\tan^{-1}\frac{x}{0.44} \tag{6.200}$$

Dann können wir mit den Gl. (6.195) und (6.192) den Lenkwinkel δ_2 für das rechte Rad berechnen.

Abb. 6.51 zeigt die numerischen Werte der Lenkwinkel δ_2 und δ_{Ac} im Vergleich zu δ_1. Der Winkel δ_{Ac} ist der Lenkwinkel des rechten Rades basierend auf der Ackerman-Gleichung Gl. (6.184).

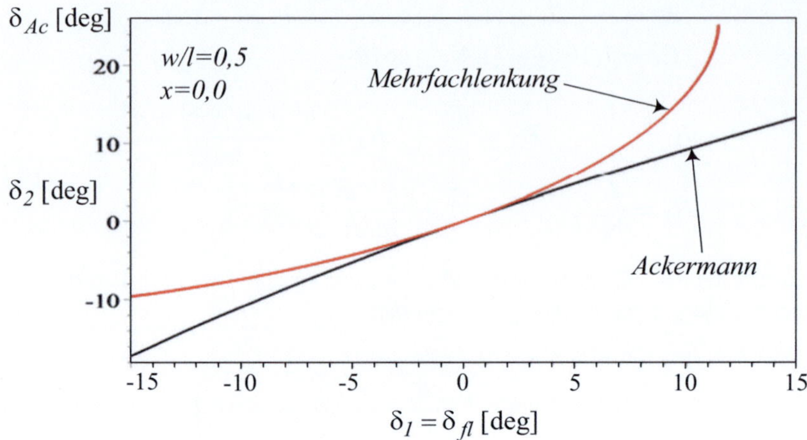

Abb. 6.51 Lenkwinkel δ_2 und δ_{Ac} im Vergleich zu δ_1

Mit δ_2 und δ_{Ac} berechnen wir die Differenz Δ

$$\Delta = \delta_2 - \delta_{Ac} \tag{6.201}$$

für n verschiedene Werte von δ_1 im Arbeitsbereichswinkel $-15\,\mathrm{deg} < \delta_1 < 15\,\mathrm{deg}$. *Basierend auf den n Zahlen für Δ können wir den Fehler e finden:*

$$e = \sqrt{\frac{\Delta^2}{n}} \tag{6.202}$$

Durch Ändern des Wertes von x und Neuberechnung von e wird die Funktion $e = e(x)$ bewertet.

Abb. 6.52 *veranschaulicht das Ergebnis der Berechnung. Es zeigt, dass der Fehler für* $x \approx -0{,}824$ m *minimal ist, was die beste Länge für die Basis des Dreiecks PBC ist.*

Das Verhalten des Mehrfachlenkgetriebes für verschiedene Werte von x wird in Abb. 6.53 *gezeigt. Die Ackerman-Bedingung ist ebenfalls dargestellt, um sie mit dem optimalen Mehrfachlenkgetriebe zu vergleichen. Die Optimalität von* $x = -0{,}824$ m *kann in Abb.* 6.54 *deutlicher sein, die die Differenz $\Delta = \delta_2 - \delta_{Ac}$ für verschiedene Werte von x zeigt. Da die Berechnung jedoch für den Bereich* $-15\,\mathrm{deg} < \delta_1 < 15\,\mathrm{deg}$ *durchgeführt wurde, gibt es keine Garantie, dass der Mechanismus außerhalb dieses Bereichs existiert oder optimal ist.*

Das optimale Mehrfachlenkmechanismus zusammen mit der Länge seiner Verbindungen ist in Abb. 6.55 *dargestellt. Der Mechanismus und die Bedeutung des negativen Wertes für x sind in Abb.* 6.56 *dargestellt, wo das Getriebe in einer positiven Drehposition ist.*

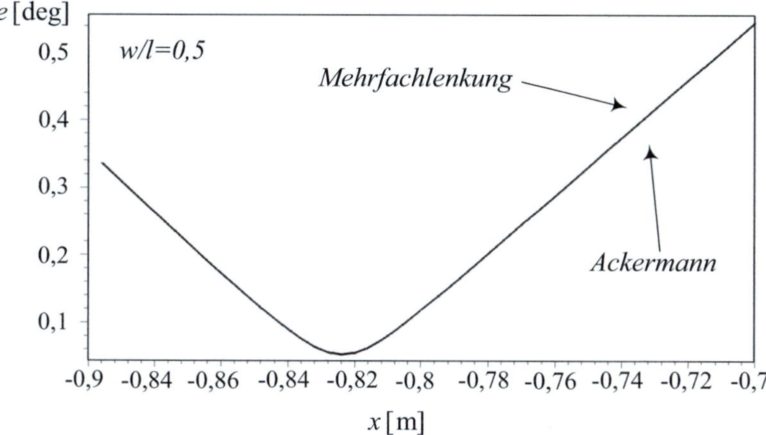

Abb. 6.52 Veranschaulichung der Fehlerfunktion e = e(x).

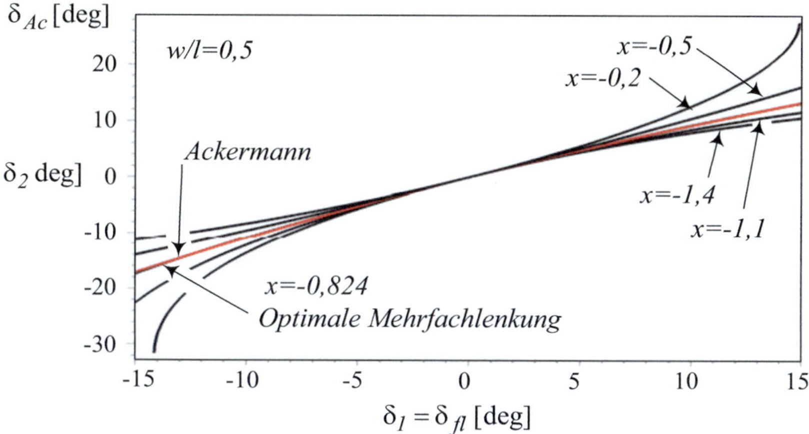

Abb. 6.53 Das Verhalten des Mehrfachlenkgetriebes für verschiedene Werte von x

6.7 Zusammenfassung

Die Lenkung ist erforderlich, um ein Fahrzeug in eine gewünschte Richtung zu lenken. Wenn ein Fahrzeug abbiegt, werden die Räder, die näher am Drehzentrum liegen, als innere Räder bezeichnet, und die Räder, die weiter vom Drehzentrum entfernt sind, als äußere Räder. Wenn die Geschwindigkeit eines Fahrzeugs sehr

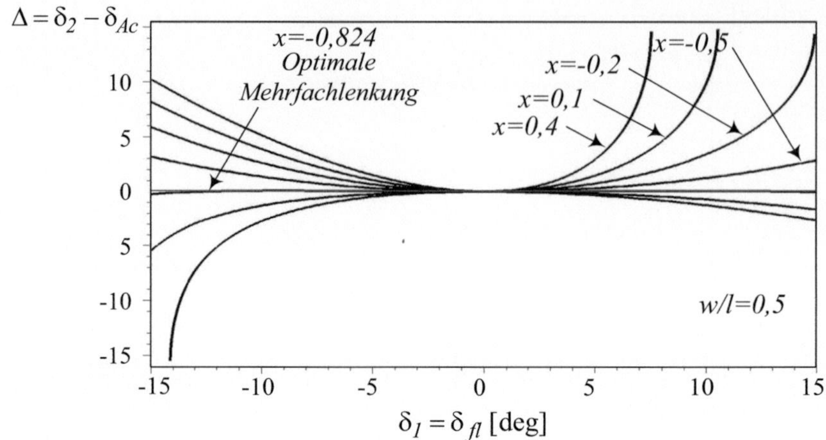

Abb. 6.54 Veranschaulichung der Differenz $\Delta = \delta_2 - \delta_{Ac}$ für verschiedene Werte von x

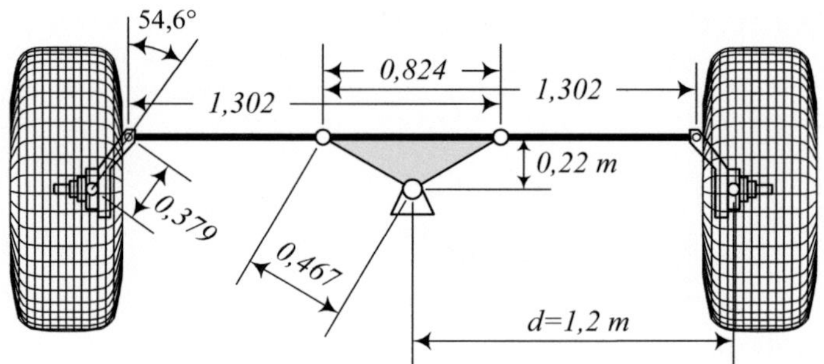

Abb. 6.55 Der optimale Mehrfachlenkungsmechanismus zusammen mit der Länge seiner Verbindungen

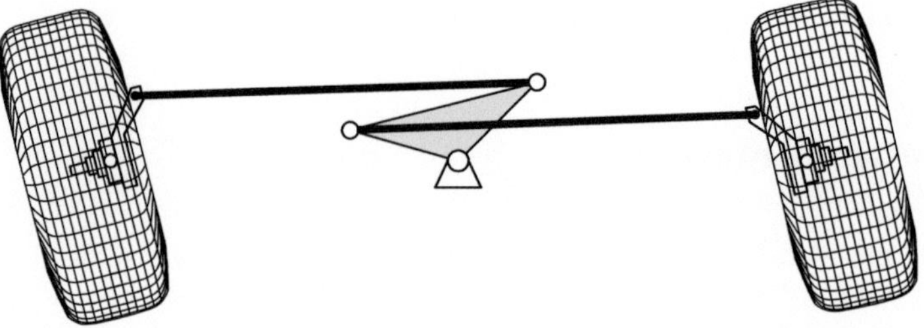

Abb. 6.56 Der optimale Mehrfachlenkungsmechanismus in einer positiven Drehposition

langsam ist, besteht eine kinematische Bedingung zwischen den inneren und äußeren lenkbaren Rädern, die als Ackerman-Bedingung bezeichnet wird.

Straßenautos sind vierrädrige Fahrzeuge und haben normalerweise eine Vorderradlenkung. Die kinematische Bedingung zwischen den inneren und äußeren gelenkten Rädern ist

$$\cot \delta_o - \cot \delta_i = \frac{w}{l} \tag{6.203}$$

wobei δ_i der Lenkwinkel des inneren Rades ist, δ_o ist der Lenkwinkel des äußeren Rades, w ist die Spurweite, und l ist der Radstand des Fahrzeugs. Spurweite w und Radstand l gelten als kinematische Breite und Länge des Fahrzeugs.

Das Massenzentrum eines gelenkten Fahrzeugs wird sich auf einem Kreis mit Radius R bewegen:

$$R = \sqrt{a_2^2 + l^2 \cot^2 \delta} \tag{6.204}$$

wobei δ der Kehrwert des Durchschnitts der inneren und äußeren Lenkwinkel ist:

$$\cot \delta = \frac{\cot \delta_o + \cot \delta_i}{2} \tag{6.205}$$

Der Winkel δ ist der äquivalente Lenkwinkel eines Fahrrads mit dem gleichen Radstand l und Drehradius R.

6.8 Schlüsselsymbole

$4WS$	Vierradlenkung
a, b, c, d	Längen der Verbindungen eines Viergelenkgetriebes
a_i	Abstand der Achsnummer i vom Massenzentrum
A, B, C	Eingangswinkelparameter eines Viergelenkgetriebes
AWS	Allradlenkung
b_1	Abstand des Gelenkpunktes von der Hinterachse
b_2	Abstand der Anhängerachse vom Gelenkpunkt
c	Stabilitätsindex einer Anhängerbewegung
c_1	Längsabstand des Drehzentrums und der Vorderachse von einem Auto mit Vierradlenkung
c_2	Längsabstand zwischen Drehzentrum und Hinterachse von einem Auto mit Vierradlenkung
c_s	Vierradlenkungsfaktor
C	Massenmittelpunkt, Krümmungsmittelpunkt
$C_1, C_2, \cdots$	Integrationskonstanten
d	Armlänge im trapezförmigen Lenkgetriebe
e	Fehler
e	Länge des Versatzarms
FWS	Vorderradlenkung
g	Überhangabstand
J	Koppelparameter eines Gelenkvierecks
l	Radstand
l_s	Lenklänge
n	Anzahl der Inkremente
O	Drehzentrum in einer Kurve, Krümmungsmittelpunkt
p	Störung in u
q	Störung in v
r	Giergeschwindigkeit eines wendenden Fahrzeugs
$\mathbf{r}$	Ortsvektor eines Autos an der Drehachse
R	Rotationsradius am Massenmittelpunkt
R_1	Rotationsradius am Zentrum der Hinterachse für FWS
R_1	horizontaler Abstand von O und dem Zentrum der Achsen
R_c	Rotationsradius des Anhängers
R_t	Rotationsradius am Zentrum der Anhängerachse
R_w	Radius des Hinterreifens
R_κ	Krümmungsradius
RWS	Hinterradsteuerung
$\mathbf{s}$	Ortsvektor eines Anhängers am Achszentrum
t	Zeit
u	temporäre Variable in der Auto-Anhänger-Analyse

u_R	Lenkgestängeübersetzung
$\hat{u}$	Einheitsvektor
$v \equiv \dot{x}$, $\mathbf{v}$	Fahrzeuggeschwindigkeit, temporäre Variable in der Auto-Anhänger-Analyse
v_{ri}	Geschwindigkeit des inneren Hinterrads
v_{ro}	Geschwindigkeit des äußeren Hinterrads
w	Spur
w_f	Vorderspur
w_r	Hinterspur
x, y, z, $\mathbf{x}$	Verschiebung
$\mathbf{z} = \mathbf{r} - \mathbf{s}$	Ortsvektor eines Anhängers relativ zum Auto
β	Armwinkel im trapezförmigen Lenkmechanismus
δ	Kotangens-Mittelwert der inneren und äußeren Lenkwinkel
$\delta_1 = \delta_{fl}$	Lenkwinkel des linken Vorderrads
$\delta_2 = \delta_{fr}$	Lenkwinkel des rechten Vorderrads
δ_{Ac}	Lenkwinkel basierend auf der Ackermann-Bedingung
δ_{fl}	Lenkwinkel des linken Vorderrads
δ_{fr}	Lenkwinkel des rechten Vorderrads
δ_i	inneres Rad
δ_{rl}	Lenkwinkel des linken Hinterrads
δ_{rr}	Lenkwinkel des rechten Hinterrads
δ_o	äußeres Rad
δ_S	Lenkbefehl
$\Delta = \delta_2 - \delta_{Ac}$	Lenkwinkelunterschied
θ	Winkel zwischen Anhänger- und Fahrzeuglängsachsen
κ	Krümmung einer Straße
λ	Eigenwert
ω	Winkelgeschwindigkeit
$\omega_i = \omega_{ri}$	Winkelgeschwindigkeit des hinteren inneren Rads
$\omega_o = \omega_{ro}$	Winkelgeschwindigkeit des hinteren äußeren Rads

Übungen

1. Fahrradmodell und Drehradius
   Der Mercedes-Benz $GL450^{TM}$ hat die folgenden Abmessungen.

   $$l = 121.1\,\text{in} \qquad w_f = 65.0\,\text{in} \qquad w_r = 65.1\,\text{in} \qquad R = 39.7\,\text{ft}$$

   Nehmen Sie an, dass $a_1 = a_2$ ist und verwenden Sie eine durchschnittliche Spur, um den maximalen Lenkwinkel δ für ein Fahrradmodell des Autos zu bestimmen.
2. Drehradius
   Betrachten Sie einen Zweiachsen-Lkw, der in verschiedenen Radständen angeboten wird.

   $$l = 109\,\text{in} \qquad l = 132{,}5\,\text{in} \qquad l = 150{,}0\,\text{in} \qquad l = 176{,}0\,\text{in}$$

   Wenn die Spurweite der Vorderachse der Fahrzeuge

   $$w = 1{,}78\,\text{m}$$

   und $a_1 = a_2$ ist, berechnen Sie den Drehradius für $\delta = 30\,\text{deg}$.
3. Erforderlicher Platz
   Betrachten Sie ein Zweiachsenfahrzeug mit den folgenden Abmessungen:

   $$l = 4\,\text{m} \qquad w = 1{,}3\,\text{m} \qquad g = 1{,}2\,\text{m}$$

   Bestimmen Sie R_{min}, R_{Max} und ΔR für $\delta = 30\,\text{deg}$.
4. Gabelstapler mit Hinterradlenkung
   Ein batteriebetriebener Gabelstapler hat die folgenden Abmessungen:

   $$l = 55\,\text{in} \qquad w = 30\,\text{in}$$

   Berechnen Sie den Drehradius, wenn $\delta = 55\,\text{deg}$ und $a_1 = a_2$ ist.
5. Winkelgeschwindigkeit des Rades
   Betrachten Sie ein Zweiachsenfahrzeug mit

   $$l = 2{,}7\,\text{m} \qquad w = 1{,}36\,\text{m}$$

   Was ist das Verhältnis der Winkelgeschwindigkeiten ω_o/ω_i als Funktion des Lenkwinkels δ?
6. Ein Dreiachsenfahrzeug
   Ein Dreiachsenfahrzeug ist in Abb. 6.21 dargestellt. Finden Sie die Beziehung zwischen δ_2 und δ_3 sowie zwischen δ_1 und δ_6.
7. Ein Dreiachsen-Lkw.
   Betrachten Sie einen Dreiachsen-Lkw, der nur eine lenkbare Achse vorne hat. Die Abmessungen des Lkw sind:

   $$a_1 = 5300\,\text{mm} \qquad a_2 = 300\,\text{mm} \qquad a_3 = 1500\,\text{mm}$$
   $$w = 1800\,\text{mm}$$

Bestimmen Sie die maximalen Lenkwinkel der Vorderräder, wenn der Lkw in der Lage sein soll, mit $R = 11$ m zu wenden.

8. ⋆Zustand der Lenkung eines Dreiradfahrzeugs.
   Abb. 6.57 zeigt ein Dreiradfahrzeug, bei dem alle Räder lenkbar sind. Bestimmen Sie den kinematischen Lenkzustand.
   (a) Bestimmen Sie den kinematischen Lenkzustand zwischen den drei Rädern.
   (b) Bestimmen Sie R, c_1, c_2 und R_1.
   (c) Bestimmen Sie die erforderliche Bedingung für die kinematische Lenkung von Fahrzeugen Vorderradsteuerung, um sie auf den Dreiradlenkzustand vereinfachen zu können.
9. Optimierung des trapezförmigen Lenkmechanismus
   Verwenden Sie den idealen kinematischen Lenkzustand:

$$\cot \delta_{A_o} - \cot \delta_i = \frac{w}{l}$$

und die Gleichung des trapezförmigen Lenkgetriebes:

$$\begin{aligned}(w - 2d \sin \beta)^2 = &\left(w - d \sin \left(\beta - \delta_{D_o}\right) - d \sin (\beta + \delta_i)\right)^2 \\ &+ \left(d \cos \left(\beta - \delta_{D_o}\right) - d \cos (\beta + \delta_i)\right)^2\end{aligned}$$

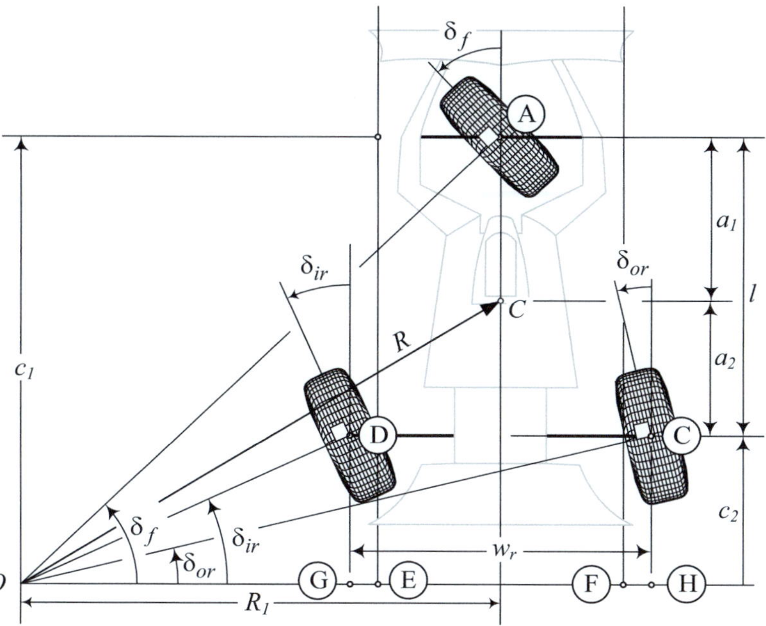

Abb. 6.57 Ein Dreiradfahrzeug, bei dem alle Räder lenkbar sind

um die Funktion $e(\beta) = \delta_{D_o} - \delta_{A_o}$ zu definieren. Bestimmen Sie für einen gegebenen Satz von w, l,d, δ_i das Minimum von e mit der Ableitungsmethode. Gibt es eine Lösung? Ist die Antwort (falls vorhanden) eindeutig?

10. Ein Fahrzeug mit einem Einachsanhänger
    Bestimmen Sie den stationären Winkel zwischen Anhänger und Fahrzeug mit den folgenden Abmessungen:

$$\begin{aligned} a_1 &= 1000\,\text{mm} & a_2 &= 1300\,\text{mm} \\ b_1 &= 1200\,\text{mm} & b_2 &= 1800\,\text{mm} \\ w_t &= 1100\,\text{mm} & w_v &= 1500\,\text{mm} \\ g &= 800\,\text{mm} & \delta_i &= 12\,\text{deg} \end{aligned}$$

    Was ist der Drehradius des Anhängers R_t und des Fahrzeugs R?
    Bestimmen Sie den minimalen Radius $R_{\min}$, den maximalen R_{Max} und den Differenzradius ΔR?

11. Bestes d für trapezförmiges Lenkgetriebe
    Ein trapezförmiges Lenkgetriebe ist in Abb. 6.58 dargestellt. Nehmen Sie an:

$$w = 1{,}66\,\text{m} \qquad l = 2{,}93\,\text{m} \qquad \beta \approx 19{,}5\,\text{deg}$$

    und bestimmen Sie das beste d durch Minimierung der *RMS*-Fehlerfunktion e:

$$e = \sqrt{\frac{1}{n}\sum_{i=1}^{n}\left(\delta_{D_o} - \delta_{A_o}\right)^2}$$

    wobei n die Anzahl der Unterteilungen von δ_i im Arbeitsbereich $-30 \leq \delta_i \leq 30$ ist.

12. ⋆Koordinaten des Drehzentrums
    Bestimmen Sie die Koordinaten des Drehzentrums für das Fahrzeug in Übung 16, wenn $\delta_{fl} = 5$ deg und $c_1 = 1300$ mm.

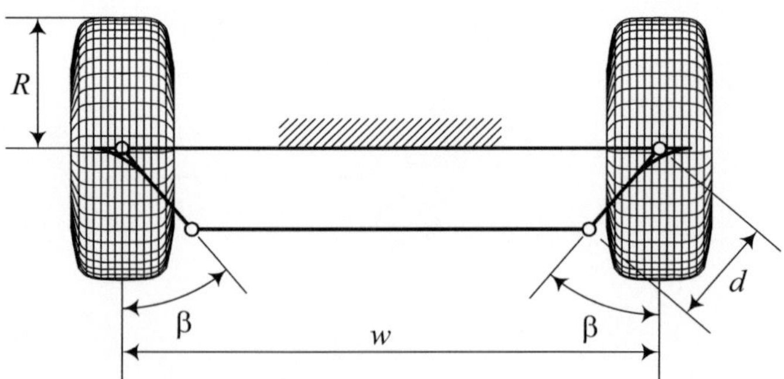

Abb. 6.58 Ein trapezförmiges Lenkgetriebe

13. ⋆Lenkwinkel für einen gegebenen Krümmungsmittelpunkt
Betrachten Sie ein Auto mit

$$l = 2{,}8\,\text{m} \qquad w_f = 1{,}35\,\text{m} \qquad w_r = 1{,}4\,\text{m} \qquad a_1 = a_2$$

und die Koordinaten des Krümmungsmittelpunktes im körperfesten Koordinatensystem

$$x_O = 60{,}336 \qquad y_O = 118{,}3$$

Bestimmen Sie die erforderlichen Lenkwinkel eines Fahrzeugs mit Vierradsteuerung.

14. ⋆Bewegung des Drehzentrums
Betrachten Sie ein stationäres Fahrzeug mit Vierradsteuerung, wie es in Abb. 6.59 gezeigt ist.
Nehmen Sie an, die inneren vorderen und hinteren Lenkwinkel sind im Moment gleich und

$$R = 3l$$

(a) Bestimmen Sie das Drehzentrum der Rotation im Fahrzeugkörper-Koordinatensystem.
(b) Bestimmen Sie die Lenkwinkel der Räder im Moment.
(c) Das kinematische Drehzentrum des Fahrzeugs bewegt sich auf einem Kreis mit einem Radius, der gleich dem Radstand des Autos l ist. Bestimmen Sie die Lenkwinkel als Funktionen von θ.

15. Lokaler Krümmungsmittelpunkt

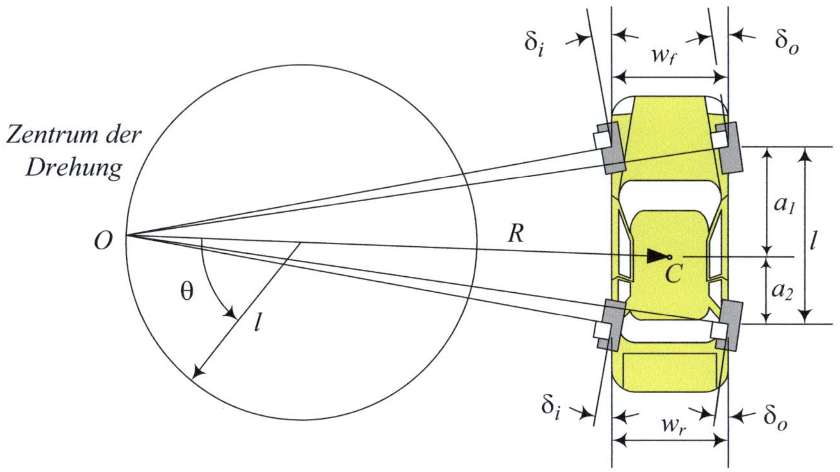

Abb. 6.59 Ein stationäres Fahrzeug mit Vierradsteuerung mit einem beweglichen Drehzentrum

Berechnen Sie die Koordinaten des Krümmungsmittelpunktes im körperfesten Koordinatensystem eines Autos, das tangential zur Straße in Beispiel 301 fährt.

16. ⋆Wendekreis eines Fahrzeugs mit Vierradsteuerung.
Betrachten Sie ein Fahrzeug mit Vorderradsteuerung mit den folgenden Abmessungen:

$$l = 2300\,\text{mm} \qquad \frac{a_1}{a_2} = \frac{38}{62}$$
$$w_f = 1457\,\text{mm} \qquad w_r = 1607\,\text{mm}$$

Bestimmen Sie den Wendekreis des Fahrzeugs für $\delta_{fl} = 5\,\text{deg}$.
Wie sollten die Lenkwinkel der hinteren Räder sein, um 10% des Wendekreises zu verringern, wenn wir das Fahrzeug zu einem mit Vierradsteuerung machen?

17. ⋆Unterschiedliche Spurbreiten vorne und hinten
Lotus 2-Eleven^{TM} ist ein Sportwagen mit Hinterradantrieb mit den folgenden Spezifikationen:

$$l = 2300\,\text{mm} \qquad w_f = 1457\,\text{mm} \qquad w_r = 1607\,\text{mm}$$
$$\text{Front tire} = 195/50R16 \qquad \text{Rear tire} = 225/45R17$$
$$\frac{F_{z_1}}{F_{z_2}} = \frac{38}{62}$$

Bestimmen Sie das Verhältnis der Winkelgeschwindigkeiten von ω_o/ω_i, R, δ_i und δ_o für $\delta = 5\,\text{deg}$.

18. ⋆Koordinaten des Drehzentrums
Bestimmen Sie die Koordinaten des Drehzentrums eines Fahrzeugs mit Vierradsteuerung in Bezug auf die äußeren Lenkwinkel δ_{of} und δ_{or}.

19. ⋆Wendekreisradius
Bestimmen Sie den Wendekreisradius eines Fahrzeugs mit Vierradsteuerung in Bezug auf $\delta_{r:}$

$$\cot \delta_r = \frac{1}{2}(\cot \delta_{ir} + \cot \delta_{or})$$

20. Krümmungsradius
Betrachten Sie eine Straße für die Bewegung, die gegeben ist durch:

$$Y = \sin \frac{2\pi}{100} X$$

(a) Bestimmen Sie die Krümmung der Straße als Funktion von X.
(b) Bestimmen Sie den Krümmungsradius der Straße als Funktion von X.
(c) Bestimmen Sie den Pfad des Krümmungsmittelpunktes.

21. ⋆Ein Dreiachsenauto
Betrachten Sie einen Dreiachsen-Geländewagen. Nehmen Sie

$$a_1 = 1100\,\text{mm} \qquad a_2 = 1240\,\text{mm} \qquad a_3 = 1500\,\text{mm}$$
$$w = 1457\,\text{mm}$$

an und bestimmen Sie δ_o, R_1, R_f und R, wenn $\delta_i = 10\,\text{deg}$.

22. ⋆Eine 3D-Straße.
Betrachten Sie eine räumliche Straße mit den parametrischen Gleichungen:

$$x = (a + b\sin\theta)\cos\theta$$
$$y = (a + b\sin\theta)\sin\theta$$
$$z = b + b\cos\theta$$

(a) Zeigen Sie, dass für die Krümmung der Straße als Funktion des Parameters θ gilt:

$$\kappa = \frac{2}{\sqrt{4a^2 + 6b^2 - 2b^2\cos 2\theta + 8ab\sin\theta}}$$

(b) Bestimmen Sie den Pfad des Krümmungsmittelpunktes der Straße für $a = 200$, $b = 150$.

23. ⋆Optimierung des Lenkmechanismus
Finden Sie die optimale Länge x für den in Abb. 6.60 dargestellten Mehrfachlenkungsmechanismus, um so nah wie möglich an den kinematischen Lenkzustand zu kommen. Das Fahrzeug hat eine Spur $w = 2{,}64$ m und einen Radstand $l = 3{,}84$ m und muss in der Lage sein, die Vorderräder innerhalb eines Arbeitsbereichs gleich $-22\,\text{deg} \leq \delta \leq 22\,\text{deg}$ zu drehen. Verwenden Sie $a_1 = 380$ mm.

24. Ein Auto auf einer Ellipse
Betrachten Sie ein Fahrzeug mit Vierradsteuerung, das sich auf einem elliptischen Pfad bewegt:

$$X = a\cos\theta \qquad Y = b\sin\theta$$

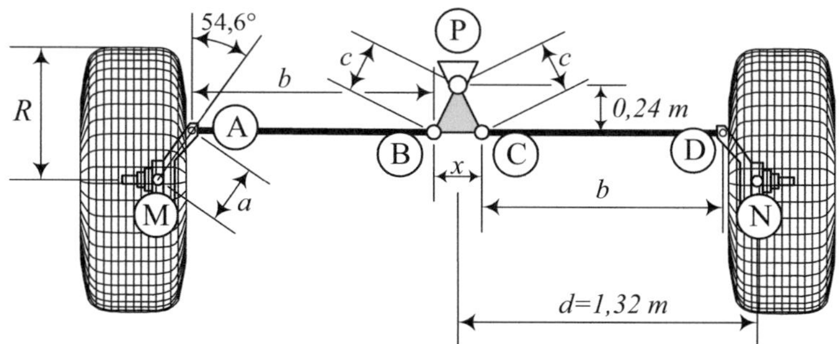

Abb. 6.60 Ein Mehrfachlenkungsmechanismus, der durch Veränderung von x optimiert werden muss

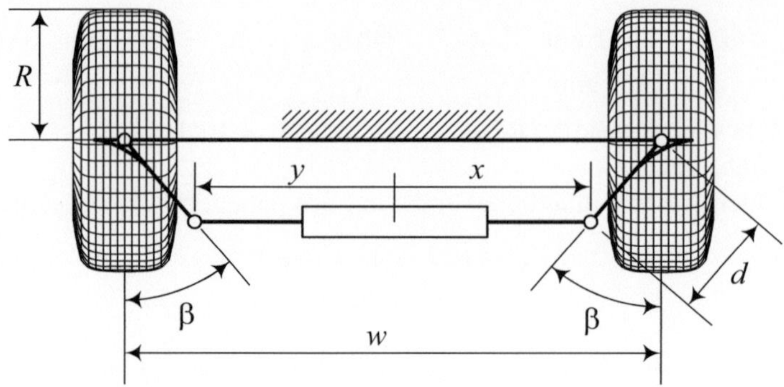

Abb. 6.61 Ein Lenkgetriebe mit kontrollierter Länge von x und y

(a) Bestimmen Sie die globalen Koordinaten des Krümmungsmittelpunktes.
(b) Bestimmen Sie die Koordinaten des Krümmungsmittelpunktes im körperfesten Koordinatensystem des Fahrzeugs.
(c) Bestimmen Sie den Lenkwinkel der Räder, wenn das Auto immer tangential zur Straße fährt.

25. Design des Lenkgetriebes
Abb. 6.61 veranschaulicht ein Lenkgetriebe. Nehmen wir an, die mittlere Box kann die Länge von x und y steuern.

(a) Bestimmen Sie x und y als Funktionen von l, w, d, β sodass das Getriebe die Ackerman-Kinematikbedingung erfüllt.
(b) Zeichnen Sie x, y, $x - y$, und x/y für einen symmetrischen Bereich des inneren Lenkwinkels $\delta_i = \pm 35$ deg, wenn

$$w = 1{,}66\,\text{m} \qquad l = 2{,}93\,\text{m} \qquad d = 0{,}4 \qquad \beta = 19{,}5\,\text{deg}$$

Kapitel 7
Aufhängungsmechanismen

Die Aufhängung ist das, was die Räder mit dem Fahrzeugchassis verbindet und relative Bewegung ermöglicht. Dieses Kapitel behandelt die Aufhängungsmechanismen und diskutiert die möglichen relativen Bewegungen zwischen dem Rad und dem Fahrzeugchassis. Die Räder müssen über die Aufhängungsverbindung das Fahrzeug antreiben, lenken und stoppen und die damit verbundenen Kräfte unterstützen.

7.1 Feste Achsaufhängung

Der einfachste Weg, ein Paar Räder an einem Fahrgestell zu befestigen, besteht darin, sie an den beiden Enden einer *festen Achse* zu montieren, wie die, die in Abb. 7.1 gezeigt ist.

Die feste Achse muss so an der Karosserie befestigt werden, dass eine Auf- und Abbewegung in der z-Richtung sowie eine Rollrotation um die x-Achse möglich sind. Daher sind keine Vorwärts- und Seitwärtsbewegungen und auch keine Rotation um die Achse und die z-Achse erlaubt. Es gibt viele Kombinationen von Verbindungen und Federn, die die kinematischen und dynamischen Anforderungen erfüllen können. Das einfachste Design besteht darin, die Achse in die Mitte von zwei Blattfedern zu klemmen, deren Enden mit dem Chassis verbunden und verankert sind, wie es schematisch in Abb. 7.1 gezeigt ist. Eine Seitenansicht einer Mehrblattfeder und einer festen Achse ist in Abb. 7.2 dargestellt. Eine Aufhängung mit einer festen Achse zwischen den linken und rechten Rädern wird als *abhängige Aufhängung* (engl. dependent suspension) bezeichnet.

Die Leistung einer festen Achse mit Blattfederaufhängung kann durch Hinzufügen einer Verbindung zur kinematischen Führung der Achse und zur Bereitstellung dynamischer Unterstützung zur Aufnahme der nicht in z-Richtung wirkenden Kräfte verbessert werden.

R. N. Jazar, *Fahrzeugdynamik*, https://doi.org/10.1007/978-3-031-53244-3_7

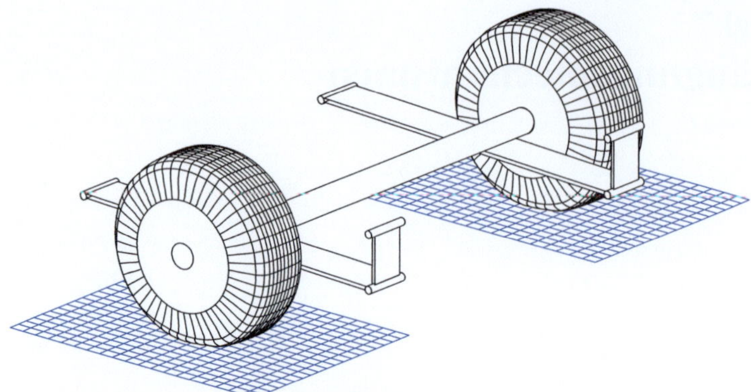

Abb. 7.1 Eine feste Achse mit Blattfederaufhängung.

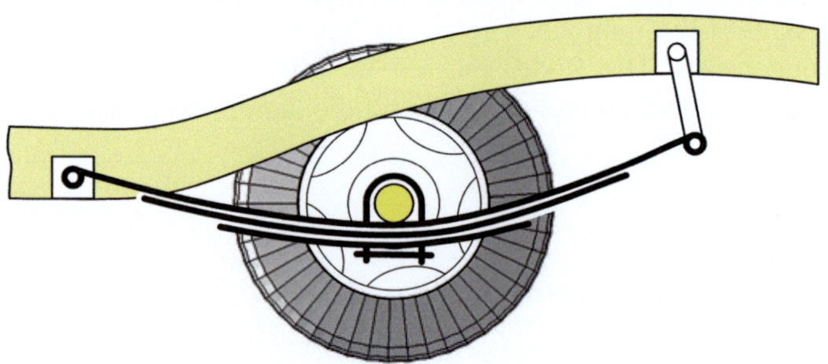

Abb. 7.2 Eine Seitenansicht einer Mehrblattfeder und fester Achsaufhängung

Die Kombination aus fester Achse und Blattfeder kam von pferdegezogenen Fahrzeugen in die Fahrzeugindustrie.

Beispiel 306 *Hotchkiss-Antrieb*

Wenn eine starre feste Achse mit nichts anderem als zwei Blattfedern mit dem Chassis verbunden ist, wird sie als ***Hotchkiss-Antrieb*** *(engl. Hotchkiss drive) bezeichnet, was der Name des Autos ist, das ihn zuerst verwendet hat. Abb. 7.2 zeigt eine Hotchkiss-Aufhängung. Die Hauptprobleme des Hotchkiss-Antriebs sind die Positionierung der Achse unter seitlichen und längsgerichteten Kräften und ein niedriges Massenverhältnis* $\varepsilon = m_s/m_u$*, wobei* m_s *die gefederte Masse und* m_u *die ungefederte Masse sind.*

Gefederte Masse bezieht sich auf alle Massen, die von der Feder unterstützt werden, wie zum Beispiel die Fahrzeugkarosserie. Ungefederte Masse bezieht sich auf alle Massen, die an die Feder angebracht und nicht von ihr unterstützt werden, wie zum Beispiel Rad, Achse oder Bremsen.

Beispiel 307 *Blattfederaufhängung und Flexibilitätsproblem*

Die festen Achsaufhängungssysteme mit längsgerichteten Blattfedern haben viele Nachteile. Das Hauptproblem liegt in der Tatsache, dass die Federn selbst als Positionierelemente wirken sollten. Federn sollen sich unter Last biegen, aber ihre Flexibilität wird nur in eine Richtung benötigt. Es ist jedoch die Natur von Blattfedern, sich zu verdrehen und seitlich zu biegen und daher auch in Ebenen zu biegen und zu verdrehen, die nicht die Reifenebene sind. Blattfedern sind nicht geeignet, um die Antriebs- und Bremszugkräfte aufzunehmen. Diese Kräfte neigen dazu, die Federn in ein S-förmiges Profil zu drücken, wie in Abb. 7.3 *gezeigt. Die Fahr- und Bremsflexibilität von Blattfedern kann einen negativen Nachlauf erzeugen und die Instabilität erhöhen.*

Lange Federn bieten eine bessere Fahrt. Allerdings übertreiben lange Federn ihr Biegen und Verdrehen unter verschiedenen Lastbedingungen.

Beispiel 308 *Blattfederung und Flexibilitätslösung*

Um den Effekt einer horizontalen Kraft und das Erscheinungsbild eines S-förmigen Profils bei einer starren Achse mit Blattfedern zu reduzieren, kann die Achse mit einer Längsstange am Chassis befestigt werden, wie Abb. 7.4*a zeigt. Eine solche Stange wird als* **Anti-Tramp***-Strebe bezeichnet (engl. trump: vertikale Radschwingung), und die Federung ist die einfachste Lösung für Längsprobleme eines Hotchkiss-Antriebs.*

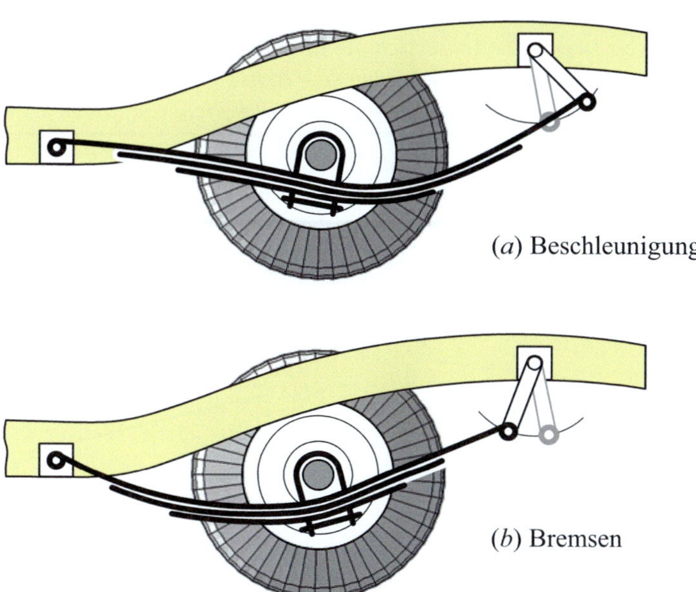

Abb. 7.3 Ein Fahr- und Bremsdruck zwingt die Blattfedern in ein S-förmiges Profil

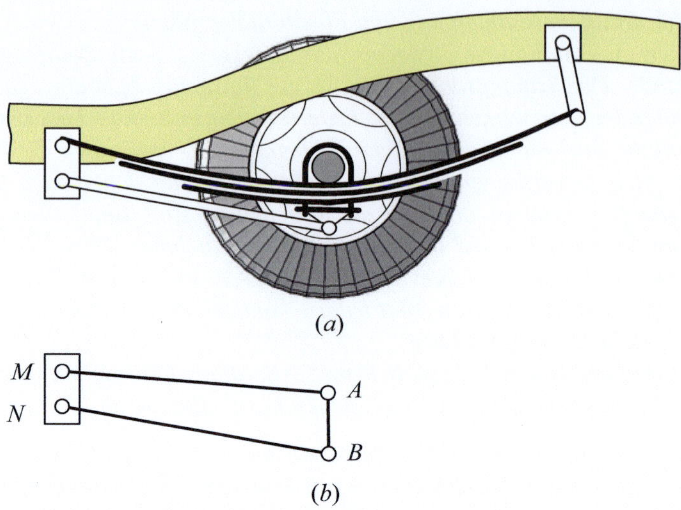

Abb. 7.4 (a) Hinzufügen einer Anti-Tramp-Strebe zur Führung einer starren Achse. (b) Äquivalentes kinematisches Modell

Eine starre Achse mit einer Anti-Tramp-Strebe kann kinematisch durch ein Gelenkviereck approximiert werden, wie in Abb. 7.4b gezeigt. Obwohl eine Anti-Tramp-Strebe die Form der Blattfeder kontrollieren kann, führt sie ein Verdrehwinkelproblem ein, wenn die Achse sich auf und ab bewegt, wie in Abb. 7.5 gezeigt. Das Verdrehen der Achse und des Rades um die Achse wird als Nachlauf bezeichnet.

Die starre Achse wird häufig verwendet, um zu helfen, die Räder senkrecht zur Straße zu halten.

Beispiel 309 *Problem der Blattfederpositionierung*

Die Vorderräder benötigen Platz beim Lenken nach links und rechts. Daher können Blattfedern nicht nahe an den Radnaben befestigt werden und müssen

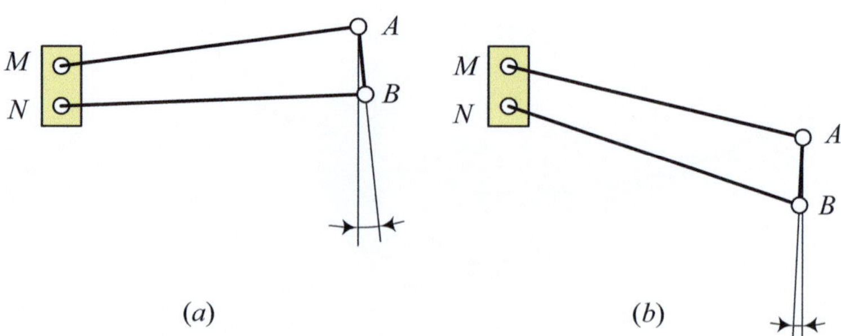

Abb. 7.5 Eine Anti-Tramp-Strebe führt ein Verdrehwinkelproblem ein. (a) Das Rad bewegt sich nach oben und (b) Das Rad bewegt sich nach unten

näher zur Mitte der Achse platziert werden. Das ergibt eine schmale Federbasis, was bedeutet, dass eine kleine Seitenkraft die Karosserie relativ zur Achse durch einen erheblichen Rollwinkel schwenken oder kippen kann. Dies ist unangenehm für die Fahrzeuginsassen und kann auch unerwünschtes Lenken verursachen.

Die starre Achse verhindert effektiv die Radsturzänderung durch das Rollen der Karosserie. Die Räder bleiben fast aufrecht und rollen daher nicht auf einer Seite. Eine starre Achse verschiebt sich jedoch seitlich von ihrer statischen Ebene, und ihr Zentrum bleibt unter einer Seitenkraft nicht auf der Längsachse des Fahrzeugs.

Eine starre Achse erzeugt Sturz bei Stößen an einem einzelnen Rad. Wenn das rechte Rad über eine Unebenheit fährt, wird die Achse an ihrem rechten Ende angehoben, und das kippt die linke Radnabe, was das linke Rad für die Dauer der Auslenkung in einen Sturzwinkel bringt.

Beispiel 310 *Dreiecksverbindung*

Eine Dreiecksverbindung, wie in Abb. 7.6 *gezeigt, kann an einer starren Achse befestigt werden, um seitlichen Widerstand bei Lenkmanövern und Verdrehwiderstand während der Beschleunigung und des Bremsens zu bieten.*

Beispiel 311 *Panhard-Stab und seitliche Verschiebung*

Eine hohe Federungsrate ist ein Problem von Blattfedern. Durch ihre Verengung und die Verwendung weniger Blätter, wird ihre Steifigkeit reduziert, was die seitliche Steifigkeit verringert und die Richtungsstabilität der Federung erheblich erhöht. Ein Panhard-Stab ist eine Stange, die eine starre Achsfederung seitlich mit dem Chassis verbindet. Abb. 7.7 *veranschaulicht eine starre Achse und einen Panhard-Stab zur Begrenzung der seitlichen Verschiebung der Achse. Abb.* 7.8 *zeigt eine Dreiecksverbindung und eine Kombination aus Panhard-Stab zur Führung einer starren Achse.*

Ein doppelter Dreieckmechanismus, wie in Abb. 7.9 *gezeigt, ist eine alternative Konstruktion zur Führung der Achse und zur seitlichen Unterstützung.*

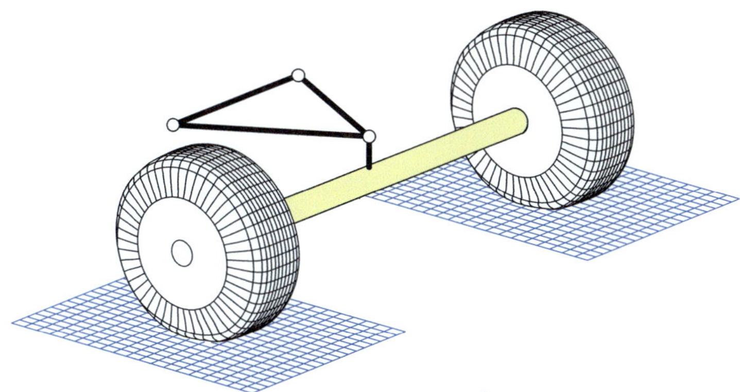

Abb. 7.6 Eine starre Achsenfederung mit einer Dreiecksverbindung

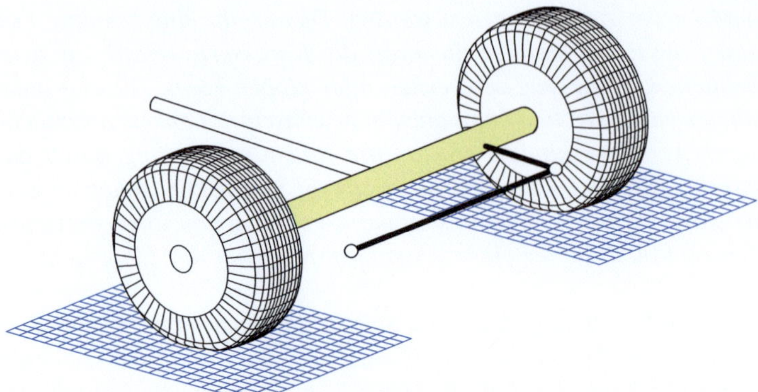

Abb. 7.7 Eine starre Achse und ein Panhard-Stab zur Führung der Achse

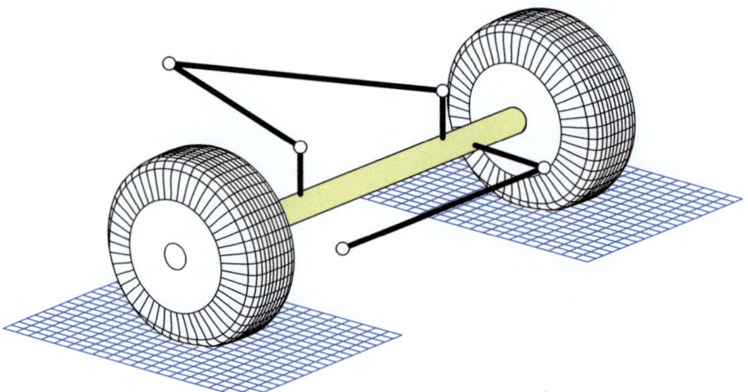

Abb. 7.8 Ein Dreieckmechanismus und ein Panhard-Stab zur Führung einer starren Achse

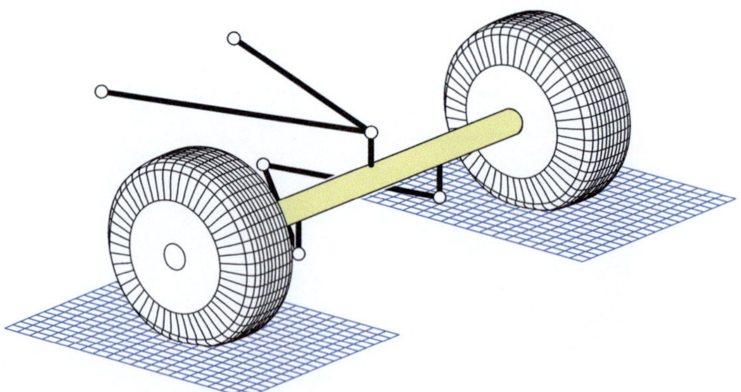

Abb. 7.9 Doppelter Dreiecks-Federungsmechanismus

Beispiel 312 *Geradlinige Verbindungen*

Es gibt viele Mechanismen, die eine geradlinige Bewegung für die Verwendung im Federungsdesign bieten. Die einfachsten Mechanismen sind Gelenkvierecke mit einem Kupplungspunkt, der sich gerade bewegt. Einige der am häufigsten angewendeten und bekanntesten Verbindungen sind in Abb. 7.10 *dargestellt. Durch geeignete Längen können die Watt-, Robert-, Tschebyschow- und Evance-Gestänge den Kupplungspunkt C auf einer geraden Linie vertikal bewegen. Ein solcher Mechanismus und eine gerade Bewegung können zur Führung einer festen Achse verwendet werden.*

Zwei Watt-Federungsmechanismen mit einem Panhard-Stab sind in den Abb. 7.11 *und* 7.12 dargestellt.

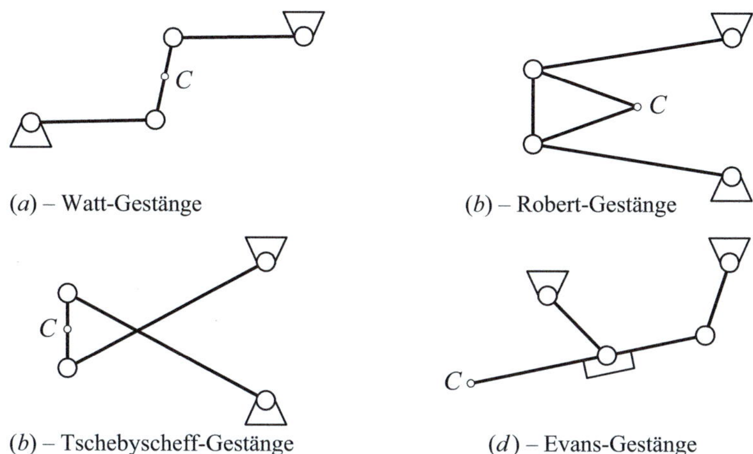

Abb. 7.10 Einige Verbindungen mit geradliniger Bewegung

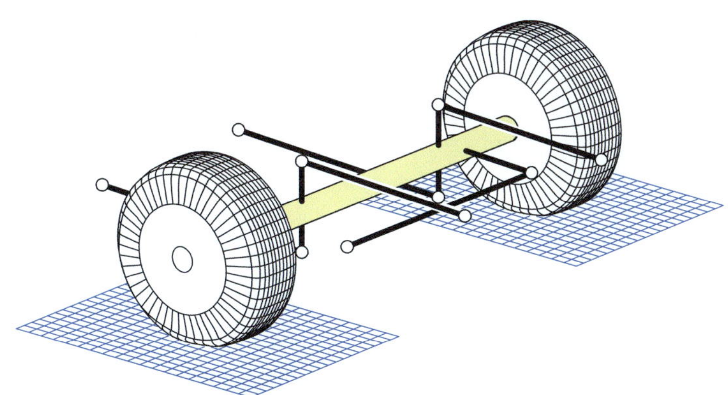

Abb. 7.11 Ein Watt-Federungsmechanismus mit einem Panhard-Stab

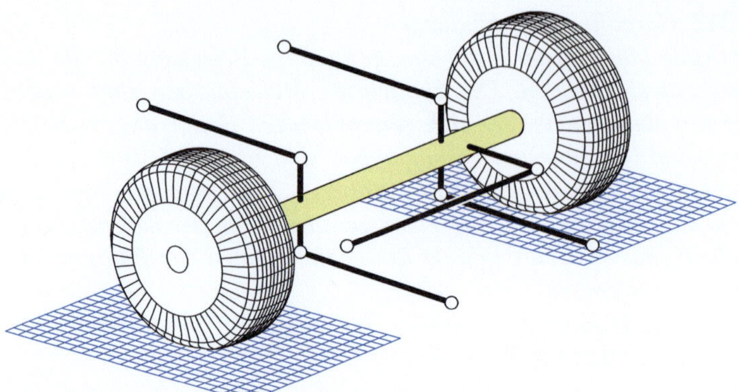

Abb. 7.12 Ein Watt-Federungsmechanismus mit einem Panhard-Stab

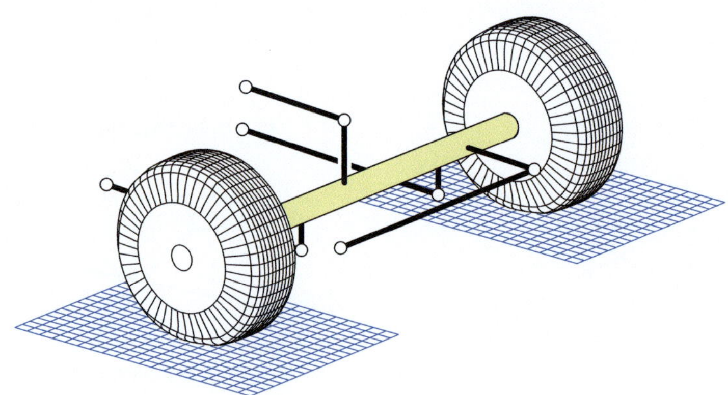

Abb. 7.13 Ein Robert-Federungsmechanismus mit einem Panhard-Stab

Die Abb. 7.13, 7.14 *und* 7.15 *zeigen drei Kombinationen von Robert-Federungsgestängen, die mit einem Panhard-Stab ausgestattet sind.*

Beispiel 313 *Feste Achsaufhängung und Problem der ungefederten Masse*

Feste Achsen sind in der Regel schwerer als gleichgroße Einzelaufhängungen. Eine feste Achse ist Teil der ungefederten Elemente und erhöht daher die ungefederte Masse bei Verwendung einer festen Achsaufhängung. Eine hohe ungefederte Masse beeinträchtigt sowohl das Fahr- als auch das Handlingverhalten eines Fahrzeugs. Eine Gewichtsreduktion der festen Achse schwächt diese und erhöht das gefährlichste Problem bei Fahrzeugen: den Achsenbruch. Die feste Achse muss stark genug sein, um sicherzustellen, dass sie unter keinen Belastungsbedingungen und in keinem Alter bricht. Als grobe Schätzung kann auch 90 % der Blattfedermasse als ungefederte Masse gezählt werden, was das Problem

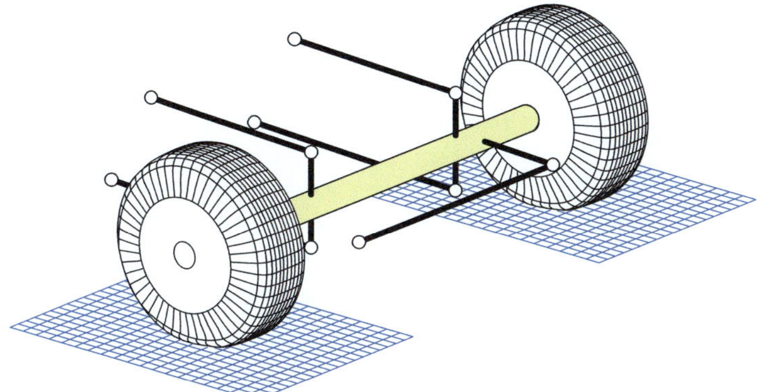

Abb. 7.14 Ein Robert-Federungsmechanismus mit einem Panhard-Stab

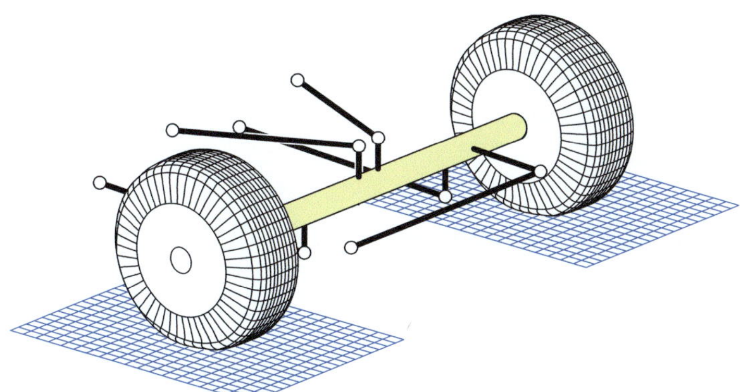

Abb. 7.15 Ein Robert-Federungsmechanismus mit einem Panhard-Stab

verschlimmert. Das Problem der ungefederten Masse ist vorne schlimmer, und es ist der Hauptgrund, dass sie nicht mehr in Straßenautos verwendet werden. Allerdings sind feste Vorderachsen immer noch üblich bei Lastwagen und Bussen. Dies sind schwere Fahrzeuge und die feste Achsaufhängung reduziert das Massenverhältnis $\varepsilon = m_s/m_u$ *nicht sehr stark.*

Wenn ein Fahrzeug heckgetrieben ist und hinten eine feste Achsaufhängung verwendet wird, wird die Aufhängung als **starre Antriebsachse** *bezeichnet. Eine starre Antriebsachse ist ein Gehäuse, das ein Differential und zwei Antriebswellen enthält. Die Antriebswellen sind mit den Radnaben verbunden. Eine starre Antriebsachse kann drei- bis viermal schwerer sein als eine nicht angetriebene I-Träger-Achse. Sie wird starre Antriebsachse genannt wegen der rotierenden Zahnräder und Wellen innerhalb der Achse.*

Beispiel 314 *Feste Achse und Sprungfeder*

Um die ungefederte Masse zu verringern und die vertikale Flexibilität von festen Achsaufhängungen zu erhöhen, ist es möglich, sie mit Sprungfedern statt Blattfedern auszustatten. Ein Beispiel für eine feste Achsaufhängung mit Sprungfeder ist in Abb. 7.16 dargestellt. Der Aufhängungsmechanismus besteht aus vier Längsstangen zwischen Achse und Chassis. Die Federn können auch einen seitlichen oder längsgerichteten Winkel haben, um eine gewisse seitliche oder längsgerichtete Nachgiebigkeit zu ermöglichen.

Beispiel 315 *De-Dion-Achse*

Wenn eine feste Achse eine nicht angetriebene Achse ohne angetriebene Räder ist, kann der Verbindungsträger zwischen den linken und rechten Rädern verschiedene Formen haben, um verschiedene Aufgaben zu erfüllen, in der Regel, um den Rädern unabhängige Flexibilität zu geben. Wir können auch die Form einer starren Achse ändern, um das Differential am Chassis zu befestigen und die ungefederte Masse zu reduzieren.

Das De-Dion-Design ist eine Modifikation einer Trägerachse, die als nicht angetriebene Achse verwendet werden kann oder um das Differential am Chassis zu befestigen und die Antriebskraft auf die Antriebsräder zu übertragen, indem Gelenke und geteilte Wellen verwendet werden. Abb. 7.17 zeigt eine De-Dion-Aufhängung.

7.2 Unabhängige Aufhängung

Unabhängige Aufhängungen werden eingeführt, damit sich ein Rad auf und ab bewegen kann, ohne das gegenüberliegende Rad zu beeinflussen. Es gibt viele Formen und Designs von unabhängigen Aufhängungen. Allerdings sind *Doppelquerlenker-*

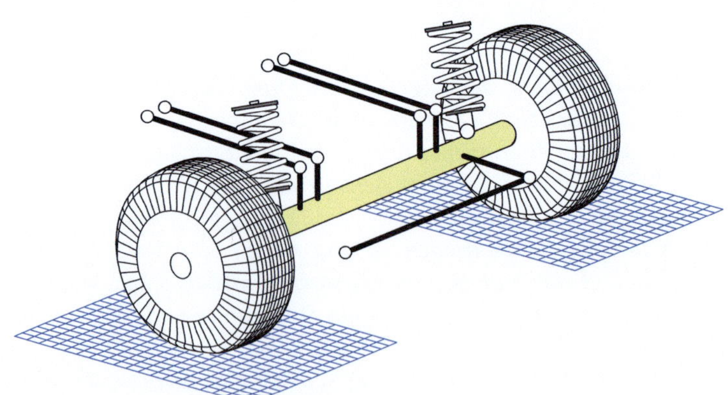

Abb. 7.16 Eine feste Achsaufhängung mit Sprungfedern

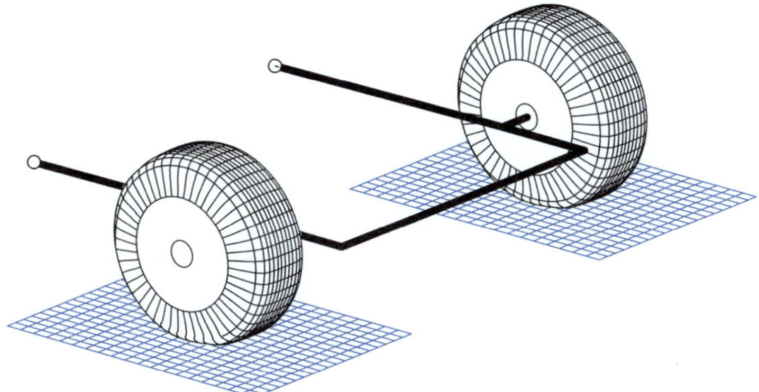

Abb. 7.17 Eine De-Dion-Aufhängung

und *McPherson-Federbein-* Aufhängungen die einfachsten und am häufigsten verwendeten Designs. Abb. 7.18 veranschaulicht ein Beispiel für eine Doppelquerlenker- und Abb. 7.19 zeigt eine McPherson-Aufhängung.

Kinematisch gesehen ist ein Doppelquerlenker-Aufhängungsmechanismus ein Viergelenkgetriebe mit dem Chassis als Grundglied und dem Koppelglied als das Rad tragende Glied. Eine McPherson-Aufhängung ist ein umgekehrter Gleitmechanismus, der das Chassis als Grundglied und das Koppelglied als das Rad tragende Glied hat. Ein Doppelquerlenker- und ein McPherson-Aufhängungsmechanismus sind schematisch in den Abb. 7.20 und 7.21 dargestellt.

Doppelquerlenker wird *kurzer/langer Arm*-Aufhängung genannt. McPherson kann auch als MacPherson geschrieben werden.

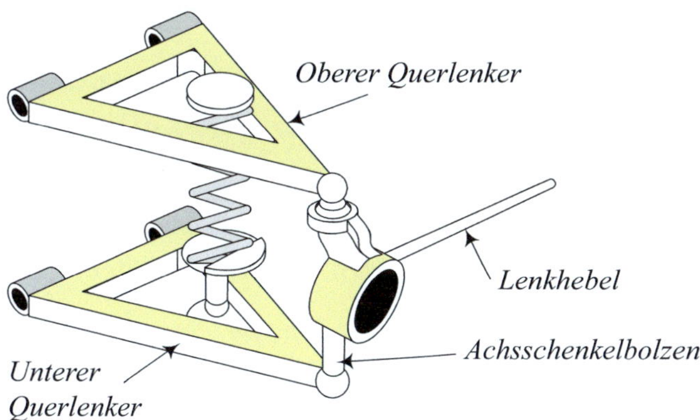

Abb. 7.18 Eine Doppelquerlenker-Aufhängung

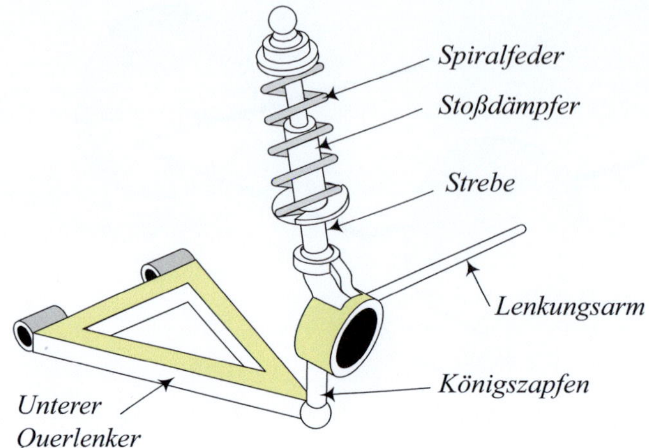

Abb. 7.19 Eine McPherson-Aufhängung

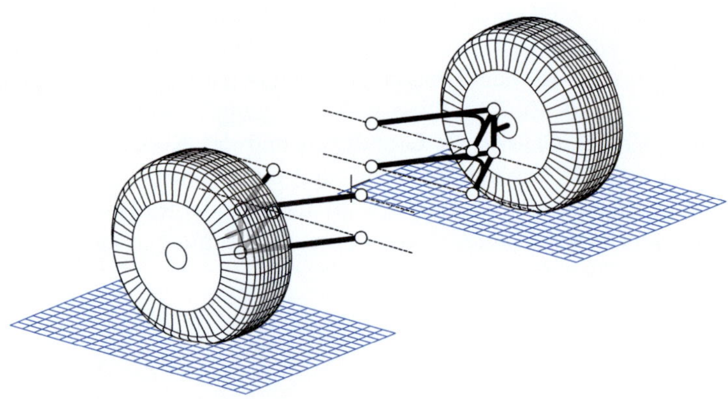

Abb. 7.20 Ein Doppelquerlenker-Aufhängungsmechanismus an den linken und rechten Rädern

Beispiel 316 *Doppelquerlenker-Aufhängung und Federposition*

Betrachten Sie einen Doppelquerlenker-Aufhängungsmechanismus. Die Schraubenfeder kann sich zwischen dem unteren Arm und dem Chassis befinden, wie in Abb. 7.18 gezeigt. Es ist auch möglich, die Feder zwischen dem oberen Dreieckslenker und dem Chassis oder zwischen dem oberen und unteren Dreieckslenker zu installieren. In jedem Fall wird der untere oder der obere Dreieckslenker, der die Feder trägt, stärker gemacht und der andere dient als Verbindung.

Beispiel 317 *Schwingenarmaufhängung*

Eine unabhängige Aufhängung kann so einfach sein wie ein Dreieck, das in Abb. 7.22 gezeigt ist. Die Basis des Dreiecks ist mit dem Chassis verbunden und

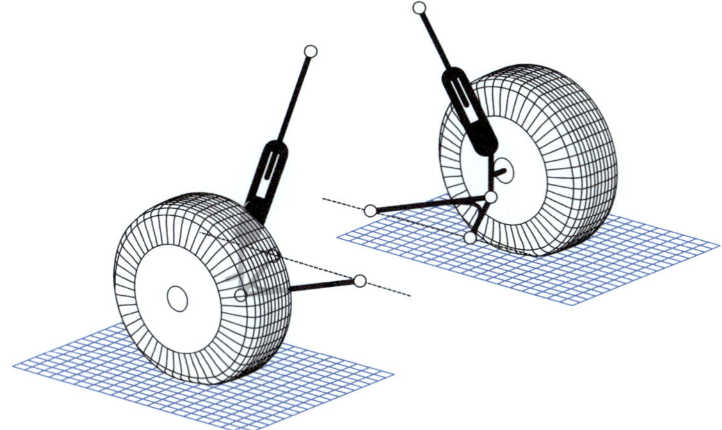

Abb. 7.21 Ein McPherson-Aufhängungsmechanismus an den linken und rechten Rädern

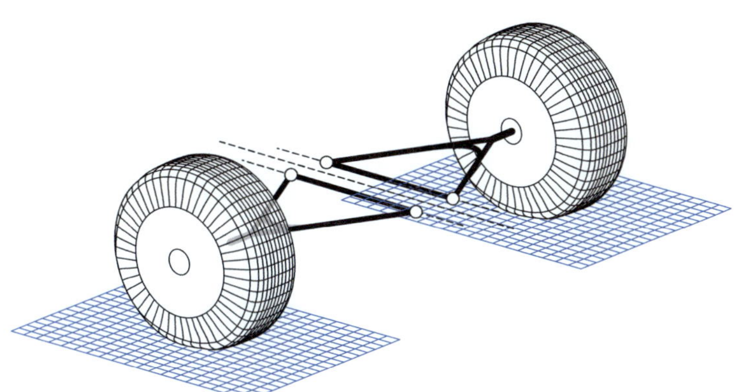

Abb. 7.22 Eine Schwingenarmaufhängung

das Rad mit der Spitze. Die Basis des Dreiecks ist mit der Längsachse des Fahrzeugs ausgerichtet. Ein solcher Aufhängungsmechanismus wird als ***Schwingachse*** *oder* ***Schwingenarm*** bezeichnet.

Im Vergleich zu den anderen Aufhängungsmechanismen hat eine Schwingenarmaufhängung die maximale Variation des Sturzwinkels.

Beispiel 318 *Schwingenarmfederung.*

Abb. 7.23 *veranschaulicht eine Schwingenarmfederung, die ein Längsarm mit einer seitlichen Drehachse ist. Der Sturzwinkel des Rades, das von einem Schwingenarm getragen wird, ändert sich nicht während der Auf- und Abbewegung.*

Die Schwingenarmfederung wird erfolgreich in einer Vielzahl von Fahrzeugen mit Frontantrieb eingesetzt, um ihre Hinterräder aufzuhängen.

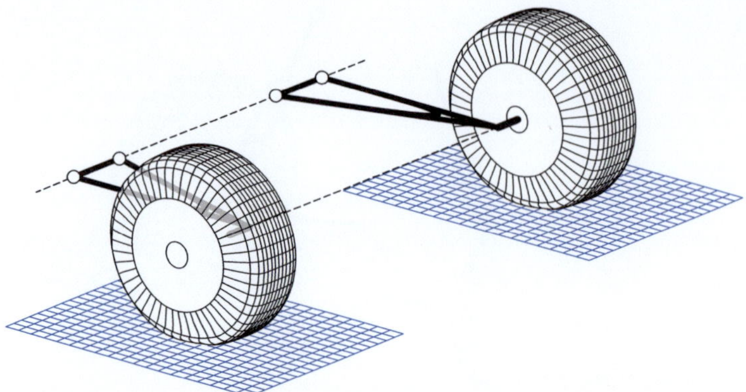

Abb. 7.23 Eine Schwingenarmfederung

Beispiel 319 Schrägliegender Längslenker

Die schrägliegende Längslenker-Aufhängung, wie in Abb. 7.24 dargestellt, ist ein Kompromiss zwischen der Schwingarm- und der Schräglenkeraufhängung. Die Gelenkachse kann jeden Winkel haben, jedoch wird ein Winkel, der nicht zu weit von 45 deg *entfernt ist, öfter angewendet. Solche Federungen weisen eine akzeptable Änderung des Sturzwinkels auf, während sie sowohl die seitlichen als auch die Längskräfte bewältigen können. Das schrägliegende Längslenker-Design wurde erfolgreich in einer Reihe von Fahrzeugen mit Heckantrieb über mehrere Jahrzehnte hinweg angewendet.*

Beispiel 320 *Stabilisator und Rollsteifigkeit*

Schraubenfedern werden in Fahrzeugen verwendet, weil sie weniger steif sind und einen besseren Fahrkomfort im Vergleich zu Blattfedern bieten. Die Rollsteifigkeit des Fahrzeugs mit Schraubenfedern ist in der Regel geringer als bei

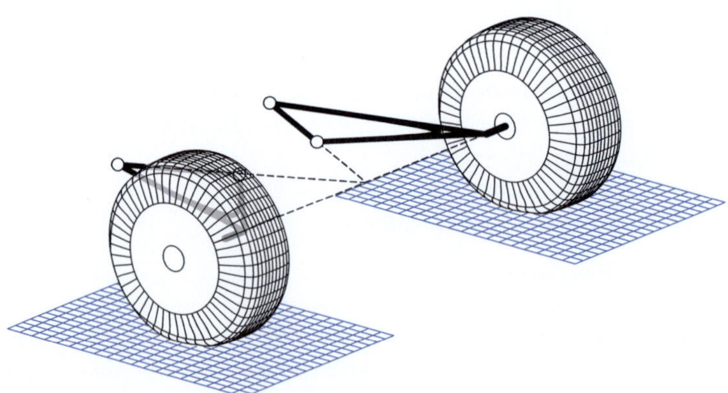

Abb. 7.24 Eine schrägliegender Längslenker-Aufhängung

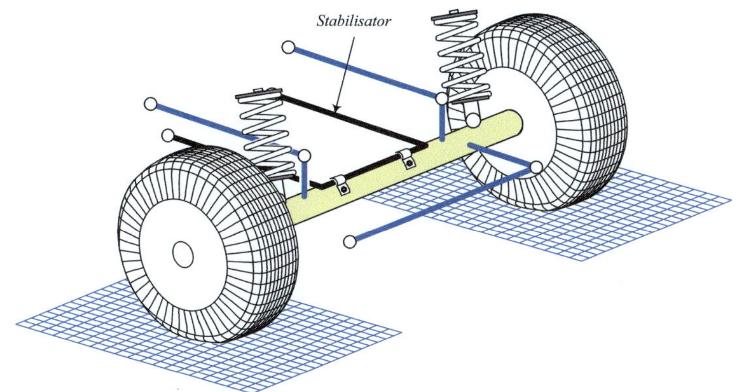

Abb. 7.25 Ein Stabilisator, der an eine Starrachse mit Schraubenfedern angebracht ist

Fahrzeugen mit Blattfedern. Um die Rollsteifigkeit solcher Federungen zu erhöhen, sollte ein ***Stabilisator*** *verwendet werden. Blattfedern mit reduzierten Schichten, Einblatt, trapezförmig oder nicht einheitlicher Dicke können ebenfalls einen Stabilisator benötigen, um ihre reduzierte Rollsteifigkeit auszugleichen. Der Stabilisator wird auch als* ***Drehstab*** *bezeichnet. Abb. 7.25 zeigt einen Stabilisator, der an eine Starrachse mit Schraubenfedern angebracht ist.*

Beispiel 321 *Bedarf an Längsnachgiebigkeit*

Wenn ein Fahrzeug über eine Unebenheit fährt, ist die erste Reaktion eine Verschiebung, die dazu neigt, das Rad relativ zum Rest des Fahrzeugs nach hinten zu drücken. So hat die Hebelkraft eine Längskomponente, die im Fahrzeug spürbar ist, selbst wenn das Federungssystem eine gewisse horizontale Nachgiebigkeit aufweist.

Es gibt Situationen, in denen die horizontale Komponente der Kraft sogar höher ist als die vertikale Komponente. Blattfedern können diese horizontale Kraft etwas absorbieren, indem sie sich abflachen und die Entfernung zwischen dem vorderen Federanker und der Achse strecken. Eine solche Dehnung beträgt in der Regel weniger als $1/2$ Zoll ≈ 1 cm.

7.3 Rollzentrum und Rollachse

Die *Rollachse* ist die momentane Linie, um die die Karosserie eines Fahrzeugs rollt. Man findet die Rollachse, indem die *Rollzentren* der vorderen und hinteren Federungen des Fahrzeugs verbunden werden. Nehmen wir an, wir schneiden ein Fahrzeug seitlich durch, um die vorderen und hinteren Hälften des Fahrzeugs zu trennen. Dann ist das Rollzentrum der vorderen oder hinteren Federung das momentane Zentrum der Rotation der Karosserie in Bezug auf den Boden.

Abb. 7.26a veranschaulicht ein Beispiel für die Aufhängung eines Autos mit einem Doppelquerlenker-Mechanismus. Um das Rollzentrum des Körpers in Bezug auf den Boden zu finden, analysieren wir den in Abb. 7.26b dargestellten zweidimensionalen kinematisch äquivalenten Mechanismus. Das Zentrum des Reifenlatsches ist das momentane Drehzentrum des Rades in Bezug auf den Boden, sodass die Räder an ihren Reifenlatschzentren mit dem Boden verbunden sind. In dieser Abbildung sind die relativ beweglichen Körper beginnend mit 1 für den Boden und endend mit der Nummer 8 für das Chassis nummeriert.

Das momentane Zentrum I_{18} ist das Rollzentrum des Körpers in Bezug auf den Boden. Um I_{18} zu finden, wenden wir das Kennedy-Theorem an und finden den Schnittpunkt der Linie $\overline{I_{12}I_{28}}$ und $\overline{I_{13}I_{38}}$ wie in Abb. 7.27 dargestellt.

Die Punkte I_{28} und I_{38} sind die momentanen Drehzentren der Räder in Bezug auf den Körper. Das momentane Drehzentrum eines Rades in Bezug auf den Körper wird als *Aufhängungsrollzentrum* oder einfach als *Aufhängungszentrum* bezeichnet. Um das Rollzentrum der vorderen oder hinteren Hälfte eines Autos zu finden, sollten wir die Aufhängungsrollzentren bestimmen und den Schnittpunkt der Linien finden, die die Aufhängungsrollzentren mit dem Zentrum ihrer zugehörigen Reifenabdrücke verbinden.

Das *Kennedy-Theorem* besagt, dass die momentanen Zentren von jeweils drei relativ zueinander beweglichen Objekten kollinear sind.

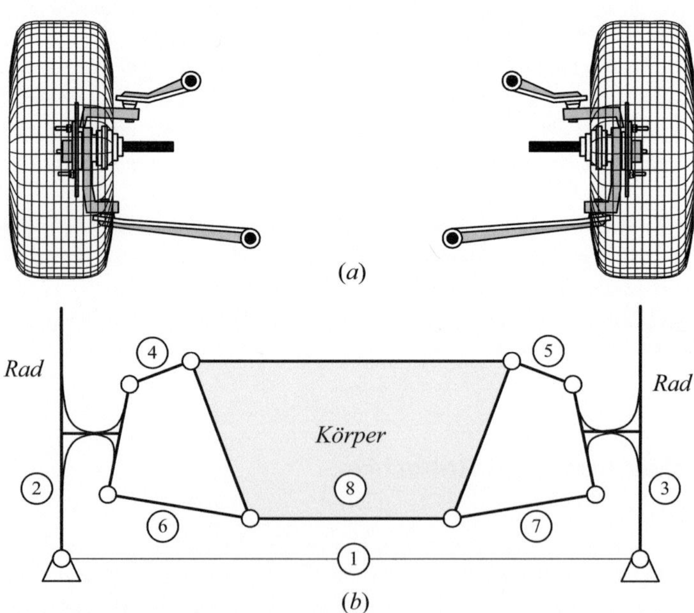

Abb. 7.26 (*a*) Ein Beispiel für eine Doppelquerlenker-Vorderradaufhängung. (*b*) Kinematisch äquivalenter Mechanismus für die vordere Hälfte der Doppelquerlenker-Aufhängung

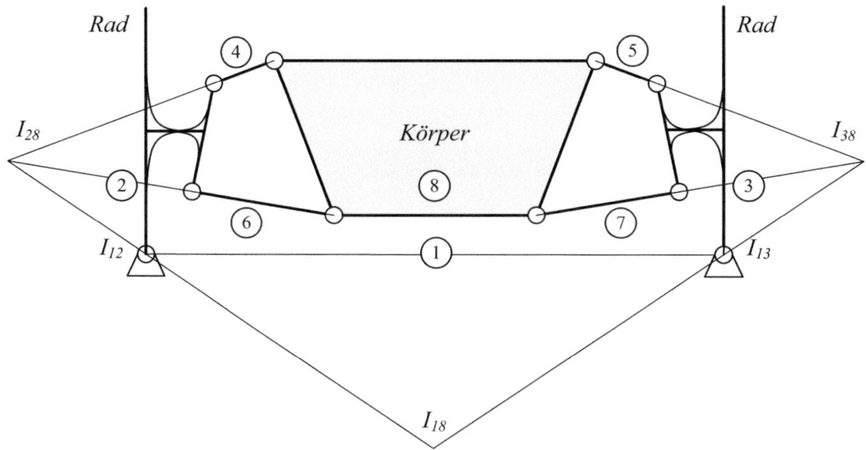

Abb. 7.27 Das Rollzentrum I_{18} befindet sich am Schnittpunkt der Linien $\overline{I_{12}I_{28}}$ und $\overline{I_{13}I_{38}}$

Beispiel 322 *McPherson-Aufhängungsrollzentrum*

Eine McPherson-Aufhängung ist ein umgekehrter Schubkurbelmechanismus. Die Momentanpole eines Beispiels für einen umgekehrten Schubkurbelmechanismus sind in Abb. 7.28 *dargestellt. Der Punkt I_{12} ist das Aufhängungsrollzentrum, das der Momentanpol für das Radglied Nummer 2 in Bezug auf das Chassisglied Nummer 1 ist.*

Ein Auto mit einer McPherson-Aufhängung ist in Abb. 7.29a *dargestellt. Der kinematische Äquivalentmechanismus ist in Abb.* 7.29b *abgebildet. Aufhängungsrollzentren zusammen mit dem Karosserierollzentrum sind in*

Abb. 7.30 *abgebildet. Um das Rollzentrum der vorderen oder hinteren Hälfte eines Autos zu finden, bestimmen wir jedes Aufhängungsrollzentrum und finden dann den Schnittpunkt der Linien, die die Aufhängungsrollzentren mit dem Zentrum des zugehörigen Reifenlatsches verbinden.*

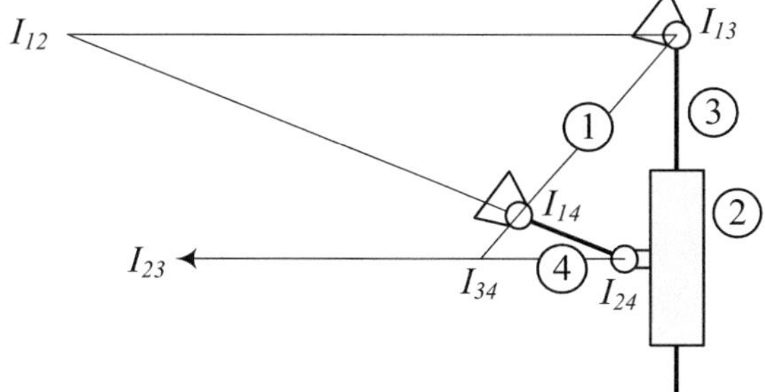

Abb. 7.28 Momentanpol der Rotation für ein Beispiel eines umgekehrten Schubkurbelmechanismus

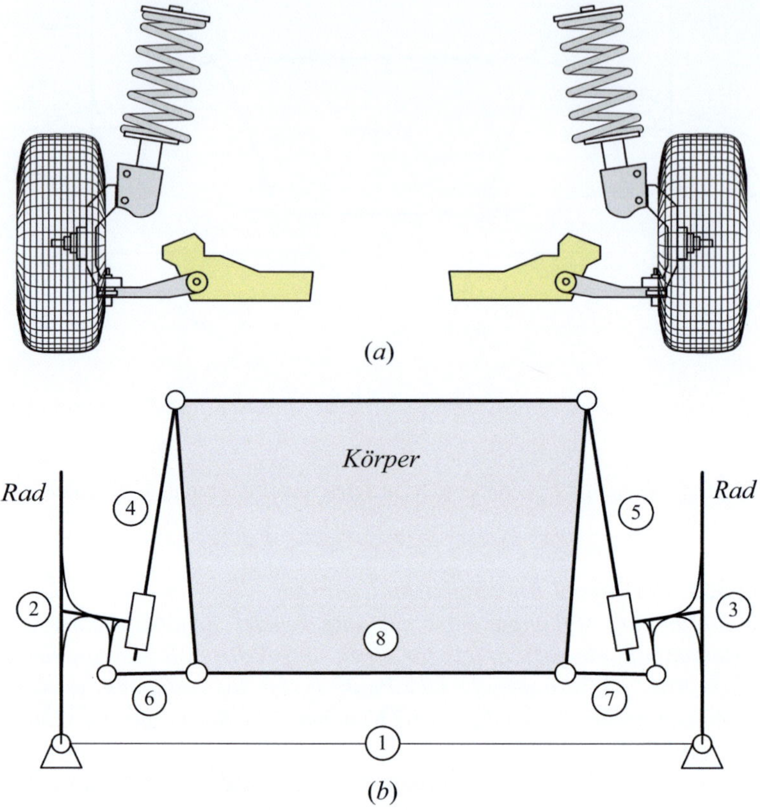

Abb. 7.29 (*a*) McPherson-Aufhängungssystem. (*b*) Kinematisches Modell der McPherson-Aufhängung

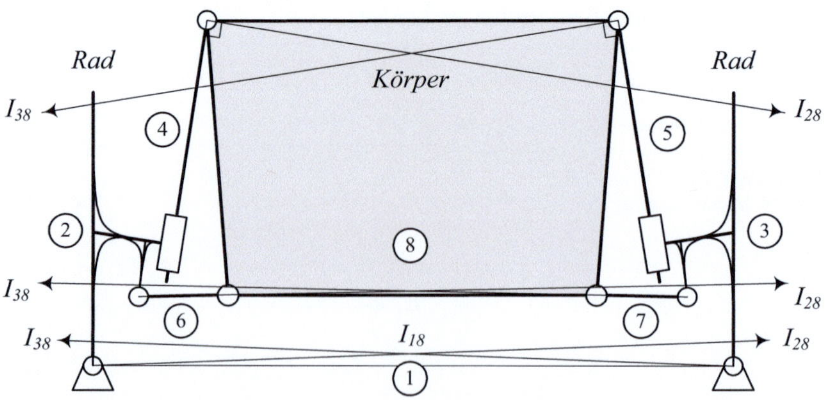

Abb. 7.30 Rollzentrum eines Autos mit einem McPherson-Aufhängungssystem

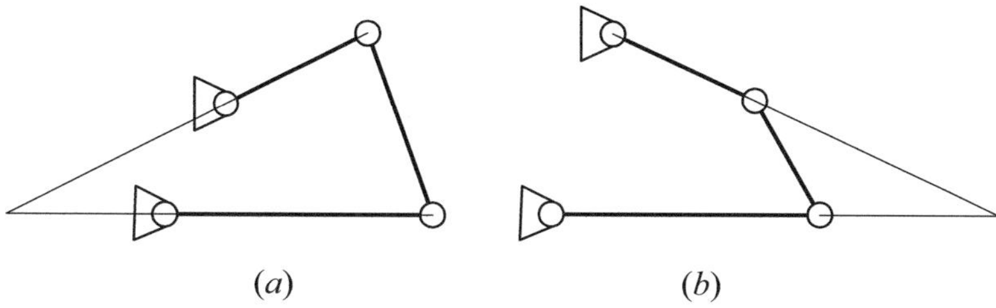

Abb. 7.31 Das kinematische Modell der Aufhängung eines vorderen linken Rades: (a) ein Rollzentrum innen und (b) ein Rollzentrum außen

Beispiel 323 *Rollzentrum der Doppelquerlenker-Aufhängung*

Das Rollzentrum einer unabhängigen Aufhängung, wie einer Doppelquerlenker-Aufhängung, kann inner- oder außerhalb sein. Das kinematische Modell einer Doppelquerlenker-Aufhängung für das vordere linke Rad eines Autos ist in Abb. 7.31 *dargestellt. Das Rollzentrum der Aufhängung in Abb.* 7.31*a ist innen, und in Abb.* 7.31*b ist es außen. Ein inneres Aufhängungsrollzentrum ist zum Fahrzeugkörper hin ausgerichtet, während ein externes Aufhängungsrollzentrum vom Fahrzeugkörper weggeht.*

Ein Aufhängungsrollzentrum kann auf, über oder unter der Straßenoberfläche liegen, wie in Abb. 7.32a–c *für ein externes Aufhängungsrollzentrum gezeigt. Wenn das Aufhängungsrollzentrum auf dem Boden, über dem Boden oder unter dem Boden liegt, wäre das Fahrzeugrollzentrum auf dem Boden, unter dem Boden und über dem Boden.*

Beispiel 324 *Rollachse, Rollhöhe, Rollmoment*

Sowohl die vordere als auch die hintere Aufhängung eines Autos haben Rollzentren. Sie befinden sich in der Regel auf unterschiedlichen Höhen. Die Linie, die die vorderen und hinteren Rollzentren verbindet, ist die **Rollachse** *des Autos, um die das Auto rollen wird. Der vertikale Abstand zwischen dem Massenmittelpunkt und der Rollachse wird als* **Rollhöhe** h_r *bezeichnet. Abb.* 7.33 *veranschaulicht die Rollachse und Rollhöhe eines Autos. Wenn das Auto auf einer gekrümmten Bahn fährt, ist die Zentrifugalkraft* $f_y = mv_x^2/R$ *die effektive Seitenkraft am Massenmittelpunkt, die ein* **Rollmoment** M_x *um das Rollzentrum erzeugt:*

$$M_x = \frac{mv_x^2}{R} h_r \tag{7.1}$$

Es ist üblich, dass der Massenmittelpunkt über der Rollachse liegt. Als Ergebnis wird das Auto auf einer Kurvenbahn nach außen rollen. Technisch können wir jedoch die Aufhängungen eines Autos so gestalten, dass die Rollachse über dem Massenmittelpunkt verläuft. Ein solches Auto wird in einer Kurvenbahn nach innen rollen und ähnlich wie ein Boot reagieren. Wenn die Rollachse durch den Massenmittelpunkt verläuft, wird das Auto auf einer gekrümmten Bahn nicht rollen.

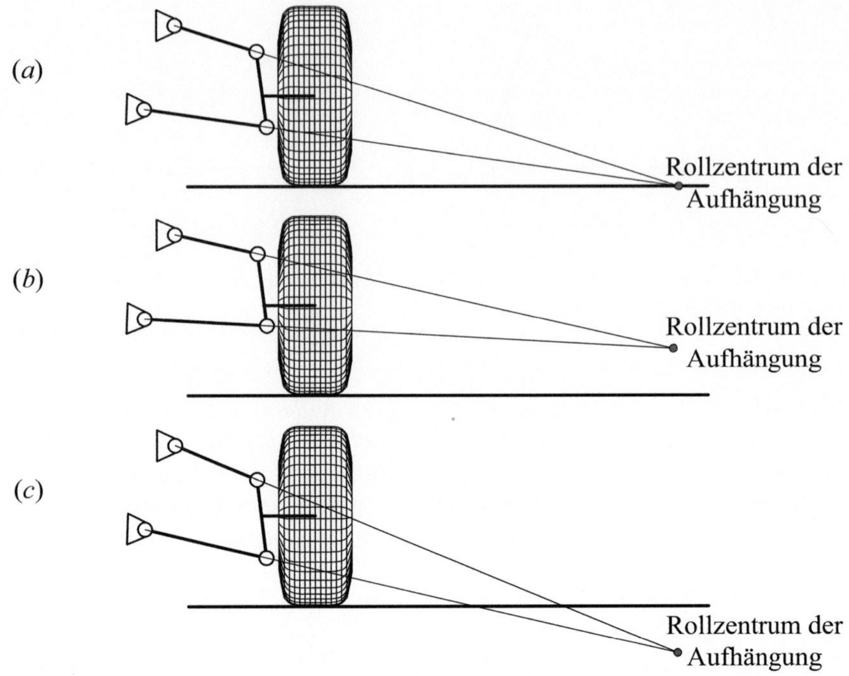

Abb. 7.32 Ein Aufhängungsrollzentrum auf (a) auf, (b) über und (c) unter der Straßenoberfläche

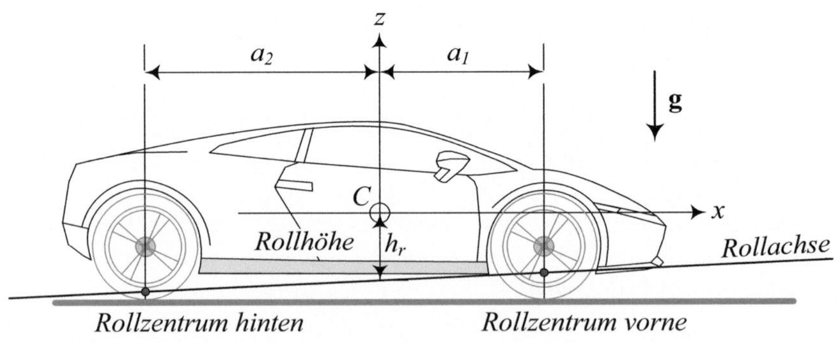

Abb. 7.33 Die Rollachse ist die Linie, die die vorderen und hinteren Aufhängungsrollzentren verbindet

Das Rollmoment und damit der Rollwinkel eines Autos erhöht sich mit der Rollhöhe h_r *und dem Quadrat der Geschwindigkeit* v^2. *Daher muss bei Verdoppelung der Geschwindigkeit die Rollhöhe viermal kürzer sein, um den gleichen Rollwinkel zu erreichen.*

Beispiel 325 *Vertikale Reifenlatschkräfte*

Das Rollmoment bringt die Karosserie des Autos zum Rollen, bis es durch das Moment der Kräfte der ausgelenkten Federn ausgeglichen wird. Das resultierende Moment der Federkräfte für einen Radiant oder ein Grad Rollen des Körpers wird als ***Rollsteifigkeit*** k_φ bezeichnet:

$$M_x = k_\varphi \varphi \tag{7.2}$$

Jeder Rollwinkel verursacht eine proportionale Auslenkung in den Hauptfedern des Autos und verringert dadurch die vertikale Kraft des Reifenlatsches der inneren Reifen und erhöht die vertikale Kraft der äußeren Reifen. Betrachten Sie ein Auto auf einem Kurvenpfad um die z-Achse, wie in Abb. 7.34 dargestellt.

Angenommen, ähnliche Federn mit Steifigkeit k und eine horizontale Rollachse, liefert uns der Rollwinkel φ*:*

$$M_r = 2k(b_1 + b_2)\varphi \tag{7.3}$$

was darauf hinweist, dass die Rollsteifigkeit des Autos folgenden Wert hat:

$$k_\varphi = 2k(b_1 + b_2) \tag{7.4}$$

In Kombination mit Gleichung (7.1) ergibt sich:

$$\varphi = \frac{mv^2}{R}\frac{h_r}{k_\varphi} = \frac{mv^2}{R}\frac{h_r}{2k(b_1 + b_2)} \tag{7.5}$$

Um den Rollwinkel zu verringern, müssen wir die Rollsteifigkeit k_φ *erhöhen und die Rollhöhe* h_r *verringern. Da die Federungsraten in der Regel auf den vertikalen Fahrkomfort ausgelegt sind, ist das Hinzufügen einer Stabilisatorstange ein gängiger Ansatz, um* k_φ *zu erhöhen falls nötig. Bei der Auslegung der Rollsteifigkeit eines Autos muss auch die Rolleigenfrequenz des Autos berücksichtigt werden.*

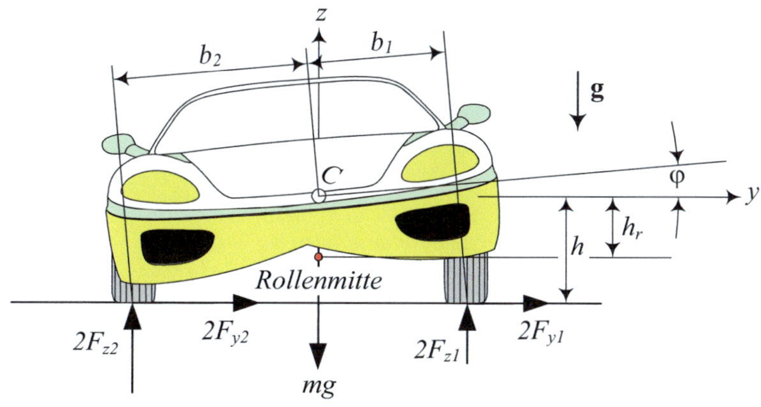

Abb. 7.34 Ein Auto auf einem Kurvenpfad um die z-Achse

Wenn die Federungsraten der vorderen und hinteren Aufhängungen unterschiedlich sind, dann beträgt die Rollsteifigkeit des Autos:

$$k_\varphi = k_f(b_1 + b_2) + k_r(b_1 + b_2) \tag{7.6}$$

wobei k_r *die Steifigkeit der vorderen Aufhängung ist und* k_r *die Steifigkeit der hinteren Aufhängung.*

Nehmen wir an, dass die Radlast auf den linken und rechten Seiten des Autos in der Ruheposition gleich sind, dann gilt also:

$$F_{z_1} = \tfrac{1}{2}mg\frac{b_2}{w} \qquad F_{z_2} = \tfrac{1}{2}mg\frac{b_1}{w} \tag{7.7}$$

$$w = b_1 + b_2 \tag{7.8}$$

wir können die Radlasten für ein gerolltes Auto berechnen als:

$$F_{z_1} = \frac{1}{2}mg\frac{b_2}{w} - kb_1\varphi \qquad F_{z_2} = \frac{1}{2}mg\frac{b_1}{w} + kb_2\varphi \tag{7.9}$$

Die Seitenkraft eines Reifens ist proportional zu seiner vertikalen Last. Daher gibt es einen kritischen Rollwinkel φ_c*, bei dem die vertikale Kraft und damit die Seitenkraft des Reifens verschwinden. Dies ist der erste Schritt zur Instabilität und zum Umkippen eines Autos in einer Kurve. Daher muss der Rollwinkel begrenzt werden, um alle Reifen auf der Straße zu haben:*

$$-\frac{1}{2}\frac{mg}{kw}\frac{b_1}{b_2} \le \varphi \le \frac{1}{2}\frac{mg}{kw}\frac{b_2}{b_1} \tag{7.10}$$

Als vernünftige Annäherung können wir annehmen, dass $b_1 \approx b_2$*, und damit können wir den kritischen Rollwinkel berechnen:*

$$\varphi_c \approx \pm\frac{1}{2}\frac{mg}{kw} \tag{7.11}$$

Betrachten Sie ein Auto, das auf einer geneigten Straße fährt, wie in Abb. 7.35 dargestellt. Wenn der Bankwinkel ϕ *ist, während der Rollwinkel* φ *beträgt, sind die vertikalen Kräfte unter den linken und rechten Reifen:*

$$F_{z_1} = \frac{1}{2}\frac{mg}{w}(b_2\cos\phi - h\sin\phi) - kb_1\varphi \tag{7.12}$$

$$F_{z_2} = \frac{1}{2}\frac{mg}{w}(b_1\cos\phi + h\sin\phi) + kb_1\varphi \tag{7.13}$$

Beispiel 326 ⋆ *Sturzänderung der Doppelquerlenker-Aufhängung*

Wenn ein Rad sich in Bezug auf die Fahrzeugkarosserie auf und ab bewegt, kann bei dem Rad je nach Aufhängungsmechanismus ein Sturzwinkel auftreten.

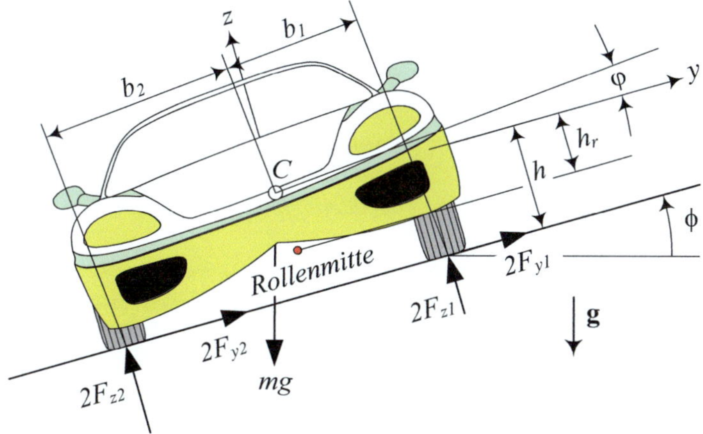

Abb. 7.35 Ein Auto mit einem Rollwinkel φ auf einer Straße mit dem Bankwinkel ϕ

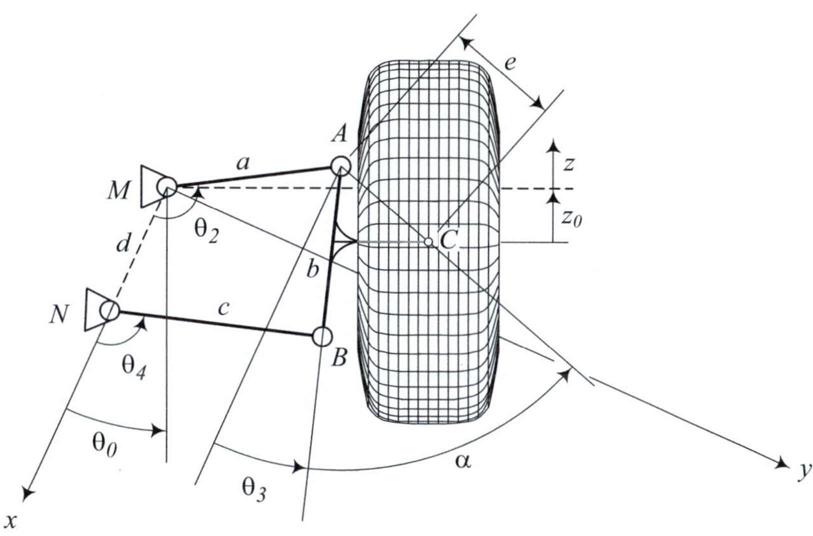

Abb. 7.36 Das kinematische Modell für einen Doppelquerlenker-Aufhängungsmechanismus

Abb. 7.36 zeigt die kinematischen Modelle eines Doppelquerlenker-Aufhängungsmechanismus.

Der Mechanismus ist äquivalent zu einem Viergelenkgetriebe mit dem Bodenglied als Fahrzeugchassis. Das Rad ist an einem Kupplungspunkt C des Mechanismus befestigt. Wir setzen ein lokales Aufhängungskoordinatensystem (x, y) *mit der x-Achse, die den Bodenglied MN anzeigt. Die x-Achse bildet einen konstan-*

ten Winkel θ_0 mit der vertikalen Richtung. Der Aufhängungsmechanismus hat eine Länge a für den oberen Doppelquerlenker, b für das Kupplungsglied, c für den unteren Doppelquerlenker und d für das Bodenglied. Die Konfiguration der Aufhängung wird durch die Winkel θ_2, θ_3 und θ_4 bestimmt, alle gemessen in der positiven Richtung der x-Achse. Wenn die Aufhängung in ihrer Gleichgewichtsposition ist, bilden die Glieder der Doppelquerlenker-Aufhängung die Anfangswinkel θ_{20}, θ_{30} und θ_{40} mit der x-Achse. Die Gleichgewichtsposition einer Aufhängung wird als ***Ruheposition*** bezeichnet.

Um den Sturzwinkel während der Schwankung des Rades zu bestimmen, sollten wir die Variation des Kupplungswinkels θ_3 als Funktion der vertikalen Bewegung z des Kupplungspunktes C bestimmen.

Unter Verwendung von θ_2 als Parameter können wir die Koordinaten (x_C, y_C) des Kupplungspunktes C im Aufhängungskoordinatensystem (x, y) finden als:

$$x_C = a\cos\theta_2 + e\cos(p - q + \alpha) \tag{7.14}$$

$$y_C = a\sin\theta_2 + e\sin(p - q + \alpha) \tag{7.15}$$

wobei:

$$q = \tan^{-1}\frac{a\sin\theta_2}{d - a\cos\theta_2} \tag{7.16}$$

$$p = \tan^{-1}\frac{\sqrt{4b^2f^2 - \left(b^2 + f^2 - c^2\right)^2}}{b^2 + f^2 - c^2} \tag{7.17}$$

$$f = \sqrt{a^2 + d^2 - 2ad\cos\theta_2} \tag{7.18}$$

Der Ortsvektor des Kupplungspunktes ist $\mathbf{u}_C$:

$$\mathbf{u}_C = x_C\hat{\imath} + y_C\hat{\jmath} \tag{7.19}$$

und der Einheitsvektor in der Reifenverschiebungsrichtung z ist:

$$\hat{u}_z = -\cos\theta_0\hat{\imath} - \sin\theta_0\hat{\jmath} \tag{7.20}$$

Daher ist die Verschiebung z in Bezug auf x_C und y_C wie folgt:

$$z = \mathbf{u}_C \cdot \hat{u}_z = -x_C\cos\theta_0 - y_C\sin\theta_0 \tag{7.21}$$

Die Anfangskoordinaten des Kupplungspunktes C und der Anfangswert von z sind:

$$x_{C0} = a\cos\theta_{20} + e\cos(p_0 - q_0 + \alpha) \tag{7.22}$$

$$y_{C0} = a\sin\theta_{20} + e\sin(p_0 - q_0 + \alpha) \tag{7.23}$$

$$z_0 = -x_{C0}\cos\theta_0 - y_{C0}\sin\theta_0 \tag{7.24}$$

und daher kann die vertikale Verschiebung des Radzentrums berechnet werden durch:

$$h = z - z_0 \tag{7.25}$$

Der Anfangswinkel des Kupplungsglieds zur vertikalen Richtung ist $\theta_0 - \theta_{30}$*. Daher beträgt der Sturzwinkel des Rades:*

$$\gamma = (\theta_0 - \theta_3) - (\theta_0 - \theta_{30}) = \theta_{30} - \theta_3 \tag{7.26}$$

Der Winkel des Kupplungsglieds in Bezug auf die x-Richtung ist gleich

$$\theta_3 = 2\tan^{-1}\left(\frac{-E \pm \sqrt{E^2 - 4DF}}{2D}\right) \tag{7.27}$$

wobei:

$$D = J_5 - J_1 + (1 + J_4)\cos\theta_2 \tag{7.28}$$

$$E = -2\sin\theta_2 \tag{7.29}$$

$$F = J_5 + J_1 - (1 - J_4)\cos\theta_2 \tag{7.30}$$

und

$$\begin{array}{lll} J_1 = \frac{d}{a} & J_2 = \frac{d}{c} & J_3 = \frac{a^2-b^2+c^2+d^2}{2ac} \\ J_4 = \frac{d}{b} & J_5 = \frac{c^2-d^2-a^2-b^2}{2ab} & \end{array} \tag{7.31}$$

Ersetzen von (7.27) und (7.26) und dann Eliminieren von θ_2 *mithilfe von (7.26) und (7.21) liefert uns die Beziehung zwischen der vertikalen Bewegung des Rades* z *und dem Sturzwinkel* γ*.*

Beispiel 327 ⋆ *Sturzwinkel und Radschwankungen*

Betrachten Sie die Doppelquerlenker-Aufhängung, die in Abb. 7.36 dargestellt ist. Die Abmessungen des äquivalenten kinematischen Modells sind:

$$\begin{array}{lll} a = 22{,}4\,\text{cm} & b = 22{,}1\,\text{cm} & c = 27{,}3\,\text{cm} \\ d = 17{,}4\,\text{cm} & \theta_0 = 24{,}3\,\text{deg} & \end{array} \tag{7.32}$$

Der Kupplungspunkt C befindet sich bei:

$$e = 14{,}8\,\text{cm} \qquad \alpha = 54{,}8\,\text{deg} \tag{7.33}$$

Wenn der Winkel θ_2 *in der Ruheposition bei*

$$\theta_{20} = 121{,}5\,\text{deg} \tag{7.34}$$

ist, dann sind die Anfangswinkel der anderen Verbindungen:

$$\theta_{30} = 18{,}36\,\text{deg} \qquad \theta_{40} = 107{,}32\,\text{deg} \tag{7.35}$$

In der Ruheposition befindet sich der Kupplungspunkt bei:

$$x_{C0} = -7{,}417\,\text{cm} \qquad y_{C0} = 33{,}26\,\text{cm} \qquad z_0 = -6{,}929\,\text{cm} \tag{7.36}$$

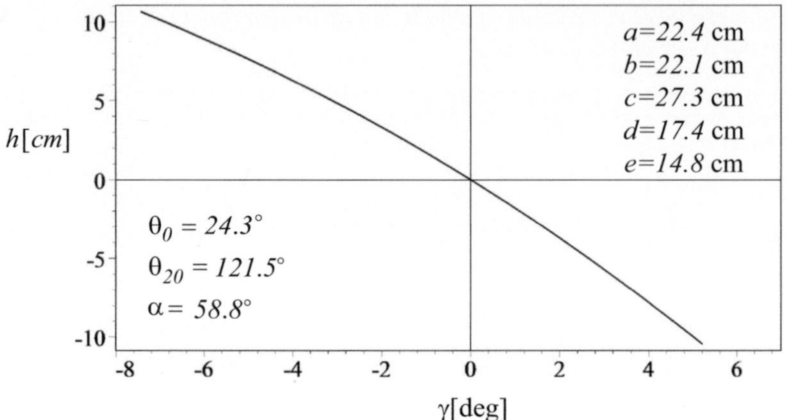

Abb. 7.37 Die vertikale Verschiebung des Radzentrums h als Funktion des Sturzwinkels γ

Wir können h und γ berechnen, indem wir den Parameter θ_2 variieren. Abb. 7.37 *veranschaulicht h als Funktion des Sturzwinkels γ. Die vertikale Reifenverschiebung h im Vergleich zu θ_2 , θ_3 , θ_3 sind jeweils in den Abb.* 7.38, 7.39, 7.40 *dargestellt. Abb.* 7.41 *zeigt die Winkeländerung des oberen Arms $\theta_2 - \theta_{20}$ im Vergleich zum Sturzwinkel γ.*

Für diesen Aufhängungsmechanismus erhält das Rad eine positive Sturzlage, wenn das Rad nach oben bewegt wird, und eine negative Sturzlage, wenn der Reifen nach unten bewegt wird. Der Mechanismus ist in Abb. 7.42 *dargestellt, wenn das Rad in der Ruheposition ist und eine positive oder negative Verschiebung aufweist.*

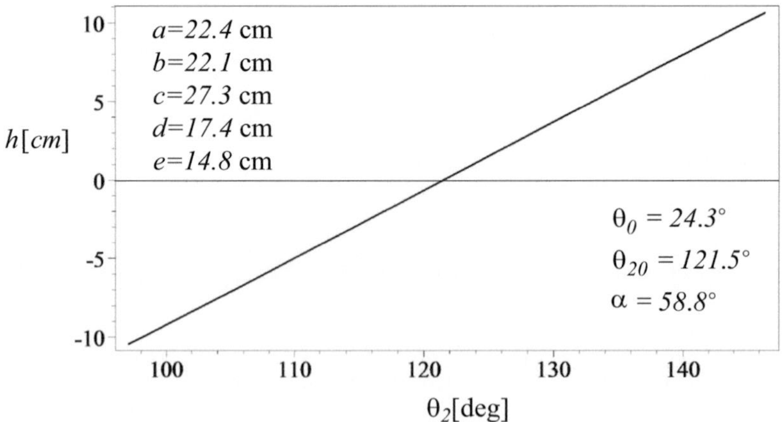

Abb. 7.38 Die vertikale Verschiebung des Radzentrums h in Abhängigkeit von θ_2

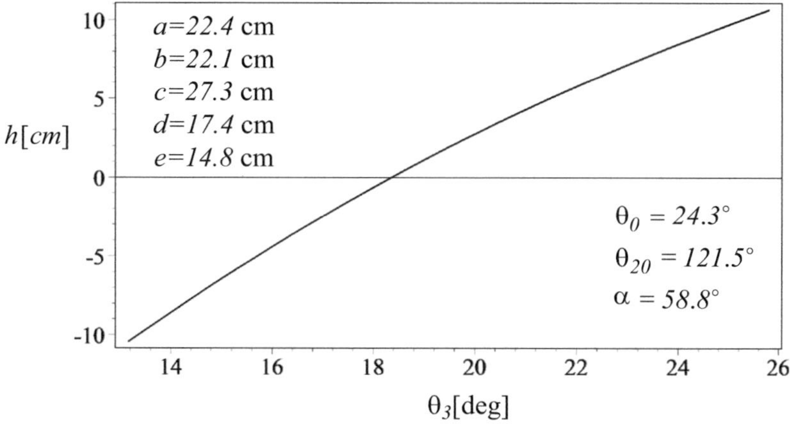

Abb. 7.39 Die vertikale Verschiebung des Radzentrums h in Abhängigkeit von zu θ_3

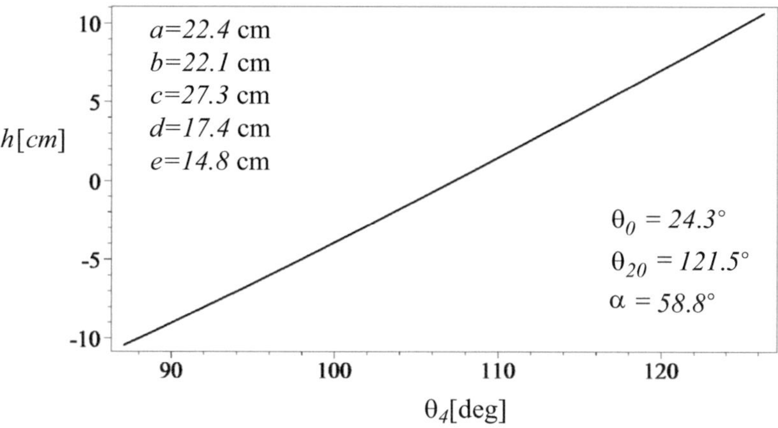

Abb. 7.40 Die vertikale Verschiebung des Radzentrums h in Abhängigkeit von zu θ_4

7.4 ★ Relative Winkel des Autoreifens

Es gibt vier wichtige Rad-Ausrichtungsparameter, die die Dynamik eines Fahrzeugs beeinflussen: *Spur*, *Sturz*, *Nachlauf* und *Spurversatzwinkel*.

7.4.1 ★ Spur

Wenn ein Paar Räder so eingestellt ist, dass ihre vorderen Kanten aufeinander zeigen, spricht man von *Vorspur*. Wenn die vorderen Kanten voneinander weg zeigen,

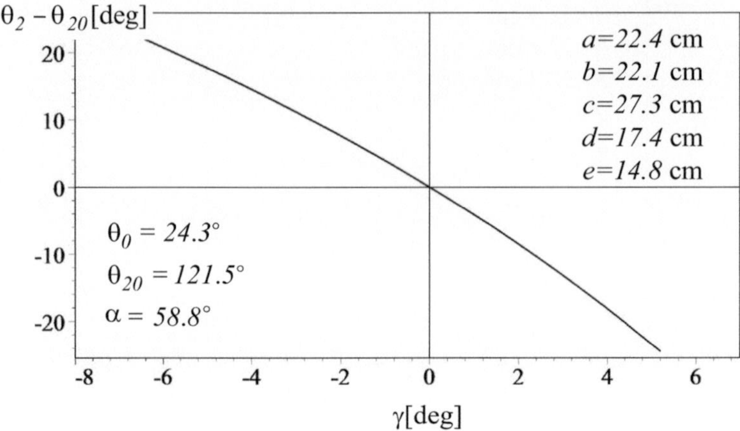

Abb. 7.41 Die Winkeländerung des oberen Arms $\theta_2 - \theta_{20}$ in Abhängigkeit vom Sturzwinkel γ

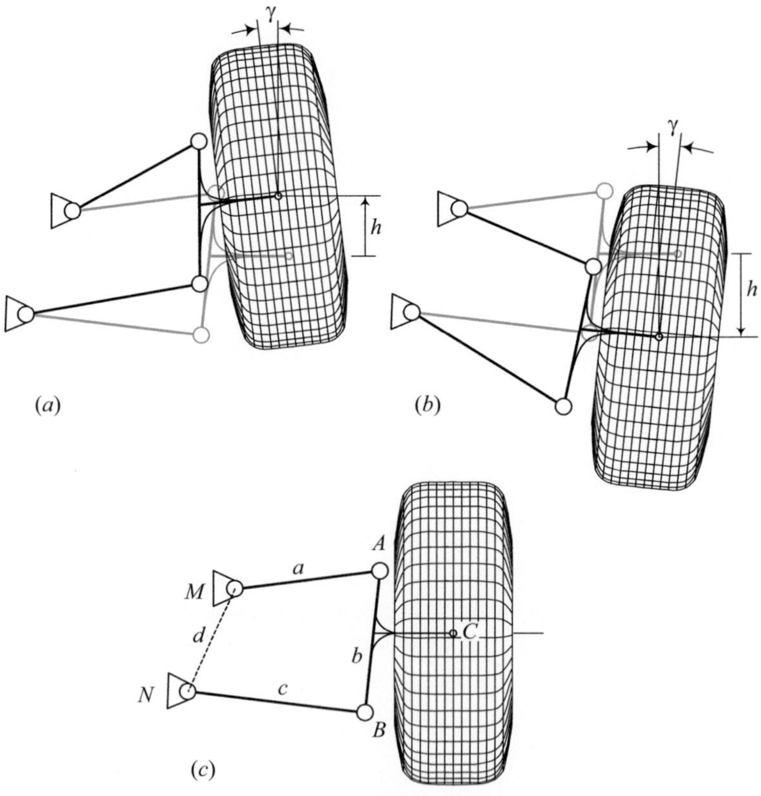

Abb. 7.42 Ein Doppelquerlenker-Aufhängungsmechanismus, wenn das Rad sich in: (a) einer positiven Verschiebung, (b) einer negativen Verschiebung und (c) Ruheposition befindet

spricht man von *Nachspur*. Vorspur und Nachspur der Vorderradkonfigurationen eines Autos sind in Abb. 7.43 dargestellt.

Die Größe der Spurabweichung kann in Grad des Winkels ausgedrückt werden, zu dem die Räder nicht parallel sind. Es ist jedoch üblicher, die Vorspur und Nachspur als Unterschied zwischen den Spurbreiten zu bezeichnen, gemessen an den vorderen und hinteren Kanten der Reifen. Spureinstellungen beeinflussen drei wichtige Leistungen: Reifenverschleiß, Geradeauslaufstabilität und Kurveneingangsverhalten.

Für minimalen Reifenverschleiß und Leistungsverlust sollten die Räder auf einer gegebenen Achse eines Autos neutral sein und direkt nach vorne zeigen, wenn das Auto in einer geraden Linie fährt. Übermäßige Vorspur verursacht beschleunigten Verschleiß an den äußeren Kanten der Reifen, während zu viel Nachspur Verschleiß an den inneren Kanten verursacht.

Die Vorspur erhöht die Richtungsstabilität des Fahrzeugs, und Nachspur erhöht die Lenkreaktion. Daher macht eine Vorspur-Einstellung die Lenkfunktion träge, während eine Nachspur das Fahrzeug instabil macht. Daher sind die meisten Straßenautos so eingestellt, dass sie an ihren Vorderrädern einige Winkel Vorspur haben und Rennautos einige Winkel Nachspur.

Bei unabhängigen Radaufhängungen kann die Spur auch am Heck des Autos eingestellt werden. Spureinstellungen am Heck haben den gleichen Effekt auf Verschleiß, Richtungsstabilität und Einlenkverhalten wie an der Vorderseite. Allerdings stellen wir normalerweise kein heckgetriebenes Rennauto mit Nachspur am Heck ein, wegen übermäßiger Instabilität.

Wenn Antriebsmoment auf die Räder ausgeübt wird, ziehen sie sich selbst nach vorne und versuchen, Vorspur zu erzeugen. Andererseits neigt ein nicht angetriebenes Rad oder ein bremsendes Rad dazu, Nachspur zu erzeugen.

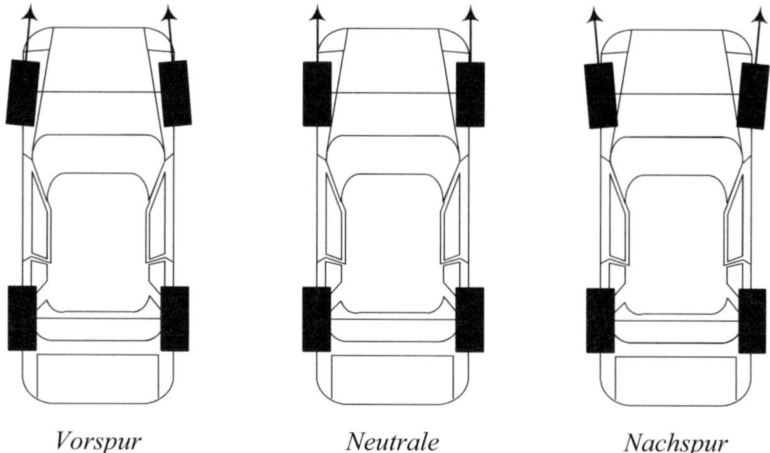

Abb. 7.43 Vorspur-, neutral und Nachspur-Konfiguration an den Vorderrädern eines Autos

Beispiel 328 *Vorspur und Richtungsstabilität.*

Spureinstellungen haben einen Einfluss auf die Richtungsstabilität. Wenn das Lenkrad zentriert ist, führt Vorspur dazu, dass die Räder dazu neigen, sich entlang von Pfaden zu bewegen, die sich vor dem Fahrzeug kreuzen. Wenn jedoch die Winkel der Räder gleich sind, sind die seitlichen Kräfte der Räder im Gleichgewicht, und es ergibt sich keine Kurve. Eine Vorspur-Einstellung kann die Richtungsstabilität erhöhen, die durch kleine Lenkfluktuationen verursacht wird, und das Auto geradeaus fahren lassen. Lenkfluktuationen können das Ergebnis von Straßenstörungen, Wind, Bankwinkel, Einfederungs-Eigenlenkung und so weiter sein. Eine kleine Lenkstörung, zum Beispiel nach links, erhöht den Richtungswinkel und die Seitenkraft des linken Rades und verringert den Richtungswinkel und die Seitenkraft des rechten Rades. Daher wird eine nach rechts gerichtete resultierende Seitenkraft erzeugt, die der Störung entgegenwirkt.

Wenn ein Auto mit Nachspur eingestellt ist, sind die Vorderräder so ausgerichtet, dass leichte Störungen dazu führen, dass das Radpaar Rollrichtungen annimmt, die sich einer Kurve nähern. Daher fördert Nachspur die Einleitung einer Kurve, während Vorspur sie behindert. Nachspur macht das Lenken schneller. Daher kann es in Fahrzeugen für eine schnellere Reaktion verwendet werden. Die Spureinstellung bei einem bestimmten Auto wird zum Kompromiss zwischen der Geradeauslaufstabilität, die durch Vorspur geboten wird, und der schnellen Lenkreaktion durch Nachspur. Nachspur ist für Straßenautos nicht wünschenswert, jedoch sind Rennfahrer bereit, ein Auto mit etwas Richtungsinstabilität zu fahren, für ein schärferes Einlenken in die Kurven. Daher sind Straßenautos im Allgemeinen mit Vorspur eingestellt, während Rennautos oft mit Nachspur eingestellt sind.

Beispiel 329 *Vorspur und Nachspur an den Vorder- und Hinterachsen*

Vordere Vorspur: langsamere Lenkreaktion, mehr Geradeauslaufstabilität, stärkerer Verschleiß an den äußeren Kanten der Reifen.

Vordere Spur ohne Winkel: mittlere Lenkreaktion, minimaler Leistungsverlust, minimaler Reifenverschleiß.

Vordere Nachspur: schnellere Lenkreaktion, weniger Geradeauslaufstabilität, stärkerer Verschleiß an den inneren Kanten der Reifen.

Hintere Vorspur: Geradeauslaufstabilität, Traktion aus der Kurve, mehr Lenkbarkeit, höhere Höchstgeschwindigkeit.

7.4.2 ⋆ Nachlaufwinkel

Der Nachlauf ist der Winkel, zu dem die Lenkachse vorwärts oder rückwärts von der Vertikalen geneigt ist, wie von der Seite in Richtung der y-Achsen gesehen. Die Lenkachse ist die Linie, um die das Rad sich dreht, wenn es gelenkt wird. Nehmen Sie an, das Rad ist gerade, um das Karosseriekoordinatensystem und das Radkoordinatensystem deckungsgleich zu haben. Wenn die Lenkachse um die

Rad-y_w-Achse gedreht wird, dann hat das Rad einen *positiven Nachlauf.* Wenn die Lenkachse um die −Rad-y_w-Achse gedreht wird, dann hat das Rad einen *negativen Nachlauf.* Positive und negative Nachlaufkonfigurationen am Vorderrad eines Autos sind in Abb. 7.44 dargestellt.

Negativer Nachlauf hilft dabei, das Lenkrad nach einer Kurve zu zentrieren und lässt die Vorderräder schneller geradeaus laufen. Die meisten Straßenautos sind mit 4 deg bis 6 deg negativem Nachlauf gebaut. Negativer Nachlauf neigt dazu, das Rad zu begradigen, wenn das Fahrzeug vorwärts fährt, und wird daher zur Verbesserung der Geradeauslaufstabilität verwendet. Er wird durch die Position der rückwärtigen Reibungskraft im Reifenabdruck und den Lenkachsenpunkt am Boden verursacht, um den das Rad lenkt. Wenn der Reifenlatsch hinter dem Punkt liegt, dann haben wir ein stabiles System ähnlich einem hängenden Pendel, bei dem die Gravitationskraft niedriger ist als der hängende Drehpunkt.

Beispiel 330 *Negativer Nachlauf von Einkaufswagen*

Die Lenkachse eines Einkaufswagenrades ist so eingestellt, dass sie vor dem Punkt liegt, an dem das Rad den Boden berührt. Wird der Wagen nach vorne geschoben, zieht die Lenkachse das Rad mit. Da das Rad auf dem Boden schleift, fällt es direkt hinter die Lenkachse. Die Kraft, die das Rad dazu bringt, der Lenkachse zu folgen, ist proportional zum Abstand zwischen der Lenkachse und dem Rad-Boden-Kontaktpunkt, wenn der Nachlauf klein ist. Dieser Abstand wird als Nachlauf bezeichnet. Die Lenkachse des Autos schneidet den Boden an einem Punkt vor dem Reifenlatsch, und so wird der gleiche Effekt wie bei den Einkaufswagenrollen erreicht.

Während größere Nachlaufwinkel die Geradeauslaufstabilität verbessern, führen sie zu einer Erhöhung des Lenkaufwands.

Beispiel 331 *Eigenschaften des Nachlaufs in der Vorderachse*

Null-Nachlauf bietet: leichtes Einlenken in die Kurve, geringes Auslenken aus der Kurve, geringe Geradeauslaufstabilität.

Negativer Nachlauf bietet: träges Einlenken in die Kurve, leichtes Auslenken aus der Kurve, mehr Geradeauslaufstabilität, hohe Reifenlatschfläche in der Kurve, gutes Lenkgefühl.

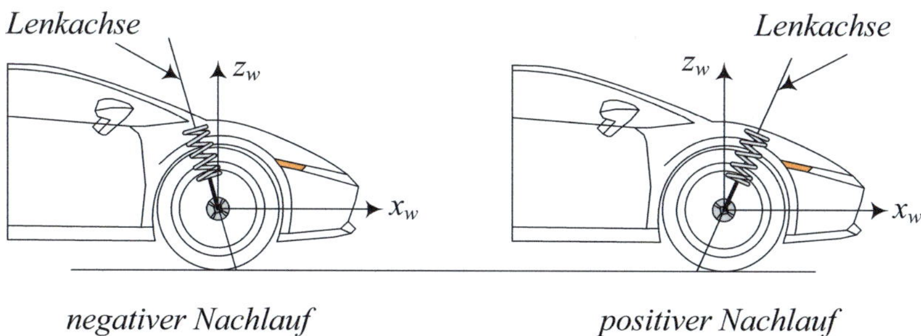

Abb. 7.44 Eine positive und negative Nachlaufkonfiguration am Vorderrad eines Autos

Wenn ein Rad mit negativem Nachlauf um die Lenkachse dreht, gewinnt das Rad an Sturz. Dieser Sturz ist im Allgemeinen günstig für die Kurvenfahrt.

7.4.3 ⋆ Sturz

Sturz ist der seitliche Winkel eines Rades um die x-Achse relativ zur vertikalen Linie zur Straße. Abb. 7.45 zeigt das Rad Nummer 1 eines Fahrzeugs. Wenn die Radfläche um die x-Achse gedreht und zum Fahrgestell geneigt ist, hat sie einen positiven Sturz. Das Rad hat einen negativen Sturz, wenn seine Fläche um die $-x$-Achse gedreht wird.

Die Kurvenkraft, die ein Reifen entwickeln kann, ist eine Funktion seiner Winkel relativ zur Straßenoberfläche. Der Radsturz hat einen erheblichen Einfluss auf die Entwicklung der Seitenkraft und die Straßenlage eines Autos. Ein Reifen entwickelt seine maximale Seitenkraft bei einem kleinen Sturzwinkel. Dies ist auf den Beitrag der Sturzkraft zurückzuführen, die eine zusätzliche Seitenkraft ist, die durch elastische Verformung erzeugt wird, wenn sich das Kautschuk der Laufflächen über die Reifen-/Straßenoberfläche bewegt.

Um die Leistung eines Reifens in einer Kurve zu optimieren, sollte das Fahrwerk einen leichten Sturzwinkel in Richtung der Drehung bieten. Wenn die Karosserie in einer Kurve rollt, verformt sich das Fahrwerk vertikal. Das Rad ist über die Fahrwerksmechanik mit dem Fahrgestell verbunden, die sich drehen muss, um die Radverformung zu ermöglichen. Daher kann das Rad einigen Sturzänderungen unterliegen, wenn das Fahrwerk auf und ab bewegt wird. Je mehr das Rad von

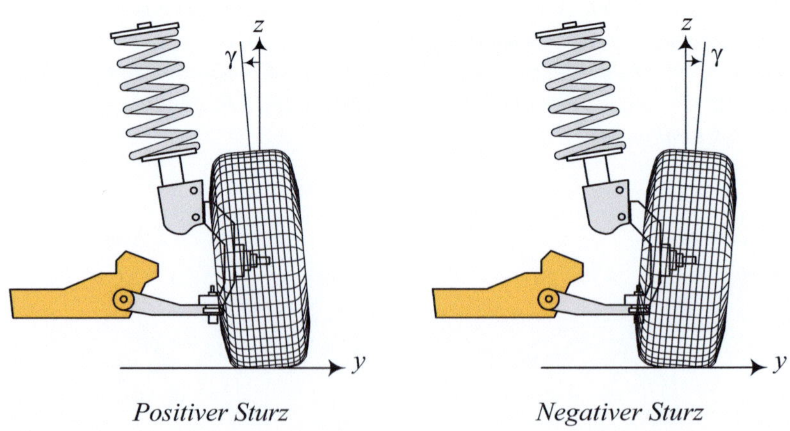

Abb. 7.45 Ein positiver und negativer Sturz am Vorderrad eines Autos

seiner statischen Position abweicht, desto schwieriger ist es, einen idealen Sturzwinkel beizubehalten. Um einen guten Fahrkomfort in Personenkraftwagen zu gewährleisten, sind ein relativ großer Radweg und eine weiche Rollsteifigkeit erforderlich. Daher stellt das Fahrwerksdesign, um einen guten Sturz zu bieten, eine Designherausforderung dar, während der kleine Radweg und die hohe Rollsteifigkeit, die in Rennwagen inhärent sind, das Problem verringern.

Beispiel 332 *Nachlauf versus Sturz*

Sturz verbessert nicht das Einlenken wie der positive Nachlauf. Sturz ist im Allgemeinen nicht gut für den Reifenverschleiß. Sturz in einem Rad verbessert nicht die Richtungsstabilität. Sturz beeinträchtigt die Brems- und Beschleunigungsanstrengungen.

Beispiel 333 *Sturz versus Schwimmwinkel*

Autos verwenden normalerweise den Schwimmwinkel, um die für das Abbiegen erforderliche Seitenkraft zu erzeugen. Fahrräder verwenden normalerweise den Sturzwinkel, um die für das Abbiegen erforderliche Seitenkraft zu erzeugen. Da ein Reifen einen zehnmal größeren Sturzwinkel als den Schwimmwinkel benötigt, um die gleiche Menge an Seitenkraft zu erzeugen, ist das Rollen von Fahrrädern in einer Kurve eine sichtbare Bewegung, während der Schwimmwinkel schwer zu sehen ist.

7.4.4 ⋆ Spurversatzwinkel

Der *Spurversatzwinkel* υ ist der Winkel zwischen der Fahrzeugmitte und der Senkrechten zur Hinterachse. Er vergleicht die Richtung, in die die Hinterachse ausgerichtet ist, mit der Mittellinie des Fahrzeugs. Eine Nicht-Null-Winkelkonfiguration ist in Abb. 7.46 dargestellt.

Ein Nullwinkel bestätigt, dass die Hinterachse parallel zur Vorderachse ist und der Radstand auf beiden Seiten des Fahrzeugs gleich ist. Ein Grund für einen Nicht-Null-Spurversatzwinkel könnte ein ungleicher Ein- oder Auslauf auf beiden Seiten der Achse sein.

Beispiel 334 *Drehmomentreaktion*

Es gibt zwei Arten von Drehmomentreaktionen in Fahrzeugen mit Hinterradantrieb: 1. die Reaktion des Achsengehäuses, sich in entgegengesetzter Richtung zur Drehung des Differential-Tellerrades zu drehen, und 2. die Reaktion des Achsengehäuses, sich um sein eigenes Zentrum zu drehen, entgegengesetzt zur Richtung der Drehung des Ritzels.

Die erste Reaktion führt zu einer Auftriebskraft im Differential, die eine Windung in den Federn verursacht. Die zweite Reaktion führt zu einer Auftriebskraft auf den rechten Rädern.

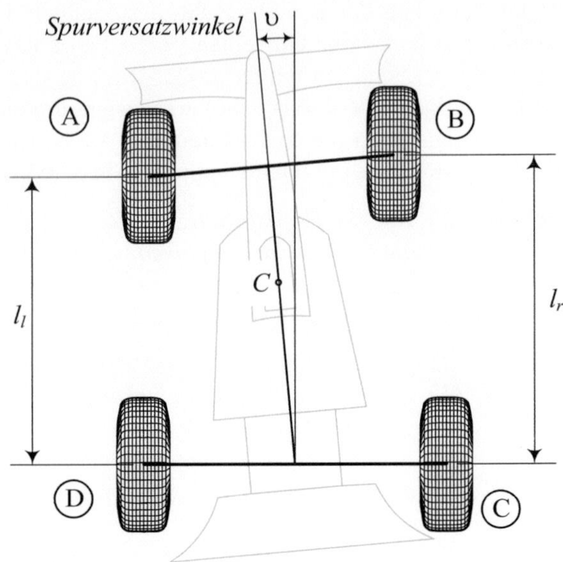

Abb. 7.46 Schubwinkel

7.5 ⋆ Anforderungen an die Federung und Koordinatensystem

Die Federungsmechanik sollte einige relative Bewegungen zwischen dem Rad und dem Fahrzeugkörper zulassen. Die relativen Bewegungen sind notwendig, um die Straßenunebenheiten und das Lenken auszugleichen. Daher sollte eine Federungsmechanik einige kinematische und dynamische Anforderungen erfüllen.

7.5.1 ⋆ Kinematische Anforderungen

Um die Bewegungen eines Rades auszudrücken, befestigen wir ein Radkoordinatensystem $W(ox_wy_wz_w)$ am Zentrum des Rades. Ein Rad, als starrer Körper, hat *sechs* Freiheitsgrade (engl. degrees-of-freedom, DOF) in Bezug auf den Fahrzeugkörper: drei Translationen und drei Rotationen, wie in Abb. 7.47 gezeigt.

Die Achsen x_w, y_w und z_w zeigen die Richtung von vorwärts, seitlich und vertikal gerichteten Translationen und Rotationen. In der in der Abbildung gezeigten Position ist die Rotation um die x_w-Achse der *Sturz*-Winkel, um die y_w-Achse ist die *Drehung*, und um die z_w-Achse ist der *Lenk*-Winkel.

Betrachten Sie ein nicht lenkbares Rad. Translation in z_w-Richtung und Drehung um die y_w-Achse sind die einzigen *zwei* erlaubten DOF. Daher müssen wir vier DOF wegnehmen. Wenn das Rad lenkbar ist, dann sind die Translation in der

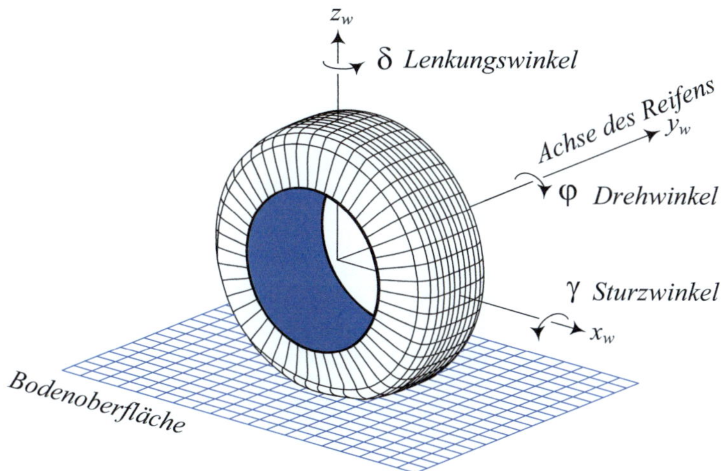

Abb. 7.47 Sechs Freiheitsgrade eines Rades in Bezug auf einen Fahrzeugkörper

z_w-Richtung, der Spin um die y_w-Achse und die Lenkrotation um die z_w-Achse die drei erlaubten DOF und wir müssen drei DOF eines lenkbaren Rades wegnehmen.

Kinematisch sollten nicht lenkbare und lenkbare Räder wie in den Abb. 7.48 und 7.49 dargestellt unterstützt werden. Die Bereitstellung der erforder-

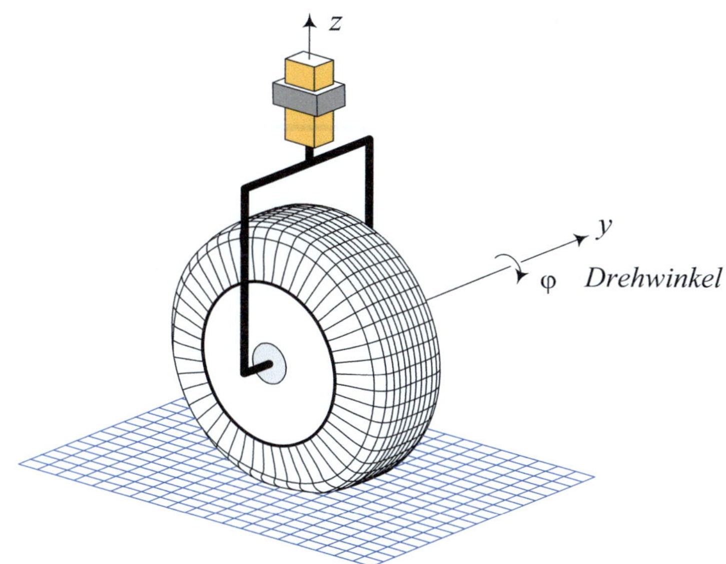

Abb. 7.48 Ein nicht lenkbares Rad muss zwei DOF haben

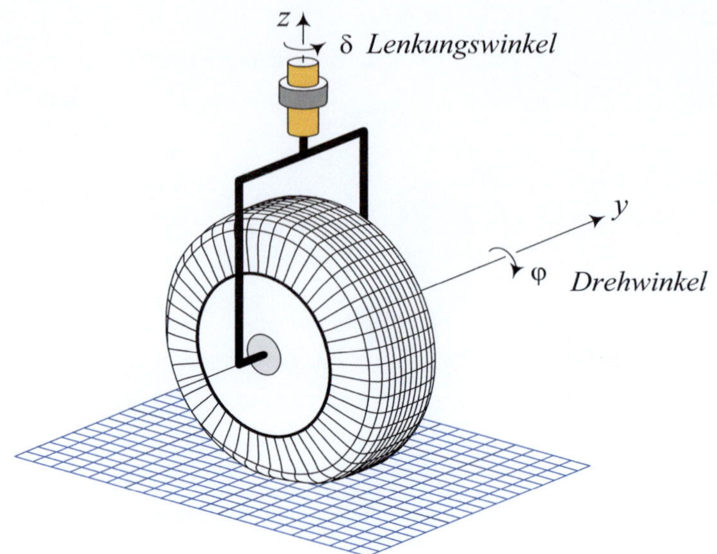

Abb. 7.49 Ein lenkbares Rad muss drei DOF haben

lichen Freiheit sowie die Aufnahme der nicht erlaubten DOF sind die *kinematischen Anforderungen* eines Aufhängungsmechanismus.

7.5.2 ⋆ Dynamische Anforderungen

Räder sollten in der Lage sein, das Fahrzeug anzutreiben, zu lenken und zu stoppen. Daher muss das Fahrwerk die Antriebs- und Bremskräfte zwischen dem Fahrzeugkörper und dem Boden übertragen. Die Teile des Fahrwerks müssen auch seitlich auf das Fahrzeug wirkende Kräfte aushalten. Daher muss das Radaufhängungssystem das Rad für die aufgenommenen DOF steif machen. Es muss jedoch auch einige nachgiebige Bestandteile geben, um die nicht aufgenommenen DOF zu begrenzen. Die wichtigsten nachgiebigen Bauteile sind Feder und Dämpfer, um Rückstell- und Widerstandskräfte in der z-Richtung bereitzustellen.

7.5.3 ⋆ Rad-, Radkörper- und Reifen-Koordinatensysteme

Drei Koordinatensysteme werden verwendet, um die Ausrichtung eines Reifens und Rades im Verhältnis zum Fahrzeug auszudrücken: das Rad-Koordinatensystem W, das Radkörper-Koordinatensystem C und das Reifen-Koordinatensystem T.

Das Rad-Koordinatensystem $W(x_w, y_w, z_w)$ ist am Mittelpunkt des Rades befestigt. Es folgt jeder Translation und Rotation des Rades außer der Drehung. Daher sind die x_w- und z_w-Achsen immer in der Reifenebene, während die y_w-Achse immer parallel zur Drehachse ist. Ein Radkoordinatensystem ist in Abb. 7.47 dargestellt.

Wenn das Rad gerade und aufrecht steht und das W-Koordinatensystem parallel zum Fahrzeugkoordinatensystem ist, befestigen wir ein Radkörper-Koordinatensystem $C(x_c, y_c, z_c)$ am Mittelpunkt des Rades parallel zu den Fahrzeugkoordinatenachsen. Das Radkörper-Koordinatensystem C ist unbeweglich in Bezug auf das Fahrzeugkoordinatensystem und folgt keiner Bewegung des Rades.

Das Reifenkoordinatensystem $T(x_t, y_t, z_t)$ ist am Mittelpunkt des Reifenlatsches gesetzt. Die z_t-Achse ist immer senkrecht zum Boden. Die x_t-Achse verläuft entlang der Schnittlinie der Reifenebene und dem Boden. Das Reifenkoordinatensystem folgt nicht den Dreh- und Sturz-Rotationen des Reifens, jedoch folgt es der Lenkwinkelrotation um die z_c-Achse.

Abb. 7.50 zeigt ein Reifen- und ein Radkoordinatensystem.

Beispiel 335 *Visualisierung der Rad-, Reifen- und Radkörper-Koordinatensysteme*

Abb. 7.51 zeigt die relative Konfiguration eines Radkörper-Koordinatensystems C, eines Reifen-Koordinatensystems T und eines Rad-Koordinatensystems W. Wenn die Lenkachse entlang der z_c-Achse verläuft, dann ist die Rotation des Rades um die z_c-Achse der Lenkwinkel δ. Die Rotation um die x_t-Achse ist der Sturz-Winkel γ.

Allgemein gesprochen, kann die Lenkachse jeden Winkel haben und durch jeden Punkt der Bodenebene gehen.

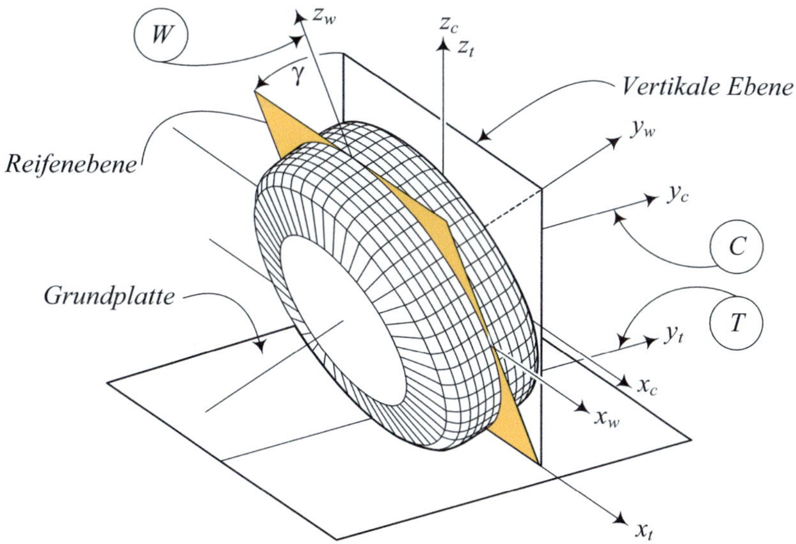

Abb. 7.50 Darstellung von Reifen- und Radkoordinatensystemen

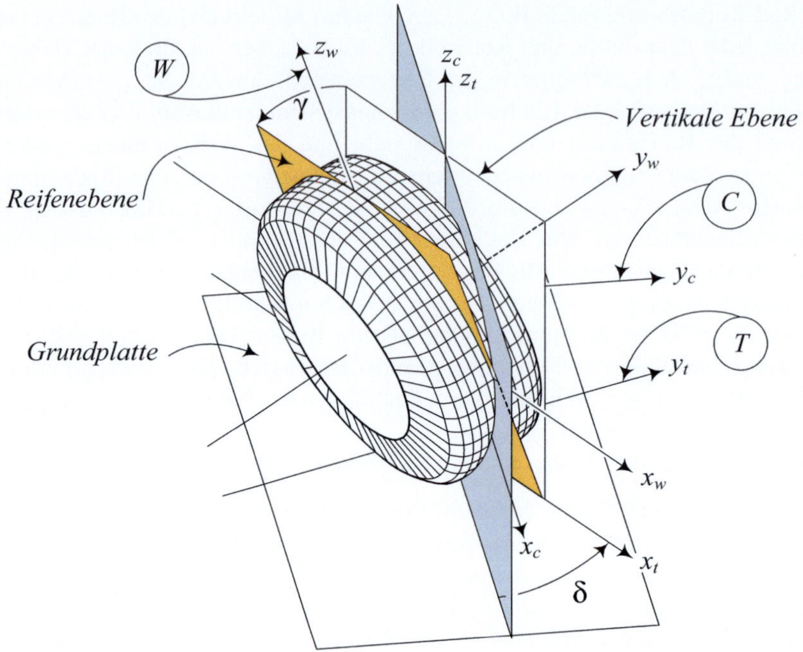

Abb. 7.51 Darstellung von Reifen-, Rad- und Radkörper-Koordinatensystemen

Beispiel 336 *Transformation vom Rad- zum Reifen-Koordinatensystem*

Wenn ${}^{T}\mathbf{d}_W$ *der T-Ausdruck des Ortsvektors des Ursprungs des Rad-Koordinatensystems relativ zum Ursprung des Reifen-Koordinatensystems anzeigt, dann können wir, wenn wir die Koordinaten eines Punktes P im Rad-Koordinatensystem haben, seine Koordinaten im Reifen-Koordinatensystem finden durch:*

$$
{}^{T}\mathbf{r}_P = {}^{T}R_W\, {}^{W}\mathbf{r}_P + {}^{T}\mathbf{d}_W \tag{7.37}
$$

Wenn ${}^{W}\mathbf{r}_P$ *den Ortsvektor eines Punktes P im Rad-Koordinatensystem anzeigt:*

$$
{}^{W}\mathbf{r}_P = \begin{bmatrix} x_P \\ y_P \\ z_P \end{bmatrix} \tag{7.38}
$$

dann sind die Koordinaten des Punktes P im Reifen-Koordinatensystem ${}^{T}\mathbf{r}_P$ *wie folgt:*

$$
\begin{aligned}
{}^{T}\mathbf{r}_P &= {}^{T}R_W\, {}^{W}\mathbf{r}_P + {}^{T}\mathbf{d} = {}^{T}R_W\, {}^{W}\mathbf{r}_P + {}^{T}R_W\, {}^{W}_{T}\mathbf{d}_W \\
&= \begin{bmatrix} x_P \\ y_P \cos\gamma - R_w \sin\gamma - z_P \sin\gamma \\ R_w \cos\gamma + z_P \cos\gamma + y_P \sin\gamma \end{bmatrix}
\end{aligned} \tag{7.39}
$$

wobei ${}_T^W\mathbf{d}_W$ der W-Ausdruck des Ortsvektors des Rad-Koordinatensystems im Reifen-Koordinatensystem ist, R_w der Radius des Reifens und ${}^TR_W$ die Rotationsmatrix zur Übertragung vom Rad-Koordinatensystem W zum Reifen-Koordinatensystem T:

$$ {}^TR_W = \begin{bmatrix} 1 & 0 & 0 \\ 0 & \cos\gamma & -\sin\gamma \\ 0 & \sin\gamma & \cos\gamma \end{bmatrix} \tag{7.40} $$

$$ {}_T^W\mathbf{d}_W = \begin{bmatrix} 0 \\ 0 \\ R_w \end{bmatrix} \tag{7.41} $$

Als Beispiel, das Zentrum des Rades ${}^W\mathbf{r}_P = {}^W\mathbf{r}_o = \mathbf{0}$ ist der Ursprung des Rad-Koordinatensystems W, das heißt bei ${}^T\mathbf{r}_o$ im Reifen-Koordinatensystem T:

$$ {}^T\mathbf{r}_o = {}^T\mathbf{d}_W = {}^TR_W\ {}_T^W\mathbf{d}_W = \begin{bmatrix} 0 \\ -R_w\sin\gamma \\ R_w\cos\gamma \end{bmatrix} \tag{7.42} $$

Beispiel 337 ⋆ *Transformation vom Reifen- zum Rad-Koordinatensystem.*

Wenn $\mathbf{r}_P$ den Ortsvektor eines Punktes P im Reifen-Koordinatensystem angibt:

$$ {}^T\mathbf{r}_P = \begin{bmatrix} x_P \\ y_P \\ z_P \end{bmatrix} \tag{7.43} $$

dann ist der Ortsvektor ${}^W\mathbf{r}_P$ des Punktes P im Rad-Koordinatensystem:

$$ \begin{aligned} {}^W\mathbf{r}_P &= {}^WR_T\ {}^T\mathbf{r}_P - {}_T^W\mathbf{d}_W \\ &= \begin{bmatrix} x_P \\ y_P\cos\gamma + z_P\sin\gamma \\ z_P\cos\gamma - R_w - y_P\sin\gamma \end{bmatrix} \end{aligned} \tag{7.44} $$

weil

$$ {}^WR_T = \begin{bmatrix} 1 & 0 & 0 \\ 0 & \cos\gamma & \sin\gamma \\ 0 & -\sin\gamma & \cos\gamma \end{bmatrix} \qquad {}^W\mathbf{d}_T = \begin{bmatrix} 0 \\ 0 \\ R_w \end{bmatrix} \tag{7.45} $$

und wir können beide Seiten der Gleichung (7.37) mit ${}^TR_W{}^T$ multiplizieren, um zu erhalten:

$$ {}^TR_W^T\ {}^T\mathbf{r}_P = {}^W\mathbf{r}_P + {}^TR_W^T\ {}^T\mathbf{d}_W = {}^W\mathbf{r}_P + {}_T^W\mathbf{d}_W \tag{7.46} $$

$$ {}^W\mathbf{r}_P = {}^WR_T\ {}^T\mathbf{r}_P - {}_T^W\mathbf{d}_W \tag{7.47} $$

Als Beispiel befindet sich das Zentrum des Reifenlatsches im Radkoordinatensystem bei:

$$^{W}\mathbf{r}_P = \begin{bmatrix} 1 & 0 & 0 \\ 0 & \cos\gamma & -\sin\gamma \\ 0 & \sin\gamma & \cos\gamma \end{bmatrix}^T \begin{bmatrix} 0 \\ 0 \\ 0 \end{bmatrix} - \begin{bmatrix} 0 \\ 0 \\ R_w \end{bmatrix} = \begin{bmatrix} 0 \\ 0 \\ -R_w \end{bmatrix} \tag{7.48}$$

Beispiel 338 ⋆ *Homogene Transformationsmatrizen von Rad zu Reifen*

Die Transformation vom Rad- zum Reifen-Koordinatensystem kann auch durch eine 4 × 4 homogene Transformationsmatrix ausgedrückt werden $^{\mathrm{T}}T_{\mathrm{W}}$ *:*

$$^{T}\mathbf{r}_P = {}^{T}T_W \, {}^{W}\mathbf{r}_P = \begin{bmatrix} {}^{T}R_W & {}^{T}\mathbf{d}_W \\ 0 & 1 \end{bmatrix} {}^{W}\mathbf{r}_P \tag{7.49}$$

wobei:

$$^{T}T_W = \begin{bmatrix} 1 & 0 & 0 & 0 \\ 0 & \cos\gamma & -\sin\gamma & -R_w\sin\gamma \\ 0 & \sin\gamma & \cos\gamma & R_w\cos\gamma \\ 0 & 0 & 0 & 1 \end{bmatrix} \tag{7.50}$$

Die entsprechende homogene Transformationsmatrix $^{\mathrm{W}}T_{\mathrm{T}}$ *vom Reifen- zum Rad-Koordinatensystem ist:*

$$^{W}T_T = \begin{bmatrix} {}^{W}R_T & {}^{W}\mathbf{d}_T \\ 0 & 1 \end{bmatrix} = \begin{bmatrix} 1 & 0 & 0 & 0 \\ 0 & \cos\gamma & -\sin\gamma & 0 \\ 0 & \sin\gamma & \cos\gamma & -R_w \\ 0 & 0 & 0 & 1 \end{bmatrix} \tag{7.51}$$

Es kann überprüft werden, dass $^{\mathrm{W}}T_{\mathrm{T}} = {}^{\mathrm{T}}T_{\mathrm{W}}{-}^{1}$*, unter Verwendung der Regel für das Inverse einer homogenen Transformationsmatrix:*

$$\begin{aligned} {}^{T}T_W^{-1} &= \begin{bmatrix} {}^{T}R_W & {}^{T}\mathbf{d}_W \\ 0 & 1 \end{bmatrix}^{-1} = \begin{bmatrix} {}^{T}R_W^T & -{}^{T}R_W^T \, {}^{T}\mathbf{d}_W \\ 0 & 1 \end{bmatrix} \\ &= \begin{bmatrix} {}^{W}R_T & -{}^{W}R_T \, {}^{T}\mathbf{d}_W \\ 0 & 1 \end{bmatrix} \end{aligned} \tag{7.52}$$

Beispiel 339 ⋆ *Transformation von Reifen zu Radkörper-Koordinatensystem*

Der Ursprung des Reifen-Koordinatensystems befindet sich bei $^{\mathrm{C}}\mathbf{d}_{\mathrm{T}}$ *im Radkörper-Koordinatensystem:*

$$^{C}\mathbf{d}_T = \begin{bmatrix} 0 \\ 0 \\ -R_w \end{bmatrix} \tag{7.53}$$

Das Reifen-Koordinatensystem kann sich um die z_c -Achse in Bezug auf das Radkörper-Koordinatensystem drehen. Die zugehörige Transformationsmatrix ist:

$$
{}^{C}R_T = \begin{bmatrix} \cos\delta & -\sin\delta & 0 \\ \sin\delta & \cos\delta & 0 \\ 0 & 0 & 1 \end{bmatrix} \tag{7.54}
$$

Daher kann die Transformation zwischen dem Reifen- und Radkörper-Koordinatensystem durch

$$
{}^{C}\mathbf{r} = {}^{C}R_T\, {}^{T}\mathbf{r} + {}^{C}\mathbf{d}_T \tag{7.55}
$$

oder äquivalent, durch eine homogene Transformationsmatrix ausgedrückt werden ${}^{C}T_T$:

$$
{}^{C}T_T = \begin{bmatrix} {}^{C}R_T & {}^{C}\mathbf{d}_T \\ 0 & 1 \end{bmatrix} = \begin{bmatrix} \cos\delta & -\sin\delta & 0 & 0 \\ \sin\delta & \cos\delta & 0 & 0 \\ 0 & 0 & 1 & -R_w \\ 0 & 0 & 0 & 1 \end{bmatrix} \tag{7.56}
$$

Als Beispiel sind die Radkörper-Koordinaten des Punktes P auf der Lauffläche eines negativ gelenkten Reifens in der in Abb. 7.52 dargestellten Position:

$$
\begin{aligned}
{}^{C}\mathbf{r} &= {}^{C}T_T\, {}^{T}\mathbf{r}_P \\
&= \begin{bmatrix} \cos-\delta & -\sin-\delta & 0 & 0 \\ \sin-\delta & \cos-\delta & 0 & 0 \\ 0 & 0 & 1 & -R_w \\ 0 & 0 & 0 & 1 \end{bmatrix} \begin{bmatrix} R_w \\ 0 \\ R_w \\ 1 \end{bmatrix} = \begin{bmatrix} R_w\cos\delta \\ -R_w\sin\delta \\ 0 \\ 1 \end{bmatrix}
\end{aligned} \tag{7.57}
$$

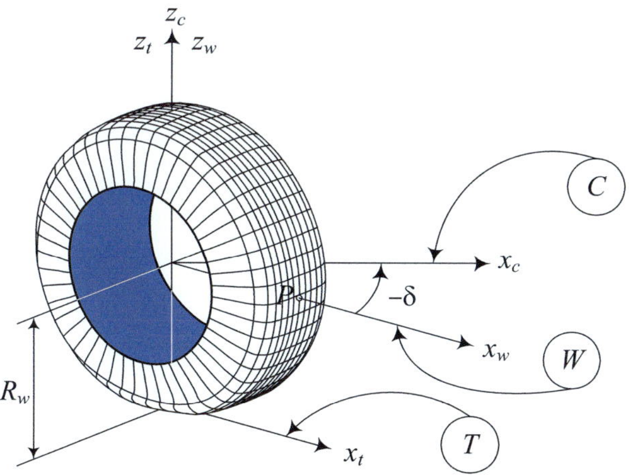

Abb. 7.52 Die Reifen-, Rad- und Radkörper-Koordinatensystem eines gelenkten Rades

Die homogene Transformationsmatrix für Reifen zu Radkörper-Koordinatensystem ${}^{T}T_{C}$ *ist:*

$$\begin{aligned} {}^{T}T_{C} &= {}^{C}T_{T}^{-1} = \begin{bmatrix} {}^{C}R_{T} & {}^{C}\mathbf{d}_{T} \\ 0 & 1 \end{bmatrix}^{-1} = \begin{bmatrix} {}^{C}R_{T}^{T} & -{}^{C}R_{T}^{T}\,{}^{C}\mathbf{d}_{T} \\ 0 & 1 \end{bmatrix} \\ &= \begin{bmatrix} {}^{C}R_{T}^{T} & -{}_{C}^{T}\mathbf{d}_{T} \\ 0 & 1 \end{bmatrix} = \begin{bmatrix} \cos\delta & \sin\delta & 0 & 0 \\ -\sin\delta & \cos\delta & 0 & 0 \\ 0 & 0 & 1 & R_{w} \\ 0 & 0 & 0 & 1 \end{bmatrix} \end{aligned} \tag{7.58}$$

Beispiel 340 ⋆ *Zykloide*

Nehmen Sie an, dass sich das Rad in Abb. 7.52 mit der Winkelgeschwindigkeit ω *dreht und keinen Schlupf auf dem Boden hat. Wenn der Punkt P bei* $t = 0$ *im Zentrum des Reifenabdrucks ist:*

$${}^{M}\mathbf{r}_{P} = \begin{bmatrix} 0 \\ 0 \\ -R_{w} \end{bmatrix} \tag{7.59}$$

dann können wir seine Position im Rad-Koordinatensystem zu einem Zeitpunkt t ermitteln, indem wir ein anderes Koordinatensystem M verwenden. Das Koordinatensystem M wird als Felgen-Koordinatensystem bezeichnet und ist in der Mitte des Rades befestigt. Aufgrund der Drehung dreht sich das M-Koordinatensystem um die y_{w}*-Achse, und daher ist die Rotationsmatrix, um vom Felgen-Koordinatensystem zum Rad-Koordinatensystem zu gelangen:*

$${}^{W}R_{M} = \begin{bmatrix} \cos\omega t & 0 & \sin\omega t \\ 0 & 1 & 0 \\ -\sin\omega t & 0 & \cos\omega t \end{bmatrix} \tag{7.60}$$

Die Koordinaten von P im Rad-Koordinatensystem sind also:

$${}^{W}\mathbf{r}_{P} = {}^{W}R_{M}\,{}^{M}\mathbf{r}_{P} = \begin{bmatrix} -R_{w}\sin t\omega \\ 0 \\ -R_{w}\cos t\omega \end{bmatrix} \tag{7.61}$$

Das Zentrum des Rades bewegt sich mit der Geschwindigkeit $v_{x} = R_{w}\,\omega$*, und es befindet sich bei* ${}^{G}\mathbf{r} = \begin{bmatrix} v_{x}t & 0 & R_{w} \end{bmatrix}$ *im globalen Koordinatensystem G auf dem Boden. Daher sind die Koordinaten des Punktes P im globalen Koordinatensystem G:*

$${}^{G}\mathbf{r}_{P} = {}^{W}\mathbf{r}_{P} + \begin{bmatrix} v_{x}t \\ 0 \\ R_{w} \end{bmatrix} = \begin{bmatrix} R_{w}(\omega t - \sin t\omega) \\ 0 \\ R_{w}(1 - \cos t\omega) \end{bmatrix} \tag{7.62}$$

Der Bewegungspfad des Punktes P in der (X,Z) -Ebene kann gefunden werden, indem t zwischen X und Z Koordinaten eliminiert wird. Es ist jedoch einfacher, den Pfad auszudrücken, indem ωt als Parameter verwendet wird. Ein solcher Pfad wird als ***Zykloide*** *bezeichnet. Im Allgemeinen kann der interessierende Punkt P in beliebiger Entfernung vom Zentrum des Felgen-Koordinatensystems liegen. Wenn der Punkt in einer Entfernung $d \neq R_w$ liegt, dann wird sein Bewegungspfad als* ***Trochoide*** bezeichnet. *Eine Trochoide wird als* ***verkürzte Zykloide*** *bezeichnet, wenn $d < R_w$ und als* ***verlängerte Zykloide*** *wenn $d > R_w$. Abb. 7.53a–c zeigen eine Zykloide, verkürzte Zykloide und verlängerte Zykloide.*

Beispiel 341 ⋆ *Transformation von Rad zu Radkörper-Koordinatensystem*

Die homogene Transformationsmatrix ${}^{C}T_{W}$ zur Umwandlung vom Rad-Koordinatensystem zum Radkörper-Koordinatensystem wird durch eine kombinierte Transformation gefunden:

$$
\begin{aligned}
{}^{C}T_{W} &= {}^{C}T_{T}\ {}^{T}T_{W} \\
&= \begin{bmatrix} c\delta & -s\delta & 0 & 0 \\ s\delta & c\delta & 0 & 0 \\ 0 & 0 & 1 & -R_w \\ 0 & 0 & 0 & 1 \end{bmatrix} \begin{bmatrix} 1 & 0 & 0 & 0 \\ 0 & c\gamma & -s\gamma & -R_w \sin\gamma \\ 0 & s\gamma & c\gamma & R_w \cos\gamma \\ 0 & 0 & 0 & 1 \end{bmatrix} \\
&= \begin{bmatrix} \cos\delta & -\cos\gamma\sin\delta & \sin\gamma\sin\delta & R_w \sin\gamma\sin\delta \\ \sin\delta & \cos\gamma\cos\delta & -\cos\delta\sin\gamma & -R_w\cos\delta\sin\gamma \\ 0 & \sin\gamma & \cos\gamma & R_w\cos\gamma - R_w \\ 0 & 0 & 0 & 1 \end{bmatrix}
\end{aligned}
\tag{7.63}
$$

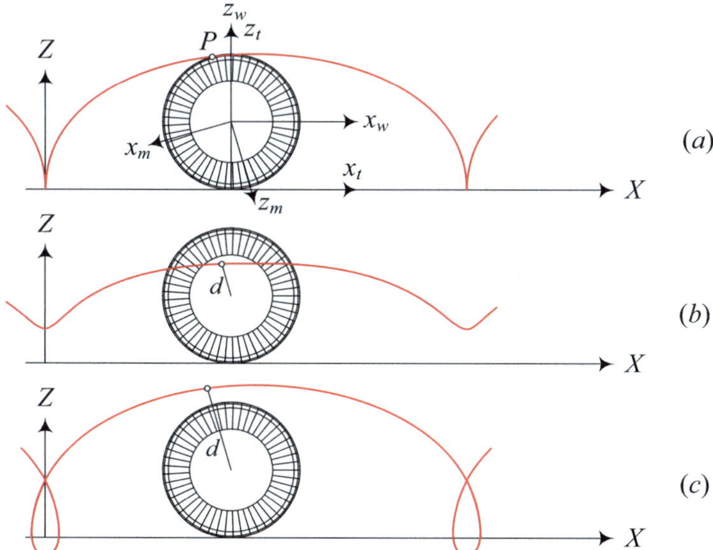

Abb. 7.53 Eine Zykloide (a), verkürzte Zykloide (b) und verlängerte Zykloide (c)

Wenn $\mathbf{r}_P$ den Ortsvektor eines Punktes P im Rad-Koordinatensystem angibt:

$$
{}^{W}\mathbf{r}_P = \begin{bmatrix} x_P \\ y_P \\ z_P \end{bmatrix} \tag{7.64}
$$

dann ist der homogene Ortsvektor ${}^{C}\mathbf{r}_P$ des Punktes P im Radkörper--Koordinatensystem:

$$
\begin{aligned}
{}^{C}\mathbf{r}_P &= {}^{C}T_W \, {}^{W}\mathbf{r}_P \\
&= \begin{bmatrix} x_P \cos\delta - y_P \cos\gamma \sin\delta + (R_w + z_P)\sin\gamma \sin\delta \\ x_P \sin\delta + y_P \cos\gamma \cos\delta - (R_w + z_P)\cos\delta \sin\gamma \\ -R_w + (R_w + z_P)\cos\gamma + y_P \sin\gamma \\ 1 \end{bmatrix}
\end{aligned} \tag{7.65}
$$

Die Position des Radzentrums ${}^{W}\mathbf{r} = \mathbf{0}$ für ein angestelltes und gelenktes Rad befindet sich bei:

$$
{}^{C}\mathbf{r} = {}^{C}T_W \, {}^{W}\mathbf{r} = \begin{bmatrix} R_w \sin\gamma \sin\delta \\ -R_w \cos\delta \sin\gamma \\ -R_w(1 - \cos\gamma) \\ 1 \end{bmatrix} \tag{7.66}
$$

Die $z_c = R_w(\cos\gamma - 1)$ zeigt, wie weit das Zentrum des Rades absinkt, wenn das Rad angestellt wird. Wenn das Rad nicht lenkbar ist, dann ist $\delta = 0$, und die Transformationsmatrix ${}^{C}T_W$ reduziert sich auf:

$$
{}^{C}T_W = \begin{bmatrix} 1 & 0 & 0 & 0 \\ 0 & \cos\gamma & -\sin\gamma & -R_w \sin\gamma \\ 0 & \sin\gamma & \cos\gamma & R_w(\cos\gamma - 1) \\ 0 & 0 & 0 & 1 \end{bmatrix} \tag{7.67}
$$

das zeigt:

$$
\begin{aligned}
{}^{C}\mathbf{r}_P &= {}^{C}T_W \, {}^{W}\mathbf{r}_P \\
&= \begin{bmatrix} x_P \\ y_P \cos\gamma - R_w \sin\gamma - z_P \sin\gamma \\ z_P \cos\gamma + y_P \sin\gamma + R_w(\cos\gamma - 1) \\ 1 \end{bmatrix}
\end{aligned} \tag{7.68}
$$

Beispiel 342 ⋆ *Transformation vom Reifen- zum Fahrzeug-Koordinatensystem*

Abb. 7.54 veranschaulicht das erste und vierte Rad eines Vierrad-Fahrzeugs. Es gibt ein körperfestes Koordinatensystem $B(x, y, z)$, das am Massenmittelpunkt C des Fahrzeugs befestigt ist. Es gibt auch zwei Reifen-Koordinatensysteme $T_1\left(x_{t_1}, y_{t_1}, z_{t_1}\right)$ und $T_4\left(x_{t_4}, y_{t_4}, z_{t_4}\right)$, die an den Reifen 1 und 4 am Zentrum ihrer Reifenspuren befestigt sind.

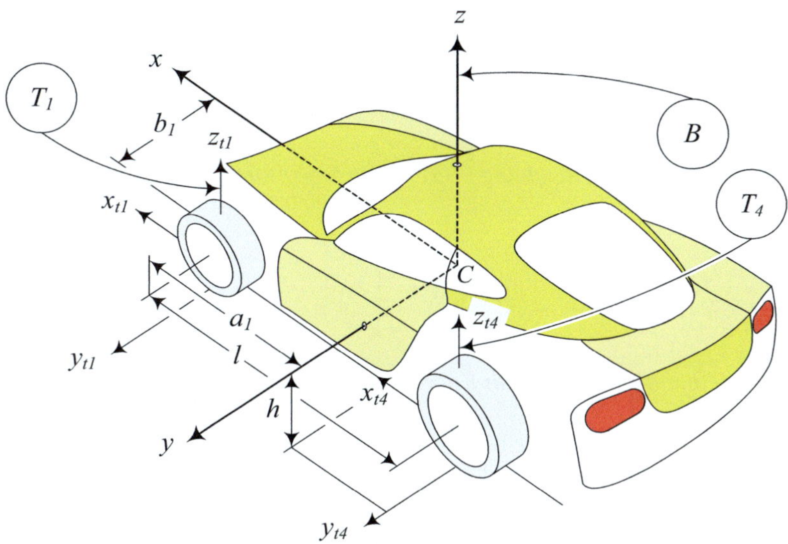

Abb. 7.54 Die Koordinatensysteme des ersten und vierten Reifens eines Vierrad-Fahrzeugs in Bezug auf das körperfeste Koordinatensystem

Der Ursprung des Reifen-Koordinatensystems T_1 befindet sich bei ${}^B\mathbf{d}_{1:}$

$$
{}^B\mathbf{d}_{T_1} = \begin{bmatrix} a_1 \\ b_1 \\ -h \end{bmatrix} \tag{7.69}
$$

wobei a_1 der Längsabstand zwischen C und der Vorderachse ist, b_1 der seitliche Abstand zwischen C und der Reifenspur des Reifens 1 und h die Höhe von C vom Bodenniveau. Wenn P ein Punkt im Reifen-Koordinatensystem bei ${}^{T_1}\mathbf{r}_P$ ist:

$$
{}^{T_1}\mathbf{r}_P = \begin{bmatrix} x_P \\ y_P \\ z_P \end{bmatrix} \tag{7.70}
$$

dann sind seine Koordinaten im körperfesten Koordinatensystem:

$$
\begin{aligned}
{}^B\mathbf{r}_P &= {}^B R_{T_1}\, {}^{T_1}\mathbf{r}_P + {}^B\mathbf{d}_{T_1} \\
&= \begin{bmatrix} x_P \cos\delta_1 - y_P \sin\delta_1 + a_1 \\ y_P \cos\delta_1 + x_P \sin\delta_1 + b_1 \\ z_P - h \end{bmatrix}
\end{aligned} \tag{7.71}
$$

Die Transformationsmatrix ${}^B R_{T_1}$ ist ein Ergebnis des Lenkens um die z_1-Achse:

$$
{}^{B}R_{T_1} = \begin{bmatrix} \cos\delta_1 & -\sin\delta_1 & 0 \\ \sin\delta_1 & \cos\delta_1 & 0 \\ 0 & 0 & 1 \end{bmatrix} \tag{7.72}
$$

Unter Verwendung der Gleichung (7.37) können wir einen Radpunkt P bei ${}^{W}\mathbf{r}_{P}$

$$
{}^{W}\mathbf{r}_{P} = \begin{bmatrix} x_P \\ y_P \\ z_P \end{bmatrix} \tag{7.73}
$$

untersuchen und die körperfesten Koordinaten des Punktes finden:

$$
\begin{aligned}
B\mathbf{r}_P &= {}^{B}R_{T_1}\,{}^{T_1}\mathbf{r}_P + {}^{B}\mathbf{d}_{T_1} \\
&= {}^{B}R_{T_1}\left(T_1 R_W\,{}^{W}\mathbf{r}_P + {}^{T_1}\mathbf{d}_W\right) + {}^{B}\mathbf{d}_{T_1} \\
&= {}^{B}R_{T_1}\,{}^{T_1}R_W\,{}^{W}\mathbf{r}_P + {}^{B}R_{T_1}\,{}^{T_1}\mathbf{d}_W + {}^{B}\mathbf{d}_{T_1} \\
&= {}^{B}R_W\,{}^{W}\mathbf{r}_P + {}^{B}R_{T_1}\,{}^{T_1}\mathbf{d}_W + {}^{B}\mathbf{d}_{T_1}
\end{aligned} \tag{7.74}
$$

$$
{}^{B}\mathbf{r}_P = \begin{bmatrix} x_P\cos\delta_1 - y_P\cos\gamma\sin\delta_1 + (R_w + z_P)\sin\gamma\sin\delta_1 + a_1 \\ x_P\sin\delta_1 + y_P\cos\gamma\cos\delta_1 - (R_w + z_P)\cos\delta_1\sin\gamma + b_1 \\ (R_w + z_P)\cos\gamma + y_P\sin\gamma - h \end{bmatrix} \tag{7.75}
$$

wobei:

$$
\begin{aligned}
{}^{B}R_W &= {}^{B}R_{T_1}\,{}^{T_1}R_W \\
&= \begin{bmatrix} \cos\delta_1 & -\cos\gamma\sin\delta_1 & \sin\gamma\sin\delta_1 \\ \sin\delta_1 & \cos\gamma\cos\delta_1 & -\cos\delta_1\sin\gamma \\ 0 & \sin\gamma & \cos\gamma \end{bmatrix}
\end{aligned} \tag{7.76}
$$

$$
{}^{T_1}\mathbf{d}_W = \begin{bmatrix} 0 \\ -R_w\sin\gamma \\ R_w\cos\gamma \end{bmatrix} \tag{7.77}
$$

Beispiel 343 ⋆ *Transformation vom Radkörper- zum Fahrzeug-Koordinatensystem.*

Das Radkörper-Koordinatensystem ist immer parallel zum Fahrzeug-Koordinatensystem. Der Ursprung des Radkörper-Koordinatensystems des Rades Nummer 1 befindet sich bei:

$$
{}^{B}\mathbf{d}_{W_1} = \begin{bmatrix} a_1 \\ b_1 \\ -h + R_w \end{bmatrix} \tag{7.78}
$$

Daher ist die Transformation zwischen den beiden -Koordinatensystemen nur eine Verschiebung:

$$^{B}\mathbf{r} = {}^{B}\mathbf{I}_{W_1}\, {}^{W_1}\mathbf{r} + {}^{B}\mathbf{d}_{W_1} \tag{7.79}$$

7.6 Zusammenfassung

Es gibt zwei allgemeine Arten von Aufhängungen: *abhängig*, bei denen die linken und rechten Räder auf einer Achse starr verbunden sind, und *unabhängig*, bei denen die linken und rechten Räder getrennt sind. Die starre Achse ist die gebräuchlichste abhängige Aufhängung, während McPherson und Doppelquerlenker die gebräuchlichsten unabhängigen Aufhängungen sind.

Die *Rollachse* ist die momentane Linie, um die die Karosserie eines Fahrzeugs rollt. Die Rollachse findet man, indem man das *Rollzentrum* der vorderen und hinteren Aufhängungen des Fahrzeugs verbindet. Das momentane Zentrum der Rotation eines Rades in Bezug auf die Karosserie wird als *Aufhängungsrollzentrum* bezeichnet. Um das Rollzentrum der vorderen oder hinteren Hälfte eines Autos zu finden, sollten wir die Aufhängungsrollzentren bestimmen und den Schnittpunkt der Linien finden, die die Aufhängungsrollzentren mit dem Zentrum ihrer zugehörigen Reifenlatsche verbinden.

Drei Koordinatensysteme werden verwendet, um die Ausrichtung eines Reifens und Rades in Bezug auf den Fahrzeugkörper auszudrücken: das Rad-Koordinatensystem W, das Radkörper-Koordinatensystem C und das Reifen-Koordinatensystem T. Ein Rad-Koordinatensystem $W(x_w, y_w, z_w)$ ist am Zentrum eines Rades befestigt. Es folgt jeder Translation und Rotation des Rades außer der Drehung. Daher sind die Achsen x_w und z_w immer in der Reifenebene, während die y_w-Achse immer entlang der Drehachse ist. Wenn das Rad gerade und das W-System parallel zum Fahrzeugkoordinatensystem ist, befestigen wir ein Radkörper-Koordinatensystem $C(x_c, y_c, z_c)$ am Zentrum des Rades parallel zu den Fahrzeugkoordinatenachsen. Das Radkörper-System C ist in Bezug auf die Fahrzeugkoordinate unbeweglich und folgt keiner Bewegung des Rades. Das Reifen-Koordinatensystem $T(x_t, y_t, z_t)$ ist am Zentrum des Reifenlatsches gesetzt. Die z_t-Achse ist immer senkrecht zum Boden. Die x_t-Achse liegt entlang der Schnittlinie der Reifenebene und dem Boden. Das Reifen-Koordinatensystem folgt nicht den Dreh- und Sturz-Rotationen des Reifens; es folgt jedoch der Lenkwinkelrotation um die z_c-Achse.

7.7 Schlüsselsymbole

a, b, c, d	Längen der Glieder eines Gelenkvierecks
a_i	Abstand der Achsnummer i vom Massenmittelpunkt
$A, B, \cdots$	Koeffizienten in der Gleichung zur Berechnung von θ_3
b_1, b_2	Abstand der linken und rechten Räder vom Massenmittelpunkt
$B(x, y, z)$	Fahrzeugkoordinatensystem
C	Mittelpunkt der Masse, Kupplungspunkt
$C(x_c, y_c, z_c)$	Radkörper-Koordinatensystem
${}^C_T\mathbf{d}_W$	C-Ausdruck der Position von W in Bezug auf T
d	radialer Abstand vom Zentrum eines Rades
e, α	Polar-Koordinaten eines Kupplungspunktes
g	Überhang, Gravitationsbeschleunigung
$\mathbf{g}$	Vektor der Gravitationsbeschleunigung
h	Höhe des Massenzentrums
$h = z - z_0$	vertikale Verschiebung des Radzentrums
h_r	Rollhöhe
H	Absenkung des Radzentrums
I_{ij}	sofortiges Drehzentrum zwischen Verbindung i und Verbindung j
$\overline{I_{ij}I_{mn}}$	eine Linie, die I_{ij} und I_{mn} verbindet
$\hat{I}, \hat{J}, \hat{K}$	Einheitsvektoren des Radkörper-Koordinatensystems C
$\mathbf{I}$	Einheitsmatrix
$J_1, J_2, \cdots$	Längenfunktion zur Berechnung von θ_3
k	Steifigkeit, Federsteifigkeit
k_f	Federsteifigkeit der Vorderräder
k_i	Federsteifigkeit des Rades Nummer i
k_r	Federsteifigkeit des Hinterrades Nummer i
k_ϕ	Rollsteifigkeit
l	Radstand
$\hat{l}_c$	Einheitsvektor auf der Linie (x_T, y_T, z_T) zu (x_W, y_W, z_W)
m	Masse
m_s	gefederte Masse
m_u	ungefederte Masse
M	Moment
$\hat{n}_1$	Normalen-Einheitsvektor zu $\boldsymbol{\pi}_L$
$\hat{n}_2$	Normalen-Einheitsvektor zu $\boldsymbol{\pi}_C$
P	Punkt
q, p, f	Parameter zur Berechnung des Koppelpunktkoordinaten
$\mathbf{r}$	Ortsvektor
R	Krümmungsradius der Straße, Drehradius
R_w	Reifenradius
${}^TR_W$	Rotationsmatrix, um vom W- zum T-Koordinatensystem zu gelangen

$\mathbf{s}$	Ortsvektor der Lenkachse
s_a	vorwärts gerichtete Position der Lenkachse
s_b	seitliche Position der Lenkachse
$\check{s}_W(0, \delta, \hat{u}, \mathbf{s})$	Null-Pitch-Schraube um die Lenkachse
$T(x_t, y_t, z_t)$	Reifen-Koordinatensystem
${}^T T_W$	homogene Transformation, um von W zu T zu gelangen
u_1, u_2, u_3	Komponenten von $\hat{u}$
$\hat{u}$	Einheitsvektor der Lenkachse
$\tilde{u}$	schief-symmetrische Matrix, die mit $\hat{u}$ verbunden ist
$\mathbf{u}_C$	Ortsvektor des Kupplungspunktes
$\hat{u}_z$	Einheitsvektor in der z-Richtung
v, v_x	Vorwärtsgeschwindigkeit
$\text{vers}\delta$	$1 - \cos\delta$
w	Spur
$W(x_w y_w z_w)$	Rad-Koordinatensystem
x, y	Federungskoordinatensystem
x_C, y_C	Koordinate eines Kupplungspunktes
x_T, y_T, z_T	Radkörper-Koordinaten des Ursprungs des T-Koordinatensystems
x_W, y_W, z_W	Radkörper-Koordinaten des Ursprungs des W-Koordinatensystems
$W(x_w y_w z_w)$	Rad-Koordinatensystem
z	vertikale Position des Radzentrums
z_0	anfängliche vertikale Position des Radzentrums
α	Winkel eines Kupplungspunktes mit oberem Doppelquerlenker
γ	Sturzwinkel
δ	Lenkwinkel
$\varepsilon = m_s/m_u$	Verhältnis von gefederter zu ungefederter Masse
θ	Schräglage
θ_0	Winkel zwischen dem Bodenglied und der z-Richtung
θ_i	Winkelposition des Glieds Nummer i
θ_2	Winkelposition des oberen Doppelquerlenkers
θ_3	Winkelposition des Kupplungsglieds
θ_4	Winkelposition des unteren Doppelquerlenkers
θ_{i0}	anfängliche winklige Position von θ_i
$\boldsymbol{\pi}_C$	Lenkerebene
$\boldsymbol{\pi}_L$	Neigungsebene
υ	Spurversatzwinkel
ϕ	Rollwinkel, Lenkwinkel, Drehwinkel
φ	Bankwinkel
ω	Winkelgeschwindigkeit
ϕ_c	kritischer Rollwinkel

Übungen

1. Rollzentrum
   Bestimmen Sie das Rollzentrum der kinematischen Modelle von Fahrzeugen, die in den Abb. 7.55, 7.56, 7.57, 7.58 dargestellt sind.
2. Oberer Doppelquerlenker und Rollzentrum
   Gestalten Sie den oberen Doppelquerlenker für die Aufhängungen, die in den Abb. 7.59, 7.60, 7.61 dargestellt sind, sodass das Rollzentrum des Fahrzeugs am Punkt P liegt.
3. Unterer Querlenker und Rollzentrum
   Gestalten Sie den unteren Querlenker für die McPherson-Aufhängungen, die in den Abb. 7.62, 7.63, 7.64 dargestellt sind, sodass das Rollzentrum des Fahrzeugs am Punkt P liegt.
4. ⋆ Position des Rollzentrums und des Massenzentrums
   Abb. 7.65 zeigt die Räder und das Massenzentrum C eines Fahrzeugs.
   Gestalten Sie eine Doppelquerlenker-Aufhängung so, dass das Rollzentrum des Fahrzeugs

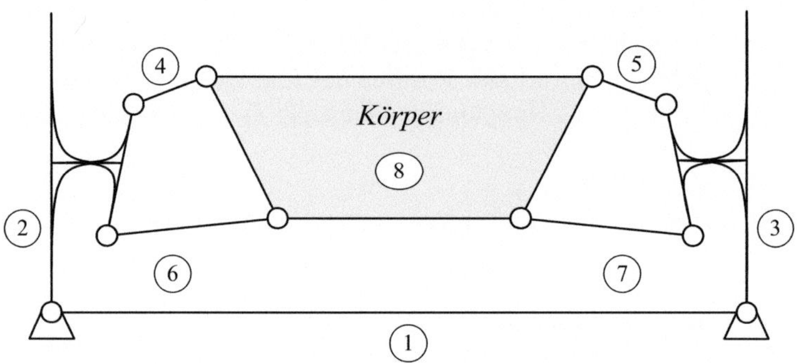

Abb. 7.55 Eine Doppelquerlenker-Aufhängung

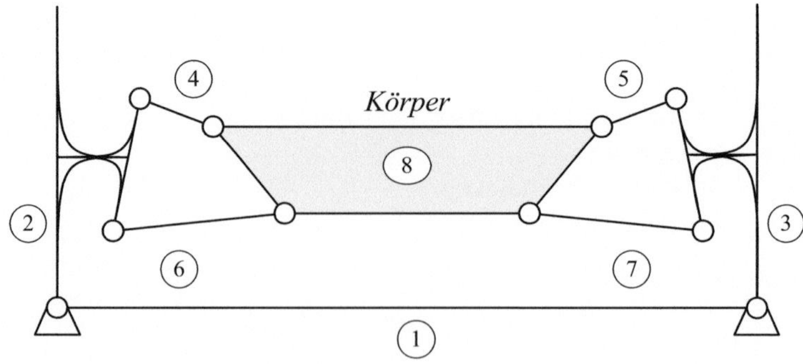

Abb. 7.56 Eine Doppelquerlenker-Aufhängung

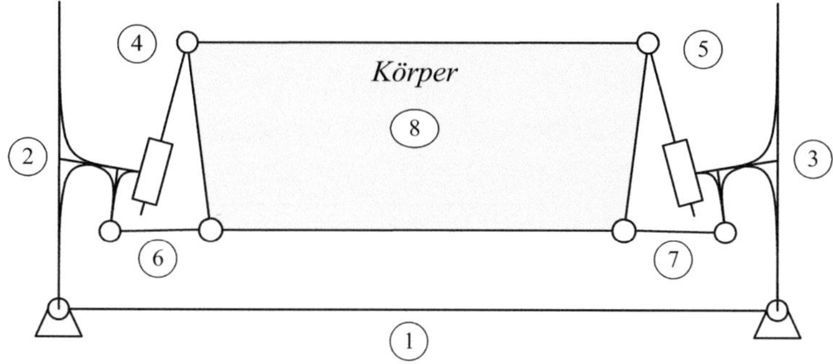

Abb. 7.57 Eine McPherson-Aufhängung

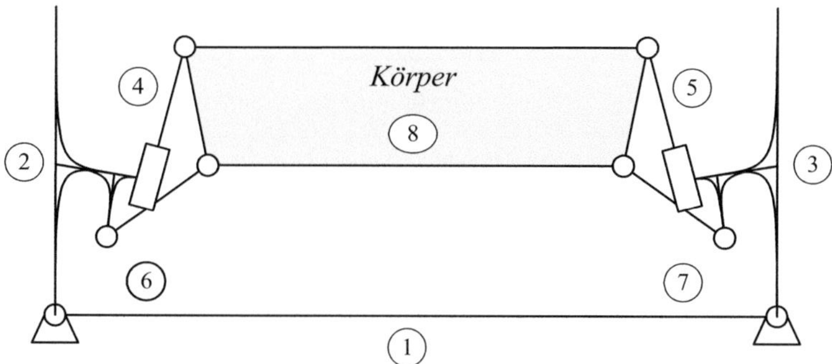

Abb. 7.58 Eine McPherson-Aufhängung

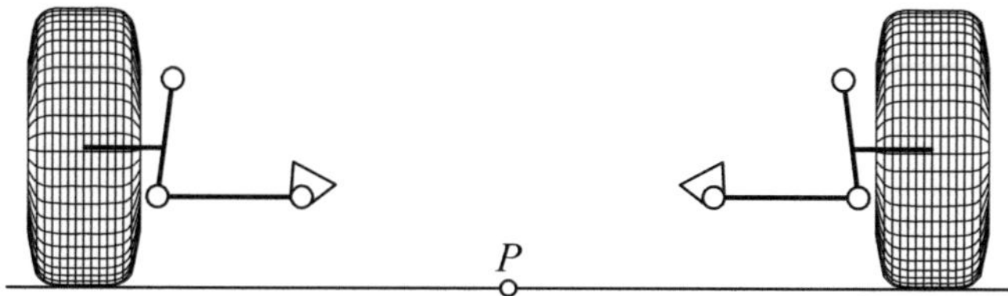

Abb. 7.59 Eine Doppelquerlenker-Aufhängung

(a) über C liegt,
(b) auf C liegt,
(c) unter C liegt.
(d) Ist es möglich, Straßenfahrzeuge mit einem Rollzentrum auf oder über C zu bauen?
(e) Was wären die Vor- oder Nachteile eines Rollzentrums auf oder über C?

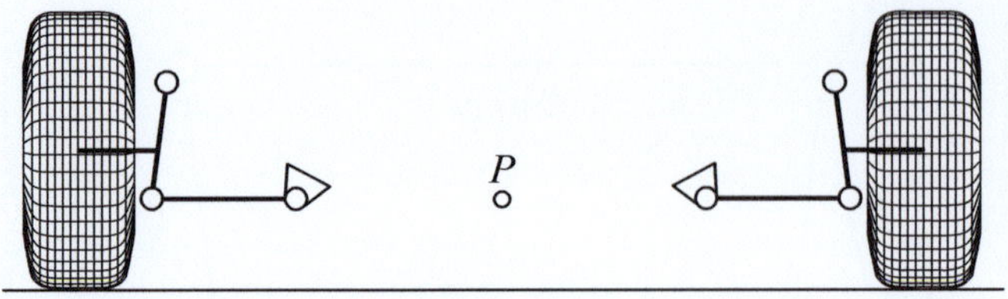

Abb. 7.60 Eine Doppelquerlenker-Aufhängung

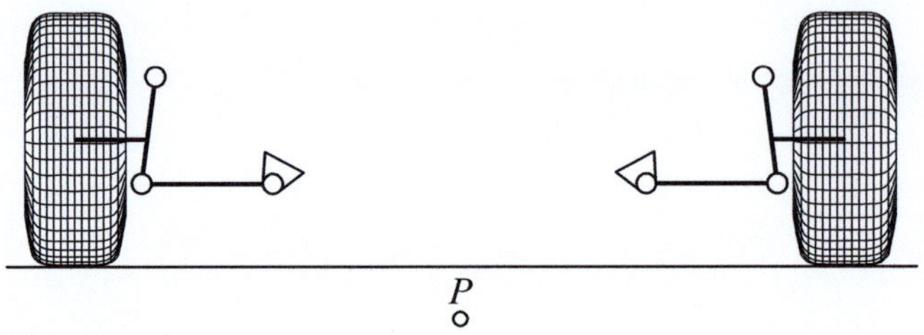

Abb. 7.61 Eine Doppelquerlenker-Aufhängung

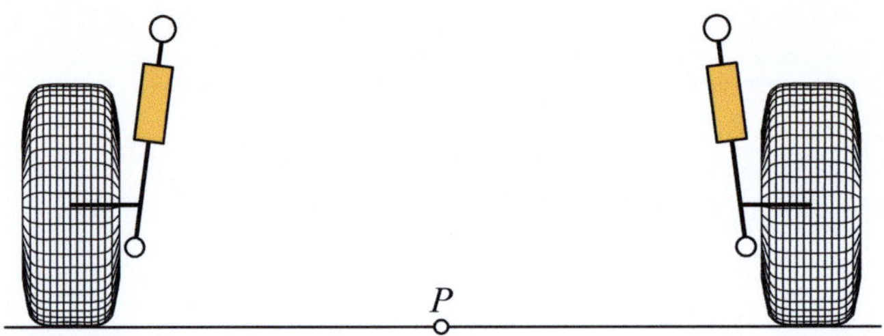

Abb. 7.62 Eine McPherson-Aufhängung

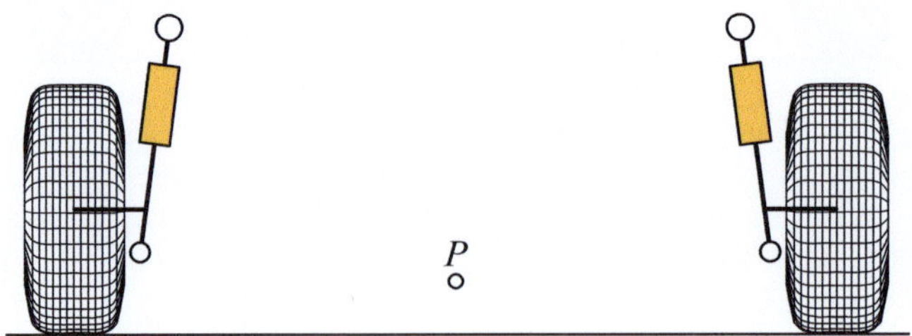

Abb. 7.63 Eine McPherson-Aufhängung

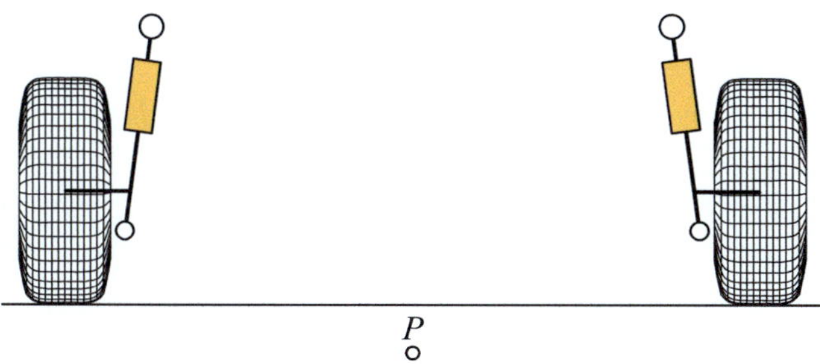

Abb. 7.64 Eine McPherson-Aufhängung

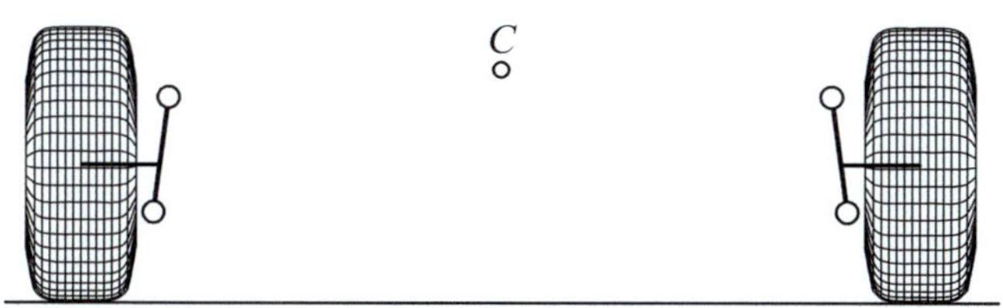

Abb. 7.65 Eine Doppelquerlenker-Aufhängung

5. Asymmetrische Position des Rollzentrums
   Gestalten Sie Doppelquerlenker-Aufhängungen für das in Abb. 7.66 dargestellte Fahrzeug, sodass das Rollzentrum des Fahrzeugs am Punkt P liegt. Was wären die Vor- oder Nachteile eines asymmetrischen Rollzentrums?
6. ⋆ Variation des Sturzwinkels
   Betrachten Sie eine Doppelquerlenker-Aufhängung, wie sie in Abb. 7.67 gezeigt ist.
   Nehmen Sie folgende Abmessungen des äquivalenten kinematischen Modells an:

$$a = 22{,}57\,\text{cm} \qquad b = 18{,}88\,\text{cm} \qquad c = 29{,}8\,\text{cm} \qquad d = 24{,}8\,\text{cm}$$
$$\theta_0 = 23{,}5\,\text{deg}$$

   Der Kupplungspunkt C ist bei:

$$e = 14{,}8\,\text{cm} \qquad \alpha = 56{,}2\,\text{deg}$$

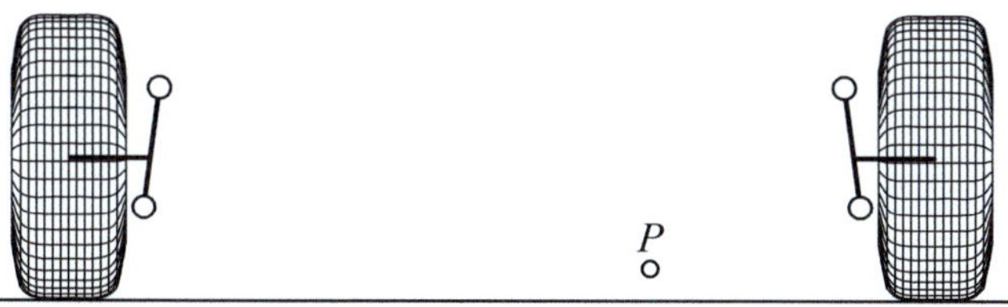

Abb. 7.66 Eine Doppelquerlenker-Aufhängung

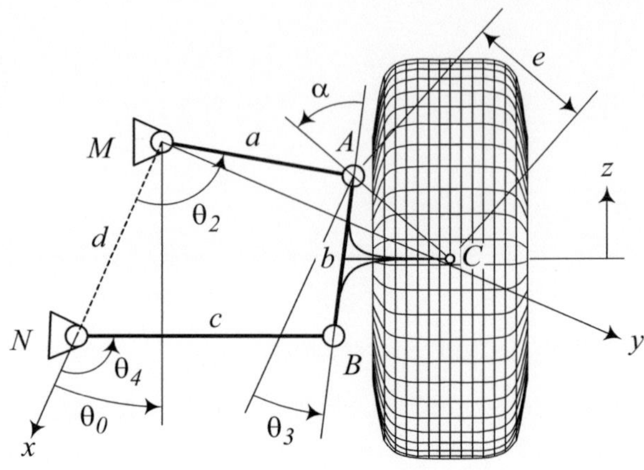

Abb. 7.67 Kinematik einer Doppelquerlenker-Aufhängung

Zeichnen Sie ein Diagramm, um die Variation des Sturzwinkels zu zeigen, wenn das Rad auf und ab bewegt wird.

7. ⋆ Einheitsvektor der Lenkachse
   Bestimmen Sie den C-Ausdruck des Einheitsvektors $\hat{u}$ auf der Lenkachse für einen Nachlaufwinkel $\varphi = 15\,\text{deg}$ und einen Schrägstellungswinkel $\theta = 8\,\text{deg}$.
8. ⋆ Ortsvektor und Lenkachse
   Bestimmen Sie den Ortsvektor $\mathbf{s}$, wenn die Lenkachse durch das Radzentrum verläuft. Die Nachlauf- und Schrägstellungswinkel sind $\varphi = 10\,\text{deg}$ und $\theta = 0\,\text{deg}$.
9. ⋆ Homogene Transformationsmatrix ${}^{C}T_{W}$
   Bestimmen Sie ${}^{C}T_{W}$ für $\varphi = 8\,\text{deg}$, $\theta = 12\,\text{deg}$ und den Ortsvektor ${}^{C}\mathbf{s}$

$$ {}^{C}\mathbf{s} = \begin{bmatrix} 3{,}8\,\text{cm} & 1{,}8\,\text{cm} & -R_w \end{bmatrix}^T $$

   (a) Das Fahrzeug verwendet einen Reifen 235⁄35ZR19.
   (b) Das Fahrzeug verwendet einen Reifen P215⁄65R15 96H.
10. ⋆ Radabfall
   Finden Sie die Koordinaten des Reifenlatsches für:

$$ \varphi = 10\,\text{deg} \qquad \theta = 10\,\text{deg} \qquad {}^{C}\mathbf{s} = \begin{bmatrix} 3{,}8\,\text{cm} & 1{,}8\,\text{cm} & 38\,\text{cm} \end{bmatrix} $$

   wenn $\delta = 18\,\text{deg}$. Wie groß ist der Radabfall H.
11. ⋆ Radabfall und Lenkwinkel
   Zeichnen Sie ein Diagramm, um den Radabfall H bei verschiedenen Lenkwinkeln δ für die in Übung 10 gegebenen Daten zu zeigen.

12. ⋆ Sturz und Lenkung
Zeichnen Sie ein Diagramm, um den Sturzwinkel γ bei verschiedenen Lenkwinkeln δ für die folgenden Eigenschaften zu zeigen:

$$\varphi = 10\,\text{deg} \qquad \theta = 0\,\text{deg} \qquad {}^{C}\mathbf{s} = \begin{bmatrix} 3,8\,\text{cm} & 0\,\text{cm} & 38\,\text{cm} \end{bmatrix}$$

13. ⋆ Parallelogrammfederung
Wenn die Doppelquerlenker-Federung geometrisch durch ein Parallelogramm gebildet wird, bleibt das Rad immer senkrecht zur Straße. Dies ist das beste Design, um einen gleichmäßigen Reifenverschleiß zu erreichen.
Eine Parallelogrammfederung hat jedoch eine variable Spur, wenn sich die Last des Autos ändert oder das Rad auf und ab bewegt. Die maximale Spur eines Fahrzeugs mit einer solchen Federung tritt auf, wenn die oberen und unteren Arme der Federung parallel zum Boden sind, wie in Abb. 7.68 dargestellt.
Berechnen und zeigen Sie die Spuränderungen der Federung für $z = \pm 25$ cm.
14. ⋆ Spurwechsel-Federung
Wenn die Ruheposition einer Parallelogrammfederung wie in Abb. 7.69 dargestellt ist, dann wird die Spur des Autos durch Erhöhung der Last des Autos zunehmen. Eine breitere Spur erhöht die Stabilität des Autos, sodass eine solche Federung gut funktioniert. Berechnen und zeigen Sie die Spuränderungen der Federung für $z = \pm 25$ cm, wenn der Anfangswert von $\theta_2 = \theta_4 = 75$ deg ist.

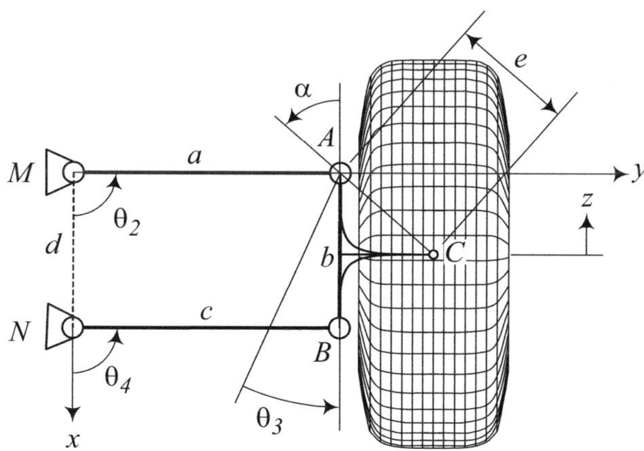

Abb. 7.68 Eine Parallelogramm-Doppelquerlenker-Federung

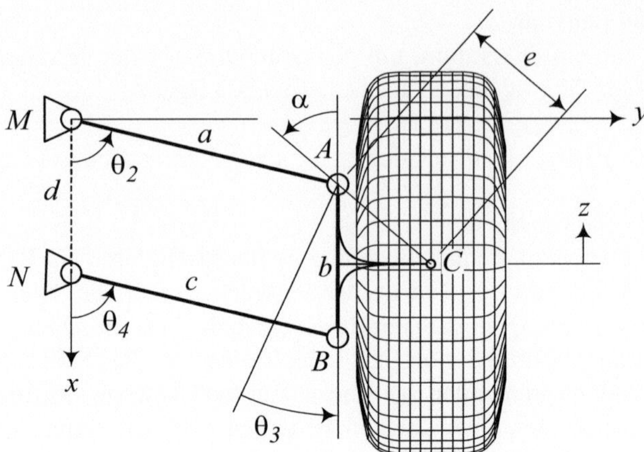

Abb. 7.69 Eine geneigte Parallelogramm-Doppelquerlenker-Federung

Teil III
Fahrzeugdynamik

Kapitel 8
⋆ Angewandte Dynamik

Die Dynamik eines starren Fahrzeugs kann als Bewegung eines starren Körpers in Bezug auf ein festes globales Koordinatensystem betrachtet werden. Die Prinzipien der Dynamik sowie die Bewegungsgleichungen von Newton und Euler, die die translatorische und rotatorische Bewegung des starren Körpers beschreiben, werden in diesem Kapitel wiederholt.

8.1 Elemente der Dynamik

In diesem Abschnitt werden wir uns noch einmal die Definition der Elemente ansehen, die in der Dynamik verwendet werden.

8.1.1 Kraft und Moment

In der Newton'schen Dynamik können die auf ein System verbundener starrer Körper wirkenden Kräfte in *interne* und *externe Kräfte* unterteilt werden. Interne Kräfte wirken zwischen verbundenen Körpern und externe Kräfte wirken von außerhalb des Systems. Eine externe Kraft kann eine *Kontaktkraft* sein, wie zum Beispiel die Traktionskraft am Reifenlatsch eines Antriebsrades, oder eine Volumenkraft, wie zum Beispiel die Gravitationskraft auf den Fahrzeugkörper.

Die externen Kräfte und Momente werden als *Last* bezeichnet, und eine Gruppe von Kräften und Momenten, die auf einen starren Körper wirken, wie zum Beispiel Kräfte und Momente auf das in Abb. 8.1 gezeigte Fahrzeug, wird als *Kraftsystem* bezeichnet. Die *resultierende* oder *Gesamtkraft* **F** ist die vektorielle Summe aller auf einen Körper wirkenden externen Kräfte, und das *resultierende* oder *Gesamtmoment* **M** ist die vektorielle Summe aller Momente der externen Kräfte:

R. N. Jazar, *Fahrzeugdynamik*, https://doi.org/10.1007/978-3-031-53244-3_8

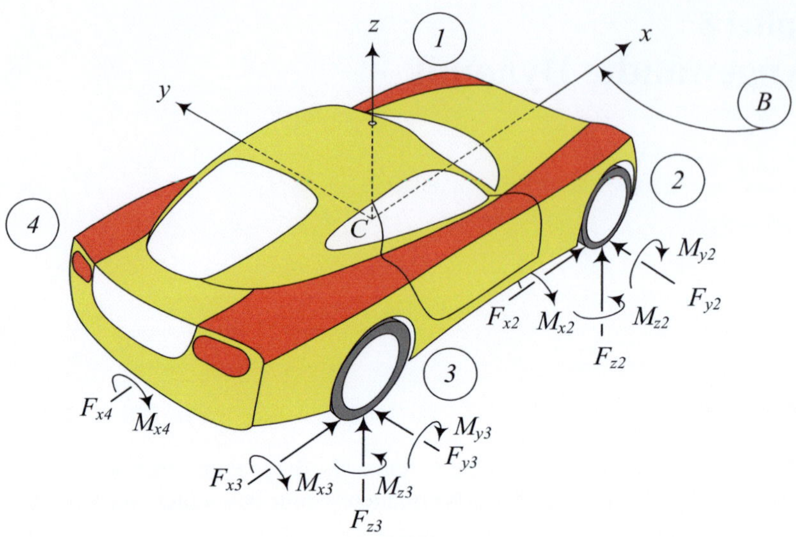

Abb. 8.1 Das Kraftsystem eines Fahrzeugs sind die aufgebrachten Kräfte und Momente am Reifenlatsch

$$\mathbf{F} = \sum_i \mathbf{F}_i \tag{8.1}$$

$$\mathbf{M} = \sum_i \mathbf{M}_i \tag{8.2}$$

Betrachten Sie eine Kraft **F**, die auf einen Punkt P bei $\mathbf{r}_P$ wirkt. Das *Moment der Kraft* um eine gerichtete Linie l mit Einheitsvektor $\hat{u}$, die durch den Ursprung verläuft, ist:

$$\mathbf{M}_l = \hat{u} \cdot (\mathbf{r}_P \times \mathbf{F}) \tag{8.3}$$

Das Moment der Kraft **F** um einen Punkt Q bei $\mathbf{r}_Q$ ist:

$$\mathbf{M}_Q = \left(\mathbf{r}_P - \mathbf{r}_Q\right) \times \mathbf{F} \tag{8.4}$$

also ist das Moment von **F** um den Ursprung:

$$\mathbf{M} = \mathbf{r}_P \times \mathbf{F} \tag{8.5}$$

Das Moment einer Kraft kann auch als *Drehmoment* oder *Moment* bezeichnet werden.

Die Wirkung eines Kraftsystems entspricht der Wirkung der resultierenden Kraft und des resultierenden Moments des Kraftsystems. Zwei Kraftsysteme sind äquivalent, wenn ihre resultierenden Kräfte und resultierenden Momente gleich sind. Wenn die resultierende Kraft eines Kraftsystems null ist, ist das resultierende Moment des Kraftsystems unabhängig vom Ursprung des Koordinatensystems. Ein solches resultierendes Moment wird als *Kräftepaar* bezeichnet.

Wenn ein Kraftsystem auf eine resultierende Kraft $\mathbf{F}_P$ und ein resultierendes Moment $\mathbf{M}_P$ bezogen auf einen Referenzpunkt P reduziert wird, können wir den Referenzpunkt auf einen anderen Punkt Q ändern und die neuen Resultierenden bezeichnen als:

$$\mathbf{F}_Q = \mathbf{F}_P \tag{8.6}$$

$$\mathbf{M}_Q = \mathbf{M}_P + \left(\mathbf{r}_P - \mathbf{r}_Q\right) \times \mathbf{F}_P = \mathbf{M}_P + {}_Q\mathbf{r}_P \times \mathbf{F}_P \tag{8.7}$$

8.1.2 Impuls

Der *Impuls* eines sich bewegenden starren Körpers ist eine Vektorgröße, die gleich der Gesamtmasse des Körpers multipliziert mit der Translationsgeschwindigkeit des Massenschwerpunktes des Körpers ist:

$$\mathbf{p} = m\mathbf{v} \tag{8.8}$$

Der Impuls $\mathbf{p}$ wird auch *Translationsimpuls* oder *linearer Impuls* genannt.

Betrachten Sie einen starren Körper mit Impuls $\mathbf{p}$. Das *Impulsmoment* $\mathbf{L}$ um eine gerichtete Linie l mit Richtungseinheitsvektor $\hat{u}$ durch den Ursprung ist:

$$\mathbf{L}_l = \hat{u} \cdot (\mathbf{r}_C \times \mathbf{p}) \tag{8.9}$$

wobei $\mathbf{r}_C$ der Ortsvektor des Massenschwerpunktes C ist. Das Impulsmoment um den Ursprung ist:

$$\mathbf{L} = \mathbf{r}_C \times \mathbf{p} \tag{8.10}$$

Das Impulsmoment $\mathbf{L}$ wird auch *Drehimpuls* genannt.

8.1.3 Vektoren

Ein Vektor drückt jede physikalische Größe aus, die durch einen gerichteten Abschnitt einer Geraden mit einem Startpunkt, wie O, und einem Endpunkt, wie P, dargestellt werden kann. Ein Vektor kann durch ein geordnetes Paar von Punkten mit einem Pfeil, wie $\overrightarrow{OP}$, dargestellt werden. Daher zeigt ein Zeichen $\overrightarrow{PP}$ einen Nullvektor am Punkt P an. Ein Vektor kann bis zu fünf Eigenschaften haben: *Länge, Achse, Endpunkt, Richtung, physikalische Größe.* Allerdings sind die Länge und die Richtung für jeden Vektor notwendig.

1. *Länge.* Die Länge eines Vektors entspricht dem Betrag der physikalischen Größe, die der Vektor darstellt.
2. *Achse.* Die gerade Linie, auf der der Vektor sitzt, ist die Achse des Vektors. Die Vektorachse wird auch als *Wirkungslinie* bezeichnet.

3. *Endpunkt.* Ein Start- oder Endpunkt, genannt der *Wirkpunkt,* zeigt den Punkt an, an dem der Vektor angewendet wird.
4. *Richtung.* Die Richtung eines Vektors zeigt an, in welche Richtung auf der Achse der Vektor zeigt.
5. *Physikalische Größe.* Jeder Vektor stellt eine physikalische Größe dar. Wenn eine physikalische Größe durch einen Vektor dargestellt werden kann, wird sie als *vektorielle physikalische Größe* bezeichnet. Der Betrag der Größe ist proportional zur Länge des Vektors. Obwohl ein Vektor dimensionslos sein kann, ist ein Vektor, der keine physikalische Größe darstellt, bedeutungslos.

Abhängig von der physikalischen Größe und Anwendung gibt es sieben Arten von Vektoren: *vecpoint, vecline, vecface, vecfree, vecpoline, vecpoface, pecporee.*

1. *Vecpoint.* Wenn alle Vektoreigenschaften; Länge, Achse, Endpunkt, Richtung und physikalische Größe; angegeben sind, wird der Vektor als *beschränkter Vektor*, *Punktvektor* oder *Vecpoint* bezeichnet. Ein solcher Vecpoint ist an einem Punkt fixiert und nicht beweglich.
2. *Vecline.* Wenn der Wirkungspunkt eines Vektors nicht auf der Achse fixiert ist, wird der Vektor als *gleitender Vektor, Linienvektor,* oder *Vecline* bezeichnet. Ein Vecline kann frei auf seiner Achse gleiten.
3. *Vecface.* Wenn sich der Wirkungspunkt eines Vektors auf einer Fläche bewegen kann, während der Vektor parallel zu sich selbst verschoben wird, wird der Vektor als *Flächenvektor* oder *Vecface* bezeichnet. Wenn die Fläche eine Ebene ist, dann ist der Vektor ein *Ebenenvektor* oder *Veclane.*
4. *Vecfree.* Wenn die Achse eines Vektors nicht fixiert ist, wird der Vektor als *freier Vektor, Richtungsvektor,* oder *Vecfree* bezeichnet. Ein Vecfree kann sich parallel zu sich selbst zu jedem Punkt eines bestimmten Raums bewegen, während seine Richtung beibehalten wird.
5. *Vecpoline.* Wenn der Startpunkt eines Vektors fixiert ist, während der Endpunkt auf einer Linie gleiten kann, ist der Vektor ein *Punkt-Linien-Vektor* oder *Vecpoline*. Ein Vecpoline hat eine variable Länge und Ausrichtung. Wenn jedoch die Start- und Endpunkte eines Vecpoline auf der gleitenden Linie liegen, ist seine Ausrichtung konstant.
6. *Vecpoface.* Wenn der Startpunkt eines Vektors fixiert ist, während der Endpunkt auf einer Fläche gleiten kann, ist der Vektor ein *Punkt-Flächen-Vektor* oder *Vecpoface*. Ein Vecpoface hat eine variable Länge und Ausrichtung. Wenn die Fläche eine Ebene ist, wird der Vektor als *Punkt-Ebenen-Vektor* oder *Vecpolane* bezeichnet. Der Startpunkt eines Vecpoface kann auch auf der gleitenden Fläche liegen.
7. *Vecporee.* Wenn der Startpunkt eines Vektors fixiert ist und der Endpunkt sich irgendwo in einem bestimmten Raum bewegen kann, wird der Vektor als *Punkt-freier Vektor* oder *Vecporee* bezeichnet. Ein Vecporee hat eine variable Länge und Ausrichtung.

Zwei Vektoren sind nur dann vergleichbar, wenn sie die gleiche physikalische Größe darstellen und im gleichen Koordinatensystem ausgedrückt werden. Zwei

Vektoren sind gleich, wenn sie vergleichbar sind und den gleichen Typ haben und die gleichen Eigenschaften aufweisen. Zwei Vektoren sind äquivalent, wenn sie vergleichbar und vom gleichen Typ sind und gegenseitig ersetzt werden können.

Vektoren können nur dann addiert werden, wenn sie koaxial sind. Falls die Vektoren nicht koaxial sind, muss der zerlegte Ausdruck der Vektoren verwendet werden, um die Vektoren zu addieren.

Kraft ist ein gleitender Vektor, und Kräftepaar und Moment sind freie Vektoren.

8.1.4 Bewegungsgleichung

Die Anwendung eines Kraftsystems wird durch *Newtons zweites und drittes Gesetz der Bewegung* klar. Das zweite Gesetz der Bewegung, auch als *Newtons Bewegungsgleichung* bezeichnet, besagt, dass der Gesamtänderungsgrad des *linearen Impulses* proportional zur global *angewandten Kraft* ist:

$$ {}^{G}\mathbf{F} = \frac{{}^{G}d}{dt}\,{}^{G}\mathbf{p} = \frac{{}^{G}d}{dt}\left(m\,{}^{G}\mathbf{v}\right) \tag{8.11} $$

Das dritte Newton'sche Gesetz der Bewegung besagt, dass die Aktions- und Reaktionskräfte, die zwischen zwei Körpern wirken, gleich und entgegengesetzt sind.

Das zweite Gesetz der Bewegung kann erweitert werden, um Drehbewegungen einzuschließen. Daher besagt das zweite Gesetz der Bewegung auch, dass die globale Änderungsrate des *Drehimpulses* proportional zum gesamten *angewandten Moment* ist:

$$ {}^{G}\mathbf{M} = \frac{{}^{G}d}{dt}\,{}^{G}\mathbf{L} \tag{8.12} $$

Beweis Die Differentiation vom Moment des Impulses (8.10) zeigt, dass

$$ \begin{aligned} \tfrac{{}^{G}d}{dt}\,{}^{G}\mathbf{L} &= \tfrac{{}^{G}d}{dt}(\mathbf{r}_C \times \mathbf{p}) = \left(\tfrac{{}^{G}d\mathbf{r}_C}{dt} \times \mathbf{p} + \mathbf{r}_C \times \tfrac{{}^{G}d\mathbf{p}}{dt}\right) \\ &= {}^{G}\mathbf{r}_C \times \tfrac{{}^{G}d\mathbf{p}}{dt} = {}^{G}\mathbf{r}_C \times {}^{G}\mathbf{F} = {}^{G}\mathbf{M} \end{aligned} \tag{8.13} $$

■

8.1.5 Arbeit und Energie

Die *Kinetische Energie* K eines bewegten Körpers P eines Körpers mit Masse m an einer Position ${}^{G}\mathbf{r}_P$ und mit einer Geschwindigkeit ${}^{G}\mathbf{v}_P$ ist:

$$ K = \frac{1}{2} m\,{}^{G}\mathbf{v}_P^2 = \frac{1}{2} m\left({}^{G}\dot{\mathbf{d}}_B + {}^{B}\mathbf{v}_P + {}^{B}_{G}\omega_B \times {}^{B}\mathbf{r}_P\right)^2 \tag{8.14} $$

wobei G das globale Koordinatensystem angibt, in dem der Geschwindigkeitsvektor $\mathbf{v}_p$ ausgedrückt ist. Die Arbeit, die von der auf m angewandten Kraft ${}^G\mathbf{F}$ beim Bewegen von Punkt 1 zu Punkt 2 auf einem Pfad, angezeigt durch einen Vektor ${}^G\mathbf{r}$, geleistet wird, ist:

$$ {}_1W_2 = \int_1^2 {}^G\mathbf{F} \cdot d\,{}^G\mathbf{r} \tag{8.15} $$

Allerdings zeigt

$$ \begin{aligned} \int_1^2 {}^G\mathbf{F} \cdot d\,{}^G\mathbf{r} &= m \int_1^2 \tfrac{{}^Gd}{dt}\,{}^G\mathbf{v} \cdot {}^G\mathbf{v} dt = \tfrac{1}{2} m \int_1^2 \tfrac{d}{dt} v^2 dt \\ &= \tfrac{1}{2} m \left(v_2^2 - v_1^2\right) = K_2 - K_1, \end{aligned} \tag{8.16} $$

dass ${}_1W_2$ gleich der Differenz der kinetischen Energie zwischen End- und Anfangspunkten ist:

$$ {}_1W_2 = K_2 - K_1 \tag{8.17} $$

Gl. (8.17) wird als *Prinzip von Arbeit und Energie (Arbeitssatz)* bezeichnet. Wenn es eine skalare Funktion für ein *Potentialfeld* $V = V(x, y, z)$ gibt, sodass

$$ \mathbf{F} = -\nabla V = -\frac{dV}{d\mathbf{r}} = -\left(\frac{\partial V}{\partial x}\hat{\imath} + \frac{\partial V}{\partial y}\hat{\jmath} + \frac{\partial V}{\partial z}\hat{k}\right) \tag{8.18} $$

dann vereinfacht sich das Prinzip von Arbeit und Energie zum Prinzip der *Energieerhaltung:*

$$ K_1 + V_1 = K_2 + V_2 \tag{8.19} $$

Der Wert der Potentialfeldfunktion $V = V(x, y, z)$ ist die *potentielle Energie* des Systems.

Beispiel 344 *Position des Massenmittelpunktes*
Die Position des Massenmittelpunktes eines starren Körpers in einem Koordinatensystem wird durch ${}^B\mathbf{r}_C$ *angezeigt und wird normalerweise in einem körperfesten Koordinatensystem B gemessen:*

$$ {}^B\mathbf{r}_C = \frac{1}{m} \int_B {}^B\mathbf{r}\, dm \tag{8.20} $$

$$ \begin{bmatrix} x_C \\ y_C \\ z_C \end{bmatrix} = \begin{bmatrix} \frac{1}{m} \int_B x\, dm \\ \frac{1}{m} \int_B y\, dm \\ \frac{1}{m} \int_B z\, dm \end{bmatrix} \tag{8.21} $$

Die Anwendung des Massenmittelpunktsintegral auf den symmetrischen und einheitlichen L-Abschnitt starren Körpers mit $\rho = 1$*, dargestellt in Abb.* 8.2, *liefert*

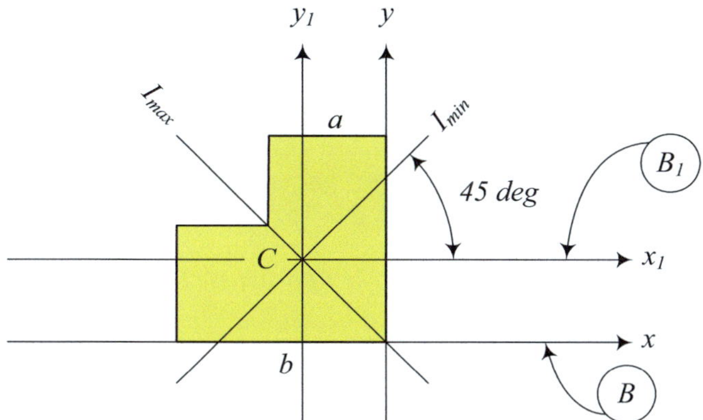

Abb. 8.2 Hauptkoordinatensystem eines symmetrischen L-Abschnitts

uns die Position des Massenmittelpunktes C des Abschnitts. Die x-Position von C ist:

$$x_C = \frac{1}{m} \int_B x \, dm = \frac{1}{A} \int_B x \, dA = -\frac{b^2 + ab - a^2}{4ab + 2a^2} \tag{8.22}$$

und aufgrund der Symmetrie haben wir:

$$y_C = -x_C = \frac{b^2 + ab - a^2}{4ab + 2a^2} \tag{8.23}$$

Wenn $a = b$, reduziert sich die Position von C auf:

$$y_C = -x_C = \frac{1}{2} b \tag{8.24}$$

Beispiel 345 *Newtons Gleichung in einem sich drehenden Koordinatensystem*
Betrachten Sie einen kugelförmigen, starren Körper, wie die Erde, mit einem festen Punkt, der mit einer konstanten Winkelgeschwindigkeit ω rotiert. Die Bewegungsgleichung für ein bewegliches punktförmiges Fahrzeug P auf dem starren Körper wird gefunden, indem ${}^G\ddot{\mathbf{d}}_B = {}^B_G\dot{\boldsymbol{\omega}}_B = 0$ in der Bewegungsgleichung eines beweglichen Punktes in einem beweglichen körperfesten Koordinatensystem(8.28) gesetzt wird

$$\begin{aligned} {}^B\mathbf{F} &= m\,{}^B\mathbf{a}_P + m\,{}^B_G\omega_B \times \left({}^B_G\omega_B \times {}^B\mathbf{r}_P\right) + 2m\,{}^B_G\omega_B \times {}^B\dot{\mathbf{r}}_P \\ &\neq m\,{}^B\mathbf{a}_P \end{aligned} \tag{8.25}$$

was zeigt, dass die Newton'sche Bewegungsgleichung $\mathbf{F} = m\mathbf{a}$ *für rotierende Koordinatensystem modifiziert werden muss.*

Beispiel 346 $\star$*Bewegung eines beweglichen Punktes in einem beweglichen körperfesten Koordinatensystem*

Die Geschwindigkeit und Beschleunigung eines beweglichen Punktes P, wie in Abb. 4.9 dargestellt, werden in Beispiel 215 gefunden:

$$ {}^{G}\mathbf{v}_P = {}^{G}\dot{\mathbf{d}}_B + {}^{G}R_B \left({}^{B}\mathbf{v}_P + {}^{B}_{G}\omega_B \times {}^{B}\mathbf{r}_P \right) \tag{8.26} $$

$$ \begin{aligned} {}^{G}\mathbf{a}_P = {} & {}^{G}\ddot{\mathbf{d}}_B + {}^{G}R_B \left({}^{B}\mathbf{a}_P + 2\,{}^{B}_{G}\omega_B \times {}^{B}\mathbf{v}_P + {}^{B}_{G}\dot{\boldsymbol{\omega}}_B \times {}^{B}\mathbf{r}_P \right) \\ & + {}^{G}R_B \left({}^{B}_{G}\omega_B \times \left({}^{B}_{G}\omega_B \times {}^{B}\mathbf{r}_P \right) \right) \end{aligned} \tag{8.27} $$

Daher ist die Bewegungsgleichung für die Punktmasse P:

$$ \begin{aligned} {}^{G}\mathbf{F} & = m\,{}^{G}\mathbf{a}_P \\ & = m \left({}^{G}\ddot{\mathbf{d}}_B + {}^{G}R_B \left({}^{B}\mathbf{a}_P + 2\,{}^{B}_{G}\omega_B \times {}^{B}\mathbf{v}_P + {}^{B}_{G}\dot{\boldsymbol{\omega}}_B \times {}^{B}\mathbf{r}_P \right) \right) \\ & \quad + m\,{}^{G}R_B \left({}^{B}_{G}\omega_B \times \left({}^{B}_{G}\omega_B \times {}^{B}\mathbf{r}_P \right) \right) \end{aligned} \tag{8.28} $$

Beispiel 347 *Corioliskraft*
Die Bewegungsgleichung eines bewegten punktförmigen Fahrzeugs auf der Erdoberfläche lautet:

$$ {}^{B}\mathbf{F} = m\,{}^{B}\mathbf{a}_P + m\,{}^{B}_{G}\omega_B \times \left({}^{B}_{G}\omega_B \times {}^{B}\mathbf{r}_P \right) + 2m\,{}^{B}_{G}\omega_B \times {}^{B}\mathbf{v}_P \tag{8.29} $$

die umgestellt werden kann zu:

$$ {}^{B}\mathbf{F} - m\,{}^{B}_{G}\omega_B \times \left({}^{B}_{G}\omega_B \times {}^{B}\mathbf{r}_P \right) - 2m\,{}^{B}_{G}\omega_B \times {}^{B}\mathbf{v}_P = m\,{}^{B}\mathbf{a}_P \tag{8.30} $$

Gl. (8.30) *ist die Bewegungsgleichung für einen Beobachter im rotierenden System, der in diesem Fall ein Beobachter auf der Erde ist. Die linke Seite dieser Gleichung wird als* ***effektive Kraft*** $\mathbf{F}_{\text{eff}}$

$$ \mathbf{F}_{eff} = {}^{B}\mathbf{F} - m\,{}^{B}_{G}\omega_B \times \left({}^{B}_{G}\omega_B \times {}^{B}\mathbf{r}_P \right) - 2m\,{}^{B}_{G}\omega_B \times {}^{B}\mathbf{v}_P \tag{8.31} $$

bezeichnet, weil es so scheint, als ob das Teilchen im körperfesten Koordinatensystem B unter dem Einfluss dieser Kraft bewegt wird.

Der zweite Term ist das Negative der Zentrifugalkraft und zeigt nach außen. Der maximale Wert dieser Kraft auf der Erde ist am Äquator, der etwa 0,3 % der Gravitationsbeschleunigung beträgt:

$$ \begin{aligned} r\omega^2 & = 6378{,}388 \times 10^3 \times \left(\frac{2\pi}{24 \times 3600} \frac{366{,}25}{365{,}25} \right)^2 \\ & = 3{,}3917 \times 10^{-2}\,\mathrm{m/\,s^2} \end{aligned} \tag{8.32} $$

Wenn wir die Variation der Gravitationsbeschleunigung aufgrund einer Änderung des Radius von $R = 6356912$ m *am Pol zu* $R = 6378388$ m *am Äquator hinzufügen, dann ändert sich die Gravitationsbeschleunigung um 0,53 %. Im Allgemeinen kann also ein Sportler wie ein Stabhochspringer, der am Nordpol trainiert hat, bei einem Wettkampf am Äquator eine bessere Leistung erbringen.*

Der dritte Term der effektiven Kraft wird als ***Corioliskraft*** *oder* ***Corioliseffekt*** *F_C bezeichnet, der senkrecht zu beiden ω und ${}^B\mathbf{v}_P$ steht. Für eine Masse m, die auf der Nordhalbkugel auf einem Breitengrad θ in Richtung Äquator bewegt wird, sollten wir eine seitliche ostwärts gerichtete Kraft bereitstellen, die dem Corioliseffekt entspricht, um die Masse dazu zu bringen, ihre Richtung relativ zum Boden beizubehalten:*

$$F_C = 2m\,{}^B_G\omega_B \times {}^B\mathbf{v}_m = 1{,}4584 \times 10^{-4}\,{}^B\mathbf{p}_m \cos\theta \;\; \mathrm{kg\,m/\,s^2} \tag{8.33}$$

Der Corioliseffekt ist der Grund, warum die Westseite von Eisenbahnen, Straßen und Flüssen schneller verschleißt als die Ostseite. Das Fehlen der Bereitstellung der Corioliskraft ist der Grund für die Änderung der Richtung von Winden, Geschossen, Fluten und fallenden Objekten.

Beispiel 348 *Arbeit, Kraft und kinetische Energie in einer einförmigen Bewegung*
Ein Fahrzeug mit der Masse m = 1200 kg *hat eine anfängliche kinetische Energie K = 6000* J. *Die Masse steht unter einer konstanten Kraft* $\mathbf{F} = F\hat{I} = 4000\hat{I}$ *und bewegt sich von X(0) = 0 zu $X(t_f) = 1000$* m *zu einer Endzeit t_f. Die von der Kraft während dieser Bewegung verrichtete Arbeit ist:*

$$W = \int_{\mathbf{r}(0)}^{\mathbf{r}(t_f)} \mathbf{F}\cdot d\mathbf{r} = \int_0^{1000} 4000\,dX = 4 \times 10^6\,\mathrm{N\,m} = 4\,\mathrm{MJ} \tag{8.34}$$

Die kinetische Energie zur Endzeit ist:

$$K(t_f) = W + K(0) = 4006000\,\mathrm{J} \tag{8.35}$$

was zeigt, dass die Endgeschwindigkeit der Masse folgenden Betrag hat:

$$v_2 = \sqrt{\frac{2K(t_f)}{m}} \approx 81{,}7\,\mathrm{m/\,s} \approx 22{,}694\,\mathrm{km/\,h} \tag{8.36}$$

Beispiel 349 *Direkte und inverse Dynamik*
Wenn die aufgebrachte Kraft zeitveränderlich ist und einer bekannten Funktion folgt ist, dann gilt:

$$\mathbf{F}(t) = m\,\ddot{\mathbf{r}} \tag{8.37}$$

Die allgemeine Lösung für die Bewegungsgleichung kann durch Integration gefunden werden:

$$\dot{\mathbf{r}}(t) = \dot{\mathbf{r}}(t_0) + \frac{1}{m}\int_{t_0}^{t} \mathbf{F}(t)dt \tag{8.38}$$

$$\mathbf{r}(t) = \mathbf{r}(t_0) + \dot{\mathbf{r}}(t_0)(t - t_0) + \frac{1}{m}\int_{t_0}^{t}\int_{t_0}^{t} \mathbf{F}(t)dt\,dt \tag{8.39}$$

Diese Art von Problem wird als direkte oder Vorwärtsdynamik bezeichnet.

Wenn der Bewegungspfad $\mathbf{r}(t)$ *eine bekannte Funktion der Zeit ist, dann kann die erforderliche Kraft, um das System auf dem Pfad zu bewegen, durch Differentiation gefunden werden:*

$$\mathbf{F}(t) = \frac{d^2}{dt^2}(m\,\dot{\mathbf{r}}) \tag{8.40}$$

Diese Art von Problem wird als indirekte oder inverse Dynamik bezeichnet.

Beispiel 350 ⋆ *Kraftfunktion in der Bewegungsgleichung*
Per Definition ist Kraft qualitativ alles, was die Bewegung ändert, und quantitativ alles, was gleich der Masse mal Beschleunigung ist. Mathematisch liefert uns die Bewegungsgleichung eine vektorielle Differentialgleichung zweiter Ordnung:

$$m\ddot{\mathbf{r}} = \mathbf{F}(\dot{\mathbf{r}}, \mathbf{r}, t) \tag{8.41}$$

Es wird angenommen, dass die Kraftfunktion im Allgemeinen nur eine Funktion der Zeit t, der Position $\mathbf{r}$ *und der Geschwindigkeit ist* $\dot{\mathbf{r}}$. *Mit anderen Worten, die Newton'sche Bewegungsgleichung ist korrekt, solange wir zeigen können, dass die Kraft nur eine Funktion von* $\dot{\mathbf{r}}, \mathbf{r}, t$ ist.

Wenn es eine angewandte Kraft gibt, die von der Beschleunigung, dem Ruck oder anderen Variablen abhängt, die nicht auf $\dot{\mathbf{r}}, \mathbf{r}, t$ *reduziert werden können, ist das System nicht newtonsch. Es gibt keine bekannte Bewegungsgleichung für nicht Newton'sche dynamische Systeme, weil*

$$\mathbf{F}(\mathbf{r}, \dot{\mathbf{r}}, \ddot{\mathbf{r}}, \cdots, t) \neq m\ddot{\mathbf{r}} \tag{8.42}$$

In der Newton'schen Mechanik nehmen wir an, dass die Kraft nur eine Funktion von $\dot{\mathbf{r}}, \mathbf{r}, t$ *ist. In der realen Welt kann die Kraft eine Funktion von allem sein: jedoch ignorieren wir immer alle anderen Variablen außer* $\dot{\mathbf{r}}, \mathbf{r}, t$.

Da Gl. (8.41) *eine lineare Gleichung für die Kraft* $\mathbf{F}$ *ist, gilt dafür das Superpositionsprinzip der Kräfte. Wenn eine Masse m von mehreren Kräften betroffen ist* $\mathbf{F}_1$, $\mathbf{F}_2$, $\mathbf{F}_3$,... , *können wir ihre Summe vektoriell berechnen:*

$$\mathbf{F} = \mathbf{F}_1 + \mathbf{F}_2 + \mathbf{F}_3 + \ldots \tag{8.43}$$

und die resultierende Kraft auf m anwenden. Daher, wenn eine Kraft $\mathbf{F}_1$ *uns eine Beschleunigung* $\ddot{\mathbf{r}}_1$ *liefert, und* $\mathbf{F}_2$ *uns liefert* $\ddot{\mathbf{r}}_2$, dann gilt:

$$m\ddot{\mathbf{r}}_1 = \mathbf{F}_1 \qquad m\ddot{\mathbf{r}}_2 = \mathbf{F}_2 \tag{8.44}$$

und dann liefert die resultierende Kraft $\mathbf{F}_3 = \mathbf{F}_1 + \mathbf{F}_2$ *uns die Beschleunigung* $\ddot{\mathbf{r}}_3$, *sodass*

$$\ddot{\mathbf{r}}_3 = \ddot{\mathbf{r}}_1 + \ddot{\mathbf{r}}_2 \tag{8.45}$$

Um zu sehen, dass die Newton'sche Bewegungsgleichung nicht korrekt ist, wenn die Kraft nicht nur eine Funktion von $\dot{\mathbf{r}}, \mathbf{r}, t$ *ist, nehmen wir an, dass ein Teilchen mit der Masse m unter zwei beschleunigungsabhängigen Kräften* $F_1(\ddot{x})$ *und* $F_2(\ddot{x})$ *auf der x-Achse steht:*

$$m\ddot{x}_1 = F_1(\ddot{x}_1) \qquad m\ddot{x}_2 = F_2(\ddot{x}_2) \tag{8.46}$$

Die Beschleunigung von m unter der Wirkung beider Kräfte wäre $\ddot{x}_3$

$$m\ddot{x}_3 = F_1(\ddot{x}_3) + F_2(\ddot{x}_3) \tag{8.47}$$

jedoch muss gelten:

$$\ddot{x}_3 = \ddot{x}_1 + \ddot{x}_2 \tag{8.48}$$

während wir berechnet haben:

$$\begin{aligned} m(\ddot{x}_1 + \ddot{x}_2) &= F_1(\ddot{x}_1 + \ddot{x}_2) + F_2(\ddot{x}_1 + \ddot{x}_2) \\ &\neq F_1(\ddot{x}_1) + F_2(\ddot{x}_2) \end{aligned} \tag{8.49}$$

8.2 Translationsdynamik des starren Körpers

Abb. 8.3 zeigt einen sich bewegenden Körper B in einem globalen Koordinatensystem G. Nehmen Sie an, dass das Körpersystem am Massenschwerpunkt des Körpers befestigt ist. Punkt P zeigt eine infinitesimale Kugel des Körpers, die eine sehr kleine Masse dm hat. Die Punktmasse dm wird von einer infinitesimalen Kraft $d\mathbf{f}$ beeinflusst und hat eine Gesamtgeschwindigkeit ${}^G\mathbf{v}_P$.

Nach Newtons Bewegungsgesetz haben wir:

$$d\mathbf{f} = {}^G\mathbf{a}_P \, dm \tag{8.50}$$

Die Bewegungsgleichung für den gesamten Körper im globalen Koordinatensystem ist jedoch:

$${}^G\mathbf{F} = m \, {}^G\mathbf{a}_B \tag{8.51}$$

die im körperfesten Koordinatensystem wie folgt ausgedrückt werden kann:

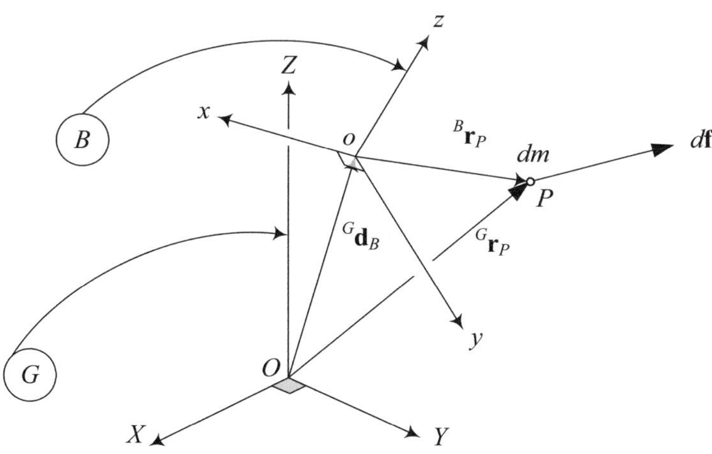

Abb. 8.3 Eine punktförmige Masse bewegt sich mit Geschwindigkeit ${}^G\mathbf{v}_P$ und wird von der Kraft $d\mathbf{f}$ beeinflusst

$$^B\mathbf{F} = m\,{}^B_G\mathbf{a}_B + m\,{}^B_G\omega_B \times {}^B\mathbf{v}_B \tag{8.52}$$

$$\begin{bmatrix} F_x \\ F_y \\ F_z \end{bmatrix} = \begin{bmatrix} ma_x + m(\omega_y v_z - \omega_z v_y) \\ ma_y - m(\omega_x v_z - \omega_z v_x) \\ ma_z + m(\omega_x v_y - \omega_y v_x) \end{bmatrix} \tag{8.53}$$

In diesen Gleichungen ist $\mathbf{a}_B$ der Beschleunigungsvektor des Körpermassenmittelpunktes C im globalen Koordinatensystem, m ist die Gesamtmasse des Körpers, und $\mathbf{F}$ ist die Resultierende der auf den Körper in C wirkenden externen Kräfte.

Beweis Ein körperfestes Koordinatensystem am Massenschwerpunkt wird als *zentrales System* bezeichnet. Wenn das System B zentral ist, dann ist der *Massenschwerpunkt* C so definiert, dass

$$\int_B {}^B\mathbf{r}_{dm}\, dm = 0 \tag{8.54}$$

Der globale Ortsvektor von dm steht in Beziehung zu seinem lokalen Ortsvektor durch:

$${}^G\mathbf{r}_{dm} = {}^G\mathbf{d}_B + {}^G R_B\, {}^B\mathbf{r}_{dm} \tag{8.55}$$

wobei $G\mathbf{d}_B$ der globale Ortsvektor des zentralen Körpersystems ist, und daher gilt:

$$\begin{aligned} \int_B {}^G\mathbf{r}_{dm}\, dm &= \int_B {}^G\mathbf{d}_B\, dm + {}^G R_B \int_m {}^B\mathbf{r}_{dm}\, dm \\ &= \int_B {}^G\mathbf{d}_B\, dm = {}^G\mathbf{d}_B \int_B dm = m\,{}^G\mathbf{d}_B \end{aligned} \tag{8.56}$$

Eine Zeitableitung beider Seiten zeigt, dass:

$$m\,{}^G\dot{\mathbf{d}}_B = m\,{}^G\mathbf{v}_B = \int_B {}^G\dot{\mathbf{r}}_{dm}\, dm = \int_B {}^G\mathbf{v}_{dm}\, dm \tag{8.57}$$

und eine weitere Ableitung ist

$$m\,{}^G\dot{\mathbf{v}}_B = m\,{}^G\mathbf{a}_B = \int_B {}^G\dot{\mathbf{v}}_{dm}\, dm \tag{8.58}$$

Allerdings haben wir $d\mathbf{f} = {}^G\dot{\mathbf{v}}_P\, dm$ und daher:

$$m\,{}^G\mathbf{a}_B = \int_B d\mathbf{f} \tag{8.59}$$

Das Integral auf der rechten Seite ist das Resultat aller auf den Körper wirkenden Kräfte. Die internen Kräfte heben sich gegenseitig auf, sodass das Nettoergebnis die Vektorsumme aller extern angewendeten Kräfte $\mathbf{F}$ ist und daher:

$${}^G\mathbf{F} = m\,{}^G\mathbf{a}_B = m\,{}^G\dot{\mathbf{v}}_B \tag{8.60}$$

Im körperfesten Koordinatensystem haben wir:

$$\begin{aligned} {}^{B}\mathbf{F} &= {}^{B}R_{G}\,{}^{G}\mathbf{F} = m\,{}^{B}R_{G}\,{}^{G}\mathbf{a}_{B} = m\,{}^{B}_{G}\mathbf{a}_{B} \\ &= m\,{}^{B}\mathbf{a}_{B} + m\,{}^{B}_{G}\omega_{B} \times {}^{B}\mathbf{v}_{B} \end{aligned} \tag{8.61}$$

Die erweiterte Form der Newton'schen Gleichung im körperfesten Koordinatensystem ist dann gleich:

$${}^{B}\mathbf{F} = m\,{}^{B}\mathbf{a}_{B} + m\,{}^{B}_{G}\omega_{B} \times {}^{B}\mathbf{v}_{B} \tag{8.62}$$

$$\begin{aligned} \begin{bmatrix} F_x \\ F_y \\ F_z \end{bmatrix} &= m \begin{bmatrix} a_x \\ a_y \\ a_z \end{bmatrix} + m \begin{bmatrix} \omega_x \\ \omega_y \\ \omega_z \end{bmatrix} \times \begin{bmatrix} v_x \\ v_y \\ v_z \end{bmatrix} \\ &= \begin{bmatrix} ma_x + m\left(\omega_y v_z - \omega_z v_y\right) \\ ma_y - m(\omega_x v_z - \omega_z v_x) \\ ma_z + m\left(\omega_x v_y - \omega_y v_x\right) \end{bmatrix} \end{aligned} \tag{8.63}$$

■

Beispiel 351 *Ein gewundenes Band*
Abb. 8.4 *veranschaulicht ein Band von vernachlässigbarem Gewicht und Dicke, das fest um eine einheitliche massive Scheibe mit Radius R und Masse m gewickelt ist. Das Band ist an einer starren Stütze befestigt, und die Scheibe wird freigegeben, um vertikal herunterzurollen. Während der Bewegung wirken zwei Kräfte auf die Scheibe, ihr Gewicht mg und die Spannung des Bandes T. Die translatorische Bewegungsgleichung der Scheibe wird einfacher im globalen Koordinatensystem ausgedrückt:*

$$\sum F_Y = -mg + T = m\ddot{Y} \tag{8.64}$$

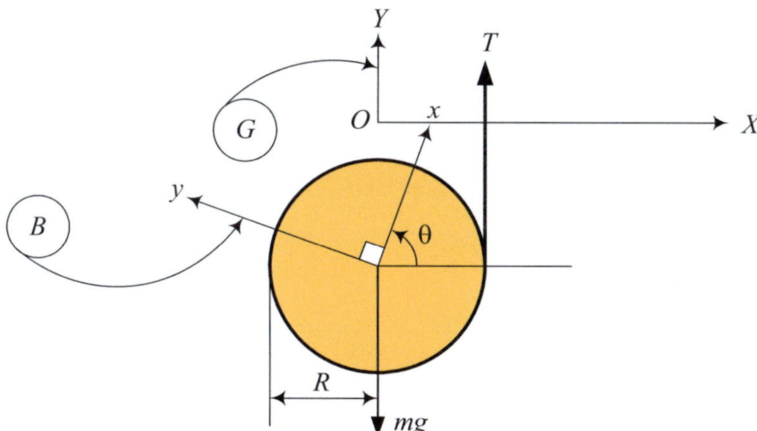

Abb. 8.4 Ein Band von vernachlässigbarem Gewicht und Dicke, das fest um eine einheitliche massive Scheibe gewickelt ist

Die Rotationsbewegungsgleichung ist einfacher, wenn sie im körperfesten Koordinatensystem ausgedrückt wird:

$$\sum M_z = TR = {}^B I \, {}^B_G\dot{\boldsymbol{\omega}}_B + {}^B_G\omega_B \times {}^B I \, {}^B_G\omega_B = I\ddot{\theta} \tag{8.65}$$

Es besteht eine Nebenbedingung zwischen den Koordinaten Y und θ:

$$Y = Y_0 - R\theta \tag{8.66}$$

Um die Bewegung zu lösen, lassen Sie uns T zwischen (8.64) und (8.65) eliminieren, so erhalten wir:

$$m\ddot{Y} = -mg + \frac{I}{R}\ddot{\theta} \tag{8.67}$$

und verwenden die Nebenbedingung, um $\ddot{Y}$ zu eliminieren:

$$\ddot{\theta} = \frac{mg}{\left(\frac{I}{R} + mR\right)} \tag{8.68}$$

Jetzt können wir T, $\ddot{Y}$ und Y finden:

$$T = \frac{I}{R}\ddot{\theta} = \frac{I}{mR^2 + I}mg \tag{8.69}$$

$$\ddot{Y} = -\frac{mR^2}{mR^2 + I}g \qquad Y = -\frac{mR^2}{mR^2 + I}gt^2 + \dot{Y}(0)t + Y(0) \tag{8.70}$$

Für eine Punktmasse mit $I = 0$ ist die Fallbeschleunigung die gleiche wie der freie Fall eines Teilchens. Da es sich jedoch um einen starren Körper handelt und $I \neq 0$ ist, wird die Fallbeschleunigung der Scheibe geringer sein. Dies liegt daran, dass die kinetische Energie der Scheibe zwischen Rotation und Translation aufgeteilt wird.

8.3 Rotationsdynamik starrer Körper

Die Rotationsgleichung der Bewegung eines starren Körpers ist die *Euler-Gleichung:*

$$\begin{aligned} {}^B\mathbf{M} &= \frac{{}^G d}{dt}\,{}^B\mathbf{L} = {}^B\dot{\mathbf{L}} + {}^B_G\omega_B \times {}^B\mathbf{L} \\ &= {}^B I \, {}^B_G\dot{\boldsymbol{\omega}}_B + {}^B_G\omega_B \times \left({}^B I \, {}^B_G\omega_B\right) \end{aligned} \tag{8.71}$$

wobei **L** der *Drehimpuls* ist:

$${}^B\mathbf{L} = {}^B I \, {}^B_G\omega_B \tag{8.72}$$

und I das *Trägheitsmoment* des starren Körpers:

$$I = \begin{bmatrix} I_{xx} & I_{xy} & I_{xz} \\ I_{yx} & I_{yy} & I_{yz} \\ I_{zx} & I_{zy} & I_{zz} \end{bmatrix} \tag{8.73}$$

Die Elemente von I sind Funktionen der Massenverteilung des starren Körpers und können durch

$$I_{ij} = \int_B \left(r_i^2 \delta_{mn} - x_{im} x_{jn}\right) dm \qquad i, j = 1, 2, 3 \tag{8.74}$$

definiert werden, wobei δ_{ij} das Kronecker-Delta ist:

$$\delta_{mn} = \begin{cases} 1 \text{ if } m = n \\ 0 \text{ if } m \neq n \end{cases} \tag{8.75}$$

Die erweiterte Form der Euler-Gl. (8.71) ist:

$$\begin{aligned} M_x = {} & I_{xx}\dot{\omega}_x + I_{xy}\dot{\omega}_y + I_{xz}\dot{\omega}_z - \left(I_{yy} - I_{zz}\right)\omega_y\omega_z \\ & -I_{yz}\left(\omega_z^2 - \omega_y^2\right) - \omega_x\left(\omega_z I_{xy} - \omega_y I_{xz}\right) \end{aligned} \tag{8.76}$$

$$\begin{aligned} M_y = {} & I_{yx}\dot{\omega}_x + I_{yy}\dot{\omega}_y + I_{yz}\dot{\omega}_z - (I_{zz} - I_{xx})\omega_z\omega_x \\ & -I_{xz}\left(\omega_x^2 - \omega_z^2\right) - \omega_y\left(\omega_x I_{yz} - \omega_z I_{xy}\right) \end{aligned} \tag{8.77}$$

$$\begin{aligned} M_z = {} & I_{zx}\dot{\omega}_x + I_{zy}\dot{\omega}_y + I_{zz}\dot{\omega}_z - \left(I_{xx} - I_{yy}\right)\omega_x\omega_y \\ & -I_{xy}\left(\omega_y^2 - \omega_x^2\right) - \omega_z\left(\omega_y I_{xz} - \omega_x I_{yz}\right) \end{aligned} \tag{8.78}$$

die auf

$$\begin{aligned} M_1 &= I_1\dot{\omega}_1 - (I_2 - I_2)\omega_2\omega_3 \\ M_2 &= I_2\dot{\omega}_2 - (I_3 - I_1)\omega_3\omega_1 \\ M_3 &= I_3\dot{\omega}_3 - (I_1 - I_2)\omega_1\omega_2 \end{aligned} \tag{8.79}$$

in einem speziellen kartesischen Koordinatensystem, dem sogenannten *Hauptkoordinatensystem,* reduziert werden kann. Das Hauptkoordinatensystem wird durch die Zahlen 123 gekennzeichnet, die die erste, zweite und dritte *Hauptachse* anzeigen. Die Parameter I_{ij}, $i \neq j$ sind im Hauptsystem null. Der Körper und das Hauptkoordinatensystem befinden sich im Massenmittelpunkt C.

Die kinetische Energie eines rotierenden starren Körpers ist

$$\begin{aligned} K &= \tfrac{1}{2}\left(I_{xx}\omega_x^2 + I_{yy}\omega_y^2 + I_{zz}\omega_z^2\right) - I_{xy}\omega_x\omega_y - I_{yz}\omega_y\omega_z - I_{zx}\omega_z\omega_x \\ &= \tfrac{1}{2}\omega \cdot \mathbf{L} = \tfrac{1}{2}\omega^T I\, \omega \end{aligned} \tag{8.80}$$

die im Hauptkoordinatensystem auf

$$K = \frac{1}{2}\left(I_1\omega_1^2 + I_2\omega_2^2 + I_3\omega_3^2\right) \tag{8.81}$$

reduziert wird.

Beweis Sei m_i die Masse des i-ten Teilchens eines starren Körpers B, der aus n Teilchen besteht, und

$$\mathbf{r}_i = {}^B\mathbf{r}_i = \begin{bmatrix} x_i & y_i & z_i \end{bmatrix}^T \tag{8.82}$$

ist der kartesische Ortsvektor von m_i in einem zentralen körperfesten Koordinatensystem $Oxyz$. Nehmen Sie an, dass

$$\omega = {}_G^B\omega_B = \begin{bmatrix} \omega_x & \omega_y & \omega_z \end{bmatrix}^T \tag{8.83}$$

die Winkelgeschwindigkeit des starren Körpers bezüglich des Bodens ist, ausgedrückt im körperfesten Koordinatensystem.

Der Drehimpuls von m_i ist:

$$\begin{aligned} \mathbf{L}_i &= \mathbf{r}_i \times m_i \dot{\mathbf{r}}_i = m_i[\mathbf{r}_i \times (\omega \times \mathbf{r}_i)] \\ &= m_i[(\mathbf{r}_i \cdot \mathbf{r}_i)\omega - (\mathbf{r}_i \cdot \omega)\mathbf{r}_i] \\ &= m_i r_i^2 \omega - m_i(\mathbf{r}_i \cdot \omega)\mathbf{r}_i \end{aligned} \tag{8.84}$$

Daher ist der Drehimpuls des starren Körpers:

$$\mathbf{L} = \omega \sum_{i=1}^{n} m_i r_i^2 - \sum_{i=1}^{n} m_i(\mathbf{r}_i \cdot \omega)\mathbf{r}_i \tag{8.85}$$

Die Substitution für $\mathbf{r}_i$ und $\boldsymbol{\omega}$ liefert uns:

$$\begin{aligned} \mathbf{L} =& \left(\omega_x \hat{\imath} + \omega_y \hat{\jmath} + \omega_z \hat{k}\right) \sum_{i=1}^{n} m_i \left(x_i^2 + y_i^2 + z_i^2\right) \\ &- \sum_{i=1}^{n} m_i \left(x_i\omega_x + y_i\omega_y + z_i\omega_z\right) \cdot \left(x_i\hat{\imath} + y_i\hat{\jmath} + z_i\hat{k}\right) \end{aligned} \tag{8.86}$$

und daher:

$$\begin{aligned} \mathbf{L} =& \sum_{i=1}^{n} m_i \left(x_i^2 + y_i^2 + z_i^2\right)\omega_x\hat{\imath} + \sum_{i=1}^{n} m_i \left(x_i^2 + y_i^2 + z_i^2\right)\omega_y\hat{\jmath} \\ &+ \sum_{i=1}^{n} m_i \left(x_i^2 + y_i^2 + z_i^2\right)\omega_z\hat{k} \\ &- \sum_{i=1}^{n} m_i \left(x_i\omega_x + y_i\omega_y + z_i\omega_z\right)x_i\hat{\imath} - \sum_{i=1}^{n} m_i \left(x_i\omega_x + y_i\omega_y + z_i\omega_z\right)y_i\hat{\jmath} \\ &- \sum_{i=1}^{n} m_i \left(x_i\omega_x + y_i\omega_y + z_i\omega_z\right)z_i\hat{k} \end{aligned} \tag{8.87}$$

oder:

$$\begin{aligned}\mathbf{L} = &\sum_{i=1}^{n} m_i\left[\left(x_i^2+y_i^2+z_i^2\right)\omega_x - \left(x_i\omega_x + y_i\omega_y + z_i\omega_z\right)x_i\right]\hat{\imath}\\ &+\sum_{i=1}^{n} m_i\left[\left(x_i^2+y_i^2+z_i^2\right)\omega_y - \left(x_i\omega_x + y_i\omega_y + z_i\omega_z\right)y_i\right]\hat{\jmath}\\ &+\sum_{i=1}^{n} m_i\left[\left(x_i^2+y_i^2+z_i^2\right)\omega_z - \left(x_i\omega_x + y_i\omega_y + z_i\omega_z\right)z_i\right]\hat{k}\end{aligned} \tag{8.88}$$

was umgestellt werden kann als:

$$\begin{aligned}\mathbf{L} = &\sum_{i=1}^{n}\left[m_i\left(y_i^2+z_i^2\right)\right]\omega_x\hat{\imath} + \sum_{i=1}^{n}\left[m_i\left(z_i^2+x_i^2\right)\right]\omega_y\,\hat{\jmath}\\ &+\sum_{i=1}^{n}\left[m_i\left(x_i^2+y_i^2\right)\right]\omega_z\hat{k}\\ &-\left(\sum_{i=1}^{n}(m_ix_iy_i)\omega_y + \sum_{i=1}^{n}(m_ix_iz_i)\omega_z\right)\hat{\imath}\\ &-\left(\sum_{i=1}^{n}(m_iy_iz_i)\omega_z + \sum_{i=1}^{n}(m_iy_ix_i)\omega_x\right)\hat{\jmath}\\ &-\left(\sum_{i=1}^{n}(m_iz_ix_i)\omega_x + \sum_{i=1}^{n}(m_iz_iy_i)\omega_y\right)\hat{k}\end{aligned} \tag{8.89}$$

Indem wir die Massenmomentmatrix I mit den folgenden Elementen einführen:

$$I_{xx} = \sum_{i=1}^{n}\left[m_i\left(y_i^2+z_i^2\right)\right] \tag{8.90}$$

$$I_{yy} = \sum_{i=1}^{n}\left[m_i\left(z_i^2+x_i^2\right)\right] \tag{8.91}$$

$$I_{zz} = \sum_{i=1}^{n}\left[m_i\left(x_i^2+y_i^2\right)\right] \tag{8.92}$$

$$I_{xy} = I_{yx} = -\sum_{i=1}^{n}(m_ix_iy_i) \tag{8.93}$$

$$I_{yz} = I_{zy} = -\sum_{i=1}^{n}(m_iy_iz_i) \tag{8.94}$$

$$I_{zx} = I_{xz} = -\sum_{i=1}^{n}(m_iz_ix_i) \tag{8.95}$$

können wir den Drehimpuls **L** in einer prägnanten Form schreiben:

$$L_x = I_{xx}\omega_x + I_{xy}\omega_y + I_{xz}\omega_z \tag{8.96}$$

$$L_y = I_{yx}\omega_x + I_{yy}\omega_y + I_{yz}\omega_z \tag{8.97}$$

$$L_z = I_{zx}\omega_x + I_{zy}\omega_y + I_{zz}\omega_z \tag{8.98}$$

oder in Matrixform:

$$\begin{bmatrix} L_x \\ L_y \\ L_z \end{bmatrix} = \begin{bmatrix} I_{xx} & I_{xy} & I_{xz} \\ I_{yx} & I_{yy} & I_{yz} \\ I_{zx} & I_{zy} & I_{zz} \end{bmatrix} \begin{bmatrix} \omega_x \\ \omega_y \\ \omega_z \end{bmatrix} \tag{8.99}$$

$$\mathbf{L} = I \cdot \omega \tag{8.100}$$

Für einen starren Körper, der ein kontinuierlicher Festkörper ist, müssen die Summen durch Integrationen über das Volumen des Körpers ersetzt werden, wie in Gl. (8.74).

Die Euler-Gleichung der Bewegung für einen starren Körper ist:

$${}^B\mathbf{M} = \frac{{}^G d}{dt}\,{}^B\mathbf{L} \tag{8.101}$$

wobei ${}^B\mathbf{M}$ die Resultierende der auf den starren Körper angewandten äußeren Momente ist. Der Drehimpulsvektor ${}^B\mathbf{L}$ ist im körperfesten Koordinatensystem B definiert. Daher ist seine zeitliche Ableitung im globalen Koordinatensystem:

$$\frac{{}^G d\,{}^B\mathbf{L}}{dt} = {}^B\dot{\mathbf{L}} + {}^B_G\omega_B \times {}^B\mathbf{L} \tag{8.102}$$

Daher gilt:

$${}^B\mathbf{M} = \frac{d\mathbf{L}}{dt} = \dot{\mathbf{L}} + \omega \times L = I\dot{\boldsymbol{\omega}} + \omega \times (I\omega) \tag{8.103}$$

oder in ausgedehnter Form:

$$\begin{aligned} {}^B\mathbf{M} = & \left(I_{xx}\dot{\omega}_x + I_{xy}\dot{\omega}_y + I_{xz}\dot{\omega}_z\right)\hat{\imath} + \omega_y\left(I_{xz}\omega_x + I_{yz}\omega_y + I_{zz}\omega_z\right)\hat{\imath} \\ & - \omega_z\left(I_{xy}\omega_x + I_{yy}\omega_y + I_{yz}\omega_z\right)\hat{\imath} \\ & + \left(I_{yx}\dot{\omega}_x + I_{yy}\dot{\omega}_y + I_{yz}\dot{\omega}_z\right)\hat{\jmath} + \omega_z\left(I_{xx}\omega_x + I_{xy}\omega_y + I_{xz}\omega_z\right)\hat{\jmath} \\ & - \omega_x\left(I_{xz}\omega_x + I_{yz}\omega_y + I_{zz}\omega_z\right)\hat{\jmath} \\ & + \left(I_{zx}\dot{\omega}_x + I_{zy}\dot{\omega}_y + I_{zz}\dot{\omega}_z\right)\hat{k} + \omega_x\left(I_{xy}\omega_x + I_{yy}\omega_y + I_{yz}\omega_z\right)\hat{k} \\ & - \omega_y\left(I_{xx}\omega_x + I_{xy}\omega_y + I_{xz}\omega_z\right)\hat{k} \end{aligned} \tag{8.104}$$

und daher ist die allgemeinste Form der Euler-Gleichungen der Bewegung für einen starren Körper in einem an C angebrachten körperfesten Koordinatensystem:

$$\begin{aligned} M_x = & I_{xx}\dot{\omega}_x + I_{xy}\dot{\omega}_y + I_{xz}\dot{\omega}_z - \left(I_{yy} - I_{zz}\right)\omega_y\omega_z \\ & - I_{yz}\left(\omega_z^2 - \omega_y^2\right) - \omega_x\left(\omega_z I_{xy} - \omega_y I_{xz}\right) \end{aligned} \tag{8.105}$$

$$\begin{aligned} M_y &= I_{yx}\dot{\omega}_x + I_{yy}\dot{\omega}_y + I_{yz}\dot{\omega}_z - (I_{zz} - I_{xx})\omega_z\omega_x \\ &\quad - I_{xz}\left(\omega_x^2 - \omega_z^2\right) - \omega_y\left(\omega_x I_{yz} - \omega_z I_{xy}\right) \end{aligned} \tag{8.106}$$

$$\begin{aligned} M_z &= I_{zx}\dot{\omega}_x + I_{zy}\dot{\omega}_y + I_{zz}\dot{\omega}_z - \left(I_{xx} - I_{yy}\right)\omega_x\omega_y \\ &\quad - I_{xy}\left(\omega_y^2 - \omega_x^2\right) - \omega_z\left(\omega_y I_{xz} - \omega_x I_{yz}\right) \end{aligned} \tag{8.107}$$

Nehmen wir an, dass wir in der Lage sind, das körperfeste Koordinatensystem um seinen Ursprung zu drehen, um eine Ausrichtung zu finden, die $I_{ij} = 0$ macht, für $i \neq j$. In einem solchen Koordinatensystem, das das Hauptkoordinatensystem ist, reduzieren sich die Euler-Gleichungen auf:

$$M_1 = I_1\dot{\omega}_1 - (I_2 - I_2)\omega_2\omega_3 \tag{8.108}$$

$$M_2 = I_2\dot{\omega}_2 - (I_3 - I_1)\omega_3\omega_1 \tag{8.109}$$

$$M_3 = I_3\dot{\omega}_3 - (I_1 - I_2)\omega_1\omega_2 \tag{8.110}$$

Die kinetische Energie eines starren Körpers kann durch das Integral der kinetischen Energie eines Massenelements dm über den gesamten Körper gefunden werden:

$$\begin{aligned} K &= \frac{1}{2}\int_B \dot{\mathbf{v}}^2 dm = \frac{1}{2}\int_B (\omega \times \mathbf{r}) \cdot (\omega \times \mathbf{r}) dm \\ &\frac{\omega_x^2}{2}\int_B \left(y^2 + z^2\right) dm + \frac{\omega_y^2}{2}\int_B \left(z^2 + x^2\right) dm + \frac{\omega_z^2}{2}\int_B \left(x^2 + y^2\right) dm \\ &- \omega_x\omega_y \int_B xy\, dm - \omega_y\omega_z \int_B yz\, dm - \omega_z\omega_x \int_B zx\, dm \\ &\frac{1}{2}\left(I_{xx}\omega_x^2 + I_{yy}\omega_y^2 + I_{zz}\omega_z^2\right) \\ &- I_{xy}\omega_x\omega_y - I_{yz}\omega_y\omega_z - I_{zx}\omega_z\omega_x \end{aligned} \tag{8.111}$$

Die kinetische Energie kann in eine Matrixmultiplikationsform umgestellt werden:

$$K = \frac{1}{2}\omega^T I\, \omega = \frac{1}{2}\omega \cdot \mathbf{L} \tag{8.112}$$

Wenn das körperfeste Koordinatensystem Hauptkoordinatensystem ist, wird die kinetische Energie vereinfacht zu:

$$K = \frac{1}{2}\left(I_1\omega_1^2 + I_2\omega_2^2 + I_3\omega_3^2\right) \tag{8.113}$$

■

Beispiel 352 *Eine geneigte Scheibe auf einer masselosen Welle*
Abb. 8.5 zeigt eine Scheibe mit Masse m und Radius r, montiert auf einer masselosen Welle. Die Welle dreht sich mit einer konstanten Winkelgeschwindigkeit ω. Die Scheibe ist in einem Winkel θ an der Welle befestigt. Aufgrund von θ müssen die Lager an A und B eine Rotationskraft aufnehmen.

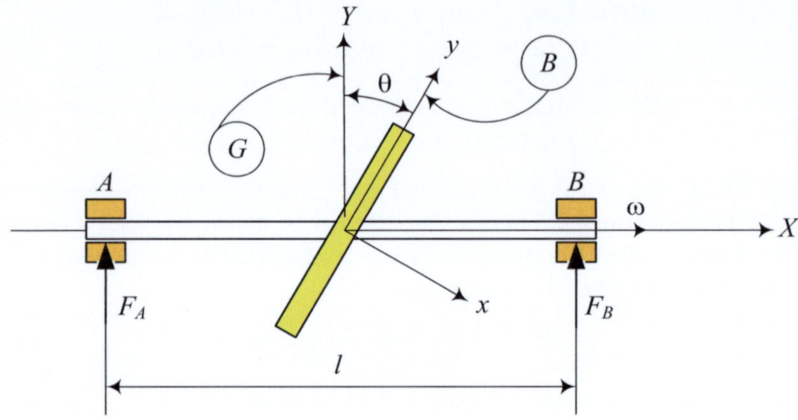

Abb. 8.5 Eine Scheibe mit Masse m und Radius r, montiert auf einer masselosen sich drehenden Welle

Um das System zu analysieren, befestigen wir ein körperfesten Hauptkoordinatensystem am Scheibenmittelpunkt, wie in der Abbildung gezeigt. Der Winkelgeschwindigkeitsvektor im körperfesten Koordinatensystem ist

$$ {}^{B}_{G}\omega_B = \omega\cos\theta\,\hat{\imath} + \omega\sin\theta\,\hat{\jmath} \tag{8.114}$$

und die Trägheitsmomentmatrix ist:

$$ {}^{B}I = \frac{1}{4}\begin{bmatrix} 2mr^2 & 0 & 0 \\ 0 & mr^2 & 0 \\ 0 & 0 & mr^2 \end{bmatrix} \tag{8.115}$$

Einsetzen von (8.114) *und* (8.115) *in* (8.108)–(8.110), *mit* $1 \equiv x$, $2 \equiv y$, $3 \equiv z$, *ergibt:*

$$M_x = 0 \qquad M_y = 0 \qquad M_z = \frac{mr^2}{4}\omega\cos\theta\sin\theta \tag{8.116}$$

Daher sind die Reaktionskräfte F_A *und* F_B *der Lager wie folgt:*

$$F_A = -F_B = -\frac{M_z}{l} = -\frac{mr^2}{4l}\omega\cos\theta\sin\theta \tag{8.117}$$

Beispiel 353 *Stetige Rotation eines frei rotierenden starren Körpers*
Die Newton-Euler-Bewegungsgleichungen für einen starren Körper sind:

$$ {}^{G}\mathbf{F} = m\,{}^{G}\dot{\mathbf{v}} \tag{8.118}$$

$$ {}^{B}\mathbf{M} = I\,{}^{B}_{G}\dot{\boldsymbol{\omega}}_B + {}^{B}_{G}\boldsymbol{\omega}_B \times {}^{B}\mathbf{L} \tag{8.119}$$

Betrachten Sie eine Situation, in der die resultierende angewandte Kraft und das Moment auf den Körper null sind:

$$^{G}\mathbf{F} = {}^{B}\mathbf{F} = 0 \qquad {}^{G}\mathbf{M} = {}^{B}\mathbf{M} = 0 \tag{8.120}$$

Basierend auf der Newton'schen Gleichung wird die Geschwindigkeit des Massenmittelpunktes im globalen Koordinatensystem konstant sein. Die Euler-Gleichungen reduzieren sich jedoch auf:

$$\dot{\omega}_1 = \tfrac{I_2 - I_3}{I_1} \omega_2 \omega_3 \tag{8.121}$$

$$\dot{\omega}_2 = \tfrac{I_3 - I_1}{I_{22}} \omega_3 \omega_1 \tag{8.122}$$

$$\dot{\omega}_3 = \tfrac{I_1 - I_2}{I_3} \omega_1 \omega_2 \tag{8.123}$$

Sie zeigen, dass die Winkelgeschwindigkeit konstant sein kann, wenn:

$$I_1 = I_2 = I_3 \tag{8.124}$$

oder wenn zwei Hauptträgheitsmomente, sagen wir I_1und I_2, null sind und die dritte Winkelgeschwindigkeit, in diesem Fall ω_3, anfangs null ist, oder wenn der Winkelgeschwindigkeitsvektor anfangs parallel zu einer Hauptachse ist.

Beispiel 354 *Drehimpuls eines zweigliedrigen Manipulators*
Ein Manipulator aus zwei Gliedern ist in Abb. 8.6 dargestellt. Glied A rotiert mit Winkelgeschwindigkeit $\dot{\varphi}$ um die z-Achse seines lokalen Koordinatensystems. Glied B ist an Glied A angebracht und hat eine Winkelgeschwindigkeit $\dot{\psi}$ in Bezug auf A um die x_A-Achse. Wir nehmen an, dass A und G bei $\varphi = 0$ zusammenfallen, daher ist die Rotationsmatrix zwischen A und G:

$$^{G}R_A = \begin{bmatrix} \cos\varphi(t) & -\sin\varphi(t) & 0 \\ \sin\varphi(t) & \cos\varphi(t) & 0 \\ 0 & 0 & 1 \end{bmatrix} \tag{8.125}$$

Koordinatensystem B ist mit dem Koordinatensystem A durch die Euler-Winkel $\varphi = 90\,\text{deg}, \theta = 90\,\text{deg}$ *und ψ verbunden, daher gilt:*

$$\begin{aligned} {}^{A}R_B &= \begin{bmatrix} c\pi c\psi - c\pi s\pi s\psi & -c\pi s\psi - c\pi c\psi s\pi & s\pi s\pi \\ c\psi s\pi + c\pi c\pi s\psi & -s\pi s\psi + c\pi c\pi c\psi & -c\pi s\pi \\ s\pi s\psi & s\pi c\psi & c\pi \end{bmatrix} \\ &\begin{bmatrix} -\cos\psi & \sin\psi & 0 \\ \sin\psi & \cos\psi & 0 \\ 0 & 0 & -1 \end{bmatrix} \end{aligned} \tag{8.126}$$

und daher:

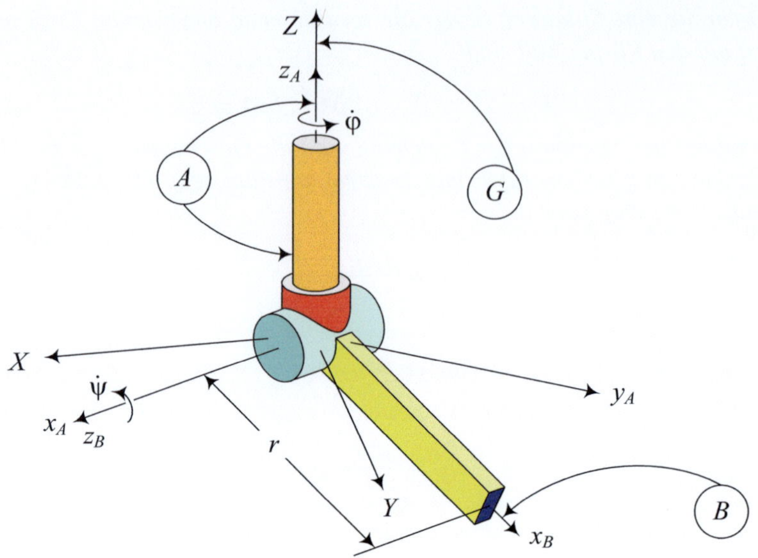

Abb. 8.6 Ein Manipulator aus zwei Gliedern

$$\begin{aligned} {}^G R_B &= {}^G R_A \, {}^A R_B \\ &= \begin{bmatrix} -\cos\varphi\cos\psi - \sin\varphi\sin\psi & \cos\varphi\sin\psi - \cos\psi\sin\varphi & 0 \\ \cos\varphi\sin\psi - \cos\psi\sin\varphi & \cos\varphi\cos\psi + \sin\varphi\sin\psi & 0 \\ 0 & 0 & -1 \end{bmatrix} \end{aligned} \tag{8.127}$$

Die Winkelgeschwindigkeiten von A in G und B in A sind:

$$_G\omega_A = \dot{\varphi}\hat{K} \qquad _A\omega_B = \dot{\psi}\hat{\imath}_A \tag{8.128}$$

Die Trägheitsmomentmatrizen für die Glieder A und B können definiert werden als:

$${}^A I_A = \begin{bmatrix} I_{A1} & 0 & 0 \\ 0 & I_{A2} & 0 \\ 0 & 0 & I_{A3} \end{bmatrix} \qquad {}^B I_B = \begin{bmatrix} I_{B1} & 0 & 0 \\ 0 & I_{B2} & 0 \\ 0 & 0 & I_{B3} \end{bmatrix} \tag{8.129}$$

Diese Trägheitsmomente müssen in das globale Koordinatensystem transformiert werden:

$${}^G I_A = {}^G R_B \, {}^A I_A \, {}^G R_A^T \qquad {}^G I_B = {}^G R_B \, {}^B I_B \, {}^G R_B^T \tag{8.130}$$

Der gesamte Drehimpuls des Manipulators ist

$${}^G\mathbf{L} = {}^G\mathbf{L}_A + {}^G\mathbf{L}_B \tag{8.131}$$

wobei:

$$ {}^{G}\mathbf{L}_{A} = {}^{G}I_{A}\,{}_{G}\omega_{A} \tag{8.132} $$

$$ {}^{G}\mathbf{L}_{B} = {}^{G}I_{B}\,{}_{G}\omega_{B} = {}^{G}I_{B}\left({}_{A}^{G}\omega_{B} + {}_{G}\omega_{A}\right) \tag{8.133} $$

8.4 Massenmomentmatrix

Bei der Analyse der Bewegung starrer Körper treten zwei Arten von Integralen auf, die zur Geometrie des Körpers gehören. Der erste Typ definiert den Schwerpunkt und ist wichtig, wenn die Translationsbewegung des Körpers betrachtet wird. Das zweite ist das *Massenmoment,* das auftritt, wenn die Rotationsbewegung des Körpers betrachtet wird. Das Massenmoment wird auch *Trägheitsmoment, Zentrifugalmoment* oder *Deviationsmoment* genannt. Jeder starre Körper hat eine 3×3- Trägheitsmomentmatrix I, die bezeichnet wird durch:

$$ I = \begin{bmatrix} I_{xx} & I_{xy} & I_{xz} \\ I_{yx} & I_{yy} & I_{yz} \\ I_{zx} & I_{zy} & I_{zz} \end{bmatrix} \tag{8.134} $$

Die Diagonalelemente I_{ij}, $i = j$, werden *polare Trägheitsmomente* genannt:

$$ I_{xx} = I_x = \int_B \left(y^2 + z^2\right) dm \tag{8.135} $$

$$ I_{yy} = I_y = \int_B \left(z^2 + x^2\right) dm \tag{8.136} $$

$$ I_{zz} = I_z = \int_B \left(x^2 + y^2\right) dm \tag{8.137} $$

und die Außerdiagonalelemente I_{ij}, $i \neq j$, werden *Trägheitsprodukte* genannt:

$$ I_{xy} = I_{yx} = -\int_B xy\, dm \tag{8.138} $$

$$ I_{yz} = I_{zy} = -\int_B yz\, dm \tag{8.139} $$

$$ I_{zx} = I_{xz} = -\int_B zx\, dm \tag{8.140} $$

Die Elemente von I für einen starren Körper, der aus diskreten Punktmassen besteht, sind in Gl. (8.74) definiert.

Die Elemente von I werden in Bezug auf ein körperfestes Koordinatensystem berechnet, das am Massenmittelpunkt C des Körpers angebracht ist. Daher ist I eine koordinatensystemabhängige Größe und muss wie folgt geschrieben werden ${}^{B}I$, um das Koordinatensystem zu zeigen, in dem es berechnet wird:

$$^{B}I = \int_B \begin{bmatrix} y^2+z^2 & -xy & -zx \\ -xy & z^2+x^2 & -yz \\ -zx & -yz & x^2+y^2 \end{bmatrix} dm \tag{8.141}$$

$$= \int_B \left(r^2\mathbf{I} - \mathbf{r}\,\mathbf{r}^T\right) dm \tag{8.142}$$

$$= \int_B -\tilde{r}\,\tilde{r}\,dm \tag{8.143}$$

Trägheitsmomente können von einem Koordinatensystem B_1 in ein anderes Koordinatensystem B_2, beide am Massenmittelpunkt des Körpers installiert, nach der Regel des *Rotationsachsen-Theorems* transformiert werden:

$$^{B_2}I = {}^{B_2}R_{B_1}\,{}^{B_1}I\,{}^{B_2}R_{B_1}^T \tag{8.144}$$

Die Transformation des Trägheitsmoments von einem zentralen Koordinatensystem B_1 an der Stelle $^{B_2}\mathbf{r}_C$ zu einem anderen Koordinatensystem B_2, das parallel zu B_1 ist, erfolgt nach der Regel des *Parallelachsen-Theorems:*

$$^{B_2}I = {}^{B_1}I + m\,\tilde{r}_C\,\tilde{r}_C^T \tag{8.145}$$

Wenn das lokale Koordinatensystem $Oxyz$ so positioniert ist, dass die Trägheitsprodukte verschwinden, wird das lokale Koordinatensystem als *Hauptkoordinatensystem* bezeichnet und die zugehörigen Trägheitsmomente werden als *Hauptträgheitsmomente* bezeichnet. Hauptachsen und Hauptträgheitsmomente können durch Lösen der folgenden Gleichung für I gefunden werden:

$$\begin{vmatrix} I_{xx}-I & I_{xy} & I_{xz} \\ I_{yx} & I_{yy}-I & I_{yz} \\ I_{zx} & I_{zy} & I_{zz}-I \end{vmatrix} = 0 \tag{8.146}$$

$$\det\left(\left[I_{ij}\right] - I\left[\delta_{ij}\right]\right) = 0 \tag{8.147}$$

Da Gl. (8.147) eine kubische Gleichung in I ist, erhalten wir drei Eigenwerte:

$$I_1 = I_x \qquad I_2 = I_y \qquad I_3 = I_z \tag{8.148}$$

die die Hauptträgheitsmomente sind.

Beweis Betrachten Sie zwei Koordinatensysteme mit einem gemeinsamen Ursprung im Massenmittelpunkt eines starren Körpers, wie in Abb. 8.7*a* gezeigt. Die Winkelgeschwindigkeit und der Drehimpuls eines starren Körpers transformieren sich vom Koordinatensystem B_1 zum Koordinatensystem B_2 nach der Vektortransformationsregel:

$$^{B_2}\omega = {}^{B_2}R_{B_1}\,{}^{B_1}\omega \tag{8.149}$$

$$ {}^{B_2}\mathbf{L} = {}^{B_2}R_{B_1} \, {}^{B_1}\mathbf{L} \tag{8.150} $$

Allerdings hängen $\mathbf{L}$ und $\boldsymbol{\omega}$ gemäß Gl. (8.72) voneinander ab:

$$ {}^{B_1}\mathbf{L} = {}^{B_1}I \; {}^{B_1}\omega \tag{8.151} $$

und daher gilt:

$$ {}^{B_2}\mathbf{L} = {}^{B_2}R_{B_1} \, {}^{B_1}I \; {}^{B_2}R_{B_1}^T \, {}^{B_2}\omega = {}^{B_2}I \; {}^{B_2}\omega \tag{8.152} $$

was zeigt, wie man das Trägheitsmoment vom Koordinatensystem B_1 zu einem gedrehten Koordinatensystem B_2 überträgt:

$$ {}^{B_2}I = {}^{B_2}R_{B_1} \, {}^{B_1}I \; {}^{B_2}R_{B_1}^T \tag{8.153} $$

Betrachten Sie nun ein zentrales Koordinatensystem B_1, dargestellt in Abb. 8.7*b*, bei ${}^{B_2}\mathbf{r}_C$, das sich um den Ursprung eines festen Koordinatensystems B_2 dreht, sodass seine Achsen parallel bleiben. Die Winkelgeschwindigkeit und der Drehimpuls des starren Körpers transformieren sich vom Koordinatensystem B_1 zum Koordinatensystem B_2 durch:

$$ {}^{B_2}\omega = {}^{B_1}\omega \tag{8.154} $$

$$ {}^{B_2}\mathbf{L} = {}^{B_1}\mathbf{L} + (\mathbf{r}_C \times m\mathbf{v}_C) \tag{8.155} $$

Daher gilt:

$$ \begin{aligned} {}^{B_2}\mathbf{L} &= {}^{B_1}\mathbf{L} + m \, {}^{B_2}\mathbf{r}_C \times \left({}^{B_2}\omega \times {}^{B_2}\mathbf{r}_C \right) \\ &= {}^{B_1}\mathbf{L} + \left(m \, {}^{B_2}\tilde{r}_C \, {}^{B_2}\tilde{r}_C^T \right) {}^{B_2}\omega \\ &= \left({}^{B_1}I + m \, {}^{B_2}\tilde{r}_C \, {}^{B_2}\tilde{r}_C^T \right) {}^{B_2}\omega \end{aligned} \tag{8.156} $$

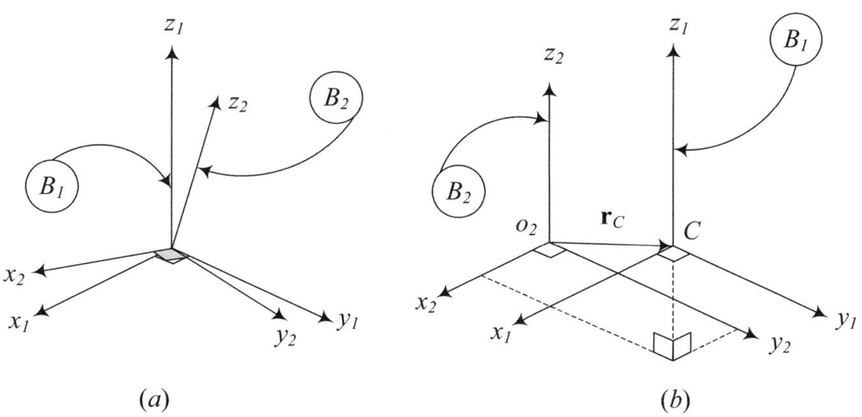

Abb. 8.7 **a** Zwei Koordinatensysteme mit einem gemeinsamen Ursprung im Massenmittelpunkt eines starren Körpers. **b** Ein zentrales Koordinatensystem B_1 und ein verschobenes System B_2

was zeigt, wie man das Trägheitsmoment vom Koordinatensystem B_1 zu einem parallelen Koordinatensystem B_2 überträgt:

$$^{B_2}I = {}^{B_1}I + m\,\tilde{r}_C\,\tilde{r}_C^T \tag{8.157}$$

Das Theorem der parallelen Achsen wird auch *Huygens-Steiner-Theorem* genannt.

Bezugnehmend auf Gl. (8.153) für die Transformation des Trägheitsmoments zu einem rotierten Koordinatensystem, können wir immer ein Koordinatensystem finden, in dem ^{B_2}I diagonal ist. In einem solchen Koordinatensystem haben wir:

$$^{B_2}R_{B_1}\,{}^{B_1}I = {}^{B_2}I\,{}^{B_2}R_{B_1} \tag{8.158}$$

oder:

$$\begin{aligned}\begin{bmatrix} r_{11} & r_{12} & r_{13} \\ r_{21} & r_{22} & r_{23} \\ r_{31} & r_{32} & r_{33} \end{bmatrix} \begin{bmatrix} I_{xx} & I_{xy} & I_{xz} \\ I_{yx} & I_{yy} & I_{yz} \\ I_{zx} & I_{zy} & I_{zz} \end{bmatrix} \\ = \begin{bmatrix} I_1 & 0 & 0 \\ 0 & I_2 & 0 \\ 0 & 0 & I_3 \end{bmatrix} \begin{bmatrix} r_{11} & r_{12} & r_{13} \\ r_{21} & r_{22} & r_{23} \\ r_{31} & r_{32} & r_{33} \end{bmatrix}\end{aligned} \tag{8.159}$$

was zeigt, dass I_1, I_2 und I_3 Eigenwerte von ^{B_1}I sind. Diese Eigenwerte können durch Lösen der folgenden Gleichung für λ gefunden werden:

$$\begin{vmatrix} I_{xx}-\lambda & I_{xy} & I_{xz} \\ I_{yx} & I_{yy}-\lambda & I_{yz} \\ I_{zx} & I_{zy} & I_{zz}-\lambda \end{vmatrix} = 0 \tag{8.160}$$

Die Eigenwerte I_1, I_2 und I_3 sind *Hauptträgheitsmomente*, und ihre zugehörigen Eigenvektoren werden *Hauptachsen* genannt. Das durch die Eigenvektoren gebildete Koordinatensystem ist das *Hauptkörper-Koordinatensystem.* Im Hauptkoordinatensystem ist der Drehimpuls des starren Körpers:

$$\begin{bmatrix} L_1 \\ L_2 \\ L_3 \end{bmatrix} = \begin{bmatrix} I_1 & 0 & 0 \\ 0 & I_2 & 0 \\ 0 & 0 & I_3 \end{bmatrix} \begin{bmatrix} \omega_1 \\ \omega_2 \\ \omega_3 \end{bmatrix} \tag{8.161}$$

■

Beispiel 355 *Hauptträgheitsmomente*
Betrachten Sie die Trägheitsmatrix I:

$$I = \begin{bmatrix} 20 & -2 & 0 \\ -2 & 30 & 0 \\ 0 & 0 & 40 \end{bmatrix} \tag{8.162}$$

*Wir setzen die Determinante (*8.147*)*

$$\begin{vmatrix} 20-\lambda & -2 & 0 \\ -2 & 30-\lambda & 0 \\ 0 & 0 & 40-\lambda \end{vmatrix} = 0 \tag{8.163}$$

was zur folgenden charakteristischen Gleichung führt:

$$(20-\lambda)(30-\lambda)(40-\lambda) - 4(40-\lambda) = 0 \tag{8.164}$$

Drei Nullstellen der Gl. (8.164) sind:

$$I_1 = 30{,}385 \qquad I_2 = 19{,}615 \qquad I_3 = 40 \tag{8.165}$$

und daher ist die Matrix des Hauptträgheitsmoments:

$$I = \begin{bmatrix} 30{,}385 & 0 & 0 \\ 0 & 19{,}615 & 0 \\ 0 & 0 & 40 \end{bmatrix} \tag{8.166}$$

Beispiel 356 *Hauptkoordinatensystem*
Betrachten Sie die Trägheitsmatrix I:

$$I = \begin{bmatrix} 20 & -2 & 0 \\ -2 & 30 & 0 \\ 0 & 0 & 40 \end{bmatrix} \tag{8.167}$$

die Richtung einer Hauptachse x_i wird durch die Lösung folgender Gleichung festgelegt:

$$\begin{bmatrix} I_{xx}-I_i & I_{xy} & I_{xz} \\ I_{yx} & I_{yy}-I_i & I_{yz} \\ I_{zx} & I_{zy} & I_{zz}-I_i \end{bmatrix} \begin{bmatrix} \cos\alpha_i \\ \cos\beta_i \\ \cos\gamma_i \end{bmatrix} = \begin{bmatrix} 0 \\ 0 \\ 0 \end{bmatrix} \tag{8.168}$$

für die Richtungskosinus, die auch erfüllen müssen:

$$\cos^2\alpha_i + \cos^2\beta_i + \cos^2\gamma_i = 1 \tag{8.169}$$

Für das erste Hauptträgheitsmoment $I_1 = 30{,}385$ haben wir:

$$\begin{bmatrix} 20-30{,}39 & -2 & 0 \\ -2 & 30-30{,}39 & 0 \\ 0 & 0 & 40-30{,}39 \end{bmatrix} \begin{bmatrix} \cos\alpha_1 \\ \cos\beta_1 \\ \cos\gamma_1 \end{bmatrix} = \begin{bmatrix} 0 \\ 0 \\ 0 \end{bmatrix} \tag{8.170}$$

oder:

$$-10{,}39\cos\alpha_1 - 2\cos\beta_1 + 0 = 0 \tag{8.171}$$

$$-2\cos\alpha_1 - 0{,}39\cos\beta_1 + 0 = 0 \tag{8.172}$$

$$0+0+9{,}615\cos\gamma_1 = 0 \tag{8.173}$$

und wir erhalten:

$$\alpha_1 = 79{,}1\,\text{deg} \qquad \beta_1 = 169{,}1\,\text{deg} \qquad \gamma_1 = 90{,}0\,\text{deg} \tag{8.174}$$

Nun verwenden wir I_2= 19,615 für die zweite Hauptachse:

$$\begin{bmatrix} 20-19{,}62 & -2 & 0 \\ -2 & 30-19{,}62 & 0 \\ 0 & 0 & 40-19{,}62 \end{bmatrix} \begin{bmatrix} \cos\alpha_2 \\ \cos\beta_2 \\ \cos\gamma_2 \end{bmatrix} = \begin{bmatrix} 0 \\ 0 \\ 0 \end{bmatrix} \tag{8.175}$$

und erhalten:

$$\alpha_2 = 10{,}9\,\text{deg} \qquad \beta_2 = 79{,}1\,\text{deg} \qquad \gamma_2 = 90{,}0\,\text{deg} \tag{8.176}$$

Die dritte Hauptachse ist für I_3= 40:

$$\begin{bmatrix} 20-40 & -2 & 0 \\ -2 & 30-40 & 0 \\ 0 & 0 & 40-40 \end{bmatrix} \begin{bmatrix} \cos\alpha_3 \\ \cos\beta_3 \\ \cos\gamma_3 \end{bmatrix} = \begin{bmatrix} 0 \\ 0 \\ 0 \end{bmatrix} \tag{8.177}$$

was führt zu:

$$\alpha_3 = 90{,}0\,\text{deg} \qquad \beta_3 = 90{,}0\,\text{deg} \qquad \gamma_3 = 0{,}0\,\text{deg} \tag{8.178}$$

Beispiel 357 *Trägheitsmoment eines starren rechteckigen Balkens*
Betrachten Sie ein homogenes rechteckiges Verbindungselement mit der Masse m, Länge l, Breite w und Höhe h, wie in Abb. 8.8a *dargestellt.*

Das lokale zentrale Koordinatensystem ist am Massenmittelpunkt des Verbindungselements angebracht. Die Trägheitsmomente des Verbindungselements können mit der Integralmethode ermittelt werden. Wir beginnen mit der Berechnung von I_{xx}:

$$\begin{aligned} I_{xx} &= \int_B (y^2+z^2)dm = \int_v (y^2+z^2)\rho dv = \frac{m}{lwh}\int_v (y^2+z^2)dv \\ &= \frac{m}{lwh}\int_{-h/2}^{h/2}\int_{-w/2}^{w/2}\int_{-l/2}^{l/2}(y^2+z^2)dx\,dy\,dz = \frac{m}{12}(w^2+h^2) \end{aligned} \tag{8.179}$$

Die Werte I_{yy} und I_{zz} können auf ähnliche Weise berechnet werden:

$$I_{yy} = \frac{m}{12}(h^2+l^2) \qquad I_{zz} = \frac{m}{12}(l^2+w^2) \tag{8.180}$$

Das Koordinatensystem ist zentral und daher müssen die Produkte der Trägheitsmomente null sein. Um dies zu zeigen, untersuchen wir I_{xy}:

$$\begin{aligned} I_{xy} = I_{yx} &= -\int_B xy\,dm = \int_v xy\rho dv \\ &= \frac{m}{lwh}\int_{-h/2}^{h/2}\int_{-w/2}^{w/2}\int_{-l/2}^{l/2} xy\,dx\,dy\,dz = 0 \end{aligned} \tag{8.181}$$

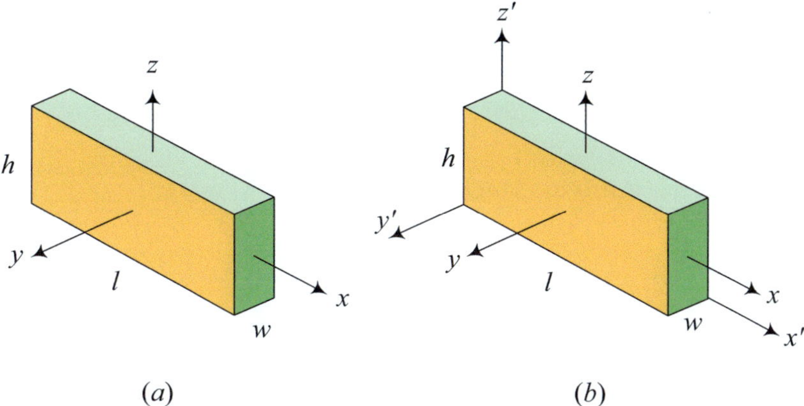

Abb. 8.8 **a** Ein homogenes starres rechteckiges Verbindungselement. **b** Ein homogenes starres rechteckiges Verbindungselement in den Haupt- und Nicht-Hauptkoordinatensystemen

Daher ist das Trägheitsmoment für den starren rechteckigen Balken in seinem zentralen Koordinatensystem:

$$I = \begin{bmatrix} \frac{m}{12}\left(w^2+h^2\right) & 0 & 0 \\ 0 & \frac{m}{12}\left(h^2+l^2\right) & 0 \\ 0 & 0 & \frac{m}{12}\left(l^2+w^2\right) \end{bmatrix} \tag{8.182}$$

Beispiel 358 *Verschiebung der Trägheitsmatrix*
Das Trägheitsmoment der starren Körper, wie in Abb. 8.8b dargestellt, im Hauptkoordinatensystem B(oxyz) ist in Gl. (8.182) gegeben. Die Trägheitsmomentmatrix im Nicht-Hauptkoordinatensystem B'(ox'y'z') kann durch Anwendung der Parallelachsen-Transformations-Formel (8.157) gefunden werden:

$$^{B'}I = {}^{B}I + m\, {}^{B'}\tilde{r}_C\, {}^{B'}\tilde{r}_C^T \tag{8.183}$$

Der Massenmittelpunkt befindet sich bei

$$^{B'}\mathbf{r}_C = \frac{1}{2}\begin{bmatrix} l \\ w \\ h \end{bmatrix} \tag{8.184}$$

und daher:

$$^{B'}\tilde{r}_C = \frac{1}{2}\begin{bmatrix} 0 & -h & w \\ h & 0 & -l \\ -w & l & 0 \end{bmatrix} \tag{8.185}$$

das liefert:

$$
{}^{B'}I = \begin{bmatrix} \frac{1}{3}h^2m + \frac{1}{3}mw^2 & -\frac{1}{4}lmw & -\frac{1}{4}hlm \\ -\frac{1}{4}lmw & \frac{1}{3}h^2m + \frac{1}{3}l^2m & -\frac{1}{4}hmw \\ -\frac{1}{4}hlm & -\frac{1}{4}hmw & \frac{1}{3}l^2m + \frac{1}{3}mw^2 \end{bmatrix} \tag{8.186}
$$

Beispiel 359 *Hauptdrehmatrix*
Betrachten Sie die Matrix des Trägheitsmoments eines Körpers:

$$
I = \begin{bmatrix} 2/3 & -1/2 & -1/2 \\ -1/2 & 5/3 & -1/4 \\ -1/2 & -1/4 & 5/3 \end{bmatrix} \tag{8.187}
$$

Die Eigenwerte und Eigenvektoren von I sind:

$$
I_1 = 0{,}2413 \qquad \mathbf{w}_1 = \begin{bmatrix} 2{,}351 & 1 & 1 \end{bmatrix}^T \tag{8.188}
$$

$$
I_2 = 1{,}8421 \qquad \mathbf{w}_2 = \begin{bmatrix} -0{,}851 & 1 & 1 \end{bmatrix}^T \tag{8.189}
$$

$$
I_3 = 1{,}9167 \qquad \mathbf{w}_3 = \begin{bmatrix} 0 & -1 & 1 \end{bmatrix}^T \tag{8.190}
$$

Die normalisierte Eigenvektormatrix W entspricht der Transponierten der erforderlichen Transformationsmatrix, um die Trägheitsmatrix zu diagonalisieren

$$
\begin{aligned}
W &= \begin{bmatrix} \mathbf{w}_1 & \mathbf{w}_2 & \mathbf{w}_3 \end{bmatrix} = {}^2R_1^T \\
&= \begin{bmatrix} 0{,}8569 & -0{,}5156 & 0{,}0 \\ 0{,}36448 & 0{,}60588 & -0{,}70711 \\ 0{,}36448 & 0{,}60588 & 0{,}70711 \end{bmatrix}
\end{aligned} \tag{8.191}
$$

Wir können überprüfen, dass

$$
\begin{aligned}
{}^2I &\approx {}^2R_1 \, {}^1I \, {}^2R_1^T = W^T \, {}^1I \, W \\
&= \begin{bmatrix} 0{,}2413 & -1 \times 10^{-4} & 0{,}0 \\ -1 \times 10^{-4} & 1{,}8421 & -1 \times 10^{-19} \\ 0{,}0 & 0{,}0 & 1{,}9167 \end{bmatrix}
\end{aligned} \tag{8.192}
$$

Beispiel 360 ⋆*Relative diagonale Trägheitsmomente*
Unter Verwendung der Definitionen für Trägheitsmomente (8.135), (8.136) *und* (8.137) *ist zu sehen, dass die Trägheitsmatrix symmetrisch ist, und dass gilt:*

$$
\int_B \left(x^2 + y^2 + z^2\right) dm = \frac{1}{2}\left(I_{xx} + I_{yy} + I_{zz}\right) \tag{8.193}
$$

und auch:

$$
I_{xx} + I_{yy} \geq I_{zz} \qquad I_{yy} + I_{zz} \geq I_{xx} \qquad I_{zz} + I_{xx} \geq I_{yy} \tag{8.194}
$$

Unter Berücksichtigung, dass

$$(y-z)^2 \geq 0 \tag{8.195}$$

ist es offensichtlich, dass

$$\left(y^2+z^2\right) \geq 2yz \tag{8.196}$$

und daher:

$$I_{xx} \geq 2I_{yz} \tag{8.197}$$

und entsprechend:

$$I_{yy} \geq 2I_{zx} \qquad I_{zz} \geq 2I_{xy} \tag{8.198}$$

Beispiel 361 ⋆*Koeffizienten der charakteristischen Gleichung*
*Die Determinante (*8.160*)*

$$\begin{vmatrix} I_{xx}-\lambda & I_{xy} & I_{xz} \\ I_{yx} & I_{yy}-\lambda & I_{yz} \\ I_{zx} & I_{zy} & I_{zz}-\lambda \end{vmatrix} = 0 \tag{8.199}$$

zur Berechnung der Hauptträgheitsmomente führt zu einer Gleichung dritten Grades für λ, die als ***charakteristische Gleichung*** bezeichnet wird:

$$\lambda^3 - a_1\lambda^2 + a_2\lambda - a_3 = 0 \tag{8.200}$$

Die Koeffizienten der charakteristischen Gleichung werden als ***Hauptinvarianten*** *von $[I]$ bezeichnet. Die Koeffizienten der charakteristischen Gleichung können direkt aus den folgenden Gleichungen gefunden werden:*

$$a_1 = I_{xx} + I_{yy} + I_{zz} = \operatorname{tr}[I] \tag{8.201}$$

$$\begin{aligned} a_2 &= I_{xx}I_{yy} + I_{yy}I_{zz} + I_{zz}I_{xx} - I_{xy}^2 - I_{yz}^2 - I_{zx}^2 \\ &= \begin{vmatrix} I_{xx} & I_{xy} \\ I_{yx} & I_{yy} \end{vmatrix} + \begin{vmatrix} I_{yy} & I_{yz} \\ I_{zy} & I_{zz} \end{vmatrix} + \begin{vmatrix} I_{xx} & I_{xz} \\ I_{zx} & I_{zz} \end{vmatrix} \\ &= \frac{1}{2}\left(a_1^2 - \operatorname{tr}\left[I^2\right]\right) \end{aligned} \tag{8.202}$$

$$\begin{aligned} a_3 &= I_{xx}I_{yy}I_{zz} + I_{xy}I_{yz}I_{zx} + I_{zy}I_{yx}I_{xz} \\ &\quad -\left(I_{xx}I_{yz}I_{zy} + I_{yy}I_{zx}I_{xz} + I_{zz}I_{xy}I_{yx}\right) \\ &= I_{xx}I_{yy}I_{zz} + 2I_{xy}I_{yz}I_{zx} - \left(I_{xx}I_{yz}^2 + I_{yy}I_{zx}^2 + I_{zz}I_{xy}^2\right) \\ &= \det[I] \end{aligned} \tag{8.203}$$

Beispiel 362 ⋆*Die Hauptträgheitsmomente sind Koordinateninvarianten*
Die Nullstellen der charakteristischen Gleichung der Trägheit sind die Hauptträgheitsmomente. Sie sind alle reell, aber nicht notwendigerweise unterschiedlich.

Die Hauptträgheitsmomente sind Extremwerte. Das heißt, die Hauptträgheitsmomente bestimmen die kleinsten und die größten Werte von I_{ii}. Da die kleinsten und größten Werte von I_{ii} nicht von der Wahl des körperfesten Koordinatensystems abhängen, ist die Lösung der charakteristischen Gleichung nicht von dem Koordinatensystem abhängig.

Mit anderen Worten, wenn I_1, I_2 und I_3 die Hauptträgheitsmomente für ${}^{B_1}I$ sind, sind die Hauptträgheitsmomente für ${}^{B_2}I$ ebenfalls I_1, I_2 und I_3, wobei gilt:

$$ {}^{B_2}I = {}^{B_2}R_{B_1} \, {}^{B_1}I \, {}^{B_2}R_{B_1}^T \tag{8.204} $$

*Wir schließen daraus, dass I_1, I_2 und I_3 Koordinateninvarianten der Matrix $[I]$ sind und daher jede Menge, die von I_1, I_2 und I_3 abhängt, ebenfalls koordinateninvariant ist. Die Matrix $[I]$ hat nur drei unabhängige Invarianten, und jede andere Invariante kann in Bezug auf I_1, I_2 und I_3*ausgedrückt werden.

Da I_1, I_2 und I_3 die Lösungen der charakteristischen Gleichung von $[I]$ gegeben in (8.200) sind, können wir die Determinante (8.160) in folgender Form schreiben:

$$ (\lambda - I_1)(\lambda - I_2)(\lambda - I_3) = 0 \tag{8.205} $$

Die erweiterte Form dieser Gleichung ist:

$$ \lambda^3 - (I_1 + I_2 + I_3)\lambda^2 + (I_1 I_2 + I_2 I_3 + I_3 I_1)a_2\lambda - I_1 I_2 I_3 = 0 \tag{8.206} $$

Durch Vergleich von (8.206) und (8.200) kommen wir zu dem Schluss, dass:

$$ a_1 = I_{xx} + I_{yy} + I_{zz} = I_1 + I_2 + I_3 \tag{8.207} $$

$$ \begin{aligned} a_2 &= I_{xx}I_{yy} + I_{yy}I_{zz} + I_{zz}I_{xx} - I_{xy}^2 - I_{yz}^2 - I_{zx}^2 \\ &= I_1 I_2 + I_2 I_3 + I_3 I_1 \end{aligned} \tag{8.208} $$

$$ \begin{aligned} a_3 &= I_{xx}I_{yy}I_{zz} + 2I_{xy}I_{yz}I_{zx} - \left(I_{xx}I_{yz}^2 + I_{yy}I_{zx}^2 + I_{zz}I_{xy}^2\right) \\ &= I_1 I_2 I_3 \end{aligned} \tag{8.209} $$

Die Fähigkeit, die Koeffizienten a_1, a_2 und a_3 als Funktionen von I_1, I_2 und I_3 auszudrücken, bestimmt, dass die Koeffizienten der charakteristischen Gleichung auch koordinateninvariant sind.

Beispiel 363 ⋆*Kurznotation für die Elemente der Trägheitsmatrix*

Unter Ausnutzung des Kronecker-Deltas (4.133) können wir die Elemente der Trägheitsmatrix I_{ij} in Kurzform schreiben:

$$ I_{ij} = \int_B \left(\left(x_1^2 + x_2^2 + x_3^2\right)\delta_{ij} - x_i x_j \right) dm \tag{8.210} $$

$$ I_{ij} = \int_B \left(r^2 \delta_{ij} - x_i x_j \right) dm \tag{8.211} $$

$$ I_{ij} = \int_B \left(\sum_{k=1}^3 x_k x_k \delta_{ij} - x_i x_j \right) dm \tag{8.212} $$

wobei wir die folgenden Notationen übernommen haben:

$$ x_1 = x \qquad x_2 = y \qquad x_3 = z \tag{8.213} $$

Beispiel 364 ⋆*Trägheitsmoment bezüglich Ebene, Linie und Punkt*
Die Trägheitsmomente eines Systems von Teilchen können bezüglich einer Ebene, einer Linie oder eines Punktes als Summe der Produkte aus der Masse der Teilchen und dem Quadrat des senkrechten Abstands vom Teilchen zur Ebene, Linie oder Punkt definiert werden. Für einen kontinuierlichen Körper ist die Summe das bestimmte Integral über das Volumen des Körpers.

Die Trägheitsmomente bezüglich der xy-, yz- und zx-Ebene sind:

$$I_{z^2} = \int_B z^2 dm \qquad I_{y^2} = \int_B y^2 dm \qquad I_{x^2} = \int_B x^2 dm \tag{8.214}$$

Die Trägheitsmomente bezüglich der x-, y- und z-Achsen sind:

$$I_x = \int_B \left(y^2 + z^2\right) dm \tag{8.215}$$

$$I_y = \int_B \left(z^2 + x^2\right) dm \tag{8.216}$$

$$I_z = \int_B \left(x^2 + y^2\right) dm \tag{8.217}$$

und daher:

$$I_x = I_{y^2} + I_{z^2} \qquad I_y = I_{z^2} + I_{x^2} \qquad I_z = I_{x^2} + I_{y^2} \tag{8.218}$$

Das Trägheitsmoment bezüglich des Ursprungs ist:

$$I_o = \int_B \left(x^2 + y^2 + z^2\right) dm = I_{x^2} + I_{y^2} + I_{z^2} = \frac{1}{2}\left(I_x + I_y + I_z\right) \tag{8.219}$$

Da die Wahl des Koordinatensystems willkürlich ist, können wir sagen, dass die Trägheitsmomente bezüglich einer Linie die Summe der Trägheitsmomente bezüglich zweier beliebiger orthogonal zueinander stehender Ebenen sind, die durch die Linie verlaufen. Die Trägheitsmomente bezüglich eines Punktes haben eine ähnliche Bedeutung für drei orthogonal zueinander stehende Ebenen, die sich im Punkt schneiden.

8.5 Lagrangesche Form der Newton'schen Bewegungsgleichungen

Die Bewegungsgleichung von Newton kann folgendermaßen umgeschrieben werden:

$$\frac{d}{dt}\left(\frac{\partial K}{\partial \dot{q}_r}\right) - \frac{\partial K}{\partial q_r} = F_r \qquad r = 1, 2, \ldots, n \tag{8.220}$$

wobei:

$$F_r = \sum_{i=1}^{n} \left(F_{ix}\frac{\partial f_i}{\partial q_1} + F_{iy}\frac{\partial g_i}{\partial q_2} + F_{iz}\frac{\partial h_i}{\partial q_n}\right) \tag{8.221}$$

Gl. (8.220) wird als die *Lagrange-Bewegungsgleichung* bezeichnet, wobei K die kinetische Energie des Systems mit n-Freiheitsgraden (engl. degree-of-freedom, *DOF*) ist, q_r, $r = 1, 2, \ldots \cdots, n$ sind die generalisierten Koordinaten des Systems, $\mathbf{F} = \begin{bmatrix} F_{ix} & F_{iy} & F_{iz} \end{bmatrix}^T$ ist die auf das i-te Teilchen des Systems wirkende externe Kraft, und F_r ist die mit q_r assoziierte generalisierte Kraft.

Beweis Sei m_i die Masse eines der Teilchen eines Systems, und seien (x_i, y_i, z_i) seine kartesischen Koordinaten in einem global festen Koordinatensystem. Wir nehmen an, dass die Koordinaten jedes einzelnen Teilchens Funktionen einer anderen Reihe von Koordinaten $q_1, q_2, q_3, \cdots, q_n$, und möglicherweise der Zeit t sind.

$$x_i = f_i(q_1, q_2, q_3, \cdots, q_n, t) \tag{8.222}$$

$$y_i = g_i(q_1, q_2, q_3, \cdots, q_n, t) \tag{8.223}$$

$$z_i = h_i(q_1, q_2, q_3, \cdots, q_n, t) \tag{8.224}$$

Wenn F_{xi}, F_{yi} und F_{zi} Komponenten der Gesamtkraft sind, die auf das Teilchen m_i wirken, dann lauten die Newton'schen Bewegungsgleichungen für das Teilchen wie folgt:

$$F_{xi} = m_i \ddot{x}_i \tag{8.225}$$

$$F_{yi} = m_i \ddot{y}_i \tag{8.226}$$

$$F_{zi} = m_i \ddot{z}_i \tag{8.227}$$

Wir multiplizieren beide Seiten dieser Gleichungen jeweils mit

$$\frac{\partial f_i}{\partial q_r} \qquad \frac{\partial g_i}{\partial q_r} \qquad \frac{\partial h_i}{\partial q_r} \tag{8.228}$$

und addieren sie für alle Teilchen, um die Gleichung

$$\sum_{i=1}^{n} m_i \left(\ddot{x}_i \frac{\partial f_i}{\partial q_r} + \ddot{y}_i \frac{\partial g_i}{\partial q_r} + \ddot{z}_i \frac{\partial h_i}{\partial q_r} \right) = \sum_{i=1}^{n} \left(F_{xi} \frac{\partial f_i}{\partial q_r} + F_{yi} \frac{\partial g_i}{\partial q_r} + F_{zi} \frac{\partial h_i}{\partial q_r} \right) \tag{8.229}$$

zu erhalten, wobei n die Gesamtzahl der Teilchen ist.

Wenn wir eine Gl. (8.222) nach der Zeit ableiten:

$$\dot{x}_i = \frac{\partial f_i}{\partial q_1} \dot{q}_1 + \frac{\partial f_i}{\partial q_2} \dot{q}_2 + \frac{\partial f_i}{\partial q_3} \dot{q}_3 + \cdots + \frac{\partial f_i}{\partial q_n} \dot{q}_n + \frac{\partial f_i}{\partial t} \tag{8.230}$$

finden wir:

$$\frac{\partial \dot{x}_i}{\partial \dot{q}_r} = \frac{\partial}{\partial \dot{q}_r} \left(\frac{\partial f_i}{\partial q_1} \dot{q}_1 + \frac{\partial f_i}{\partial q_2} \dot{q}_2 + \cdots + \frac{\partial f_i}{\partial q_n} \dot{q}_n + \frac{\partial f_i}{\partial t} \right) = \frac{\partial f_i}{\partial q_r} \tag{8.231}$$

und daher:

$$\ddot{x}_i \frac{\partial f_i}{\partial q_r} = \ddot{x}_i \frac{\partial \dot{x}_i}{\partial \dot{q}_r} = \frac{d}{dt}\left(\dot{x}_i \frac{\partial \dot{x}_i}{\partial \dot{q}_r}\right) - \dot{x}_i \frac{d}{dt}\left(\frac{\partial \dot{x}_i}{\partial \dot{q}_r}\right) \tag{8.232}$$

Allerdings gilt:

$$\begin{aligned}
\dot{x}_i \tfrac{d}{dt}\left(\tfrac{\partial \dot{x}_i}{\partial \dot{q}_r}\right) &= \dot{x}_i \tfrac{d}{dt}\left(\tfrac{\partial f_i}{\partial q_r}\right) \\
&= \dot{x}_i \left(\tfrac{\partial^2 f_i}{\partial q_1 \partial q_r}\dot{q}_1 + \cdots + \tfrac{\partial^2 f_i}{\partial q_n \partial q_r}\dot{q}_n + \tfrac{\partial^2 f_i}{\partial t \partial q_r}\right) \\
&= \dot{x}_i \tfrac{\partial}{\partial q_r}\left(\tfrac{\partial f_i}{\partial q_1}\dot{q}_1 + \tfrac{\partial f_i}{\partial q_2}\dot{q}_2 + \cdots + \tfrac{\partial f_i}{\partial q_n}\dot{q}_n + \tfrac{\partial f_i}{\partial t}\right) \\
&= \dot{x}_i \tfrac{\partial \dot{x}_i}{\partial q_r}
\end{aligned} \tag{8.233}$$

und wir haben:

$$\ddot{x}_i \frac{\partial \dot{x}_i}{\partial \dot{q}_r} = \frac{d}{dt}\left(\dot{x}_i \frac{\partial \dot{x}_i}{\partial \dot{q}_r}\right) - \dot{x}_i \frac{\partial \dot{x}_i}{\partial q_r} \tag{8.234}$$

was gleich

$$\ddot{x}_i \frac{\dot{x}_i}{\dot{q}_r} = \frac{d}{dt}\left[\frac{\partial}{\partial \dot{q}_r}\left(\frac{1}{2}\dot{x}_i^2\right)\right] - \frac{\partial}{\partial q_r}\left(\frac{1}{2}\dot{x}_i^2\right) \tag{8.235}$$

ist. Jetzt ersetzen wir (8.232) und (8.235) in der linken Seite von (8.229), dies führt zu:

$$\begin{aligned}
\sum_{i=1}^{n} m_i &\left(\ddot{x}_i \tfrac{\partial f_i}{\partial q_r} + \ddot{y}_i \tfrac{\partial g_i}{\partial q_r} + \ddot{z}_i \tfrac{\partial h_i}{\partial q_r}\right) \\
&= \sum_{i=1}^{n} m_i \tfrac{d}{dt}\left[\tfrac{\partial}{\partial \dot{q}_r}\left(\tfrac{1}{2}\dot{x}_i^2 + \tfrac{1}{2}\dot{y}_i^2 + \tfrac{1}{2}\dot{z}_i^2\right)\right] \\
&\qquad - \sum_{i=1}^{n} m_i \tfrac{\partial}{\partial q_r}\left(\tfrac{1}{2}\dot{x}_i^2 + \tfrac{1}{2}\dot{y}_i^2 + \tfrac{1}{2}\dot{z}_i^2\right) \\
&= \tfrac{1}{2}\sum_{i=1}^{n} m_i \tfrac{d}{dt}\left[\tfrac{\partial}{\partial \dot{q}_r}\left(\dot{x}_i^2 + \dot{y}_i^2 + \dot{z}_i^2\right)\right] \\
&\qquad - \tfrac{1}{2}\sum_{i=1}^{n} m_i \tfrac{\partial}{\partial q_r}\left(\dot{x}_i^2 + \dot{y}_i^2 + \dot{z}_i^2\right)
\end{aligned} \tag{8.236}$$

wobei:

$$\frac{1}{2}\sum_{i=1}^{n} m_i\left(\dot{x}_i^2 + \dot{y}_i^2 + \dot{z}_i^2\right) = K \tag{8.237}$$

die *kinetische Energie* des Systems ist. Daher werden die Newton'schen Bewegungsgleichungen (8.225), (8.226) und (8.227) umgewandelt zu

$$\frac{d}{dt}\left(\frac{\partial K}{\partial \dot{q}_r}\right) - \frac{\partial K}{\partial q_r} = \sum_{i=1}^{n}\left(F_{xi}\frac{\partial f_i}{\partial q_r} + F_{yi}\frac{\partial g_i}{\partial q_r} + F_{zi}\frac{\partial h_i}{\partial q_r}\right) \tag{8.238}$$

Aufgrund von (8.222), (8.223) und (8.224) ist die kinetische Energie eine Funktion von $q_1, q_2, q_3, \cdots, q_n$ und der Zeit t. Die linke Seite der Gl. (8.238) beinhaltet die kinetische Energie des gesamten Systems, und die rechte Seite ist eine generalisierte Kraft und zeigt die Auswirkung der Koordinatenänderung von x_i zu q_j auf die externen Kräfte. Nehmen wir an, dass die Koordinate q_r sich zu $q_r + \delta\, q_r$ ändert, während die anderen Koordinaten $q_1, q_2, q_3, \cdots, q_{r-1}, q_{r+1}, \cdots, q_n$ und die Zeit t unverändert bleiben. Daher werden die Koordinaten von m_i transformiert zu:

$$x_i + \frac{\partial f_i}{\partial q_r}\delta q_r \qquad y_i + \frac{\partial g_i}{\partial q_r}\delta q_r \qquad z_i + \frac{\partial h_i}{\partial q_r}\delta q_r \tag{8.239}$$

Eine solche Verschiebung wird virtuelle Verschiebung genannt. Die in dieser virtuellen Verschiebung von allen auf die Teilchen des Systems wirkenden Kräften verrichtete Arbeit ist

$$\delta W = \sum_{i=1}^{n}\left(F_{xi}\frac{\partial f_i}{\partial q_r} + F_{yi}\frac{\partial g_i}{\partial q_r} + F_{zi}\frac{\partial h_i}{\partial q_r}\right)\delta q_r \tag{8.240}$$

Da die von internen Kräften verrichtete Arbeit in entgegengesetzten Paaren auftritt, bleibt in Gl. (8.240) nur die von externen Kräften verrichtete Arbeit übrig. Bezeichnen wir die virtuelle Arbeit durch:

$$\delta W = F_r(q_1, q_2, q_3, \cdots, q_n, t)\delta q_r \tag{8.241}$$

dann haben wir:

$$\frac{d}{dt}\left(\frac{\partial K}{\partial \dot{q}_r}\right) - \frac{\partial K}{\partial q_r} = F_r \tag{8.242}$$

wobei:

$$F_r = \sum_{i=1}^{n}\left(F_{xi}\frac{\partial f_i}{\partial q_r} + F_{yi}\frac{\partial g_i}{\partial q_r} + F_{zi}\frac{\partial h_i}{\partial q_r}\right) \tag{8.243}$$

Gl. (8.242) ist die Lagrange-Form der Bewegungsgleichungen. Diese Gleichung gilt für alle Werte von r von 1 bis n. Wir haben also n gewöhnliche Differentialgleichungen zweiter Ordnung, in denen $q_1, q_2, q_3, \cdots, q_n$ die abhängigen Variablen sind und t die unabhängige Variable ist. Die Koordinaten $q_1, q_2, q_3, \cdots, q_n$ werden *generalisierte Koordinaten* genannt. Sie können beliebige messbare Parameter sein, um die Konfiguration des Systems zu liefern. Die Anzahl der Gleichungen und die Anzahl der abhängigen Variablen sind gleich, daher sind die Gleichungen theoretisch ausreichend, um die Bewegung aller m_i zu bestimmen. ■

Beispiel 365 *Bewegungsgleichung für ein einfaches Pendel*
Ein Pendel ist in Abb. 8.9 dargestellt. Unter Verwendung von x und y für die kartesische Position von m und $\theta = q$ als generalisierte Koordinate haben wir:

$$x = f(\theta) = l \sin\theta \tag{8.244}$$

$$y = g(\theta) = l \cos\theta \tag{8.245}$$

$$K = \tfrac{1}{2} m\left(\dot{x}^2 + \dot{y}^2\right) = \tfrac{1}{2} m l^2 \dot{\theta}^2 \tag{8.246}$$

und daher:

$$\frac{d}{dt}\left(\frac{\partial K}{\partial \dot{\theta}}\right) - \frac{\partial K}{\partial \theta} = \frac{d}{dt}(m l^2 \dot{\theta}) = m l^2 \ddot{\theta} \tag{8.247}$$

Die externen Kraftkomponenten, die auf m wirken, sind:

$$F_x = 0 \qquad F_y = mg \tag{8.248}$$

und daher gilt:

$$F_\theta = F_x \frac{\partial f}{\partial \theta} + F_y \frac{\partial g}{\partial \theta} = -mgl \sin\theta \tag{8.249}$$

Daher lautet die Bewegungsgleichung für das Pendel:

$$m l^2 \ddot{\theta} = -mgl \sin\theta \tag{8.250}$$

Beispiel 366 *Ein Pendel, das an einer oszillierenden Masse befestigt ist*
Abb. 8.10 zeigt eine schwingende Masse mit einem hängenden Pendel. Das Pendel kann als Schwingungsabsorber fungieren, wenn es richtig konstruiert ist. Dieses System hat zwei Freiheitsgrade und benötigt daher zwei generalisierte Koordinaten.

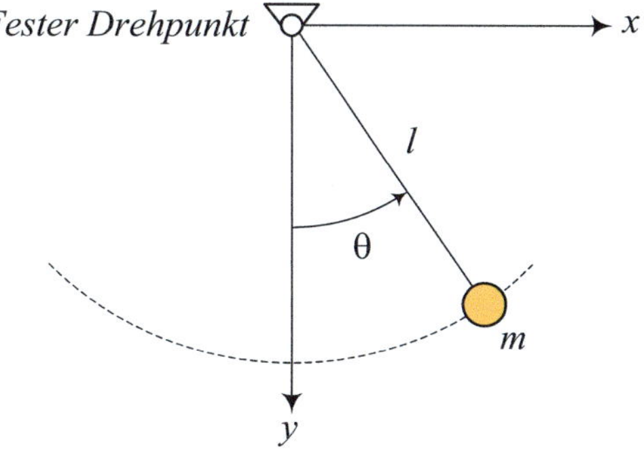

Abb. 8.9 Ein einfaches Pendel

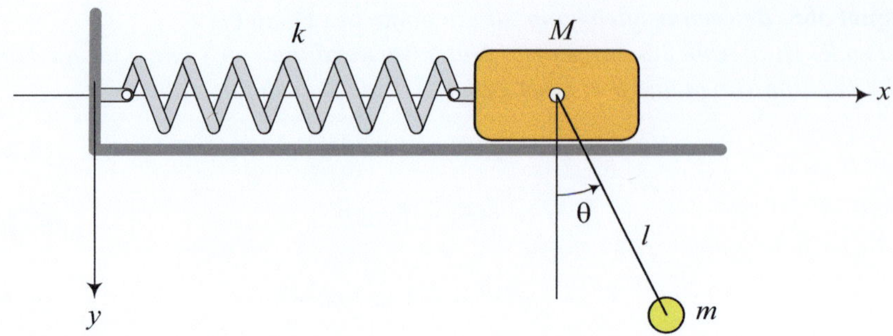

Abb. 8.10 Eine schwingende Masse mit einem hängenden Pendel

Wir nehmen x und θ als generalisierte Koordinaten und beginnen mit den Koordinatenbeziehungen:

$$x_M = f_M = x \qquad y_M = g_M = 0 \tag{8.251}$$

$$x_m = f_m = x + l\sin\theta \qquad y_m = g_m = l\cos\theta \tag{8.252}$$

Wir können die kinetische Energie in Bezug auf x und θ finden:

$$\begin{aligned} K &= \frac{1}{2}M\left(\dot{x}_M^2 + \dot{y}_M^2\right) + \frac{1}{2}m\left(\dot{x}_m^2 + \dot{y}_m^2\right) \\ &= \frac{1}{2}M\dot{x}^2 + \frac{1}{2}m\left(\dot{x}^2 + l^2\dot{\theta}^2 + 2l\dot{x}\dot{\theta}\cos\theta\right) \end{aligned} \tag{8.253}$$

Die linken Seiten der Lagrange-Gleichungen sind:

$$\frac{d}{dt}\left(\frac{\partial K}{\partial \dot{x}}\right) - \frac{\partial K}{\partial x} = (M+m)\ddot{x} + ml\ddot{\theta}\cos\theta - ml\dot{\theta}^2\sin\theta \tag{8.254}$$

$$\frac{d}{dt}\left(\frac{\partial K}{\partial \dot{\theta}}\right) - \frac{\partial K}{\partial \theta} = ml^2\ddot{\theta} + ml\ddot{x}\cos\theta \tag{8.255}$$

Die externen Kräfte, die auf M und m wirken, sind:

$$F_{x_M} = -kx \qquad F_{y_M} = 0 \qquad F_{x_m} = 0 \qquad F_{y_m} = mg \tag{8.256}$$

Daher sind die generalisierten Kräfte:

$$\begin{aligned} F_x &= F_{x_M}\frac{\partial f_M}{\partial x} + F_{y_M}\frac{\partial g_M}{\partial x} + F_{x_m}\frac{\partial f_m}{\partial x} + F_{y_m}\frac{\partial g_m}{\partial x} \\ &= -kx \end{aligned} \tag{8.257}$$

$$\begin{aligned} F_\theta &= F_{x_M}\frac{\partial f_M}{\partial \theta} + F_{y_M}\frac{\partial g_M}{\partial \theta} + F_{x_m}\frac{\partial f_m}{\partial \theta} + F_{y_m}\frac{\partial g_m}{\partial \theta} \\ &= -mgl\sin\theta \end{aligned} \tag{8.258}$$

und schließlich lauten die Lagrange-Bewegungsgleichungen:

$$(M+m)\ddot{x} + ml\ddot{\theta}\cos\theta - ml\dot{\theta}^2\sin\theta = -kx \tag{8.259}$$

$$ml^2\ddot{\theta} + ml\ddot{x}\cos\theta = -mgl\sin\theta \tag{8.260}$$

Beispiel 367 *Kinetische Energie der Erde*
Die Erde ist ungefähr ein rotierender starrer Körper um eine feste Achse. Die beiden Bewegungen der Erde werden ***Umlauf*** *um die Sonne und* ***Rotation*** *um eine Achse genannt, die ungefähr in der Erde fixiert ist. Die kinetische Energie der Erde aufgrund ihrer Rotation ist:*

$$\begin{aligned} K_1 &= \frac{1}{2}I\omega_1^2 \\ &= \frac{1}{2}\frac{2}{5}(5{,}9742\times 10^{24})\left(\frac{6356912+6378388}{2}\right)^2\left(\frac{2\pi}{24\times 3600}\frac{366{,}25}{365{,}25}\right)^2 \\ &= 2{,}5762\times 10^{29}\,\mathrm{J} \end{aligned} \tag{8.261}$$

wobei $I = 2MR^2/5$ das Trägheitsmoment der Erde ist und ω_1 die Winkelgeschwindigkeit um die Erdachse. Die kinetische Energie der Erde aufgrund ihres Umlaufs ist:

$$\begin{aligned} K_2 &= \frac{1}{2}Mr^2\omega_2^2 \\ &= \frac{1}{2}(5{,}9742\times 10^{24})(1{,}49475\times 10^{11})^2\left(\frac{2\pi}{24\times 3600}\frac{1}{365.25}\right)^2 \\ &= 2{,}6457\times 10^{33}\,\mathrm{J} \end{aligned} \tag{8.262}$$

wobei r der Abstand von der Sonne ist und ω_2 die Winkelgeschwindigkeit um die Sonne. Die gesamte kinetische Energie der Erde ist $K = K_1 + K_2$. Allerdings ist das Verhältnis der kinetischen Energien von Umlauf zur Rotation:

$$\frac{K_2}{K_1} = \frac{2,6457\times 10^{33}}{2,5762\times 10^{29}} \approx 10000 \tag{8.263}$$

Daher trägt die Rotation der Erde nur 0,1 % zur gesamten kinetischen Energie der Erde bei.

8.6 Lagrangesche Mechanik

Angenommen, für einige Kräfte $\mathbf{F} = \begin{bmatrix} F_{ix} & F_{iy} & F_{iz} \end{bmatrix}^T$ gibt es eine Funktion V, genannt *potentielle Energie*, sodass die Kraft aus V ableitbar ist:

$$\mathbf{F} = -\nabla V \tag{8.264}$$

Eine solche Kraft wird *potentiell* oder *konservativ* genannt. Dann kann die Lagrangesche Bewegungsgleichung geschrieben werden als:

$$\frac{d}{dt}\left(\frac{\partial \mathcal{L}}{\partial \dot{q}_r}\right) - \frac{\partial \mathcal{L}}{\partial q_r} = Q_r \qquad r = 1, 2, \cdots n \tag{8.265}$$

wobei:

$$\mathcal{L} = K - V \tag{8.266}$$

ist die *Lagrange-Funktion* des Systems, und Q_r ist die nicht potentielle generalisierte Kraft.

Beweis Angenommen, die externen Kräfte $\mathbf{F} = \left[F_{xi} \; F_{yi} \; F_{zi} \right]^T$, die auf das System wirken, sind konservativ:

$$\mathbf{F} = -\nabla V \tag{8.267}$$

Die Arbeit, die diese Kräfte bei einer beliebigen virtuellen Verschiebung δq_1, δq_2, $\delta q_3, \cdots, \delta q_n$ leisten, ist:

$$\partial W = -\frac{\partial V}{\partial q_1}\delta q_1 - \frac{\partial V}{\partial q_2}\delta q_2 - \cdots \frac{\partial V}{\partial q_n}\delta q_n \tag{8.268}$$

dann wird die Lagrange-Gleichung zu:

$$\frac{d}{dt}\left(\frac{\partial K}{\partial \dot{q}_r}\right) - \frac{\partial K}{\partial q_r} = -\frac{\partial V}{\partial q_1} \qquad r = 1, 2, \cdots n. \tag{8.269}$$

Durch Einführung der Lagrange-Funktion $L = K - V$ wird die Lagrange-Gleichung zu:

$$\frac{d}{dt}\left(\frac{\partial \mathcal{L}}{\partial \dot{q}_r}\right) - \frac{\partial \mathcal{L}}{\partial q_r} = 0 \qquad r = 1, 2, \cdots n \tag{8.270}$$

für ein konservatives System. Die Lagrange-Funktion L wird auch *kinetisches Potential* genannt.

Wenn eine Kraft nicht konservativ ist, dann ist die virtuelle Arbeit, die von der Kraft geleistet wird:

$$\delta W = \sum_{i=1}^{n} \left(F_{xi}\frac{\partial f_i}{\partial q_r} + F_{yi}\frac{\partial g_i}{\partial q_r} + F_{zi}\frac{\partial h_i}{\partial q_r} \right) \delta q_r = Q_r \, \delta q_r \tag{8.271}$$

und die Bewegungsgleichung lautet:

$$\frac{d}{dt}\left(\frac{\partial \mathcal{L}}{\partial \dot{q}_r}\right) - \frac{\partial \mathcal{L}}{\partial q_r} = Q_r \qquad r = 1, 2, \cdots n \tag{8.272}$$

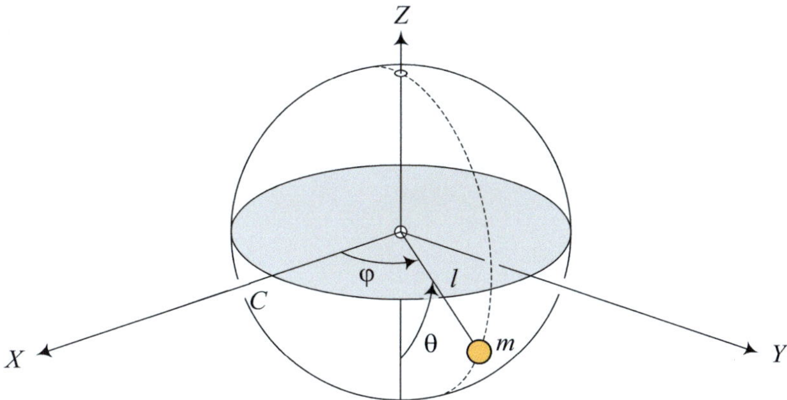

Abb. 8.11 Ein kugelförmiges Pendel

wobei Q_r die nicht potentielle generalisierte Kraft ist, die Arbeit bei einer virtuellen Verschiebung der r-ten generalisierten Koordinate q_r leistet. ■

Beispiel 368 *Kugelförmiges Pendel*
Eine Pendel-Analogie wird bei der Modellierung vieler dynamischer Probleme verwendet. Abb. 8.11*zeigt ein kugelförmiges Pendel mit der Masse m und der Länge l. Die Winkel φ und θ können als beschreibende Koordinaten des Systems verwendet werden.*

Die kartesischen Koordinaten der Masse m als Funktion der generalisierten Koordinaten sind:

$$\begin{bmatrix} X \\ Y \\ Z \end{bmatrix} = \begin{bmatrix} r\cos\varphi\sin\theta \\ r\sin\theta\sin\varphi \\ -r\cos\theta \end{bmatrix} \tag{8.273}$$

Mit der Nebenbedingung

$$\dot{X}^2 + \dot{Y}^2 + \dot{Z}^2 - r^2 = 0 \tag{8.274}$$

werden die drei Koordinaten r, θ, φ abhängig, mit nur zwei unabhängigen Koordinaten. Wenn man θ, φ als die zwei generalisierten Koordinaten nimmt, sind die kinetische und potentielle Energie des Pendels:

$$K = \tfrac{1}{2}m\left(l^2\dot{\theta}^2 + l^2\dot{\varphi}^2\sin^2\theta\right) \tag{8.275}$$

$$V = -mgl\cos\theta \tag{8.276}$$

Die kinetische Potenzialfunktion dieses Systems ist dann gleich:

$$\mathcal{L} = \frac{1}{2}m\left(l^2\dot{\theta}^2 + l^2\dot{\varphi}^2\sin^2\theta\right) + mgl\cos\theta \tag{8.277}$$

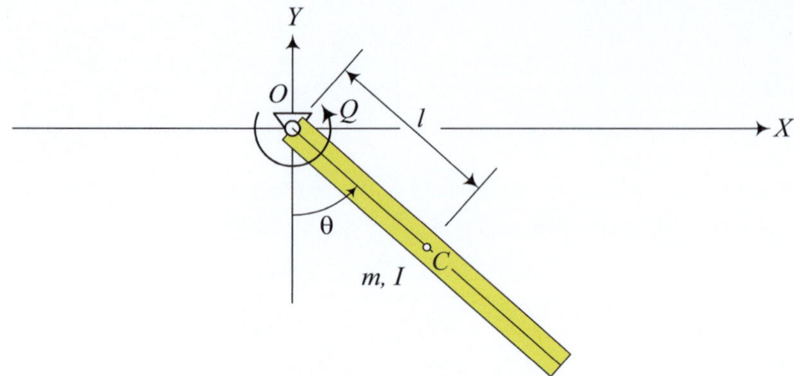

Abb. 8.12 Ein gesteuertes zusammengesetztes Pendel

was zu den folgenden Bewegungsgleichungen führt:

$$\ddot{\theta} - \dot{\varphi}^2 \sin\theta \cos\theta + \tfrac{g}{l} \sin\theta = 0 \tag{8.278}$$

$$\ddot{\varphi} \sin^2\theta + 2\dot{\varphi}\dot{\theta} \sin\theta \cos\theta = 0 \tag{8.279}$$

Beispiel 369 *Gesteuertes zusammengesetztes Pendel*
Ein massiver Arm ist an einer Decke an einem Stiftgelenk O befestigt, wie in Abb. 8.12 dargestellt. Nehmen Sie an, dass es in dem Gelenk, in dem ein idealer Motor ein Drehmoment Q anwenden kann, um den Arm zu bewegen, eine viskose Reibung gibt. Der Rotor eines idealen Motors hat nach Annahme kein Trägheitsmoment.

Die kinetische und potenzielle Energie des Manipulators sind:

$$K = \tfrac{1}{2} I \dot{\theta}^2 = \tfrac{1}{2}\left(I_C + ml^2\right)\dot{\theta}^2 \tag{8.280}$$

$$V = -mgl\cos\theta \tag{8.281}$$

wobei m die Masse und I das Massenmoment des Pendels um O ist. Die Lagrange-Funktion des Manipulators ist:

$$\mathcal{L} = K - V = \frac{1}{2} I \dot{\theta}^2 + mgl\cos\theta \tag{8.282}$$

und daher lautet die Bewegungsgleichung des Pendels:

$$M = \frac{d}{dt}\left(\frac{\partial \mathcal{L}}{\partial \dot{\theta}}\right) - \frac{\partial \mathcal{L}}{\partial \theta} = I\,\ddot{\theta} + mgl\sin\theta \tag{8.283}$$

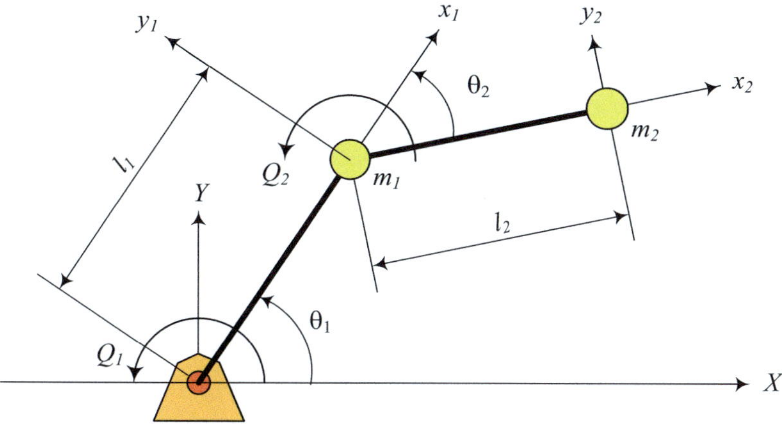

Abb. 8.13 Ein Modell für einen 2R-planaren Manipulator

Die generalisierte Kraft M ist der Beitrag des Motor-Drehmoments Q und des viskosen Reibungsdrehmoments $-c\dot{\theta}$. *Daher lautet die Bewegungsgleichung des Manipulators:*

$$Q = I\ddot{\theta} + c\dot{\theta} + mgl\sin\theta \tag{8.284}$$

Beispiel 370 *Eine ideale 2R-planare Manipulator-Dynamik.*
Ein ideales Modell eines 2R-planaren Manipulators ist in Abb. 8.13 *dargestellt. Es wird als ideal bezeichnet, weil wir annehmen, dass die Verbindungen masselos sind, und es in dem System keine Reibung gibt. Es gibt einen Motor am Boden, der ein Drehmoment* Q_1 *auf das Glied eins ausübt. Das erste Glied hat die Masse* m_1 *und führt das zweite Glied und die Last* m_2 *am Endpunkt. Wir nehmen den absoluten Winkel* θ_1 *und den relativen Winkel* θ_2 *als die generalisierten Koordinaten, um die Konfiguration des Manipulators auszudrücken.*

Die globalen Positionen von m_1*und* m_2 *sind:*

$$\begin{bmatrix} X_1 \\ Y_2 \end{bmatrix} = \begin{bmatrix} l_1\cos\theta_1 \\ l_1\sin\theta_1 \end{bmatrix} \tag{8.285}$$

$$\begin{bmatrix} X_2 \\ Y_2 \end{bmatrix} = \begin{bmatrix} l_1\cos\theta_1 + l_2\cos(\theta_1+\theta_2) \\ l_1\sin\theta_1 + l_2\sin(\theta_1+\theta_2) \end{bmatrix} \tag{8.286}$$

und daher sind die globalen Geschwindigkeiten der Massen:

$$\begin{bmatrix} \dot{X}_1 \\ \dot{Y}_1 \end{bmatrix} = \begin{bmatrix} -l_1\dot{\theta}_1\sin\theta_1 \\ l_1\dot{\theta}_1\cos\theta_1 \end{bmatrix} \tag{8.287}$$

$$\begin{bmatrix} \dot{X}_2 \\ \dot{Y}_2 \end{bmatrix} = \begin{bmatrix} -l_1\dot{\theta}_1\sin\theta_1 - l_2\left(\dot{\theta}_1+\dot{\theta}_2\right)\sin(\theta_1+\theta_2) \\ l_1\dot{\theta}_1\cos\theta_1 + l_2\left(\dot{\theta}_1+\dot{\theta}_2\right)\cos(\theta_1+\theta_2) \end{bmatrix} \tag{8.288}$$

Die kinetische Energie dieses Manipulators besteht aus der kinetischen Energie der Massen und ist gleich:

$$\begin{aligned} K =& K_1 + K_2 = \frac{1}{2}m_1\left(\dot{X}_1^2 + \dot{Y}_1^2\right) + \frac{1}{2}m_2\left(\dot{X}_2^2 + \dot{Y}_2^2\right) \\ =& \frac{1}{2}m_1 l_1^2\dot{\theta}_1^2 \\ &+ \frac{1}{2}m_2\left(l_1^2\dot{\theta}_1^2 + l_2^2\left(\dot{\theta}_1 + \dot{\theta}_2\right)^2 + 2l_1 l_2\dot{\theta}_1\left(\dot{\theta}_1 + \dot{\theta}_2\right)\cos\theta_2\right) \end{aligned} \tag{8.289}$$

Die potentielle Energie des Manipulators ist:

$$\begin{aligned} V &= V_1 + V_2 = m_1 g Y_1 + m_2 g Y_2 \\ &= m_1 g l_1 \sin\theta_1 + m_2 g(l_1 \sin\theta_1 + l_2 \sin(\theta_1 + \theta_2)) \end{aligned} \tag{8.290}$$

Die Lagrange-Funktion wird dann aus den Gl. (8.289) *und* (8.290) *abgeleitet:*

$$\begin{aligned} \mathcal{L} &= K - V \\ &= \tfrac{1}{2}m_1 l_1^2\dot{\theta}_1^2 \\ &\quad+\tfrac{1}{2}m_2\left(l_1^2\dot{\theta}_1^2 + l_2^2\left(\dot{\theta}_1 + \dot{\theta}_2\right)^2 + 2l_1 l_2\dot{\theta}_1\left(\dot{\theta}_1 + \dot{\theta}_2\right)\cos\theta_2\right) \\ &\quad-(m_1 g l_1 \sin\theta_1 + m_2 g(l_1 \sin\theta_1 + l_2 \sin(\theta_1 + \theta_2))) \end{aligned} \tag{8.291}$$

was die erforderlichen partiellen Ableitungen wie folgt liefert:

$$\tfrac{\partial\mathcal{L}}{\partial\theta_1} = -(m_1 + m_2) g l_1 \cos\theta_1 - m_2 g l_2 \cos(\theta_1 + \theta_2) \tag{8.292}$$

$$\begin{aligned} \tfrac{\partial\mathcal{L}}{\partial\dot{\theta}_1} &= (m_1 + m_2) l_1^2\dot{\theta}_1 + m_2 l_2^2\left(\dot{\theta}_1 + \dot{\theta}_2\right) \\ &\quad+m_2 l_1 l_2\left(2\dot{\theta}_1 + \dot{\theta}_2\right)\cos\theta_2 \end{aligned} \tag{8.293}$$

$$\begin{aligned} \tfrac{d}{dt}\left(\tfrac{\partial\mathcal{L}}{\partial\dot{\theta}_1}\right) &= (m_1 + m_2) l_1^2\ddot{\theta}_1 + m_2 l_2^2\left(\ddot{\theta}_1 + \ddot{\theta}_2\right) \\ &\quad+m_2 l_1 l_2\left(2\ddot{\theta}_1 + \ddot{\theta}_2\right)\cos\theta_2 \\ &\quad-m_2 l_1 l_2\dot{\theta}_2\left(2\dot{\theta}_1 + \dot{\theta}_2\right)\sin\theta_2 \end{aligned} \tag{8.294}$$

$$\tfrac{\partial\mathcal{L}}{\partial\theta_2} = -m_2 l_1 l_2\dot{\theta}_1\left(\dot{\theta}_1 + \dot{\theta}_2\right)\sin\theta_2 - m_2 g l_2 \cos(\theta_1 + \theta_2) \tag{8.295}$$

$$\tfrac{\partial\mathcal{L}}{\partial\dot{\theta}_2} = m_2 l_2^2\left(\dot{\theta}_1 + \dot{\theta}_2\right) + m_2 l_1 l_2\dot{\theta}_1\cos\theta_2 \tag{8.296}$$

$$\frac{d}{dt}\left(\frac{\partial\mathcal{L}}{\partial\dot{\theta}_2}\right) = m_2 l_2^2\left(\ddot{\theta}_1 + \ddot{\theta}_2\right) + m_2 l_1 l_2\ddot{\theta}_1\cos\theta_2 - m_2 l_1 l_2\dot{\theta}_1\dot{\theta}_2\sin\theta_2 \tag{8.297}$$

Daher sind die Bewegungsgleichungen für den 2R-Manipulator:

$$
\begin{aligned}
Q_1 &= \frac{d}{dt}\left(\frac{\partial \mathcal{L}}{\partial \dot{\theta}_1}\right) - \frac{\partial \mathcal{L}}{\partial \theta_1} \\
&= (m_1 + m_2) l_1^2 \ddot{\theta}_1 + m_2 l_2^2 \left(\ddot{\theta}_1 + \ddot{\theta}_2\right) \\
&\quad + m_2 l_1 l_2 \left(2\,\ddot{\theta}_1 + \ddot{\theta}_2\right) \cos\theta_2 - m_2 l_1 l_2 \dot{\theta}_2 \left(2\dot{\theta}_1 + \dot{\theta}_2\right) \sin\theta_2 \\
&\quad + (m_1 + m_2) g l_1 \cos\theta_1 + m_2 g l_2 \cos(\theta_1 + \theta_2)
\end{aligned}
\tag{8.298}
$$

$$
\begin{aligned}
Q_2 &= \frac{d}{dt}\left(\frac{\partial \mathcal{L}}{\partial \dot{\theta}_2}\right) - \frac{\partial \mathcal{L}}{\partial \theta_2} \\
&= m_2 l_2^2 \left(\ddot{\theta}_1 + \ddot{\theta}_2\right) + m_2 l_1 l_2 \ddot{\theta}_1 \cos\theta_2 - m_2 l_1 l_2 \dot{\theta}_1 \dot{\theta}_2 \sin\theta_2 \\
&\quad + m_2 l_1 l_2 \dot{\theta}_1 \left(\dot{\theta}_1 + \dot{\theta}_2\right) \sin\theta_2 + m_2 g l_2 \cos(\theta_1 + \theta_2)
\end{aligned}
\tag{8.299}
$$

Die generalisierten Kräfte Q_1 und Q_2 sind die erforderlichen Kräfte, um die generalisierten Koordinaten anzutreiben. In diesem Fall ist Q_1 das Drehmoment am Basismotor, und Q_2 ist das Drehmoment des Motors bei m_1.

Die Bewegungsgleichungen können umgestellt werden, um eine systematischere Form zu gewinnen:

$$
\begin{aligned}
Q_1 &= \left((m_1 + m_2) l_1^2 + m_2 l_2 (l_2 + 2 l_1 \cos\theta_2)\right) \ddot{\theta}_1 \\
&\quad + m_2 l_2 (l_2 + l_1 \cos\theta_2) \ddot{\theta}_2 \\
&\quad - 2 m_2 l_1 l_2 \sin\theta_2 \; \dot{\theta}_1 \dot{\theta}_2 - m_2 l_1 l_2 \sin\theta_2 \; \dot{\theta}_2^2 \\
&\quad + (m_1 + m_2) g l_1 \cos\theta_1 + m_2 g l_2 \cos(\theta_1 + \theta_2)
\end{aligned}
\tag{8.300}
$$

$$
\begin{aligned}
Q_2 &= m_2 l_2 (l_2 + l_1 \cos\theta_2) \ddot{\theta}_1 + m_2 l_2^2 \ddot{\theta}_2 + m_2 l_1 l_2 \sin\theta_2 \; \dot{\theta}_1^2 \\
&\quad + m_2 g l_2 \cos(\theta_1 + \theta_2)
\end{aligned}
\tag{8.301}
$$

Beispiel 371 *Mechanische Energie*
Wenn sich ein System von Massen m_i in einem potenziellen Kraftfeld bewegt, d.h.:

$$
\mathbf{F}_{m_i} = -\nabla_i V \tag{8.302}
$$

dann lauten die Newton'schen Bewegungsgleichungen dafür:

$$
m_i \ddot{\mathbf{r}}_i = -\nabla_i V \qquad i = 1, 2, \cdots n \tag{8.303}
$$

Das innere Produkt der Bewegungsgleichungen mit $\dot{\mathbf{r}}_i$ und das Hinzufügen der Gleichungen

$$
\sum_{i=1}^{n} m_i \dot{\mathbf{r}}_i \cdot \ddot{\mathbf{r}}_i = -\sum_{i=1}^{n} \dot{\mathbf{r}}_i \cdot \nabla_i V \tag{8.304}
$$

und dann Integration über die Zeit:

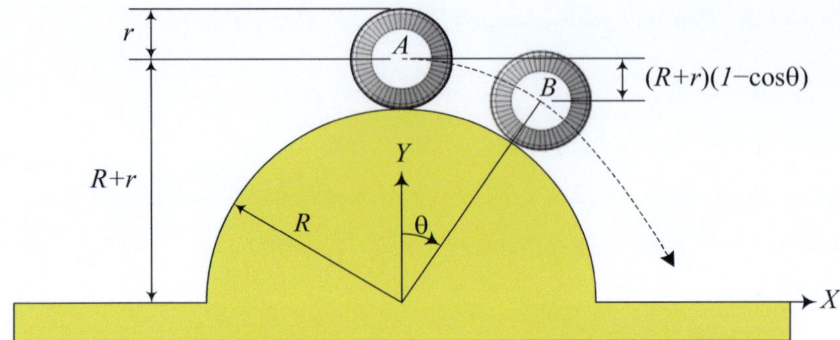

Abb. 8.14 Ein Rad dreht sich, ohne zu rutschen, über einen zylindrischen Hügel

$$\frac{1}{2}\sum_{i=1}^{n} m_i \dot{\mathbf{r}}_i \cdot \dot{\mathbf{r}}_i = -\int \sum_{i=1}^{n} \mathbf{r}_i \cdot \nabla_i V \tag{8.305}$$

zeigt, dass

$$K = -\int \sum_{i=1}^{n} \left(\frac{\partial V}{\partial x_i} x_i + \frac{\partial V}{\partial y_i} y_i + \frac{\partial V}{\partial z_i} z_i \right) = -V + E \tag{8.306}$$

wobei E die Integrationskonstante ist. E wird die ***mechanische Energie*** *des Systems genannt und ist gleich der kinetischen plus der potenziellen Energie.*

$$E = K + V \tag{8.307}$$

Beispiel 372 *Fallendes Rad*
Abb. 8.14 *veranschaulicht ein Rad, das über einen zylindrischen Hügel rollt. Wir können die Erhaltung der mechanischen Energie verwenden, um den Winkel zu finden, bei dem das Rad den Hügel verlässt.*

Ganz am Anfang befindet sich das Rad am Punkt A. Wir nehmen an, dass die anfänglichen kinetischen und potenziellen Energien und somit die mechanischen Energien null sind. Wenn das Rad über den Hügel rollt, beträgt seine Winkelgeschwindigkeit ω:

$$\omega = \frac{v}{r} \tag{8.308}$$

wobei v die Geschwindigkeit im Zentrum des Rades ist. An jedem anderen Punkt B erlangt das Rad etwas kinetische Energie und verliert etwas potenzielle Energie. Bei einem bestimmten Winkel, bei dem die normale Komponente des Gewichts keine zusätzliche Zentrifugalkraft mehr liefern kann,

$$mg\cos\theta = \frac{mv^2}{R + r} \tag{8.309}$$

trennt sich das Rad von der Oberfläche. Unter Anwendung der Energieerhaltung haben wir:

$$E_A = E_B \tag{8.310}$$

$$K_A + V_A = K_B + V_B \tag{8.311}$$

Die kinetische und potenzielle Energie am Trennpunkt B sind:

$$K_B = \tfrac{1}{2}mv^2 + \tfrac{1}{2}I_C\omega^2 \tag{8.312}$$

$$V_B = -mg(R+r)(1-\cos\theta) \tag{8.313}$$

wobei I_C *das Trägheitsmoment des Rades um sein Zentrum ist. Daher gilt:*

$$\frac{1}{2}mv^2 + \frac{1}{2}I_C\omega^2 = mg(R+r)(1-\cos\theta) \tag{8.314}$$

und das Einsetzen von (8.308) *und* (8.309) *liefert:*

$$\left(1 + \frac{I_C}{mr^2}\right)(R+r)g\cos\theta = 2g(R+r)(1-\cos\theta) \tag{8.315}$$

und daher ist der Trennungswinkel:

$$\theta = \cos^{-1}\frac{2mr^2}{I_C + 3mr^2} \tag{8.316}$$

Wir untersuchen wir die Gleichung für ein scheibenförmiges Rad mit

$$I_C = \frac{1}{2}mr^2 \tag{8.317}$$

und finden den Trennungswinkel

$$\theta = \cos^{-1}\frac{4}{7} \approx 0{,}96\,\mathrm{rad} \approx 55{,}15\,\mathrm{deg} \tag{8.318}$$

Beispiel 373 *Rad, das über eine Stufe rollt*
Abb. 8.15 *veranschaulicht ein Rad mit dem Radius R, das mit der Geschwindigkeit v rollt, um über eine Stufe mit der Höhe $H < R$ zu gelangen.*

Wir können das Prinzip der Energieerhaltung verwenden und die Geschwindigkeit des Rades ermitteln, nachdem es die Stufe überquert hat. Unter Anwendung der Energieerhaltung haben wir:

$$E_A = E_B \tag{8.319}$$

$$K_A + V_A = K_B + V_B \tag{8.320}$$

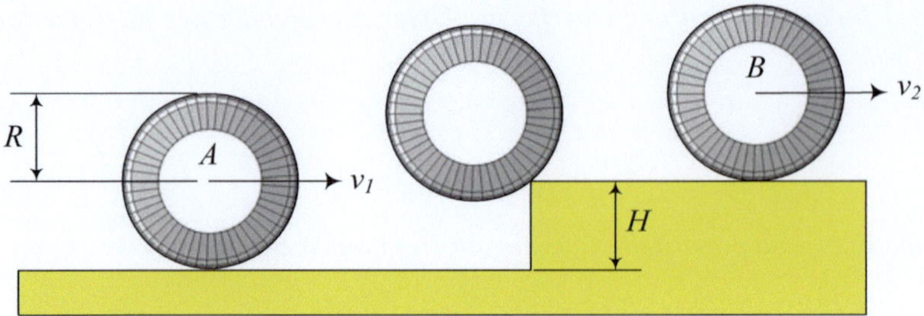

Abb. 8.15 Ein rollendes Rad bewegt sich eine Stufe hinauf

$$\tfrac{1}{2}mv_1^2 + \tfrac{1}{2}I_C\omega_1^2 + 0 = \tfrac{1}{2}mv_2^2 + \tfrac{1}{2}I_C\omega_2^2 + mgH \tag{8.321}$$

$$\left(m + \tfrac{I_C}{R^2}\right)v_1^2 = \left(m + \tfrac{I_C}{R^2}\right)v_2^2 + 2mgH \tag{8.322}$$

und daher:

$$v_2 = \sqrt{v_1^2 - \frac{2gH}{1 + \dfrac{I_C}{mR^2}}} \tag{8.323}$$

Die Bedingung für ein reelles v_2 ist:

$$v_1 > \sqrt{\frac{2gH}{1 + \dfrac{I_C}{mR^2}}} \tag{8.324}$$

Die zweite Geschwindigkeit (8.323) *und die Bedingung* (8.324) *für eine starre Scheibe sind:*

$$v_2 = \sqrt{v_1^2 - \tfrac{4}{3}Hg} \tag{8.325}$$

$$v_1 > \sqrt{\tfrac{4}{3}Hg} \tag{8.326}$$

weil wir angenommen haben, dass

$$I_C = \frac{1}{2}mR^2 \tag{8.327}$$

Beispiel 374 *Blide*
*Ein **Blide**, schematisch dargestellt in Abb.* 8.16, *ist eine katapultähnliche Kriegswaffe, die durch ein fallendes massives Gegengewicht m_1 angetrieben wird. Ein Balken AB ist mit zwei ungleichen Abschnitten a und b am Fahrgestell befestigt.*

Die Abbildung zeigt eine Blide in ihrer Anfangskonfiguration. Der Ursprung eines globalen Koordinatensystems ist am Drehpunkt festgelegt. Das Gegengewicht

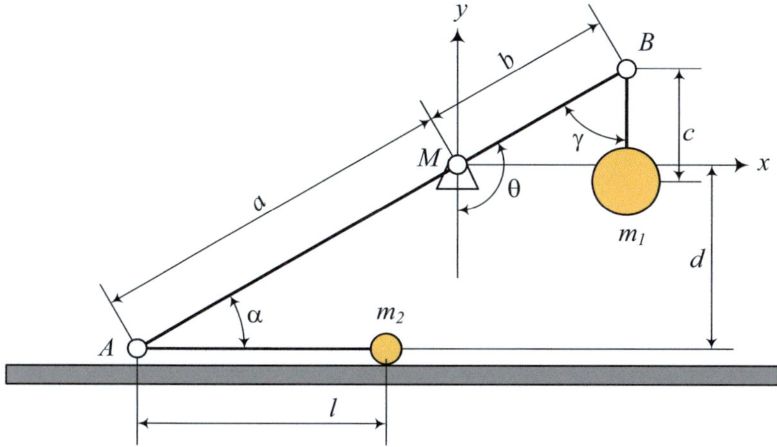

Abb. 8.16 Eine Blide in der Startposition

m_1 befindet sich bei (x_1, y_1) und ist am kürzeren Arm des Balkens an einer Stelle c vom Ende B angelenkt. Die Masse des Projektils beträgt m_2 und befindet sich am Ende einer masselosen Schlinge mit einer Länge l, die am Ende des längeren Arms des Balkens befestigt ist. Die drei unabhängigen variablen Winkel α, θ, γ beschreiben die Bewegung des Geräts. Wir betrachten die Parameter a, b, c, d, l, m_1, m_2 als konstant und bestimmen die Bewegungsgleichungen mit der Lagrange-Methode.

Abb. 8.17*veranschaulicht die Blide in Bewegung. Die Positions-Koordinaten der Massen m_1 und m_2 sind:*

$$x_1 = b\sin\theta - c\sin(\theta + \gamma) \tag{8.328}$$

$$y_1 = -b\cos\theta + c\cos(\theta + \gamma) \tag{8.329}$$

und

$$x_2 = -a\sin\theta - l\sin(-\theta + \alpha) \tag{8.330}$$

$$y_2 = -a\cos\theta - l\cos(-\theta + \alpha) \tag{8.331}$$

Die Ableitung nach der Zeit liefert die Geschwindigkeitskomponenten:

$$\dot{x}_1 = b\dot{\theta}\cos\theta - c\big(\dot{\theta} + \dot{\gamma}\big)\cos(\theta + \gamma) \tag{8.332}$$

$$\dot{y}_1 = b\dot{\theta}\sin\theta - c\big(\dot{\theta} + \dot{\gamma}\big)\sin(\theta + \gamma) \tag{8.333}$$

$$\dot{x}_2 = l(c - \dot{\alpha})\cos(\alpha - \theta) - a\dot{\theta}\cos(\theta) \tag{8.334}$$

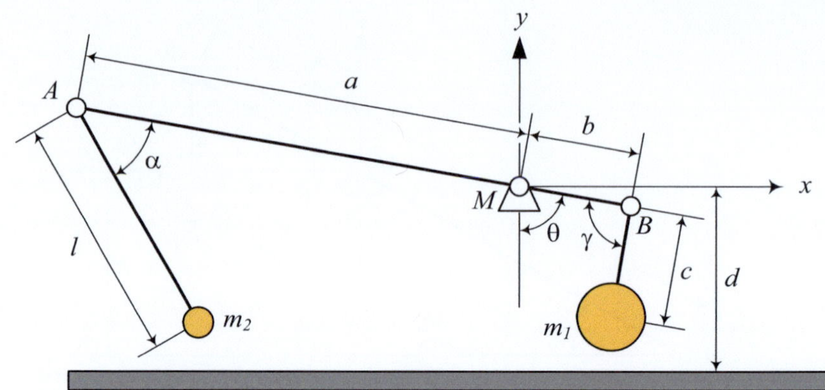

Abb. 8.17 Eine Blide in Bewegung

$$\dot{y}_2 = a\dot{\theta}\sin\theta - l\left(\dot{\theta} - \dot{\alpha}\right)\sin\left(\alpha - \theta\right) \tag{8.335}$$

was zeigt, dass die kinetische Energie des Systems

$$\begin{aligned}
K =& \frac{1}{2}m_1 v_1^2 + \frac{1}{2}m_2 v_2^2 = \frac{1}{2}m_1\left(\dot{x}_1^2 + \dot{y}_1^2\right) + \frac{1}{2}m_2\left(\dot{x}_2^2 + \dot{y}_2^2\right) \\
&+ \frac{1}{2}m_1\left(\left(b^2 + c^2\right)\dot{\theta}^2 + c^2\dot{\gamma}^2 + 2c^2\dot{\theta}\dot{\gamma}\right) \\
&- m_1 bc\dot{\theta}\left(\dot{\theta} + \dot{\gamma}\right)\cos\gamma + \frac{1}{2}m_2\left(\left(a^2 + l^2\right)\dot{\theta}^2 + l^2\dot{\alpha}^2 - 2l^2\dot{\theta}\dot{\alpha}\right) \\
&- m_2 al\dot{\theta}\left(\dot{\theta} - \dot{\alpha}\right)\cos\left(2\theta - \alpha\right)
\end{aligned} \tag{8.336}$$

ist. Die potentielle Energie des Systems kann durch die y-Position der Massen berechnet werden:

$$\begin{aligned}
V &= m_1 g y_1 + m_2 g y_2 \\
&= m_1 g(-b\cos\theta + c\cos\left(\theta + \gamma\right)) \\
&\quad + m_2 g(-a\cos\theta - l\cos\left(-\theta + \alpha\right))
\end{aligned} \tag{8.337}$$

Mit den Energien K und V können wir die Lagrange-Funktion L aufstellen:

$$\mathcal{L} = K - V \tag{8.338}$$

Damit können wir die drei Bewegungsgleichungen finden:

$$\frac{d}{dt}\left(\frac{\partial\mathcal{L}}{\partial\dot{\theta}}\right) - \frac{\partial\mathcal{L}}{\partial\theta} = 0 \tag{8.339}$$

$$\frac{d}{dt}\left(\frac{\partial\mathcal{L}}{\partial\dot{\alpha}}\right) - \frac{\partial\mathcal{L}}{\partial\alpha} = 0 \tag{8.340}$$

$$\frac{d}{dt}\left(\frac{\partial\mathcal{L}}{\partial\dot{\gamma}}\right) - \frac{\partial\mathcal{L}}{\partial\gamma} = 0 \tag{8.341}$$

Die Blide tauchte zuerst von 500 bis 400 v. Chr. in China auf und wurde um 300 v. Chr. auch von persischen Armeen entwickelt. Sie wurde von den Arabern gegen die Christen während 600 bis 1200 n. Chr. verwendet. Die Blide kann auch als ***Manjaniq****,* ***Katapult*** *oder* ***Onager*** *bezeichnet werden. Das persische Wort „Manganic" ist die Wurzel von Manjaniq sowie der Wörter „Mechaniker" und „Maschine".*

8.7 Zusammenfassung

Die translatorischen und rotatorischen Bewegungsgleichungen für einen starren Körper, ausgedrückt im globalen Koordinatensystem G, lauten:

$$ {}^{G}\mathbf{F} = \frac{{}^{G}d}{dt}\,{}^{G}\mathbf{p} \tag{8.342}$$

$$ {}^{G}\mathbf{M} = \frac{{}^{G}d}{dt}\,{}^{G}\mathbf{L} \tag{8.343}$$

wobei ${}^{G}\mathbf{F}$ und ${}^{G}\mathbf{M}$ die Resultierenden der auf den starren Körper angewendeten externen Kräfte und Momente anzeigen, gemessen am Massenmittelpunkt C.

Der Vektor ${}^{G}\mathbf{p}$ ist der Impuls, und ${}^{G}\mathbf{L}$ ist das Drehmoment für den starren Körper bei C:

$$ \mathbf{p} = m\,\mathbf{v} \tag{8.344}$$

$$ \mathbf{L} = \mathbf{r}_C \times \mathbf{p} \tag{8.345}$$

Die Ausdrücke der Bewegungsgleichungen im körperfesten Koordinatensystem sind:

$$ {}^{B}\mathbf{F} = {}^{G}\dot{\mathbf{p}} + {}^{B}_{G}\omega_B \times {}^{B}\mathbf{p} = m\,{}^{B}\mathbf{a}_B + m\,{}^{B}_{G}\omega_B \times {}^{B}\mathbf{v}_B \tag{8.346}$$

$$ {}^{B}\mathbf{M} = {}^{B}\dot{\mathbf{L}} + {}^{B}_{G}\omega_B \times {}^{B}\mathbf{L} = {}^{B}I\,{}^{B}_{G}\boldsymbol{\omega}_B + {}^{B}_{G}\omega_B \times \left({}^{B}I\,{}^{B}_{G}\omega_B\right) \tag{8.347}$$

wo I das Trägheitsmoment des starren Körpers ist:

$$ I = \begin{bmatrix} I_{xx} & I_{xy} & I_{xz} \\ I_{yx} & I_{yy} & I_{yz} \\ I_{zx} & I_{zy} & I_{zz} \end{bmatrix} \tag{8.348}$$

Die Elemente von I sind Funktionen der Massenverteilung des starren Körpers und werden definiert durch:

$$ I_{ij} = \int_B \left(r_i^2 \delta_{mn} - x_{im}x_{jn}\right) dm \qquad i,j = 1,2,3 \tag{8.349}$$

wo δ_{ij} das Kronecker-Delta ist.

Jeder starre Körper hat ein körperfesten Hauptkoordinatensystem, in dem die Trägheitsmomentmatrix diagonal ist:

$$ {}^{B}I = \begin{bmatrix} I_1 & 0 & 0 \\ 0 & I_2 & 0 \\ 0 & 0 & I_3 \end{bmatrix} \tag{8.350} $$

Die Rotationsgleichung der Bewegung im Hauptkoordinatensystem vereinfacht sich zu:

$$ \begin{aligned} M_1 &= I_1\dot{\omega}_1 - (I_2 - I_2)\omega_2\omega_3 \\ M_2 &= I_2\dot{\omega}_2 - (I_3 - I_1)\omega_3\omega_1 \\ M_3 &= I_3\dot{\omega}_3 - (I_1 - I_2)\omega_1\omega_2 \end{aligned} \tag{8.351} $$

Die Bewegungsgleichungen für ein mechanisches System mit n Freiheitsgraden können auch durch die Lagrange-Gleichung

$$ \frac{d}{dt}\left(\frac{\partial \mathcal{L}}{\partial \dot{q}_r}\right) - \frac{\partial \mathcal{L}}{\partial q_r} = Q_r \qquad r = 1, 2, \cdots n \tag{8.352} $$

$$ \mathcal{L} = K - V \tag{8.353} $$

gefunden werden, wobei L die *Lagrange-Funktion* des Systems, K die kinetische Energie, V die potentielle Energie und Q_r die nicht potentielle generalisierte Kraft sind, mit:

$$ Q_r = \sum_{i=1}^{n} \left(Q_{ix}\frac{\partial f_i}{\partial q_1} + Q_{iy}\frac{\partial g_i}{\partial q_2} + Q_{iz}\frac{\partial h_i}{\partial q_n} \right) \tag{8.354} $$

Die Parameter q_r, $r = 1, 2, \cdots, n$ sind die generalisierten Koordinaten des Systems, $\mathbf{Q} = \begin{bmatrix} Q_{ix} & Q_{iy} & Q_{iz} \end{bmatrix}^T$ ist die auf das i-te Teilchen des Systems wirkende externe Kraft, und Q_r ist die mit q_r assoziierte generalisierte Kraft. Wenn (x_i, y_i, z_i) kartesische Koordinaten in einem globalen festen Koordinatensystem für das Teilchen m_i sind, dann können seine Koordinaten Funktionen einer anderen Reihe von generalisierten Koordinaten $q_1, q_2, q_3, \cdots, q_n$ und möglicherweise der Zeit t sein:

$$ x_i = f_i(q_1, q_2, q_3, \cdots, q_n, t) \tag{8.355} $$

$$ y_i = g_i(q_1, q_2, q_3, \cdots, q_n, t) \tag{8.356} $$

$$ z_i = h_i(q_1, q_2, q_3, \cdots, q_n, t) \tag{8.357} $$

8.8 Schlüsselsymbole

a, b, w, h	Länge
$\mathbf{a}$	Beschleunigung
C	Massezentrum
$\mathbf{d}$	Ortsvektor des körperfesten Koordinatensystems
$d\mathbf{f}$	infinitesimale Kraft
dm	infinitesimale Masse
$d\mathbf{m}$	infinitesimales Moment
E	mechanische Energie
$\mathbf{F}$	Kraft
F_C	Corioliskraft
g	Gravitationsbeschleunigung
H	Höhe
I	Trägheitsmomentmatrix
I_1, I_2, I_3	Hauptträgheitsmoment
K	kinetische Energie
l	Richtungslinie
$\mathbf{L}$	Drehimpuls
$L = K - V$	Lagrange-Funktion
m	Masse
$\mathbf{M}$	Moment
$\mathbf{p}$	Impuls
P, Q	Punkte im starren Körper
Q	Drehmoment
r	Scheibenradius
$\mathbf{r}$	Ortsvektor
R	Radius
R	Drehmatrix
t	Zeit
T	Zugkraft
(x_1, y_1)	Einheitsvektor zur Anzeige der Richtungslinie
(x_1, y_1)	Geschwindigkeit
V	potentielle Energie
$\mathbf{w}$	Eigenvektor
W	Arbeit, Eigenvektormatrix
$x, y, z, \mathbf{x}$	Verschiebung
δ_{ij}	Kronecker-Delta
$\Gamma_{j,k}^{i}$	Christoffel-Operator
λ	Eigenwert
ϕ, θ, ψ	Euler-Winkel
$\omega, \boldsymbol{\omega}$	Winkelgeschwindigkeit
$\parallel$	parallel
$\perp$	orthogonal
∇	Gradient

Übungen

1. Kinetische Energie einer starren Verbindung
Betrachten Sie eine gerade und homogene Stange als starren Stab. Die Stange hat eine Masse m. Zeigen Sie, dass die kinetische Energie der Stange ausgedrückt werden kann als:

$$K = \frac{1}{6}m(\mathbf{v}_1 \cdot \mathbf{v}_1 + \mathbf{v}_1 \cdot \mathbf{v}_2 + \mathbf{v}_2 \cdot \mathbf{v}_2)$$

wobei $\mathbf{v}_1$ und $\mathbf{v}_2$ die Geschwindigkeitsvektoren der Endpunkte der Stange sind.
2. Diskrete Teilchen
Es gibt drei Teilchen mit $m_1 = 10$ kg, $m_2 = 20$ kg, $m_3 = 30$ kg bei

$$\mathbf{r}_1 = \begin{bmatrix} 1 \\ -1 \\ 1 \end{bmatrix} \quad \mathbf{r}_1 = \begin{bmatrix} -1 \\ -3 \\ 2 \end{bmatrix} \quad \mathbf{r}_1 = \begin{bmatrix} 2 \\ -1 \\ -3 \end{bmatrix}$$

Ihre Geschwindigkeiten sind:

$$\mathbf{v}_1 = \begin{bmatrix} 2 \\ 1 \\ 1 \end{bmatrix} \quad \mathbf{v}_1 = \begin{bmatrix} -1 \\ 0 \\ 2 \end{bmatrix} \quad \mathbf{v}_1 = \begin{bmatrix} 3 \\ -2 \\ -1 \end{bmatrix}$$

Finden Sie die Position und Geschwindigkeit des Systems bei C. Berechnen Sie den Impuls und das Drehmoment des Systems. Berechnen Sie die kinetische Energie des Systems und bestimmen Sie die rotatorischen und translatorischen Anteile der kinetischen Energie.
3. Newtons Bewegungsgleichung im körperfesten Koordinatensystem
Zeigen Sie, dass Newtons Bewegungsgleichung im körperfesten Koordinatensystem folgendermaßen aussieht:

$$\begin{bmatrix} F_x \\ F_y \\ F_z \end{bmatrix} = m \begin{bmatrix} a_x \\ a_y \\ a_z \end{bmatrix} + \begin{bmatrix} 0 & -\omega_z & \omega_y \\ \omega_z & 0 & -\omega_x \\ -\omega_y & \omega_x & 0 \end{bmatrix} \begin{bmatrix} v_x \\ v_y \\ v_z \end{bmatrix}$$

4. Arbeit auf einem gekrümmten Pfad
Ein Teilchen der Masse m bewegt sich auf einem kreisförmigen Pfad, der durch

$${}^G\mathbf{r}_P = \cos\theta\,\hat{I} + \sin\theta\,\hat{J} + 4\hat{K}$$

gegeben ist. Berechnen Sie die Arbeit, die von einer Kraft ${}^G\mathbf{F}$ geleistet wird, wenn sich das Teilchen von $\theta = 0$ zu $\theta = \frac{\pi}{2}$ bewegt, wobei:

(a) $${}^{G}\mathbf{F} = \frac{z^2 - y^2}{(x+y)^2}\hat{I} + \frac{y^2 - x^2}{(x+y)^2}\hat{J} + \frac{x^2 - y^2}{(x+z)^2}\hat{K}$$

(b) $${}^{G}\mathbf{F} = \frac{z^2 - y^2}{(x+y)^2}\hat{I} + \frac{2y}{x+y}\hat{J} + \frac{x^2 - y^2}{(x+z)^2}\hat{K}$$

5. Hauptträgheitsmomente
Finden Sie die Hauptträgheitsmomente und Richtungen für die folgenden Trägheitsmatrizen:

(a) $$[I] = \begin{bmatrix} 3 & 2 & 2 \\ 2 & 2 & 0 \\ 2 & 0 & 4 \end{bmatrix}$$

(b) $$[I] = \begin{bmatrix} 3 & 2 & 4 \\ 2 & 0 & 2 \\ 4 & 2 & 3 \end{bmatrix}$$

(c) $$[I] = \begin{bmatrix} 100 & 20\sqrt{3} & 0 \\ 20\sqrt{3} & 60 & 0 \\ 0 & 0 & 10 \end{bmatrix}$$

6. Gedrehte Trägheitsmomentmatrix.
Eine Hauptträgheitsmomentmatrix ${}^{B_2}I$ ist gegeben durch:

$$[I] = \begin{bmatrix} 3 & 0 & 0 \\ 0 & 5 & 0 \\ 0 & 0 & 4 \end{bmatrix}$$

Das Hauptkoordinatensystem wurde erreicht, indem das ursprüngliche körperfeste Koordinatensystem 30 deg um die x-Achse gedreht wurde, gefolgt von 45 deg um die z-Achse. Finden Sie die ursprüngliche Trägheitsmomentmatrix ${}^{B_1}I$.

7. Drehung der Trägheitsmomentmatrix
Finden Sie die benötigte Rotationsmatrix, die die Trägheitsmomentmatrix $[I]$ in eine Diagonalmatrix umwandelt.

$$[I] = \begin{bmatrix} 3 & 2 & 2 \\ 2 & 2 & 0,1 \\ 2 & 0,1 & 4 \end{bmatrix}$$

8. $\star$Kubische Gleichungen
Die Lösung einer kubischen Gleichung

$$ax^3 + bx^2 + cx + d = 0$$

wobei $a \neq 0$, kann systematisch gefunden werden.

Transformieren Sie die Gleichung in eine neue Form mit Diskriminante $4p^3+q^2$:

$$y^3 + 3py + q = 0$$

mit der Transformation $x = y - \frac{b}{3a}$, wobei:

$$p = \frac{3ac - b^2}{9a^2} \qquad q = \frac{2b^3 - 9abc + 27a^2 d}{27a^3}$$

Die Lösungen sind dann:

$$\begin{aligned} y_1 &= \sqrt[3]{\alpha} - \sqrt[3]{\beta} \\ y_2 &= e^{\frac{2\pi i}{3}} \sqrt[3]{\alpha} - e^{\frac{4\pi i}{3}} \sqrt[3]{\beta} \qquad y_3 = e^{\frac{4\pi i}{3}} \sqrt[3]{\alpha} - e^{\frac{2\pi i}{3}} \sqrt[3]{\beta} \end{aligned}$$

wobei:

$$\alpha = \frac{-q + \sqrt{q^2 + 4p^3}}{2} \qquad \beta = \frac{-q + \sqrt{q^2 + 4p^3}}{2}$$

Für reelle Werte von p und q, wenn die Diskriminante positiv ist, dann ist eine Nullstelle reell und zwei Nullstellen sind komplex Konjugierte. Wenn die Diskriminante null ist, dann gibt es drei reelle Nullstellen, von denen mindestens zwei gleich sind. Wenn die Diskriminante negativ ist, dann gibt es drei ungleiche reelle Nullstellen.
Wenden Sie diese Theorie auf die charakteristische Gleichung der Matrix $[I]$ an und zeigen Sie, dass die Hauptträgheitsmomente reell sind.

9. Kinematik eines sich bewegenden Autos auf der Erde
Die Position eines Fahrzeugs auf der Erde wird durch seinen Längengrad ϕ von einem festen Meridian, sagen wir dem Greenwich-Meridian, und seinen Breitengrad θ vom Äquator beschrieben, wie in Abb. 8.18 gezeigt. Wir befestigen ein Koordinatensystem B im Zentrum der Erde mit der x-Achse auf der Äquatorebene und der y-Achse, die auf das Fahrzeug zeigt. Es gibt auch zwei Koordinatensysteme E und G, wobei E an der Erde befestigt ist und G das globale Koordinatensystem ist. Zeigen Sie, dass die Winkelgeschwindigkeit von B und die Geschwindigkeit des Fahrzeugs folgende Werte haben:

$$\begin{aligned} {}^B_G\omega_B &= \dot{\theta}\, \hat{\imath}_B + (\omega_E + \dot{\varphi}) \sin\theta\, \hat{\jmath}_B + (\omega_E + \dot{\varphi}) \cos\theta\, \hat{k} \\ {}^B_G\mathbf{v}_P &= -r(\omega_E + \dot{\varphi}) \cos\theta\, \hat{\imath}_B + r\dot{\theta}\, \hat{k} \end{aligned}$$

Berechnen Sie die Beschleunigung des Fahrzeugs.

10. Globale Differenzierung des Drehimpulses
Wandeln Sie das Trägheitsmoment ${}^BI$ und die Winkelgeschwindigkeit ${}_G^B\boldsymbol{\omega}_B$ in das globale Koordinatensystem um und finden Sie dann die Differential des Drehimpulses. Das ist eine alternative Methode, um zu zeigen, dass

$$\frac{{}^Gd}{dt}\, {}^B\mathbf{L} = \frac{{}^Gd}{dt} \left({}^BI\, {}^B_G\omega_B \right) = {}^B\dot{\mathbf{L}} + {}^B_G\omega_B \times {}^B\mathbf{L} = I\dot{\boldsymbol{\omega}} + \omega \times (I\omega)$$

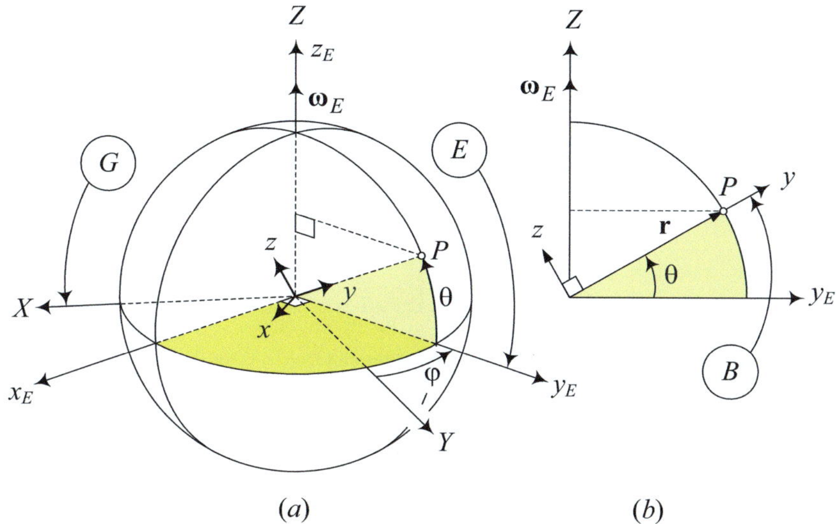

Abb. 8.18 Eine Position auf der Erde wird durch Längengrad ϕ und Breitengrad θ definiert

11. Lagrange-Methode und nichtlineares Schwingungssystem
    Verwenden Sie die Lagrange-Methode und finden Sie die Bewegungsgleichung für das in Abb. 8.19 gezeigte Pendel. Die Steifigkeit der linearen Feder ist k.
12. Erzwungene Schwingung eines Pendels
    Abb. 8.20 zeigt ein einfaches Pendel mit einer Länge l und einem Pendelkörper mit Masse m. Finden Sie die Bewegungsgleichung, wenn
    (a) der Drehpunkt O eine vorgegebene Bewegung in X-Richtung hat:

$$X_O = a \sin \omega t$$

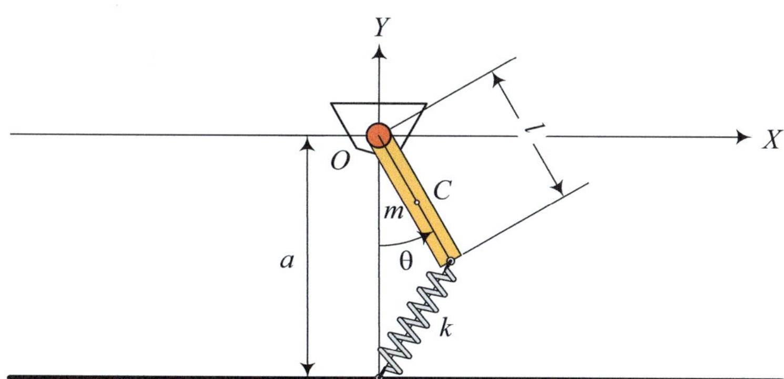

Abb. 8.19 Ein zusammengesetztes Pendel, das an der Spitze mit einer linearen Feder befestigt ist

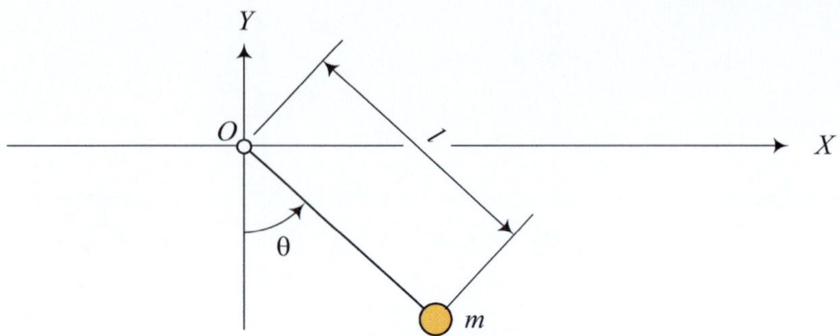

Abb. 8.20 Ein Pendel mit einem schwingenden Drehpunkt

(b) der Drehpunkt O eine vorgegebene Bewegung in Y-Richtung hat:

$$Y_O = b \sin \omega t$$

(c) der Drehpunkt O eine gleichmäßige Bewegung auf einem Kreis hat:

$$\mathbf{r}_O = R \cos \omega t \, \hat{I} + R \sin \omega t \, \hat{J}$$

13. Bewegungsgleichungen aus der Lagrange-Funktion
Betrachten Sie ein physikalisches System mit einer Lagrange-Funktion:

$$\mathcal{L} = \frac{1}{2} m (a\dot{x} + b\dot{y})^2 - \frac{1}{2} k (ax + by)^2$$

und finden Sie die Bewegungsgleichungen. Die Koeffizienten m, k, a und b sind konstant.

14. Lagrange-Funktion aus Bewegungsgleichung
Finden Sie die Lagrange-Funktion, die mit tden folgenden Bewegungsgleichungen verbunden ist:

(a) $mr^2\ddot{\theta} + k_1 l_1 \theta + k_2 l_2 \theta + mgl = 0$

(b) $\ddot{r} - r\dot{\theta}^2 = 0 \qquad r^2\ddot{\theta} + 2r\dot{r}\dot{\theta} = 0$

15. Blide
Leiten Sie die Bewegungsgleichungen für die in Abb. 8.16 dargestellte Blide ab.

16. Vereinfachte Blide
Drei vereinfachte Modelle einer Blide sind in den Abb. 8.21 bis 8.23 dargestellt. Leiten Sie ihre Bewegungsgleichungen ab und vergleichen Sie diese.

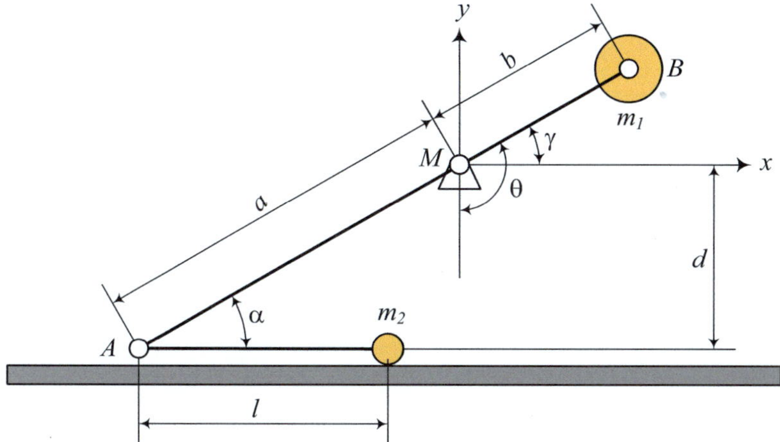

Abb. 8.21 Ein vereinfachtes Modell einer Blide

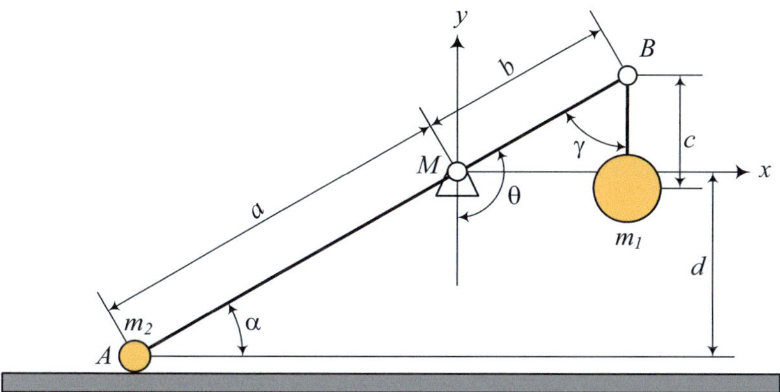

Abb. 8.22 Ein vereinfachtes Modell einer Blide

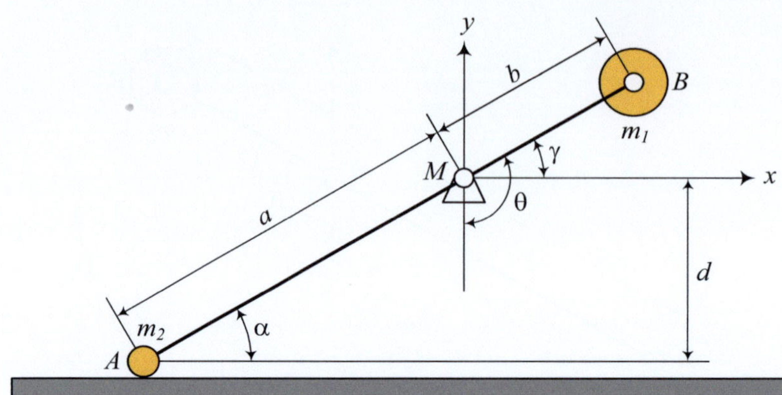

Abb. 8.23 Ein vereinfachtes Modell einer Blide

Kapitel 9
Ebene Fahrzeugdynamik

In diesem Kapitel entwickeln wir ein dynamisches Modell für ein starres Fahrzeug in einer ebenen Bewegung. Das ebene Modell ist anwendbar, wann immer die Vorwärts-, Seiten- und Giergeschwindigkeiten wichtig sind und ausreichen, um das Verhalten eines Fahrzeugs zu untersuchen.

9.1 Fahrzeug-Koordinatensystem

Die Bewegungsgleichungen in der Fahrzeugdynamik werden normalerweise in einem Satz von Fahrzeugkoordinatensystem $B(Cxyz)$ ausgedrückt, die am Massenschwerpunkt C des Fahrzeugs befestigt sind, wie in Abb. 9.1 gezeigt. Die x-Achse ist eine Längsachse, die durch C verläuft und nach vorne gerichtet ist. Die y-Achse geht seitlich nach links aus der Sicht des Fahrers. Die z-Achse macht das Koordinatensystem zu einem rechtshändigen Dreibein. Wenn das Auto auf einer flachen horizontalen Straße geparkt ist, ist die z-Achse senkrecht zum Boden, entgegengesetzt zur Gravitationsbeschleunigung $\mathbf{g}$.

Um die Fahrzeugorientierung zu zeigen, verwenden wir drei Winkel: *Rollwinkel* ϕ um die x-Achse, *Nickwinkel* θ um die y-Achse und *Gierwinkel* ψ um die z-Achse. Da die Änderungsrate der Orientierungswinkel in der Fahrzeugdynamik wichtig ist, zeigen wir sie normalerweise mit einem speziellen Zeichen und nennen sie *Rollrate*, *Nickrate* und *Gierrate* bzw.

$$\dot{\varphi} = p \tag{9.1}$$

$$\dot{\theta} = q \tag{9.2}$$

$$\dot{\psi} = r \tag{9.3}$$

R. N. Jazar, *Fahrzeugdynamik*, https://doi.org/10.1007/978-3-031-53244-3_9

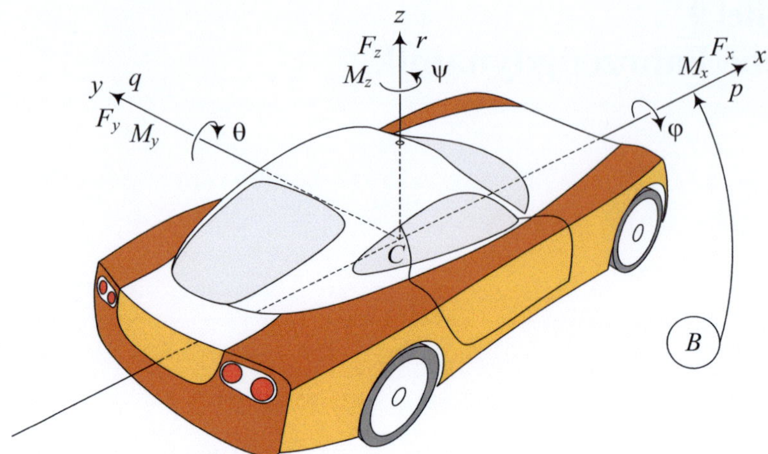

Abb. 9.1 Körperfestes-Koordinatensystem *B(Cxyz)* des Fahrzeugs

Das Resultat der externen Kräfte und Momente, die das Fahrzeug vom Boden und der Umgebung erhält, bildet das *Fahrzeugkräftesystem* (**F**, **M**). Dieses Kräftesystem wird im körperfesten Koordinatensystem ausgedrückt:

$$^B\mathbf{F} = F_x\hat{\imath} + F_y\hat{\jmath} + F_z\hat{k} \tag{9.4}$$

$$^B\mathbf{M} = M_x\hat{\imath} + M_y\hat{\jmath} + M_z\hat{k} \tag{9.5}$$

Die einzelnen Komponenten des 3D-Fahrzeugkräftesystems sind in Abb. 9.1 dargestellt. Diese Komponenten haben spezielle Namen und Bedeutungen.

1. *Längskraft* F_x. Es handelt sich um eine Kraft, die entlang der x-Achse wirkt. Es ist die resultierende Kraft $F_x > 0$, wenn das Fahrzeug beschleunigt, und $F_x < 0$, wenn das Fahrzeug bremst. Die Längskraft wird auch als *Vortriebskraft* oder *Zugkraft* bezeichnet.
2. *Seitenkraft* F_y. Es handelt sich um eine Kraft, die orthogonal zu beiden F_x und F_z ist. Es ist die resultierende Kraft $F_y > 0$, wenn sie aus der Sicht des Fahrers nach links gerichtet ist. Die Seitenkraft ist in der Regel eine Folge des Lenkens und der Hauptgrund für die Erzeugung eines Giermoments und der Drehung eines Fahrzeugs.
3. *Normalkraft* F_z. Es handelt sich um eine vertikale Kraft, die normal zur Bodenebene ist. Es ist die resultierende Kraft $F_z > 0$, wenn sie nach oben gerichtet ist. Die Normalkraft wird auch als *vertikale Kraft* oder *Fahrzeuglast* bezeichnet.
4. *Rollmoment* M_x. Es handelt sich um ein Längsmoment um die x-Achse. Es ist das resultierende Moment M_x s > 0, wenn das Fahrzeug dazu neigt, sich um die x-Achse zu drehen. Das Rollmoment wird auch als *Bankmoment, Kippmoment* oder *Umsturzmoment* bezeichnet.

5. *Nickmoment* M_y. Es handelt sich um ein Quermoment um die y-Achse. Es ist das resultierende Moment $M_y > 0$, wenn das Fahrzeug dazu neigt, sich um die y-Achse zu drehen und den Kopf nach unten zu bewegen.
6. *Giermoment* M_z. Es handelt sich um ein aufwärts gerichtetes Moment um die z-Achse. Es ist das resultierende Moment $M_z > 0$, wenn der Reifen dazu neigt, sich um die z-Achse zu drehen. Das Giermoment wird auch als *Ausrichtmoment* bezeichnet.

Die Position und Orientierung des Fahrzeugkoordinatensystems *B(Cxyz)* wird in Bezug auf ein mit der Erde verbundenes festes Koordinatensystem *G(OXYZ)* gemessen. Das Fahrzeugkoordinatensystem wird als *körperfestes Koordinatensystem* oder *Fahrzeugkoordinatensystem* bezeichnet, und das geerdete System wird als *globales Koordinatensystem* bezeichnet. Die Analyse der Fahrzeugbewegung entspricht, die Position und Orientierung von *B(Cxyz)* in *G(OXYZ)* auszudrücken. Abb. 9.2 zeigt, wie ein sich bewegendes Fahrzeug durch ein körperfestes Koordinatensystem B in einem globalen Koordinatensystem G angezeigt wird.

Der Winkel zwischen den Achsen X und x, gemessen von X zu x um Z, ist der *Gierwinkel* ψ und wird als *Kurswinkel* (engl. cruise angle) bezeichnet. Der Geschwindigkeitsvektor $\mathbf{v}$ des Fahrzeugs bildet einen Winkel β mit der Körperachse x, gemessen von x zu $\mathbf{v}$ um Z, der als Schwimmwinkel oder *Einstellwinkel* bezeichnet wird. Der Geschwindigkeitsvektor $\mathbf{v}$ des Fahrzeugs bildet einen Winkel $\beta + \psi$ mit der globalen Achse X, gemessen von X zu $\mathbf{v}$ um Z, der als *Fahrwinkel* bezeichnet wird. Eine positive Konfiguration dieser Winkel wird in der Draufsicht eines sich bewegenden Fahrzeugs in Abb. 9.3 gezeigt.

Es gibt viele Situationen, in denen wir die Räder eines Fahrzeugs nummerieren müssen. Wir beginnen mit der Nummerierung beim vorderen linken Rad als Nummer 1, und dann ist das vordere rechte Rad Nummer 2. Die Nummerierung erhöht sich sequenziell bei den rechten Rädern in Richtung Fahrzeugheck bis zum

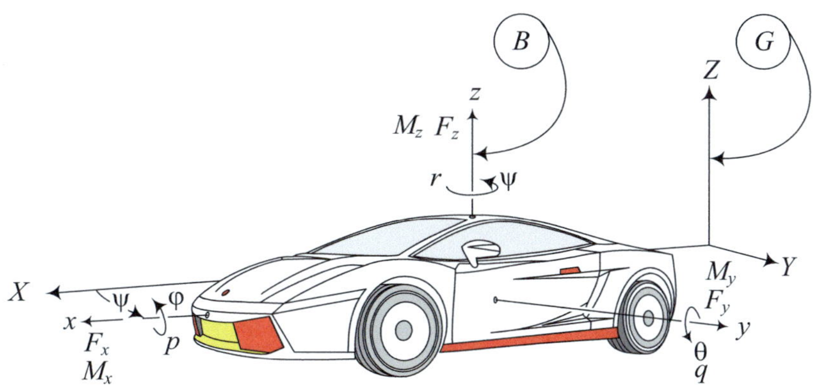

Abb. 9.2 Illustration eines sich bewegenden Fahrzeugs, angezeigt durch sein körperfestes Koordinatensystem B in einem globalen Koordinatensystem G

hinteren rechten Rad. Dann gehen wir zur linken Seite des Fahrzeugs und setzen die Nummerierung der Räder von hinten links in Richtung vorne fort. Jedes Rad wird durch einen Ortsvektor $\mathbf{r}_i$

$$^{B}\mathbf{r}_i = x_i i + y_i j + z_i k \tag{9.6}$$

im körperfesten Koordinatensystem B ausgedrückt. Die Nummerierung eines vierrädrigen Fahrzeugs wird in Abb. 9.3 gezeigt.

Beispiel 375 *Radnummern und ihre Ortsvektoren.*

Abb. 9.4 zeigt einen sechsrädrigen Pkw. Die Radnummern sind neben jedem Rad angegeben. Das vordere linke Rad ist Rad Nummer 1 und das vordere rechte Rad ist Nummer 2. Wenn wir auf der rechten Seite nach hinten gehen, zählen wir die Räder Nummer 3 und 4. Das hintere linke Rad bekommt die Nummer 5, und wenn wir dann auf der linken Seite nach vorne gehen, ist das einzige unnummerierte Rad das Rad Nummer 6.

Wenn der globale Ortsvektor des Massenzentrums des Autos gegeben ist durch:

$$^{G}\mathbf{d} = \begin{bmatrix} X_C \\ Y_C \end{bmatrix} \tag{9.7}$$

und die Körperortsvektoren der Räder sind:

$$^{B}\mathbf{r}_1 = \begin{bmatrix} a_1 \\ w/2 \end{bmatrix} \qquad ^{B}\mathbf{r}_2 = \begin{bmatrix} a_1 \\ -w/2 \end{bmatrix} \tag{9.8}$$

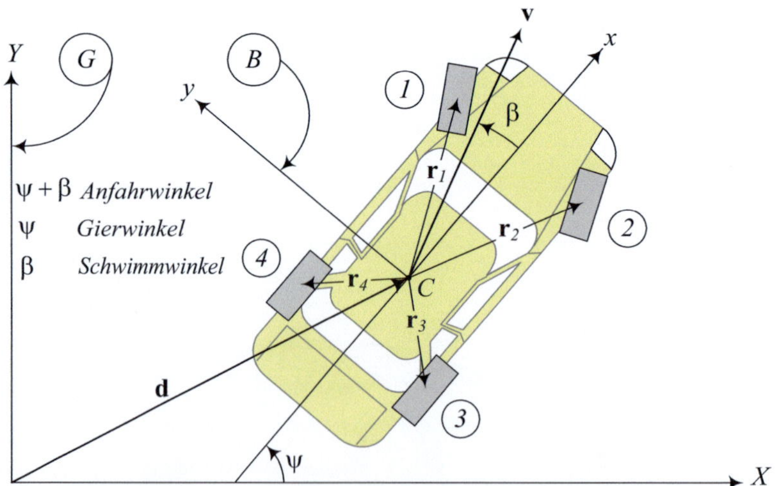

Abb. 9.3 Draufsicht auf ein sich bewegendes Fahrzeug, um den Gierwinkel ψ zwischen den Achsen X und x, den Schwimmwinkel β zwischen der x-Achse und dem Geschwindigkeitsvektor $\mathbf{v}$, und den Fahrwinkel $\beta + \psi$ zwischen der X-Achse und dem Geschwindigkeitsvektor $\mathbf{v}$ zu zeigen

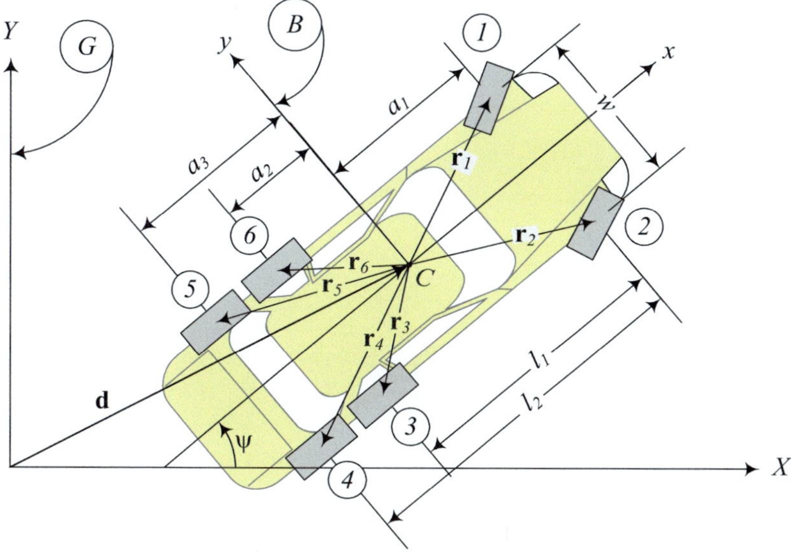

Abb. 9.4 Ein sechsrädriger Pkw und seine Radnummerierung

$$
{}^{B}\mathbf{r}_3 = \begin{bmatrix} -a_2 \\ -w/2 \end{bmatrix} \qquad {}^{B}\mathbf{r}_4 = \begin{bmatrix} -a_3 \\ -w/2 \end{bmatrix} \tag{9.9}
$$

$$
{}^{B}\mathbf{r}_5 = \begin{bmatrix} -a_3 \\ w/2 \end{bmatrix} \qquad {}^{B}\mathbf{r}_6 = \begin{bmatrix} -a_2 \\ w/2 \end{bmatrix} \tag{9.10}
$$

dann sind die globalen Positionen der Räder:

$$
{}^{G}\mathbf{r}_1 = {}^{G}\mathbf{d} + {}^{G}R_B\, {}^{B}\mathbf{r}_1 = \begin{bmatrix} X_C - \frac{1}{2} w \sin\psi + a_1 \cos\psi \\ Y_C + \frac{1}{2} w \cos\psi + a_1 \sin\psi \end{bmatrix} \tag{9.11}
$$

$$
{}^{G}\mathbf{r}_2 = {}^{G}\mathbf{d} + {}^{G}R_B\, {}^{B}\mathbf{r}_2 = \begin{bmatrix} X_C + \frac{1}{2} w \sin\psi + a_1 \cos\psi \\ Y_C - \frac{1}{2} w \cos\psi + a_1 \sin\psi \end{bmatrix} \tag{9.12}
$$

$$
{}^{G}\mathbf{r}_3 = {}^{G}\mathbf{d} + {}^{G}R_B\, {}^{B}\mathbf{r}_3 = \begin{bmatrix} X_C + \frac{1}{2} w \sin\psi - a_2 \cos\psi \\ Y_C - \frac{1}{2} w \cos\psi - a_2 \sin\psi \end{bmatrix} \tag{9.13}
$$

$$
{}^G\mathbf{r}_4 = {}^G\mathbf{d} + {}^G R_B\, {}^B\mathbf{r}_4 = \begin{bmatrix} X_C + \frac{1}{2} w \sin\psi - a_3 \cos\psi \\ Y_C - \frac{1}{2} w \cos\psi - a_3 \sin\psi \end{bmatrix} \tag{9.14}
$$

$$
{}^G\mathbf{r}_5 = {}^G\mathbf{d} + {}^G R_B\, {}^B\mathbf{r}_5 = \begin{bmatrix} X_C - \frac{1}{2} w \sin\psi - a_3 \cos\psi \\ Y_C + \frac{1}{2} w \cos\psi - a_3 \sin\psi \end{bmatrix} \tag{9.15}
$$

$$
{}^G\mathbf{r}_6 = {}^G\mathbf{d} + {}^G R_B\, {}^B\mathbf{r}_6 = \begin{bmatrix} X_C - \frac{1}{2} w \sin\psi - a_2 \cos\psi \\ Y_C + \frac{1}{2} w \cos\psi - a_2 \sin\psi \end{bmatrix} \tag{9.16}
$$

wobei die Rotationsmatrix zwischen dem globalen G und dem körperfesten Koordinatensystem B ist.

$$
{}^G R_B = \begin{bmatrix} \cos\psi & -\sin\psi \\ \sin\psi & \cos\psi \end{bmatrix} \tag{9.17}
$$

Beispiel 376 *Kurswinkel, Einstellwinkel und Richtungswinkel.*

Abb. 9.5 veranschaulicht ein Auto, das sich auf einer Straße bewegt, mit den Winkeln

$$
\psi = 15\,\text{deg} \qquad \beta = 16\,\text{deg} \tag{9.18}
$$

Der Richtungswinkel des Autos ist:

$$
\textit{Heading angle} = \psi = 15\,\text{deg} \tag{9.19}
$$

das ist der Winkel zwischen einer Referenz-X-Achse auf der Straße und der Längsachse x des Autos. Der Einstellwinkel des Autos ist:

$$
\textit{Attitude angle} = \beta = 16\,\text{deg} \tag{9.20}
$$

das ist der Winkel zwischen der Karosserie-Längsachse x und der Bewegungsrichtung des Autos. Der Kurswinkel des Autos ist:

$$
\textit{Cruise angle} = \beta + \psi = 31\,\text{deg} \tag{9.21}
$$

das ist der Winkel zwischen der Referenz-X-Achse auf der Straße und der Bewegungsrichtung des Autos.

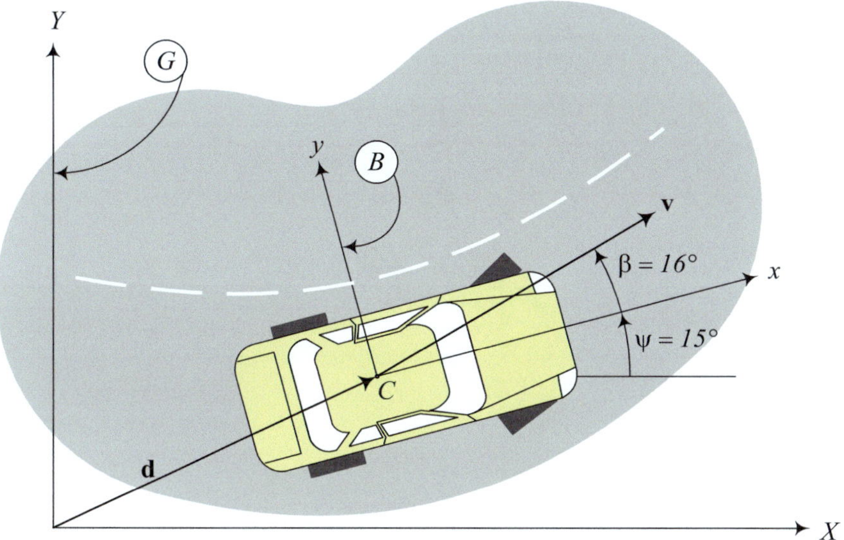

Abb. 9.5 Ein Auto, das sich auf einer Straße bewegt, mit Schwimmwinkel β und Richtungswinkel ψ

9.2 Newton-Euler-Dynamik eines starren Fahrzeugs

Ein starres Fahrzeug wird angenommen, sich ähnlich wie eine flache Schachtel zu verhalten, die sich auf einer horizontalen Oberfläche bewegt. Ein starres Fahrzeug hat eine ebene Bewegung mit drei Freiheitsgraden, die sind: Translation in den x und y Richtungen und eine Rotation um die z-Achse. Die *Newton-Euler-Bewegungsgleichungen* für ein starres Fahrzeug im körperfesten Koordinatensystem B, das am Massenschwerpunkt C des Fahrzeugs befestigt ist, lauten:

$$F_x = m\,\dot{v}_x - m\omega_z\,v_y \tag{9.22}$$

$$F_y = m\,\dot{v}_y + m\omega_z\,v_x \tag{9.23}$$

$$M_z = \dot{\omega}_z\,I_z \tag{9.24}$$

Beweis. Abb. 9.6 veranschaulicht ein starres Fahrzeug in einer ebenen Bewegung. Ein globales Koordinatensystem G ist am Boden befestigt und ein körperfestes Koordinatensystem B ist am Massenmittelpunkt C des Fahrzeugs befestigt. Die Z- und z Achsen sind parallel und die Ausrichtung des Systems B wird durch den Winkel ψ zwischen den X- und x-Achsen angezeigt. Der globale Ortsvektor des Massenmittelpunktes wird durch ${}^G\mathbf{d}$ bezeichnet.

Der Geschwindigkeitsvektor des Fahrzeugs, ausgedrückt im körperfesten Koordinatensystem, ist:

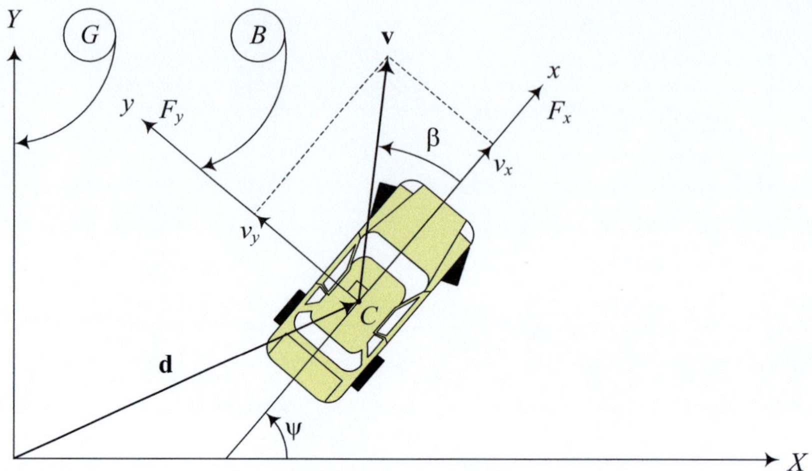

Abb. 9.6 Ein starres Fahrzeug in einer ebenen Bewegung

$$ {}^{B}\mathbf{v}_C = \begin{bmatrix} v_x \\ v_y \\ 0 \end{bmatrix} \tag{9.25} $$

wobei v_x die Vorwärtskomponente und v_y die Seitenkomponente von $\mathbf{v}$ ist. Die Bewegungsgleichungen des starren Körpers im körperfesten Koordinatensystem sind:

$$ \begin{aligned} {}^{B}\mathbf{F} &= {}^{B}R_G \, {}^{G}\mathbf{F} = {}^{B}R_G \left(m \, {}^{G}\mathbf{a}_B \right) = m \, {}^{B}_{G}\mathbf{a}_B \\ &= m \, {}^{B}\dot{\mathbf{v}}_B + m \, {}^{B}_{G}\omega_B \times {}^{B}\mathbf{v}_B \end{aligned} \tag{9.26} $$

$$ \begin{aligned} {}^{B}\mathbf{M} &= \frac{{}^{G}d}{dt} \, {}^{B}\mathbf{L} = {}^{B}_{G}\dot{\mathbf{L}}_B = {}^{B}\dot{\mathbf{L}} + {}^{B}_{G}\omega_B \times {}^{B}\mathbf{L} \\ &= {}^{B}I \, {}^{B}_{G}\dot{\boldsymbol{\omega}}_B + {}^{B}_{G}\omega_B \times \left({}^{B}I \, {}^{B}_{G}\boldsymbol{\omega}_B \right) \end{aligned} \tag{9.27} $$

Die Kraft-, Moment- und kinematischen Vektoren für das starre Fahrzeug sind:

$$ {}^{B}\mathbf{F}_C = \begin{bmatrix} F_x \\ F_y \\ 0 \end{bmatrix} \qquad {}^{B}\mathbf{M}_C = \begin{bmatrix} 0 \\ 0 \\ M_z \end{bmatrix} \tag{9.28} $$

$$ {}^{B}\dot{\mathbf{v}}_C = \begin{bmatrix} \dot{v}_x \\ \dot{v}_y \\ 0 \end{bmatrix} \qquad {}^{B}_{G}\omega_B = \begin{bmatrix} 0 \\ 0 \\ \omega_z \end{bmatrix} \tag{9.29} $$

$$
{}_G^B\dot{\boldsymbol{\omega}}_B = \begin{bmatrix} 0 \\ 0 \\ \dot{\omega}_z \end{bmatrix} \tag{9.30}
$$

Wir können annehmen, dass das körperfeste Koordinatensystem das Hauptkoordinatensystem des Fahrzeugs ist, um eine diagonale Trägheitsmomentmatrix zu erhalten:

$$
{}^B I = \begin{bmatrix} I_1 & 0 & 0 \\ 0 & I_2 & 0 \\ 0 & 0 & I_3 \end{bmatrix} \tag{9.31}
$$

Die Substitution der obigen Vektoren und Matrizen in die Bewegungsgleichungen (9.26) und (9.27) liefert die folgenden Gleichungen:

$$
\begin{aligned}
{}^B\mathbf{F} &= m\,{}^B\dot{\mathbf{v}}_B + m\,{}_G^B\omega_B \times {}^B\mathbf{v}_B \\
&= m\begin{bmatrix} \dot{v}_x \\ \dot{v}_y \\ 0 \end{bmatrix} + m\begin{bmatrix} 0 \\ 0 \\ \omega_z \end{bmatrix} \times \begin{bmatrix} v_x \\ v_y \\ 0 \end{bmatrix} = \begin{bmatrix} m\dot{v}_x - m\omega_z v_y \\ m\dot{v}_y + m\omega_z v_x \\ 0 \end{bmatrix}
\end{aligned} \tag{9.32}
$$

$$
\begin{aligned}
{}^B\mathbf{M} &= {}^B I\,{}_G^B\boldsymbol{\omega}_B + {}_G^B\omega_B \times \left({}^B I\,{}_G^B\omega_B\right) \\
&= \begin{bmatrix} I_1 & 0 & 0 \\ 0 & I_2 & 0 \\ 0 & 0 & I_3 \end{bmatrix}\begin{bmatrix} 0 \\ 0 \\ \dot{\omega}_z \end{bmatrix} \\
&\quad + \begin{bmatrix} 0 \\ 0 \\ \omega_z \end{bmatrix} \times \left(\begin{bmatrix} I_1 & 0 & 0 \\ 0 & I_2 & 0 \\ 0 & 0 & I_3 \end{bmatrix}\begin{bmatrix} 0 \\ 0 \\ \omega_z \end{bmatrix}\right) = \begin{bmatrix} 0 \\ 0 \\ I_3\,\dot{\omega}_z \end{bmatrix}
\end{aligned} \tag{9.33}
$$

Die ersten beiden Newtonschen Gl. (9.32) und die dritte Euler-Gleichung (9.33) sind die einzigen Gleichungen, die nicht null sind. Sie bilden den Satz der Bewegungsgleichungen (9.22)–(9.24) für das planare starre Fahrzeug.▪

Beispiel 377 *Starres Fahrzeug und Lagrange-Methode.*

Die kinetische Energie eines starren Fahrzeugs in einer ebenen Bewegung ist

$$
\begin{aligned}
K &= \frac{1}{2}\,{}^G\mathbf{v}_B^T\, m\,{}^G\mathbf{v}_B + \frac{1}{2}\,{}_G\omega_B^T\,{}^G I\,{}_G\omega_B \\
&= \frac{1}{2}\begin{bmatrix} v_X \\ v_Y \\ 0 \end{bmatrix}^T m\begin{bmatrix} v_X \\ v_Y \\ 0 \end{bmatrix} + \frac{1}{2}\begin{bmatrix} 0 \\ 0 \\ \omega_Z \end{bmatrix}^T {}^G I \begin{bmatrix} 0 \\ 0 \\ \omega_Z \end{bmatrix} \\
&= \frac{1}{2}mv_X^2 + \frac{1}{2}mv_Y^2 + \frac{1}{2}I_3\omega_Z^2 = \frac{1}{2}m\left(\dot{X}^2 + \dot{Y}^2\right) + \frac{1}{2}I_z\,\dot{\psi}^2
\end{aligned} \tag{9.34}
$$

wobei:

$$
\begin{aligned}
{}^{G}I &= {}^{G}R_{B}\,{}^{B}I\,{}^{G}R_{B}^{T} \\
&= \begin{bmatrix} \cos\psi & -\sin\psi & 0 \\ \sin\psi & \cos\psi & 0 \\ 0 & 0 & 1 \end{bmatrix} \begin{bmatrix} I_1 & 0 & 0 \\ 0 & I_2 & 0 \\ 0 & 0 & I_3 \end{bmatrix} \begin{bmatrix} \cos\psi & -\sin\psi & 0 \\ \sin\psi & \cos\psi & 0 \\ 0 & 0 & 1 \end{bmatrix}^{T} \\
&= \begin{bmatrix} I_1\cos^2\psi + I_2\sin^2\psi & (I_1 - I_2)\sin\psi\cos\psi & 0 \\ (I_1 - I_2)\sin\psi\cos\psi & I_2\cos^2\psi + I_1\sin^2\psi & 0 \\ 0 & 0 & I_3 \end{bmatrix}
\end{aligned}
\tag{9.35}
$$

und:

$$
{}^{G}\mathbf{v}_{B} = \begin{bmatrix} v_X \\ v_Y \\ 0 \end{bmatrix} = \begin{bmatrix} \dot{X} \\ \dot{Y} \\ 0 \end{bmatrix} \tag{9.36}
$$

$$
{}_{G}\omega_{B} = \begin{bmatrix} 0 \\ 0 \\ \omega_Z \end{bmatrix} = \begin{bmatrix} 0 \\ 0 \\ r \end{bmatrix} = \begin{bmatrix} 0 \\ 0 \\ \dot{\psi} \end{bmatrix} \tag{9.37}
$$

Die resultierenden externen Kräftesysteme sind:

$$
{}^{G}\mathbf{F}_{C} = \begin{bmatrix} F_X \\ F_Y \\ 0 \end{bmatrix} \qquad {}^{G}\mathbf{M}_{C} = \begin{bmatrix} 0 \\ 0 \\ M_Z \end{bmatrix} \tag{9.38}
$$

Nach Anwendung der Lagrange-Methode:

$$
\frac{d}{dt}\left(\frac{\partial K}{\partial \dot{q}_i}\right) - \frac{\partial K}{\partial q_i} = F_i \qquad i = 1, 2, \cdots n \tag{9.39}
$$

und unter Verwendung der Koordinaten X, Y und ψ für q_i, ergeben sich die folgenden Bewegungsgleichungen im globalen Koordinatensystem:

$$
m\dot{v}_x = m\,\tfrac{d}{dt}\dot{X} = F_X \tag{9.40}
$$

$$
m\dot{v}_y = m\,\tfrac{d}{dt}\dot{Y} = F_Y \tag{9.41}
$$

$$
I_z\,\dot{\omega}_z = I_z\,\tfrac{d}{dt}\dot{\psi} = M_Z \tag{9.42}
$$

Beispiel 378 *Transformation in das Körperkoordinatensystem.*

Wir können die Bewegungsgleichungen des starren Fahrzeugs im körperfesten Koordinatensystem finden, indem wir die globalen Bewegungsgleichungen (9.40)–(9.42) im körperfesten Koordinatensystem B des Fahrzeugs ausdrücken, unter Verwendung der Transformationsmatrix ${}^{G}R_{B}$:

$$ {}^{G}R_{B} = \begin{bmatrix} \cos\psi & -\sin\psi & 0 \\ \sin\psi & \cos\psi & 0 \\ 0 & 0 & 1 \end{bmatrix} \tag{9.43} $$

Der Körper-Ausdruck des Geschwindigkeitsvektors ist gleich:

$$ {}^{G}_{B}\mathbf{v}_{C} = {}^{G}R_{B}\,{}^{B}\mathbf{v}_{C} \tag{9.44} $$

$$ \begin{aligned} \begin{bmatrix} v_X \\ s\,v_Y \\ 0 \end{bmatrix} &= \begin{bmatrix} \cos\psi & -\sin\psi & 0 \\ \sin\psi & \cos\psi & 0 \\ 0 & 0 & 1 \end{bmatrix} \begin{bmatrix} v_x \\ v_y \\ 0 \end{bmatrix} \\ &= \begin{bmatrix} v_x\cos\psi - v_y\sin\psi \\ v_y\cos\psi + v_x\sin\psi \\ 0 \end{bmatrix} \end{aligned} \tag{9.45} $$

und daher sind die globalen Beschleunigungskomponenten:

$$ \begin{bmatrix} \dot{v}_X \\ \dot{v}_Y \\ 0 \end{bmatrix} = \begin{bmatrix} \left(\dot{v}_x - \dot{\psi}\,v_y\right)\cos\psi - \left(\dot{v}_y + \dot{\psi}\,v_x\right)\sin\psi \\ \left(\dot{v}_y + \dot{\psi}\,v_x\right)\cos\psi + \left(\dot{v}_x - \dot{\psi}\,v_y\right)\sin\psi \\ 0 \end{bmatrix} \tag{9.46} $$

Die globale Newtonsche Bewegungsgleichung ist:

$$ {}^{G}\mathbf{F}_{C} = m\,{}^{G}\dot{\mathbf{v}}_{C} \tag{9.47} $$

und die Transformation des Kraftvektors ist:

$$ {}^{G}\mathbf{F}_{C} = {}^{G}R_{B}\,{}^{B}\mathbf{F}_{C} \tag{9.48} $$

daher lautet der Ausdruck im körperfesten Koordinatensystem für die Bewegungsgleichungen:

$$ {}^{B}\mathbf{F}_{C} = {}^{G}R_{B}^{T}\,{}^{G}\mathbf{F}_{C} = m\,{}^{G}R_{B}^{T}\,{}^{G}\dot{\mathbf{v}}_{C} \tag{9.49} $$

Das Einsetzen der zugehörigen Vektoren erzeugt die Newtonschen Bewegungsgleichungen im körperfesten Koordinatensystem:

$$ \begin{aligned} \begin{bmatrix} F_x \\ F_y \\ 0 \end{bmatrix} &= m\,{}^{G}R_{B}^{T} \begin{bmatrix} \left(\dot{v}_x - \dot{\psi}\,v_y\right)\cos\psi - \left(\dot{v}_y + \dot{\psi}\,v_x\right)\sin\psi \\ \left(\dot{v}_y + \dot{\psi}\,v_x\right)\cos\psi + \left(\dot{v}_x - \dot{\psi}\,v_y\right)\sin\psi \\ 0 \end{bmatrix} \\ &= m \begin{bmatrix} \dot{v}_x - \dot{\psi}\,v_y \\ \dot{v}_y + \dot{\psi}\,v_x \\ 0 \end{bmatrix} \end{aligned} \tag{9.50} $$

Anwendung des gleichen Verfahrens für die Momententransformation:

$$^G\mathbf{M}_C = {}^G R_B \, {}^B\mathbf{M}_C \tag{9.51}$$

$$\begin{bmatrix} 0 \\ 0 \\ M_Z \end{bmatrix} = \begin{bmatrix} \cos\psi & -\sin\psi & 0 \\ \sin\psi & \cos\psi & 0 \\ 0 & 0 & 1 \end{bmatrix} \begin{bmatrix} 0 \\ 0 \\ M_z \end{bmatrix} = \begin{bmatrix} 0 \\ 0 \\ M_z \end{bmatrix} \tag{9.52}$$

so finden wir die Euler-Gleichung im körperfesten Koordinatensystem:

$$M_z = \dot{\omega}_z I_z \tag{9.53}$$

Beispiel 379 *Fahrzeugpfad.*

Wenn wir die translatorischen und rotatorischen Geschwindigkeiten eines starren Fahrzeugs v_X, v_Y, *r finden, können wir den Bewegungspfad des Fahrzeugs durch Integration bestimmen:*

$$\psi = \int \dot{\psi} \, dt = \psi_0 + \int r \, dt \tag{9.54}$$

$$X = \int \dot{X} \, dt = \int \left(v_x \cos\psi - v_y \sin\psi \right) dt \tag{9.55}$$

$$Y = \int \dot{Y} \, dt = \int \left(v_x \sin\psi + v_y \cos\psi \right) dt \tag{9.56}$$

Beispiel 380 ⋆ *Bewegungsgleichungen mit der grundlegenden Methode.*

Die Bewegungsgleichungen für ein starres Fahrzeug in einer ebenen Bewegung können auch mit dem Prinzip der Differentialrechnung gefunden werden. Betrachten Sie ein Fahrzeug zur Zeit $t = 0$, *das eine Quergeschwindigkeit* v_y, *eine Giergeschwindigkeit r und eine Vorwärtsgeschwindigkeit* v_x *hat. Die Längsachse x bildet einen Winkel* ψ *mit einer festen X-Achse, wie in Abb. 9.7 dargestellt. Punkt P(x,y) zeigt einen allgemeinen Punkt des Fahrzeugs. Die Geschwindigkeitskomponenten von Punkt P sind:*

$$v_{Px} = v_x - y\,r \qquad v_{Py} = v_y + x\,r \tag{9.57}$$

weil:

$$\begin{aligned} {}^B_G\mathbf{v}_P &= {}^B\mathbf{v}_C + {}^B_G\omega_B \times {}^B\mathbf{r}_P \\ &= \begin{bmatrix} v_x \\ v_y \\ 0 \end{bmatrix} + \begin{bmatrix} 0 \\ 0 \\ r \end{bmatrix} \times \begin{bmatrix} x \\ y \\ 0 \end{bmatrix} \end{aligned} \tag{9.58}$$

Nach einer Zeitspanne, bei $t = dt$, *hat sich das Fahrzeug zu einer neuen Position bewegt. Die Geschwindigkeitskomponenten des Punktes P an der zweiten Position sind:*

$$v'_{Px} = (v_x + dv_x) - y(r + dr) \tag{9.59}$$

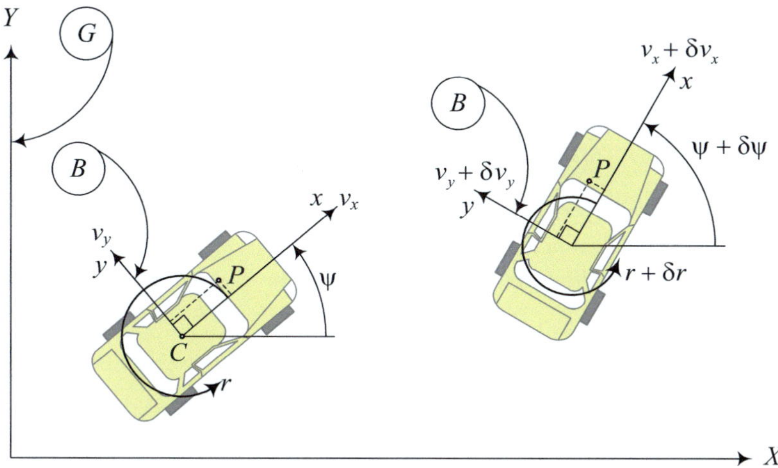

Abb. 9.7 Ein Fahrzeug zur Zeit t = 0 und t = dt, das sich mit einer Quergeschwindigkeit v_y, einer Giergeschwindigkeit r und einer Vorwärtsgeschwindigkeit v_x bei einem Kurswinkel ψ bewegt

$$v'_{Py} = \left(v_y + dv_y\right) + x(r + dr) \tag{9.60}$$

Jedoch gilt:

$$v_{Px} + dv_{Px} = v'_{Px} \cos d\psi - v'_{Py} \sin d\psi \tag{9.61}$$

$$v_{Py} + dv_{Py} = v'_{Px} \sin d\psi + v'_{Py} \cos d\psi \tag{9.62}$$

und daher:

$$\begin{aligned} dv_{Px} = &\left[(v_x + dv_x) - y(r + dr)\right] \cos d\psi \\ &-\left[\left(v_y + dv_y\right) + x(r + dr)\right] \sin d\psi - (v_x - y\,r) \end{aligned} \tag{9.63}$$

$$\begin{aligned} dv_{Py} = &\left[(v_x + dv_x) - y(r + dr)\right] \sin d\psi \\ &+\left[\left(v_y + dv_y\right) + x(r + dr)\right] \cos d\psi - \left(v_y + x\,r\right) \end{aligned} \tag{9.64}$$

Wir vereinfachen die Gl. (9.63) *und* (9.64) *und teilen sie durch dt:*

$$\begin{aligned} \tfrac{dv_{Px}}{dt} = &\tfrac{1}{dt}\left(\left[dv_x - y\,dr\right] \cos d\psi\right) \\ &- \tfrac{1}{dt}\left(\left[\left(v_y + dv_y\right) + x(r + dr)\right] \sin d\psi\right) \end{aligned} \tag{9.65}$$

$$\begin{aligned} \tfrac{dv_{Py}}{dt} = &\tfrac{1}{dt}\left(\left[dv_y + x\,dr\right] \cos d\psi\right) \\ &+ \tfrac{1}{dt}\left(\left[(v_x + dv_x) - y(r + dr)\right] \sin d\psi\right) \end{aligned} \tag{9.66}$$

Wenn $dt \to 0$, dann $\sin d\psi \to \psi$ und $\cos d\psi \to 1$, und wir können $\dot{\psi} = r$ einsetzen, um die Beschleunigungskomponenten des Punktes P zu erhalten:

$$\dot{v}_{Px} = a_{Px} = \dot{v}_x - v_y\, r - y\, \dot{r} + x\, r^2 \tag{9.67}$$

$$\dot{v}_{Py} = a_{Py} = \dot{v}_y + v_x\, r + x\, \dot{r} - y\, r^2 \tag{9.68}$$

Nehmen wir an, Punkt P hat eine kleine Masse dm. Multiplizieren wir dm mit den Beschleunigungskomponenten von Punkt P und integrieren über das gesamte starre Fahrzeug, muss dies gleich dem angewendeten externen Kräftesystem sein:

$$F_x = \int_m a_{Px}\, dm \tag{9.69}$$

$$F_y = \int_m a_{Py}\, dm \tag{9.70}$$

$$M_z = \int_m \left(x\, a_{Py} - y\, a_{Px}\right) dm \tag{9.71}$$

Setzen wir für Beschleunigungen ein und nehmen an, dass das körperfeste Koordinatensystem das Hauptkoordinatensystem im Massenmittelpunkt C ist, finden wir:

$$\begin{aligned} F_x &= \int_m \left(\dot{v}_x - v_y\, r - y\, \dot{r} + x\, r^2\right) dm \\ &= m\left(\dot{v}_x - v_y\, r\right) - \dot{r} \int_m y\, dm + r^2 \int_m x\, dm \\ &= m\left(\dot{v}_x - v_y\, r\right) \end{aligned} \tag{9.72}$$

$$\begin{aligned} F_y &= \int_m \left(\dot{v}_y + v_x\, r + x\, \dot{r} - y\, r^2\right) dm \\ &= m\left(\dot{v}_y + v_x\, r\right) + \dot{r} \int_m x\, dm - r^2 \int_m y\, dm \\ &= m\left(\dot{v}_y + v_x\, r\right) \end{aligned} \tag{9.73}$$

$$\begin{aligned} M_z &= \int_m \left(x\left(\dot{v}_y + v_x\, r + x\, \dot{r} - y\, r^2\right) - y\left(\dot{v}_x - v_y\, r - y\, \dot{r} + x\, r^2\right)\right) dm \\ &= \dot{r} \int_m \left(x^2 + y^2\right) dm + \left(\dot{v}_y + v_x\, r\right) \int_m x\, dm \\ &\quad - \left(\dot{v}_x - v_y\, r\right) \int_m y\, dm - 2r^2 \int_m xy\, dm = I_z\, \dot{r} \end{aligned} \tag{9.74}$$

denn für ein Hauptkoordinatensystem haben wir:

$$\int_m x\, dm = 0 \qquad \int_m y\, dm = 0 \qquad \int_m xy\, dm = 0 \tag{9.75}$$

9.3 Kräftesystem, das auf ein starres Fahrzeug wirkt

Um das Kräftesystem auf ein starres Fahrzeug zu bestimmen, definieren wir zunächst das Kräftesystem am Reifenlatsch eines Rades. Dann transformieren und wenden wir das Reifenkräftesystem auf den Körper des Fahrzeugs an.

9.3.1 Reifenkräfte- und Körperkräftesysteme

Abb. 9.8 zeigt Rad Nummer 1 eines Fahrzeugs. Die Komponenten des Kräftesystems im C-Koordinatensystem auf der xy-Ebene aufgrund der Kräfte am Reifenlatsch des Rades Nummer i sind:

$$F_{x_i} = F_{x_{w_i}} \cos\delta_i - F_{y_{w_i}} \sin\delta_i \tag{9.76}$$

$$F_{y_i} = F_{y_{w_i}} \cos\delta_i + F_{x_{w_i}} \sin\delta_i \tag{9.77}$$

$$M_{z_i} = M_{z_{w_i}} \tag{9.78}$$

Daher ist das gesamte ebene Kräftesystem auf das starre Fahrzeug im körperfesten Koordinatensystem:

$${}^BF_x = \sum_i F_{x_i} = \sum_i F_{x_w} \cos\delta_i - \sum_i F_{y_w} \sin\delta_i \tag{9.79}$$

$${}^BF_y = \sum_i F_{y_i} = \sum_i F_{y_w} \cos\delta_i + \sum_i F_{x_w} \sin\delta_i \tag{9.80}$$

$${}^BM_z = \sum_i M_{z_i} + \sum_i x_i F_{y_i} - \sum_i y_i F_{x_i} \tag{9.81}$$

Beweis. Das Radkoordinatensystem$W(x_w, y_w, z_w)$, dargestellt durch oder W, ist ein lokales Koordinatensystem, das am Mittelpunkt des Rades befestigt ist. Das Reifenkoordinatensystem $T(x_t, y_t, z_t)$ ist in das Zentrum des Reifenabdrucks gesetzt. Nehmen wir an, dass das Kräftesystem im Rad-Koordinatensystem

$${}^W\mathbf{F}_w = \begin{bmatrix} F_{x_w} & F_{y_w} & F_{y_w} \end{bmatrix}^T \tag{9.82}$$

$${}^W\mathbf{M}_w = \begin{bmatrix} M_{x_w} & M_{y_w} & M_{y_w} \end{bmatrix}^T \tag{9.83}$$

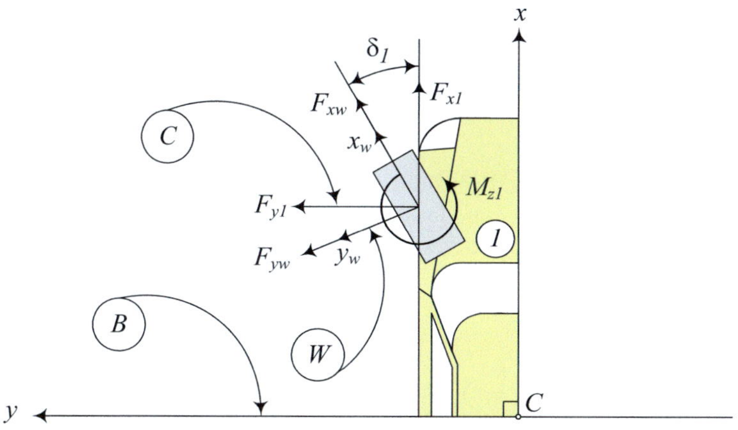

Abb. 9.8 Das Kräftesystem am Reifenabdruck von Reifen Nummer 1

ist, was auf das Kräftesystem am Reifenabdruck zurückzuführen ist:

$$^{T}\mathbf{F}_{w} = \begin{bmatrix} F_{x_{w_i}} & F_{y_{w_i}} & F_{z_{w_i}} \end{bmatrix}^{T} \tag{9.84}$$

$$^{T}\mathbf{M}_{w} = \begin{bmatrix} M_{x_{w_i}} & M_{y_{w_i}} & M_{z_{w_i}} \end{bmatrix}^{T} \tag{9.85}$$

Die Reifenkraft in der x_w-Richtung $F_{x_{w_i}}$ ist eine Kombination aus der Längskraft $F_{x_{w_1}}$, definiert durch (1.130) oder (3.49), und dem Rollwiderstand des Reifens F_{r_1} definiert in (1.99). Die Reifenkraft in der y_w-Richtung, $F_{y_{w_i}}$, ist eine Kombination aus der Querkraft $F_{y_{w_1}}$, definiert durch (1.164) und (1.188), und dem Rollwiderstand des Reifens F_{r_1}, definiert in (1.99). Das Reifenmoment in der z_w-Richtung, $M_{z_{w_i}}$, ist ein Resultat des Ausrichtmoments $M_{z_{w_1}}$, definiert durch (1.167) und (1.195).

Die Rotationsmatrix zwischen dem Rad-Koordinatensystem W und dem körperfesten Koordinatensystem des Rad C parallel zum Fahrzeugkoordinatensystem B ist:

$$^{C}R_{W} = \begin{bmatrix} \cos\delta_1 & -\sin\delta_1 \\ \sin\delta_1 & \cos\delta_1 \end{bmatrix} \tag{9.86}$$

und daher sieht das Kräftesystem am Reifenlatsch des Rades parallel zum Fahrzeugkoordinatensystem folgendermaßen aus:

$$^{C}\mathbf{F}_{w} = {}^{C}R_{W}\,{}^{W}\mathbf{F}_{w} \tag{9.87}$$

$$\begin{aligned} \begin{bmatrix} F_{x_1} \\ F_{y_1} \end{bmatrix} &= \begin{bmatrix} \cos\delta_1 & -\sin\delta_1 \\ \sin\delta_1 & \cos\delta_1 \end{bmatrix} \begin{bmatrix} F_{x_w} \\ F_{y_w} \end{bmatrix} \\ &= \begin{bmatrix} F_{x_w}\cos\delta_1 - F_{y_w}\sin\delta_1 \\ F_{y_w}\cos\delta_1 + F_{x_w}\sin\delta_1 \end{bmatrix} \end{aligned} \tag{9.88}$$

$$^{C}\mathbf{M}_{w} = {}^{C}R_{W}\,{}^{W}\mathbf{M}_{w} \tag{9.89}$$

$$M_{z_1} = M_{z_w} \tag{9.90}$$

Die Transformation des Kräftesystems jedes Reifens in dem körperfesten Koordinatensystem B, der sich im Massenzentrum des Körpers C befindet, erzeugt das gesamte auf das Fahrzeug angewendete Kräftesystem:

$$^{B}\mathbf{F} = \sum_i F_{x_i}\,\hat{\imath} + \sum_i F_{y_i}\,\hat{\jmath} \tag{9.91}$$

$$^{B}\mathbf{M} = \sum_i M_{z_i}\,\hat{k} + \sum_i {}^{B}\mathbf{r}_i \times {}^{B}\mathbf{F}_{w_i} \tag{9.92}$$

wobei $^{B}\mathbf{r}_i$ der Ortsvektor des Rades Nummer i ist.

$$^B\mathbf{r}_i = x_i\hat{\imath} + y_i\hat{\jmath} + z_i\hat{k} \tag{9.93}$$

Die Erweiterung der Gl. (9.91) und (9.92) liefert uns das gesamte ebene Kräftesystem:

$$^BF_x = \sum_i F_{x_w} \cos\delta_i - \sum_i F_{y_w} \sin\delta_i \tag{9.94}$$

$$^BF_y = \sum_i F_{y_w} \cos\delta_i + \sum_i F_{x_w} \sin\delta_i \tag{9.95}$$

$$^BM_z = \sum_i M_{z_i} + \sum_i x_i F_{y_i} - \sum_i y_i F_{x_i} \tag{9.96}$$

■

Beispiel 381 *Unterschied zwischen Reifenlatsch und Radkoordinatensystem.*

Um die Ausrichtung eines Rades und das Kräftesystem auszudrücken, werden drei Koordinatensysteme benötigt: das Radkoordinatensystem W, das körperfeste Koordinatensystem des Rades C und das Reifenkoordinatensystem T. Das Radkoordinatensystem $W(x_w, y_w, z_w)$ ist am Zentrum des Rades befestigt und folgt jeder Bewegung des Rades, außer seiner Drehung. Daher sind die x_w- und z_w-Achsen immer in der Reifenebene, während die y_w-Achse immer auf der Drehachse liegt.

Wir befestigen auch ein körperfestes Koordinatensystem für das Rad $C(x_c, y_c, z_c)$ im Zentrum des Rades parallel und fest in Bezug auf die Fahrzeugkoordinatenachsen $B(x, y, z)$. Das körperfeste Koordinatensystem des Rades C ist unbeweglich in Bezug auf die Fahrzeugkoordinate und folgt keiner Bewegung des Rades. Wenn das Rad aufrecht gerade steht, fällt das W-Koordinatensystem mit dem C-Koordinatensystem zusammen und wird parallel zum Fahrzeugkoordinatensystem. Das W-Koordinatensystem bildet den Lenkwinkel δ und den Sturzwinkel γ in Bezug auf das C-Koordinatensystem.

Das Reifenkoordinatensystem $T(x_t, y_t, z_t)$ wird im Zentrum des Reifenlatsches mit der z_t-Achse senkrecht zum Boden und parallel zur z-Achse eingestellt. Die x_t-Achse verläuft entlang der Schnittlinie der Reifenebene und des Bodens. Das Reifenkoordinatensystem folgt der Lenkwinkelrotation um die z_c-Achse, aber es folgt nicht den Drehbewegungen und Sturzrotationen des Reifens.

Um den Unterschied zwischen dem T- und dem W-Koordinatensystem zu bestimmen, verwenden wir $^T\mathbf{d}_W$, um den T-Ausdruck des Ortsvektors des Koordinatensystemursprungs relativ zum Reifenkoordinatensystemursprung anzuzeigen. Haben wir die Koordinaten eines Punktes P im Radkoordinatensystem, können wir seine Koordinaten im Reifenkoordinatensystem finden durch:

$$^T\mathbf{r}_P = {}^TR_W\, {}^W\mathbf{r}_P + {}^T\mathbf{d}_W \tag{9.97}$$

Wenn $^W\mathbf{r}_P$ den Ortsvektor eines Punktes P im Radkoordinatensystem angibt:

$$^W\mathbf{r}_P = \begin{bmatrix} x_P & y_P & z_P \end{bmatrix}^T \tag{9.98}$$

dann sind die Koordinaten des Punktes P im Reifenkoordinatensystem $^T\mathbf{r}_P$ wie folgt:

$$
\begin{aligned}
{}^{T}\mathbf{r}_P &= {}^{T}R_W\, {}^{W}\mathbf{r}_P + {}^{T}\mathbf{d} = {}^{T}R_W\, {}^{W}\mathbf{r}_P + {}^{T}R_W\, {}_{T}^{W}\mathbf{d}_W \\
&= \begin{bmatrix} x_P \\ y_P \cos\gamma - R_w \sin\gamma - z_P \sin\gamma \\ R_w \cos\gamma + z_P \cos\gamma + y_P \sin\gamma \end{bmatrix}
\end{aligned} \tag{9.99}
$$

weil:

$$
{}^{T}R_W = \begin{bmatrix} 1 & 0 & 0 \\ 0 & \cos\gamma & -\sin\gamma \\ 0 & \sin\gamma & \cos\gamma \end{bmatrix} \qquad {}_{T}^{W}\mathbf{d}_W = \begin{bmatrix} 0 \\ 0 \\ R_w \end{bmatrix} \tag{9.100}
$$

wobei ${}_{T}^{W}\mathbf{d}_W$ *der W-Ausdruck des Ortsvektors des Radkoordinatensystems im Reifenkoordinatensystem ist,* R_w *ist der Radius des Rades, und* ${}^{T}R_W$ *ist die Transformationsmatrix von W zu T.*

Das Zentrum des Rades ${}^{W}\mathbf{r}_P = {}^{W}\mathbf{r}_o = \mathbf{0}$ *ist der Ursprung des Radkoordinatensystem W, der sich bei* ${}^{T}\mathbf{r}_o$ *im Reifenkoordinatensystem T befindet:*

$$
{}^{T}\mathbf{r}_o = {}^{T}\mathbf{d}_W = {}^{T}R_W\, {}_{T}^{W}\mathbf{d}_W = \begin{bmatrix} 0 \\ -R_w \sin\gamma \\ R_w \cos\gamma \end{bmatrix} \tag{9.101}
$$

Wenn der Sturzwinkel null ist, $\gamma = 0$*, dann gilt:*

$$
{}^{T}\mathbf{r}_o = \begin{bmatrix} 0 \\ 0 \\ R_w \end{bmatrix} = {}_{T}^{W}\mathbf{d}_W \qquad \gamma = 0 \tag{9.102}
$$

Wenn das Kräftesystem am Reifenlatsch ${}^{T}\mathbf{F}_w$ *und* ${}^{T}\mathbf{M}_w$ *ist, dann ist das Kräftesystem im W-Koordinatensystem im Zentrum des Rades:*

$$
{}^{W}\mathbf{F}_w = {}^{W}R_T\, {}^{T}\mathbf{F}_w = {}^{T}R_W^T\, {}^{T}\mathbf{F}_w \tag{9.103}
$$

$$
\begin{bmatrix} F_{x_{w_i}} \\ F_{y_{w_i}} \\ F_{z_{w_i}} \end{bmatrix} = \begin{bmatrix} 1 & 0 & 0 \\ 0 & \cos\gamma & -\sin\gamma \\ 0 & \sin\gamma & \cos\gamma \end{bmatrix}^T \begin{bmatrix} F_{x_{w_i}} \\ F_{y_{w_i}} \\ F_{z_{w_i}} \end{bmatrix} \tag{9.104}
$$

$$
\begin{aligned}
{}^{W}\mathbf{M}_w &= {}^{T}R_W^T \left({}^{T}\mathbf{M}_w - {}^{T}\mathbf{r}_o \times {}^{T}\mathbf{F}_w \right) \\
&= \begin{bmatrix} R_w F_{y_{w_i}} \cos\gamma + R_w F_{z_{w_i}} \sin\gamma \\ M_{z_{w_i}} \sin\gamma - R_w F_{x_{w_i}} \\ M_{z_{w_i}} \cos\gamma \end{bmatrix}
\end{aligned} \tag{9.105}
$$

wobei:

$$
{}^{T}\mathbf{r}_{o} = \begin{bmatrix} 0 \\ -R_w \sin\gamma \\ R_w \cos\gamma \end{bmatrix} \qquad {}^{T}\mathbf{M}_{w} = \begin{bmatrix} 0 \\ 0 \\ M_{z_{w_i}} \end{bmatrix} \tag{9.106}
$$

Das Radkräftesystem bei null Sturz $\gamma = 0$ reduziert sich auf:

$$
{}^{W}\mathbf{F}_{w} = \begin{bmatrix} F_{x_{w_i}} \\ F_{y_{w_i}} \cos\gamma + F_{z_{w_i}} \sin\gamma \\ F_{z_{w_i}} \cos\gamma - F_{y_{w_i}} \sin\gamma \end{bmatrix} \qquad {}^{W}\mathbf{M}_{w} = \begin{bmatrix} R_w F_{y_{w_i}} \\ -R_w F_{x_{w_i}} \\ M_{z_{w_i}} \end{bmatrix} \tag{9.107}
$$

9.3.2 Seitenkraft des Reifens

Abb. 9.9*a* veranschaulicht einen Reifen, der entlang des Geschwindigkeitsvektors $\mathbf{v}$ bei einem Schwimmwinkel α bewegt wird. Der Reifen wird durch den Lenkwinkel δ gesteuert. Wenn der Winkel zwischen der Fahrzeug-x-Achse und dem Geschwindigkeitsvektor $\mathbf{v}$ durch β dargestellt wird, dann gilt:

$$
\alpha = \beta - \delta \tag{9.108}
$$

Der Winkel β wird als *Radialschwimmwinkel* bezeichnet, während α der *Reifenschwimmwinkel* ist. Wenn das Wort „Schwimmen" einzeln verwendet wird, bezieht es sich immer auf den Reifenschwimmwinkel α. Die seitliche Kraft, die von einem Reifen erzeugt wird, hängt vom Schwimmwinkel α ab, der proportional zum Schwimmen für kleine α ist:

$$
F_y = -C_\alpha \, \alpha = -C_\alpha (\beta - \delta) \tag{9.109}
$$

Beweis. Ein Radkoordinatensystem $W(x_w, y_w)$ ist am Rad in der Mitte des Rades befestigt, wie in Abb. 9.9*a* gezeigt. Die Ausrichtung des Rad-Koordinatensystems wird in Bezug auf das körperfeste Koordinatensystem des Rades $C(x_c, y_c)$ parallel zum Fahrzeugkoordinatensystem $B(x, y)$, gemessen. Der Winkel zwischen den x- und x_w-Achsen ist der Lenkwinkel des Rades δ, gemessen um die z_w-Achse. Das Rad bewegt sich entlang des Reifengeschwindigkeitsvektors $\mathbf{v}$. Der Winkel zwischen der x_w-Achse und $\mathbf{v}$ ist der *Reifenschlupfwinkel* α, und der Winkel zwischen der Körper x-Achse und $\mathbf{v}$ wird als *Radschlupfwinkel* β bezeichnet. Die Winkel α, β und δ in Abb. 9.9*a* sind positiv. Die Abbildung zeigt, dass

$$
\alpha = \beta - \delta \tag{9.110}
$$

In der Praxis, wenn ein gelenktes Rad vorwärtsbewegt wird, ist die Beziehung zwischen den Winkeln α, β und δ so, dass der Geschwindigkeitsvektor zwischen den x- und x_w-Achsen liegt. Eine praktische Situation ist in Abb. 9.9*b* dargestellt. Ein Lenkwinkel wird die Ausrichtung des Rades um einen Winkel δ drehen. Aufgrund der Flexibilität des Reifens ist jedoch der Geschwindigkeitsvektor des Rades träger als die Ausrichtung und dreht sich um einen Winkel β, wobei $\beta < \delta$.

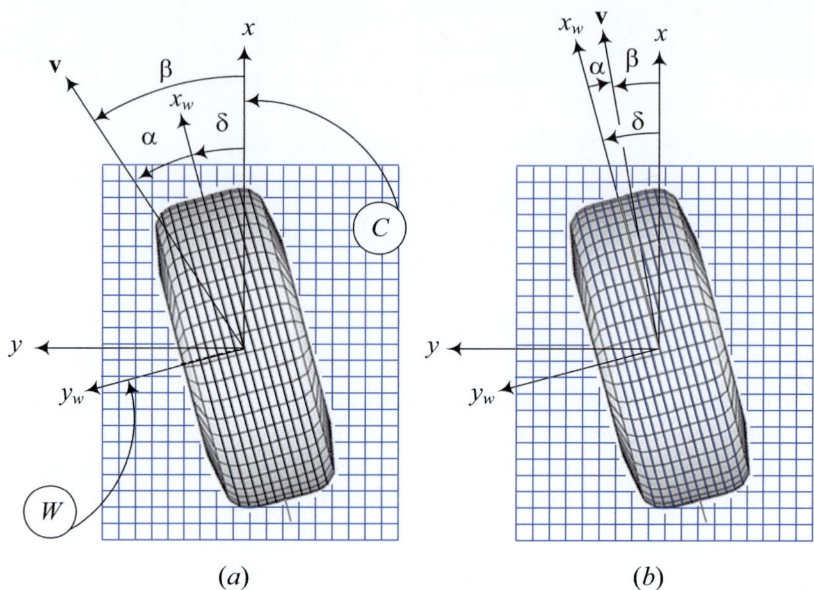

Abb. 9.9 Winkelausrichtung eines sich entlang des Geschwindigkeitsvektors **v** bewegenden Reifens bei einem Schwimmwinkel α und einem Lenkwinkel δ. (*a*) $\alpha > 0$, (*b*) $\alpha < 0$

Als Ergebnis erzeugt ein positiver Lenkwinkel δ einen negativen Schlupfwinkel α. Die Analyse von Abb. 9.9*b* und die Verwendung der Definition für die positive Richtung der Winkel zeigen, dass wir unter einer praktischen Situation die gleiche Beziehung haben (9.108).

Nach (1.165) ist das Vorhandensein eines Schlupfwinkels ausreichend, um eine Querkraft F_y zu erzeugen, die proportional zu α ist, wenn der Winkel klein ist:

$$F_y = -C_\alpha \, \alpha = -C_\alpha (\beta - \delta) \tag{9.111}$$

■

Beispiel 382 *Fälle extremer Geschwindigkeiten eines Rades.*

Betrachten Sie ein Rad, wie es in Abb. 9.9b gezeigt ist, das eine Drehgeschwindigkeit von $\omega \neq 0$ auf einem reibungslosen Boden hat. Daher wäre die Geschwindigkeit des Radzentrums null, **v**$= 0$. *Der Schlupfwinkel eines solchen Rades wäre null, $\alpha = 0$.*

Betrachten Sie nun das Rad, das eine null Drehgeschwindigkeit $\omega = 0$ und eine nicht null translatorische Geschwindigkeit **v**$\neq 0$ *hat. Der Schlupfwinkel eines solchen Rades wäre wie in Abb. 9.9b gezeigt. Der Schlupfwinkel eines Rades ist keine Funktion der Drehgeschwindigkeit eines Rades.*

9.3.3 *Zwei-Rad-Modell und Komponenten der Volumenkraft*

Abb. 9.10 veranschaulicht die Kräfte in der xy-Ebene, die am Radmittelpunkt eines frontgelenkten Vierradfahrzeugs wirken. Wenn wir die Rollbewegung des Fahrzeugs ignorieren, sind die Körper-z- und globalen Z Achsen parallel, und folglich bleibt die xy-Ebene parallel zur Straßen-XY-Ebene. Daher können wir ein *Zwei-Rad-Modell* für das Fahrzeug verwenden. Abb. 9.11 veranschaulicht ein Zwei-Rad-Modell für ein Fahrzeug ohne Rollbewegung. Das Zwei-Rad-Modell wird auch als *Fahrradmodell* bezeichnet, obwohl ein Zwei-Rad-Modell sich nicht ähnlich wie ein traditionelles Fahrrad verhält.

Das auf ein Fahrradmodell eines Fahrzeugs angewendete Kräftesystem, bei dem nur das Vorderrad lenkbar ist und der Lenkwinkel δ als klein angenommen wird, lautet:

$$F_x \approx F_{x_f} + F_{x_r} \tag{9.112}$$

$$F_y \approx F_{y_f} + F_{y_r} \tag{9.113}$$

$$M_z \approx a_1 F_{y_f} - a_2 F_{y_r} \tag{9.114}$$

wobei $\left(F_{x_f}, F_{y_f}\right)$ und $\left(F_{x_r}, F_{y_r}\right)$ die ebenen Kräfte auf dem Reifenlatsch der Vorder- und Hinterreifen sind, und wir betrachten sie am Radmittelpunkt.

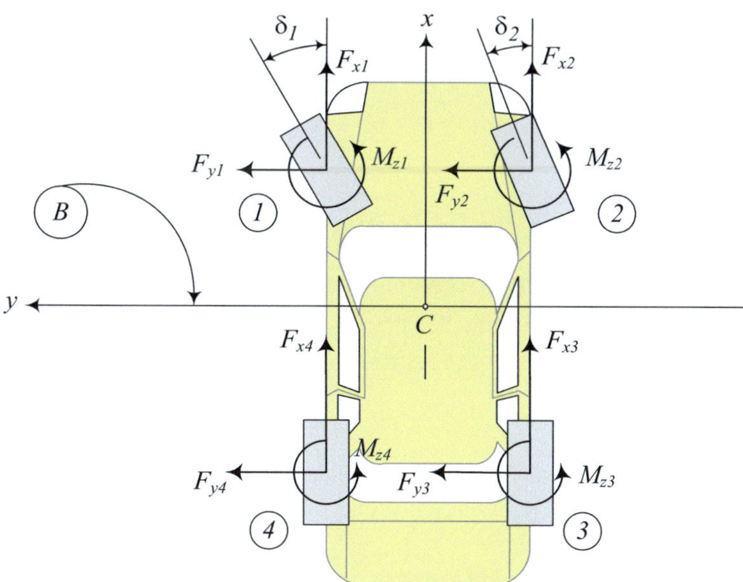

Abb. 9.10 Ein frontgelenktes Vierradfahrzeug und die Kräfte in der xy-Ebene, die am Radmittelpunkt wirken, werden als gleich den Kräften des Reifenlatsches betrachtet

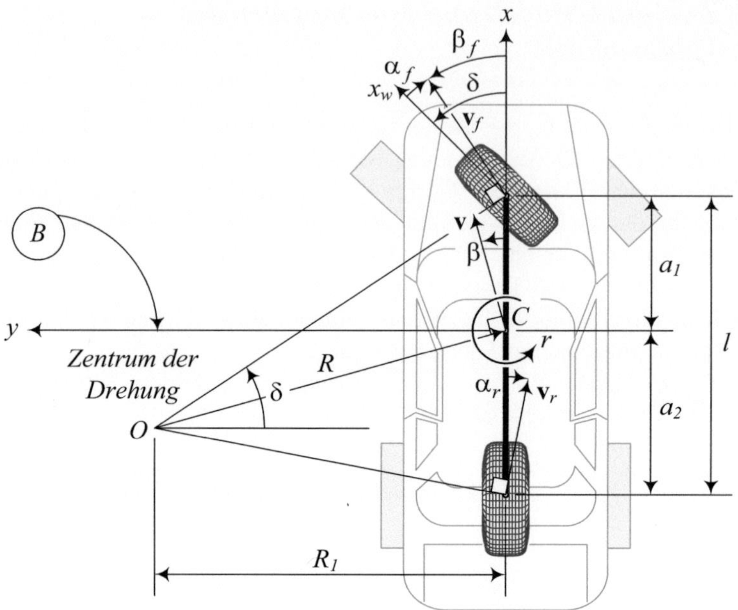

Abb. 9.11 Ein Zwei-Rad-Modell für ein Fahrzeug, das sich ohne Rollbewegung bewegt

Die Seitenkraft F_y und das Moment M_z des Fahrzeugs hängen nur von den Seitenkräften der Vorder- und Hinterreifen F_{y_f} und F_{y_r} ab, die Funktionen der Schwimmwinkel der Reifen α_f und α_r sind. Sie können durch Folgendes approximiert werden:

$$F_y = \left(-\frac{a_1}{v_x} C_{\alpha f} + \frac{a_2}{v_x} C_{\alpha r}\right) r - \left(C_{\alpha f} + C_{\alpha r}\right) \beta + C_{\alpha f} \delta \tag{9.115}$$

$$M_z = \left(-\frac{a_1^2}{v_x} C_{\alpha f} - \frac{a_2^2}{v_x} C_{\alpha r}\right) r - \left(a_1 C_{\alpha f} - a_2 C_{\alpha r}\right) \beta + a_1 C_{\alpha f} \delta \tag{9.116}$$

wo $C_{\alpha f}$ und $C_{\alpha r}$ die Summe der Schwimmwinkelkoeffizienten der linken und rechten Reifen vorne und hinten sind, jeweils.

$$C_{\alpha f} = C_{\alpha f_L} + C_{\alpha f_R} \tag{9.117}$$

$$C_{\alpha r} = C_{\alpha r_L} + C_{\alpha r_R} \tag{9.118}$$

Beweis. Für das Zwei-Rad-Fahrzeug verwenden wir den Cotangens-Durchschnitt (6.4) der äußeren und inneren Lenkwinkel als einzigen Lenkwinkel δ:

$$\cot \delta = \frac{\cot \delta_o + \cot \delta_i}{2} \tag{9.119}$$

Darüber hinaus definieren wir einen einzigen Schwimmwinkelkoeffizienten $C_{\alpha f}$ und $C_{\alpha r}$ gemäß (9.117) und (9.118) für die Vorder- und Hinterreifen.

Unter Verwendung der Gl. (9.79)–(9.81) und unter Ignorierung der ausrichtenden Momente M_{z_i} sind die auf das Zwei-Rad-Fahrzeug angewendeten Kräfte:

$$F_x = F_{x_f} \cos\delta + F_{x_r} - F_{y_f} \sin\delta \tag{9.120}$$

$$F_y = F_{y_f} \cos\delta + F_{y_r} + F_{x_f} \sin\delta \tag{9.121}$$

$$M_z = a_1 F_{y_f} \cos\delta + a_1 F_{x_f} \sin\delta - a_2 F_{y_r} \tag{9.122}$$

Die Kraftgleichungen können durch die folgenden Gleichungen angenähert werden, wenn wir δ als klein annehmen:

$$F_x \approx F_{x_f} + F_{x_r} \tag{9.123}$$

$$F_y \approx F_{y_f} + F_{y_r} \tag{9.124}$$

$$M_z \approx a_1 F_{y_f} - a_2 F_{y_r} \tag{9.125}$$

Nehmen Sie an, das Rad Nummer i eines starren Fahrzeugs befindet sich bei (x_i, y_i) im körperfesten Koordinatensystem. Die Geschwindigkeit des Rades Nummer i ist:

$${}^B\mathbf{v}_i = {}^B\mathbf{v} + {}^B\dot{\boldsymbol{\psi}} \times {}^B\mathbf{r}_i \tag{9.126}$$

in dem ${}^B\mathbf{r}_i$ ist der Ortsvektor des Rades Nummer i ist , ${}^B\mathbf{v}$ der Geschwindigkeitsvektor des Fahrzeugs an seinem Massenzentrum C, und ${}^B\dot{\boldsymbol{\psi}}$ die Giergeschwindigkeit des Fahrzeugs:

$${}^B\dot{\boldsymbol{\psi}} = \omega_z \hat{k} = r\hat{k} \tag{9.127}$$

Die Erweiterung der Gl. (9.126) liefert den folgenden Geschwindigkeitsvektor für das Rad Nummer i ausgedrückt im Fahrzeugkoordinatensystem bei C:

$$\begin{bmatrix} v_{x_i} \\ v_{y_i} \\ 0 \end{bmatrix} = \begin{bmatrix} v_x \\ v_y \\ 0 \end{bmatrix} + \begin{bmatrix} 0 \\ 0 \\ r \end{bmatrix} \times \begin{bmatrix} x_i \\ y_i \\ 0 \end{bmatrix} = \begin{bmatrix} v_x - y_i\, r \\ v_y + x_i\, r \\ 0 \end{bmatrix} \tag{9.128}$$

Der Radschlupf β_i für das Rad i ist der Winkel zwischen der Fahrzeugkörper-x-Achse und dem Radgeschwindigkeitsvektor $\mathbf{v}_i$:

$$\beta_i = \arctan\left(\frac{v_{y_i}}{v_{x_i}}\right) = \arctan\left(\frac{v_y + x_i\, r}{v_x - y_i\, r}\right) \tag{9.129}$$

Wenn das Rad Nummer i einen Lenkwinkel δ_i hat, dann ist sein Reifenschlupfwinkel α_i, der eine seitliche Kraft F_{y_w} auf den Reifen erzeugt:

$$\alpha_i = \beta_i - \delta_i = \arctan\left(\frac{v_y + x_i\, r}{v_x - y_i\, r}\right) - \delta_i \tag{9.130}$$

Die Radschlupfwinkel β_i für die Vorder- und Hinterreifen eines Zwei-Rad-Fahrzeugmodells β_f und β_r sind:

$$\beta_f = \arctan\left(\frac{v_{y_f}}{v_{x_f}}\right) = \arctan\left(\frac{v_y + a_1\, r}{v_x}\right) \tag{9.131}$$

$$\beta_r = \arctan\left(\frac{v_{y_r}}{v_{x_r}}\right) = \arctan\left(\frac{v_y - a_2\, r}{v_x}\right) \tag{9.132}$$

und der Fahrzeugschlupfwinkel β ist:

$$\beta = \arctan\left(\frac{v_y}{v_x}\right) \tag{9.133}$$

Unter der Annahme kleiner Winkel für Rad- und Fahrzeugschlupf β_f, β_r und β, können die Reifenschlupfwinkel für die Vorder- und Hinterreifen α_f und α_r approximiert werden als:

$$\alpha_f = \beta_f - \delta = \frac{1}{v_x}\left(v_y + a_1 r\right) - \delta = \beta + \frac{a_1}{v_x} r - \delta \tag{9.134}$$

$$\alpha_r = \beta_r = \frac{1}{v_x}\left(v_y - a_2 r\right) = \beta - \frac{a_2}{v_x} r \tag{9.135}$$

Für kleine Schlupfwinkel sind die zugehörigen Querkräfte:

$$F_{yf} = -C_{\alpha f}\, \alpha_f \tag{9.136}$$

$$F_{yr} = -C_{\alpha r}\, \alpha_r \tag{9.137}$$

und daher können die zweite und dritte Bewegungsgleichung (9.113) und (9.114) wie folgt geschrieben werden:

$$\begin{aligned} F_y &= F_{yf} + F_{yr} = -C_{\alpha f}\, \alpha_f - C_{\alpha r}\, \alpha_r \\ &= -C_{\alpha f}\left(\beta + \frac{a_1}{v_x} r - \delta\right) - C_{\alpha r}\left(\beta - \frac{a_2}{v_x} r\right) \end{aligned} \tag{9.138}$$

$$\begin{aligned} M_z &= a_1 F_{y_f} - a_2 F_{y_r} = -a_1 C_{\alpha f}\, \alpha_f + a_2 C_{\alpha r}\, \alpha_r \\ &= -a_1 C_{\alpha f}\left(\beta + \frac{a_1}{v_x} r - \delta\right) + a_2 C_{\alpha r}\left(\beta - \frac{a_2}{v_x} r\right) \end{aligned} \tag{9.139}$$

welche umgestellt werden können zu folgendem Kräftesystem:

$$F_y = \left(\frac{a_2}{v_x} C_{\alpha r} - \frac{a_1}{v_x} C_{\alpha f}\right) r - \left(C_{\alpha f} + C_{\alpha r}\right)\beta + C_{\alpha f}\delta \tag{9.140}$$

$$M_z = \left(-\tfrac{a_1^2}{v_x} C_{\alpha f} - \tfrac{a_2^2}{v_x} C_{\alpha r}\right) r + \left(a_2 C_{\alpha r} - a_1 C_{\alpha f}\right) \beta + a_1 C_{\alpha f} \delta \tag{9.141}$$

Die Parameter $C_{\alpha f}$, $C_{\alpha r}$ sind die Schlupfkoeffizienten für die Vorder- und Hinterreifen, r ist die Giergeschwindigkeit, δ ist der Lenkwinkel des Vorderrads, und β ist der Schlupfwinkel des Fahrzeugs.

Diese Gleichungen sind abhängig von den drei Parametern r, β *und* δ und können wie folgt geschrieben werden:

$$\begin{aligned} F_y &= F_y(r, \beta, \delta) = \tfrac{\partial F_y}{\partial r} r + \tfrac{\partial F_y}{\partial \beta} \beta + \tfrac{\partial F_y}{\partial \delta} \delta \\ &= C_r\, r + C_\beta\, \beta + C_\delta\, \delta \end{aligned} \tag{9.142}$$

$$\begin{aligned} M_z &= M_z(r, \beta, \delta) = \tfrac{\partial M_z}{\partial r} r + \tfrac{\partial M_z}{\partial \beta} \beta + \tfrac{\partial M_z}{\partial \delta} \delta \\ &= D_r\, r + D_\beta\, \beta + D_\delta\, \delta \end{aligned} \tag{9.143}$$

wobei die *Koeffizienten des Kräftesystems* lauten:

$$C_r = \tfrac{\partial F_y}{\partial r} = -\tfrac{a_1}{v_x} C_{\alpha f} + \tfrac{a_2}{v_x} C_{\alpha r} \tag{9.144}$$

$$C_\beta = \tfrac{\partial F_y}{\partial \beta} = -C_{\alpha f} - C_{\alpha r} \tag{9.145}$$

$$C_\delta = \tfrac{\partial F_y}{\partial \delta} = C_{\alpha f} \tag{9.146}$$

$$D_r = \tfrac{\partial M_z}{\partial r} = -\tfrac{a_1^2}{v_x} C_{\alpha f} - \tfrac{a_2^2}{v_x} C_{\alpha r} \tag{9.147}$$

$$D_\beta = \tfrac{\partial M_z}{\partial \beta} = a_2 C_{\alpha r} - a_1 C_{\alpha f} \tag{9.148}$$

$$D_\delta = \tfrac{\partial M_z}{\partial \delta} = a_1 C_{\alpha f} \tag{9.149}$$

Die Koeffizienten C_r, C_β, C_δ, D_r, D_β, D_δ sind Steigungen der Kurven für die Querkraft F_y und das Giermoment M_z, jeweils als Funktion von r, β und δ. ▪

Beispiel 383 *Physikalische Bedeutung der Koeffizienten des Kräftesystems*

Unter der Annahme eines stationären Zustands und konstanter Werte für r, β, δ, $C_{\alpha f}$ *und* $C_{\alpha r}$ *können die Querkraft* F_y *und das Giermoment* M_z *als Überlagerung von drei unabhängigen Kräften proportional zu* r, β *und* δ *geschrieben werden:*

$$F_y = C_r\, r + C_\beta\, \beta + C_\delta\, \delta \tag{9.150}$$

$$M_z = D_r\, r + D_\beta\, \beta + D_\delta\, \delta \tag{9.151}$$

C_r zeigt die Proportionalität zwischen der Querkraft F_y und der Giergeschwindigkeit r. Der Wert von C_r verringert sich mit zunehmender Vorwärtsgeschwindigkeit des Fahrzeugs v_x.

C_β zeigt die Proportionalität zwischen der Querkraft F_y und dem Schwimmwinkel des Fahrzeugs β. C_β ist immer negativ und zeigt die Quersteifigkeit des gesamten Fahrzeugs an. C_β wirkt ähnlich wie der Schwimmwinkelkoeffizient der Reifen C_α.

C_δ zeigt die Proportionalität zwischen der Querkraft F_y und dem Lenkwinkel δ. C_δ ist immer positiv und erzeugt eine größere Querkraft durch Erhöhung des Lenkwinkels.

D_r zeigt die Proportionalität zwischen dem Giermoment M_z und der Giergeschwindigkeit r. D_r ist eine negative Zahl und wird als Gierdämpfungskoeffizient bezeichnet, da er proportional zur Winkelgeschwindigkeit in der M_z-Richtung ist. Der Wert von D_r verringert sich mit der Vorwärtsgeschwindigkeit des Fahrzeugs v_x.

D_β zeigt die Proportionalität zwischen dem Giermoment M_z und dem Schwimmwinkel des Fahrzeugs β. D_β zeigt das Unter-/Übersteuerverhalten und daher die Richtungsstabilität eines Fahrzeugs an. Ein negatives D_β versucht, das Fahrzeug mit dem Geschwindigkeitsvektor auszurichten.

D_δ zeigt die Proportionalität zwischen dem Giermoment M_z und dem Lenkwinkel δ. Da δ der Eingabebefehl zur Steuerung des Manövrierens eines Fahrzeugs ist, wird D_δ als Steuermomentkoeffizient bezeichnet. D_δ ist eine positive Zahl und erhöht sich mit a_1 und $C_{\alpha f}$.

Beispiel 384 *Kinematische Lenkung eines Zwei-Rad-Fahrzeugs.*

Für das in Abb. 9.12 dargestellte Zwei-Rad-Fahrzeug verwenden wir den Cotangens-Durchschnitt (6.4) der äußeren und inneren Lenkwinkel als Eingangslenkwinkel:

$$\cot\delta = \frac{\cot\delta_o + \cot\delta_i}{2} \tag{9.152}$$

wobei:

$$\tan\delta_i = \frac{l}{R_1 - \frac{w}{2}} \qquad \tan\delta_o = \frac{l}{R_1 + \frac{w}{2}} \tag{9.153}$$

Der Drehradius R für das Zwei-Rad-Fahrzeug wird durch (6.3) gegeben:

$$R = \sqrt{a_2^2 + l^2\cot^2\delta} \tag{9.154}$$

und wird am Massenmittelpunkt des gelenkten Fahrzeugs gemessen.

Beispiel 385 *Starres Vier-Rad-Fahrzeug.*

Die Kraft auf jedes Rad eines ebenen Modells von Fahrzeugen ist:

$$\mathbf{F}_1 = \begin{bmatrix} F_{x_1}\cos\delta_1 - F_{y_1}\sin\delta_1 \\ F_{x_1}\sin\delta_1 + F_{y_1}\cos\delta_1 \\ 0 \end{bmatrix} \qquad \mathbf{F}_3 = \begin{bmatrix} F_{x_3} \\ F_{y_3} \\ 0 \end{bmatrix} \tag{9.155}$$

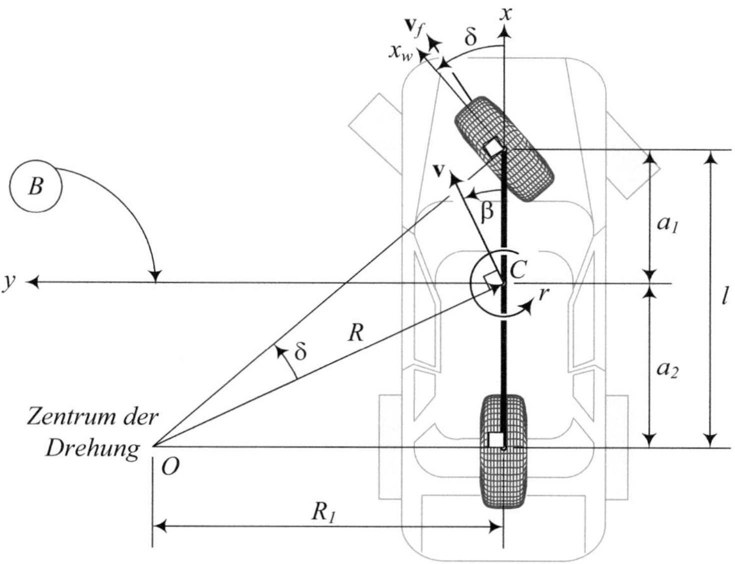

Abb. 9.12 Ein Zwei-Rad-Modell für ein Fahrzeug, das sich ohne Rollbewegung bewegt

$$\mathbf{F}_2 = \begin{bmatrix} F_{x_2}\cos\delta_2 - F_{y_2}\sin\delta_2 \\ F_{x_2}\sin\delta_2 + F_{y_2}\cos\delta_2 \\ 0 \end{bmatrix} \qquad \mathbf{F}_4 = \begin{bmatrix} F_{x_4} \\ F_{y_4} \\ 0 \end{bmatrix} \tag{9.156}$$

Die Ortsvektoren der Räder sind:

$$\mathbf{r}_1 = \begin{bmatrix} a_1 \\ b_1 \\ 0 \end{bmatrix} \qquad \mathbf{r}_3 = \begin{bmatrix} -a_2 \\ b_1 \\ 0 \end{bmatrix} \tag{9.157}$$

$$\mathbf{r}_2 = \begin{bmatrix} a_1 \\ -b_2 \\ 0 \end{bmatrix} \qquad \mathbf{r}_4 = \begin{bmatrix} -a_2 \\ -b_2 \\ 0 \end{bmatrix} \tag{9.158}$$

und daher ist das Kräftesystem auf einem ebenen Modell von Fahrzeugen:

$$\mathbf{F} = \sum \mathbf{F}_i \tag{9.159}$$

$$= \begin{bmatrix} F_{x_1}\cos\delta_1 + F_{x_2}\cos\delta_2 - F_{y_1}\sin\delta_1 - F_{y_2}\sin\delta_2 + F_{x_3} + F_{x_4} \\ F_{y_1}\cos\delta_1 + F_{y_2}\cos\delta_2 + F_{x_1}\sin\delta_1 + F_{x_2}\sin\delta_2 + F_{y_3} + F_{y_4} \\ 0 \end{bmatrix}$$

$$\mathbf{M} = \sum \mathbf{r}_i \times \mathbf{F}_i = \begin{bmatrix} 0 \\ 0 \\ M_z \end{bmatrix} \tag{9.160}$$

$$\begin{aligned} M_z = {} & a_1 F_{y_1} \cos\delta_1 + a_1 F_{y_2} \cos\delta_2 - a_2 F_{y_3} - a_2 F_{y_4} \\ & + b_1 F_{y_1} \sin\delta_1 - b_2 F_{y_2} \sin\delta_2 + b_2 F_{x_2} \cos\delta_2 - b_1 F_{x_1} \cos\delta_1 \\ & + a_1 F_{x_1} \sin\delta_1 + a_1 F_{x_2} \sin\delta_2 + b_2 F_{x_4} - b_1 F_{x_3} \end{aligned} \tag{9.161}$$

Nehmen wir an, ein ebenes dynamisches Modell von Fahrzeugen mit vier Rädern, dessen Gleichungen approximiert werden können durch:

$$F_x \approx F_{x_1} + F_{x_2} + F_{x_3} + F_{x_4} \tag{9.162}$$

$$F_y \approx F_{y_1} + F_{y_2} + F_{y_3} + F_{y_4} \tag{9.163}$$

$$M_z \approx a_1 F_{y_1} + a_1 F_{y_2} - a_2 F_{y_3} - a_2 F_{y_4} \tag{9.164}$$

wobei wir kleine Lenkwinkel angenommen und das Giermoment, das durch unausgeglichene Längskräfte F_{x_i} verursacht wird, ignoriert haben. Wir wissen, dass

$$v_{x_i} = v_x - y_i\, r \qquad v_{y_i} = v_y + x_i\, r \tag{9.165}$$

und mit den Reifenwinkel

$$\beta_i = \arctan\left(\frac{v_{y_i}}{v_{x_i}}\right) = \arctan\left(\frac{v_y + x_i\, r}{v_x - y_i\, r}\right) \tag{9.166}$$

$$\alpha_i = \beta_i - \delta_i = \arctan\left(\frac{v_y + x_i\, r}{v_x - y_i\, r}\right) - \delta_i \tag{9.167}$$

finden wir, dass

$$\beta_1 = \arctan\left(\frac{v_{y1}}{v_{x_1}}\right) = \arctan\left(\frac{v_y + a_1\, r}{v_x - b_1\, r}\right) \tag{9.168}$$

$$\beta_2 = \arctan\left(\frac{v_{y2}}{v_{x_2}}\right) = \arctan\left(\frac{v_y + a_1\, r}{v_x + b_2\, r}\right) \tag{9.169}$$

$$\beta_3 = \arctan\left(\frac{v_{y3}}{v_{x_3}}\right) = \arctan\left(\frac{v_y - a_2\, r}{v_x + b_2\, r}\right) \tag{9.170}$$

$$\beta_4 = \arctan\left(\frac{v_{y4}}{v_{x_4}}\right) = \arctan\left(\frac{v_y - a_2\, r}{v_x - b_1\, r}\right) \tag{9.171}$$

Unter Verwendung des Fahrzeug-Schwimmwinkels $\beta = \arctan\left(v_y/v_x\right)$ und unter der Annahme kleiner Winkel für β_f, β_r und β, sind die Reifen-Schwimmwinkel:

$$\alpha_1 = \beta_1 - \delta_1 = \frac{v_y + a_1\, r}{v_x - b_1\, r} - \delta_1 = \frac{\beta + \dfrac{a_1}{v_x} r}{1 - \dfrac{b_1}{v_x} r} - \delta_1 \tag{9.172}$$

$$\alpha_2 = \beta_2 - \delta_2 = \frac{v_y + a_1 r}{v_x + b_2 r} - \delta_2 = \frac{\beta + \frac{a_1}{v_x} r}{1 + \frac{b_2}{v_x} r} - \delta_2 \tag{9.173}$$

$$\alpha_3 = \beta_3 = \frac{v_y - a_2 r}{v_x + b_2 r} = \frac{\beta - \frac{a_2}{v_x} r}{1 + \frac{b_2}{v_x} r} \tag{9.174}$$

$$\alpha_4 = \beta_4 = \frac{v_y - a_2 r}{v_x - b_1 r} = \frac{\beta - \frac{a_2}{v_x} r}{1 - \frac{b_1}{v_x} r} \tag{9.175}$$

Die Querkräfte als Modellierung:

$$F_{y_i} = -C_{\alpha_i}\, \alpha_i \tag{9.176}$$

und unter der Annahme, dass die linken und rechten Räder die gleichen Querdrift-koeffizienten haben:

$$C_{\alpha_1} = C_{\alpha_2} \qquad C_{\alpha_3} = C_{\alpha_4} \tag{9.177}$$

finden wir die zweite und dritte Bewegungsgleichung wie folgt:

$$\begin{aligned} F_y &= F_{y_1} + F_{y_2} + F_{y_3} + F_{y_4} = -C_{\alpha_1}\alpha_1 - C_{\alpha_1}\alpha_2 - C_{\alpha_4}\alpha_3 - C_{\alpha_4}\alpha_4 \\ &= -C_{\alpha_1}\left(\frac{\beta + \frac{a_1}{v_x} r}{1 - \frac{b_1}{v_x} r} - \delta_1\right) - C_{\alpha_1}\left(\frac{\beta + \frac{a_1}{v_x} r}{1 + \frac{b_2}{v_x} r} - \delta_2\right) \\ &\quad - C_{\alpha_4}\frac{\beta - \frac{a_2}{v_x} r}{1 + \frac{b_2}{v_x} r} - C_{\alpha_4}\frac{\beta - \frac{a_2}{v_x} r}{1 - \frac{b_1}{v_x} r} \end{aligned} \tag{9.178}$$

$$\begin{aligned} M_z &= a_1 F_{y_1} + a_1 F_{y_2} - a_2 F_{y_3} - a_2 F_{y_4} \\ &= -a_1 C_{\alpha_1}\alpha_1 - a_1 C_{\alpha_1}\alpha_2 + a_2 C_{\alpha_4}\alpha_3 + a_2 C_{\alpha_4}\alpha_4 \\ &= -a_1 C_{\alpha_1}\left(\frac{\beta + \frac{a_1}{v_x} r}{1 - \frac{b_1}{v_x} r} - \delta_1\right) - a_1 C_{\alpha_1}\left(\frac{\beta + \frac{a_1}{v_x} r}{1 + \frac{b_2}{v_x} r} - \delta_2\right) \\ &\quad + a_2 C_{\alpha_4}\frac{\beta - \frac{a_2}{v_x} r}{1 + \frac{b_2}{v_x} r} + a_2 C_{\alpha_4}\frac{\beta - \frac{a_2}{v_x} r}{1 - \frac{b_1}{v_x} r} \end{aligned} \tag{9.179}$$

Diese Gleichungen sind nichtlinear und können daher nicht auf das Fahrradmodell angewendet werden.

Beispiel 386 *Linearisierte Gleichungen eines starren Fahrzeugs mit vier Rädern.*

Unter Verwendung der Taylorreihenentwicklung einer Funktion mit zwei Variablen: $f(\beta, r)$

$$df = \frac{\partial f}{\partial \beta}\beta + \frac{\partial f}{\partial r}r + \frac{1}{2}\frac{\partial^2 f}{\partial \beta^2}\beta^2 + \frac{1}{2}\frac{\partial^2 f}{\partial \beta \partial r}\beta r + \frac{1}{2}\frac{\partial^2 f}{\partial r \partial \beta}r\beta + \frac{1}{2}\frac{\partial^2 f}{\partial r^2}r^2 + \cdots \tag{9.180}$$

haben wir

$$\frac{\beta + \frac{a_1}{v_x}r}{1 - \frac{b_1}{v_x}r} \approx \beta + \frac{a_1}{v_x}r \qquad \frac{\beta + \frac{a_1}{v_x}r}{1 + \frac{b_2}{v_x}r} \approx \beta + \frac{a_1}{v_x}r \tag{9.181}$$

$$\frac{\beta - \frac{a_2}{v_x}r}{1 + \frac{b_2}{v_x}r} \approx \beta - \frac{a_2}{v_x}r \qquad \frac{\beta - \frac{a_2}{v_x}r}{1 - \frac{b_1}{v_x}r} \approx \beta - \frac{a_2}{v_x}r \tag{9.182}$$

und daher werden die Gl. (9.178) *und* (9.179) *zu:*

$$\begin{aligned} F_y = &- C_{\alpha_1}\left(\beta + \frac{a_1}{v_x}r - \delta_1\right) - C_{\alpha_1}\left(\beta + \frac{a_1}{v_x}r - \delta_2\right) \\ &- C_{\alpha_4}\left(\beta - \frac{a_2}{v_x}r\right) - C_{\alpha_4}\left(\beta - \frac{a_2}{v_x}r\right) \end{aligned} \tag{9.183}$$

$$\begin{aligned} M_z = &- a_1 C_{\alpha_1}\left(\beta + \frac{a_1}{v_x}r - \delta_1\right) - a_1 C_{\alpha_1}\left(\beta + \frac{a_1}{v_x}r - \delta_2\right) \\ &+ a_2 C_{\alpha_4}\left(\beta - \frac{a_2}{v_x}r\right) + a_2 C_{\alpha_4}\left(\beta - \frac{a_2}{v_x}r\right) \end{aligned} \tag{9.184}$$

Umgestellt auf das Kräftesystem ergibt sich:

$$\begin{aligned} F_y = &\, 2\left(\frac{a_2}{v_x}C_{\alpha_4} - \frac{a_1}{v_x}C_{\alpha_1}\right)r - 2\left(C_{\alpha_1} + C_{\alpha_3}\right)\beta \\ &+ C_{\alpha_1}(\delta_1 + \delta_2) \end{aligned} \tag{9.185}$$

$$\begin{aligned} M_z = &- 2\left(\frac{a_1^2}{v_x}C_{\alpha_1} + \frac{a_2^2}{v_x}C_{\alpha_4}\right)r + 2\left(a_2 C_{\alpha_4} - a_1 C_{\alpha_1}\right)\beta \\ &+ a_1 C_{\alpha_1}(\delta_1 + \delta_2) \end{aligned} \tag{9.186}$$

Diese Gleichungen sind vergleichbar mit (9.115) *und* (9.116).

Diese Analyse zeigt, dass die Annahme des Fahrradmodells von Fahrzeugen gleichbedeutend ist mit der Annahme einer linearisierten Gleichung von α_i als Funktion von r und β.

9.4 Dynamik eines starren Fahrzeugs mit zwei Rädern

Wir kombinieren die ebenen Bewegungsgleichungen (9.22)–(9.24) mit den Ausdrücken (9.112)–(9.114) für die Kräfte, um die Bewegung eines starren Zwei-Rad-Fahrzeugs ohne Rollen durch den folgenden Satz von Gleichungen auszudrücken:

$$\dot{v}_x = \frac{1}{m}F_x + r\,v_y = \frac{1}{m}\left(F_{x_f} + F_{x_r}\right) + r\,v_y \tag{9.187}$$

$$\begin{aligned}
\begin{bmatrix} \dot{v}_y \\ \dot{r} \end{bmatrix} &= \begin{bmatrix} \dfrac{C_\beta}{m v_x} & \dfrac{C_r}{m} - v_x \\ \dfrac{D_\beta}{I_z v_x} & \dfrac{D_r}{I_z} \end{bmatrix} \begin{bmatrix} v_y \\ r \end{bmatrix} + \begin{bmatrix} \dfrac{C_\delta}{m} \\ \dfrac{D_\delta}{I_z} \end{bmatrix} \delta \\
&= \begin{bmatrix} -\dfrac{C_{\alpha f} + C_{\alpha r}}{m v_x} & \dfrac{-a_1 C_{\alpha f} + a_2 C_{\alpha r}}{m v_x} - v_x \\ -\dfrac{a_1 C_{\alpha f} - a_2 C_{\alpha r}}{I_z v_x} & -\dfrac{a_1^2 C_{\alpha f} + a_2^2 C_{\alpha r}}{I_z v_x} \end{bmatrix} \begin{bmatrix} v_y \\ r \end{bmatrix} \\
&\quad + \begin{bmatrix} \dfrac{C_{\alpha f}}{m} \\ \dfrac{a_1 C_{\alpha f}}{I_z} \end{bmatrix} \delta
\end{aligned} \tag{9.188}$$

Dieses Gleichungssystem ist linear, wenn ein Fahrzeug mit konstanter Vorwärtsgeschwindigkeit fährt. Mit $\dot{v}_x = 0$ wird das System von Gl. (9.188) unabhängig von der ersten Gl. (9.187). Dann ändern sich die Quergeschwindigkeit v_y und die Giergeschwindigkeit r des Fahrzeugs gemäß den beiden gekoppelten Gl. (9.188).

Angenommen, der Lenkwinkel δ ist der Steuerbefehl, dann können die Quergeschwindigkeit v_y und die Giergeschwindigkeit r als Ergebnis angenommen werden. Daher können wir Gl. (9.188) als lineares Steuerungssystem betrachten, um sie als

$$\dot{\mathbf{q}} = [A]\mathbf{q} + \mathbf{u} \tag{9.189}$$

zu schreiben, in dem $[A]$ eine Koeffizientenmatrix ist, $\mathbf{q}$ ist der Vektor der Steuervariablen und $\mathbf{u}$ der Vektor der Eingaben.

$$[A] = \begin{bmatrix} -\dfrac{C_{\alpha f} + C_{\alpha r}}{m v_x} & \dfrac{-a_1 C_{\alpha f} + a_2 C_{\alpha r}}{m v_x} - v_x \\ -\dfrac{a_1 C_{\alpha f} - a_2 C_{\alpha r}}{I_z v_x} & -\dfrac{a_1^2 C_{\alpha f} + a_2^2 C_{\alpha r}}{I_z v_x} \end{bmatrix} \tag{9.190}$$

$$\mathbf{q} = \begin{bmatrix} v_y \\ r \end{bmatrix} \tag{9.191}$$

$$\mathbf{u} = \begin{bmatrix} \dfrac{C_{\alpha f}}{m} \\ \dfrac{a_1 C_{\alpha f}}{I_z} \end{bmatrix} \delta \tag{9.192}$$

Beweis. Die Newton-Euler-Bewegungsgleichungen für ein starres Fahrzeug im lokalen Koordinatensystem B, das am Massenmittelpunkt C des Fahrzeugs angebracht ist, sind in den Gl. (9.22)–(9.24) gegeben durch:

$$F_x = m\,\dot{v}_x - mr\,v_y \tag{9.193}$$

$$F_y = m\,\dot{v}_y + mr\,v_x \tag{9.194}$$

$$M_z = \dot{r}\,I_z \tag{9.195}$$

Das angenäherte Kräftesystem, das auf ein starres Zwei-Rad-Fahrzeug angewendet wird, findet sich in den Gl. (9.112)–(9.114):

$$F_x \approx F_{x_f} + F_{x_r} \tag{9.196}$$

$$F_y \approx F_{y_f} + F_{y_r} \tag{9.197}$$

$$M_z \approx a_1 F_{y_f} - a_2 F_{y_r} \tag{9.198}$$

und in Bezug auf Reifeneigenschaften, in (9.115) und (9.116):

$$F_x = \frac{T_w}{R_w} \tag{9.199}$$

$$\begin{aligned} F_y &= \left(-\tfrac{a_1}{v_x} C_{\alpha f} + \tfrac{a_2}{v_x} C_{\alpha r}\right) r - \left(C_{\alpha f} + C_{\alpha r}\right)\beta + C_{\alpha f}\delta \\ &= C_r\, r + C_\beta\, \beta + C_\delta\, \delta \end{aligned} \tag{9.200}$$

$$\begin{aligned} M_z &= \left(-\tfrac{a_1^2}{v_x} C_{\alpha f} - \tfrac{a_2^2}{v_x} C_{\alpha r}\right) r - \left(a_1 C_{\alpha f} - a_2 C_{\alpha r}\right)\beta + a_1 C_{\alpha f}\delta \\ &= D_r\, r + D_\beta\, \beta + D_\delta\, \delta \end{aligned} \tag{9.201}$$

Das Einsetzen von (9.199)–(9.201) in (9.193)–(9.195) ergibt die folgenden Bewegungsgleichungen:

$$m\,\dot{v}_x - mr\,v_y = F_x \tag{9.202}$$

$$m\,\dot{v}_y + mr\,v_x = C_r\, r + C_\beta\, \beta + C_\delta\, \delta \tag{9.203}$$

$$\dot{r}\,I_z = D_r\, r + D_\beta\, \beta + D_\delta\, \delta \tag{9.204}$$

Das Lösen der Gleichungen für $\dot{v}_x$, $\dot{v}_y$, und $\dot{r}$ ergibt:

$$\dot{v}_x = \frac{F_x}{m} + r\,v_y \tag{9.205}$$

$$\begin{aligned}\dot{v}_y &= \tfrac{1}{m}\big(C_r\,r + C_\beta\,\beta + C_\delta\,\delta\big) - r\,v_x \\ &= \tfrac{1}{m}\Big(-\tfrac{a_1}{v_x}C_{\alpha f} + \tfrac{a_2}{v_x}C_{\alpha r}\Big)r \\ &\quad - \tfrac{1}{m}\big(C_{\alpha f} + C_{\alpha r}\big)\beta + \tfrac{1}{m}C_{\alpha f}\delta - r\,v_x\end{aligned} \tag{9.206}$$

$$\begin{aligned}\dot{r} &= \tfrac{1}{I_z}\big(D_r\,r + D_\beta\,\beta + D_\delta\,\delta\big) \\ &= \tfrac{1}{I_z}\Big(-\tfrac{a_1^2}{v_x}C_{\alpha f} - \tfrac{a_2^2}{v_x}C_{\alpha r}\Big)r \\ &\quad - \tfrac{1}{I_z}\big(a_1 C_{\alpha f} - a_2 C_{\alpha r}\big)\beta + \tfrac{1}{I_z}a_1 C_{\alpha f}\delta\end{aligned} \tag{9.207}$$

Der Schwimmwinkel des Fahrzeugs β kann durch die Geschwindigkeitskomponenten des Fahrzeugs ersetzt werden:

$$\beta = \frac{v_y}{v_x} \tag{9.208}$$

Daher können wir die Bewegungsgleichungen in Bezug auf die drei Variablen v_x, v_y, r finden:

$$\dot{v}_x = \frac{F_x}{m} + r\,v_y \tag{9.209}$$

$$\begin{aligned}\dot{v}_y &= \tfrac{1}{m}\left(C_r\,r + \frac{C_\beta}{v_x}\,v_y + C_\delta\,\delta\right) - r\,v_x \\ &= \tfrac{1}{m v_x}\big(-a_1 C_{\alpha f} + a_2 C_{\alpha r}\big)r \\ &\quad - \tfrac{1}{m v_x}\big(C_{\alpha f} + C_{\alpha r}\big)v_y + \tfrac{1}{m}C_{\alpha f}\delta - r\,v_x\end{aligned} \tag{9.210}$$

$$\begin{aligned}\dot{r} &= \tfrac{1}{I_z}\left(D_r\,r + \frac{D_\beta}{v_x}\,v_y + D_\delta\,\delta\right) \\ &= \tfrac{1}{I_z v_x}\big(-a_1^2 C_{\alpha f} - a_2^2 C_{\alpha r}\big)r \\ &\quad - \tfrac{1}{I_z v_x}\big(a_1 C_{\alpha f} - a_2 C_{\alpha r}\big)v_y + \tfrac{1}{I_z}a_1 C_{\alpha f}\delta\end{aligned} \tag{9.211}$$

Diese Gleichungen sind gekoppelt. Die erste Gl. (9.209) hängt von der Giergeschwindigkeit r und der Quergeschwindigkeit v_y ab, die das Ergebnis der zweiten und dritten Gleichungen (9.210) und (9.211) sind. Auch die Gl. (9.210) und (9.211) hängen von v_x ab, das das Ergebnis der ersten Gleichung ist. Wenn wir jedoch annehmen, dass das Fahrzeug mit einer konstanten Vorwärtsgeschwindigkeit fährt:

$$v_x = const \tag{9.212}$$

dann wird die Gl. (9.209) zu einer algebraischen Gleichung, und dann werden die Gl. (9.210) und (9.211) unabhängig von (9.209). Daher können die zweite und dritte Gleichung unabhängig von der ersten behandelt werden.

Die Gl. (9.210) und (9.211) können auch als zwei gekoppelte Differentialgleichungen betrachtet werden, die das Verhalten eines dynamischen Systems beschreiben. Das dynamische System erhält den Lenkwinkel δ als Eingabe und verwendet v_x als Parameter, um zwei Ergebnisse zu erzeugen, v_y und r:

$$\begin{aligned}\begin{bmatrix}\dot{v}_y \\ \dot{r}\end{bmatrix} &= \begin{bmatrix} -\dfrac{C_{\alpha f} + C_{\alpha r}}{m v_x} & \dfrac{-a_1 C_{\alpha f} + a_2 C_{\alpha r}}{m v_x} - v_x \\ -\dfrac{a_1 C_{\alpha f} - a_2 C_{\alpha r}}{I_z v_x} & -\dfrac{a_1^2 C_{\alpha f} + a_2^2 C_{\alpha r}}{I_z v_x}\end{bmatrix}\begin{bmatrix}v_y \\ r\end{bmatrix} \\ &+ \begin{bmatrix}\dfrac{C_{\alpha f}}{m} \\ \dfrac{a_1 C_{\alpha f}}{I_z}\end{bmatrix}\delta\end{aligned} \tag{9.213}$$

Wir können die Gl. (9.213) in der folgenden Form umstellen, um die Eingabe-Ergebnis-Beziehung zu zeigen:

$$\dot{\mathbf{q}} = [A]\mathbf{q} + \mathbf{u} \tag{9.214}$$

Der Vektor **q** wird als *Steuervariablenvektor* bezeichnet, und **u** wird als *Eingabevektor* bezeichnet. Die Matrix $[A]$ ist die Matrix der Koeffizienten der Steuervariablen.

Unter Verwendung der Kräftesystemkoeffizienten C_r, C_β, C_δ, D_r, D_β und D_δ aus (9.144)–(9.149) für ein Fahrzeug mit Vorderradlenkung können wir die Gleichungsgruppe (9.213) als

$$\begin{bmatrix}\dot{v}_y \\ \dot{r}\end{bmatrix} = \begin{bmatrix}\dfrac{C_\beta}{m v_x} & \dfrac{C_r}{m} - v_x \\ \dfrac{D_\beta}{I_z v_x} & \dfrac{D_r}{I_z}\end{bmatrix}\begin{bmatrix}v_y \\ r\end{bmatrix} + \begin{bmatrix}\dfrac{C_\delta}{m} \\ \dfrac{D_\delta}{I_z}\end{bmatrix}\delta \tag{9.215}$$

schreiben. ▪

Beispiel 387 *Bewegungsgleichungen basierend auf kinematischen Winkeln.*

Die Bewegungsgleichungen (9.188) können nur auf Basis der Winkel β, r und δ ausgedrückt werden, indem (9.208) verwendet wird.

Wir leiten Gl. (9.208) nach der Zeit ab, für konstantes v_x

$$\dot{\beta} = \frac{\dot{v}_y}{v_x} \tag{9.216}$$

und ersetzen dies es in den Gl. (9.206), dies zeigt, dass wir die Gleichung für $\dot{\beta}$ umformen können in:

$$
\begin{aligned}
v_x\dot{\beta} &= \frac{1}{m}\left(-\frac{a_1}{v_x}C_{\alpha f} + \frac{a_2}{v_x}C_{\alpha r}\right)r \\
&\quad - \frac{1}{m}\left(C_{\alpha f} + C_{\alpha r}\right)\beta + \frac{1}{m}C_{\alpha f}\delta - r\,v_x
\end{aligned}
\tag{9.217}
$$

Daher kann die Gruppe der Bewegungsgleichungen in Bezug auf die Winkelvariablen β, r und δ des Fahrzeugs ausgedrückt werden:

$$
\begin{aligned}
\begin{bmatrix} \dot{\beta} \\ \dot{r} \end{bmatrix} &= \begin{bmatrix} -\dfrac{C_{\alpha f} + C_{\alpha r}}{mv_x} & \dfrac{-a_1 C_{\alpha f} + a_2 C_{\alpha r}}{mv_x^2} - 1 \\ -\dfrac{a_1 C_{\alpha f} - a_2 C_{\alpha r}}{I_z} & -\dfrac{a_1^2 C_{\alpha f} + a_2^2 C_{\alpha r}}{I_z v_x} \end{bmatrix} \begin{bmatrix} \beta \\ r \end{bmatrix} \\
&\quad + \begin{bmatrix} \dfrac{C_{\alpha f}}{mv_x} \\ \dfrac{a_1 C_{\alpha f}}{I_z} \end{bmatrix} \delta
\end{aligned}
\tag{9.218}
$$

Unter Verwendung der Kräftesystemkoeffizienten C_r, C_β, C_δ, D_r, D_β und D_δ für ein Fahrzeug mit Vorderradlenkung können wir die Gleichungsgruppe (9.218) schreiben als:

$$
\begin{bmatrix} \dot{\beta} \\ \dot{r} \end{bmatrix} = \begin{bmatrix} \dfrac{C_\beta}{mv_x} & \dfrac{C_r}{mv_x} - 1 \\ \dfrac{D_\beta}{I_z} & \dfrac{D_r}{I_z} \end{bmatrix} \begin{bmatrix} \beta \\ r \end{bmatrix} + \begin{bmatrix} \dfrac{C_\delta}{mv_x} \\ \dfrac{D_\delta}{I_z} \end{bmatrix} \delta
\tag{9.219}
$$

Beispiel 388 *Fahrzeuge mit Allradlenkung.*

Betrachten Sie ein Fahrzeug mit lenkbaren Rädern vorne und hinten. Lassen Sie uns den Lenkwinkel vorne und hinten durch δ_f und δ_r bezeichnen. Um die Bewegungsgleichungen des ebenen Fahrradmodells zu finden, beginnen wir mit Gl. (9.108) für die Beziehung zwischen α, β und δ:

$$
\alpha = \beta - \delta \tag{9.220}
$$

und wenden die Gleichung auf die Vorder- und Hinterräder an:

$$
\alpha_f = \beta_f - \delta_f = \tfrac{1}{v_x}\left(v_y + a_1 r\right) - \delta_f = \beta + \tfrac{a_1 r}{v_x} - \delta_f \tag{9.221}
$$

$$
\alpha_r = \beta_r - \delta_r = \tfrac{1}{v_x}\left(v_y - a_2 r\right) - \delta_r = \beta - \tfrac{a_2 r}{v_x} - \delta_r \tag{9.222}
$$

Wenn die Schwimmwinkel klein sind, sind die damit verbundenen Seitenkräfte:

$$
F_{yf} = -C_{\alpha f}\,\alpha_f \qquad F_{yr} = -C_{\alpha r}\,\alpha_r \tag{9.223}
$$

Setzen Sie diese Gleichungen in die zweite und dritte Bewegungsgleichung (9.113) und (9.114) ein, dann ergibt sich:

$$\begin{aligned} F_y = F_{yf} + F_{yr} = &\left(-\tfrac{a_1}{v_x}C_{\alpha f} + \tfrac{a_2}{v_x}C_{\alpha r}\right)r \\ &-\left(C_{\alpha f} + C_{\alpha r}\right)\beta + C_{\alpha f}\delta_f + C_{\alpha r}\delta_r \end{aligned} \tag{9.224}$$

$$\begin{aligned} M_z = a_1 F_{yf} - a_2 F_{y_r} = &\left(-\tfrac{a_1^2}{v_x}C_{\alpha f} - \tfrac{a_2^2}{v_x}C_{\alpha r}\right)r \\ &-\left(a_1 C_{\alpha f} - a_2 C_{\alpha r}\right)\beta + a_1 C_{\alpha f}\delta_f - a_2 C_{\alpha r}\delta_r \end{aligned} \tag{9.225}$$

Die Newton-Euler-Bewegungsgleichungen für ein starres Fahrzeug sind in den Gl. (9.22)–(9.24) wie folgt dargestellt:

$$F_x = m\dot{v}_x - mr\,v_y \tag{9.226}$$

$$F_y = m\dot{v}_y + mr\,v_x \tag{9.227}$$

$$M_z = \dot{r}\,I_z \tag{9.228}$$

und daher sind die Bewegungsgleichungen für ein Fahrzeug mit Allradlenkung:

$$m\dot{v}_x - mr\,v_y = F_x \tag{9.229}$$

$$\begin{aligned} m\dot{v}_y + mr\,v_x = &\left(-\tfrac{a_1}{v_x}C_{\alpha f} + \tfrac{a_2}{v_x}C_{\alpha r}\right)r \\ &-\left(C_{\alpha f} + C_{\alpha r}\right)\beta + C_{\alpha f}\delta_f + C_{\alpha r}\delta_r \end{aligned} \tag{9.230}$$

$$\begin{aligned} \dot{r}\,I_z = &\left(-\tfrac{a_1^2}{v_x}C_{\alpha f} - \tfrac{a_2^2}{v_x}C_{\alpha r}\right)r \\ &-\left(a_1 C_{\alpha f} - a_2 C_{\alpha r}\right)\beta + a_1 C_{\alpha f}\delta_f - a_2 C_{\alpha r}\delta_r \end{aligned} \tag{9.231}$$

Diese Gleichungen für $\dot{v}_x$, $\dot{v}_y$, und $\dot{r}$ liefern uns drei gekoppelte Gleichungen erster Ordnung:

$$\dot{v}_x = \frac{F_x}{m} + r\,v_y \tag{9.232}$$

$$\begin{aligned} \dot{v}_y = &\tfrac{1}{m}\left(-\tfrac{a_1}{v_x}C_{\alpha f} + \tfrac{a_2}{v_x}C_{\alpha r}\right)r \\ &-\tfrac{1}{m}\left(C_{\alpha f} + C_{\alpha r}\right)\beta + \tfrac{1}{m}C_{\alpha f}\delta_f + \tfrac{1}{m}C_{\alpha r}\delta_r - r\,v_x \end{aligned} \tag{9.233}$$

$$\begin{aligned} \dot{r} = &\tfrac{1}{I_z}\left(-\tfrac{a_1^2}{v_x}C_{\alpha f} - \tfrac{a_2^2}{v_x}C_{\alpha r}\right)r \\ &-\tfrac{1}{I_z}\left(a_1 C_{\alpha f} - a_2 C_{\alpha r}\right)\beta + \tfrac{1}{I_z}a_1 C_{\alpha f}\delta_f - \tfrac{1}{I_z}a_2 C_{\alpha r}\delta_r \end{aligned} \tag{9.234}$$

Die drei Variablen v_x, v_y, β stehen über den Schwimmwinkel des Fahrzeugs in folgender Beziehung:

$$\beta = \frac{v_y}{v_x} \tag{9.235}$$

Mit dieser Beziehung können wir β durch v_y/v_x ersetzen und die Gleichungen in das folgende System von drei gekoppelten gewöhnlichen Differentialgleichungen erster Ordnung umwandeln:

$$\dot{v}_x = \frac{F_x}{m} + r\,v_y \tag{9.236}$$

$$\begin{aligned}\dot{v}_y = {} & \tfrac{1}{mv_x}\left(-a_1 C_{\alpha f} + a_2 C_{\alpha r}\right) r \\ & - \tfrac{1}{mv_x}\left(C_{\alpha f} + C_{\alpha r}\right) v_y + \tfrac{1}{m} C_{\alpha f}\delta_f + \tfrac{1}{m} C_{\alpha r}\delta_r - r\,v_x\end{aligned} \tag{9.237}$$

$$\begin{aligned}\dot{r} = {} & \tfrac{1}{I_z v_x}\left(-a_1^2 C_{\alpha f} - a_2^2 C_{\alpha r}\right) r \\ & - \tfrac{1}{I_z v_x}\left(a_1 C_{\alpha f} - a_2 C_{\alpha r}\right) v_y + \tfrac{1}{I_z} a_1 C_{\alpha f}\delta_f - \tfrac{1}{I_z} a_2 C_{\alpha r}\delta_r\end{aligned} \tag{9.238}$$

Die zweite und dritte Gleichung können in eine Matrixform für $\begin{bmatrix} v_y & r \end{bmatrix}^T$ umschreiben:

$$\begin{aligned}\begin{bmatrix} \dot{v}_y \\ \dot{r} \end{bmatrix} = {} & \begin{bmatrix} -\dfrac{C_{\alpha f} + C_{\alpha r}}{mv_x} & \dfrac{-a_1 C_{\alpha f} + a_2 C_{\alpha r}}{mv_x} - v_x \\ -\dfrac{a_1 C_{\alpha f} - a_2 C_{\alpha r}}{I_z v_x} & -\dfrac{a_1^2 C_{\alpha f} + a_2^2 C_{\alpha r}}{I_z v_x} \end{bmatrix} \begin{bmatrix} v_y \\ r \end{bmatrix} \\ & + \begin{bmatrix} \dfrac{1}{m} C_{\alpha f} & \dfrac{1}{m} C_{\alpha r} \\ \dfrac{1}{I_z} a_1 C_{\alpha f} & -\dfrac{1}{I_z} a_2 C_{\alpha r} \end{bmatrix} \begin{bmatrix} \delta_f \\ \delta_r \end{bmatrix}\end{aligned} \tag{9.239}$$

oder in die folgende Form für $\begin{bmatrix} \beta & r \end{bmatrix}^T$:

$$\begin{aligned}\begin{bmatrix} \dot{\beta} \\ \dot{r} \end{bmatrix} = {} & \begin{bmatrix} -\dfrac{C_{\alpha f} + C_{\alpha r}}{mv_x} & \dfrac{-a_1 C_{\alpha f} + a_2 C_{\alpha r}}{mv_x^2} - 1 \\ -\dfrac{a_1 C_{\alpha f} - a_2 C_{\alpha r}}{I_z} & -\dfrac{a_1^2 C_{\alpha f} + a_2^2 C_{\alpha r}}{I_z v_x} \end{bmatrix} \begin{bmatrix} \beta \\ r \end{bmatrix} \\ & + \begin{bmatrix} \dfrac{1}{mv_x} C_{\alpha f} & \dfrac{1}{mv_x} C_{\alpha r} \\ \dfrac{1}{I_z} a_1 C_{\alpha f} & -\dfrac{1}{I_z} a_2 C_{\alpha r} \end{bmatrix} \begin{bmatrix} \delta_f \\ \delta_r \end{bmatrix}\end{aligned} \tag{9.240}$$

Für die Computerisierung der Bewegungsgleichungen ist es besser, sie wie folgt zu schreiben:

$$\begin{bmatrix} \dot{v}_y \\ \dot{r} \end{bmatrix} = \begin{bmatrix} \dfrac{C_\beta}{mv_x} & \dfrac{C_r}{m} - v_x \\ \dfrac{D_\beta}{I_z v_x} & \dfrac{D_r}{I_z} \end{bmatrix} \begin{bmatrix} v_y \\ r \end{bmatrix} + \begin{bmatrix} \dfrac{C_{\delta_f}}{m} & \dfrac{C_{\delta_r}}{m} \\ \dfrac{D_{\delta_f}}{I_z} & \dfrac{D_{\delta_r}}{I_z} \end{bmatrix} \begin{bmatrix} \delta_f \\ \delta_r \end{bmatrix} \tag{9.241}$$

oder:

$$\begin{bmatrix} \dot{\beta} \\ \dot{r} \end{bmatrix} = \begin{bmatrix} \frac{C_\beta}{mv_x} & \frac{C_r}{mv_x} - 1 \\ \frac{D_\beta}{I_z} & \frac{D_r}{I_z} \end{bmatrix} \begin{bmatrix} \beta \\ r \end{bmatrix} + \begin{bmatrix} \frac{C_{\delta_f}}{mv_x} & \frac{C_{\delta_r}}{mv_x} \\ \frac{D_{\delta_f}}{I_z} & \frac{D_{\delta_r}}{I_z} \end{bmatrix} \begin{bmatrix} \delta_f \\ \delta_r \end{bmatrix} \tag{9.242}$$

wobei:

$$C_r = \frac{\partial F_y}{\partial r} = -\frac{a_1}{v_x} C_{\alpha f} + \frac{a_2}{v_x} C_{\alpha r} \tag{9.243}$$

$$C_\beta = \frac{\partial F_y}{\partial \beta} = -\left(C_{\alpha f} + C_{\alpha r}\right) \tag{9.244}$$

$$C_{\delta_f} = \frac{\partial F_y}{\partial \delta_f} = C_{\alpha f} \tag{9.245}$$

$$C_{\delta_r} = \frac{\partial F_y}{\partial \delta_r} = C_{\alpha r} \tag{9.246}$$

$$D_r = \frac{\partial M_z}{\partial r} = -\frac{a_1^2}{v_x} C_{\alpha f} - \frac{a_2^2}{v_x} C_{\alpha r} \tag{9.247}$$

$$D_\beta = \frac{\partial M_z}{\partial \beta} = -\left(a_1 C_{\alpha f} - a_2 C_{\alpha r}\right) \tag{9.248}$$

$$D_{\delta_f} = \frac{\partial M_z}{\partial \delta_f} = a_1 C_{\alpha r} \tag{9.249}$$

$$D_{\delta_r} = \frac{\partial M_z}{\partial \delta_r} = -a_2 C_{\alpha r} \tag{9.250}$$

Die Gl. (9.239) kann in folgender Form umgestellt werden, um die Eingabe-Ergebnis-Beziehung zu zeigen:

$$\dot{\mathbf{q}} = [A]\mathbf{q} + [B]\mathbf{u} \tag{9.251}$$

Der Vektor **q** *wird als Steuervariablenvektor bezeichnet:*

$$\mathbf{q} = \begin{bmatrix} v_y \\ r \end{bmatrix} \tag{9.252}$$

und **u** *wird der Eingabevektor genannt.*

$$\mathbf{u} = \begin{bmatrix} \delta_f \\ \delta_r \end{bmatrix} \tag{9.253}$$

Die Matrix $[A]$ *ist die Matrix der Steuervariablenkoeffizienten und die Matrix* $[B]$ *ist die Eingabekoeffizientenmatrix.*

Um sicherzugehen, können wir $\delta_\mathrm{r} = 0$ *und* $\delta_\mathrm{f} = \delta$ *einsetzen, um die Gl. (9.239) auf (9.213) für ein Fahrzeug mit Vorderradlenkung zu reduzieren.*

Beispiel 389 *Fahrzeug mit Hinterradlenkung.*

Hinterradlenkung wird häufig bei Gabelstaplern und Baufahrzeugen eingesetzt. Die Bewegungsgleichungen für Fahrzeuge mit Hinterradlenkung ähneln denen derer mit Vorderradlenkung. Um die Bewegungsgleichungen zu finden, setzen wir $\delta_{\mathrm{f}} = 0$ *in den Gl.* (9.239) *ein, um diese Gleichungen zu finden:*

$$\begin{bmatrix} \dot{v}_y \\ \dot{r} \end{bmatrix} = \begin{bmatrix} -\dfrac{C_{\alpha f} + C_{\alpha r}}{m v_x} & \dfrac{-a_1 C_{\alpha f} + a_2 C_{\alpha r}}{m v_x} - v_x \\ -\dfrac{a_1 C_{\alpha f} - a_2 C_{\alpha r}}{I_z v_x} & -\dfrac{a_1^2 C_{\alpha f} + a_2^2 C_{\alpha r}}{I_z v_x} \end{bmatrix} \begin{bmatrix} v_y \\ r \end{bmatrix} + \begin{bmatrix} \dfrac{1}{m} C_{\alpha r} \\ -\dfrac{1}{I_z} a_2 C_{\alpha r} \end{bmatrix} \delta_r \tag{9.254}$$

Diese Gleichungen sind gültig, solange die Winkel sehr klein sind. Die meisten Baufahrzeuge mit Hinterradlenkung arbeiten jedoch bei hohen Lenkwinkeln. Daher können diese Gleichungen das Verhalten der Baufahrzeuge nicht sehr gut vorhersagen.

Beispiel 390 ⋆ *Besseres Modell für Zwei-Rad-Fahrzeuge.*

Aufgrund des Lenkwinkels tritt ein Reaktionsmoment am Reifenlatsch der Vorder- und Hinterreifen auf, das als externes Momente M_{f} *und* M_{r} *auf die Räder wirkt. Daher sind die gesamten Lenkreaktionsmomente an den Vorder- und Hinterreifen:*

$$M_f \approx 2 D_{\delta_f} M_z \qquad M_r \approx 2 D_{\delta_r} M_z \tag{9.255}$$

wobei:

$$D_{\delta_f} = \frac{dM_z}{d\delta_f} \qquad D_{\delta_r} = \frac{dM_z}{d\delta_r} \tag{9.256}$$

Abb. 9.13 *veranschaulicht ein Zwei-Rad-Modell mit den Reaktionsmomenten* M_{f} *und* M_{r}*. Das Kräftesystem auf dem Fahrzeug ist:*

$$F_x \approx F_{x_f} + F_{x_r} \tag{9.257}$$

$$F_y \approx F_{y_f} + F_{y_r} \tag{9.258}$$

$$M_z \approx a_1 F_{y_f} - a_2 F_{y_r} + M_f + M_r \tag{9.259}$$

Beispiel 391 ⋆ *Schnelle 180-Grad-Wendung eines Rennautos aus dem Rückwärtsgang.*

Sie haben gesehen, dass Stunt-Autofahrer schnell um 180 deg *wenden können, wenn das Auto rückwärtsfährt. So machen sie das: Der Fahrer fährt das Auto im Rückwärtsgang rückwärts. Um eine schnelle* 180 deg*-Wendung ohne Anhalten zu machen, kann der Fahrer folgende Schritte befolgen: 1. Der Fahrer sollte das Gaspedal*

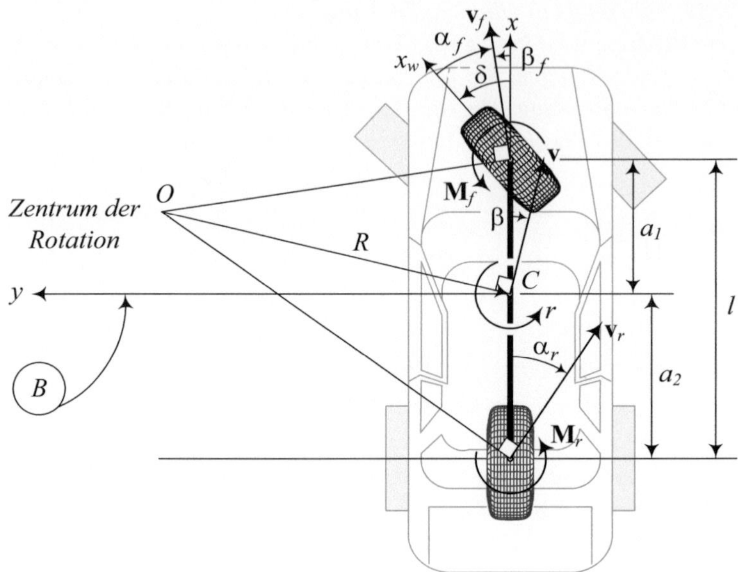

Abb. 9.13 Ein Zwei-Rad-Fahrzeug und sein Kräftesystem, einschließlich der Lenkmomentreaktionen

drücken, um genügend Geschwindigkeit zu erreichen. 2. Das Gaspedal loslassen und den Gang auf Neutral stellen. 3. Das Lenkrad scharf herumreißen 90 deg. *4. Den Vorwärtsgang einlegen. 5. Und das Gaspedal drücken und das Lenkrad zurückdrehen* 0 deg, *nachdem das Auto die* 180 deg-*Wendung abgeschlossen ist.*

Die Rückwärtsgeschwindigkeit vor Schritt 2 könnte etwa 20 m/s ≈ *70* km/h *betragen. Die Schritte 2 bis 4 sollten schnell und fast gleichzeitig ausgeführt werden. Abb.* 9.14*a veranschaulicht das schnelle* 180 deg-*Wendemanöver aus dem Rückwärtsgang.*

Dieses Beispiel sollte niemals vom Leser dieses Buches ausgeführt werden, da ein hohes Sicherheitsrisiko besteht.

Beispiel 392 ⋆ *Schnelle 180-Grad-Wendung eines Rennautos bei der Vorwärtsfahrt.*

Sie haben gesehen, dass Stunt-Autofahrer sehr schnell um 180 deg *drehen können, wenn das Auto vorwärtsfährt. So machen sie das. Der Fahrer fährt vorwärts, wenn das Auto im Vorwärtsgang fährt. Um eine schnelle* 180 deg-*Wendung ohne Anhalten zu machen, kann der Fahrer folgende Schritte befolgen: 1. Der Fahrer sollte das Gaspedal drücken, um genügend Geschwindigkeit zu erreichen. 2. Das Gaspedal freigeben und den Gang auf Neutral stellen. 3. Das Lenkrad scharf herum* 90 deg *ziehen, während er die Handbremse stark zieht 4. Während das Heck des Autos herumschwingt, das Lenkrad* 0 deg *zurück und den Vorwärtsgang*

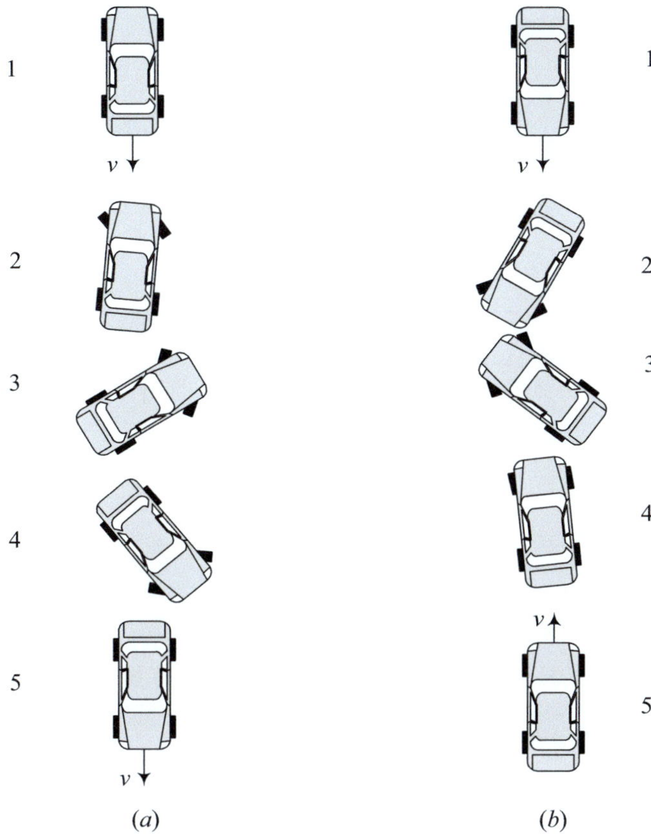

Abb. 9.14 (*a*) Ein schnelles 180 deg-Wendemanöver aus dem Rückwärtsgang. (*b*) Ein schnelles 180 deg-Wendemanöver aus dem Vorwärtsgang

einlegen. 5. Das Gaspedal drücken, nachdem das Auto die 180 deg-*Wendung abgeschlossen hat. Abb.* 9.14*b veranschaulicht dieses Manöver.*

Die Vorwärtsgeschwindigkeit vor Schritt 2 sollte etwa 20 m/s $\approx$ *70* km/h *betragen. Die Schritte 2 bis 4 sollten schnell und fast gleichzeitig durchgeführt werden. Das schelle* 180 deg-*Drehen nach vorne ist schwieriger als nach hinten und kann durchgeführt werden, weil die Handbremsen mit den Hinterrädern verbunden sind. Es kann besser durchgeführt werden, wenn das Heck eines Autos leichter ist als die Vorderseite, um leichter zu rutschen. Straßenzustand, ungleichmäßige Reibung, rutschige Oberfläche können dazu führen, dass das Auto umkippt und außer Kontrolle gerät.*

Dieses Beispiel sollte aufgrund des hohen Sicherheitsrisikos niemals vom Leser dieses Buches durchgeführt werden.

9.5 Gleichförmiges Wenden

Das Wenden eines zweirädrigen, starren Fahrzeugs mit Vorderradlenkung in seinem stationären Zustand wird durch die folgenden Gleichungen bestimmt:

$$F_x = -mr\, v_y \tag{9.260}$$

$$C_r\, r + C_\beta\, \beta + C_\delta\, \delta = mr\, v_x \tag{9.261}$$

$$D_r\, r + D_\beta\, \beta + D_\delta\, \delta = 0 \tag{9.262}$$

oder äquivalent, durch:

$$F_x = -\tfrac{m}{R} v_x\, v_y \tag{9.263}$$

$$C_\beta\, \beta + \left(C_r\, v_x - m\, v_x^2\right)\tfrac{1}{R} = -C_\delta\, \delta \tag{9.264}$$

$$D_\beta\, \beta + D_r\, v_x \tfrac{1}{R} = -D_\delta\, \delta \tag{9.265}$$

Die erste Gleichung bestimmt die erforderliche Vorwärtskraft, um v_x konstant zu halten, wenn sich das Auto auf einer kreisförmigen Bahn bewegt. Die zweite und dritte Gleichung zeigen die stationären Werte der Ausgangsvariablen, Fahrschräglaufwinkel β und Pfadkrümmung κ, mit:

$$\kappa = \frac{1}{R} = \frac{r}{v_x} \tag{9.266}$$

für eine konstante Lenkeingabe δ bei einer konstanten Vorwärtsgeschwindigkeit v_x. Die stationären Ausgangs-Eingangs-Beziehungen des Fahrzeugs sind durch die folgenden Reaktionen definiert:

1. *Reaktion auf die Krümmung,* S_κ

$$S_\kappa = \frac{\kappa}{\delta} = \frac{1}{R\delta} = \frac{C_\delta D_\beta - C_\beta D_\delta}{v_x\left(D_r C_\beta - C_r D_\beta + m v_x D_\beta\right)} \tag{9.267}$$

2. *Reaktion auf das Rutschen,* S_β

$$S_\beta = \frac{\beta}{\delta} = \frac{D_\delta (C_r - m v_x) - D_r C_\delta}{D_r C_\beta - C_r D_\beta + m v_x D_\beta} \tag{9.268}$$

3. *Reaktion auf die Giergeschwindig,* S_r

$$S_r = \frac{r}{\delta} = \frac{\kappa}{\delta} v_x = S_\kappa v_x = \frac{C_\delta D_\beta - C_\beta D_\delta}{D_r C_\beta - C_r D_\beta + m v_x D_\beta} \tag{9.269}$$

4. *Reaktion auf die Zentripetalbeschleunigung, S_a*

$$S_a = \frac{v_x^2/R}{\delta} = \frac{\kappa}{\delta} v_x^2 = S_\kappa v_x^2 = \frac{\left(C_\delta D_\beta - C_\beta D_\delta\right) v_x}{D_r C_\beta - C_r D_\beta + m v_x D_\beta} \tag{9.270}$$

5. *Rekation auf die Seitengeschwindigkeit, S_y.*

$$S_y = \frac{v_y}{\delta} = S_\beta v_x = \frac{D_\delta (C_r - m v_x) - D_r C_\delta}{D_r C_\beta - C_r D_\beta + m v_x D_\beta} v_x \tag{9.271}$$

Beweis. Unter stationären Bedingungen sind alle Variablen konstant und daher sind ihre Ableitungen null. Daher reduzieren sich die Bewegungsgleichungen (9.202)–(9.204) auf:

$$F_x = -mr\, v_y \tag{9.272}$$

$$F_y = mr\, v_x \tag{9.273}$$

$$M_z = 0 \tag{9.274}$$

wobei für die Querkraft F_y und das Giermoment M_z aus (9.142) und (9.143) gilt:

$$F_y = C_r\, r + C_\beta\, \beta + C_\delta\, \delta \tag{9.275}$$

$$M_z = D_r\, r + D_\beta\, \beta + D_\delta\, \delta \tag{9.276}$$

Daher sind die Gleichungen, die das gleichförmige Wenden eines zweirädrigen starren Fahrzeugs beschreiben:

$$F_x = -mr\, v_y \tag{9.277}$$

$$C_r\, r + C_\beta\, \beta + C_\delta\, \delta = mr\, v_x \tag{9.278}$$

$$D_r\, r + D_\beta\, \beta + D_\delta\, \delta = 0 \tag{9.279}$$

Bei gleichförmigen Wenden bewegt sich der Massenmittelpunkt des Fahrzeugs auf einem Kreis mit Radius R bei einer Vorwärtsgeschwindigkeit v_x und Winkelgeschwindigkeit r, so sind v_x und r ungefähr durch

$$v_x \approx R\, r \tag{9.280}$$

miteinander verbunden. Setzen wir (9.280) in die Gl. (9.277)–(9.279) ein, können wir die Gleichungen als (9.263)–(9.265) schreiben. Gl. (9.263) kann verwendet werden, um die erforderliche Zugkraft zu berechnen, um die Bewegung konstant zu halten. Allerdings können die Gl. (9.264) und (9.265) verwendet werden, um die stationären Antworten des Fahrzeugs zu bestimmen. Wir verwenden die Krümmungsdefinition (9.266) und schreiben die Gleichungen in Matrixform:

$$\begin{bmatrix} C_\beta & C_r\, v_x - m\, v_x^2 \\ D_\beta & D_r\, v_x \end{bmatrix} \begin{bmatrix} \beta \\ \kappa \end{bmatrix} = \begin{bmatrix} -C_\delta \\ -D_\delta \end{bmatrix} \delta \tag{9.281}$$

Die Lösung der Gleichungen für β und κ zeigt, dass:

$$\begin{aligned}\begin{bmatrix}\beta\\ \kappa\end{bmatrix} &= \begin{bmatrix}C_\beta & C_r\, v_x - m\, v_x^2\\ D_\beta & D_r\, v_x\end{bmatrix}^{-1}\begin{bmatrix}-C_\delta\\ -D_\delta\end{bmatrix}\delta\\ &= \begin{bmatrix}\dfrac{D_\delta(C_r - mv_x) - D_r C_\delta}{D_r C_\beta - C_r D_\beta + mv_x D_\beta}\\ \dfrac{C_\delta D_\beta - C_\beta D_\delta}{v_x\left(D_r C_\beta - C_r D_\beta + mv_x D_\beta\right)}\end{bmatrix}\delta\end{aligned} \tag{9.282}$$

Auf Basis der Lösungen von (9.282) und unter Verwendung von Gl. (9.280) sind wir in der Lage, verschiedene Ausgangs-Eingangs-Beziehungen als (9.267)–(9.270) zu definieren.

Mit der Verwendung von

$$\beta = \frac{v_y}{v_x} \tag{9.283}$$

wird Gl. (9.278)–(9.279) zu:

$$C_r\, r + \frac{C_\beta}{v_x}\, v_y + C_\delta\, \delta = mr\, v_x \tag{9.284}$$

$$D_r\, r + \frac{D_\beta}{v_x}\, v_y + D_\delta\, \delta = 0 \tag{9.285}$$

Umstellung in Matrixform:

$$\begin{bmatrix}\dfrac{C_\beta}{v_x} & C_r\, v_x - m\, v_x^2\\ \dfrac{D_\beta}{v_x} & D_r\, v_x\end{bmatrix}\begin{bmatrix}v_y\\ \kappa\end{bmatrix} = \begin{bmatrix}-C_\delta\\ -D_\delta\end{bmatrix}\delta \tag{9.286}$$

ergibt:

$$\begin{bmatrix}v_y\\ \kappa\end{bmatrix} = \begin{bmatrix}\dfrac{D_\delta(C_r - mv_x) - D_r C_\delta}{D_r C_\beta - C_r D_\beta + mv_x D_\beta}v_x\\ \dfrac{C_\delta D_\beta - C_\beta D_\delta}{v_x\left(D_r C_\beta - C_r D_\beta + mv_x D_\beta\right)}\end{bmatrix}\delta \tag{9.287}$$

Dann ist die laterale Geschwindigkeitsantwort S_y in (9.271) ein Ergebnis dieses Resultats.

Beispiel 393 *Kräftesystemkoeffizienten für ein Auto.*

Betrachten Sie ein Auto mit Vorderradlenk und vier Rädern mit den folgenden Eigenschaften:

$$\begin{aligned}C_{\alpha f_L} = C_{\alpha f_R} &= 500\,\mathrm{N/deg} \approx 28648\,\mathrm{N/rad}\\ &\approx 112.4\,\mathrm{lb/deg} \approx 6440\,\mathrm{lb/rad}\end{aligned} \tag{9.288}$$

$$C_{\alpha r_L} = C_{\alpha r_R} = 460\,\text{N/deg} \approx 26356\,\text{N/rad}$$
$$\approx 103.4\,\text{lb/deg} \approx 5924.4\,\text{lb/rad} \tag{9.289}$$

$$\begin{aligned} mg &= 9000\,\text{N} \approx 2023\,\text{lb} \qquad m = 917\,\text{kg} \approx 62.8\,\text{slug} \\ I_z &= 1128\,\text{kg}\,\text{m}^2 \approx 832\,\text{slug}\,\text{ft}^2 \\ a_1 &= 91\,\text{cm} \approx 2.98\,\text{ft} \qquad a_2 = 164\,\text{cm} \approx 5.38\,\text{ft} \end{aligned} \tag{9.290}$$

Die Schwimmwinkelkoeffizienten eines äquivalenten Fahrradmodells sind:

$$C_{\alpha f} = C_{\alpha f_L} + C_{\alpha f_R} = 57296\,\text{N/rad} \tag{9.291}$$

$$C_{\alpha r} = C_{\alpha r_L} + C_{\alpha r_R} = 52712\,\text{N/rad} \tag{9.292}$$

Die Kräftesystemkoeffizienten C_r, C_β, C_δ, D_r, D_β, D_δ sind dann gleich den folgenden, in denen v_x in [m/ s] gemessen wird:

$$C_r = -\frac{a_1}{v_x} C_{\alpha f} + \frac{a_2}{v_x} C_{\alpha r} = \frac{34308}{v_x}\,\text{N s/rad} \tag{9.293}$$

$$C_\beta = -\left(C_{\alpha f} + C_{\alpha r}\right) = -110008\,\text{N/rad} \tag{9.294}$$

$$C_\delta = C_{\alpha f} = 57296\,\text{N/rad} \tag{9.295}$$

$$D_r = -\frac{a_1^2}{v_x} C_{\alpha f} - \frac{a_2^2}{v_x} C_{\alpha r} = -\frac{189221}{v_x}\,\text{N ms/rad} \tag{9.296}$$

$$D_\beta = -\left(a_1 C_{\alpha f} - a_2 C_{\alpha r}\right) = 34308\,\text{N m/rad} \tag{9.297}$$

$$D_\delta = a_1 C_{\alpha f} = 52139\,\text{N m/rad} \tag{9.298}$$

Die Koeffizienten C_r und D_r sind die einzigen Kraftkoeffizienten, die Funktionen der Vorwärtsgeschwindigkeit v_x sind. Als Beispiel haben C_r und D_r bei

$$v_x = 10\,\text{m/s} = 36\,\text{km/ h} \approx 32{,}81\,\text{ft/ s} \approx 22{,}37\,\text{mi/h} \tag{9.299}$$

$$C_r = 3430{,}8\,\text{N s/rad} \qquad D_r = -18922\,\text{N m s/rad} \tag{9.300}$$

und bei

$$v_x = 30\,\text{m/ s} = 108\,\text{km/h} \approx 98{,}43\,\text{ft/s} \approx 67{,}11\,\text{mi/h} \tag{9.301}$$

den Wert:

$$C_r = 1143{,}6\,\text{N s/rad} \qquad D_r = -6307{,}3\,\text{N m s/rad} \tag{9.302}$$

Beispiel 394 *Stationäre Reaktionen eines untersteuernden Fahrzeugs.*

Die stationären Reaktionen sind Funktionen der Vorwärtsgeschwindigkeit eines Fahrzeugs. Um zu visualisieren, wie diese stationären Parameter variieren, wenn die Geschwindigkeit eines Fahrzeugs sich ändert, berechnen wir S_κ, S_β, S_r, S_a, S_y für ein Fahrzeug mit den folgenden Eigenschaften:

$$C_{\alpha f_L} = C_{\alpha f_R} \approx 3000\,\text{N/rad} \qquad C_{\alpha r_L} = C_{\alpha r_R} \approx 3000\,\text{N/rad} \tag{9.303}$$

$$m = 1000\,\text{kg} \qquad I_z = 1650\,\text{kg}\,\text{m}^2 \tag{9.304}$$

$$a_1 = 1{,}0\,\text{m} \qquad a_2 = 1{,}5\,\text{m} \tag{9.305}$$

$$K = \frac{m}{l^2}\left(\frac{a_2}{C_{\alpha f}} - \frac{a_1}{C_{\alpha r}}\right) = 1{,}33 \times 10^{-2} \tag{9.306}$$

$$\begin{array}{lll} S_\kappa = \frac{30}{75+v_x^2} & S_\beta = \frac{45-2v_x^2}{75+v_x^2} & S_r = S_\kappa v_x = \frac{30v_x}{75+v_x^2} \\ S_a = S_\kappa v_x^2 = \frac{30v_x^2}{75+v_x^2} & & S_y = \frac{45-2v_x^2}{75+v_x^2} v_x \end{array} \tag{9.307}$$

Der Parameter K wird als Stabilitätsfaktor bezeichnet und bestimmt, ob ein Fahrzeug untersteuert oder übersteuert. Ein positiver K zeigt ein stabiles untersteuerndes Fahrzeug an und wird als wünschenswert betrachtet. Die Abb. 9.15, 9.16, 9.17 und 9.18, 9.19 *veranschaulichen die Variationen der stationären Zustände durch Erhöhung der Vorwärtsgeschwindigkeit.*

Bei sehr geringer Geschwindigkeit, $v_x \approx 0$, liegen die stationären Reaktionen bei:

$$S_\kappa = 0.4 \qquad S_\beta = 0.6 \qquad S_r = 0 \qquad S_a = 0 \tag{9.308}$$

Mit zunehmender Geschwindigkeit des Autos nimmt S_κ ab und nähert sich null, was bedeutet, dass der Drehradius für konstantes δ zunimmt.
Der Wert von S_β nimmt ebenfalls zu, indem v_x erhöht wird und nähert sich einem konstanten negativen Wert $S_\beta \to -2$. Daher beginnt das Zentrum der Drehung an einem Punkt auf der hinteren Achse, wenn $\beta > 0$, und bewegt sich vom Auto weg und nach vorne, wo $\beta < 0$.

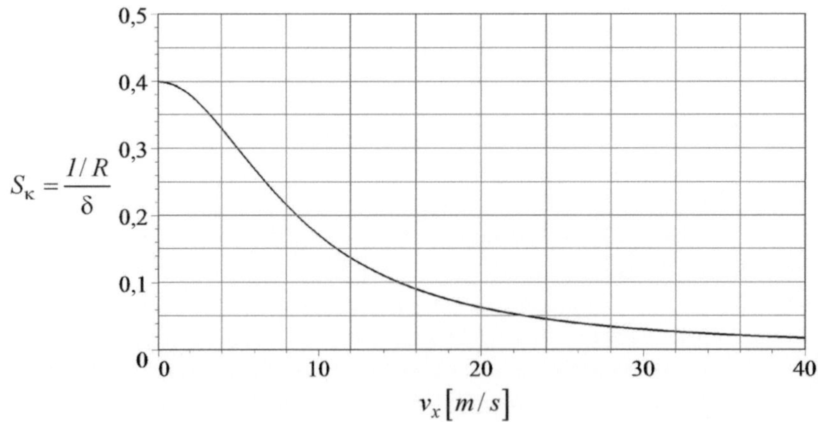

Abb. 9.15 Reaktion auf die Krümmung S_κ als Funktion der Vorwärtsgeschwindigkeit v_x

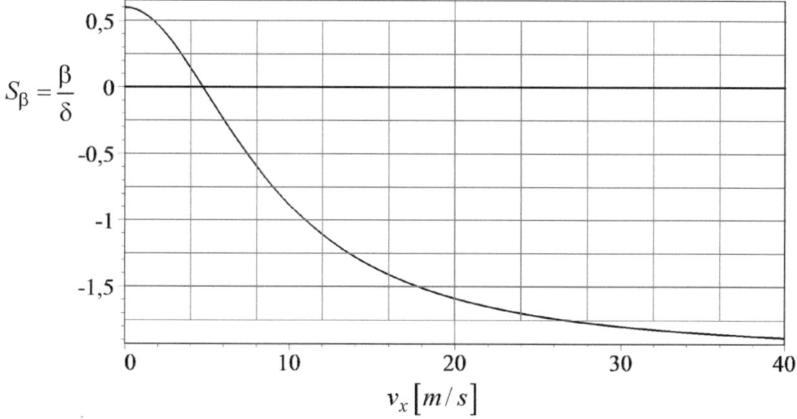

Abb. 9.16 Reaktion auf das Rutschen S_β als Funktion der Vorwärtsgeschwindigkeit v_x

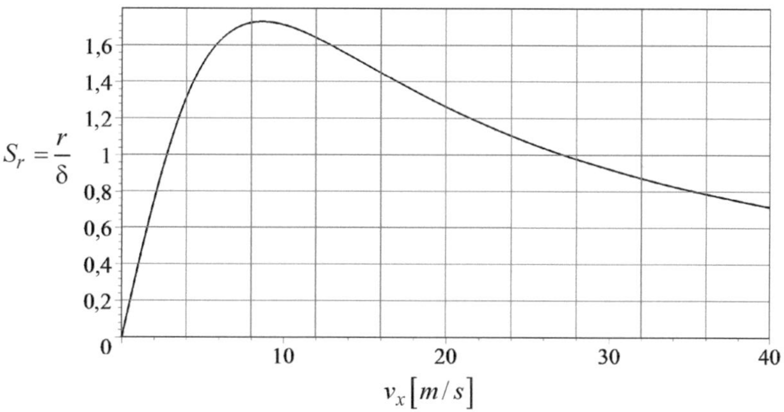

Abb. 9.17 Reaktion auf die Giergeschwindigkeit S_r als Funktion der Vorwärtsgeschwindigkeit v_x

S_r zeigt ein seltsames Verhalten, das bei null beginnt und mit v_x für eine Weile bis zu einem Maximum bei $v_x = \sqrt{75}$ zunimmt. Dann nimmt es ab und nähert sich asymptotisch null.

S_a zeigt die Zentripetalbeschleunigung des Autos, während es sich mit konstanter Geschwindigkeit auf einem Kreis bewegt. Der Wert von S_a beginnt bei $v_x = 0$ mit null und steigt schnell an, um asymptotisch $S_a \to 30$ zu erreichen, wenn $v_x \to \infty$.

Die laterale Geschwindigkeitsantwort S_y zeigt die Geschwindigkeit des Fahrzeugs in seiner Massenmitte in y-Richtung. Sie beginnt bei null und steigt auf ein Maximum, bevor es monoton auf negative Werte abnimmt.

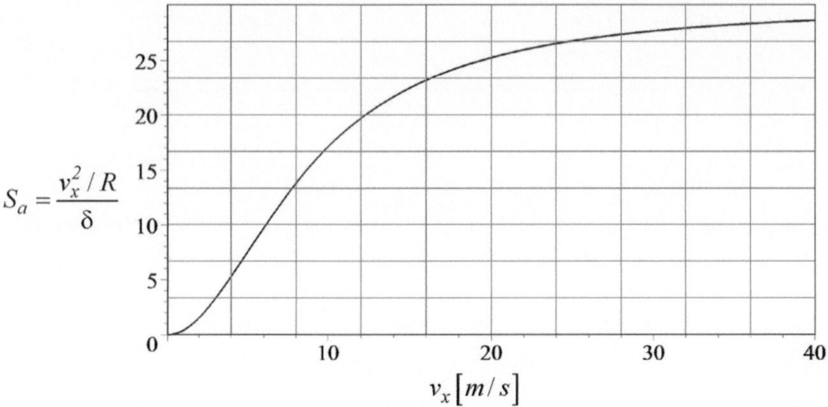

Abb. 9.18 Reaktion auf die Seitenbeschleunigung S_a als Funktion der Vorwärtsgeschwindigkeit v_x

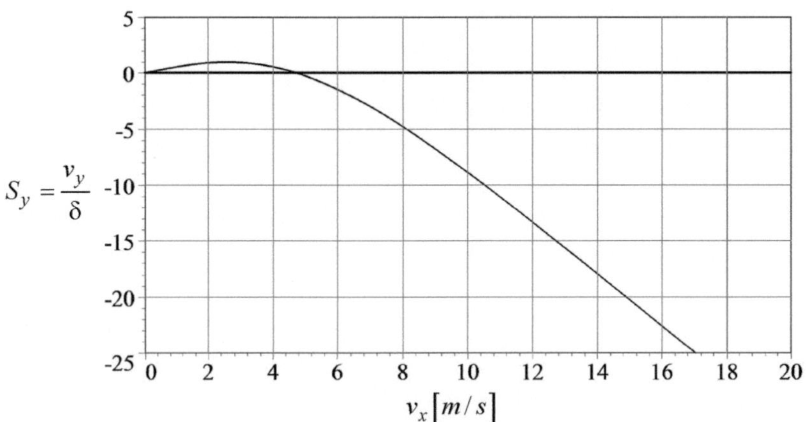

Abb. 9.19 Reaktion auf die Seitengeschwindigkeit S_y als Funktion der Vorwärtsgeschwindigkeit v_x

Beispiel 395 *Wo ist S_κ vor dem stationären Zustand?.*

Für ein gegebenes Fahrzeug sind die geometrischen Parameter a_1, a_2, m, $C_{\alpha f}$, $C_{\alpha r}$ festgelegt. Wenn der Lenkwinkel δ und die Vorwärtsgeschwindigkeit v_x konstant sind, dauert es eine Weile, bis das Auto den stationären Wert von S_κ erreicht hat. Nehmen wir nun an, δ bleibt unverändert, und wir ändern v_x auf einen neuen konstanten Wert. Das Fahrzeug wird vom vorherigen Punkt auf S_κ zu einem neuen Wert übergehen. Der Übergang von einem Punkt zum anderen erfolgt jedoch nicht entlang der S_κ-kurve, da diese Kurve nur unter stationären Bedingungen gültig ist, während der Übergang zwischen zwei stationären Punkten ein Übergang ist.

Wenn ein Satz von Parametern und Variablen festgelegt ist, hängt es von den Anfangsbedingungen des Fahrzeugs ab, ob der gesetzte Punkt auf S von oberhalb oder unterhalb der S_κ-Kurve angenähert wird.

Beispiel 396 *Reaktion auf die Krümmung S_κ.*

Ersetzen der Kraftkoeffizienten (9.144)–(9.149) *in die Reaktion auf die Krümmung S_κ*

$$S_\kappa = \frac{\kappa}{\delta} = \frac{1}{R\delta} = \frac{C_\delta D_\beta - C_\beta D_\delta}{v_x\big(D_r C_\beta - D_\beta (C_r - m v_x)\big)} \tag{9.309}$$

ergibt:

$$S_\kappa = \frac{l C_{\alpha f} C_{\alpha r}}{m\big(C_{\alpha r} a_2 - C_{\alpha f} a_1\big) v_x^2 + l^2 C_{\alpha f} C_{\alpha r}} \tag{9.310}$$

Für einen gegebenen Satz von Parametern a_1, a_2, m, $C_{\alpha f}$, $C_{\alpha r}$ beginnt die Reaktion auf die Krümmung bei:

$$\lim_{v_x=0} S_\kappa = \frac{1}{a_1 + a_2} = \frac{1}{l} \tag{9.311}$$

und endet bei:

$$\lim_{v_x=\infty} S_\kappa = 0 \tag{9.312}$$

Wenn $C_{\alpha f} = C_{\alpha r} = C_\alpha$ und $a_1 = a_2 = l/2$, dann vereinfacht sich S_κ zu einer Konstanten und ist unabhängig von v_x:

$$S_\kappa = \frac{1}{l} \tag{9.313}$$

und daher ist auch der Wenderadius konstant und unabhängig von der Geschwindigkeit:

$$R = \frac{l}{\delta} \tag{9.314}$$

Wenn $C_{\alpha f} = C_{\alpha r} = C_\alpha$ und $a_1 \neq a_2$, dann vereinfacht sich S_κ zu:

$$S_\kappa = \frac{l C_\alpha}{l^2 C_\alpha + m v_x^2 (a_2 - a_1)} \tag{9.315}$$

und daher ist auch der Wenderadius geschwindigkeitsabhängig:

$$R = \frac{l^2 C_\alpha + m v_x^2 (a_2 - a_1)}{l C_\alpha \delta} \tag{9.316}$$

Bei einer gegebenen Geschwindigkeit kann R, abhängig von der Position des Massenzentrums, zwischen zwei Extremwerten liegen, wenn $a_1 = 0$ und $a_2 = 0$:

$$\frac{lC_\alpha + mv_x^2}{lC_\alpha} < \frac{R\delta}{l} < \frac{lC_\alpha - mv_x^2}{lC_\alpha} \tag{9.317}$$

Unter praktischen Bedingungen haben wir 0,4l < a_1 < 0,6l und 0,6l> a_2 > 0,4l. Abb. 9.20 veranschaulicht die Grenzen von R in Abhängigkeit von der Position des Massenzentrums für die folgenden Eigenschaften:

$$C_{\alpha f} = 6000\,\mathrm{N/rad} \qquad C_{\alpha r} = 6000\,\mathrm{N/rad} \tag{9.318}$$

$$m = 1000\,\mathrm{kg} \qquad I_z = 1650\,\mathrm{kg\,m^2} \tag{9.319}$$

$$a_1 = 1{,}0\,\mathrm{m} \qquad a_2 = 1{,}5\,\mathrm{m} \tag{9.320}$$

Wenn $a_1 < a_2$ und die Vorderseite des Autos schwerer ist als die Rückseite, erhöht sich das stationäre R monoton mit zunehmendem v_x. Wenn jedoch $a_1 > a_2$ und die Rückseite des Autos schwerer ist als die Vorderseite, dann verringert sich R monoton mit zunehmendem v_x ausgehend von einem positiven Wert. Daher beginnt ein Auto mit einem schwereren Heck und positivem δ bei niedriger Geschwindigkeit nach links zu drehen. Mit zunehmendem v_x verringert sich der stationäre Wert von R, bis er theoretisch null für eine kritische Geschwindigkeit v_c wird, bei der das Fahrzeug instabil und unkontrollierbar wäre:

$$v_c = \sqrt{\frac{C_\alpha}{m(a_1 - a_2)}}\, l \qquad a_1 > a_2 \tag{9.321}$$

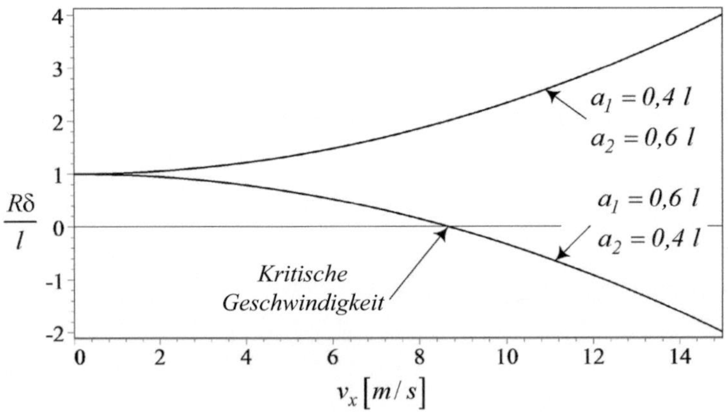

Abb. 9.20 Die Grenzen des stationären Zustands Rδ/l für ein Fahrzeug und die Existenz einer kritischen Geschwindigkeit für $a_1 < a_2$

Beispiel 397 *Seitenrutschverhalten* S_β.

Einsetzen der Kraftkoeffizienten (9.144)–(9.149) *in die Reaktion auf Seitenrutschen* S_β

$$S_\beta = \frac{\beta}{\delta} = \frac{D_\delta(C_r - mv_x) - D_r C_\delta}{D_r C_\beta - C_r D_\beta + mv_x D_\beta} \tag{9.322}$$

ergibt:

$$S_\beta = \frac{a_2 l C_{\alpha f} C_{\alpha r} - m a_1 v_x^2 C_{\alpha f}}{m\big(C_{\alpha r} a_2 - C_{\alpha f} a_1\big) v_x^2 + l^2 C_{\alpha f} C_{\alpha r}} \tag{9.323}$$

Für einen gegebenen Satz von Parametern a_1, a_2, m, $C_{\alpha f}$, $C_{\alpha r}$ *beginnt die Reaktion auf Seitenrutschen bei:*

$$\lim_{v_x=0} S_\beta = \frac{a_2}{a_1 + a_2} = \frac{a_2}{l} \tag{9.324}$$

und endet bei:

$$\lim_{v_x=\infty} S_\beta = \frac{a_1 C_{\alpha f}}{a_1 C_{\alpha f} - a_2 C_{\alpha r}} \tag{9.325}$$

Wenn $C_{\alpha f} = C_{\alpha r} = C_\alpha$ *und* $a_1 = a_2 = l/2$, *dann vereinfacht sich* S_β *zu:*

$$S_\beta = \frac{l C_\alpha - m v_x^2}{2 l C_\alpha} \tag{9.326}$$

Wenn $C_{\alpha f} = C_{\alpha r} = C_\alpha$ *und* $a_1 \neq a_2$, *dann vereinfacht sich* S_β *zu:*

$$S_\beta = \frac{a_2 l C_\alpha - m a_1 v_x^2}{m(a_2 - a_1) v_x^2 + l^2 C_\alpha} \tag{9.327}$$

S_β *ist proportional zu* β, *das den Winkel des Fahrzeuggeschwindigkeitsvektors anzeigt, gemessen von der Längsachse x des Körpers. Bei sehr niedriger Geschwindigkeit ist* $\beta > 0$, *und das Vorderrad dreht sich auf einem größeren Kreis als das Hinterrad. Durch Erhöhung von* v_x *verringert sich der Schwimmwinkel des Fahrzeugs, bis er bei einer kritischen Geschwindigkeit null wird:*

$$v_c = \sqrt{\frac{a_2 l C_{\alpha r}}{m a_1}} \tag{9.328}$$

Wenn $v_x = v_c$, *dreht sich das Fahrzeug so, dass die x-Achse senkrecht zum Radius der Rotation R am Massenmittelpunkt steht. Wenn* $v_x > v_c$, *dann ist* $\beta < 0$, *und das Hinterrad dreht sich auf einem größeren Kreis als das Vorderrad.*

Beispiel 398 *Giergeschwindigkeitsverhalten* S_r.

Einsetzen der Kraftkoeffizienten (9.144)–(9.149) *in die Reaktion auf die Giergeschwindigkeit* S_r

$$S_r = \frac{r}{\delta} = \frac{\kappa}{\delta} v_x = S_\kappa v_x = \frac{C_\delta D_\beta - C_\beta D_\delta}{D_r C_\beta - C_r D_\beta + m v_x D_\beta} \tag{9.329}$$

ergibt:

$$S_r = \frac{v_x l C_{\alpha f} C_{\alpha r}}{m\left(C_{\alpha r} a_2 - C_{\alpha f} a_1\right) v_x^2 + l^2 C_{\alpha f} C_{\alpha r}} \tag{9.330}$$

Für einen gegebenen Parametersatz a_1, a_2, m, $C_{\alpha f}$, $C_{\alpha r}$ beginnt die Reaktion auf die Giergeschwindigkeit bei:

$$\lim_{v_x=0} S_r = 0 \qquad \frac{d\,S_r}{d\,x_x} > 0 \tag{9.331}$$

und endet bei:

$$\lim_{v_x=\infty} S_r = 0 \qquad \frac{d\,S_r}{d\,x_x} < 0 \tag{9.332}$$

Daher muss es mindestens ein Maximum für S_r bei einer kritischen Geschwindigkeit geben. Die Ableitung

$$\frac{d\,S_r}{d\,x_x} = l C_{f\alpha} C_{r\alpha} \frac{l^2 C_{f\alpha} C_{r\alpha} - m\left(C_{\alpha r} a_2 - C_{\alpha f} a_1\right) v_x^2}{\left(l^2 C_{f\alpha} C_{r\alpha} + m\left(C_{\alpha r} a_2 - C_{\alpha f} a_1\right) v_x^2\right)^2} \tag{9.333}$$

bestimmt, dass S_r maximal ist, wenn v_x bei

$$v_c = \sqrt{\frac{l^2 C_{\alpha f} C_{\alpha r}}{m\left(C_{\alpha r} a_2 - C_{\alpha f} a_1\right)}} \tag{9.334}$$

liegt. Daher ist die maximale Giergeschwindigkeit eines Fahrzeugs bei $v_x = v_c$ gleich

$$r = \frac{\delta}{2} \sqrt{\frac{C_{\alpha f} C_{\alpha r}}{m\left(C_{\alpha r} a_2 - C_{\alpha f} a_1\right)}} \tag{9.335}$$

Wenn $C_{\alpha f} = C_{\alpha r} = C_\alpha$ und $a_1 = a_2 = l/2$, dann vereinfacht sich S_r zu:

$$S_r = \frac{v_x}{l} \tag{9.336}$$

Wenn $C_{\alpha f} = C_{\alpha r} = C_\alpha$ und $a_1 \neq a_2$ dann vereinfacht sich S_r zu:

$$S_r = \frac{l v_x C_\alpha}{l^2 C_\alpha + m(a_2 - a_1) v_x^2} \tag{9.337}$$

Beispiel 399 *Verhalten bei Zentripetalbeschleunigung S_a.*
Wenn wir Abb. 9.21 betrachten, wissen wir, dass

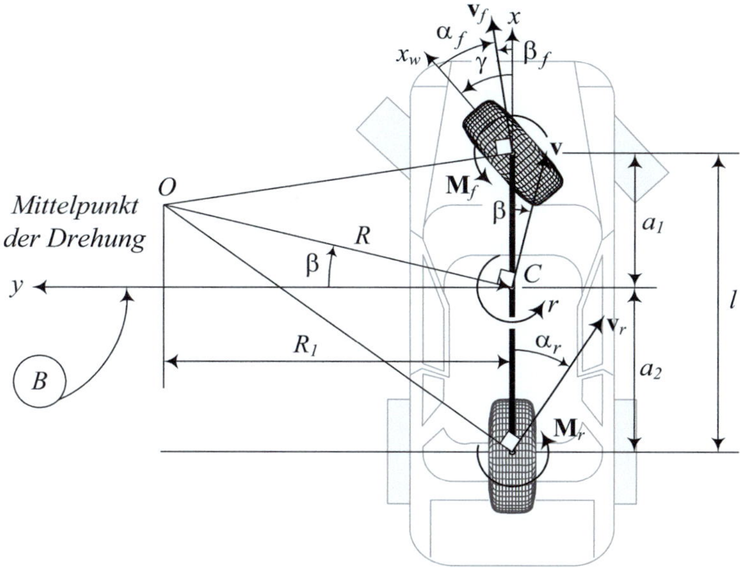

Abb. 9.21 Kinematik eines sich unter stationären Bedingungen bewegenden Fahrzeugs

$$v_x = v_f \cos\beta_f = v\cos\beta = v_r \cos\alpha_r \tag{9.338}$$

$$R_1 = R\cos\beta \tag{9.339}$$

Daher ist die Zentripetalbeschleunigung des Fahrzeugs v^2/R oder äquivalent $v_x{}^2/R_1$ nicht proportional zur Zentripetalbeschleunigungsantwort S_a.

$$\frac{v^2}{R} = \frac{v_x^2}{R\cos^2\beta} = \frac{S_a\,\delta}{\cos^2\beta} \tag{9.340}$$

Jedoch zeigt die Betrachtung kleiner β, dass

$$S_a = \frac{1}{\delta}\frac{v_x^2}{R} = \frac{1}{\delta}\frac{v^2\cos^2\beta}{R} \approx \frac{1}{\delta}\frac{v^2}{R} \tag{9.341}$$

Ersetzen der Kraftkoeffizienten (9.144)–(9.149) *in der Reaktion auf Zentripetalbeschleunigung S_a*

$$S_a = \frac{v_x^2/R}{\delta} = \frac{\kappa}{\delta}v_x^2 = S_\kappa v_x^2 = \frac{\left(C_\delta D_\beta - C_\beta D_\delta\right)v_x}{D_r C_\beta - C_r D_\beta + m v_x D_\beta} \tag{9.342}$$

ergibt:

$$S_a = \frac{v_x^2 l C_{\alpha f} C_{\alpha r}}{m\left(C_{\alpha r}a_2 - C_{\alpha f}a_1\right)v_x^2 + l^2 C_{\alpha f} C_{\alpha r}} \tag{9.343}$$

Für einen gegebenen Satz von Parametern a_1, a_2, m, $C_{\alpha f}$, $C_{\alpha r}$ beginnt die Zentripetalbeschleunigungsantwort bei:

$$\lim_{v_x=0} S_a = 0 \tag{9.344}$$

und endet bei:

$$\lim_{v_x=\infty} S_a = \frac{lC_{\alpha f}C_{\alpha r}}{m\left(C_{\alpha r}a_2 - C_{\alpha f}a_1\right)} \tag{9.345}$$

Wenn $C_{\alpha f}= C_{\alpha r}= C_\alpha$ und $a_1= a_2= l/2$, dann vereinfacht sich S_a zu:

$$S_a = \frac{v_x^2}{l} \tag{9.346}$$

Wenn $C_{\alpha f}= C_{\alpha r}= C_\alpha$ und $a_1 \neq a_2$ dann vereinfacht sich S_a zu:

$$S_a = \frac{lv_x^2 C_\alpha}{l^2 C_\alpha + m(a_2 - a_1)v_x^2} \tag{9.347}$$

Die Reaktion auf Querbeschleunigung $S_a = \left(v_x^2/R\right)/\delta$ ist tatsächlich die Zentripetalbeschleunigung des Massenzentrums eines Fahrzeugs. Es handelt sich nur dann um die exakte Querbeschleunigung, wenn $\beta = 0$ und R senkrecht zur x-Achse steht. Es ist das einzige Mal, dass die Zentripetalbeschleunigung keine Längskomponente hat. Die Annahme, dass ein Fahrzeug als massiver Punkt um einen zentralen Punkt mit Radius R dreht, rechtfertigt jedoch die Verwendung des Begriffs Querbeschleunigung.

Beispiel 400 *Verhalten bei Quergeschwindigkeit S_y.*

*Einsetzen der Kraftkoeffizienten (*9.144*)–(*9.149*) in die Reaktion auf eine laterale Geschwindigkeit S_y*

$$S_y = \frac{v_y}{\delta} = S_\beta v_x = \frac{D_\delta(C_r - mv_x) - D_r C_\delta}{D_r C_\beta - C_r D_\beta + mv_x D_\beta} v_x \tag{9.348}$$

ergibt:

$$S_y = \frac{a_2 lC_{\alpha f}C_{\alpha r} - ma_1 v_x^2 C_{\alpha f}}{m\left(C_{\alpha r}a_2 - C_{\alpha f}a_1\right)v_x^2 + l^2 C_{\alpha f}C_{\alpha r}} v_x \tag{9.349}$$

Für einen gegebenen Satz von Parametern a_1, a_2, m, $C_{\alpha f}$, $C_{\alpha r}$ beginnt die laterale Geschwindigkeitsantwort bei:

$$\lim_{v_x=0} S_y = 0 \tag{9.350}$$

und endet bei:

$$\lim_{v_x=\infty} S_y = \begin{cases} -\infty & a_1 C_{f\alpha} - a_2 C_{r\alpha} < 0 \\ \infty & a_1 C_{f\alpha} - a_2 C_{r\alpha} > 0 \end{cases} \tag{9.351}$$

Wenn $C_{\alpha f} = C_{\alpha r} = C_\alpha$ *und* $a_1 = a_2 = l/2$*, dann vereinfacht sich* S_y *zu:*

$$S_y = \frac{lC_\alpha - mv_x^2}{2lC_\alpha} v_x \tag{9.352}$$

Wenn $C_{\alpha f} = C_{\alpha r} = C_\alpha$ *und* $a_1 \neq a_2$ *dann vereinfacht sich* S_y *zu:*

$$S_y = \frac{a_2 lC_\alpha - ma_1 v_x^2}{m(a_2 - a_1)v_x^2 + l^2 C_\alpha} v_x \tag{9.353}$$

S_y *ist proportional zu* β*, was den Winkel des Fahrzeuggeschwindigkeitsvektors anzeigt, gemessen von der Körperlängsachse x. Bei sehr niedriger Geschwindigkeit ist* $\beta > 0$*, und das Vorderrad dreht auf einem größeren Kreis als das Hinterrad, um* v_y *positiv zu machen. Durch Erhöhung von* v_x *verringert sich der Fahrzeugschwimmwinkel, bis er bei einer kritischen Geschwindigkeit null wird, bei der auch die laterale Geschwindigkeit null wird:*

$$v_c = \sqrt{\frac{a_2 lC_{\alpha r}}{ma_1}} \tag{9.354}$$

Wenn $v_x = v_c$*, dreht das Fahrzeug so, dass die x-Achse senkrecht zum Radius der Drehung R am Massenmittelpunkt steht. Daher wird die laterale Komponente des Geschwindigkeitsvektors am Massenmittelpunkt null. Wenn* $v_x > v_c$*, dann ist* $\beta < 0$*, und das Hinterrad dreht auf einem größeren Kreis als das Vorderrad. In diesem Moment hat der Geschwindigkeitsvektor von C eine negative y-Komponente.*
Deshalb ist v_y *kein guter Indikator, um zu zeigen, ob das Fahrzeug in y-Richtung dreht oder nicht.* v_y *ist nur die y-Komponente des Fahrzeuggeschwindigkeitsvektors* **v** *am Massenmittelpunkt C. Der Geschwindigkeitsvektor und daher* v_y *an anderen Punkten der Längsachse des Fahrzeugs sind unterschiedlich. Die gemeinsame Eigenschaft von* **v** *an jedem Punkt der x-Achse ist, dass alle dieselbe* v_x *haben müssen. Der beste Indikator für die Drehung eines Fahrzeugs ist die Giergeschwindigkeit r, die zeigt, wie schnell und in welche Richtung das Fahrzeug dreht.*

Beispiel 401 *Drehzentrum im Gleichgewichtszustand.*

Mit den Reaktionen auf den Gleichgewichtszustand $S_k = 1/R/\delta$ *und* $S_\beta = \beta/\delta$ *können wir die Position des Drehzentrums eines Fahrzeugs im körperfesten Koordinatensystem bestimmen. Die Koordinate des Drehzentrums* (x_O, y_O) *bezüglich des Massenzentrums sind:*

$$x_O = -R\sin\beta = -\frac{1}{S_k\delta}\sin\left(S_\beta\delta\right) \tag{9.355}$$

$$y_O = R\cos\beta = \frac{1}{S_k\delta}\cos\left(S_\beta\delta\right) \tag{9.356}$$

Betrachten Sie ein Fahrzeug mit den folgenden Eigenschaften:

$$C_{\alpha f_L} = C_{\alpha f_R} \approx 3000\,\mathrm{N/rad} \qquad C_{\alpha r_L} = C_{\alpha r_R} \approx 3000\,\mathrm{N/rad} \tag{9.357}$$

$$m = 1000\,\mathrm{kg} \qquad I_z = 1650\,\mathrm{kg\,m^2} \tag{9.358}$$

$$a_1 = 1{,}0\,\mathrm{m} \qquad a_2 = 1{,}5\,\mathrm{m} \tag{9.359}$$

$$K = \tfrac{m}{l^2}\left(\tfrac{a_2}{C_{\alpha f}} - \tfrac{a_1}{C_{\alpha r}}\right) = 1{,}33 \times 10^{-2} \tag{9.360}$$

$$S_\kappa = \frac{30}{75 + v_x^2} \qquad S_\beta = \frac{45 - 2v_x^2}{75 + v_x^2} \tag{9.361}$$

Die Variation von x_O, y_O wenn v_x ändert, wird in Abb. 9.22 gezeigt:

$$x_O = -R\sin\beta = -\frac{75 + v_x^2}{30\delta}\sin\left(\tfrac{45-2v_x^2}{75+v_x^2}\delta\right) \tag{9.362}$$

$$y_O = R\cos\beta = \frac{75 + v_x^2}{30\delta}\cos\left(\tfrac{45-2v_x^2}{75+v_x^2}\delta\right) \tag{9.363}$$

x_O beginnt bei $x_O = -a_2$ auf der reellen Achse bei null Geschwindigkeit und bewegt sich vorwärts. y_O beginnt bei $y_O = l\cot\delta$ auf der hinteren Achse bei Geschwindigkeit null und bewegt sich vom Fahrzeug weg.

Abb. 9.23 veranschaulicht die Orte des stationären Drehzentrums bei verschiedenen Geschwindigkeiten und einem konstanten Lenkwinkel für das gegebene Fahrzeug. Bei diesem untersteuernden Fahrzeug bewegt sich das Drehzentrum mit zunehmender Vorwärtsgeschwindigkeit vom Fahrzeug weg und nach vorne. Dieses Beispiel zeigt, dass die kinematische Lenkbedingung das Drehzentrum nur bestimmt, wenn die Geschwindigkeit des Autos null ist. Mit zunehmender Geschwindigkeit wird das tatsächliche stationäre Drehzentrum durch die dynamischen Parameter des Fahrzeugs und nicht durch die kinematische Lenkbedingung bestimmt.

Abb. 9.24 veranschaulicht drei stationäre Zustände des Fahrzeugs mit dem kreisförmigen Bewegungspfad und Geschwindigkeitsvektoren. Die drei Zustände sind für v_x niedriger, gleich und höher als die kritische Geschwindigkeit, bei der $\beta = 0$ ist.

Beispiel 402 *Untersteuern, Übersteuern, neutrales Steuern.*

Die Die Reaktion auf Krümmung S_κ zeigt, wie sich der Kurvenradius mit einer Änderung des Lenkwinkels ändern wird. S_κ kann ausgedrückt werden als:

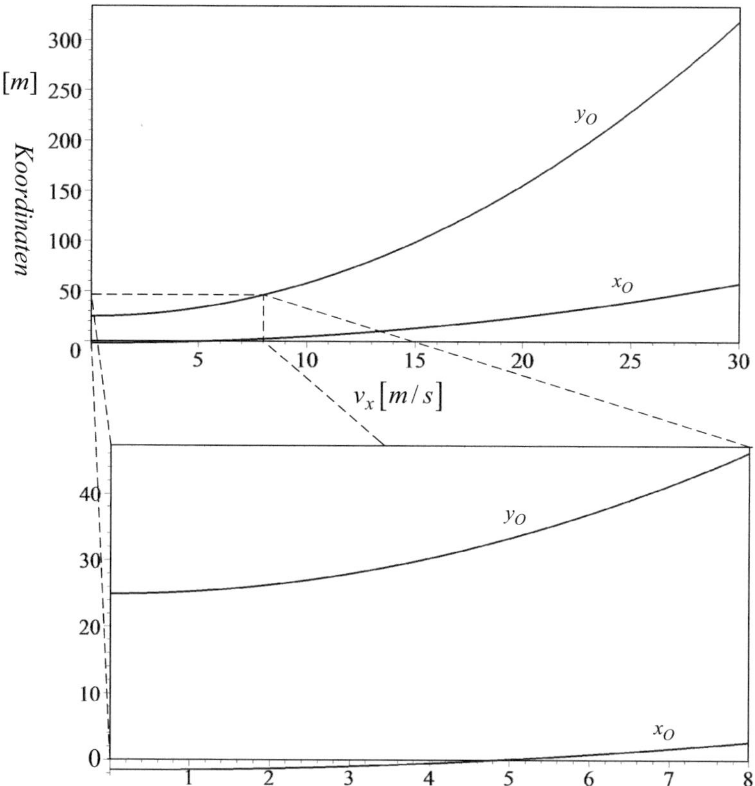

Abb. 9.22 Die Koordinate des Drehzentrums (x_O, y_O) bezüglich des Massenzentrums eines Fahrzeugs bei unterschiedlichen Geschwindigkeiten

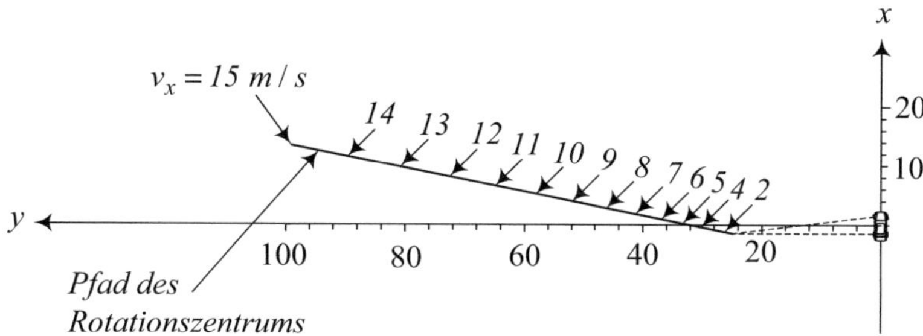

Abb. 9.23 Die Orte des stationären Drehzentrums bei verschiedenen Geschwindigkeiten und einem konstanten Lenkwinkel für ein gegebenes Fahrzeug

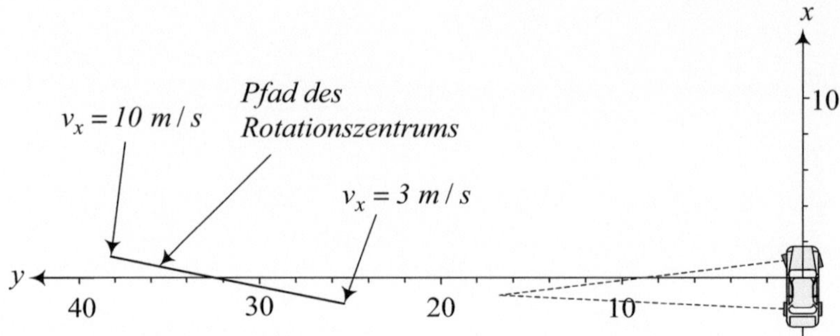

Abb. 9.24 Die drei stationären Zustände eines Fahrzeugs für v_x niedriger, gleich und höher als die kritische Geschwindigkeit, bei der $\beta = 0$ ist

$$S_\kappa = \tfrac{\kappa}{\delta} = \tfrac{1/R}{\delta} = \tfrac{1}{l}\frac{1}{1 + K v_x^2} \tag{9.364}$$

$$K = \tfrac{m}{l^2}\left(\tfrac{a_2}{C_{\alpha f}} - \tfrac{a_1}{C_{\alpha r}}\right) \tag{9.365}$$

wobei K als ***Stabilitätsfaktor*** *bezeichnet wird. Er bestimmt, dass das Fahrzeug ist*

$$\begin{array}{ll} \textit{untersteuernd} & \textit{wenn } K > 0 \\ \textit{neutral} & \textit{wenn } K = 0 \\ \textit{übersteuernd} & \textit{wenn } K < 0 \end{array} \tag{9.366}$$

Um K zu finden, können wir S_κ umschreiben als:

$$\begin{aligned} S_\kappa &= \frac{\kappa}{\delta} = \frac{1/R}{\delta} = \frac{C_\delta D_\beta - C_\beta D_\delta}{v_x\left(D_r C_\beta - C_r D_\beta + m v_x D_\beta\right)} \\ &= \frac{1}{v_x\left(\dfrac{D_r C_\beta - C_r D_\beta}{C_\delta D_\beta - C_\beta D_\delta} + \dfrac{m v_x D_\beta}{C_\delta D_\beta - C_\beta D_\delta}\right)} \\ &= \frac{1}{l + \dfrac{m v_x^2 D_\beta}{C_\delta D_\beta - C_\beta D_\delta}} = \frac{1}{l}\frac{1}{1 + \dfrac{m}{l}\dfrac{D_\beta}{C_\delta D_\beta - C_\beta D_\delta} v_x^2} \\ &= \frac{1}{l}\frac{1}{1 + K v_x^2} \end{aligned} \tag{9.367}$$

Daher gilt:

$$K = \frac{m}{l}\frac{D_\beta}{C_\delta D_\beta - C_\beta D_\delta} \tag{9.368}$$

welches, nach dem Einsetzen der Kräftesystemkoeffizienten (9.144)–(9.149) gleich

$$K = \frac{m}{l^2}\left(\frac{a_2}{C_{\alpha f}} - \frac{a_1}{C_{\alpha r}}\right) \tag{9.369}$$

ist. Das Vorzeichen des Stabilitätsfaktors K bestimmt, ob S_κ *eine steigende oder fallende Funktion der Geschwindigkeit* v_x *ist. Das Vorzeichen von K hängt vom relativen Gewicht von* $a_2/C_{\alpha f}$ *und* $a_1/C_{\alpha r}$ *ab, die von der Position des Massenzentrums* a_1, a_2 *und den Schwimmwinkelkoeffizienten der Vorder- und Hinterreifen* $C_{\alpha f}$ *und* $C_{\alpha r}$ *abhängen.*

Wenn K > 0, dann gilt:

$$\frac{a_2}{C_{\alpha f}} > \frac{a_1}{C_{\alpha r}} \tag{9.370}$$

und $S_\kappa = \kappa/\delta$ *und* $dS_\kappa/dv_x < 0$*. Daher nimmt die Krümmung des Pfades* $\kappa = 1/R$ *mit der Geschwindigkeit bei konstantem* δ *ab. Ein abnehmendes* κ *zeigt an, dass der Radius des stationären Kreises R durch Erhöhung der Geschwindigkeit* v_x *zunimmt. Ein positiver Stabilitätsfaktor ist wünschenswert. Ein Fahrzeug mit K > 0 ist stabil und wird als* ***untersteuernd*** *bezeichnet. Bei einem untersteuernden Fahrzeug müssen wir den Lenkwinkel erhöhen, wenn wir die Geschwindigkeit des Fahrzeugs erhöhen, um den gleichen Wendekreis beizubehalten.*

Wenn K < 0, dann gilt:

$$\frac{a_2}{C_{\alpha f}} < \frac{a_1}{C_{\alpha r}} \tag{9.371}$$

und $S_\kappa = \kappa/\delta$ *und* $dS_\kappa/dv_x > 0$*. Daher nimmt die Krümmung des Pfades* $\kappa = 1/R$ *mit der Geschwindigkeit bei konstantem* δ *zu. Ein zunehmendes* κ *zeigt an, dass der Radius des stationären Kreises R durch Erhöhung der Geschwindigkeit* v_x *abnimmt. Ein negativer Stabilitätsfaktor ist unerwünscht. Ein Fahrzeug mit K < 0 ist instabil und wird als* ***übersteuernd*** *bezeichnet. Bei einem übersteuernden Fahrzeug müssen wir den Lenkwinkel verringern, wenn wir die Geschwindigkeit des Fahrzeugs erhöhen, um den gleichen Wendekreis beizubehalten.*

Wenn K = 0, dann gilt:

$$\frac{a_2}{C_{\alpha f}} = \frac{a_1}{C_{\alpha r}} \tag{9.372}$$

dann ist $S_\kappa = \kappa/\delta$ *keine Funktion von* v_x*, weil* $dS_\kappa/dv_x = 0$*. Daher bleibt die Krümmung des Pfades,* $\kappa = 1/R$*, konstant bei konstantem* δ*, unabhängig von* v_x*. Ein konstantes* κ *zeigt an, dass der Radius des stationären Kreises R sich nicht ändert, wenn die Geschwindigkeit* v_x *geändert wird. Ein Stabilitätsfaktor von null ist neutral, und ein Fahrzeug mit K = 0 befindet sich an der Grenze zur Stabilität und wird als* ***neutral*** *bezeichnet. Beim Fahren eines neutral lenkenden Fahrzeugs müssen wir den Lenkwinkel nicht ändern, wenn wir die Geschwindigkeit des Fahrzeugs erhöhen oder verringern, um den gleichen Wendekreis beizubehalten.*

Als Beispiel betrachten Sie ein Auto mit den folgenden Eigenschaften:

$$C_{\alpha f} = 57296\,\text{N/ rad} \qquad C_{\alpha r} = 52712\,\text{N/ rad} \tag{9.373}$$

$$m = 917\,\text{kg} \approx 62{,}8\,\text{slug} \tag{9.374}$$

$$a_2 = 164\,\text{cm} \approx 5{,}38\,\text{ft} \qquad a_1 = 91\,\text{cm} \approx 2{,}98\,\text{ft} \tag{9.375}$$

Dieses Auto hat einen Stabilitätsfaktor K und eine Reaktion auf die Krümmung S_κ gleich:

$$K = \frac{m}{l^2}\left(\frac{a_2}{C_{\alpha f}} - \frac{a_1}{C_{\alpha r}}\right) = 1.602 \times 10^{-3} \tag{9.376}$$

$$S_\kappa = \frac{1}{l}\frac{1}{1 + Kv_x^2} = \frac{0{,}39216}{1{+}1{,}602{\times}10^{-3}v_x^2} \tag{9.377}$$

Nehmen wir nun an, wir füllen den Kofferraum und ändern die Eigenschaften des Autos zu einem neuen Satz von Eigenschaften:

$$m = 1400\,\text{kg} \approx 95{,}9\,\text{slug} \tag{9.378}$$

$$a_1 = 125\,\text{cm} \approx 4.1\,\text{ft} \qquad a_2 = 130\,\text{cm} \approx 4{,}26\,\text{ft} \tag{9.379}$$

Der neue Stabilitätsfaktor K und die Reaktion auf die Krümmung S_κ sind:

$$K = -2{,}21 \times 10^{-4} \tag{9.380}$$

$$S_\kappa = -\frac{0{,}392\,16}{2{,}21{\times}10^{-4}v_x^2{-}1} \tag{9.381}$$

Abb. 9.25 vergleicht die Reaktion auf die Krümmung S_κ für die beiden Situationen und eine neutrale Lenkung. Wir haben angenommen, dass eine Gewichtszunahme

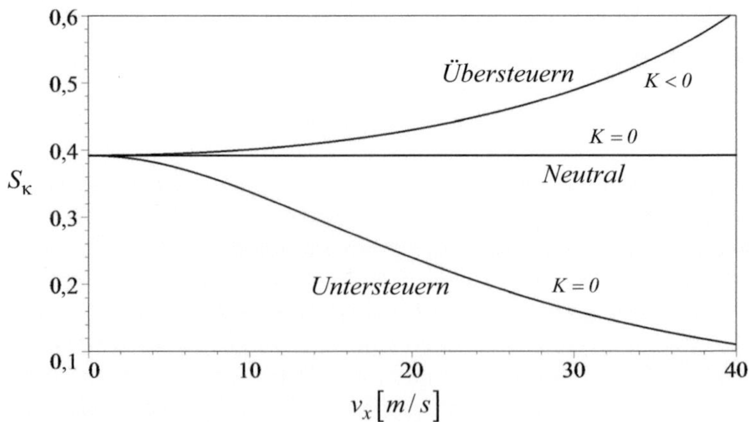

Abb. 9.25 Vergleich der Reaktion auf die Krümmung S_κ für ein Auto mit $K = 1{,}602 \times 10^{-3}$, $K = -2{,}21 \times 10^{-4}$ und $K = 0$

die Reifeneigenschaften nicht verändert hat und wir die gleichen Schwimmwinkelkoeffizienten beibehalten haben.

Beispiel 403 *Kritische Geschwindigkeit* v_c.

Wenn $K < 0$, *dann steigt* S_κ *mit steigendem* v_x. *Daher muss der Lenkwinkel verringert werden, um einen konstanten Radius in der Kurve einzuhalten. Bei einer kritischen Geschwindigkeit* v_c:

$$v_c = \sqrt{-\frac{1}{K}} \tag{9.382}$$

wird der Nenner von S_κ *null und dann gilt:*

$$S_\kappa \to \infty \tag{9.383}$$

Bei der kritischen Geschwindigkeit kann eine Verringerung des Lenkwinkels den Kurs nicht halten. Wenn $v_x = v_c$, *ist die Krümmung* κ *keine Funktion des Lenkwinkels* δ, *und jeder Drehradius ist theoretisch möglich für ein konstantes* δ. *Die kritische Geschwindigkeit macht das System instabil. Die Kontrolle eines übersteuernden Fahrzeugs wird schwieriger bei* $v_x \to v_c$ *und wird unkontrollierbar, wenn* $v_x = v_c$.

Die kritische Geschwindigkeit eines übersteuernden Autos mit Eigenschaften

$$C_{\alpha f} = 57296\,\text{N/rad} \qquad C_{\alpha r} = 52712\,\text{N/rad} \tag{9.384}$$

$$m = 1400\,\text{kg} \approx 95{,}9\,\text{slug} \tag{9.385}$$

$$a_1 = 125\,\text{cm} \approx 4.1\,\text{ft} \qquad a_2 = 130\,\text{cm} \approx 4{,}26\,\text{ft} \tag{9.386}$$

ist:

$$v_c = \sqrt{-\frac{1}{K}} = 67{,}33\,\text{m/ s} \tag{9.387}$$

weil:

$$K = \frac{m}{l^2}\left(\frac{a_2}{C_{\alpha f}} - \frac{a_1}{C_{\alpha r}}\right) = -2{,}2059 \times 10^{-4} \tag{9.388}$$

Beispiel 404 *Neutraler Lenkpunkt.*

Der ***neutrale Lenkpunkt*** *im Fahrradmodells eines Fahrzeugs ist der Punkt entlang der Längsachse, an dem das Massenzentrum eine neutrale Lenkung ermöglicht. Um den neutralen Lenkpunkt* P_N *zu finden, definieren wir eine Entfernung* a_N *von der Vorderachse, um* $K = 0$ *zu erhalten:*

$$\frac{l - a_N}{C_{\alpha f}} - \frac{a_N}{C_{\alpha r}} = 0 \tag{9.389}$$

daher gilt:

$$a_N = \frac{C_{\alpha r}}{C_{\alpha f} + C_{\alpha r}} l \tag{9.390}$$

Die ***neutrale Entfernung*** d_N

$$d_N = a_N - a_1 \tag{9.391}$$

zeigt, wie weit das Massenzentrum sich bewegen kann, um eine neutrale Lenkung zu behalten.

Zum Beispiel ist der neutrale Lenkpunkt P_N *für ein Auto mit den Eigenschaften:*

$$C_{\alpha f} = 57296\,\mathrm{N/rad} \qquad C_{\alpha r} = 52712\,\mathrm{N/rad} \tag{9.392}$$

$$a_1 = 91\,\mathrm{cm} \approx 2.98\,\mathrm{ft} \qquad a_2 = 164\,\mathrm{cm} \approx 5{,}38\,\mathrm{ft} \tag{9.393}$$

bei:

$$a_N = 1{,}2219\,\mathrm{m} \tag{9.394}$$

Daher kann sich das Massenzentrum eine Entfernung d_N *nach vorne bewegen und das Auto bleibt weiterhin untersteuernd:*

$$d_N = a_N - a_1 \approx 31{,}2\,\mathrm{cm} \tag{9.395}$$

Beispiel 405 *Stationäre Antworten eines übersteuernden Fahrzeugs.*

Um die stationären Antworten von unter- und übersteuernden Fahrzeugen zu vergleichen, untersuchen wir, wie sich die stationären Parameter S_κ, S_β, S_r, S_a *und* S_y *ändern, wenn sich die Geschwindigkeit eines übersteuernden Fahrzeugs ändert. Die folgenden Eigenschaften ähneln Beispiel* 394 *mit Ausnahme der Position des Massenzentrums:*

$$C_{\alpha f_L} = C_{\alpha f_R} \approx 3000\,\mathrm{N/rad} \qquad C_{\alpha r_L} = C_{\alpha r_R} \approx 3000\,\mathrm{N/rad} \tag{9.396}$$

$$m = 1000\,\mathrm{kg} \qquad I_z = 1650\,\mathrm{kg\,m^2} \tag{9.397}$$

$$a_1 = 1{,}28\,\mathrm{m} \qquad a_2 = 1.22\,\mathrm{m} \tag{9.398}$$

$$K = \frac{m}{l^2}\left(\frac{a_2}{C_{\alpha f}} - \frac{a_1}{C_{\alpha r}}\right) = -1{,}33 \times 10^{-2} \tag{9.399}$$

$$\begin{aligned} S_\kappa &= \frac{250}{625 - v_x^2} & S_\beta &= \frac{350 - 21{,}33 v_x^2}{75 - v_x^2} \\ S_r &= S_\kappa v_x = \frac{250 v_x}{625 - v_x^2} & S_a &= S_\kappa v_x^2 = \frac{250 v_x^2}{625 - v_x^2} \\ S_y &= \frac{350 - 21{,}33 v_x^2}{75 - v_x^2} v_x \end{aligned} \tag{9.400}$$

Abb. 9.26, 9.27, 9.28 und 9.29 *zeigen die stationären Variationen durch Erhöhung der Vorwärtsgeschwindigkeit.*

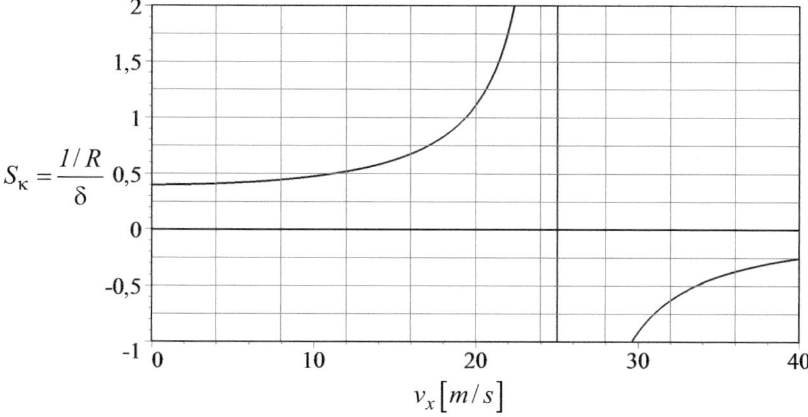

Abb. 9.26 Reaktion auf die Krümmung S_κ eines übersteuernden Fahrzeugs als Funktion der Vorwärtsgeschwindigkeit v_x

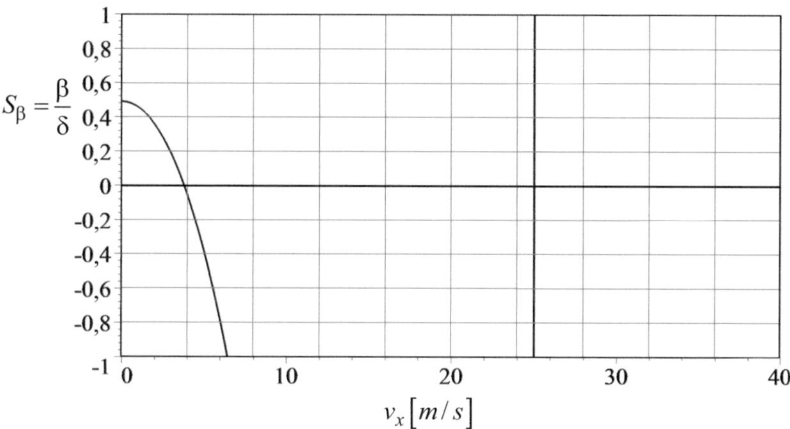

Abb. 9.27 Reaktion auf das Rutschen S_β eines übersteuernden Fahrzeugs als Funktion der Vorwärtsgeschwindigkeit v_x

Mit zunehmender Geschwindigkeit des Autos erhöht sich S_κ und nähert sich bei einer kritischen Geschwindigkeit asymptotisch Unendlich, was bedeutet, dass der Wenderadius für konstantes δ abnimmt. Der Wert von S_β nimmt monoton ab, indem v_x erhöht wird.

S_r beginnt bei null und erhöht sich mit v_x. S_a zeigt die Zentripetalbeschleunigung des Autos, während es sich mit konstanter Geschwindigkeit auf einem Kreis bewegt. Der Wert von S_a beginnt bei $v_x = 0$ und erhöht sich schnell, um $S_a \to \infty$ zu erreichen. Die Reaktion auf Seitengeschwindigkeit S_y zeigt die Geschwindigkeit des Fahrzeugs an seinem Massenzentrum in y-Richtung. Sie beginnt bei null und erhöht sich auf ein Maximum, bevor sie monoton auf negative Werte abnimmt.

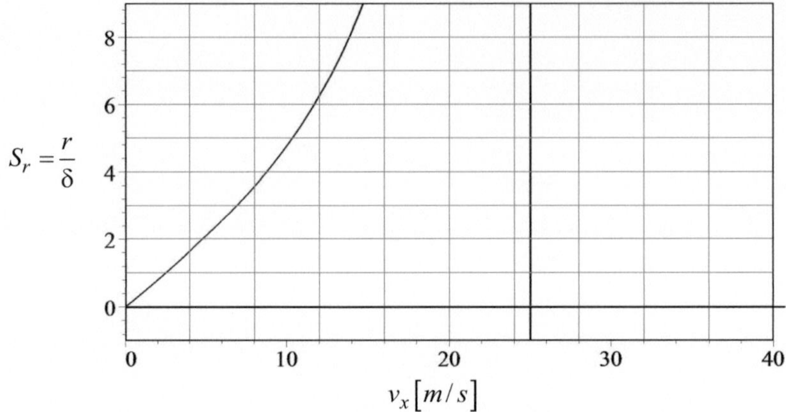

Abb. 9.28 Reaktion auf die Giergeschwindigkeit S_r eines übersteuernden Fahrzeugs als Funktion der Vorwärtsgeschwindigkeit v_x

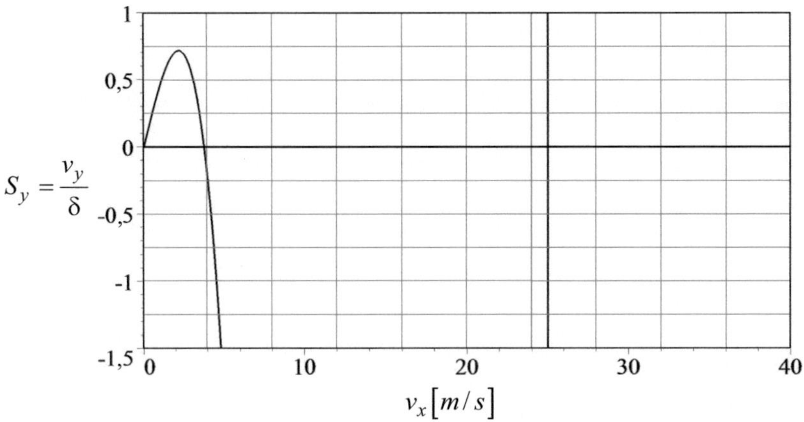

Abb. 9.29 Reaktion auf die Seitengeschwindigkeit S_y eines übersteuernden Fahrzeugs als Funktion der Vorwärtsgeschwindigkeit v_x

Beispiel 406 ⋆ *Konstante Seitenkraft und stationäre Antwort.*

Betrachten Sie eine Situation, in der es eine konstante Seitenkraft F_y auf ein Fahrzeug, aber keinen Lenkwinkel gibt. Unter stationären Bedingungen beschreiben die folgenden Gleichungen die Bewegung des Fahrzeugs:

$$F_y = C_r\, r + C_\beta\, \beta = mr\, v_x \tag{9.401}$$

$$M_z = D_r\, r + D_\beta\, \beta = 0 \tag{9.402}$$

Gl. (9.401) *und* (9.402) *können verwendet werden, um die folgenden stationären Antworten zu definieren:*

$$S_{y_1} = \frac{\kappa}{F_y} = \frac{1/R}{F_y} = \frac{D_\beta}{v_x\left(C_r D_\beta - C_\beta D_r\right)} \tag{9.403}$$

$$S_{y_2} = \frac{r}{F_y} = \frac{D_\beta}{C_r D_\beta - C_\beta D_r} \tag{9.404}$$

Eine konstante Seitenkraft kann das Ergebnis von geradem Fahren auf einer geneigten Straße oder von Seitenwind sein. Eine Reaktion auf eine Seitendrehung S_{y_1} ungleich null zeigt an, dass das Fahrzeug mit $\delta = 0$ und $F_y \neq 0$ abbiegen wird. Die Reaktion auf die Seitenrotation S_{y_1} kann in die folgende Gleichung umgewandelt werden, um eine Funktion des Stabilitätsfaktors K zu erhalten:

$$\begin{aligned} S_{y_1} &= \frac{1}{v_x\left(C_r - C_\beta \dfrac{D_r}{D_\beta}\right)} = \frac{a_1 C_{\alpha f} - a_2 C_{\alpha r}}{v_x C_{\alpha f} C_{\alpha r} l^2} \\ &= -\frac{1}{v_x l^2}\left(\frac{a_2}{C_{\alpha f}} - \frac{a_1}{C_{\alpha r}}\right) = -\frac{1}{m v_x} K \end{aligned} \tag{9.405}$$

Um Regen und Wasser von Straßen abzuleiten, bauen wir die geraden Straßen mit einem kleinen Bankwinkel vom Zentrum zur Schulter. Betrachten Sie ein fahrendes Auto auf einer geraden geneigten Straße. Es gibt eine seitliche Gravitationskraft aufgrund des Bankwinkels θ

$$F_y = -mg\sin\theta \approx -mg\theta \tag{9.406}$$

um das Auto bergab zu ziehen. Wenn das Auto untersteuernd ist und $K > 0$, dann wird das Auto bergab fahren, während ein übersteuerndes Auto mit $K < 0$ bergauf fahren wird.

Ebenso, wenn es einen Seitenwind in der y-Richtung gibt und das Auto auf einer flachen geraden Straße fährt, dann wird ein untersteuerndes Auto, $K > 0$, um die z-Achse drehen, während ein übersteuerndes Auto, $K < 0$, um die -z-Achse drehen wird.

Beispiel 407 ⋆ *SAE-Definition für das Steuern.*

Die Definition der SAE (Society of Automotive Engineers) für Unter- und Übersteuerverhalten lauten wie folgt:

US. Ein Fahrzeug ist untersteuernd, wenn das Verhältnis des Lenkradwinkelgradienten zur Gesamtlenkübersetzung größer ist als der Ackerman-Lenkgradient.

OS. Ein Fahrzeug ist übersteuernd, wenn das Verhältnis des Lenkradwinkelgradienten zur Gesamtlenkübersetzung kleiner ist als der Ackerman-Lenkgradient.

AS. Der Ackerman-Lenkgradient ist:

$$S_A = \frac{l}{v_x^2} = \frac{d(l/R)}{d\left(v_x^2/R\right)} \tag{9.407}$$

Beispiel 408 ⋆ *Exakte stationäre Reaktionen.*

Die gleichförmige Kurvenfahrt eines zweirädrigen starren Fahrzeugs wird ausgedrückt durch:

$$F_x = -mr\, v_y \tag{9.408}$$

$$C_r\, r + C_\beta\, \beta + C_\delta\, \delta = mr\, v_x \tag{9.409}$$

$$D_r\, r + D_\beta\, \beta + D_\delta\, \delta = 0 \tag{9.410}$$

Bei gleichförmiger Kurvenfahrt bewegt sich der Massenmittelpunkt des Fahrzeugs auf einem Kreis mit Radius R mit einer Vorwärtsgeschwindigkeit v_x *und einer Winkelgeschwindigkeit r, sodass* v_x *und r durch Folgendes verknüpft sind:*

$$v_x = R\, r \cos\beta \qquad v = R\, r \qquad R_1 = R\cos\beta \tag{9.411}$$

Setzt man (9.280) *in die Gl.* (9.277)*–*(9.279) *ein, erhält man:*

$$C_r\, \frac{v_x}{R_1} + C_\beta\, \beta + C_\delta\, \delta = m\frac{v_x^2}{R_1} \tag{9.412}$$

$$D_r\, \frac{v_x}{R_1} + D_\beta\, \beta + D_\delta\, \delta = 0 \tag{9.413}$$

Wir definieren eine neue Krümmung κ_1 *basierend auf* $R_{1:}$

$$\kappa_1 = \frac{1}{R_a} \tag{9.414}$$

und schreiben die Gleichungen in Matrixform:

$$\begin{bmatrix} C_\beta & C_r\, v_x - m\, v_x^2 \\ D_\beta & D_r\, v_x \end{bmatrix} \begin{bmatrix} \beta \\ \kappa_1 \end{bmatrix} = \begin{bmatrix} -C_\delta \\ -D_\delta \end{bmatrix} \delta \tag{9.415}$$

Die Lösung der Gleichungen für β *und* κ_1 *zeigt, dass:*

$$\begin{bmatrix} \beta \\ \kappa_1 \end{bmatrix} = \begin{bmatrix} \dfrac{D_\delta(C_r - mv_x) - D_r C_\delta}{D_r C_\beta - C_r D_\beta + mv_x D_\beta} \\ \dfrac{C_\delta D_\beta - C_\beta D_\delta}{v_x\left(D_r C_\beta - C_r D_\beta + mv_x D_\beta\right)} \end{bmatrix} \delta \tag{9.416}$$

Nun sind wir in der Lage, genauere gleichförmige Reaktionen zu definieren.

1. Reaktion auf die Krümmung S_κ $\quad R_1 = R\cos\beta$*:*

$$\begin{aligned} S_\kappa &= \tfrac{\kappa}{\delta} = \tfrac{1}{R\delta} = \tfrac{1}{R_1\delta}\cos\beta \\ &= \frac{C_\delta D_\beta - C_\beta D_\delta}{v_x\left(D_r C_\beta - C_r D_\beta + mv_x D_\beta\right)}\cos\beta \end{aligned} \tag{9.417}$$

2. *Reaktion auf das Rutschen* S_β:

$$S_\beta = \frac{\beta}{\delta} = \frac{D_\delta(C_r - mv_x) - D_r C_\delta}{D_r C_\beta - C_r D_\beta + mv_x D_\beta} \tag{9.418}$$

3. *Reaktion auf die Giergeschwindigkeit* S_r:

$$S_r = \frac{r}{\delta} = \frac{\kappa}{\delta} v_x = S_\kappa v_x = \frac{C_\delta D_\beta - C_\beta D_\delta}{D_r C_\beta - C_r D_\beta + mv_x D_\beta} \cos\beta \tag{9.419}$$

4. *Reaktion auf die Zentripetalbeschleunigung* S_a:

$$S_a = \frac{v_x^2/R}{\delta} = \frac{\kappa}{\delta} v_x^2 = S_\kappa v_x^2 = \frac{\left(C_\delta D_\beta - C_\beta D_\delta\right) v_x}{D_r C_\beta - C_r D_\beta + mv_x D_\beta} \cos\beta \tag{9.420}$$

5. *Reaktion auf die Seitenbeschleunigung* S_y:

$$S_y = \frac{v_y}{\delta} = S_\beta v_x = \frac{D_\delta(C_r - mv_x) - D_r C_\delta}{D_r C_\beta - C_r D_\beta + mv_x D_\beta} v_x \tag{9.421}$$

9.6 ★ Linearisiertes Modell für ein Zwei-Rad-Fahrzeug

Wenn der Schwimmwinkel des Fahrzeugs β sehr klein ist, reduzieren sich die Bewegungsgleichungen des Fahrradmodells auf den folgenden Satz von Gleichungen:

$$F_x = m\dot{v} - mrv\beta \tag{9.422}$$

$$F_y = mv\left(r + \dot{\beta}\right) + m\beta\dot{v} \tag{9.423}$$

$$M_z = I_z \dot{r} \tag{9.424}$$

$$\begin{aligned} F_y = &\left(-C_{\alpha f} - C_{\alpha r}\right)\beta + \tfrac{1}{v}\left(a_2 C_{\alpha r} - a_1 C_{\alpha f}\right) r \\ &+ \delta_f C_{\alpha f} + \delta_r C_{\alpha r} \end{aligned} \tag{9.425}$$

$$\begin{aligned} M_z = &\left(a_2 C_{\alpha r} - a_1 C_{\alpha f}\right)\beta - \tfrac{1}{v}\left(a_1^2 C_{\alpha f} + a_2^2 C_{\alpha r}\right) r \\ &+ a_1 C_{\alpha f}\delta_f - a_2 C_{\alpha r}\delta_r \end{aligned} \tag{9.426}$$

Obwohl diese Gleichungen nicht linear sind, wenn $\mathbf{v}$ nicht konstant ist, werden sie aufgrund der Annahme $\beta \ll 1$ als linearisierte Bewegungsgleichungen bezeichnet.

Wenn die Geschwindigkeit des Fahrzeugs konstant ist, dann lauten die Gleichungen:

$$F_x = -mrv\beta \tag{9.427}$$

$$F_y = mv\left(r + \dot{\beta}\right) \tag{9.428}$$

$$M_z = I_z \dot{r} \tag{9.429}$$

Beweis. Für einen kleinen Schwimmwinkel β können wir annehmen, dass:

$$v_x = v\cos\beta \approx v \tag{9.430}$$

$$v_y = v\sin\beta \approx v\beta \tag{9.431}$$

Daher vereinfachen sich die Bewegungsgleichungen (9.193)–(9.195) zu:

$$F_x = m\dot{v}_x - mrv_y = m\dot{v} - mrv\beta \tag{9.432}$$

$$F_y = m\dot{v}_y + mrv_x = m\big(\dot{v}\beta + v\dot{\beta}\big) + mrv \tag{9.433}$$

$$M_z = \dot{r}I_z \tag{9.434}$$

Ersetzen wir $\dot{v} = 0$ durch eine konstante Geschwindigkeit, werden diese Gleichungen gleich (9.427)–(9.429).

Die Reifen-Schwimmwinkel α_f und α_r können ebenfalls vereinfacht werden zu:

$$\alpha_f = \beta_f - \delta_f = \tfrac{1}{v_x}\big(v_y + a_1 r\big) - \delta_f = \beta + \tfrac{a_1 r}{v} - \delta_f \tag{9.435}$$

$$\alpha_r = \beta_r - \delta_r = \tfrac{1}{v_x}\big(v_y - a_2 r\big) - \delta_r = \beta - \tfrac{a_2 r}{v} - \delta_r \tag{9.436}$$

Die seitlichen Kräfte der Vorder- und Hinterreifen sind:

$$F_{yf} = -C_{\alpha f}\,\alpha_f \tag{9.437}$$

$$F_{yr} = -C_{\alpha r}\,\alpha_r \tag{9.438}$$

Ersetzen wir diese Gleichungen in (9.432)–(9.434) und verwenden wir die Definitionen:

$$F_x \approx F_{x_f} + F_{x_r} \tag{9.439}$$

$$F_y \approx F_{y_f} + F_{y_r} \tag{9.440}$$

$$M_z \approx a_1 F_{y_f} - a_2 F_{y_r} \tag{9.441}$$

ergibt sich das Kräftesystem:

$$\begin{aligned} F_y &= F_{yf} + F_{yr} \\ &= \big(-C_{\alpha f} - C_{\alpha r}\big)\beta + \tfrac{1}{v}\big(a_2 C_{\alpha r} - a_1 C_{\alpha f}\big)r \\ &\quad + \delta_f C_{\alpha f} + \delta_r C_{\alpha r} \end{aligned} \tag{9.442}$$

$$\begin{aligned} M_z &= a_1 F_{yf} - a_2 F_{y_r} \\ &= \big(a_2 C_{\alpha r} - a_1 C_{\alpha f}\big)\beta - \tfrac{1}{v}\big(a_1^2 C_{\alpha f} + a_2^2 C_{\alpha r}\big)r \\ &\quad + a_1 C_{\alpha f}\delta_f - a_2 C_{\alpha r}\delta_r \end{aligned} \tag{9.443}$$

Faktorisierung wird das Kräftesystem zu (9.425)–(9.426) transformieren ▪

Beispiel 409 ⋆ *Vorderradlenkung und konstante Geschwindigkeit.*

In den meisten Fällen ist das Vorderrad das einzige lenkbare Rad, daher ist $\delta_{\mathrm{f}} = \delta$ und $\delta_{\mathrm{r}} = 0$. Dies vereinfacht die Bewegungsgleichungen für ein Fahrzeug mit Vorderradlenkung bei konstanter Geschwindigkeit zu:

$$F_x = -mrv\beta \tag{9.444}$$

$$\begin{aligned} mv\dot{\beta} &= \left(-C_{\alpha f} - C_{\alpha r}\right)\beta \\ &\quad + \left(-\tfrac{1}{v}\left(a_1 C_{\alpha f} - a_2 C_{\alpha r}\right) - mv\right) r + C_{\alpha f}\delta \end{aligned} \tag{9.445}$$

$$\begin{aligned} I_z\dot{r} &= \left(a_2 C_{\alpha r} - a_1 C_{\alpha f}\right)\beta \\ &\quad + \left(-\tfrac{1}{v}\left(C_{\alpha f} a_1^2 + C_{\alpha r} a_2^2\right)\right) r + \left(a_1 C_{\alpha f}\right)\delta \end{aligned} \tag{9.446}$$

Die zweite und dritte Gleichung können in Matrixform für eine einfachere Berechnung geschrieben werden:

$$\begin{aligned} \begin{bmatrix} \dot{\beta} \\ \dot{r} \end{bmatrix} &= \begin{bmatrix} \dfrac{-\left(C_{\alpha f} + C_{\alpha r}\right)}{mv} & \dfrac{a_2 C_{\alpha r} - a_1 C_{\alpha f}}{mv^2} - 1 \\ \dfrac{a_2 C_{\alpha r} - a_1 C_{\alpha f}}{I_z} & \dfrac{-\left(C_{\alpha f} a_1^2 + C_{\alpha r} a_2^2\right)}{vI_z} \end{bmatrix} \begin{bmatrix} \beta \\ r \end{bmatrix} \\ &\quad + \begin{bmatrix} \dfrac{C_{\alpha f}}{mv} \\ \dfrac{a_1 C_{\alpha f}}{I_z} \end{bmatrix} \delta \end{aligned} \tag{9.447}$$

Beispiel 410 ⋆ *Stationäre Zustände und ein linearisiertes System.*

Die Bewegungsgleichungen für ein Zwei-Rad-Modell von Vierradfahrzeugen mit Vorderradlenkung sind in Gl. (9.447) für den linearisierten Winkel β gegeben. Bei einem stationären Zustand haben wir:

$$\begin{bmatrix} \dot{\beta} \\ \dot{r} \end{bmatrix} = 0 \tag{9.448}$$

und daher:

$$\begin{aligned} \begin{bmatrix} \beta \\ r \end{bmatrix} &= \begin{bmatrix} \dfrac{-C_{\alpha f} - C_{\alpha r}}{mv} & \dfrac{a_2 C_{\alpha r} - a_1 C_{\alpha f}}{mv^2} - 1 \\ \dfrac{a_2 C_{\alpha r} - a_1 C_{\alpha f}}{I_z} & \dfrac{-C_{\alpha f} a_1^2 - C_{\alpha r} a_2^2}{vI_z} \end{bmatrix}^{-1} \begin{bmatrix} \dfrac{C_{\alpha f}}{mv}\delta \\ \dfrac{a_1 C_{\alpha f}}{I_z}\delta \end{bmatrix} \\ &= \begin{bmatrix} \dfrac{-\left(a_2^2 C_{\alpha r} + a_1 a_2 C_{\alpha r} - mv^2 a_1\right) C_{\alpha f}\delta}{C_{\alpha f} C_{\alpha r}(a_1 + a_2)^2 - mv^2\left(a_1 C_{\alpha f} - a_2 C_{\alpha r}\right)} \\ \dfrac{-(a_1 + a_2) v C_{\alpha f} C_{\alpha r}\delta}{C_{\alpha f} C_{\alpha r}(a_1 + a_2)^2 - mv^2\left(a_1 C_{\alpha f} - a_2 C_{\alpha r}\right)} \end{bmatrix} \end{aligned} \tag{9.449}$$

Mit Gl. (9.449) können wir die folgenden stationären Reaktionen definieren:

2. Reaktionen auf Rutschen S_β*:*

$$S_\beta = \frac{\beta}{\delta} = \frac{-\left(a_2^2 C_{\alpha r} + a_1 a_2 C_{\alpha r} - m v^2 a_1\right) C_{\alpha f}}{C_{\alpha f} C_{\alpha r} l^2 - m v^2 \left(a_1 C_{\alpha f} - a_2 C_{\alpha r}\right)} \tag{9.450}$$

3. Reaktion auf die Giergeschwindigkeit S_r*:*

$$S_r = \frac{r}{\delta} = \frac{-C_{\alpha f} C_{\alpha r} l v}{C_{\alpha f} C_{\alpha r} l^2 - m v^2 \left(a_1 C_{\alpha f} - a_2 C_{\alpha r}\right)} \tag{9.451}$$

Bei stationären Zuständen haben wir:

$$r = \frac{v}{R} \tag{9.452}$$

wobei R der Radius der kreisförmigen Kurve des Fahrzeugs ist. Mit Gl. (9.452) können wir zwei weitere stationäre Reaktionen wie folgt definieren:

1. Reaktion auf die Krümmung S_κ*:*

$$\begin{aligned} S_\kappa &= \tfrac{\kappa}{\delta} = \tfrac{1}{R\delta} = \tfrac{r}{v\delta} = \tfrac{1}{v} S_r \\ &= \frac{-l C_{\alpha f} C_{\alpha r}}{C_{\alpha f} C_{\alpha r} l^2 - m v^2 \left(a_1 C_{\alpha f} - a_2 C_{\alpha r}\right)} \end{aligned} \tag{9.453}$$

4. Reaktion auf Seitenbeschleunigung S_a*:*

$$\begin{aligned} S_a &= \tfrac{v^2/R}{\delta} = \tfrac{\kappa}{\delta} v^2 = S_\kappa v^2 \\ &= \frac{-l C_{\alpha f} C_{\alpha r} v^2}{C_{\alpha f} C_{\alpha r} l^2 - m v^2 \left(a_1 C_{\alpha f} - a_2 C_{\alpha r}\right)} \end{aligned} \tag{9.454}$$

Die oben genannten stationären Antworten sind vergleichbar mit den stationären Zuständen 1 bis 4, die in den Gl. (9.267)–(9.270) für einen allgemeineren Fall gegeben sind.

Beispiel 411 ⋆ *Untersteuern und Übersteuern für ein linearisiertes Modell.*

Unter Verwendung der Reaktion auf die Krümmung S_κ *in Gl. (9.453) können wir definieren:*

$$
\begin{aligned}
S_\kappa &= \tfrac{\kappa}{\delta} = \tfrac{1/R}{\delta} = \frac{-lC_{\alpha f}C_{\alpha r}}{C_{\alpha f}C_{\alpha r}l^2 - mv^2\left(a_1C_{\alpha f} - a_2C_{\alpha r}\right)} \\
&= \frac{1}{l + \dfrac{mv^2\left(a_1C_{\alpha f} - a_2C_{\alpha r}\right)}{-lC_{\alpha f}C_{\alpha r}}} \\
&= \tfrac{1}{l}\frac{1}{1 + \dfrac{mv^2\left(a_1C_{\alpha f} - a_2C_{\alpha r}\right)}{-l^2C_{\alpha f}C_{\alpha r}}} = \tfrac{1}{l}\frac{1}{1+Kv_x^2}
\end{aligned}
\tag{9.455}
$$

wobei:

$$
K = \frac{m}{l^2}\left(\frac{a_2}{C_{\alpha f}} - \frac{a_1}{C_{\alpha r}}\right) \tag{9.456}
$$

Dieses K ist das gleiche wie der Stabilitätsfaktor, der in Gl. (9.369) gegeben ist. Daher bleibt der Stabilitätsfaktor für die linearisierten Gleichungen gleich.

Beispiel 412 ⋆ *Quellen von Nichtlinearitäten.*

Es gibt drei Hauptgründe für Nichtlinearität in den Bewegungsgleichungen für starre Fahrzeuge: Produkt von Variablen, trigonometrische Funktionen und nichtlineare Charakteristik von Kräften. Wenn der Lenkwinkel δ und die Schwimmwinkel α_i und β sehr klein sind, wirken die Kräfte linear, trigonometrische Funktionen sind annähernd linear und die Produkte von Variablen sind zu klein. Daher ist es sinnvoll, alle Arten von Nichtlinearitäten zu ignorieren. Dies wird als Fahren unter der ***Bedingung kleiner Winkel*** *bezeichnet und ist korrekt für Kurven geringer Krümmung und fahren mit normaler Geschwindigkeit.*

9.7 ⋆ Transiente Reaktion

Um das Einschwingverhalten eines Fahrzeugs zu untersuchen und zu prüfen, wie das Fahrzeug auf einen Lenkeingriff reagiert, muss der folgende Satz von gekoppelten gewöhnlichen Differentialgleichungen gelöst werden:

$$
\dot{v}_x = \frac{1}{m}F_x + r\,v_y \tag{9.457}
$$

$$
\dot{v}_y = \frac{C_\beta}{mv_x}v_y - \left(v_x - \frac{C_r}{m}\right)r + \frac{C_\delta}{m}\delta(t) \tag{9.458}
$$

$$
\dot{r} = \frac{D_\beta}{I_zv_x}v_y + \frac{D_r}{I_z}r + \frac{D_\delta}{I_z}\delta(t) \tag{9.459}
$$

Die Ergebnisse aus diesem Gleichungssystem zu einem gegebenen zeitabhängigen Lenkwinkel sind:

$$v_x = v_x(t) \tag{9.460}$$

$$v_y = v_y(t) \tag{9.461}$$

$$r = r(t) \tag{9.462}$$

Eine solche Lösung wird als *Zeitverhalten* oder *transiente Antwort* bezeichnet.

Unter der Annahme einer konstanten Vorwärtsgeschwindigkeit vereinfacht sich die erste Gl. (9.457) zu einer algebraischen Gleichung:

$$F_x = -mr\,v_y \tag{9.463}$$

$$\begin{bmatrix} \dot{v}_y \\ \dot{r} \end{bmatrix} = \begin{bmatrix} \dfrac{C_\beta}{mv_x} & \dfrac{C_r}{m} - v_x \\ \dfrac{D_\beta}{I_z v_x} & \dfrac{D_r}{I_z} \end{bmatrix} \begin{bmatrix} v_y \\ r \end{bmatrix} + \begin{bmatrix} \dfrac{C_\delta}{m} \\ \dfrac{D_\delta}{I_z} \end{bmatrix} \delta(t) \tag{9.464}$$

und die Gl. (9.464) werden unabhängig von der ersten. Der Satz von Gl. (9.464) kann in der Form

$$\dot{\mathbf{q}} = [A]\mathbf{q} + \mathbf{u} \tag{9.465}$$

geschrieben werden, in der $[A]$ eine konstante Koeffizientenmatrix ist, $\mathbf{q}$ ist der Vektor der Steuervariablen, und $\mathbf{u}$ ist der Vektor der Eingaben.

$$[A] = \begin{bmatrix} -\dfrac{C_{\alpha f} + C_{\alpha r}}{mv_x} & \dfrac{-a_1 C_{\alpha f} + a_2 C_{\alpha r}}{mv_x} - v_x \\ -\dfrac{a_1 C_{\alpha f} - a_2 C_{\alpha r}}{I_z v_x} & -\dfrac{a_1^2 C_{\alpha f} + a_2^2 C_{\alpha r}}{I_z v_x} \end{bmatrix} \tag{9.466}$$

$$= \begin{bmatrix} \dfrac{C_\beta}{mv_x} & \dfrac{C_r}{m} - v_x \\ \dfrac{D_\beta}{I_z v_x} & \dfrac{D_r}{I_z} \end{bmatrix} \tag{9.467}$$

$$\mathbf{q} = \begin{bmatrix} v_y \\ r \end{bmatrix} \tag{9.468}$$

$$\mathbf{u} = \begin{bmatrix} \dfrac{C_{\alpha f}}{m} \\ \dfrac{a_1 C_{\alpha f}}{I_z} \end{bmatrix} \delta(t) = \begin{bmatrix} \dfrac{C_\delta}{m} \\ \dfrac{D_\delta}{I_z} \end{bmatrix} \delta(t) \tag{9.469}$$

Um das inverse dynamische Problem zu lösen und die Fahrzeugreaktion zu finden, muss die Lenkfunktion $\delta(t)$ gegeben sein.

Beispiel 413 ⋆ *Probleme der Vorwärts- und inversen Dynamik.*

Zwei Arten von Dynamikproblemen können definiert werden: 1. direkt oder vorwärts und 2. indirekt oder invers. In der Vorwärtsdynamik wird eine Reihe von gewünschten Funktionen $v_x = v_x(t)$, $v_y = v_y(t)$, $r = r(t)$ gegeben, und die erforderliche $\delta(t)$ ist gesucht. In der inversen Dynamik ist eine Eingangsfunktion $\delta = \delta(t)$ gegeben, und die Ausgangsfunktionen $v_x = v_x(t)$, $v_y = v_y(t)$, $r = r(t)$ werden gesucht.

Das Vorwärtsdynamikproblem erfordert eine Differenzierung und das Inversdynamikproblem eine Integration. Allgemein gesagt, ist die Lösung eines inversen Dynamikproblems komplizierter als die eines Vorwärtsdynamikproblems.

Beispiel 414 ⋆ *Analytische Lösung für eine Lenkung mit stufenweiser Eingabe.*

Betrachten Sie ein Fahrzeug mit den folgenden Eigenschaften:

$$\begin{aligned} C_{\alpha f} &= 60000\,\mathrm{N/rad} & C_{\alpha r} &= 60000\,\mathrm{N/rad} \\ m &= 1000\,\mathrm{kg} & I_z &= 1650\,\mathrm{kg\,m^2} \\ a_1 &= 1{,}0\,\mathrm{m} & a_2 &= 1{,}5\,\mathrm{m} \\ v_x &= 20\,\mathrm{m/s} \end{aligned} \tag{9.470}$$

Die Kräftesystemkoeffizienten für das Fahrzeug aus (9.144)–(9.149) sind:

$$\begin{aligned} C_r &= 1500\,\mathrm{N\,s/rad} & C_\beta &= -120000\,\mathrm{N/rad} \\ C_\delta &= 60000\,\mathrm{N/rad} & D_r &= -9750\,\mathrm{N\,m\,s/rad} \\ D_\beta &= 30000\,\mathrm{N\,m/rad} & D_\delta &= 60000\,\mathrm{N\,m/rad} \end{aligned} \tag{9.471}$$

Nehmen wir an, der Lenkeingang ist:

$$\delta(t) = \begin{cases} 0{,}1\,\mathrm{rad} \approx 5{,}73\,\mathrm{deg} & t > 0 \\ 0 & t \le 0 \end{cases} \tag{9.472}$$

Die stationären Reaktionen können verwendet werden, um die stationären Werte der variablen Kinematik des Fahrzeugs zu bestimmen:

$$R = \frac{1}{S_\kappa \delta} = \frac{D_r C_\beta - C_r D_\beta + m v_x D_\beta}{C_\delta D_\beta - C_\beta D_\delta} \frac{v_x}{\delta} = 38{,}33\,\mathrm{m} \tag{9.473}$$

$$\beta = S_\beta \delta = \frac{D_\delta (C_r - m v_x) - D_r C_\delta}{D_r C_\beta - C_r D_\beta + m v_x D_\beta} \delta = -0{,}0304\,\mathrm{rad} \tag{9.474}$$

$$r = S_r \delta = \frac{C_\delta D_\beta - C_\beta D_\delta}{D_r C_\beta - C_r D_\beta + m v_x D_\beta} \delta = 0{,}522\,\mathrm{rad/s} \tag{9.475}$$

$$\frac{v_x^2}{R} = S_a \delta = \frac{C_\delta D_\beta - C_\beta D_\delta}{D_r C_\beta - C_r D_\beta + m v_x D_\beta} v_x\, \delta = 10{,}43\,\mathrm{m/s^2} \tag{9.476}$$

$$v_y = S_y \delta = \frac{D_\delta (C_r - m v_x) - D_r C_\delta}{D_r C_\beta - C_r D_\beta + m v_x D_\beta} v_x \, \delta = -0{,}608 \, \mathrm{m/s} \tag{9.477}$$

Die Bewegungsgleichungen für eine Anfangsbedingung bei Null:

$$\mathbf{q}_0 = \begin{bmatrix} v_y(0) \\ r(0) \end{bmatrix} = \begin{bmatrix} 0 \\ 0 \end{bmatrix} \tag{9.478}$$

sind:

$$\dot{v}_y + 6v_y + 18{,}5r = 60\delta(t) = 6 \tag{9.479}$$

$$\dot{r} - 0{,}909v_y + 5{,}909r = 36{,}363\delta(t) = 3{,}636 \tag{9.480}$$

Die Lösungen der Bewegungsgleichungen sind:

$$\begin{bmatrix} v_y(t) \\ r(t) \end{bmatrix} = \begin{bmatrix} -0{,}609 + e^{-5{,}95t}(2{,}347 \sin 4{,}1t + 0{,}609 \cos 4{,}1t) \\ 0{,}522 + e^{-5{,}95t}(0{,}129 \sin 4{,}1t - 0{,}522 \cos 4{,}1t) \end{bmatrix} \tag{9.481}$$

Um die Reaktion des Fahrzeugs auf die plötzliche Änderung des Lenkwinkels bei gerader Fahrt mit konstanter Geschwindigkeit zu untersuchen, stellen wir die kinematischen Variablen des Fahrzeugs dar. Die Abb. 9.30 *und* 9.31 *zeigen jeweils die Lösungen $v_y(t)$ und $r(t)$. Der Lenkeingriff ist positiv, und daher muss das Fahrzeug nach links, in positive Richtung der y-Achse abbiegen. Die Giergeschwindigkeit in Abb.* 9.31 *ist positiv und zeigt korrekt an, dass das Fahrzeug um die z-Achse dreht.*

Wir können auch die Seitengeschwindigkeit der Vorder- und Hinterreifen finden, wenn wir v_y und r haben:

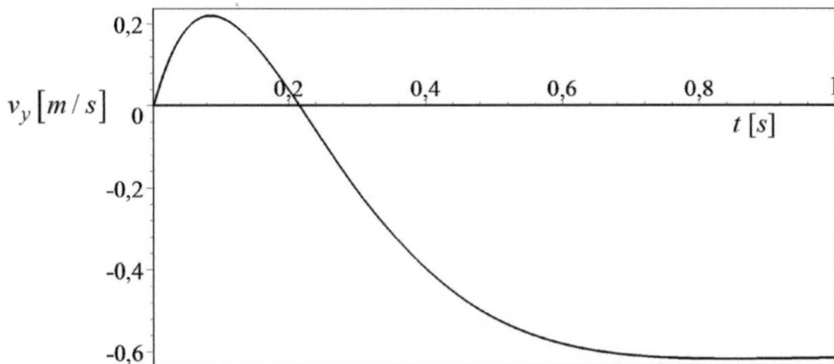

Abb. 9.30 Quergeschwindigkeitsreaktion auf eine plötzliche Änderung des Lenkwinkels

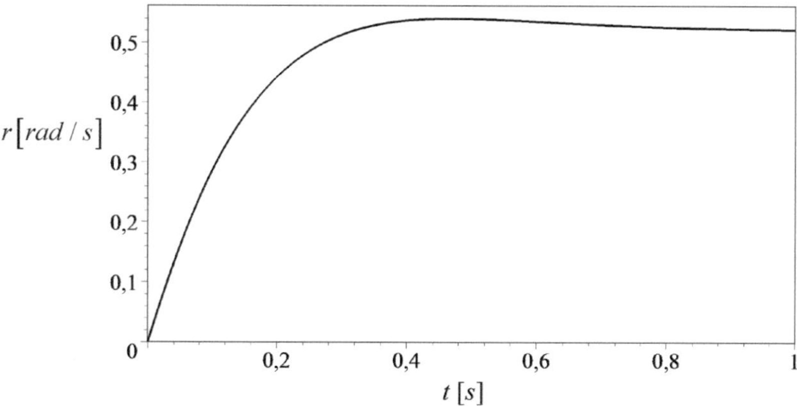

Abb. 9.31 Giergeschwindigkeitsreaktion auf eine plötzliche Änderung des Lenkwinkels

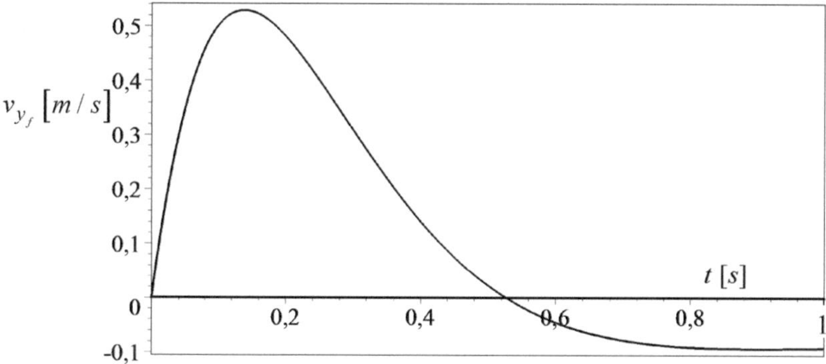

Abb. 9.32 Seitengeschwindigkeitsreaktion des Vorderrads auf eine plötzliche Änderung des Lenkwinkels

$$v_{y_f} = v_y + a_1 r \qquad v_{y_r} = v_y - a_2 r \tag{9.482}$$

Die Seitengeschwindigkeit der Vorder- und Hinterreifen wird in den Abb. 9.32 *und* 9.33 *dargestellt. Der Schwimmwinkel des Fahrzeugs* $\beta = v_y/v_x$ *und der Wenderadius* $R = v_x/r$ *sind zudem in den Abb.* 9.34 *und* 9.35 dargestellt.

Beispiel 415 ⋆ *Zeitreihen und freie Antwort.*

Die Reaktion eines Fahrzeugs auf einen Lenkwinkel von null:

$$\delta(t) = 0 \tag{9.483}$$

bei konstanter Geschwindigkeit wird freie Antwort genannt. Die Bewegungsgleichung unter freier Dynamik ist:

$$\dot{\mathbf{q}} = [A]\mathbf{q} \tag{9.484}$$

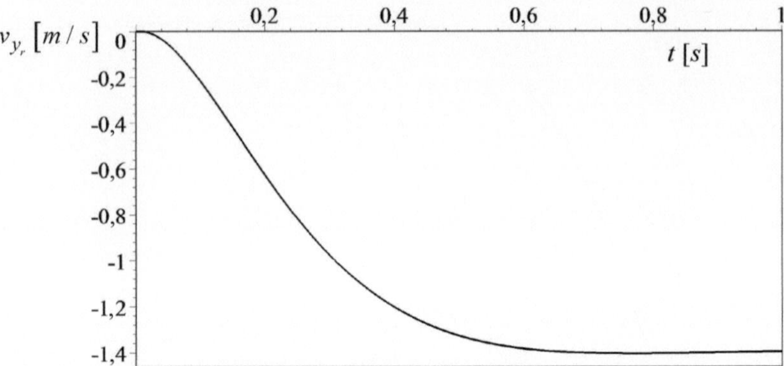

Abb. 9.33 Seitengeschwindigkeitsreaktion des Hinterrads auf eine plötzliche Änderung des Lenkwinkels

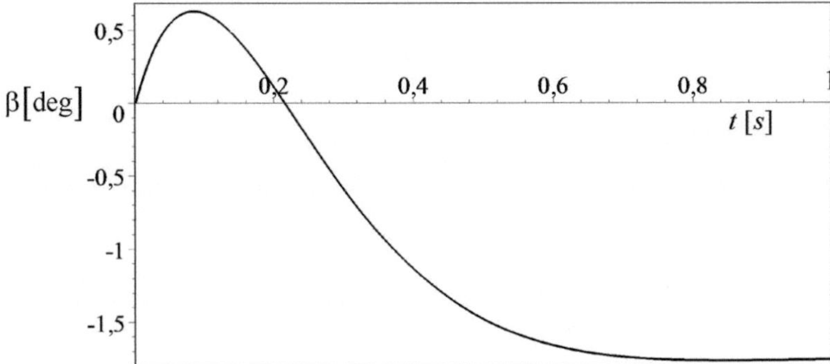

Abb. 9.34 Reaktion des Schwimmwinkels auf eine plötzliche Änderung des Lenkwinkels

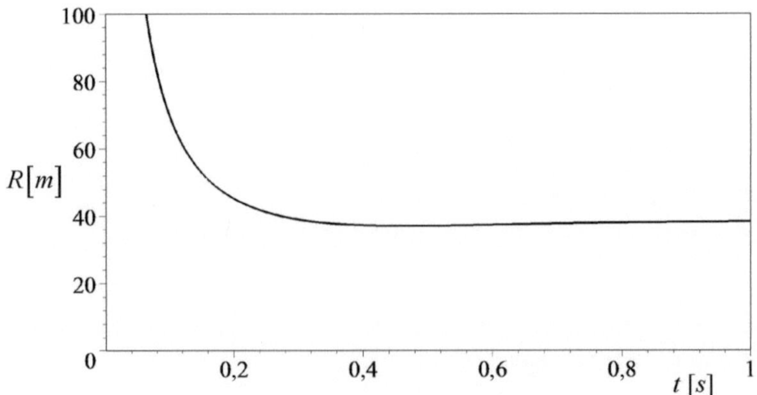

Abb. 9.35 Reaktion des Wenderadius auf eine plötzliche Änderung des Lenkwinkels

Um die Gleichungen zu lösen, nehmen wir an, dass gilt:

$$[A] = \begin{bmatrix} a & b \\ c & d \end{bmatrix} \tag{9.485}$$

und daher lauten die Bewegungsgleichungen:

$$\begin{bmatrix} \dot{v}_y \\ \dot{r} \end{bmatrix} = \begin{bmatrix} a & b \\ c & d \end{bmatrix} \begin{bmatrix} v_y \\ r \end{bmatrix} \tag{9.486}$$

Da die Gleichungen linear sind, sind die Lösungen Exponentialfunktionen:

$$v_y = Ae^{\lambda t} \qquad r = Be^{\lambda t} \tag{9.487}$$

Einsetzen der Lösungen in die Bewegungsgleichungen

$$\begin{bmatrix} A\lambda e^{\lambda t} \\ B\lambda e^{\lambda t} \end{bmatrix} = \begin{bmatrix} a & b \\ c & d \end{bmatrix} \begin{bmatrix} Ae^{\lambda t} \\ Be^{\lambda t} \end{bmatrix} \tag{9.488}$$

zeigt, dass:

$$\begin{bmatrix} a-\lambda & b \\ c & d-\lambda \end{bmatrix} \begin{bmatrix} Ae^{\lambda t} \\ Be^{\lambda t} \end{bmatrix} = 0 \tag{9.489}$$

Daher ist die Bedingung für Funktionen (9.487), um die Lösung der Gl. (9.486) zu sein, dass der Exponent λ der Eigenwert von $[A]$ ist. Um λ zu finden, können wir die Determinante der Koeffizientenmatrix erweitern:

$$\det \begin{bmatrix} a-\lambda & b \\ c & d-\lambda \end{bmatrix} = \lambda^2 - (a+d)\lambda + (ad - bc) \tag{9.490}$$

und die charakteristische Gleichung finden:

$$\lambda^2 - (a+d)\lambda + (ad - bc) = 0 \tag{9.491}$$

Die Lösung der charakteristischen Gleichungen ist:

$$\lambda_{1,2} = \frac{1}{2}(a+d) \pm \frac{1}{2}\sqrt{(a-d)^2 + 4bc} \tag{9.492}$$

Mit den Eigenwerten $\lambda_{1,2}$ erhalten wir die allgemeine Lösung für die freie Dynamik eines Fahrzeugs im Fahrradmodell:

$$v_y = A_1 e^{\lambda_1 t} + A_2 e^{\lambda_2 t} \tag{9.493}$$

$$r = B_1 e^{\lambda_1 t} + B_2 e^{\lambda_2 t} \tag{9.494}$$

Die Koeffizienten A_1, A_2, B_1 und B_2 müssen aus den Anfangsbedingungen gefunden werden:

Als Beispiel betrachten Sie ein Fahrzeug mit:

$$\begin{aligned} C_{\alpha f} &= 57296\,\mathrm{N/rad} & C_{\alpha r} &= 52712\,\mathrm{N/rad} \\ m &= 1400\,\mathrm{kg} \approx 95{,}9\,\mathrm{slug} & I_z &= 1128\,\mathrm{kg\,m^2} \approx 832\,\mathrm{slug\,ft^2} \\ a_1 &= 125\,\mathrm{cm} \approx 4{,}1\,\mathrm{ft} & a_2 &= 130\,\mathrm{cm} \approx 4{,}26\,\mathrm{ft} \\ v_x &= 20\,\mathrm{m/s} \end{aligned} \tag{9.495}$$

das startet von:

$$\mathbf{q}_0 = \begin{bmatrix} v_y(0) \\ r(0) \end{bmatrix} = \begin{bmatrix} 1 \\ 0 \end{bmatrix} \tag{9.496}$$

Das Einsetzen dieser Werte liefert uns:

$$\begin{bmatrix} \dot{v}_y \\ \dot{r} \end{bmatrix} = \begin{bmatrix} -3{,}929 & -31{,}051 \\ -13{,}716 & -79170{,}337 \end{bmatrix} \begin{bmatrix} v_y \\ r \end{bmatrix} \tag{9.497}$$

und ihre Lösungen sind:

$$v_y = -0{,}173 \times 10^{-3} \left(e^{-3{,}92t} - e^{-79170{,}34t} \right) \tag{9.498}$$

$$r = e^{-3{,}92t} + 0{,}68 \times 10 \times 10^{-7} e^{-79170{,}34t} \tag{9.499}$$

Abb. 9.36 und 9.37veranschaulichen das Zeitverhalten. Abb. 9.38 ist eine Vergrößerung von Abb. 9.37, um zu zeigen, dass r nicht zu einem negativen Punkt springt, sondern schnell abnimmt und dann allmählich null annähert.

Beispiel 416 ⋆ *Potenzierung von Matrizen.*

Die Exponentialfunktion $e^{[A]t}$ wird Potenzierung von Matrizen genannt. Diese Funktion ist als eine Matrix-Zeitreihe definiert:

$$e^{[A]t} = I + [A]t + \frac{[A]^2}{2!} t^2 + \frac{[A]^3}{3!} t^3 + \cdots \tag{9.500}$$

Diese Reihe konvergiert immer. Als Beispiel nehmen wir an:

$$[A] = \begin{bmatrix} 0{,}1 & 0{,}2 \\ -0{,}3 & 0{,}4 \end{bmatrix} \tag{9.501}$$

dann gilt:

$$\begin{aligned} e^{[A]t} &\approx \begin{bmatrix} 1 & 0 \\ 0 & 1 \end{bmatrix} + \begin{bmatrix} 0{,}1 & 0{,}2 \\ -0{,}3 & 0{,}4 \end{bmatrix} t + \frac{1}{2} \begin{bmatrix} 0{,}1 & 0{,}2 \\ -0{,}3 & 0{,}4 \end{bmatrix}^2 t^2 + \cdots \\ &\approx \begin{bmatrix} 1 + 0{,}1t - 0{,}025\,t^2 + \cdots & 0{,}2t + 0{,}05t^2 + \cdots \\ -0{,}3t - 0{,}075\,t^2 + \cdots & 1 + 0{,}4t + 0{,}05t^2 + \cdots \end{bmatrix} \end{aligned} \tag{9.502}$$

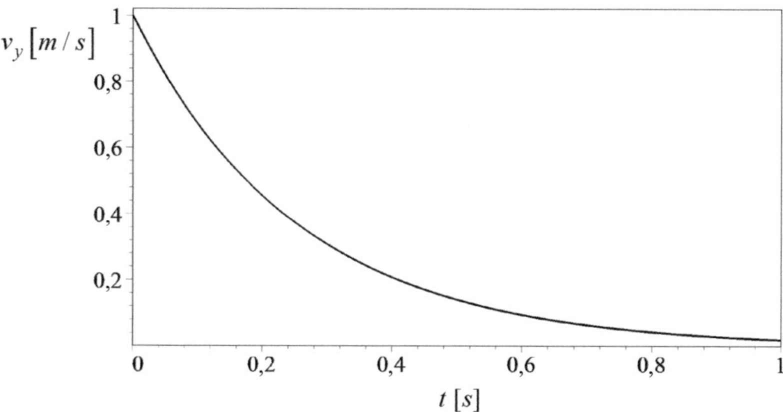

Abb. 9.36 Reaktion auf die Seitengeschwindigkeit im Beispiel 415

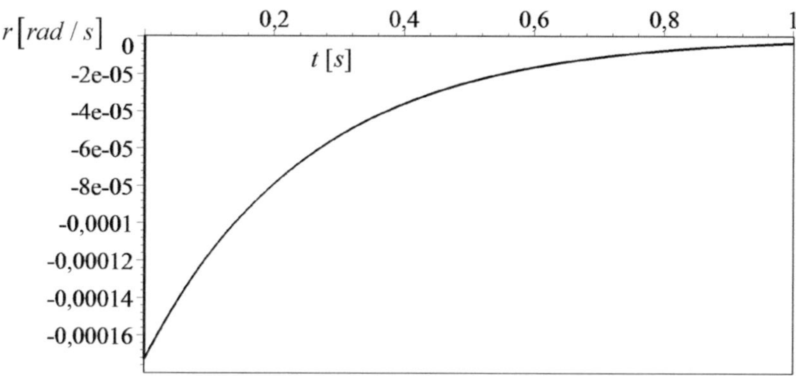

Abb. 9.37 Reaktion auf die Giergeschwindigkeit im Beispiel 415

Beispiel 417 ⋆ *Zeitreihen und freie Antwort.*

Die Reaktion eines Fahrzeugs auf einen Lenkwinkel von null

$$\delta(t) = 0 \tag{9.503}$$

bei konstanter Geschwindigkeit ist die freie Antwort. Die Bewegungsgleichung unter freier Dynamik ist:

$$\dot{\mathbf{q}} = [A]\mathbf{q} \tag{9.504}$$

Die Lösung dieser Differentialgleichung mit den allgemeinen Anfangsbedingungen

$$\mathbf{q}(0) = \mathbf{q}_0 \tag{9.505}$$

ist:

$$\mathbf{q}(t) = e^{[A]t}\mathbf{q}_0 \tag{9.506}$$

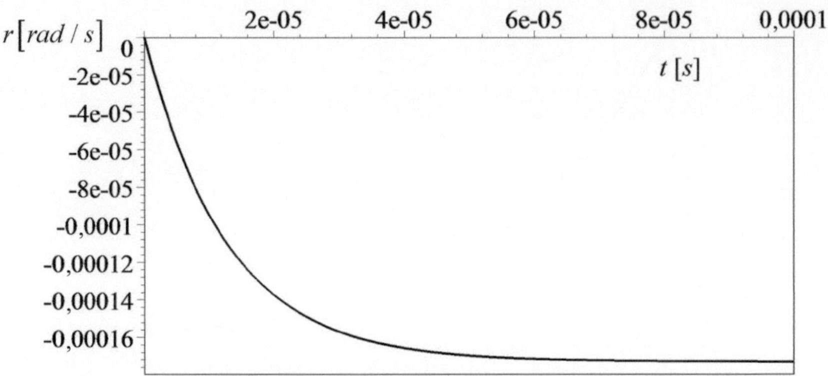

Abb. 9.38 Reaktion auf die Giergeschwindigkeit im Beispiel 415

Wenn die Eigenwerte von $[A]$ *negativ sind, dann* $\mathbf{q}(t) \to \mathbf{0}$ *für* $\forall \mathbf{q}_0$.

Die freie Antwort in einer Reihe kann ausgedrückt werden als:

$$\begin{aligned} \mathbf{q}(t) &= e^{[A]t}\mathbf{q}_0 \\ &= \left(I + [A]t + \tfrac{[A]^2}{2!}t^2 + \tfrac{[A]^3}{3!}t^3 + \cdots\right)\mathbf{q}_0 \end{aligned} \tag{9.507}$$

Betrachten Sie zum Beispiel ein Fahrzeug mit den folgenden Eigenschaften:

$$\begin{aligned} C_{\alpha f} &= 57296\,\mathrm{N/rad} & C_{\alpha r} &= 52712\,\mathrm{N/rad} \\ m &= 1400\,\mathrm{kg} \approx 95{,}9\,\mathrm{slug} & I_z &= 1128\,\mathrm{kg\,m^2} \approx 832\,\mathrm{slug\,ft^2} \\ a_1 &= 125\,\mathrm{cm} \approx 4{,}1\,\mathrm{ft} & a_2 &= 130\,\mathrm{cm} \approx 4{,}26\,\mathrm{ft} \\ v_x &= 20\,\mathrm{m/s} \end{aligned} \tag{9.508}$$

die ausgehen von:

$$\mathbf{q}_0 = \begin{bmatrix} v_y(0) \\ r(0) \end{bmatrix} = \begin{bmatrix} 1 \\ 0 \end{bmatrix} \tag{9.509}$$

Unter Verwendung der Eigenschaften des Fahrzeugs erhalten wir:

$$[A] = \begin{bmatrix} -3{,}929 & -31{,}051 \\ -13{,}716 & -79170{,}337 \end{bmatrix} \tag{9.510}$$

und daher ist das Zeitverhalten des Fahrzeugs:

$$\begin{aligned} \begin{bmatrix} v_y(t) \\ r(t) \end{bmatrix} &= \begin{bmatrix} 1 & 0 \\ 0 & 1 \end{bmatrix}\begin{bmatrix} 1 \\ 0 \end{bmatrix} + \begin{bmatrix} -3{,}929 & -31{,}051 \\ -13{,}716 & -79170{,}337 \end{bmatrix} t \begin{bmatrix} 1 \\ 0 \end{bmatrix} \\ &+ \tfrac{1}{2}\begin{bmatrix} -3{,}929 & -31{,}051 \\ -13{,}716 & -79170{,}337 \end{bmatrix}^2 t^2 \begin{bmatrix} 1 \\ 0 \end{bmatrix} \\ &+ \tfrac{1}{6}\begin{bmatrix} -3{,}929 & -31{,}051 \\ -13{,}716 & -79170{,}337 \end{bmatrix}^3 t^3 \begin{bmatrix} 1 \\ 0 \end{bmatrix} \cdots \end{aligned} \tag{9.511}$$

Eine Annahme einer ungefähren Lösung bis zum kubischen Grad liefert die folgende ungefähre Lösung:

$$\begin{bmatrix} v_y(t) \\ r(t) \end{bmatrix} \approx \begin{bmatrix} -5{,}620\,3 \times 10^6 t^3 + 220{,}67t^2 - 3{,}929t + 1 \\ -1{,}432\,9 \times 10^{10} t^3 + 5{,}4298 \times 10^5 t^2 - 13{,}716t \end{bmatrix} \tag{9.512}$$

Beispiel 418 ⋆ *Reaktion eines untersteuernden Fahrzeugs auf eine stufenförmige Steuereingabe.*

Die Reaktion dynamischer Systeme auf eine stufenförmige Steuereingabe ist eine traditionelle Methode zur Untersuchung des Verhaltens dynamischer Systeme. Eine Stufeneingabe für die Fahrzeugdynamik ist eine plötzliche Änderung des Lenkwinkels von null auf einen konstanten Nicht-Null-Wert.

Betrachten Sie ein Fahrzeug mit den folgenden Eigenschaften:

$$\begin{aligned} C_{\alpha f} &= 57296\,\mathrm{N/rad} & C_{\alpha r} &= 52712\,\mathrm{N/rad} \\ m &= 917\,\mathrm{kg} \approx 62{,}8\,\mathrm{slug} & I_z &= 1128\,\mathrm{kg\,m^2} \approx 832\,\mathrm{slug\,ft^2} \\ a_1 &= 0{,}91\,\mathrm{m} \approx 2{,}98\,\mathrm{ft} & a_2 &= 1{,}64\,\mathrm{m} \approx 5{,}38\,\mathrm{ft} \\ v_x &= 20\,\mathrm{m/s} \end{aligned} \tag{9.513}$$

und eine plötzliche Änderung der Lenkeingabe auf einen konstanten Wert:

$$\delta(t) = \begin{cases} 0{,}1\,\mathrm{rad} \approx 5{,}7296\,\mathrm{deg} & t > 0 \\ 0 & t \le 0 \end{cases} \tag{9.514}$$

Die Bewegungsgleichungen für eine Anfangsbedingung bei Null:

$$\mathbf{q}_0 = \begin{bmatrix} v_y(0) \\ r(0) \end{bmatrix} = \begin{bmatrix} 0 \\ 0 \end{bmatrix} \tag{9.515}$$

sind:

$$\dot{v}_y + 5{,}9983 v_y + 18{,}129 r = 62{,}482\delta(t) = 6{,}2482 \tag{9.516}$$

$$\dot{r} - 1{,}521 v_y + 8{,}387 r = 46{,}2228\delta(t) = 4{,}6223 \tag{9.517}$$

Die Kräftesystemkoeffizienten für das Fahrzeug aus (9.144)–(9.149) sind:

$$C_r = -\frac{a_1}{v_x} C_{\alpha f} + \frac{a_2}{v_x} C_{\alpha r} = 1715{,}416\,\mathrm{N\,s/rad} \tag{9.518}$$

$$C_\beta = -\left(C_{\alpha f} + C_{\alpha r}\right) = -110008\,\mathrm{N/rad} \tag{9.519}$$

$$C_\delta = C_{\alpha f} = 57296\,\mathrm{N/rad} \tag{9.520}$$

$$D_r = -\frac{a_1^2}{v_x} C_{\alpha f} - \frac{a_2^2}{v_x} C_{\alpha r} = -9461{,}05\,\mathrm{N\,m\,s/rad} \tag{9.521}$$

$$D_\beta = -\left(a_1 C_{\alpha f} - a_2 C_{\alpha r}\right) = 34308{,}32\,\mathrm{N\,m/rad} \tag{9.522}$$

$$D_\delta = a_1 C_{\alpha f} = 52139{,}36\,\mathrm{N\,m/rad} \tag{9.523}$$

Gl. (9.267)–(9.270) zeigen an, dass die stationäre Reaktion des Fahrzeugs, wenn $t \to \infty$, lautet:

$$S_\kappa = \tfrac{\kappa}{\delta} = \tfrac{1}{R\delta} = 0{,}2390051454 \tag{9.524}$$

$$S_\beta = \tfrac{\beta}{\delta} = -0{,}2015419091 \tag{9.525}$$

$$S_r = \tfrac{r}{\delta} = \tfrac{\kappa}{\delta} v_x = S_\kappa v_x = 4{,}780102908 \tag{9.526}$$

$$S_a = \tfrac{v_x^2/R}{\delta} = \tfrac{\kappa}{\delta} v_x^2 = S_\kappa v_x^2 = 95{,}60205816 \tag{9.527}$$

$$S_y = \frac{v_y}{\delta} = S_\beta v_x = -4{,}030838182 \tag{9.528}$$

Daher müssen die stationären Eigenschaften des Fahrzeugs mit $\delta = 0{,}1$ folgendermaßen aussehen:

$$R = 41{,}84\,\mathrm{m} \tag{9.529}$$

$$\beta = -0{,}02015\,\mathrm{rad} \approx -1{,}1545\,\mathrm{deg} \tag{9.530}$$

$$r = 0{,}478\,\mathrm{rad/s} \tag{9.531}$$

$$\tfrac{v_x^2}{R} = 9{,}56\,\mathrm{m/s^2} \tag{9.532}$$

Ersetzt man die Eingabefunktion (9.535) und löst die Gleichungen, erhält man folgenden Lösungen:

$$\begin{bmatrix} v_y(t) \\ r(t) \end{bmatrix} = \begin{bmatrix} -0{,}4 + e^{-7{,}193t}(1{,}789 \sin 5{,}113t + 0{,}403 \cos 5{,}113t) \\ 0{,}478 + e^{-7{,}193t}(0{,}232 \sin 5{,}113t + 0{,}478 \cos 5{,}113t) \end{bmatrix} \tag{9.533}$$

Abb. 9.39 *und* 9.40 *zeigen die Lösungen.*

Wobei $v_y(t)$ und $r(t)$ ausreichen, um die anderen kinematischen Variablen sowie die erforderliche Vortriebskraft F_x zur Aufrechterhaltung der konstanten Geschwindigkeit zu berechnen:

$$F_x = -mr\, v_y \tag{9.534}$$

Abb. 9.41 *und* 9.42 *zeigen die kinematischen Variablen des Fahrzeugs, und Abb.* 9.43 *zeigt, wie die erforderliche F_x sich als Funktion der Zeit ändert.*

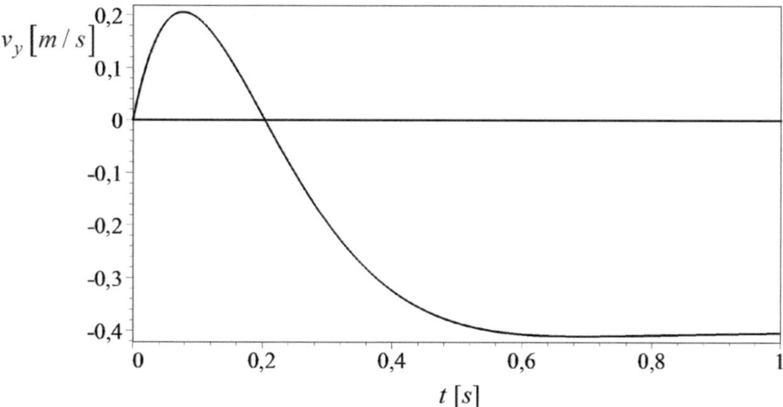

Abb. 9.39 Reaktion auf die Seitengeschwindigkeit im Beispiel 418

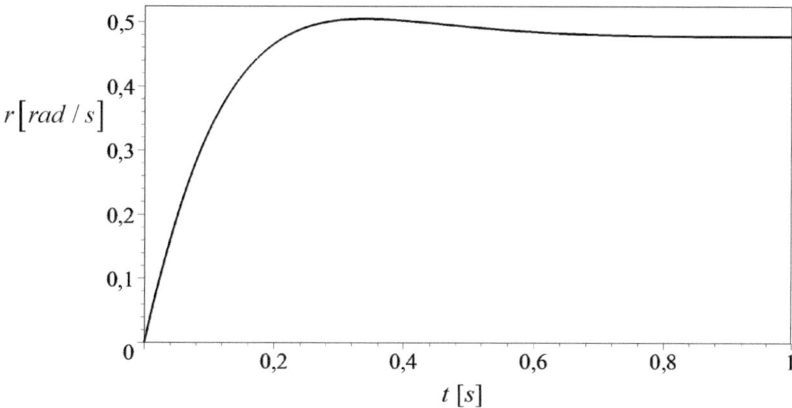

Abb. 9.40 Reaktion auf die Giergeschwindigkeit im Beispiel 418

Beispiel 419 ⋆ *Reaktion eines übersteuernden Fahrzeugs auf eine stufenförmige Steuereingabe.*

Nehmen wir an, der Lenkeingang ist:

$$\delta(t) = \begin{cases} 0{,}1\,\text{rad} \approx 5{,}7296\,\text{deg} & t > 0 \\ 0 & t \leq 0 \end{cases} \tag{9.535}$$

und die Fahrzeugeigenschaften sind:

$$\begin{aligned} C_{\alpha f} &= 57296\,\text{N/rad} & C_{\alpha r} &= 52712\,\text{N/rad} \\ m &= 1400\,\text{kg} \approx 95{,}9\,\text{slug} & I_z &= 1128\,\text{kg}\,\text{m}^2 \approx 832\,\text{slug}\,\text{ft}^2 \\ a_1 &= 1{,}25\,\text{m} \approx 4{,}1\,\text{ft} & a_2 &= 1{,}30\,\text{m} \approx 4{,}26\,\text{ft} \\ v_x &= 20\,\text{m/s} \end{aligned} \tag{9.536}$$

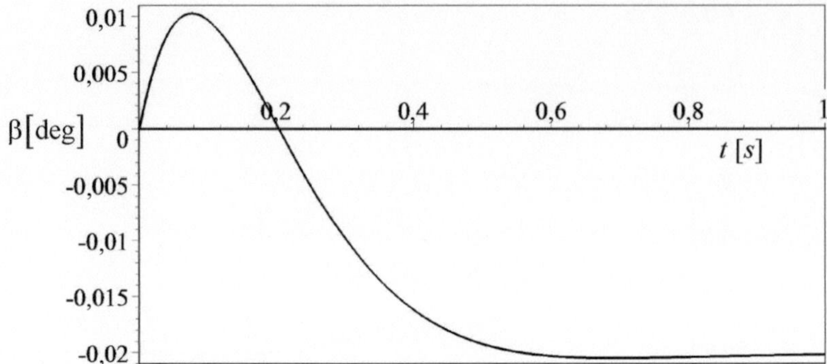

Abb. 9.41 Reaktion des Schwimmwinkels im Beispiel 418

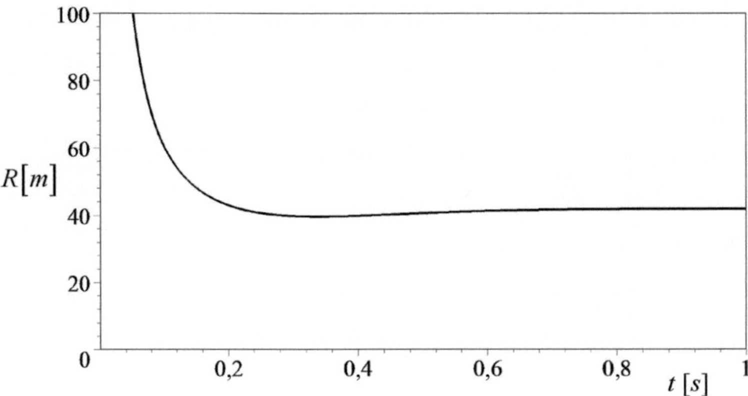

Abb. 9.42 Reaktion des Drehradius im Beispiel 418

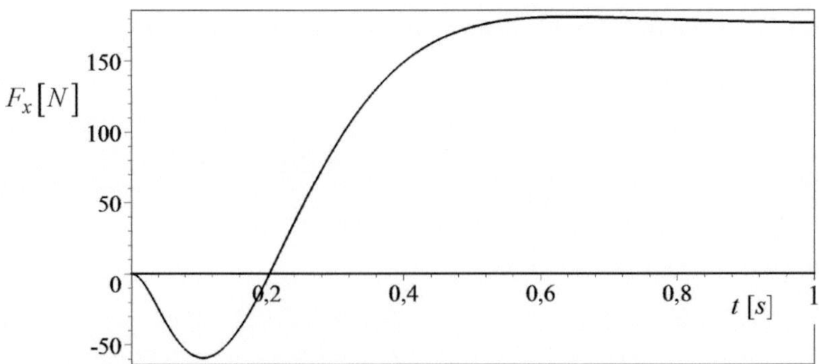

Abb. 9.43 Die erforderliche Vortriebskraft F_x *um die Geschwindigkeit konstant zu halten, im Beispiel* 418

Die Bewegungsgleichungen für eine Anfangsbedingung von Null:

$$\mathbf{q}_0 = \begin{bmatrix} v_y(0) \\ r(0) \end{bmatrix} = \begin{bmatrix} 0 \\ 0 \end{bmatrix} \tag{9.537}$$

sind:

$$\begin{aligned} \dot{v}_y + 3{,}928857143 v_y + 20{,}11051429 r &= 40{,}92571429 \delta(t) \\ &= 4{,}092571429 \end{aligned} \tag{9.538}$$

$$\begin{aligned} \dot{r} + 0{,}1371631206 v_y + 7{,}91703369 r &= 63{,}4929078 \delta(t) \\ &= 6{,}34929078 \end{aligned} \tag{9.539}$$

Ersetzen der Eingangsfunktion (9.535) und Lösen der Gleichungen liefert die folgenden Lösungen:

$$\begin{bmatrix} v_y(t) \\ r(t) \end{bmatrix} = \begin{bmatrix} 6{,}3e^{-3{,}328t} - 2{,}943e^{-8{,}518t} - 3{,}361 \\ -0{,}188e^{-3{,}328t} - 0{,}672e^{-8{,}518t} + 0{,}86 \end{bmatrix} \tag{9.540}$$

Die Abb.9.44 und 9.45 zeigen die Lösungen.

Beispiel 420 ⋆ *Standard-Lenkeingaben.*

Stufen- und sinusförmige Anregungseingaben sind die allgemeinsten Eingaben zur Untersuchung des Verhaltens eines Fahrzeugs. Darüber hinaus können auch andere transiente Eingaben verwendet werden, um das dynamische Verhalten eines Fahrzeugs zu analysieren. Einzelne Sinuslenkung, linear zunehmende Lenkung und Sinus-Spurwechsel-Lenkung sind die gebräuchlichsten transienten Lenkeingaben.

Beispiel 421 ⋆ *Position des Drehzentrums.*

Die Position des Drehzentrums O im Fahrzeugkoordinatensystem befindet sich bei:

$$x_O = -R\sin\beta = -\frac{1}{S_k\delta}\sin\left(S_\beta\delta\right) \tag{9.541}$$

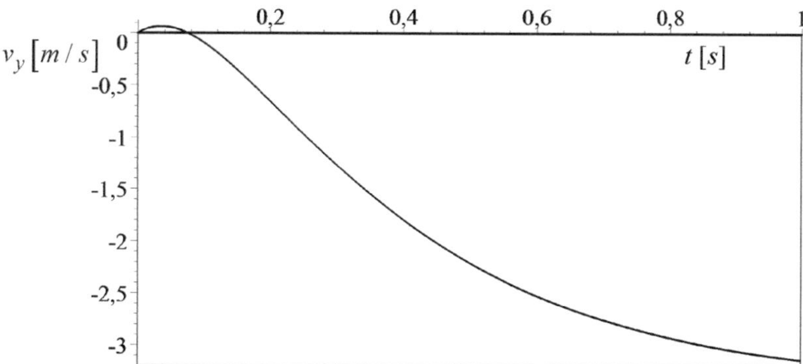

Abb. 9.44 Reaktion der Seitengeschwindigkeit für Beispiel 419

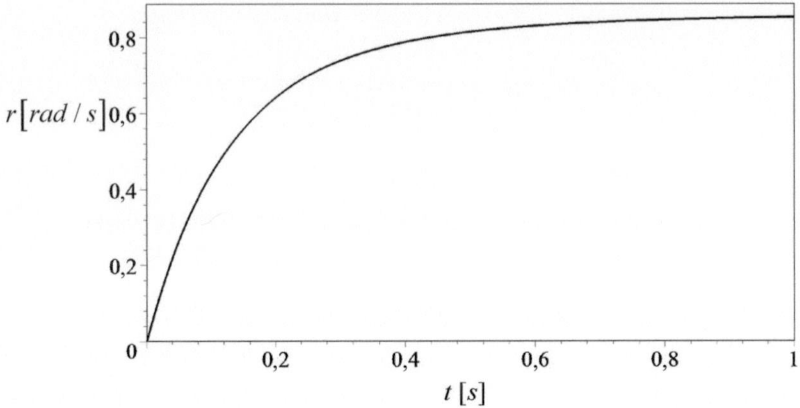

Abb. 9.45 Reaktion der Giergeschwindigkeit für Beispiel 419

$$y_O = R\cos\beta = \frac{1}{S_k\delta}\cos\left(S_\beta\delta\right) \tag{9.542}$$

weil β positiv ist, wenn es sich um die positive Richtung der z-Achse handelt. Abb. 9.21 veranschaulicht ein Zwei-Rad-Fahrzeugmodell, das Fahrzeugkoordinatensystem und das Drehzentrum O.

Unter stationären Bedingungen kann der Drehradius R aus der Reaktion auf die Krümmung S_κ und der Fahrzeug-Schwimmwinkel β aus der Reaktion auf das Rutschen S_β ermittelt werden:

$$R = \frac{1}{\delta S_\kappa} = \frac{v_x\left(D_rC_\beta - C_rD_\beta + mv_xD_\beta\right)}{\left(C_\delta D_\beta - C_\beta D_\delta\right)\delta} \tag{9.543}$$

$$\beta = \delta S_\beta = \frac{D_\delta(C_r - mv_x) - D_rC_\delta}{D_rC_\beta - C_rD_\beta + mv_xD_\beta}\delta \tag{9.544}$$

Daher befindet sich die tatsächliche Position des Drehzentrums O bei:

$$x_O = -\frac{v_x\left(D_rC_\beta - C_rD_\beta + mv_xD_\beta\right)}{\left(C_\delta D_\beta - C_\beta D_\delta\right)\delta}\sin\left(\frac{D_\delta(C_r - mv_x) - D_rC_\delta}{D_rC_\beta - C_rD_\beta + mv_xD_\beta}\delta\right) \tag{9.545}$$

$$y_O = \frac{v_x\left(D_rC_\beta - C_rD_\beta + mv_xD_\beta\right)}{\left(C_\delta D_\beta - C_\beta D_\delta\right)\delta}\cos\left(\frac{D_\delta(C_r - mv_x) - D_rC_\delta}{D_rC_\beta - C_rD_\beta + mv_xD_\beta}\delta\right) \tag{9.546}$$

Unter der Annahme eines kleinen β können wir die Position von O ungefähr bestimmen:

$$x \approx -\frac{D_\delta(C_r - mv_x) - D_rC_\delta}{C_\delta D_\beta - C_\beta D_\delta}v_x \tag{9.547}$$

$$y \approx \frac{D_r C_\beta - C_r D_\beta + m v_x D_\beta}{(C_\delta D_\beta - C_\beta D_\delta)\delta} v_x \tag{9.548}$$

Beispiel 422 ⋆ *Variables v_x.*

Wenn v_x variabel ist, sind die Bewegungsgleichungen nicht mehr linear, und daher ist eine numerische Integration erforderlich. Nehmen wir an, ein Fahrzeug habe folgende Eigenschaften:

$$\begin{aligned} C_{\alpha f} &= 60000\,\mathrm{N/rad} & C_{\alpha r} &= 60000\,\mathrm{N/rad} \\ m &= 1000\,\mathrm{kg} & I_z &= 1650\,\mathrm{kg\,m^2} \\ a_1 &= 1{,}0\,\mathrm{m} & a_2 &= 1{,}5\,\mathrm{m} \end{aligned} \tag{9.549}$$

Nehmen wir weiter an, dass das Fahrzeug seine Vorwärtsgeschwindigkeit von null auf ein Maximum von $v_x = 20$ m/s ändert und konstant bleibt, während die Lenkung konstant bleibt bei:

$$\delta(t) = 0{,}1\,\mathrm{rad} \approx 5{,}73\,\mathrm{deg} \tag{9.550}$$

Die Kräftesystemkoeffizienten für das Fahrzeug aus (9.144)*–*(9.149) *sind:*

$$\begin{aligned} C_r &= \frac{30000}{v_x}\,\mathrm{N\,s/rad} & C_\beta &= -120000\,\mathrm{N/rad} \\ C_\delta &= 60000\,\mathrm{N/rad} & D_r &= -\frac{195000}{v_x}\,\mathrm{N\,m\,s/rad} \\ D_\beta &= 30000\,\mathrm{N\,m/rad} & D_\delta &= 60000\,\mathrm{N\,m/rad} \end{aligned} \tag{9.551}$$

Wir können annehmen, dass v_x linear mit der Zeit variiert und die Höchstgeschwindigkeit $v_x = 20$ m/s bei $t = t_0$ erreicht:

$$v_x = \begin{cases} \dfrac{20}{t_0} t \ \mathrm{m/s} & 0 < t < t_0 \\ 20\ \mathrm{m/s} & t_0 < t \end{cases} \tag{9.552}$$

Die Bewegungsgleichungen für das Fahrzeug sind:

$$\dot{v}_y = -\frac{120}{v_x} v_y - r\left(v_x - \frac{30}{v_x}\right) + 60\delta(t) \tag{9.553}$$

$$\dot{r} = \frac{18{,}182}{v_x} v_y - 118{,}18 \frac{r}{v_x} + 36{,}364\delta(t) \tag{9.554}$$

Die grafische Darstellung der Lösungen ist in den Abb. 9.46 *und* 9.47 *gezeigt, für*

$$t_0 = 20\,\mathrm{s} \tag{9.555}$$

Beispiel 423 ⋆ *Drehzentrum zwischen zwei stabilen Zuständen.*

Betrachten Sie ein Fahrzeug mit den folgenden Eigenschaften:

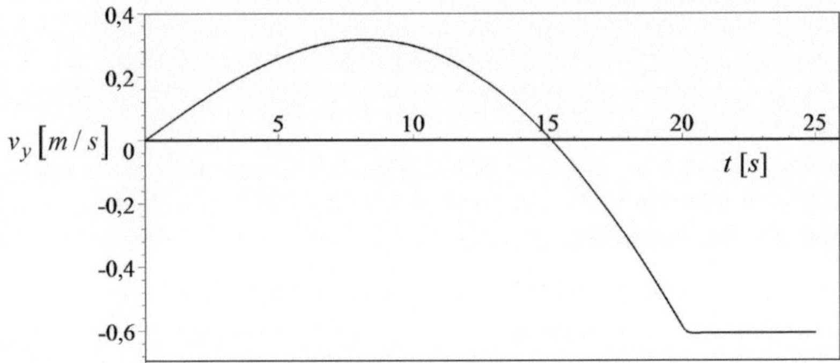

Abb. 9.46 Seitengeschwindigkeit einer Fahrzeugdynamik mit variabler Vorwärtsgeschwindigkeit

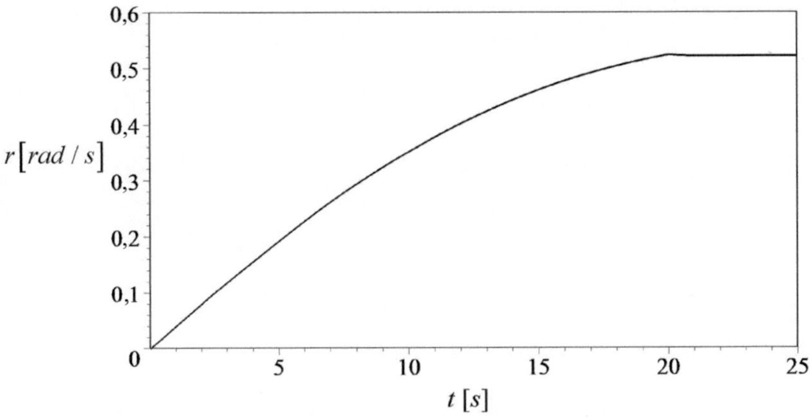

Abb. 9.47 Giergeschwindigkeit einer Fahrzeugdynamik mit variabler Vorwärtsgeschwindigkeit

$$
\begin{aligned}
C_{\alpha f} &= 60000\,\mathrm{N/\,rad} \qquad & C_{\alpha r} &= 60000\,\mathrm{N/\,rad} \\
m &= 1000\,\mathrm{kg} & I_z &= 1650\,\mathrm{kg\,m^2} \\
a_1 &= 1{,}0\,\mathrm{m} & a_2 &= 1{,}5\,\mathrm{m}
\end{aligned}
\tag{9.556}
$$

$$
K = \frac{m}{l^2}\left(\frac{a_2}{C_{\alpha f}} - \frac{a_1}{C_{\alpha r}}\right) = 1{,}33 \times 10^{-3}
$$

Die stationären Reaktionen $S_k = 1/R/\delta$ und $S_\beta = \beta/\delta$ sind:

$$
S_\kappa = \frac{300}{750 + v_x^2} \qquad S_\beta = \frac{450 - 2v_x^2}{750 + v_x^2}
\tag{9.557}
$$

Die Koordinaten des Drehzentrums (x_O, y_O) *im körperfesten Koordinatensystem am Fahrzeugmassenzentrum sind:*

$$x_O = -R\sin\beta = -\frac{1}{S_k\delta}\sin\left(S_\beta\delta\right) \tag{9.558}$$

$$y_O = R\cos\beta = \frac{1}{S_k\delta}\cos\left(S_\beta\delta\right) \tag{9.559}$$

Nehmen wir an, dass das Auto sich bewegt mit:

$$\delta(t) = 0{,}1\,\text{rad} \approx 5{,}73\,\text{deg} \tag{9.560}$$

bei konstanter Vorwärtsgeschwindigkeit von:

$$v_x = 3\,\text{m/ s} \tag{9.561}$$

Im stationären Zustand hätte das Fahrzeug:

$$\begin{aligned} S_\kappa &= 0{,}3952569170 & S_\beta &= 0{,}5691699605 \\ S_r &= 1{,}185770751 & S_y &= 1{,}707509882 \end{aligned} \tag{9.562}$$

$$\begin{aligned} R &= \frac{1}{S_\kappa\delta} = 25{,}3\,\text{m} & \beta &= S_\beta\delta = 0{,}056917\,\text{rad} \\ r &= S_r\delta = 0{,}118577\,\text{rad/s} & v_y &= 0{,}170751\,\text{m/s} \end{aligned} \tag{9.563}$$

Wir ändern v_x *von* $v_x = 3$ m/s *bei* $t = 0$ *auf die maximale Geschwindigkeit* $v_x = 20$ m/s *bei* $t = t_0$ *und halten sie konstant. Der mathematische Ausdruck von* v_x *mit konstanter Beschleunigung ist:*

$$v_x = 3 + \frac{20-3}{t_0}t\,H(t_0 - t) + (20-3)H(t - t_0)\ \text{m/s} \tag{9.564}$$

wobei $H(t-\tau)$ *die Heaviside-Funktion ist:*

$$H(t-\tau) = \begin{cases} 0 & t < \tau \\ 1 & \tau < t \end{cases} \tag{9.565}$$

Angenommen, ein sehr hohes t_0 *und eine sehr niedrige Beschleunigung, der Übergang von* $v_x = 3$ m/s *zu* $v_x = 20$ m/s *wird nahe an den mittleren stationären Bedingungen sein. Um einen geringen Einfluss der Geschwindigkeit zu haben, ändern wir die Geschwindigkeit in:*

$$t_0 = 120\,\text{s} \tag{9.566}$$

Mit einer so langen Zeit für den Geschwindigkeitswechsel wird sich die Kinematik des Fahrzeugs entsprechend ihrer stationären Werte ändern. Abb. 9.48 *zeigt, wie sich die Vorwärtsgeschwindigkeit ändert, und Abb.* 9.49 *zeigt die Variation der Quergeschwindigkeit* v_y, *und Abb.* 9.50 *zeigt die Giergeschwindigkeit r. Die Orte des Drehzentrums* (x_O, y_O) *sind in Abb.* 9.51 dargestellt.

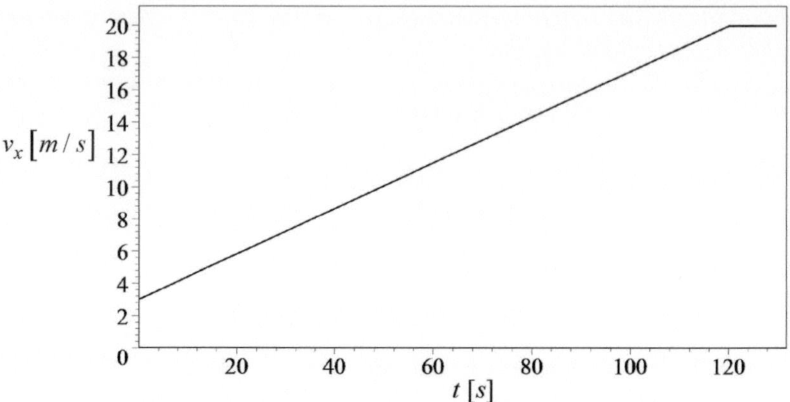

Abb. 9.48 Die Vorwärtsgeschwindigkeit v_x eines Fahrzeugs mit einer konstanten niedrigen Beschleunigung zwischen $v_x = 3$ m/s *und* $v_x = 20$ m/s

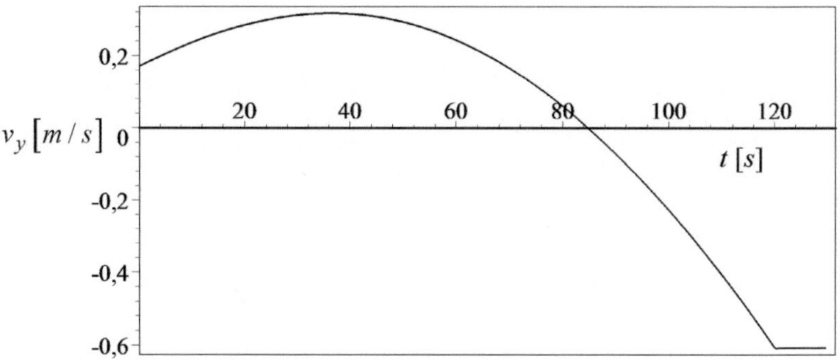

Abb. 9.49 Die Quergeschwindigkeit v_y eines Fahrzeugs mit einer konstanten niedrigen Beschleunigung zwischen $v_x = 3$ m/s *und* $v_x = 20$ m/s

Wenn t_0 kurz ist, ist die Beschleunigung hoch, und die Dynamik des Fahrzeugs weicht von den fast stabilen Zuständen ab. Um einen schnellen Geschwindigkeitswechsel zu haben, ändern wir die Geschwindigkeit in:

$$t_0 = 1\,\mathrm{s} \tag{9.567}$$

Abb. 9.52 *zeigt die Variation der Quergeschwindigkeit v_y, und Abb.* 9.53 *zeigt die Giergeschwindigkeit r. Die Koordinate des Drehzentrums (x_O, y_O) wird in Abb.* 9.54 *gezeigt. Die Orte des Drehzentrums (x_O, y_O) werden in Abb.* 9.55 *dargestellt und mit den Orten bei sehr kleinen Beschleunigungsmanövern verglichen.*

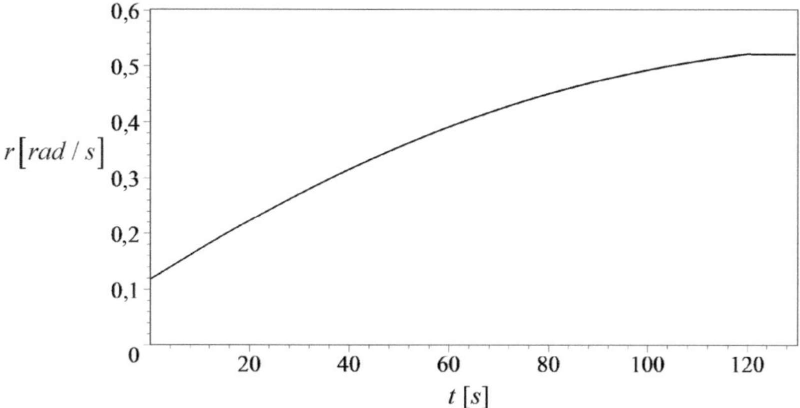

Abb. 9.50 Die Giergeschwindigkeit r eines Fahrzeugs mit einer konstanten niedrigen Beschleunigung zwischen $v_x = 3$ m/s *und* $v_x = 20$ m/s

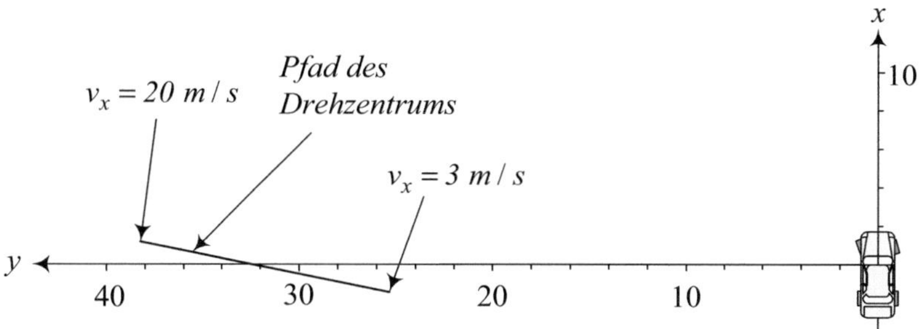

Abb. 9.51 Die Orte des Drehzentrums eines Fahrzeugs mit einer konstanten niedrigen Beschleunigung zwischen $v_x = 3$ m/s *und* $v_x = 20$ m/s

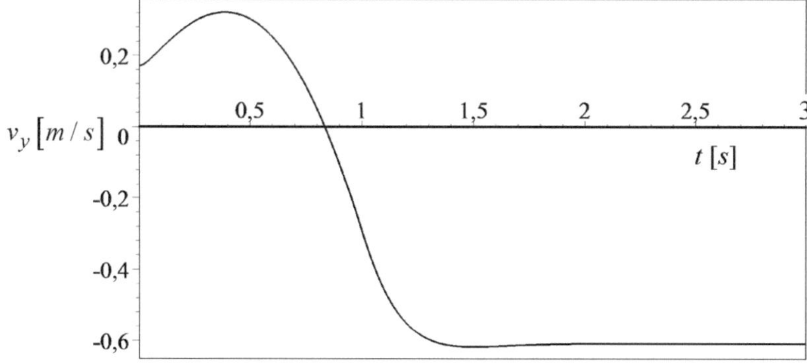

Abb. 9.52 Die Quergeschwindigkeit v_y eines Fahrzeugs mit einer konstant sehr hohen Beschleunigung zwischen $v_x = 3$ m/s *und* $v_x = 20$ m/s

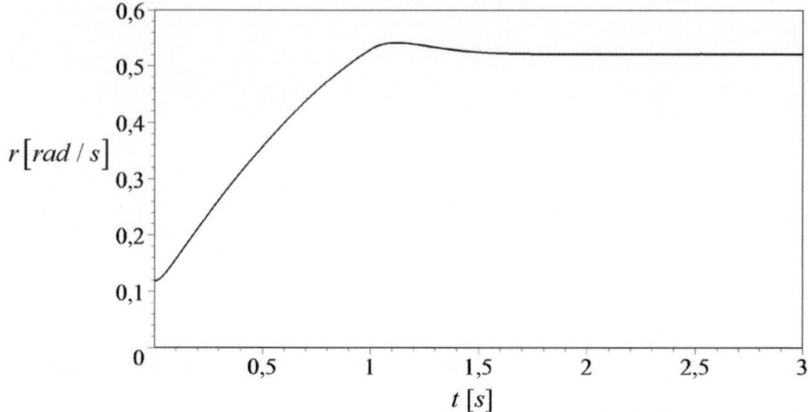

Abb. 9.53 Die Giergeschwindigkeit r eines Fahrzeugs mit einer konstant sehr hohen Beschleunigung zwischen $v_x = 3$ m⁄s *und* $v_x = 20$ m⁄s

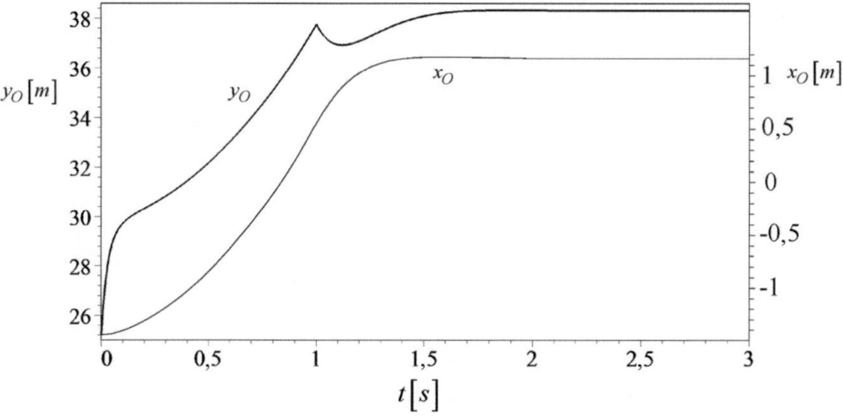

Abb. 9.54 Die Koordinate des Drehzentrums eines Fahrzeugs mit einer konstant sehr hohen Beschleunigung zwischen $v_x = 3$ m⁄s *und* $v_x = 20$ m⁄s

Beispiel 424 ⋆ *Fahrzeuge verhalten sich nahezu wie im stationären Zustand.*

Interessanterweise verhalten sich Fahrzeuge in ihrem stationären Zustand wie in folgender guten Näherung. Im vorherigen Beispiel 423*, sollte ein Fahrzeug seine Geschwindigkeit ändern, während es sich unter stationären Bedingungen mit* $v_x = 3$ m⁄s *und* $\delta(t) = 0{,}1$ rad *zu* $v_x = 20$ m⁄s *bewegt.*

Wenn die Beschleunigung des Fahrzeugs sehr niedrig ist, z. B. $a = 0{,}14167$ m⁄s^2*, dauert es 120* s*, bis das Fahrzeug seine Geschwindigkeit so weit ändert. Das Fahrzeug befindet sich immer in seinem stationären Zustand, während sich die Geschwindigkeit langsam ändert. Abb.* 9.49, 9.50 und 9.51 *zeigen, wie sich die Dynamik des Fahrzeugs ändert. In dem Moment, in dem die Beschleunigung null*

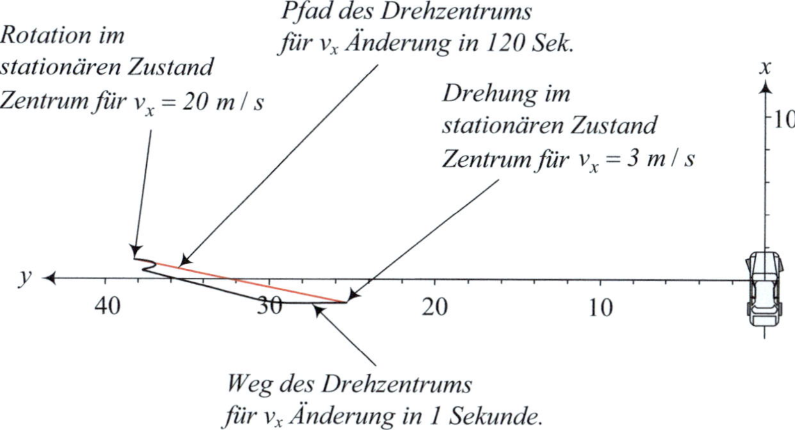

Abb. 9.55 Die Orte des Drehzentrums eines Fahrzeugs mit einer konstant sehr hohen Beschleunigung zwischen $v_x = 3$ m⁄s *und* $v_x = 20$ m⁄s

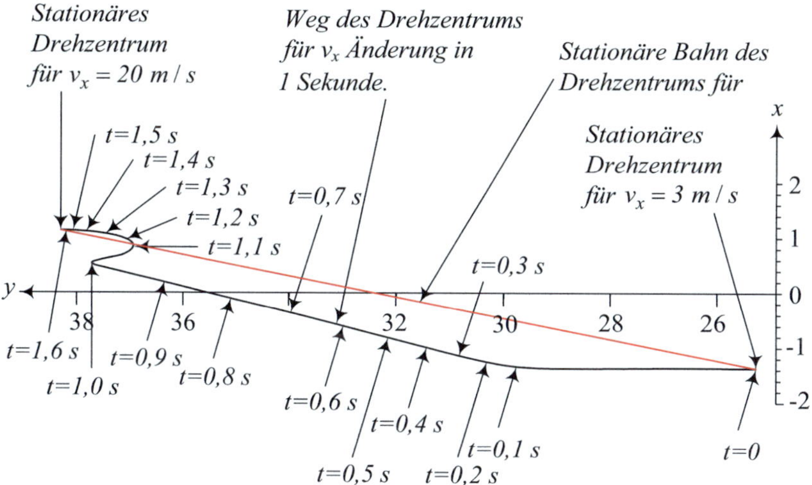

Abb. 9.56 Die Orte des Drehzentrums eines Fahrzeugs mit einer konstant sehr hohen Beschleunigung zwischen $v_x = 3$ m⁄s *und* $v_x = 20$ m⁄s, verglichen mit den stationären Punkten

wird, sind die Dynamiken auf ihren stationären Werten und bleiben im Weiteren dort.

Wenn die Beschleunigung des Fahrzeugs 120-mal höher ist, etwa bei einem sehr hohen Wert von $a = 17$ m⁄s², *dauert es nur 1* s, *bis das Fahrzeug seine Geschwindigkeit soweit ändert. Nach dem Ende der Beschleunigung dauert es weniger als 1* s, *bis das Fahrzeug seine stationären Bedingungen erreicht, wie in den* Abb. 9.52, 9.53 und 9.54 *dargestellt.* Abb. 9.56 *veranschaulicht sehr gut, wie das*

Drehzentrum des Fahrzeugs bei hoher Beschleunigung vom stationären Zustand abweicht. Es zeigt auch, wie weit sein Drehzentrum von seinem stationären Zustand entfernt ist, wenn die Beschleunigung stoppt.

Als Ergebnis dieses Beispiels wissen wir, dass Fahrzeuge sich in normalen Betriebszuständen auf der Grundlage ihrer stationären Dynamik verhalten.

Beispiel 425 ⋆ *Globale Position eines Fahrzeugs.*
Ein Fahrzeug mit den folgenden Eigenschaften:

$$a_1 = 1{,}0\,\mathrm{m} \qquad a_2 = 1{,}5\,\mathrm{m} \qquad m = 1000\,\mathrm{kg} \qquad I_z = 1650\,\mathrm{kg\,m^2}$$

$$C_{\alpha f} = 60000\,\mathrm{N/\,rad} \qquad C_{\alpha r} = 60000\,\mathrm{N/rad} \tag{9.568}$$

bewegt sich geradeaus mit einer konstanten Vorwärtsgeschwindigkeit von

$$v_x = 20\,\mathrm{m/s} \tag{9.569}$$

Bei $t = 0$, wenn das Auto am Ursprung eines globalen Koordinatensystems ist, ändern wir plötzlich den Lenkwinkel zu:

$$\delta(t) = \begin{cases} 0{,}1\,\mathrm{rad} \approx 5{,}73\,\mathrm{deg} & t > 0 \\ 0 & t \le 0 \end{cases} \tag{9.570}$$

Berechnung der Kräftesystemkoeffizienten für das Fahrzeug aus (9.144)–(9.149) liefert:

$$\begin{aligned} C_r &= 1500\,\mathrm{N\,s/rad} & C_\beta &= -120000\,\mathrm{N/rad} \\ C_\delta &= 60000\,\mathrm{N/rad} & D_r &= -9750\,\mathrm{N\,m\,s/rad} \\ D_\beta &= 30000\,\mathrm{N\,m/rad} & D_\delta &= 60000\,\mathrm{N\,m/rad} \end{aligned} \tag{9.571}$$

Wir bestimmen die stationären Werte der variablen Kinematik des Fahrzeugs:

$$\begin{aligned} R &= \frac{1}{S_\kappa \delta} = 38{,}33\,\mathrm{m} & \beta &= S_\beta \delta = -0{,}0304\,\mathrm{rad} \\ r &= S_r \delta = 0{,}522\,\mathrm{rad/s} & v_y &= S_y \delta = -0{,}608\,\mathrm{m/s} \end{aligned} \tag{9.572}$$

Die Lösung der Bewegungsgleichungen

$$\dot{v}_y + 6 v_y + 18{,}5 r = 60\delta(t) = 6 \tag{9.573}$$

$$\dot{r} - 0{,}909 v_y + 5{,}909 r = 36{,}363\delta(t) = 3{,}636 \tag{9.574}$$

für Anfangsbedingungen bei null sind:

$$\begin{bmatrix} v_y(t) \\ r(t) \end{bmatrix} = \begin{bmatrix} -0{,}609 + e^{-5{,}95t}(2{,}347 \sin 4{,}1t + 0{,}609 \cos 4{,}1t) \\ 0{,}522 + e^{-5{,}95t}(0{,}129 \sin 4{,}1t - 0{,}522 \cos 4{,}1t) \end{bmatrix} \tag{9.575}$$

Die Winkelorientierung des körperfesten Koordinatensystems bezüglich des festen globalen Koordinatensystems ist:

$$\psi = \int_0^t r(t)dt \tag{9.576}$$

und der Geschwindigkeitsvektor des Fahrzeugs im globalen Koordinatensystem ist:

$$^B\mathbf{v} = \begin{bmatrix} v_x \\ v_y(t) \end{bmatrix} \tag{9.577}$$

Daher ist der Geschwindigkeitsvektor des Fahrzeugs im globalen Koordinatensystem:

$$\begin{aligned} ^G\mathbf{v} &= [R]\,^B\mathbf{v} = \begin{bmatrix} \cos\psi & -\sin\psi \\ \sin\psi & \cos\psi \end{bmatrix} \begin{bmatrix} v_x \\ v_y(t) \end{bmatrix} \\ &= \begin{bmatrix} v_x \cos\psi - v_y \sin\psi \\ v_y \cos\psi + v_x \sin\psi \end{bmatrix} = \begin{bmatrix} v_X \\ v_Y \end{bmatrix} \end{aligned} \tag{9.578}$$

Die globale Koordinate des Massenzentrums des Fahrzeugs lautet:

$$X = \int_0^t v_X \, dt = \int_0^t \left(v_x \cos\psi - v_y \sin\psi\right) dt \tag{9.579}$$

$$Y = \int_0^t v_Y \, dt = \int_0^t \left(v_y \cos\psi + v_x \sin\psi\right) dt \tag{9.580}$$

Wenn der Lenkwinkel konstant ist, wird das Fahrzeug schließlich auf einer konstanten Kreisbahn fahren. Die Position des stationären Drehzentrums im körperfesten Koordinatensystem befindet sich bei:

$$x_O = -R\sin\beta = 1{,}1651\,\mathrm{m} \tag{9.581}$$

$$y_O = R\cos\beta = 38{,}312\,\mathrm{m} \tag{9.582}$$

Daher sind die globalen Koordinate des Drehzentrums:

$$\begin{bmatrix} X_O \\ Y_O \end{bmatrix} = {}^G_G\mathbf{r}_B + {}^G R_B \begin{bmatrix} x_O \\ y_O \end{bmatrix} \tag{9.583}$$

wobei ${}_G^G\mathbf{r}_B$ *der G-Ausdruck des Ortsvektors des Ursprungs des B-Koordinatensystems bezüglich des Ursprungs des G-Koordinatensystems an irgendeinem Punkt auf der stationären Kreisbahn ist. Abb. 9.57 veranschaulicht den Bewegungspfad des Fahrzeugs und das stationäre Drehzentrum.*

Beispiel 426 ⋆ *Gleichungen zweiter Ordnung.*

Die gekoppelten Bewegungsgleichungen (9.188) können zu einer Differentialgleichung zweiter Ordnung mit nur einer Variablen modifiziert werden. Um dies zu tun, lassen Sie uns die Gleichungen umschreiben in:

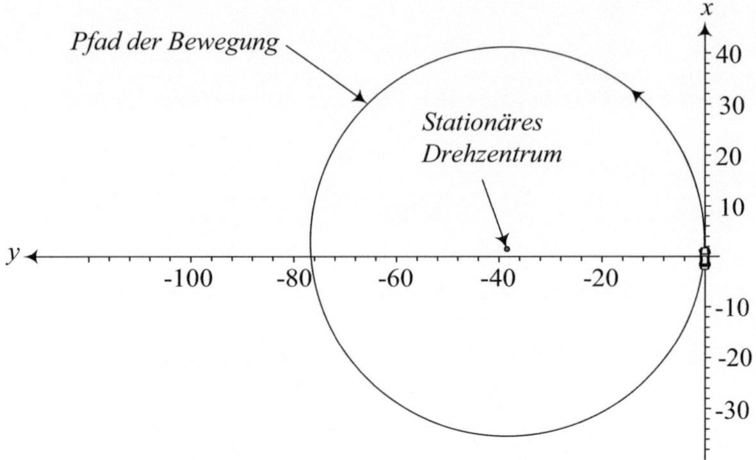

Abb. 9.57 Der Bewegungspfad eines Fahrzeugs mit einem Schrittlenkwinkel, das sich mit konstanter Vorwärtsgeschwindigkeit bewegt

$$\dot{v}_y = \frac{1}{mv_x}\left(v_y C_\beta + rC_r v_x - mrv_x^2 + \delta v_x C_\delta\right) \tag{9.584}$$

$$\dot{r} = \frac{1}{I_z v_x}\left(v_y D_\beta + rD_r v_x + \delta v_x D_\delta\right) \tag{9.585}$$

Unter der Annahme einer konstanten Vorwärtsgeschwindigkeit

$$v_x = const \tag{9.586}$$

und Ableitung von Gl. (9.585) ergibt sich:

$$\ddot{r} = \frac{1}{I_z v_x}\left(\dot{v}_y D_\beta + \dot{r} D_r v_x\right) \tag{9.587}$$

Wir setzen Gl. (9.584) in (9.587) ein:

$$\begin{aligned}\ddot{r} &= \frac{1}{I_z v_x}\left(\frac{1}{mv_x}\left(v_y C_\beta + rC_r v_x - mrv_x^2 + \delta v_x C_\delta\right)\right)D_\beta \\ &\quad + \frac{1}{I_z v_x}\dot{r} D_r v_x + \dot{\delta} v_x D_\delta\end{aligned} \tag{9.588}$$

und dann ersetzen wir v_y *aus (9.585) und erhalten die folgende Gleichung:*

$$\begin{aligned}& mI_z v_x \ddot{r} - \left(I_z C_\beta + mD_r v_x\right)\dot{r} + \left(D_r C_\beta - C_r F_\beta + mv_x D_\beta\right)r \\ &= -\left(\delta C_\delta D_\beta - \delta C_\beta D_\delta + m\dot{\delta} v_x D_\delta\right)\end{aligned} \tag{9.589}$$

Diese Gleichung ähnelt der Bewegungsgleichung für ein Einzel-DOF-System mit erzwungener Schwingung:

$$m_{eq}\ddot{r} + c_{eq}\dot{r} + k_{eq}r = f_{eq}(t) \tag{9.590}$$

wobei für die äquivalente Masse m_{eq}*, Dämpfung* c_{eq}*, Steifigkeit* k_{eq} *und die Kraft* $f_{eq}(t)$ *gilt:*

$$m_{eq} = mI_z v_x \tag{9.591}$$

$$c_{eq} = -\left(I_z C_\beta + mD_r v_x\right) \tag{9.592}$$

$$k_{eq} = D_r C_\beta - C_r F_\beta + mv_x D_\beta \tag{9.593}$$

$$f_e(t) = -m\tfrac{d\delta(t)}{dt} v_x D_\delta - \left(C_\delta D_\beta - C_\beta D_\delta\right)\delta(t) \tag{9.594}$$

Wir können Gl. (9.589) verwenden und das Verhalten eines Fahrzeugs ähnlich wie bei der Analyse eines schwingenden Systems bestimmen. Die Reaktion der Gleichung auf eine stufenweise Eingabe kann durch Anstiegszeit, Spitzenzeit, Überschwingen und Beruhigungszeit ausgedrückt werden.

9.8 Zusammenfassung

Ein Fahrzeug wird effektiv als starres Fahrrad in einer planaren Bewegung modelliert, indem die Rollbewegung des Fahrzeugs ignoriert wird. Ein solches Fahrzeug hat drei Freiheitsgrade in einem körperfesten Koordinatensystem, das am Punkt C am Fahrzeug befestigt ist: Vorwärtsbewegung, seitliche Bewegung und Gierbewegung. Wenn das Fahrzeug eine Vorderradlenkung hat, werden die dynamischen Gleichungen eines solchen Fahrzeugs in $\left(v_x, v_y, r\right)$-Variablen in der folgenden Reihe von drei gekoppelten gewöhnlichen Differentialgleichungen erster Ordnung ausgedrückt:

$$\dot{v}_x = \frac{F_x}{m} + r\, v_y \tag{9.595}$$

$$\begin{aligned}\dot{v}_y =& \tfrac{1}{mv_x}\left(-a_1 C_{\alpha f} + a_2 C_{\alpha r}\right) r \\ &-\tfrac{1}{mv_x}\left(C_{\alpha f} + C_{\alpha r}\right) v_y + \tfrac{1}{m} C_{\alpha f}\delta - r\, v_x\end{aligned} \tag{9.596}$$

$$\begin{aligned}\dot{r} =& \tfrac{1}{I_z v_x}\left(-a_1^2 C_{\alpha f} - a_2^2 C_{\alpha r}\right) r \\ &-\tfrac{1}{I_z v_x}\left(a_1 C_{\alpha f} - a_2 C_{\alpha r}\right) v_y + \tfrac{1}{I_z} a_1 C_{\alpha f}\delta\end{aligned} \tag{9.597}$$

Die zweite und dritte Gleichung können in einer Matrixform für $\left[\, v_y \;\; r \,\right]^T$

$$\begin{bmatrix} \dot{v}_y \\ \dot{r} \end{bmatrix} = \begin{bmatrix} -\dfrac{C_{\alpha f} + C_{\alpha r}}{m v_x} & \dfrac{-a_1 C_{\alpha f} + a_2 C_{\alpha r}}{m v_x} - v_x \\ -\dfrac{a_1 C_{\alpha f} - a_2 C_{\alpha r}}{I_z v_x} & -\dfrac{a_1^2 C_{\alpha f} + a_2^2 C_{\alpha r}}{I_z v_x} \end{bmatrix} \begin{bmatrix} v_y \\ r \end{bmatrix} + \begin{bmatrix} \dfrac{C_{\alpha f}}{m} \\ \dfrac{a_1 C_{\alpha f}}{I_z} \end{bmatrix} \delta \tag{9.598}$$

oder in einer Matrixform für $\begin{bmatrix} \beta & r \end{bmatrix}^T$ geschrieben werden:

$$\begin{bmatrix} \dot{\beta} \\ \dot{r} \end{bmatrix} = \begin{bmatrix} -\dfrac{C_{\alpha f} + C_{\alpha r}}{m v_x} & \dfrac{-a_1 C_{\alpha f} + a_2 C_{\alpha r}}{m v_x^2} - 1 \\ -\dfrac{a_1 C_{\alpha f} - a_2 C_{\alpha r}}{I_z} & -\dfrac{a_1^2 C_{\alpha f} + a_2^2 C_{\alpha r}}{I_z v_x} \end{bmatrix} \begin{bmatrix} \beta \\ r \end{bmatrix} + \begin{bmatrix} \dfrac{C_{\alpha f}}{m v_x} \\ \dfrac{a_1 C_{\alpha f}}{I_z} \end{bmatrix} \delta \tag{9.599}$$

9.9 Schlüsselsymbole

$a \equiv \ddot{x}$	Beschleunigung
a_i	Abstand der Achsnummer i vom Massenmittelpunkt
a_N	
$[A]$	Kraftkoeffizientenmatrix
b_1	Abstand des Gelenkpunktes von der Hinterachse
b_2	Abstand der Anhängerachse vom Gelenkpunkt
$B(Cxyz)$	Fahrzeugkoordinatensystem
C	Massenmittelpunkt
C_α	Reifen-Rutschkoeffizient
$C_{\alpha f}$	vorderer Rutschkoeffizient
$C_{\alpha f_L}$	vorderer linker Rutschkoeffizient
$C_{\alpha f_R}$	vorderer rechter Rutschkoeffizient
$C_{\alpha r}$	hinterer Rutschkoeffizient
$C_{\alpha r_L}$	hinterer linker Rutschkoeffizient
$C_{\alpha r_R}$	hinterer rechter Rutschkoeffizient
$C_r, \cdots, D_\delta$	Kräftesystemkoeffizienten
C_r	Proportionalitätskoeffizient zwischen F_y und r
C_β	Proportionalitätskoeffizient zwischen F_y und β
C_δ	Proportionalitätskoeffizient zwischen F_y und δ
D_r	Proportionalitätskoeffizient zwischen M_z und r
D_β	Proportionalitätskoeffizient zwischen M_z und β
D_δ	Proportionalitätskoeffizient zwischen M_z und δ
$\mathbf{d}$	Ortsvektor im Koordinatensystem
d_N	neutraler Abstand
dm	Massenelement
F_i	generalisierte Kraft
F_x	Längskraft, Vorwärtskraft, Zugkraft
F_y	Seitenkraft
F_{yf}	vordere Seitenkraft
F_{yr}	hintere Seitenkraft
F_z	Normalkraft, Vertikalkraft, Fahrzeuglast
$\mathbf{F}, \mathbf{M}$	Fahrzeugkräftesystem
$\mathbf{g}, g$	Gravitationsbeschleunigung
$G(OXYZ)$	globales Koordinatensystem
I	Massenmoment
K	Stabilitätsfaktor
$\mathbf{L}$	Drehimpulsmoment
L	Lagrangefunktion
m	Masse
M_x	Rollmoment, Bankmoment, Kippmoment
M_y	Nickmoment

M_z	Giermoment, Ausrichtmoment
$p = \dot{\varphi}$	Rollrate
$\mathbf{p}$	Impuls
P_N	neutraler Lenkpunkt
$q = \dot{\theta}$	Nickrate
$\mathbf{q}$	Kontrollvariablenvektor
q_i	generalisierte Koordinate
$r = \dot{\psi}$	Gierrate
$\mathbf{r}$	Ortsvektor
R	Rotationsradius
R_w	Reifenradius
${}^G R_B$	Rotationsmatrix, um vom B-System zum G-System zu gelangen
$S_\kappa = \kappa/\delta$	Reaktion auf die Krümmung
$S_\beta = \beta/\delta$	Reaktion auf das seitliche Rutschen
$S_r = r/\delta$	Reaktion auf die Gierrate
$S_a = v_x^2/R/\delta$	Reaktion auf die Zentripetalbeschleunigung
S_y	Reaktion auf die Seitengeschwindigkeit
S_{y_1}, S_{y_2}	Reaktionen im stationären Zustand
$S_A = 1/v_x^2$	Ackerman-Lenkgradient
t	Zeit
T	Reifenkoordinatensystem
T_w	Raddrehmoment
$\mathbf{u}$	Eingabevektor
$v \equiv \dot{x},\ \mathbf{v}$	Geschwindigkeit
w	Radstand
$x, y, z,\ \mathbf{x}$	Verschiebung
α	Schwimmwinkel
β	globaler Schwimmwinkel
β	Fahrzeugschwimmwinkel, Einstellwinkel
β	Einstellwinkel
$\beta + \psi$	Kreuzwinkel
δ	Lenkwinkel
δ_f	vorderer Lenkwinkel
δ_r	hinterer Lenkwinkel
θ	Nickwinkel
$\dot{\theta} = q$	Nickrate
$\kappa = 1/R$	Krümmung
λ	Eigenwert
ϕ	Rollwinkel
$\dot{\varphi} = p$	Rollrate
ψ	Gierwinkel
$\dot{\psi} = r$	Gierrate
ψ	Kurswinkel
$\boldsymbol{\omega}$	Winkelgeschwindigkeit
$\boldsymbol{\omega}$	Winkelbeschleunigung

Übungen

1. Koeffizienten des Kräftesystems
   Betrachten Sie ein Auto mit Vorderradlenkung mit den folgenden Eigenschaften:

$$
\begin{aligned}
C_{\alpha f_L} &= C_{\alpha f_R} = 500\,\mathrm{N/deg} \qquad C_{\alpha r_L} = C_{\alpha r_R} = 460\,\mathrm{N/deg} \\
m &= 1245\,\mathrm{kg} \qquad I_z = 1328\,\mathrm{kg\,m^2} \\
a_1 &= 110\,\mathrm{cm} \qquad a_2 = 132\,\mathrm{cm}
\end{aligned}
$$

   a) Bestimmen Sie die Koeffizienten des Kräftesystems C_r, C_β, C_δ, D_r, D_β, D_δ.
   b) Stellen Sie C_r, D_r als Funktionen von v_x für $0 < v_x < 60\,\mathrm{m/s}$ dar.
2. Dimension der Koeffizienten der Kraftcharakteristik
   Welche Dimensionen haben die Koeffizienten C_r, C_β, C_δ, D_r, D_β, D_δ des Kräftesystems?
3. Kräftesystem und Zwei-Rad-Modell eines Autos
   Betrachten Sie ein Auto mit Vorderradlenkung mit:

$$
\begin{aligned}
C_{\alpha r_L} &= C_{\alpha r_R} = C_{\alpha f_L} = C_{\alpha f_R} = 500\,\mathrm{N/deg} \\
a_1 &= 110\,\mathrm{cm} \qquad a_2 = 132\,\mathrm{cm} \\
m &= 1205\,\mathrm{kg} \qquad I_z = 1300\,\mathrm{kg\,m^2}
\end{aligned}
$$

   a) Bestimmen Sie das auf das Zwei-Rad-Modell des Autos wirkende Kräftesystem.

$$
\begin{aligned}
F_y &= C_r\, r + C_\beta\, \beta + C_\delta\, \delta \\
M_z &= D_r\, r + D_\beta\, \beta + D_\delta\, \delta
\end{aligned}
$$

   b) Schreiben Sie die Bewegungsgleichungen des Autos als

$$
\begin{aligned}
F_x &= m\,\dot{v}_x - mr\,v_y \\
F_y &= m\,\dot{v}_y + mr\,v_x \\
M_z &= \dot{r}\, I_z
\end{aligned}
$$

   c) Leiten Sie den Koeffizienten des Kräftesystems ab, der die Geschwindigkeit in km/h anstelle von m/s misst.
4. Bewegungsgleichungen für ein Auto mit Vorderradlenkung
   Betrachten Sie ein Auto mit Vorderradlenkung und

$$
\begin{aligned}
C_{\alpha r_L} &= C_{\alpha r_R} = C_{\alpha f_L} = C_{\alpha f_R} = 500\,\mathrm{N/deg} \\
a_1 &= 110\,\mathrm{cm} \qquad a_2 = 132\,\mathrm{cm} \\
m &= 1245\,\mathrm{kg} \qquad I_z = 1328\,\mathrm{kg\,m^2} \\
v_x &= 40\,\mathrm{m/s}
\end{aligned}
$$

   und entwickeln Sie die Bewegungsgleichungen

$$
\dot{\mathbf{q}} = [A]\mathbf{q} + \mathbf{u}
$$

5. ⋆ Nichtlineares Reifenverhalten
Gehen wir davon aus, dass der Schwimmwinkelkoeffizient der Reifen eines Fahrzeugs nichtlinear ist, sodass seine Querkraftentwicklungskapazität bei hohen α abfällt:

$$C_\alpha = C_1 - C_2\alpha^2$$

a) Entwickeln Sie das Kräftesystem für das Fahrzeug.
b) Leiten Sie die Bewegungsgleichungen für ein Auto mit Vorderradlenkung im lenkbaren ebenen Fahrradmodell ab.

6. Keine Näherung für β
Verwenden Sie nicht die Näherungen von

$$\begin{aligned}\beta_f &= \arctan\left(\frac{v_{y_f}}{v_{x_f}}\right) \approx \frac{v_{y_f}}{v_{x_f}}\\ \beta_r &= \arctan\left(\frac{v_{y_r}}{v_{x_r}}\right) \approx \frac{v_{y_r}}{v_{x_r}}\\ \beta &= \arctan\left(\frac{v_y}{v_x}\right) \approx \frac{v_y}{v_x}\end{aligned}$$

a) Akzeptieren Sie die linearen Funktionen von

$$F_{y_f} = -C_{\alpha f}\,\alpha_f \qquad F_{y_r} = -C_{\alpha r}\,\alpha_r$$

und entwickeln Sie das Kräftesystem für das planare Fahrradautomodell.
b) Gehen Sie davon aus, dass

$$F_{y_f} = -C_{1f}\,\alpha_f + C_{2f}\,\alpha_f^3 \qquad F_{y_r} = -C_{1r}\,\alpha_r + C_{2r}\,\alpha_r^3$$

und entwickeln Sie das Kräftesystem für das planare Fahrradautomodell.

7. Bewegungsgleichungen in verschiedenen Variablen
Betrachten Sie ein Auto mit den folgenden Eigenschaften:

$$\begin{aligned}C_{\alpha r_L} &= C_{\alpha r_R} = C_{\alpha f_L} = C_{\alpha f_R} = 500\,\mathrm{N/deg}\\ a_1 &= 100\,\mathrm{cm} \qquad a_2 = 120\,\mathrm{cm}\\ m &= 1000\,\mathrm{kg} \qquad I_z = 1008\,\mathrm{kg\,m^2}\\ v_x &= 40\,\mathrm{m/s}\end{aligned}$$

und entwickeln Sie die Bewegungsgleichungen
a) in Bezug auf $(\dot{v}_x, \dot{v}_y, \dot{r})$, wenn das Auto eine Vorderradlenkung hat;
b) in Bezug auf $(\dot{v}_x, \dot{v}_y, \dot{r})$, wenn das Auto eine Allradlenkung hat;
c) in Bezug auf $(\dot{v}_x, \dot{\beta}, \dot{r})$, wenn das Auto eine Vorderradlenkung hat;
d) in Bezug auf $(\dot{v}_x, \dot{\beta}, \dot{r})$, wenn das Auto eine Allradlenkung hat.

8. Parameter der stationären Antwort
Betrachten Sie ein Auto mit den folgenden Eigenschaften:

$$C_{\alpha f_L} = C_{\alpha f_R} = 500\,\text{N/deg} \qquad C_{\alpha r_L} = C_{\alpha r_R} = 520\,\text{N/deg}$$
$$m = 1245\,\text{kg} \qquad I_z = 1328\,\text{kg}\,\text{m}^2$$
$$a_1 = 110\,\text{cm} \qquad a_2 = 132\,\text{cm}$$

a) Bestimmen Sie die stationären Antworten S_κ, S_β, S_r, S_a, S_y.
b) Zeichnen Sie die stationären Antworten als Funktionen von v_x.
c) Bestimmen Sie ihre Werte bei $v_x = 40$ m/s.

9. Parameter der stationären Bewegung
Betrachten Sie ein Auto mit den folgenden Eigenschaften:

$$C_{\alpha f_L} = C_{\alpha f_R} = 600\,\text{N/deg} \qquad C_{\alpha r_L} = C_{\alpha r_R} = 550\,\text{N/deg}$$
$$m = 1245\,\text{kg} \qquad I_z = 1128\,\text{kg}\,\text{m}^2$$
$$a_1 = 120\,\text{cm} \qquad a_2 = 138\,\text{cm}$$
$$v_x = 20\,\text{m/s} \qquad \delta = 3\,\text{deg}$$

a) Bestimmen Sie die stationären Werte von r, R, β und v_x^2/R.
b) Finden Sie die Koordinaten des Drehzentrums.

10. ⋆ Trägheit und stationäre Parameter.
Betrachten Sie ein Auto, das aus einer einheitlichen festen Box mit den Abmessungen 260 cm × 140 cm × 40 cm in $x \times z \times y$ Abmessungen besteht. Wenn die Dichte der Box $\rho = 1000$ kg/m^3 beträgt und die anderen Eigenschaften:

$$C_{\alpha f_L} = C_{\alpha f_R} = 600\,\text{N/deg} \qquad C_{\alpha r_L} = C_{\alpha r_R} = 550\,\text{N/deg}$$
$$a_1 = a_2 = \frac{l}{2} = 1.25\,\text{m}$$

dann:
a) Bestimmen Sie m, I_z.
b) Bestimmen Sie die stationären Antworten S_κ, S_β, S_r und S_a als Funktionen von v_x.
c) Bestimmen Sie die Geschwindigkeit v_x, bei der das Auto einen Wendekreisradius gleich

$$R = 35\,\text{m}$$

hat, wenn

$$\delta = 4\,\text{deg}$$

d) Bestimmen Sie die stationären Parameter r, R, β, v_x^2/R und den Drehpunkt bei dieser Geschwindigkeit.
e) Stellen Sie die Geschwindigkeit des Autos auf

$$v_x = 20\,\text{m/s}$$

ein und zeichnen Sie die stationären Antworten S_κ, S_β, S_r und S_a für variable ρ.

11. Stabilitätsfaktor und Untersteuerverhalten
Untersuchen Sie den Stabilitätsfaktor K und:
a) bestimmen Sie die Bedingung für ein untersteuerndes Auto, wenn $a_1 = a_2$;

b) bestimmen Sie die Bedingung für ein untersteuerndes Auto, wenn $C_{\alpha f} = C_{\alpha r}$;
c) zeigen Sie, dass wenn wir die Reifen vorne und hinten so verwenden, dass $C_{\alpha f} = C_{\alpha r}$, dann muss die Vorderseite des Autos schwerer sein, um ein untersteuerndes Auto zu erhalten;
d) zeigen Sie, dass wenn wir ein Auto mit $a_1 = a_2$ haben, dann müssen wir Reifen verwenden, sodass $C_{\alpha r} > C_{\alpha f}$, um ein untersteuerndes Auto zu erreichen.

12. Stabilitätsfaktor und Masse des Autos
Finden Sie a_1 und a_2 in Bezug auf F_{z_1}, F_{z_2} und mg, um den Stabilitätsfaktor K umzuschreiben und die Auswirkung der Massenverteilung eines Autos zu sehen.

13. Stabilitätsfaktor und Fahrzeugverhalten
Untersuchen Sie den Stabilitätsfaktor eines Autos mit den Parametern

$$\begin{aligned} C_{\alpha f_L} &= C_{\alpha f_R} = 500\,\mathrm{N/deg} \qquad C_{\alpha r_L} = C_{\alpha r_R} = 460\,\mathrm{N/deg} \\ m &= 1245\,\mathrm{kg} \qquad I_z = 1328\,\mathrm{kg\,m^2} \\ a_1 &= 110\,\mathrm{cm} \qquad a_2 = 132\,\mathrm{cm} \\ v_x &= 30\,\mathrm{m/s} \end{aligned}$$

und:

a) bestimmen Sie, ob das Auto untersteuert, neutral ist oder übersteuert;
b) bestimmen Sie die neutrale Distanz d_N.

14. ⋆ Kritische Geschwindigkeiten eines Autos
Vergleichen Sie die kritischen Geschwindigkeiten der Kurven-, Seitenrutsch- und Giergeschwindigkeitsreaktionen und ordnen Sie sie, wenn möglich. Bestimmen Sie die Bedingungen, unter denen sie gleich sind, falls vorhanden.

15. Kritische Geschwindigkeit eines Autos
Betrachten Sie ein Auto mit den Eigenschaften:

$$\begin{aligned} C_{\alpha f_L} &= C_{\alpha f_R} = 700\,\mathrm{N/deg} \qquad C_{\alpha r_L} = C_{\alpha r_R} = 520\,\mathrm{N/deg} \\ m &= 1245\,\mathrm{kg} \qquad I_z = 1328\,\mathrm{kg\,m^2} \\ a_1 &= 118\,\mathrm{cm} \qquad a_2 = 122\,\mathrm{cm} \end{aligned}$$

a) Bestimmen Sie, ob das Auto untersteuert, neutral ist oder übersteuert.
b) Im Falle einer Übersteuersituation, bestimmen Sie die neutrale Distanz d_N und die kritische Geschwindigkeit v_c des Autos.

16. Gleichgewichtszustand R für übersteuernde Fahrzeuge
Betrachten Sie ein Auto mit:

$$\begin{aligned} C_{\alpha f_L} &= C_{\alpha f_R} = 500\,\mathrm{N/deg} \qquad C_{\alpha r_L} = C_{\alpha r_R} = 460\,\mathrm{N/deg} \\ m &= 1245\,\mathrm{kg} \qquad I_z = 1328\,\mathrm{kg\,m^2} \\ a_1 &= 110\,\mathrm{cm} \qquad a_2 = 132\,\mathrm{cm} \end{aligned}$$

a) Bestimmen und zeichnen Sie R gegen v_x.

b) Tauschen Sie a_1 und a_2 so aus, dass

$$a_2 = 110\,\text{cm} \qquad a_1 = 132\,\text{cm}$$

und bestimmen und zeichnen Sie R gegen v_x.

17. ⋆ Schrittweise Reaktion bei unterschiedlichen Geschwindigkeiten
Betrachten Sie ein Auto mit den Eigenschaften:

$$\begin{aligned} C_{\alpha f_L} &= C_{\alpha f_R} = 600\,\text{N/deg} \qquad C_{\alpha r_L} = C_{\alpha r_R} = 750\,\text{N/deg} \\ m &= 1245\,\text{kg} \qquad I_z = 1328\,\text{kg}\,\text{m}^2 \\ a_1 &= 110\,\text{cm} \qquad a_2 = 132\,\text{cm} \end{aligned}$$

und einem Schritteingang:

$$\delta(t) = \begin{cases} 5\,\text{deg} & t > 0 \\ 0 & t \le 0 \end{cases}$$

Bestimmen Sie das Zeitverhalten des Autos bei den folgenden Vorwärtsgeschwindigkeiten und zeichnen Sie r als Funktion der Zeit:
a) $v_x = 10\,\text{m/s}$;
b) $v_x = 20\,\text{m/s}$;
c) $v_x = 30\,\text{m/s}$;
d) $v_x = 40\,\text{m/s}$;
e) Bestimmen Sie r_{Max} in jedem Fall und prüfen Sie, ob r_{Max} linear proportional zu v_x ist.
f) Finden Sie r_{Max} als Funktion von v_x analytisch und beschreiben Sie das Fahrverhalten basierend auf dem Plot von r_{Max}.

18. Funktion des Drehzentrums im stationären Zustand
Betrachten Sie ein Auto mit:

$$\begin{aligned} C_{\alpha f_L} &= C_{\alpha f_R} \approx 30000\,\text{N/rad} \qquad C_{\alpha r_L} = C_{\alpha r_R} \approx 30000\,\text{N/rad} \\ m &= 1000\,\text{kg} \qquad I_z = 1650\,\text{kg}\,\text{m}^2 \\ a_1 &= 1{,}0\,\text{m} \qquad a_2 = 1{,}5\,\text{m} \\ K &= \frac{m}{l^2}\left(\frac{a_2}{C_{\alpha f}} - \frac{a_1}{C_{\alpha r}}\right) = 1{,}33 \times 10^{-2} > 0 \end{aligned}$$

a) Bestimmen Sie die Koordinate des Drehzentrums (x_O, y_O).
b) Überprüfen Sie, ob es möglich ist, v_x zu eliminieren, um $y_O = f(x_O)$ zu finden.
c) Nähern Sie $y_O = f(x_O)$ durch eine lineare Funktion an.

19. Stabilitätsfaktoranalyse
Betrachten Sie ein Auto mit:

$$\begin{aligned} C_{\alpha f} &= 57296\,\text{N/rad} \qquad C_{\alpha r} = 52712\,\text{N/rad} \\ m &= 917\,\text{kg} \qquad I_z = 1128\,\text{kg}\,\text{m}^2 \\ l &= 2{,}55\,\text{m} \qquad a_1 = x \qquad a_2 = l - x \end{aligned}$$

a) Zeichnen Sie K als Funktion von x.
b) ⋆ Zeichnen Sie eine dreidimensionale Oberfläche von S_κ als Funktion von x und v_x.

20. ⋆ Massenmittelpunkt und Geschwindigkeit
Stellen Sie sich ein Auto vor, dessen Position des Massenmittelpunktes sich in Abhängigkeit von seiner Vorwärtsgeschwindigkeit für $0 < v_x < 100\,\mathrm{m/s}$ verschiebt.

$$\begin{aligned} C_{\alpha f} &= 57296\,\mathrm{N/rad} \qquad C_{\alpha r} = 52712\,\mathrm{N/rad} \\ m &= 917\,\mathrm{kg} \qquad I_z = 1128\,\mathrm{kg\,m^2} \\ l &= 2{,}55\,\mathrm{m} \qquad a_1 = 1 + \frac{v_x}{100} \qquad a_2 = l - 1 - \frac{v_x}{100} \end{aligned}$$

a) Zeichnen Sie K als Funktion von x.
b) Zeichnen Sie S_κ als Funktion von x.

21. ⋆ Schrittantwort für verschiedene Lenkwinkel
Betrachten Sie ein Auto mit den Eigenschaften:

$$\begin{aligned} C_{\alpha f_L} &= C_{\alpha f_R} = 600\,\mathrm{N/deg} \qquad C_{\alpha r_L} = C_{\alpha r_R} = 750\,\mathrm{N/deg} \\ m &= 1245\,\mathrm{kg} \qquad I_z = 1328\,\mathrm{kg\,m^2} \\ a_1 &= 110\,\mathrm{cm} \qquad a_2 = 132\,\mathrm{cm} \\ v_x &= 20\,\mathrm{m/s} \end{aligned}$$

Bestimmen Sie das Zeitverhalten des Autos auf einen Schritteingang

$$\delta(t) = \begin{cases} \delta & t > 0 \\ 0 & t \le 0 \end{cases}$$

und zeichnen Sie r gegen v_x, wenn:
a) $\delta = 2\,\mathrm{deg}$, $\delta = 3\,\mathrm{deg}$, $\delta = 4\,\mathrm{deg}$, $\delta = 5\,\mathrm{deg}$, $\delta = 6\,\mathrm{deg}$, $\delta = 7\,\mathrm{deg}$, $\delta = 8\,\mathrm{deg}$, $\delta = 9\,\mathrm{deg}$, $\delta = 10\,\mathrm{deg}$.
b) Bestimmen Sie r_{Max} in jedem Fall und prüfen Sie, ob r_{Max} linear proportional zu v_x ist.
c) Finden Sie r_{Max} als Funktion von v_x analytisch und beschreiben Sie das Verhalten des Autos basierend auf dem Plot von r_{Max}.

22. ⋆ Eigenwerte und freie Antwort
Betrachten Sie ein Auto mit den Eigenschaften:

$$\begin{aligned} C_{\alpha f_L} &= C_{\alpha f_R} = 600\,\mathrm{N/deg} \qquad C_{\alpha r_L} = C_{\alpha r_R} = 750\,\mathrm{N/deg} \\ m &= 1245\,\mathrm{kg} \qquad I_z = 1328\,\mathrm{kg\,m^2} \\ a_1 &= 110\,\mathrm{cm} \qquad a_2 = 132\,\mathrm{cm} \\ v_x &= 20\,\mathrm{m/s} \end{aligned}$$

a) Bestimmen Sie die Eigenwerte der Koeffizientenmatrix $[A]$ und finden Sie heraus, ob das Auto bei Nulllenkwinkel stabil ist.
b) In jedem Fall bestimmen Sie das Gewichtsverteilungsverhältnis, a_1/a_2, sodass das Auto neutral stabil ist.

c) Empfehlen Sie eine Bedingung für das Gewichtsverteilungsverhältnis, a_1/a_2, sodass das Auto stabil ist.

23. ⋆ Zeitverhalten auf verschiedene Lenkfunktionen
Betrachten Sie ein Auto mit den Eigenschaften:

$$\begin{aligned} C_{\alpha f_L} &= C_{\alpha f_R} = 600\,\text{N/deg} \qquad C_{\alpha r_L} = C_{\alpha r_R} = 750\,\text{N/deg} \\ m &= 1245\,\text{kg} \qquad I_z = 1328\,\text{kg}\,\text{m}^2 \\ a_1 &= 110\,\text{cm} \qquad a_2 = 132\,\text{cm} \\ v_x &= 20\,\text{m/s} \end{aligned}$$

Bestimmen Sie das Zeitverhalten des Autos auf

a) $\delta(t) = \sin 0.1t$ für $0 < t < 10\pi$ und $\delta(t) = 0$ für $t \leq 0$ und $t \geq 10\pi$;
b) $\delta(t) = \sin 0.5t$ für $0 < t < 2\pi$ und $\delta(t) = 0$ für $t \leq 0$ und $t \geq 2\pi$;
c) $\delta(t) = \sin t$ für $0 < t < \pi$ und $\delta(t) = 0$ für $t \leq 0$ und $t \geq \pi$.

24. ⋆ Übergang zwischen zwei stationären Zuständen
Betrachten Sie das planare Modell eines Fahrzeugs mit Vorderradlenkung und den folgenden Parametern:

$$\begin{aligned} C_{\alpha f} &= 57296\,\text{N/rad} \qquad C_{\alpha r} = 52712\,\text{N/rad} \\ m &= 917\,\text{kg} \qquad I_z = 1128\,\text{kg}\,\text{m}^2 \\ a_1 &= 0{,}91\,\text{m} \qquad a_2 = 1{,}64\,\text{m} \end{aligned}$$

a) Bestimmen Sie die stationären Werte von S_κ für $v_x = 10$ m/s und $v_x = 30$ m/s.
b) Bestimmen Sie das Übergangsverhalten des Fahrzeugs zwischen den stationären Zuständen, unter der Annahme, dass sich die Geschwindigkeit des Autos plötzlich ändert.

25. Übergangspfad des Drehzentrums
Betrachten Sie ein Fahrzeug mit den folgenden Eigenschaften:

$$\begin{aligned} C_{\alpha f_L} &= C_{\alpha f_R} \approx 3000\,\text{N/rad} \qquad C_{\alpha r_L} = C_{\alpha r_R} \approx 3000\,\text{N/rad} \\ m &= 1000\,\text{kg} \qquad I_z = 1650\,\text{kg}\,\text{m}^2 \\ a_1 &= 1{,}0\,\text{m} \qquad a_2 = 1{,}5\,\text{m} \end{aligned}$$

a) Bestimmen Sie die stationären Antworten S_κ, S_β, S_r, S_a für $v_x = 1$ m/s und $v_x = 10$ m/s.
b) Bestimmen Sie die kritische Geschwindigkeit, bei der $\beta = 0$.
c) Berechnen Sie die Koordinaten des Drehzentrums für $v_x = 1$ m/s, die kritische Geschwindigkeit und $v_x = 10$ m/s.
d) ⋆ Nehmen Sie an, das Fahrzeug befinde sich im stationären Zustand für $v_x = 1$ m/s und plötzlich änderte sich die Geschwindigkeit auf $v_x = 10$ m/s und bliebe konstant. Bestimmen Sie den Pfad des Drehzentrums zwischen den beiden stationären Zuständen.

26. Lineare Modell-Dynamik.
Betrachten Sie ein Fahrzeug mit den folgenden Eigenschaften:

$$\begin{aligned} C_{\alpha f_L} &= C_{\alpha f_R} \approx 3000\,\mathrm{N/rad} \qquad C_{\alpha r_L} = C_{\alpha r_R} \approx 3000\,\mathrm{N/rad} \\ m &= 1000\,\mathrm{kg} \qquad I_z = 1650\,\mathrm{kg\,m^2} \\ a_1 &= 1{,}0\,\mathrm{m} \qquad a_2 = 1{,}5\,\mathrm{m} \end{aligned}$$

und vergleichen Sie das Übergangsverhalten des Fahrzeugs mit dem planaren Modell und dem linearisierten Modell für eine stufenweise Lenkänderung:

$$\delta(t) = \begin{cases} 5\,\mathrm{deg} & t > 0 \\ 0 & t \leq 0 \end{cases}$$

Kapitel 10
⋆ Rolldynamik eines Fahrzeugs

In diesem Kapitel entwickeln wir ein dynamisches Modell für ein starres Fahrradfahrzeug mit Vorwärts-, Seiten-, Gier- und Rollbewegungen. Das Modell eines rollfähigen starren Fahrzeugs ist genauer und effektiver im Vergleich zum starren ebenen Fahrradmodell eines Fahrzeugs. Mit diesem Modell können wir das Rollverhalten eines Fahrzeugs sowie seine Manövrierfähigkeit analysieren.

10.1 ⋆ Fahrzeugkoordinaten und Freiheitsgrade

Abb. 10.1 zeigt ein Fahrzeug mit einem körperfesten Koordinatensystem $B(Cxyz)$ im Massenzentrum C. Die x-Achse ist eine Längsachse, die durch C verläuft und nach vorne gerichtet ist. Die y-Achse geht seitlich nach links aus der Sicht des Fahrers. Die z-Achse macht das Koordinatensystem zu einem rechtshändigen Dreibein. Wenn das Auto auf einer flachen horizontalen Straße geparkt ist, verläuft die z-Achse senkrecht zum Boden, entgegengesetzt zur Gravitationsbeschleunigung $\mathbf{g}$. Die Bewegungsgleichungen des Fahrzeugs sollten in $B(Cxyz)$ ausgedrückt werden.

Die Winkelorientierung und Winkelgeschwindigkeit eines Fahrzeugs werden durch drei Winkel ausgedrückt: *Rollen* ϕ*, Nicken* θ*, Gieren* ψ und ihre Raten: *Rollrate* p*, Nickrate* q*, Gierrate* r*:*

$$p = \dot{\varphi} \tag{10.1}$$

$$q = \dot{\theta} \tag{10.2}$$

$$r = \dot{\psi} \tag{10.3}$$

R. N. Jazar, *Fahrzeugdynamik*, https://doi.org/10.1007/978-3-031-53244-3_10

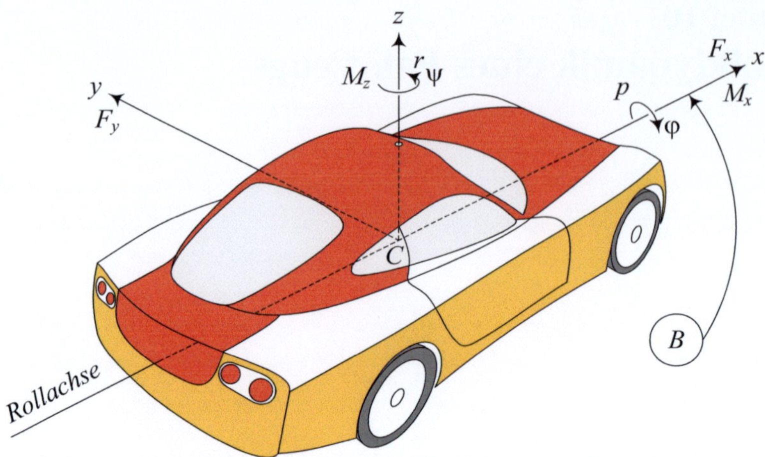

Abb. 10.1 Die Freiheitsgrade eines Rollmodells von starren Fahrzeugen sind: x, y, ϕ, ψ

Das Kräftesystem $(\mathbf{F}, \mathbf{M})$ des Fahrzeugs ist das Resultat von externen Kräften und Momenten, die das Fahrzeug vom Boden und der Umgebung erhält. Das Kräftesystem kann im körperfesten Koordinatensystem ausgedrückt werden als:

$$^B\mathbf{F} = F_x\hat{\imath} + F_y\hat{\imath} + F_z\hat{k} \tag{10.4}$$

$$^B\mathbf{M} = M_x\hat{\imath} + M_y\hat{\imath} + M_z\hat{k} \tag{10.5}$$

Die Dynamik des Rollmodells des Fahrzeugs kann durch vier kinematische Variablen ausgedrückt werden: die Vorwärtsbewegung x, die Seitenbewegung y, den Rollwinkel ϕ und den Gierwinkel ψ. In diesem Modell berücksichtigen wir keine vertikale Bewegung z und keine Nickbewegung θ.

10.2 ⋆ Bewegungsgleichungen

Ein starres Fahrzeug mit Roll- und Gierbewegungen hat eine Bewegung mit vier Freiheitsgraden, die sich in Verschiebungen in x- und y-Richtungen und Rotationen um die x- und z-Achsen ausdrücken. Die *Newton-Euler-Bewegungsgleichungen* für ein solches rollende starre Fahrzeug im körperfesten Koordinatensystem B sind:

$$F_x = m\,\dot{v}_x - mr\,v_y \tag{10.6}$$

$$F_y = m\,\dot{v}_y + mr\,v_x \tag{10.7}$$

$$M_z = I_z\dot{\omega}_z = I_z\dot{r} \tag{10.8}$$

$$M_x = I_x\dot{\omega}_x = I_x\dot{p} \tag{10.9}$$

Beweis. Betrachten Sie das in Abb. 10.2 dargestellte Fahrzeug. Ein globales Koordinatensystem G ist auf dem Boden fixiert, und ein lokales Koordinatensystem B ist am Massenmittelpunkt C des Fahrzeugs angebracht. Die Orientierung des Systems B kann durch den Kurswinkel ψ zwischen den x- und X-Achsen und den Rollwinkel ϕ zwischen den z- und Z-Achsen ausgedrückt werden. Der globale Ortsvektor des Massenmittelpunktes wird durch ${}^{G}\mathbf{d}$ bezeichnet.

Die Bewegungsgleichungen des starren Körpers im körperfesten Koordinatensystem sind:

$$\begin{aligned} {}^{B}\mathbf{F} &= {}^{B}R_{G}\,{}^{G}\mathbf{F} = {}^{B}R_{G}\left(m\,{}^{G}\mathbf{a}_{B}\right) = m\,{}_{G}^{B}\mathbf{a}_{B} \\ &= m\,{}^{B}\dot{\mathbf{v}}_{B} + m\,{}_{G}^{B}\boldsymbol{\omega}_{B} \times {}^{B}\mathbf{v}_{B} \end{aligned} \tag{10.10}$$

$$\begin{aligned} {}^{B}\mathbf{M} &= \frac{{}^{G}d}{dt}\,{}^{B}\mathbf{L} = {}_{G}^{B}\dot{\mathbf{L}}_{B} = {}^{B}\dot{\mathbf{L}} + {}_{G}^{B}\boldsymbol{\omega}_{B} \times {}^{B}\mathbf{L} \\ &= {}^{B}I\,{}_{G}^{B}\dot{\boldsymbol{\omega}}_{B} + {}_{G}^{B}\boldsymbol{\omega}_{B} \times \left({}^{B}I\,{}_{G}^{B}\boldsymbol{\omega}_{B}\right) \end{aligned} \tag{10.11}$$

Der Geschwindigkeitsvektor des Fahrzeugs, ausgedrückt im körperfesten Koordinatensystem, ist:

$${}^{B}\mathbf{v}_{C} = \begin{bmatrix} v_x \\ v_y \\ 0 \end{bmatrix} \tag{10.12}$$

wobei v_x die Vorwärtskomponente und v_y die Seitenkomponente von $\mathbf{v}$ sind. Die anderen kinematischen Vektoren für das starre Fahrzeug sind:

$${}^{B}\dot{\mathbf{v}}_{C} = \begin{bmatrix} \dot{v}_x \\ \dot{v}_y \\ 0 \end{bmatrix} \tag{10.13}$$

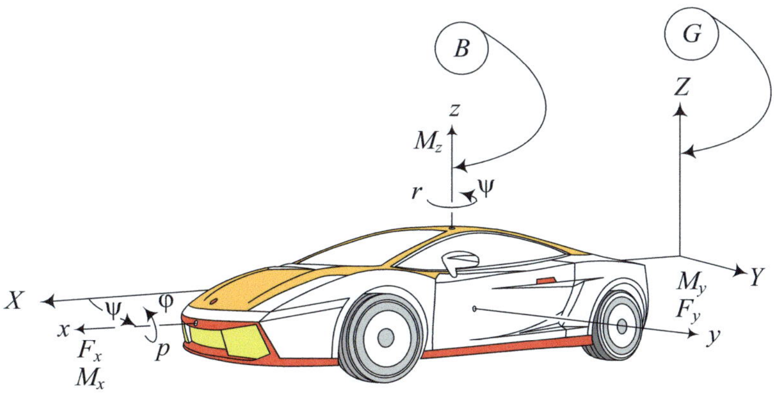

Abb. 10.2 Ein Fahrzeug mit Roll- und Gierrotationen

$$ {}^B_G\boldsymbol{\omega}_B = \begin{bmatrix} \omega_x \\ 0 \\ \omega_z \end{bmatrix} = \begin{bmatrix} p \\ 0 \\ r \end{bmatrix} \tag{10.14} $$

$$ {}^B_G\dot{\boldsymbol{\omega}}_B = \begin{bmatrix} \dot{\omega}_x \\ 0 \\ \dot{\omega}_z \end{bmatrix} = \begin{bmatrix} \dot{p} \\ 0 \\ \dot{r} \end{bmatrix} \tag{10.15} $$

Wir können annehmen, dass das körperfeste Koordinatensystem das Hauptkoordinatensystem des Fahrzeugs ist, um eine diagonale Trägheitsmomentmatrix zu erhalten:

$$ {}^BI = \begin{bmatrix} I_x & 0 & 0 \\ 0 & I_y & 0 \\ 0 & 0 & I_z \end{bmatrix} = \begin{bmatrix} I_1 & 0 & 0 \\ 0 & I_2 & 0 \\ 0 & 0 & I_3 \end{bmatrix} \tag{10.16} $$

Die Substitution der obigen Vektoren und Matrizen in die Bewegungsgleichungen (10.10) und (10.11) liefert uns die folgenden Gleichungen:

$$ {}^B\mathbf{F} = m\,{}^B\dot{\mathbf{v}}_B + m\,{}^B_G\boldsymbol{\omega}_B \times {}^B\mathbf{v}_B \tag{10.17} $$

$$ \begin{aligned} \begin{bmatrix} F_x \\ F_y \\ F_z \end{bmatrix} &= m \begin{bmatrix} \dot{v}_x \\ \dot{v}_y \\ 0 \end{bmatrix} + m \begin{bmatrix} \omega_x \\ 0 \\ \omega_z \end{bmatrix} \times \begin{bmatrix} v_x \\ v_y \\ 0 \end{bmatrix} \\ &= \begin{bmatrix} m\dot{v}_x - m\omega_z v_y \\ m\dot{v}_y + m\omega_z v_x \\ m\omega_x v_y \end{bmatrix} \end{aligned} \tag{10.18} $$

$$ {}^B\mathbf{M} = {}^BI\,{}^B_G\dot{\boldsymbol{\omega}}_B + {}^B_G\boldsymbol{\omega}_B \times \left({}^BI\,{}^B_G\boldsymbol{\omega}_B\right) \tag{10.19} $$

$$ \begin{aligned} \begin{bmatrix} M_x \\ M_y \\ M_z \end{bmatrix} &= \begin{bmatrix} I_1 & 0 & 0 \\ 0 & I_2 & 0 \\ 0 & 0 & I_3 \end{bmatrix} \begin{bmatrix} \dot{\omega}_x \\ 0 \\ \dot{\omega}_z \end{bmatrix} \\ &\quad + \begin{bmatrix} \omega_x \\ 0 \\ \omega_z \end{bmatrix} \times \left(\begin{bmatrix} I_1 & 0 & 0 \\ 0 & I_2 & 0 \\ 0 & 0 & I_3 \end{bmatrix} \begin{bmatrix} \omega_x \\ 0 \\ \omega_z \end{bmatrix} \right) \\ &= \begin{bmatrix} I_1\dot{\omega}_x \\ I_1\omega_x\omega_z - I_3\omega_x\omega_z \\ I_3\dot{\omega}_z \end{bmatrix} \end{aligned} \tag{10.20} $$

Die ersten beiden Newtonschen Gl. (10.18) sind die translatorischen Bewegungsgleichungen in den x- und y-Richtungen:

$$\begin{bmatrix} F_x \\ F_y \end{bmatrix} = \begin{bmatrix} m\dot{v}_x - m\omega_z v_y \\ m\dot{v}_y + m\omega_z v_x \end{bmatrix} \tag{10.21}$$

und die erste und dritte Euler-Gleichung (10.20) sind die rotatorischen Bewegungsgleichungen in den x- und z-Richtungen.

Die dritte Newtonsche Gleichung

$$m\omega_x v_y = F_z \tag{10.22}$$

liefert die Kompatibilitätsbedingung, um das Fahrzeug auf der Straße zu halten. Weil wir die Schwerkraft und jeglicher Bewegung in y-Richtung oder Rotation um die y-Achse ignoriert haben, ist die Gleichung in z-Richtung jedoch nicht vollständig.

Die erste und dritte Euler-Gleichung (10.20) sind die Bewegungsgleichungen um die x- und z-Achsen:

$$\begin{bmatrix} M_x \\ M_z \end{bmatrix} = \begin{bmatrix} I_1\dot{\omega}_x \\ I_3\dot{\omega}_z \end{bmatrix} \tag{10.23}$$

Die zweite Euler-Gleichung:

$$I_1\omega_x\omega_z - I_3\omega_x\omega_z = M_y \tag{10.24}$$

ist eine weitere Kompatibilitätsbedingung, die die erforderliche Bedingung für das Nickmoment liefert, um das Fahrzeug auf der Straße zu halten. ■

Beispiel 427 ⋆ *Bewegung eines Fahrzeugs mit sechs Freiheitsgraden.*

Betrachten Sie ein Fahrzeug, das sich im Raum bewegt. Ein solches Fahrzeug hat sechs Freiheitsgrade. Um die Bewegungsgleichungen eines solchen Fahrzeugs herzuleiten, müssen wir die kinematischen Eigenschaften wie folgt definieren:

$$^B\mathbf{v}_C = \begin{bmatrix} v_x \\ v_y \\ v_z \end{bmatrix} \qquad ^B\dot{\mathbf{v}}_C = \begin{bmatrix} \dot{v}_x \\ \dot{v}_y \\ \dot{v}_z \end{bmatrix} \tag{10.25}$$

$$^B_G\boldsymbol{\omega}_B = \begin{bmatrix} \omega_x \\ \omega_y \\ \omega_z \end{bmatrix} \qquad ^B_G\dot{\boldsymbol{\omega}}_B = \begin{bmatrix} \dot{\omega}_x \\ \dot{\omega}_y \\ \dot{\omega}_z \end{bmatrix} \tag{10.26}$$

Der Beschleunigungsvektor des Fahrzeugs im körperfesten Koordinatensystem ist:

$$^B\mathbf{a} = {}^B\dot{\mathbf{v}}_B + {}^B_G\boldsymbol{\omega}_B \times {}^B\mathbf{v}_B = \begin{bmatrix} \dot{v}_x + \omega_y v_z - \omega_z v_y \\ \dot{v}_y + \omega_z v_x - \omega_x v_z \\ \dot{v}_z + \omega_x v_y - \omega_y v_x \end{bmatrix} \tag{10.27}$$

und daher sind die Newtonschen Bewegungsgleichungen für das Fahrzeug:

$$\begin{bmatrix} F_x \\ F_y \\ F_z \end{bmatrix} = m \begin{bmatrix} \dot{v}_x + \omega_y v_z - \omega_z v_y \\ \dot{v}_y + \omega_z v_x - \omega_x v_z \\ \dot{v}_z + \omega_x v_y - \omega_y v_x \end{bmatrix} \tag{10.28}$$

Um die Eulerschen Bewegungsgleichungen

$${}^{B}\mathbf{M} = {}^{B}I \, {}^{B}_{G}\dot{\boldsymbol{\omega}}_B + {}^{B}_{G}\boldsymbol{\omega}_B \times \left({}^{B}I \, {}^{B}_{G}\boldsymbol{\omega}_B \right) \tag{10.29}$$

zu finden, müssen wir die Massenmomentenmatrix definieren und die erforderlichen Matrixberechnungen durchführen. Nehmen wir an, dass das körperfeste Koordinatensystem das Hauptkoordinatensystem ist. Also:

$$\begin{aligned} & {}^{B}I \, {}^{B}_{G}\dot{\boldsymbol{\omega}}_B + {}^{B}_{G}\boldsymbol{\omega}_B \times \left({}^{B}I \, {}^{B}_{G}\boldsymbol{\omega}_B \right) \\ &= \begin{bmatrix} I_1 & 0 & 0 \\ 0 & I_2 & 0 \\ 0 & 0 & I_3 \end{bmatrix} \begin{bmatrix} \dot{\omega}_x \\ \dot{\omega}_y \\ \dot{\omega}_z \end{bmatrix} + \begin{bmatrix} \omega_x \\ \omega_y \\ \omega_z \end{bmatrix} \times \left(\begin{bmatrix} I_1 & 0 & 0 \\ 0 & I_2 & 0 \\ 0 & 0 & I_3 \end{bmatrix} \begin{bmatrix} \omega_x \\ \omega_y \\ \omega_z \end{bmatrix} \right) \\ &= \begin{bmatrix} \dot{\omega}_x I_1 - \omega_y \omega_z I_2 + \omega_y \omega_z I_3 \\ \dot{\omega}_y I_2 + \omega_x \omega_z I_1 - \omega_x \omega_z I_3 \\ \dot{\omega}_z I_3 - \omega_x \omega_y I_1 + \omega_x \omega_y I_2 \end{bmatrix} \end{aligned} \tag{10.30}$$

und daher lauten die Eulerschen Bewegungsgleichungen für das Fahrzeug:

$$\begin{bmatrix} M_x \\ M_y \\ M_z \end{bmatrix} = \begin{bmatrix} \dot{\omega}_x I_1 - \omega_y \omega_z I_2 + \omega_y \omega_z I_3 \\ \dot{\omega}_y I_2 + \omega_x \omega_z I_1 - \omega_x \omega_z I_3 \\ \dot{\omega}_z I_3 - \omega_x \omega_y I_1 + \omega_x \omega_y I_2 \end{bmatrix} \tag{10.31}$$

*Die Gl. (*10.28*) und (*10.31*) sind die Bewegungsgleichungen eines Autos mit Nickfreiheitsgrad.*

Beispiel 428 ⋆ *Rollsteifes Fahrzeug aus allgemeiner Bewegung.*

*Wir können die Bewegungsgleichungen für ein rollsteifes (engl. roll rigid) Fahrzeug aus den allgemeinen Bewegungsgleichungen für ein Fahrzeug mit sechs Freiheitsgraden ableiten (*10.28*) und (*10.31*).*

Betrachten Sie ein Fahrradmodell eines vierrädrigen Fahrzeugs, das sich auf einer Straße bewegt. Da das Fahrzeug sich nicht in z-Richtung bewegen und nicht um die y-Achse drehen kann, haben wir:

$$v_z = 0 \qquad \dot{v}_z = 0 \qquad \omega_y = 0 \qquad \dot{\omega}_y = 0 \tag{10.32}$$

Darüber hinaus muss die resultierende Kraft in z-Richtung und das Moment in y-Richtung für ein solches Fahrrad null sein:

$$F_z = 0 \qquad M_y = 0 \tag{10.33}$$

*Die Substitution der Gl. (*10.32*)–(*10.33*) in (*10.28*) und (*10.31*) ergibt das Kräftesystem:*

$$\begin{bmatrix} F_x \\ F_y \\ F_z \end{bmatrix} = m \begin{bmatrix} \dot{v}_x - \omega_z v_y \\ \dot{v}_y + \omega_z v_x \\ \omega_x v_y \end{bmatrix} \tag{10.34}$$

$$\begin{bmatrix} M_x \\ M_y \\ M_z \end{bmatrix} = \begin{bmatrix} \dot{\omega}_x I_1 \\ \omega_x \omega_z I_1 - \omega_x \omega_z I_3 \\ \dot{\omega}_z I_3 \end{bmatrix} \tag{10.35}$$

10.3 ⋆ Kräftesystem eines Fahrzeugs

Um das Kräftesystem auf einem starren Fahrzeug zu bestimmen, definieren wir das Kräftesystem am Reifenlatsch eines Rades. Die Seitenkraft am Reifenlatsch hängt vom Schwimmwinkel ab. Dann transformieren und wenden wir das Reifenkräftesystem auf das rollfähige Modell des Fahrzeugs an.

10.3.1 ⋆ Reifen- und Karosseriekräftesysteme

Abb. 10.3 zeigt Rad Nummer 1 eines Fahrzeugs. Die Komponenten des auf das Koordinatensystem C angewendeten Kräftesystems, aufgrund der Kräfte am Reifenlatsch des Rades Nummer i sind:

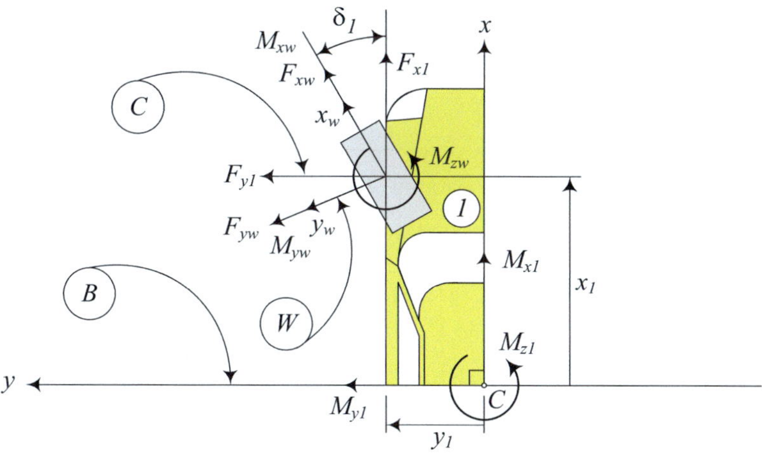

Abb. 10.3 Das Kräftesystem am Reifenlatsch von Reifen Nummer 1 und ihr resultierendes Kräftesystem bei C

$$F_{x_i} = F_{x_{w_i}} \cos \delta_i - F_{y_{w_i}} \sin \delta_i \tag{10.36}$$

$$F_{y_i} = F_{y_{w_i}} \cos \delta_i + F_{x_{w_i}} \sin \delta_i \tag{10.37}$$

$$M_{x_i} = M_{x_{w_i}} \tag{10.38}$$

$$M_{z_i} = M_{z_{w_i}} \tag{10.39}$$

wobei (x_i, y_i, z_i) die körperfesten Koordinaten des Rades Nummer i sind. In dieser Analyse haben wir die Komponenten des Reifenmoments am Reifenlatsch $M_{y_{w_i}}$ ignoriert, um die Gleichungen zu vereinfachen.

Das gesamte wichtige Kräftesystem auf dem starren Fahrzeug im körperfesten Koordinatensystem zur Analyse des Rollmodells des starren Fahrzeugs ist:

$$^B F_x = \sum_i F_{x_i} = \sum_i F_{x_w} \cos \delta_i - \sum_i F_{y_w} \sin \delta_i \tag{10.40}$$

$$^B F_y = \sum_i F_{y_i} = \sum_i F_{y_w} \cos \delta_i + \sum_i F_{x_w} \sin \delta_i \tag{10.41}$$

$$^B M_x = \sum_i M_{x_i} + \sum_i y_i F_{z_i} - \sum_i z_i F_{y_i} \tag{10.42}$$

$$^B M_z = \sum_i M_{z_i} + \sum_i x_i F_{y_i} - \sum_i y_i F_{x_i} \tag{10.43}$$

Beweis. Um das Rollmodell der Fahrzeugdynamik zu vereinfachen, ignorieren wir den Unterschied zwischen dem Reifenkoordinatensystem in der Mitte des Reifenlatsches und dem Radkoordinatensystem in der Mitte des Rades bei kleinen Rollwinkeln. Der Reifenlatsch, das am Reifenlatsch des Rades im Radkoordinatensystem W erzeugte Kräftesystem ist:

$$^W\mathbf{F}_w = \begin{bmatrix} F_{x_w} & F_{y_w} & F_{z_w} \end{bmatrix}^T \tag{10.44}$$

$$^W\mathbf{M}_w = \begin{bmatrix} M_{x_w} & M_{y_w} & M_{z_w} \end{bmatrix}^T \tag{10.45}$$

Die Rotationsmatrix zwischen dem Radkoordinatensystem W und dem Koordinatensystem des Rades C, parallel zum Koordinatensystem der Fahrzeugkarosserie B, ist:

$$^C R_W = \begin{bmatrix} \cos \delta_1 & -\sin \delta_1 & 0 \\ \sin \delta_1 & \cos \delta_1 & 0 \\ 0 & 0 & 1 \end{bmatrix} \tag{10.46}$$

und daher ist das Kräftesystem am Reifenlatsch des Rades, parallel zum Fahrzeugkoordinatensystem:

$$^C\mathbf{F}_w = {}^C R_W \, {}^W\mathbf{F}_w \tag{10.47}$$

$$\begin{aligned}\begin{bmatrix}F_{x_1}\\F_{y_1}\\F_{z_1}\end{bmatrix}&=\begin{bmatrix}\cos\delta_1&-\sin\delta_1&0\\\sin\delta_1&\cos\delta_1&0\\0&0&1\end{bmatrix}\begin{bmatrix}F_{x_w}\\F_{y_w}\\F_{z_w}\end{bmatrix}\\&=\begin{bmatrix}F_{x_w}\cos\delta_1-F_{y_w}\sin\delta_1\\F_{y_w}\cos\delta_1+F_{x_w}\sin\delta_1\\F_{z_w}\end{bmatrix}\end{aligned}\tag{10.48}$$

$$^{B_1}\mathbf{M}_w = {}^{B_1}R_{B_w}\,{}^{B_w}\mathbf{M}_w\tag{10.49}$$

$$\begin{aligned}\begin{bmatrix}M_{x_1}\\M_{y_1}\\M_{z_1}\end{bmatrix}&=\begin{bmatrix}\cos\delta_1&-\sin\delta_1&0\\\sin\delta_1&\cos\delta_1&0\\0&0&1\end{bmatrix}\begin{bmatrix}M_{x_w}\\M_{y_w}\\M_{z_w}\end{bmatrix}\\&=\begin{bmatrix}M_{x_w}\cos\delta_1-M_{y_w}\sin\delta_1\\M_{y_w}\cos\delta_1+M_{x_w}\sin\delta_1\\M_{z_w}\end{bmatrix}\end{aligned}\tag{10.50}$$

Ignorieren wir M_{y_i}, transformieren wir das Kräftesystem jedes Reifens in das körperfeste Koordinatensystem B, das sich im Massenzentrum des Fahrzeugs C befindet, um das gesamte auf das Fahrzeug angewendete Kräftesystem zu erzeugen:

$$^{B}\mathbf{F} = \sum_i {}^{B_i}\mathbf{F}_w = \sum_i F_{x_i}\,\hat{\imath} + \sum_i F_{y_i}\,\hat{\imath}\tag{10.51}$$

$$\begin{aligned}^{B}\mathbf{M} &= \sum_i {}^{B_i}\mathbf{M}_w\\&= \sum_i M_{x_i}\,\hat{\imath} + \sum_i M_{z_i}\,\hat{k} + \sum_i {}^{B}\mathbf{r}_i \times {}^{B}\mathbf{F}_{w_i}\end{aligned}\tag{10.52}$$

wobei $^{B}\mathbf{r}_i$ der Ortsvektor des Rades Nummer i ist.

$$^{B}\mathbf{r}_i = x_i\hat{\imath} + y_i\hat{\imath} + z_i\hat{k}\tag{10.53}$$

Bei der Ableitung von Gl. (10.51) haben wir die Gleichung $\sum_i F_{z_i} - mg = 0$ verwendet. Die Erweiterung der Gl. (10.51) und (10.52) liefert das gesamte Fahrzeugkräftesystem:

$$^{B}F_x = \sum_i F_{x_w}\cos\delta_i - \sum_i F_{y_w}\sin\delta_i\tag{10.54}$$

$$^{B}F_y = \sum_i F_{y_w}\cos\delta_i + \sum_i F_{x_w}\sin\delta_i\tag{10.55}$$

$$^{B}M_x = \sum_i M_{x_i} + \sum_i y_i F_{z_i} - \sum_i z_i F_{y_i}\tag{10.56}$$

$$^{B}M_z = \sum_i M_{z_i} + \sum_i x_i F_{y_i} - \sum_i y_i F_{x_i}\tag{10.57}$$

Für ein Zweiradfahrzeugmodell haben wir:

$$\begin{aligned} x_1 &= a_1 \qquad x_2 = -a_2 \\ y_1 &= y_2 = 0 \\ z_1 &= R_f \qquad z_2 = R_w \end{aligned} \tag{10.58}$$

Für ein solches Fahrzeug, nachdem wir den Effekt der Reifenreduktion R_f und R_w ignoriert haben, reduziert sich das Kräftesystem auf:

$${}^B F_x = F_{x_1} \cos\delta_1 + F_{x_2} \cos\delta_2 - F_{y_1} \sin\delta_1 - F_{y_2} \sin\delta_2 \tag{10.59}$$

$${}^B F_y = F_{y_1} \cos\delta_1 + F_{y_2} \cos\delta_2 + F_{x_1} \sin\delta_1 + F_{x_2} \sin\delta_2 \tag{10.60}$$

$${}^B M_x = M_{x_1} + M_{x_2} \tag{10.61}$$

$${}^B M_z = M_{z_1} + M_{z_2} + a_1 F_{y_1} - a_2 F_{y_2} \tag{10.62}$$

■

10.3.2 ★ *Seitenkraft des Reifens*

Wenn der Lenkwinkel des Lenkmechanismus durch δ bezeichnet wird, dann ist der tatsächliche Lenkwinkel δ_a eines rollfähigen Fahrzeugs:

$$\delta_a = \delta + \delta_\varphi \tag{10.63}$$

wobei δ_ϕ der *Roll-Lenk*-Winkel ist:

$$\delta_\varphi = C_{\delta\varphi}\varphi \tag{10.64}$$

Der Roll-Lenk-Winkel δ_ϕ ist proportional zum Rollwinkel ϕ, und der Koeffizient $C_{\delta\phi}$ wird als *Roll-Lenk*-Koeffizient bezeichnet. Das Roll-Lenken geschieht aufgrund der Federungsmechanismen, die einen gewissen Lenkwinkel erzeugen, wenn sie ausgelenkt werden. Der *Reifenschwimmwinkel* jedes Reifens eines rollfähigen Fahrzeugs ist:

$$\alpha_i = \beta_i - \delta_a = \beta_i - \delta_i - \delta_\varphi \tag{10.65}$$

wobei β_i der Winkel zwischen dem Geschwindigkeitsvektor $\mathbf{v}$ und der x-Achse der Fahrzeugkarosserie ist und als *Radialschwimmwinkel* (engl. wheel sideslip angle) bezeichnet wird.

Die von einem solchen Rad erzeugte Querkraft bei einem kleinen Schwimmwinkel beträgt:

$$\begin{aligned} F_y &= -C_\alpha\, \alpha_i - C_\varphi \varphi_i \\ &= -C_\alpha \left(\beta_i - \delta_i - C_{\delta\varphi}\varphi_i\right) - C_\varphi \varphi \end{aligned} \tag{10.66}$$

und C_ϕ ist der *Reifenrutsch-Kraft-Koeffizient,* aufgrund des Fahrzeugrollens. Der Radialschwimmwinkel β_i eines Fahrradfahrzeugmodells kann durch

$$\beta_i = \frac{v_y + x_i\, r - C_{\beta_i} p}{v_x} \tag{10.67}$$

approximiert werden, um die Reifenquerkraft F_y in Bezug auf die kinematischen Variablen des Fahrzeugs zu finden:

$$F_y = -x_i \frac{C_\alpha}{v_x} r + \frac{C_\alpha C_\beta}{v_x} p - C_\alpha \beta + \left(C_\alpha C_{\delta\varphi} - C_\varphi\right)\varphi + C_\alpha \delta_i \tag{10.68}$$

C_{β_i} ist der *Radschlupf-Koeffizient.*

$$\beta = \frac{v_y}{v_x} \tag{10.69}$$

Beweis. Wenn ein Fahrzeug rollt, gibt es einige neue Reaktionen in den Reifen, die neue dynamische Begriffe im Verhalten des Reifens einführen. Die wichtigsten Reaktionen sind:

1. Reifen-Sturzseitenkraft $F_{y\phi}$, die eine seitliche Kraft aufgrund der Fahrzeugneigung ist. Es wird angenommen, dass die Reifen-Sturzseitenkraft proportional zum Fahrzeugneigungswinkel ϕ ist:

$$F_{y\varphi} = -C_\varphi \varphi \tag{10.70}$$

$$C_\varphi = \frac{dF_y}{d\varphi} \tag{10.71}$$

2. Lenkwinkel bei Radneigung δ_ϕ, der der Lenkwinkel aufgrund der Fahrzeugneigung ist. Die meisten Aufhängungsmechanismen bieten einen gewissen Lenkwinkel, wenn sich das Fahrzeug neigt und der Mechanismus auslenkt. Es wird angenommen, dass der Lenkwinkel bei Radneigung proportional zum Fahrzeugneigungswinkel ϕ ist:

$$\delta_\varphi = C_{\delta\varphi} \varphi \tag{10.72}$$

$$C_{\delta\varphi} = \frac{d\delta}{d\varphi} \tag{10.73}$$

Daher ist der tatsächliche Lenkwinkel δ_a eines solchen Reifens:

$$\delta_a = \delta + \delta_\varphi \tag{10.74}$$

Nehmen Sie an, das Rad Nummer *i* eines starren Fahrzeugs befindet sich bei:

$${}^B\mathbf{r}_i = \begin{bmatrix} x_i & y_i & z_i \end{bmatrix}^T \tag{10.75}$$

Die Geschwindigkeit des Rades Nummer *i* ist:

$${}^B\mathbf{v}_i = {}^B\mathbf{v} + {}^B\boldsymbol{\omega} \times {}^B\mathbf{r}_i \tag{10.76}$$

in welcher ${}^{B}\mathbf{v}$ der Geschwindigkeitsvektor des Fahrzeugs an seinem Massenzentrum C ist und ${}^{B}\boldsymbol{\omega}$ die Winkelgeschwindigkeit des Fahrzeugs:

$$
{}^{B}\boldsymbol{\omega} = \dot{\varphi}\hat{\imath} + \dot{\psi}\hat{k} = p\hat{\imath} + r\hat{k} \tag{10.77}
$$

Die Erweiterung der Gl. (10.76) liefert den folgenden Geschwindigkeitsvektor für das Rad Nummer i ausgedrückt im Fahrzeugkoordinatensystem bei B:

$$
\begin{bmatrix} v_{x_i} \\ v_{y_i} \\ v_{z_i} \end{bmatrix} = \begin{bmatrix} v_x \\ v_y \\ 0 \end{bmatrix} + \begin{bmatrix} \dot{\varphi} \\ 0 \\ \dot{\psi} \end{bmatrix} \times \begin{bmatrix} x_i \\ y_i \\ z_i \end{bmatrix} = \begin{bmatrix} v_x - \dot{\psi} y_i \\ v_y - \dot{\varphi} z_i + \dot{\psi} x_i \\ \dot{\varphi} y_i \end{bmatrix} \tag{10.78}
$$

Betrachten Sie ein Fahrradmodell für das rollfähige Fahrzeug, um

$$
y_i = 0 \tag{10.79}
$$

$$
x_1 = a_1 \tag{10.80}
$$

$$
x_2 = -a_2 \tag{10.81}
$$

Der Radialschwimmwinkel β_i für das Rad i ist definiert als der Winkel zwischen dem Geschwindigkeitsvektor des Rades $\mathbf{v}_i$ und der x-Achse der Fahrzeugkarosserie. Wenn der Rollwinkel sehr klein ist, ist β_i

$$
\beta_i = \tan^{-1}\left(\frac{v_{y_i}}{v_{x_i}}\right) \approx \frac{v_{y_i}}{v_{x_i}} \approx \frac{v_y - \dot{\varphi} z_i + \dot{\psi} x_i}{v_x} \tag{10.82}
$$

Wenn der Reifen Nummer i einen Lenkwinkel δ_i hat, dann ist sein Schwimmwinkel α_i, der eine seitliche Kraft F_{y_w} auf den Reifen erzeugt, ist

$$
\alpha_i = \beta_i - \delta_i \approx \frac{v_y - \dot{\varphi} z_i + \dot{\psi} x_i}{v_x} - \delta_i + \delta_{\varphi_i} \tag{10.83}
$$

Der Radschlupfwinkel β_i für die Vorder- und Hinterreifen eines Zweiradfahrzeugs, β_f und β_r, sind

$$
\beta_f = \tan^{-1}\left(\frac{v_{y_f}}{v_{x_f}}\right) \approx \frac{v_{y_f}}{v_{x_f}} \approx \frac{v_y + a_1 r - z_f p}{v_x} \tag{10.84}
$$

$$
\beta_r = \tan^{-1}\left(\frac{v_{y_r}}{v_{x_r}}\right) \approx \frac{v_{y_r}}{v_{x_r}} \approx \frac{v_y - a_2 r - z_r p}{v_x} \tag{10.85}
$$

und der *Fahrzeugschlupfwinkel* β ist

$$
\beta = \tan^{-1}\left(\frac{v_y}{v_x}\right) \approx \frac{v_y}{v_x} \tag{10.86}
$$

Die z_i-Koordinate der Räder ist jedoch nicht konstant, ihre Variation ist jedoch sehr gering. Um den Effekt von z_i zu zeigen, ersetzen wir es durch den Koeffizienten C_{β_i} genannt der *Reifenrollrate-Koeffizient,* und definieren Koeffizienten C_{β_f} und C_{β_r} um die Änderung in β_i aufgrund der Rollrate p auszudrücken.

$$\beta_i = C_{\beta_i} p \tag{10.87}$$

$$C_{\beta_i} = \frac{d\beta_i}{dp} \tag{10.88}$$

Daher,

$$\beta_f = \tan^{-1}\left(\frac{v_y + a_1 r - C_{\beta_f} p}{v_x}\right) \tag{10.89}$$

$$\beta_r = \tan^{-1}\left(\frac{v_y - a_2 r - C_{\beta_r} p}{v_x}\right) \tag{10.90}$$

Angenommen, die Schlupfwinkel β_f, β, und β_r sind klein, dann können die Reifenseitenrutschwinkel für die Vorder- und Hinterreifen, α_f und α_r, approximiert werden als

$$\begin{aligned} \alpha_f &= \frac{1}{v_x}\left(v_y + a_1 r - z_f p\right) - \delta - \delta_{\varphi_f} \\ &= \beta + a_1 \frac{r}{v_x} - C_{\beta_f} \frac{p}{v_x} - \delta - C_{\delta\varphi_f} \varphi \end{aligned} \tag{10.91}$$

$$\begin{aligned} \alpha_r &= \frac{1}{v_x}\left(v_y - a_2 r - z_r p\right) - \delta_{\varphi_r} \\ &= \beta - a_2 \frac{r}{v_x} - C_{\beta_r} \frac{p}{v_x} - C_{\delta\varphi_r} \varphi \end{aligned} \tag{10.92}$$

■

10.3.3 ★ Volumenkraftkomponenten auf einem Zweiradmodell

Abb. 10.4 veranschaulicht die Draufsicht eines Autos und die Kräftesysteme, die im Radmittelpunkt eines vorderradgelenkten Vierradfahrzeugs wirken. Wenn wir die Rollbewegung des Fahrzeugs betrachten, bleibt die xy-Ebene nicht parallel zur XY-Ebene der Straße, jedoch können wir immer noch ein *Zweiradmodell* für das Fahrzeug verwenden.

Abb. 10.5 veranschaulicht das Kräftesystem und Abb. 10.6 veranschaulicht die Kinematik eines Zweiradmodells für ein Fahrzeug mit Roll- und Gierrotationen. Das rollende Zweiradmodell wird auch als *Fahrradmodell* bezeichnet.

Das auf das Fahrradfahrzeug angewendete Kräftesystem, bei dem nur das Vorderrad lenkbar ist, ist:

$$F_x = \sum_{i=1}^{2} \left(F_{x_i} \cos\delta - F_{y_i} \sin\delta\right) \tag{10.93}$$

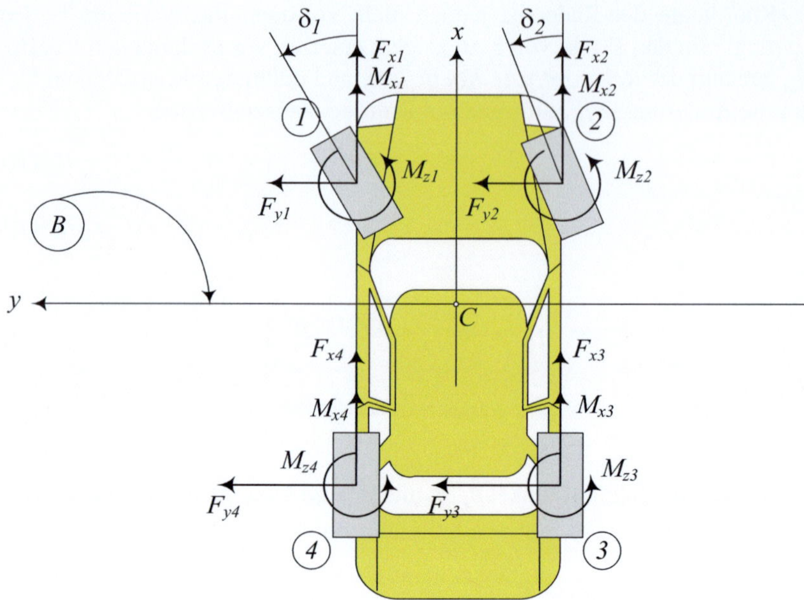

Abb. 10.4 Draufsicht eines Autos und das Kräftesystem, das auf die Reifenlatsche wirkt

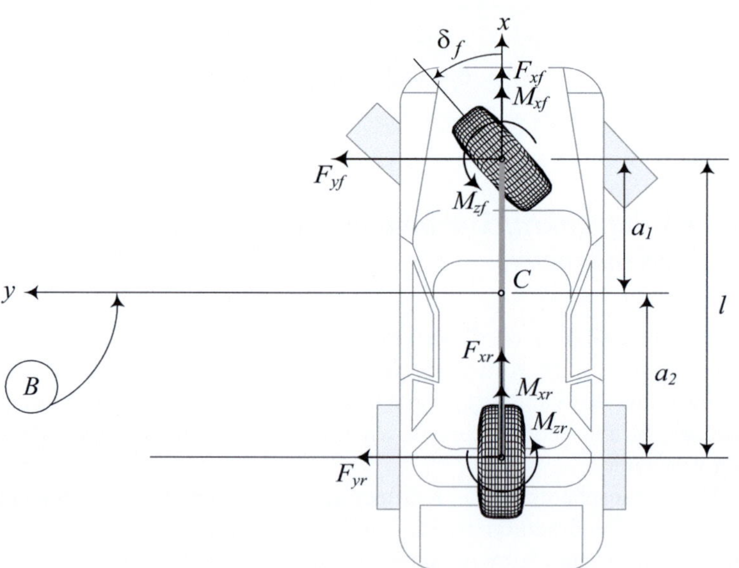

Abb. 10.5 Ein Zweiradmodell für ein Fahrzeug mit Roll- und Gierrotationen

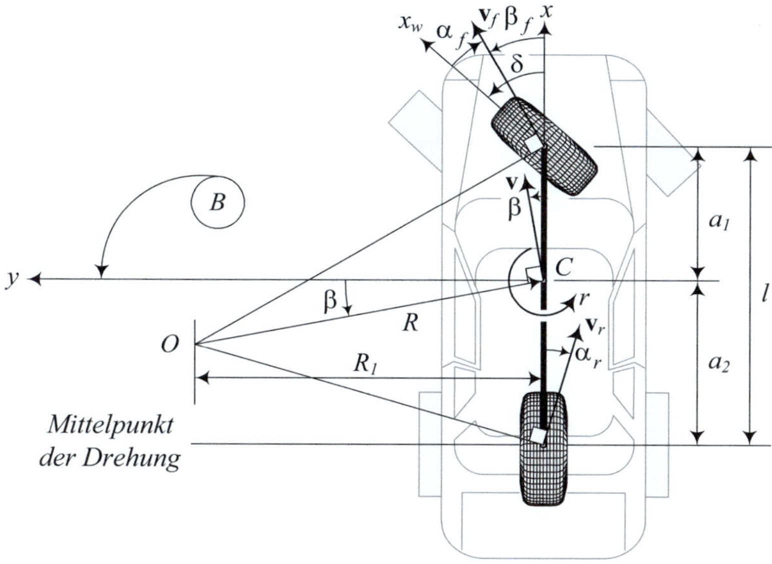

Abb. 10.6 Kinematik eines Zweiradmodells für ein Fahrzeug mit Roll- und Gierrotationen

$$F_y = \sum_{i=1}^{2} F_{y_i} \tag{10.94}$$

$$M_x = M_{x_f} + M_{x_r} - wc_f\,\dot{\varphi} - wk_f\,\varphi \tag{10.95}$$

$$M_z = a_1 F_{y_f} - a_2 F_{y_r} \tag{10.96}$$

wobei $\left(F_{x_f}, F_{x_r}\right)$ und $\left(F_{y_f}, F_{y_r}\right)$ die ebenen Kräfte auf den Vorder- und Hinterreifen sind. Das Kräftesystem kann durch die folgenden Gleichungen angenähert werden, wenn der Lenkwinkel δ klein angenommen wird:

$$F_x \approx F_{x_f} + F_{x_r} \tag{10.97}$$

$$F_y \approx F_{y_f} + F_{y_r} \tag{10.98}$$

$$M_x \approx C_{T_f} F_{y_f} + C_{T_r} F_{y_r} - k_\varphi \varphi - c_\varphi \dot{\varphi} \tag{10.99}$$

$$M_z \approx a_1 F_{y_f} - a_2 F_{y_r} \tag{10.100}$$

Die Querkraft F_y und das Moment M_z des Fahrzeugs hängen nur von den Querkräften F_{y_f} und F_{y_r} der Vorder- und Hinterreifen ab, die Funktionen der Schwimmwinkel der Reifen α_f und α_r sind. Sie können durch die folgenden Gleichungen approximiert werden:

$$\begin{aligned} F_y = {} & \left(\tfrac{a_2}{v_x} C_{\alpha r} - \tfrac{a_1}{v_x} C_{\alpha f}\right) r + \left(\tfrac{C_{\alpha f} C_{\beta_f}}{v_x} + \tfrac{C_{\alpha r} C_{\beta_r}}{v_x}\right) p \\ & + \left(-C_{\alpha f} - C_{\alpha r}\right)\beta + \left(C_{\alpha f} C_{\delta\varphi_f} - C_{\varphi_r} - C_{\varphi_f} + C_{\alpha r} C_{\delta\varphi_r}\right)\varphi \\ & + C_{\alpha f}\delta \end{aligned} \tag{10.101}$$

$$
\begin{aligned}
M_x = & \left(\tfrac{a_2}{v_x} C_{T_r} C_{\alpha r} - \tfrac{a_1}{v_x} C_{T_f} C_{\alpha f}\right) r \\
& + \left(\tfrac{1}{v_x} C_{\beta_f} C_{T_f} C_{\alpha f} + \tfrac{1}{v_x} C_{\beta_r} C_{T_r} C_{\alpha r} - c_\varphi\right) p \\
& + \left(-C_{T_f}\left(C_{\varphi_f} - C_{\alpha f} C_{\delta\varphi_f}\right) - C_{T_r}\left(C_{\varphi_r} - C_{\alpha r} C_{\delta\varphi_r}\right) - k_\varphi\right)\varphi \\
& + C_{T_f} C_{\alpha f}\delta
\end{aligned}
\tag{10.102}
$$

$$
\begin{aligned}
M_z = & \left(-\tfrac{a_1^2}{v_x} C_{\alpha f} - \tfrac{a_2^2}{v_x} C_{\alpha r}\right) r + \left(\tfrac{a_1}{v_x} C_{\beta_f} C_{\alpha f} - \tfrac{a_2}{v_x} C_{\beta_r} C_{\alpha r}\right) p \\
& + \left(a_2 C_{\alpha r} - a_1 C_{\alpha f}\right)\beta \\
& + \left(a_2\left(C_{\varphi_r} - C_{\alpha r} C_{\delta\varphi_r}\right) - a_1\left(C_{\varphi_f} - C_{\alpha f} C_{\delta\varphi_f}\right)\right)\varphi \\
& + a_1 C_{\alpha f}\delta
\end{aligned}
\tag{10.103}
$$

wobei $C_{\alpha f} = C_{\alpha f_L} + C_{\alpha f_R}$ und $C_{\alpha r} = C_{\alpha r_L} + C_{\alpha r_R}$ gleich den Schwimmwinkelkoeffizienten der linken und rechten Räder vorne und hinten sind:

$$
C_{\alpha f} = C_{\alpha f_L} + C_{\alpha f_R} \tag{10.104}
$$

$$
C_{\alpha r} = C_{\alpha r_L} + C_{\alpha r_R} \tag{10.105}
$$

Beweis. Für ein Zweiradfahrzeug verwenden wir den Kotangensdurchschnitt (6.4) der äußeren und inneren Lenkwinkel als einzigen Lenkwinkel δ:

$$
\cot\delta = \frac{\cot\delta_o + \cot\delta_i}{2} \tag{10.106}
$$

Darüber hinaus definieren wir einen einzigen Rutschkoeffizienten $C_{\alpha f}$ und $C_{\alpha r}$ für die Vorder- und Hinterreifen. Die Koeffizienten $C_{\alpha f}$ und $C_{\alpha r}$ entsprechen der Summe der Rutschkoeffizienten der linken und rechten Räder.

Unter Verwendung der Gl. (10.40)–(10.43) betragen die Vorwärts- und Seitenkräfte auf das rollfähige Fahrrad:

$$
F_x = F_{x_f}\cos\delta + F_{x_r} - F_{y_f}\sin\delta \tag{10.107}
$$

$$
F_y = F_{y_f} + F_{y_r} \tag{10.108}
$$

Die Giermomentgleichung interagiert nicht mit dem Rollen des Fahrzeugs. Wir können auch die Momente M_{z_i} ignorieren und annehmen, dass die Vorwärtskräfte auf den linken und rechten Vorderrädern gleich sind, ebenso wie die Vorwärtskräfte auf den linken und rechten Hinterrädern. Daher heben sich die Terme $\sum_i y_i F_{x_i}$ gegenseitig auf, und das Giermoment reduziert sich auf:

$$
M_z = a_1 F_{y_f} - a_2 F_{y_r} \tag{10.109}
$$

Das Rollmoment M_x des Fahrzeugs ist eine Summe der Schlupf- und Sturzmomente an den Vorder- und Hinterrädern, M_{x_f}, M_{x_r}, und das Moment aufgrund der Änderung der Normalbelastungen der linken und rechten Räder $y_i F_{z_i}$. Nehmen wir an, dass die Schlupf- und Sturzmomente proportional zur Seitenkraft der Räder sind und schreiben sie als:

$$M_{x_f} = C_{T_f} F_{y_f} \tag{10.110}$$

$$M_{x_r} = C_{T_r} F_{y_r} \tag{10.111}$$

wobei C_{T_f} und C_{T_r} die *Gesamt-Drehmomentkoeffizienten* der Vorder- und Hinterräder sind:

$$C_{T_f} = \frac{dM_{x_f}}{dF_{y_f}} \tag{10.112}$$

$$C_{T_r} = \frac{dM_{x_r}}{dF_{y_r}} \tag{10.113}$$

Das Rollmoment aufgrund der Änderung der Normalkraft der linken und rechten Räder ist das Ergebnis der Kraftänderung in Federn und Dämpfern. Diese unausgeglichenen Kräfte erzeugen ein Rollsteifigkeitsmoment, das proportional zum Rollwinkel des Fahrzeugs ist:

$$M_{x_k} = -k_\varphi \varphi \tag{10.114}$$

$$M_{x_c} = -c_\varphi \dot{\varphi} \tag{10.115}$$

wobei k_ϕ und c_ϕ die Rollsteifigkeit und die Rolldämpfung des Fahrzeugs sind:

$$k_\varphi = wk = w(k_f + k_r) \tag{10.116}$$

$$c_\varphi = wc = w(c_f + c_r) \tag{10.117}$$

w ist die Spur des Fahrzeugs und k und c sind die Summe der Steifigkeiten der vorderen und hinteren Federn und der Dämpfung der Stoßdämpfer. Die Koeffizienten k_ϕ und c_ϕ werden als *Rollsteifigkeit* und *Rolldämpfung* bezeichnet:

$$k = k_f + k_r \tag{10.118}$$

$$c = c_f + c_r \tag{10.119}$$

Daher kann das auf das Fahrzeug ausgeübte Rollmoment wie folgt zusammengefasst werden:

$$\begin{aligned} M_x &= M_{x_f} + M_{x_r} + M_{x_c} + M_{x_k} \\ &= C_{T_f} F_{y_f} + C_{T_r} F_{y_r} - w(c_f + c_r)\dot{\varphi} - w(k_f + k_r)\varphi \end{aligned} \tag{10.120}$$

Wenn wir einen kleinen Lenkwinkel δ annehmen, kann das Kräftesystem des Fahrzeugs durch die folgenden Gleichungen angenähert werden:

$$F_x \approx F_{x_f} + F_{x_r} \tag{10.121}$$

$$F_y \approx F_{y_f} + F_{y_r} \tag{10.122}$$

$$M_x \approx C_{T_f} F_{y_f} + C_{T_r} F_{y_r} - k_\varphi \varphi - c_\varphi \dot{\varphi} \tag{10.123}$$

$$M_z \approx a_1 F_{y_f} - a_2 F_{y_r} \tag{10.124}$$

Die Substitution der Seitenkräfte aus (10.68) und die Erweiterung der Gl. (10.121)–(10.124) liefert das folgende Kräftesystem:

$$F_x = F_{x_f} + F_{x_r} \tag{10.125}$$

$$\begin{aligned} F_y &= F_{y_f} + F_{y_r} = -C_{\alpha f}\,\alpha_f - C_{\varphi_f}\varphi - C_{\alpha r}\,\alpha_r - C_{\varphi_r}\varphi \\ &= -C_{\alpha f}\left(\beta + a_1 \tfrac{r}{v_x} - C_{\beta_f}\tfrac{p}{v_x} - \delta - C_{\delta\varphi_f}\varphi\right) - C_{\varphi_f}\varphi \\ &\quad -C_{\alpha r}\left(\beta - a_2 \tfrac{r}{v_x} - C_{\beta_r}\tfrac{p}{v_x} - C_{\delta\varphi_r}\varphi\right) - C_{\varphi_r}\varphi \\ &= \left(\tfrac{a_2}{v_x}C_{\alpha r} - \tfrac{a_1}{v_x}C_{\alpha f}\right) r + \left(\tfrac{C_{\alpha f}C_{\beta_f}}{v_x} + \tfrac{C_{\alpha r}C_{\beta_r}}{v_x}\right) p \\ &\quad +\left(-C_{\alpha f} - C_{\alpha r}\right)\beta + \left(C_{\alpha f}C_{\delta\varphi_f} - C_{\varphi_r} - C_{\varphi_f} + C_{\alpha r}C_{\delta\varphi_r}\right)\varphi \\ &\quad +C_{\alpha f}\delta \end{aligned} \tag{10.126}$$

$$\begin{aligned} M_x &= C_{T_f}F_{y_f} + C_{T_r}F_{y_r} - k_\varphi\varphi - c_\varphi p \\ &= -C_{T_f}\left(C_{\alpha f}\left(\beta + a_1\tfrac{r}{v_x} - C_{\beta_f}\tfrac{p}{v_x} - \delta - C_{\delta\varphi_f}\varphi\right) + C_{\varphi_f}\varphi\right) \\ &\quad -C_{T_r}\left(C_{\alpha r}\left(\beta - a_2\tfrac{r}{v_x} - C_{\beta_r}\tfrac{p}{v_x} - C_{\delta\varphi_r}\varphi\right) + C_{\varphi_r}\varphi\right) \\ &\quad -k_\varphi\varphi - c_\varphi p \\ &= \left(\tfrac{a_2}{v_x}C_{T_r}C_{\alpha r} - \tfrac{a_1}{v_x}C_{T_f}C_{\alpha f}\right) r \\ &\quad +\left(\tfrac{1}{v_x}C_{\beta_f}C_{T_f}C_{\alpha f} + \tfrac{1}{v_x}C_{\beta_r}C_{T_r}C_{\alpha r} - c_\varphi\right) p \\ &\quad +\left(-C_{T_f}C_{\alpha f} - C_{T_r}C_{\alpha r}\right)\beta \\ &\quad +\left(-C_{T_f}\left(C_{\varphi_f} - C_{\alpha f}C_{\delta\varphi_f}\right) - C_{T_r}\left(C_{\varphi_r} - C_{\alpha r}C_{\delta\varphi_r}\right) - k_\varphi\right)\varphi \\ &\quad +C_{T_f}C_{\alpha f}\delta \end{aligned} \tag{10.127}$$

$$\begin{aligned} M_z &= a_1F_{y_f} - a_2F_{y_r} \\ &= -a_1\left(C_{\alpha f}\left(\beta + a_1\tfrac{r}{v_x} - C_{\beta_f}\tfrac{p}{v_x} - \delta - C_{\delta\varphi_f}\varphi\right) + C_{\varphi_f}\varphi\right) \\ &\quad +a_2\left(C_{\alpha r}\left(\beta - a_2\tfrac{r}{v_x} - C_{\beta_r}\tfrac{p}{v_x} - C_{\delta\varphi_r}\varphi\right) + C_{\varphi_r}\varphi\right) \\ &= \left(-\tfrac{a_1^2}{v_x}C_{\alpha f} - \tfrac{a_2^2}{v_x}C_{\alpha r}\right) r + \left(\tfrac{a_1}{v_x}C_{\beta_f}C_{\alpha f} - \tfrac{a_2}{v_x}C_{\beta_r}C_{\alpha r}\right) p \\ &\quad +\left(a_2C_{\alpha r} - a_1C_{\alpha f}\right)\beta \\ &\quad +\left(a_2\left(C_{\varphi_r} - C_{\alpha r}C_{\delta\varphi_r}\right) - a_1\left(C_{\varphi_f} - C_{\alpha f}C_{\delta\varphi_f}\right)\right)\varphi \\ &\quad +a_1C_{\alpha f}\delta \end{aligned} \tag{10.128}$$

Die Parameter $C_{\alpha f}$ und $C_{\alpha r}$ sind die Rutschsteifigkeiten der Vorder- und Hinterreifen, r ist die Giergeschwindigkeit, p ist die Rollgeschwindigkeit, ϕ ist der Rollwinkel, δ ist der Lenkwinkel, und β ist der Schlupfwinkel des Fahrzeugs.

Diese Gleichungen sind abhängig von fünf Parametern: r, p, β, ϕ, δ, und sie können wie folgt geschrieben werden:

$$\begin{aligned} F_y &= F_y(r,p,\beta,\varphi,\delta) \\ &= \frac{\partial F_y}{\partial r}r + \frac{\partial F_y}{\partial p}p + \frac{\partial F_y}{\partial \beta}\beta + \frac{\partial F_y}{\partial \varphi}\varphi + \frac{\partial F_y}{\partial \delta}\delta \\ &= C_r\, r + C_p\, p + C_\beta\, \beta + C_\varphi\, \varphi + C_\delta\, \delta \end{aligned} \tag{10.129}$$

$$\begin{aligned} M_x &= M_x(r,p,\beta,\varphi,\delta) \\ &= \tfrac{\partial M_x}{\partial r}r + \tfrac{\partial M_x}{\partial p}p + \tfrac{\partial M_x}{\partial \beta}\beta + \tfrac{\partial M_x}{\partial \varphi}\varphi + \tfrac{\partial M_x}{\partial \delta}\delta \\ &= E_r\, r + E_p\, p + E_\beta\, \beta + E_\varphi\, \varphi + E_\delta\, \delta \end{aligned} \tag{10.130}$$

$$\begin{aligned} M_z &= M_z(r,p,\beta,\varphi,\delta) \\ &= \tfrac{\partial M_z}{\partial r}r + \tfrac{\partial M_z}{\partial p}p + \tfrac{\partial M_z}{\partial \beta}\beta + \tfrac{\partial M_z}{\partial \varphi}\varphi + \tfrac{\partial M_z}{\partial \delta}\delta \\ &= D_r\, r + D_p\, p + D_\beta\, \beta + D_\varphi\, \varphi + D_\delta\, \delta \end{aligned} \tag{10.131}$$

wobei die *Kräftesystemkoeffizienten* die folgenden sind:

$$C_r = \tfrac{\partial F_y}{\partial r} = -\tfrac{a_1}{v_x} C_{\alpha f} + \tfrac{a_2}{v_x} C_{\alpha r} \tag{10.132}$$

$$C_p = \tfrac{\partial F_y}{\partial p} = \frac{C_{\alpha f} C_{\beta_f}}{v_x} + \frac{C_{\alpha r} C_{\beta_r}}{v_x} \tag{10.133}$$

$$C_\beta = \tfrac{\partial F_y}{\partial \beta} = -\left(C_{\alpha f} + C_{\alpha r}\right) \tag{10.134}$$

$$C_\varphi = \tfrac{\partial F_y}{\partial \varphi} = C_{\alpha r} C_{\delta\varphi_r} + C_{\alpha f} C_{\delta\varphi_f} - C_{\varphi_f} - C_{\varphi_r} \tag{10.135}$$

$$C_\delta = \tfrac{\partial F_y}{\partial \delta} = C_{\alpha f} \tag{10.136}$$

$$E_r = \tfrac{\partial M_x}{\partial r} = -\tfrac{a_1}{v_x} C_{T_f} C_{\alpha f} + \tfrac{a_2}{v_x} C_{T_r} C_{\alpha r} \tag{10.137}$$

$$E_p = \tfrac{\partial M_x}{\partial p} = \tfrac{1}{v_x} C_{\beta_f} C_{T_f} C_{\alpha f} + \tfrac{1}{v_x} C_{\beta_r} C_{T_r} C_{\alpha r} - c_\varphi \tag{10.138}$$

$$E_\beta = \tfrac{\partial M_x}{\partial \beta} = -C_{T_f} C_{\alpha f} - C_{T_r} C_{\alpha r} \tag{10.139}$$

$$\begin{aligned} E_\varphi &= \tfrac{\partial M_x}{\partial \varphi} = -C_{T_f}\left(C_{\varphi_f} - C_{\alpha f} C_{\delta\varphi_f}\right) - k_\varphi \\ &\quad -C_{T_r}\left(C_{\varphi_r} - C_{\alpha r} C_{\delta\varphi_r}\right) \end{aligned} \tag{10.140}$$

$$E_\delta = \tfrac{\partial M_x}{\partial \delta} = C_{T_f} C_{\alpha f} \tag{10.141}$$

$$D_r = \frac{\partial M_z}{\partial r} = -\frac{a_1^2}{v_x} C_{\alpha f} - \frac{a_2^2}{v_x} C_{\alpha r} \tag{10.142}$$

$$D_p = \frac{\partial M_z}{\partial p} = \frac{a_1}{v_x} C_{\beta_f} C_{\alpha f} - \frac{a_2}{v_x} C_{\beta_r} C_{\alpha r} \tag{10.143}$$

$$D_\beta = \frac{\partial M_z}{\partial \beta} = -\left(a_1 C_{\alpha f} - a_2 C_{\alpha r}\right) \tag{10.144}$$

$$D_\varphi = \frac{\partial M_z}{\partial \varphi} = -a_1\left(C_{\varphi_f} - C_{\alpha f} C_{\delta \varphi_f}\right) + a_2\left(C_{\varphi_r} - C_{\alpha r} C_{\delta \varphi_r}\right) \tag{10.145}$$

$$D_\delta = \frac{\partial M_z}{\partial \delta} = a_1 C_{\alpha f} \tag{10.146}$$

Die Koeffizienten des Kräftesystems sind Steigungen der Kurven für die Seitenkraft F_y, Rollmoment M_x und Giermoment M_z, jeweils als Funktion von r, p, β, ϕ und δ. ■

10.4 ⋆ Dynamik eines starren Zweirad-Fahrzeugs

Wir können die Bewegungsgleichungen (10.6)–(10.9) zusammen mit (10.97)–(10.103) für ein rollbares starres Zweiradfahrzeug kombinieren und seine Bewegung durch folgendes Gleichungssystem ausdrücken:

$$\dot{v}_x = \frac{1}{m} F_x + r\, v_y = \frac{1}{m}\left(F_{x_f} + F_{x_r}\right) + r\, v_y \tag{10.147}$$

$$\begin{bmatrix} \dot{v}_y \\ \dot{p} \\ \dot{\varphi} \\ \dot{r} \end{bmatrix} = \begin{bmatrix} \frac{C_\beta}{m v_x} & \frac{C_p}{m} & \frac{C_\varphi}{m} & \frac{C_r}{m} - v_x \\ \frac{E_\beta}{I_x v_x} & \frac{E_p}{I_x} & \frac{E_\varphi}{I_x} & \frac{E_r}{I_x} \\ 0 & 1 & 0 & 0 \\ \frac{D_\beta}{I_z v_x} & \frac{D_p}{I_z} & \frac{D_\varphi}{I_z} & \frac{D_r}{I_z} \end{bmatrix} \begin{bmatrix} v_y \\ p \\ \varphi \\ r \end{bmatrix} + \begin{bmatrix} \frac{C_\delta}{m} \\ \frac{E_\delta}{I_x} \\ 0 \\ \frac{D_\delta}{I_z} \end{bmatrix} \delta \tag{10.148}$$

Dieses Gleichungssystem ist sehr nützlich zur Analyse von Fahrzeugbewegungen, insbesondere wenn es sich mit konstanter Vorwärtsgeschwindigkeit bewegt.

Angenommen $\dot{v}_x = 0$, dann wird die erste Gl. (10.147) zu einer unabhängigen algebraischen Gleichung, während die laterale Geschwindigkeit v_y, Rollrate p, Rollwinkel ϕ und Giergeschwindigkeit r des Fahrzeugs sich gemäß den vier gekoppelten Gl. (10.148) ändern. Unter der Annahme, dass der Lenkwinkel δ der Eingangsbefehl ist, können die anderen Variablen v_y, p, ϕ und r als Ausgaben angenommen werden. Daher können wir Gl. (10.148) als lineares Steuerungssystem betrachten und die Gleichungen als

$$\dot{\mathbf{q}} = [A]\mathbf{q} + \mathbf{u} \tag{10.149}$$

schreiben, in denen $[A]$ die Koeffizientenmatrix ist, $\mathbf{q}$ der Vektor der Steuervariablen und $\mathbf{u}$ der Vektor der Eingänge:

$$[A] = \begin{bmatrix} \frac{C_\beta}{m v_x} & \frac{C_p}{m} & \frac{C_\varphi}{m} & \frac{C_r}{m} - v_x \\ \frac{E_\beta}{I_x v_x} & \frac{E_p}{I_x} & \frac{E_\varphi}{I_x} & \frac{E_r}{I_x} \\ 0 & 1 & 0 & 0 \\ \frac{D_\beta}{I_z v_x} & \frac{D_p}{I_z} & \frac{D_\varphi}{I_z} & \frac{D_r}{I_z} \end{bmatrix} \tag{10.150}$$

$$\mathbf{q} = \begin{bmatrix} v_y \; p \; \varphi \; r \end{bmatrix}^T \tag{10.151}$$

$$\mathbf{u} = \begin{bmatrix} \frac{C_\delta}{m} & \frac{E_\delta}{I_x} & 0 & \frac{D_\delta}{I_z} \end{bmatrix}^T \delta \tag{10.152}$$

Beweis. Die Newton-Euler-Bewegungsgleichungen für ein starres Fahrzeug im lokalen Koordinatensystem B, das am Massenzentrum C des Fahrzeugs angebracht ist, sind in den Gl. (10.6)–(10.9) gegeben durch:

$$F_x = m\,\dot{v}_x - mr\,v_y \tag{10.153}$$

$$F_y = m\,\dot{v}_y + mr\,v_x \tag{10.154}$$

$$M_z = I_z \dot{\omega}_z = I_z \dot{r} \tag{10.155}$$

$$M_x = I_x \dot{\omega}_x = I_x \dot{p} \tag{10.156}$$

Das ungefähre Kräftesystem, das auf ein Zweiradfahrzeug angewendet wird, findet sich in den Gl. (10.97)–(10.100):

$$F_x \approx F_{x_f} + F_{x_r} \tag{10.157}$$

$$F_y \approx F_{y_f} + F_{y_r} \tag{10.158}$$

$$M_x \approx C_{T_f} F_{y_f} + C_{T_r} F_{y_r} - k_\varphi \varphi - c_\varphi \dot{\varphi} \tag{10.159}$$

$$M_z \approx a_1 F_{y_f} - a_2 F_{y_r} \tag{10.160}$$

und in Bezug auf die Reifeneigenschaften in (10.101)–(10.103). Diese Gleichungen könnten in (10.129)–(10.131) wie folgt zusammengefasst werden:

$$F_y = C_r\, r + C_p\, p + C_\beta\, \beta + C_\varphi\, \varphi + C_\delta\, \delta \tag{10.161}$$

$$M_x = E_r\, r + E_p\, p + E_\beta\, \beta + E_\varphi\, \varphi + E_\delta\, \delta \tag{10.162}$$

$$M_z = D_r\, r + D_p\, p + D_\beta\, \beta + D_\varphi\, \varphi + D_\delta\, \delta \tag{10.163}$$

Das Einsetzen von (10.161)–(10.163) in (10.153)–(10.156) ergibt die folgenden Bewegungsgleichungen:

$$m\,\dot{v}_x - mr\,v_y = F_x \tag{10.164}$$

$$m\,\dot{v}_y + mr\,v_x = C_r\,r + C_p\,p + C_\beta\,\beta + C_\varphi\,\varphi + C_\delta\,\delta \tag{10.165}$$

$$I_x\dot{p} = E_r\,r + E_p\,p + E_\beta\,\beta + E_\varphi\,\varphi + E_\delta\,\delta \tag{10.166}$$

$$\dot{r}\,I_z = D_r\,r + D_p\,p + D_\beta\,\beta + D_\varphi\,\varphi + D_\delta\,\delta \tag{10.167}$$

Durch Anwendung von

$$\beta = \frac{v_y}{v_x} \tag{10.168}$$

können wir diese Gleichungen in eine Menge von Differentialgleichungen für v_x, v_y, p und r umschreiben:

$$\dot{v}_x = \frac{F_x}{m} + r\,v_y \tag{10.169}$$

$$\dot{v}_y = \left(\tfrac{C_r}{m} - v_x\right)r + \tfrac{C_p}{m}\,p + \tfrac{C_\beta}{m}\,\frac{v_y}{v_x} + \tfrac{C_\varphi}{m}\,\varphi + \tfrac{C_\delta}{m}\,\delta \tag{10.170}$$

$$\dot{p} = \tfrac{1}{I_x}\left(E_r\,r + E_p\,p + E_\beta\,\frac{v_y}{v_x} + E_\varphi\,\varphi + E_\delta\,\delta\right) \tag{10.171}$$

$$\dot{r} = \tfrac{1}{I_z}\left(D_r\,r + D_p\,p + D_\beta\,\frac{v_y}{v_x} + D_\varphi\,\varphi + D_\delta\,\delta\right) \tag{10.172}$$

Die erste Gl. (10.169) hängt von der Giergeschwindigkeit r und der Quergeschwindigkeit v_y ab, die die Ergebnisse der anderen Gleichungen (10.170)–(10.172) sind. Wenn wir jedoch annehmen, dass das Fahrzeug mit einer konstanten Vorwärtsgeschwindigkeit fährt:

$$v_x = const. \tag{10.173}$$

dann werden die Gl. (10.170)–(10.172) unabhängig von (10.169) und können unabhängig von der ersten Gleichung behandelt werden.

Die Gl. (10.170)–(10.172) können als drei gekoppelte Differentialgleichungen betrachtet werden, die das Verhalten eines dynamischen Systems beschreiben. Das dynamische System erhält den Lenkwinkel δ als Eingabe und verwendet v_x als Parameter, um vier Ausgaben zu erzeugen: v_y, p, ϕ und r.

$$\begin{bmatrix} \dot{v}_y \\ \dot{p} \\ \dot{\varphi} \\ \dot{r} \end{bmatrix} = \begin{bmatrix} \frac{C_\beta}{mv_x} & \frac{C_p}{m} & \frac{C_\varphi}{m} & \frac{C_r}{m} - v_x \\ \frac{E_\beta}{I_x v_x} & \frac{E_p}{I_x} & \frac{E_\varphi}{I_x} & \frac{E_r}{I_x} \\ 0 & 1 & 0 & 0 \\ \frac{D_\beta}{I_z v_x} & \frac{D_p}{I_z} & \frac{D_\varphi}{I_z} & \frac{D_r}{I_z} \end{bmatrix} \begin{bmatrix} v_y \\ p \\ \varphi \\ r \end{bmatrix} + \begin{bmatrix} \frac{C_\delta}{m} \\ \frac{E_\delta}{I_x} \\ 0 \\ \frac{D_\delta}{I_z} \end{bmatrix} \delta \tag{10.174}$$

Die Gl. (10.174) kann umgestellt werden, um die Eingabe-Ausgabe-Beziehung zu zeigen:

$$\dot{\mathbf{q}} = [A]\mathbf{q} + \mathbf{u} \tag{10.175}$$

Der Vektor $\mathbf{q}$ wird als *Steuerungsvariablenvektor* bezeichnet, und $\mathbf{u}$ wird als *Eingabevektor* bezeichnet. Die Matrix $[A]$ ist die Matrix der Koeffizienten der Steuerungsvariablen. ■

Beispiel 429 *Bewegungsgleichungen basierend auf kinematischen Winkeln.*

Die Bewegungsgleichungen (10.174) *können auf Basis der Winkel β, p, ϕ, r und δ ausgedrückt werden, indem* (10.168) *verwendet wird.*

Nehmen wir die Ableitung von Gl. (10.168) *für konstantes v_x*

$$\dot{\beta} = \frac{\dot{v}_y}{v_x} \tag{10.176}$$

und setzen dies in Gl. (10.165) *ein, zeigt sich, dass wir die Gleichung für $\dot{\beta}$* umformen können:

$$mv_x\dot{\beta} + mr\, v_x = C_r\, r + C_p\, p + C_\beta\, \beta + C_\varphi\, \varphi + C_\delta\, \delta \tag{10.177}$$

Daher kann die Menge der Bewegungsgleichungen in Bezug auf die Winkelvariablen des Fahrzeugs wie folgt ausgedrückt werden:

$$\begin{bmatrix} \dot{\beta} \\ \dot{p} \\ \dot{\varphi} \\ \dot{r} \end{bmatrix} = \begin{bmatrix} \frac{C_\beta}{mv_x} & \frac{C_p}{mv_x} & \frac{C_\varphi}{mv_x} & \frac{C_r}{mv_x} - 1 \\ \frac{E_\beta}{I_x} & \frac{E_p}{I_x} & \frac{E_\varphi}{I_x} & \frac{E_r}{I_x} \\ 0 & 1 & 0 & 0 \\ \frac{D_\beta}{I_z} & \frac{D_p}{I_z} & \frac{D_\varphi}{I_z} & \frac{D_r}{I_z} \end{bmatrix} \begin{bmatrix} \beta \\ p \\ \varphi \\ r \end{bmatrix} + \begin{bmatrix} \frac{C_\delta}{mv_x} \\ \frac{E_\delta}{I_x} \\ 0 \\ \frac{D_\delta}{I_z} \end{bmatrix} \delta \tag{10.178}$$

10.5 ⋆ Gleichförmige Bewegung

Das Lenken der Vorderachse eines zweirädrigen, rollbaren starren Fahrzeugs im stationären Zustand wird bestimmt durch:

$$F_x = -mr\, v_y \tag{10.179}$$

$$C_r\, r + C_\beta\, \beta + C_\varphi\, \varphi + C_\delta\, \delta = mr\, v_x \tag{10.180}$$

$$E_r\, r + E_\beta\, \beta + E_\varphi\, \varphi + E_\delta\, \delta = 0 \tag{10.181}$$

$$D_r\, r + D_\beta\, \beta + D_\varphi\, \varphi + D_\delta\, \delta = 0 \tag{10.182}$$

oder äquivalent durch die folgenden Gleichungen:

$$F_x = -\tfrac{m}{R} v_x\, v_y \tag{10.183}$$

$$\left(C_r\, v_x - m\, v_x^2\right) \tfrac{1}{R} + C_\beta\, \beta + C_\varphi\, \varphi = -C_\delta\, \delta \tag{10.184}$$

$$E_r\, v_x \tfrac{1}{R} + E_\beta\, \beta + E_\varphi\, \varphi = -E_\delta\, \delta \tag{10.185}$$

$$D_r\, v_x \tfrac{1}{R} + D_\beta\, \beta + D_\varphi\, \varphi = -D_\delta\, \delta \tag{10.186}$$

Die erste Gleichung bestimmt die erforderliche Vorwärtskraft, um v_x konstant zu halten. Die nächsten drei Gleichungen zeigen die stationären Werte der Ausgangsvariablen, die sind: Pfadkrümmung κ:

$$\kappa = \frac{1}{R} = \frac{r}{v_x} \tag{10.187}$$

Fahrzeug-Schlupfwinkel β, Fahrzeug-Rollrate p und Fahrzeug-Rollwinkel ϕ bei konstantem Lenkeingang δ und bei konstanter Vorwärtsgeschwindigkeit v_x. Die Ausgangs-Eingangs-Beziehungen werden durch die folgenden Reaktionen definiert:

1. *Krümmungsreaktion* S_κ

$$S_\kappa = \frac{\kappa}{\delta} = \frac{1}{R\delta} = -\frac{Z_1}{v_x Z_0} \tag{10.188}$$

2. *Schlupfreaktion* S_β

$$S_\beta = \frac{\beta}{\delta} = \frac{Z_2}{Z_0} \tag{10.189}$$

3. *Giergeschwindigkeitsreaktion* S_r

$$S_r = \frac{r}{\delta} = \frac{\kappa}{\delta} v_x = S_\kappa v_x = -\frac{Z_1}{Z_0} \tag{10.190}$$

4. *Zentripetalbeschleunigungsreaktion* S_a

$$S_a = \frac{v_x^2/R}{\delta} = \frac{\kappa}{\delta} v_x^2 = S_\kappa v_x^2 = \frac{v_x Z_1}{Z_0} \tag{10.191}$$

5. *Seitengeschwindigkeitsreaktion* S_y

$$S_y = \frac{v_y}{\delta} = S_\beta v_x = \frac{v_x Z_2}{Z_0} \tag{10.192}$$

6. *Rollwinkelreaktion* S_ϕ

$$S_\varphi = \frac{\varphi}{\delta} = -\frac{Z_3}{Z_0} \tag{10.193}$$

$$\begin{aligned} Z_0 = {} & E_\beta \left(D_r C_\varphi - C_r D_\varphi + m v_x D_\varphi \right) \\ & + E_\varphi \left(C_r D_\beta - D_r C_\beta - m v_x D_\beta \right) + E_r \left(C_\beta D_\varphi - D_\beta C_\varphi \right) \end{aligned} \tag{10.194}$$

$$\begin{aligned} Z_1 = {} & E_\beta \left(C_\varphi D_\delta - v_x C_\delta D_\varphi \right) - E_\varphi \left(C_\beta D_\delta - v_x C_\delta D_\beta \right) \\ & + E_\delta \left(C_\beta D_\varphi - D_\beta C_\varphi \right) \end{aligned} \tag{10.195}$$

$$\begin{aligned} Z_2 = {} & E_\varphi (m v_x D_\delta - C_r D_\delta + D_r v_x C_\delta) + E_r \left(C_\varphi D_\delta - v_x C_\delta D_\varphi \right) \\ & - E_\delta \left(D_r C_\varphi - C_r D_\varphi + m v_x D_\varphi \right) \end{aligned} \tag{10.196}$$

$$\begin{aligned} Z_3 = {} & E_\beta (m v_x D_\delta - C_r D_\delta + D_r v_x C_\delta) + E_r \left(C_\beta D_\delta - v_x C_\delta D_\beta \right) \\ & - E_\delta \left(D_r C_\beta - C_r D_\beta + m v_x D_\beta \right) \end{aligned} \tag{10.197}$$

Beweis. Unter stationären Bedingungen sind alle Variablen konstant, und daher sind ihre Ableitungen null. Daher reduzieren sich die Bewegungsgleichungen (10.153)–(10.156) auf:

$$F_x = -mr\, v_y \tag{10.198}$$

$$F_y = mr\, v_x \tag{10.199}$$

$$M_x = 0 \tag{10.200}$$

$$M_z = 0 \tag{10.201}$$

wobei sich die Querkraft F_y, das Rollmoment M_x und das Giermoment M_z aus (10.161)–(10.163) ergeben:

$$F_y = C_r\, r + C_\beta\, \beta + C_\varphi\, \varphi + C_\delta\, \delta \tag{10.202}$$

$$M_x = E_r\, r + E_\beta\, \beta + E_\varphi\, \varphi + E_\delta\, \delta \tag{10.203}$$

$$M_z = D_r\, r + D_\beta\, \beta + D_\varphi\, \varphi + D_\delta\, \delta \tag{10.204}$$

Daher lauten die Gleichungen, die die stationäre Kurvenfahrt eines starren Zweiradfahrzeugs beschreiben:

$$F_x = -mr\, v_y \tag{10.205}$$

$$C_r\, r + C_\beta\, \beta + C_\varphi\, \varphi + C_\delta\, \delta \;=\; mr\, v_x \tag{10.206}$$

$$E_r\, r + E_\beta\, \beta + E_\varphi\, \varphi + E_\delta\, \delta \;=\; 0 \tag{10.207}$$

$$D_r\, r + D_\beta\, \beta + D_\varphi\, \varphi + D_\delta\, \delta \;=\; 0 \tag{10.208}$$

Gl. (10.205) wird verwendet, um die erforderliche Zugkraft zur Aufrechterhaltung der gleichmäßigen Bewegung zu berechnen. Allerdings können die Gl. (10.206)–(10.208) verwendet werden, um die stationären Reaktionen des Fahrzeugs zu bestimmen:

$$C_r\, \tfrac{v_x}{R} + C_\beta\, \beta + C_\varphi\, \varphi + C_\delta\, \delta \;=\; m\tfrac{v_x}{R}\, v_x \tag{10.209}$$

$$E_r\, \tfrac{v_x}{R} + E_\beta\, \beta + E_\varphi\, \varphi + E_\delta\, \delta \;=\; 0 \tag{10.210}$$

$$D_r\, \tfrac{v_x}{R} + D_\beta\, \beta + D_\varphi\, \varphi + D_\delta\, \delta \;=\; 0 \tag{10.211}$$

Bei gleichmäßiger Kurvenfahrt bewegt sich das Fahrzeug auf einem Kreis mit dem Radius R mit einer Geschwindigkeit v_x und Winkelgeschwindigkeit r, also:

$$v_x \approx R\, r \tag{10.212}$$

Durch Einsetzen von (10.212) in die Gl. (10.206)–(10.208) und Verwendung der Krümmungsdefinition (10.187) können wir die Gleichungen in Matrixform schreiben:

$$\begin{bmatrix} C_\beta & C_r\, v_x - m\, v_x^2 & C_\varphi \\ E_\beta & E_r\, v_x & E_\varphi \\ D_\beta & D_r\, v_x & D_\varphi \end{bmatrix} \begin{bmatrix} \beta \\ \kappa \\ \varphi \end{bmatrix} = \begin{bmatrix} -C_\delta \\ -E_\delta \\ -D_\delta \end{bmatrix} \delta \tag{10.213}$$

Lösen der Gleichungen für β, κ und ϕ und Verwendung von

$$\beta \approx \frac{v_y}{v_x} \tag{10.214}$$

ermöglicht es uns, verschiedene Ausgabe-Eingabe-Beziehungen zu definieren, wie (10.188)–(10.193). ■

Beispiel 430 *Kräftesystemkoeffizienten für ein Auto.*

Betrachten Sie ein vierrädriges Auto mit Vorderradlenkung und den folgenden Eigenschaften:

$$C_{\alpha f_L} = C_{\alpha f_R} \approx 28648\,\mathrm{N/rad} \qquad C_{\alpha r_L} = C_{\alpha r_R} \approx 26356\,\mathrm{N/rad} \tag{10.215}$$

$$\begin{aligned} m &= 917\,\mathrm{kg} & I_x &= 300\,\mathrm{kg\,m^2} & I_z &= 1128\,\mathrm{kg\,m^2} \\ a_1 &= 0{,}91\,\mathrm{m} & a_2 &= 1{,}64\,\mathrm{m} \\ k_\varphi &= 20000\,\mathrm{N/rad} & c_\varphi &= 1000\,\mathrm{N\,s/rad} \end{aligned} \tag{10.216}$$

$$\begin{aligned} C_{\beta_f} &= 0{,}01 \qquad C_{\beta_r} = 0{,}01 \qquad C_{T_f} = 0{,}02 \\ C_{T_r} &= 0{,}02 \qquad C_{\delta\varphi_f} = 0{,}01 \qquad C_{\delta\varphi_r} = 0 \\ C_{\varphi_f} &= 2 \qquad C_{\varphi_r} = 1 \end{aligned} \tag{10.217}$$

$$v_x = 40\,\mathrm{m/s} \qquad \delta = 0{,}1\,\mathrm{rad} \tag{10.218}$$

Die Rutschkoeffizienten eines äquivalenten Fahrradmodells sind:

$$C_{\alpha f} = C_{\alpha f_L} + C_{\alpha f_R} = 57296\,\mathrm{N/rad} \tag{10.219}$$

$$C_{\alpha r} = C_{\alpha r_L} + C_{\alpha r_R} = 52712\,\mathrm{N/rad} \tag{10.220}$$

Die Kräftesystemkoeffizienten sind gleich den folgenden, wenn v_x in [m/s] gemessen wird:

$$\begin{aligned} C_r &= 857{,}708 \qquad C_p = 27{,}502 \qquad C_\beta = -110008 \\ C_\varphi &= 569{,}96 \qquad C_\delta = 57296 \end{aligned} \tag{10.221}$$

$$\begin{aligned} E_r &= 17{,}15416 \qquad E_p = -999{,}44996 \qquad E_\beta = -2200{,}16 \\ E_\varphi &= -19988{,}6008 \qquad E_\delta = 1145{,}92 \end{aligned} \tag{10.222}$$

$$D_r = -4730{,}52532 \qquad D_p = -8{,}57708 \qquad D_\beta = 34308{,}32$$

$$D_\varphi = 521{,}2136 \qquad D_\delta = 52139{,}36 \tag{10.223}$$

Die Z_i-Parameter und die stationären Antworten des Fahrzeugs sind wie folgt:

$$\begin{aligned} Z_0 &= 0{,}3493155774 \times 10^{14} \qquad Z_1 = -0{,}1683862164 \times 10^{16} \\ Z_2 &= 0{,}1793365332 \times 10^{15} \qquad Z_3 = 0{,}1629203858 \times 10^{14} \end{aligned} \tag{10.224}$$

$$\begin{aligned} S_\kappa &= \frac{\kappa}{\delta} = \frac{1/R}{\delta} = 1{,}205115283 \\ S_\beta &= \frac{\beta}{\delta} = 5{,}133940334 \\ S_r &= \frac{r}{\delta} = 48{,}20461133 \\ S_a &= \frac{v_x^2/R}{\delta} = -1928{,}184453 \\ S_\varphi &= \frac{\varphi}{\delta} = -0{,}4663988563 \end{aligned} \tag{10.225}$$

Mit den stationären Antworten können wir die stationäre Charakteristik der Bewegung berechnen:

$$R = 8{,}298\,\mathrm{m} \tag{10.226}$$

$$\beta = 0{,}5138\,\mathrm{rad} \approx 29.415\,\mathrm{deg} \tag{10.227}$$

$$r = 4{,}82\,\mathrm{rad/\,s} \tag{10.228}$$

Beispiel 431 ⋆ *Sturzseitenkraft.*

Wenn ein Fahrzeug rollt, nehmen die Räder fast aller Arten von Aufhängungen einen Sturzwinkel an, der dem des Rollens entspricht. Der Radsturz ist immer kleiner als der Rollwinkel.

Unter stationären Bedingungen erhöht der Sturz an den Vorderrädern die Untersteuerungscharakteristik des Fahrzeugs, während der Sturz an der Hinterachse die Übersteuerungscharakteristik des Fahrzeugs erhöht. Die meisten Straßenfahrzeuge sind so gebaut, dass in einer Kurve die Hinterräder aufrecht bleiben und die Vorderräder einen Sturzwinkel einnehmen. Diese Fahrzeuge haben ein zunehmendes Untersteuerverhalten bei Rollen und sind stabiler.

Beispiel 432 ⋆ *Rolllenkung.*

Positive Rolllenkung bedeutet, dass das Rad um die z-Achse lenkt, wenn das Fahrzeug um die x-Achse rollt. Wenn das Fahrzeug also nach rechts abbiegt, lenkt ein Rad mit positiver Rolllenkung nach links.

Positive Rolllenkung an den Vorderrädern erhöht die Untersteuerungscharakteristik des Fahrzeugs, während Rolllenkung an der Hinterachse die Übersteuerungscharakteristik des Fahrzeugs erhöht. Die meisten Straßenfahrzeuge sind so gebaut, dass in einer Kurve die Vorderräder eine positive Rolllenkung haben. Diese Fahrzeuge haben ein zunehmendes Untersteuerverhalten bei Rollen und sind stabiler.

10.6 ⋆ Instationäre Antwort

Die Bewegungsgleichungen müssen analytisch oder numerisch integriert werden, um die zeitabhängige Reaktion eines Fahrzeugs zu analysieren und zu untersuchen, wie das Fahrzeug auf einen Lenkeingriff reagieren wird. Die Bewegungsgleichungen sind eine Menge von gekoppelten gewöhnlichen Differentialgleichungen, wie folgt:

$$\dot{v}_x = \frac{1}{m} F_x + r\, v_y \tag{10.229}$$

$$\begin{bmatrix} \dot{v}_y \\ \dot{p} \\ \dot{\varphi} \\ \dot{r} \end{bmatrix} = \begin{bmatrix} \frac{C_\beta}{m v_x} & \frac{C_p}{m} & \frac{C_\varphi}{m} & \frac{C_r}{m} - v_x \\ \frac{E_\beta}{I_x v_x} & \frac{E_p}{I_x} & \frac{E_\varphi}{I_x} & \frac{E_r}{I_x} \\ 0 & 1 & 0 & 0 \\ \frac{D_\beta}{I_z v_x} & \frac{D_p}{I_z} & \frac{D_\varphi}{I_z} & \frac{D_r}{I_z} \end{bmatrix} \begin{bmatrix} v_y \\ p \\ \varphi \\ r \end{bmatrix} + \begin{bmatrix} \frac{C_\delta}{m} \\ \frac{E_\delta}{I_x} \\ 0 \\ \frac{D_\delta}{I_z} \end{bmatrix} \delta(t) \tag{10.230}$$

Ihre Antworten auf einen gegebenen zeitabhängigen Lenkwinkel $\delta(t)$ sind:

$$v_x = v_x(t) \tag{10.231}$$

$$v_y = v_y(t) \tag{10.232}$$

$$p = p(t) \tag{10.233}$$

$$\varphi = \varphi(t) \tag{10.234}$$

$$r = r(t) \tag{10.235}$$

Eine solche Lösung wird als *Zeitverhalten* oder *instationäre Antwort* des Fahrzeugs bezeichnet.

Unter der Annahme einer konstanten Vorwärtsgeschwindigkeit vereinfacht sich die erste Gl. (10.229) zu:

$$F_x = -mr\, v_y \tag{10.236}$$

und die Gl. (10.230) wird unabhängig von der ersten. Das System von Gl. (10.230) kann in der Form

$$\dot{\mathbf{q}} = [A]\mathbf{q} + \mathbf{u} \tag{10.237}$$

geschrieben werden, in der $[A]$ eine konstante Koeffizientenmatrix ist, $\mathbf{q}$ ist der Vektor der Steuervariablen, und $\mathbf{u}$ ist der Vektor der Eingaben.

Um das Problem der inversen Dynamik zu lösen und die Fahrzeugantwort zu finden, muss die Lenkfunktion $\delta(t)$ gegeben sein.

Beispiel 433 ⋆ *Freie Dynamik und freie Reaktion.*

*Die Reaktion eines Fahrzeugs auf einen Lenkwinkel von null, $\delta(t) = 0$, bei konstanter Geschwindigkeit wird als **freie Reaktion** bezeichnet. Die Bewegungsgleichung unter einer **freien Dynamik*** lautet:

$$\dot{\mathbf{q}} = [A]\mathbf{q} \tag{10.238}$$

Um die Gleichung zu lösen, nehmen wir an:

$$[A] = \begin{bmatrix} a_{11} & a_{12} & a_{13} & a_{14} \\ a_{21} & a_{22} & a_{23} & a_{24} \\ a_{31} & a_{32} & a_{33} & a_{34} \\ a_{41} & a_{42} & a_{43} & a_{44} \end{bmatrix} \tag{10.239}$$

und daher lauten die Bewegungsgleichungen:

$$\begin{bmatrix} \dot{v}_y \\ \dot{p} \\ \dot{\varphi} \\ \dot{r} \end{bmatrix} = \begin{bmatrix} a_{11} & a_{12} & a_{13} & a_{14} \\ a_{21} & a_{22} & a_{23} & a_{24} \\ a_{31} & a_{32} & a_{33} & a_{34} \\ a_{41} & a_{42} & a_{43} & a_{44} \end{bmatrix} \begin{bmatrix} v_y \\ p \\ \varphi \\ r \end{bmatrix} \tag{10.240}$$

Da die Gleichungen linear sind, sind die Lösungen Exponentialfunktionen:

$$v_y = A_1 e^{\lambda t} \tag{10.241}$$

$$p = A_2 e^{\lambda t} \tag{10.242}$$

$$\varphi = A_3 e^{\lambda t} \tag{10.243}$$

$$r = A_4 e^{\lambda t} \tag{10.244}$$

Die Substitution der Lösungen zeigt, dass die Bedingung für Funktionen (10.241)–(10.244) *die Lösung der Gl.* (10.240) *ist, dass der Exponent* λ *der Eigenwert von* $[A]$ *ist. Um* λ *zu finden, können wir die Determinante der obigen Koeffizientenmatrix erweitern und die charakteristische Gleichung finden:*

$$\det[A] = 0 \tag{10.245}$$

Die Eigenwerte $\lambda_{1,2,3,4}$ *liefert die folgende allgemeine Lösung für die freie Dynamik des Fahrzeugs:*

$$v_y = A_{11} e^{\lambda_1 t} + A_{12} e^{\lambda_2 t} + A_{13} e^{\lambda_3 t} + A_{14} e^{\lambda_4 t} \tag{10.246}$$

$$p = A_{21} e^{\lambda_1 t} + A_{22} e^{\lambda_2 t} + A_{23} e^{\lambda_3 t} + A_{24} e^{\lambda_4 t} \tag{10.247}$$

$$\varphi = A_{31} e^{\lambda_1 t} + A_{32} e^{\lambda_2 t} + A_{33} e^{\lambda_3 t} + A_{34} e^{\lambda_4 t} \tag{10.248}$$

$$r = A_{41} e^{\lambda_1 t} + A_{42} e^{\lambda_2 t} + A_{43} e^{\lambda_3 t} + A_{44} e^{\lambda_4 t} \tag{10.249}$$

Die Koeffizienten A_{ij} *müssen aus den Anfangsbedingungen gefunden werden. Das Fahrzeug ist stabil, solange die Eigenwerte einen negativen Realteil haben.*
Als Beispiel betrachten wir ein Fahrzeug mit den in (10.215)–(10.217) *gegebenen Eigenschaften und dem folgenden Lenkwinkel und der Vorwärtsgeschwindigkeit*

$$v_x = 40\,\mathrm{m/s} \tag{10.250}$$

$$\delta = 0{,}1\,\mathrm{rad} \tag{10.251}$$

Das Einsetzen dieser Werte liefert die folgenden Bewegungsgleichungen für die freie Dynamik:

$$\begin{bmatrix} \dot{v}_y \\ \dot{p} \\ \dot{\varphi} \\ \dot{r} \end{bmatrix} = \begin{bmatrix} -3 & 0{,}03 & 0{,}621 & -39{,}06 \\ -0{,}18335 & -3{,}3315 & -66{,}63 & 0{,}05718 \\ 0 & 1 & 0 & 0 \\ 0{,}76038 & -0{,}0076 & 0{,}4621 & -4{,}194 \end{bmatrix} \begin{bmatrix} v_y \\ p \\ \varphi \\ r \end{bmatrix} \tag{10.252}$$

Die Eigenwerte der Koeffizientenmatrix sind:

$$\begin{aligned}\lambda_1 &= -3{,}593983044 + 5{,}409888448i \\ \lambda_2 &= -3{,}593983044 - 5{,}409888448i \\ \lambda_3 &= -1{,}668194745 + 7{,}995670961i \\ \lambda_4 &= -1{,}668194745 - 7{,}995670961i\end{aligned} \tag{10.253}$$

was zeigt, dass das Fahrzeug stabil ist, weil alle reellen Anteile der Eigenwerte negativ sind.

*Das Einsetzen der Eigenwerte in die Gl. (*10.246*)–(*10.249*) liefert die Lösung mit unbekannten Koeffizienten. Lassen Sie uns das Verhalten der freien Dynamik des Fahrzeugs für eine von null verschiedene Anfangsbedingung untersuchen:*

$$\mathbf{q}_0 = \begin{bmatrix} v_y(0) \\ p(0) \\ \varphi(0) \\ r(0) \end{bmatrix} = \begin{bmatrix} 0 \\ 0.1 \\ 0 \\ 0 \end{bmatrix} \tag{10.254}$$

*Abb.*10.7, 10.8, 10.9 *und* 10.10 *veranschaulichen die Zeitreaktionen des Fahrzeugs.*

Beispiel 434 ⋆ *Reaktion auf einen gestuften Eingang.*

Die Reaktion eines dynamischen Systems auf einen stufenweisen geänderten Eingang ist ein Standardtest zur Untersuchung des Verhaltens der Systeme. Ein Stufeneingang in der Fahrzeugdynamik ist eine plötzliche Änderung des Lenkwinkels von null auf einen konstanten Nicht-Null-Wert.

Betrachten Sie ein Fahrzeug, das sich geradeaus mit einer konstanten Vorwärtsgeschwindigkeit bewegt:

$$v_x = 40\,\mathrm{m/s} \tag{10.255}$$

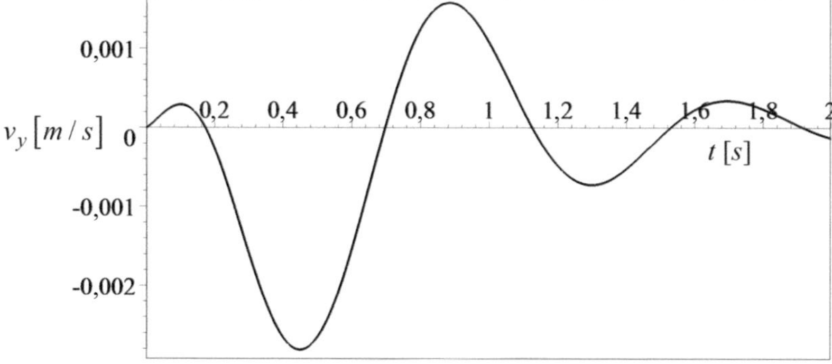

Abb. 10.7 Seitliche Geschwindigkeitsreaktion einer freien Fahrzeugdynamik

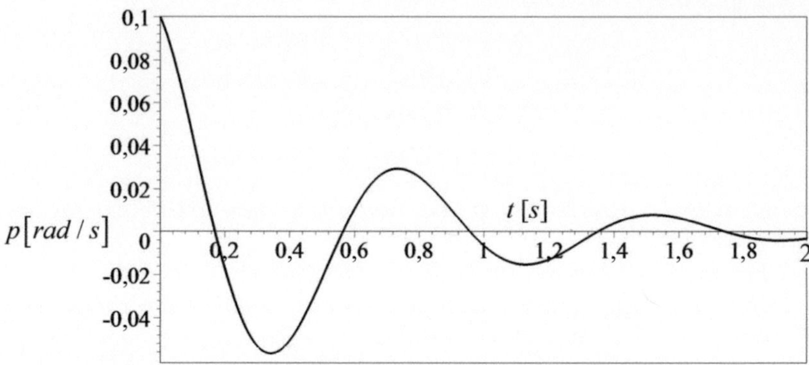

Abb. 10.8 Rollgeschwindigkeitsreaktion einer freien Fahrzeugdynamik

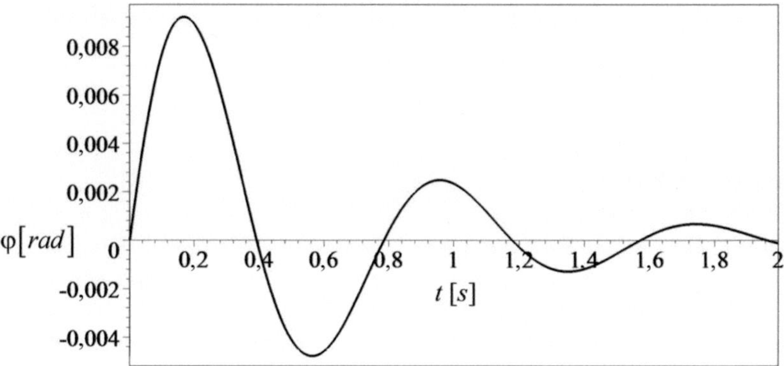

Abb. 10.9 Rollwinkelreaktion einer freien Fahrzeugdynamik

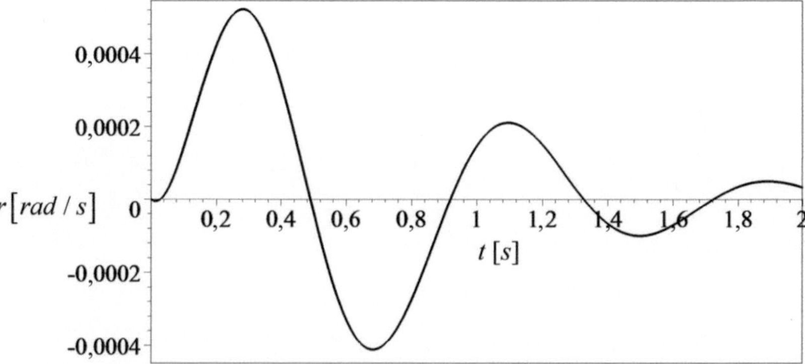

Abb. 10.10 Giergeschwindigkeitsreaktion einer freien Fahrzeugdynamik

mit den in (10.215)–(10.217) gegebenen Eigenschaften und einer plötzlichen Änderung des Lenkwinkels auf einen konstanten Wert:

$$\delta(t) = \begin{cases} 0{,}2\,\text{rad} \approx 11.459\,\text{deg} & t > 0 \\ 0 & t \leq 0 \end{cases} \tag{10.256}$$

Die Bewegungsgleichungen für Nicht-Null-Anfangsbedingungen:

$$\mathbf{q}_0 = \begin{bmatrix} v_y(0) \\ p(0) \\ \varphi(0) \\ r(0) \end{bmatrix} = \begin{bmatrix} 0 \\ 0.1 \\ 0 \\ 0 \end{bmatrix} \tag{10.257}$$

sind:

$$\dot{v}_y + 6{,}91 v_y + 1{,}62 p - 10{,}01 \varphi + 16{,}99 r = 62 \delta(t) \tag{10.258}$$

$$\dot{p} - 5{,}6 v_y + 4{,}06 p + 99{,}91 \varphi + .192 r = -69{,}33 \delta(t) \tag{10.259}$$

$$\dot{\varphi} - p = 0 \tag{10.260}$$

$$\dot{r} - 1{,}81 v_y + 0{,}3 p - 5{,}19 \varphi + 6{,}46 r = 32{,}11 \delta(t) \tag{10.261}$$

*Abb.*10.11, 10.12, 10.13 *und* 10.14 *zeigen die Lösungen.*

Wobei $v_y(t)$, $p(t)$, $\phi(t)$ *und* $r(t)$ *ausreichen, um alle anderen kinematischen Variablen sowie die erforderliche Vortriebskraft* F_x *zur Aufrechterhaltung der konstanten Vorwärtsgeschwindigkeit zu berechnen:*

$$F_x = -mr\,v_y \tag{10.262}$$

Abb. 10.15 *veranschaulicht die erforderliche Vortriebskraft* $F_x(t)$.

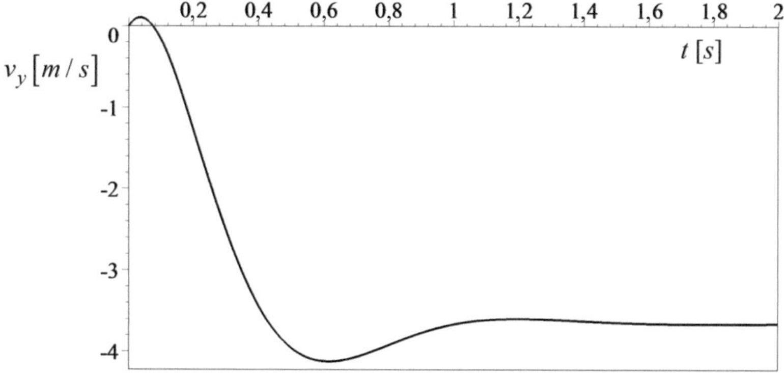

Abb. 10.11 Seitliche Geschwindigkeitsreaktion eines Fahrzeugs auf einen Stufenlenkwinkel

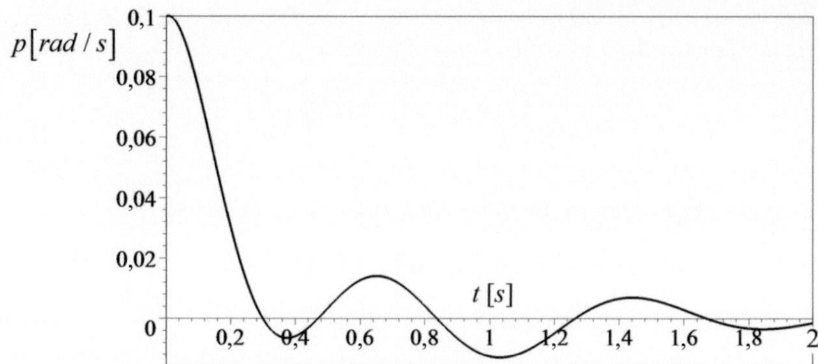

Abb. 10.12 Rollgeschwindigkeitsreaktion eines Fahrzeugs auf einen Stufenlenkwinkel

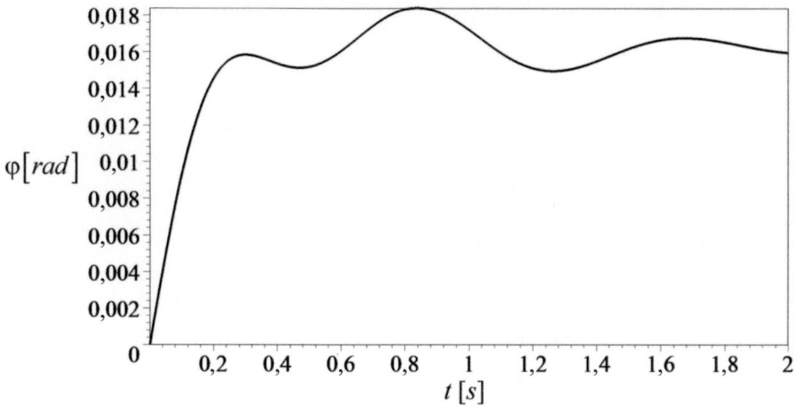

Abb. 10.13 Rollwinkelreaktion eines Fahrzeugs auf einen Stufenlenkwinkel

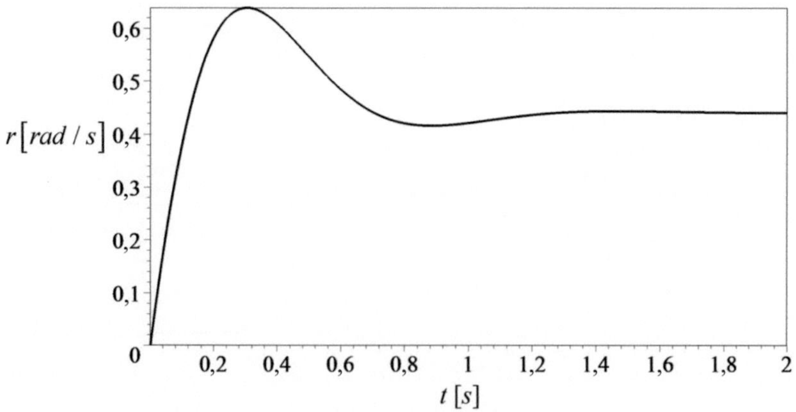

Abb. 10.14 Giergeschwindigkeitsreaktion eines Fahrzeugs auf einen Stufenlenkwinkel

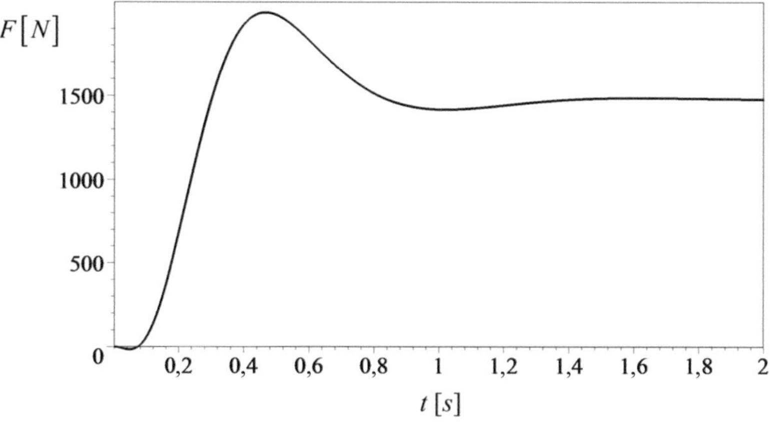

Abb. 10.15 Die erforderliche Vortriebskraft F_x eines Fahrzeugs auf einen Stufenlenkwinkel, um die Geschwindigkeit konstant zu halten

Beispiel 435 ⋆ *Spurwechselmanöver.*

Überhol- und Spurwechselmanöver sind zwei weitere Standardtests zur Untersuchung der dynamischen Reaktionen eines Fahrzeugs. Der Spurwechsel kann durch eine Halbsinus- oder eine Sinusquadratfunktion für den Lenkeingriff ausgedrückt werden. Zwei Beispiele für solche Funktionen sind:

$$\delta(t) = \begin{cases} \delta_0 \sin \omega t & t_1 < t < \dfrac{\pi}{\omega} \\ 0 & \dfrac{\pi}{\omega} < t < t_1 \end{cases} \text{rad} \tag{10.263}$$

$$\delta(t) = \begin{cases} \delta_0 \sin^2 \omega t & t_1 < t < \dfrac{\pi}{\omega} \\ 0 & \dfrac{\pi}{\omega} < t < t_1 \end{cases} \text{rad} \tag{10.264}$$

$$\omega = \frac{\pi L}{v_x} \tag{10.265}$$

wobei L die Bewegungslänge während des Spurwechsels und v_x die Vorwärtsgeschwindigkeit des Fahrzeugs sind. Der Pfad eines die Spur wechselnden Autos würde ähnlich wie in Abb. 10.16 *aussehen.*

Untersuchen wir ein Fahrzeug mit den in (10.215)*–*(10.217) *gegebenen Eigenschaften und einer Änderung im Halbsinus-Lenkeingriff* $\delta(t)$

$$\delta(t) = \begin{cases} 0.2 \sin \dfrac{\pi L}{v_x} t & 0 < t < \dfrac{v_x}{L} \\ 0 & \dfrac{v_x}{L} < t < 0 \end{cases} \text{rad} \tag{10.266}$$

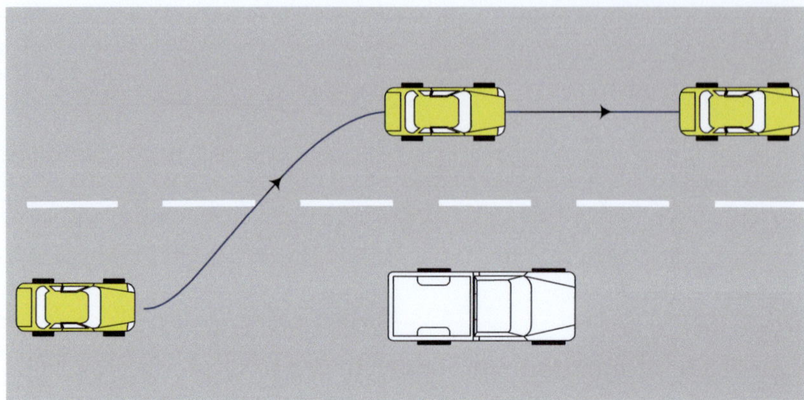

Abb. 10.16 Ein Spurwechselmanöver

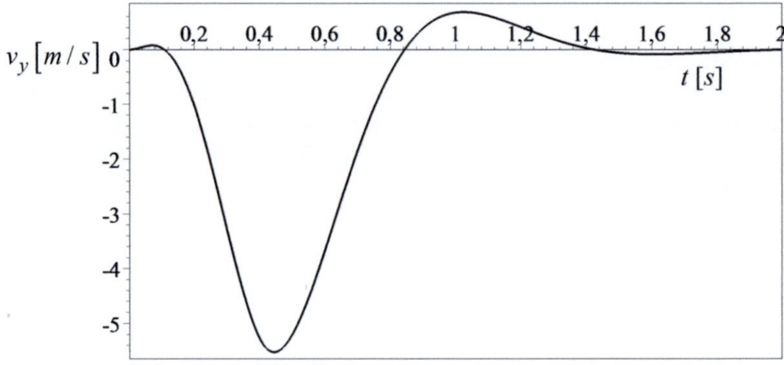

Abb. 10.17 Seitliche Geschwindigkeitsreaktion für die Lenkfunktion (10.266)

$$L = 100\,\text{m} \qquad v_x = 40\,\text{m/s} \tag{10.267}$$

Die Bewegungsgleichungen für Null-Anfangsbedingungen sind wie in (10.258)–(10.261) *gegeben.*

*Die Abb.*10.17, 10.18, 10.19 *und* 10.20*zeigen die Zeitreaktionen des Fahrzeugs für die Lenkfunktion* (10.266)*.*

Beispiel 436 ⋆ *Spurwechsel mit einer Sinus-Quadrat-Lenkfunktion.*

Ein guter Fahrer sollte den Lenkwinkel so sanft wie möglich ändern, um unerwünschte Rollwinkel und Rollschwankungen zu minimieren. Eine Sinus-Quadrat-Lenkfunktion

$$\delta(t) = \begin{cases} \delta_0 \sin^2 \omega t & t_1 < t < \dfrac{\pi}{\omega} \\ 0 & \dfrac{\pi}{\omega} < t < \dfrac{1}{\omega} \end{cases} \text{rad} \tag{10.268}$$

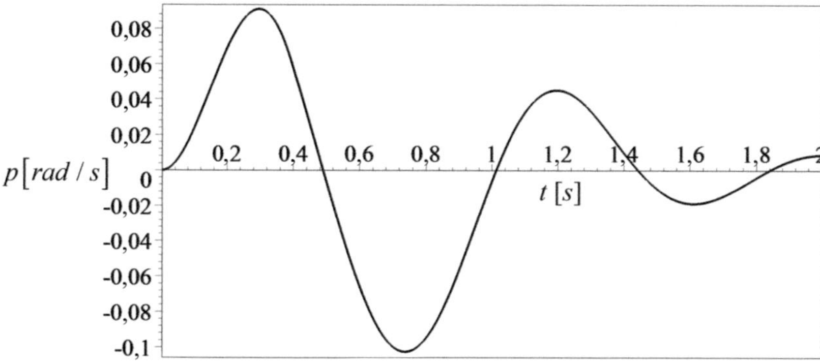

Abb. 10.18 Rollratereaktion für die Lenkfunktion (10.266)

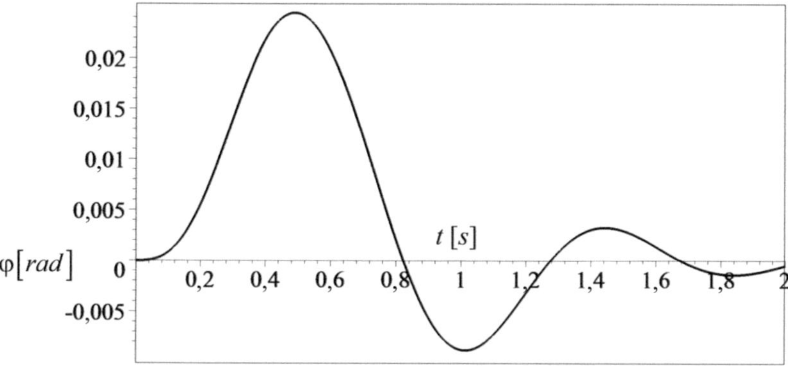

Abb. 10.19 Rollwinkelreaktion für die Lenkfunktion (10.266)

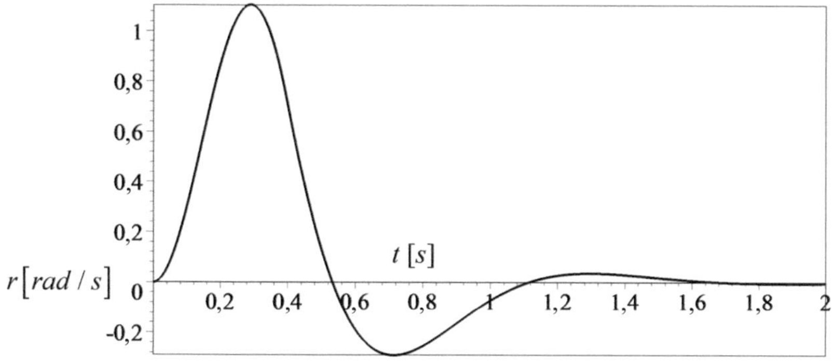

Abb. 10.20 Giergeschwindigkeitsreaktion für die Lenkfunktion (10.266)

$$\omega = \frac{\pi L}{v_x} \qquad L = 100\,\mathrm{m} \qquad v_x = 40\,\mathrm{m/s} \tag{10.269}$$

*die in Gl. (*10.264*) eingeführt wird, ermöglicht ein sanfteres Lenken beim Spurwechsel. Die Reaktionen des Fahrzeugs im Beispiel* 435 *auf das Lenken (*10.268*) sind in den Abb.* 10.21, 10.22, 10.23 *und* 10.24 dargestellt.

Beispiel 437 ⋆ *Fahrzeugführung und klassische Rückkopplungssteuerung.*

Das Fahren eines Autos ähnelt einem Problem der Rückkopplungssteuerung. Der Fahrer vergleicht die gewünschte Richtung, Geschwindigkeit und Beschleunigung mit der tatsächlichen Richtung, Geschwindigkeit und Beschleunigung. Der Fahrer nutzt die Anzeige- und Messgeräte des Autos sowie menschliche Sensoren, um die tatsächliche Richtung, Geschwindigkeit und Beschleunigung zu erfassen. Wenn die tatsächlichen Daten von den gewünschten Werten abweichen, verwendet der Fahrer die Steuergeräte wie Gaspedal, Bremse, Lenkung und Gangwahl, um das tatsächlich vorliegenden Werte zu verbessern.

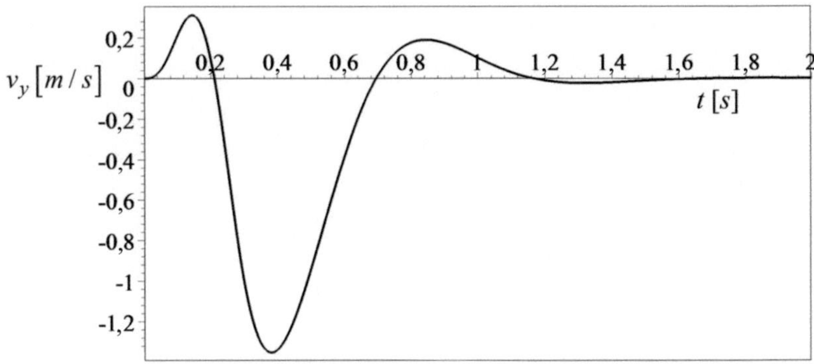

Abb. 10.21 Seitliche Geschwindigkeitsreaktion für die Lenkfunktion (10.268)

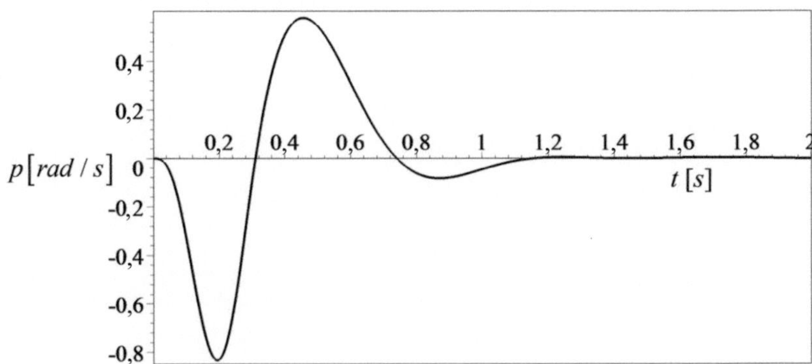

Abb. 10.22 Rollratereaktion für die Lenkfunktion (10.268)

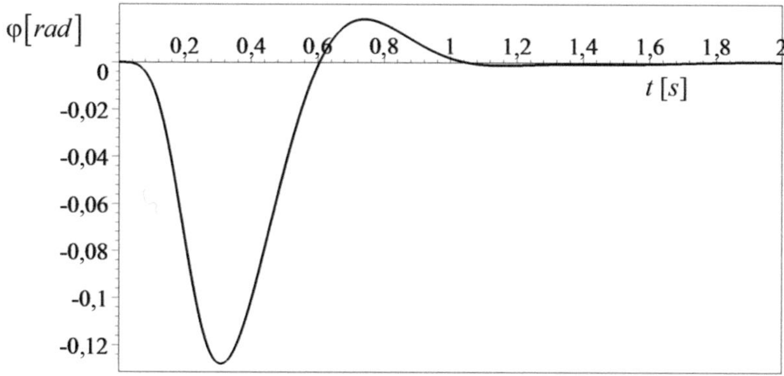

Abb. 10.23 Rollwinkelreaktion für die Lenkfunktion (10.268)

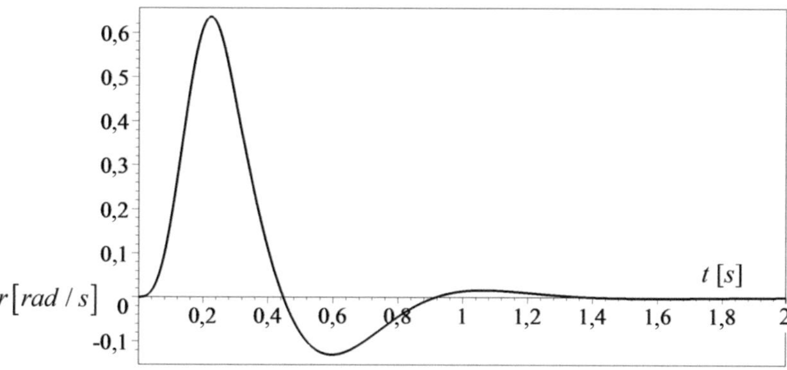

Abb. 10.24 Giergeschwindigkeitsreaktion für die Lenkfunktion (10.268)

Beispiel 438 ⋆*Fließheck-, Stufenheck- und Kombimodelle einer Plattform.*

Es ist in der Fahrzeugindustrie üblich, verschiedene Karosserien auf demselben Chassis und der gleichen Plattform zu bauen, um die Herstellung verschiedener Modelle zu vereinfachen. Betrachten Sie ein Fließheck-, Stufenheck- und Kombimodelle eines Autos, die die gleiche Plattform verwenden. Um das dynamische Verhalten der drei Modelle zu vergleichen, könnten wir ihre Reaktion auf eine Stufenlenkfunktion bei konstanter Vorwärtsgeschwindigkeit untersuchen:

$$\delta(t) = 0{,}1\,\mathrm{rad} \qquad v_x = 40\,\mathrm{m/s} \tag{10.270}$$

Die gemeinsamen Merkmale der Autos sind:

$$C_{\alpha f_L} = C_{\alpha f_R} \approx 26000\,\mathrm{N/rad} \tag{10.271}$$

$$C_{\alpha r_L} = C_{\alpha r_R} \approx 32000\,\mathrm{N/rad} \tag{10.272}$$

$$\begin{aligned} l &= 2{,}345\,\mathrm{m} \\ C_{\beta_f} &= -0{,}4 \qquad C_{\beta_r} = -0{,}1 \qquad C_{T_f} = -0{,}4 \\ C_{T_r} &= -0{,}4 \qquad C_{\delta\varphi_f} = 0{,}01 \qquad C_{\delta\varphi_r} = 0{,}01 \\ C_{\varphi_f} &= 3200 \qquad C_{\varphi_r} = 0 \\ k_\varphi &= 26612\,\mathrm{N\,m/rad} \qquad c_\varphi = 1700\,\mathrm{N\,m\,s/rad} \end{aligned} \tag{10.273}$$

Für das Fließheck verwenden wir:

$$\begin{aligned} m &= 838{,}7\,\mathrm{kg} \qquad I_x = 300\,\mathrm{kg\,m^2} \qquad I_z = 1391\,\mathrm{kg\,m^2} \\ a_1 &= 0{,}859\,\mathrm{m} \qquad a_2 = 1{,}486\,\mathrm{m} \end{aligned} \tag{10.274}$$

und für das Stufenheck haben wir:

$$\begin{aligned} m &= 845{,}4\,\mathrm{kg} \qquad I_x = 350\,\mathrm{kg\,m^2} \qquad I_z = 1490\,\mathrm{kg\,m^2} \\ a_1 &= 0{,}909\,\mathrm{m} \qquad a_2 = 1{,}436\,\mathrm{m} \end{aligned} \tag{10.275}$$

und für das Kombimodell verwenden wir schließlich die folgenden Daten:

$$\begin{aligned} m &= 859\,\mathrm{kg} \qquad I_x = 400\,\mathrm{kg\,m^2} \qquad I_z = 1680\,\mathrm{kg\,m^2} \\ a_1 &= 0{,}945\,\mathrm{m} \qquad a_2 = 1{,}4\,\mathrm{m} \end{aligned} \tag{10.276}$$

Abb. 10.25 *vergleicht die Quergeschwindigkeitsantworten der drei Modelle. Sie zeigt, dass der stationäre Wert der Quergeschwindigkeit des Kombimodells höher ist als die der anderen.*

Abb. 10.26 *vergleicht die Rollratenantworten der drei Modelle. Das Fließheckmodell hat das geringste longitudinale Trägheitsmoment und zeigt daher die schnellste Rollratenantwort. Es wird auch schneller als die anderen Modelle den stationären Wert null erreichen.*

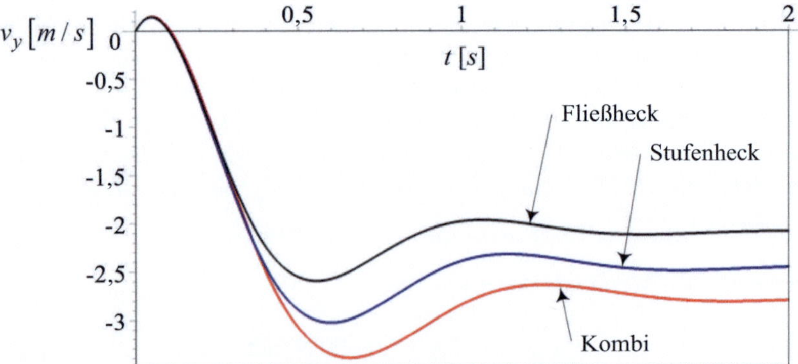

Abb. 10.25 Quergeschwindigkeitsantwort für Fließheck-, Stufenheck- und Kombimodelle eines Autos auf einen Stufenlenkwinkel

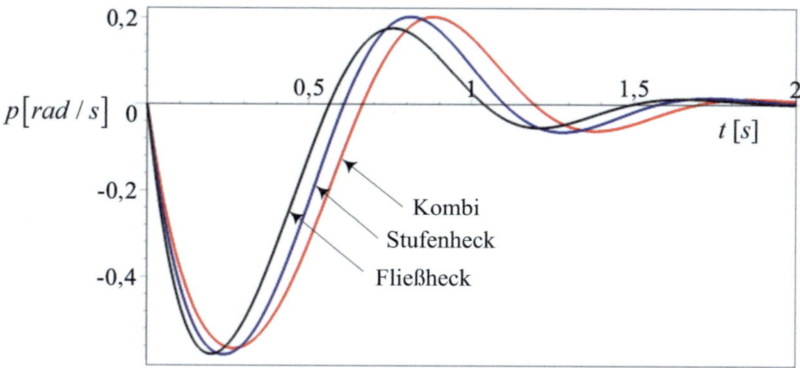

Abb. 10.26 Rollratenantwort für Fließheck-, Stufenheck- und Kombimodelle eines Autos auf einen Stufenlenkwinkel

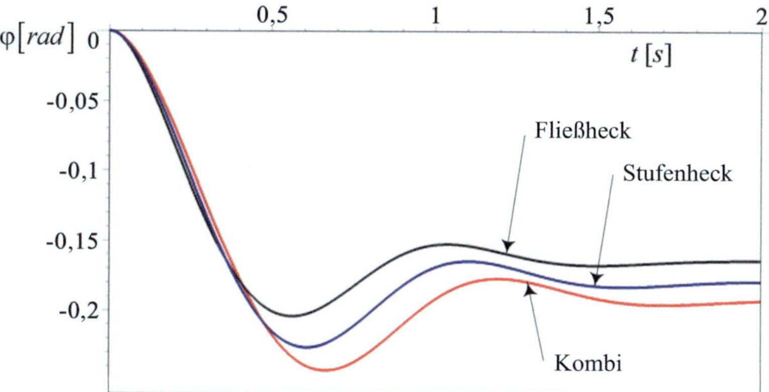

Abb. 10.27 Rollwinkelreaktion für Schrägheck-, Stufenheck- und Kombimodelle eines Autos auf einen Stufenlenkwinkel

Abb. 10.27 *vergleicht die Rollwinkelreaktionen der drei Modelle. Das Kombimodell hat den größten Rollwinkel aufgrund des höchsten longitudinalen Trägheitsmoments. Es wird auch später den stationären Rollwinkel erreichen als die anderen Modelle.*

Abb. 10.28 *vergleicht die Giergeschwindigkeitsreaktionen der drei Modelle. Das Kombimodell hat die höchste Giergeschwindigkeit aufgrund des höchsten vertikalen Trägheitsmoments. Es wird auch später die stationäre Giergeschwindigkeit erreichen als die anderen Modelle.*

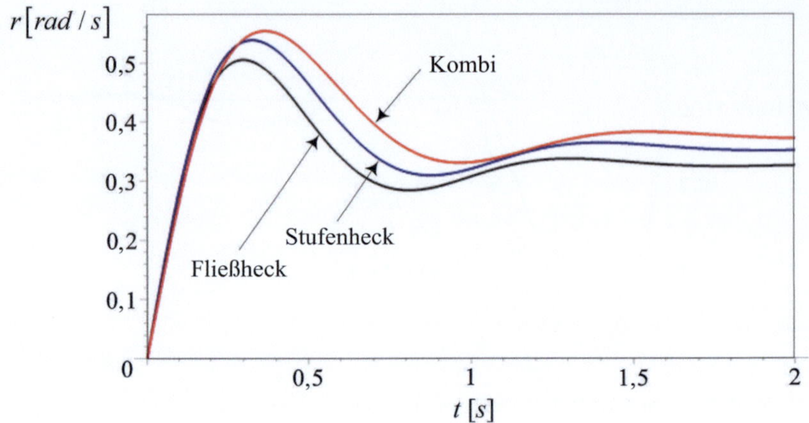

Abb. 10.28 Giergeschwindigkeitsreaktion für Schrägheck-, Stufenheck- und Kombimodelle eines Autos auf einen Stufenlenkwinkel

10.7 Zusammenfassung

Das beste dynamische Fahrradmodell für Fahrzeugbewegungen zeigt die Gier- und Rollfreiheitsgrade sowie die x- und y-Bewegungen. Ein solches Modell wird als starres Fahrzeugrollmodell bezeichnet und kann durch die folgenden fünf Differentialgleichungen ausgedrückt werden:

$$\dot{v}_x = \frac{1}{m} F_x + r\, v_y$$

$$\begin{bmatrix} \dot{v}_y \\ \dot{p} \\ \dot{\varphi} \\ \dot{r} \end{bmatrix} = \begin{bmatrix} \frac{C_\beta}{m v_x} & \frac{C_p}{m} & \frac{C_\varphi}{m} & \frac{C_r}{m} - v_x \\ \frac{E_\beta}{I_x v_x} & \frac{E_p}{I_x} & \frac{E_\varphi}{I_x} & \frac{E_r}{I_x} \\ 0 & 1 & 0 & 0 \\ \frac{D_\beta}{I_z v_x} & \frac{D_p}{I_z} & \frac{D_\varphi}{I_z} & \frac{D_r}{I_z} \end{bmatrix} \begin{bmatrix} v_y \\ p \\ \varphi \\ r \end{bmatrix} + \begin{bmatrix} \frac{C_\delta}{m} \\ \frac{E_\delta}{I_x} \\ 0 \\ \frac{D_\delta}{I_z} \end{bmatrix} \delta$$

Das Fahrzeug erhält den Lenkwinkel δ als Eingabe, um fünf Ausgaben v_x, v_y, p, ϕ und r zu erzeugen. Wenn jedoch die Vorwärtsgeschwindigkeit konstant gehalten wird, $v_x = const.$, und sie als Parameter verwendet wird, kann die erste Gleichung von den anderen entkoppelt werden. Als Ergebnis wird in vielen der Fahrzeugdynamikuntersuchungen von Fahrzeugen eine Annahme konstanter Vorwärtsgeschwindigkeit verwendet.

10.8 Schlüsselsymbole

$a, \ddot{x}, \mathbf{a}, \dot{\mathbf{v}}$ Beschleunigung
a_{fwd} Beschleunigung des Vorderradantriebs
a_{rwd} Beschleunigung des Hinterradantriebs
$a_1 = x_1$ Abstand der ersten Achse vom Massenschwerpunkt
$a_2 = -x_2$ Abstand der zweiten Achse vom Massenschwerpunkt
A, B, C konstante Parameter
$[A]$ Koeffizientenmatrix der Steuervariablen
b_1 Abstand der linken Räder vom Massenschwerpunkt
b_2 Abstand der rechten Räder vom Massenschwerpunkt
c Dämpfung
c_f Dämpfung der Vorderradaufhängung
c_r Dämpfung der Hinterradaufhängung
$c_\varphi = dM_{x_k}/d\dot{\varphi}$ Fahrzeugrollendämpfung
C Massenzentrum des Fahrzeugs
$C_{\alpha_i} = dF_y/d\alpha_i$ Reifenrutschkoeffizient
$C_{\beta_i} = v_x\, d\beta_i/dp$ Reifenrollratenkoeffizient
$C_{\delta_{\varphi_i}} = d\delta/d\varphi_i$ Reifenrolllenkkoeffizient
$C_{\varphi_i} = dF_y/d\varphi_i$ Reifensturzschubkoeffizient
$C_{T_i} = dM_x/dF_y$ Reifendrehmomentkoeffizient
$C_r = \partial F_y/\partial r$ Fahrzeug-Giergeschwindigkeits-Seitenkraftkoeffizient
$C_p = \partial F_y/\partial p$ Fahrzeugrollraten-Seitenkraftkoeffizient
$C_\beta = \partial F_y/\partial \beta$ Fahrzeugrutschwinkel-Seitenkraftkoeffizient
$C_\varphi = \partial F_y/\partial \varphi$ Fahrzeuggierwinkel-Seitenkraftkoeffizient
$C_\delta = \partial F_y/\partial \delta$ Fahrzeuglenkwinke-Seitenkraftkoeffizient
$D_r = \partial M_z/\partial r$ Fahrzeuggiergeschwindigkeits-Giermomentkoeffizient
$D_p = \partial M_z/\partial p$ Fahrzeugrollraten-Giermomentkoeffizient
$D_\beta = \partial M_z/\partial \beta$ Fahrzeug-Schlupfwinkel-Giermomentkoeffizient
$D_\varphi = \partial M_z/\partial \varphi$ Fahrzeug-Gierwinkel-Giermomentkoeffizient
$D_\delta = \partial M_z/\partial \delta$ Fahrzeug-Lenkwinkel-Giermomentkoeffizient
$E_r = \partial M_x/\partial r$ Fahrzeug-Gierrate-Rollmomentkoeffizient
$E_p = \partial M_x/\partial p$ Fahrzeug-Rollrate-Rollmomentkoeffizient
$E_\beta = \partial M_x/\partial \beta$ Fahrzeug-Schlupfwinkel-Rollmomentkoeffizient
$E_\varphi = \partial M_x/\partial \varphi$ Fahrzeug-Gierwinkel-Rollmomentkoeffizient
$E_\delta = \partial M_x/\partial \delta$ Fahrzeug-Lenkwinkel-Rollmomentkoeffizient
$F, \mathbf{F}$ Kraft
F_x Zug- oder Bremskraft unter einem Rad
F_{x_1} Zug- oder Bremskraft unter den Vorderrädern
F_{x_2} Zug- oder Bremskraft unter den Hinterrädern
F_{x_t} Horizontalkraft am Gelenk
F_z Normalkraft unter einem Rad

F_{z_1}	Normalkraft unter den Vorderrädern
F_{z_2}	Normalkraft unter den Hinterrädern
F_{z_3}	Normalkraft unter den Anhängerrädern
F_{z_t}	Normalkraft am Gelenk
g, $\mathbf{g}$	Gravitationsbeschleunigung
h	Höhe von C
H	Höhe
I	Massenträgheitsmoment
I_1, I_2, I_3	Hauptmassenträgheitsmoment
k	Steifigkeit
k_f	Steifigkeit der Vorderradaufhängung
k_r	Steifigkeit der Hinterradaufhängung
$k_\varphi = dM_{x_k}/d\varphi$	Fahrzeugrollsteifigkeit
l	Radstand
L	Straßenwellenlänge
$\mathbf{L}$	Drehimpuls
m	Autogewicht
$M, \mathbf{M}$	Moment
$p = \dot{\varphi}$	Rollrate
$\mathbf{p}$	Translationsimpuls
$q = \dot{\theta}$	Nickrate
$\mathbf{q}$	Kontrollvariablenvektor
$\mathbf{q}_0$	Anfangszustandsvektor
$\mathbf{u}$	Kontrolleingabevektor
$r = \dot{\psi}$	Giergeschwindigkeit
$\mathbf{r}$	Ortsvektor
R	Reifenradius
R	Rotationsmatrix
R_f	Vorderreifenradius
R_H	Krümmungsradius
R_r	Hinterreifenradius
$S_a = v_x^2/R/\delta$	Reaktion auf Zentripedalbeschleunigung
$S_r = r/\delta$	Reaktion auf Giergeschwindigkeit
$S_\beta = \beta/\delta$	Reaktion auf Rutschen
$S_\kappa = \kappa/\delta$	Reaktion auf Krümmung
$S_\varphi = \varphi/\delta$	Reaktion auf Rollen
t	Zeit
$v, \dot{x}, \mathbf{v}$	Geschwindigkeit
v_c	kritische Geschwindigkeit
v_x	Vorwärtsgeschwindigkeit
v_c	seitliche Geschwindigkeit
w	Spur
z_i	Auslenkung der Achszahl i

x, y, z	Fahrzeugkoordinatenachsen
x_i, y_i, z_i	Koordinaten des Rades Nummer i in B
x_w, y_w, z_w	Achsen eines Radkoordinatensystems
X, Y, Z	globale Koordinatenachsen
Z_0, Z_1, Z_2, Z_3	Parameter für die stationäre Antwort
α	Reifen-Schwimmwinkel zwischen $\mathbf{v}_{w}$- und x_w-Achse
$\beta = v_y/v_x$	Fahrzeug-Schwimmwinkel zwischen $\mathbf{v}$- und x-Achse
β_f	Vorderrad-Seitenrutschwinkel
β_i	Reifen-Schwimmwinkel zwischen $\mathbf{v}$- und x-Achse
β_r	Hinterreifen-Schwimmwinkel
δ	Fahrzeuglenkwinkel
δ_0	ein konstanter Lenkwinkelwert
δ_w	Reifenlenkwinkel zwischen x_w-Achse und x-Achse
δ_1, δ_f	Lenkwinkel der Vorderräder
δ_2, δ_r	Lenkwinkel der Hinterräder
δ_a	tatsächlicher Lenkwinkel
δ_φ	Roll-Lenkwinkel
η	*atan2 (a, b)*
θ	Nickwinkel
$\kappa = 1/R$	Pfadkrümmung
λ	Eigenwert
μ	Reibungskoeffizient
ϕ	Steigungswinkel
ϕ_M	maximaler Steigungswinkel
ϕ	Rollwinkel
ψ	Gierwinkel
ω	Winkelfrequenz
$\omega, \boldsymbol{\omega}$	Winkelgeschwindigkeit
$\dot{\omega}, \dot{\boldsymbol{\omega}}$	Winkelbeschleunigung

Subskripte

dyn	dynamisch
f	Vorderseite
fwd	Vorderradantrieb
i	Radnummer
L	links
M	Maximum
r	hinten
R	rechts
rwd	Hinterradantrieb
st	Statik
w	Rad

Übungen

1. ⋆ Kräftesystemkoeffizienten.
   Betrachten Sie ein Auto mit Vorderradlenkung mit den folgenden Eigenschaften:

$$
\begin{aligned}
&C_{\alpha f_L} = C_{\alpha f_R} = 600\,\mathrm{N/\,deg} \qquad C_{\alpha r_L} = C_{\alpha r_R} = 560\,\mathrm{N/\,deg}\\
&m = 1245\,\mathrm{kg} \qquad I_x = 300\,\mathrm{kg\,m^2} \qquad I_z = 1328\,\mathrm{kg\,m^2}\\
&a_1 = 110\,\mathrm{cm} \qquad a_2 = 132\,\mathrm{cm}\\
&k_\varphi = 26612\,\mathrm{N/rad} \qquad c_\varphi = 1700\,\mathrm{N\,s/rad}\\
&v_x = 30\,\mathrm{m/s}
\end{aligned}
$$

$$
\begin{aligned}
C_{\beta_f} &= -0{,}4 \qquad C_{\beta_r} = -0{,}1 \qquad C_{T_f} = -0{,}4\\
C_{T_r} &= -0{,}2 \qquad C_{\delta\varphi_f} = 0{,}01 \qquad C_{\delta\varphi_r} = 0{,}01\\
C_{\varphi_f} &= -3200 \qquad C_{\varphi_r} = -300
\end{aligned}
$$

   a) Bestimmen Sie die Kräftesystemkoeffizienten C_r, C_p, C_β, C_ϕ, C_δ, E_r, E_p, E_β, E_ϕ, E_δ, D_r, D_p, D_β, D_ϕ und D_δ.
   b) Leiten Sie die Bewegungsgleichungen des Fahrradrollmodells des Fahrzeugs ab.

2. ⋆ Kräftesystem und Zweiradmodell eines Autos.
   Betrachten Sie ein Auto mit Vorderradlenkung mit den folgenden Eigenschaften

$$
\begin{aligned}
C_{\alpha r_L} &= C_{\alpha r_R} = C_{\alpha f_L} = C_{\alpha f_R} = 500\,\mathrm{N/\,deg}\\
I_x &= 300\,\mathrm{kg\,m^2} \qquad I_z = 1328\,\mathrm{kg\,m^2}\\
a_1 &= 110\,\mathrm{cm} \qquad a_2 = 132\,\mathrm{cm}\\
m &= 1205\,\mathrm{kg}
\end{aligned}
$$

$$
\begin{aligned}
k_\varphi &= 26612\,\mathrm{N/rad} \qquad c_\varphi = 1700\,\mathrm{N\,s/rad}\\
v_x &= 30\,\mathrm{m/s}
\end{aligned}
$$

$$
C_{\beta_f} = -0{,}4 \qquad C_{\beta_r} = -0{,}1 \qquad C_{T_f} = -0{,}4 \qquad C_{T_r} = -0{,}2
$$

$$
C_{\delta\varphi_f} = 0{,}01 \qquad C_{\delta\varphi_r} = 0{,}01 \qquad C_{\varphi_f} = -3200 \qquad C_{\varphi_r} = -300
$$

   und bestimmen Sie das auf das Zweiradmodell des Autos anwendbare Kräftesystem:

$$
\begin{aligned}
F_y &= C_r\,r + C_p\,p + C_\beta\,\beta + C_\varphi\,\varphi + C_\delta\,\delta\\
M_x &= E_r\,r + E_p\,p + E_\beta\,\beta + E_\varphi\,\varphi + E_\delta\,\delta\\
M_z &= D_r\,r + D_p\,p + D_\beta\,\beta + D_\varphi\,\varphi + D_\delta\,\delta
\end{aligned}
$$

Schreiben Sie dann die Bewegungsgleichungen des Autos als

$$F_x = m\,\dot{v}_x - mr\,v_y \qquad F_y = m\,\dot{v}_y + mr\,v_x$$
$$M_z = I_z\dot{r} \qquad M_x = I_x\dot{p}$$

3. ⋆ Bewegungsgleichungen für ein Auto mit Vorderradlenkung.
Betrachten Sie ein Auto mit Vorderradlenkung mit den folgenden Eigenschaften:

$$a_1 = 110\,\text{cm} \qquad a_2 = 132\,\text{cm} \qquad v_x = 40\,\text{m/s}$$
$$m = 1245\,\text{kg} \qquad I_z = 1328\,\text{kg}\,\text{m}^2 \qquad I_x = 300\,\text{kg}\,\text{m}^2$$

$$C_{\alpha r_L} = C_{\alpha r_R} = C_{\alpha f_L} = C_{\alpha f_R} = 500\,\text{N/deg}$$
$$k_\varphi = 26612\,\text{N/rad} \qquad c_\varphi = 1700\,\text{N s/rad}$$

$$C_{\beta_f} = -0{,}4 \qquad C_{\beta_r} = -0{,}1 \qquad C_{T_f} = -0{,}4 \qquad C_{T_r} = -0{,}2$$

$$C_{\delta\varphi_f} = 0{,}01 \qquad C_{\delta\varphi_r} = 0{,}01 \qquad C_{\varphi_f} = -3200 \qquad C_{\varphi_r} = -300$$

und entwickeln Sie die Bewegungsgleichungen:

$$\dot{\mathbf{q}} = [A]\,\mathbf{q} + \mathbf{u}$$

4. ⋆ Bewegungsgleichungen in verschiedenen Variablen.
Betrachten Sie ein Auto mit den folgenden Eigenschaften:

$$C_{\alpha r_L} = C_{\alpha r_R} = C_{\alpha f_L} = C_{\alpha f_R} = 500\,\text{N/deg} \qquad v_x = 40\,\text{m/s}$$
$$a_1 = 100\,\text{cm} \qquad a_2 = 120\,\text{cm}$$
$$m = 1000\,\text{kg} \qquad I_z = 1008\,\text{kg}\,\text{m}^2$$

$$I_x = 300\,\text{kg}\,\text{m}^2 \qquad k_\varphi = 26612\,\text{N/rad} \qquad c_\varphi = 1700\,\text{N s/rad}$$

$$C_{\beta_f} = -0{,}4 \qquad C_{\beta_r} = -0{,}1 \qquad C_{T_f} = -0{,}4 \qquad C_{T_r} = -0{,}2$$

$$C_{\delta\varphi_f} = 0{,}01 \qquad C_{\delta\varphi_r} = 0{,}01 \qquad C_{\varphi_f} = -3200 \qquad C_{\varphi_r} = -300$$

und entwickeln Sie die Bewegungsgleichungen

a) in Bezug auf $\left(\dot{v}_x, \dot{v}_y, \dot{p}, \dot{\varphi}, \dot{r}\right)$, wenn das Auto eine Vorderradlenkung hat;
b) in Bezug auf $\left(\dot{v}_x, \dot{\beta}, \dot{p}, \dot{\varphi}, \dot{r}\right)$, wenn das Auto eine Vorderradlenkung hat.

5. ⋆ Parameter der stationären Antwort.
Betrachten Sie ein Auto mit den folgenden Eigenschaften:

$$C_{\alpha f_L} = C_{\alpha f_R} = 500\,\text{N/deg} \qquad C_{\alpha r_L} = C_{\alpha r_R} = 520\,\text{N/deg}$$

$$m = 1245\,\text{kg} \qquad I_z = 1328\,\text{kg}\,\text{m}^2 \qquad I_x = 300\,\text{kg}\,\text{m}^2$$
$$a_1 = 110\,\text{cm} \qquad a_2 = 132\,\text{cm} \qquad v_x = 40\,\text{m/s}$$

$$k_\varphi = 26612\,\mathrm{N/rad} \qquad c_\varphi = 1700\,\mathrm{N\,s/rad}$$

$$C_{\beta_f} = -0{,}4 \qquad C_{\beta_r} = -0{,}1 \qquad C_{T_f} = -0{,}4 \qquad C_{T_r} = -0{,}2$$

$$C_{\delta\varphi_f} = 0{,}01 \qquad C_{\delta\varphi_r} = 0{,}01 \qquad C_{\varphi_f} = -3200 \qquad C_{\varphi_r} = -300$$

und bestimmen Sie die stationären Reaktionen auf Krümmung S_κ, die Seitenrutsch S_β, die Giergeschwindigkeit S_r, Rollwinkel S_ϕ und die Querbeschleunigung S_a.

6. ⋆ Parameter der gleichförmigen Bewegung.
Betrachten Sie ein Auto mit den folgenden Eigenschaften:

$$C_{\alpha f_L} = C_{\alpha f_R} = 600\,\mathrm{N/\,deg} \qquad C_{\alpha r_L} = C_{\alpha r_R} = 550\,\mathrm{N/\,deg}$$

$$m = 1245\,\mathrm{kg} \qquad I_z = 1128\,\mathrm{kg\,m^2} \qquad I_x = 300\,\mathrm{kg\,m^2}$$

$$a_1 = 120\,\mathrm{cm} \qquad a_2 = 138\,\mathrm{cm} \qquad v_x = 20\,\mathrm{m/s} \qquad \delta = 3\,\mathrm{deg}$$

$$k_\varphi = 26612\,\mathrm{N/rad} \qquad c_\varphi = 1700\,\mathrm{N\,s/rad}$$

$$C_{\beta_f} = -0{,}4 \qquad C_{\beta_r} = -0{,}1 \qquad C_{T_f} = -0{,}4 \qquad C_{T_r} = -0{,}2$$

$$C_{\delta\varphi_f} = 0{,}01 \qquad C_{\delta\varphi_r} = 0{,}01 \qquad C_{\varphi_f} = -3200 \qquad C_{\varphi_r} = -300$$

und bestimmen Sie die Gleichgewichtswerte von r, R, β, ϕ und v_x^2/R.

7. ⋆ Massenmoment und Parameter des stationären Zustands.
Betrachten Sie ein Auto, das aus einer einheitlichen festen Box mit den Abmessungen 260 cm × 140 cm × 40 cm besteht. Wenn die Dichte der Box $\rho = 1000\,\mathrm{kg/m^3}$ ist und die anderen Eigenschaften

$$C_{\alpha f_L} = C_{\alpha f_R} = 600\,\mathrm{N/\,deg} \qquad C_{\alpha r_L} = C_{\alpha r_R} = 550\,\mathrm{N/\,deg}$$
$$a_1 = a_2 = \frac{l}{2}$$

$$k_\varphi = 26612\,\mathrm{N/rad} \qquad c_\varphi = 1700\,\mathrm{N\,s/rad}$$

$$C_{\beta_f} = -0{,}4 \qquad C_{\beta_r} = -0{,}1 \qquad C_{T_f} = -0{,}4 \qquad C_{T_r} = -0{,}2$$

$$C_{\delta\varphi_f} = 0{,}01 \qquad C_{\delta\varphi_r} = 0{,}01 \qquad C_{\varphi_f} = -3200 \qquad C_{\varphi_r} = -300$$

sind, dann

a) bestimmen Sie m, $I_{z;}$
b) bestimmen Sie die stationären Reaktionen S_κ, S_β, S_r und S_a als Funktionen von $v_{x;}$
c) bestimmen Sie die Geschwindigkeit v_x, bei der das Auto einen Wendekreisradius gleich

$$R = 35\,\text{m}$$

hat, wenn

$$\delta = 4\,\text{deg}\,.$$

d) bestimmen Sie die Parameter des stationären Zustands r, R, β, ϕ und v_x^2/R bei dieser Geschwindigkeit;
e) setzen Sie die Geschwindigkeit des Autos auf

$$v_x = 20\,\text{m/s}$$

und zeichnen Sie die stationären Reaktionen S_κ, S_β, S_r und S_a für variable R.

8. ⋆ Stabilitätsfaktor und Untersteuerverhalten.
Definieren Sie einen Stabilitätsfaktor K für das Fahrzeugrollmodell.
9. ⋆ Stabilitätsfaktor und Masse des Autos.
Finden Sie a_1 und a_2 in Bezug auf F_{z_1}, F_{z_2} und mg, um den Stabilitätsfaktor K neu zu schreiben und die Auswirkung der Massenverteilung eines Autos zu sehen.
10. ⋆ Stabilitätsfaktor und Fahrverhalten des Autos.
Untersuchen Sie den Stabilitätsfaktor eines Autos mit den Parametern:

$$C_{\alpha f_L} = C_{\alpha f_R} = 500\,\text{N/deg} \qquad C_{\alpha r_L} = C_{\alpha r_R} = 460\,\text{N/deg}$$

$$\begin{aligned} m &= 1245\,\text{kg} & I_z &= 1328\,\text{kg}\,\text{m}^2 & I_x &= 300\,\text{kg}\,\text{m}^2 \\ a_1 &= 110\,\text{cm} & a_2 &= 132\,\text{cm} & v_x &= 30\,\text{m/s} \end{aligned}$$

$$k_\varphi = 26612\,\text{N/rad} \qquad c_\varphi = 1700\,\text{N}\,\text{s/rad}$$

$$C_{\beta_f} = -0{,}4 \qquad C_{\beta_r} = -0{,}1 \qquad C_{T_f} = -0{,}4 \qquad C_{T_r} = -0{,}2$$

$$C_{\delta\varphi_f} = 0{,}01 \qquad C_{\delta\varphi_r} = 0{,}01 \qquad C_{\varphi_f} = -3200 \qquad C_{\varphi_r} = -300$$

und bestimmen Sie, ob das Auto untersteuert, neutral ist oder übersteuert?
11. ⋆ Kritische Geschwindigkeit eines Autos.
Betrachten Sie ein Auto mit den Eigenschaften:

$$C_{\alpha f_L} = C_{\alpha f_R} = 700\,\text{N/deg} \qquad C_{\alpha r_L} = C_{\alpha r_R} = 520\,\text{N/deg}$$

$$\begin{aligned} m &= 1245\,\text{kg} & I_z &= 1328\,\text{kg}\,\text{m}^2 & I_x &= 300\,\text{kg}\,\text{m}^2 \\ a_1 &= 118\,\text{cm} & a_2 &= 122\,\text{cm} \end{aligned}$$

$$k_\varphi = 26612\,\text{N/rad} \qquad c_\varphi = 1700\,\text{N}\,\text{s/rad}$$

$$C_{\beta_f} = -0{,}4 \qquad C_{\beta_r} = -0{,}1 \qquad C_{T_f} = -0{,}4 \qquad C_{T_r} = -0{,}2$$

$$C_{\delta\varphi_f} = 0{,}01 \qquad C_{\delta\varphi_r} = 0{,}01 \qquad C_{\varphi_f} = -3200 \qquad C_{\varphi_r} = -300$$

a) Definieren Sie eine kritische Geschwindigkeit für den Übersteuerzustand.
b) Bestimmen Sie, ob das Auto untersteuert, neutral ist oder übersteuert?

12. ⋆ Schrittantwort bei unterschiedlicher Geschwindigkeit.
Betrachten Sie ein Auto mit den Eigenschaften:

$$C_{\alpha f_L} = C_{\alpha f_R} = 600\,\mathrm{N/\,deg} \qquad C_{\alpha r_L} = C_{\alpha r_R} = 750\,\mathrm{N/\,deg}$$

$$\begin{aligned} m &= 1245\,\mathrm{kg} \qquad I_z = 1328\,\mathrm{kg\,m^2} \qquad I_x = 300\,\mathrm{kg\,m^2} \\ a_1 &= 110\,\mathrm{cm} \qquad a_2 = 132\,\mathrm{cm} \end{aligned}$$

$$k_\varphi = 26612\,\mathrm{N/rad} \qquad c_\varphi = 1700\,\mathrm{N\,s/rad}$$

$$C_{\beta_f} = -0{,}4 \qquad C_{\beta_r} = -0{,}1 \qquad C_{T_f} = -0{,}4 \qquad C_{T_r} = -0{,}2$$

$$C_{\delta\varphi_f} = 0{,}01 \qquad C_{\delta\varphi_r} = 0{,}01 \qquad C_{\varphi_f} = -3200 \qquad C_{\varphi_r} = -300$$

und einem Schritteingang:

$$\delta(t) = \begin{cases} 5\,\mathrm{deg} & t > 0 \\ 0 & t \le 0 \end{cases}$$

Bestimmen Sie das Zeitverhalten des Autos bei
a) $v_x = 10\,\mathrm{m/s}$,
b) $v_x = 20\,\mathrm{m/s}$,
c) $v_x = 30\,\mathrm{m/s}$,
d) $v_x = 40\,\mathrm{m/s}$.

13. ⋆ Schrittantwort für unterschiedliche Lenkwinkel.
Betrachten Sie ein Auto mit den Eigenschaften:

$$\begin{aligned} C_{\alpha f_L} &= C_{\alpha f_R} = 600\,\mathrm{N/\,deg} \qquad C_{\alpha r_L} = C_{\alpha r_R} = 750\,\mathrm{N/\,deg} \\ m &= 1245\,\mathrm{kg} \qquad I_z = 1328\,\mathrm{kg\,m^2} \qquad I_x = 300\,\mathrm{kg\,m^2} \\ a_1 &= 110\,\mathrm{cm} \qquad a_2 = 132\,\mathrm{cm} \qquad v_x = 20\,\mathrm{m/s} \\ k_\varphi &= 26612\,\mathrm{N/rad} \qquad c_\varphi = 1700\,\mathrm{N\,s/rad} \\ C_{\beta_f} &= -0{,}4 \qquad C_{\beta_r} = -0{,}1 \qquad C_{T_f} = -0{,}4 \qquad C_{T_r} = -0{,}2 \\ C_{\delta\varphi_f} &= 0{,}01 \qquad C_{\delta\varphi_r} = 0{,}01 \qquad C_{\varphi_f} = -3200 \qquad C_{\varphi_r} = -300 \end{aligned}$$

Bestimmen Sie das Zeitverhalten des Autos auf einen Schritteingang

$$\delta(t) = \begin{cases} \delta & t > 0 \\ 0 & t \le 0 \end{cases}$$

wenn
a) $\delta = 3\,\mathrm{deg}$,
b) $\delta = 5\,\mathrm{deg}$,
c) $\delta = 10\,\mathrm{deg}$.

14. ⋆ Eigenwerte und freie Antwort.
Betrachten Sie ein Auto mit den Eigenschaften:

$$C_{\alpha f_L} = C_{\alpha f_R} = 600\,\mathrm{N/\,deg} \qquad C_{\alpha r_L} = C_{\alpha r_R} = 750\,\mathrm{N/\,deg}$$

$$\begin{aligned} m &= 1245\,\mathrm{kg} & I_z &= 1328\,\mathrm{kg\,m^2} & I_x &= 300\,\mathrm{kg\,m^2} \\ a_1 &= 110\,\mathrm{cm} & a_2 &= 132\,\mathrm{cm} & v_x &= 20\,\mathrm{m/s} \end{aligned}$$

$$k_\varphi = 26612\,\mathrm{N/rad} \qquad c_\varphi = 1700\,\mathrm{N\,s/rad}$$

$$C_{\beta_f} = -0{,}4 \qquad C_{\beta_r} = -0{,}1 \qquad C_{T_f} = -0{,}4 \qquad C_{T_r} = -0{,}2$$

$$C_{\delta\varphi_f} = 0{,}01 \qquad C_{\delta\varphi_r} = 0{,}01 \qquad C_{\varphi_f} = -3200 \qquad C_{\varphi_r} = -300$$

a) Bestimmen Sie die Eigenwerte der Koeffizientenmatrix $[A]$ und finden Sie heraus, ob das Auto bei Lenkwinkel null stabil ist.
b) In jedem Fall bestimmen Sie das Gewichtsverteilungsverhältnis a_1/a_2, sodass das Auto neutral stabil ist.
c) Empfehlen Sie eine Bedingung für das Gewichtsverteilungsverhältnis a_1/a_2, sodass das Auto stabil ist.

15. ⋆ Zeitverhalten auf verschiedene Lenkfunktionen.
Betrachten Sie ein Auto mit den Eigenschaften:

$$C_{\alpha f_L} = C_{\alpha f_R} = 600\,\mathrm{N/\,deg} \qquad C_{\alpha r_L} = C_{\alpha r_R} = 750\,\mathrm{N/\,deg}$$

$$\begin{aligned} m &= 1245\,\mathrm{kg} & I_z &= 1328\,\mathrm{kg\,m^2} & I_x &= 300\,\mathrm{kg\,m^2} \\ a_1 &= 110\,\mathrm{cm} & a_2 &= 132\,\mathrm{cm} & v_x &= 20\,\mathrm{m/s} \end{aligned}$$

$$k_\varphi = 26612\,\mathrm{N/rad} \qquad c_\varphi = 1700\,\mathrm{N\,s/rad}$$

$$C_{\beta_f} = -0{,}4 \qquad C_{\beta_r} = -0{,}1 \qquad C_{T_f} = -0{,}4 \qquad C_{T_r} = -0{,}2$$

$$C_{\delta\varphi_f} = 0{,}01 \qquad C_{\delta\varphi_r} = 0{,}01 \qquad C_{\varphi_f} = -3200 \qquad C_{\varphi_r} = -300$$

und einem Stufeneingang:

$$\delta(t) = \begin{cases} 5\,\mathrm{deg} & t > 0 \\ 0 & t \le 0 \end{cases}$$

Bestimmen Sie das Zeitverhalten des Autos auf
a) $\delta(t) = \sin 0{,}1t$ für $0 < t < 10\pi$ und $\delta(t) = 0$ für $t \le 0$ und $t \ge 10\pi$;
b) $\delta(t) = \sin 0{,}5t$ für $0 < t < 2\pi$ und $\delta(t) = 0$ für $t \le 0$ und $t \ge 2\pi$;
c) $\delta(t) = \sin t$ für $0 < t < \pi$ und $\delta(t) = 0$ für $t \le 0$ und $t \ge \pi$.

16. ⋆ Forschungsaufgabe 1.
Betrachten Sie ein Fahrradmodell eines Autos, bei dem die Reifen immer aufrecht stehen und senkrecht zur Straßenoberfläche bleiben. Entwickeln Sie die Bewegungsgleichungen für das Rollmodell des Autos.
17. ⋆ Forschungsaufgabe 2.
Verwenden Sie das Reifenkoordinatensystem T am Reifenlatsch, das Radkoordinatensystem W am Radmittelpunkt und das körperfeste Radkoordinatensystem C, das sich am Punkt befindet, der dem Radmittelpunkt bei null δ und null γ entspricht und parallel zum Fahrzeugkoordinatensystem B bleibt. Entwickeln Sie die W-, C- und B-Ausdrücke der am Reifenlatsch erzeugten Kräfte im T-Koordinatensystem und entwickeln Sie eine bessere Gleichungsreihe für das Rollmodell eines Autos.
18. ⋆ Forschungsaufgabe 3.
Verwenden Sie die Lenkrollen-Theorie, um den zugehörigen Sturzwinkel γ für einen Lenkwinkel δ zu finden, wenn der Lenkrollenwinkel ϕ und der Neigungswinkel θ gegeben sind. Geben Sie dann eine bessere Gleichungsreihe für das Rollmodell von Fahrzeugen an.

Kapitel 11
Angewandte Schwingungen

Schwingung ist ein unvermeidliches Phänomen in der Fahrzeugdynamik. In diesem Kapitel betrachten wir nochmals die Prinzipien der Schwingungen, Analysemethoden und ihre Anwendungen, zusammen mit der Frequenz- und dem Zeitverhalten von schwingenden Systemen. Besondere Aufmerksamkeit wird der Frequenzantwortanalyse gewidmet, da die meisten Optimierungsmethoden für Fahrwerke und schwingende Fahrzeugkomponenten auf Frequenzantworten basieren.

11.1 Mechanische Schwingungselemente

Mechanische Schwingungen sind das Ergebnis einer kontinuierlichen Umwandlung von kinetischer Energie K in potentielle Energie V, hin und her. Wenn die potentielle Energie auf ihrem Maximum ist, ist die kinetische Energie null und umgekehrt. Wenn eine periodische Schwankung der kinetischen Energie als periodische Bewegung eines massiven Körpers erscheint, nennen wir die Energieumwandlung *mechanische Schwingung*.

Das mechanische Element, das kinetische Energie speichert, wird *Masse* genannt, und das mechanische Element, das potentielle Energie speichert, wird *Feder* genannt. Wenn der Gesamtwert der mechanischen Energie $E = K + V$ während einer Schwingung abnimmt, gibt es ein mechanisches Element, das Energie dissipiert. Das dissipative Element wird *Dämpfer* genannt. Masse, Feder und Dämpfer werden normalerweise durch Symbole wie in Abb. 11.1 dargestellt.

Die Menge der in einer Masse m gespeicherten kinetischen Energie ist proportional zum Quadrat ihrer Geschwindigkeit v^2. Die Geschwindigkeit $v \equiv \dot{x}$ kann eine Funktion von Ort und Zeit sein:

$$K = \frac{1}{2}mv^2 \tag{11.1}$$

R. N. Jazar, *Fahrzeugdynamik*, https://doi.org/10.1007/978-3-031-53244-3_11

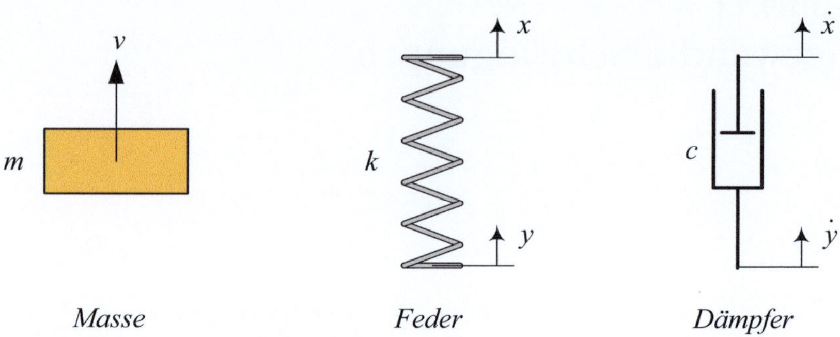

Abb. 11.1 Masse m, Feder k, und Dämpfer c

Die erforderliche Kraft f_m, um eine Masse m zu bewegen, ist proportional zu ihrer Beschleunigung $a \equiv \ddot{x}$:

$$f_m = ma \tag{11.2}$$

Eine Feder ist durch ihre *Steifigkeit* k gekennzeichnet. Eine Kraft f_k zur Erzeugung einer Auslenkung in der Feder ist proportional zur relativen Auslenkung ihrer Enden. Die Steifigkeit k kann eine Funktion von Ort und Zeit sein:

$$f_k = -kz = -k(x - y) \tag{11.3}$$

Wenn k zeitunabhängig ist, dann ist der Wert der gespeicherten potentiellen Energie in der Feder gleich der Arbeit, die von der Federkraft f_k während der Federauslenkung geleistet wird:

$$V = -\int f_k \, dz = -\int -kz \, dz \tag{11.4}$$

Die potentielle Energie der Feder ist dann eine Funktion der Längenänderung der Feder. Wenn die Steifigkeit k einer Feder keine Funktion der Auslenkungen ist, wird sie *lineare Feder* genannt. Dann ist ihre potentielle Energie:

$$V = \frac{1}{2} k z^2 \tag{11.5}$$

Die Dämpfung eines Dämpfers wird durch den Wert des mechanischen Energieverlusts in einem Zyklus gemessen. Entsprechend kann ein Dämpfer durch die erforderliche Kraft f_c definiert werden, um eine Bewegung im Dämpfer zu erzeugen. Wenn f_c proportional zur relativen Geschwindigkeit seiner Enden ist, handelt es sich um einen *linearen Dämpfer* mit einer konstanten Dämpfung *c:*

$$f_c = -c\,\dot{z} = -c(\dot{x} - \dot{y}) \tag{11.6}$$

Eine solche Dämpfung wird auch als *viskose Dämpfung* bezeichnet.

Eine schwingende Bewegung x wird durch die *Periode T* charakterisiert, die die benötigte Zeit für einen vollständigen Schwingungszyklus ist, beginnend und endend bei $(\dot{x} = 0, \ddot{x} < 0)$. Die *Frequenz f* ist die Anzahl der Zyklen in einer *T:*

$$f = \frac{1}{T} \tag{11.7}$$

In theoretischen Schwingungen arbeiten wir normalerweise mit der *Kreis- oder Winkelfrequenz* $\omega[\,\mathrm{rad/\,s}]$ und in angewandten Schwingungen verwenden wir die *Kreisfrequenz* $f[\,\mathrm{Hz}]$:

$$\omega = 2\pi f \tag{11.8}$$

Wenn auf ein schwingendes System keine externe Kraft oder *Anregung* ausgeübt wird, wird jede mögliche Bewegung des Systems als *freie Schwingung* bezeichnet. Ein frei schwingendes System wird schwingen, wenn einer der kinematischen Zustände x, $\dot{x}$, oder $\ddot{x}$ nicht null ist. Wenn wir eine externe Anregung anwenden, wird eine mögliche Bewegung des Systems als *erzwungene Schwingung* bezeichnet. Es gibt vier Arten von angewandten Anregungen: *harmonisch, periodisch, transient, zufällig.* Die harmonischen und transienten Anregungen werden öfter angewendet und sind vorhersehbarer als die periodischen und zufälligen Arten. Wenn die Anregung eine sinusförmige Funktion der Zeit ist, wird sie als *harmonische Anregung* bezeichnet und wenn die Anregung nach einer Weile verschwindet oder konstant bleibt, ist es eine *transiente Anregung.* Eine *zufällige Anregung* hat kein kurzfristiges Muster, jedoch können wir einige langfristige Durchschnitte definieren, um eine zufällige Anregung zu charakterisieren.

Wir verwenden f, um eine harmonisch variable Kraft mit Amplitude F zu bezeichnen, konsistent mit einer harmonischen Bewegung x mit Amplitude X. Wir verwenden f auch für die Kreisfrequenz, jedoch ist f eine Kraft, es sei denn, es wird angegeben, dass es sich um eine Frequenz handelt.

Beispiel 439 *Serielle Federn und Dämpfer*

Serielle Federn haben die gleiche Kraft und eine resultierende Auslenkung, die gleich der Summe der einzelnen Auslenkungen ist. Abb. 11.2 *zeigt drei serielle Federn, die an einer masselosen Platte und dem Boden befestigt sind.*

Die Gleichgewichtsposition der Federn ist die ungedehnte Konfiguration in Abb. 11.2*a. Die Anwendung einer Auslenkung x, wie in Abb.* 11.2*b gezeigt, erzeugt das Freikörperbild, wie in Abb.* 11.2*c gezeigt. Jede Feder erzeugt eine Kraft* $f_\mathrm{i} = k_\mathrm{i} x_\mathrm{i}$, *wobei* x_i *die Längenänderung in Feder Nummer i ist. Die Gesamtauslenkung x der Federn ist die Summe ihrer einzelnen Auslenkungen,* $x = \sum x_\mathrm{i}$:

$$x = x_1 + x_2 + x_3 \tag{11.9}$$

Wir können eine Reihe von seriellen Federn durch nur eine äquivalente Feder ersetzen, die eine Steifigkeit k_eq *hat, die unter der gleichen Kraft* f_k *die gleiche Auslenkung x erzeugt:*

$$f_k = -k_1 x_1 = -k_2 x_2 = -k_3 x_3 = -k_{eq} x \tag{11.10}$$

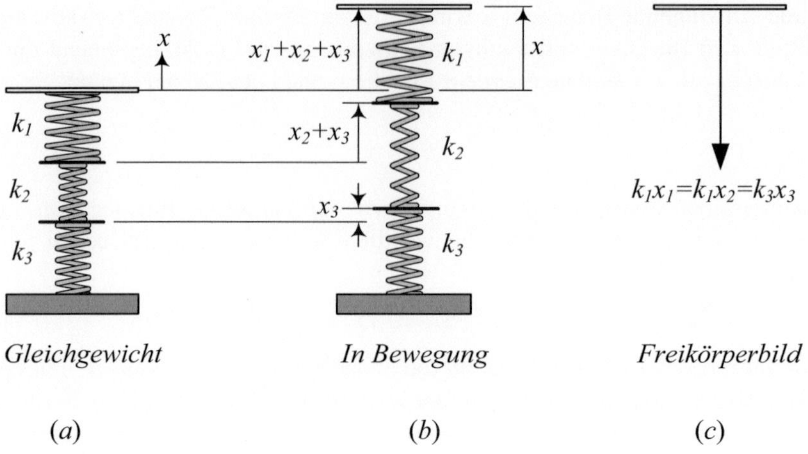

Abb. 11.2 Drei serielle Federn.

*Ersetzen von (*11.10*) in (*11.9*):*

$$\frac{f_s}{k_{eq}} = \frac{f_s}{k_1} + \frac{f_s}{k_2} + \frac{f_s}{k_3} \tag{11.11}$$

zeigt, dass das Inverse der äquivalenten Steifigkeit $1/k_{eq}$ *der seriellen Federn die Summe* $\sum 1/k_i$ *ihrer inversen Steifigkeiten ist:*

$$\frac{1}{k_{eq}} = \frac{1}{k_1} + \frac{1}{k_2} + \frac{1}{k_3} \tag{11.12}$$

Wir nehmen an, dass die Geschwindigkeit $\dot{x}$ *keinen Einfluss auf die Kraft einer linearen Feder hat.*
Serielle Dämpfer haben die gleiche Kraft f_c *und eine resultierende Geschwindigkeit* $\dot{x}$ *gleich der Summe der einzelnen Geschwindigkeiten* $\sum \dot{x}_i$*. Wir können eine Reihe von seriellen Dämpfern durch nur einen äquivalenten Dämpfer* c_{eq} *ersetzen, der die gleiche Geschwindigkeit* $\dot{x}$ *unter der gleichen Kraft* f_c *erzeugt. Für drei parallele Dämpfer zeigt die Geschwindigkeits- und Kraftbilanz*

$$\dot{x} = \dot{x}_1 + \dot{x}_2 + \dot{x}_3 \tag{11.13}$$

$$f_c = -c_1\dot{x} = -c_2\dot{x} = -c_3\dot{x} = -c_{eq}\dot{x} \tag{11.14}$$

dass für die äquivalente Dämpfung gilt:

$$\frac{1}{c_{eq}} = \frac{1}{c_1} + \frac{1}{c_2} + \frac{1}{c_3} \tag{11.15}$$

Wir gehen davon aus, dass die Auslenkung x keinen Einfluss auf die Kraft eines linearen Dämpfers hat.

Beispiel 440 *Parallele Federn und Dämpfer*

Parallele Federn haben die gleiche Auslenkung x*, mit einer resultierenden Kraft* f_k *gleich der Summe der einzelnen Kräfte* $\sum f_i$*. Abb.* 11.3 *zeigt drei parallele Federn zwischen einer masselosen Platte und dem Boden.*

Die Gleichgewichtsposition der Federn ist die ungedehnte Konfiguration, die in Abb. 11.3*a gezeigt wird. Wenn man eine Auslenkung* x *auf alle Federn in Abb.* 11.3*b anwendet, entsteht das in Abb.* 11.3*c gezeigte Freikörperbild. Jede Feder erzeugt eine Kraft* $-kx$ *entgegen der Richtung der Auslenkung. Die resultierende Kraft der Federn ist:*

$$f_k = -k_1 x - k_2 x - k_3 x \tag{11.16}$$

Wir können parallele Federn durch nur eine äquivalente Steifigkeit k_{eq} *ersetzen, die die gleiche Kraft* f_k *unter der gleichen Auslenkung erzeugt:*

$$f_k = -k_{eq} x \tag{11.17}$$

Daher ist die äquivalente Steifigkeit der parallelen Federn die Summe ihrer Steifigkeiten:

$$k_{eq} = k_1 + k_2 + k_3 \tag{11.18}$$

Parallele Dämpfer haben die gleiche Geschwindigkeit $\dot{x}$ *und eine resultierende Kraft* f_c *gleich der Summe der einzelnen Kräfte. Wir können parallele Dämpfer durch nur eine äquivalente Dämpfung* c_{eq} *ersetzen, die die gleiche Kraft* f_c *bei der gleichen Geschwindigkeit erzeugt. Betrachten Sie drei parallele Dämpfer, wie in Abb.* 11.4 *gezeigt. Ihre Kraftbilanz und äquivalente Dämpfung sind:*

$$f_c = -c_1\dot{x} - c_2\dot{x} - c_3\dot{x} \tag{11.19}$$

$$f_c = -c_{eq}\dot{x} \tag{11.20}$$

$$c_{eq} = c_1 + c_2 + c_3 \tag{11.21}$$

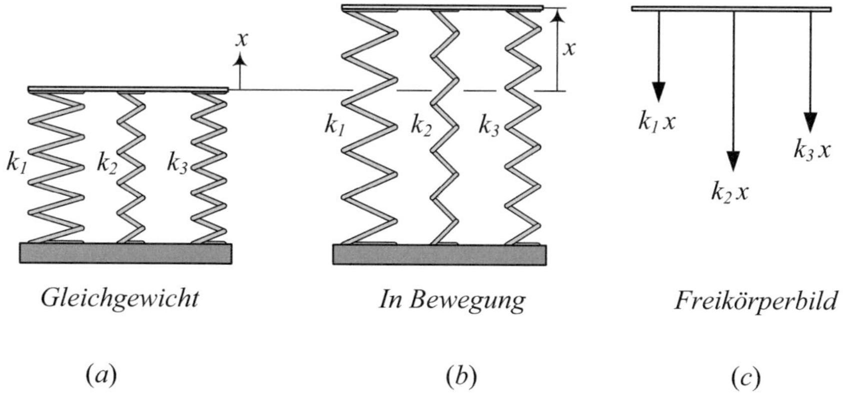

Abb. 11.3 Drei parallele Federn

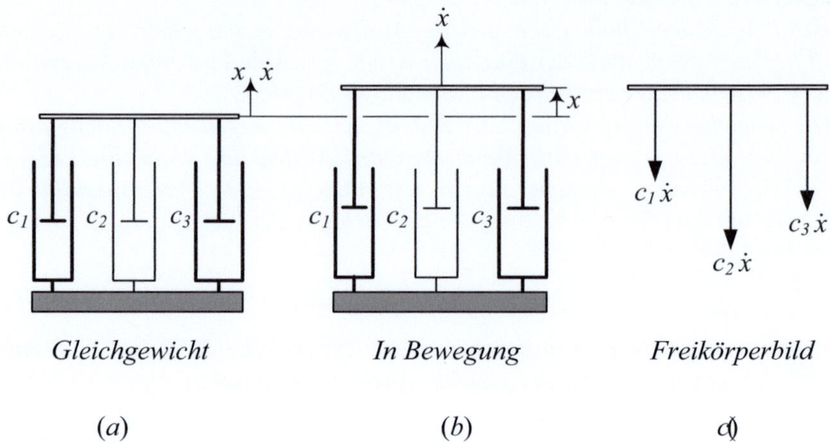

Abb. 11.4 Drei parallele Dämpfer

Beispiel 441 *Flexibler Rahmen*

Abb. 11.5 *zeigt eine Masse m, die an einem Rahmen hängt. Der Rahmen ist flexibel, sodass er durch einige Federn modelliert werden kann, die miteinander verbunden sind, wie in Abb.* 11.6*a dargestellt. Wenn wir annehmen, dass jeder Balken einfach unterstützt wird, dann ist die äquivalente Steifigkeit für eine seitliche Auslenkung jedes Balkens in ihrer Mitte*

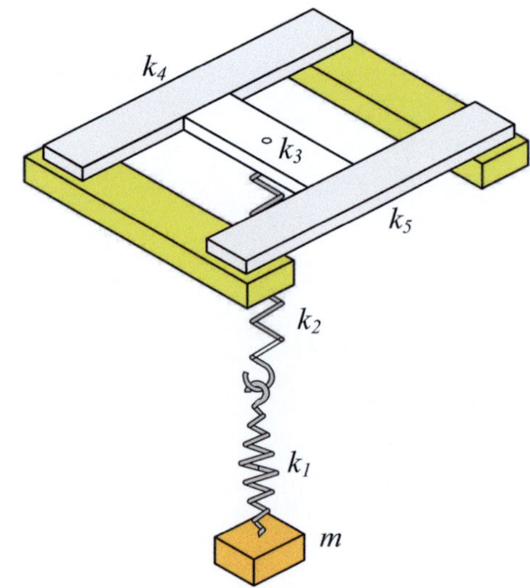

Abb. 11.5 Eine Masse m hängt an einem flexiblen Rahmen

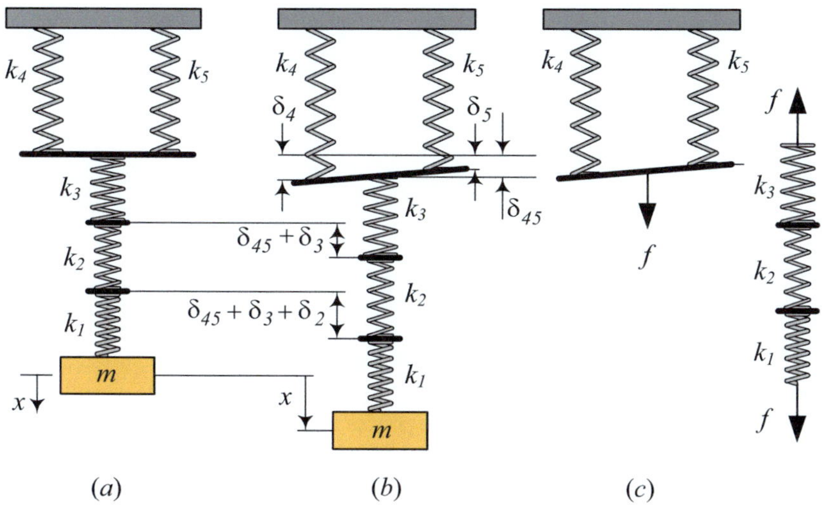

Abb. 11.6 Äquivalentes Federnmodell für den flexiblen Rahmen

$$k_5 = \frac{48E_5I_5}{l_5^3} \qquad k_4 = \frac{48E_4I_4}{l_4^3} \qquad k_3 = \frac{48E_3I_3}{l_3^3} \tag{11.22}$$

Wenn die Masse schwingt, sieht die Verlängerung jeder Feder ähnlich wie in Abb. 11.6*b aus. Nehmen wir an, wir trennen die Masse und die Federn und wenden dann eine Kraft f am Ende der Feder k_1 an, wie in Abb.* 11.6*c dargestellt. Da auf die Federn k_1, k_2 und k_3 die gleiche Kraft wirkt, und ihre resultierende Auslenkung die Summe der einzelnen Auslenkungen ist, sind sie in Serie.*

Die Federn k_4 und k_5 sind weder in Serie noch parallel. Um ihr Äquivalent zu finden, nehmen wir an, dass die Federn k_4 und k_5 eine Kraft unterstützen, die gleich f/2 ist. Daher gilt:

$$\delta_4 = \frac{f}{2k_4} \qquad \delta_5 = \frac{f}{2k_5} \tag{11.23}$$

und die Auslenkung in der Mitte des seitlichen Balkens ist:

$$\delta_{45} = \frac{\delta_4 + \delta_5}{2} \tag{11.24}$$

Angenommen

$$\delta_{45} = \frac{f}{k_{45}} \tag{11.25}$$

können wir eine äquivalente Steifigkeit k_{45} für k_4 und k_5 definieren durch:

$$\frac{1}{k_{45}} = \frac{1}{2}\left(\frac{1}{2k_4} + \frac{1}{2k_5}\right) = \frac{1}{4}\left(\frac{1}{k_4} + \frac{1}{k_5}\right) \tag{11.26}$$

Jetzt ist die äquivalente Feder k_{45} in Serie mit der Serie von k_1, k_2 und k_3. Daher ist die gesamte äquivalente Feder k_{eq}:

$$\begin{aligned}\frac{1}{k_{eq}} &= \frac{1}{k_1} + \frac{1}{k_2} + \frac{1}{k_3} + \frac{1}{k_{45}} \\ &= \frac{1}{k_1} + \frac{1}{k_2} + \frac{1}{k_3} + \frac{1}{4k_4} + \frac{1}{4k_5}\end{aligned} \tag{11.27}$$

Beispiel 442 ⋆ *Massive Feder*

Bei der Modellierung von Schwingungssystemen ignorieren wir die Masse von Federn und Dämpfern. Diese Annahme ist gültig, solange die Masse von Federn und Dämpfern viel kleiner ist als die Masse des Körpers, den sie stützen. Wenn jedoch die Masse der Feder m_s oder des Dämpfers m_d vergleichbar mit der Masse m des Körpers ist, können wir ein neues System mit einer äquivalenten Masse m_{eq} definieren:

$$m_{eq} = m + \frac{1}{3}m_s \tag{11.28}$$

die von einer masselosen Feder und einem masselosen Dämpfer gestützt wird. Betrachten Sie ein Schwingungssystem mit einer massiven Feder, wie in Abb. 11.7a gezeigt. Die Feder hat eine Masse m_s und eine Länge l, wenn das System im Gleichgewicht ist. Die Masse der Feder ist gleichmäßig über ihre Länge verteilt, sodass wir eine Längendichte definieren können als:

$$\rho = \frac{m}{l} \tag{11.29}$$

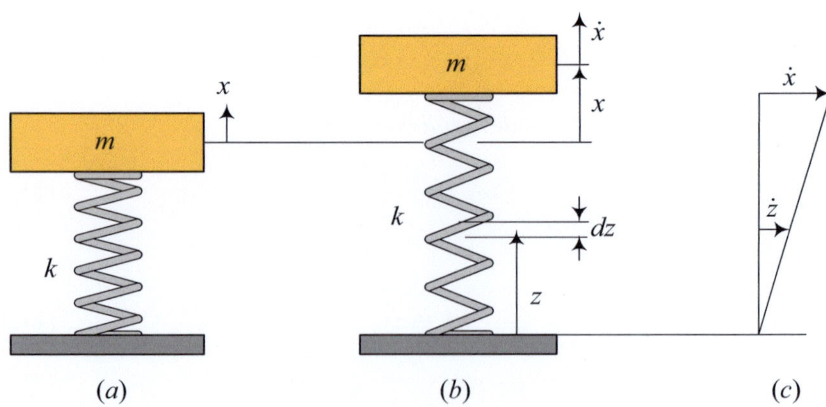

Abb. 11.7 Ein Schwingungssystem mit einer massiven Feder

Um (11.28) zu zeigen, suchen wir nach einem System mit einer Masse m_{eq} und einer masselosen Feder, die die gleiche Menge an kinetischer Energie wie das ursprüngliche System aufrechterhalten kann. Abb. 11.7b zeigt das System, wenn die Masse m an Position x ist und eine Geschwindigkeit $\dot{x}$ hat. Die Feder befindet sich zwischen der Masse und dem Boden. Daher hat die Basis der Feder keine Geschwindigkeit, während das andere Ende die gleiche Geschwindigkeit wie m hat. Lassen Sie uns eine Koordinate z definieren, die von der geerdeten Basis der Feder zum Endpunkt geht. Ein Element der Feder bei z hat eine Länge dz und eine Masse dm:

$$dm = \rho\, dz \tag{11.30}$$

Unter der Annahme einer linearen Geschwindigkeitsverteilung der Elemente der Feder, wie in Abb. 11.7c gezeigt, finden wir die Geschwindigkeit $\dot{z}$ von dm als:

$$\dot{z} = \frac{z}{l}\dot{x} \tag{11.31}$$

Die kinetische Energie des Systems ist eine Summe der kinetischen Energie der Masse m und der kinetischen Energie der Feder:

$$\begin{aligned} K &= \tfrac{1}{2}m\dot{x}^2 + \tfrac{1}{2}\int_0^l \left(dm\,\dot{z}^2\right) = \tfrac{1}{2}m\dot{x}^2 + \tfrac{1}{2}\int_0^l \rho\left(\tfrac{z}{l}\dot{x}\right)^2 dz \\ &= \tfrac{1}{2}m\dot{x}^2 + \tfrac{1}{2}\tfrac{\rho}{l^2}\dot{x}^2\int_0^l z^2\,dz = \tfrac{1}{2}m\dot{x}^2 + \tfrac{1}{2}\tfrac{\rho}{l^2}\dot{x}^2\left(\tfrac{1}{3}l^3\right) \\ &= \tfrac{1}{2}m\dot{x}^2 + \tfrac{1}{2}\left(\tfrac{1}{3}\rho l\right)\dot{x}^2 = \tfrac{1}{2}\left(m + \tfrac{1}{3}m_s\right)\dot{x}^2 \\ &= \tfrac{1}{2}m_{eq}\dot{x}^2 \end{aligned} \tag{11.32}$$

Daher sollte ein äquivalentes System eine masselose Feder und eine Masse $m_{eq} = m + \frac{1}{3}m_s$ haben, um die gleiche Menge an kinetischer Energie aufrechtzuerhalten.

11.2 Newtons Methode und Schwingungen

Jedes schwingende System kann als Kombination von Massen m_i, Dämpfern c_i und Federn k_i modelliert werden. Ein solches Modell wird als *diskretes* oder *konzentriertes* Modell des Systems bezeichnet. Ein schwingendes System mit einem Freiheitsgrad (DOF) ist in Abb. 11.8 dargestellt und hat folgende Bewegungsgleichung:

$$ma = -cv - kx + f(x, v, t) \tag{11.33}$$

Um Newtons Methode anzuwenden und die Bewegungsgleichungen zu finden, nehmen wir an, dass alle Massen m_i aus dem Gleichgewicht an Positionen x_i mit Geschwindigkeiten $\dot{x}_i$ sind. Eine solche Situation ist in Abb. 11.8*b* für ein System mit einem Freiheitsgrad dargestellt. Das Freikörperbild, das in Abb. 11.8*c* gezeigt wird, veranschaulicht die angewendeten Kräfte, und dann erzeugt Newtons Gl. (8.11)

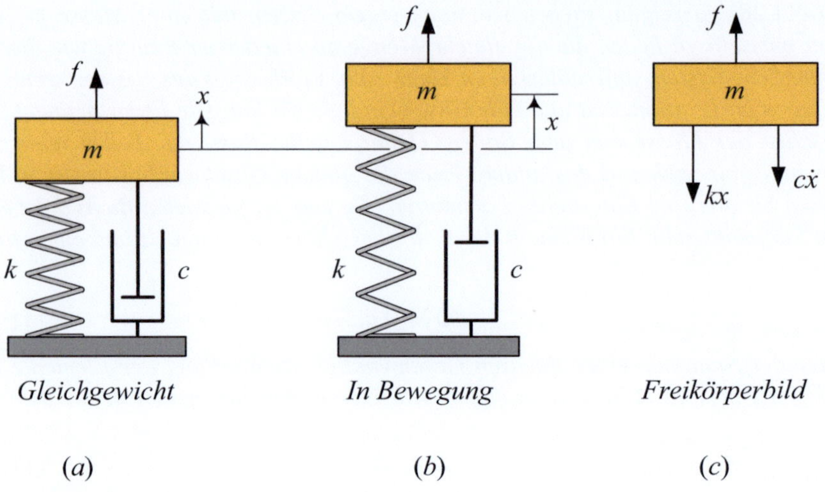

Abb. 11.8 DOF eines schwingenden Systems

$$^G\mathbf{F} = \frac{^G d}{dt}\,^G\mathbf{p} = \frac{^G d}{dt}\left(m\,^G\mathbf{v}\right) \tag{11.34}$$

die Bewegungsgleichungen.

Die *Gleichgewichtsposition* eines schwingenden Systems ist dort, wo die potentielle Energie des Systems V ein Maximum hat.

$$\frac{\partial V}{\partial x} = 0 \tag{11.35}$$

Wir setzen normalerweise $V = 0$ an der Gleichgewichtsposition. Lineare Systeme mit konstanter Steifigkeit haben nur ein Gleichgewicht oder unendlich viele Gleichgewichte, während nichtlineare Systeme mehrere Gleichgewichte haben können. Ein Gleichgewicht ist *stabil,* wenn

$$\frac{\partial^2 V}{\partial x^2} > 0 \tag{11.36}$$

und ist *instabil,* wenn

$$\frac{\partial^2 V}{\partial x^2} < 0 \tag{11.37}$$

Die Anordnung und die Anzahl der verwendeten Elemente können zur Klassifizierung diskreter Schwingungssysteme verwendet werden. Die Anzahl der Massen, multipliziert mit den Freiheitsgraden jeder Masse, ergibt den gesamten Freiheitsgrad n des schwingenden Systems. Das endgültige Gleichungssystem besteht aus n Differentialgleichungen zweiter Ordnung, die für n generalisierte Koordinaten gelöst werden müssen. Wenn jede Masse einen Freiheitsgrad hat, dann ist der Freiheitsgrad des Systems gleich der Anzahl der Massen. Der Freiheitsgrad kann auch als die minimale Anzahl unabhängiger Koordinaten definiert werden, die die Konfiguration eines Systems bestimmen.

Ein-, Zwei- und Drei-Freiheitsgrade-Modelle zur Analyse von vertikalen Schwingungen eines Fahrzeugs sind in Abb. 11.9*a–c* dargestellt. Das System in Abb. 11.9*a* wird als *Viertelauto*-Modell bezeichnet, wobei m_s ein Viertel der Masse der Karosserie und m_u ein Rad darstellt. Die Parameter k_u und c_u sind Modelle für Reifensteifigkeit und Dämpfung. Ebenso sind k_s und c_u Modelle für die Hauptfederung des Fahrzeugs. Abb. 11.9*c* wird als 1/8-Auto-Modell bezeichnet, das das Rad des Autos nicht zeigt, und Abb. 11.9*b* ist ein Viertelauto mit einem Fahrer m_d und dem Fahrersitz, der als k_d und c_d modelliert ist.

Beispiel 443 *1/8-Auto-Modell*

Abb. 11.9*c und* 11.10*a zeigen das einfachste Modell für vertikale Schwingungen eines Fahrzeugs. Dieses Modell wird manchmal als 1/8-Auto-Modell bezeichnet. Die Masse m_s stellt ein Viertel des Fahrzeugkörpers dar, der auf einer Federung aus einer Feder k_s und einem Dämpfer c_s montiert ist. Wenn m_s an einer Position wie in Abb.* 11.10*b schwingt, ist sein Freikörperbild wie in Abb.* 11.10*c dargestellt.*

Wenn man Newtons Methode anwendet, lautet die Bewegungsgleichung:

$$m_s\ddot{x} = -k_s(x_s - y) - c_s(\dot{x}_s - \dot{y}) \tag{11.38}$$

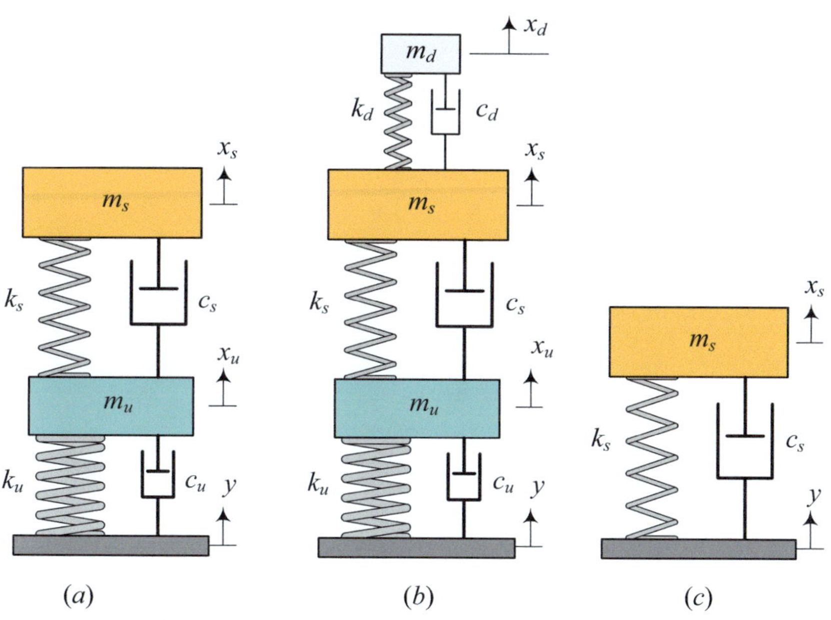

Abb. 11.9 Ein-, Zwei- und Drei-Freiheitsgrade-Modelle für vertikale Schwingungen von Fahrzeugen

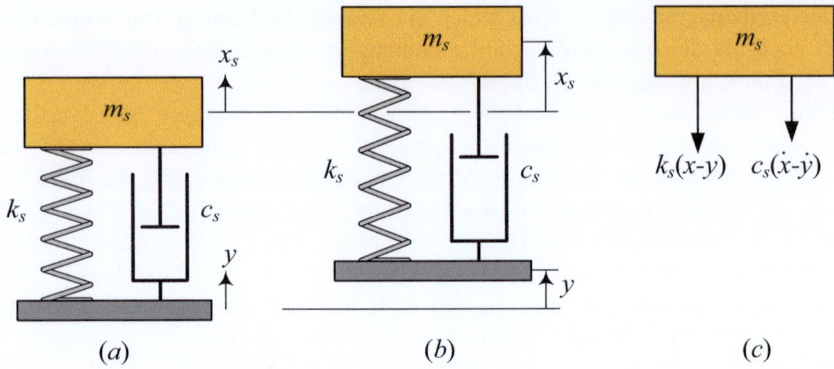

Abb. 11.10 Ein 1/8-Auto-Modell und sein Freikörperbild

die zur folgenden Gleichung vereinfacht werden kann, wenn wir die Eingangsvariable y und die Ausgangsvariable x trennen:

$$m_s\ddot{x} + c_s\dot{x}_s + k_s x_s = k_s y + c_s\dot{y} \tag{11.39}$$

Beispiel 444 *Äquivalente Masse und Feder*

Abb. 11.11*a zeigt ein Pendel, das aus einer Punktmasse m besteht, die an einer masselosen Stange mit der Länge l befestigt ist. Die Koordinate θ zeigt die Winkelposition der Stange. Die Bewegungsgleichung für das Pendel kann mit der Euler-Gleichung und dem in Abb.* 11.11*b dargestellten Freikörperbild ermittelt werden:*

$$ml^2\ddot{\theta} = -mgl\sin\theta \tag{11.40}$$

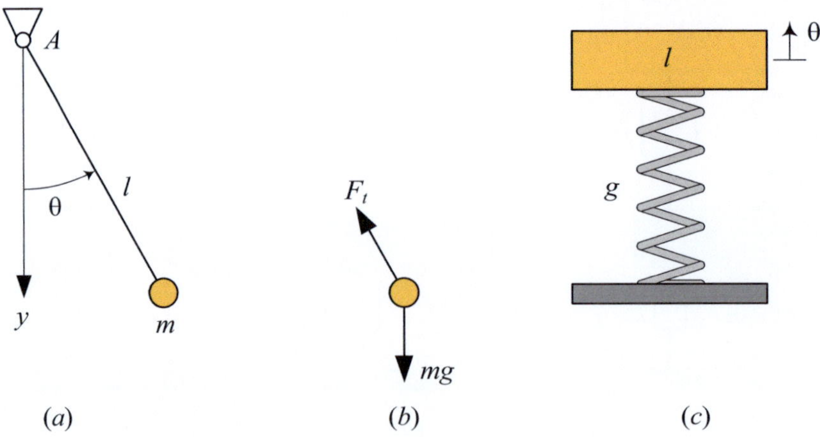

Abb. 11.11 Äquivalenter Masse-Feder-Schwingkreis für ein Pendel

Vereinfacht man die Bewegungsgleichung und geht von einem sehr kleinen Schwingwinkel aus, erhält man:

$$l\ddot{\theta} + g\theta = 0 \tag{11.41}$$

Diese Gleichung entspricht einer Bewegungsgleichung für ein Masse-Feder-System, das aus einer Masse $m \equiv l$ und einer Feder mit der Steifigkeit $k \equiv g$ besteht. Die Auslenkung der Masse wäre $x \equiv \theta$. Abb. 11.11c *zeigt ein solches äquivalentes Masse-Feder-System.*

Beispiel 445 *Proportionalität der Kraft*

Die Bewegungsgleichung für ein schwingendes System ist ein Gleichgewicht zwischen vier verschiedenen Kräften. Eine Kraft proportional zur Auslenkung – kx, eine Kraft proportional zur Geschwindigkeit – cv, eine Kraft proportional zur Beschleunigung ma und eine aufgebrachte externe Kraft $f(x, v, t)$, die eine Funktion der Auslenkung, Geschwindigkeit und Zeit sein kann. Nach Newtons Methode ist die Kraft proportional zur Beschleunigung ma immer gleich der Summe aller anderen Kräfte:

$$ma = -cv - kx + f(x, v, t) \tag{11.42}$$

Beispiel 446 *Ein angeregtes System mit zwei Freiheitsgraden*

Abb. 11.12*a–c veranschaulichen das Gleichgewicht, die Bewegung und das Freikörperbild des in* 11.9*a dargestellten Systems mit zwei Freiheitsgraden. Das Freikörperbild wird auf der Grundlage der Annahme folgenden gezeichnet:*

$$x_s > x_u > y \tag{11.43}$$

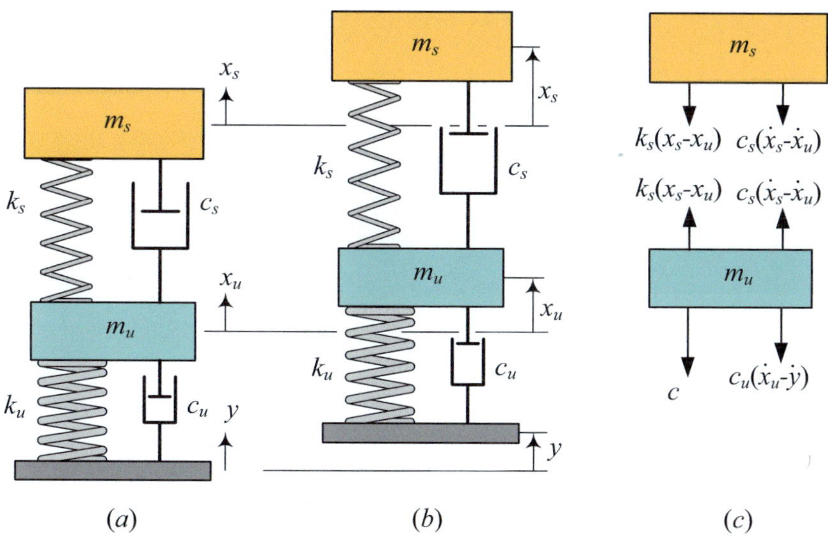

Abb. 11.12 Ein 1/4 Auto-Modell und das Freikörperbild

Die Anwendung von Newtons Methode liefert zwei Bewegungsgleichungen wie folgt:

$$m_s \ddot{x}_s = -k_s(x_s - x_u) - c_s(\dot{x}_s - \dot{x}_u) \tag{11.44}$$

$$\begin{aligned} m_u \ddot{x}_u = & \ k_s(x_s - x_u) + c_s(\dot{x}_s - \dot{x}_u) \\ & -k_u(x_u - y) - c_u(\dot{x}_u - \dot{y}) \end{aligned} \tag{11.45}$$

*Die Annahme (*11.43*) muss nicht unbedingt erfüllt sein. Wir können die gleichen Gl. (*11.44*) und (*11.45*) mit jeder anderen Annahme finden, wie zum Beispiel* $x_s < x_u > y$, $x_s < x_u < y$ *oder* $x_s < x_u < y$. *Eine Annahme hilft jedoch, ein konsistentes Freikörperbild zu erstellen.*

Wir ordnen die Bewegungsgleichungen für ein lineares System normalerweise in einer Matrixform an, um die Vorteile der Matrixrechnung zu nutzen:

$$[M]\dot{\mathbf{x}} + [c]\dot{\mathbf{x}} + [k]\mathbf{x} = \mathbf{F} \tag{11.46}$$

*Die Umformung der Gl. (*11.44*) und (*11.45*) ergibt den folgenden Satz von Gleichungen:*

$$\begin{aligned} & \begin{bmatrix} m_s & 0 \\ 0 & m_u \end{bmatrix} \begin{bmatrix} \ddot{x}_s \\ \ddot{x}_u \end{bmatrix} + \begin{bmatrix} c_s & -c_s \\ -c_s & c_s + c_u \end{bmatrix} \begin{bmatrix} \dot{x}_s \\ \dot{x}_u \end{bmatrix} + \\ & \begin{bmatrix} k_s & -k_s \\ -k_s & k_s + k_u \end{bmatrix} \begin{bmatrix} x_s \\ x_u \end{bmatrix} = \begin{bmatrix} 0 \\ k_u y + c_u \dot{y} \end{bmatrix} \end{aligned} \tag{11.47}$$

Beispiel 447 ⋆ *Umgedrehtes Pendel*
Abb. 11.13*a veranschaulicht ein umgedrehtes Pendel mit einer Spitzenmasse m und einer Länge l. Das Pendel wird von zwei identischen Federn unterstützt, die*

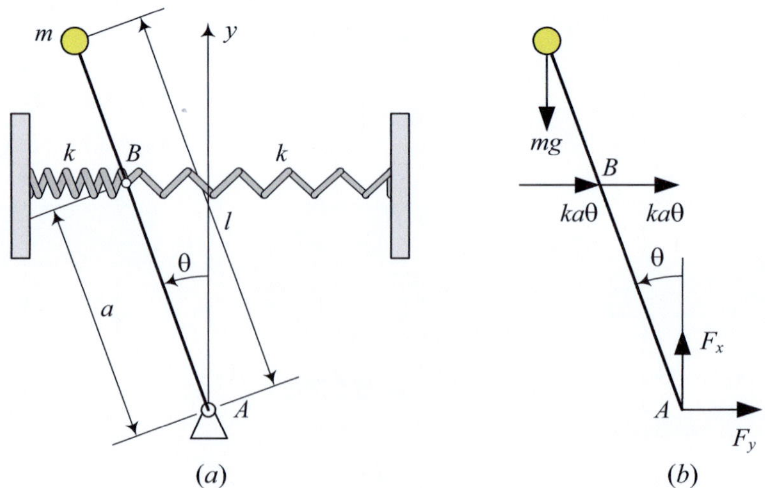

Abb. 11.13 Ein umgedrehtes Pendel mit einer Spitzenmasse m und zwei stützenden Federn

am Punkt B in einem Abstand $a < l$ vom Drehpunkt A befestigt sind. Ein Freikörperbild des Pendels ist in Abb. 11.13b dargestellt. Die Bewegungsgleichung kann durch Aufnahme eines Moments um A gefunden werden:

$$\sum M_A = I_A\ddot{\theta} \tag{11.48}$$

$$mg(l\sin\theta) - 2ka\theta(a\cos\theta) = ml^2\ddot{\theta} \tag{11.49}$$

Um Gl. (11.49) abzuleiten, haben wir angenommen, dass die Federn lang genug sind, um fast gerade zu bleiben, wenn das Pendel schwingt. Eine Umstellung und Annahme eines sehr kleinen θ zeigt, dass die nichtlineare Bewegungsgleichung (11.49) durch

$$ml^2\ddot{\theta} + \left(mgl - 2ka^2\right)\theta = 0 \tag{11.50}$$

approximiert werden kann, was einem linearen Oszillator entspricht:

$$m_{eq}\ddot{\theta} + k_{eq}\theta = 0 \tag{11.51}$$

mit einer äquivalenten Masse m_{eq} und äquivalentem k_{eq}:

$$m_{eq} = ml^2 \qquad k_{eq} = mgl - 2ka^2 \tag{11.52}$$

Die potentielle Energie des umgedrehten Pendels kann wie folgt ausgedrückt werden:

$$V = -mgl(1 - \cos\theta) + ka^2\theta^2 \tag{11.53}$$

Sie hat bei $\theta = 0$ den Wert null. Die potentielle Energie V ist ungefähr gleich der folgenden Gleichung, wenn θ sehr klein ist:

$$V \approx -\frac{1}{2}mgl\theta^2 + ka^2\theta^2 \tag{11.54}$$

weil:

$$\cos\theta \approx 1 - \frac{1}{2}\theta^2 + O\left(\theta^4\right) \tag{11.55}$$

Um die Gleichgewichtspositionen des Systems zu finden, sollten wir die folgende Gleichung für jedes mögliche θ lösen:

$$\frac{\partial V}{\partial x} = -2mgl\theta + 2ka^2\theta = 0 \tag{11.56}$$

Die Lösung der Gleichung ist:

$$\theta = 0 \tag{11.57}$$

was zeigt, dass die aufrechte vertikale Position das einzige Gleichgewicht des umgedrehten Pendels ist, solange θ sehr klein ist. Wenn jedoch

$$mgl = ka^2 \tag{11.58}$$

dann kann jedes θ um $\theta = 0$ eine Gleichgewichtsposition sein, und daher hätte das umgedrehte Pendel unendlich viele Gleichgewichte.

Eine zweite Ableitung der potentiellen Energie

$$\frac{\partial^2 V}{\partial x^2} = -2mgl + 2ka^2 \tag{11.59}$$

zeigt, dass die Gleichgewichtsposition $\theta = 0$ stabil ist, wenn

$$ka^2 > mgl \tag{11.60}$$

Ein stabiles Gleichgewicht zieht das System zurück, wenn es vom Gleichgewicht abweicht, während ein instabiles Gleichgewicht das System abstößt. Schwingungen treten auf, wenn das Gleichgewicht stabil ist.

11.3 Frequenzantwort von schwingenden Systemen

Die Frequenzantwort ist die *stationäre* Lösung der Bewegungsgleichungen, wenn das System *harmonisch angeregt* wird. Die stationäre Antwort bezieht sich auf eine Schwingung konstanter Amplitude bei einer gegebenen Frequenz, nachdem der Effekt der Anfangsbedingungen abgeklungen ist. Eine harmonische Anregung ist jede Kombination von *sinusförmigen Funktionen,* die auf ein schwingendes System wirken. Wenn das System linear ist, erzeugt eine harmonische Anregung eine harmonische Antwort mit einer frequenzabhängigen Amplitude. Bei der Frequenzantwortanalyse suchen wir nach der stationären Amplitudenschwingung als Funktion der Anregungsfrequenz.

Eine große Anzahl von schwingenden Systemen in der Fahrzeugdynamik kann durch ein Ein-Freiheitsgrad-System modelliert werden. Betrachten Sie ein Ein-Freiheitsgrad-Massen-Feder-Dämpfer-System. Es gibt vier Arten von harmonisch angeregten Systemen mit einem Freiheitsgrad:

1. Basisanregung,
2. exzentrische Anregung,
3. exzentrische Basisanregung,
4. erzwungene Anregung.

Diese vier Systeme sind in Abb. 11.14 symbolisch dargestellt.

Basisanregung ist das praktischste Modell für vertikale Schwingungen von Fahrzeugen. *Exzentrische Anregung* ist ein Modell für jede Art von Rotationsmotor auf einer Aufhängung, wie z. B. Motor auf Motorlagern. *Exzentrische Basisanregung* ist ein Modell für Schwingungen von Geräten, die auf einem Motor montiert sind. *Erzwungene Anregung* hat fast keine praktische Anwendung, ist jedoch das einfachste Modell für erzwungene Schwingungen, mit gutem pädagogischen Nutzen.

Zur Vereinfachung untersuchen wir zuerst die Frequenzantwort eines harmonisch angeregten schwingenden Systems.

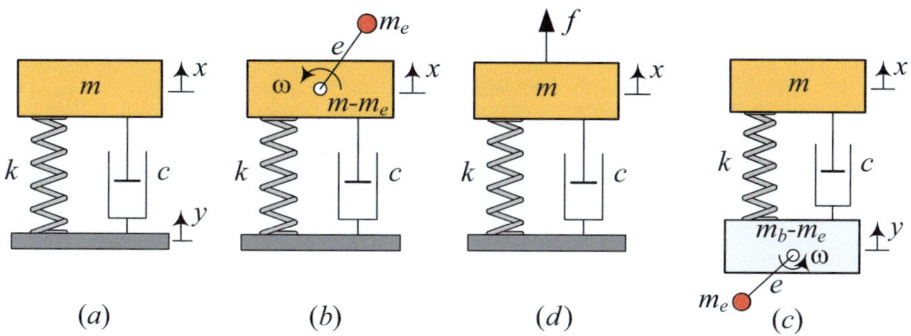

Abb. 11.14 Die vier praktischen Arten von harmonisch angeregten Systemen mit einem Freiheitsgrad: ***a*** Basisanregung, ***b*** exzentrische Anregung, ***c*** exzentrische Basisanregung, ***d*** erzwungene Anregung

11.3.1 Erzwungene Anregung

Abb. 11.15 veranschaulicht eine schwingende Masse m mit einem Freiheitsgrad, die von einer Feder k und einem Dämpfer c unterstützt wird. Die absolute Bewegung von m in Bezug auf seine Gleichgewichtsposition wird durch die Koordinate x gemessen. Eine sinusförmige Anregungskraft

$$f = F \sin \omega t \tag{11.61}$$

wird auf m angewendet und bringt das System zum Schwingen.

Die Bewegungsgleichung für das System ist:

$$m\ddot{x} + c\dot{x} + kx = F \sin \omega t \tag{11.62}$$

welche eine Frequenzantwort erzeugt, die einer der folgenden Funktionen entspricht:

$$x = A_1 \sin \omega t + B_1 \cos \omega t \tag{11.63}$$

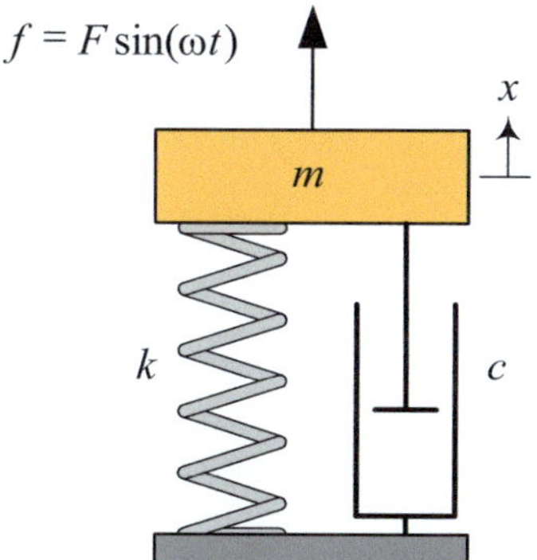

Abb. 11.15 Ein harmonisch erzwungenes System mit einem Freiheitsgrad

$$= X \sin(\omega t - \varphi_x) \tag{11.64}$$

Die stationäre Antwort hat eine *Amplitude X:*

$$\frac{X}{F/k} = \frac{1}{\sqrt{\left(1 - r^2\right)^2 + (2\xi r)^2}} \tag{11.65}$$

und eine *Phase* $\phi_{x:}$

$$\varphi_x = \tan^{-1} \frac{2\xi r}{1 - r^2} \tag{11.66}$$

wobei wir das *Frequenzverhältnis r*, *Eigenfrequenz* ω_n und *Dämpfungsverhältnis* ξ verwenden.

$$r = \frac{\omega}{\omega_n} \tag{11.67}$$

$$\xi = \frac{c}{2\sqrt{km}} \tag{11.68}$$

$$\omega_n = \sqrt{\frac{k}{m}} \tag{11.69}$$

Phase ϕ_x zeigt die *Winkelverzögerung* der Antwort x in Bezug auf die Anregung f. Aufgrund der Bedeutung der Funktion $X = X(\omega)$ ist es üblich, eine solche Funktion als *Frequenzantwort* des Systems zu bezeichnen. Darüber hinaus können wir die Frequenzantwort für jede Eigenschaft des Systems verwenden, die eine Funktion der Anregungsfrequenz ist, wie zum Beispiel Geschwindigkeitsfrequenzantwort $\dot{X} = \dot{X}(\omega)$ und die übertragene Kraftfrequenzantwort $f_T = f_T(\omega)$.

Die Frequenzantworten für X und ϕ_x als Funktion von r und ξ sind in den Abb. 11.16 und 11.17 dargestellt.

Beweis. Die Anwendung von Newtons Methode und die Verwendung des Freikörperbildes des Systems, wie in Abb. 11.18 dargestellt, erzeugt die Bewegungsgleichung (11.62), die eine lineare Differentialgleichung ist.

Die stationäre Lösung der linearen Gleichung ist die gleiche Funktion wie die Anregung mit einer unbekannten Amplitude und Phase. Daher kann die Lösung (11.63) oder (11.64) sein. Die Lösung sollte in die Bewegungsgleichung eingesetzt werden, um die Amplitude und Phase der Antwort zu finden. Wir untersuchen die Lösung (11.63) und finden die folgende Gleichung:

$$\begin{aligned} -m\omega^2(A_1 \sin \omega t + B_1 \cos \omega t) + c\omega(A_1 \cos \omega t - B_1 \sin \omega t) \\ +k(A_1 \sin \omega t + B_1 \cos \omega t) = F \sin \omega t \end{aligned} \tag{11.70}$$

Die Funktionen $\sin\omega t$ und $\cos\omega t$ sind orthogonal, daher müssen ihre Koeffizienten auf beiden Seiten des Gleichheitszeichens ausgeglichen sein. Das Ausgleichen der Koeffizienten von $\sin\omega t$ und $\cos\omega\ t$ liefert ein Gleichungssystem mit zwei Gleichungen für A_1 und $B_{1:}$

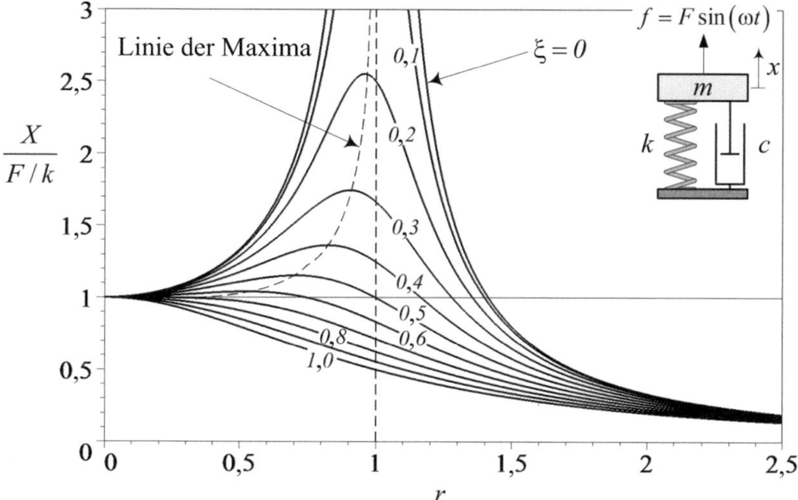

Abb. 11.16 Die Ortsfrequenzantwort für $\frac{X}{F/k}$

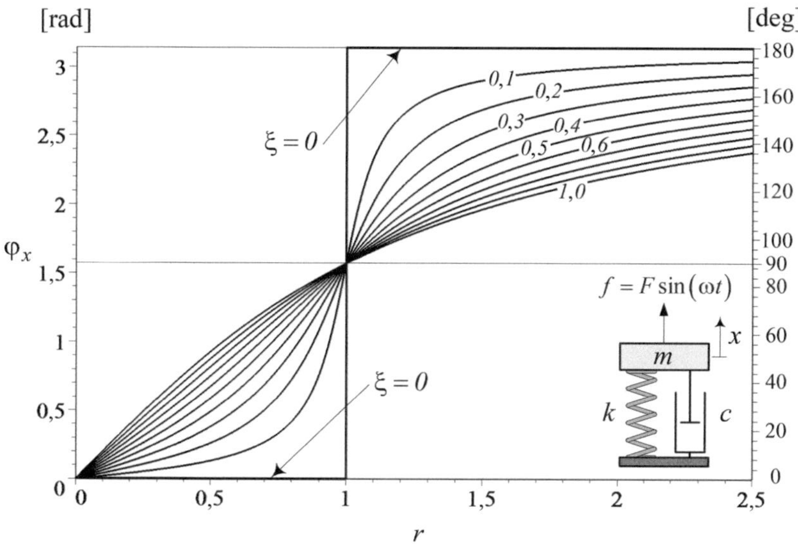

Abb. 11.17 Die Frequenzantwort für ϕ_x

$$\begin{bmatrix} k - m\omega^2 & -c\omega \\ c\omega & k - m\omega^2 \end{bmatrix} \begin{bmatrix} A_1 \\ B_1 \end{bmatrix} = \begin{bmatrix} F \\ 0 \end{bmatrix} \tag{11.71}$$

Die Lösung für die Koeffizienten A_1 und B_1

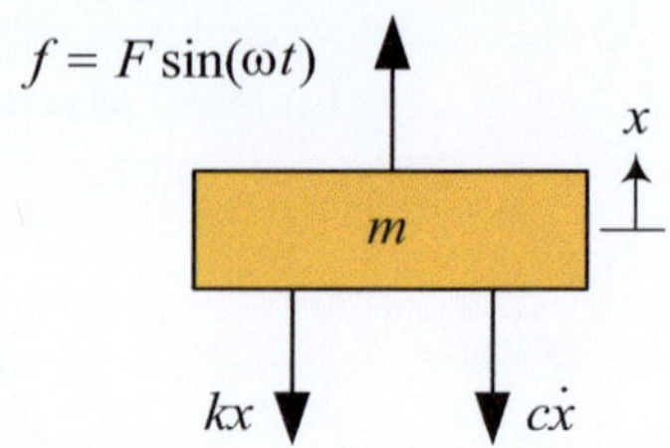

Abb. 11.18 Freikörperbild des harmonisch erzwungenen, eindimensionalen Systems, wie in Abb. 11.15 dargestellt

$$\begin{aligned}\begin{bmatrix} A_1 \\ B_1 \end{bmatrix} &= \begin{bmatrix} k - m\omega^2 & -c\omega \\ c\omega & k - m\omega^2 \end{bmatrix}^{-1} \begin{bmatrix} F \\ 0 \end{bmatrix} \\ &= \begin{bmatrix} \dfrac{k - m\omega^2}{\left(k - m\omega^2\right)^2 + c^2\omega^2} F \\ \dfrac{-c\omega}{\left(k - m\omega^2\right)^2 + c^2\omega^2} F \end{bmatrix}\end{aligned} \tag{11.72}$$

liefert uns die stationäre Lösung (11.63).

Amplitude X und Phase ϕ_x können durch Gleichsetzen der Gl. (11.63) und (11.64) gefunden werden:

$$\begin{aligned} A_1 \sin \omega t + B_1 \cos \omega t &= X \sin\left(\omega t - \varphi_x\right) \\ &= X \cos \varphi_x \sin \omega t - X \sin \varphi_x \cos \omega t \end{aligned} \tag{11.73}$$

Das zeigt, dass gilt:

$$A_1 = X \cos \varphi_x \tag{11.74}$$

$$B_1 = -X \sin \varphi_x \tag{11.75}$$

und daher:

$$X = \sqrt{A_1^2 + B_1^2} \tag{11.76}$$

$$\tan \varphi_x = \tfrac{-B_1}{A_1} \tag{11.77}$$

Substituieren von A_1 und B_1 aus (11.72) ergibt:

$$X = \frac{1}{\sqrt{\left(k - m\omega^2\right)^2 + c^2\omega^2}} F \tag{11.78}$$

$$\tan \varphi_x = \tfrac{c\omega}{k - m\omega^2} \tag{11.79}$$

Allerdings können wir praktischere Ausdrücke (11.65) und (11.66) für Amplitude X und Phase ϕ_x verwenden, indem wir r und ξ einsetzen.

Wenn wir eine konstante Kraft $f = F$ auf m anwenden, tritt eine Auslenkung δ_s auf:

$$\delta_s = \frac{F}{k} \tag{11.80}$$

Wenn wir δ_s *„statische Amplitude"* und X *„dynamische Amplitude"* nennen, dann ist X/δ_s das Verhältnis von dynamischer zu statischer Amplitude. Die dynamische Amplitude ist gleich der statischen Amplitude, $X = \delta_s$ bei $r = 0$ und nähert sich null, $X \to 0$, wenn $r \to \infty$. Allerdings erhält X einen hohen Wert, wenn $r \to 1$ und $\omega \to \omega_n$. Theoretisch geht $X \to \infty$, wenn $\xi = 0$ und $r = 1$. Frequenzbereiche um die Eigenfrequenz werden als *Resonanzzone* bezeichnet. Die Amplitude der Schwingung in der Resonanzzone kann durch Einführung von Dämpfung reduziert werden. ▪

Beispiel 448 *Ein System mit erzwungener Schwingung*
Betrachten Sie ein Massen-Feder-Dämpfer-System mit:

$$m = 2\,\mathrm{kg} \qquad k = 100.000\,\mathrm{N/m} \qquad c = 100\,\mathrm{N\,s/m} \tag{11.81}$$

Die Eigenfrequenz und das Dämpfungsverhältnis des Systems sind:

$$\omega_n = \sqrt{\tfrac{k}{m}} = \sqrt{\tfrac{100.000}{2}} = 223{,}61\,\mathrm{rad/s} \approx 35{,}6\,\mathrm{Hz} \tag{11.82}$$

$$\xi = \tfrac{c}{2\sqrt{km}} = \tfrac{100}{2\sqrt{100.000\times 2}} = 0{,}1118 \tag{11.83}$$

Wenn eine harmonische Kraft f

$$f = 100 \sin 100t \tag{11.84}$$

auf m angewendet wird, dann ist die Amplitude X der Schwingungen der Masse im stationären Zustand:

$$X = \frac{F/k}{\sqrt{\left(1 - r^2\right)^2 + (2\xi r)^2}} = 1{,}24 \times 10^{-3}\,\mathrm{m} \tag{11.85}$$

weil:

$$r = \frac{\omega}{\omega_n} = 0{,}44721 \tag{11.86}$$

Die Phase ϕ_x der Schwingung ist:

$$\varphi_x = \tan^{-1} \frac{2\xi r}{1 - r^2} = 0{,}124\,\mathrm{rad} \approx 7{,}12\,\mathrm{deg} \tag{11.87}$$

Daher können die stationären Schwingungen der Masse m durch die folgende Funktion ausgedrückt werden:

$$x = 1{,}24 \times 10^{-3} \sin (100t - 0{,}124) \tag{11.88}$$

Der Wert von X und ϕ_x kann auch aus den Abb. 11.16 *und* 11.17 *ungefähr ermittelt werden.*

Beispiel 449 *Frequenzantworten für Geschwindigkeit und Beschleunigung*
Wenn wir die Positionsfrequenzantwort berechnen:

$$x = A_1 \sin \omega t + B_1 \cos \omega t = X \sin (\omega t - \varphi_x) \tag{11.89}$$

können wir die Frequenzantworten für Geschwindigkeit und Beschleunigung durch Ableitung berechnen:

$$\begin{aligned} \dot{x} &= A_1 \omega \cos \omega t - B_1 \omega \sin \omega t = X\omega \cos (\omega t - \varphi_x) \\ &= \dot{X} \cos (\omega t - \varphi_x) \end{aligned} \tag{11.90}$$

$$\begin{aligned} \ddot{x} &= -A_1 \omega^2 \sin \omega t - B_1 \omega^2 \cos \omega t = -X\omega^2 \sin (\omega t - \varphi_x) \\ &= \ddot{X} \sin (\omega t - \varphi_x) \end{aligned} \tag{11.91}$$

Die Amplitude der Frequenzantworten von Geschwindigkeit und Beschleunigung wird durch $\dot{X}$, $\ddot{X}$

$$\dot{X} = \frac{\omega}{\sqrt{\left(k - m\omega^2\right)^2 + c^2\omega^2}} F \tag{11.92}$$

$$\ddot{X} = \frac{\omega^2}{\sqrt{\left(k - m\omega^2\right)^2 + c^2\omega^2}} F \tag{11.93}$$

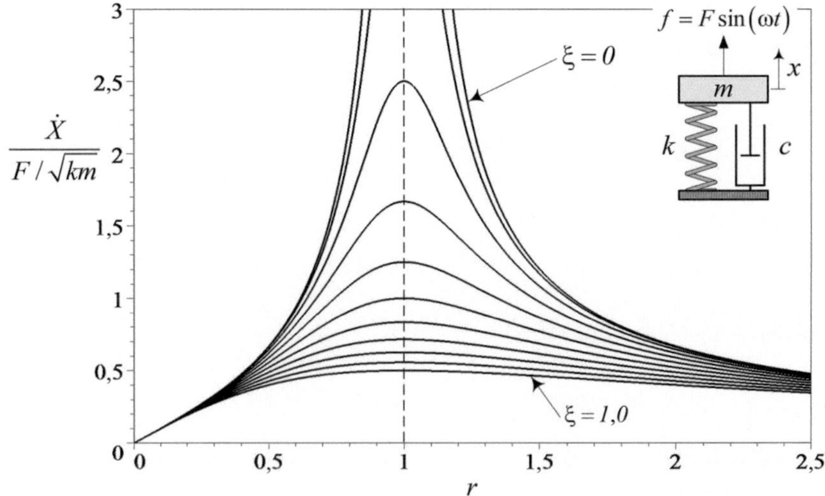

Abb. 11.19 Die Frequenzantwort der Geschwindigkeit für $\frac{\dot{X}}{F/\sqrt{km}}$

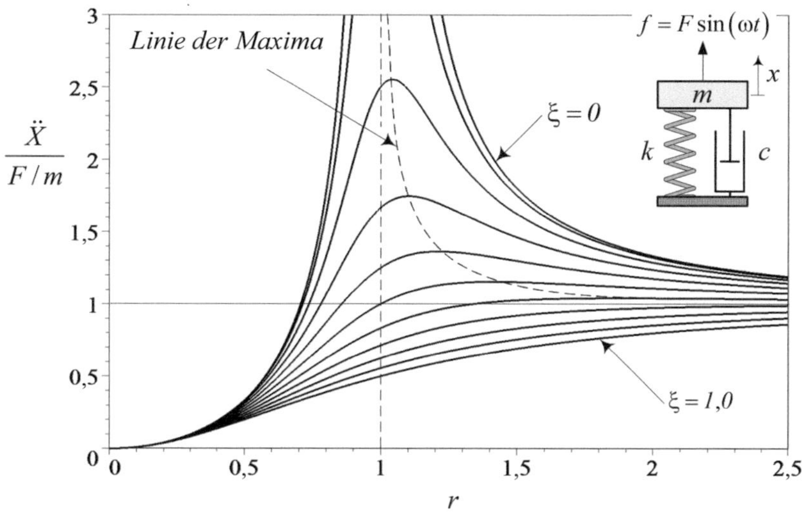

Abb. 11.20 Die Frequenzantwort der Beschleunigung für $\frac{\ddot{X}}{F/m}$

dargestellt, die als

$$\frac{\dot{X}}{F/\sqrt{km}} = \frac{r}{\sqrt{\left(1-r^2\right)^2 + (2\xi r)^2}} \tag{11.94}$$

$$\frac{\ddot{X}}{F/m} = \frac{r^2}{\sqrt{\left(1-r^2\right)^2 + (2\xi r)^2}} \tag{11.95}$$

*geschrieben werden können. Die Frequenzantworten für Geschwindigkeit und Beschleunigung (*11.94*) und (*11.95*) sind in den Abb.* 11.19 *und* 11.20 dargestellt.

Beispiel 450 *Übertragene Kraft auf die Basis*

Ein erzwungen angeregtes System, wie das in Abb. 11.15*, überträgt eine Kraft* f_T *auf den Boden. Die übertragene Kraft entspricht der Summe der Kräfte in Feder und Dämpfer.*

$$f_T = f_k + f_c = kx + c\dot{x} \tag{11.96}$$

*Ersetzt man x durch (*11.63*) und* A_1*,* B_1 *durch (*11.72*), zeigt sich, dass die Frequenzantwort der übertragenen Kraft folgende ist:*

$$\begin{aligned} f_T &= k(A_1 \sin\omega t + B_1 \cos\omega t) + c\,\omega(A_1 \cos\omega t - B_1 \sin\omega t) \\ &= (kA_1 - c\omega B_1)\sin t\omega + (kB_1 + c\omega A_1)\cos t\omega \\ &= F_T \sin\left(\omega t - \varphi_{F_T}\right) \end{aligned} \tag{11.97}$$

Die Amplitude F_T und Phase φ_{F_T} von f_T sind:

$$\frac{F_T}{F} = \frac{\sqrt{k + c^2\omega^2}}{\sqrt{\left(k - m\omega^2\right)^2 + c^2\omega^2}} \tag{11.98}$$

$$= \frac{\sqrt{1 + (2\xi r)^2}}{\sqrt{\left(1 - r^2\right)^2 + (2\xi r)^2}} \tag{11.99}$$

$$\tan\varphi_{F_T} = \frac{c\omega}{k - m\omega^2} = \frac{2\xi r}{1 - r^2} \tag{11.100}$$

weil:

$$F_T = \sqrt{(kA_1 - c\omega B_1)^2 + (kB_1 + c\omega A_1)^2} \tag{11.101}$$

$$\tan\varphi_{F_T} = \frac{-(kB_1 + c\omega A_1)}{kA_1 - c\omega B_1} \tag{11.102}$$

Die Frequenzantwort der übertragenen Kraft F_T/F ist in Abb. 11.21 *dargestellt, und weil φ_{F_T} gleich Gl. (*11.66*) ist, ist ein Diagramm für φ_{F_T} das gleiche wie das in Abb.* 11.17.

Beispiel 451 *Alternative Methode zur Bestimmung der übertragenen Kraft f_T*
*Es ist möglich, die Bewegungsgleichung zu verwenden und x aus (*11.63*) zu ersetzen, um die Frequenzantwort der übertragenen Kraft f_T zu finden als:*

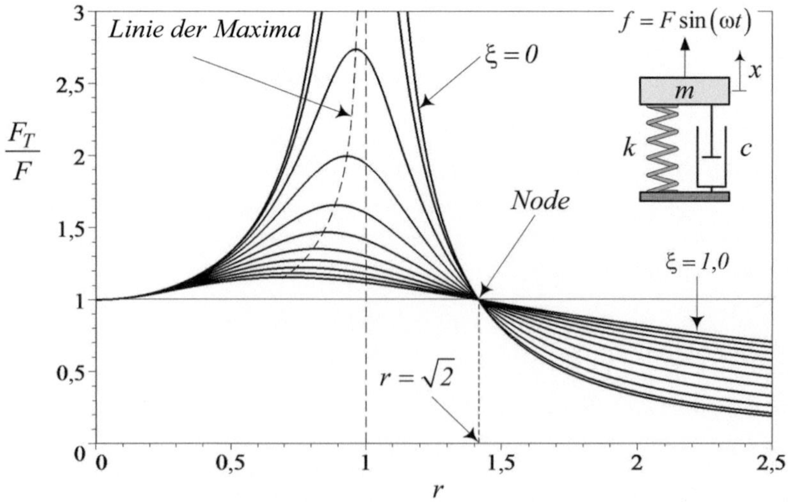

Abb. 11.21 Die Frequenzantwort für $\frac{F_T}{F}$

$$\begin{aligned} f_T &= F \sin \omega t - m\ddot{x} = F \sin \omega t + m\omega^2 (A_1 \sin \omega t + B_1 \cos \omega t) \\ &= \left(mA_1\omega^2 + F\right) \sin t\omega + m\omega^2 B_1 \cos t\omega \\ &= F_T \sin (\omega t - \varphi_x) \end{aligned} \tag{11.103}$$

Amplitude F_T *und Phase* φ_{F_T} *sind die gleichen wie (*11.99*) und (*11.100*), weil:*

$$\begin{aligned} F_T &= \sqrt{\left(mA_1\omega^2 + F\right)^2 + \left(m\omega^2 B_1\right)^2} \\ &= \frac{\sqrt{k + c^2\omega^2}}{\sqrt{\left(k - m\omega^2\right)^2 + c^2\omega^2}} \end{aligned} \tag{11.104}$$

$$\varphi_{F_T} = \arctan \tfrac{-m\omega^2 B_1}{m\omega^2 A_1 + F} = \arctan \tfrac{c\omega}{k - m\omega^2} \tag{11.105}$$

Beispiel 452 *Keine mechanische harmonisch erzwungene Schwingung*

In der Mechanik gibt es keine Möglichkeit, eine periodische Kraft auf ein Objekt auszuüben, ohne ein mechanisches Gerät anzubringen und eine Auslenkung auszuüben. Daher hat das in Abb. 11.15 *gezeigte erzwungene Schwingungssystem keine praktische Anwendung in der Mechanik. Es ist jedoch möglich, m aus einem ferromagnetischen Material herzustellen, um eine alternative oder periodische magnetische Kraft anzuwenden.*

Beispiel 453 ⋆ *Orthogonalität von Funktionen* $\sin \omega t$ *und* $\cos \omega t$

Zwei Funktionen f(t) und g(t) sind orthogonal in $[a, b]$*, wenn*

$$\int_a^b f(t)\, g(t)\, dt = 0 \tag{11.106}$$

Die Funktionen $\sin \omega t$ *und* $\cos \omega t$ *sind orthogonal in einer Periode* $T = [0, 2\pi/\omega]$

$$\int_0^{2\pi/\omega} \sin \omega t \cos \omega t\, dt = 0 \tag{11.107}$$

Beispiel 454 ⋆ *Schlagen in linearen Systemen*

Betrachten Sie eine Auslenkung x(t), die durch zwei harmonische Kräfte f_1 *und* f_2 *erzeugt wird:*

$$f_1 = F_1 \cos \omega_1 t \qquad f_2 = F_2 \cos \omega_2 t \tag{11.108}$$

Nehmen Sie an, dass die stationäre Antwort auf f_1 *folgende ist:*

$$x_1(t) = X_1 \cos (\omega_1 t + \phi_1) \tag{11.109}$$

und die Antwort auf f_2 *ist:*

$$x_2(t) = X_2 \cos (\omega_2 t + \phi_2) \tag{11.110}$$

dann lautet aufgrund der Linearität des Systems die Antwort auf $f_1 + f_2$ $x(t) = x_1(t) + x_2(t)$*:*

$$\begin{aligned} x(t) &= x_1(t) + x_2(t) \\ &= X_1 \cos(\omega_1 t + \phi_1) + X_2 \cos(\omega_2 t + \phi_2) \end{aligned} \tag{11.111}$$

Es ist praktisch, x(t) auf eine alternative Weise auszudrücken:

$$\begin{aligned} x(t) &= \tfrac{1}{2}(X_1 + X_2)(\cos(\omega_1 t + \phi_1) + \cos(\omega_2 t + \phi_2)) \\ &+ \tfrac{1}{2}(X_1 - X_2)(\cos(\omega_1 t + \phi_1) - \cos(\omega_2 t + \phi_2)) \end{aligned} \tag{11.112}$$

und die Summen in ein Produkt umzuwandeln:

$$\begin{aligned} x(t) &= (X_1 + X_2)\cos\left(\tfrac{\omega_1+\omega_2}{2}t - \tfrac{\phi_1+\phi_2}{2}\right) \\ &\times \cos\left(\tfrac{\omega_1-\omega_2}{2}t - \tfrac{\phi_1-\phi_2}{2}\right) \\ &-(X_1 - X_2)\sin\left(\tfrac{\omega_1+\omega_2}{2}t - \tfrac{\phi_1+\phi_2}{2}\right) \\ &\times \sin\left(\tfrac{\omega_1-\omega_2}{2}t - \tfrac{\phi_1-\phi_2}{2}\right) \end{aligned} \tag{11.113}$$

Diese Gleichung kann besser ausgedrückt werden als:

$$\begin{aligned} x(t) &= (X_1 + X_2)\cos(\Omega_1 t - \Phi_1)\cos(\Omega_2 t - \Phi_2) \\ &-(X_1 - X_2)\sin(\Omega_1 t - \Phi_1)\sin(\Omega_2 t - \Phi_2) \end{aligned} \tag{11.114}$$

wenn wir die folgenden Notationen verwenden.

$$\Omega_1 = \tfrac{\omega_1+\omega_2}{2} \qquad \Omega_2 = \tfrac{\omega_1-\omega_2}{2} \tag{11.115}$$

$$\Phi_1 = \tfrac{\phi_1+\phi_2}{2} \qquad \Phi_2 = \tfrac{\phi_1-\phi_2}{2} \tag{11.116}$$

Abb. 11.22 zeigt ein Beispiel für ein Diagramm von x(t) für

$$\begin{aligned} X_1 &= 1 \qquad X_2 = 0.8 \qquad \omega_1 = 10 \\ \omega_2 &= 11 \qquad \phi_1 = 0 \qquad \phi_2 = 0 \end{aligned} \tag{11.117}$$

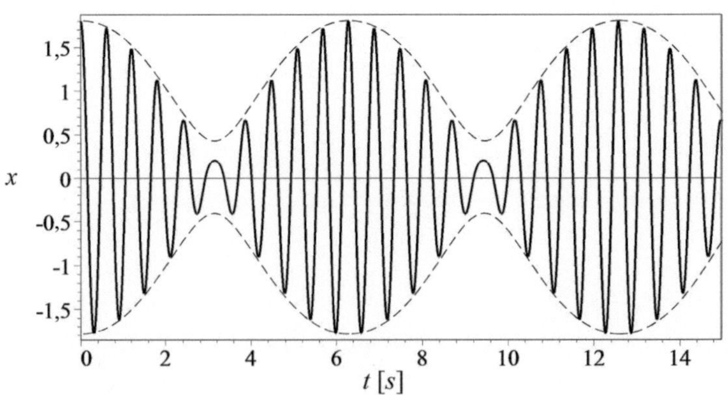

Abb. 11.22 Schlagphänomene

Die Auslenkung $x(t)$ zeigt eine Oszillation zwischen $X_1 + X_2$ und $X_1 - X_2$, mit der höheren Frequenz Ω_1 innerhalb einer Hülle, die mit der niedrigeren Frequenz Ω_2 oszilliert. Dieses Verhalten wird als **Schlagen** bezeichnet.

Wenn $X_1 = X_2 = X$, dann gilt:

$$x(t) = 2X \cos(\Omega_1 t - \Phi_1) \cos(\Omega_2 t - \Phi_2) \tag{11.118}$$

was bei jeder halben Periode $T = 2\pi/\Omega_2$ null wird.

11.3.2 Anregung der Basis

Abb. 11.23 zeigt ein eindimensionales, durch die Basis angeregtes Schwingungssystem mit einer Masse m, das durch eine Feder k und einen Dämpfer c gestützt wird. Das über die Basis angeregte System ist ein gutes Modell für Fahrwerksysteme oder jegliche Ausrüstung, die auf einer Schwingenden Grundplatte montiert ist. Die absolute Bewegung von m in Bezug auf seine Gleichgewichtsposition wird durch die Koordinate x gemessen. Eine sinusförmige Anregungsbewegung

$$y = Y \sin \omega t \tag{11.119}$$

wird auf die Basis der Aufhängung angewendet und bringt das System zum Schwingen.

Die Bewegungsgleichung für das System kann durch eine der folgenden Gleichungen für die absolute Auslenkung x

$$m\ddot{x} + c\dot{x} + kx = cY\omega \cos \omega t + kY \sin \omega t \tag{11.120}$$

$$\ddot{x} + 2\xi\omega_n \dot{x} + \omega_n^2 x = 2\xi\omega_n \omega Y \cos \omega t + \omega_n^2 Y \sin \omega t \tag{11.121}$$

oder durch eine der folgenden Gleichungen für die relative Auslenkung z ausgedrückt werden:

$$m\ddot{z} + c\dot{z} + kz = m\omega^2 Y \sin \omega t \tag{11.122}$$

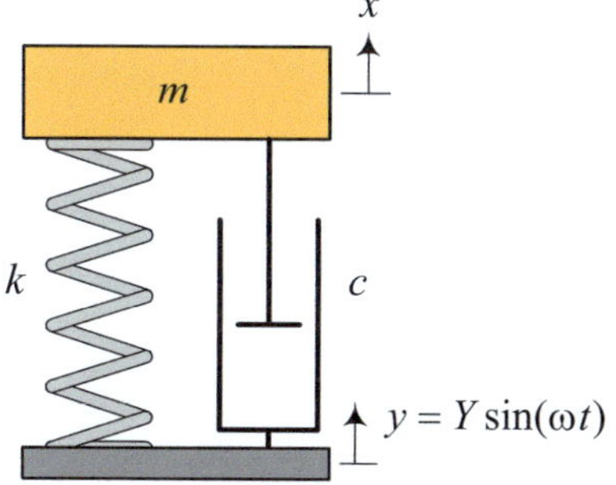

Abb. 11.23 Ein harmonisch durch die Basis angeregtes Ein-Freiheitsgrad-System

$$\ddot{z} + 2\xi\omega_n\,\dot{z} + \omega_n^2\,z = \omega^2\,Y\sin\omega t \tag{11.123}$$

$$z = x - y \tag{11.124}$$

Die Bewegungsgleichungen erzeugen die folgenden absoluten und relativen Frequenzantworten:

$$x = A_2\sin\omega t + B_2\cos\omega t \tag{11.125}$$

$$= X\sin\left(\omega t - \varphi_x\right) \tag{11.126}$$

$$z = A_3\sin\omega t + B_3\cos\omega t \tag{11.127}$$

$$= Z\sin\left(\omega t - \varphi_z\right) \tag{11.128}$$

Die Frequenzantwort von x hat eine Amplitude X, und die Frequenzantwort von z hat eine Amplitude Z:

$$\frac{X}{Y} = \frac{\sqrt{1+(2\xi r)^2}}{\sqrt{\left(1-r^2\right)^2+(2\xi r)^2}} \tag{11.129}$$

$$\frac{Z}{Y} = \frac{r^2}{\sqrt{\left(1-r^2\right)^2+(2\xi r)^2}} \tag{11.130}$$

mit den folgenden Phasen ϕ_x und ϕ_z für x und z:

$$\varphi_x = \tan^{-1}\frac{2\xi r^3}{1-r^2+(2\xi r)^2} \tag{11.131}$$

$$\varphi_z = \tan^{-1}\frac{2\xi r}{1-r^2} \tag{11.132}$$

Die Phase ϕ_x zeigt die *Winkelverzögerung* der Antwort x in Bezug auf die Anregung y. Die Frequenzantworten für X, Z und ϕ_x als Funktion von r und ξ sind in den Abb. 11.24, 11.25 und 11.26dargestellt.

Beweis Die Methode von Newton und das Freikörperbild des Systems, wie in Abb. 11.27 dargestellt, erzeugen die Bewegungsgleichung

$$m\ddot{x} = -c\left(\dot{x} - \dot{y}\right) - k(x - y) \tag{11.133}$$

welche nach dem Einsetzen von (11.119) die Bewegungsgleichung (11.120) ergibt. Gl. (11.120) kann zu (11.121) umgeformt werden, indem man durch m teilt und die Definitionen (11.67)–(11.69) für die Eigenfrequenz und das Dämpfungsverhältnis verwendet.

Eine praktische Antwort für ein über die Basis angeregtes System ist die relative Auslenkung:

$$z = x - y \tag{11.134}$$

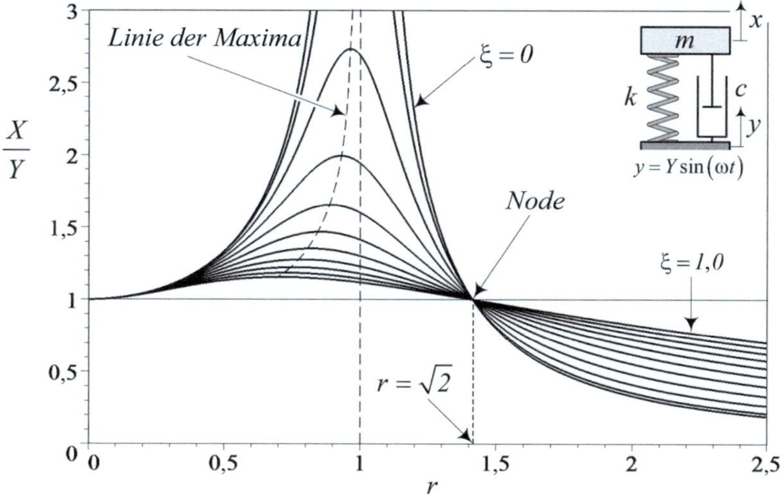

Abb. 11.24 Die Positionsfrequenzantwort für $\frac{X}{Y}$

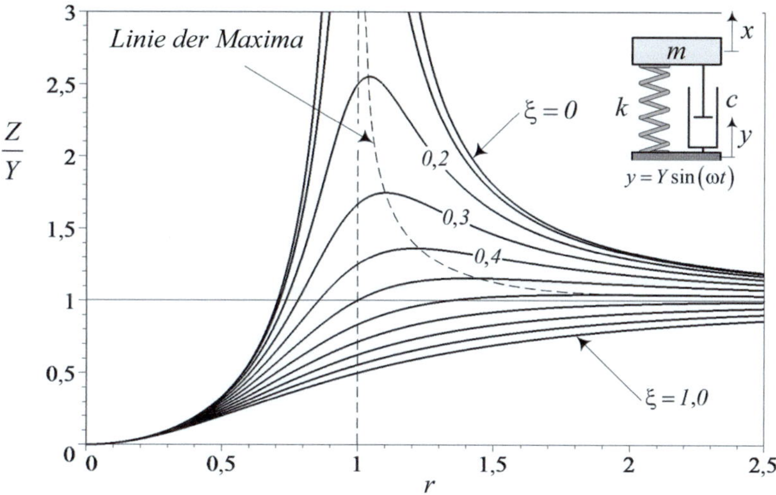

Abb. 11.25 Die Frequenzantwort für $\frac{Z}{Y}$

Relative Auslenkung ist wichtig, weil wir für jedes mechanische Gerät, das auf einer Aufhängung montiert ist, wie z. B. eine Fahrzeugkarosserie, die maximale oder minimale Entfernung zwischen der Basis und dem Gerät kontrollieren müssen. Ableitungen aus (11.134):

$$\ddot{z} = \ddot{x} - \ddot{y} \tag{11.135}$$

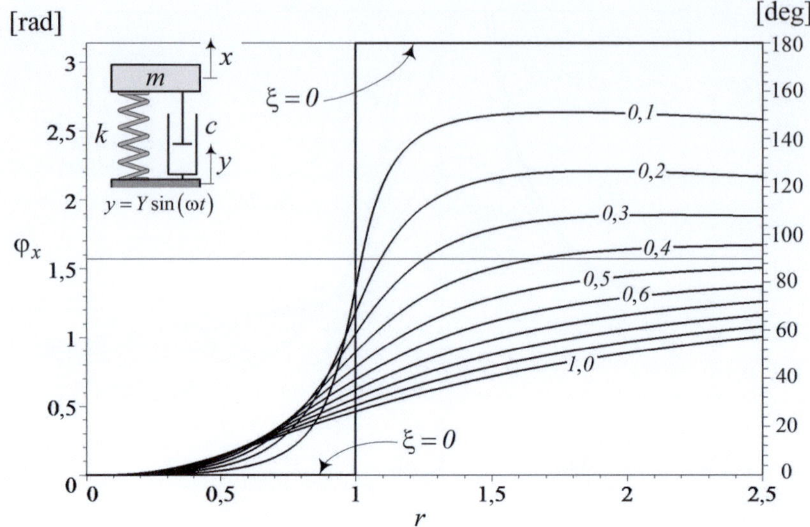

Abb. 11.26 Die Frequenzantwort für ϕ_x

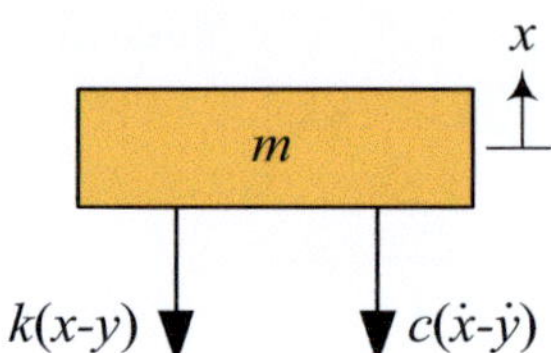

Abb. 11.27 Ein harmonisch angeregtes Ein-Freiheitsgrad-System

und Einsetzen in (11.133):

$$m\,(\ddot{z}+\ddot{y}) = -c\,\dot{z} - kz \tag{11.136}$$

kann in die Gl. (11.122) und (11.123) umgewandelt werden.

Die stationäre Lösung der Gl. (11.120) kann (11.125) oder (11.126) sein. Um die Amplitude und Phase der Antwort zu finden, setzen wir die Lösung (11.125) in die Bewegungsgleichung ein:

$$\begin{aligned} &-m\omega^2(A_2 \sin \omega t + B_2 \cos \omega t) + c\omega(A_2 \cos \omega t - B_2 \sin \omega t) \\ &+k(A_2 \sin \omega t + B_2 \cos \omega t) = cY\omega \cos \omega t + kY \sin \omega t \end{aligned} \tag{11.137}$$

Die Koeffizienten der Funktionen sin ωt und cos ωt müssen auf beiden Seiten der Gleichung ausgeglichen sein:

$$kA_2 - mA_2\omega^2 - cB_2\omega = Yk \tag{11.138}$$

$$kB_2 - m\omega^2 B_2 + c\omega A_2 = Yc\omega \tag{11.139}$$

Daher finden wir zwei algebraische Gleichungen zur Berechnung von A_2 und B_2:

$$\begin{bmatrix} k - m\omega^2 & -c\omega \\ c\omega & k - m\omega^2 \end{bmatrix} \begin{bmatrix} A_2 \\ B_2 \end{bmatrix} = \begin{bmatrix} Yk \\ Yc\omega \end{bmatrix} \tag{11.140}$$

Die Lösung für die Koeffizienten A_2 und B_2

$$\begin{aligned} \begin{bmatrix} A_2 \\ B_2 \end{bmatrix} &= \begin{bmatrix} k - m\omega^2 & -c\omega \\ c\omega & k - m\omega^2 \end{bmatrix}^{-1} \begin{bmatrix} Yk \\ Yc\omega \end{bmatrix} \\ &= \begin{bmatrix} \dfrac{k\left(k - m\omega^2\right) + c^2\omega^2}{\left(k - m\omega^2\right)^2 + c^2\omega^2} Y \\ \dfrac{c\omega\left(k - m\omega^2\right) - ck\omega}{\left(k - m\omega^2\right)^2 + c^2\omega^2} Y \end{bmatrix} \end{aligned} \tag{11.141}$$

liefert uns die stationäre Lösung (11.125).

Die Amplitude X und Phase ϕ_x können durch

$$X = \sqrt{A_2^2 + B_2^2} \tag{11.142}$$

$$\tan \varphi_x = \frac{-B_2}{A_2} \tag{11.143}$$

gefunden werden, was nach Einsetzen von A_2 und B_2 aus (11.141) zu den folgenden Lösungen führt:

$$X = \frac{\sqrt{k^2 + c^2\omega^2}}{\sqrt{\left(k - m\omega^2\right)^2 + c^2\omega^2}} Y \tag{11.144}$$

$$\tan \varphi_x = \frac{-cm\omega^3}{k\left(k - m\omega^2\right) + c^2\omega^2} \tag{11.145}$$

Praktischere Ausdrücke für X und ϕ_x sind die Gl. (11.129) und (11.131), die durch Verwendung von r und ξ gefunden werden können.

Um die relative Auslenkungsfrequenzantwort (11.130) zu finden, setzen wir Gl.(11.127) in (11.122) ein:

$$\begin{aligned} &-m\omega^2(A_3 \sin \omega t + B_3 \cos \omega t) + c\omega(A_3 \cos \omega t - B_3 \sin \omega t) \\ &+k(A_3 \sin \omega t + B_3 \cos \omega t) = m\omega^2\, Y \sin \omega t \end{aligned} \tag{11.146}$$

Durch Abgleichen der Koeffizienten der Funktionen sin ωt und cos ωt:

$$kA_2 - mA_2\omega^2 - cB_2\omega = m\omega^2\, Y \tag{11.147}$$

$$kB_2 - m\omega^2 B_2 + c\omega A_2 = 0 \tag{11.148}$$

erhalten wir zwei algebraische Gleichungen, um A_3 und B_3 zu finden:

$$\begin{bmatrix} k - m\omega^2 & -c\omega \\ c\omega & k - m\omega^2 \end{bmatrix} \begin{bmatrix} A_3 \\ B_3 \end{bmatrix} = \begin{bmatrix} m\omega^2\, Y \\ 0 \end{bmatrix} \tag{11.149}$$

Die Lösung für die Koeffizienten A_3 und B_3

$$\begin{bmatrix} A_3 \\ B_3 \end{bmatrix} = \begin{bmatrix} k - m\omega^2 & -c\omega \\ c\omega & k - m\omega^2 \end{bmatrix}^{-1} \begin{bmatrix} m\omega^2 Y \\ 0 \end{bmatrix} = \begin{bmatrix} \dfrac{m\omega^2\left(k - m\omega^2\right)}{\left(k - m\omega^2\right)^2 + c^2\omega^2} Y \\ -\dfrac{mc\omega^3}{\left(k - m\omega^2\right)^2 + c^2\omega^2} Y \end{bmatrix} \tag{11.150}$$

liefert die stationäre Lösung (11.127). Die Amplitude Z und die Phase ϕ_z können durch

$$Z = \sqrt{A_3^2 + B_3^2} \tag{11.151}$$

$$\tan\varphi_z = \tfrac{-B_3}{A_3} \tag{11.152}$$

gefunden werden, was nach Einsetzen von A_3 und B_3 aus (11.150) Folgendes ergibt:

$$Z = \frac{m\omega^2}{\sqrt{\left(k - m\omega^2\right)^2 + c^2\omega^2}} Y \tag{11.153}$$

$$\tan\varphi_z = \tfrac{c\omega}{k - m\omega^2} \tag{11.154}$$

Ein praktischerer Ausdruck für Z und ϕ_z sind die Gl. (11.130) und (11.132). ▪

Beispiel 455 *Ein angeregtes Basissystem*

Betrachten Sie ein Masse-Feder-Dämpfer-System mit

$$m = 2\,\mathrm{kg} \qquad k = 100.000\,\mathrm{N/\,m} \qquad c = 100\,\mathrm{N\,s/\,m} \tag{11.155}$$

Wenn eine harmonische Anregung y, mit

$$y = 0,002 \sin 350t \tag{11.156}$$

der Basis auf das System angewendet wird, dann sind die absolute und relative stationäre Amplitude der Schwingungen der Masse, X und Z:

$$X = \frac{Y\sqrt{1 + (2\xi r)^2}}{\sqrt{\left(1 - r^2\right)^2 + (2\xi r)^2}} = 1{,}9573 \times 10^{-3}\,\mathrm{m} \tag{11.157}$$

$$Z = \frac{Yr^2}{\sqrt{\left(1 - r^2\right)^2 + (2\xi r)^2}} = 9{,}589 \times 10^{-4}\,\mathrm{m} \tag{11.158}$$

weil:

$$\omega_n = \sqrt{\tfrac{k}{m}} = 223{,}61\,\mathrm{rad/\,s} \approx 35{,}6\,\mathrm{Hz} \tag{11.159}$$

$$\xi = \frac{c}{2\sqrt{km}} = 0{,}1118 \tag{11.160}$$

$$r = \frac{\omega}{\omega_n} = 1{,}5652 \tag{11.161}$$

Die Phasen ϕ_x und ϕ_z für x und z sind:

$$\varphi_x = \tan^{-1} \frac{2\xi r^3}{1-r^2+(2\xi r)^2} = 0{,}489\,\text{rad} \approx 28{,}02\,\text{deg} \tag{11.162}$$

$$\varphi_z = \tan^{-1} \frac{2\xi r}{1-r^2} = 1{,}8585\,\text{rad} \approx 106{,}48\,\text{deg} \tag{11.163}$$

Daher können die stationären Schwingungen der Masse m durch die folgenden Funktionen ausgedrückt werden:

$$x = 1{,}9573 \times 10^{-3} \sin(350t - 0{,}489) \tag{11.164}$$

$$z = 9{,}589 \times 10^{-4} \sin(350t - 1{,}8585) \tag{11.165}$$

Beispiel 456 *Vergleich zwischen Frequenzantworten*

Ein Vergleich zeigt, dass Gl. (11.130) gleich Gl. (11.94) ist und daher die relative Frequenzantwort $\frac{Z}{Y}$ für ein basisangeregtes System, die gleiche ist wie die Beschleunigungsfrequenzantwort $\frac{\ddot{X}}{F/m}$ für ein kraftangeregtes System. Auch ein Diagramm für ϕ_z ist das gleiche wie das in Abb. 11.17.

Der Vergleich der Gl. (11.129) und (11.99) zeigt, dass die Amplitudenfrequenzantwort eines basisangeregten Systems $\frac{X}{Y}$ die gleiche ist wie die übertragene Kraftfrequenzantwort eines harmonisch kraftangeregten Systems $\frac{F_T}{F}$. Allerdings sind die Phasen dieser beiden Antworten unterschiedlich.

Beispiel 457 *Absolute Geschwindigkeit und Beschleunigung eines basisangeregten Systems*

Mit der Positionsfrequenzantwort eines basisangeregten Systems:

$$x = A_2 \sin\omega t + B_2 \cos\omega t = X \sin(\omega t - \varphi_x) \tag{11.166}$$

können wir die Geschwindigkeits- und Beschleunigungsfrequenzantworten berechnen:

$$\begin{aligned} \dot{x} &= A_2\omega \cos\omega t - B_2\omega \sin\omega t = X\omega \cos(\omega t - \varphi_x) \\ &= \dot{X} \cos(\omega t - \varphi_x) \end{aligned} \tag{11.167}$$

$$\begin{aligned} \ddot{x} &= -A_2\omega^2 \sin\omega t - B_2\omega^2 \cos\omega t = -X\omega^2 \sin(\omega t - \varphi_x) \\ &= \ddot{X} \sin(\omega t - \varphi_x) \end{aligned} \tag{11.168}$$

Die Amplitude der Geschwindigkeits- und Beschleunigungsfrequenzantworten $\dot{X}$ und $\ddot{X}$ sind:

$$\dot{X} = \frac{\omega\sqrt{k^2 + c^2\omega^2}}{\sqrt{\left(k - m\omega^2\right)^2 + c^2\omega^2}} Y \tag{11.169}$$

$$\ddot{X} = \frac{\omega^2 \sqrt{k^2 + c^2\omega^2}}{\sqrt{\left(k - m\omega^2\right)^2 + c^2\omega^2}} Y \tag{11.170}$$

die wie folgt geschrieben werden können:

$$\frac{\dot{X}}{\omega_n Y} = \frac{r\sqrt{1+(2\xi r)^2}}{\sqrt{\left(1-r^2\right)^2+(2\xi r)^2}} \tag{11.171}$$

$$\frac{\ddot{X}}{\omega_n^2 Y} = \frac{r^2\sqrt{1 + (2\xi r)^2}}{\sqrt{\left(1 - r^2\right)^2 + (2\xi r)^2}}. \tag{11.172}$$

*Die Geschwindigkeits- und Beschleunigungsfrequenzantworten (*11.171*) und (*11.172*) sind in den Abb.* 11.28 *und* 11.29 dargestellt.

Es gibt einen Punkt in beiden Figuren, genannt der **Umschaltpunkt** *oder* **Knoten,** *an dem das Verhalten von $\dot{X}$ und $\ddot{X}$ als Funktion von ξ wechselt. Vor dem Knoten steigen $\dot{X}$und $\ddot{X}$ mit zunehmendem ξ, während sie nach dem Knoten abnehmen. Um den Knoten zu finden, können wir den Schnittpunkt zwischen den Frequenzantwortkurven für $\xi = 0$ und $\xi = \infty$ finden. Wir wenden diese Methode auf die Beschleunigungsfrequenzantwort an:*

$$\lim_{\xi \to 0} \frac{\ddot{X}}{\omega_n^2 Y} = \pm \frac{r^2}{\left(1 - r^2\right)} \tag{11.173}$$

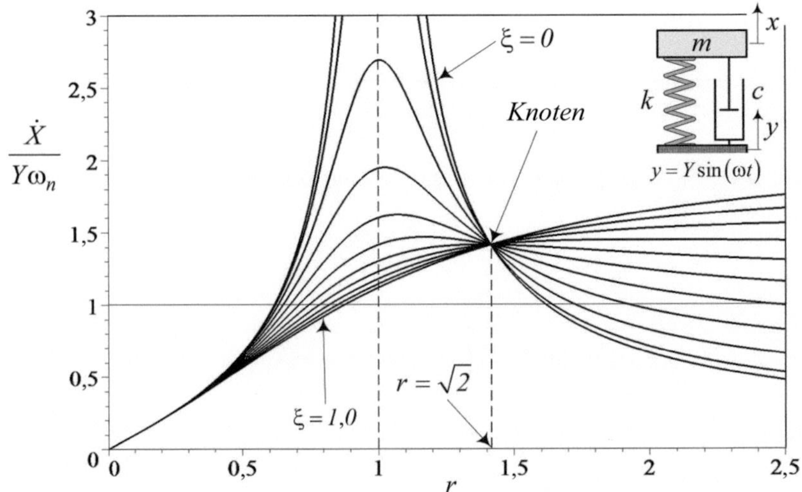

Abb. 11.28 Die Geschwindigkeitsfrequenzantwort von basisangeregten Systemen

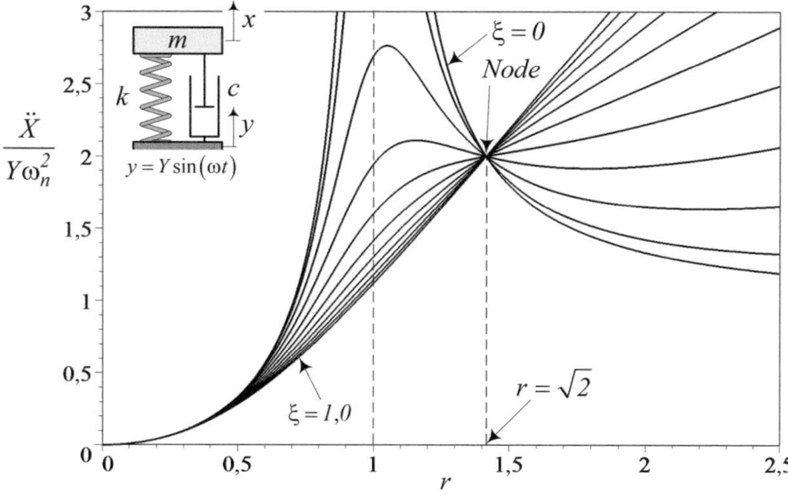

Abb. 11.29 Die Beschleunigungsfrequenzantwort von basisangeregten Systemen

$$\lim_{\xi \to \infty} \frac{\ddot{X}}{\omega_n^2 Y} = \pm r^2 \tag{11.174}$$

Daher ist das Frequenzverhältnis r am Schnittpunkt dieser beiden Grenzen die Lösung der Gl.

$$r^2\left(r^2 - 2\right) = 0 \tag{11.175}$$

Die Knotenfrequenzantwort ist dann gleich:

$$r = \sqrt{2} \tag{11.176}$$

Der Wert der Beschleunigungsfrequenzantwort am Knoten ist keine Funktion von ξ:

$$\lim_{r \to \sqrt{2}} \frac{\ddot{X}}{\omega_n^2 Y} = \frac{2\sqrt{8\xi^2 + 1}}{\sqrt{8\xi^2 + 1}} = 2 \tag{11.177}$$

Die Anwendung der gleichen Methode für die Geschwindigkeitsfrequenzantwort ergibt das gleiche Knotenfrequenzverhältnis $r = \sqrt{2}$. Allerdings ist der Wert der Frequenzantwort am Knoten unterschiedlich:

$$\lim_{r \to \sqrt{2}} \frac{\dot{X}}{\omega_n Y} = \sqrt{2}\frac{\sqrt{8\xi^2 + 1}}{\sqrt{8\xi^2 + 1}} = \sqrt{2} \tag{11.178}$$

Beispiel 458 *Relative Geschwindigkeit und Beschleunigung eines angeregten Systems*

Wir können die relative Auslenkungsfrequenzantwort eines angeregten Systems verwenden:

$$z = A_3 \sin \omega t + B_3 \cos \omega t = Z \sin(\omega t - \varphi_z) \tag{11.179}$$

und die relative Geschwindigkeits- und Beschleunigungsfrequenzantworten berechnen:

$$\begin{aligned} \dot{z} &= A_3 \omega \cos \omega t - B_3 \omega \sin \omega t = Z\omega \cos(\omega t - \varphi_z) \\ &= \dot{Z} \cos(\omega t - \varphi_z) \end{aligned} \tag{11.180}$$

$$\begin{aligned} \ddot{z} &= -A_3 \omega^2 \sin \omega t - B_3 \omega^2 \cos \omega t = -Z\omega^2 \sin(\omega t - \varphi_z) \\ &= \ddot{Z} \sin(\omega t - \varphi_z) \end{aligned} \tag{11.181}$$

Die Amplitude der Geschwindigkeits- und Beschleunigungsfrequenzantworten $\dot{Z}$ und $\ddot{Z}$

$$\dot{Z} = \frac{m\omega^3}{\sqrt{\left(k - m\omega^2\right)^2 + c^2\omega^2}} Y \tag{11.182}$$

$$\ddot{Z} = \frac{m\omega^4}{\sqrt{\left(k - m\omega^2\right)^2 + c^2\omega^2}} Y \tag{11.183}$$

kann geschrieben werden als:

$$\frac{\dot{Z}}{\omega_n Y} = \frac{r^3}{\sqrt{\left(1 - r^2\right)^2 + (2\xi r)^2}} \tag{11.184}$$

$$\frac{\ddot{Z}}{\omega_n^2 Y} = \frac{r^4}{\sqrt{\left(1 - r^2\right)^2 + (2\xi r)^2}} \tag{11.185}$$

Beispiel 459 *Auf die Basis eines basisangeregten Systems übertragene Kraft*

Die durch ein basisangeregtes System auf die Basis übertragene Kraft f_T, wie in Abb. 11.23 *dargestellt, entspricht der Summe der Kräfte in der Feder und dem Dämpfer:*

$$f_T = f_k + f_c = k(x - y) + c(\dot{x} - \dot{y}) \tag{11.186}$$

*was aufgrund der Bewegungsgleichung (*11.133*) ebenfalls gleich*

$$f_T = -m\ddot{x} \tag{11.187}$$

*ist. Ersetzt man $\ddot{x}$ aus (*11.168*) und (*11.172*) zeigt sich, dass die Frequenzantwort der übertragenen Kraft geschrieben werden kann als:*

$$\frac{F_T}{kY} = \frac{\omega^2\sqrt{k^2 + c^2\omega^2}}{\sqrt{\left(k - m\omega^2\right)^2 + c^2\omega^2}} = \frac{r^2\sqrt{1 + (2\xi r)^2}}{\sqrt{\left(1 - r^2\right)^2 + (2\xi r)^2}} \tag{11.188}$$

Die Frequenzantwort von $\frac{F_T}{kY}$ *ist die gleiche wie in Abb.* 11.29 *dargestellt.*

Beispiel 460 ⋆ *Linie der Maxima in X/Y*

Der Spitzenwert der absoluten Auslenkungsfrequenzantwort X/Y tritt bei unterschiedlichen r auf, abhängig von ξ. Um diese Beziehung zu finden, nehmen wir eine Ableitung von X/Y, gegeben in Gl. (11.129)*, in Bezug auf r und lösen die Gleichung:*

$$\frac{d}{dr}\frac{X}{Y} = \frac{2r\left(1 - r^2 - 2r^4\xi^2\right)}{\sqrt{1 + 4r^2\xi^2}\left(\left(1 - r^2\right)^2 + (2\xi r)^2\right)^{\frac{3}{2}}} = 0 \tag{11.189}$$

Wir wollen die Maximalamplitude mit $X_{\max}$ *und die zugehörige Frequenz mit* $r_{\max}$ *bezeichnen. Der Wert von* $r_{\max}^2$ *ist:*

$$r_{\max}^2 = \frac{1}{4\xi^2}\left(-1 \pm \sqrt{1 + 8\xi^2}\right) \tag{11.190}$$

welches nur eine Funktion von ξ ist.
Das Einsetzen des positiven Vorzeichens von (11.190) *in* (11.129) *bestimmt die maximale Amplitude* $X_{\max}$:

$$\frac{X_{\max}}{Y} = \frac{2\sqrt{2}\xi^2\sqrt[4]{8\xi^2 + 1}}{\sqrt{8\xi^2 + \left(8\xi^4 - 4\xi^2 - 1\right)\sqrt{8\xi^2 + 1} + 1}} \tag{11.191}$$

Abb. 11.30 *zeigt* $X_{\max}$ *und* $r_{\max}$ *als Funktion von ξ.*

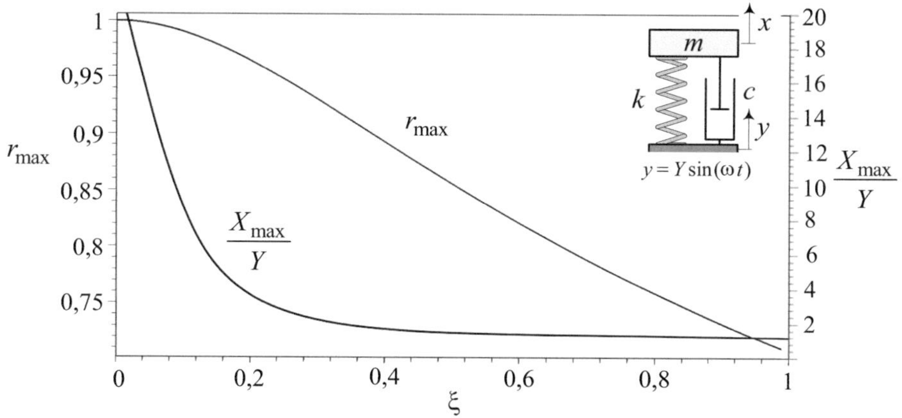

Abb. 11.30 Die Maximalamplitude $X_{\max}$ und die zugehörige Frequenz $r_{\max}$ als Funktion von ξ

Beispiel 461 ⋆ *Linie der Maxima in Z/Y*

Der Maximalwert der relativen Auslenkungsfrequenzantwort Z/Y tritt bei $r > 1$ auf, abhängig von ξ. Um diese Beziehung zu finden, nehmen wir eine Ableitung von Z/Y, gegeben in Gl. (11.130)*, in Bezug auf r und lösen die Gleichung:*

$$\frac{d}{dr}\frac{Z}{Y} = \frac{2r\left(1 - r^2 - 2r^4\xi^2\right)}{\left(\left(1 - r^2\right)^2 + (2\xi r)^2\right)^{\frac{3}{2}}} = 0 \tag{11.192}$$

Lassen Sie uns die Maximalamplitude mit Z_{max} und die zugehörige Frequenz mit r_{max} bezeichnen. Der Wert von r_{max}^2 ist

$$r_{max}^2 = \frac{1}{\sqrt{1 - 2\xi^2}} \tag{11.193}$$

der reell ist für

$$\xi < \frac{\sqrt{2}}{2} \tag{11.194}$$

Ersetzen von (11.193) *in* (11.130) *bestimmt die Maximalamplitude Z_{max}:*

$$\frac{Z_{max}}{Y} = \frac{1}{2\xi\sqrt{1 - 2\xi^2}} \tag{11.195}$$

Als Beispiel: Die maximale Amplitude eines Systems mit

$$\begin{aligned} m &= 2\,\mathrm{kg} \qquad & k &= 100.000\,\mathrm{N/m} \qquad & c &= 100\,\mathrm{N\,s/m} \\ \omega_n &= 223{,}61\,\mathrm{rad/s} \qquad & \xi &= 0{,}1118 \qquad & Y &= 0{,}002\,\mathrm{m} \end{aligned} \tag{11.196}$$

ist

$$Z_{max} = \frac{Y}{2\xi\sqrt{1 - 2\xi^2}} = 9{,}0585 \times 10^{-3}\,\mathrm{m} \tag{11.197}$$

die auftritt bei:

$$r_{max} = \frac{1}{\sqrt[4]{1 - 2\xi^2}} = 1{,}0063 \tag{11.198}$$

11.3.3 Exzentrische Anregung

Abb. 11.31 zeigt ein exzentrisch angeregtes Schwingungssystem mit einem Freiheitsgrad und mit einer Masse m, das durch eine Feder k und einen Dämpfer c

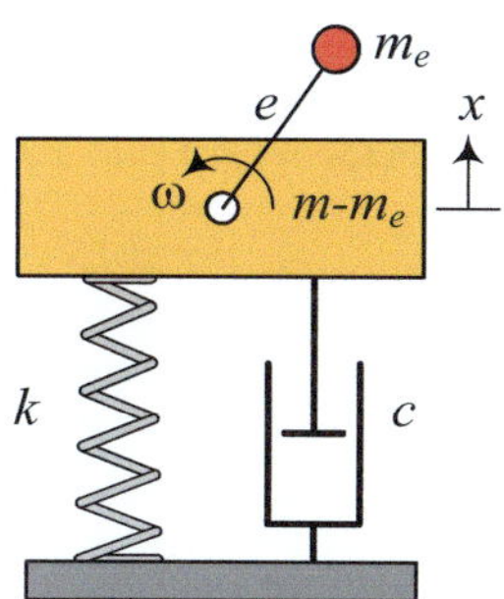

Abb. 11.31 Ein exzentrisch angeregtes Ein-Freiheitsgrad-System

gestützt wird. Es gibt eine Unwuchtmasse m_e in einem Abstand e, die mit einer Winkelgeschwindigkeit ω rotiert. Ein exzentrisch angeregtes Schwingungssystem ist ein gutes Modell für die Schwingungsanalyse des Motors eines Fahrzeugs oder eines beliebigen Rotationsmotors, der auf einer stationären Basis mit einer flexiblen Aufhängung montiert ist.

Die absolute Bewegung von m in Bezug auf seine Gleichgewichtsposition wird durch die Koordinate x gemessen. Wenn die seitliche Bewegung von m geschützt ist, wird eine harmonische Anregungskraft

$$f_x = m_e e \omega^2 \sin \omega t \tag{11.199}$$

auf m angewendet und bringt das System zum Schwingen. Die Entfernung e wird als *Exzentrizität* bezeichnet und m_e wird als *exzentrische Masse* bezeichnet.

Die Bewegungsgleichung für das System ist:

$$m\ddot{x} + c\dot{x} + kx = m_e e \omega^2 \sin \omega t \tag{11.200}$$

oder:

$$\ddot{x} + 2\xi\omega_n \dot{x} + \omega_n^2 x = \varepsilon e \omega^2 \sin \omega t \tag{11.201}$$

$$\varepsilon = \frac{m_e}{m} \tag{11.202}$$

Die absoluten Auslenkungsantworten des Systems sind:

$$x = A_4 \sin \omega t + B_4 \cos \omega t \tag{11.203}$$

$$= X \sin(\omega t - \varphi_e) \tag{11.204}$$

welche folgende Amplitude X und Phasen ϕ_e haben:

$$\frac{X}{e\varepsilon} = \frac{r^2}{\sqrt{\left(1 - r^2\right)^2 + (2\xi r)^2}} \tag{11.205}$$

$$\varphi_e = \tan^{-1} \frac{2\xi r}{1 - r^2} \tag{11.206}$$

Phase ϕ_e zeigt die Winkelverzögerung der Antwort x in Bezug auf die Anregung $m_e e\omega^2 \sin\omega t$. Die Frequenzantworten für X und ϕ_e als Funktion von r und ξ sind in den Abb. 11.32 und 11.33 dargestellt.

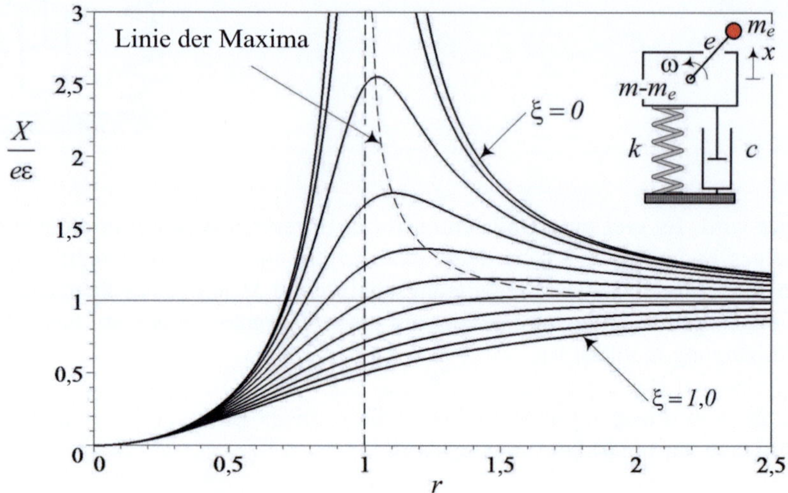

Abb. 11.32 Die Positionsfrequenzantwort für $\frac{X}{e\varepsilon}$

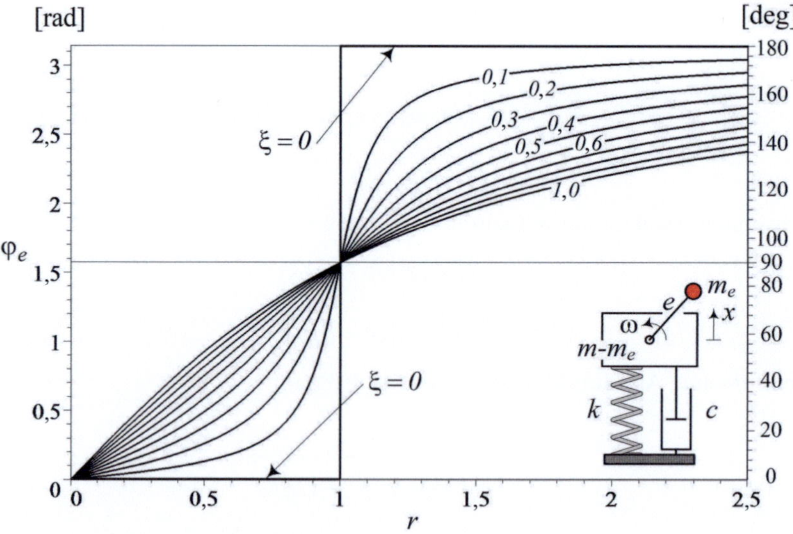

Abb. 11.33 Die Frequenzantwort für ϕ_e

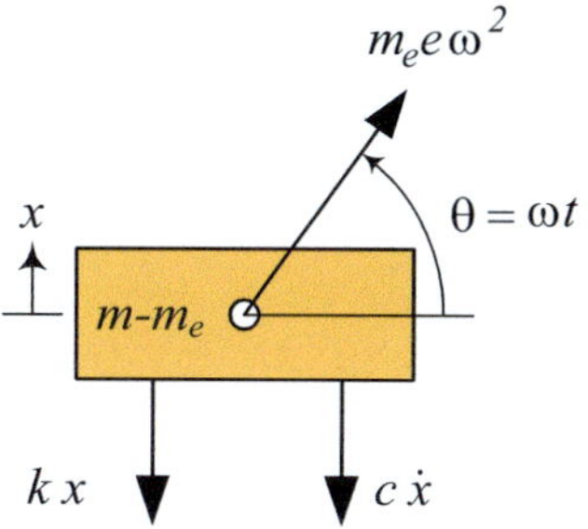

Abb. 11.34 Freikörperbild eines exzentrisch angeregten Ein-Freiheitsgrad-Systems

Beweis Die Verwendung des Freikörperbildes des Systems, wie in Abb. 11.34 dargestellt, und die Anwendung von Newtons Methode in der x-Richtung erzeugen die Bewegungsgleichung

$$m\ddot{x} = -c\dot{x} - kx + m_e e\omega^2 \sin \omega t \tag{11.207}$$

Gl. (11.200) kann in (11.201) umgewandelt werden, indem man durch m teilt und die folgenden Definitionen für Eigenfrequenz, Dämpfungsverhältnis und Frequenzverhältnis verwendet:

$$\omega_n = \sqrt{\frac{k}{m}} \tag{11.208}$$

$$\xi = \frac{c}{2\sqrt{km}} \tag{11.209}$$

$$r = \frac{\omega}{\omega_n} \tag{11.210}$$

Der Parameter $\varepsilon = \frac{m_e}{m}$ wird als *Massenverhältnis* bezeichnet und gibt das Verhältnis zwischen der exzentrischen Masse m_e und der Gesamtmasse m an.

Die stationäre Lösung der Gl. (11.200) kann (11.203) oder (11.204) sein. Um die Amplitude und Phase der Antwort zu finden, setzen wir die Lösung (11.203) in die Bewegungsgleichung ein:

$$\begin{aligned} &-m\omega^2(A_4 \sin \omega t + B_4 \cos \omega t) + c\omega(A_4 \cos \omega t - B_4 \sin \omega t) \\ &+k(A_4 \sin \omega t + B_4 \cos \omega t) = m_e e\omega^2 \sin \omega t \end{aligned} \tag{11.211}$$

Die Koeffizienten der Funktionen sinω t und cosω t müssen auf beiden Seiten der Gleichung ausgeglichen sein:

$$kA_4 - mA_4\omega^2 - cB_4\omega = m_e e\omega^2 \tag{11.212}$$

$$kB_4 - m\omega^2 B_4 + c\omega A_4 = 0 \tag{11.213}$$

Daher finden wir zwei algebraische Gleichungen zur Berechnung von A_4 und B_4:

$$\begin{bmatrix} k - \omega^2 m & -c\omega \\ c\omega & k - \omega^2 m \end{bmatrix} \begin{bmatrix} A_4 \\ B_4 \end{bmatrix} = \begin{bmatrix} e\omega^2 m_e \\ 0 \end{bmatrix} \tag{11.214}$$

Die Lösung für die Koeffizienten A_4 und B_4

$$\begin{aligned}\begin{bmatrix} A_4 \\ B_4 \end{bmatrix} &= \begin{bmatrix} k-\omega^2 m & -c\omega \\ c\omega & k-\omega^2 m \end{bmatrix}^{-1} \begin{bmatrix} e\omega^2 m_e \\ 0 \end{bmatrix} \\ &= \begin{bmatrix} \dfrac{k-m\omega^2-\omega^2 m_e}{\left(k-\omega^2 m\right)^2+c^2\omega^2} e\omega^2 m_e \\ \dfrac{-c\omega}{\left(k-\omega^2 m\right)^2+c^2\omega^2} e\omega^2 m_e \end{bmatrix}\end{aligned} \tag{11.215}$$

liefert uns die stationäre Lösung (11.203).

Die Amplitude X und Phase ϕ_e sind:

$$X = \sqrt{A_4^2+B_4^2} \tag{11.216}$$

$$\tan\varphi_e = \frac{-B_4}{A_4} \tag{11.217}$$

welche, nach dem Ersetzen von A_4 und B_4 aus (11.215) zu den folgenden Lösungen führt:

$$X = \frac{\omega^2 e m_e}{\sqrt{\left(k-m\omega^2\right)^2+c^2\omega^2}} \tag{11.218}$$

$$\tan\varphi_e = \frac{c\omega}{k-m\omega^2} \tag{11.219}$$

Praktischere Ausdrücke für X und ϕ_e sind Gl. (11.205) und (11.206), die durch Verwendung von r und ξ gefunden werden können. ▪

Beispiel 462 *Ein exzentrisch angeregtes System*

Betrachten Sie einen Motor mit einer Masse m:

$$m = 110\,\mathrm{kg} \tag{11.220}$$

der von vier Motorlagern unterstützt wird, die jeweils die folgende äquivalente Steifigkeit und Dämpfung aufweisen:

$$k = 100.000\,\mathrm{N/\,m} \qquad c = 1000\,\mathrm{N\,s/\,m} \tag{11.221}$$

Der Motor läuft mit

$$\omega = 5000\ rpm \approx 523{,}60\,\mathrm{rad/\,s} \approx 83{,}333\,\mathrm{Hz} \tag{11.222}$$

und den folgenden exzentrischen Parametern:

$$m_e = 0{,}001\,\mathrm{kg} \qquad e = 0{,}12\,\mathrm{m} \tag{11.223}$$

Die Eigenfrequenz ω_n, das Dämpfungsverhältnis ξ, das Massenverhältnis ε des Systems und das Frequenzverhältnis r sind:

$$\omega_n = \sqrt{\frac{k}{m}} = \sqrt{\frac{400.000}{110}} = 60{,}302\,\mathrm{rad/\,s} \approx 9{,}6\,\mathrm{Hz} \tag{11.224}$$

$$\xi = \frac{c}{2\sqrt{km}} = 0{,}30151 \tag{11.225}$$

$$\varepsilon = \frac{m_e}{m} = \frac{0{,}001}{110} = 9{,}0909 \times 10^{-6} \tag{11.226}$$

$$r = \frac{\omega}{\omega_n} = \frac{523{,}60}{60{,}302} = 8{,}683 \tag{11.227}$$

Die Amplitude der Motorschwingung ist:

$$X = \frac{r^2 e\varepsilon}{\sqrt{\left(1 - r^2\right)^2 + (2\xi r)^2}} = 1{,}1028 \times 10^{-6}\,\mathrm{m} \tag{11.228}$$

Wenn jedoch die Geschwindigkeit des Motors bei der Eigenfrequenz des Systems liegt:

$$\omega = 576{,}0\ rpm \approx 60{,}302\,\mathrm{rad/\,s} \approx 9{,}6\,\mathrm{Hz} \tag{11.229}$$

dann erhöht sich die Amplitude der Motorschwingung auf:

$$X = \frac{r^2 e\varepsilon}{\sqrt{\left(1 - r^2\right)^2 + (2\xi r)^2}} = 1{,}8091 \times 10^{-6}\,\mathrm{m} \tag{11.230}$$

Beispiel 463 *Exzentrisch anregende Systeme*

Alle rotierenden Maschinen wie Motoren, Turbinen, Generatoren und Drehmaschinen können Unvollkommenheiten in ihren rotierenden Komponenten haben oder eine unregelmäßige Massenverteilung aufweisen, die dynamische Unwuchten erzeugt. Wenn die unausgeglichenen Komponenten rotieren, wird eine exzentrische Last auf die Struktur ausgeübt. Die Last kann in zwei senkrechte harmonische Kräfte in der Rotationsebene in laterale und normale Richtungen der Aufhängung zerlegt werden. Wenn die laterale Kraftkomponente durch eine Reaktion ausgeglichen wird, liefert die normale Komponente eine harmonisch variable Kraft mit einer Amplitude, die von der Exzentrizität $m_e e$. abhängt. Unausgeglichene rotierende Maschinen sind eine häufige Quelle der Anregung.

Beispiel 464 *Geschwindigkeit und Beschleunigung eines exzentrisch angeregten Systems*

Mit der Positionsfrequenzantwort eines exzentrisch angeregten Systems

$$x = A_4 \sin\omega t + B_4 \cos\omega t = X \sin(\omega t - \varphi_e) \tag{11.231}$$

können wir die Geschwindigkeits- und Beschleunigungsfrequenzantworten finden:

$$\begin{aligned} \dot{x} &= A_4\omega \cos\omega t - B_4\omega \sin\omega t = X\omega \cos(\omega t - \varphi_e) \\ &= \dot{X} \cos(\omega t - \varphi_e) \end{aligned} \tag{11.232}$$

$$\begin{aligned} \ddot{x} &= -A_4\omega^2 \sin\omega t - B_4\omega^2 \cos\omega t = -X\omega^2 \sin(\omega t - \varphi_e) \\ &= \ddot{X} \sin(\omega t - \varphi_e) \end{aligned} \tag{11.233}$$

Die Amplitude der Geschwindigkeits- und Beschleunigungsfrequenzantworten $\dot{X}$, $\ddot{X}$ sind:

$$\frac{\dot{X}}{e\varepsilon} = \frac{\omega^3 e m_e}{\sqrt{\left(k - m\omega^2\right)^2 + c^2\omega^2}} \tag{11.234}$$

$$\frac{\ddot{X}}{e\varepsilon} = \frac{\omega^4 e m_e}{\sqrt{\left(k - m\omega^2\right)^2 + c^2\omega^2}} \tag{11.235}$$

die als

$$\frac{\dot{X}}{e\varepsilon\omega_n} = \frac{r^3}{\sqrt{\left(1-r^2\right)^2+(2\xi r)^2}} \tag{11.236}$$

$$\frac{\ddot{X}}{e\varepsilon\omega_n^2} = \frac{r^4}{\sqrt{\left(1-r^2\right)^2+(2\xi r)^2}} \tag{11.237}$$

geschrieben werden können.

Beispiel 465 *Auf die Basis eines exzentrisch angeregten Systems übertragene Kraft*

Die durch ein exzentrisch angeregtes System übertragene Kraft

$$f_T = F_T \sin\left(\omega t - \varphi_T\right) \tag{11.238}$$

auf den Boden ist gleich der Summe der Kräfte in der Feder und dem Dämpfer.

$$f_T = f_k + f_c = kx + c\dot{x} \tag{11.239}$$

Ersetzen von x und $\dot{x}$ aus (11.203) zeigt, dass:

$$f_T = (kA_4 - c\omega B_4)\sin t\omega + (kB_4 + c\omega A_4)\cos t\omega \tag{11.240}$$

daher ist die Amplitude der übertragenen Kraft:

$$\begin{aligned} F_T &= \sqrt{(kA_4 - c\omega B_4)^2 + (kB_4 + c\omega A_4)^2} \\ &= e\omega^2 m_e \sqrt{\frac{c^2\omega^2+k^2}{\left(k-m\omega^2\right)^2+c^2\omega^2}} \end{aligned} \tag{11.241}$$

Die Frequenzantwort der übertragenen Kraft kann in die folgende angewandte Gleichung vereinfacht werden:

$$\frac{F_T}{e\omega^2 m_e} = \frac{\sqrt{1 + (2\xi r)^2}}{\sqrt{\left(1 - r^2\right)^2 + (2\xi r)^2}} \tag{11.242}$$

11.3.4 ⋆ Exzentrische Anregung der Basis

Abb. 11.35 zeigt ein exzentrisch basisangeregtes Schwingungssystem mit einem Freiheitsgrad und einer Masse m, die von einer Feder k und einem Dämpfer c auf einer Basis mit Masse m_b aufgehängt ist. Die Basis hat eine Unwuchtmasse m_e in einem Abstand e, der mit der Winkelgeschwindigkeit ω rotiert. Das exzentrisch basisangeregte System ist ein gutes Modell für die Schwingungsanalyse verschiedener Geräte, die am Motor eines Fahrzeugs befestigt sind, oder jedes Gerätes, das auf einem Motor mit Drehbewegung montiert ist.

Mit der relativen Bewegung von m bezogen auf die Basis

$$z = x - y \tag{11.243}$$

können wir die Bewegungsgleichung entwickeln als:

$$\frac{mm_b}{m_b + m}\ddot{z} + c\,\dot{z} + kz = \frac{mm_e}{m_b + m}e\omega^2 \sin \omega t \tag{11.244}$$

oder:

$$\ddot{z} + 2\xi\omega_n\,\dot{z} + \omega_n^2\,z = \varepsilon e\omega^2 \sin \omega t \tag{11.245}$$

$$\varepsilon = \frac{m_e}{m_b} \tag{11.246}$$

Die relative Auslenkungsantwort des Systems ist:

$$z = A_5 \sin \omega t + B_5 \cos \omega t \tag{11.247}$$

$$= Z \sin(\omega t - \varphi_b) \tag{11.248}$$

welche eine Amplitude Z und Phasen ϕ_b hat:

$$\frac{Z}{e\varepsilon} = \frac{r^2}{\sqrt{\left(1-r^2\right)^2+(2\xi r)^2}} \tag{11.249}$$

$$\varphi_b = \tan^{-1}\frac{2\xi r}{1-r^2} \tag{11.250}$$

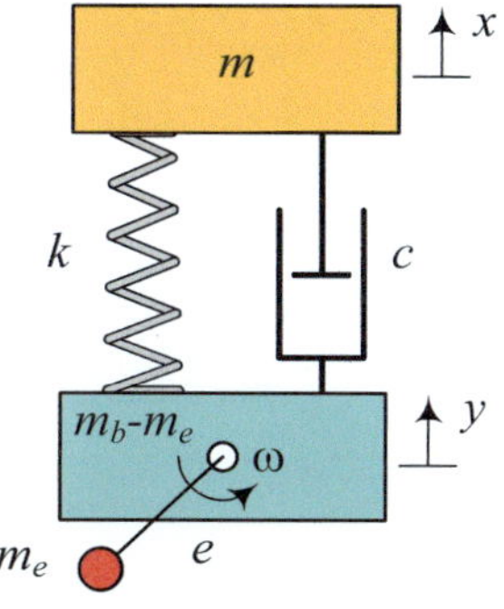

Abb. 11.35 Ein exzentrisch basisangeregtes Ein-Freiheitsgrad-System

Die Frequenzantworten für Z und ϕ_b als Funktionen von r und ξ sind in den Abb. 11.36 und 11.37 dargestellt.

Beweis Das in Abb. 11.38 gezeigte Freikörperbild, zusammen mit Newtons Methode in der x-Richtung, kann verwendet werden, um die Bewegungsgleichung zu finden.

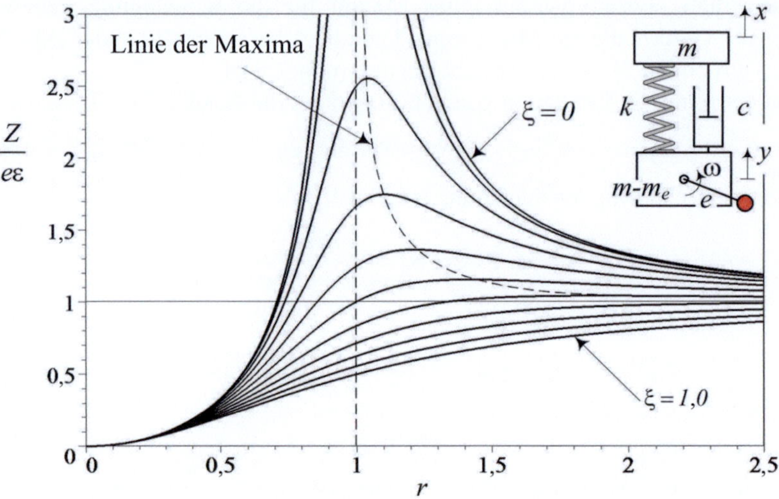

Abb. 11.36 Die Positionsfrequenzantwort für $\frac{Z}{e\varepsilon}$

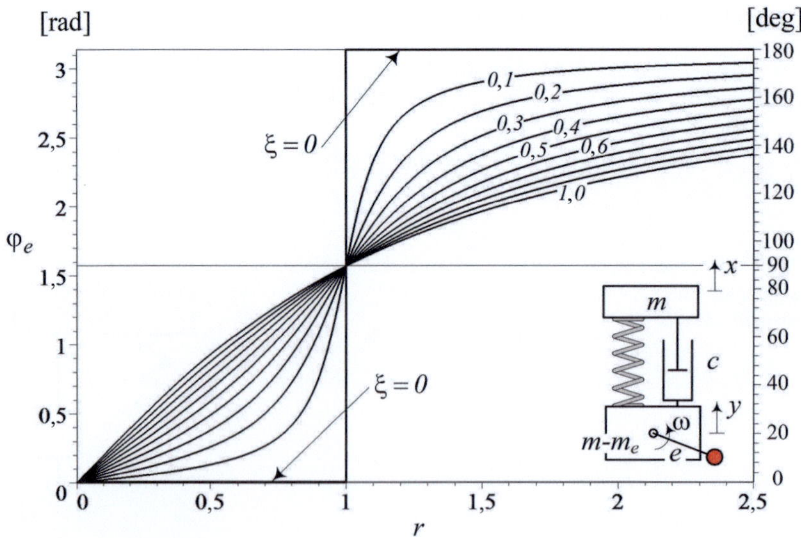

Abb. 11.37 Die Frequenzantwort für ϕ_b

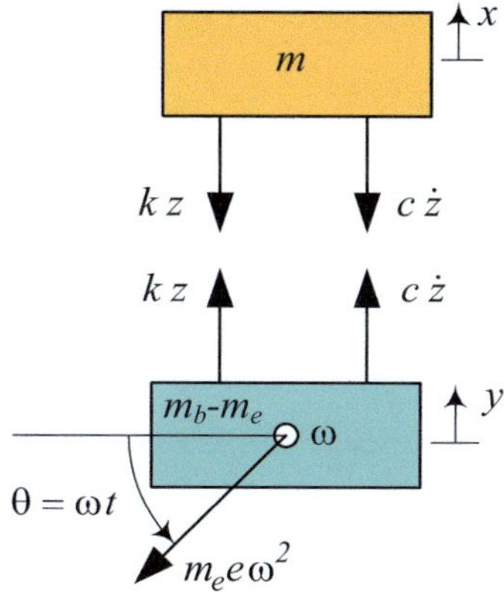

Abb. 11.38 Freikörperbild eines exzentrisch basierten Ein-Freiheitsgrad-Systems

$$m\ddot{x} = -c(\dot{x} - \dot{y}) - k(x - y) \tag{11.251}$$

$$m_b\ddot{y} = c(\dot{x} - \dot{y}) + k(x - y) - m_e e\omega^2 \sin \omega t \tag{11.252}$$

Unter Verwendung von $z = x - y$ und

$$\ddot{z} = \ddot{x} - \ddot{y} \tag{11.253}$$

können wir die Gl. (11.251) und (11.252) kombinieren, um die Gleichung der relativen Bewegung zu finden:

$$\frac{mm_b}{m_b + m}\ddot{z} + c\,\dot{z} + kz = \frac{mm_e}{m_b + m}e\omega^2 \sin \omega t \tag{11.254}$$

Die Gl. (11.254) kann in (11.245) umgewandelt werden, wenn wir sie durch $\frac{mm_b}{m_b+m}$ teilen und die folgenden Definitionen verwenden:

$$\xi = \frac{c}{2\sqrt{k\dfrac{mm_b}{m_b + m}}} \tag{11.255}$$

$$\omega_n = \sqrt{k\frac{m_b+m}{mm_b}} \tag{11.256}$$

Der Parameter $\varepsilon = \frac{m_e}{m_b}$ wird als *Massenverhältnis* bezeichnet und gibt das Verhältnis zwischen der exzentrischen Masse m_e und der gesamten Basismasse m_b an.

Die stationäre Lösung der Gl. (11.245) kann (11.247) sein. Um die Amplitude und Phase der Antwort zu finden, setzen wir die Lösung in die Bewegungsgleichung ein:

$$\begin{aligned} &-\omega^2(A_5 \sin \omega t + B_5 \cos \omega t) + 2\xi\,\omega_n\omega(A_5 \cos \omega t - B_5 \sin \omega t) \\ &+\omega_n^2(A_5 \sin \omega t + B_5 \cos \omega t) = \varepsilon e\omega^2 \sin \omega t \end{aligned} \tag{11.257}$$

Die Koeffizienten der Funktionen $\sin\omega\, t$ und $\cos\omega\, t$ müssen auf beiden Seiten der Gleichung ausgeglichen sein:

$$\omega_n^2 A_5 - \omega^2 A_5 - 2\xi \omega\omega_n B_5 = \varepsilon\omega^2 e \quad (11.258)$$

$$2\xi A_5 \omega\omega_n - B_5\omega^2 + B_5\omega_n^2 = 0 \quad (11.259)$$

Daher finden wir zwei algebraische Gleichungen zur Berechnung von A_5 und B_5:

$$\begin{bmatrix} \omega_n^2 - \omega^2 & -2\xi\omega\omega_n \\ 2\xi\omega\omega_n & \omega_n^2 - \omega^2 \end{bmatrix} \begin{bmatrix} A_5 \\ B_5 \end{bmatrix} = \begin{bmatrix} \varepsilon\omega^2 e \\ 0 \end{bmatrix} \quad (11.260)$$

Die Lösung für die Koeffizienten A_5 und $B_{5:}$

$$\begin{bmatrix} A_5 \\ B_5 \end{bmatrix} = \begin{bmatrix} \omega_n^2 - \omega^2 & -2\xi\omega\omega_n \\ 2\xi\omega\omega_n & \omega_n^2 - \omega^2 \end{bmatrix}^{-1} \begin{bmatrix} \varepsilon\omega^2 e \\ 0 \end{bmatrix} = \begin{bmatrix} \dfrac{\omega_n^2 - \omega^2}{\left(\omega_n^2 - \omega^2\right)^2 + (2\xi\omega\omega_n)^2}\varepsilon\omega^2 e \\ \dfrac{-2\xi\omega\omega_n}{\left(\omega_n^2 - \omega^2\right)^2 + (2\xi\omega\omega_n)^2}\varepsilon\omega^2 e \end{bmatrix} \quad (11.261)$$

liefert die stationäre Lösung (11.245).

Die Amplitude Z und Phase ϕ_b können durch

$$X = \sqrt{A_5^2 + B_5^2} \quad (11.262)$$

$$\tan\varphi_b = \frac{-B_5}{A_5} \quad (11.263)$$

gefunden werden, welche nach dem Einsetzen von A_5 und B_5 aus (11.261) ergibt:

$$Z = \frac{\omega^2 e\varepsilon}{\sqrt{\left(\omega_n^2 - \omega^2\right)^2 + (2\xi\omega\omega_n)^2}} \quad (11.264)$$

$$\tan\varphi_b = \frac{2\xi\omega\omega_n}{\omega_n^2 - \omega^2} \quad (11.265)$$

Gl. (11.264) und (11.265) können zu praktischeren Ausdrücken (11.249) und (11.250) vereinfacht werden, indem $r = \frac{\omega}{\omega_n}$ verwendet wird. ▪

Beispiel 466 ⋆ *Ein exzentrisch angeregtes Basissystem*

Betrachten Sie einen Motor mit einer Masse $m_{\mathrm{b:}}$

$$m_b = 110\,\mathrm{kg} \quad (11.266)$$

und einer Luftansaugvorrichtung mit einer Masse:

$$m = 2\,\mathrm{kg} \quad (11.267)$$

die mit elastischen Halterungen am Motor befestigt ist, mit der folgenden äquivalenten Steifigkeit und Dämpfung:

$$k = 10.000\,\mathrm{N/\,m} \qquad c = 100\,\mathrm{N\,s/\,m} \tag{11.268}$$

Der Motor läuft mit

$$\omega = 576{,}0\ rpm \approx 60{,}302\,\mathrm{rad/\,s} \approx 9{,}6\,\mathrm{Hz} \tag{11.269}$$

und den folgenden exzentrischen Parametern:

$$m_e = 0{,}001\,\mathrm{kg} \qquad e = 0{,}12\,\mathrm{m} \tag{11.270}$$

Die Eigenfrequenz ω_n, das Dämpfungsverhältnis ξ, das Massenverhältnis ε des Systems und das Frequenzverhältnis r sind:

$$\omega_n = \sqrt{k\frac{m_b+m}{mm_b}} = 100\,\mathrm{rad/\,s} \approx 15{,}9\,\mathrm{Hz} \tag{11.271}$$

$$\xi = \frac{c}{2\sqrt{k\dfrac{mm_b}{m_b+m}}} = 0{,}49995 \tag{11.272}$$

$$\varepsilon = \frac{m_e}{m_b} = 9{,}0909 \times 10^{-6} \tag{11.273}$$

$$r = \frac{\omega}{\omega_n} = 0{,}60302 \tag{11.274}$$

Die relative Amplitude der Schwingung des Geräts ist:

$$Z = \frac{e\varepsilon r^2}{\sqrt{\left(1-r^2\right)^2 + (2\xi r)^2}} = 4{,}525 \times 10^{-7}\,\mathrm{m} \tag{11.275}$$

Beispiel 467 ⋆ *Absolute Auslenkung der oberen Masse*
Gl. (11.251)

$$\ddot{x} = -\frac{c}{m}(\dot{x}-\dot{y}) - \frac{k}{m}(x-y) = -\frac{c}{m}\dot{z} - \frac{k}{m}z \tag{11.276}$$

zusammen mit der Lösung (11.247) kann verwendet werden, um die Auslenkungsfrequenzantwort der oberen Masse m im exzentrisch angeregten System, dargestellt in Abb. 11.35, zu berechnen. Unter der Annahme einer stationären Auslenkung:

$$x = A_6 \sin \omega t + B_6 \cos \omega t = X \sin(\omega t - \varphi_{bx}) \tag{11.277}$$

haben wir:

$$\begin{aligned} -\omega^2(A_6 \sin \omega t + B_6 \cos \omega t) &= -\tfrac{c}{m}\dot{z} - \tfrac{k}{m}z \\ &= -\tfrac{c}{m}\omega(A_5 \cos \omega t - B_5 \sin \omega t) \\ &\quad -\tfrac{k}{m}(A_5 \sin \omega t + B_5 \cos \omega t) \\ &= \left(\tfrac{c}{m}\omega B_5 - \tfrac{k}{m}A_5\right) \sin t\omega \\ &\quad +\left(-\tfrac{k}{m}B_5 - \tfrac{c}{m}\omega A_5\right) \cos t\omega \end{aligned} \tag{11.278}$$

und daher:

$$-\omega^2 A_6 = \tfrac{c}{m}\omega B_5 - \tfrac{k}{m} A_5 \tag{11.279}$$

$$-\omega^2 B_6 = -\tfrac{k}{m} B_5 - \tfrac{c}{m}\omega A_5 \tag{11.280}$$

Ersetzen von A_5 *und* B_5 *aus* (11.261) *und Verwendung von*

$$X = \sqrt{A_6^2 + B_6^2} \qquad \tan\varphi_{bx} = \frac{-B_6}{A_6} \tag{11.281}$$

zeigt, dass:

$$A_6 = -\frac{2c\xi\omega^2\omega_n + k\left(\omega_n^2 - \omega^2\right)}{\left(\omega_n^2 - \omega^2\right)^2 + (2\xi\omega\omega_n)^2}\,\frac{1}{m}\varepsilon e \tag{11.282}$$

$$B_6 = \frac{-c\left(\omega_n^2 - \omega^2\right) + 2k\xi\omega_n}{\left(\omega_n^2 - \omega^2\right)^2 + (2\xi\omega\omega_n)^2}\,\frac{1}{m}\varepsilon\omega e \tag{11.283}$$

Die Amplitude X der stationären Schwingung der oberen Masse in einem exzentrisch angeregten System ist:

$$X = \frac{\sqrt{c^2\omega^2 + k^2}}{\sqrt{\left(\omega_n^2 - \omega^2\right)^2 + (2\xi\omega\omega_n)^2}}\,\frac{\varepsilon}{m} e \tag{11.284}$$

11.3.5 ★ Klassifikation für die Frequenzantworten von Systemen mit erzwungenen Schwingungen und einem Freiheitsgrad

Ein harmonisch angeregtes Ein-Freiheitsgrad-System kann eines der vier in Abb. 11.39 dargestellten Systeme sein. Die dimensionslose Amplitude der verschiedenen angewendeten stationären Antworten dieser Systeme entspricht einer der folgenden Gl. (11.285)–(11.292), und die Phase ihrer Bewegung entspricht einer der Gl. (11.293)–(11.296).

$$S_0 = \frac{1}{\sqrt{\left(1 - r^2\right)^2 + (2\xi r)^2}} \tag{11.285}$$

$$S_1 = \frac{r}{\sqrt{\left(1 - r^2\right)^2 + (2\xi r)^2}} \tag{11.286}$$

$$S_2 = \frac{r^2}{\sqrt{\left(1 - r^2\right)^2 + (2\xi r)^2}} \tag{11.287}$$

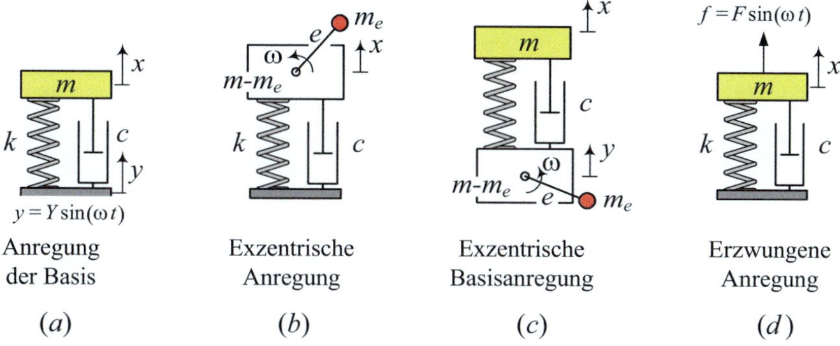

Abb. 11.39 Die vier praktischen Arten von harmonisch angeregten Systemen mit einem Freiheitsgrad: **a**. Basisanregung, **b**. exzentrische Anregung, **c**. exzentrische Basisanregung, **d**. erzwungene Anregung.

$$S_3 = \frac{r^3}{\sqrt{\left(1 - r^2\right)^2 + (2\xi r)^2}} \tag{11.288}$$

$$S_4 = \frac{r^4}{\sqrt{\left(1 - r^2\right)^2 + (2\xi r)^2}} \tag{11.289}$$

$$G_0 = \frac{\sqrt{1 + (2\xi r)^2}}{\sqrt{\left(1 - r^2\right)^2 + (2\xi r)^2}} \tag{11.290}$$

$$G_1 = \frac{r\sqrt{1 + (2\xi r)^2}}{\sqrt{\left(1 - r^2\right)^2 + (2\xi r)^2}} \tag{11.291}$$

$$G_2 = \frac{r^2\sqrt{1 + (2\xi r)^2}}{\sqrt{\left(1 - r^2\right)^2 + (2\xi r)^2}} \tag{11.292}$$

$$\Phi_0 = \tan^{-1} \tfrac{2\xi r}{1-r^2} \tag{11.293}$$

$$\Phi_1 = \tan^{-1} \tfrac{1-r^2}{-2\xi r} \tag{11.294}$$

$$\Phi_2 = \tan^{-1} \tfrac{-2\xi r}{1-r^2} \tag{11.295}$$

$$\Phi_3 = \tan^{-1} \tfrac{2\xi r^3}{\left(1-r^2\right)^2+(2\xi r)^2} \tag{11.296}$$

Die Funktionen S_0 und G_0 sind die Hauptbestandteile aller Amplitudenfrequenzantworten. Um ein Gefühl für das Verhalten verschiedener Antworten zu bekommen, stellen wir sie normalerweise als Funktion von r dar und verwenden ξ als Parameter. Die Masse m, die Steifigkeit k und die Dämpfung c des Systems sind konstant, und daher ist die Anregungsfrequenz ω die einzige Variable. Wir kombinieren m, k, c, ω und definieren zwei Parameter r und ξ, um Frequenzantworten durch Funktionen von zwei Variablen auszudrücken.

Um eine klare Klassifizierung zu entwickeln, lassen Sie uns die Frequenzantworten in Bezug auf die in Abb. 11.39 gezeigten Systeme durch Hinzufügen eines Index angeben und ihre unterschiedlichen Antworten wie folgt ausdrücken:

1. Für ein *Basisanregungssystem* verwenden wir normalerweise die Frequenzantworten der relativen und absoluten Kinematik Z_B, $\dot{Z}_B$, $\ddot{Z}_B$, X_B, $\dot{X}_B$, $\ddot{X}_B$, zusammen mit der übertragenen Kraftfrequenzantwort F_{T_B}.
2. Für ein *exzentrisches Anregungssystem* verwenden wir normalerweise die Frequenzantworten der absoluten Kinematik X_E, $\dot{X}_E$, $\ddot{X}_E$, zusammen mit der übertragenen Kraftfrequenzantwort F_{T_E}.
3. Für ein *exzentrisches Basisanregungssystem* verwenden wir normalerweise die Frequenzantworten der relativen und absoluten Kinematik Z_R, $\dot{Z}_R$, $\ddot{Z}_R$, X_R, $\dot{X}_R$, $\ddot{X}_R$, Y_R, $\dot{Y}_R$, $\ddot{Y}_R$, zusammen mit der übertragenen Kraftfrequenzantwort F_{T_R}.
4. Für ein *erzwungenes Anregungssystem* verwenden wir normalerweise die Frequenzantworten der absoluten Kinematik X_F, $\dot{X}_F$, $\ddot{X}_F$, zusammen mit der übertragenen Kraftfrequenzantwort F_{T_F}

Die Frequenzantwort verschiedener Merkmale der vier Systeme in Abb. 11.39 kann wie folgt zusammengefasst und beschriftet werden:

$$S_0 = \frac{X_F}{F/k} \tag{11.297}$$

$$S_1 = \frac{\dot{X}_F}{F/\sqrt{km}} \tag{11.298}$$

$$S_2 = \frac{\ddot{X}_F}{F/m} = \frac{Z_B}{Y} = \frac{X_E}{e\varepsilon_E} = \frac{Z_R}{e\varepsilon_R} \tag{11.299}$$

$$S_3 = \frac{\dot{Z}_B}{\omega_n Y} = \frac{\dot{X}_E}{e\varepsilon_E\omega_n} = \frac{\dot{Z}_R}{e\varepsilon_R\omega_n} \tag{11.300}$$

$$S_4 = \frac{\ddot{Z}_B}{\omega_n^2 Y} = \frac{\ddot{X}_E}{e\varepsilon_E\omega_n^2} = \frac{\ddot{Z}_R}{e\varepsilon_R\omega_n^2} \tag{11.301}$$

$$G_0 = \frac{F_{T_F}}{F} = \frac{X_B}{Y} \tag{11.302}$$

$$G_1 = \frac{\dot{X}_B}{\omega_n Y} \tag{11.303}$$

$$G_2 = \frac{\ddot{X}_B}{\omega_n^2 Y} = \frac{F_{T_B}}{kY} = \frac{F_{T_E}}{e\omega_n^2 m_e} = \frac{F_{T_R}}{e\omega_n^2 m_e}\left(1 + \frac{m_b}{m}\right) \tag{11.304}$$

Die Abb. A.1– A.8 im Anhang A veranschaulichen die Frequenzantworten, die bei der Analyse und dem Entwurf der Systeme verwendet werden. Der genaue Wert der Antworten sollte jedoch aus den zugehörigen Gleichungen ermittelt werden.

Beweis Die Bewegungsgleichungen für ein harmonisch erzwungenes schwingendes Ein-Freiheitsgrad-System sind immer gleich:

$$m\ddot{q} + c\dot{q} + kq = f(q, \dot{q}, t) \tag{11.305}$$

wobei die Variable q eine allgemeine Koordinate zur Darstellung der absoluten Auslenkung x oder der relativen Auslenkung $z = x - y$ ist. Der erzwingende Term $f(x, \dot{x}, t)$ ist eine harmonische Funktion, die im allgemeinen Fall eine Kombination aus sin ωt und cos ωt sein kann, wobei ω die Anregungsfrequenz ist:

$$f(q, \dot{q}, t) = a \sin \omega t + b \cos \omega t \tag{11.306}$$

Je nach System und der gesuchten Frequenzantwort sind die Koeffizienten a und b null, konstant oder proportional zu ω, ω^2, ω^3, ω^4, $\cdots$, ω^n. Um alle praktischen harmonisch erzwungenen Schwingungssysteme abzudecken, nehmen wir an:

$$a = a_0 + a_1\omega + a_2\omega^2 \tag{11.307}$$

$$b = b_0 + b_1\omega + b_2\omega^2 \tag{11.308}$$

Normalerweise teilen wir die Bewegungsgleichung (11.305) durch m, um sie durch ξ und ω_n auszudrücken:

$$\begin{aligned} \ddot{q} + 2\xi\omega_n\dot{q} + \omega_n^2 q = &\left(A_0 + A_1\omega + A_2\omega^2\right) \sin \omega t \\ &+ \left(B_0 + B_1\omega + B_2\omega^2\right) \cos \omega t \end{aligned} \tag{11.309}$$

wobei:

$$A_0 + A_1\omega + A_2\omega^2 = \frac{1}{m}\left(a_0 + a_1\omega + a_2\omega^2\right) \tag{11.310}$$

$$B_0 + B_1\omega + B_2\omega^2 = \frac{1}{m}\left(b_0 + b_1\omega + b_2\omega^2\right) \tag{11.311}$$

Die Lösung der Bewegungsgleichung ist eine harmonische Antwort mit unbekannten Koeffizienten:

$$q = A \sin \omega t + B \cos \omega t \tag{11.312}$$

$$= Q \sin (\omega t - \varphi) \tag{11.313}$$

Um die stationäre Amplitude der Antwort Q und ihre Phasenverzögerung ϕ

$$Q = \sqrt{A^2 + B^2} \tag{11.314}$$

$$\varphi = \tan^{-1} \frac{-B}{A} \tag{11.315}$$

zu finden, müssen wir die Lösung in die Bewegungsgleichung einsetzen.

$$\begin{aligned} & -\omega^2(A\sin\omega t + B\cos\omega t) + 2\xi\omega_n\omega(A\cos\omega t - B\sin\omega t) \\ & +\omega_n^2(A\sin\omega t + B\cos\omega t) \\ = & \left(A_0 + A_1\omega + A_2\omega^2\right)\sin\omega t + \left(B_0 + B_1\omega + B_2\omega^2\right)\cos\omega t \end{aligned} \tag{11.316}$$

Die Koeffizienten der Funktionen sin ωt und cos ωt müssen auf beiden Seiten der Gleichung ausgeglichen sein:

$$\omega_n^2 A - \omega^2 A - 2\xi\omega\omega_n B = A_0 + A_1\omega + A_2\omega^2 \tag{11.317}$$

$$2\xi A\omega\omega_n - B\omega^2 + B\omega_n^2 = B_0 + B_1\omega + B_2\omega^2 \tag{11.318}$$

Daher finden wir immer zwei algebraische Gleichungen, um A und B zu berechnen:

$$\begin{bmatrix} \omega_n^2 - \omega^2 & -2\xi\omega\omega_n \\ 2\xi\omega\omega_n & \omega_n^2 - \omega^2 \end{bmatrix} \begin{bmatrix} A \\ B \end{bmatrix} = \begin{bmatrix} A_0 + A_1\omega + A_2\omega^2 \\ B_0 + B_1\omega + B_2\omega^2 \end{bmatrix} \tag{11.319}$$

Die Lösung für die Koeffizienten A und B

$$\begin{aligned} \begin{bmatrix} A \\ B \end{bmatrix} & = \begin{bmatrix} \omega_n^2 - \omega^2 & -2\xi\omega\omega_n \\ 2\xi\omega\omega_n & \omega_n^2 - \omega^2 \end{bmatrix}^{-1} \begin{bmatrix} A_0 + A_1\omega + A_2\omega^2 \\ B_0 + B_1\omega + B_2\omega^2 \end{bmatrix} \\ & = \begin{bmatrix} \dfrac{Z_1}{\left(1 - r^2\right)^2 + (2\xi r)^2} \\ \dfrac{Z_2}{\left(1 - r^2\right)^2 + (2\xi r)^2} \end{bmatrix} \end{aligned} \tag{11.320}$$

$$\begin{aligned} Z_1 = & \ 2\xi r \tfrac{1}{\omega_n^2}\left(B_2\omega^2 + B_1\omega + B_0\right) \\ & + \tfrac{1}{\omega_n^2}\left(1 - r^2\right)\left(A_2\omega^2 + A_1\omega + A_0\right) \end{aligned} \tag{11.321}$$

$$\begin{aligned} Z_2 = & \ \tfrac{1}{\omega_n^2}\left(1 - r^2\right)\left(B_2\omega^2 + B_1\omega + B_0\right) \\ & -2\xi r \tfrac{1}{\omega_n^2}\left(A_2\omega^2 + A_1\omega + A_0\right) \end{aligned} \tag{11.322}$$

liefert uns die Amplitude Q und Phase ϕ der stationären Lösung:

$$Q = \sqrt{A^2 + B^2} \tag{11.323}$$

$$\tan\varphi = \tfrac{-B}{A} \tag{11.324}$$

Wir können jede der stationären Antworten S_i und G_i reproduzieren, indem wir die Koeffizienten A_0, A_1, A_2, B_0, B_1 und B_2 richtig einstellen. ▪

Beispiel 468 ⋆ *Basisangeregte Frequenzantworten*

Ein eindimensionales, basisangeregtes Schwingungssystem ist in Abb. 11.23 *dargestellt. Die Gleichung der relativen Bewegung $z = x - y$ mit einer harmonischen Anregung $y = Y \sin\omega t$ ist:*

$$\ddot{z} + 2\xi\omega_n\dot{z} + \omega_n^2 z = \omega^2 Y \sin\omega t \tag{11.325}$$

Diese Gleichung kann aus Gl. (11.309) abgeleitet werden, wenn

$$\begin{array}{lll} A_0 = 0 & A_1 = 0 & A_2 = Y \\ B_0 = 0 & B_1 = 0 & B_2 = 0 \end{array} \tag{11.326}$$

Somit lautet die Frequenzantwort des Systems:

$$Z = Q = \sqrt{A^2 + B^2} = \frac{r^2}{\sqrt{\left(1 - r^2\right)^2 + (2\xi r)^2}} Y \tag{11.327}$$

weil:

$$\begin{bmatrix} A \\ B \end{bmatrix} = \begin{bmatrix} \dfrac{Z_1}{\left(1 - r^2\right)^2 + (2\xi r)^2} \\ \dfrac{Z_2}{\left(1 - r^2\right)^2 + (2\xi r)^2} \end{bmatrix} \tag{11.328}$$

$$Z_1 = r^2\left(1 - r^2\right)Y \tag{11.329}$$

$$Z_2 = 2\xi r^3 Y \tag{11.330}$$

11.4 Zeitverhalten von Schwingungssystemen

Die Bewegungsgleichungen jedes linearen Schwingungssystems, mit denen man seine transiente Antwort untersuchen kann, lauten:

$$[m]\ddot{\mathbf{x}} + [c]\dot{\mathbf{x}} + [k]\mathbf{x} = \mathbf{F} \tag{11.331}$$

$$\mathbf{x}(0) = \mathbf{x}_0 \tag{11.332}$$

$$\dot{\mathbf{x}}(0) = \dot{\mathbf{x}}_0 \tag{11.333}$$

wobei die Massenmatrix $[m]$, die Steifigkeitsmatrix $[k]$ und die Dämpfungsmatrix $[c]$ als konstant angenommen werden. Das Zeitverhalten des Systems ist die Lösung $\mathbf{x} = \mathbf{x}(t)$, $t > 0$ für die Menge von gekoppelten gewöhnlichen Differentialgleichungen. Ein solches Problem wird als *Anfangswertproblem* bezeichnet.

Betrachten Sie ein eindimensionales Schwingungssystem

$$m\ddot{x} + c\dot{x} + kx = f(x, \dot{x}, t) \tag{11.334}$$

mit den Anfangsbedingungen:

$$x(0) = x_0 \tag{11.335}$$

$$\dot{x}(0) = \dot{x}_0 \tag{11.336}$$

Die Koeffizienten m, c, k werden als konstant angenommen, obwohl sie in allgemeineren Problemen Funktionen der Zeit sein können. Die Lösung eines solchen Problems, $x = x(t)$, $t > 0$, ist eindeutig.

Die *Ordnung* einer Gleichung ist die höchste Anzahl von Ableitungen. Bei mechanischen Schwingungen von konzentrierten Modellen arbeiten wir mit einer Reihe von Differentialgleichungen zweiter Ordnung. Wenn $x_1(t)$, $x_2(t)$, $\cdots$, $x_n(t)$, Lösungen einer Gleichung n. Ordnung sind, dann lautet ihre allgemeine Lösung:

$$x(t) = a_1 x_1(t) + a_2 x_2(t) + \cdots + a_n x_n(t). \tag{11.337}$$

Wenn $f = 0$, wird die Gleichung als *homogen* bezeichnet:

$$m\ddot{x} + c\dot{x} + kx = 0 \tag{11.338}$$

sonst ist sie *nicht-homogen.* Die Lösung der nicht-homogenen Gl. (11.334) ist:

$$x(t) = x_h(t) + x_p(t) \tag{11.339}$$

wobei $x_h(t)$ die *homogene Lösung* und $x_p(t)$ die *spezielle Lösung* ist. In der mechanischen Schwingung wird die homogene Gleichung als *freie Schwingung* bezeichnet und ihre Lösung als *Antwort auf freie Schwingung.* Die nicht-homogene Gleichung wird als *erzwungene Schwingung* bezeichnet und ihre Lösung als *Antwort auf erzwungene Schwingung.*

Eine Exponentialfunktion

$$x = e^{\lambda t} \tag{11.340}$$

erfüllt jede homogene lineare Differentialgleichung. Daher ist die homogene Antwort der Gleichung zweiter Ordnung (11.338):

$$x_h(t) = a_1 e^{\lambda_1 t} + a_2 e^{\lambda_2 t} \tag{11.341}$$

wobei die Konstanten a_1 und a_2 von den Anfangsbedingungen abhängen. Die Parameter λ_1 und λ_2 werden als *charakteristische Parameter* oder *Eigenwerte* des Systems bezeichnet. Die Eigenwerte sind die Lösung einer algebraischen Gleichung, genannt *charakteristische Gleichung,* die das Ergebnis der Substitution der Lösung (11.340) in Gl. (11 .338) ist. Die charakteristische Gleichung ist die Bedingung, damit die Lösung (11.340) die Bewegungsgleichung (11.338) erfüllt.

Eine allgemeine spezielle Lösung einer erzwungenen Gleichung ist schwer zu finden, jedoch wissen wir, dass, wenn die erzwungene Funktion $f = f(t)$ eine Kombination der folgenden Funktionen ist:

1. eine Konstante, wie $f = a$,
2. ein Polynom in t, wie $f = a_0 + a_1 t + a_2 t^2 + \cdots + a_n t^n$,
3. eine Exponentialfunktion, wie $f = e^{at}$,
4. eine harmonische Funktion, wie $f = F_1 \sin at + F_2 \cos at$,

dann hat die spezielle Lösung $x_p(t)$ die gleiche Form wie ein erzwungener Term.

1. $x_p(t)$ = eine Konstante, wie zum Beispiel $x_p(t) = C$.
2. $x_p(t)$ = ein Polynom des gleichen Grades, wie zum Beispiel $x_p(t) = C_0 + C_1 t + C_2 t^2 + \cdots + C_n t^n$.

3. $x_p\,(t) =$ eine exponentielle Funktion, wie zum Beispiel $x_p\,(t) = Ce^{at.}$
4. $x_p\,(t) =$ eine harmonische Funktion, wie zum Beispiel $x_p\,(t) = A$ sin $at+$ B cos at.

Wenn das System kraftfrei ist, oder der erzwungene Term nach einer Weile verschwindet, wird die Lösung der Gleichung als *Zeitverhalten* oder *transiente Antwort* bezeichnet. Die Anfangsbedingungen sind bei der transienten Antwort wichtig.

Wenn das System eine Dämpfung aufweist, verschwindet der Effekt der Anfangsbedingungen nach einer Weile sowohl bei transienten als auch bei erzwungenen Schwingungsantworten, und es bleibt eine stationäre Antwort übrig. Wenn der erzwungene Term harmonisch ist, dann wird die stationäre Lösung als Frequenzantwort bezeichnet.

Beispiel 469 *Eine homogene Lösung einer linearen Gleichung zweiter Ordnung*
Betrachten Sie ein System mit der folgenden Bewegungsgleichung:

$$\ddot{x} + \dot{x} - 2x = 0 \qquad x_0 = 1 \qquad \dot{x}_0 = 7 \tag{11.342}$$

Um die Lösung zu finden, setzen wir eine exponentielle Lösung $x = e\lambda^t$ *in die Bewegungsgleichung ein und finden die charakteristische Gleichung:*

$$\lambda^2 + \lambda - 2 = 0 \tag{11.343}$$

Die Eigenwerte sind:

$$\lambda_{1,2} = 1, -2 \tag{11.344}$$

und daher ist die Lösung:

$$x = a_1 e^t + a_2 e^{-2t} \tag{11.345}$$

Nehmen wir die Ableitung

$$\dot{x} = a_1 e^t - 2a_2 e^{-2t} \tag{11.346}$$

und verwenden wir die Anfangsbedingungen

$$1 = a_1 + a_2 \tag{11.347}$$

$$7 = a_1 - 2a_2 \tag{11.348}$$

dann liefern die Konstanten a_1 *und* a_2 *die Lösung* $x = x(t)$*:*

$$a_1 = 3 \qquad a_2 = -2 \tag{11.349}$$

$$x = 3e^t - 2e^{-2t} \tag{11.350}$$

Beispiel 470 *Eigenfrequenz*
Betrachten Sie ein freies Masse-Feder-System wie das in Abb. 11.40 *gezeigte. Das System ist ungedämpft und frei von Anregungskräften, daher ist seine Bewegungsgleichung:*

$$m\ddot{x} + kx = 0 \tag{11.351}$$

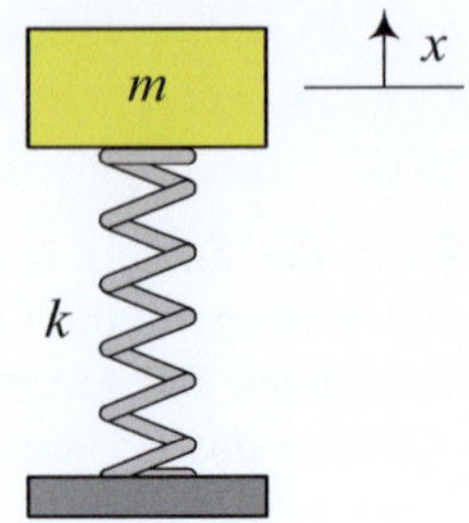

Abb. 11.40 Ein Masse-Feder-System mit einem Freiheitsgrad

Um die Lösung zu finden, setzen wir eine harmonische Lösung mit einer unbekannten Frequenz Ω *an:*

$$x = A \sin \Omega t + B \cos \Omega t \tag{11.352}$$

*Die Substitution von (*11.352*) in (*11.351*) ergibt:*

$$-\Omega^2 m(A \sin \Omega t + B \cos \Omega t) + k(A \sin \Omega t + B \cos \Omega t) = 0 \tag{11.353}$$

was zusammengefasst werden kann als:

$$\left(Bk - Bm\Omega^2\right) \cos \Omega t + \left(Ak - Am\Omega^2\right) \sin \Omega t = 0 \tag{11.354}$$

Die Koeffizienten von $\sin \Omega t$ *und* $\cos \Omega t$ *müssen null sein, und daher gilt:*

$$\Omega = \sqrt{\tfrac{k}{m}} \tag{11.355}$$

$$x = A \sin \sqrt{\tfrac{k}{m}} t + B \cos \sqrt{\tfrac{k}{m}} t \tag{11.356}$$

Die Frequenz $\Omega = \sqrt{k/m}$ *ist die Schwingungsfrequenz eines freien und ungedämpften Masse-Feder-Systems. Sie wird als* ***Eigenfrequenz*** *und insbesondere durch* ω_n *bezeichnet:*

$$\omega_n = \sqrt{\frac{k}{m}} \tag{11.357}$$

Ein System hat so viele Eigenfrequenzen wie es Freiheitsgrade hat.

Beispiel 471 *Freie Schwingung eines Systems mit einem Freiheitsgrad*
Die einfachste Gleichung für freie Schwingungen lautet:

$$m \ddot{x} + c \dot{x} + kx = 0 \tag{11.358}$$

was gleichbedeutend ist mit:

$$\ddot{x} + 2\xi \omega_n \dot{x} + \omega_n^2 x = 0 \tag{11.359}$$

Die Reaktion eines Systems auf freie Schwingungen wird als ***transiente Reaktion*** *(engl. transient response) bezeichnet und hängt ausschließlich von den Anfangsbedingungen* $x_0 = x(0)$ *und* $\dot{x}_0 = \dot{x}(0)$ ab.

*Um die Lösung der linearen Gl. (*11.358*) zu bestimmen, können wir nach einer Lösung in exponentieller Form suchen:*

$$x = A\, e^{\lambda t} \tag{11.360}$$

*Das Einsetzen von (*11.360*) in (*11.359*) liefert die charakteristische Gleichung:*

$$\lambda^2 + 2\xi\omega_n\lambda + \omega_n^2 = 0 \tag{11.361}$$

um die Eigenwerte λ *zu finden*$_{1,2}$:

$$\lambda_{1,2} = -\xi\omega_n \pm \omega_n\sqrt{\xi^2 - 1} \tag{11.362}$$

*Daher ist die allgemeine Lösung für Gl. (*11.359*):*

$$\begin{aligned} x &= A_1\, e^{\lambda_1 t} + A_2\, e^{\lambda_2 t} \\ &= A_1\, e^{\left(-\xi\omega_n + \omega_n\sqrt{\xi^2-1}\right)t} + A_2\, e^{\left(-\xi\omega_n - \omega_n\sqrt{\xi^2-1}\right)t} \\ &= e^{-\xi\omega_n t}\left(A_1\, e^{i\omega_d t} + A_2\, e^{-i\omega_d t}\right) \end{aligned} \tag{11.363}$$

$$\omega_d = \omega_n\sqrt{1 - \xi^2} \tag{11.364}$$

wobei ω_d *als gedämpfte Eigenfrequenz bezeichnet wird.*

Durch Verwendung der Euler-Gleichung

$$e^{i\alpha} = \cos\alpha + i\sin\alpha \tag{11.365}$$

*können wir die Lösung (*11.363*) in die folgenden Formen umwandeln:*

$$x = e^{-\xi\omega_n t}(B_1 \sin\omega_d t + B_2 \cos\omega_d t) \tag{11.366}$$

wobei:

$$x = Be^{-\xi\omega_n t}\sin(\omega_d t + \phi) \tag{11.367}$$

$$B_1 = i(A_1 - A_2) \tag{11.368}$$

$$B_2 = A_1 + A_2 \tag{11.369}$$

$$B = \sqrt{B_1^2 + B_2^2} \tag{11.370}$$

$$\phi = \tan^{-1}\frac{B_2}{B_1} \tag{11.371}$$

Da die Auslenkung x eine reelle physikalische Größe ist, müssen die Koeffizienten B_1 *und* B_2 *in Gl. (*11.366*) ebenfalls reell sein. Dies erfordert, dass* A_1 *und* A_2 *komplex Konjugierte sind. Die Bewegung, die durch Gl. (*11.367*) beschrieben wird,* *besteht aus einer harmonischen Bewegung mit der Frequenz* $\omega_d = \omega_n\sqrt{1-\xi^2}$ *und einer abnehmenden Amplitude* $Be^{-\xi\omega_n t}$.

Beispiel 472 *Untergedämpfte, kritisch gedämpfte und übergedämpfte Systeme*

*Das Zeitverhalten eines gedämpften Ein-Freiheitsgrad-Systems wird durch Gl. (*11.363*) gegeben. Die Lösung kann in Gl. (*11.366*) umgewandelt werden, solange* $\xi < 1$ *ist.*

Der Wert eines Dämpfungsverhältnisses steuert die Art des Zeitverhaltens eines Ein-Freiheitsgrad-Systems. Abhängig vom Wert der Dämpfung gibt es drei Hauptlösungskategorien:

1. *untergedämpft (Schwingfall),*
2. *kritisch gedämpft (aperiodischer Grenzfall),*
3. *übergedämpft (Kriechfall).*

Ein ***untergedämpftes*** *System erscheint, wenn* $\xi < 1$. *Für ein solches System sind die charakteristischen Parameter (*11.362*) komplex Konjugierte:*

$$\lambda_{1,2} = -\xi\omega_n \pm i\omega_n\sqrt{1-\xi^2} \tag{11.372}$$

*und daher kann die allgemeine Lösung (*11.363*)*

$$x = A_1\, e^{\lambda_1 t} + A_2\, e^{\lambda_2 t} \tag{11.373}$$

*in (*11.366*) umgewandelt werden zu:*

$$x = e^{-\xi\omega_n t}(B_1 \sin\omega_d t + B_2 \cos\omega_d t) \tag{11.374}$$

Ein untergedämpftes System hat ein oszillatorisches Zeitverhalten mit abnehmender Amplitude, wie in Abb. 11.41 *für* $\xi = 0{,}15$, $\omega_n = 20\pi$ rad , $x_0 = 1$ *und* $\dot{x}_0 = 0$. *Die Exponentialfunktion* $Xe^{\pm\xi\omega_n t}$ *ist eine Hülle für die Antwortkurve.*

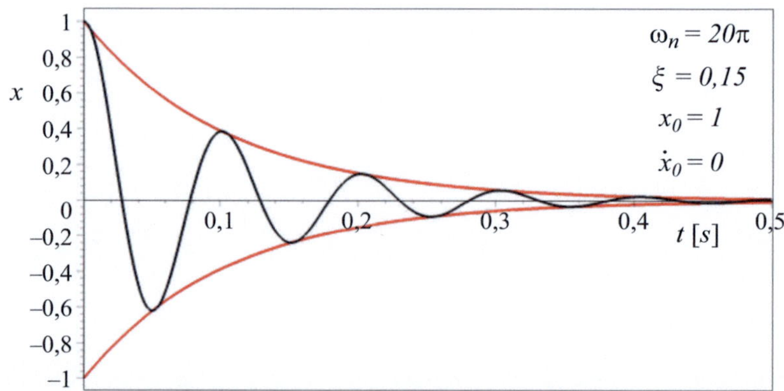

Abb. 11.41 Ein Beispiel-Zeitverhalten für ein untergedämpftes System

*Ein kritisch gedämpftes System liegt vor, wenn $\xi = 1$. Für ein solches System sind die charakteristischen Parameter (*11.362*) gleich*

$$\lambda = \lambda_{1,2} = -\omega_n \tag{11.375}$$

Wenn die charakteristischen Werte gleich sind, wäre ist Zeitverhalten des Systems:

$$x = A_1 \, e^{\lambda t} + A_2 \, t \, e^{\lambda t} \tag{11.376}$$

was gleich ist wie:

$$x = e^{-\xi \omega_n t} (A_1 + A_2 t) \tag{11.377}$$

Abb. 11.42 *zeigt eine kritisch gedämpfte Antwort für $\xi = 1$, $\omega_n = 5\pi$ rad , $x_0 = 1$ und $\dot{x}_0 = 0$.*

*Ein übergedämpftes System liegt vor, wenn $\xi > 1$. Die charakteristischen Parameter (*11.362*) für ein übergedämpftes System sind zwei reelle Zahlen:*

$$\lambda_{1,2} = -\xi \omega_n \pm \omega_n \sqrt{\xi^2 - 1} \tag{11.378}$$

und daher kann die exponentielle Lösung nicht in harmonische Funktionen umgewandelt werden:

$$x = A_1 \, e^{\lambda_1 t} + A_2 \, e^{\lambda_2 t} \tag{11.379}$$

Ausgehend von beliebigen Anfangsbedingungen geht das Zeitverhalten eines übergedämpften Systems exponentiell gegen null. Abb. 11.43 *zeigt eine übergedämpfte Antwort für $\xi = 2$, $\omega_n = 10\pi$ rad , $x_0 = 1$ und $\dot{x}_0 = 0$.*

Beispiel 473 *Freie Schwingung und Anfangsbedingungen*

*Betrachten Sie eine eindimensionale Masse-Feder-Dämpfung in einer freien Schwingung. Die allgemeine Bewegung des Systems, gegeben in Gl. (*11.366*), ist:*

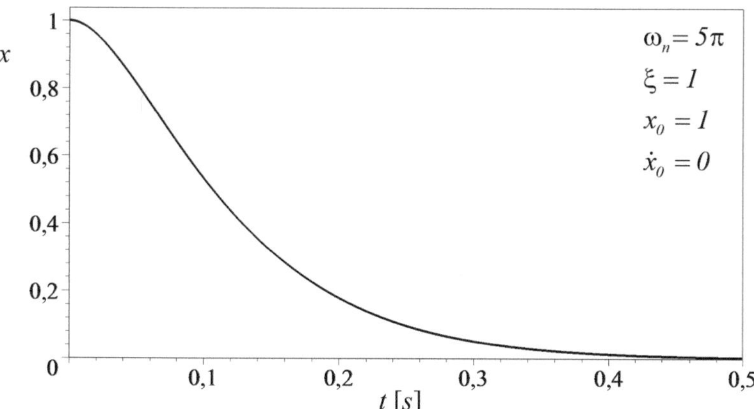

Abb. 11.42 Ein Beispiel-Zeitverhalten für ein kritisch gedämpftes System

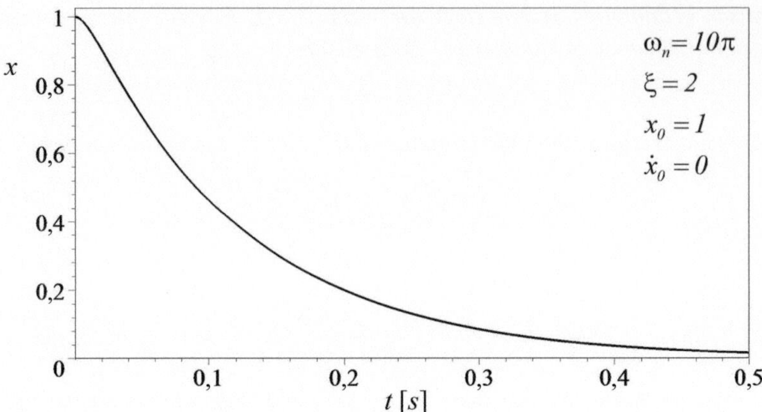

Abb. 11.43 Ein beispielhaftes Zeitverhalten für ein übergedämpftes System

$$x = e^{-\xi\omega_n t}(B_1 \sin \omega_d t + B_2 \cos \omega_d t) \tag{11.380}$$

Wenn die Anfangsbedingungen des Systems

$$x(0) = x_0 \qquad \dot{x}(0) = \dot{x}_0 \tag{11.381}$$

sind, dann gilt:

$$x_0 = B_2 \qquad \dot{x}_0 = -\xi\omega_n B_2 + B_1\omega_d \tag{11.382}$$

und daher:

$$B_1 = \frac{\dot{x}_0 + \xi\omega_n x_0}{\omega_d} \qquad B_2 = x_0 \tag{11.383}$$

*Ersetzen von B_1 und B_2 in Lösung (*11.380*) erzeugt die allgemeine Lösung für freie Schwingung eines Ein-Freiheitsgrad-Systems:*

$$x = e^{-\xi\omega_n t}\left(\frac{\dot{x}_0 + \xi\omega_n x_0}{\omega_d} \sin \omega_d t + x_0 \cos \omega_d t\right) \tag{11.384}$$

Die Lösung kann auch geschrieben werden als:

$$x = e^{-\xi\omega_n t}\left(x_0\left(\cos \omega_d t + \frac{\xi}{\omega_d}\omega_n \sin \omega_d t\right) + \frac{\dot{x}_0}{\omega_d} \sin \omega_d t\right) \tag{11.385}$$

*Wenn die Anfangsbedingungen des Systems in Lösung (*11.367*) eingesetzt werden:*

$$x = Be^{-\xi\omega_n t} \sin\left(\omega_d t + \phi\right) \tag{11.386}$$

dann gilt:

$$x_0 = B \sin \phi \qquad \dot{x}_0 = -B\xi\omega_n \sin \phi + B\omega_d \cos \phi \tag{11.387}$$

Um B und φ zu lösen, können wir schreiben:

$$B = \frac{x_0}{\sin\phi} \qquad \tan\phi = \frac{\omega_d x_0}{\dot{x}_0 + \xi\omega_n x_0} \tag{11.388}$$

und daher:

$$B = \frac{1}{\omega_d}\sqrt{(\omega_d x_0)^2 + (\dot{x}_0 + \xi\omega_n x_0)^2} \tag{11.389}$$

Jetzt wird die Lösung (11.386) zu:

$$\begin{aligned} x = {} & \tfrac{e^{-\xi\omega_n t}}{\omega_d}\sqrt{(\omega_d x_0)^2 + (\dot{x}_0 + \xi\omega_n x_0)^2} \\ & \times \sin\left(\omega_d t + \tan^{-1}\tfrac{\omega_d x_0}{\dot{x}_0 + \xi\omega_n x_0}\right) \end{aligned} \tag{11.390}$$

Beispiel 474 *Freie Schwingung, Anfangsbedingungen und kritische Dämpfung*

Wenn das System kritisch gedämpft ist, dann ist das Zeitverhalten auf freie Schwingungen:

$$x = e^{-\xi\omega_n t}(A_1 + A_2 t) \tag{11.391}$$

Unter Verwendung der Anfangsbedingungen, $x(0) = x_0$, $\dot{x}(0) = \dot{x}_0$, können wir die Koeffizienten A_1 und A_2 wie folgt bestimmen:

$$A_1 = x_0 \qquad A_2 = \dot{x}_0 + \xi\omega_n x_0 \tag{11.392}$$

und daher ist die allgemeine kritisch gedämpfte Antwort:

$$x = e^{-\xi\omega_n t}(x_0 + (\dot{x}_0 + \xi\omega_n x_0)t) \tag{11.393}$$

Beispiel 475 *Freie Schwingung, Anfangsbedingungen und Überdämpfung*

Wenn das System überdämpft ist, dann sind die charakteristischen Parameter $\lambda_{1,2}$ reell und das Zeitverhalten auf freie Schwingungen ist eine reelle Exponentialfunktion:

$$x = A_1\, e^{\lambda_1 t} + A_2\, e^{\lambda_2 t} \tag{11.394}$$

Unter Verwendung der Anfangsbedingungen, $x(0) = x_0$, $\dot{x}(0) = \dot{x}_0$

$$x_0 = A_1 + A_2 \qquad \dot{x}_0 = \lambda_1 A_1 + \lambda_2 A_2 \tag{11.395}$$

können wir die Koeffizienten A_1 und A_2 wie folgt bestimmen:

$$A_1 = \frac{\dot{x}_0 - \lambda_2 x_0}{\lambda_1 - \lambda_2} \qquad A_2 = \frac{\lambda_1 x_0 - \dot{x}_0}{\lambda_1 - \lambda_2} \tag{11.396}$$

Daher ist die allgemeine überdämpfte Antwort:

$$x = \frac{\dot{x}_0 - \lambda_2 x_0}{\lambda_1 - \lambda_2}\, e^{\lambda_1 t} + \frac{\lambda_1 x_0 - \dot{x}_0}{\lambda_1 - \lambda_2}\, e^{\lambda_2 t} \tag{11.397}$$

Beispiel 476 *Arbeit, die von einer harmonischen Kraft ausgeführt wird*

Die Arbeit, die von einer harmonischen Kraft

$$f(t) = F \sin(\omega t + \varphi) \tag{11.398}$$

auf einen Körper ausgeführt wird, mit einer harmonischen Auslenkung von:

$$x(t) = X \sin(\omega t) \tag{11.399}$$

während einer Periode:

$$T = \frac{2\pi}{\omega} \tag{11.400}$$

ist gleich:

$$\begin{aligned} W &= \int_0^{2\pi/\omega} f(t)dx = \int_0^{2\pi/\omega} f(t)\frac{dx}{dt}dt \\ &= FX\omega \int_0^{2\pi/\omega} \sin(\omega t + \varphi)\cos(\omega t)dt \\ &= FX \int_0^{2\pi} \sin(\omega t + \varphi)\cos(\omega t)d(\omega t) \\ &= FX \int_0^{2\pi} \left(\sin\varphi \cos^2\omega t + \cos\varphi \sin\omega t \cos\omega t\right)d(\omega t) \\ &= \pi FX \sin\varphi \end{aligned} \tag{11.401}$$

Die Arbeit W ist eine Funktion der Phase ϕ zwischen f und x. Wenn $\varphi = \frac{\pi}{2}$, dann ist die Arbeit maximal:

$$W_{Max} = \pi F_0 X_0 \tag{11.402}$$

und wenn $\phi = 0$, ist die Arbeit minimal:

$$W_{min} = 0 \tag{11.403}$$

Beispiel 477 ⋆ *Reaktion auf einen Sprunginput*

Ein Sprunginput ist eine Standard- und die wichtigste transiente Anregung, mit der wir schwingende Systeme untersuchen und vergleichen. Betrachten Sie ein lineares System zweiter Ordnung mit der folgenden Bewegungsgleichung:

$$\ddot{x} + 2\xi\omega_n\dot{x} + \omega_n^2 x = f(t) \tag{11.404}$$

$$\xi < 1 \tag{11.405}$$

Ein Sprunginput ist eine plötzliche Änderung der erzwungenen Funktion $f(t)$ von null auf einen konstanten und stabilen Wert. Wenn der Wert eins ist, dann gilt:

$$f(t) = \begin{cases} 1\,\mathrm{N/kg} & t > 0 \\ 0 & t \le 0 \end{cases} \tag{11.406}$$

Diese Anregung wird als ***Einheitssprunginput*** *bezeichnet, und die Reaktion des Systems wird als* ***Einheitssprungantwort*** *bezeichnet. Die Linearität der Bewegungsgleichung garantiert, dass die Reaktion auf einen nicht-Einheitssprunginput proportional zur Einheitssprungantwort ist.*

Betrachten Sie eine Kraftfunktion, die gegeben ist durch:

$$f(t) = \begin{cases} F_0\,\mathrm{N/kg} & t > 0 \\ 0 & t \le 0 \end{cases} \tag{11.407}$$

Die allgemeine Lösung der Gl. (11.404) für (11.407) ist gleich der Summe der homogenen und speziellen Lösungen, $x = x_h + x_p$. Die homogene Lösung wurde durch Gl. (11.363) im Beispiel 471 gegeben. Die spezielle Lösung wäre konstant $x_p = C$, weil die Eingabe konstant $f(t) = F$ ist_0. Setzt man $x_p = C$ in Gl.(11.404) ein, erhält man:

$$C = \frac{F_0}{\omega_n^2} \tag{11.408}$$

Daher ist die allgemeine Lösung der Gl. (11.404):

$$\begin{aligned} x &= x_h + x_p \\ &= \tfrac{F_0}{\omega_n^2} + e^{-\xi\omega_n t}(A\cos\omega_d t + B\sin\omega_d t) \qquad t \geq 0 \end{aligned} \tag{11.409}$$

$$\omega_d = \omega_n\sqrt{1-\xi^2} \tag{11.410}$$

Die Null-Anfangsbedingungen sind am besten geeignet, um das natürliche Verhalten des Systems zu untersuchen. Die Anwendung einer Null-Anfangsbedingung:

$$x(0) = 0 \qquad \dot{x}(0) = 0 \tag{11.411}$$

liefert zwei Gleichungen für A und B:

$$\tfrac{F_0}{\omega_n^2} + A = 0 \tag{11.412}$$

$$\xi\omega_n A + \omega_d B = 0 \tag{11.413}$$

mit den folgenden Lösungen:

$$A = -\frac{F_0}{\omega_n^2} \qquad B = -\frac{\xi F_0}{\omega_d\omega_n} \tag{11.414}$$

Daher ist die Sprungantwort:

$$x = \frac{F_0}{\omega_n^2}\left(1 - e^{-\xi\omega_n t}\left(\cos\omega_d t + \frac{\xi\omega_n}{\omega_d}\sin\omega_d t\right)\right) \tag{11.415}$$

Abb. 11.44 *zeigt einen Sprungeingang für die folgenden numerischen Werte:*

$$\xi = 0{,}3 \qquad \omega_n = 1 \qquad F_0 = 1 \tag{11.416}$$

Es gibt einige Merkmale für eine Sprungantwort: Anstiegszeit t_r Spitzenzeit t_P Spitzenwert x_P Überschwingen $S = x_P - \frac{F_0}{\omega_n^2}$ und Einschwingzeit t_s.

Die Anstiegszeit t_r ist der erste Zeitpunkt, zu dem die Antwort x(t) den Wert des Stufeneingangs erreicht $\frac{F_0}{\omega_n^2}$:

$$t_r = \frac{2}{\omega_d}\tan^{-1}\frac{\xi+1}{\sqrt{1-\xi^2}} \tag{11.417}$$

Die Anstiegszeit kann auch als Kehrwert der größten Steigung der Stufenantwort definiert werden oder als die Zeit, die benötigt wird, um von 10 % auf 90 % des stationären Werts zu gelangen.

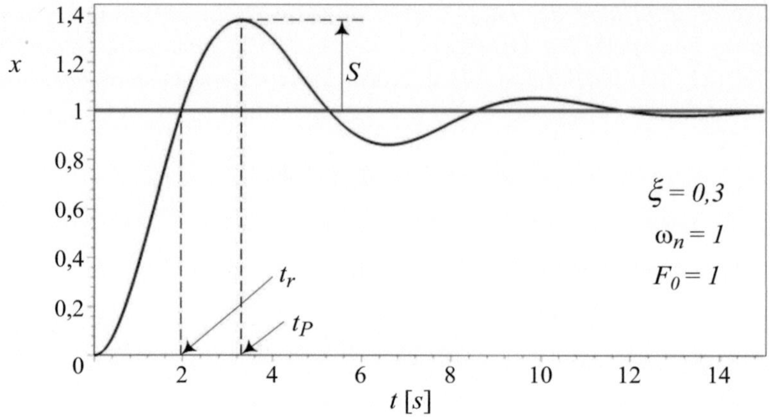

Abb. 11.44 Antwort eines Ein-Freiheitsgrad-Schwingungssystems auf einen Sprungeingang

Die Spitzenzeit tP ist der erste Zeitpunkt, zu dem die Antwort x(t) ihren maximalen Wert erreicht:

$$t_P = \frac{\pi}{\omega_d} \tag{11.418}$$

Der Spitzenwert xP ist der Wert von x(t), wenn t = tP:

$$x_P = \frac{F_0}{\omega_n^2}\left(1 + e^{-\xi\omega_n \frac{\pi}{\omega_d}}\right) = \frac{F_0}{\omega_n^2}\left(1 + e^{-\xi \frac{\pi}{\sqrt{1-\xi^2}}}\right) \tag{11.419}$$

Das Überschwingen S gibt an, wie sehr die Antwort x(t) den Sprungeingang übersteigt:

$$S = x_P - \frac{F_0}{\omega_n^2} = \frac{F_0}{\omega_n^2} e^{-\xi \frac{\pi}{\sqrt{1-\xi^2}}} \tag{11.420}$$

Die Einschwingzeit ts ist per Definition viermal die Zeitkonstante der Exponentialfunktion $e^{-\xi\omega_n t}$*:*

$$t_s = \frac{4}{\xi\omega_n} \tag{11.421}$$

Die Einschwingzeit kann auch als die benötigte Zeit definiert werden, die die Sprungantwort x(t) benötigt, um sich innerhalb eines a ± p%-Fensters des Sprungeingangs einzuschwingen. Der Wert p = 2 wird häufig verwendet:

$$t_s \approx \frac{\ln\left(p\sqrt{1-\xi^2}\right)}{\xi\omega_n} \tag{11.422}$$

*Für die gegebenen Daten in (*11.416*) finden wir die folgenden charakteristischen Werte:*

$$\begin{aligned} t_r &= 1{,}966 \qquad t_P = 3{,}2933 \qquad t_s = 13{,}333 \\ x_P &= 1{,}3723 \qquad S = 0{,}3723 \end{aligned} \tag{11.423}$$

11.5 Anwendung und Messung von Schwingungen

Die messbaren Parameter von Schwingungen, wie Periode T und Amplitude X, können zur Identifizierung mechanischer Eigenschaften des schwingenden Systems verwendet werden. Bei den meisten Mess- und Testmethoden für Schwingungen wird eine instationäre oder harmonisch stationäre Vibration untersucht. Mithilfe von Zeit- und kinematischen Messgeräten messen wir Amplitude und Periode der Antwort und verwenden die analytischen Gleichungen, um die benötigten Daten zu finden.

Beispiel 478 *Bestimmung des Dämpfungsverhältnisses*

Das Dämpfungsverhältnis eines untergedämpften Ein-Freiheitsgrad-Systems kann durch

$$\xi = \frac{1}{\sqrt{4(n-1)^2\pi^2 + \ln^2 \frac{x_1}{x_n}}} \ln \frac{x_1}{x_n} \approx \frac{1}{2(n-1)\pi} \ln \frac{x_1}{x_n} \tag{11.424}$$

ermittelt werden, das auf einer Darstellung von $x = x(t)$ und Maximalamplituden x_i basiert.

Um diese Gleichung herzuleiten, betrachten Sie die freie Schwingung eines untergedämpften Ein-Freiheitsgrad-Systems mit der folgenden Bewegungsgleichung:

$$\ddot{x} + 2\xi\omega_n \dot{x} + \omega_n^2 x = 0. \tag{11.425}$$

*Das Zeitverhalten des Systems ist in Gl. (*11.366*) als*

$$x = X\, e^{-\xi\omega_n t} \cos(\omega_d t + \phi) \tag{11.426}$$

gegeben, wobei die Konstanten X und φ von den Anfangsbedingungen abhängen. Abb. 11.45 *veranschaulicht ein Beispiel der x-Antwort. Die Maximalamplituden x_i sind:*

$$x_1 = e^{-\xi\omega_n t_1}(X \cos(\omega_d t_1 + \phi)) \tag{11.427}$$

$$\begin{aligned} x_2 &= e^{-\xi\omega_n t_2}(X \cos(\omega_d t_2 + \phi)) \\ &\vdots \end{aligned} \tag{11.428}$$

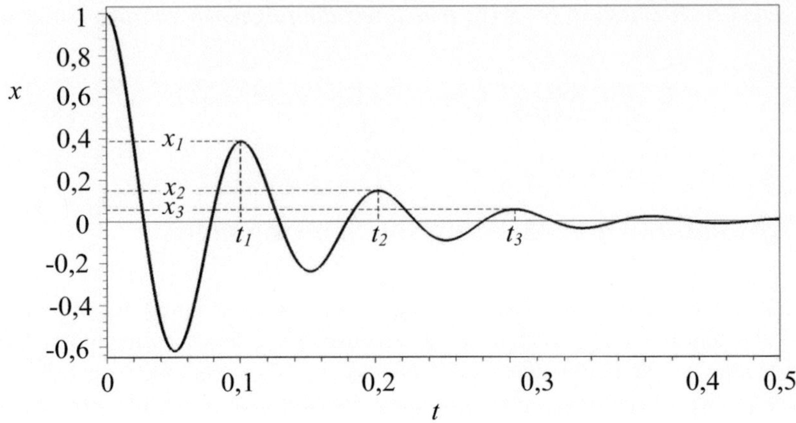

Abb. 11.45 Eine x-Antwort für die freie Schwingung eines untergedämpften Ein-Freiheitsgrad-Systems

$$x_n = e^{-\xi\omega_n t_n}(X\cos(\omega_d t_n + \phi)) \tag{11.429}$$

Das Verhältnis der ersten beiden Maxima ist:

$$\frac{x_1}{x_2} = e^{-\xi\omega_n(t_1-t_2)}\frac{\cos(\omega_d t_1 + \phi)}{\cos(\omega_d t_2 + \phi)} \tag{11.430}$$

Da die Zeitdifferenz zwischen t_1 und t_2 die Periode der Schwingung ist:

$$T_d = t_2 - t_1 = \frac{2\pi}{\omega_d} = \frac{2\pi}{\omega_n\sqrt{1-\xi^2}} \tag{11.431}$$

können wir die Gl. (11.430) vereinfachen zu:

$$\begin{aligned}\frac{x_1}{x_2} &= e^{\xi\omega_n T_d}\frac{\cos(\omega_d t_1+\phi)}{\cos(\omega_d(t_1+T_d)+\phi)} = e^{\xi\omega_n T_d}\frac{\cos(\omega_d t_1+\phi)}{\cos(\omega_d t_1+2\pi+\phi)}\\ &= e^{\xi\omega_n T_d}\end{aligned} \tag{11.432}$$

Diese Gleichung zeigt, dass gilt:

$$\ln\frac{x_1}{x_2} = \xi\omega_n T_d = \frac{2\pi\xi}{\sqrt{1-\xi^2}} \tag{11.433}$$

was zur Bewertung des Dämpfungsverhältnisses ξ verwendet werden kann:

$$\xi \approx \frac{1}{\sqrt{4\pi^2 + \ln^2\dfrac{x_1}{x_2}}}\ln\frac{x_1}{x_2} \tag{11.434}$$

Für eine bessere Bewertung können wir das Verhältnis zwischen x_1 *und jedem anderen* x_n *messen und die folgende Gleichung verwenden:*

$$\xi \approx \frac{1}{\sqrt{4(n-1)^2\pi^2 + \ln^2 \frac{x_1}{x_n}}} \ln \frac{x_1}{x_n} \tag{11.435}$$

Wenn $\xi << 1$, *dann ist* $\sqrt{1-\xi^2} \approx 1$, *und wir können* ξ *aus (*11.433*) mit einer einfacheren Gleichung bestimmen:*

$$\xi \approx \frac{1}{2(n-1)\pi} \ln \frac{x_1}{x_n} \tag{11.436}$$

Beispiel 479 *Bestimmung der Eigenfrequenz*

Die Eigenfrequenz eines Masse-Feder-Dämpfer-Systems kann durch Messung der statischen Auslenkung des Systems ermittelt werden. Betrachten Sie ein Ein-Freiheitsgrad-System, das in Abb. 11.46*a gezeigt wird und gerade den Boden berührt. Nehmen Sie an, dass die Feder vor dem Berühren des Bodens weder gespannt noch komprimiert ist. Wenn das System wie in Abb.* 11.46*b auf dem Boden ruht, wird die Feder durch eine statische Auslenkung* $\delta_s = mg/k$ *aufgrund der Schwerkraft komprimiert. Wir können die Eigenfrequenz des Systems bestimmen, indem wir* δ_s *messen:*

$$\omega_n = \sqrt{\frac{g}{\delta_s}} \tag{11.437}$$

weil:

$$\delta_s = \frac{mg}{k} = \frac{g}{\omega_n^2} \tag{11.438}$$

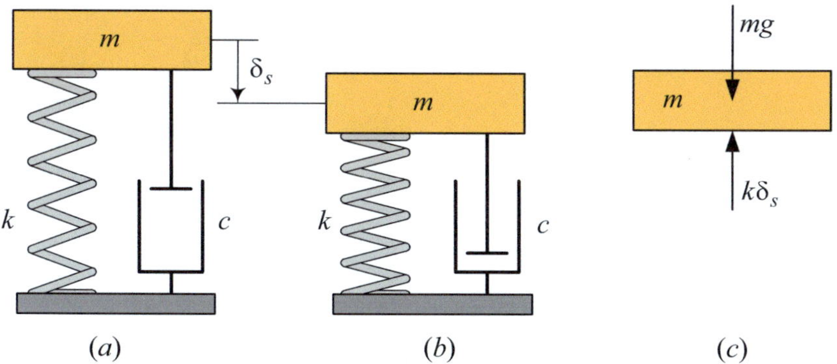

Abb. 11.46 Statische Auslenkung und Bestimmung der Eigenfrequenz

Beispiel 480 *Bestimmung der Trägheitsmomente*

Trägheitsmomente sind wichtige Eigenschaften eines Fahrzeugs, die sein dynamisches Verhalten beeinflussen. Die Hauptträgheitsmomente I_x, I_y *und* I_z *können durch ein Schwingungsexperiment berechnet werden.*

Abb. 11.47 *zeigt eine schwingende Plattform, die am Punkt A hängt. Nehmen Sie an, die Plattform hat eine Masse M und ein Trägheitsmoment* I_0 *um den Drehpunkt A. Ignorieren wir die Masse der Fäden, dann können wir die Euler-Gleichung um Punkt A schreiben:*

$$\sum M_y = I_0\,\ddot{\theta} = -Mgh_1 \sin\theta \tag{11.439}$$

und die Bewegungsgleichung ableiten:

$$I_0\,\ddot{\theta} + Mgh_1 \sin\theta = 0 \tag{11.440}$$

Wenn der Schwingungswinkel θ *sehr klein ist, dann* $\sin\theta \approx \theta$, *und daher reduziert sich Gl. (*11.440*) auf eine lineare Gleichung:*

$$\ddot{\theta} + \omega_n^2\,\theta = 0 \qquad \omega_n = \sqrt{\frac{Mgh_1}{I_0}} \tag{11.441}$$

wobei ω_n *die Eigenfrequenz der Schwingung ist.*
ω_n *kann als Frequenz der kleinen Schwingung um den Punkt A angenommen werden, wenn die Plattform nach einer kleinen Abweichung von der Gleichgewichtsposition*

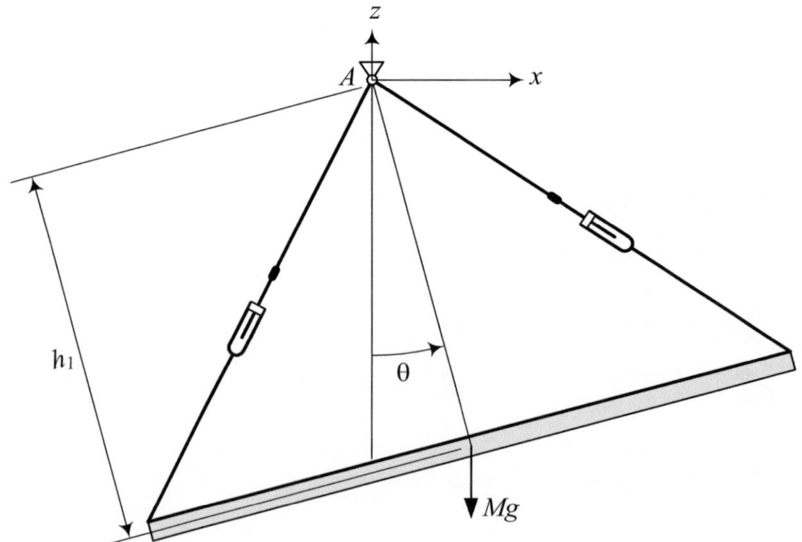

Abb. 11.47 Eine schwingende Plattform, die am Punkt A hängt

freigesetzt wird. Die Eigenschwingungsperiode $T_n = 2\pi/\omega_n$ *ist das, was wir messen können, und daher ist das Trägheitsmoment* I_0 *gleich*

$$I_0 = \frac{1}{4\pi^2} M g h_1 T_n^2 \tag{11.442}$$

Die Eigenperiode T_n *kann durch eine durchschnittliche Periode von einigen Zyklen gemessen werden oder genauer durch einen Beschleunigungsmesser.*

Betrachten Sie nun die in Abb. 11.48 *gezeigte Schaukel. Ein Auto mit der Masse m bei C befindet sich auf der Plattform, sodass C genau über dem Massenmittelpunkt der Plattform liegt. Da die Position des Massenmittelpunktes C bekannt ist, ist auch der Abstand* h_2 *zwischen C und dem Drehpunkt A* bekannt.

Um das Nickmoment I_y *um C zu finden, wenden wir die Euler-Gleichung um den Punkt A an, wenn der Oszillator von der Gleichgewichtsbedingung abweicht:*

$$\sum M_y = I_A \ddot{\theta} \tag{11.443}$$

$$-M g h_1 \sin\theta - m g h_2 \sin\theta = I_0 + I_y + m h_2^2 \tag{11.444}$$

Unter der Annahme sehr kleiner Schwingungen können wir $\sin\,\theta \approx \theta$ *verwenden, dann reduziert sich Gl. (*11.444*) auf einen linearen Oszillator:*

$$\ddot{\theta} + \omega_n^2 \theta = 0 \tag{11.445}$$

$$\omega_n = \sqrt{\frac{(M h_1 + m h_2) g}{I_0 + I_y + m h_2^2}} \tag{11.446}$$

Daher kann das Nickmoment I_y *durch Messung der Eigenschwingungsperiode* $T_n = 2\pi/\omega_n$ *aus der folgenden Gleichung berechnet werden:*

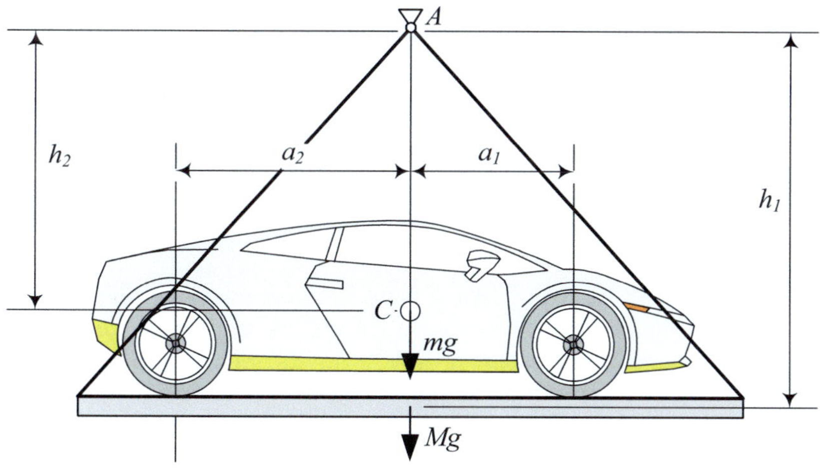

Abb. 11.48 Ein Auto mit der Masse m auf einer schwingenden Plattform, die amPunkt A hängt

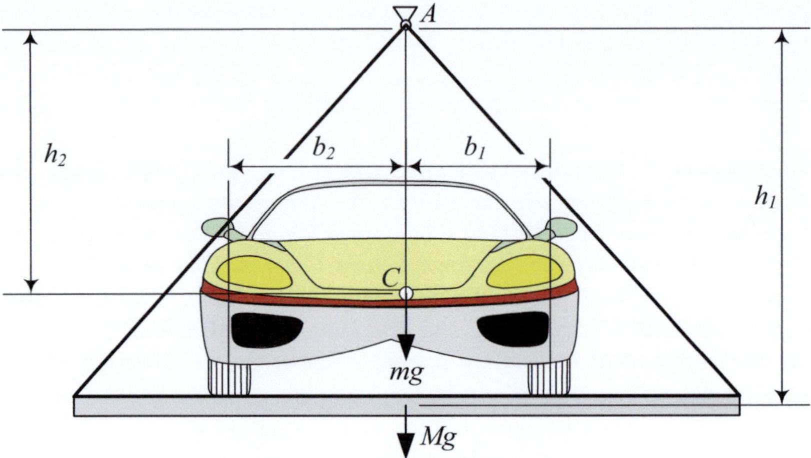

Abb. 11.49 Messung des Rollmoments mit einer schwingenden Plattform

$$I_y = \frac{1}{4\pi^2}(Mh_1 + mh_2)gT_n^2 - I_0 - mh_2^2 \tag{11.447}$$

Um das Rollmoment zu bestimmen, können wir das Auto auf die Plattform stellen, wie in Abb. 11.49 *gezeigt.*

Wenn wir I_x und I_y kennen, können wir das Auto auf die Plattform stellen, unter einem Winkel α auslenken, um sein Trägheitsmoment um die Achse zu finden, die durch C verläuft und parallel zur Schwingachse ist. Dann kann das Produktträgheitsmoment I_{xy} durch Umformungen berechnet werden.

Beispiel 481 *Beispieldaten*

Tab. 11.1 *zeigt ein Beispiel für Daten zur Position des Massenzentrums, Trägheitsmoments und der Geometrie eines Pkws, der einer Mercedes-Benz A-Klasse ähnelt.*

11.6 ⋆ Theorie der Optimierung von Schwingungen

Das erste Ziel bei der Optimierung von Schwingungen besteht darin, die Schwingungsamplitude einer Primärmasse auf null zu reduzieren, wenn das System einer erzwungenen Schwingung unterliegt. Es gibt zwei Hauptmethoden zur Verringerung der Schwingungsamplitude einer Primärmasse: *Schwingungsabsorber* und *Schwingungsisolator.*

Tab. 11.1 Beispieldaten nahe an einer Mercedes-Benz A-Klasse

Radstand	2424 mm
Spurweite vorne	1492 mm
Spurweite hinten	1426 mm
Masse	1245 kg
a_1	1100 mm
a_2	1323 mm
h	580 mm
I_x	335 kg m^2
I_y	1095 kg m^2
I_z	1200 kg m^2

Wenn die Aufhängung eines *Primärsystems* nicht leicht zu ändern ist, fügen wir ein weiteres Schwingungssystem hinzu, das als *Schwingungsabsorber* oder *Sekundärsystem* bekannt ist, um die Schwingungen des Primärsystems zu absorbieren. Der Schwingungsabsorber erhöht den Freiheitsgrad des Systems und wird angewendet, um Schwingungen über die Frequenz zu reduzieren. Er kann in einigen bestimmten Frequenzen sehr gut funktionieren und kann aber auch so konzipiert werden, dass er in einem Bereich von Frequenz wirksam wird.

Betrachten Sie eine Masse m_1, die nur durch eine Feder k_1 gestützt wird, wie in Abb. 11.50 dargestellt. Es wird eine harmonische Kraft $f = F \sin \omega t$ auf m_1 angewendet. Wir fügen ein sekundäres System (m_2, c_2, k_2) zur primären Masse m_1 hinzu und erzeugen Schwingungssystem mit zwei Freiheitsgraden. Ein solches System wird manchmal als *Frahm-Absorber* oder *Frahm-Dämpfer* bezeichnet.

Es ist möglich, die Aufhängung des sekundären Systems (c_2, k_2) so zu gestalten, dass die Amplitude der Schwingung von m_1 bei jeder spezifischen Anregungsfrequenz

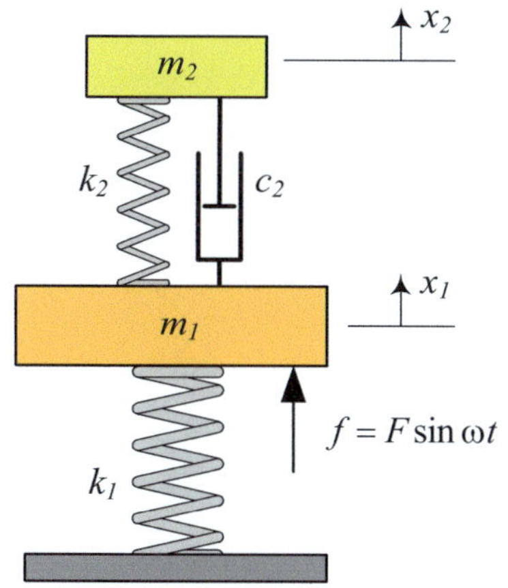

Abb. 11.50 Ein sekundäres Schwingungsabsorbersystem (m_2, c_2, k_2) hinzugefügt zu einem primären Schwingungssystem (m_1, k_1)

ω auf null reduziert wird. Wenn jedoch die Anregungsfrequenz variabel ist, können wir k_2 auf den optimalen Wert $k_2^\star$:

$$k_2^\star = \frac{m_1 m_2}{(m_1 + m_2)^2} k_1 \tag{11.448}$$

einstellen und c_2 innerhalb des Bereichs

$$2m_2\omega_1\xi_1^\star < c_2 < 2m_2\omega_1\xi_2^\star \tag{11.449}$$

auswählen, um die Amplitude von m_1 über den gesamten Frequenzbereich zu minimieren. Die optimalen $\xi_1^\star$ und $\xi_2^\star$ sind die positiven Werte von

$$\xi_1^\star = \sqrt{\frac{-B-\sqrt{B^2-4AC}}{2A}} \tag{11.450}$$

$$\xi_2^\star = \sqrt{\frac{-B+\sqrt{B^2-4AC}}{2A}} \tag{11.451}$$

wobei:

$$A = 16Z_8 - 4r^2(4Z_4 + 8Z_5) \tag{11.452}$$

$$B = 4Z_9 - 4Z_6 r^2 - Z_7(4Z_4 + 8Z_5) + 4Z_3 Z_8 \tag{11.453}$$

$$C = Z_3 Z_9 - Z_6 Z_7 \tag{11.454}$$

und:

$$Z_3 = 2\left(r^2 - \alpha^2\right) \tag{11.455}$$

$$Z_4 = \left[r^2(1+\varepsilon) - 1\right]^2 \tag{11.456}$$

$$Z_5 = r^2(1+\varepsilon)\left[r^2(1+\varepsilon) - 1\right] \tag{11.457}$$

$$\begin{aligned} Z_6 = {} & 2\left[\varepsilon\alpha^2 r^2 - \left(r^2 - \alpha^2\right)\left(r^2 - 1\right)\right] \\ & \times\left[\varepsilon\alpha^2 - \left(r^2 - \alpha^2\right) - \left(r^2 - 1\right)\right] \end{aligned} \tag{11.458}$$

$$Z_7 = \left(r^2 - \alpha^2\right)^2 \tag{11.459}$$

$$Z_8 = r^2\left[r^2(1+\varepsilon) - 1\right]^2 \tag{11.460}$$

$$Z_9 = \left[\varepsilon\alpha^2 r^2 - \left(r^2 - 1\right)\left(r^2 - \alpha^2\right)\right]^2 \tag{11.461}$$

$$\varepsilon = \frac{m_2}{m_1} \tag{11.462}$$

$$\omega_1 = \sqrt{\frac{k_1}{m_1}} \tag{11.463}$$

$$\omega_2 = \sqrt{\frac{k_2}{m_2}} \tag{11.464}$$

$$\alpha = \frac{\omega_2}{\omega_1} \tag{11.465}$$

$$r = \frac{\omega}{\omega_1} \tag{11.466}$$

$$\xi = \frac{c_2}{2m_2\omega_1} \tag{11.467}$$

$$\mu = \frac{X_1}{F/k_1} \tag{11.468}$$

Beweis Die Bewegungsgleichungen für das in Abb. 11.50 gezeigte System lauten:

$$m_1\ddot{x}_1 + c_2(\dot{x}_1 - \dot{x}_2) + k_1 x_1 + k_2(x_1 - x_2) = F \sin \omega t \tag{11.469}$$

$$m_2\ddot{x}_2 - c_2(\dot{x}_1 - \dot{x}_2) - k_2(x_1 - x_2) = 0 \tag{11.470}$$

Um die Frequenzantwort des Systems zu finden, setzen wir die folgenden Lösungen in die Bewegungsgleichungen ein:

$$x_1 = A_1 \cos \omega t + B_1 \sin \omega t \tag{11.471}$$

$$x_2 = A_2 \cos \omega t + B_2 \sin \omega t \tag{11.472}$$

Unter der Annahme eines stationären Zustands finden wir das folgende Gleichungssystem für A_1, B_1, A_2, $B_{2:}$

$$\begin{bmatrix} a_{11} & c_2\omega & -k_2 & -c_2\omega \\ -c_2\omega & a_{22} & c_2\omega & -k_2 \\ -k_2 & -c_2\omega & a_{33} & c_2\omega \\ c_2\omega & -k_2 & -c_2\omega & a_{44} \end{bmatrix} \begin{bmatrix} A_1 \\ B_1 \\ A_2 \\ B_2 \end{bmatrix} = \begin{bmatrix} 0 \\ F \\ 0 \\ 0 \end{bmatrix} \tag{11.473}$$

$$a_{11} = a_{22} = k_1 + k_2 - m_1\omega^2 \tag{11.474}$$

$$a_{33} = a_{44} = k_2 - m_2\omega^2 \tag{11.475}$$

Die stationäre Amplitude X_1 für die Schwingung der Primärmasse $m_1$wird gegeben durch:

$$X_1 = \sqrt{A_1^2 + B_1^2} \tag{11.476}$$

und ist gleich:

$$\left(\frac{X_1}{F}\right)^2 = \frac{\left(k_2 - \omega^2 m_2\right)^2 + \omega^2 c_2^2}{Z_1^2 + \omega^2 c_2^2 Z_2^2} \tag{11.477}$$

wobei:

$$Z_1 = \left(k_1 - \omega^2 m_1\right)\left(k_2 - \omega^2 m_2\right) - \omega^2 m_2 k_2 \tag{11.478}$$

$$Z_2 = k_1 - \omega^2 m_1 - \omega^2 m_2 \tag{11.479}$$

Wenn wir die Parameter (11.462)–(11.468) einführen, können wir die Frequenzantwort (11.477) umstellen zu:

$$\mu^2 = \frac{4\xi^2 r^2 + \left(r^2 - \alpha^2\right)^2}{4\xi^2 r^2\left[r^2(1+\varepsilon) - 1\right]^2 + \left[\varepsilon\alpha^2 r^2 - \left(r^2 - 1\right)\left(r^2 - \alpha^2\right)\right]^2} \tag{11.480}$$

Der Parameter ε ist das *Massenverhältnis* von m_2 zu m_1, ω_1 ist die Eigenfrequenz des Hauptsystems, ω_2 ist die Eigenfrequenz des Schwingungsabsorbersystems, α ist das Verhältnis der Eigenfrequenzen, r ist das Verhältnis der Anregungsfrequenzen, ξ ist das Dämpfungsverhältnis und μ ist das Amplitudenverhältnis zwischen dynamischer Amplitude X_1 und der statischen Auslenkung F/k_1.

Abb. 11.51 veranschaulicht das Verhalten der Frequenzantwort μ für:

$$\varepsilon = 0{,}1 \tag{11.481}$$

$$\alpha = 1 \tag{11.482}$$

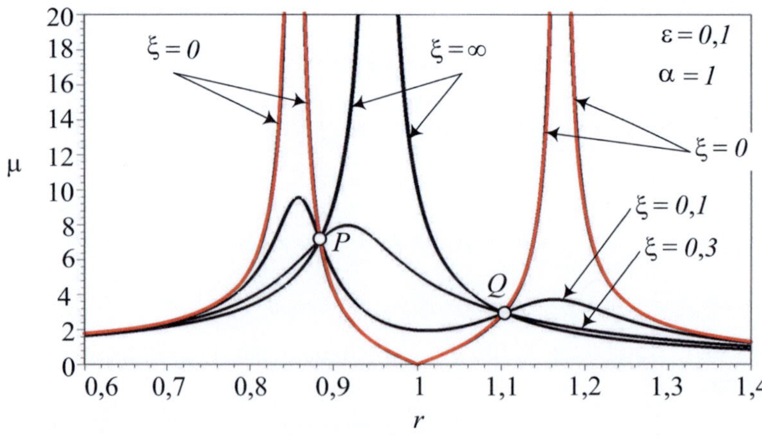

Abb. 11.51 Verhalten der Frequenzantwort μ für einen Satz von Parametern und verschiedenen Dämpfungsverhältnissen

und

$$\xi = 0 \tag{11.483}$$

$$\xi = 0{,}2 \tag{11.484}$$

$$\xi = 0{,}3 \tag{11.485}$$

$$\xi = \infty \tag{11.486}$$

Alle Kurven durchlaufen zwei Knotenpunkte P und Q, unabhängig vom Dämpfungsverhältnis ξ. Um die Parameter zu finden, die die Position der Knotenpunkte steuern, finden wir die Schnittpunkte der Kurven für $\xi = 0$ und $\xi = \infty$. Setzen von $\xi = 0$ und $\xi = \infty$ ergibt:

$$\mu^2 = \frac{\left(r^2-\alpha^2\right)^2}{\left[\varepsilon\alpha^2 r^2-\left(r^2-1\right)\left(r^2-\alpha^2\right)\right]^2} \tag{11.487}$$

$$\mu^2 = \frac{1}{\left[r^2(1+\varepsilon)-1\right]^2} \tag{11.488}$$

Wenn $\xi = 0$, ist das System ein ungedämpftes lineares Zwei-Freiheitsgrade-System mit zwei Eigenfrequenzen. Die Schwingungsamplitude des Systems nähert sich unendlich $\mu \to \infty$, wenn die Anregungsfrequenz einer der Eigenfrequenzen nahekommt. Wenn $\xi = \infty$, gäbe es keine relative Bewegung zwischen m_1 und m_2, und das System reduziert sich auf ein ungedämpftes lineares Ein-Freiheitsgrad-System mit einer Eigenfrequenz:

$$\omega_n = \sqrt{\frac{k_1}{m_1 + m_2}} \tag{11.489}$$

oder:

$$r_n = \frac{1}{\sqrt{1+\varepsilon}} \tag{11.490}$$

Die Schwingungsamplitude des Systems nähert sich unendlich $\mu \to \infty$, wenn die Anregungsfrequenz der Eigenfrequenz $\omega \to \omega_{n_i}$ oder $r \to 1/(1+\varepsilon)$ nähert.

Mit den Gl. (11.487) und (11.488) finden wir:

$$\frac{\left(r^2-\alpha^2\right)^2}{\left(\varepsilon\alpha^2 r^2-\left(r^2-1\right)\left(r^2-\alpha^2\right)\right)^2} = \frac{1}{\left[r^2(1+\varepsilon)-1\right]^2} \tag{11.491}$$

was vereinfacht werden kann zu:

$$\varepsilon\alpha^2 r^2-\left(r^2-1\right)\left(r^2-\alpha^2\right) = \pm\left(r^2-\alpha^2\right)\left[r^2(1+\varepsilon)-1\right] \tag{11.492}$$

Das negative Zeichen entspricht:

$$r^4\varepsilon = 0$$

was darauf hinweist, dass es einen gemeinsamen Punkt bei $r = 0$ gibt. Das Pluszeichen erzeugt eine quadratische Gleichung für r^2:

$$(2+\varepsilon)r^4 - r^2\left(2 + 2\alpha^2(1+\varepsilon)\right) + 2\alpha^2 = 0 \tag{11.493}$$

mit zwei positiven Lösungen $r_1$und r_2, die den Knoten P und Q entsprechen:

$$r_{1,2}^2 = \tfrac{1}{\varepsilon+2}\left(\alpha^2 \pm \sqrt{(\varepsilon^2 + 2\varepsilon + 1)\alpha^4 - 2\alpha^2 + 1} + \alpha^2\varepsilon + 1\right) \tag{11.494}$$

$$r_1 < r_n < r_2 \tag{11.495}$$

Da die Frequenzantwortkurven immer durch P und Q verlaufen, wäre die optimale Situation, wenn die Knoten P und Q gleiche Höhe haben:

$$\mu(P) = \mu(Q) \tag{11.496}$$

Da der Wert von μ^2 bei P und Q unabhängig von ξ ist, wir können r_1 und r_2 in Gl. (11.488) für μ entsprechend $\xi = \infty$ ersetzen. Allerdings erzeugt μ aus Gl. (11.488)

$$\mu = \frac{1}{\left[r^2(1+\varepsilon) - 1\right]} \tag{11.497}$$

eine positive Zahl für $r < r_n$ und eine negative Zahl für $r > r_n$. Daher erzeugt

$$\mu(r_1) = -\mu(r_2) \tag{11.498}$$

die Gleichheit

$$\frac{1}{1 - r_1^2(1+\varepsilon)} = \frac{-1}{1 - r_2^2(1+\varepsilon)} \tag{11.499}$$

die zu

$$r_1^2 + r_2^2 = \frac{2}{1+\varepsilon} \tag{11.500}$$

vereinfacht werden kann. Die Summe der Nullstellen aus Gl. (11.493) ist:

$$r_1^2 + r_2^2 = \frac{2 + 2\alpha^2(1+\varepsilon)}{1+\varepsilon} \tag{11.501}$$

und daher:

$$\frac{2}{1+\varepsilon} = \frac{\left[2 + 2\alpha^2(1+\varepsilon)\right]}{1+\varepsilon} \tag{11.502}$$

was mit

$$\alpha = \frac{1}{1+\varepsilon} \tag{11.503}$$

Gl. (11.503) liefert. Diese ist die erforderliche Bedingung, um die Höhe der Knoten P und Q gleich zu machen und liefert daher den optimalen Wert von α. Das Vorhandensein des optimalen α entspricht der Gestaltung der optimalen Steifigkeit k_2 für die sekundäre Aufhängung, weil gilt:

$$\alpha = \frac{\omega_2}{\omega_1} = \sqrt{\frac{m_1}{m_2}}\sqrt{\frac{k_2}{k_1}} \tag{11.504}$$

und Gl. (11.503) vereinfacht sich zu:

$$\alpha = \frac{m_1}{m_1 + m_2} \tag{11.505}$$

um die folgende Bedingung für optimales $k_2^\star$ zu liefern:

$$k_2^\star = k_1 \frac{m_1 m_2}{(m_1 + m_2)^2} \tag{11.506}$$

Um das optimale Dämpfungsverhältnis ξ zu bestimmen, zwingen wir μ dazu, sein Maximum bei P oder Q zu haben. Ein μ_{Max} bei P garantiert, dass $\mu(r_1)$ der höchste Wert in einem Frequenzbereich um r_1 ist, und ein μ_{Max} bei Q garantiert, dass $\mu(r_2)$ der höchste Wert in einem Frequenzbereich um r_2 ist. Die Position von μ_{Max} wird durch ξ gesteuert, sodass wir zwei optimale ξ bestimmen können, bei denen μ_{Max} bei $\mu(r_1)$ und $\mu(r_2)$ liegt. Ein Beispiel für diese Situation ist in Abb. 11.52 dargestellt.

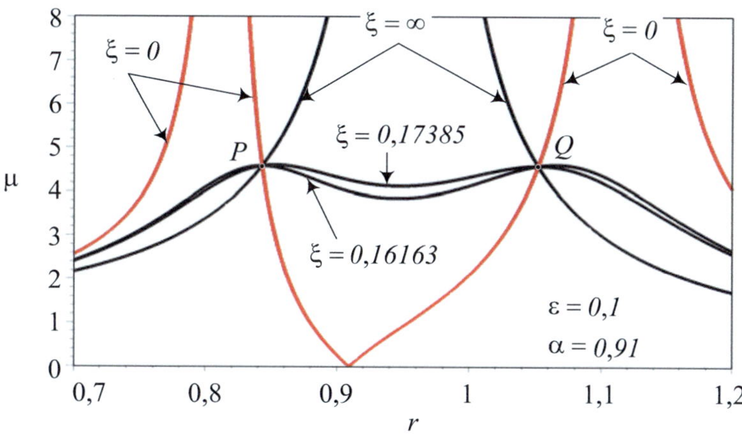

Abb. 11.52 Optimales Dämpfungsverhältnis ξ um ein Maximum von μ bei P oder Q zu erhalten

Unter Verwendung des optimalen α aus (11.503) sind die Knotenfrequenzen:

$$r_{1,2}^2 = \frac{1}{1+\varepsilon}\left(1 \pm \sqrt{\frac{\varepsilon}{2+\varepsilon}}\right) \tag{11.507}$$

Um die partielle Ableitung $\partial\mu^2/\partial\, r^2$ bei den Knotenfrequenzen gleich null zu setzen:

$$\left.\frac{\partial\mu^2}{\partial r^2}\right|_{r_1^2} = 0 \tag{11.508}$$

$$\left.\frac{\partial\mu^2}{\partial r^2}\right|_{r_2^2} = 0 \tag{11.509}$$

schreiben wir μ^2 als Zähler $N(r)$ geteilt durch den Nenner $D(r)$:

$$\mu^2 = \frac{N(r)}{D(r)} \tag{11.510}$$

das hilft, die Ableitung einfacher zu finden:

$$\frac{\partial\mu^2}{\partial r^2} = \frac{1}{D^2}\left(D\frac{\partial N}{\partial r^2} - N\frac{\partial D}{\partial r^2}\right) = \frac{1}{D}\left(\frac{\partial N}{\partial r^2} - \frac{N}{D}\frac{\partial D}{\partial r^2}\right) \tag{11.511}$$

Differenzieren ergibt:

$$\frac{\partial N}{\partial r^2} = \frac{\partial N}{\partial r^2} = 4\xi^2 + Z_3 \tag{11.512}$$

$$\frac{\partial D}{\partial r^2} = 4\xi^2 Z_4 + 8\xi^2 Z_5 + Z_6 \tag{11.513}$$

Gl. (11.512) und (11.513), zusammen mit (11.507), müssen in (11.511) eingesetzt werden, um für ξ gelöst zu werden. Nach der Substitution sieht die Gleichung $\partial\mu^2/\partial r^2 = 0$ wie folgt aus:

$$\begin{aligned}\frac{\partial N}{\partial r^2} - \frac{N}{D}\frac{\partial D}{\partial r^2} &= \left(4\xi^2 + Z_3\right)\left(4\xi^2 Z_8 + Z_9\right)\\ &\quad -\left(4\xi^2 r^2 + Z_7\right)\left(4\xi^2 Z_4 + 8\xi^2 Z_5 + Z_6\right) = 0\end{aligned} \tag{11.514}$$

weil

$$\frac{N}{D} = \frac{4\xi^2 r^2 + Z_7}{4\xi^2 Z_8 + Z_9} \tag{11.515}$$

Gl. (11.514) ist eine quadratische Gleichung für ξ^2:

$$\begin{aligned}&\left(16Z_8 - 4r^2(4Z_4 + 8Z_5)\right)\xi^4\\ &+\left(4Z_9 - 4Z_6 r^2 - Z_7(4Z_4 + 8Z_5) + 4Z_3 Z_8\right)\xi^2\\ &+(Z_3 Z_9 - Z_6 Z_7) = A\left(\xi^2\right)^2 + B\xi^2 + C = 0\end{aligned} \tag{11.516}$$

mit der Lösung:

$$\xi^2 = \frac{-B \pm \sqrt{B^2 - 4AC}}{2A} \tag{11.517}$$

Der positive Wert von ξ aus (11.517) für $r = r_1$ und $r = r_2$ liefert die Grenzwerte für $\xi_1^\star$ und $\xi_2^\star$. Abb. 11.52 zeigt das Verhalten von μ für optimales α und $\xi = 0, \xi_1^\star, \xi_2^\star, \infty$. ▪

Beispiel 482 ⋆ *Optimale Feder und Dämpfer für $\varepsilon = 0{,}1$*

Betrachten Sie einen Frahm-Schwingungsabsorber mit:

$$\varepsilon = \frac{m_2}{m_1} = 0{,}1 \tag{11.518}$$

Wir passen das optimale Frequenzverhältnis α aus Gl. (11.503) an:

$$\alpha^\star = \frac{1}{1+\varepsilon} \approx 0{,}9091 \tag{11.519}$$

und finden die Knotenfrequenzen $r_{1,2}^2$ aus (11.507):

$$r_{1,2}^2 = \frac{1}{1+\varepsilon}\left(1 \pm \sqrt{\frac{\varepsilon}{2+\varepsilon}}\right) = 0{,}71071,\ 1{,}1075 \tag{11.520}$$

Nun setzen wir $r = r_1 = \sqrt{0{,}71071} \approx 0{,}843$ und bestimmen die Parameter Z_3 bis Z_9 aus (11.455)–(11.461):

$$\begin{aligned} Z_3 &= -0{,}231470544 & Z_4 &= 0{,}0476190476 \\ Z_5 &= -0{,}170598842 & Z_6 &= 0{,}0246326501 \\ Z_7 &= 0{,}0133946532 & Z_8 &= 0{,}03384338136 \\ Z_9 &= 0{,}0006378406298 \end{aligned} \tag{11.521}$$

und die Koeffizienten A, B und C aus (11.452)–(11.454):

$$\begin{aligned} A &= 3{,}879887219 \\ B &= -0{,}08308086729 \\ C &= -0{,}0004775871233 \end{aligned} \tag{11.522}$$

um das erste optimale Dämpfungsverhältnis ξ_1 zu finden:

$$\xi_1^\star = 0{,}1616320694 \tag{11.523}$$

Mit $r = r_2 = \sqrt{1,1075} \approx 1{,}05236$ finden wir die folgenden Zahlen:

$$\begin{aligned} Z_3 &= 0{,}562049056 & Z_4 &= 0{,}04761904752 \\ Z_5 &= 0{,}265836937 & Z_6 &= -0{,}375123324 \\ Z_7 &= 0{,}078974785 & Z_8 &= 0{,}05273670508 \\ Z_9 &= 0{,}003760704084 \end{aligned} \tag{11.524}$$

$$\begin{aligned} A &= -9{,}421012739 \\ B &= 0{,}1167823931 \\ C &= 0{,}005076228579 \end{aligned} \tag{11.525}$$

um das zweite optimale Dämpfungsverhältnis ξ_1 zu finden:

$$\xi_2^\star = 0{,}1738496023 \tag{11.526}$$

Daher ist das optimale α $\alpha^\star = 0{,}9091$, *und das optimale* ξ *liegt zwischen* $0{,}616320694 < \xi^\star < 0{,}1738496023$

Beispiel 483 ⋆ *Der Schwingungsabsorber ist am effektivsten, wenn $r = \alpha = 1$*

Wenn $\xi = 0$, dann ist $\mu = 0$ bei $r = 1$, was zeigt, dass die Amplitude der Primärmasse auf null reduziert wird, wenn die Eigenfrequenz der Primär- und Sekundärsysteme gleich der Anregungsfrequenz $r = \alpha = 1$ ist.

Beispiel 484 ⋆ *Die optimale Amplitude des Knotens*

Einsetzen des optimalen α *aus* (11.503) *in Gl.* (11.493)*:*

$$r^4 - \frac{2}{2+\varepsilon} r^2 + \frac{2}{(2+\varepsilon)(1+\varepsilon)^2} = 0 \tag{11.527}$$

gibt uns die folgenden Knotenfrequenzen:

$$r_{1,2}^2 = \frac{1}{1+\varepsilon}\left(1 \pm \sqrt{\frac{\varepsilon}{2+\varepsilon}}\right) \tag{11.528}$$

Anwendung von $r_{1,2}$ in Gl. (11.497) *zeigt, dass die gemeinsame Knotenamplitude $\mu(r_{1,2})$ folgende ist*

$$\mu = \sqrt{\frac{2+\varepsilon}{\varepsilon}} \tag{11.529}$$

Beispiel 485 ⋆ *Optimales* α *und Massenverhältnis* ε

Der optimale Wert des Eigenfrequenzverhältnisses α *ist nur eine Funktion des Massenverhältnisses* ε*, wie in Gl.* (11.503) *bestimmt. Abb.* 11.53 *zeigt das Verhalten von* α *als Funktion von* ε*. Der Wert des optimalen* α*, und damit der Wert des optimalen k_2, verringert sich durch Erhöhung von $\varepsilon = m_2/m_1$. Daher benötigt eine kleinere Masse für den Schwingungsabsorber eine steifere Feder.*

Beispiel 486 ⋆ *Knotenfrequenzen $r_{1,2}$ und Massenverhältnis* ε

Wie in Gl. (11.507) *gezeigt, sind die Knotenfrequenzen $r_{1,2}$ für optimales* α (11.503) *nur eine Funktion des Massenverhältnisses* ε*:*

$$r_{1,2}^2 = \frac{1}{1+\varepsilon}\left(1 \pm \sqrt{\frac{\varepsilon}{2+\varepsilon}}\right) \tag{11.530}$$

Abb. 11.54 *veranschaulicht das Verhalten von $r_{1,2}$ als Funktion von* ε*. Wenn $\varepsilon \to 0$, verschwindet der Schwingungsabsorber m_2, und daher wird das System zu einem Primäroszillator mit einem Freiheitsgrad. Ein solches System hat nur eine Eigenfrequenz $r_n = 1$, wie durch Gl.* (11.490) *gegeben. Es ist die Frequenz, die $r_{1,2}$ bei verschwindendem m_2 annähert.*

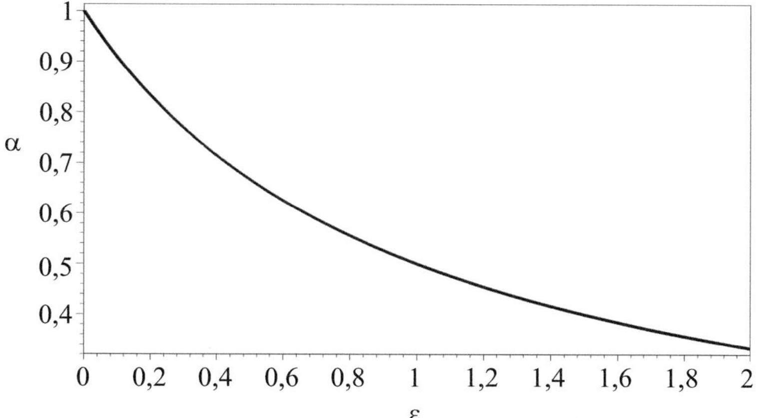

Abb. 11.53 Optimaler Wert des Eigenfrequenzverhältnisses α als Funktion des Massenverhältnisses ε

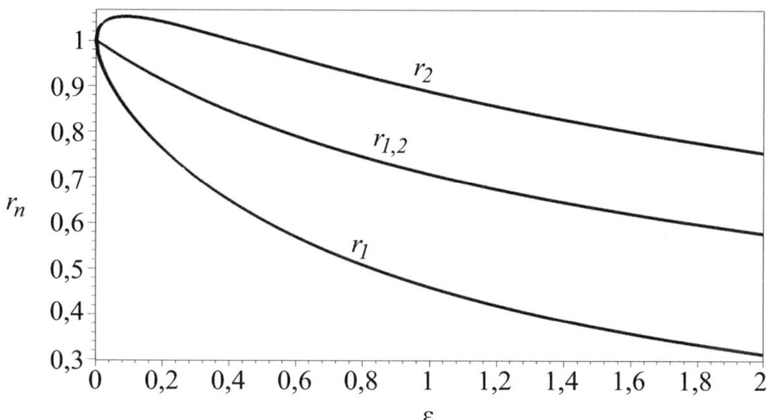

Abb. 11.54 Verhalten der Knotenfrequenzen $r_{1,2}$ als Funktion des Massenverhältnisses ε

Die Knotenfrequenzen $r_{1,2}$ liegen immer auf beiden Seiten der Eigenfrequenz des r_n mit einem Freiheitsgrad:

$$r_1 < r_n < r_2 \tag{11.531}$$

während alle von ihnen abnehmende Funktionen des Massenverhältnisses ε sind.

Beispiel 487 ⋆ *Eigenfrequenzen für extreme Dämpfungswerte*

Indem wir $\xi = 0$ für $\varepsilon = 0{,}1$ setzen, finden wir:

$$\mu = \left| \frac{r^2 - 1}{0{,}1r^2 - \left(r^2 - 1\right)^2} \right| \tag{11.532}$$

und indem wir $\xi = \infty$ setzen, finden wir:

$$\mu = \left| \frac{1}{1{,}1r^2 - 1} \right| \tag{11.533}$$

$\xi = 0$ entspricht keiner Dämpfung. Wenn es keine Dämpfung gibt, nähert sich μ an den reellen Nullstellen seines Nenners, r_{n_1} und r_{n_2}, welche die Eigenfrequenzen des Systems sind, unendlich. Als Beispiel sind die Eigenfrequenzen r_{n_1} und r_{n_2} für $\varepsilon = 0{,}1$:

$$0{,}1r^2 - \left(r^2 - 1\right)^2 = 0 \tag{11.534}$$

$$r_{n_1} = 0{,}854\,31 \tag{11.535}$$

$$r_{n_2} = 1{,}170\,5 \tag{11.536}$$

$\xi = \infty$ entspricht einer starren Verbindung zwischen m_1 und m_2. Das System hätte nur einen Freiheitsgrad und daher nähert sich μ unendlich an den einzigen Nullstellen des Nenners, r_n:

$$1{,}1r^2 - 1 = 0 \tag{11.537}$$

$$r_n = 0{,}953 \tag{11.538}$$

wobei r_n immer zwischen r_{n_1} und r_{n_2} liegt:

$$r_{n_1} < r_n < r_{n_2} \tag{11.539}$$

11.7 Zusammenfassung

Allgemein gesprochen ist Schwingung ein schädliches und unerwünschtes Phänomen. Schwingungen sind wichtig, wenn ein nicht schwingendes System mit einem schwingendem verbunden ist. Um die Auswirkungen von Schwingungen zu minimieren, verbinden wir die Systeme mit einem dämpfenden elastischen Isolator. Zur Vereinfachung modellieren wir den Isolator mit einer Feder und einem Dämpfer, die parallel zueinander angeordnet sind. Ein solcher Isolator wird als Aufhängung bezeichnet.

Schwingung kann physisch als Ergebnis einer Energieumwandlung ausgedrückt werden. Sie kann mathematisch durch Lösungen einer Menge von Differentialgleichungen ausgedrückt werden. Wenn das System linear ist, dann können seine Bewegungsgleichungen immer in der folgenden Matrixform geschrieben werden:

$$[M]\dot{\mathbf{x}} + [c]\dot{\mathbf{x}} + [k]\mathbf{x} = \mathbf{F}(\mathbf{x}, \dot{\mathbf{x}}, t) \tag{11.540}$$

Schwingungen können in *freie Schwingungen*, wenn $\mathbf{F} = 0$, und *erzwungene Schwingungen,* wenn $\mathbf{F} \neq 0$, unterteilt werden. In angewandten Schwingungen trennen wir jedoch üblicherweise die Lösung der Bewegungsgleichungen in *instationäre* und *stationäre Zustände*. Die instationäre Antwort ist die Lösung der Bewegungsgleichungen, wenn $\mathbf{F} = 0$ oder $\mathbf{F}$ für eine kurze Zeit aktiv ist. Da die meisten Industriemaschinen mit einem rotierenden Motor ausgestattet sind, ist periodische und harmonische Anregung sehr häufig. Die Frequenzantwort ist die stationäre Lösung der Bewegungsgleichungen, wenn das System harmonisch angeregt wird. In der Frequenzanalyse suchen wir die stationäre Antwort des Systems, nachdem der Effekt der Anfangsbedingungen abgeklungen ist.

Die Frequenzantwort von mechanischen Systemen, wie Fahrzeugen, wird von den Eigenfrequenzen des Systems und von Anregungsfrequenzen dominiert. Die Amplitude der Schwingung erhöht sich, wenn eine Anregungsfrequenz einer der Eigenfrequenzen des Systems nahekommt. Frequenzbereiche um die Eigenfrequenzen werden als *Resonanzzonen* bezeichnet. Die Amplitude der Schwingung in Resonanzzonen kann durch Einführung von Dämpfung reduziert werden.

Systeme mit einem Freiheitsgrad, die harmonisch angeregt werden, können als *Basisanregung, exzentrische Anregung, exzentrische Basisanregung* und *erzwungene Anregung* klassifiziert werden. Jede Frequenzantwort dieser Systeme kann durch eine der Funktionen S_i, G_i und Φ_i, jeweils mit einer spezifischen Eigenschaft, ausgedrückt werden. Wir verwenden normalerweise eine grafische Darstellung, um die Frequenzantwort des Systems als Funktion des Frequenzverhältnisses $r = \omega/\omega_n$ und des Dämpfungsverhältnisses $\xi = c/\sqrt{4km}$ zu sehen.

11.8 Schlüsselsymbole

$a \equiv \ddot{x}$	Beschleunigung
a_1	Abstand vom Massenschwerpunkt zur Vorderachse
a_2	Abstand vom Massenschwerpunkt zur Hinterachse
$[a]$, $[A]$	Koeffizientenmatrix
A, B, C	unbekannte Koeffizienten für Frequenzantworten
b_1	Abstand vom Massenschwerpunkt zum linken Rad
b_2	Abstand vom Massenschwerpunkt zum rechten Rad
c	Dämpfung
$c^\star$	optimale Dämpfung
c_{eq}	äquivalente Dämpfung
c_{ij}	Element der Zeile i und Spalte j einer Dämpfungsmatrix
$[c]$	Dämpfungsmatrix
D	Nenner
e	Exzentrizitätsarm
e	Exponentialfunktion
E	mechanische Energie
E	Youngscher Elastizitätsmodul
$f = 1/T$	Kreisfrequenz [Hz]
f, $\mathbf{F}$	Kraft
f_c	Dämpferkraft
f_{eq}	äquivalente Kraft
f_k	Federkraft
f_m	erforderliche Kraft zum Bewegen einer Masse m
F	Amplitude einer harmonischen Kraft $f = F \sin \omega t$
F_0	konstante Kraft
F_t	Zugkraft
F_T	übertragene Kraft
g	Gravitationsbeschleunigung
G_0, G_1, G_2	Amplitudenfrequenzantwort
I	Flächenträgheitsmoment für Balken
I	Massenträgheitsmoment für Fahrzeuge
$\mathbf{I}$	Einheitsmatrix
k	Steifigkeit
$k^\star$	optimale Steifigkeit
k_{eq}	äquivalente Steifigkeit
k_{ij}	Element der Zeile i und Spalte j einer Steifigkeitsmatrix
k_R	Torsionssteifigkeit der Stabilisatorstange
$[k]$	Steifigkeitsmatrix
K	kinetische Energie
l	Länge

m	Masse
m_b	Gerätemasse
m_e	exzentrische Masse
m_{ij}	Element der Zeile i und Spalte j einer Massenmatrix
m_s	gefederte Masse
m_s	Federmasse
m_u	ungedämpfte Masse
$[m]$	Massenmatrix
M	Masse der Plattform
N	Zähler
$\mathbf{p}$	Impuls
Q	allgemeine Amplitude
$r = \omega/\omega_n$	Frequenzverhältnis
$r,\ R$	Radius
r_1, r_2	Frequenzverhältnis an Knoten
$r_n = \omega_n/\omega_1$	dimensionslose Eigenfrequenz
S	Überschwingen
S	Quadratur
$S_0, S_1, \cdots, S_4$	Amplitudenfrequenzantwort
t	Zeit
t_p	Spitzenzeit
t_r	Anstiegszeit
t_s	Einschwingzeit
T	Periode
T_n	Eigenperiode
$v \equiv \dot{x},\ \mathbf{v}$	Geschwindigkeit
V	potenzielle Energie
w	Spur eines Autos
w_f	Frontspur eines Autos
w_r	Heckspur eines Autos
$x, y, z,\ \mathbf{x}$	Auslenkung
x_0	Anfangsauslenkung
x_h	homogene Lösung
x_p	spezielle Lösung
x_P	Maximalauslenkung
$\dot{x}_0$	Anfangsgeschwindigkeit
$X, Y, Z,$	Amplitude
$Z_i, i = 1, 2, \cdots$	Kurznotation Parameter
$\alpha = \omega_2/\omega_1$	Eigenfrequenzverhältnis
δ	Durchbiegung
δ_s	statische Durchbiegung
ε	Massenverhältnis
θ	Winkelbewegung

Θ	Amplitude der Winkelschwingung
λ	Eigenwert
μ	Amplitudenfrequenzantwort
ϕ	Phasenwinkel
$\Phi_0, \Phi_1, \cdots, \Phi_3$	Phasenfrequenzantwort
$\omega = 2\pi f$	Winkelfrequenz [rad/ s]
ω_n	Eigenfrequenz
ξ	Dämpfungsverhältnis
$\xi^\star$	optimales Dämpfungsverhältnis

Subskripte

d	Fahrer
f	vorne
M	Maximum
r	hinten
s	gefederte Masse
u	ungefederte Masse

Übungen

1. Eigenfrequenz und Dämpfungsverhältnis
   Ein Massen-Feder-Dämpfer mit einem Freiheitsgrad hat $m = 1$ kg, $k = 1000$ N/m und $c = 100$ N s/m. Bestimmen Sie die Eigenfrequenz und das Dämpfungsverhältnis des Systems.
2. Äquivalente Feder
   Bestimmen Sie die äquivalente Feder für das in Abb. 11.55 dargestellte Schwingungssystem.
3. ⋆ Äquivalente Masse für massive Feder
   Abb. 11.56 zeigt einen elastischen Kragbalken mit einer Spitzenmasse m. Der Balken hat die Eigenschaften: Elastizität E, Flächenträgheitsmoment I, Masse m_s. Nehmen Sie an, dass der Balken bei seitlichen Schwingungen der Spitzenmasse m eine harmonische Form annimmt:

$$y = Y \sin \frac{\pi x}{2l}$$

   Bestimmen Sie eine äquivalente Masse m_e an der Spitze eines masselosen Balkens mit den gleichen E, I, l.

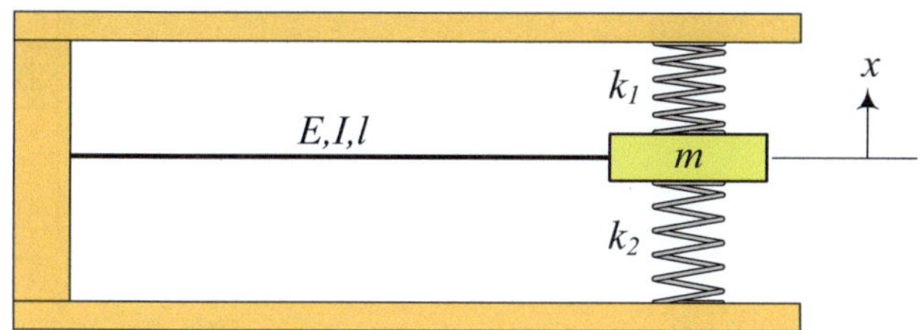

Abb. 11.55 Mit Feder verbundener Kragbalken

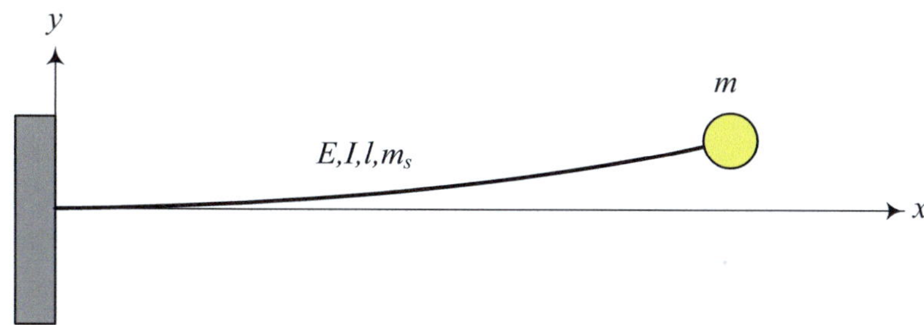

Abb. 11.56 Ein elastischer und massiver Kragbalken mit einer Spitzenmasse m

4. Ideal verbundenes Pendel
   Bestimmen Sie die kinetische und potenzielle Energie des Pendels in Abb. 11.57, bei einem beliebigen Winkel θ. Die freie Länge der Feder ist $l = a - b$.
5. ⋆ Allgemeines mit einer Feder verbundenes Pendel.
   Bestimmen Sie die potenzielle Energie des Pendels in Abb. 11.57, bei einem Winkel θ, wenn:
   (a) die freie Länge der Feder $l = a - 1{,}2b$ ist;
   (b) die freie Länge der Feder $l = a - 0{,}8b$ ist.
6. ⋆ Mit Feder verbundener geradliniger Oszillator
   Bestimmen Sie die kinetische und potenzielle Energie des in Abb. 11.58 dargestellten Oszillators. Die freie Länge der Feder ist a.
   (a) Geben Sie Ihre Antworten in Bezug auf den variablen Winkel θ an.
   (b) Geben Sie Ihre Antworten in Bezug auf die variable Entfernung x an.
   (c) Bestimmen Sie die Bewegungsgleichung für große und kleine θ.
   (d) Bestimmen Sie die Bewegungsgleichung für große und kleine x.

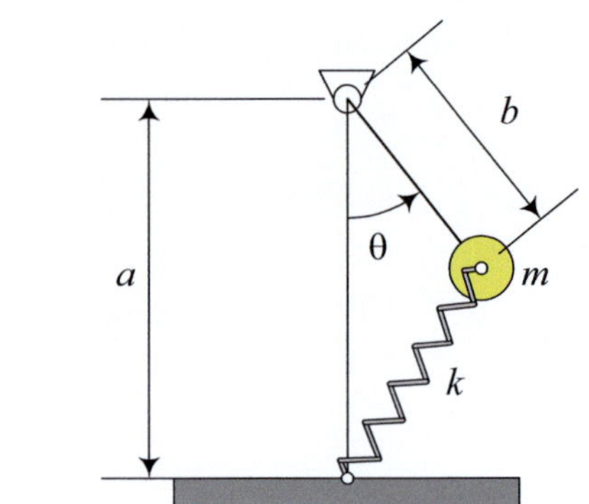

Abb. 11.57 Mit Feder verbundenes Pendel

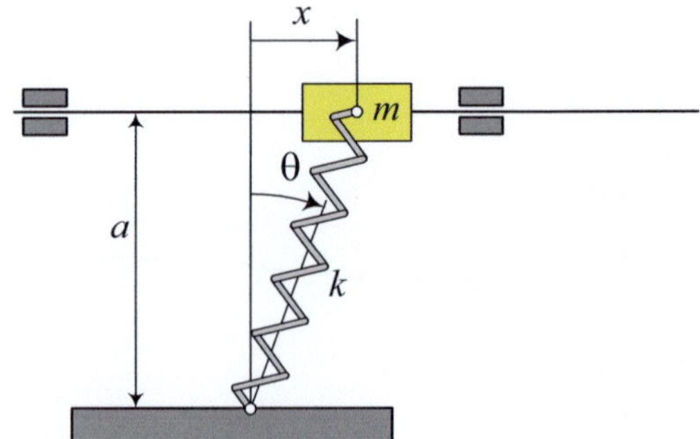

Abb. 11.58 Mit Feder verbundener geradliniger Oszillator

7. ⋆ Mathematisches Modell für Kissenfederung
   Abb. 11.59 veranschaulicht ein mathematisches Modell für eine Kissenfederung. Ein solches Modell kann zur Analyse des Fahrersitzes oder einer gummiartigen Kissenaufhängung verwendet werden.
   (a) Leiten Sie die Bewegungsgleichungen für die Variablen x und z ab und verwenden Sie y als bekannte Eingangsfunktion.
   (b) Eliminieren Sie z, und leiten Sie eine Gleichung dritter Ordnung für x ab.
8. Zwangsanregung und Federsteifigkeit
   Ein zwangsangeregtes Masse-Feder-Dämpfer-System hat
   $$m = 200\,\mathrm{kg} \qquad c = 1000\,\mathrm{N\,s/\,m}$$
   Bestimmen Sie die Steifigkeit der Feder k, sodass die Eigenfrequenz des Systems 1 Hz ist. Wie groß wäre die Amplitude der Auslenkung, Geschwindigkeit und Beschleunigung von m, wenn eine Kraft F auf die Masse m ausgeübt wird, mit:
   $$F = 100 \sin 10t$$
9. Zwangsanregung und Systemparameter
   Ein zwangsangeregtes Masse-Feder-Dämpfer-System steht unter einer Kraft f:
   $$F = 100 \sin 10t$$
   Unter der Annahme, dass die Masse $m = 200$ kg eine dimensionslose stationäre Amplitude von nicht mehr als zwei haben sollte und sie mit der Eigenfrequenz angeregt wird, bestimmen Sie c, k, ϕ_x und F_T.
10. Basisangeregtes System und Federsteifigkeit
   Ein basisangeregtes *Masse-Feder-Dämpfer*-System hat:
   $$m = 200\,\mathrm{kg} \qquad c = 1000\,\mathrm{N\,s/\,m}$$
   Bestimmen Sie die Steifigkeit der Feder k und die stationäre Amplitude von m, wenn die Basis mit
   $$y = 0{,}05 \sin 2\pi t$$

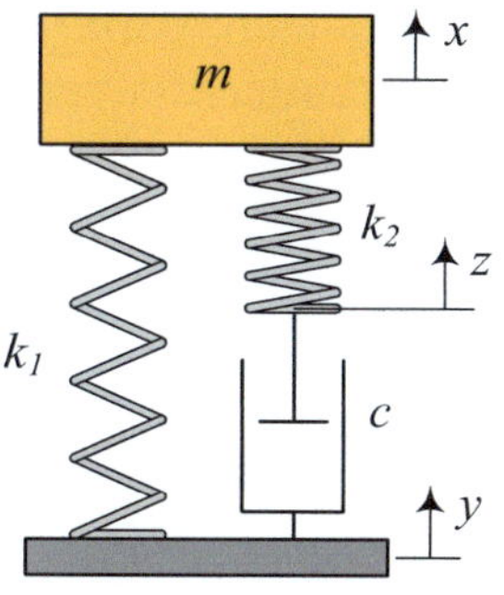

Abb. 11.59 Mathematisches Modell für Kissenfederung

bei der Eigenfrequenz des Systems angeregt wird.

11. Basisangeregtes System und absolute Beschleunigung
Nehmen Sie an, ein basisangeregtes Masse-Feder-Dämpfer-System schwingt am Knoten seiner absoluten Beschleunigungsfrequenzantwort. Wenn die Basis durch
$$y = 0,05 \sin 2\pi t$$
angeregt wird, bestimmen Sie ω_n, $\ddot{X}$, X.
12. Exzentrische Anregung und übertragene Kraft
Ein Motor mit der Masse $m = 175$ kg und der Exzentrizität $m_e\, e = 0{,}4 \times 0{,}1$ kg m dreht sich mit $\omega_e = 4000$ *U/min*.
    (a) Bestimmen Sie die stationäre Amplitude seiner Schwingung, wenn es vier Motorhalterungen gibt, jede mit $k = 10.000$ N/m und $c = 100$ N s/m.
    (b) Bestimmen Sie die an die Basis übertragene Kraft.
13. ⋆ Exzentrische Basisanregung und absolute Auslenkung
Ein exzentrisch angeregtes System hat $m = 3$ kg, $m_b = 175$ kg, $m_e\, e = 0{,}4 \times 0{,}1$ kg m und $\omega = 4000$ *U/min*. Wenn $Z/(e\,\varepsilon) = 2$ bei $r = 1$ ist, berechnen Sie X und Y.
14. Charakteristische Werte und freie Schwingungen
Ein Masse-Feder-Dämpfer-System hat:
$$m = 250\,\text{kg} \qquad k = 8000\,\text{N/m} \qquad c = 1000\,\text{N s/m}$$
Bestimmen Sie die charakteristischen Werte des Systems und seine freie Schwingungsantwort für $x(0) = 1$ und $\dot{x}(0) = 0$.
15. ⋆ Antwort auf den Stufeneingang
Betrachten Sie ein Masse-Feder-Dämpfer-System mit:
$$m = 250\,\text{kg} \qquad k = 8000\,\text{N/m} \qquad c = 1000\,\text{N s/m}$$
Bestimmen Sie die Parameter des Einheitsschritteingangs, t_r, t_P, x_P, S und t_s für ein 2 %-Fenster.
16. Bestimmung des Dämpfungsverhältnisses
Betrachten Sie ein schwingendes System, das nach $n = 100$ Oszillationen mit der Maximalamplitude um 2% abfällt. Bestimmen Sie die genauen und ungefähren Werte von ξ.
17. Das seitliche Trägheitsmoment des Autos
Betrachten Sie ein Auto mit den folgenden Eigenschaften:

b_1	746 mm
b_2	740 mm
Masse	1245 kg
a_1	1100 mm
a_2	1323 mm
h	580 mm
I_x	335 kg m^2
I_y	1095 kg m^2

Bestimmen Sie die Schwingungsperiode, wenn das Auto auf einer festen Stahlplattform mit den Abmessungen 2000 mm × 3800 mm × 35 mm steht und $h_1 = 3100$ mm ist

(a) seitlich,

(b) längs.

18. ⋆ Optimaler Schwingungsabsorber
Betrachten Sie ein Primärsystem mit $m_1 = 250$ kg und $k = 8000$ N/m. Bestimmen Sie die beste Aufhängung für das Sekundärsystem mit $m_2 = 1$ kg, um als Schwingungsabsorber zu wirken.

19. ⋆ Frequenzantwort
Beweisen Sie die folgenden Gleichungen:

$$G_2 = \frac{F_{T_B}}{kY}$$
$$G_2 = \frac{F_{T_E}}{e\omega_n^2 m_e}$$
$$G_2 = \frac{F_{T_R}}{e\omega_n^2 m_e}\left(1 + \frac{m_b}{m}\right)$$

Teil IV
Fahrzeugvibration

Kapitel 12
Fahrzeugschwingungen

Fahrzeuge sind Systeme mit mehreren Freiheitsgraden, wie in Abb. 12.1 gezeigt. Das Schwingungsverhalten eines Fahrzeugs, das als *Fahrgefühl* oder *Fahrkomfort* bezeichnet wird, hängt stark von den Eigenfrequenzen und Schwingungsformen des Fahrzeugs ab. In diesem Kapitel wiederholen und untersuchen wir die angewandten Methoden zur Bestimmung der Bewegungsgleichungen, Eigenfrequenzen und Schwingungsformen verschiedener Fahrzeugmodelle.

12.1 Lagrange-Methode und Dissipationsfunktion

Sowohl die Lagrange-Gleichung

$$\frac{d}{dt}\left(\frac{\partial K}{\partial \dot{q}_r}\right) - \frac{\partial K}{\partial q_r} = F_r \qquad r = 1, 2, \cdots n \tag{12.1}$$

als auch

$$\frac{d}{dt}\left(\frac{\partial \mathcal{L}}{\partial \dot{q}_r}\right) - \frac{\partial \mathcal{L}}{\partial q_r} = Q_r \qquad r = 1, 2, \cdots n \tag{12.2}$$

wie in den Gl. (8.220) und (8.265) eingeführt, können zur Findung der Bewegungsgleichungen für ein schwingendes System verwendet werden. Für kleine und lineare Schwingungen können wir jedoch die einfachere und praktischere Lagrange-Gleichung

$$\frac{d}{dt}\left(\frac{\partial K}{\partial \dot{q}_r}\right) - \frac{\partial K}{\partial q_r} + \frac{\partial D}{\partial \dot{q}_r} + \frac{\partial V}{\partial q_r} = f_r \qquad r = 1, 2, \cdots n \tag{12.3}$$

R. N. Jazar, *Fahrzeugdynamik*, https://doi.org/10.1007/978-3-031-53244-3_12

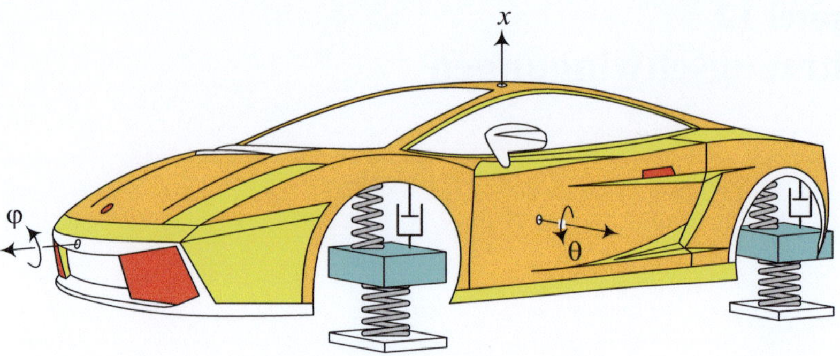

Abb. 12.1 Ein vollständiges schwingendes Modell eines Fahrzeugs

verwenden, wobei K die kinetische Energie, V die potentielle Energie und D die *Dissipationsfunktion* des Systems sind:

$$K = \frac{1}{2}\dot{\mathbf{x}}^T [m] \dot{\mathbf{x}} = \frac{1}{2} \sum_{i=1}^{n} \sum_{j=1}^{n} \dot{x}_i m_{ij} \dot{x}_j \tag{12.4}$$

$$V = \frac{1}{2}\mathbf{x}^T [k] \mathbf{x} = \frac{1}{2} \sum_{i=1}^{n} \sum_{j=1}^{n} x_i k_{ij} x_j \tag{12.5}$$

$$D = \frac{1}{2}\dot{\mathbf{x}}^T [c] \dot{\mathbf{x}} = \frac{1}{2} \sum_{i=1}^{n} \sum_{j=1}^{n} \dot{x}_i c_{ij} \dot{x}_j \tag{12.6}$$

und f_r ist die auf die Masse m_r angewendete Kraft.

Beweis Betrachten Sie ein Masse-Feder-Dämpfer-Schwingungssystem mit einem Freiheitsgrad. Wenn viskose Dämpfung die einzige Art von Dämpfung im System ist, können wir eine Funktion namens *Rayleigh-Dissipationsfunktion:*

$$D = \frac{1}{2} c \dot{x}^2 \tag{12.7}$$

verwenden, um die Dämpfungskraft f_c durch Differenzierung zu finden:

$$f_c = -\frac{\partial D}{\partial \dot{x}} \tag{12.8}$$

Denken Sie daran, dass die elastische Kraft f_k aus einer potenziellen Energie V

$$f_k = -\frac{\partial V}{\partial x} \tag{12.9}$$

gefunden werden kann, dann kann die generalisierte Kraft F getrennt werden zu:

$$F = f_c + f_k + f = -\frac{\partial D}{\partial \dot{x}} - \frac{\partial V}{\partial x} + f \tag{12.10}$$

wobei f die nicht-konservative angewandte Kraft auf die Masse m ist. Die Substitution von (12.10) in (12.1)

$$\frac{d}{dt}\left(\frac{\partial K}{\partial \dot{x}}\right) - \frac{\partial K}{\partial x} = -\frac{\partial D}{\partial \dot{x}} - \frac{\partial V}{\partial x} + f \tag{12.11}$$

liefert uns die Lagrange-Gleichung für ein viskos gedämpftes Schwingungssystem:

$$\frac{d}{dt}\left(\frac{\partial K}{\partial \dot{x}}\right) - \frac{\partial K}{\partial x} + \frac{\partial D}{\partial \dot{x}} + \frac{\partial V}{\partial x} = f \tag{12.12}$$

Wenn das Schwingungssystem n Freiheitsgrade hat, sind die kinetische Energie K, die potenzielle Energie V und die Dissipationsfunktion D wie in (12.4)–(12.6). Die Anwendung der Lagrange-Gleichung auf das n-Freiheitsgrade-System würde n Differentialgleichungen zweiter Ordnung ergeben (12.3). ■

Beispiel 488 *Ein eindimensionales erzwungenes Massen-Feder-Dämpfer-System*

Abb. 12.2 veranschaulicht ein eindimensionales Massen-Feder-Dämpfer-System mit einer externen Kraft f, die auf die Masse m wirkt. Die kinetische und potenzielle Energie des Systems, wenn es in Bewegung ist, sind:

$$K = \tfrac{1}{2} m \dot{x}^2 \tag{12.13}$$

$$V = \tfrac{1}{2} k x^2 \tag{12.14}$$

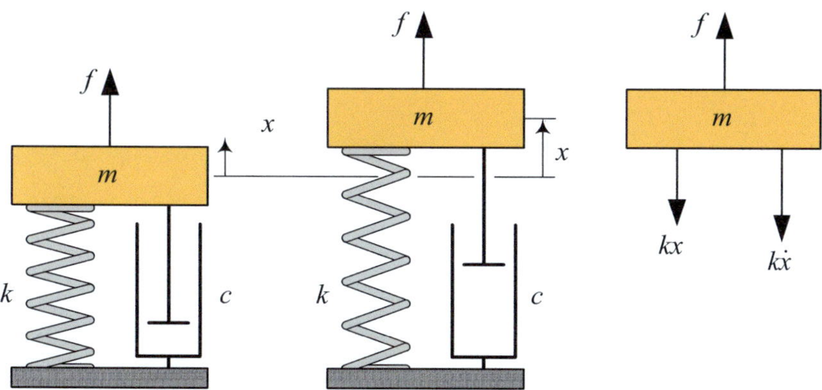

Abb. 12.2 Ein eindimensionales erzwungenes Massen-Feder-Dämpfer-System

und seine Dissipationsfunktion ist:

$$D = \frac{1}{2}c\dot{x}^2 \tag{12.15}$$

Ersetzen von (12.13)–(12.15) in die Lagrange-Gleichung (12.3), erzeugt die folgende Bewegungsgleichung:

$$\frac{d}{dt}(m\dot{x}) + c\dot{x} + kx = f \tag{12.16}$$

weil:

$$\frac{\partial K}{\partial \dot{x}} = m\dot{x} \qquad \frac{\partial K}{\partial x} = 0 \qquad \frac{\partial D}{\partial \dot{x}} = c\dot{x} \qquad \frac{\partial V}{\partial x} = kx \tag{12.17}$$

Beispiel 489 *Ein ungedämpftes System mit drei Freiheitsgraden*

Abb. 12.3 veranschaulicht ein ungedämpftes lineares Schwingungssystem mit drei Freiheitsgraden. Die kinetische und potenzielle Energie des Systems sind:

$$K = \tfrac{1}{2}m_1\dot{x}_1^2 + \tfrac{1}{2}m_2\dot{x}_2^2 + \tfrac{1}{2}m_3\dot{x}_3^2 \tag{12.18}$$

$$V = \tfrac{1}{2}k_1x_1^2 + \tfrac{1}{2}k_2(x_1 - x_2)^2 + \tfrac{1}{2}k_3(x_2 - x_3)^2 + \tfrac{1}{2}k_4x_3^2 \tag{12.19}$$

Da das System keine Dämpfung aufweist, können wir die Lagrange-Funktion L finden:

$$\mathcal{L} = K - V \tag{12.20}$$

und Gl. (12.2) mit $Q_r = 0$ verwenden:

$$\tfrac{\partial \mathcal{L}}{\partial x_1} = -k_1x_1 - k_2(x_1 - x_2) \tag{12.21}$$

$$\tfrac{\partial \mathcal{L}}{\partial x_2} = k_2(x_1 - x_2) - k_3(x_2 - x_3) \tag{12.22}$$

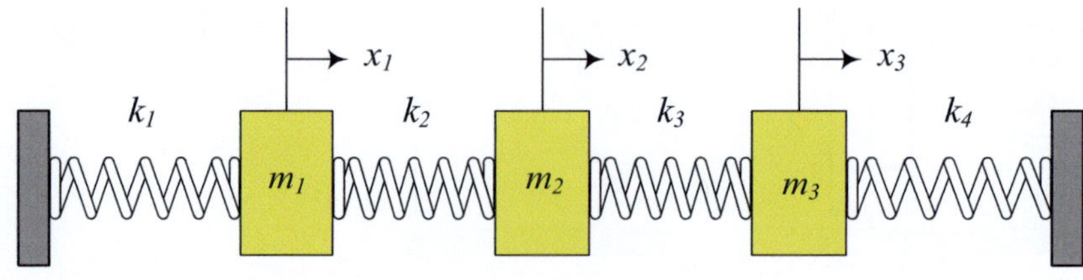

Abb. 12.3 Ein ungedämpftes System mit drei Freiheitsgraden

$$\frac{\partial \mathcal{L}}{\partial x_3} = k_3(x_2 - x_3) - k_4 x_3 \tag{12.23}$$

$$\frac{\partial \mathcal{L}}{\partial \dot{x}_1} = m_1 \dot{x}_1 \qquad \frac{\partial \mathcal{L}}{\partial \dot{x}_2} = m_2 \dot{x}_2 \qquad \frac{\partial \mathcal{L}}{\partial \dot{x}_3} = m_3 \dot{x}_3 \tag{12.24}$$

um die Bewegungsgleichungen zu finden:

$$m_1 \ddot{x}_1 + k_1 x_1 + k_2(x_1 - x_2) = 0 \tag{12.25}$$

$$m_2 \ddot{x}_2 - k_2(x_1 - x_2) + k_3(x_2 - x_3) = 0 \tag{12.26}$$

$$m_3 \ddot{x}_3 - k_3(x_2 - x_3) + k_4 x_3 = 0 \tag{12.27}$$

Diese Gleichungen können zur einfacheren Berechnung in Matrixform umgeschrieben werden:

$$\begin{aligned} &\begin{bmatrix} m_1 & 0 & 0 \\ 0 & m_2 & 0 \\ 0 & 0 & m_3 \end{bmatrix} \begin{bmatrix} \ddot{x}_1 \\ \ddot{x}_2 \\ \ddot{x}_3 \end{bmatrix} \\ &+ \begin{bmatrix} k_1 + k_2 & -k_2 & 0 \\ -k_2 & k_2 + k_3 & -k_3 \\ 0 & -k_3 & k_3 + k_4 \end{bmatrix} \begin{bmatrix} x_1 \\ x_2 \\ x_3 \end{bmatrix} = 0 \end{aligned} \tag{12.28}$$

Beispiel 490 *Ein exzentrisch angeregtes System mit einem Freiheitsgrad*

Ein exzentrisch angeregtes System mit einem Freiheitsgrad wird in Abb. 11.31 *mit Masse m gezeigt, die von einer Aufhängung bestehend aus einer Feder k und einem Dämpfer c unterstützt wird. Es gibt auch eine Masse* m_e *in einer Entfernung e, die mit einer Winkelgeschwindigkeit* ω *rotiert. Wir können die Bewegungsgleichung finden, indem wir die Lagrange-Methode anwenden.*

Die kinetische Energie des Systems ist:

$$K = \frac{1}{2}(m - m_e)\dot{x}^2 + \frac{1}{2}m_e(\dot{x} + e\omega\cos\omega t)^2 + \frac{1}{2}m_e(-e\omega\sin\omega t)^2 \tag{12.29}$$

denn die Geschwindigkeit der schwingenden Hauptmasse $m - m_e$ *ist* $\dot{x}$*, und die Geschwindigkeit der exzentrischen Masse* m_e *hat zwei Komponenten* $\dot{x} + e\omega\cos\omega t$ *und* $-\, e\omega\sin\omega t$*. Die potentielle Energie und die Dissipationsfunktion des Systems sind:*

$$V = \frac{1}{2}kx^2 \qquad D = \frac{1}{2}c\dot{x}^2 \tag{12.30}$$

Anwendung der Lagrange-Gleichung (12.3)*:*

$$\frac{\partial K}{\partial \dot{x}} = m\dot{x} + m_e e\omega\cos\omega t \tag{12.31}$$

$$\frac{d}{dt}\left(\frac{\partial K}{\partial \dot{x}}\right) = m\ddot{x} - m_e e\omega^2\sin\omega t \tag{12.32}$$

$$\frac{\partial D}{\partial \dot{x}} = c\dot{x} \tag{12.33}$$

$$\frac{\partial V}{\partial x} = kx \tag{12.34}$$

liefert uns die Bewegungsgleichung:

$$m\ddot{x} + c\dot{x} + kx = m_e e\omega^2 \sin \omega t \tag{12.35}$$

*die die Gleiche ist wie Gl. (*11.200*).*

Beispiel 491 *Ein exzentrisch angeregtes Schwingungssystem*

Abb. 11.35 *zeigt ein exzentrisch angeregtes Schwingungssystem mit einem Freiheitsgrad. Eine Masse m ist durch eine Feder k und einen Dämpfer c auf einer exzentrisch angeregten Basis montiert. Die Basis hat eine Masse* m_b *mit einer angebrachten Unwuchtmasse* m_e *in einer Entfernung e. Die Masse* m_e *rotiert mit einer Winkelgeschwindigkeit* ω*.*

Wir können die Bewegungsgleichung des Systems ableiten, indem wir die Lagrange-Methode anwenden. Die benötigten Funktionen sind:

$$\begin{aligned} K =& \frac{1}{2}m\dot{x}^2 + \frac{1}{2}(m_b - m_e)\dot{y}^2 \\ &+ \frac{1}{2}m_e(\dot{y} - e\omega\cos\omega t)^2 + \frac{1}{2}m_e(e\omega\sin\omega t)^2 \end{aligned} \tag{12.36}$$

$$V = \tfrac{1}{2}k(x - y)^2 \tag{12.37}$$

$$D = \tfrac{1}{2}c(\dot{x} - \dot{y})^2 \tag{12.38}$$

*Die Anwendung der Lagrange-Methode (*12.3*), liefert uns:*

$$m\ddot{x} + c(\dot{x} - \dot{y}) + k(x - y) = 0 \tag{12.39}$$

$$m_b\ddot{y} + m_e e\omega^2 \sin\omega t - c(\dot{x} - \dot{y}) - k(x - y) = 0 \tag{12.40}$$

weil:

$$\frac{\partial K}{\partial \dot{x}} = m\dot{x} \tag{12.41}$$

$$\frac{d}{dt}\left(\frac{\partial K}{\partial \dot{x}}\right) = m\ddot{x} \tag{12.42}$$

$$\frac{\partial D}{\partial \dot{x}} = c(\dot{x} - \dot{y}) \tag{12.43}$$

$$\frac{\partial V}{\partial x} = k(x - y) \tag{12.44}$$

$$\frac{\partial K}{\partial \dot{y}} = m_b \dot{y} - m_e e\omega \cos \omega t \tag{12.45}$$

$$\frac{d}{dt}\left(\frac{\partial K}{\partial \dot{y}}\right) = m_b \ddot{y} + m_e e\omega^2 \sin \omega t \tag{12.46}$$

$$\frac{\partial D}{\partial \dot{y}} = -c(\dot{x} - \dot{y}) \tag{12.47}$$

$$\frac{\partial V}{\partial y} = -k(x - y) \tag{12.48}$$

*Mit $z = x - y$ können wir die Gl. (*12.39*) und (*12.40*) kombinieren, um die Gleichung der relativen Bewegung zu finden:*

$$\frac{mm_b}{m_b + m}\ddot{z} + c\,\dot{z} + kz = \frac{mm_e}{m_b + m}e\omega^2 \sin \omega t \tag{12.49}$$

das entspricht:

$$\ddot{z} + 2\xi\,\omega_n\,\dot{z} + \omega_n^2\,z = \varepsilon e\omega^2 \sin \omega t \tag{12.50}$$

$$\varepsilon = \frac{m_e}{m_b} \tag{12.51}$$

Beispiel 492 ⋆*Eine rollende Scheibe auf einem kreisförmigen Pfad*

Abb. 12.4 *zeigt eine gleichförmige Scheibe mit der Masse m und dem Radius r. Die Scheibe rollt ohne Schlupf auf einem kreisförmigen Pfad mit dem Radius R. Die Scheibe kann um $\theta = 0$ frei schwingen.*

Wenn die Schwingung sehr klein ist, können wir die schwingende Scheibe durch ein äquivalentes Masse-Feder-System ersetzen. Um die Bewegungsgleichung zu finden, verwenden wir die Lagrange-Methode. Die Energien des Systems sind:

$$\begin{aligned} K &= \frac{1}{2}mv_C^2 + \frac{1}{2}I_c\omega^2 \\ &= \frac{1}{2}m(R-r)^2\dot{\theta}^2 + \frac{1}{2}\left(\frac{1}{2}mr^2\right)\left(\dot{\varphi} - \dot{\theta}\right)^2 \end{aligned} \tag{12.52}$$

$$V = -mg(R - r)\cos\theta \tag{12.53}$$

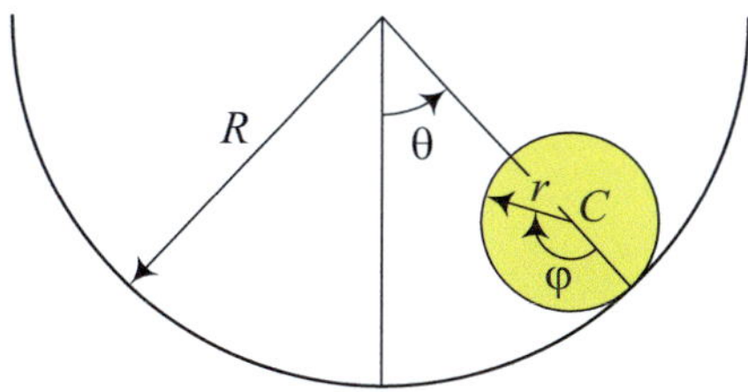

Abb. 12.4 Eine gleichförmige Scheibe, die auf einem kreisförmigen Pfad rollt

Wenn es keinen Schlupf gibt, besteht eine Zwangsbedingung zwischen θ und ϕ:

$$R\theta = r\varphi \tag{12.54}$$

die verwendet werden kann, um ϕ aus K zu eliminieren:

$$K = \frac{3}{4}m(R-r)^2\dot{\theta}^2 \tag{12.55}$$

Basierend auf den folgenden partiellen Ableitungen:

$$\frac{d}{dt}\left(\frac{\partial \mathcal{L}}{\partial \dot{\theta}}\right) = \frac{3}{2}m(R-r)^2\ddot{\theta} \tag{12.56}$$

$$\frac{\partial \mathcal{L}}{\partial \theta} = -mg(R-r)\sin\theta \tag{12.57}$$

finden wir die Bewegungsgleichung für die schwingende Scheibe:

$$\frac{3}{2}(R-r)\ddot{\theta} + g\sin\theta = 0 \tag{12.58}$$

Wenn θ sehr klein ist, entspricht diese Gleichung einem Masse-Feder-System mit $m_{eq} = 3(R-r)$ und $k_{eq} = 2g$.

Beispiel 493 ⋆ *Ein Doppelpendel*

Abb. 12.5 veranschaulicht ein Doppelpendel, das aus einer Reihe von zwei Pendeln besteht. Es gibt zwei masselose Stäbe mit den Längen l_1 und l_2 und zwei Punktmasse m_1 und m_2. Die Variablen θ_1 und θ_2 können als generalisierte Koordinaten verwendet werden, um die Systemkonfiguration auszudrücken. Um die Lagrange-Funktion des Systems zu berechnen und die Bewegungsgleichungen zu finden, beginnen wir mit der Definition der globalen Position der Massen:

$$x_1 = l_1\sin\theta_1 \tag{12.59}$$

$$y_1 = -l_1\cos\theta_1 \tag{12.60}$$

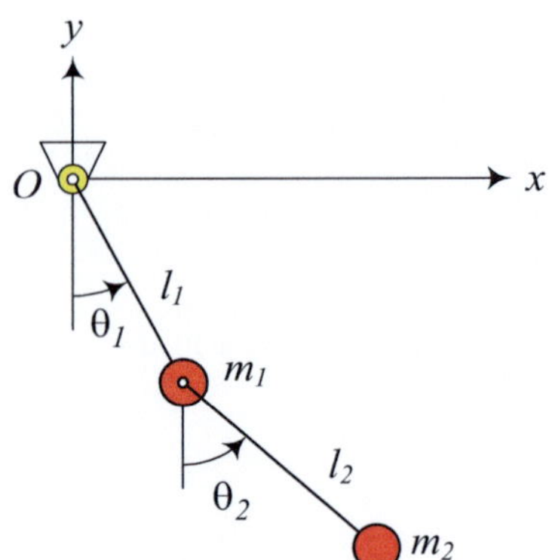

Abb. 12.5 Ein Doppelpendel

$$x_2 = l_1 \sin\theta_1 + l_2 \sin\theta_2 \tag{12.61}$$

$$y_2 = -l_1 \cos\theta_1 - l_2 \cos\theta_2 \tag{12.62}$$

Zeitliche Ableitungen der Koordinaten sind:

$$\dot{x}_1 = l_1\dot{\theta}_1 \cos\theta_1 \tag{12.63}$$

$$\dot{y}_1 = l_1\dot{\theta}_1 \sin\theta_1 \tag{12.64}$$

$$\dot{x}_2 = l_1\dot{\theta}_1 \cos\theta_1 + l_2\dot{\theta}_2 \cos\theta_2 \tag{12.65}$$

$$\dot{y}_2 = l_1\dot{\theta}_1 \sin\theta_1 + l_2\dot{\theta}_2 \sin\theta_2 \tag{12.66}$$

und daher sind die Quadrate der Geschwindigkeiten der Massen:

$$v_1^2 = \dot{x}_1^2 + \dot{y}_1^2 = l_1^2\,\dot{\theta}_1^2 \tag{12.67}$$

$$v_2^2 = \dot{x}_2^2 + \dot{y}_2^2 = l_1^2\,\dot{\theta}_1^2 + l_2^2\,\dot{\theta}_2^2 + 2l_1l_2\dot{\theta}_1\dot{\theta}_2 \cos(\theta_1 - \theta_2) \tag{12.68}$$

Die kinetische Energie des Pendels ist dann gleich:

$$\begin{aligned} K =&\frac{1}{2}m_1v_1^2 + \frac{1}{2}m_2v_2^2 \\ =&\frac{1}{2}m_1l_1^2\,\dot{\theta}_1^2 + \frac{1}{2}m_2\big(l_1^2\,\dot{\theta}_1^2 + l_2^2\,\dot{\theta}_2^2 + 2l_1l_2\dot{\theta}_1\dot{\theta}_2 \cos(\theta_1 - \theta_2)\big) \end{aligned} \tag{12.69}$$

Die potenzielle Energie des Pendels entspricht der Summe der Potentiale jeder Masse:

$$\begin{aligned} V =&m_1gy_1 + m_2gy_2 \\ =&-m_1gl_1 \cos\theta_1 - m_2g(l_1\cos\theta_1 + l_2\cos\theta_2) \end{aligned} \tag{12.70}$$

Die kinetische und potenzielle Energie ergeben folgenden Lagrange-Funktionen:

$$\begin{aligned} \mathcal{L} =&K - V \\ =&\frac{1}{2}m_1l_1^2\,\dot{\theta}_1^2 + \frac{1}{2}m_2\big(l_1^2\,\dot{\theta}_1^2 + l_2^2\,\dot{\theta}_2^2 + 2l_1l_2\dot{\theta}_1\dot{\theta}_2 \cos(\theta_1 - \theta_2)\big) \\ &+ m_1gl_1\cos\theta_1 + m_2g(l_1\cos\theta_1 + l_2\cos\theta_2) \end{aligned} \tag{12.71}$$

*Unter Anwendung der Lagrange-Methode (*12.2*) finden wir folgende Bewegungsgleichungen:*

$$\begin{aligned} \frac{d}{dt}\left(\frac{\partial\mathcal{L}}{\partial\dot{\theta}_1}\right) - \frac{\partial\mathcal{L}}{\partial\theta_1} =&(m_1 + m_2)l_1^2\,\ddot{\theta}_1 + m_2l_1l_2\ddot{\theta}_2 \cos(\theta_1 - \theta_2) \\ &+ m_2l_1l_2\dot{\theta}_2^2 \sin(\theta_1 - \theta_2) + (m_1 + m_2)l_1g\sin\theta_1 = 0 \end{aligned} \tag{12.72}$$

Abb. 12.6 Ein Kettenpendel

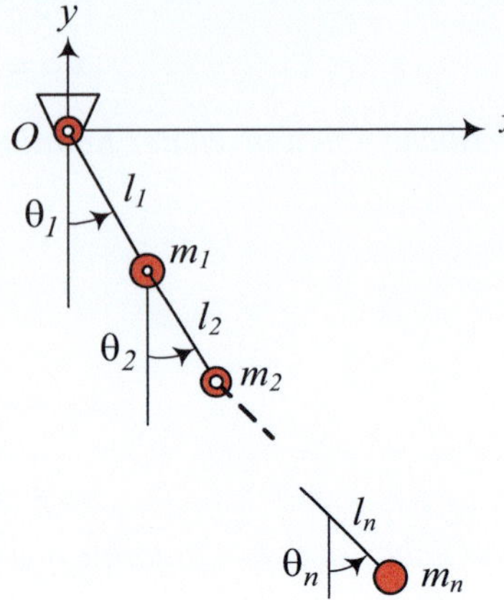

$$\frac{d}{dt}\left(\frac{\partial \mathcal{L}}{\partial \dot{\theta}_2}\right) - \frac{\partial \mathcal{L}}{\partial \theta_2} = m_2 l_2^2 \ddot{\theta}_2 + m_2 l_1 l_2 \ddot{\theta}_1 \cos(\theta_1 - \theta_2) - m_2 l_1 l_2 \dot{\theta}_1^2 \sin(\theta_1 - \theta_2) + m_2 l_2 g \sin\theta_2 = 0 \quad (12.73)$$

Beispiel 494 ⋆ *Kettenpendel*

Betrachten Sie ein n-Kettenpendel, wie in Abb. 12.6 *dargestellt. Jedes Pendel hat eine masselose Länge l_i mit einer konzentrierten Punktmasse m_i und generalisierte Winkelkoordinaten θ_i, gemessen von der vertikalen Richtung.*

Die x_i- und y_i-Komponenten der Masse m_i sind:

$$x_i = \sum_{j=1}^{i} l_j \sin\theta_j \qquad y_i = -\sum_{j=1}^{i} l_j \cos\theta_j \quad (12.74)$$

Wir finden ihre Zeitableitungen:

$$\dot{x}_i = \sum_{j=1}^{i} l_j \dot{\theta}_j \cos\theta_j \qquad \dot{y}_i = \sum_{j=1}^{i} l_j \dot{\theta}_j \sin\theta_j \quad (12.75)$$

und das Quadrat von $\dot{x}_i$ und $\dot{y}_i$

$$\dot{x}_i^2 = \left(\sum_{j=1}^{i} l_j \dot{\theta}_j \cos\theta_j\right)\left(\sum_{k=1}^{i} l_k \dot{\theta}_k \cos\theta_k\right) = \sum_{j=1}^{n}\sum_{k=1}^{n} l_j l_k \dot{\theta}_j \dot{\theta}_k \cos\theta_j \cos\theta_k \quad (12.76)$$

$$\begin{aligned}\dot{y}_i^2 &= \left(\sum_{j=1}^{i} l_j\dot{\theta}_j \sin\theta_j\right)\left(\sum_{k=1}^{i} l_k\dot{\theta}_k \sin\theta_k\right) \\ &= \sum_{j=1}^{i}\sum_{k=1}^{i} l_j l_k \dot{\theta}_j\dot{\theta}_k \sin\theta_j \sin\theta_k\end{aligned} \tag{12.77}$$

um die Geschwindigkeit v_i *der Masse* m_i zu berechnen:

$$\begin{aligned}v_i^2 &= \dot{x}_i^2 + \dot{y}_i^2 \\ &= \sum_{j=1}^{i}\sum_{k=1}^{i} l_j l_k \dot{\theta}_j\dot{\theta}_k \left(\cos\theta_j \cos\theta_k + \sin\theta_j \sin\theta_k\right) \\ &= \sum_{j=1}^{i}\sum_{k=1}^{i} l_j l_k \dot{\theta}_j\dot{\theta}_k \cos\left(\theta_j - \theta_k\right) \\ &= \sum_{r=1}^{i} l_r^2\dot{\theta}_r^2 + 2\sum_{j=1}^{i}\sum_{k=j+1}^{i} l_j l_k \dot{\theta}_j\dot{\theta}_k \cos\left(\theta_j - \theta_k\right)\end{aligned} \tag{12.78}$$

Nun können wir die kinetische Energie K der Kette berechnen:

$$\begin{aligned}K &= \frac{1}{2}\sum_{i=1}^{n} m_i v_i^2 \\ &= \frac{1}{2}\sum_{i=1}^{n} m_i \left(\sum_{r=1}^{i} l_r^2\dot{\theta}_r^2 + 2\sum_{j=1}^{i}\sum_{k=j+1}^{i} l_j l_k \dot{\theta}_j\dot{\theta}_k \cos\left(\theta_j - \theta_k\right)\right) \\ &= \frac{1}{2}\sum_{i=1}^{n}\sum_{r=1}^{i} m_i l_r^2\dot{\theta}_r^2 + \sum_{i=1}^{n}\sum_{j=1}^{i}\sum_{k=j+1}^{i} m_i l_j l_k \dot{\theta}_j\dot{\theta}_k \cos\left(\theta_j - \theta_k\right)\end{aligned} \tag{12.79}$$

Die potentielle Energie des i-ten Pendels hängt mit m_{i} *zusammen:*

$$V_i = m_i g y_i = -m_i g \sum_{j=1}^{i} l_j \cos\theta_j \tag{12.80}$$

und daher ist die potentielle Energie der Kette:

$$V = \sum_{i=1}^{n} m_i g y_i = -\sum_{i=1}^{n}\sum_{j=1}^{i} m_i g l_j \cos\theta_j \tag{12.81}$$

Um die Bewegungsgleichungen für die Kette zu finden, können wir die Lagrange-Funktion L verwenden:

$$\mathcal{L} = K - V \tag{12.82}$$

und die Lagrange-Gleichung anwenden:

$$\frac{d}{dt}\left(\frac{\partial \mathcal{L}}{\partial \dot{q}_s}\right) - \frac{\partial \mathcal{L}}{\partial q_s} = 0 \qquad s = 1, 2, \cdots n \tag{12.83}$$

oder:

$$\frac{d}{dt}\left(\frac{\partial K}{\partial \dot{q}_s}\right) - \frac{\partial K}{\partial q_s} + \frac{\partial V}{\partial q_s} = 0 \qquad s = 1, 2, \cdots n. \tag{12.84}$$

12.2 ⋆ Quadratische Formen

Wenn $[m]$ eine quadratische $n \times n$-Matrix und $\mathbf{x}$ ein $n \times 1$-Vektor ist, dann ist S eine skalare Funktion namens *quadratische Form,* die definiert ist durch:

$$S = \mathbf{x}^T [m] \mathbf{x} \tag{12.85}$$

Die Ableitung der quadratischen Form S bezüglich des Vektors $\mathbf{x}$ ist:

$$\frac{\partial S}{\partial \mathbf{x}} = \left([m] + [m]^T\right)\mathbf{x} \tag{12.86}$$

Kinetische Energie K, potentielle Energie V und Dissipationsfunktion D sind quadratische Formen:

$$K = \tfrac{1}{2}\dot{\mathbf{x}}^T [m] \dot{\mathbf{x}} \tag{12.87}$$

$$V = \tfrac{1}{2}\mathbf{x}^T [k] \mathbf{x} \tag{12.88}$$

$$D = \tfrac{1}{2}\dot{\mathbf{x}}^T [c] \dot{\mathbf{x}} \tag{12.89}$$

und daher:

$$\tfrac{\partial K}{\partial \dot{\mathbf{x}}} = \tfrac{1}{2}\left([m] + [m]^T\right)\dot{\mathbf{x}} \tag{12.90}$$

$$\tfrac{\partial V}{\partial \mathbf{x}} = \tfrac{1}{2}\left([k] + [k]^T\right)\mathbf{x} \tag{12.91}$$

$$\tfrac{\partial D}{\partial \dot{\mathbf{x}}} = \tfrac{1}{2}\left([c] + [c]^T\right)\dot{\mathbf{x}} \tag{12.92}$$

Durch Verwendung der Ableitung von quadratischen Formen und der Lagrange-Methode:

$$\frac{d}{dt}\frac{\partial K}{\partial \dot{\mathbf{x}}} + \frac{\partial K}{\partial \mathbf{x}} + \frac{\partial D}{\partial \dot{\mathbf{x}}} + \frac{\partial V}{\partial \mathbf{x}} = \mathbf{F} \tag{12.93}$$

wird die Bewegungsgleichung für ein lineares, schwingendes System mit n Freiheitsgraden:

$$[\underline{m}]\,\ddot{\mathbf{x}} + [\underline{c}]\,\ddot{\mathbf{x}} + [\underline{k}]\mathbf{x} = \mathbf{F} \tag{12.94}$$

wobei $[\underline{m}]$, $[\underline{c}]$ und $[\underline{k}]$ symmetrische Matrizen sind:

$$[\underline{m}] = \tfrac{1}{2}\left([m] + [m]^T\right) \tag{12.95}$$

$$[\underline{c}] = \tfrac{1}{2}\left([c] + [c]^T\right) \tag{12.96}$$

$$[\underline{k}] = \tfrac{1}{2}\left([k] + [k]^T\right) \tag{12.97}$$

Quadratische Formen werden auch als *Hermitesche Form* bezeichnet.

Beweis. Wir definieren eine allgemeine asymmetrische quadratische Form durch:

$$S = \mathbf{x}^T[a]\mathbf{y} = \sum_i \sum_j x_i a_{ij} y_j \tag{12.98}$$

Wenn die quadratische Form symmetrisch ist, dann gilt $\mathbf{x} = \mathbf{y}$ und

$$S = \mathbf{x}^T[a]\mathbf{x} = \sum_i \sum_j x_i a_{ij} x_j \tag{12.99}$$

Die Vektoren $\mathbf{x}$ und $\mathbf{y}$ können Funktionen von n generalisierten Koordinaten q_i und der Zeit t sein:

$$\mathbf{x} = \mathbf{x}(q_1, q_2, \cdots, q_n, t) \tag{12.100}$$

$$\mathbf{y} = \mathbf{y}(q_1, q_2, \cdots, q_n, t) \tag{12.101}$$

$$\mathbf{q} = \begin{bmatrix} q_1 & q_2 & \cdots & q_n \end{bmatrix}^T \tag{12.102}$$

Die Ableitung von $\mathbf{x}$ bezüglich $\mathbf{q}$ ist eine quadratische Matrix:

$$\frac{\partial \mathbf{x}}{\partial \mathbf{q}} = \begin{bmatrix} \dfrac{\partial x_1}{\partial q_1} & \dfrac{\partial x_2}{\partial q_1} & \cdots & \dfrac{\partial x_n}{\partial q_1} \\ \dfrac{\partial x_1}{\partial q_2} & \dfrac{\partial x_2}{\partial q_2} & \cdots & \cdots \\ \cdots & \cdots & \cdots & \cdots \\ \dfrac{\partial x_1}{\partial q_n} & \cdots & \cdots & \dfrac{\partial x_n}{\partial q_n} \end{bmatrix} \tag{12.103}$$

die auch durch

$$\frac{\partial \mathbf{x}}{\partial \mathbf{q}} = \begin{bmatrix} \frac{\partial \mathbf{x}}{\partial q_1} \\ \frac{\partial \mathbf{x}}{\partial q_2} \\ \cdots \\ \frac{\partial \mathbf{x}}{\partial q_n} \end{bmatrix} \tag{12.104}$$

oder

$$\frac{\partial \mathbf{x}}{\partial \mathbf{q}} = \begin{bmatrix} \frac{\partial x_1}{\partial \mathbf{q}} & \frac{\partial x_2}{\partial \mathbf{q}} & \cdots & \frac{\partial x_n}{\partial \mathbf{q}} \end{bmatrix} \tag{12.105}$$

ausgedrückt werden kann. Nun ist eine Ableitung von S bezüglich eines Elements von q_k gleich

$$\begin{aligned} \frac{\partial S}{\partial q_k} &= \frac{\partial}{\partial q_k} \sum_i \sum_j x_i a_{ij} y_j \\ &= \sum_i \sum_j \frac{\partial x_i}{\partial q_k} a_{ij} y_j + \sum_i \sum_j x_i a_{ij} \frac{\partial y_j}{\partial q_k} \\ &= \sum_j \sum_i \frac{\partial x_i}{\partial q_k} a_{ij} y_j + \sum_i \sum_j \frac{\partial y_j}{\partial q_k} a_{ij} x_i \\ &= \sum_j \sum_i \frac{\partial x_i}{\partial q_k} a_{ij} y_j + \sum_j \sum_i \frac{\partial y_i}{\partial q_k} a_{ji} x_j \end{aligned} \tag{12.106}$$

und daher ist die Ableitung von S bezüglich $\mathbf{q}$ gleich

$$\frac{\partial S}{\partial \mathbf{q}} = \frac{\partial \mathbf{x}}{\partial \mathbf{q}}[a]\mathbf{y} + \frac{\partial \mathbf{y}}{\partial \mathbf{q}}[a]^T \mathbf{x}. \tag{12.107}$$

Wenn S eine symmetrische quadratische Form ist, dann gilt:

$$\frac{\partial S}{\partial \mathbf{q}} = \frac{\partial}{\partial \mathbf{q}}\left(\mathbf{x}^T [a] \mathbf{x}\right) = \frac{\partial \mathbf{x}}{\partial \mathbf{q}}[a]\mathbf{x} + \frac{\partial \mathbf{x}}{\partial \mathbf{q}}[a]^T \mathbf{x} \tag{12.108}$$

und wenn $\mathbf{q} = \mathbf{x}$, dann ist die Ableitung eines symmetrischen S bezüglich $\mathbf{x}$ gleich:

$$\begin{aligned} \frac{\partial S}{\partial \mathbf{x}} &= \frac{\partial}{\partial \mathbf{x}}\left(\mathbf{x}^T [a] \mathbf{x}\right) = \frac{\partial \mathbf{x}}{\partial \mathbf{x}}[a]\mathbf{x} + \frac{\partial \mathbf{x}}{\partial \mathbf{x}}[a]^T \mathbf{x} \\ &= [a]\mathbf{x} + [a]^T \mathbf{x} = \left([a] + [a]^T\right)\mathbf{x} \end{aligned} \tag{12.109}$$

Wenn $[a]$ eine symmetrische Matrix ist, dann gilt:

$$[a] + [a]^T = 2[a] \tag{12.110}$$

Wenn jedoch $[a]$ keine symmetrische Matrix ist, dann ist $[\underline{a}] = [a] + [a]^T$ eine symmetrische Matrix, weil:

$$\underline{a}_{ij} = a_{ij} + a_{ji} = a_{ji} + a_{ij} = \underline{a}_{ji} \tag{12.111}$$

und daher:

$$[\underline{a}] = [\underline{a}]^T \tag{12.112}$$

Kinetische Energie K, potentielle Energie V und Dissipationsfunktion D können durch quadratische Formen ausgedrückt werden:

$$K = \tfrac{1}{2}\dot{\mathbf{x}}^T [m]\dot{\mathbf{x}} \tag{12.113}$$

$$V = \tfrac{1}{2}\mathbf{x}^T [k]\mathbf{x} \tag{12.114}$$

$$D = \tfrac{1}{2}\dot{\mathbf{x}}^T [c]\dot{\mathbf{x}} \tag{12.115}$$

Das Einsetzen von K, V und D in die Lagrange-Gleichung liefert die Bewegungsgleichungen:

$$\begin{aligned}
\mathbf{F} &= \frac{d}{dt}\frac{\partial K}{\partial \dot{\mathbf{x}}} + \frac{\partial K}{\partial \mathbf{x}} + \frac{\partial D}{\partial \dot{\mathbf{x}}} + \frac{\partial V}{\partial \mathbf{x}} \\
&= \frac{1}{2}\frac{d}{dt}\frac{\partial}{\partial \dot{\mathbf{x}}}\left(\dot{\mathbf{x}}^T [m]\dot{\mathbf{x}}\right) + \frac{1}{2}\frac{\partial}{\partial \dot{\mathbf{x}}}\left(\dot{\mathbf{x}}^T [c]\dot{\mathbf{x}}\right) + \frac{1}{2}\frac{\partial}{\partial \mathbf{x}}\left(\mathbf{x}^T [k]\mathbf{x}\right) \\
&= \frac{1}{2}\left[\frac{d}{dt}\left(\left([m] + [m]^T\right)\dot{\mathbf{x}}\right) + \left([c] + [c]^T\right)\dot{\mathbf{x}} + \left([k] + [k]^T\right)\mathbf{x}\right] \\
&= \frac{1}{2}\left([m] + [m]^T\right)\mathrm{b}\ddot{f}x + \frac{1}{2}\left([c] + [c]^T\right)\dot{\mathbf{x}} + \frac{1}{2}\left([k] + [k]^T\right)\mathbf{x} \\
&= [\underline{m}]\,\ddot{\mathbf{x}} + [\underline{c}]\,\dot{\mathbf{x}} + [\underline{k}]\,\mathbf{x}
\end{aligned} \tag{12.116}$$

wobei:

$$[\underline{m}] = \tfrac{1}{2}\left([m] + [m]^T\right) \tag{12.117}$$

$$[\underline{c}] = \tfrac{1}{2}\left([k] + [k]^T\right) \tag{12.118}$$

$$[\underline{k}] = \tfrac{1}{2}\left([c] + [c]^T\right) \tag{12.119}$$

Ab jetzt gehen wir davon aus, dass jede Bewegungsgleichung durch die Lagrange-Methode mit symmetrischen Koeffizientenmatrizen gefunden wird. Daher schreiben wir die Bewegungsgleichungen als:

$$[m]\,\ddot{\mathbf{x}} + [c]\dot{\mathbf{x}} + [k]\mathbf{x} = \mathbf{F} \tag{12.120}$$

und verwenden $[m]$, $[c]$ und $[k]$ als Ersatz für $\left[\underline{m}\right]$, $\left[\underline{c}\right]$ und $\left[\underline{k}\right]$

$$[m] \equiv \left[\underline{m}\right] \tag{12.121}$$

$$[c] \equiv \left[\underline{c}\right] \tag{12.122}$$

$$[k] \equiv \left[\underline{k}\right] \tag{12.123}$$

■

Beispiel 495 ⋆ *Ein Viertelautomodell mit Fahrer*

Abb. 12.7 veranschaulicht ein Viertelautomodell mit einem Fahrer, der durch eine Masse m_d *über einer linearen Kissenfederung über der gefederten Masse* m_s *modelliert wird.*

Angenommen:

$$y = 0 \tag{12.124}$$

dann finden wir die freien Schwingungsgleichungen der Bewegung durch die Lagrange-Methode und der Ableitung von quadratischen Formen.

Die kinetische Energie K des Systems kann ausgedrückt werden durch:

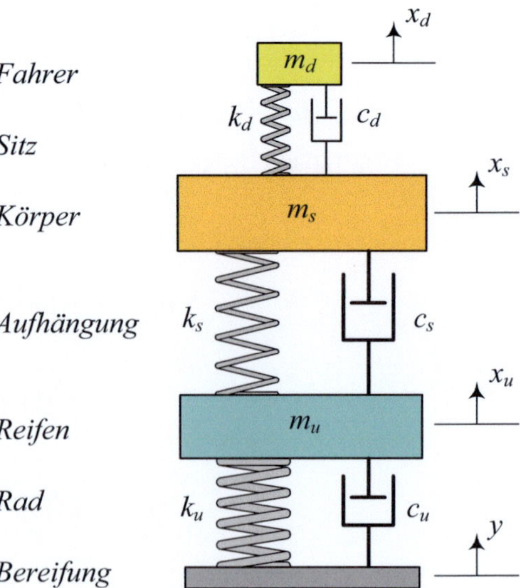

Abb. 12.7 Ein Viertelautomodell mit Fahrer

$$
\begin{aligned}
K &= \tfrac{1}{2} m_u \dot{x}_u^2 + \tfrac{1}{2} m_s \dot{x}_s^2 + \tfrac{1}{2} m_d \dot{x}_d^2 \\
&= \tfrac{1}{2} \begin{bmatrix} \dot{x}_u & \dot{x}_s & \dot{x}_d \end{bmatrix} \begin{bmatrix} m_u & 0 & 0 \\ 0 & m_s & 0 \\ 0 & 0 & m_d \end{bmatrix} \begin{bmatrix} \dot{x}_u \\ \dot{x}_s \\ \dot{x}_d \end{bmatrix} \\
&= \tfrac{1}{2} \dot{\mathbf{x}}^T [m] \dot{\mathbf{x}}
\end{aligned} \tag{12.125}
$$

und die potentielle Energie V durch:

$$
\begin{aligned}
V &= \tfrac{1}{2} k_u (x_u)^2 + \tfrac{1}{2} k_s (x_s - x_u)^2 + \tfrac{1}{2} k_d (x_d - x_s)^2 \\
&= \tfrac{1}{2} \begin{bmatrix} x_u & x_s & x_d \end{bmatrix} \begin{bmatrix} k_u + k_s & -k_s & 0 \\ -k_s & k_s + k_d & -k_d \\ 0 & -k_d & k_d \end{bmatrix} \begin{bmatrix} x_u \\ x_s \\ x_d \end{bmatrix} \\
&= \tfrac{1}{2} \mathbf{x}^T [k] \mathbf{x}
\end{aligned} \tag{12.126}
$$

Ebenso lautet die Dissipationsfunktion D:

$$
\begin{aligned}
D &= \tfrac{1}{2} c_u (\dot{x}_u)^2 + \tfrac{1}{2} c_s (\dot{x}_s - \dot{x}_u)^2 + \tfrac{1}{2} c_d (\dot{x}_d - \dot{x}_s)^2 \\
&= \tfrac{1}{2} \begin{bmatrix} \dot{x}_u & \dot{x}_s & \dot{x}_d \end{bmatrix} \begin{bmatrix} c_u + c_s & -c_s & 0 \\ -c_s & c_s + c_d & -c_d \\ 0 & -c_d & c_d \end{bmatrix} \begin{bmatrix} \dot{x}_u \\ \dot{x}_s \\ \dot{x}_d \end{bmatrix} \\
&= \tfrac{1}{2} \dot{\mathbf{x}}^T [c] \dot{\mathbf{x}}
\end{aligned} \tag{12.127}
$$

Mit der Methode der Ableitung von quadratischen Formen finden wir Ableitungen von K, V und D in Bezug auf ihre Variablenvektoren als:

$$
\begin{aligned}
\frac{\partial K}{\partial \dot{\mathbf{x}}} &= \tfrac{1}{2} \left([m] + [m]^T \right) \dot{\mathbf{x}} = \tfrac{1}{2} \left([m] + [m]^T \right) \begin{bmatrix} \dot{x}_u \\ \dot{x}_s \\ \dot{x}_d \end{bmatrix} \\
&= \begin{bmatrix} m_u & 0 & 0 \\ 0 & m_s & 0 \\ 0 & 0 & m_d \end{bmatrix} \begin{bmatrix} \dot{x}_u \\ \dot{x}_s \\ \dot{x}_d \end{bmatrix}
\end{aligned} \tag{12.128}
$$

$$
\begin{aligned}
\frac{\partial V}{\partial \mathbf{x}} &= \tfrac{1}{2} \left([k] + [k]^T \right) \mathbf{x} = \tfrac{1}{2} \left([k] + [k]^T \right) \begin{bmatrix} x_u \\ x_s \\ x_d \end{bmatrix} \\
&= \begin{bmatrix} k_u + k_s & -k_s & 0 \\ -k_s & k_s + k_d & -k_d \\ 0 & -k_d & k_d \end{bmatrix} \begin{bmatrix} x_u \\ x_s \\ x_d \end{bmatrix}
\end{aligned} \tag{12.129}
$$

$$
\begin{aligned}
\frac{\partial D}{\partial \dot{\mathbf{x}}} &= \tfrac{1}{2} \left([c] + [c]^T \right) \dot{\mathbf{x}} = \tfrac{1}{2} \left([c] + [c]^T \right) \begin{bmatrix} \dot{x}_u \\ \dot{x}_s \\ \dot{x}_d \end{bmatrix} \\
&= \begin{bmatrix} c_u + c_s & -c_s & 0 \\ -c_s & c_s + c_d & -c_d \\ 0 & -c_d & c_d \end{bmatrix} \begin{bmatrix} \dot{x}_u \\ \dot{x}_s \\ \dot{x}_d \end{bmatrix}
\end{aligned} \tag{12.130}
$$

Daher finden wir die freien Schwingungsgleichungen der Bewegung des Systems:

$$[m]\ddot{\mathbf{x}} + [c]\dot{\mathbf{x}} + [k]\mathbf{x} = 0 \tag{12.131}$$

$$\begin{aligned}&\begin{bmatrix} m_u & 0 & 0 \\ 0 & m_s & 0 \\ 0 & 0 & m_d \end{bmatrix}\begin{bmatrix} \ddot{x}_u \\ \ddot{x}_s \\ \ddot{x}_d \end{bmatrix} + \begin{bmatrix} c_u + c_s & -c_s & 0 \\ -c_s & c_s + c_d & -c_d \\ 0 & -c_d & c_d \end{bmatrix}\begin{bmatrix} \dot{x}_u \\ \dot{x}_s \\ \dot{x}_d \end{bmatrix} \\ &+ \begin{bmatrix} k_u + k_s & -k_s & 0 \\ -k_s & k_s + k_d & -k_d \\ 0 & -k_d & k_d \end{bmatrix}\begin{bmatrix} x_u \\ x_s \\ x_d \end{bmatrix} = 0\end{aligned} \tag{12.132}$$

Beispiel 496 ⋆ *Verschiedene Anordnungen von* $[m]$, $[c]$ *und* $[k]$

Die Massen-, Dämpfungs- und Steifigkeitsmatrizen $[m]$, $[c]$ *und* $[k]$ *für ein schwingendes System können in verschiedenen Formen mit der gleichen kinetischen Gesamtenergie K, potentiellen Energie V und Dissipationsfunktion D angeordnet werden. Als Beispiel kann die potentielle Energie V für das im Abb.* 12.7 *dargestellte Viertelautomodell durch verschiedene* $[k]$ ausgedrückt werden:

$$V = \frac{1}{2}k_u(x_u)^2 + \frac{1}{2}k_s(x_s - x_u)^2 + \frac{1}{2}k_d(x_d - x_s)^2 \tag{12.133}$$

$$V = \frac{1}{2}\mathbf{x}^T \begin{bmatrix} k_u + k_s & -k_s & 0 \\ -k_s & k_s + k_d & -k_d \\ 0 & -k_d & k_d \end{bmatrix} \mathbf{x} \tag{12.134}$$

$$V = \tfrac{1}{2}\mathbf{x}^T \begin{bmatrix} k_u + k_s & -2k_s & 0 \\ 0 & k_s + k_d & -2k_d \\ 0 & 0 & k_d \end{bmatrix} \mathbf{x} \tag{12.135}$$

$$V = \tfrac{1}{2}\mathbf{x}^T \begin{bmatrix} k_u + k_s & 0 & 0 \\ -2k_s & k_s + k_d & 0 \\ 0 & -2k_d & k_d \end{bmatrix} \mathbf{x} \tag{12.136}$$

Die Matrizen $[m]$, $[c]$ *und* $[k]$ *in K, D, V sind möglicherweise nicht symmetrisch, jedoch sind die Matrizen* $\lfloor \underline{m} \rfloor$, $\lfloor \underline{c} \rfloor$ *und* $\lfloor \underline{k} \rfloor$ *in* $\partial K/\partial \dot{\mathbf{x}}$, $\partial D/\partial \dot{\mathbf{x}}$ und $\partial V/\partial\, \mathbf{x}$ *symmetrisch.*

Wenn eine Matrix $[a]$ *diagonal ist, ist sie symmetrisch und es gilt:*

$$[a] = \lfloor \underline{a} \rfloor \tag{12.137}$$

Eine diagonale Matrix kann nicht in verschiedenen Formen geschrieben werden. Die Matrix $[m]$ *im Beispiel* 495 *ist diagonal, und daher hat K nur eine Form (*12.125*).*

Beispiel 497 ⋆ *Positiv definite Matrix*

Eine Matrix $[a]$ *wird als positiv definit bezeichnet, wenn* $\mathbf{x}^T[a]\mathbf{x} > 0$ *für alle* $\mathbf{x} \neq 0$. *Eine Matrix* $[a]$ *wird als positiv semidefinit bezeichnet, wenn* $\mathbf{x}^T[a]\mathbf{x} \geq 0$ *für alle* $\mathbf{x}$. *Die kinetische Energie ist positiv definit, und das bedeutet, es kann nicht* $K = 0$ *gelten, es sei denn* $\dot{\mathbf{x}} = 0$. *Die potentielle Energie ist positiv semidefinit, und das bedeutet, es gilt* $V \geq 0$, *solange* $\mathbf{x} > 0$, *jedoch ist es möglich, ein spezielles* $\mathbf{x}_0 > 0$ *zu haben, bei dem* $V = 0$.

12.3 Eigenfrequenzen und Schwingungsformen

Nicht erzwungene und ungedämpfte Schwingungen eines Systems sind eine grundlegende Reaktion dieses Systems, die sein natürliches Verhalten ausdrückt. Wir nennen ein System ohne Dämpfung und ohne externe Anregung ein *freies System*. Ein freies System wird durch den folgenden Satz von Differentialgleichungen bestimmt:

$$[m]\,\ddot{\mathbf{x}} + [k]\mathbf{x} = \mathbf{0} \tag{12.138}$$

Die Reaktion des freien Systems ist harmonisch:

$$\begin{aligned} \mathbf{x} &= \sum_{i=1}^{n} \mathbf{u}_i (A_i \sin \omega_i t + B_i \cos \omega_i t) \quad i = 1, 2, 3, \cdots n \\ &= \sum_{i=1}^{n} C_i \mathbf{u}_i \sin(\omega_i t - \varphi_i) \quad i = 1, 2, 3, \cdots n \end{aligned} \tag{12.139}$$

wobei ω_i die *Eigenfrequenzen* und $\mathbf{u}_i$ die *Schwingungsformen* des Systems sind.

Die Eigenfrequenzen ω_i sind Lösungen der charakteristischen Gleichung des Systems:

$$\det \left[[k] - \omega^2 [m] \right] = 0 \tag{12.140}$$

und die Schwingungsformen $\mathbf{u}_i$, entsprechend ω_i, sind Lösungen der folgenden Gleichung:

$$\left[[k] - \omega_i^2 [m] \right] \mathbf{u}_i = 0 \tag{12.141}$$

Die unbekannten Koeffizienten A_i und B_i oder C_i und ϕ_i müssen aus den Anfangsbedingungen bestimmt werden.

Beweis Indem wir die Kraft- und Dämpfungsterme aus den allgemeinen Bewegungsgleichungen

$$[m]\,\ddot{\mathbf{x}} + [c]\dot{\mathbf{x}} + [k]\mathbf{x} = \mathbf{F} \tag{12.142}$$

eliminieren, finden wir die Gleichungen für freie Systeme:

$$[m]\,\ddot{\mathbf{x}} + [k]\mathbf{x} = \mathbf{0} \tag{12.143}$$

Lassen Sie uns nach einer möglichen Lösung der folgenden Form suchen:

$$\mathbf{x} = \mathbf{u}\, q(t) \tag{12.144}$$

$$x_i = u_i\, q(t) \qquad i = 1, 2, 3, \cdots n \tag{12.145}$$

Diese Lösung impliziert, dass das Amplitudenverhältnis von zwei Koordinaten während der Bewegung nicht von der Zeit abhängt. Setzen wir (12.144) in Gl. (12.143) ein:

$$[m]\mathbf{u}\, \ddot{q}(t) + [k]\mathbf{u}\, q(t) = \mathbf{0} \tag{12.146}$$

und trennen die zeitabhängigen Terme, ergibt sich:

$$-\frac{\ddot{q}(t)}{q(t)} = [[m]\mathbf{u}]^{-1}[[k]\mathbf{u}] = \frac{\sum_{j=1}^{n} k_{ij} u_j}{\sum_{j=1}^{n} m_{ij} u_j} \qquad i = 1, 2, 3, \cdots n \tag{12.147}$$

Da die rechte Seite dieser Gleichung zeitunabhängig ist und die linke Seite unabhängig vom Index i ist, müssen beide Seiten gleich einer Konstanten sein. Lassen Sie uns annehmen, die Konstante sei eine positive Zahl ω^2. Daher kann Gl. (12.147) in zwei Gleichungen separiert werden:

$$\ddot{q}(t) + \omega^2 q(t) = 0 \tag{12.148}$$

und

$$\left[[k] - \omega^2[m]\right]\mathbf{u} = 0 \tag{12.149}$$

oder:

$$\sum_{j=1}^{n} \left(k_{ij} - \omega^2 m_{ij}\right) u_j = 0 \qquad i = 1, 2, 3, \cdots n. \tag{12.150}$$

Die Lösung von (12.148) ist:

$$q(t) = \sin \omega t + \cos \omega t = \sin(\omega t - \varphi) \tag{12.151}$$

was zeigt, dass alle Koordinaten des Systems x_i harmonische Bewegungen mit identischer Frequenz ω und identischem Phasenwinkel ϕ aufweisen. Die Frequenz ω kann aus der Gl. (12.149) bestimmt werden, die ein Satz von homogenen Gleichungen für die Unbekannte $\mathbf{u}$ ist.

Der Satz von Gl. (12.149) hat eine Lösung $\mathbf{u} = \mathbf{0}$, die die *Ruheposition* des Systems ist und keine Bewegung zeigt. Diese Lösung wird als *triviale Lösung* bezeichnet und ist unwichtig. Um eine *nicht-triviale Lösung* zu erhalten, muss die Determinante der Koeffizientenmatrix null sein:

$$\det\left[[k] - \omega^2[m]\right] = 0 \tag{12.152}$$

Die Bestimmung der Konstante ω, sodass der Satz von Gl. (12.149) eine nicht-triviale Lösung liefert, wird als *Eigenwertproblem* bezeichnet. Die Ausweitung der Determinante (12.152) liefert eine algebraische Gleichung, die als *charakteristische Gleichung* bezeichnet wird. Die charakteristische Gleichung ist eine Gleichung n-ter Ordnung in ω^2 und liefert n Eigenfrequenzen ω_i. Die Eigenfrequenzen ω_i können in der folgenden Reihenfolge gesetzt werden:

$$\omega_1 \leq \omega_2 \leq \omega_3 \leq \cdots \leq \omega_n \tag{12.153}$$

Das Vorhandensein von n Werten für ω zeigt an, dass die Lösung (12.151) mit n verschiedenen Frequenzen ω_i , $i = 1, 2, 3, \cdots n$ möglich ist.

Wir können die Gl. (12.143) mit $[m]^{-1}$

$$\ddot{\mathbf{x}} + [m]^{-1}[k]\mathbf{x} = \mathbf{0} \tag{12.154}$$

multiplizieren und die charakteristische Gl. (12.152) als

$$\det \left[[A] - \lambda \mathbf{I} \right] = 0 \tag{12.155}$$

finden, wobei:

$$[A] = [m]^{-1}[k] \tag{12.156}$$

Daher ist die Bestimmung der Eigenfrequenzen ω_i gleichwertig mit der Bestimmung der Eigenwerte λ_i der Matrix $[A] = [m]^{-1}[k]$:

$$\lambda_i = \omega_i^2 \tag{12.157}$$

Die Bestimmung der Vektoren $\mathbf{u}_i$, um die Gl. (12.149) zu erfüllen, wird als *Eigenvektorproblem* bezeichnet. Um $\mathbf{u}_i$ zu bestimmen, können wir die Gl. (12.149) für jede ω_i

$$\left[[k] - \omega_i^2 [m] \right] \mathbf{u}_i = 0 \tag{12.158}$$

lösen und n verschiedene $\mathbf{u}_i$ finden. In Schwingungen und Fahrzeugdynamik wird der Eigenvektor $\mathbf{u}_i$, der zum Eigenwert ω_i gehört, als *Schwingungsform* bezeichnet.

Alternativ können wir die Eigenvektoren der Matrix $[A] = [m]^{-1}[k]$

$$\left[[A] - \lambda_i \mathbf{I} \right] \mathbf{u}_i = 0 \tag{12.159}$$

finden, statt die Schwingungsformen aus (12.158) zu ermitteln.

Die Gl. (12.158) sind homogen, sodass, wenn $\mathbf{u}_i$ eine Lösung ist, dann auch $a\mathbf{u}_i$. Daher sind die Eigenvektoren nicht eindeutig und können mit jeder Länge ausgedrückt werden. Allerdings ist das Verhältnis von zwei Elementen eines Eigenvektors eindeutig, und daher hat $\mathbf{u}_i$ eine eindeutige Form. Wenn einem der Elemente von $\mathbf{u}_i$ ein Wert zugewiesen wird, sind die verbleibenden $n - 1$ Elemente eindeutig bestimmt. Die Form eines Eigenvektors zeigt die relativen Amplituden der Koordinaten des Systems in Schwingung an.

Da die Länge eines Eigenvektors nicht eindeutig definiert ist, gibt es viele Möglichkeiten, $\mathbf{u}_i$ auszudrücken. Die gebräuchlichsten Ausdrücke sind:

1. Normalisierung,
2. Normalform,
3. hohe Einheit (engl. high-unit),
4. erste Einheit (engl. first-unit),
5. letzte Einheit (engl. last-unit).

In der *Normalisierung*-Ausdrucksweise können wir die Länge von $\mathbf{u}_i$ so anpassen, dass

$$\mathbf{u}_i^T [m] \mathbf{u}_i = 1 \tag{12.160}$$

oder

$$\mathbf{u}_i^T [k] \mathbf{u}_i = 1 \tag{12.161}$$

gilt und $\mathbf{u}_i$ eine *Normalmode* in Bezug auf $[m]$ oder $[k]$ nennen.

In der *Normalform*-Ausdrucksweise passen wir $\mathbf{u}_i$ so an, dass seine Länge den Wert Eins hat.

In der *High-Unit*-Ausdrucksweise passen wir die Länge von $\mathbf{u}_i$ so an, dass das größte Element den Wert Eins hat.

In der *First-Unit*-Ausdruckweise, passen wir die Länge von $\mathbf{u}_i$ so an, dass das erste Element den Wert Eins hat.

In der *Last-Unit*-Ausdrucksweise, passen wir die Länge von $\mathbf{u}_i$ so an, dass das letzte Element den Wert Eins hat. ■

Beispiel 498 *Eigenwerte und Eigenvektoren einer* 2×2*-Matrix*

Betrachten Sie eine 2×2*-Matrix, die gegeben ist durch:*

$$[A] = \begin{bmatrix} 5 & 3 \\ 3 & 6 \end{bmatrix} \tag{12.162}$$

Um die Eigenwerte λ_i *von* $[A]$ *zu finden, erstellen wir die charakteristische Gleichung der Matrix, indem wir eine Unbekannte* λ *von der Hauptdiagonalen subtrahieren und die Determinante nehmen:*

$$\begin{aligned} \det\left[[A] - \lambda \mathbf{I}\right] &= \det\left[\begin{bmatrix} 5 & 3 \\ 3 & 6 \end{bmatrix} - \lambda \begin{bmatrix} 1 & 0 \\ 0 & 1 \end{bmatrix}\right] \\ &= \det\begin{bmatrix} 5-\lambda & 3 \\ 3 & 6-\lambda \end{bmatrix} \\ &= \lambda^2 - 11\lambda + 21 \end{aligned} \tag{12.163}$$

*Die Lösungen der charakteristischen Gl. (*12.163*) sind:*

$$\lambda_1 = 8{,}5414 \qquad \lambda_2 = 2{,}4586 \tag{12.164}$$

Um die entsprechenden Eigenvektoren $\mathbf{u}_1$ *und* $\mathbf{u}_2$ *zu finden, lösen wir die folgenden Gleichungen:*

$$\left[[A] - \lambda_1 \mathbf{I}\right]\mathbf{u}_1 = 0 \qquad \left[[A] - \lambda_2 \mathbf{I}\right]\mathbf{u}_2 = 0 \tag{12.165}$$

Wir bezeichnen die Eigenvektoren als:

$$\mathbf{u}_1 = \begin{bmatrix} u_{11} \\ u_{12} \end{bmatrix} \qquad \mathbf{u}_2 = \begin{bmatrix} u_{21} \\ u_{22} \end{bmatrix} \tag{12.166}$$

daher gilt:

$$\begin{aligned} \left[[A] - \lambda_1 \mathbf{I}\right]\mathbf{u}_1 &= \left[\begin{bmatrix} 5 & 3 \\ 3 & 6 \end{bmatrix} - 8{,}5414 \begin{bmatrix} 1 & 0 \\ 0 & 1 \end{bmatrix}\right] \begin{bmatrix} u_{11} \\ u_{12} \end{bmatrix} \\ &= \begin{bmatrix} 3u_{12} - 3{,}5414 u_{11} \\ 3u_{11} - 2{,}5414 u_{12} \end{bmatrix} = 0 \end{aligned} \tag{12.167}$$

$$\begin{aligned} \left[[A] - \lambda_2 \mathbf{I}\right]\mathbf{u}_2 &= \left[\begin{bmatrix} 5 & 3 \\ 3 & 6 \end{bmatrix} - 2{,}4586 \begin{bmatrix} 1 & 0 \\ 0 & 1 \end{bmatrix}\right] \begin{bmatrix} u_{21} \\ u_{22} \end{bmatrix} \\ &= \begin{bmatrix} 2{,}5414 u_{21} + 3u_{22} \\ 3u_{21} + 3{,}5414 u_{22} \end{bmatrix} = 0 \end{aligned} \tag{12.168}$$

Zuweisung von Last-Unit-Eigenvektoren

$$u_{12} = 1 \qquad u_{22} = 1 \tag{12.169}$$

liefert uns:

$$\mathbf{u}_1 = \begin{bmatrix} -1{,}1805 \\ 1{,}0 \end{bmatrix} \qquad \mathbf{u}_2 = \begin{bmatrix} 0{,}84713 \\ 1{,}0 \end{bmatrix} \tag{12.170}$$

Beispiel 499 ⋆ *Eindeutiges Verhältnis der Elemente der Eigenvektoren*

Um ein Beispiel zu zeigen, dass das Verhältnis der Elemente der Eigenvektoren eindeutig ist, untersuchen wir die Eigenvektoren $\mathbf{u}_1$ *und* $\mathbf{u}_2$ *im Beispiel* 498:

$$\mathbf{u}_1 = \begin{bmatrix} 3u_{12} - 3{,}5414 u_{11} \\ 3u_{11} - 2{,}5414 u_{12} \end{bmatrix} \tag{12.171}$$

$$\mathbf{u}_2 = \begin{bmatrix} 2{,}5414 u_{21} + 3u_{22} \\ 3u_{21} + 3{,}5414 u_{22} \end{bmatrix} \tag{12.172}$$

Das Verhältnis u_{11}/u_{12} *kann aus der ersten Zeile von* $\mathbf{u}_1$ *in* (12.171) *ermittelt werden:*

$$\frac{u_{11}}{u_{12}} = \frac{3}{3{,}5414} = 0{,}84712 \tag{12.173}$$

oder aus der zweiten Zeile:

$$\frac{u_{11}}{u_{12}} = \frac{2{,}5414}{3} = 0{,}84713 \tag{12.174}$$

und so die Gleichheit überprüft werden.
Das Verhältnis u_{21}/u_{22} kann auch aus der ersten oder zweiten Zeile von $\mathbf{u}_2$ in (12.172) *ermittelt werden, um ihre Gleichheit zu überprüfen:*

$$\frac{u_{21}}{u_{22}} = -\frac{3}{2{,}5414} = -\frac{3{,}5414}{3} = -1{,}1805 \tag{12.175}$$

Beispiel 500 ⋆ *Eigenschaften von freien Systemen*
Freie Systeme haben zwei Eigenschaften:

1. *Eigenfrequenzen*
2. *Schwingungsform*

Ein schwingendes System mit n Freiheitsgraden wird n Eigenfrequenzen ω_i und n Schwingungsmoden $\mathbf{u}_i$ haben. Die Eigenfrequenzen ω_i sind Kerne für die Resonanzzonen des Systems, und die Eigenvektoren $\mathbf{u}_i$ zeigen die relativen Schwingungen verschiedener Koordinaten des Systems bei der Resonanz ω_i. Das höchste Element jeder Schwingungsform $\mathbf{u}_i$ zeigt die Koordinate oder die Komponente des Systems, die am ehesten bei ω_i schwingt.

Beispiel 501 *Bedeutung von freien Systemen*
Die Reaktion von freien Systemen ist der Kern für alle anderen Reaktionen des schwingenden Systems. Wenn es eine Dämpfung gibt, dann ist die Reaktion des Systems durch die freie ungedämpfte Lösung begrenzt. Wenn es eine erzwungene Funktion gibt, zeigen die Eigenfrequenzen der freien Reaktion die Resonanzzonen, bei denen die Amplitude der Reaktion unendlich werden kann, wenn eine Anregungsfrequenz der Kraftfunktion übereinstimmt.

Beispiel 502 ⋆ *Vorzeichen der Trennkonstante ω^2*
Beide, linke und rechte, Seiten der Gl. (12.147) *müssen gleich einer Konstanten sein. Das Vorzeichen der Konstanten wird durch physikalische Überlegungen bestimmt. Ein freies und ungedämpftes Schwingungssystem ist konservativ und hat eine konstante mechanische Energie, daher muss die Amplitude der Schwingung endlich bleiben, wenn $t \to \infty$. Wenn die Konstante positiv ist, dann ist die Antwort harmonisch mit einer konstanten Amplitude, wenn jedoch die Konstante negativ ist, ist die Antwort hyperbolisch mit einer exponentiell ansteigenden Amplitude.*

Beispiel 503 ⋆ *Eigenfrequenzen und Schwingungsformen eines Viertelautos*
Abb. 12.8 *veranschaulicht ein Viertelautomodell, das aus zwei festen Massen m_s und m_u besteht, die als gefederte und ungefederte Massen bezeichnet werden. Die gefederte Masse m_s repräsentiert 1/4 der Fahrzeugkarosserie, und die ungefederte Masse m_u repräsentiert ein Rad des Fahrzeugs. Eine Feder mit der Steifigkeit k_s und ein Stoßdämpfer mit der viskosen Dämpfungskonstante c_s stützen die gefederte Masse. Die ungefederte Masse m_u steht in direktem Kontakt mit*

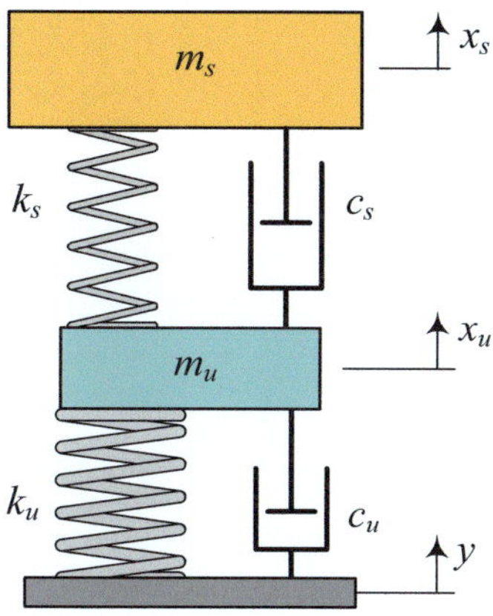

Abb. 12.8 Ein Viertelautomodell

dem Boden durch eine Feder k_u und einen Dämpfer c_u, die die Reifensteifigkeit und Dämpfung darstellen.

Die maßgeblichen Differentialgleichungen der Bewegung für das Viertelautomodell sind:

$$m_s \ddot{x}_s = -k_s(x_s - x_u) - c_s(\dot{x}_s - \dot{x}_u) \tag{12.176}$$

$$\begin{aligned} m_u \ddot{x}_u = & \; k_s(x_s - x_u) + c_s(\dot{x}_s - \dot{x}_u) \\ & -k_u(x_u - y) - c_u(\dot{x}_u - \dot{y}) \end{aligned} \tag{12.177}$$

die in Matrixform ausgedrückt werden können:

$$[M]\ddot{\mathbf{x}} + [c]\dot{\mathbf{x}} + [k]\mathbf{x} = \mathbf{F} \tag{12.178}$$

$$\begin{aligned} & \begin{bmatrix} m_s & 0 \\ 0 & m_u \end{bmatrix} \begin{bmatrix} \ddot{x}_s \\ \ddot{x}_u \end{bmatrix} + \begin{bmatrix} c_s & -c_s \\ -c_s & c_s + c_u \end{bmatrix} \begin{bmatrix} \dot{x}_s \\ \dot{x}_u \end{bmatrix} + \\ & \begin{bmatrix} k_s & -k_s \\ -k_s & k_s + k_u \end{bmatrix} \begin{bmatrix} x_s \\ x_u \end{bmatrix} = \begin{bmatrix} 0 \\ k_u y + c_u \dot{y} \end{bmatrix} \end{aligned} \tag{12.179}$$

Um die Eigenfrequenzen und Schwingungsformen des Viertelautomodells zu finden, müssen wir die Dämpfungs- und Erzwingungsterme weglassen und den folgenden Satz von Gleichungen analysieren:

$$\begin{bmatrix} m_s & 0 \\ 0 & m_u \end{bmatrix} \begin{bmatrix} \ddot{x}_s \\ \ddot{x}_u \end{bmatrix} + \begin{bmatrix} k_s & -k_s \\ -k_s & k_s + k_u \end{bmatrix} \begin{bmatrix} x_s \\ x_u \end{bmatrix} = 0 \tag{12.180}$$

Betrachten Sie ein Fahrzeug mit den folgenden Eigenschaften:

$$\begin{aligned} m_s &= 375\,\text{kg} & m_u &= 75\,\text{kg} \\ k_u &= 193.000\,\text{N/m} & k_s &= 35.000\,\text{N/m} \end{aligned} \tag{12.181}$$

Die Bewegungsgleichungen für dieses Fahrzeug sind:

$$\begin{bmatrix} 375 & 0 \\ 0 & 75 \end{bmatrix} \begin{bmatrix} \ddot{x}_s \\ \ddot{x}_u \end{bmatrix} + \begin{bmatrix} 35.000 & -35.000 \\ -35.000 & 2{,}28 \times 10^5 \end{bmatrix} \begin{bmatrix} x_s \\ x_u \end{bmatrix} = 0 \tag{12.182}$$

Die Eigenfrequenzen des Fahrzeugs können durch Lösen seiner charakteristischen Gleichung gefunden werden:

$$\begin{aligned} \det\left[[k] - \omega^2[m]\right] &= \det\left[\begin{bmatrix} 35.000 & -35.000 \\ -35.000 & 2{,}28 \times 10^5 \end{bmatrix} - \omega^2 \begin{bmatrix} 375 & 0 \\ 0 & 75 \end{bmatrix}\right] \\ &= \det\begin{bmatrix} 35.000 - 375\omega^2 & -35.000 \\ -35.000 & 2{,}28 \times 10^5 - 75\omega^2 \end{bmatrix} \\ &= 28125\omega^4 - 8{,}8125 \times 10^7\omega^2 + 6{,}755 \times 10^9 \end{aligned} \tag{12.183}$$

$$\omega_1 = 8{,}8671\,\mathrm{rad/\,s} \approx 1{,}41\,\mathrm{Hz} \tag{12.184}$$

$$\omega_2 = 55{,}269\,\mathrm{rad/\,s} \approx 8{,}79\,\mathrm{Hz} \tag{12.185}$$

*Um die entsprechenden Schwingungsformen zu finden, verwenden wir Gl. (*12.158*):*

$$\begin{aligned} &\left[[k] - \omega_1^2[m]\right]\mathbf{u}_1 \\ &= \left[\begin{bmatrix} 35.000 & -35.000 \\ -35.000 & 2{,}28 \times 10^5 \end{bmatrix} - 3054{,}7\begin{bmatrix} 375 & 0 \\ 0 & 75 \end{bmatrix}\right]\begin{bmatrix} u_{11} \\ u_{12} \end{bmatrix} \\ &= \begin{bmatrix} -1{,}1105 \times 10^6 u_{11} - 35.000u_{12} \\ -35.000u_{11} - 1102{,}5u_{12} \end{bmatrix} = 0 \end{aligned} \tag{12.186}$$

$$\begin{aligned} &\left[[k] - \omega_2^2[m]\right]\mathbf{u}_2 \\ &= \left[\begin{bmatrix} 35.000 & -35.000 \\ -35.000 & 2{,}28 \times 10^5 \end{bmatrix} - 78{,}625\begin{bmatrix} 375 & 0 \\ 0 & 75 \end{bmatrix}\right]\begin{bmatrix} u_{21} \\ u_{22} \end{bmatrix} \\ &= \begin{bmatrix} 5515{,}6u_{21} - 35.000u_{22} \\ 2{,}221 \times 10^5 u_{22} - 35.000u_{21} \end{bmatrix} = 0 \end{aligned} \tag{12.187}$$

Die Suche nach dem ersten Ausdruck von $\mathbf{u}_1$ *und* $\mathbf{u}_2$ *liefert die folgenden Schwingungsformen:*

$$\mathbf{u}_1 = \begin{bmatrix} 1 \\ 0{,}157\,58 \end{bmatrix} \tag{12.188}$$

$$\mathbf{u}_2 = \begin{bmatrix} 1 \\ -3{,}1729 \times 10^{-3} \end{bmatrix} \tag{12.189}$$

Daher sind die freien Schwingungen des Viertelautos:

$$\mathbf{x} = \sum_{i=1}^{n} \mathbf{u}_i (A_i \sin \omega_i t + B_i \cos \omega_i t) \qquad i = 1, 2 \tag{12.190}$$

$$\begin{bmatrix} x_s \\ x_u \end{bmatrix} = \begin{bmatrix} 1 \\ -3{,}1729 \times 10^{-3} \end{bmatrix} (A_1 \sin 8{,}8671t + B_1 \cos 8{,}8671t) + \begin{bmatrix} 1 \\ 0{,}157\,58 \end{bmatrix} (A_2 \sin 55{,}269t + B_2 \cos 55{,}269t) \tag{12.191}$$

12.4 Fahrradauto und die Nickschwingung der Karosserie

Das Viertelautomodell ist hervorragend geeignet, um die Auf-und-Ab-Schwingungsformen des Federns der Karosserie zu untersuchen und zu optimieren. Allerdings können wir das Schwingungsmodell eines Fahrzeugs erweitern, um auch das Nicken und andere Schwingungsmodi einzubeziehen. Abb. 12.9 zeigt ein Fahrradmodell für die Schwingungen eines Fahrzeugs. Dieses Modell beinhaltet das Federn der Karosserie x, das Nicken der Karosserie θ, das Springen der Räder x_1 und x_2 und unabhängige Straßenanregungen y_1 und y_2.

Die Bewegungsgleichungen für das schwingende Fahrradmodell eines Fahrzeugs lauten:

$$m\ddot{x} + c_1\left(\dot{x} - \dot{x}_1 - a_1\dot{\theta}\right) + c_2\left(\dot{x} - \dot{x}_2 + a_2\dot{\theta}\right) + k_1(x - x_1 - a_1\theta) + k_2(x - x_2 + a_2\theta) = 0 \tag{12.192}$$

$$I_y\ddot{\theta} - a_1c_1\left(\dot{x} - \dot{x}_1 - a_1\dot{\theta}\right) + a_2c_2\left(\dot{x} - \dot{x}_2 + a_2\dot{\theta}\right) - a_1k_1(x - x_1 - a_1\theta) + a_2k_2(x - x_2 + a_2\theta) = 0 \tag{12.193}$$

$$m_1\ddot{x}_1 - c_1\left(\dot{x} - \dot{x}_1 - a_1\dot{\theta}\right) + k_{t_1}(x_1 - y_1) - k_1(x - x_1 - a_1\theta) = 0 \tag{12.194}$$

$$m_2\ddot{x}_2 - c_2\left(\dot{x} - \dot{x}_2 + a_2\dot{\theta}\right) + k_{t_2}(x_2 - y_2) - k_2(x - x_2 + a_2\theta) = 0 \tag{12.195}$$

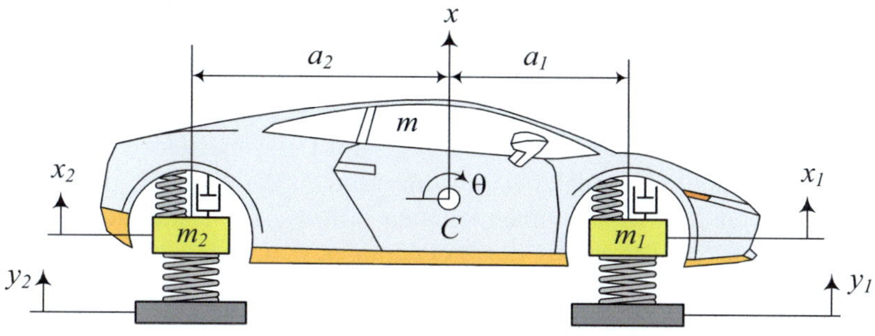

Abb. 12.9 Ein Fahrradmodell der Schwingungen eines Fahrzeugs

Tab. 12.1 Parameter eines vibrierenden Fahrradfahrzeugs.

Parameter	Bedeutung
m	Hälfte der Körpermasse
m_1	Masse eines Vorderrads
m_2	Masse eines Hinterrads
x	Vertikale Bewegungskoordinate des Körpers
x_1	Vertikale Bewegungskoordinate des Vorderrads
x_2	Vertikale Bewegungskoordinate des Hinterrads
θ	Körperneigungsbewegungskoordinate
y_1	Straßenanregung am Vorderrad
y_2	Straßenanregung am Hinterrad
I_y	Hälfte des lateralen Massenträgheitsmoments des Körpers
a_1	Abstand von C zur Vorderachse
a_2	Abstand von C zur Hinterachse

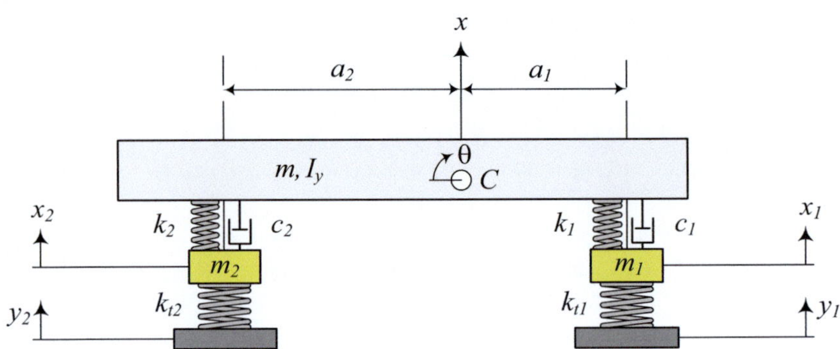

Abb. 12.10 Fahrradmodell für Fahrzeugschwingungen

Zur Erinnerung, die Definition der verwendeten Parameter und Variablen sind in Tab. 12.1 angegeben.

Beweis. Abb. 12.10 zeigt das Modell des schwingenden Systems. Die Karosserie des Fahrzeugs wird als starre Stange angenommen. Diese Stange hat eine Masse m, die die Hälfte der Gesamtkarosseriemasse ist, und ein laterales Massenmoment I_y, das die Hälfte der Gesamtkarosserieträgheitsmoments ist. Die vorderen und hinteren Räder haben jeweils eine Masse m_1 und m_2. Die Reifensteifigkeiten werden durch die Parameter k_{t_1} und k_{t_2} angegeben. Der Unterschied besteht darin, dass die hinteren Reifen normalerweise steifer sind als die vorderen, obwohl wir in einem einfacheren Modell annehmen könnten $k_{t_1} = k_{t_2}$. Die Dämpfung der Reifen ist viel kleiner als die Dämpfung der Stoßdämpfer, daher können wir die Reifendämpfung für eine einfachere Berechnung ignorieren.

Um die Bewegungsgleichungen für das schwingende Fahrradmodell zu finden, verwenden wir die Lagrange-Methode. Die kinetische und potentielle Energie des Systems sind:

$$K = \tfrac{1}{2}m\dot{x}^2 + \tfrac{1}{2}m_1\dot{x}_1^2 + \tfrac{1}{2}m_2\dot{x}_2^2 + \tfrac{1}{2}I_y\dot{\theta}^2 \tag{12.196}$$

$$\begin{aligned} V = {} & \tfrac{1}{2}k_{t_1}(x_1 - y_1)^2 + \tfrac{1}{2}k_{t_2}(x_2 - y_2)^2 \\ & + \tfrac{1}{2}k_1(x - x_1 - a_1\theta)^2 + \tfrac{1}{2}k_2(x - x_2 + a_2\theta) \end{aligned} \tag{12.197}$$

und die Dissipationsfunktion ist:

$$D = \frac{1}{2}c_1\left(\dot{x} - \dot{x}_1 - a_1\dot{\theta}\right)^2 + \frac{1}{2}c_2\left(\dot{x} - \dot{x}_2 + a_2\dot{\theta}\right) \tag{12.198}$$

Die Anwendung der Lagrange-Methode

$$\frac{d}{dt}\left(\frac{\partial K}{\partial \dot{q}_r}\right) - \frac{\partial K}{\partial q_r} + \frac{\partial D}{\partial \dot{q}_r} + \frac{\partial V}{\partial q_r} = f_r \qquad r = 1, 2, 3, 4 \tag{12.199}$$

liefert die Bewegungsgleichungen (12.192)–(12.195). Dieses Gleichungssystem kann in Matrixform umgeordnet werden:

$$[m]\,\ddot{\mathbf{x}} + [c]\dot{\mathbf{x}} + [k]\mathbf{x} = \mathbf{F} \tag{12.200}$$

wobei:

$$\mathbf{x} = \begin{bmatrix} x \\ \theta \\ x_1 \\ x_2 \end{bmatrix} \tag{12.201}$$

$$[m] = \begin{bmatrix} m & 0 & 0 & 0 \\ 0 & I_y & 0 & 0 \\ 0 & 0 & m_1 & 0 \\ 0 & 0 & 0 & m_2 \end{bmatrix} \tag{12.202}$$

$$[c] = \begin{bmatrix} c_1 + c_2 & a_2c_2 - a_1c_1 & -c_1 & -c_2 \\ a_2c_2 - a_1c_1 & c_1a_1^2 + c_2a_2^2 & a_1c_1 & -a_2c_2 \\ -c_1 & a_1c_1 & c_1 & 0 \\ -c_2 & -a_2c_2 & 0 & c_2 \end{bmatrix} \tag{12.203}$$

$$[k] = \begin{bmatrix} k_1 + k_2 & a_2k_2 - a_1k_1 & -k_1 & -k_2 \\ a_2k_2 - a_1k_1 & k_1a_1^2 + k_2a_2^2 & a_1k_1 & -a_2k_2 \\ -k_1 & a_1k_1 & k_1 + k_{t_1} & 0 \\ -k_2 & -a_2k_2 & 0 & k_2 + k_{t_2} \end{bmatrix} \tag{12.204}$$

$$\mathbf{F} = \begin{bmatrix} 0 \\ 0 \\ y_1k_{t_1} \\ y_2k_{t_2} \end{bmatrix} \tag{12.205}$$

■

Beispiel 504 *Eigenfrequenzen und Schwingungsformen eines Fahrradautomodells*
Betrachten Sie ein Fahrzeug mit einer schweren starren Achse hinten und unabhängigen Aufhängungen vorne. Das Fahrzeug hat die folgenden Eigenschaften:

$$\begin{aligned} m &= \tfrac{840}{2}\,\mathrm{kg} \qquad & I_y &= \frac{1100}{2}\,\mathrm{kg\,m^2} \\ m_1 &= 53\,\mathrm{kg} \qquad & m_2 &= \tfrac{152}{2}\,\mathrm{kg} \end{aligned} \tag{12.206}$$

$$a_1 = 1{,}4\,\mathrm{m} \qquad a_2 = 1{,}47\,\mathrm{m} \tag{12.207}$$

$$\begin{aligned} k_1 &= 10.000\,\mathrm{N/\,m} \qquad k_2 = 13.000\,\mathrm{N/\,m} \\ k_{t_1} &= k_{t_2} = 200.000\,\mathrm{N/\,m} \end{aligned} \tag{12.208}$$

Die Eigenfrequenzen sollten durch Verwendung der ungedämpften und freien Schwingungsgleichungen der Bewegung gefunden werden. Die charakteristische Gleichung des Systems ist:

$$\begin{aligned} &\det\left[[k] - \omega^2[m]\right] = \\ &8609 \times 10^9\omega^8 - 1{,}2747 \times 10^{13}\omega^6 \\ &+2{,}1708 \times 10^{16}\omega^4 - 1{,}676 \times 10^{18}\omega^2 + 2{,}9848 \times 10^{19} \end{aligned} \tag{12.209}$$

weil:

$$[m] = \begin{bmatrix} 420 & 0 & 0 & 0 \\ 0 & 550 & 0 & 0 \\ 0 & 0 & 53 & 0 \\ 0 & 0 & 0 & 76 \end{bmatrix} \tag{12.210}$$

$$[k] = \begin{bmatrix} 23.000 & 5110 & -10.000 & -13.000 \\ 5110 & 47.692 & 14.000 & -19.110 \\ -10.000 & 14.000 & 210.000 & 0 \\ -13.000 & -19.110 & 0 & 213.000 \end{bmatrix} \tag{12.211}$$

Um die Eigenfrequenzen zu finden, können wir die charakteristische Gl. (12.209) *lösen oder nach Eigenwerten von* $[A] = [m]^{-1}[k]$ suchen:

$$\begin{aligned} [A] &= [m]^{-1}[k] \\ &= \begin{bmatrix} 54{,}762 & 12{,}167 & -23{,}810 & -30{,}952 \\ 9{,}291 & 86{,}712 & 25{,}454 & -34{,}745 \\ -188{,}68 & 264{,}15 & 3962{,}3 & 0 \\ -171{,}05 & -251{,}45 & 0 & 2802{,}6 \end{bmatrix} \end{aligned} \tag{12.212}$$

Die Eigenwerte von $[A]$ *sind:*

$$\lambda_1 = 48{,}91 \qquad \lambda_2 = 84{,}54 \qquad \lambda_3 = 2807{,}78 \qquad \lambda_4 = 3965{,}14 \tag{12.213}$$

daher sind die Eigenfrequenzen des Fahrradautomodells:

$$\begin{aligned}
\omega_1 &= \sqrt{\lambda_1} = 6{,}7\,\text{rad/ s} \approx 1{,}11\,\text{Hz} \\
\omega_2 &= \sqrt{\lambda_2} = 9{,}19\,\text{rad/ s} \approx 1{,}46\,\text{Hz} \\
\omega_3 &= \sqrt{\lambda_3} = 52{,}99\,\text{rad/ s} \approx 8{,}43\,\text{Hz} \\
\omega_4 &= \sqrt{\lambda_4} = 62{,}96\,\text{rad/ s} \approx 10{,}02\,\text{Hz}
\end{aligned} \tag{12.214}$$

Die Normalform der Schwingungsformen des Systems sind:

$$\mathbf{u}_1 = \begin{bmatrix} 1{,}000 \\ -0{,}254 \\ 0{,}065 \\ 0{,}039 \end{bmatrix} \qquad \mathbf{u}_2 = \begin{bmatrix} 0{,}332 \\ 1{,}000 \\ -0{,}052 \\ 0{,}113 \end{bmatrix} \tag{12.215}$$

$$\mathbf{u}_3 = \begin{bmatrix} -0{,}0113 \\ -0{,}0128 \\ 0{,}00108 \\ 1{,}000 \end{bmatrix} \qquad \mathbf{u}_4 = \begin{bmatrix} -0{,}00606 \\ 0{,}0065 \\ 1{,}000 \\ -0{,}00052 \end{bmatrix} \tag{12.216}$$

Das größte Element der vierten Schwingungsform $\mathbf{u}_4$ gehört zu x_1. Es zeigt, dass in der vierten Mode der Schwingungen bei $\omega_4 \approx 10{,}02$ Hz das Vorderrad die größte Amplitude haben wird, während die Amplitude der anderen Komponenten folgende sind:

$$\Theta = \frac{u_{42}}{u_{43}} = 0{,}0065 X_1 \tag{12.217}$$

$$X = \frac{u_{41}}{u_{43}} = -0{,}00606 X_1 \tag{12.218}$$

$$X_2 = \frac{u_{44}}{u_{43}} = -0{,}00052 X_1 \tag{12.219}$$

In diesem Beispiel gehört das größte Element der ersten Schwingungsform $\mathbf{u}_1$ zu x, das größte Element der zweiten Schwingungsform $\mathbf{u}_2$ gehört zu θ, und das größte Element der dritten Schwingungsform $\mathbf{u}_3$ gehört zu x_2. Ähnlich wie bei der vierten Schwingungsform $\mathbf{u}_4$, können wir die relative Amplitude verschiedener Koordinaten in jeder Mode sehen.

Betrachten Sie ein Auto, das auf einer holprigen Straße mit einer sehr geringen Beschleunigung zu fahren beginnt. Durch Erhöhung der Geschwindigkeit tritt die erste Resonanz bei $\omega_1 \approx 1{,}11$ Hz auf, bei der die Auf- und Abbewegung die am deutlichsten beobachtbare Schwingung ist. Die zweite Resonanz tritt bei ω_2

≈ 1,46 Hz *auf, wenn die Nickbewegung des Körpers die am besten beobachtbare Schwingung ist. Die dritte und vierte Resonanz bei* $\omega_3 \approx 8{,}43$ Hz *und* $\omega_4 \approx 10{,}02$ Hz *beziehen sich auf die hinteren und vorderen Räder.*

Wenn die Anregungsfrequenz eines Systems mit mehreren Freiheitsgraden zunimmt, werden wir sehen, dass die beobachtbare Schwingung von einer Koordinate zu den anderen in der Reihenfolge der Eigenfrequenzen und zugehörigen Schwingungsformen wechselt. Wenn die Anregungsfrequenz genau auf einer Eigenfrequenz liegt, sind die relativen Amplituden der Schwingung genau ähnlich wie die zugehörige Schwingungsform. Wenn die Anregungsfrequenz nicht auf einer Eigenfrequenz liegt, dann ist die Schwingung des Systems eine Kombination aller Schwingungsmoden. Allerdings sind die Gewichtsfaktoren der näheren Modi höher.

12.5 Halbauto und Rollschwingungsform der Karosserie

Um die Rollschwingung eines Fahrzeugs zu untersuchen und zu optimieren, können wir ein Halbauto-Schwingungsmodell verwenden. Abb. 12.11 zeigt ein Halbautomodell eines Fahrzeugs. Dieses Modell beinhaltet die Karosserieschwingung x, das Rollen der Karosserie ϕ, das Hüpfen der Räder x_1 und x_2 und unabhängige Straßenanregungen y_1 und y_2.

Die Bewegungsgleichungen für die Schwingungen im Halbautomodell eines Fahrzeugs sind:

$$\begin{aligned} m\ddot{x} + c(\dot{x} - \dot{x}_1 + b_1\dot{\varphi}) + c(\dot{x} - \dot{x}_2 - b_2\dot{\varphi}) \\ +k(x - x_1 + b_1\varphi) + k(x - x_2 - b_2\varphi) = 0 \end{aligned} \tag{12.220}$$

$$\begin{aligned} I_x\ddot{\varphi} + b_1c(\dot{x} - \dot{x}_1 + b_1\dot{\varphi}) - b_2c(\dot{x} - \dot{x}_2 - b_2\dot{\varphi}) \\ +b_1k(x - x_1 + b_1\varphi) - b_2k(x - x_2 - b_2\varphi) + k_R\varphi = 0 \end{aligned} \tag{12.221}$$

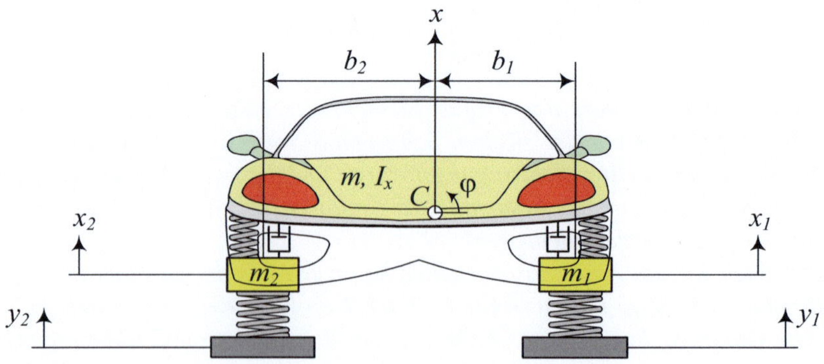

Abb. 12.11 Ein Halbauto-Schwingungsmodell eines Fahrzeugs

$$m_1\ddot{x}_1 - c(\dot{x} - \dot{x}_1 + b_1\dot{\varphi}) + k_t(x_1 - y_1) \\ -k(x - x_1 + b_1\varphi) = 0 \quad (12.222)$$

$$m_2\ddot{x}_2 - c(\dot{x} - \dot{x}_2 - b_2\dot{\varphi}) + k_t(x_2 - y_2) \\ -k(x - x_2 - b_2\varphi) = 0 \quad (12.223)$$

Das Halbautomodell kann für die vordere Hälfte und die hintere Hälfte aufgrund unterschiedlicher Aufhängungen und Massenverteilungen unterschiedlich sein. Darüber hinaus können verschiedene Querstabilisatoren mit unterschiedlicher Torsionssteifigkeit in den vorderen und hinteren Hälften verwendet werden.

Beweis Abb. 12.12 zeigt ein besseres Schwingungsmodell des Systems. Der Karosserie des Fahrzeugs wird als starre Stange angenommen. Diese Stange hat eine Masse m, die die vordere oder hintere Hälfte der Gesamtkarosseriemasse ist, und ein Längsträgheitsmoment I_x, das die Hälfte des Gesamtkarosserieträgheitsmoments ist. Die linken und rechten Räder haben jeweils eine Masse m_1 und m_2, obwohl sie normalerweise gleich sind. Die Steifigkeit der Reifen wird durch k_t angegeben. Die Dämpfung der Reifen ist viel kleiner als die Dämpfung der Stoßdämpfer, daher können wir die Reifendämpfung für eine einfachere Berechnung ignorieren. Die Aufhängung des Autos hat eine Steifigkeit k und eine Dämpfung c für die linken und rechten Räder. Es ist üblich, die Aufhängung der linken und rechten Räder zu spiegeln. Daher sind ihre Steifigkeit und Dämpfung gleich. Das Halbautomodell hat jedoch unterschiedliche k, c und k_t für vorne oder hinten.

Das Fahrzeug kann auch einen Querstabilisator mit einer Torsionssteifigkeit k_R vorne und oder hinten haben. Mit einem einfachen Modell liefert der Querstabilisator ein Drehmoment M_R proportional zum Rollwinkel ϕ:

$$M_R = -k_R\varphi \quad (12.224)$$

Ein besseres Modell der Wirkung des Querstabilisators ist jedoch:

$$M_R = -k_R\left(\varphi - \frac{x_1 - x_2}{w}\right) \quad (12.225)$$

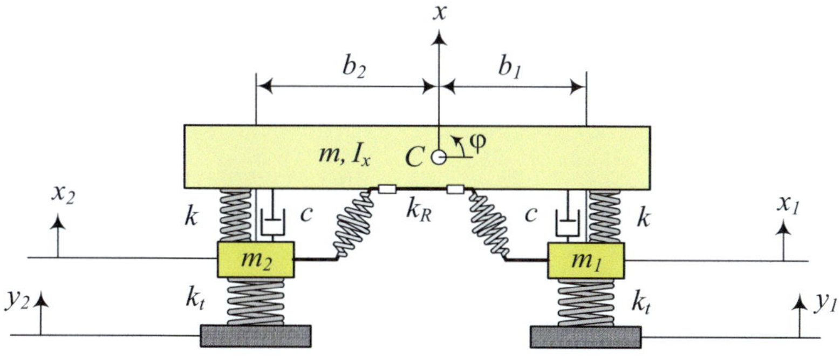

Abb. 12.12 Halbautomodell für Fahrzeugschwingungen

Um die Bewegungsgleichungen für die Schwingung des Halbautomodells zu finden, verwenden wir die Lagrange-Methode. Die kinetische und potenzielle Energie des Systems sind:

$$K = \tfrac{1}{2}m\dot{x}^2 + \tfrac{1}{2}m_1\dot{x}_1^2 + \tfrac{1}{2}m_2\dot{x}_2^2 + \tfrac{1}{2}I_x\dot{\varphi}^2 \tag{12.226}$$

$$\begin{aligned} V = {} & \tfrac{1}{2}k_t(x_1 - y_1)^2 + \tfrac{1}{2}k_t(x_2 - y_2)^2 + \tfrac{1}{2}k_R\varphi^2 \\ & + \tfrac{1}{2}k(x - x_1 + b_1\varphi)^2 + \tfrac{1}{2}k(x - x_2 - b_2\varphi) \end{aligned} \tag{12.227}$$

und die Dissipationsfunktion ist:

$$D = \frac{1}{2}c(\dot{x} - \dot{x}_1 + b_1\dot{\varphi})^2 + \frac{1}{2}c(\dot{x} - \dot{x}_2 - b_2\dot{\varphi}). \tag{12.228}$$

Die Anwendung der Lagrange-Methode

$$\frac{d}{dt}\left(\frac{\partial K}{\partial \dot{q}_r}\right) - \frac{\partial K}{\partial q_r} + \frac{\partial D}{\partial \dot{q}_r} + \frac{\partial V}{\partial q_r} = f_r \qquad r = 1, 2, \cdots 4 \tag{12.229}$$

liefert uns die folgenden Bewegungsgleichungen (12.220)–(12.223). Das System von Bewegungsgleichungen kann in eine Matrixform umgeordnet werden:

$$[m]\,\ddot{\mathbf{x}} + [c]\dot{\mathbf{x}} + [k]\mathbf{x} = \mathbf{F} \tag{12.230}$$

wobei:

$$\mathbf{x} = \begin{bmatrix} x \\ \varphi \\ x_1 \\ x_2 \end{bmatrix} \tag{12.231}$$

$$[m] = \begin{bmatrix} m & 0 & 0 & 0 \\ 0 & I_x & 0 & 0 \\ 0 & 0 & m_1 & 0 \\ 0 & 0 & 0 & m_2 \end{bmatrix} \tag{12.232}$$

$$[c] = \begin{bmatrix} 2c & cb_1 - cb_2 & -c & -c \\ cb_1 - cb_2 & cb_1^2 + cb_2^2 & -cb_1 & cb_2 \\ -c & -cb_1 & c & 0 \\ -c & cb_2 & 0 & c \end{bmatrix} \tag{12.233}$$

$$[k] = \begin{bmatrix} 2k & kb_1 - kb_2 & -k & -k \\ kb_1 - kb_2 & kb_1^2 + kb_2^2 + k_R & -kb_1 & kb_2 \\ -k & -kb_1 & k + k_t & 0 \\ -k & kb_2 & 0 & k + k_t \end{bmatrix} \tag{12.234}$$

$$\mathbf{F} = \begin{bmatrix} 0 \\ 0 \\ y_1 k_t \\ y_2 k_t \end{bmatrix} \tag{12.235}$$

■

Beispiel 505 *Eigenfrequenzen und Schwingungsformen eines Halbautomodells*
Betrachten Sie ein Fahrzeug mit den folgenden Eigenschaften:

$$\begin{aligned} m &= \tfrac{840}{2}\,\mathrm{kg} & I_x &= \frac{820}{2}\,\mathrm{kg\,m^2} \\ m_1 &= 53\,\mathrm{kg} & m_2 &= 53\,\mathrm{kg} \end{aligned} \tag{12.236}$$

$$b_1 = 0{,}7\,\mathrm{m} \qquad b_2 = 0{,}75\,\mathrm{m} \tag{12.237}$$

$$k = 10.000\,\mathrm{N/\,m} \qquad k_t = k_t = 200.000\,\mathrm{N/\,m} \qquad k_R = 0\,\mathrm{N\,m/\,rad} \tag{12.238}$$

Die Eigenfrequenz des Fahrzeugs wird mit den Bewegungsgleichungen für ungedämpfte und freie Schwingungen ermittelt:

$$[m]\,\ddot{bfx} + [k]\mathbf{x} = \mathbf{0} \tag{12.239}$$

Die $[m]$*- und* $[k]$*-Matrizen des Systems sind:*

$$[m] = \begin{bmatrix} 420 & 0 & 0 & 0 \\ 0 & 410 & 0 & 0 \\ 0 & 0 & 53 & 0 \\ 0 & 0 & 0 & 53 \end{bmatrix} \tag{12.240}$$

$$[k] = \begin{bmatrix} 20.000 & -500 & -10.000 & -10.000 \\ -500 & 10525 & -7000 & 7500 \\ -10.000 & -7000 & 210.000 & 0 \\ -10.000 & 7500 & 0 & 210.000 \end{bmatrix} \tag{12.241}$$

*Um die Eigenfrequenzen zu finden, können wir die charakteristische Gl. (*12.209*) lösen oder nach Eigenwerten von* $[A] = [m]^{-1}[k]$ suchen:

$$[A] = [m]^{-1}[k] = \begin{bmatrix} 47{,}619 & -1{,}1905 & -23{,}81 & -23{,}81 \\ -1{,}219 & 25{,}67 & -17{,}07 & 18{,}29 \\ -188{,}68 & -132{,}08 & 3962{,}3 & 0 \\ -188{,}68 & 141{,}51 & 0 & 3962{,}3 \end{bmatrix} \tag{12.242}$$

Die Eigenwerte von $[A]$ *sind:*

$$\begin{aligned} \lambda_1 &= 24{,}38 \qquad \lambda_2 = 45{,}39 \\ \lambda_3 &= 3963{,}49 \qquad \lambda_4 = 3964{,}56 \end{aligned} \tag{12.243}$$

daher sind die Eigenfrequenzen des Halbautomodells:

$$\begin{aligned} \omega_1 &= \sqrt{\lambda_1} = 4{,}93\,\text{rad/ s} \approx 0{,}78\,\text{Hz} \\ \omega_2 &= \sqrt{\lambda_2} = 6{,}73\,\text{rad/ s} \approx 1{,}07\,\text{Hz} \\ \omega_3 &= \sqrt{\lambda_3} = 62{,}95\,\text{rad/ s} \approx 10{,}02\,\text{Hz} \\ \omega_4 &= \sqrt{\lambda_4} = 62{,}96\,\text{rad/ s} \approx 10{,}03\,\text{Hz} \end{aligned} \tag{12.244}$$

Die Normalform der Schwingungsmoden des Systems sind:

$$\mathbf{u}_1 = \begin{bmatrix} 0{,}054 \\ 1{,}000 \\ 0{,}036 \\ -0{,}033 \end{bmatrix} \qquad \mathbf{u}_2 = \begin{bmatrix} 1{,}000 \\ -0{,}0554 \\ 0{,}0463 \\ 0{,}0502 \end{bmatrix} \tag{12.245}$$

$$\mathbf{u}_3 = \begin{bmatrix} -0{,}46 \times 10^{-3} \\ -0{,}86 \times 10^{-2} \\ 1{,}000 \\ -0{,}923 \end{bmatrix} \qquad \mathbf{u}_4 = \begin{bmatrix} -0{,}0117 \\ 0{,}65 \times 10^{-3} \\ 0{,}923 \\ 1{,}000 \end{bmatrix} \tag{12.246}$$

Beispiel 506 *Vergleich der Schwingungsformen eines Halbautomodells*

Im Beispiel 505 gehört das größte Element der ersten Schwingungsform $\mathbf{u}_1$ *zu* ϕ*, das größte Element der zweiten Schwingungsform* $\mathbf{u}_2$ *gehört zu* x*, das größte Element der dritten Schwingungsform* $\mathbf{u}_3$ *gehört zu* x_1*, und das größte Element der vierten Schwingungsform* $\mathbf{u}_4$ *gehört zu* x_2*. Betrachten Sie ein Auto, das auf einer holprigen Straße mit einer sehr geringen Beschleunigung zu fahren beginnt. Mit zunehmender Geschwindigkeit tritt die erste Resonanz bei* $\omega_1 \approx 0{,}78$ Hz *auf, bei der die Rollschwingung die am deutlichsten beobachtbare Schwingung ist. Die zweite Resonanz tritt bei* $\omega_2 \approx 1{,}07$ Hz *auf, wenn sich die Auf- und Abbewegung des Körpers am meisten bemerkbar macht. Die dritte und vierte Resonanz bei* $\omega_3 \approx 10{,}02$ Hz *und* $\omega_4 \approx 10{,}03$ Hz *beziehen sich auf das linke und rechte Rad.*

Beispiel 507 *Der Querstabilisator beeinflusst nur den Rollmodus.*

Wenn wir im Beispiel 505 den Querstabilisator auf

$$k_R = 10.000\,\mathrm{N\,m/\,rad} \tag{12.247}$$

einstellen, sind die Eigenfrequenzen und Schwingungsformen des Halbautomodells folgende:

$$\begin{aligned} \lambda_1 &= 44{,}983 & \lambda_2 &= 49{,}165 \\ \lambda_3 &= 3963{,}498 & \lambda_4 &= 3964{,}561 \end{aligned} \tag{12.248}$$

$$\begin{aligned} \omega_1 &= \sqrt{\lambda_1} = 6{,}707\,\mathrm{rad/\,s} \approx 1{,}0674\,\mathrm{Hz} \\ \omega_2 &= \sqrt{\lambda_2} = 7{,}012\,\mathrm{rad/\,s} \approx 1{,}1159\,\mathrm{Hz} \\ \omega_3 &= \sqrt{\lambda_3} = 62{,}9563\,\mathrm{rad/\,s} \approx 10{,}0198\,\mathrm{Hz} \\ \omega_4 &= \sqrt{\lambda_4} = 62{,}9647\,\mathrm{rad/\,s} \approx 10{,}0211\,\mathrm{Hz} \end{aligned} \tag{12.249}$$

$$\mathbf{u}_1 = \begin{bmatrix} 1{,}000 \\ 0{,}9988 \\ 0{,}05835 \\ 0{,}03725 \end{bmatrix} \qquad \mathbf{u}_2 = \begin{bmatrix} -0{,}29488 \\ 1{,}000 \\ 0{,}01953 \\ -0{,}05038 \end{bmatrix} \tag{12.250}$$

$$\mathbf{u}_3 = \begin{bmatrix} -{,}4723 \times 10^{-3} \\ -{,}8671 \times 10^{-2} \\ 1{,}000 \\ -0{,}922 \end{bmatrix} \qquad \mathbf{u}_4 = \begin{bmatrix} -0{,}01168 \\ 0{,}655 \times 10^{-3} \\ 0{,}9219 \\ 1{,}000 \end{bmatrix} \tag{12.251}$$

Ein Vergleich dieser Ergebnisse mit den Ergebnissen im Beispiel 505 *zeigt, dass der Querstabilisator nur die Rollmode der Schwingung beeinflusst. Ein Halbautomodell benötigt einen geeigneten Querstabilisator, um die Eigenrollfrequenz zu erhöhen.*

Es wird empfohlen, die Rollschwingung so nah wie möglich an der Eigenfrequenz der Karosserieschwingung zu legen, um eine enge Resonanzzone um die Karosserieschwingung zu erreichen. Eine enge Resonanzzone zu vermeiden, ist einfacher.

12.6 Schwingungsmodell eines vollständigen Autos

Ein allgemeines Vibrationsmodell eines Fahrzeugs wird als *Vollständiges-Auto-Modell* bezeichnet. Ein solches Modell, das in Abb. 12.13 dargestellt ist, beinhaltet die Karosserieschwingung x, das Rollen des Körpers ϕ, das Nicken des Körpers θ, das Hüpfen der Räder x_1, x_2, x_3 und x_4 und unabhängige Straßenanregungen y_1, y_2, y_3, und y_4.

Ein Vollständiges-Auto-Schwingungsmodell hat sieben Freiheitsgrade mit den folgenden Bewegungsgleichungen:

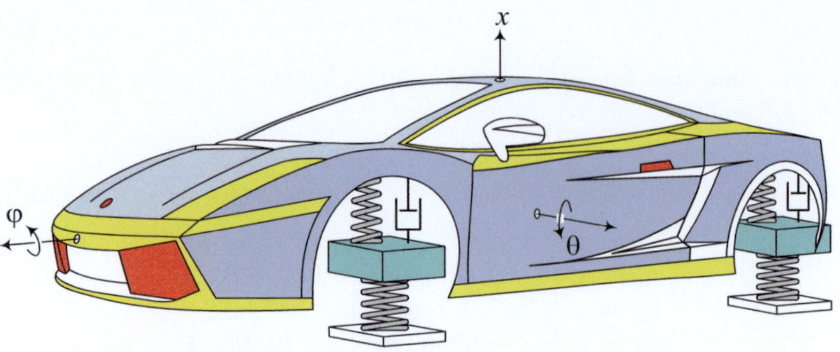

Abb. 12.13 Vollständiges-Auto-Schwingungsmodell eines Fahrzeugs

$$\begin{aligned}&m\ddot{x}+c_f\left(\dot{x}-\dot{x}_1+b_1\dot{\varphi}-a_1\dot{\theta}\right)+c_f\left(\dot{x}-\dot{x}_2-b_2\dot{\varphi}-a_1\dot{\theta}\right)\\&+c_r\left(\dot{x}-\dot{x}_3-b_1\dot{\varphi}+a_2\dot{\theta}\right)+c_r\left(\dot{x}-\dot{x}_4+b_2\dot{\varphi}+a_2\dot{\theta}\right)\\&+k_f(x-x_1+b_1\varphi-a_1\theta)+k_f(x-x_2-b_2\varphi-a_1\theta)\\&+k_r(x-x_3-b_1\varphi+a_2\theta)+k_r(x-x_4+b_2\varphi+a_2\theta)=0\end{aligned}\tag{12.252}$$

$$\begin{aligned}&I_x\ddot{\varphi}+b_1c_f\left(\dot{x}-\dot{x}_1+b_1\dot{\varphi}-a_1\dot{\theta}\right)-b_2c_f\left(\dot{x}-\dot{x}_2-b_2\dot{\varphi}-a_1\dot{\theta}\right)\\&-b_1c_r\left(\dot{x}-\dot{x}_3-b_1\dot{\varphi}+a_2\dot{\theta}\right)+b_2c_r\left(\dot{x}-\dot{x}_4+b_2\dot{\varphi}+a_2\dot{\theta}\right)\\&+b_1k_f(x-x_1+b_1\varphi-a_1\theta)-b_2k_f(x-x_2-b_2\varphi-a_1\theta)\\&-b_1k_r(x-x_3-b_1\varphi+a_2\theta)+b_2k_r(x-x_4+b_2\varphi+a_2\theta)\\&+k_R\left(\varphi-\tfrac{x_1-x_2}{w}\right)=0\end{aligned}\tag{12.253}$$

$$\begin{aligned}&I_y\ddot{\theta}-a_1c_f\left(\dot{x}-\dot{x}_1+b_1\dot{\varphi}-a_1\dot{\theta}\right)-a_1c_f\left(\dot{x}-\dot{x}_2-b_2\dot{\varphi}-a_1\dot{\theta}\right)\\&+a_2c_r\left(\dot{x}-\dot{x}_3-b_1\dot{\varphi}+a_2\dot{\theta}\right)+a_2c_r\left(\dot{x}-\dot{x}_4+b_2\dot{\varphi}+a_2\dot{\theta}\right)\\&-a_1k_f(x-x_1+b_1\varphi-a_1\theta)-a_1k_f(x-x_2-b_2\varphi-a_1\theta)\\&+a_2k_r(x-x_3-b_1\varphi+a_2\theta)+a_2k_r(x-x_4+b_2\varphi+a_2\theta)=0\end{aligned}\tag{12.254}$$

$$\begin{aligned}&m_f\ddot{x}_1-c_f\left(\dot{x}-\dot{x}_1+b_1\dot{\varphi}-a_1\dot{\theta}\right)-k_f(x-x_1+b_1\varphi-a_1\theta)\\&-k_R\tfrac{1}{w}\left(\varphi-\tfrac{x_1-x_2}{w}\right)+k_{t_f}(x_1-y_1)=0\end{aligned}\tag{12.255}$$

$$\begin{aligned}&m_f\ddot{x}_2-c_f\left(\dot{x}-\dot{x}_2-b_2\dot{\varphi}-a_1\dot{\theta}\right)-k_f(x-x_2-b_2\varphi-a_1\theta)\\&+k_R\tfrac{1}{w}\left(\varphi-\tfrac{x_1-x_2}{w}\right)+k_{t_f}(x_2-y_2)=0\end{aligned}\tag{12.256}$$

$$\begin{aligned}&m_r\ddot{x}_3-c_r\left(\dot{x}-\dot{x}_3-b_1\dot{\varphi}+a_2\dot{\theta}\right)\\&\quad-k_r(x-x_3-b_1\varphi+a_2\theta)+k_{t_r}(x_3-y_3)=0\end{aligned}\tag{12.257}$$

$$\begin{aligned}&m_r\ddot{x}_4-c_r\left(\dot{x}-\dot{x}_4+b_2\dot{\varphi}+a_2\dot{\theta}\right)\\&\quad-k_r(x-x_4+b_2\varphi+a_2\theta)+k_{t_r}(x_4-y_4)=0\end{aligned}\tag{12.258}$$

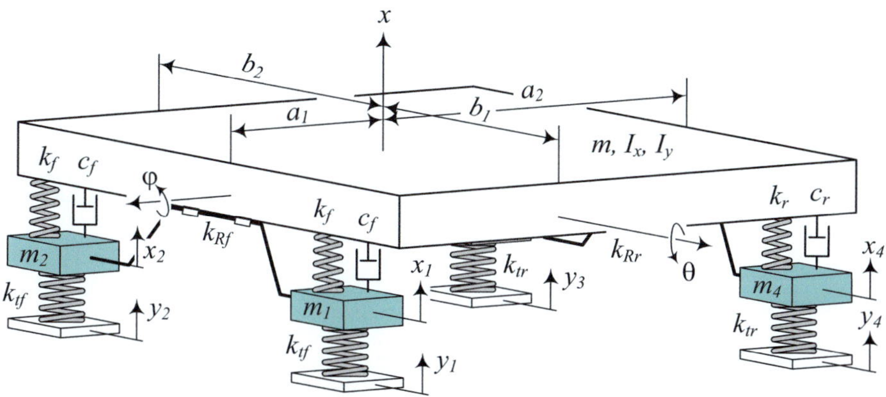

Abb. 12.14 Vollständiges-Auto-Modell für Fahrzeugschwingungen

Beweis Abb. 12.14 zeigt das Schwingungsmodell des Systems. Die Karosserie des Fahrzeugs wird als starre Platte angenommen. Diese Platte hat eine Masse m, die die Gesamtkarosseriemasse ist, ein Längsträgheitsmoment I_x und ein Querträgheitsmoment I_y . Die Trägheitsmomente sind nur die Karosserieträgheitsmomente und nicht die gesamten Fahrzeugträgheitsmomente. Die Räder haben jeweils eine Masse m_1, m_2, m_3 und m_4. Es ist jedoch üblich, dass:

$$m_1 = m_2 = m_f \tag{12.259}$$

$$m_3 = m_4 = m_r \tag{12.260}$$

Die Steifigkeit der Vorder- und Hinterreifen wird jeweils durch k_{t_f} und k_{t_r} angegeben. Da die Dämpfung der Reifen viel kleiner ist als die Dämpfung der Stoßdämpfer, ignorieren wir die Reifendämpfung für eine einfachere Berechnung.

Die Federung des Autos hat eine Steifigkeit k_f und Dämpfung c_f vorne und eine Steifigkeit k_r und Dämpfung c_r hinten. Es ist üblich, die Federung der linken und rechten Räder zu spiegeln. Daher sind ihre Steifigkeit und Dämpfung gleich. Das Fahrzeug kann auch vorne und hinten einen Querstabilisator haben, mit einer Torsionssteifigkeit k_{R_f} und k_{R_r}. Mit einem einfachen Modell liefert der Querstabilisator ein Drehmoment M_R, das proportional zum Rollwinkel ϕ ist:

$$M_R = -\left(k_{R_f} + k_{R_r}\right)\varphi = -k_R\varphi \tag{12.261}$$

Ein besseres Modell der Reaktion des Querstabilisators ist jedoch:

$$M_R = -k_{R_f}\left(\varphi - \frac{x_1 - x_2}{w_f}\right) - k_{R_f}\left(\varphi - \frac{x_4 - x_3}{w_r}\right) \tag{12.262}$$

Die meisten Autos haben nur vorne einen Querstabilisator. Für diese Autos vereinfacht sich das Moment des Querstabilisators zu:

$$M_R = -k_R\left(\varphi - \frac{x_1 - x_2}{w}\right) \tag{12.263}$$

wenn wir

$$w_f \equiv w = b_1 + b_2 \tag{12.264}$$

$$k_{R_f} \equiv k_R \tag{12.265}$$

verwenden.

Um die Bewegungsgleichungen für das Schwingungsmodell des gesamten Autos zu finden, verwenden wir die Lagrange-Methode. Die kinetische und potenzielle Energie des Systems sind:

$$\begin{aligned} K = {} & \tfrac{1}{2}m\dot{x}^2 + \tfrac{1}{2}I_x\dot{\varphi}^2 + \tfrac{1}{2}I_y\dot{\theta}^2 \\ & + \tfrac{1}{2}m_f\left(\dot{x}_1^2 + \dot{x}_2^2\right) + \tfrac{1}{2}m_r\left(\dot{x}_3^2 + \dot{x}_4^2\right) \end{aligned} \tag{12.266}$$

$$\begin{aligned} V = {} & \tfrac{1}{2}k_f(x - x_1 + b_1\varphi - a_1\theta)^2 + \tfrac{1}{2}k_f(x - x_2 - b_2\varphi - a_1\theta)^2 \\ & + \tfrac{1}{2}k_r(x - x_3 - b_1\varphi + a_2\theta)^2 + \tfrac{1}{2}k_r(x - x_4 + b_2\varphi + a_2\theta)^2 \\ & + \tfrac{1}{2}k_R\left(\varphi - \tfrac{x_1 - x_2}{w}\right)^2 + \tfrac{1}{2}k_{t_f}(x_1 - y_1)^2 + \tfrac{1}{2}k_{t_f}(x_2 - y_2)^2 \\ & + \tfrac{1}{2}k_{t_r}(x_3 - y_3)^2 + \tfrac{1}{2}k_{t_r}(x_4 - y_4)^2 \end{aligned} \tag{12.267}$$

und die Dissipationsfunktion ist:

$$\begin{aligned} D = {} & \tfrac{1}{2}c_f\left(\dot{x} - \dot{x}_1 + b_1\dot{\varphi} - a_1\dot{\theta}\right)^2 + \tfrac{1}{2}c_f\left(\dot{x} - \dot{x}_2 - b_2\dot{\varphi} - a_1\dot{\theta}\right)^2 \\ & + \tfrac{1}{2}c_r\left(\dot{x} - \dot{x}_3 - b_1\dot{\varphi} + a_2\dot{\theta}\right)^2 \\ & + \tfrac{1}{2}c_r\left(\dot{x} - \dot{x}_4 + b_2\dot{\varphi} + a_2\dot{\theta}\right)^2 \end{aligned} \tag{12.268}$$

Die Anwendung der Lagrange-Methode:

$$\frac{d}{dt}\left(\frac{\partial K}{\partial \dot{q}_r}\right) - \frac{\partial K}{\partial q_r} + \frac{\partial D}{\partial \dot{q}_r} + \frac{\partial V}{\partial q_r} = f_r \qquad r = 1, 2, \cdots 7 \tag{12.269}$$

liefert uns die Bewegungsgleichungen (12.252)–(12.258).

Die Bewegungsgleichungen können in Matrixform umgeschrieben werden:

$$[m]\ddot{\mathbf{x}} + [c]\dot{\mathbf{x}} + [k]\mathbf{x} = \mathbf{F} \tag{12.270}$$

wobei:

$$\mathbf{x} = \left[\, x \;\; \varphi \;\; \theta \;\; x_1 \;\; x_2 \;\; x_3 \;\; x_4 \,\right]^T \tag{12.271}$$

$$[m] = \begin{bmatrix} m & 0 & 0 & 0 & 0 & 0 & 0 \\ 0 & I_x & 0 & 0 & 0 & 0 & 0 \\ 0 & 0 & I_y & 0 & 0 & 0 & 0 \\ 0 & 0 & 0 & m_f & 0 & 0 & 0 \\ 0 & 0 & 0 & 0 & m_f & 0 & 0 \\ 0 & 0 & 0 & 0 & 0 & m_r & 0 \\ 0 & 0 & 0 & 0 & 0 & 0 & m_r \end{bmatrix} \tag{12.272}$$

$$[c] = \begin{bmatrix} c_{11} & c_{12} & c_{13} & -c_f & -c_f & -c_r & -c_r \\ c_{21} & c_{22} & c_{23} & -b_1c_f & b_2c_f & b_1c_r & -b_2c_r \\ c_{31} & c_{32} & c_{33} & a_1c_f & a_1c_f & -a_2c_r & -a_2c_r \\ -c_f & -b_1c_f & a_1c_f & c_f & 0 & 0 & 0 \\ -c_f & b_2c_f & a_1c_f & 0 & c_f & 0 & 0 \\ -c_r & b_1c_r & -a_2c_r & 0 & 0 & c_r & 0 \\ -c_r & -b_2c_r & -a_2c_r & 0 & 0 & 0 & c_r \end{bmatrix} \tag{12.273}$$

$$\begin{aligned} c_{11} &= 2c_f + 2c_r \\ c_{21} &= c_{12} = b_1c_f - b_2c_f - b_1c_r + b_2c_r \\ c_{31} &= c_{13} = 2a_2c_r - 2a_1c_f \\ c_{22} &= b_1^2c_f + b_2^2c_f + b_1^2c_r + b_2^2c_r \\ c_{32} &= c_{23} = a_1b_2c_f - a_1b_1c_f - a_2b_1c_r + a_2b_2c_r \\ c_{33} &= 2c_fa_1^2 + 2c_ra_2^2 \end{aligned} \tag{12.274}$$

$$[k] = \begin{bmatrix} k_{11} & k_{12} & k_{13} & -k_f & -k_f & -k_r & -k_r \\ k_{21} & k_{22} & k_{23} & k_{24} & k_{25} & b_1k_r & -b_2k_r \\ k_{31} & k_{32} & k_{33} & a_1k_f & a_1k_f & -a_2k_r & -a_2k_r \\ -k_f & k_{42} & a_1k_f & k_{44} & -\dfrac{k_R}{w^2} & 0 & 0 \\ -k_f & k_{52} & a_1k_f & -\dfrac{k_R}{w^2} & k_{55} & 0 & 0 \\ -k_r & b_1k_r & -a_2k_r & 0 & 0 & k_r + k_{t_r} & 0 \\ -k_r & -b_2k_r & -a_2k_r & 0 & 0 & 0 & k_r + k_{t_r} \end{bmatrix} \tag{12.275}$$

$$\begin{aligned} k_{11} &= 2k_f + 2k_r \\ k_{21} &= k_{12} = b_1k_f - b_2k_f - b_1k_r + b_2k_r \\ k_{31} &= k_{13} = 2a_2k_r - 2a_1k_f \end{aligned} \tag{12.276}$$

$$\begin{aligned} k_{22} &= k_R + b_1^2k_f + b_2^2k_f + b_1^2k_r + b_2^2k_r \\ k_{32} &= k_{23} = a_1b_2k_f - a_1b_1k_f - a_2b_1k_r + a_2b_2k_r \\ k_{42} &= k_{24} = -b_1k_f - \tfrac{1}{w}k_R \\ k_{52} &= k_{25} = b_2k_f + \tfrac{1}{w}k_R \end{aligned} \tag{12.277}$$

$$\begin{aligned} k_{33} &= 2k_f a_1^2 + 2k_r a_2^2 \\ k_{44} &= k_f + k_{t_f} + \tfrac{1}{w^2} k_R \\ k_{55} &= k_f + k_{t_f} + \tfrac{1}{w^2} k_R \end{aligned} \tag{12.278}$$

$$\mathbf{F} = \begin{bmatrix} 0 & 0 & 0 & y_1 k_{t_f} & y_2 k_{t_f} & y_3 k_{t_r} & y_4 k_{t_r} \end{bmatrix}^T \tag{12.279}$$

■

Beispiel 508 *Eigenfrequenzen und Schwingungsformen im Vollständiges-Auto-Modell*

Betrachten Sie ein Fahrzeug mit den folgenden Eigenschaften:

$$\begin{aligned} m &= 840\,\text{kg} \qquad m_f = 53\,\text{kg} \qquad m_r = 76\,\text{kg} \\ I_x &= 820\,\text{kg}\,\text{m}^2 \qquad I_y = 1100\,\text{kg}\,\text{m}^2 \end{aligned} \tag{12.280}$$

$$\begin{aligned} a_1 &= 1{,}4\,\text{m} \qquad a_2 = 1{,}47\,\text{m} \\ b_1 &= 0{,}7\,\text{m} \qquad b_2 = 0{,}75\,\text{m} \end{aligned} \tag{12.281}$$

$$\begin{aligned} k_f &= 10.000\,\text{N/m} \qquad k_r = 13.000\,\text{N/m} \\ k_{t_f} &= k_{t_r} = 200.000\,\text{N/m} \qquad k_R = 10.000\,\text{N/m/rad} \end{aligned} \tag{12.282}$$

Mit der Matrix $[A] = [m]^{-1}[k]$ und durch Lösen der zugehörigen Eigenwert- und Eigenvektorprobleme finden wir die folgenden Eigenfrequenzen und Schwingungsformen für das Gesamtautomodell:

$$\begin{aligned} \omega_1 &= 0{,}989\,\text{Hz} \qquad \omega_2 = 1{,}113\,\text{Hz} \qquad \omega_3 = 1{,}464\,\text{Hz} \\ \omega_4 &= 8{,}427\,\text{Hz} \qquad \omega_5 = 8{,}433\,\text{Hz} \qquad \omega_6 = 10{,}021\,\text{Hz} \\ \omega_7 &= 10{,}245\,\text{Hz} \end{aligned} \tag{12.283}$$

$$\mathbf{u}_1 = \begin{bmatrix} 0{,}0177 \\ 1{,}000 \\ -0{,}0361 \\ 0{,}0671 \\ -0{,}06297 \\ -0{,}0455 \\ 0{,}0442 \end{bmatrix} \qquad \mathbf{u}_2 = \begin{bmatrix} 1{,}000 \\ -0{,}0303 \\ -0{,}253 \\ 0{,}0633 \\ 0{,}0673 \\ 0{,}0403 \\ 0{,}0376 \end{bmatrix} \tag{12.284}$$

$$\mathbf{u}_3 = \begin{bmatrix} 0{,}332 \\ 0{,}0424 \\ 1{,}000 \\ -0{,}0492 \\ -0{,}0548 \\ 0{,}1115 \\ 0{,}1154 \end{bmatrix} \qquad \mathbf{u}_4 = \begin{bmatrix} -0{,}989 \times 10^{-4} \\ 0{,}822 \times 10^{-2} \\ -0{,}1086 \times 10^{-3} \\ 0{,}1616 \times 10^{-2} \\ -0{,}166 \times 10^{-2} \\ 1{,}000 \\ -0{,}982 \end{bmatrix} \tag{12.285}$$

$$\mathbf{u}_5 = \begin{bmatrix} -0{,}0112 \\ -0{,}366 \times 10^{-3} \\ -0{,}01268 \\ 0{,}998 \times 10^{-3} \\ 0{,}1145 \times 10^{-2} \\ 0{,}982 \\ 1{,}000 \end{bmatrix} \qquad \mathbf{u}_6 = \begin{bmatrix} -0{,}606 \times 10^{-2} \\ 0{,}156 \times 10^{-3} \\ 0{,}655 \times 10^{-2} \\ 1{,}000 \\ 0{,}999 \\ -0{,}509 \times 10^{-3} \\ -0{,}542 \times 10^{-3} \end{bmatrix} \tag{12.286}$$

$$\mathbf{u}_7 = \begin{bmatrix} -0{,}725 \times 10^{-6} \\ 0{,}841 \times 10^{-2} \\ 0{,}477 \times 10^{-5} \\ -0{,}999 \\ 1{,}000 \\ 0{,}75 \times 10^{-3} \\ -0{,}805 \times 10^{-3} \end{bmatrix} \tag{12.287}$$

Eine visuelle Darstellung der Schwingungsformen ist in den Abb. 12.15, 12.16, 12.17, 12.18, 12.19, 12.20 *und* 12.21 *dargestellt. Das größte Element der Schwingungsformen* $\mathbf{u}_1$ *bis* $\mathbf{u}_7$ *sind jeweils* ϕ, x, θ, x_3, x_4, x_1, x_2. *Diese Abbildungen zeigen die relative Amplitude jeder Koordinate des Vollständigen-Auto-Modells bei einer Resonanzfrequenz.*

Die Eigenfrequenzen eines vollständigen Autos können in zwei Klassen unterteilt werden. Die erste Klasse sind die Eigenfrequenzen des Körpers: Karosserieschwingungen, das Rollen und das Nicken der Karosserie. Karosseriebezogene Eigenfrequenzen liegen immer um 1 Hz . *Die zweite Klasse sind die Eigen-*

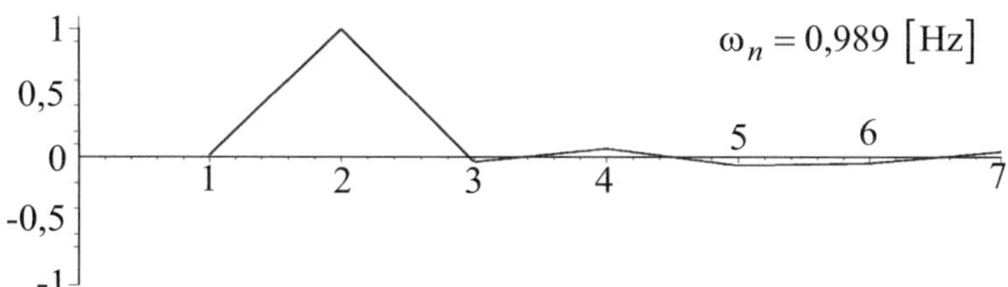

Abb. 12.15 1. Schwingungsform eines Vollständiges-Auto-Modells

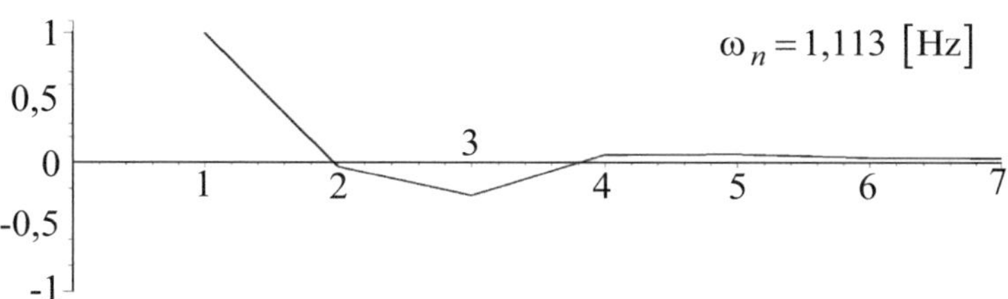

Abb. 12.16 2. Schwingungsform eines Vollständiges-Auto-Modells

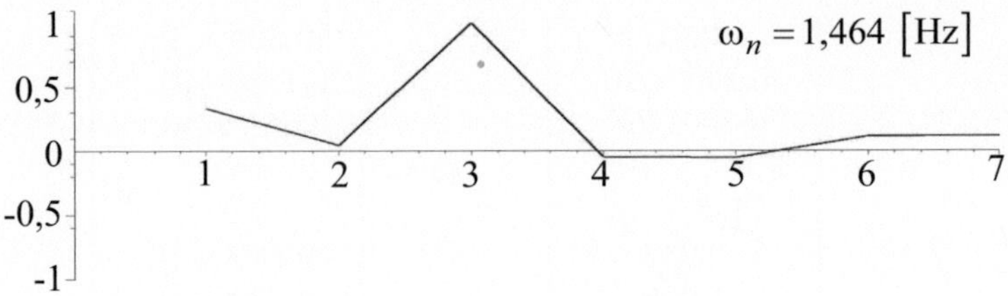

Abb. 12.17 3. Schwingungsform eines Vollständiges-Auto-Modells

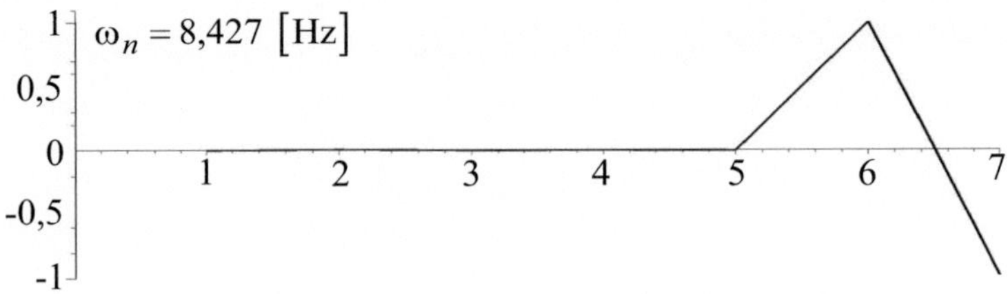

Abb. 12.18 4. Schwingungsform eines Vollständiges-Auto-Modells

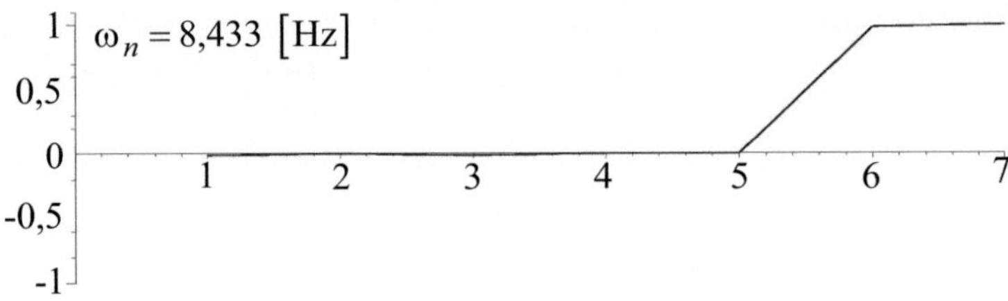

Abb. 12.19 5. Schwingungsform eines Vollständiges-Auto-Modells

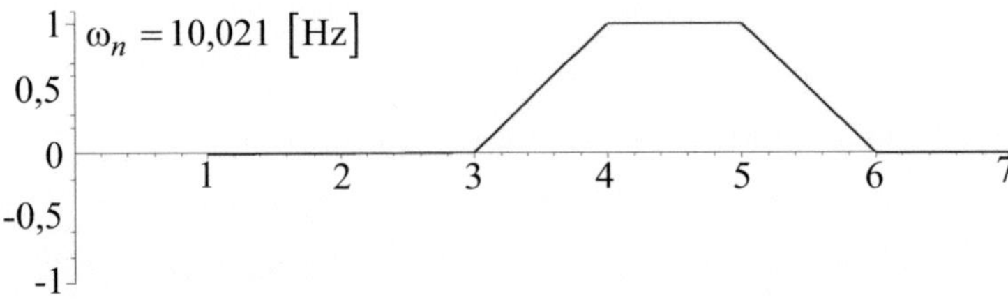

Abb. 12.20 6. Schwingungsform eines Vollständiges-Auto-Modells

frequenzen des Räderhüpfens. Radbezogene Eigenfrequenzen liegen immer um 10 Hz.

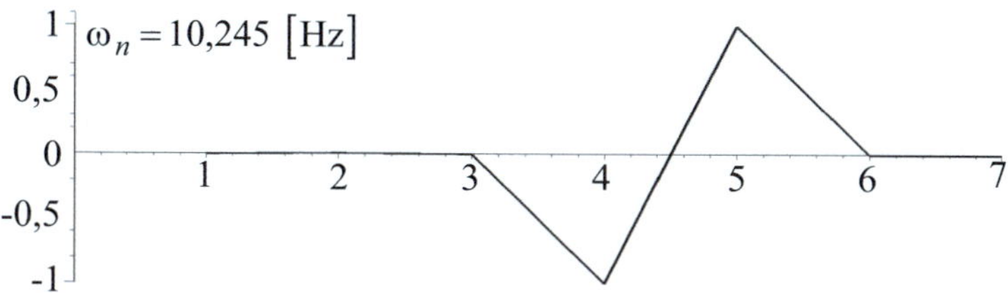

Abb. 12.21 7. Schwingungsform eines Vollständiges-Auto-Modells

In diesem Beispiel haben wir angenommen, dass das Auto vorne und hinten eine unabhängige Aufhängung hat. Daher hat jedes Rad nur eine vertikale Verschiebung. Im Falle einer starren Achse bilden die linken und rechten Räder einen starren Körper mit Roll- und Hüpfbewegungen. Die Energien und daher die Bewegungsgleichungen sollten entsprechend überarbeitet werden, um das Hüpfen und Rollen einer starren Achse zu zeigen.

12.7 ⋆ Viertelautomodell

Das nützlichste Modell eines Fahrwerksystems ist das *Viertelautomodell*, dargestellt in Abb. 12.22. Wir führen das Viertelautomodell in diesem Abschnitt ein, untersuchen es und optimieren es.

12.7.1 ⋆ Mathematisches Modell

Wir können die vertikale Schwingung eines Fahrzeugs mit einem Viertelautomodell darstellen, das aus zwei festen Massen m_s und m_u besteht, die als *gefederte*

Abb. 12.22 Ein Viertelautomodell

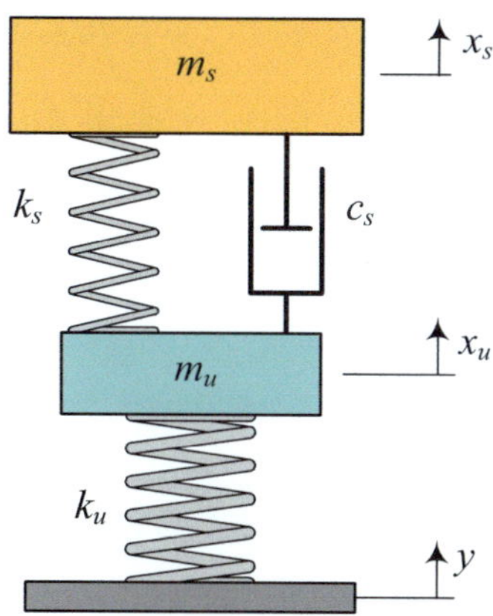

und *ungefederte* Massen bezeichnet werden. Die gefederte Masse m_s repräsentiert 1⁄4 der Fahrzeugkarosserie, und die ungefederte Masse m_u repräsentiert ein Rad des Fahrzeugs. Eine Feder mit der Steifigkeit k_s und ein Stoßdämpfer mit dem viskosen Dämpfungskoeffizienten c_s stützen die gefederte Masse und werden als *Hauptfederung* bezeichnet. Die ungefederte Masse m_u steht über eine Feder k_u, die die Reifensteifigkeit repräsentiert, in direktem Kontakt mit dem Boden.

Die regierenden Differentialgleichungen der Bewegung für das in Abb. 12.22 dargestellte Viertelautomodell sind:

$$m_s\ddot{x}_s + c_s(\dot{x}_s - \dot{x}_u) + k_s(x_s - x_u) = 0 \tag{12.288}$$

$$m_u\ddot{x}_u + c_s(\dot{x}_u - \dot{x}_s) + (k_u + k_s)x_u - k_s x_s = k_u y \tag{12.289}$$

Beweis Die kinetische Energie, die potentielle Energie und die Dissipationsfunktion des Systems sind:

$$K = \frac{1}{2}m_s\dot{x}_s^2 + \frac{1}{2}m_u\dot{x}_u^2 \tag{12.290}$$

$$V = \frac{1}{2}k_s(x_s - x_u)^2 + \frac{1}{2}k_u(x_u - y)^2 \tag{12.291}$$

$$D = \frac{1}{2}c_s(\dot{x}_s - \dot{x}_u)^2 \tag{12.292}$$

Mit der Lagrange-Methode:

$$\frac{d}{dt}\left(\frac{\partial K}{\partial \dot{x}_s}\right) - \frac{\partial K}{\partial x_s} + \frac{\partial D}{\partial \dot{x}_s} + \frac{\partial V}{\partial x_s} = 0 \tag{12.293}$$

$$\frac{d}{dt}\left(\frac{\partial K}{\partial \dot{x}_u}\right) - \frac{\partial K}{\partial x_u} + \frac{\partial D}{\partial \dot{x}_u} + \frac{\partial V}{\partial x_u} = 0 \tag{12.294}$$

finden wir die Bewegungsgleichungen:

$$m_s\,\ddot{x}_s = -k_s(x_s - x_u) - c_s(\dot{x}_s - \dot{x}_u) \tag{12.295}$$

$$m_u\,\ddot{x}_u = k_s(x_s - x_u) + c_s(\dot{x}_s - \dot{x}_u) - k_u(x_u - y) \tag{12.296}$$

die in Matrixform ausgedrückt werden können:

$$[m]\ddot{\mathbf{x}} + [c]\dot{\mathbf{x}} + [k]\mathbf{x} = \mathbf{F} \tag{12.297}$$

$$\begin{aligned}&\begin{bmatrix} m_s & 0 \\ 0 & m_u \end{bmatrix}\begin{bmatrix} \ddot{x}_s \\ \ddot{x}_u \end{bmatrix} + \begin{bmatrix} c_s & -c_s \\ -c_s & c_s \end{bmatrix}\begin{bmatrix} \dot{x}_s \\ \dot{x}_u \end{bmatrix} + \\ &\begin{bmatrix} k_s & -k_s \\ -k_s & k_s + k_u \end{bmatrix}\begin{bmatrix} x_s \\ x_u \end{bmatrix} = \begin{bmatrix} 0 \\ k_u y \end{bmatrix}\end{aligned} \tag{12.298}$$

■

Beispiel 509 *Reifendämpfung*

Wir können einen Dämpfer c_u *parallel zu* k_u *hinzufügen, wie in Abb.* 12.22 *dargestellt, um eine Dämpfung in Reifen zu modellieren. Der Wert von* c_u *für Reifen ist jedoch im Vergleich zu* c_s *sehr klein, und daher können wir* c_u *ignorieren, um das Modell zu vereinfachen. Wenn der Dämpfer* c_u *parallel zu* k_u *ist, ist die Bewegungsgleichung dieselbe wie die Gl.* (11.44) *und* (11.45) *in Matrixform als Gl.* (11.47)*.*

Beispiel 510 *Einschränkungen des mathematischen Modells*

Das Modell eines Viertelautos enthält keine Darstellung der geometrischen Effekte des gesamten Autos und bietet keine Möglichkeit, longitudinale und laterale Verbindungen zu untersuchen. Es enthält jedoch die grundlegendsten Merkmale des realen Problems und beinhaltet eine angemessene Darstellung des Problems der Kontrolle von Rad- und Radkörperlastvariationen.

Im Modell eines Viertelautos nehmen wir an, dass der Reifen immer in Kontakt mit dem Boden ist, was bei niedriger Frequenz zutrifft, aber bei hoher Frequenz nicht der Fall sein könnte. Ein besseres Modell muss die Möglichkeit einer Trennung zwischen Reifen und Boden berücksichtigen können.

Das optimale Design von Schwingungssystemen mit zwei Freiheitsgraden, einschließlich eines Modells eines Viertelautos, ist Gegenstand zahlreicher Untersuchungen seit der Erfindung der Schwingungsabsorbertheorie durch Frahm im Jahr 1909. Es scheint, dass die erste analytische Untersuchung der Dämpfungseigenschaften von Zwei-Freiheitsgrad-Systemen auf Den Hartog (1901–1989) zurückgeht.

12.7.2 ⋆ Frequenzantwort

Um die Frequenzantwort des Modells eines Viertelautos zu bestimmen, betrachten wir eine harmonische Anregung der Basis:

$$y = Y \cos \omega t \tag{12.299}$$

und suchen nach einer harmonischen Lösung in der Form von:

$$x_s = A_1 \sin \omega t + B_1 \cos \omega t = X_s \sin(\omega t - \varphi_s) \tag{12.300}$$

$$x_u = A_2 \sin \omega t + B_2 \cos \omega t = X_u \sin(\omega t - \varphi_u) \tag{12.301}$$

$$z = x_s - x_u = A_3 \sin \omega t + B_3 \cos \omega t = Z \sin(\omega t - \varphi_z) \tag{12.302}$$

wobei X_s, X_u und Z komplexe Amplituden sind.

Durch die Einführung der folgenden dimensionslosen Charakteristika:

$$\varepsilon = \frac{m_s}{m_u} \tag{12.303}$$

$$\omega_s = \sqrt{\frac{k_s}{m_s}} \tag{12.304}$$

$$\omega_u = \sqrt{\frac{k_u}{m_u}} \tag{12.305}$$

$$\alpha = \frac{\omega_s}{\omega_u} \tag{12.306}$$

$$r = \frac{\omega}{\omega_s} \tag{12.307}$$

$$\xi = \frac{c_s}{2m_s\omega_s} \tag{12.308}$$

suchen wir nach den absoluten und relativen Frequenzantworten:

$$\mu = \left|\frac{X_s}{Y}\right| \tag{12.309}$$

$$\tau = \left|\frac{X_u}{Y}\right| \tag{12.310}$$

$$\eta = \left|\frac{Z}{Y}\right| \tag{12.311}$$

und erhalten die folgenden Funktionen:

$$\mu^2 = \frac{4\xi^2 r^2 + 1}{Z_1^2 + Z_2^2} \tag{12.312}$$

$$\tau^2 = \frac{4\xi^2 r^2 + 1 + r^2\left(r^2 - 2\right)}{Z_1^2 + Z_2^2} \tag{12.313}$$

$$\eta^2 = \frac{r^4}{Z_1^2 + Z_2^2} \tag{12.314}$$

$$Z_1 = \left[r^2\left(r^2\alpha^2 - 1\right) + \left(1 - (1+\varepsilon)r^2\alpha^2\right)\right] \tag{12.315}$$

$$Z_2 = 2\xi r\left(1 - (1+\varepsilon)r^2\alpha^2\right) \tag{12.316}$$

Die absolute Beschleunigung der gefederten Masse und der ungefederten Masse kann durch die folgenden Gleichungen definiert werden:

$$u = \left|\frac{\ddot{X}_s}{Y\omega_u^2}\right| = r^2\alpha^2\mu \tag{12.317}$$

$$v = \left|\frac{\ddot{X}_u}{Y\omega_u^2}\right| = r^2\alpha^2\tau \tag{12.318}$$

Beweis Um die Frequenzantworten zu finden, wenden wir eine harmonische Anregung

$$y = Y\cos\omega t \tag{12.319}$$

an und nehmen an, dass die Lösungen harmonische Funktionen mit unbekannten Koeffizienten sind:

$$x_s = A_1 \sin \omega t + B_1 \cos \omega t \tag{12.320}$$

$$x_u = A_2 \sin \omega t + B_2 \cos \omega t \tag{12.321}$$

Durch Einsetzen der Lösungen in die Bewegungsgleichung (12.288)–(12.289) und Sammeln der Koeffizienten von sin ωt und cos ωt in beiden Gleichungen erhalten wir folgendes System von algebraischen Gleichungen für A_1, B_1, A_2 und B_2:

$$[A]\begin{bmatrix} A_1 \\ A_2 \\ B_1 \\ B_2 \end{bmatrix} = \begin{bmatrix} 0 \\ 0 \\ k_u Y \\ 0 \end{bmatrix} \tag{12.322}$$

wobei $[A]$ die Koeffizientenmatrix ist:

$$[A] = \begin{bmatrix} k_s - m_s\omega^2 & -k_s & -c_s\omega & c_s\omega \\ c_s\omega & -c_s\omega & k_s - m_s\omega^2 & -k_s \\ -k_s & k_s + k_u - m_u\omega^2 & c_s\omega & -c_s\omega \\ -c_s\omega & c_s\omega & -k_s & k_s + k_u - m_u\omega^2 \end{bmatrix} \tag{12.323}$$

Die Unbekannten können durch Matrixinversion gefunden werden:

$$\begin{bmatrix} A_1 \\ A_2 \\ B_1 \\ B_2 \end{bmatrix} = [A]^{-1}\begin{bmatrix} 0 \\ 0 \\ k_u Y \\ 0 \end{bmatrix} \tag{12.324}$$

und daher können die Amplituden X_s und X_u gefunden werden:

$$X_s^2 = A_1^2 + B_1^2 = \frac{k_u}{k_s}\frac{(\omega^2 c_s^2 + k_s^2)}{Z_3^2 + Z_4^2} Y^2 \tag{12.325}$$

$$X_u^2 = A_2^2 + B_2^2 = \frac{k_u}{k_s}\frac{(\omega^4 m_s^2 + \omega^2 c_s^2 - 2\omega^2 k_s m_s + k_s^2)}{Z_3^2 + Z_4^2} Y^2 \tag{12.326}$$

$$Z_3 = -\left(\omega^2 (k_s m_s + k_s m_u + k_u m_s) - k_s k_u - \omega^4 m_s m_u\right) \tag{12.327}$$

$$Z_4 = -\left(\omega^3 (c_s m_s + c_s m_u) - \omega c_s k_u\right) \tag{12.328}$$

Mit X_s und X_u können wir z und seine Amplitude Z berechnen:

$$\begin{aligned} z &= x_s - x_u = (A_1 - A_2)\sin \omega t + (B_1 - B_2)\cos \omega t \\ &= A_3 \sin \omega t + B_3 \cos \omega t = Z \sin(\omega t - \varphi_z) \end{aligned} \tag{12.329}$$

$$Z^2 = A_3^2 + B_3^2 = \frac{k_u}{k_s} \frac{\omega^4 m_s^2}{Z_3^2 + Z_4^2} Y^2 \tag{12.330}$$

Die Ableitung von μ und τ liefert die Beschleunigungsfrequenzantworten u und v für die ungefederten und gefederten Massen. Gl. (12.317)–(12.318) drücken u und v aus.

Mit den Definitionen (12.303)–(12.308) können wir die Gl. (12.325), (12.326), (12.330) in (12.312), (12.313), (12.314) umwandeln. Abb. 12.23, 12.24 und 12.25 sind Beispiele für die Frequenzantworten μ, τ und η für $\varepsilon = 3$ und $\alpha = 0{,}2$. ■

Beispiel 511 *Durchschnittswert der Parameter für Straßenautos*

*Gl. (*12.312*)–(*12.314*) zeigen an, dass die Frequenzantworten μ, τ und η Funktionen von vier Parametern sind: Massenverhältnis ε, Dämpfungsverhältnis ξ, Eigenfrequenzverhältnis α und Anregungsfrequenzverhältnis r. Der Durchschnitt, das Minimum und das Maximum der praktischen Werte der Parameter sind in Tab.* 12.2 angegeben.

Für ein Viertelautomodell ist bekannt, dass $m_s > m_u$ und daher $\varepsilon > 1$. Das typische Massenverhältnis ε für Fahrzeuge liegt im Bereich von 3 bis 8, wobei kleinere Autos näher an 8 und größere Autos näher an 3 sind. Die Anregungsfrequenz ω ist gleich ω_u, wenn $r = 1/\alpha$, und gleich ω_s, wenn $r = 1$. Für ein reales Modell ist die Größenordnung der Steifigkeit $k_u > k_s$, wenn $\omega_u > \omega_s$ und $\alpha < 1$. Daher gilt $r > 1$ bei $\omega = \omega_u$. Daher erwarten wir zwei Resonanzfrequenzen, die größer als $r = 1$ sind.

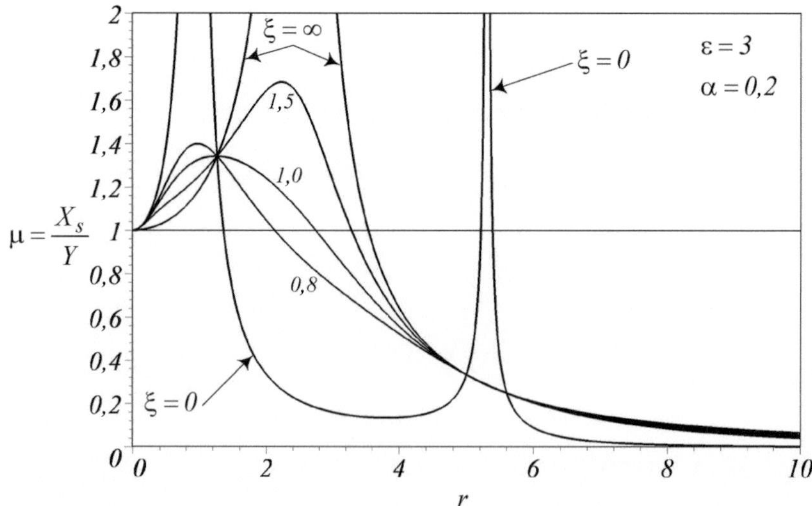

Abb. 12.23 Ein Beispiel für die Frequenzantwort der Verschiebung der gefederten Masse, $\mu = \left|\frac{X_s}{Y}\right|$

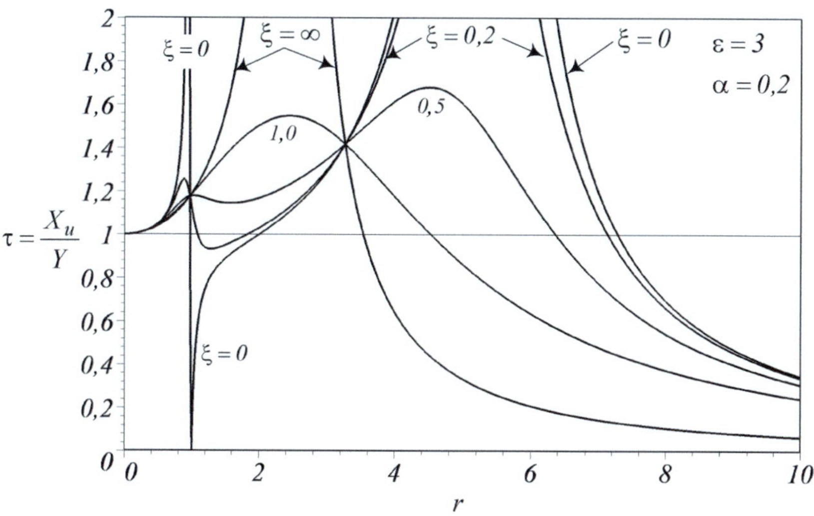

Abb. 12.24 Ein Beispiel für die Frequenzantwort der Verschiebung der ungefederten Masse, $\tau = \left|\frac{X_u}{Y}\right|$

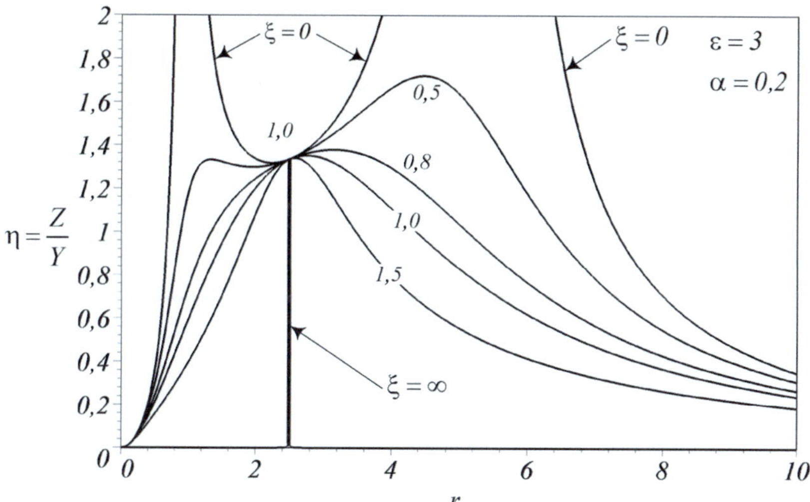

Abb. 12.25 Ein Beispiel für die Frequenzantwort der relativen Verschiebung, $\eta = \left|\frac{Z}{Y}\right|$

12.7.3 ⋆ Eigen- und invariante Frequenzen

Das Viertelauto-System ist ein System mit zwei Freiheitsgraden und hat daher zwei Eigenfrequenzen r_{n_1}, r_{n_2}:

Tab. 12.2 Durchschnittswerte der Viertelautoparameter

Parameter	Durchschnitt	Minimum	Maximum
$\varepsilon = \dfrac{m_s}{m_u}$	3–8	2	20
$\omega_s = \sqrt{\dfrac{k_s}{m_s}}$	1	0,2	1
$\omega_u = \sqrt{\dfrac{k_u}{m_u}}$	10	2	20
	0–20 Hz	0	200 Hz
$\alpha = \dfrac{\omega_s}{\omega_u}$	0,1	0,01	1
$\xi = \dfrac{c_s}{2m_s\omega_s}$	0,55	0	2

$$r_{n_1} = \sqrt{\frac{1}{2\alpha^2}\left(1+(1+\varepsilon)\alpha^2 - \sqrt{\left(1+(1+\varepsilon)\alpha^2\right)^2 - 4\alpha^2}\right)} \tag{12.331}$$

$$r_{n_2} = \sqrt{\frac{1}{2\alpha^2}\left(1+(1+\varepsilon)\alpha^2 + \sqrt{\left(1+(1+\varepsilon)\alpha^2\right)^2 - 4\alpha^2}\right)} \tag{12.332}$$

Die Familie der Antwortkurven für die Verschiebungsfrequenzantwort der gefederten Masse μ erhält man, indem man ε und ξ konstant hält und ξ variiert. Diese Familie hat mehrere gemeinsame Punkte, die bei den Frequenzen r_1, r_2, r_3, r_4 und $\mu_1, \mu_2, \mu_3, \mu_4$:

$$\begin{cases} r_1 = 0 & \mu_1 = 1 \\ r_3 = \dfrac{1}{\alpha} & \mu_3 = \dfrac{1}{\varepsilon} \\ r_2 & \mu_2 = \dfrac{1}{1-(1+\varepsilon)r_2^2\alpha^2} \\ r_4 & \mu_4 = \dfrac{-1}{1-(1+\varepsilon)r_2^2\alpha^2} \end{cases} \tag{12.333}$$

$$r_2 = \sqrt{\frac{1}{2\alpha^2}\left(1+2(1+\varepsilon)\alpha^2 - \sqrt{\left(1+2(1+\varepsilon)\alpha^2\right)^2 - 8\alpha^2}\right)} \tag{12.334}$$

$$r_4 = \sqrt{\frac{1}{2\alpha^2}\left(1+2(1+\varepsilon)\alpha^2 + \sqrt{\left(1+2(1+\varepsilon)\alpha^2\right)^2 - 8\alpha^2}\right)} \tag{12.335}$$

wobei:

$$r_1(=0) < r_2 < \frac{1}{\alpha\sqrt{1+\varepsilon}} < r_3\left(=\frac{1}{\alpha}\right) < r_4 \tag{12.336}$$

Die entsprechenden Transmissivitäten bei r_2 und r_4 sind:

$$\mu_2 = \frac{1}{1-(1+\varepsilon)r_2^2\alpha^2} \tag{12.337}$$

$$\mu_4 = \frac{-1}{1-(1+\varepsilon)r_2^2\alpha^2} \tag{12.338}$$

Die Frequenzen r_1, r_2, r_3 und r_4 werden als *invariante Frequenzen* bezeichnet, und ihre entsprechenden Amplituden werden als *invariante Amplituden* bezeichnet, weil sie nicht von ξ abhängen. Sie hängen jedoch von den Werten von ε und α ab. Die Größenordnung der Eigen- und invarianten Frequenzen sind:

$$r_1(=0) < r_{n_1} < r_2 < \frac{1}{\alpha\sqrt{1+\varepsilon}} < r_3 < \left(=\frac{1}{\alpha^2}\right) < r_{n_2} < r_4 \tag{12.339}$$

Die Kurven für μ haben keine anderen gemeinsamen Punkte außer r_1, r_2, r_3 und r_4. Die Reihenfolge der Frequenzen zusammen mit der Reihenfolge der entsprechenden Amplituden kann verwendet werden, um die Form der Frequenzgangkurven der gefederten Masse μ vorherzusagen. Abb. 12.26 zeigt schematisch die Form der Amplitude μ im Verhältnis zur Anregungsfrequenz r.

Beweis. Die Eigen- und resonanten Frequenzen eines Systems befinden sich an Positionen, an denen die Amplitude gegen unendlich geht, wenn die Dämpfung null ist. Daher sind die Eigenfrequenzen die Nullstellen des Nenners der μ-Funktion:

$$\begin{aligned} g(r^2) &= r^2(r^2\alpha^2 - 1) + (1 - (1+\varepsilon)r^2\alpha^2) \\ &= \alpha^2 r^2 - (1 + (1+\varepsilon)\alpha^2) + 1 = 0 \end{aligned} \tag{12.340}$$

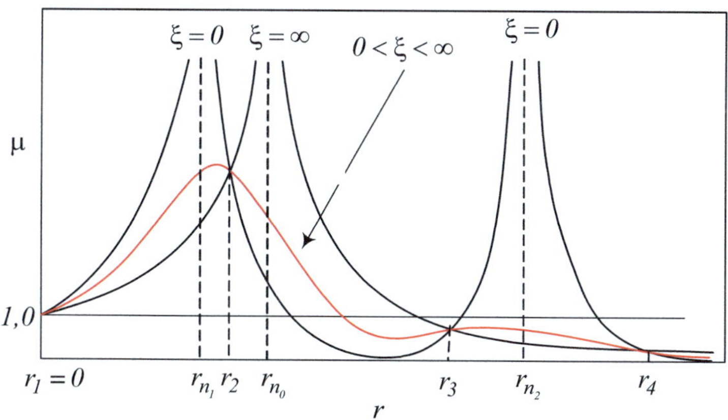

Abb. 12.26 Schematische Darstellung der Amplitude μ im Verhältnis zur Anregungsfrequenz r

Die Lösung dieser Gleichung sind die Eigenfrequenzen, die in den Gl. (12.331) und (12.332) gegeben sind.

Die invarianten Frequenzen sind unabhängig von ξ, sodass sie gefunden werden können, indem die μ-Kurven für $\xi = 0$ und $\xi = \infty$ geschnitten werden:

$$\lim_{\xi\to 0} \mu^2 = \pm\frac{1}{\left(r^2\left(r^2\alpha^2-1\right)-r^2\alpha^2(\varepsilon+1)+1\right)^2} \tag{12.341}$$

$$\lim_{\xi\to \infty} \mu^2 = \pm\frac{1}{\left(r^2\alpha^2(\varepsilon+1)-1\right)^2} \tag{12.342}$$

Daher können die invarianten Frequenzen r_i durch Lösung der folgenden Gleichung bestimmt werden:

$$r^2\left(r^2\alpha^2-1\right)+\left(1-(1+\varepsilon)r^2\alpha^2\right)=\pm\left(1-(1+\varepsilon)r^2\alpha^2\right) \tag{12.343}$$

Mit dem (+) Zeichen finden wir r_1 und r_3 mit ihren entsprechenden Transmissivitäten μ_1, und μ_3:

$$r_1 = 0 \qquad \mu_1 = 1 \tag{12.344}$$

$$r_3 = \frac{1}{\alpha} \qquad \mu_3 = \frac{1}{\varepsilon} \tag{12.345}$$

und mit dem (−) Zeichen, finden wir die folgende Gleichung für r_2 und r_4:

$$\alpha^2 r^4 - \left(1+2(1+\varepsilon)\alpha^2\right)r^2 + 2 = 0 \tag{12.346}$$

Gl. (12.346) hat zwei reelle positive Nullstellen, r_2 und r_4:

$$r_2 = \sqrt{\frac{1}{2\alpha^2}\left(1+2(1+\varepsilon)\alpha^2-\sqrt{\left(1+2(1+\varepsilon)\alpha^2\right)^2-8\alpha^2}\right)} \tag{12.347}$$

$$r_4 = \sqrt{\frac{1}{2\alpha^2}\left(1+2(1+\varepsilon)\alpha^2+\sqrt{\left(1+2(1+\varepsilon)\alpha^2\right)^2-8\alpha^2}\right)} \tag{12.348}$$

mit der folgenden relativen Größenordnung:

$$r_1(=0) < r_2 < \frac{1}{\alpha\sqrt{1+\varepsilon}} < r_3\left(=\frac{1}{\alpha}\right) < r_4 \tag{12.349}$$

Die entsprechenden Amplituden bei r_2 und r_4 können durch Einsetzen der Gl. (12.347) und (12.348) in (12.312) gefunden werden:

$$\mu_2 = \frac{1}{1-(1+\varepsilon)r_2^2\alpha^2} \tag{12.350}$$

$$\mu_4 = \frac{-1}{1-(1+\varepsilon)r_4^2\alpha^2} \tag{12.351}$$

Es kann überprüft werden, dass:

$$(1+\varepsilon)\alpha^2 r_4^2 - 1 > \varepsilon > 1 \tag{12.352}$$

und daher:

$$|r_4| < \frac{1}{\varepsilon}(=\mu_3) < 1 < |r_2| \tag{12.353}$$

und daher:

$$\mu_2 > 1 \tag{12.354}$$

$$\mu_4 < 1 \tag{12.355}$$

Mit Gl. (12.340) können wir $g(r_2^2)$, $g(r_4^2)$ und $g(r_3^2)$ als

$$g(r_2^2) = (1+\varepsilon)\alpha^2 r_2^2 - 1 < 0 \tag{12.356}$$

$$g(r_4^2) = (1+\varepsilon)\alpha^2 r_4^2 - 1 > 0 \tag{12.357}$$

$$g(r_3^2) = g\left(\tfrac{1}{\alpha^2}\right) \tag{12.358}$$

auswerten, daher haben die beiden positiven Nullstellen der Gl. (12.340), r_{n_1} und $r_{n_2}\left(>\sqrt{2}>r_2\right)$, die Größenordnungen wie folgt:

$$r_1(=0) < r_{n_1} < r_2 < \frac{1}{\alpha\sqrt{1+\varepsilon}} < r_3 < \left(=\frac{1}{\alpha^2}\right) < r_{n_2} < r_4 \tag{12.359}$$

■

Beispiel 512 ⋆*Knoten der absoluten Frequenzantwort* μ

Es gibt vier Knoten in der absoluten Verschiebungsfrequenzantwort eines Viertelautos. Der erste Knoten befindet sich an einem trivialen Punkt $(r_1 = 0, \mu_1 = 1)$*, der zeigt, dass* $X_s = Y$ *ist, wenn die Anregungsfrequenz null ist. Der vierte Knoten befindet sich bei* $(r_4, \mu_4 < 1)$*. Es gibt auch zwei Knoten dazwischen bei* $(r_2, \mu_2 > 1)$ *und* $\left(r_3 = \frac{1}{\alpha}, \mu_3 = \frac{1}{\varepsilon}\right)$*.*

Da $\mu_1 \leq 1$ *und* $\mu_4 \leq 1$ *sind, sind die mittleren Knoten bei der Optimierung wichtig. Um einen besseren Blick auf die mittleren Knoten zu haben, zeigt Abb. 12.27 eine Vergrößerung der Frequenzantwort der Verschiebung der Federungsmasse* $\mu = \left|\frac{X_s}{Y}\right|$ *um die mittleren Knoten herum.*

Beispiel 513 ⋆ *Es gibt kein optimales Frahm-Viertelauto*

Die Reduzierung der absoluten Amplitude ist der erste Versuch zur Optimierung. Wenn die Amplitudenfrequenzantwort $\mu = \mu(r)$ *feste Punkte in Bezug auf*

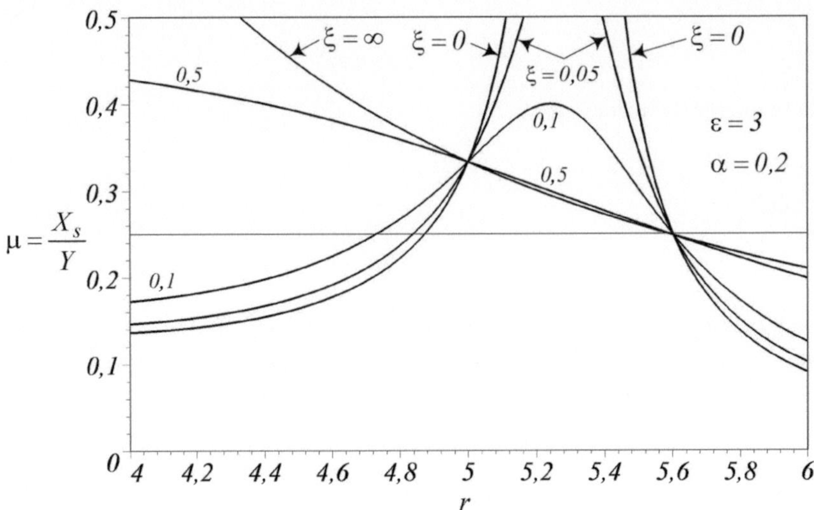

Abb. 12.27 Eine Vergrößerung um die Knoten für die Frequenzantwort der Verschiebung der Federungsmasse $\mu = \left|\frac{X_s}{Y}\right|$

einige Parameter enthält, dann wird der Optimierungsprozess mit der Frahm-Methode in zwei Schritten durchgeführt:

1. Wir wählen die Parameter, die die Position der invarianten Punkte steuern, um die entsprechende Höhe bei den invarianten Frequenzen auszugleichen und die Höhe der festen Punkte so weit wie möglich zu minimieren.

2. Wir finden die verbleibenden Parameter, sodass die maximale Amplitude genau an den invarianten Punkten übereinstimmt.

Für ein reales Problem sind die Werte des Massenverhältnisses ε und der Radfrequenz ω_u festgelegt, und wir versuchen, die optimalen Werte von α und ξ zu finden. Die Parameter α und ξ beinhalten die unbekannte Steifigkeit der Hauptfeder und die unbekannte Dämpfung des Hauptstoßdämpfers.

Die Amplitude μ_i bei invarianten Frequenzen r_i zeigt, dass der erste invariante Punkt $(r_1 = 0, \mu_1 = 1)$ immer fest ist, und der vierte $(r_4, \mu_4 < 1)$ tritt nach den Eigenfrequenzen auf. Daher sind der zweite und dritte Knoten die geeigneten Knoten für die Anwendung der oben genannten Optimierungsschritte. Allerdings gilt:

$$\mu_2 \leq 1 \leq \mu_3 \qquad \forall \varepsilon > 1 \tag{12.360}$$

und daher können wir die oben genannte Optimierungsmethode nicht anwenden. Das liegt daran, dass μ_2 und μ_3 niemals durch Variieren von α gleichgesetzt werden können. Dennoch können wir immer noch den optimalen Wert von ξ finden, indem wir α auf der Grundlage anderer Einschränkungen bewerten.

Beispiel 514 *Eigenfrequenzvariation*

Die Eigenfrequenzen r_{n_1} und r_{n_2}, wie in den Gl. (12.331) *und* (12.332) *angegeben, sind Funktionen von ε und α. Abbildungen* 12.28 *und* 12.29 *veranschaulichen den Einfluss dieser beiden Parameter auf die Variation der Eigenfrequenzen.*

Die erste Eigenfrequenz $r_{n_1} \leq 1$ verringert sich durch Erhöhung des Massenverhältnisses ε. r_{n_1} liegt nahe der Eigenfrequenz eines 1/8-Auto-Modells und zeigt die ***Haupteigenfrequenz*** *eines Autos an. Daher wird sie als* ***Karosserieeigenfrequenz*** *bezeichnet. Die zweite Eigenfrequenz r_{n_2} nähert sich unendlich, wenn*

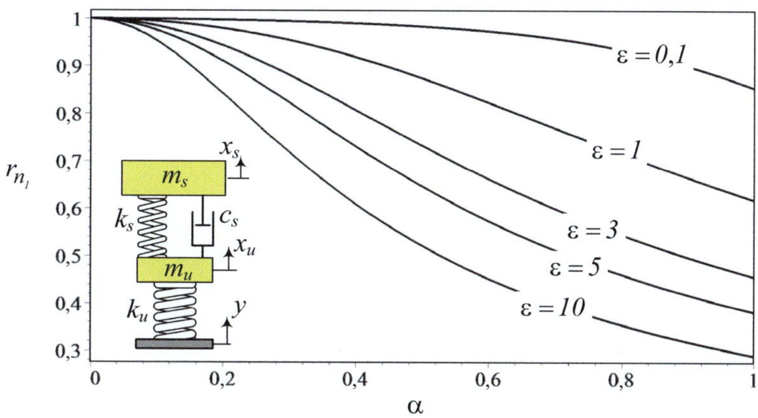

Abb. 12.28 Die Eigenfrequenz r_{n_1} als Funktion von ε und α

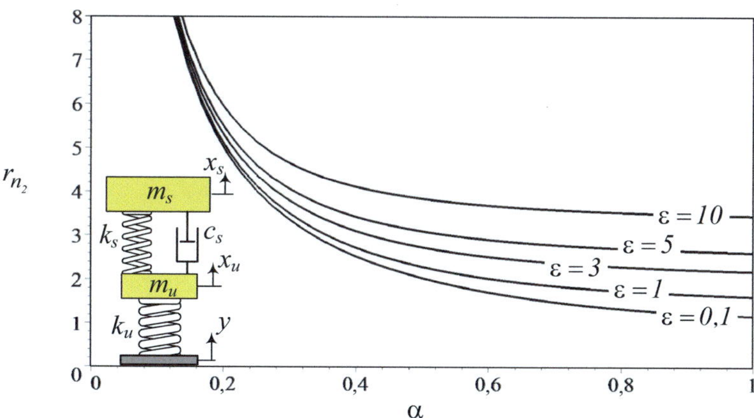

Abb. 12.29 Die Eigenfrequenz r_{n_2} als Funktion von ε und α

α abnimmt. Allerdings ist $r_{n_2} \approx 10\,\text{Hz}$ *für Straßenautos mit akzeptablem Fahrkomfort.* r_{n_1} *bezieht sich auf die ungefederte Masse und wird als* ***Radspringeigenfrequenz*** bezeichnet.

Beispiel 515 *Eigenfrequenzen und Isolierung von Schwingungen eines Viertelautos*

Für einen typischen modernen Pkw liegen die Werte der Eigenfrequenzen etwa bei 1 Hz *und 10* Hz*. Ersteres ist auf das Aufschwingen der gefederten Masse zurückzuführen, Letzteres gehört zur ungefederten Masse. Bei durchschnittlicher Geschwindigkeit erregen Unebenheiten mit Wellenlängen, die deutlich größer sind als der Radstand des Fahrzeugs, das Aufschwingen der Karosserie des Fahrzeugs. Bei höherer Geschwindigkeit wird die Wellenlänge der Unebenheiten kürzer als eine Radstandslänge und verursacht starke Schwingungen der ungefederten Masse. Wenn die Räder daher auf eine einzelne Unebenheit auf der Straße treffen, wird der Impuls die Räder in der Eigenfrequenz der ungefederten Masse um 10* Hz *schwingen lassen. Im Gegenzug wird für die gefederte Masse die Anregung die Frequenz der Schwingung der ungefederten Masse um 10* Hz liegen. *Da die Eigenfrequenz der gefederten Masse etwa 1* Hz *beträgt, tritt eine hervorragende Isolierung für die gefederte Masse auf, und der Frequenzbereich um 10* Hz *hat keinen wesentlichen Einfluss auf den Komfort der gefederten Masse. Wenn das Rad über eine raue, wellige Oberfläche fährt, besteht die Anregung aus einem breiten Frequenzbereich. Wiederum bedeutet eine hohe Anregungsfrequenz bei 5* Hz *bis 20* Hz *einen hohen Frequenzeingang zur gefederten Masse, der effektiv isoliert werden kann. Eine niedrige Frequenzanregung hingegen wird eine Resonanz in der gefederten Masse verursachen.*

12.8 Zusammenfassung

Fahrzeuge sind verbundene Mehrkörpersysteme, und daher ist ihr Schwingungsmodell ein System mit mehreren Freiheitsgraden. Das Schwingungsverhalten von solchen Systemen hängt stark von ihren Eigenfrequenzen und Schwingungsformen ab. Diese Eigenschaften können durch Lösen eines Eigenwert- und eines Eigenvektorproblems bestimmt werden.

Das praktischste Schwingungsmodell von Fahrzeugen, beginnend vom einfachsten bis zum komplexesten, sind das Achtelauto-, Viertelauto-, Fahrrad-, Halbauto- und Vollautomodell.

Das Vorhandensein symmetrischer Massen-, Steifigkeits- und Dämpfungsmatrizen eines Systems mit mehreren Freiheitsgraden vereinfacht die Berechnung der Eigenwert- und Eigenvektorprobleme. Um symmetrische Koeffizientenmatrizen zu erhalten, definieren wir die kinetische Energie, potentielle Energie und Dissipationsfunktion des Systems durch quadratische Formen und leiten die Bewegungsgleichungen durch Anwendung der Lagrange-Methode ab.

Die vertikale Vibration von Fahrzeugen kann durch ein Zwei-Freiheitsgrade-Linearsystem modelliert werden, das als *Viertelautomodell* bezeichnet wird. Ein Viertel der Karosseriemasse, bekannt als *gefederte Masse,* wird durch die Hauptfederung des Fahrzeugs k_s und c_s aufgehängt. Die Hauptfederung k_s und c_s sind auf einem Rad des Fahrzeugs montiert, bekannt als *ungefederte Masse*. Das Rad steht auf der Straße auf einem Reifen mit Steifigkeit k_u.

Unter der Annahme, dass das Fahrzeug auf einer harmonisch unebenen Straße fährt, können wir die Frequenzantworten der gefederten und ungefederten Massen finden, und die relative Verschiebung kann analytisch durch Ausnutzung der Linearität des Systems gefunden werden. Die Frequenzantwort der gefederten Masse hat vier Knoten. Die ersten und vierten Knoten sind in der Regel außerhalb der Resonanz oder außerhalb des Arbeitsfrequenzbereichs. Die mittleren Knoten liegen auf verschiedenen Seiten von $\mu = 1$, und daher können sie nicht gleichgesetzt werden und die Frahm-Optimierung kann nicht angewendet werden.

12.9 Schlüsselsymbole

$a, \ddot{x}$	Beschleunigung
a_1	Abstand vom Massenmittelpunkt zur Vorderachse
a_2	Abstand vom Massenmittelpunkt zur Hinterachse
a, A	Koeffizientenmatrix
$A = m^{-1}k$	Koeffizientenmatrix der charakteristischen Gleichung
b_1	Abstand vom Massenmittelpunkt zum linken Rad
b_2	Abstand vom Massenmittelpunkt zum rechten Rad
c	Dämpfung
c_{eq}	äquivalente Dämpfung
c_{ij}	Element der Zeile i und Spalte j von c
c_s	Hauptfederungsdämpfer
c	Dämpfungsmatrix
$\underline{c}$	symmetrische Dämpfungsmatrix
C	Massezentrum
D	Dissipationsfunktion
e	Exzentrizitätsarm
E	mechanische Energie
f, $\mathbf{F}$	harmonische Kraft
$f = \frac{1}{T}$	Kreisfrequenz Hz
f_c	Dämpferkraft
f_k	Federkraft
F	Amplitude einer harmonischen Kraft f
F_r,Q_r	generalisierte Kraft
g	Gravitationsbeschleunigung
I	Massenträgheitsmoment
$\mathbf{I}$	Identitätsmatrix
k	Steifigkeit
k_{eq}	äquivalente Steifigkeit
k_{ij}	Element der Zeile i und Spalte j von k
k_R	Torsionssteifigkeit des Querstabilisators
k_s	Hauptfederungssteifigkeit
k_u	Reifensteifigkeit
k	Steifigkeitsmatrix
$\underline{k}$	symmetrische Steifigkeitsmatrix
K	kinetische Energie
l	Länge
l	Radstand
L	Lagrangefunktion
m	Masse
m_e	exzentrische Masse
m_{ij}	Element der Zeile i und Spalte j von m
m_s	gefederte Masse
m_u	ungefederte Masse

$[m]$	Masse-Matrix
$[\underline{m}]$	symmetrische Masse-Matrix
n	Anzahl der Freiheitsgrade
$\mathbf{p}$	Impuls
q_i, Q_i	generalisierte Kraft
$r = \omega/\omega_s$	Frequenzverhältnis
r, R	Radius
$r_i, i \in N$	Knotenfrequenzverhältnis
$r_n = \omega_n/\omega_s$	Eigenfrequenzverhältnis
S	quadratische Form
t	Zeit
T	Periode
$u = r^2\alpha^2\mu$	Beschleunigungsfrequenzantwort der gefederten Masse
$v = r^2\alpha^2\tau$	Beschleunigungsfrequenzantwort der ungefederten Masse
x	absolute Verschiebung
x_s	Verschiebung der gefederten Masse
x_u	Verschiebung der ungefederten Masse
X	stationäre Amplitude von x
X_s	stationäre Amplitude von x_s
X_u	stationäre Amplitude von x_u
u_{ij}	j-tes Element der i-ten Schwingungsform
$\mathbf{u}$	Schwingungsform, Eigenvektor
$\mathbf{u}_i$	i-ter Eigenvektor
$v, \mathbf{v}, \dot{x}, \dot{\mathbf{x}}$	Geschwindigkeit
V	potentielle Energie
w	Spur
y	Grundanregungsverschiebung
Y	Gleichamplitude von y
z	Relative Verschiebung
Z	Gleichamplitude von z
Z_i	Kurznotation Parameter
δ	Durchbiegung
$\xi = \frac{c}{2\sqrt{km}}$	Dämpfungsverhältnis
λ	Eigenwert
λ_i	i-ter Eigenwert
$\omega = 2\pi f$	Winkelgeschwindigkeit rad/s
ω_n	Eigenfrequenz
ω_i	i-te Eigenfrequenz

Subskripte

d	Fahrer
f	vorne
r	hinten
s	gefedert
u	ungefedert

Übungen

1. Bewegungsgleichung eines Systems mit mehreren Freiheitsgraden
   Abb. 12.30 zeigt ein Schwingungssystem mit zwei Freiheitsgraden.
   (a) Bestimmen Sie K-, V- und D-Funktionen.
   (b) Bestimmen Sie die Bewegungsgleichungen mit der Lagrange-Methode.
   (c) ⋆ Schreiben Sie K, V und D in eine quadratische Form um.
   (d) Bestimmen Sie die Eigenfrequenzen und Schwingungsformen des Systems.
2. ⋆ Absolute und relative Koordinaten
   Abb. 12.31 zeigt zwei ähnliche Doppelpendel. Wir drücken die Bewegung des linken mit absoluten Koordinaten θ_1 und θ_2 aus und die Bewegung des rechten mit absoluter Koordinate θ_1 und relativer Koordinate θ_2.

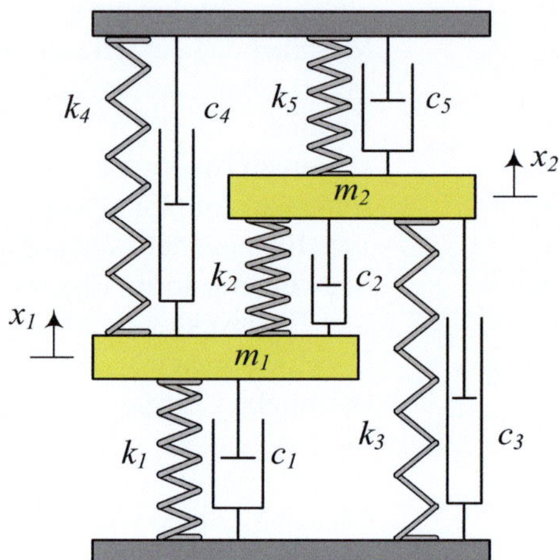

Abb. 12.30 Ein Schwingungssystem mit zwei Freiheitsgraden

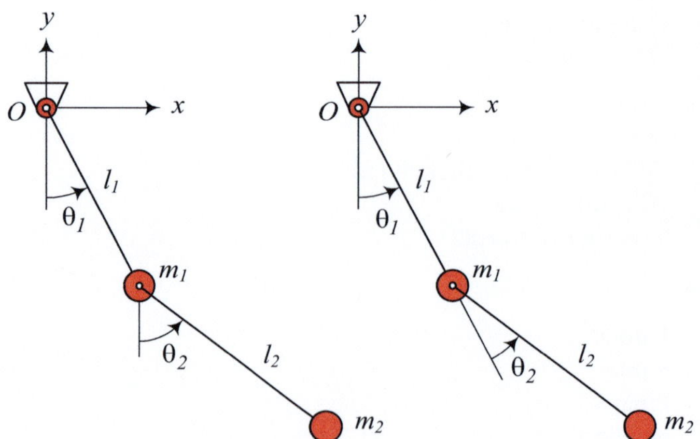

Abb. 12.31 Zwei ähnliche Doppelpendel, ausgedrückt durch absolute und relative Koordinaten

(a) Bestimmen Sie die Bewegungsgleichung des Doppelpendels mit absoluter Koordinate.
(b) Bestimmen Sie die Bewegungsgleichung des Doppelpendels mit relativer Koordinate.
(c) Vergleichen Sie ihre Massen- und Steifigkeitsmatrizen.
(d) Nehmen Sie kleine Werte von θ_1 und θ_2 an, um die Bewegungsgleichungen beider Systeme zu linearisieren.
(e) Schreiben Sie die linearisierten Bewegungsgleichungen in Matrixform um.
(f) Sind die Massen und Steifigkeiten der Systeme gleich? Erklären Sie den Grund, falls sie unterschiedlich sind.

3. Ein Achtelautomodell
Betrachten Sie ein Achtelautomodell als ein angeregtes Ein-Freiheitsgrad-System. Bestimmen Sie seine ungedämpften ω_n und gedämpften Eigenfrequenzen ω_d wenn:

$$m = 1245\,\text{kg} \qquad k = 60.000\,\text{N/m} \qquad c = 2400\,\text{N s/m}$$

4. Viertelautomodell
Betrachten Sie ein Viertelautomodell. Bestimmen Sie seine Eigenfrequenzen und Schwingungsformen wenn:

$$\begin{aligned} m_s &= 1085/4\,\text{kg} & m_u &= 40\,\text{kg} \\ k_s &= 10.000\,\text{N/m} & k_u &= 150.000\,\text{N/m} \\ c_s &= 800\,\text{N/s/m} \end{aligned}$$

5. Fahrradautomodell.
Betrachten Sie ein Fahrradautomodell mit den folgenden Eigenschaften:

$$\begin{aligned} m &= 1085/2\,\text{kg} & I_y &= 1100\,\text{kg}\,\text{m}^2 \\ m_1 &= 40\,\text{kg} & m_2 &= 40\,\text{kg} \end{aligned}$$

$$a_1 = 1{,}4\,\text{m} \qquad a_2 = 1{,}47\,\text{m}$$

$$k_1 = 10.000\,\text{N/m} \qquad k_{t_1} = k_{t_2} = 150.000\,\text{N/m}$$

Bestimmen Sie seine Eigenfrequenzen und Schwingungsformen für
(a) $k_2 = 8000$ N/m,
(b) $k_2 = 10.000$ N/m,
(c) $k_2 = 12.000$ N/m.
(d) Vergleichen Sie die Eigenfrequenzen für verschiedene k_1/k_2 und drücken Sie die Auswirkung der zunehmenden Steifigkeitsverhältnisse auf die Nick-Schwingung aus.

6. Halbautomodell
Betrachten Sie ein Halbautomodell mit den folgenden Eigenschaften:

$$\begin{aligned} m &= 1085/2\,\text{kg} & I_x &= 820\,\text{kg}\,\text{m}^2 \\ m_1 &= 40\,\text{kg} & m_2 &= 40\,\text{kg} \end{aligned}$$

$$b_1 = 0{,}7\,\text{m} \qquad b_2 = 0{,}75\,\text{m}$$

$$k_1 = 10.000\,\text{N/m} \qquad k_{t_1} = k_{t_2} = 150.000\,\text{N/m}$$

Bestimmen Sie seine Eigenfrequenzen und Schwingungsformen für

(a) $k_R = 0$,
(b) $k_R = 10.000$ N m/rad,
(c) $k_R = 50.000$ N m/rad.
(d) Vergleichen Sie die Eigenfrequenzen für verschiedene k_R und drücken Sie den Effekt der zunehmenden Rollsteifigkeit auf die Rollschwingungsform aus.
(e) Bestimmen Sie k_R so, dass die Roll-Eigenfrequenz gleich der Eigenfrequenz des Auf- und Abschwingens ist und bestimmen Sie die Schwingungsformen des halben Autos für dieses k_R.

7. Vollständigesautomodell
Betrachten Sie ein Vollständigesautomodell mit den folgenden Eigenschaften:

$$\begin{aligned} m &= 1085\,\text{kg} \qquad m_f = 40\,\text{kg} \qquad m_r = 40\,\text{kg} \\ I_x &= 820\,\text{kg}\,\text{m}^2 \qquad I_y = 1100\,\text{kg}\,\text{m}^2 \end{aligned}$$

$$\begin{aligned} a_1 &= 1{,}4\,\text{m} \qquad a_2 = 1{,}47\,\text{m} \\ b_1 &= 0{,}7\,\text{m} \qquad b_2 = 0{,}75\,\text{m} \end{aligned}$$

$$\begin{aligned} k_f &= 10.000\,\text{N/m} \qquad k_r = 10.000\,\text{N/m} \\ k_{t_f} &= k_{t_r} = 150.000\,\text{N/m} \qquad k_R = 20000\,\text{N}\,\text{m/rad} \end{aligned}$$

(a) Bestimmen Sie seine Eigenfrequenzen und Schwingungsformen.
(b) Ändern Sie k_R so, dass die Roll- und Nickschwingungen die engstmögliche Frequenz haben.
(c) Bestimmen Sie die Schwingungsformen des Autos für dieses k_R.

8. Eigenfrequenzen des Viertelautos
Bestimmen Sie die Eigenfrequenzen eines Viertelautos mit den folgenden Eigenschaften:

$$m_s = 275\,\text{kg} \qquad m_u = 45\,\text{kg} \qquad k_u = 200.000\,\text{N/m} \qquad k_s = 10.000\,\text{N/m}$$

9. Bewegungsgleichungen
Leiten Sie die Bewegungsgleichungen für das im Abb. 12.22 dargestellte Viertelautomodell ab, unter Verwendung der relativen Koordinaten:

(a) $z_s = x_s - y \qquad z_u = x_u - y$

(b) $z = x_s - x_u \qquad z_u = x_u - y$

(c) $z = x_s - x_u \qquad z_s = x_s - y$

10. ⋆ Eigenfrequenzen für verschiedene Koordinaten
Bestimmen und vergleichen Sie die Eigenfrequenzen der drei Fälle in Übung 9 und überprüfen Sie ihre Gleichheit durch Verwendung der numerischen Daten aus Übung 8.
11. Knotenfrequenzen eines Viertelautos
Bestimmen Sie die Knotenfrequenzen eines Viertelautos mit den folgenden Eigenschaften:

$$m_s = 275\,\text{kg} \qquad m_u = 45\,\text{kg} \qquad k_u = 200.000\,\text{N/m} \qquad k_s = 10.000\,\text{N/m}$$

Überprüfen Sie die Reihenfolge der Knotenfrequenzen mit den in Übung 8 gefundenen Eigenfrequenzen.
12. Frequenzantworten eines Viertelautos
Ein Auto bewegt sich auf einer welligen Straße mit einer Wellenlänge $d_1 = 20$ m und einer Wellenamplitude $d_2 = 0{,}08$ m:

$$\begin{aligned} m_s &= 200\,\text{kg} \qquad m_u = 40\,\text{kg} \\ k_u &= 220.000\,\text{N/m} \qquad k_s = 8000\,\text{N/m} \qquad c_s = 1000\,\text{N s/m} \end{aligned}$$

Bestimmen Sie die stationäre Amplitude X_s, X_u und Z wenn das Auto sich bewegt bei:
(a) $v = 30$ km/h,
(b) $v = 60$ km/h,
(c) $v = 120$ km/h.

Kapitel 13
Optimierung der Federung

In diesem Kapitel untersuchen wir ein lineares System mit einem Freiheitsgrad zur Isolation von Schwingungen als das einfachste Modell für einen Schwingungsisolator und die Fahrzeugaufhängung. Basierend auf einer Optimierungsmethode mit dem quadratischen Mittelwert (engl. Root-Mean-Square, RMS) entwickeln wir eine Design-Tabelle, um den optimalen Dämpfer und die Feder für die beste Schwingungsisolation und Fahrkomfort zu bestimmen.

13.1 Mathematisches Modell

Abb. 13.1 zeigt ein lineares Schwingungssystem mit einem Freiheitsgrad. Es kann ein Modell für die vertikalen Schwingungen eines Fahrzeugs darstellen.

Ein Viertel (1⁄4) der Masse des Körpers wird als feste Masse m modelliert und als *gefederte Masse* bezeichnet. Eine Feder mit Steifigkeit k und ein Stoßdämpfer mit viskoser Dämpfung c stützen die gefederte Masse und repräsentieren die Hauptaufhängung des Fahrzeugs. Die Aufhängungsparameter k und c sind die äquivalente Steifigkeit und Dämpfung für ein Rad, gemessen am Zentrum des Rades. Da wir die Radmasse und die Reifensteifigkeit ignorieren, wird dieses Modell manchmal als Achtelautomodell bezeichnet.

Die Bewegungsgleichung für das System ist:

$$m\ddot{x} + c\dot{x} + kx = c\dot{y} + ky \tag{13.1}$$

die umgewandelt werden kann in,

$$m\ddot{z} + c\dot{z} + kz = -m\ddot{y} \tag{13.2}$$

unter Verwendung einer relativen Verschiebungsvariable z mit:

$$z = x - y \tag{13.3}$$

R. N. Jazar, *Fahrzeugdynamik*, https://doi.org/10.1007/978-3-031-53244-3_13

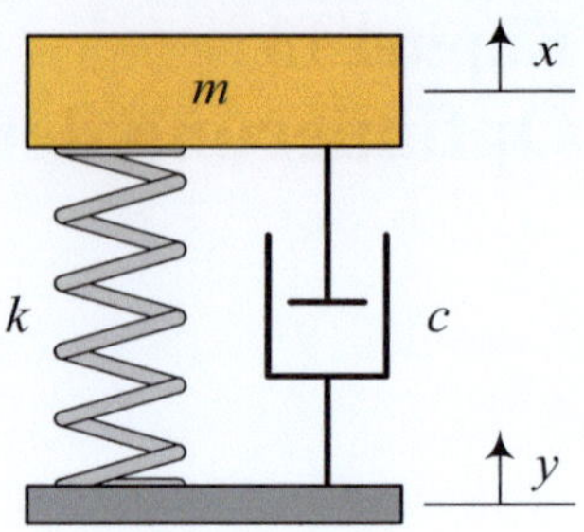

Abb. 13.1 Eine basisangeregte lineare Aufhängung

Die Variable x ist die absolute Verschiebung des Körpers, und y ist die absolute Verschiebung des Bodens.

Die Bewegungsgleichungen (13.1) und (13.2), die von drei Parametern *(m, c, k)* abhängig sind, können in die folgenden Gleichungen umgewandelt werden:

$$\ddot{x} + 2\xi\omega_n\,\dot{x} + \omega_n^2\,x = 2\xi\omega_n\,\dot{y} + \omega_n^2\,y \tag{13.4}$$

$$\ddot{z} + 2\xi\omega_n\,\dot{z} + \omega_n^2\,z = -\ddot{y} \tag{13.5}$$

durch Einführung der *Eigenfrequenz* ω_n und des *Dämpfungsverhältnisses* ξ:

$$\xi = \frac{c}{2\sqrt{km}} \tag{13.6}$$

$$\omega_n = \sqrt{\frac{k}{m}} = 2\pi f_n \tag{13.7}$$

Beweis. Die kinetische Energie, potentielle Energie und Dissipationsfunktion des Systems sind:

$$K = \frac{1}{2}m\dot{x}^2 \tag{13.8}$$

$$V = \frac{1}{2}k(x-y)^2 \tag{13.9}$$

$$D = \frac{1}{2}c(\dot{x}-\dot{y})^2 \tag{13.10}$$

Unter Anwendung der Lagrange-Methode:

$$\frac{d}{dt}\left(\frac{\partial K}{\partial \dot{x}}\right) - \frac{\partial K}{\partial x} + \frac{\partial D}{\partial \dot{x}} + \frac{\partial V}{\partial x} = 0 \tag{13.11}$$

finden wir die Bewegungsgleichung:

$$\frac{d}{dt}(m\,\dot{x}) + c(\dot{x}-\dot{y}) + k(x-y) = 0 \tag{13.12}$$

die in Gl. (13.1) umgewandelt werden kann. Nach Einführung einer relativen Ortsvariable $z = x - y$ erhalten wir:

$$\dot{z} = \dot{x} - \dot{y} \tag{13.13}$$

$$\ddot{z} = \ddot{x} - \ddot{y} \tag{13.14}$$

und schreiben Gl. (13.12) als:

$$m\frac{d}{dt}(\ddot{z} + \ddot{y}) + c\dot{z} + kz = 0 \tag{13.15}$$

die gleichwertig ist zu (13.2).

Teilen der Gln. (13.1) und (13.2) durch m und Verwendung von (13.6) und (13.7) erzeugt jeweils ihre äquivalenten Gln. (13.4) und (13.5). ■

Beispiel 516 *Unterschiedliches Modell für vordere und hintere Teile eines Fahrzeugs.*

Betrachten Sie ein Auto mit den folgenden Informationen:

$$\text{Automasse} = 1500\,\text{kg} \qquad \text{Radmasse} = 50\,\text{kg} \tag{13.16}$$

$$F_{z_1} = 3941{,}78\,\text{N} \qquad F_{z_2} = 3415{,}6\,\text{N} \tag{13.17}$$

wobei F_{z_1} und F_{z_2} jeweils die Lasten der Vorder- und Hinterreifen sind. Die Masse m eines schwingenden 1/8-Modells für die Vorderseite des Autos muss sein:

$$m = \frac{F_{z_1}}{F_{z_1} + F_{z_2}} \times (1500 - 4 \times 50) = 696{,}49\,\text{kg} \tag{13.18}$$

und für die Rückseite des Autos muss sie folgenden Wert haben:

$$m = \frac{F_{z_2}}{F_{z_1} + F_{z_2}} \times (1500 - 4 \times 50) = 603{,}51\,\text{kg} \tag{13.19}$$

Beispiel 517 *Geneigte Feder*

Betrachten Sie ein Massen-Feder-System, bei dem die Feder einen Winkel α zur Achse der Massentranslation bildet, wie in Abb. 13.2a dargestellt. Wir können eine solche geneigte Feder durch eine äquivalente Feder k_{eq} ersetzen, die auf der gleichen Achse der Massentranslation liegt, wie in Abb. 13.2b gezeigt.

$$k_{eq} \approx k \cos^2 \alpha \tag{13.20}$$

Wenn die Masse m in Bewegung ist, wie in Abb. 13.3a gezeigt, ist ihr Freikörperbild wie in Abb. 13.3b dargestellt. Wenn die Bewegung der Masse m sehr klein ist, $x << 1$, können wir Änderungen in α ignorieren und dann, wie in Abb. 13.3c gezeigt, gilt für die Federdehnung:

$$\delta \approx x \cos \alpha \tag{13.21}$$

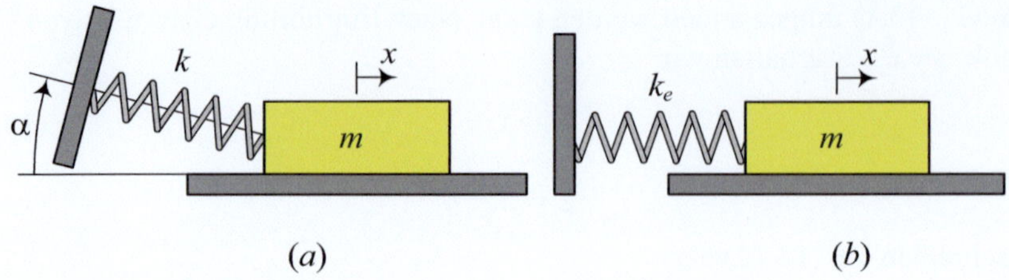

Abb. 13.2 Eine geneigte Feder und ihre äquivalente Steifigkeit

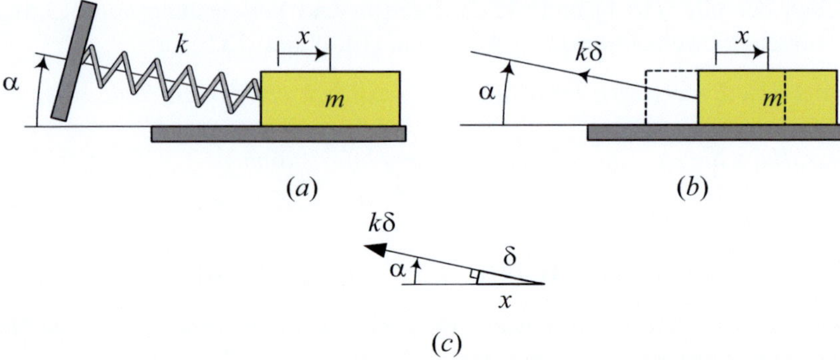

Abb. 13.3 Ein Massen-Feder-System, bei dem die Feder einen Winkel α zur Richtung der Massentranslation bildet

Daher ist die Federkraft f_k folgende:

$$f_k = k\delta \approx kx\cos\alpha \tag{13.22}$$

Die Federkraft kann auf die x-Achse projiziert werden, um die x-Komponente f_x zu finden, die die Masse m bewegt:

$$f_x = f_k \cos\alpha \approx \left(k\cos^2\alpha\right)x \tag{13.23}$$

Die geneigte Feder kann durch eine äquivalente Feder k_{eq} auf der x-Achse ersetzt werden, die die gleiche Kraft f_x benötigt, um sich genauso weit zu dehnen, wie die Masse sich bewegt:

$$f_x = k_{eq}x \qquad k_{eq} \approx k\cos^2\alpha \tag{13.24}$$

Beispiel 518 *Alternativer Beweis für eine geneigte Feder*

Betrachten Sie eine Feder, die einen Winkel α mit der Bewegungsrichtung bildet, wie in Abb. 13.3a gezeigt. Wenn die Masse x verschoben wird, ist die Dehnung der Feder:

$$\delta \approx x \cos \alpha \tag{13.25}$$

Die potentielle Energie einer solchen Feder wäre:

$$V = \frac{1}{2} k \delta^2 = \frac{1}{2} \left(k \cos^2 \alpha \right) x^2 \tag{13.26}$$

Eine äquivalente Feder mit Steifigkeit k_{eq} muss die gleiche Menge an potentieller Energie für die gleiche Verschiebung x sammeln:

$$V = \frac{1}{2} k_{eq} x^2 \tag{13.27}$$

Daher ist die äquivalente Steifigkeit k_{eq}:

$$k_{eq} = k \cos^2 \alpha \tag{13.28}$$

Beispiel 519 *Versetzte Feder*

Abb. 13.4*a zeigt eine Masse m, die an die Spitze einer masselosen Stange der Länge b angebracht ist. Die Stange ist an der Wand befestigt, und eine Feder k ist in einem Abstand a vom Drehpunkt an der Stange befestigt.*

Wenn die Masse mit einer Verschiebung $x << 1$ schwingt, ist die Dehnung δ der Feder:

$$\delta \approx \frac{a}{b} x \tag{13.29}$$

Wir können das System durch ein translatorisches Massen-Feder-System ersetzen, wie in Abb. 13.4*b gezeigt. Das neue System hat die gleiche Masse m und eine äquivalente Feder k_{eq}:*

$$k_{eq} = \left(\frac{a}{b} \right)^2 k \tag{13.30}$$

Die äquivalente Feder liefert die gleiche potentielle Energie wie die ursprüngliche Feder, wenn die Masse sich bewegt:

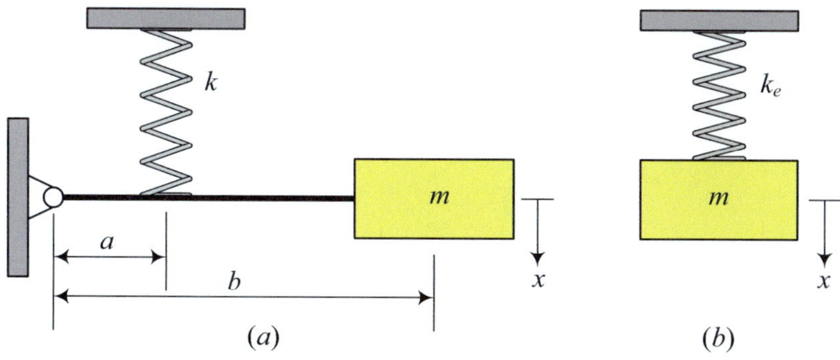

Abb. 13.4 Eine Masse m ist an die Spitze einer masselosen Stange mit der Länge b angebracht

$$V = \frac{1}{2}k_{eq}x^2 = \frac{1}{2}k\delta^2 = \frac{1}{2}k\left(\frac{a}{b}x\right)^2 = \frac{1}{2}k\left(\frac{a}{b}\right)^2 x^2 \tag{13.31}$$

Beispiel 520 *Äquivalente Feder und Dämpfer für eine McPherson-Aufhängung*

Abb. 13.5 veranschaulicht einen McPherson-Federbeinmechanismus und sein äquivalentes Schwingungssystem.

Wir nehmen an, dass der Reifen steif ist und daher das Radzentrum die gleiche Bewegung y erhält. Darüber hinaus nehmen wir an, dass sich das Rad und der Körper des Fahrzeugs nur vertikal bewegen.

Um die äquivalenten Parameter für ein 1/8-Schwingungsmodell zu finden, setzen wir m gleich 1/4 der Karosseriemasse. Die Feder k und der Dämpfer c bilden einen Winkel α zur Richtung der Radbewegung. Sie sind auch um $b - a$ vom Radzentrum versetzt. Daher sind die äquivalente Feder k_{eq} und der Dämpfer c_{eq}:

$$k_{eq} = k\left(\frac{a}{b}\cos\alpha\right)^2 \qquad c_{eq} = c\left(\frac{a}{b}\cos\alpha\right)^2 \tag{13.32}$$

Nehmen wir zum Beispiel an, dass wir die folgende Steifigkeit und Dämpfung als Ergebnis der Optimierung ermittelt haben:

$$k_{eq} = 9869{,}6\,\mathrm{N/\,m} \qquad c_{eq} = 87{,}965\,\mathrm{N\,s/\,m} \tag{13.33}$$

Die tatsächlichen k und c für eine McPherson-Aufhängung mit:

$$a = 19\,\mathrm{cm} \qquad b = 32\,\mathrm{cm} \qquad \alpha = 27\,\mathrm{deg} \tag{13.34}$$

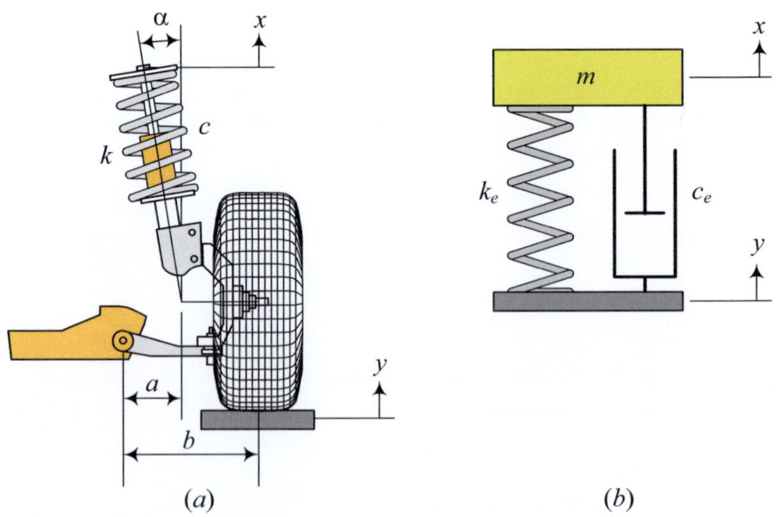

Abb. 13.5 Eine McPherson-Aufhängung und ihr äquivalentes Schwingungssystem

sind:

$$k = 28489\,\text{N/m} \qquad c = 253{,}9\,\text{N s/m} \tag{13.35}$$

Beispiel 521 *Wellige Straße und Anregungsfrequenz*

Abb. 13.6 veranschaulicht ein Achtelautomodell, das mit der Geschwindigkeit v auf einer welligen Straße mit Länge d_1 und Spitze-zu-Spitze-Höhe d_2 fährt. Unter der Annahme eines steifen Reifens mit kleinem Radius im Vergleich zu den Straßenwellen, können wir y als die Schwankung der Straße betrachten.

Die benötigte Zeit, um eine Länge d_1 zu passieren, ist die Periode der Anregung:

$$T = \frac{d_1}{v} \tag{13.36}$$

die verwendet werden kann, um die Frequenz der Anregung zu finden:

$$\omega = \frac{2\pi}{T} = \frac{2\pi v}{d_1} \tag{13.37}$$

Daher ist die Anregung $y = Y \sin \omega t$:

$$y = \frac{d_2}{2} \sin \frac{2\pi v}{d_1} t \tag{13.38}$$

Beispiel 522 *Funktion eines Isolators*

Die Funktion eines Isolators besteht darin, die Größe der Bewegung zu reduzieren, die von einem schwingenden Fundament auf das Gerät übertragen wird, oder die Größe der von dem Gerät auf sein Fundament übertragenen Kraft, sowohl im Zeit- als auch im Frequenzbereich, zu reduzieren.

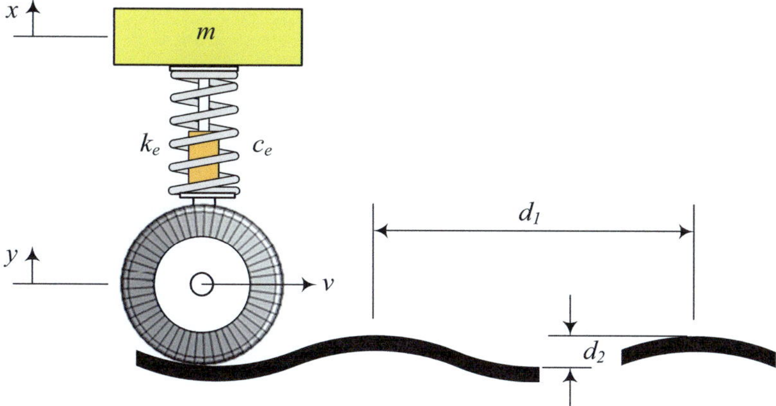

Abb. 13.6 Ein Achtelautomodell, das mit der Geschwindigkeit v auf einer welligen Straße fährt

Im einfachsten Ansatz zur Federungsanalyse werden die Parameter m, k und c als konstant und unabhängig von der Anregungsfrequenz oder dem Verhalten des Fundaments betrachtet. Diese Annahme entspricht der Betrachtung eines unendlich steifen und massiven Fundaments. Bei Gummilagern nimmt der Dämpfungskoeffizient in der Regel ab, und der Steifigkeitskoeffizient nimmt mit der Anregungsfrequenz zu. Darüber hinaus kann weder der Motor noch der Körper bei hohen Frequenzen als unendlich steifer starrer Körper angenommen werden.

13.2 Frequenzantwort

Die wichtigsten Frequenzantworten eines Achtelautomodells, dargestellt in Abb. 13.1, sind: absolute Verschiebung G_0, relative Verschiebung S_2 und absolute Beschleunigung G_2:

$$G_0 = \left|\frac{X}{Y}\right| = \frac{\sqrt{1+(2\xi r)^2}}{\sqrt{\left(1-r^2\right)^2+(2\xi r)^2}} \tag{13.39}$$

$$S_2 = \left|\frac{Z}{Y}\right| = \frac{r^2}{\sqrt{\left(1-r^2\right)^2+(2\xi r)^2}} \tag{13.40}$$

$$G_2 = \left|\frac{\ddot{X}}{Y\omega_n^2}\right| = \frac{r^2\sqrt{1+(2\xi r)^2}}{\sqrt{\left(1-r^2\right)^2+(2\xi r)^2}} \tag{13.41}$$

wobei:

$$r = \frac{\omega}{\omega_n} \qquad \xi = \frac{c}{2\sqrt{km}} \qquad \omega_n = \sqrt{\frac{k}{m}} \tag{13.42}$$

Beweis. Wenn eine harmonische Anregung angewendet wird:

$$y = Y\sin\omega t \tag{13.43}$$

reduziert sich die Bewegungsgleichung (13.5) auf:

$$\ddot{z} + 2\xi\omega_n\dot{z} + \omega_n^2 z = \omega^2 Y\sin\omega t \tag{13.44}$$

Nun können wir eine harmonische Lösung wie

$$z = A_3\sin\omega t + B_3\cos\omega t \tag{13.45}$$

in die Bewegungsgleichung einsetzen:

$$\begin{aligned}&-A_3\omega^2\sin\omega t - B_3\omega^2\cos\omega t + 2\xi\omega_n(A_3\omega\cos\omega t - B_3\omega\sin\omega t)\\&+\omega_n^2(A_3\sin\omega t + B_3\cos\omega t) = \omega^2 Y\sin\omega t\end{aligned} \tag{13.46}$$

und einen Satz von Gleichungen finden, um A_3 und B_3 zu berechnen:

$$\begin{bmatrix} \omega_n^2 - \omega^2 & -2\xi\omega\omega_n \\ 2\xi\omega\omega_n & \omega_n^2 - \omega^2 \end{bmatrix} \begin{bmatrix} A_3 \\ B_3 \end{bmatrix} = \begin{bmatrix} Y\omega^2 \\ 0 \end{bmatrix} \tag{13.47}$$

Die erste Zeile des Gleichungssystems (13.47) ist eine Bilanz der Koeffizienten von sin ωt in Gl. (13.46), und die zweite Zeile ist eine Bilanz der Koeffizienten von cosωt. Daher können die Koeffizienten A_3 und B_3 wie folgt gefunden werden:

$$\begin{aligned} \begin{bmatrix} A_3 \\ B_3 \end{bmatrix} &= \begin{bmatrix} \omega_n^2 - \omega^2 & -2\xi\omega\omega_n \\ 2\xi\omega\omega_n & \omega_n^2 - \omega^2 \end{bmatrix}^{-1} \begin{bmatrix} Y\omega^2 \\ 0 \end{bmatrix} \\ &= \begin{bmatrix} -\frac{\omega^2-\omega_n^2}{4\xi^2\omega^2\omega_n^2+\omega^4-2\omega^2\omega_n^2+\omega_n^4} Y\omega^2 \\ -\frac{2\xi\omega\omega_n}{4\xi^2\omega^2\omega_n^2+\omega^4-2\omega^2\omega_n^2+\omega_n^4} Y\omega^2 \end{bmatrix} \end{aligned} \tag{13.48}$$

Diese Gleichungen können in eine einfachere Form umgewandelt werden, indem r und ξ verwendet werden:

$$\begin{bmatrix} A_3 \\ B_3 \end{bmatrix} = \begin{bmatrix} \dfrac{1 - r^2}{\left(1 - r^2\right)^2 + (2\xi r)^2} r^2 Y \\ \dfrac{-2\xi r}{\left(1 - r^2\right)^2 + (2\xi r)^2} r^2 Y \end{bmatrix} \tag{13.49}$$

Die relative Verschiebungsamplitude Z ist dann gleich:

$$Z = \sqrt{A_3^2 + B_3^2} = \frac{r^2}{\sqrt{\left(1 - r^2\right)^2 + (2\xi r)^2}} Y \tag{13.50}$$

was $S_2 = |Z/Y|$ von Gl. (13.40) liefert.

Um die absolute Frequenzantwort G_0 zu finden, können wir

$$x = A_2 \sin \omega t + B_2 \cos \omega t = X \sin(\omega t - \varphi_x) \tag{13.51}$$

annehmen und

$$z = x - y \tag{13.52}$$

$$A_3 \sin \omega t + B_3 \cos \omega t = A_2 \sin \omega t + B_2 \cos \omega t - Y \sin \omega t \tag{13.53}$$

schreiben, was

$$A_2 = A_3 + Y \tag{13.54}$$

$$B_2 = B_3 \tag{13.55}$$

zeigt. Die absolute Verschiebungsamplitude ist dann gleich:

$$\begin{aligned} X &= \sqrt{A_2^2 + B_2^2} = \sqrt{(A_3 + Y)^2 + B_3^2} \\ &= \frac{\sqrt{1 + (2\xi r)^2}}{\sqrt{\left(1 - r^2\right)^2 + (2\xi r)^2}} Y \end{aligned} \tag{13.56}$$

was $G_0 = |X/Y|$ in Gl. (13.39) liefert.

Die absolute Beschleunigungsfrequenzantwort

$$\ddot{x} = -X\omega^2 \sin(\omega t - \varphi_x) = -\ddot{X} \sin(\omega t - \varphi_x) \tag{13.57}$$

kann durch zweifache Differentiation der Verschiebungsfrequenzantwort (13.51) gefunden werden. Wenn wir die Amplitude der absoluten Beschleunigung durch $\ddot{X}$ darstellen, dann können wir $\ddot{X}$ durch

$$\left|\frac{\ddot{X}}{Y\omega_n^2}\right| = \frac{r^2\sqrt{1+(2\xi r)^2}}{\sqrt{\left(1-r^2\right)^2+(2\xi r)^2}} \tag{13.58}$$

definieren, was $G_2 = \left|\ddot{X}/\left(\omega_n^2 Y\right)\right|$ wie in Gl. (13.41) liefert. ■

Beispiel 523 *Hauptmethode für absolute Bewegung X*

Um die absolute Frequenzantwort G_0 zu finden, ersetzen wir

$$y = Y \sin \omega t \tag{13.59}$$

und eine harmonische Lösung für x

$$x = A_2 \sin \omega t + B_2 \cos \omega t \tag{13.60}$$

in Gl. (13.4):

$$\ddot{x} + 2\xi\omega_n \dot{x} + \omega_n^2 x = 2\xi\omega_n \dot{y} + \omega_n^2 y \tag{13.61}$$

und lösen nach $X = \sqrt{A_2^2 + B_2^2}$ auf:

$$\begin{aligned} &-\omega^2 A_2 \sin \omega t - \omega^2 B_2 \cos \omega t + 2\xi\omega_n \omega(A_2 \cos \omega t - B_2 \sin \omega t) \\ &+\omega_n^2 (A_2 \sin \omega t + B_2 \cos \omega t) = 2\xi\omega_n \omega Y \cos \omega t + \omega_n^2 Y \sin \omega t \end{aligned} \tag{13.62}$$

Das Gleichungssystem für A2 und B2 aus den Koeffizienten von sin und cos

$$\begin{bmatrix} \omega_n^2 - \omega^2 & -2\xi\omega\omega_n \\ 2\xi\omega\omega_n & \omega_n^2 - \omega^2 \end{bmatrix} \begin{bmatrix} A_2 \\ B_2 \end{bmatrix} = \begin{bmatrix} Y\omega_n^2 \\ 2Y\xi\omega\omega_n \end{bmatrix} \tag{13.63}$$

führt zu folgender Lösung:

$$\begin{aligned} \begin{bmatrix} A_2 \\ B_2 \end{bmatrix} &= \begin{bmatrix} \omega_n^2 - \omega^2 & -2\xi\omega\omega_n \\ 2\xi\omega\omega_n & \omega_n^2 - \omega^2 \end{bmatrix}^{-1} \begin{bmatrix} Y\omega_n^2 \\ 2Y\xi\omega\omega_n \end{bmatrix} \\ &= \begin{bmatrix} \frac{-(\omega^2-\omega_n^2)\omega_n^2+4\xi^2\omega^2\omega_n^2}{4\xi^2\omega^2\omega_n^2+\omega^4-2\omega^2\omega_n^2+\omega_n^4} Y \\ \frac{-2\xi\omega\omega_n^3}{4\xi^2\omega^2\omega_n^2+\omega^4-2\omega^2\omega_n^2+\omega_n^4} Y \end{bmatrix} \\ &= \begin{bmatrix} \frac{(2\xi r)^2-(1-r^2)}{(1-r^2)^2+(2\xi r)^2} Y \\ \frac{-2\xi r^3}{(1-r^2)^2+(2\xi r)^2} Y \end{bmatrix} \end{aligned} \tag{13.64}$$

Daher wäre die Amplitude der absoluten Verschiebung X gleich wie (13.56).

Beispiel 524 *$G_0 \neq S_2 + 1$*

Wir könnten versuchen, die absolute Frequenzantwort $G_0 = |X/Y|$ aus dem Ergebnis für S_2 zu finden. Die Frequenzantwort S_2 ist:

$$S_2 = \frac{Z}{Y} \tag{13.65}$$

jedoch gilt:

$$S_2 \neq \frac{X}{Y} - 1 \neq G_0 - 1 \tag{13.66}$$

weil die Amplitude der relativen Verschiebung Z nicht gleich der Amplitude der absoluten Verschiebung X minus der Amplitude der Straßenanregung Y ist:

$$Z \neq X - Y \tag{13.67}$$

Beispiel 525 *Eine Stichprobe von Frequenzantworten*

Betrachten Sie ein Fahrzeug mit gegebener Eigenfrequenz f_n und Dämpfungsverhältnis ξ:

$$f_n = 10{,}2\,\text{Hz} \qquad \xi = 0{,}08 \tag{13.68}$$

Die absoluten und relativen Verschiebungsfrequenzantworten des Fahrzeugs sind in Abb. 13.7 dargestellt. Die relative Verschiebung beginnt bei null und endet bei eins, während die absolute Verschiebung bei eins beginnt und bei null endet.

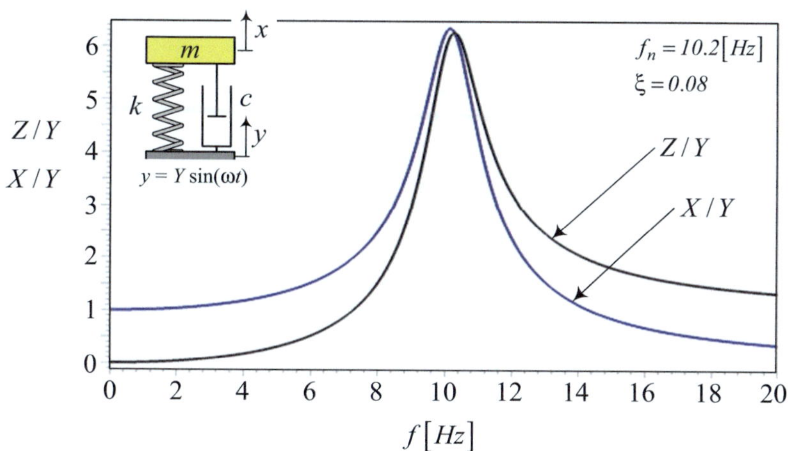

Abb. 13.7 Absolute und relative Verschiebungsfrequenzantworten für ein Fahrzeug

13.3 RMS-Fahrwerks-Optimierung

Abb. 13.8 ist ein Design-Diagramm für optimale Fahrwerksparameter von basisangeregten Systemen. Die horizontale Achse ist das quadratische Mittel der relativen Verschiebung, $S_Z = RMS(S_2)$, und die vertikale Achse ist das quadratische Mittel der absoluten Beschleunigung, $S_{\ddot{X}} = RMS(G_2)$. Es gibt zwei Kurvensätze, die ein Netz bilden. Der erste Satz, der am rechten Ende fast parallel ist, ist die konstante Eigenfrequenz f_n, und der zweite Satz, der sich von $S_Z = 1$ ausbreitet, ist ein konstantes Dämpfungsverhältnis ξ. Es gibt eine Kurve, die als *optimale Designkurve* bezeichnet wird, die die optimalen Fahrwerksparameter anzeigt.

Die meisten Geräte, die in Fahrzeugen montiert sind, haben Eigenfrequenzen um $f_n = 10\,\text{Hz}$, während die Haupt-Eigenfrequenzen des Fahrzeugs um $f_n = 1\,\text{Hz}$ liegen. Daher verwenden wir Abb. 13.8 zur Auslegung der Aufhängung von basisangeregten Maschinen und verwenden das vergrößerte Diagramm in Abb. 13.9 zur Auslegung von Fahrwerken.

Die optimale Designkurve ist das Ergebnis der folgenden Optimierungsstrategie:

$$\textit{Minimiere } S_{\ddot{X}} \textit{ in Bezug auf } S_Z \tag{13.69}$$

welche besagt, dass die minimale absolute Beschleunigung in Bezug auf die relative Verschiebung, falls vorhanden, eine Aufhängung optimal macht. Mathematisch entspricht es dem folgenden Minimierungsproblem:

$$\frac{\partial S_{\ddot{X}}}{\partial S_Z} = 0 \tag{13.70}$$

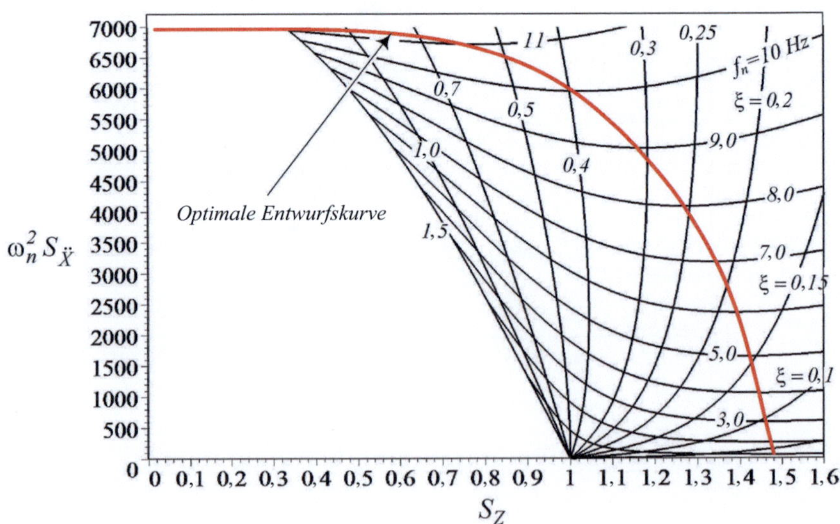

Abb. 13.8 Design-Diagramm für optimale Fahrwerksparameter von Maschinen

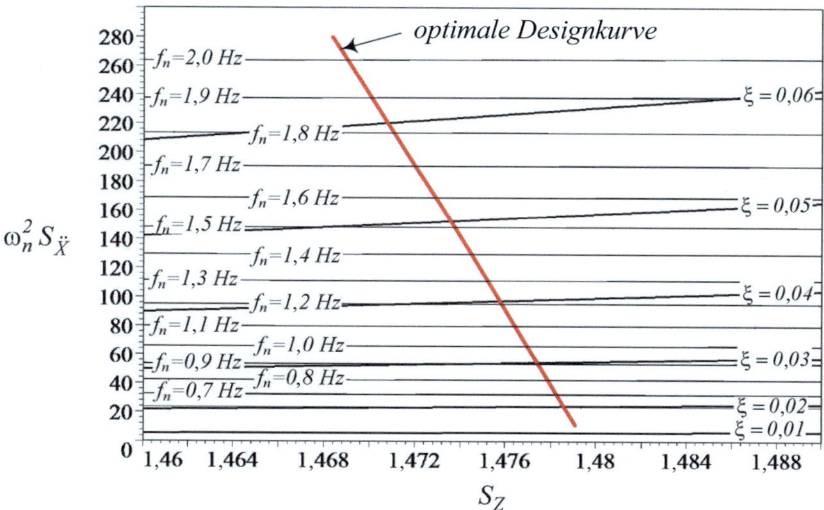

Abb. 13.9 Design-Diagramm für optimale Fahrwerksparameter von Fahrzeugen

$$\frac{\partial^2 S_{\ddot{X}}}{\partial S_Z^2} > 0 \tag{13.71}$$

Um die optimale Steifigkeit k und Dämpfung c zu bestimmen, beginnen wir mit einem geschätzten Wert für S_X auf der horizontalen Achse und ziehen eine vertikale Linie, um die optimale Kurve zu treffen. Der Schnittpunkt gibt die optimalen Werte für f_n und ξ für das S_X an, um die beste Vibrationsisolierung zu erreichen. Abb. 13.10 veranschaulicht eine Beispielanwendung für $S_X = 1$, was darauf hinweist, dass $\xi \approx 0{,}4$ und $f_n \approx 10\,\text{Hz}$ die optimale Aufhängung ergeben. f_n, ξ und die Masse der Ausrüstung bestimmen den optimalen Wert von k und c.

Beweis. Definieren wir einen Arbeitsfrequenzbereich $0 < f < 20\,\text{Hz}$, der fast alle Bodenfahrzeuge, insbesondere Straßenfahrzeuge, umfasst und zeigen den *RMS* von S_2 und G_2 durch

$$S_Z = RMS(S_2) \tag{13.72}$$

$$S_{\ddot{X}} = RMS(G_2) \tag{13.73}$$

In der angewandten Fahrzeugdynamik messen wir Frequenzen üblicherweise in [Hz], statt in [rad/ s], daher führen wir Designberechnungen auf der Basis von Kreisfrequenzen f und f_n in [Hz] durch und analytische Berechnungen auf der Basis von Winkelfrequenzen ω und ω_n in [rad/ s].

Um S_Z und $S_{\ddot{X}}$ über den Arbeitsfrequenzbereich

$$S_Z = \sqrt{\frac{1}{40\pi} \int_0^{40\pi} S_2^2 d\omega} \tag{13.74}$$

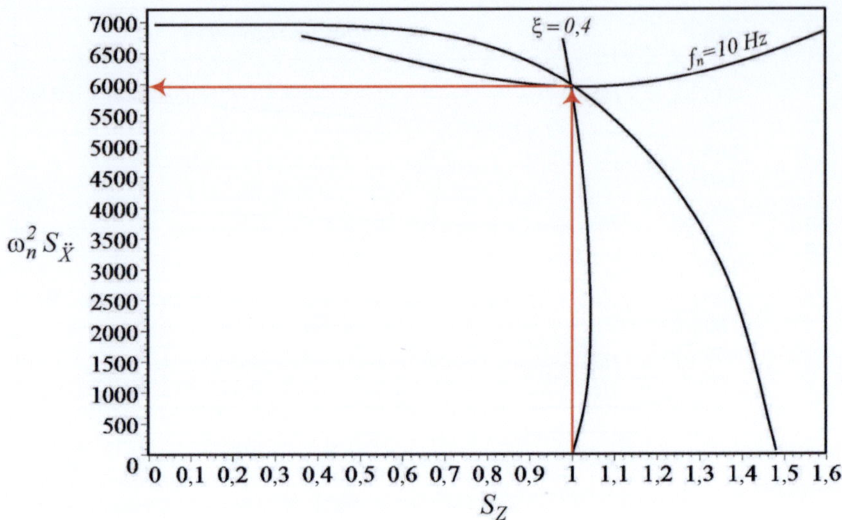

Abb. 13.10 Anwendung des Design-Diagramms für $S_X = 1$, das die optimalen Werte $\xi \approx 0{,}4$ und $f_n \approx 10\,\text{Hz}$ anzeigt

$$S_{\ddot{X}} = \sqrt{\frac{1}{40\pi} \int_0^{40\pi} G_2 d\omega} \tag{13.75}$$

zu berechnen, finden wir zunächst die Integrale von ${S_2}^2$ und G_2:

$$\int S_2^2 d\omega = Z_1\omega - \frac{Z_2}{Z_3\sqrt{Z_4}} \tan^{-1} \frac{\omega}{\sqrt{Z_4}} + \frac{Z_5}{Z_6\sqrt{Z_7}} \tan^{-1} \frac{\omega}{\sqrt{Z_7}} \tag{13.76}$$

$$\begin{aligned} \omega_n^4 \int G_2 d\omega = {} & Z_8\omega + \frac{1}{3} Z_9 \omega^3 + \frac{Z_{10}}{Z_{11}\sqrt{Z_{12}}} \tan^{-1} \frac{\omega}{\sqrt{Z_{12}}} \\ & + \frac{Z_{13}}{Z_{14}\sqrt{Z_{15}}} \tan^{-1} \frac{\omega}{\sqrt{Z_{15}}} \end{aligned} \tag{13.77}$$

Die Parameter Z_1 bis Z_{15} sind:

$$Z_1 = 1 \tag{13.78}$$

$$Z_2 = \omega_n^2 \left(8\xi^6 - 12\xi^4 + 4\xi^2 - \left(-8\xi^4 + 8\xi^2 - 1\right)\xi\sqrt{1-\xi^2} \right) \tag{13.79}$$

$$Z_3 = -4\xi^2\left(1 - \xi^2\right) \tag{13.80}$$

$$Z_4 = \omega_n^2 \left(-1 + 2\xi^2 + 2\xi\sqrt{1-\xi^2} \right) \tag{13.81}$$

$$Z_5 = \omega_n^2\Big(8\xi^6 - 12\xi^4 + 4\xi^2 - \big(8\xi^4 - 8\xi^2 + 1\big)\xi\sqrt{1-\xi^2}\Big) \tag{13.82}$$

$$Z_6 = -4\xi^2\big(1-\xi^2\big) \tag{13.83}$$

$$Z_7 = \omega_n^2\Big(-1 + 2\xi^2 - 2\xi\sqrt{1-\xi^2}\Big) \tag{13.84}$$

$$Z_8 = \omega_n^4\big(-16\xi^4 + 8\xi^2 + 1\big) \tag{13.85}$$

$$Z_9 = 4\omega_n^2\xi^2 \tag{13.86}$$

$$Z_{10} = \omega_n^6\big(128\xi^{10} - 256\xi^8 + 144\xi^6 - 12\xi^4 - 4\xi^2\big) \tag{13.87}$$

$$-\omega_n^6\big(-128\xi^8 + 192\xi^6 - 64\xi^4 - 4\xi^2 + 1\big)\xi\sqrt{1-\xi^2} \tag{13.88}$$

$$Z_{11} = -4\xi^2\big(1-\xi^2\big) \tag{13.89}$$

$$Z_{12} = \omega_n^2\Big(-1 + 2\xi^2 + 2\xi\sqrt{1-\xi^2}\Big) \tag{13.90}$$

$$Z_{13} = \omega_n^6\big(128\xi^{10} - 256\xi^8 + 144\xi^6 - 12\xi^4 - 4\xi^2\big) \tag{13.91}$$

$$-\omega_n^6\big(128\xi^8 - 192\xi^6 + 64\xi^4 + 4\xi^2 - 1\big)\xi\sqrt{1-\xi^2} \tag{13.92}$$

$$Z_{14} = -4\xi^2\big(1-\xi^2\big) \tag{13.93}$$

$$Z_{15} = \omega_n^2\Big(-1 + 2\xi^2 - 2\xi\sqrt{1-\xi^2}\Big) \tag{13.94}$$

Daher können S_Z und $S_{\ddot{X}}$ über den Frequenzbereich $0<f<20\,\text{Hz}$ analytisch aus den Gln. (13.74) und (13.75) berechnet werden.

Die Gln. (13.76) und (13.77) zeigen, dass sowohl $S_{\ddot{X}}$ als auch S_Z Funktionen von nur zwei Variablen ω_n und ξ sind:

$$S_{\ddot{X}} = S_{\ddot{X}}(\omega_n, \xi) \tag{13.95}$$

$$S_Z = S_Z(\omega_n, \xi) \tag{13.96}$$

Daher bestimmt jedes Paar von Entwurfsparametern (ω_n, ξ) $S_{\ddot{X}}$ und S_Z eindeutig. Es ist theoretisch auch möglich, ω_n und ξ als zwei Funktionen der Variablen $S_{\ddot{X}}$ und S_Z zu definieren:

$$\omega_n = \omega_n\big(S_{\ddot{X}}, S_Z\big) \tag{13.97}$$

$$\xi = \xi \left(S_{\ddot{X}}, S_Z \right) \tag{13.98}$$

So könnten wir die erforderlichen ω_n und ξ für einen spezifischen Wert von $S_{\ddot{X}}$ und S_Z bestimmen.

Mit den Gln. (13.95) und (13.96) können wir Abb. 13.11 zeichnen, um zu veranschaulichen, wie sich $S_{\ddot{X}}$ in Bezug auf S_Z verhält, wenn f_n und ξ variieren. Indem wir f_n konstant halten und ξ variieren, ist es möglich, $S_{\ddot{X}}$ in Bezug auf S_Z zu minimieren. Die Punkte der Minima ergeben die optimale Kurve und bestimmen das beste f_n und das beste ξ. Der Schlüssel zur Verwendung der optimalen Designkurve besteht darin, einen Wert für S_Z oder $S_{\ddot{X}}$ anzupassen, zu bestimmen oder abzuschätzen und den zugehörigen Punkt auf der Designkurve zu finden.

Um das Optimierungsprinzip (13.69) zu rechtfertigen, stellen wir $\omega_n^2 S_{\ddot{X}} / S_Z$ gegen f_n in Abb. 13.12 für verschiedene Werte von ξ dar. Es zeigt sich, dass eine Erhöhung von entweder ξ oder f_n den Wert von $\omega_n^2 S_{\ddot{X}} / S_Z$ erhöht. Dies entspricht einer Versteifung der Federung, was zu einer Erhöhung der Beschleunigung und einer Verringerung der relativen Verschiebung führt. Im Gegensatz dazu verringert eine Abnahme von ξ oder f_n den Wert von $\omega_n^2 S_{\ddot{X}} / S_Z$, was einer weicheren Federung entspricht.

Das weicher machen einer Federung verringert die Karosseriebeschleunigung, erfordert jedoch viel Platz für die relative Verschiebung. Aufgrund von physischen Einschränkungen ist der Radweg begrenzt und daher müssen wir die Federung so gestalten, dass der verfügbare Federweg so weit wie möglich genutzt und die Karosseriebeschleunigung so gering wie möglich gehalten wird. Mathematisch entspricht dies (13.70) und (13.71). ■

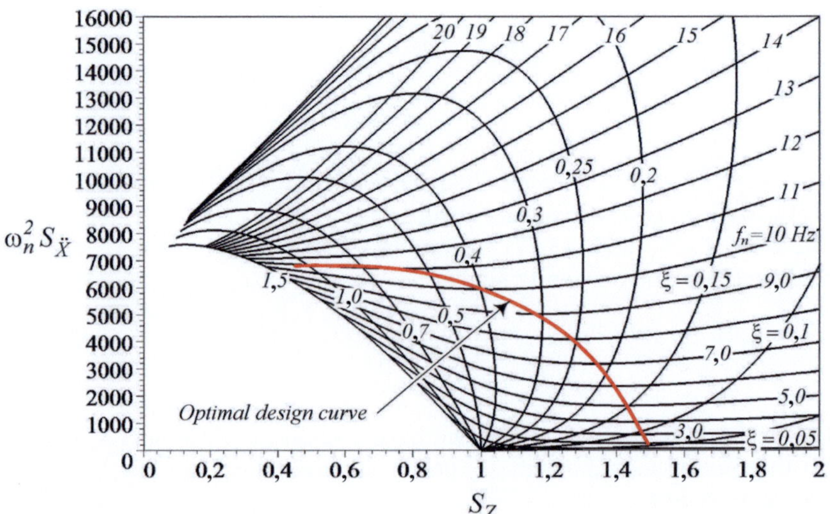

Abb. 13.11 Verhalten von $S_{\ddot{X}}$ in Bezug auf S_Z wenn f_n und ξ variieren

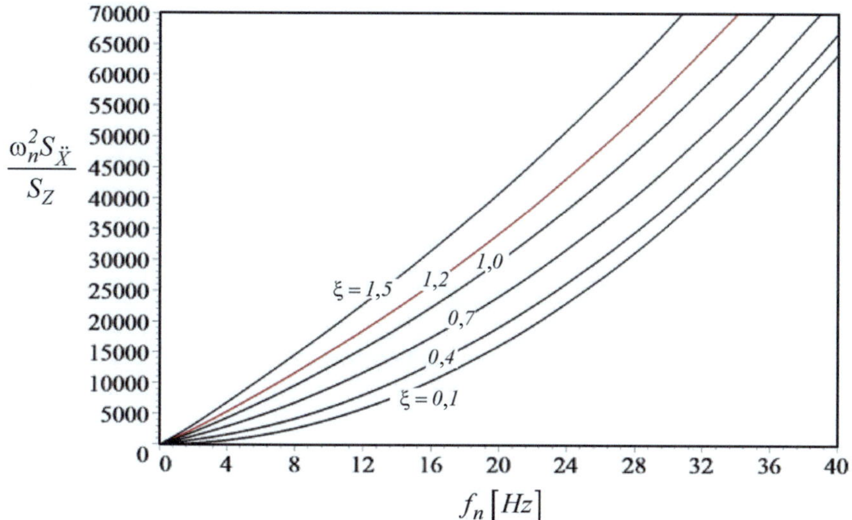

Abb. 13.12 Eine Darstellung des Verhältnisses $\omega_n^2 S_{\ddot{X}}/S_Z$ gegen f_n für verschiedene Werte von ξ

Beispiel 526 *Berechnung des Radwegs*

Abb. 13.13*a zeigt einen Doppelquerlenkerachsen-Aufhängungsmechanismus in seiner Gleichgewichtsposition. Um die Bewegung des Rades in Bezug auf die Karosserie zu begrenzen, müssen zwei Stopper verwendet werden. Es gibt viele mögliche Optionen für die Art und Position der Stopper. Die meisten Stopper bestehen aus harten Gummikugeln und sind irgendwo an der Karosserie oder am Aufhängungsmechanismus oder an beiden montiert. Es ist auch möglich, dass der Dämpfer als Stopper fungiert. Abb.* 13.13*a zeigt ein Beispiel.*

Die Spaltgrößen δ_u *und* δ_l *zeigen die oberen und unteren Entfernungen, über die sich ein Mechanismus bewegen kann. Die maximale Bewegung des Rades muss jedoch in der Mitte des Rades berechnet werden. Daher übertragen wir* δ_u *und* δ_l *in die Mitte des Rades und zeigen sie durch* d_u *und* d_l*:*

$$d_u \approx \frac{b_u}{a_u}\delta_u \qquad d_l \approx \frac{b_l}{a_l}\delta_l \tag{13.99}$$

Abb. 13.13*b und c zeigen den Mechanismus an der oberen und unteren Grenze. Die Entfernung* d_u *wird als* ***oberer Radweg*** *bezeichnet, und* d_l *wird als* ***unterer Radweg*** *bezeichnet. Der obere Radweg ist wichtig für den Fahrkomfort, und der untere Radweg ist wichtig für die Sicherheit. Um einen besseren Fahrkomfort zu erreichen, sollte der obere Radweg so hoch wie möglich sein, um die Federung so weich wie möglich zu gestalten.*

Obwohl der obere und untere Radweg unterschiedlich sein können, können wir aus praktischen Gründen annehmen, dass $d_l = d_u$ *und die Federung auf der Grundlage eines einzigen Radwegs entwerfen. Der Radweg wird auch Federweg, Federungsraum und Federungsfreiheit genannt.*

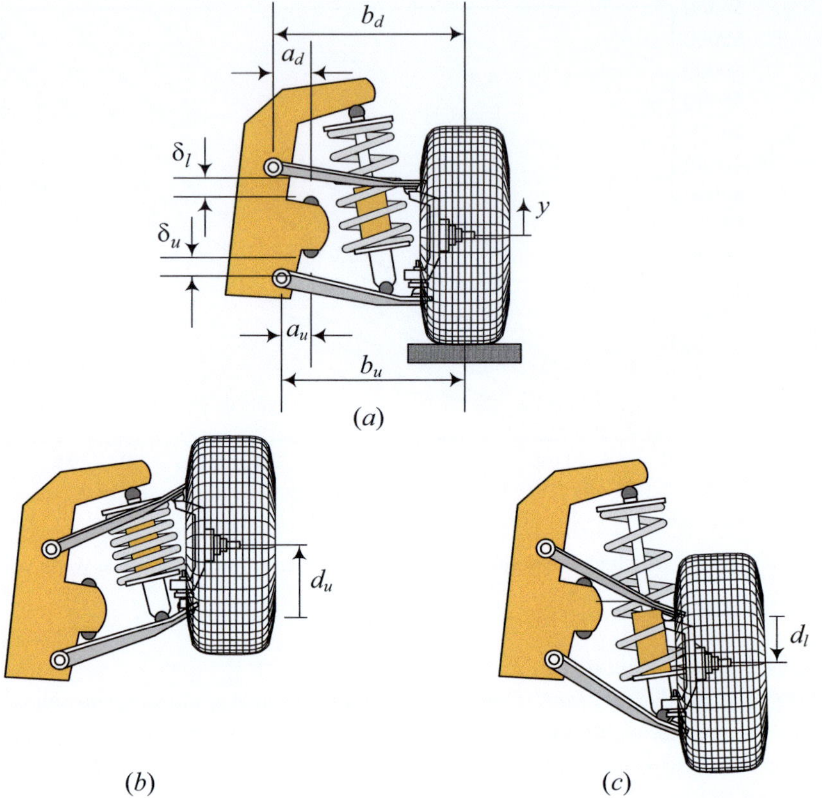

Abb. 13.13 Ein Doppelquerlenkerachsen-Aufhängungsmechanismus bei (**a**) Gleichgewicht, (**b**) oberer Grenze und (**c**) unterer Grenze

Beispiel 527 *Weiche und harte Aufhängungen*

Betrachten Sie zwei Maschinen A und B unter einer Basisanregung mit einer durchschnittlichen Amplitude $Y = 1\,\text{cm}$. *Aufhängung A hat einen Aufhängungsweg* $d_A = 1{,}2\,\text{cm}$ *und Aufhängung B hat* $d_B = 0{,}8\,\text{cm}$. *Nehmen wir an* $S_Z = d_u/Y$. *Daher gilt:*

$$S_{Z_A} = 1{,}2 \qquad S_{Z_B} = 0{,}8 \tag{13.100}$$

Mithilfe des Design-Diagramms in Abb. 13.14 *sind die optimalen Aufhängungen für A und B:*

$$f_{n_A} \approx 8{,}53\,\text{Hz} \qquad \xi_A \approx 0{,}29 \tag{13.101}$$

$$f_{n_B} \approx 10{,}8\,\text{Hz} \qquad \xi_B \approx 0{,}56 \tag{13.102}$$

Angenommen

$$m = 300\,\text{kg} \approx 660\,\text{lb} \tag{13.103}$$

berechnen wir die optimalen Federn und Dämpfer als:

$$k_A = \left(2\pi f_{n_A}\right)^2 m = 8{,}6175 \times 10^5\,\mathrm{N/\,m} \tag{13.104}$$

$$k_B = \left(2\pi f_{n_B}\right)^2 m = 13{,}814 \times 10^5\,\mathrm{N/\,m} \tag{13.105}$$

$$c_A = 2\xi_A\sqrt{k_A m} = 9325{,}7\,\mathrm{N\,s/\,m} \tag{13.106}$$

$$c_B = 2\xi_B\sqrt{k_B m} = 22800\,\mathrm{N\,s/\,m} \tag{13.107}$$

Aufhängung B ist härter im Vergleich zu Aufhängung A. Dies liegt daran, dass Aufhängung B weniger Radweg hat und daher mehr Beschleunigungsstufe hat $\omega_n^2 S_{\ddot{X}}$. *Abb.* 13.14 *zeigt, dass*

$$\omega_n^2 S_{\ddot{X}_A} \approx 4700 \quad 1/\,\mathrm{s}^2 \qquad \omega_n^2 S_{\ddot{X}_B} \approx 6650 \quad 1/\,\mathrm{s}^2 \tag{13.108}$$

Beispiel 528 *Weiche und harte Fahrzeugfederungen.*

Betrachten Sie zwei Fahrzeuge A und B, die auf einer holprigen Straße mit einer durchschnittlichen Amplitude $Y = 10\,\mathrm{cm} \approx 3{,}937\,\mathrm{in}$ *fahren. Fahrzeug A hat einen Federweg* $d_A = 14{,}772\,\mathrm{cm} \approx 5{,}816\,\mathrm{in}$ *und Fahrzeug B hat* $d_B = 14{,}714\,\mathrm{cm} \approx 5{,}793\,\mathrm{in}$. *Nehmen wir an,* $S_Z = d_u/Y$. *Daher,*

$$S_{Z_A} = 1{,}4772 \qquad S_{Z_B} = 1{,}4714 \tag{13.109}$$

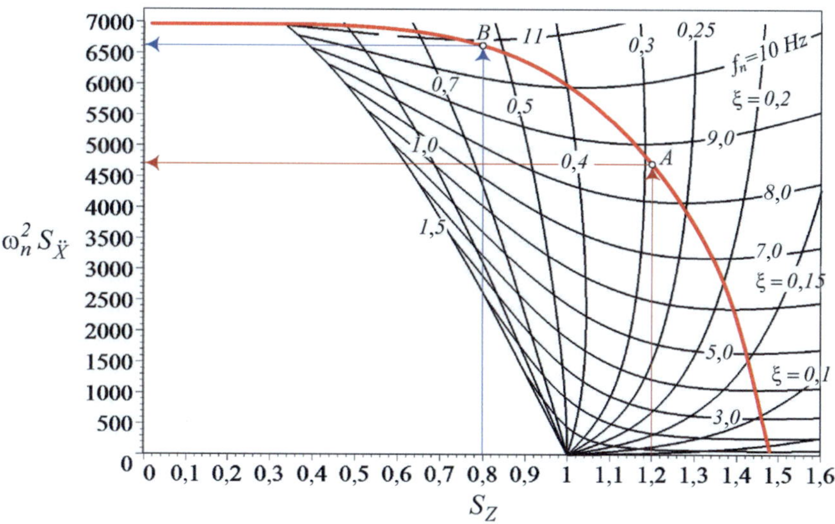

Abb. 13.14 Vergleich von zwei Aufhängungen A und B mit $S_{Z_A} = 1{,}2$ und $S_{Z_B} = 0{,}8$

Mithilfe des Design-Diagramms 13.15 *sind die optimalen Federungen für die Fahrzeuge A und B:*

$$f_{n_A} \approx 0{,}7\,\text{Hz} \qquad \xi_A \approx 0{,}023 \tag{13.110}$$

$$f_{n_B} \approx 1{,}85\,\text{Hz} \qquad \xi_B \approx 0{,}06 \tag{13.111}$$

Unter der Annahme einer Masse m:

$$m = 300\,\text{kg} \tag{13.112}$$

berechnen wir die optimalen Federn und Dämpfer wie folgt:

$$k_A = \left(2\pi f_{n_A}\right)^2 m \approx 5803\,\text{N/m} \tag{13.113}$$

$$k_B = \left(2\pi f_{n_B}\right)^2 m \approx 40534\,\text{N/m} \tag{13.114}$$

$$c_A = 2\xi_A\sqrt{k_A m} \approx 60{,}7\,\text{N s/m} \tag{13.115}$$

$$c_B = 2\xi_B\sqrt{k_B m} \approx 418{,}5\,\text{N s/m} \tag{13.116}$$

Dies sind äquivalente Dämpfer und Federn in der Mitte des Rades. Der tatsächliche Wert der Federungsparameter hängt von der Geometrie des Federungsmechanismus und der Installation der Feder und des Dämpfers ab. Da $k_B > k_A$ *und* $c_B > c_A$*, ist die Federung des Fahrzeugs B härter als die des Fahrzeugs A. Dies liegt daran, dass Fahrzeug B weniger Radweg hat und daher eine höhere Beschleunigung* $\omega_n^2 S_{\ddot{X}}$. *Abb.* 13.15 *zeigt, dass*

$$\omega_n^2 S_{\ddot{X}_B} \approx 220 \ \ 1/\text{s}^2 \qquad \omega_n^2 S_{\ddot{X}_A} \approx 28 \ \ 1/\text{s}^2 \tag{13.117}$$

Beispiel 529 *Design der Pkw-Aufhängung*

Die meisten Pkw mit gutem Fahrkomfort haben eine Eigenfrequenz gleich oder kleiner ein Hertz. Optimale Aufhängungsmerkmale eines solchen Autos sind:

$$f_n \approx 1\,\text{Hz} \qquad \xi \approx 0{,}028 \tag{13.118}$$

$$S_Z \approx 1{,}47644 \qquad \omega_n^2 S_{\ddot{X}_B} \approx 66 \ \ 1/\text{s}^2 \tag{13.119}$$

und daher:

$$k = (2\pi f_n)^2 m \approx 4\pi^2 m \tag{13.120}$$

$$c = 2\xi\sqrt{km} = 4\pi\xi m \approx 0{,}112\pi m \tag{13.121}$$

Sowohl k als auch c sind proportional zur Masse des Autos m. Als gute Schätzung können wir daher die Abb. 13.16 *und* 13.17 *zur Gestaltung einer Autoaufhängung verwenden.*

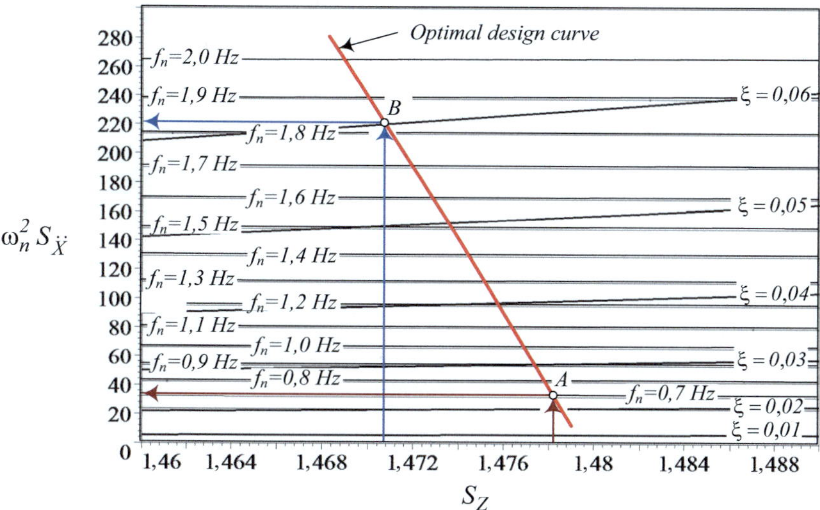

Abb. 13.15 Vergleich von zwei Aufhängungen A und B, mit $S_{Z_A} = 1{,}4772$ und $S_{Z_B} = 1{,}4714$

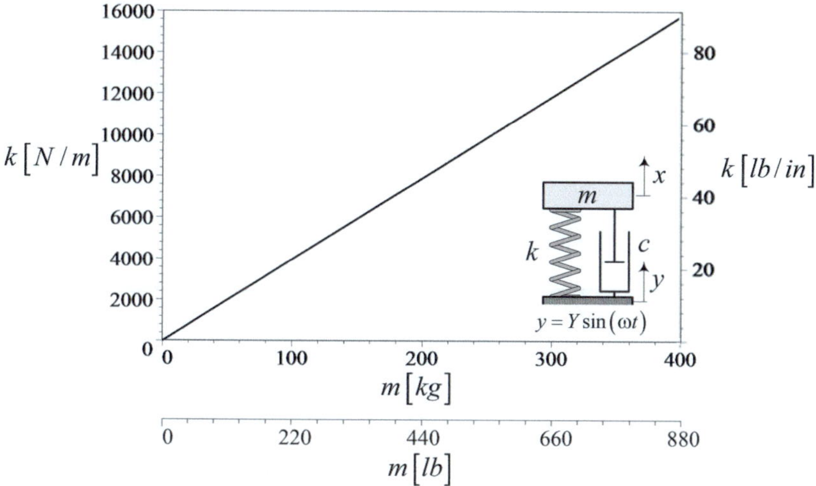

Abb. 13.16 Optimales k als Funktion von m für ein Auto mit $f_n = 1\,\text{Hz}$

Zum Beispiel sind das optimale k und das optimale c für ein Auto mit $m = 250\,\text{kg}$ *und* $f_n = 1\,\text{Hz}$ *wie folgt:*

$$k = 9869{,}6\,\text{N/m} \qquad c = 87{,}96\,\text{N s/m} \tag{13.122}$$

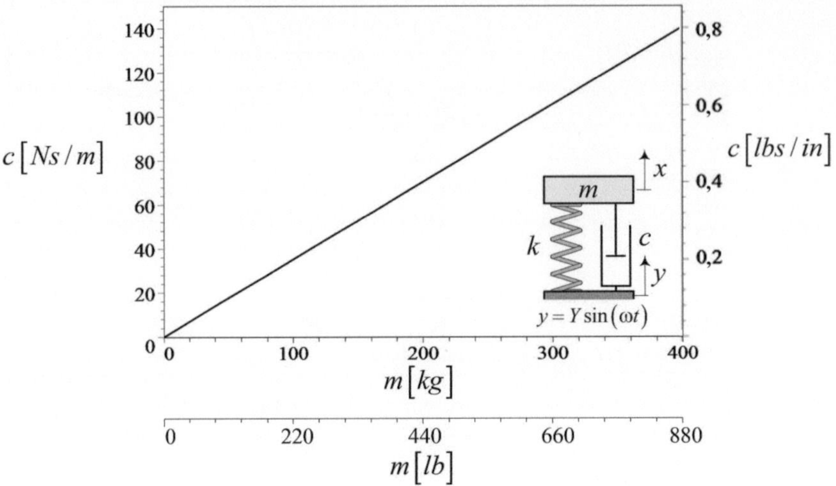

Abb. 13.17 Optimales c als Funktion von m für ein Auto mit $f_n = 1\,\text{Hz}$

Beispiel 530 *Grafische Darstellung optimaler Eigenschaften*

Um zu visualisieren, wie die optimalen Parameter relativ variieren, zeichnen wir sie in verschiedenen Koordinaten. Abb. 13.18 *veranschaulicht die optimale Kurve in der Ebene* $\left(S_{\ddot{X}}, S_Z\right)$*. Abb.* 13.19 *zeigt das optimale* f_n *und* ξ *im Verhältnis zu* S_Z*, und Abb.* 13.20 *zeigt das optimale* f_n *und* ξ *im Verhältnis zueinander. Das optimale* ξ *steigt leicht mit* f_n *für* $f_n \lesssim 10\,\text{Hz}$*, und es steigt schnell für* $f_n \gtrsim 10\,\text{Hz}$*. Daher gilt als allgemeine Regel, dass, wenn wir die Feder einer optimalen*

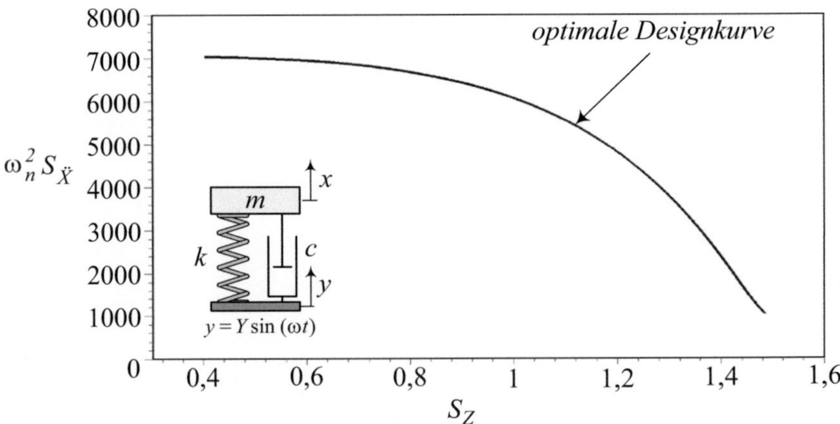

Abb. 13.18 Die optimale Designkurve in der Ebene $\left(S_{\ddot{X}}, S_Z\right)$

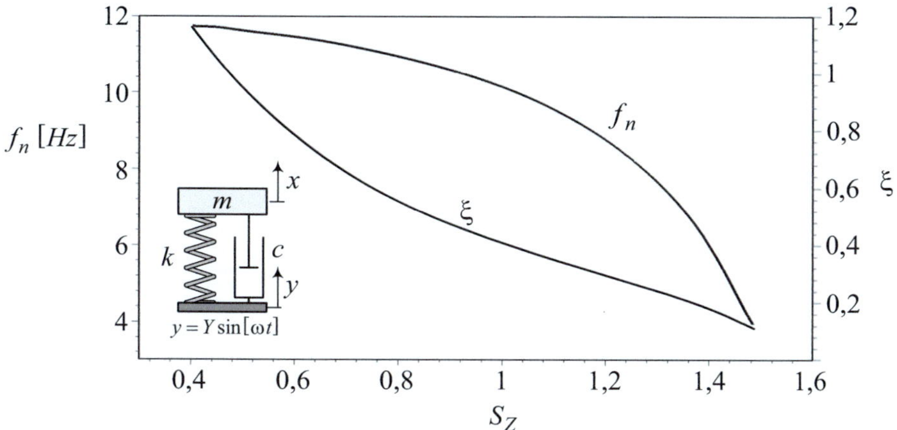

Abb. 13.19 Das optimale f_n und ξ im Verhältnis zu S_Z

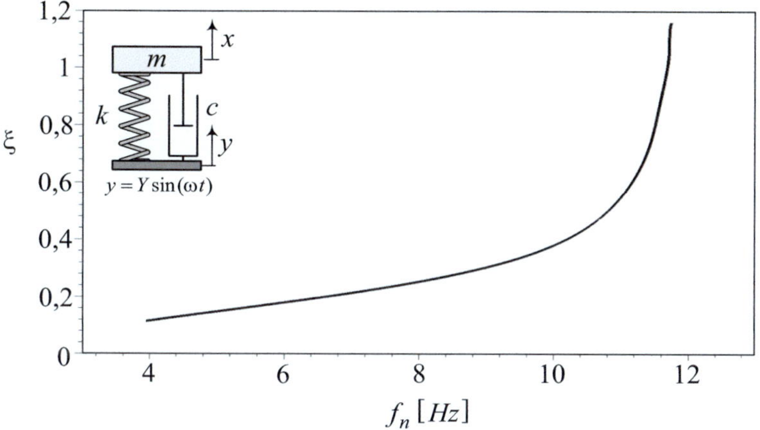

Abb. 13.20 Das optimale ξ im Verhältnis zum optimalen f_n

Federung durch eine härtere Feder ersetzen, der Dämpfer ebenfalls durch einen härteren ersetzt werden sollte.

Beispiel 531 *Untersuchung der Optimierung der Designkurve*

Um die optimale Designkurve zu untersuchen und praktische Wege zu vergleichen, eine Federung optimal zu gestalten, nehmen wir an, dass es eine Ausrüstung mit einer nicht optimalen Federung gibt, angezeigt durch Punkt P_1 in Abb. 13.21 mit:

$$f_n = 10\,\text{Hz} \qquad \xi = 0{,}15 \tag{13.123}$$

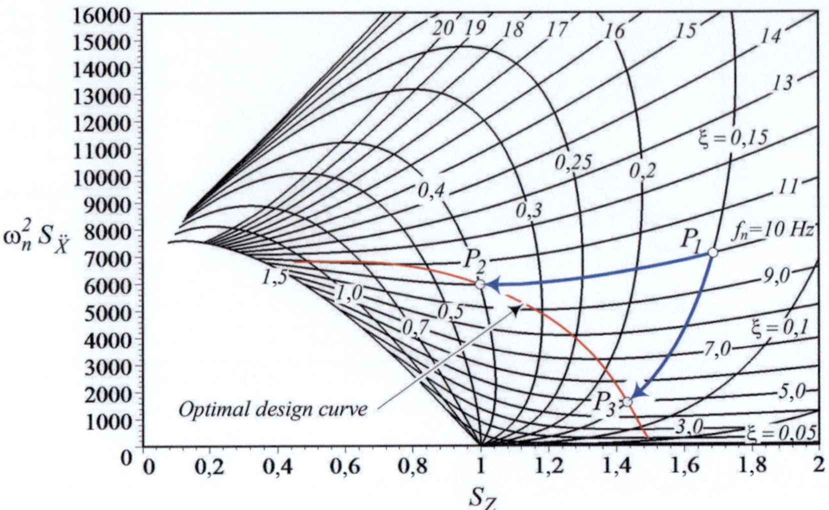

Abb. 13.21 Zwei alternative optimale Designs an den Punkten P_2 und P_3 für ein nicht optimales Design am Punkt P_1

Um die Federung praktisch zu optimieren, können wir die Steifigkeit konstant halten und den Dämpfer auf einen entsprechenden optimalen Wert ändern, oder die Dämpfung konstant halten und die Steifigkeit auf einen entsprechenden optimalen Wert ändern. Wenn es jedoch möglich ist, können wir sowohl die Steifigkeit als auch die Dämpfung auf einen Punkt auf der optimalen Kurve ändern, abhängig von den physischen Einschränkungen und Anforderungen.

Punkt P_2 in Abb. 13.21 *hat die gleiche f_n wie Punkt P_1 mit einem optimalen Dämpfungsverhältnis $\xi \approx 0{,}4$. Punkt P_3 in Abb.* 13.21 *hat das gleiche ξ wie Punkt P_1 mit einer optimalen Eigenfrequenz $f_n \approx 5\,\mathrm{Hz}$. Daher sind die Punkte P_2 und P_3 zwei alternative optimale Entwürfe für den nicht optimalen Punkt P_1.*

Abb. 13.22 *vergleicht die Beschleunigungsfrequenzantwort G_2 für die drei Punkte P_1, P_2 und P_3. Punkt P_3 hat die minimale Beschleunigungsfrequenzantwort. Abb.* 13.23 *zeigt die absolute Verschiebungsfrequenzantwort G_0, und Abb.* 13.24 *vergleicht die relative Verschiebungsfrequenzantwort S_2 für die Punkte P_1, P_2 und P_3. Diese Abbildungen zeigen, dass sowohl Punkt P_2 als auch P_3 eine bessere Federung als Punkt P_1 einführen. Federung P_2 hat ein höheres Beschleunigungsniveau, benötigt aber weniger relativen Federweg. Federung P_3 hat eine geringere Beschleunigung, benötigt jedoch mehr Platz für den Federweg.*

Beispiel 532 *Empfindlichkeit von $S_{\ddot{X}}$ in Bezug auf S_Z auf der optimalen Kurve*

Weil $S_{\ddot{X}}$ auf der optimalen Kurve minimal ist, ist die Empfindlichkeit des quadratischen Mittelwerts der Beschleunigung in Bezug auf den quadratischen Mittelwert der relativen Verschiebung an jedem Punkt auf der optimalen Kurve minimal.

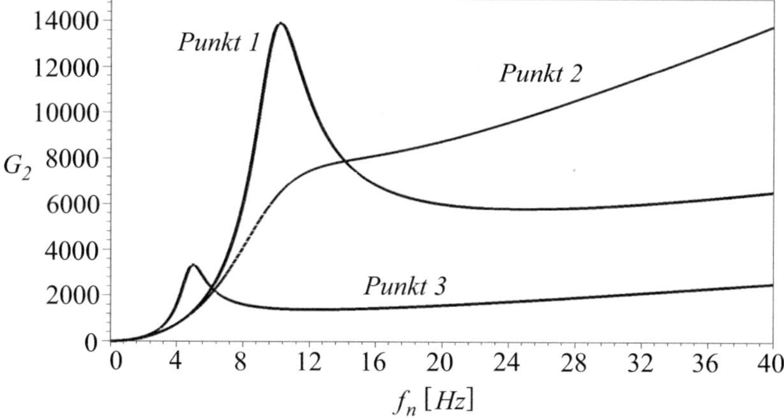

Abb. 13.22 Beschleunigungsfrequenzantwort G_2 für die Punkte P_1, P_2 und P_3 dargestellt in Abb. 13.21

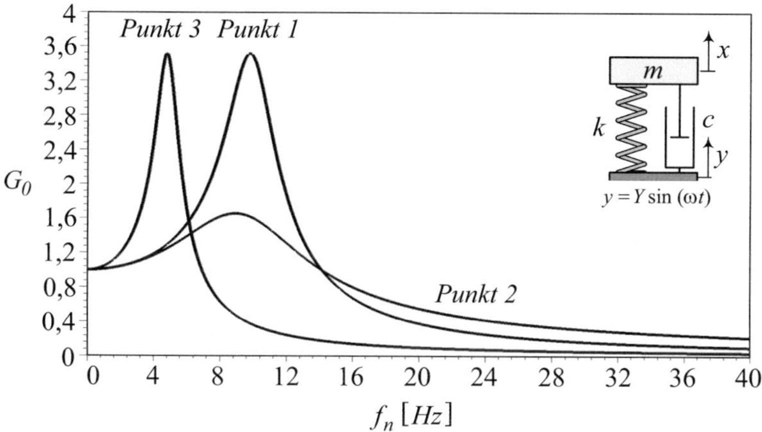

Abb. 13.23 Absolute Verschiebungsfrequenzantwort G_0 für die Punkte P_1, P_2 und P_3 dargestellt in Abb. 13.21

Daher hat eine optimale Federung die geringste Empfindlichkeit gegenüber Massenvariationen, die den verfügbaren Radweg ändern werden. Wenn eine Federung für einen Passagier optimiert ist, ist sie immer noch nahezu optimal, wenn sich die Anzahl der Passagiere ändert.

Beispiel 533 *Anwendung des Optimierungsdiagramms*

Wählen Sie einen gewünschten Wert für die relative Verschiebung als Bewegungsraum (oder einen gewünschten Wert für die maximale absolute

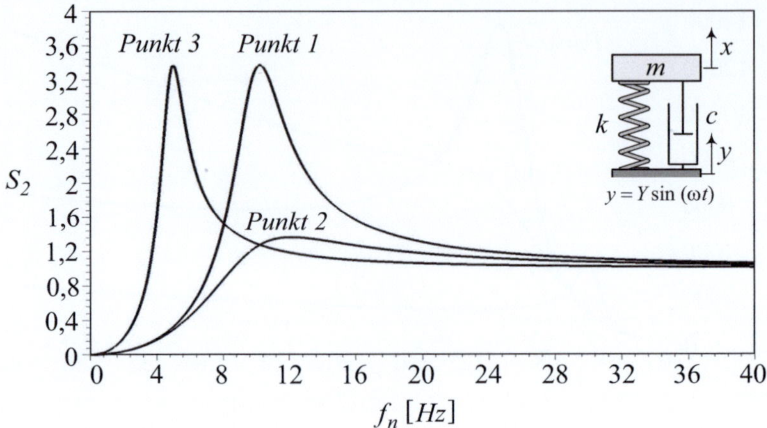

Abb. 13.24 Relative Verschiebungsfrequenzantwort S_2 für die Punkte P_1, P_2 und P_3 dargestellt in Abb. 13.21

Beschleunigung) und finden Sie die zugehörigen Werte für ω_n *und* ξ *am Schnittpunkt der zugehörigen vertikalen (oder horizontalen) Linie mit der optimalen Kurve.*

Beispiel 534 ⋆ *Dreidimensionale Ansicht der optimalen Kurve*

Abb. 13.25 *veranschaulicht eine 3D-Ansicht von* $S_{\ddot{X}}$ *für verschiedene* S_Z *und* f_n, *welche die optimale Kurve in 3D zeigt.*

Theoretisch können wir die Oberfläche durch

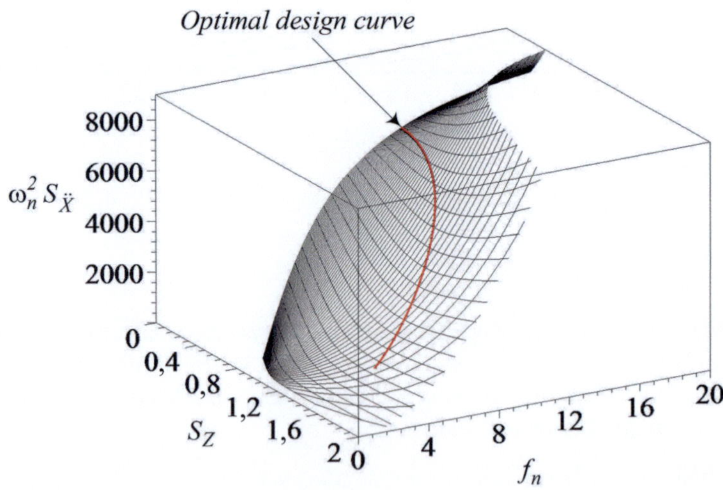

Abb. 13.25 Eine dreidimensionale Ansicht von $S_{\ddot{X}}$ für verschiedene S_Z und f_n, welche die optimale Kurve zeigt

$$S_{\ddot{X}} = S_{\ddot{X}}(S_Z, f_n) \tag{13.124}$$

darstellen, und daher kann die optimale Kurve durch die Bedingung

$$\nabla S_{\ddot{X}} \cdot \hat{u}_{S_Z} = 0 \tag{13.125}$$

dargestellt werden, wobei $\hat{u}_{S_Z}$ der Einheitsvektor entlang der S_Z -Achse ist und $\nabla S_{\ddot{X}}$ der Gradient der Oberfläche $S_{\ddot{X}}$.

Beispiel 535 ⋆ *Kompromiss bei der Federung und triviale Optimierung*

Die Reduzierung der absoluten Beschleunigung ist das Hauptziel bei der Optimierung von Federungen, da sie die auf die Karosserie übertragene Kraft darstellt. Ein Schwingungsisolator reduziert die absolute Beschleunigung durch Erhöhung der Auslenkung des Isolators. Die relative Auslenkung ist ein Maß für den Freiraum, der als **Arbeitsraum** *des Isolators bekannt ist. Der Freiraum sollte aufgrund von Sicherheit und den physischen Einschränkungen im mechanischen Design minimiert werden.*

Es besteht ein Kompromiss zwischen der Beschleunigung und der relativen Bewegung. Das Verhältnis von $\omega_n^4 S_{\ddot{X}}$ zu S_Z ist eine monoton steigende Funktion von ω_n und ξ. Das Konstanthalten von S_Z erhöht $\omega_n^4 S_{\ddot{X}}$ durch Erhöhung von ω_n und ξ. Das Konstanthalten von $\omega_n^4 S_{\ddot{X}}$ verringert jedoch S_Z durch Erhöhung von ω_n und ξ. Daher zweigen $\omega_n^4 S_{\ddot{X}}$ und S_Z entgegengesetzte Verhaltensweisen. Diese Verhaltensweisen zeigen, dass $\omega_n = 0$ und $\xi = 0$ die trivialen und nicht praktikablen Lösungen für die beste Isolation sind.

Beispiel 536 ⋆ *Diagramm für den quadratischen Mittelwert der absoluten Beschleunigung $RMS(G_2) = S_{\ddot{X}}$*

Abb. 13.26 *und* 13.27 *veranschaulichen das quadratische Mittel der absoluten Beschleunigung $RMS(G_2) = S_{\ddot{X}}$ grafisch. In Abb.* 13.26 *wird $S_{\ddot{X}}$ gegen ξ mit f_n als Parameter aufgetragen, und in Abb.* 13.27 *wird $S_{\ddot{X}}$ gegen f_n mit ξ als Parameter aufgetragen.*

Beispiel 537 ⋆ *Diagramm für den quadratischen Mittelwert der relativen Verschiebung $RMS(S_2) = S_Z$*

Abb. 13.28 *und* 13.29 *veranschaulichen das quadratische Mittel der relativen Verschiebung $RMS(S_2) = S_Z$. In Abb.* 13.28 *wird S_Z gegen ξ mit f_n als Parameter aufgetragen, und in Abb.* 13.29 *wird S_Z gegen f_n mit ξ als Parameter aufgetragen.*

Beispiel 538 ⋆ *$RMS(G_0) \equiv RMS(X/Y)$*

Der quadratische Mittelwert RMS der absoluten Verschiebung S_X benötigt das Integral von $G_0 \equiv (X/Y)^2$, das wie folgt bestimmt wird:

$$\int G_0 d\omega = \frac{Z_{16}}{Z_{17}\sqrt{Z_{18}}} \tan^{-1} \frac{\omega}{\sqrt{Z_{18}}} + \frac{Z_{19}}{Z_{20}\sqrt{Z_{21}}} \tan^{-1} \frac{\omega}{\sqrt{Z_{21}}} \tag{13.126}$$

$$Z_{16} = \omega_n^2 \left(-8\xi^6 + 8\xi^4 - \left(8\xi^4 - 4\xi^2 - 1\right)\xi \sqrt{1 - \xi^2} \right) \tag{13.127}$$

$$Z_{17} = -4\xi^2 \left(1 - \xi^2\right) \tag{13.128}$$

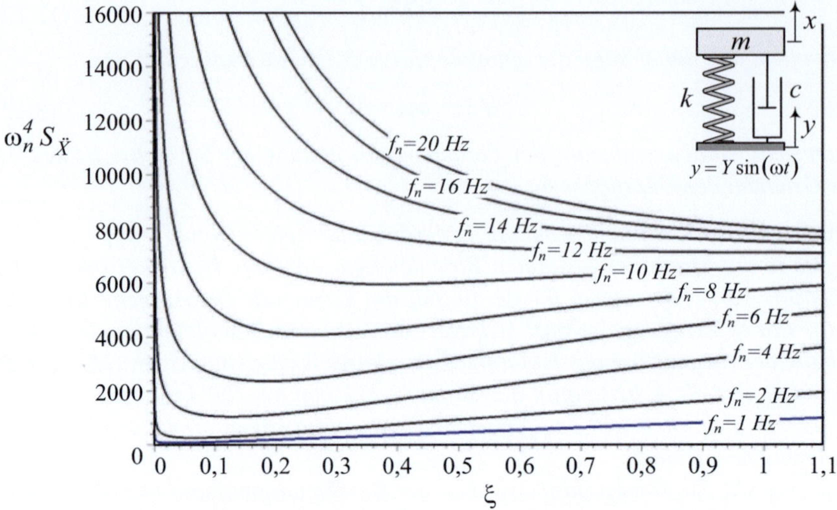

Abb. 13.26 Diagramm des quadratischen Mittels der absoluten Beschleunigung $RMS(S_3) = S_{\ddot{X}}$ gegen ξ mit f_n als Parameter

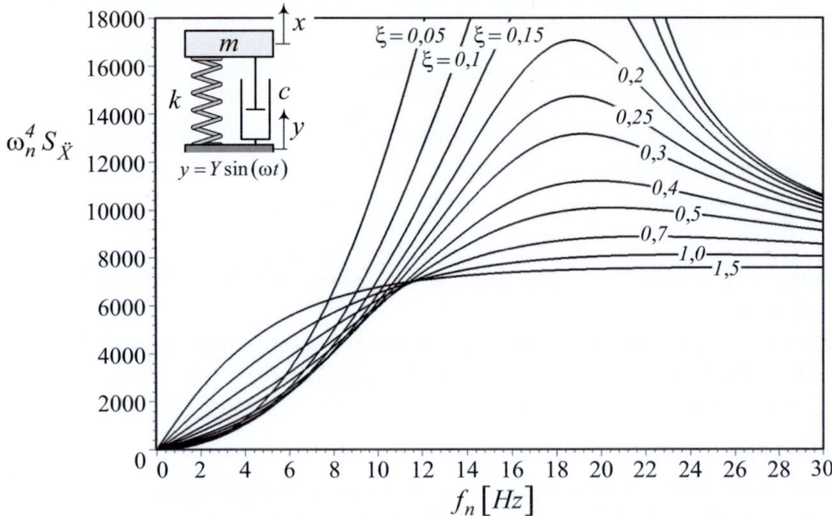

Abb. 13.27 Diagramm des quadratischen Mittels der absoluten Beschleunigung $RMS(S_3) = S_{\ddot{X}}$ gegen f_n mit ξ als Parameter

$$Z_{18} = \omega_n^2\left(1 - 2\xi^2 - 2\xi\sqrt{1-\xi^2}\right) \tag{13.129}$$

$$Z_{19} = \omega_n^2\left(8\xi^6 - 8\xi^4 - \left(8\xi^4 - 4\xi^2 - 1\right)\xi\sqrt{1-\xi^2}\right) \tag{13.130}$$

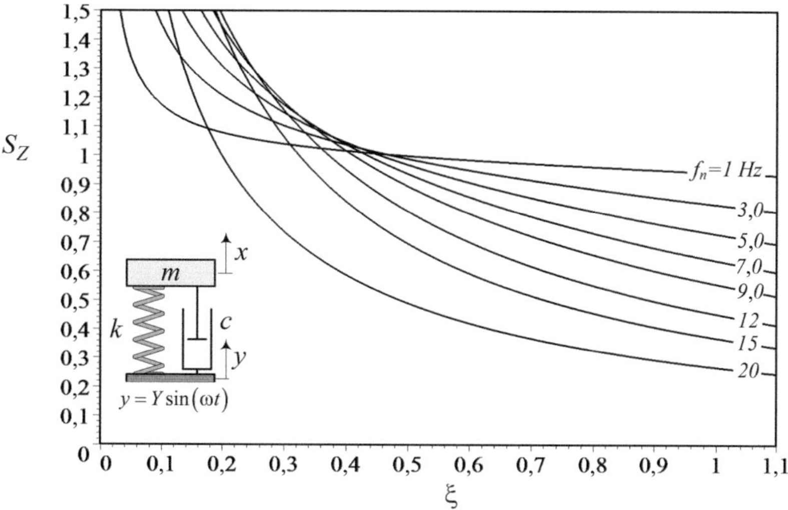

Abb. 13.28 Diagramm des quadratischen Mittels der relativen Verschiebung $\text{RMS}(S_2) = S_Z$ gegen ξ mit f_n als Parameter

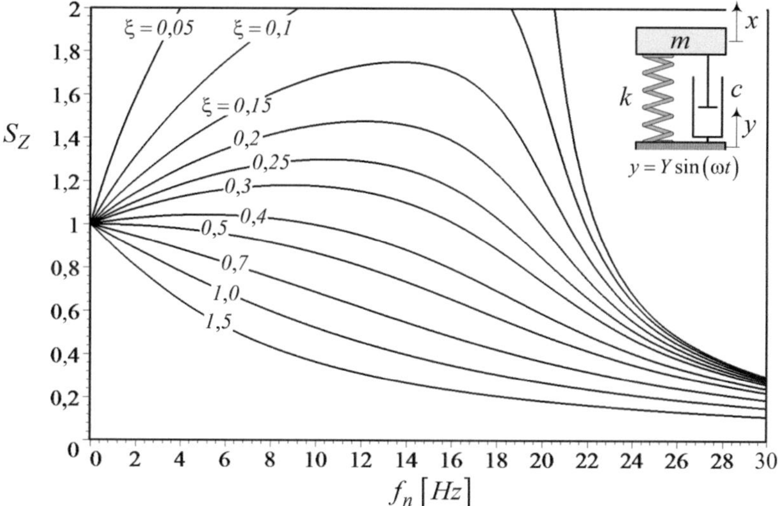

Abb. 13.29 Diagramm des quadratischen Mittels der relativen Verschiebung $\text{RMS}(S_2) = S_Z$ gegen f_n mit ξ als Parameter

$$Z_{20} = Z_{17} = -4\xi^2\left(1 - \xi^2\right) \tag{13.131}$$

$$Z_{21} = -\omega_n^2\left(1 - 2\xi^2 - 2\xi\sqrt{1 - \xi^2}\right) \tag{13.132}$$

Jetzt kann der RMS der absoluten Verschiebung S_X analytisch bestimmt werden. Die Abb. 13.30 *und* 13.31 *veranschaulichen das quadratische Mittel der relativen Verschiebung RMS(G_0) = S_X. In Abb.* 13.30 *ist S_X gegen ξ mit f_n als Parameter aufgetragen, und in Abb.* 13.31 *ist S_X gegen f_n mit ξ als Parameter aufgetragen.*

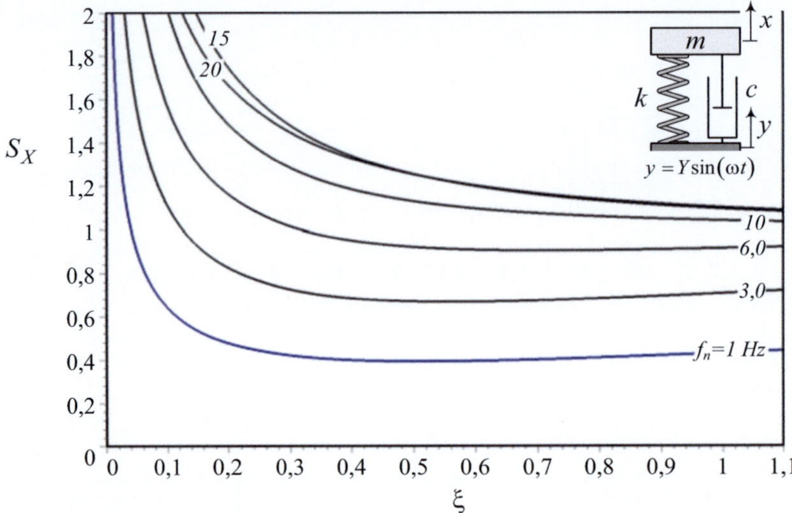

Abb. 13.30 Darstellung des quadratischen Mittels der absoluten Verschiebung RMS(S_1) = S_X gegen ξ mit f_n

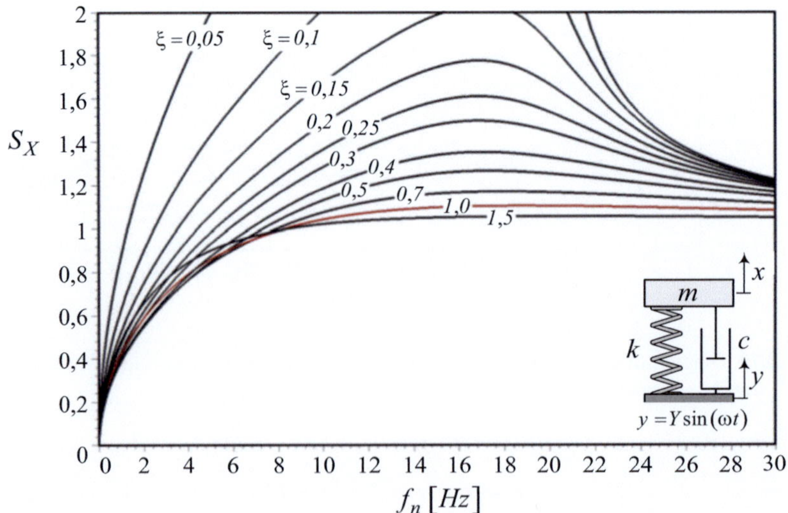

Abb. 13.31 Darstellung des quadratischen Mittels der absoluten Verschiebung RMS(S_1) = S_X gegen f_n mit ξ als Parameter

Beispiel 539 ⋆ *Alternative Optimierungsmethoden*

Es wurden abhängig von der Anwendung verschiedene Ansätze und Methoden zur Optimierung von Schwingungsisolatoren vorgeschlagen. Jedoch gibt es keine universell akzeptierte Methode, die auf jede Anwendung anwendbar ist. Jede Optimierungsstrategie kann in eine Minimierung einer Funktion umgewandelt werden, sie wird als ***Kostenfunktion*** *oder* ***Zielfunktion*** *bezeichnet. Erhebliche Aufmerksamkeit der Minimierung der absoluten Verschiebung gewidmet, die als* ***Hauptübertragbarkeit*** (engl. *main transmissibility) bekannt ist. Bei einem Schwingungsisolator kann die Kostenfunktion jedoch beliebige Zustandsvariablen wie absolute und relative Verschiebungen, Geschwindigkeiten, Beschleunigungen und Sprünge enthalten.*

Nebenbedingungen können den Bereich der akzeptablen Designparameter bestimmen, indem sie eine obere und untere Grenze für ω_n und ξ vorgeben. Bei der Fahrzeugaufhängung ist es im Allgemeinen wünschenswert, ω_n und ξ so auszuwählen, dass die absolute Beschleunigung des Systems minimiert und die relative Verschiebung nicht ein vorgegebenes Niveau überschreitet. Die gängigsten Optimierungsstrategien sind:

Minimax die absolute Beschleunigung $S_{\ddot{X}}$ für eine bestimmte relative Verschiebung S_{Z_0}. *Geben Sie die zulässige relative Verschiebung an und finden Sie dann das Minimax der absoluten Beschleunigung:*

$$\frac{\partial S_{\ddot{X}}}{\partial \omega_n} = 0 \qquad \frac{\partial S_{\ddot{X}}}{\partial \xi} = 0 \qquad S_Z = S_{Z_0} \tag{13.133}$$

Minimax die relative Verschiebung S_Z für eine bestimmte absolute Beschleunigung $S_{\ddot{X}_0}$. *Geben Sie die zulässige absolute Beschleunigung an und finden Sie dann das Minimax der relativen Verschiebung:*

$$\frac{\partial S_Z}{\partial \omega_n} = 0 \qquad \frac{\partial S_Z}{\partial \xi} = 0 \qquad S_{\ddot{X}} = S_{\ddot{X}_0} \tag{13.134}$$

Beispiel 540 ⋆ *Weitere Anwendung des Design-Diagramms*

Das Optimierungskriterium

$$\frac{\partial S_{\ddot{X}}}{\partial S_Z} = 0 \qquad \frac{\partial^2 S_{\ddot{X}}}{\partial S_Z^2} > 0 \tag{13.135}$$

basiert auf dem quadratischem Mittelwert von S_2 und G_2 über einen Arbeitsfrequenzbereich, in diesem Fall von null bis 20 Hz:

$$S_Z = \sqrt{\frac{1}{40\pi} \int_0^{40\pi} S_2^2 d\omega} \tag{13.136}$$

$$S_{\ddot{X}} = \sqrt{\frac{1}{40\pi} \int_0^{40\pi} G_2 d\omega} \tag{13.137}$$

Die optimale Designkurve ist die optimale Bedingung für die Aufhängung eines basisangeregten Systems unter Verwendung der relativen Verschiebung und absoluten Beschleunigung:

$$S_2 = \frac{Z_B}{Y} \qquad G_2 = \frac{\ddot{X}_B}{\omega_n^2 Y}$$

Weil aber gilt:

$$S_2 = \frac{\ddot{X}_F}{F/m} = \frac{Z_B}{Y} = \frac{X_E}{e\varepsilon_E} = \frac{Z_R}{e\varepsilon_R} \tag{13.138}$$

$$G_2 = \frac{\ddot{X}_B}{\omega_n^2 Y} = \frac{F_{T_B}}{kY} = \frac{F_{T_E}}{e\omega^2 m_e} = \frac{F_{T_R}}{e\omega^2 m_e}\left(1 + \frac{m_a}{m}\right) \tag{13.139}$$

kann die optimale Designkurve auch als Minimierungsbedingung für jede andere G_2-Funktion in Bezug auf jede andere S_2-Funktion ausgedrückt werden, wie zum Beispiel die übertragene Kraft auf die Basis $\frac{F_{T_E}}{e\omega^2 m_e}$ für ein exzentrisch angeregtes System $\frac{X_E}{e\varepsilon_E}$. Diese Minimierung entspricht der Optimierung einer Motorhalterung.

13.4 ⋆ Optimierung des Zeitverhaltens

Die Optimierung der instationären Antwort hängt von der Art der instationären Anregung sowie der Definition der Kostenfunktion ab. Abb. 13.32 zeigt ein Achtelautomodell und eine Verschiebung um einen Einheitsschritt:

$$y = \begin{cases} 1 & t > 0 \\ 0 & t \leq 0 \end{cases} \tag{13.140}$$

Wenn die instationäre Anregung eine Stufenfunktion ist und das Optimierungskriterium die Minimierung des Spitzenwerts der Beschleunigung gegenüber dem Spitzenwert der relativen Verschiebung ist, dann gibt es ein optimales $\xi^\star$ für jedes

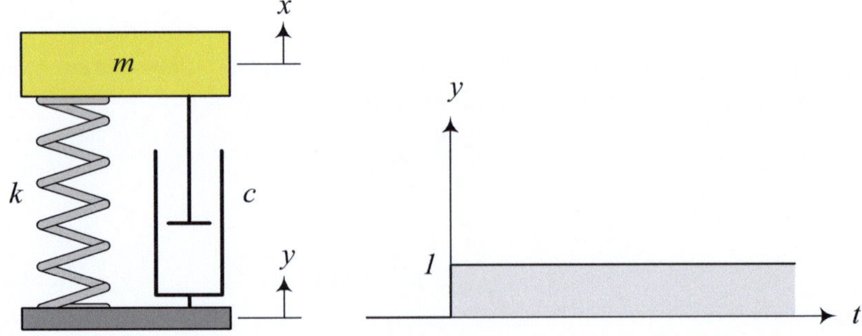

Abb. 13.32 Ein Achtelautomodell und eine Einheitsschrittverschiebung der Basisanregung

f_n, das das beste transiente Verhalten eines Achtelautomodells liefert. Dieses Verhalten wird in Abb. 13.33 gezeigt.

$$\xi^{\star} = 0{,}4 \tag{13.141}$$

Beweis. Die Bewegungsgleichung für das in Abb. 13.32 gezeigte, durch die Basis angeregte Ein-Freiheitsgrad-System ist:

$$\ddot{x} + 2\xi\omega_n\dot{x} + \omega_n^2 x = 2\xi\omega_n\dot{y} + \omega_n^2 y \tag{13.142}$$

Setzt man $y = 1$ in Gl. (13.142) ein, ergibt sich das folgende Anfangswertproblem zur Bestimmung der absoluten Auslenkung der Masse m:

$$\ddot{x} + 2\xi\omega_n\dot{x} + \omega_n^2 x = \omega_n^2 \tag{13.143}$$

$$y(0) = 0 \tag{13.144}$$

$$\dot{y}(0) = 0 \tag{13.145}$$

Die Lösung der Differentialgleichung mit Anfangsbedingungen Null ist:

$$x = 1 - \frac{1}{2}\frac{A}{ib}e^{-A\omega_n t} + \frac{1}{2}\frac{\overline{A}}{ib}e^{-\overline{A}\omega_n t} \tag{13.146}$$

wobei A und $\overline{A}$ zwei komplexe konjugierte Zahlen sind:

$$A = \xi + i\sqrt{1-\xi^2} \tag{13.147}$$

$$\overline{A} = \xi - i\sqrt{1-\xi^2} \tag{13.148}$$

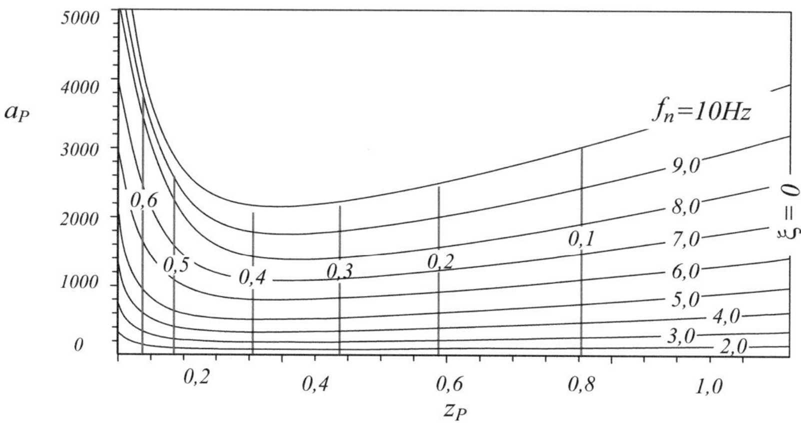

Abb. 13.33 Spitzenwert der Beschleunigung gegenüber Spitzenwert der relativen Verschiebung für verschiedene ξ und f_n

Mit x und $y = 1$ sind genug Informationen vorhanden, um die relative Verschiebung $z = x - y$ zu berechnen:

$$z = x - y = -\frac{1}{2}\frac{A}{ib}e^{-A\omega_n t} + \frac{1}{2}\frac{\overline{A}}{ib}e^{-\overline{A}\omega_n t} \tag{13.149}$$

Die absolute Geschwindigkeit und Beschleunigung der Masse m können aus der Gl. (13.146) ermittelt werden:

$$\dot{x} = \frac{1}{2}\frac{A^2\omega_n}{ib}e^{-A\omega_n t} - \frac{1}{2}\frac{\overline{A}^2\omega_n}{ib}e^{-\overline{A}\omega_n t} \tag{13.150}$$

$$\ddot{x} = -\frac{1}{2}\frac{A^3\omega_n^2}{ib}e^{-A\omega_n t} + \frac{1}{2}\frac{\overline{A}^3\omega_n^2}{ib}e^{-\overline{A}\omega_n t} \tag{13.151}$$

Der Spitzenwert der relativen Verschiebung ist:

$$z_P = \exp\left(\frac{\cos^{-1}\left(2\xi^2 - 1\right)}{\omega_n\sqrt{1 - \xi^2}}\right) \tag{13.152}$$

welcher auftritt, wenn $\dot{z} = 0$ zur Zeit t_1:

$$t_1 = \frac{-\xi\cos^{-1}\left(2\xi^2 - 1\right)}{\sqrt{1 - \xi^2}} \tag{13.153}$$

Der Spitzenwert der absoluten Beschleunigung ist:

$$a_P = \omega_n^2 \exp\left(-\xi\frac{2\cos^{-1}\left(2\xi^2 - 1\right) - \pi}{\sqrt{1 - \xi^2}}\right) \tag{13.154}$$

welcher am Anfang der Anregung $t = 0$ oder zum Zeitpunkt auftritt, wenn $\dddot{x} = 0$ zur Zeit t_2:

$$t_2 = \frac{2\cos^{-1}\left(2\xi^2 - 1\right) - \pi}{\omega_n\sqrt{1 - \xi^2}} \tag{13.155}$$

Abb. 13.33 ist ein Diagramm für a_P gegen z_P für verschiedene ξ und f_n. Das Minimum der Kurven tritt bei $\xi \approx 0{,}4$ für jede f_n auf. Das optimale ξ kann analytisch gefunden werden, indem man den Punkt des Minimums von a_P gegen z_P findet. Das optimale ξ ist die Lösung der transzendentalen Gleichung

$$2\xi\cos^{-1}\left(2\xi^2 - 1\right) - \pi - 4\xi\sqrt{1 - \xi^2} = 0 \tag{13.156}$$

welches $\xi \approx 0{,}4$ ist. Der minimale Spitzenwert der absoluten Beschleunigung in Bezug auf die relative Verschiebung ist unabhängig vom Wert der Eigenfrequenz f_n. ■

Beispiel 541 ⋆ *Optimale Designkurve und Zeitverhalten*

Um die instationäre Antwort von Aufhängungen auf der optimalen Designkurve zu untersuchen, vergleichen wir eine basisangeregte Vorrichtung mit einer nicht optimalen Aufhängung am Punkt P_1, mit optimalen Aufhängungen an den Punkten P_2 und P_3 in Abb. 13.21. *Punkt P_1 befindet sich bei:*

$$f_n \approx 10\,\mathrm{Hz} \qquad \xi \approx 0{,}15 \tag{13.157}$$

Die Punkte P_2 und P_3 sind zwei alternative Optimierungen für Punkt P_1. Punkt P_2 hat $\xi \approx 0{,}4$ mit der gleichen Eigenfrequenz wie P_1 und Punkt P_2 hat $f_n \approx 5\,\mathrm{Hz}$ mit der gleichen Dämpfung wie Punkt P_1.

Abb. 13.34 *zeigt ein basisangeregtes Ein-Freiheitsgrad-System und einen Sinusquadrat-Bodenwellen-Eingang.*

$$y = \begin{cases} d_2 \sin^2 \dfrac{2\pi v}{d_1} t & 0 < t < 0{,}1 \\ 0 & t \leq 0, t \geq 0{,}1 \end{cases} \tag{13.158}$$

$$d_1 = 1\,\mathrm{m} \qquad d_2 = 0{,}05\,\mathrm{m} \tag{13.159}$$

$$v = 10\,\mathrm{m/\,s} \tag{13.160}$$

Die absoluten und relativen Verschiebungszeitverhalten des Systems an den Punkten 1, 2 und 3 sind in den Abb. 13.35 *und* 13.36 *dargestellt. Die absolute Beschleunigung von m ist in Abb.* 13.37 dargestellt.

System 3 hat einen niedrigeren relativen Verschiebungsspitzenwert und einen niedrigeren absoluten Beschleunigungsspitzenwert, benötigt aber mehr Zeit zum Abklingen.

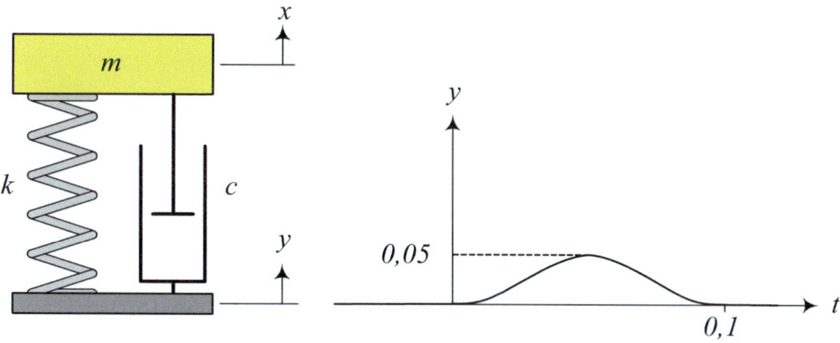

Abb. 13.34 Ein basisangeregtes Ein-Freiheitsgrad-System und ein Sinusquadrat-Bodenwellen-Eingang

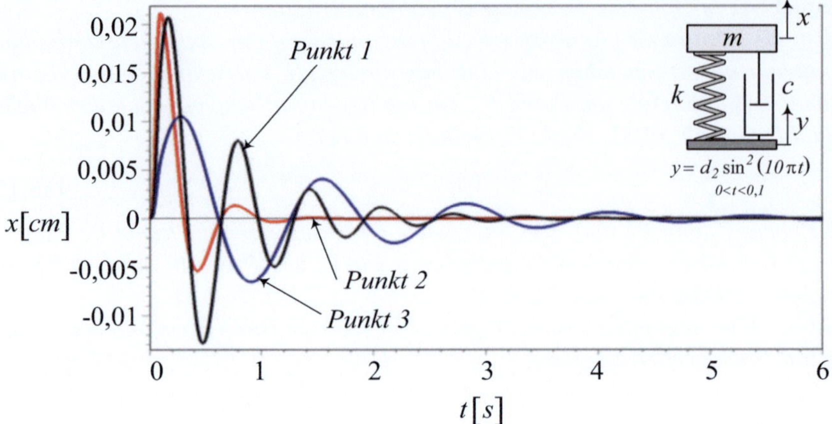

Abb. 13.35 Absolute Verschiebungszeitverhalten des Systems für drei verschiedene Aufhängungen

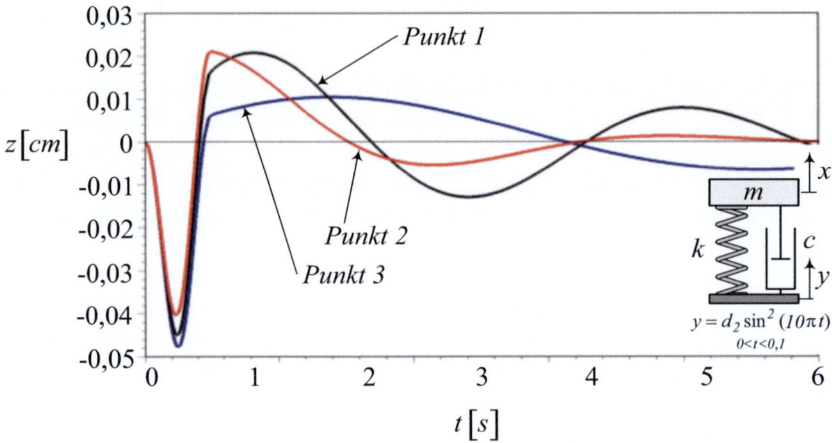

Abb. 13.36 Relative Verschiebungszeitverhalten des Systems für drei verschiedene Aufhängungen

13.5 ⋆ RMS-Optimierung des Viertelautomodells

Abb. 13.38 ist ein Design-Diagramm für optimale Federungseinstellungen eines durch die Basis angeregten Zwei-Freiheitsgrade-Systems, wie es in Abb. 12.22 dargestellt ist. Die horizontale Achse ist das quadratische Mittel der relativen Verschiebung $S_\eta = RMS(\eta)$, und die vertikale Achse ist das quadratische Mittel der absoluten Beschleunigung $S_u = RMS(u)$.

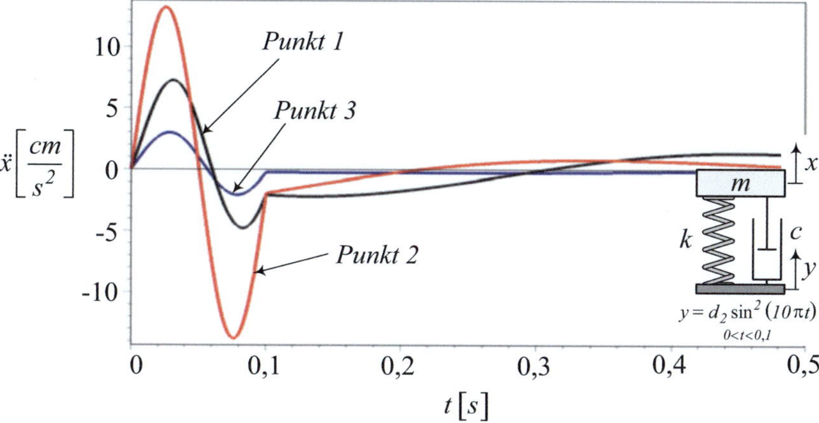

Abb. 13.37 Absolute Beschleunigungszeitverhalten des Systems für drei verschiedene Aufhängungen

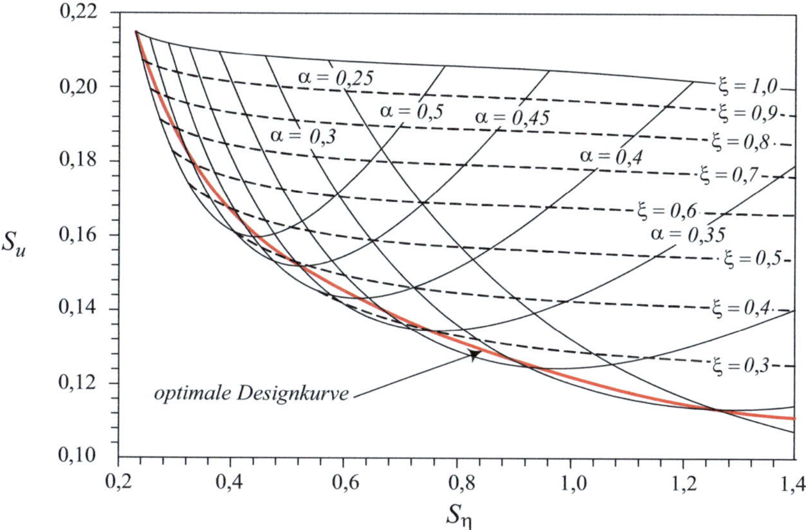

Abb. 13.38 Quadratisches Mittel der absoluten Beschleunigung $S_u = RMS(u)$ gegen das quadratische Mittel der relativen Verschiebung $S_\eta = RMS(\eta)$, für ein Viertelautomodell und die optimale Kurve

Es gibt zwei Kurvensätze, die ein Netz bilden. Der erste Satz, der am rechten Ende fast parallel verläuft, sind konstante Dämpfungsverhältnisse ξ, und der zweite Satz ist das konstante Verhältnis der Eigenfrequenz α. Es gibt eine Kurve, die als *optimale Designkurve* bezeichnet wird, die die optimalen Hauptfederungsparameter anzeigt.

Die optimale Designkurve ist das Ergebnis der RMS-Optimierungsstrategie

$$\textit{Minimimiere } S_{\ddot{X}} \textit{ in Bezug auf } S_Z \tag{13.161}$$

die besagt, dass die minimale absolute Beschleunigung in Bezug auf die relative Verschiebung, sofern vorhanden, die Federung eines Viertelautos optimal macht. Mathematisch entspricht dies dem folgenden Minimierungsproblem:

$$\frac{\partial S_u}{\partial S_\eta} = 0 \tag{13.162}$$

$$\frac{\partial^2 S_u}{\partial S_\eta^2} > 0 \tag{13.163}$$

Um die Designkurve zu verwenden und die optimale Steifigkeit k_s und Dämpfung c_s für die Hauptfederung des Systems zu bestimmen, beginnen wir mit einem Schätzwert für S_η auf der horizontalen Achse und zeichnen eine vertikale Linie, um die optimale Kurve zu treffen. Der Schnittpunkt gibt die optimalen Werte für α und ξ für das S_η an.

Abb. 13.39 veranschaulicht eine Beispielanwendung für $S_\eta = 0{,}75$, was $\xi \approx 0{,}3$ und $\alpha \approx 0{,}35$ für optimale Federung anzeigt. Mit α und ξ wird der optimale Wert von k_s und c_s bestimmt:

$$k_s = \alpha^2 \frac{m_s}{m_u} k_u \tag{13.164}$$

$$c_s = 2\xi \sqrt{k_s m_s} \tag{13.165}$$

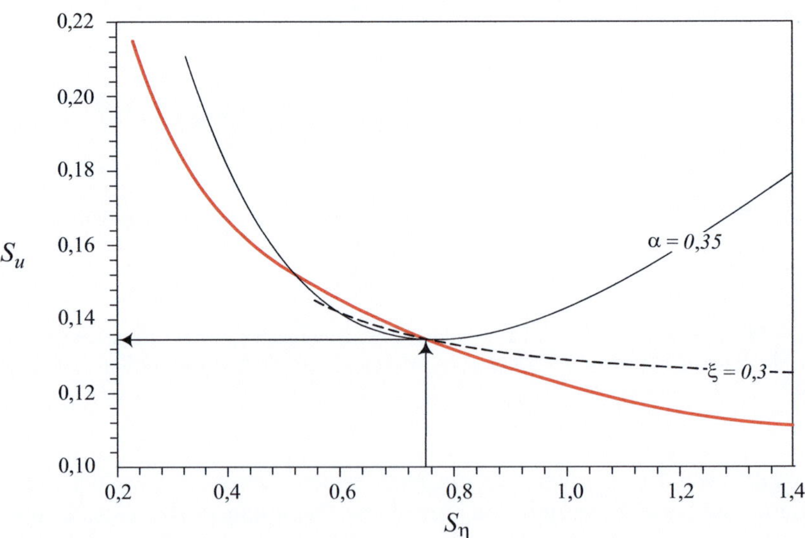

Abb. 13.39 Anwendung des Design-Diagramms für $S_\eta = 1$, das die optimalen Werte $\xi \approx 0{,}3$ und $\alpha \approx 0{,}35$ anzeigt

Beweis. Der quadratische Mittelwert einer kontinuierlichen Funktion $g(\alpha,\xi,\varepsilon,\omega)$ wird definiert durch:

$$RMS(g) = \sqrt{\frac{1}{\omega_2 - \omega_1}\int_{\omega_1}^{\omega_2} g^2(\alpha,\xi,\varepsilon,\omega)d\omega} \tag{13.166}$$

wobei $\omega_2 \leq \omega \leq \omega_1$ als *Arbeitsfrequenzbereich* bezeichnet wird. Betrachten wir einen Arbeitsbereich für die Anregungsfrequenz $0 \leq f\left(=\frac{\omega}{2\pi}\right) \leq 20\,\text{Hz}$, der fast alle Bodenfahrzeuge, insbesondere Pkws umfasst, und zeigen den quadratischen Mittelwert von η und u durch:

$$S_\eta = RMS(\eta) \tag{13.167}$$

$$S_u = RMS(u) \tag{13.168}$$

wobei:

$$\eta = \left|\frac{Z}{Y}\right| \qquad u = \left|\frac{\ddot{X}_s}{Y\omega_u^2}\right| = r^2\alpha^2\mu \qquad \mu = \left|\frac{X_s}{Y}\right| \tag{13.169}$$

$$\mu^2 = \frac{4\xi^2 r^2 + 1}{Z_1^2 + Z_2^2} \qquad \eta^2 = \frac{r^4}{Z_1^2 + Z_2^2} \tag{13.170}$$

$$Z_1 = \left[r^2\left(r^2\alpha^2 - 1\right) + \left(1 - (1+\varepsilon)r^2\alpha^2\right)\right] \tag{13.171}$$

$$Z_2 = 2\xi r\left(1 - (1+\varepsilon)r^2\alpha^2\right) \tag{13.172}$$

$$\varepsilon = \frac{m_s}{m_u} \qquad \omega_s = \sqrt{\frac{k_s}{m_s}} \qquad \omega_u = \sqrt{\frac{k_u}{m_u}} \tag{13.173}$$

$$\alpha = \frac{\omega_s}{\omega_u} \qquad r = \frac{\omega}{\omega_s} \qquad \xi = \frac{c_s}{2m_s\omega_s} \tag{13.174}$$

wie in (12.303)–(12.318) berechnet. In der angewandten Fahrzeugdynamik messen wir Frequenzen in [Hz], statt in [rad/ s], wir führen Entwurfsberechnungen auf der Basis von Kreisfrequenzen f und f_n in [Hz] durch, und wir führen analytische Berechnungen auf der Basis von Winkelfrequenzen ω und ω_n in [rad/ s] durch.
Um S_η und S_u über den Arbeitsfrequenzbereich zu berechnen:

$$S_\eta = \sqrt{\frac{1}{40\pi}\int_0^{40\pi} \eta^2 dr} \tag{13.175}$$

$$S_u = \sqrt{\frac{1}{40\pi}\int_0^{40\pi} u^2 dr} = \alpha^2\sqrt{\frac{1}{40\pi}\int_0^{40\pi} r^2\mu^2 dr} \tag{13.176}$$

bestimmen wir zuerst die Integrale von η^2 und u^2:

$$\int u^2 dr = \frac{1}{2Z_6}\left(\frac{1}{Z_1} + Z_1 Z_5\right) \ln\left(\frac{r - Z_1}{r + Z_1}\right) + \frac{1}{2Z_7}\left(\frac{1}{Z_2} + Z_2 Z_5\right) \ln\left(\frac{r - Z_2}{r + Z_2}\right) + \frac{1}{2Z_8}\left(\frac{1}{Z_3} + Z_3 Z_5\right) \ln\left(\frac{r - Z_3}{r + Z_3}\right) + \frac{1}{2Z_9}\left(\frac{1}{Z_4} + Z_4 Z_5\right) \ln\left(\frac{r - Z_4}{r + Z_4}\right) \tag{13.177}$$

$$\int \eta^2 dr = \frac{Z_1^3}{2Z_6} \ln\left(\frac{r - Z_1}{r + Z_1}\right) + + \frac{Z_2^3}{2Z_7} \ln\left(\frac{r - Z_2}{r + Z_2}\right) + \frac{Z_3^3}{2Z_8} \ln\left(\frac{r - Z_3}{r + Z_3}\right) + \frac{Z_4^3}{2Z_9} \ln\left(\frac{r - Z_4}{r + Z_4}\right) \tag{13.178}$$

Die Parameter Z_1 bis Z_9 sind:

$$Z_1 = \frac{1}{2}\frac{-Z_{19} + \sqrt{Z_{23}}}{Z_{19}} \frac{1}{4}\frac{Z_{15}}{Z_{14}} \tag{13.179}$$

$$Z_2 = \frac{1}{2}\frac{-Z_{19} - \sqrt{Z_{23}}}{Z_{19}} \frac{1}{4}\frac{Z_{15}}{Z_{14}} \tag{13.180}$$

$$Z_3 = \frac{1}{2}\frac{-Z_{19} + \sqrt{Z_{24}}}{Z_{19}} \frac{1}{4}\frac{Z_{15}}{Z_{14}} \tag{13.181}$$

$$Z_4 = \frac{1}{2}\frac{-Z_{19} - \sqrt{Z_{24}}}{Z_{19}} \frac{1}{4}\frac{Z_{15}}{Z_{14}} \tag{13.182}$$

$$Z_5 = 4\xi^2 \tag{13.183}$$

$$Z_6 = \left(Z_1^2 - Z_2^2\right)\left(Z_1^2 - Z_3^2\right)\left(Z_1^2 - Z_4^2\right) \tag{13.184}$$

$$Z_7 = \left(Z_2^2 - Z_3^2\right)\left(Z_2^2 - Z_3^2\right)\left(Z_2^2 - Z_1^2\right) \tag{13.185}$$

$$Z_8 = \left(Z_3^2 - Z_4^2\right)\left(Z_3^2 - Z_1^2\right)\left(Z_3^2 - Z_2^2\right) \tag{13.186}$$

$$Z_9 = \left(Z_4^2 - Z_1^2\right)\left(Z_4^2 - Z_2^2\right)\left(Z_4^2 - Z_3^2\right) \tag{13.187}$$

$$Z_{10} = \frac{1}{6}\sqrt[3]{Z_{20}} + \frac{8Z_{13} + \frac{2}{3}Z_{11}^2}{\sqrt[3]{Z_{20}}} + \frac{1}{3}Z_{11} \tag{13.188}$$

$$Z_{11} = \frac{8Z_{16}Z_{14} - 3Z_{15}^3}{8Z_{14}^3} \tag{13.189}$$

$$Z_{12} = -\frac{4Z_{16}Z_{14}Z_{15} - Z_{15}^3 - 8Z_{14}^2 Z_{17}}{8Z_{14}^3} \tag{13.190}$$

$$Z_{13} = \frac{-64Z_{14}^2 Z_{17} Z_{15} + 256Z_{14}^3 Z_{18} + 16Z_{14} Z_{15}^2 Z_{16} - 3Z_{15}^4}{256Z_{14}^4} \tag{13.191}$$

$$Z_{14} = \alpha^4 \tag{13.192}$$

$$Z_{15} = -2\alpha^4(1+\varepsilon) - 2\alpha^2 + 4(1+\varepsilon)^2\alpha^4\xi^2 \tag{13.193}$$

$$Z_{16} = -8\alpha^2\xi^2(1+\varepsilon) + (1+\varepsilon)^2\alpha^4 - 2\alpha^2(2+\varepsilon) + 1 \tag{13.194}$$

$$Z_{17} = 4\xi^2 - 2\alpha^2(1+\varepsilon) - 2 \tag{13.195}$$

$$Z_{18} = 1 \tag{13.196}$$

$$Z_{19} = Z_{10} - Z_{11} \tag{13.197}$$

$$Z_{20} = Z_{21} + 12\sqrt{Z_{22}} \tag{13.198}$$

$$Z_{21} = -288Z_{11}Z_{13} + 108Z_{12}^2 + 8Z_{11}^3 \tag{13.199}$$

$$\begin{aligned} Z_{22} = & -768Z_{13}^3 + 384Z_{11}^2 Z_{13}^2 - 48Z_{13}Z_{11}^4 \\ & - 432Z_{11}Z_{12}^2 Z_{13} + 81Z_{12}^4 + 12Z_{11}^3 Z_{12}^2 \end{aligned} \tag{13.200}$$

$$Z_{23} = Z_{19}(Z_{11} - Z_{10}) - 2Z_{12}Z_{19}^{3/2} \tag{13.201}$$

$$Z_{24} = Z_{19}(Z_{11} + Z_{10}) + 2Z_{12}Z_{19}^{3/2} \tag{13.202}$$

Jetzt können die erforderlichen quadratischen Mittelwerte S_η und S_u über den Frequenzbereich $0<f<20\,\text{Hz}$ analytisch aus den Gln. (13.175) und (13.176) berechnet werden.

Die Gln. (13.175) und (13.176) zeigen, dass sowohl S_η als auch S_u Funktionen von nur drei Variablen sind: ε, α und ξ:

$$S_\eta = S_\eta(\varepsilon, \alpha, \xi) \tag{13.203}$$

$$S_u = S_u(\varepsilon, \alpha, \xi) \tag{13.204}$$

In der angewandten Fahrzeugdynamik ist ε normalerweise ein fester Parameter, daher bestimmt jedes Paar von Entwurfsparametern (α, ξ) S_η und S_u eindeutig. Lassen Sie uns

$$\varepsilon = 3 \tag{13.205}$$

festlegen.

Mit den Gln. (13.175) und (13.176) können wir Abb. 13.40 erstellen, um zu veranschaulichen, wie sich S_u in Bezug auf S_η verhält, wenn α und ξ variieren. Wenn α konstant gehalten und ξ variiert wird, ist es möglich, S_u in Bezug auf S_η zu

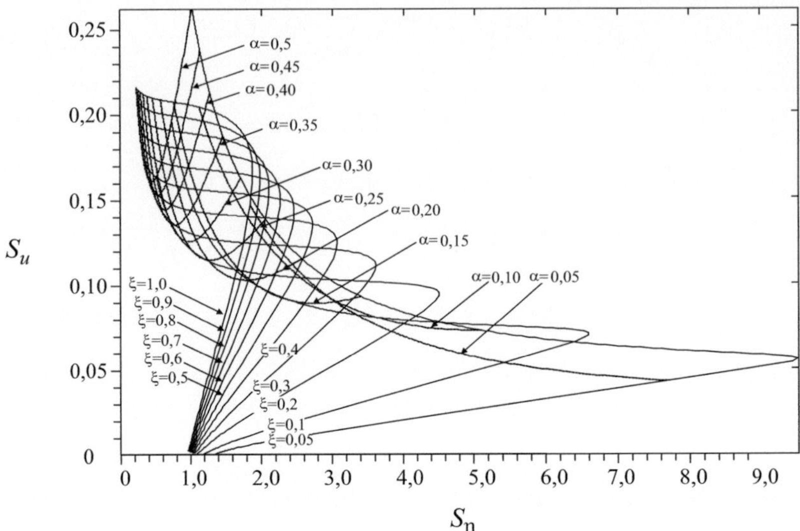

Abb. 13.40 Quadratischer Mittelwert der absoluten Beschleunigung $S_u = RMS(u)$ gegen das quadratische Mittel der relativen Verschiebung $S_\eta = RMS(\eta)$, für ein Viertelautomodell

minimieren. Die Punkte der Minima ergeben die optimale Kurve und bestimmen das beste α und ξ. Die optimale Designkurve wird verwendet, um einen Wert für S_η oder S_u zu schätzen und den zugehörigen Punkt auf der Designkurve zu finden. Eine vergrößerte Darstellung ist in Abb. 13.38 zu sehen.

Die horizontale Achse ist das quadratische Mittel der relativen Verschiebung $S_\eta = RMS(\eta)$, und die vertikale Achse ist das quadratische Mittel der absoluten Beschleunigung $S_u = RMS(u)$. Die optimale Kurve zeigt, dass eine weichere Federung die Karosseriebeschleunigung verringert, jedoch einen großen Raum für relative Verschiebungen erfordert. Aufgrund von physischen Einschränkungen ist der Radweg begrenzt und daher müssen wir die Federung so gestalten, dass der verfügbare Federweg genutzt und die Karosseriebeschleunigung so gering wie möglich gehalten wird. Mathematisch entspricht dies (13.162) und (13.163). ■

Beispiel 542 *Untersuchung des optimalen Viertelautomodells*

Um die optimale Designkurve zu untersuchen und praktische Wege zu vergleichen, um eine Federung optimal zu gestalten, gehen wir davon aus, dass es ein Viertelauto mit einer nicht optimalen Federung gibt, angezeigt durch Punkt P_1 *in Abb.* 13.41, *mit*:

$$\varepsilon = 3 \qquad \alpha = 0{,}35 \qquad \xi = 0{,}4 \tag{13.206}$$

Um die Federung praktisch zu optimieren, können wir die Steifigkeit konstant halten und den Dämpfer auf einen entsprechenden optimalen Wert ändern, oder die Dämpfung konstant halten und die Steifigkeit auf einen entsprechenden optimalen

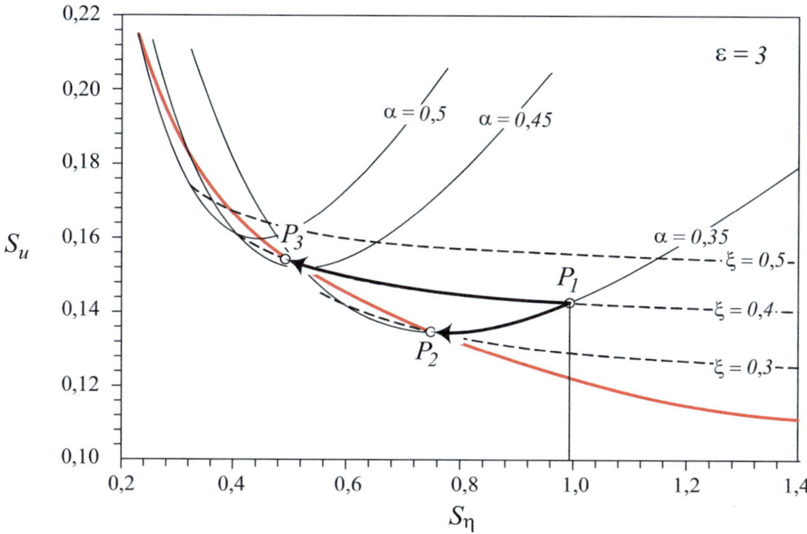

Abb. 13.41 Zwei optimale Designs an den Punkten P_2 und P_3 für ein nicht optimales Design für ein Viertelauto am Punkt P_1

Wert ändern. Wenn jedoch möglich, können wir sowohl Steifigkeit als auch Dämpfung auf einen Punkt auf der optimalen Kurve ändern, abhängig von den physischen Einschränkungen und Anforderungen.

Punkt P_2 in Abb. 13.41 *hat das gleiche α wie Punkt P_1 mit einem optimalen Dämpfungsverhältnis $\xi \approx 0{,}3$. Punkt P_3 in Abb.* 13.41 *hat das gleiche ξ wie Punkt P_1 mit einem optimalen Eigenfrequenzverhältnis $\alpha \approx 0{,}452$. Daher sind die Punkte P_2 und P_3 zwei alternative optimale Designs für den nicht optimalen Punkt P_1.*

Abb. 13.42 *vergleicht die Beschleunigungsfrequenzantwort* log *u für die drei Punkte P_1, P_2 und P_3. Punkt P_3 hat die minimale Beschleunigungsfrequenzantwort. Abb.* 13.43 *zeigt die absolute Verschiebungsfrequenzantwort* log μ *und Abb.* 13.44 *vergleicht die relative Verschiebungsfrequenzantwort* log η *für die drei Punkte P_1, P_2, P_3. Diese Abbildungen zeigen, dass sowohl Punkt P_2 als auch P_3 eine bessere Federung als Punkt P_1 einführen. Federung P_2 hat ein höheres Beschleunigungsniveau, benötigt aber weniger relativen Federweg als Federung P_3. Federung P_3 hat ein niedrigeres Beschleunigungsniveau, benötigt aber mehr Raum für den Federweg als Federung P_2.*

Beispiel 543 *Optimierung eines suboptimalen Viertelautos*

Eine alternative Methode zur Optimierung einer suboptimalen Federung besteht darin, den quadratischen Mittelwert der relativen Verschiebung S_η oder der absoluten Beschleunigung S_u konstant zu halten und den zugehörigen Punkt auf der optimalen Designkurve zu finden. Abb. 13.45 *zeigt zwei alternative optimale Designs, Punkte P_2 und P_3, für ein suboptimales Design am Punkt P_1.*

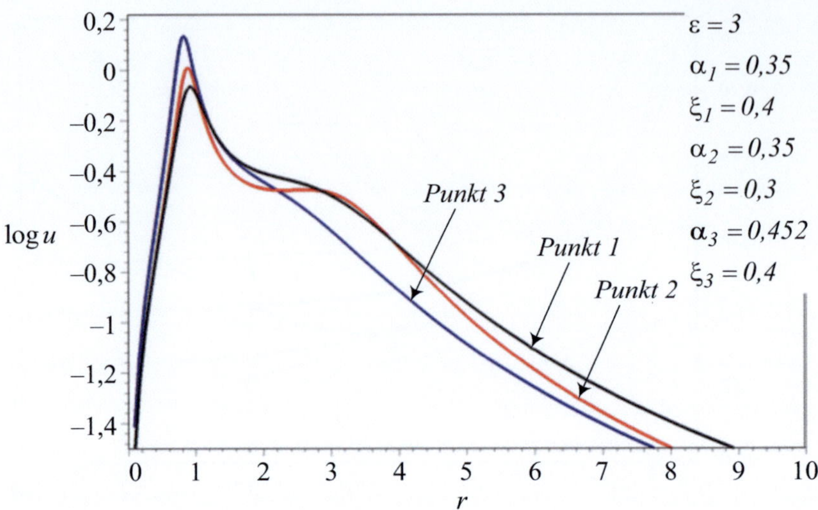

Abb. 13.42 Absolute Verschiebungsfrequenzantwort μ für Punkte P_1, P_2 und P_3 gezeigt in Abb. 13.41

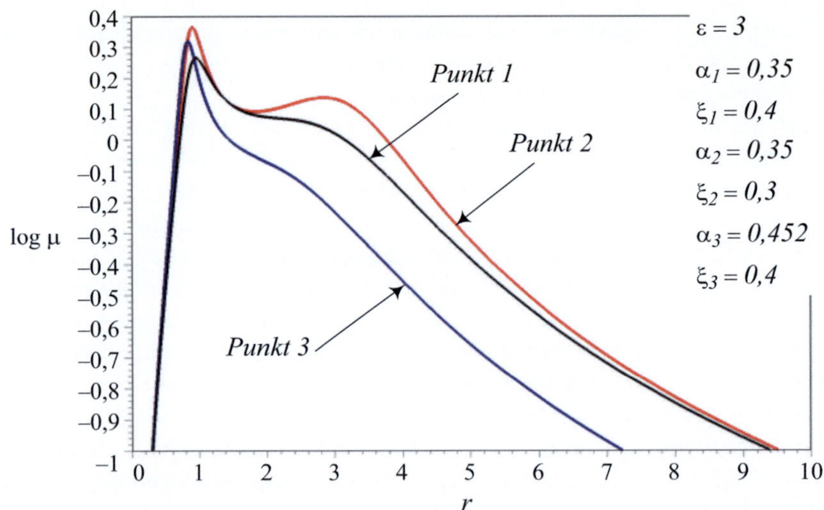

Abb. 13.43 Relative Verschiebungsfrequenzantwort η für Punkte P_1, P_2 und P_3 gezeigt in Abb. 13.41

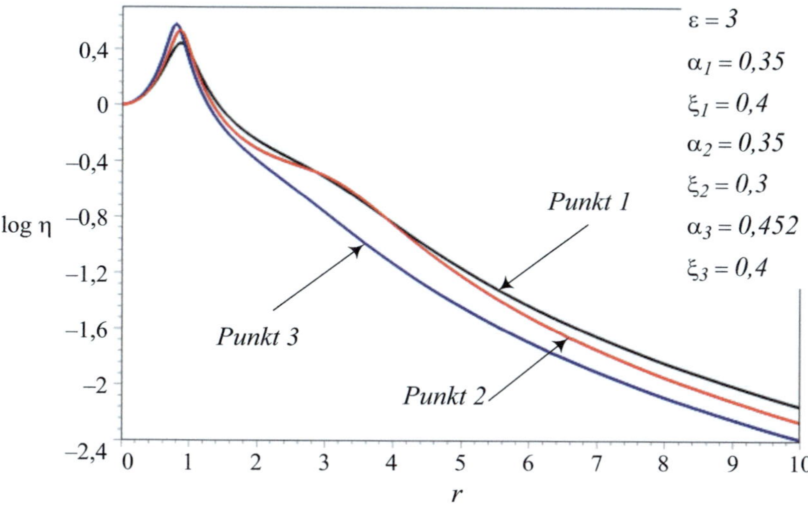

Abb. 13.44 Absolute Beschleunigungsfrequenzantwort u für Punkte P_1, P_2 und P_3 gezeigt in Abb. 13.41

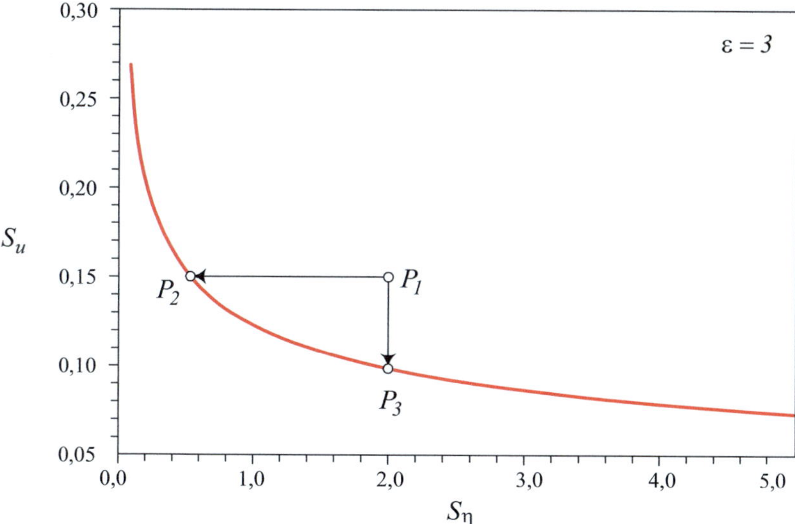

Abb. 13.45 Zwei alternative optimale Designs an den Punkten P_2 und P_3 für ein suboptimales Viertelauto-Design am Punkt P_1

Das Massenverhältnis wird angenommen als:

$$\varepsilon = 3 \tag{13.207}$$

und die Federungseigenschaften bei P_1 sind:

$$\xi = 0{,}0465 \qquad \alpha = 0{,}265 \qquad S_\eta = 2 \qquad S_u = 0{,}15 \tag{13.208}$$

Der optimale Punkt, der P_1 mit dem gleichen S_u entspricht, liegt bei P_2 mit den Eigenschaften:

$$\xi = 0{,}23 \qquad \alpha = 0{,}45 \qquad S_\eta = 0{,}543 \qquad S_u = 0{,}15 \tag{13.209}$$

und der optimale Punkt mit dem gleichen S_η wie Punkt P_1 ist ein Punkt bei P_2 mit den Eigenschaften:

$$\xi = 0{,}0949 \qquad \alpha = 0{,}1858 \qquad S_\eta = 2 \qquad S_u = 0{,}0982 \tag{13.210}$$

Abb. 13.46 *zeigt die Schwingungsamplitude der gefederten Masse μ, die zeigt, dass beide Punkte P_2 und P_3 insgesamt eine geringere Amplitude haben, insbesondere bei der zweiten Resonanz. Abb.* 13.47 *zeigt die Amplitude der relativen Verschiebung η zwischen gefederter und ungefederter Masse. Die Amplitude der absoluten Beschleunigung der gefederten Masse u ist in Abb.* 13.48 dargestellt.

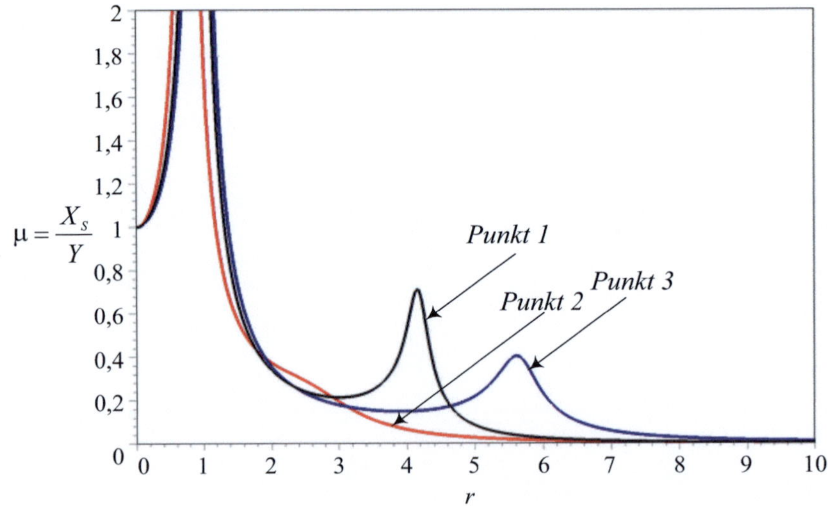

Abb. 13.46 Absolute Verschiebungsfrequenzantwort μ für die Punkte P_1, P_2 und P_3 gezeigt in Abb. 13.45

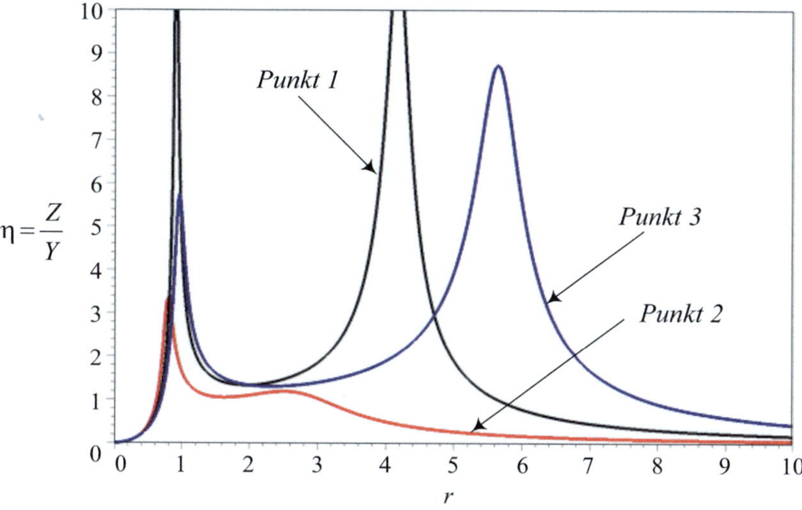

Abb. 13.47 Relative Verschiebungsfrequenzantwort η für die Punkte P_1, P_2 und P_3 gezeigt in Abb. 13.45

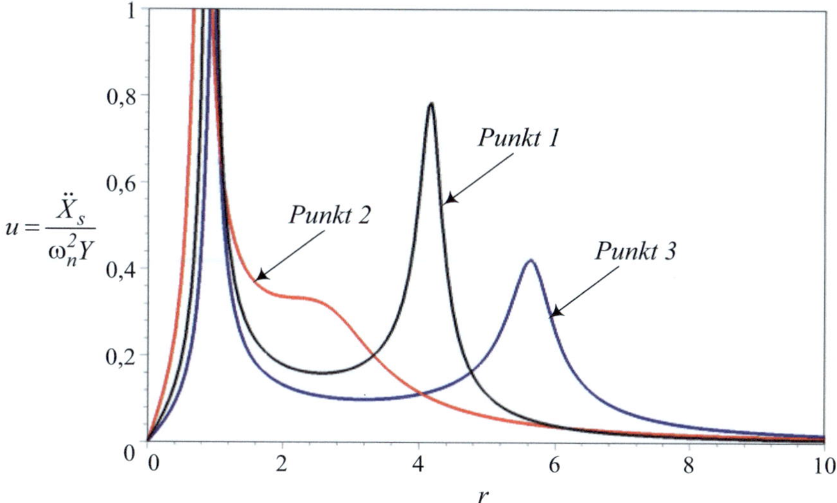

Abb. 13.48 Absolute Beschleunigungsfrequenzantwort u für die Punkte P_1, P_2 und P_3 gezeigt in Abb. 13.45

Beispiel 544 ⋆ *Eigenfrequenzen und Anforderungen an die Schwingungsisolierung*

Straßenunebenheiten sind die häufigste Anregungsquelle für Personenkraftwagen. Daher sind die Eigenfrequenzen des Fahrzeugsystems die primären Faktoren bei der Bestimmung der Designanforderungen für konventionelle Isolatoren. Die Eigenfrequenz der vom Hauptfahrwerk gestützten Fahrzeugkarosserie liegt normalerweise zwischen 0,2 Hz *und 2* Hz*, und die Eigenfrequenz der ungefederten Masse, auch Radsprungfrequenz genannt, liegt normalerweise zwischen 2* Hz *und 20* Hz*. Die höheren Werte gelten in der Regel für Militärfahrzeuge.*

Die Isolierung der gefederten Masse von der unebenen Straße kann durch Verwendung einer weichen Feder verbessert werden, die die Haupt-Eigenfrequenz reduziert. Eine Senkung der Eigenfrequenz verbessert immer den Fahrkomfort, verursacht jedoch ein Designproblem aufgrund der großen relativen Bewegung zwischen der gefederten und ungefederten Masse. Eine der wichtigsten Einschränkungen, die die Designer von Fahrwerksystemen berücksichtigen müssen, ist die Rattlespace-Beschränkung, die maximale zulässige relative Verschiebung. Zusätzliche Faktoren werden durch die allgemeine Stabilität, Zuverlässigkeit und wirtschaftliche oder Kostenfaktoren auferlegt.

Beispiel 545 *Optimale Variation der Eigenschaften*

Wir können die optimalen α und ξ sammeln und sie wie in den Abb. 13.49 *und* 13.50 *dargestellt plotten. Diese Abbildungen veranschaulichen den Trend ihrer Variation. Der optimale Wert von sowohl α als auch ξ sind abnehmende Funktionen der relativen Verschiebung des quadratischen Mittelwerts von S_η. Wenn also mehr Platz zur Verfügung steht, können wir α und ξ reduzieren und eine weichere Federung für einen besseren Fahrkomfort nutzen. Abb.* 13.51 *zeigt, wie die optimalen α und ξ sich gegenseitig verändern.*

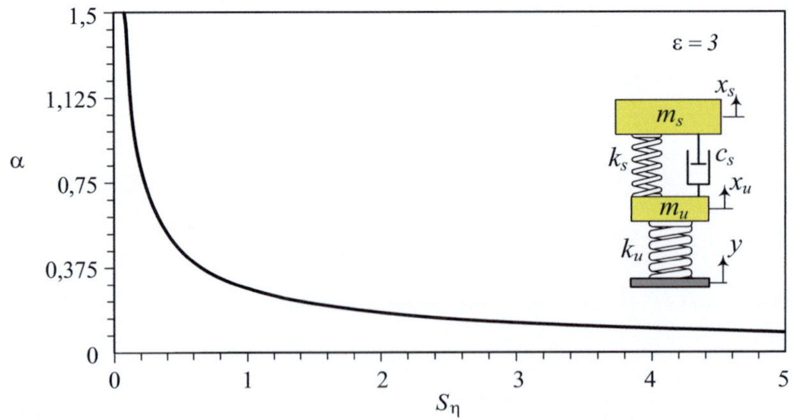

Abb. 13.49 Der optimale Wert von α als Funktion der relativen Verschiebung des quadratischen Mittelwerts von S_η

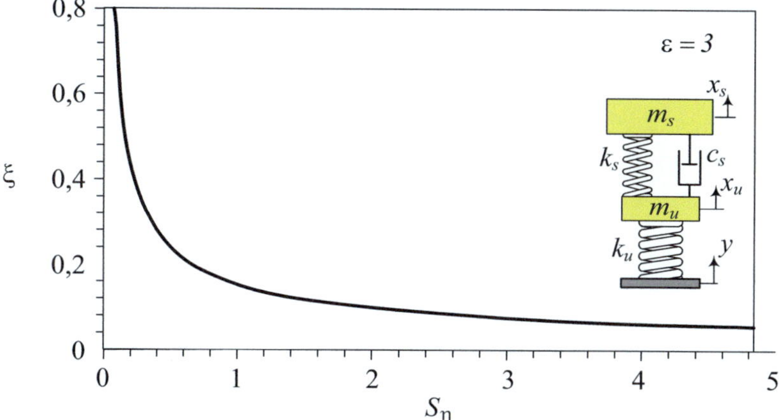

Abb. 13.50 Der optimale Wert von ξ als Funktion der relativen Verschiebung des Quadratischen Mittelwerts von S_η

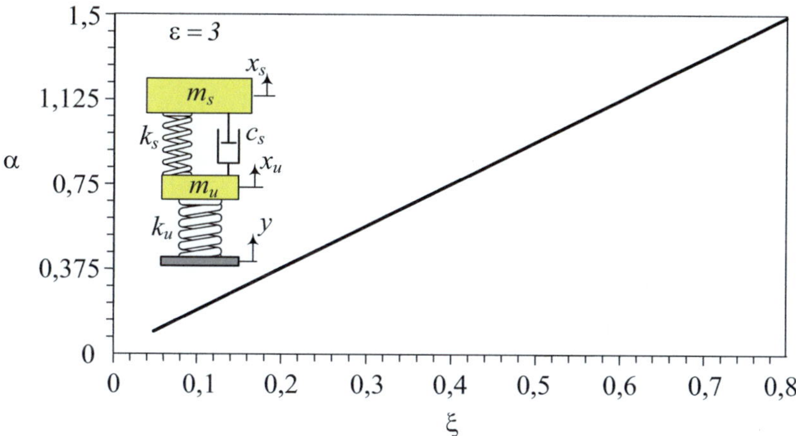

Abb. 13.51 Das optimale α im Vergleich zum optimalen ξ für ein Viertelauto mit ε = 3

13.6 ⋆ Optimierung auf Basis der Eigenfrequenz und des Radwegs

Nehmen Sie einen festen Wert für das Massenverhältnis ε und das Verhältnis der Eigenfrequenzen α an, um die Position der Knoten im Frequenzgangdiagramm zu fixieren. Dann ist ein optimaler Wert für das Dämpfungsverhältnis ξ:

$$\xi^\star = \frac{\sqrt{Z_{35}}}{Z_{36}} \sqrt{\sqrt{Z_{37}^2 - 8\alpha^2} + Z_{37} - \frac{8\alpha^2}{Z_{35}}} \tag{13.211}$$

wobei:

$$Z_{35} = \alpha^2(1+\varepsilon) + 1 \tag{13.212}$$

$$Z_{36} = 4\alpha\sqrt{1+\varepsilon} \tag{13.213}$$

$$Z_{37} = \left(2\alpha^2(1+\varepsilon) + 1\right) \tag{13.214}$$

Das optimale Dämpfungsverhältnis $\xi^\star$ verursacht die zweite Resonanzamplitude μ_2 bei der zweiten invarianten Frequenz r_2. Der Wert der relativen Verschiebung η bei $r = r_2$ für $\xi = \xi^\star$ ist:

$$\eta_2 = \sqrt{\frac{\left(\sqrt{Z_{37}^2 - 8\alpha^2} - Z_{35}\right)\sqrt{1+\varepsilon}}{2\alpha^2\left(Z_{28}\sqrt{Z_{37}^2 - Z_{29}}\right)}} \tag{13.215}$$

wobei:

$$Z_{28} = 4\alpha^4(1+\varepsilon)^4 - 4\alpha^2(1+\varepsilon)^2(1-\varepsilon) + \left(1+\varepsilon^2\right) \tag{13.216}$$

$$\begin{aligned} Z_{29} = &- 8\alpha^6(1+\varepsilon)^5 + 12\alpha^4(1+\varepsilon)^3(1-\varepsilon) \\ &- 2\alpha^4(1+\varepsilon)\left(1+3\varepsilon^2-2\varepsilon\right) + \left(1+\varepsilon^2\right) \end{aligned} \tag{13.217}$$

Beweis. Die Eigenfrequenzen der gefederten und ungefederten Massen, wie in den Gln. (12.331) und (12.332) gegeben, stehen in Beziehung zu ε und α. Wenn ε gegeben ist, können wir α durch Berücksichtigung der maximal zulässigen statischen Auslenkung bewerten, was wiederum den Wert der Eigenfrequenzen anpasst. Wenn die Werte von α und ε bestimmt und festgehalten werden, dann kann der Wert des Dämpfungsverhältnisses ξ, der die erste Resonanzamplitude am zweiten Knoten verursacht, als optimale Dämpfung bestimmt werden. Für ein Dämpfungsverhältnis, das kleiner oder größer als das Optimum ist, ist die Resonanzamplitude größer.

Die Frequenzen, die mit dem Maximum von μ zusammenhängen, werden ermittelt, indem μ in Bezug auf r differenziert und das Ergebnis gleich null gesetzt wird:

$$\frac{\partial\mu}{\partial r} = \frac{1}{2\mu}\frac{\partial\mu^2}{\partial r} = \frac{1}{Z_{25}^2}\left(8\xi^2 r Z_{25} - Z_{26} - Z_{27}\right) = 0 \tag{13.218}$$

wobei:

$$\begin{aligned} Z_{25} = &\left[r^2\left(r^2\alpha^2 - 1\right) + \left(1 - (1+\varepsilon)r^2\alpha^2\right)\right]^2 \\ &+ 4\xi^2 r^2\left(1 - (1+\varepsilon)r^2\alpha^2\right)^2 \end{aligned} \tag{13.219}$$

$$Z_{26} = 8\xi^2 r\left(4\xi^2 r^2 + 1\right)\left(3r^2\alpha^2(1+\varepsilon) - 1\right) \times \left(r^2\alpha^2(1+\varepsilon) - 1\right) \tag{13.220}$$

$$Z_{27} = 4r\left(4\xi^2 r^2 + 1\right)\left[r^2\alpha^2(1+\varepsilon) + r^2\left(1 - r^2\alpha^2\right) - 1\right] \times \left[\alpha^2(1+\varepsilon) - 2r^2\alpha^2 + 1\right]. \tag{13.221}$$

Nun wird der optimale Wert $\xi^\star$ in Gl. (13.211) ermittelt, wenn das Frequenzverhältnis r in Gl. (13.218) durch r_2 ersetzt wird, das durch Gl. (12.347) gegeben ist. Das optimale Dämpfungsverhältnis $\xi^\star$ bewirkt, dass μ ein Maximum bei der zweiten invarianten Frequenz r_2 hat. Abb. 13.52 veranschaulicht ein Beispiel für die Frequenzantwort μ für verschiedene ξ einschließlich $\xi = \xi^\star$.

Abb. 13.53 zeigt die Abhängigkeit von $\xi^\star$ in Bezug auf α und ε.

Ersetzen wir $\xi^\star$ in den allgemeinen Ausdruck von μ, ist der absolute Maximalwert von μ gleich μ_2, gegeben durch Gl. (12.337). Ersetzen wir $r = r_2$ und $\xi = \xi^\star$ in Gl. (12.312), erhalten wir Gl. (13.215) für η_2. Je niedriger die Eigenfrequenz der Federung, desto effektiver die Isolierung von Straßenunebenheiten. Daher muss die Steifigkeit der Hauptfeder so gering wie möglich sein. Abb. 13.54 zeigt das Verhalten von η_2 für $\xi = \xi^\star$. ■

Beispiel 546 *Knoten in η_2 für $\xi = \xi^\star$*

Die relative Verschiebung am zweiten Knoten η_2 ist eine monoton steigende Funktion von α und hat zwei Fixpunkte. Die Fixpunkte von η können bestimmt werden aus:

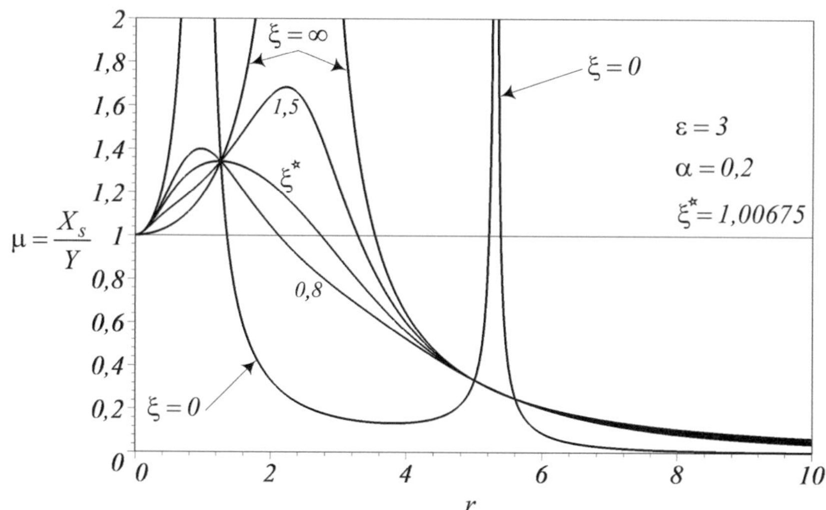

Abb. 13.52 Ein Beispiel für die Frequenzantwort μ für verschiedene ξ einschließlich $\xi = \xi^\star$

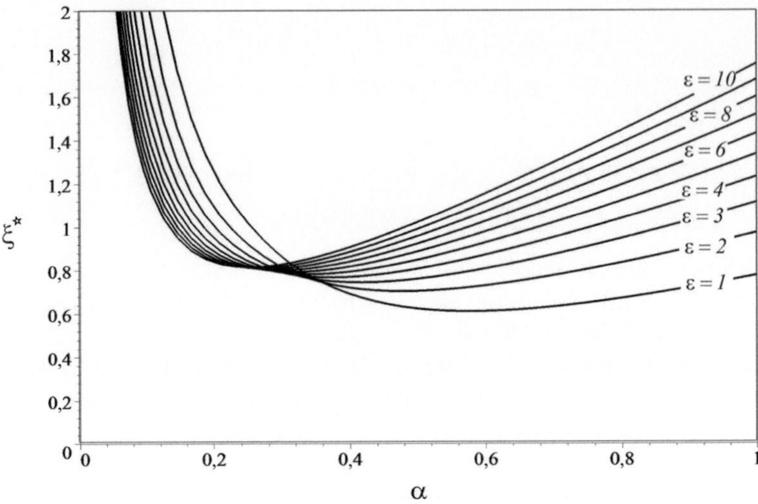

Abb. 13.53 Der optimale Wert $\xi^\star$ als Funktion von α und ε

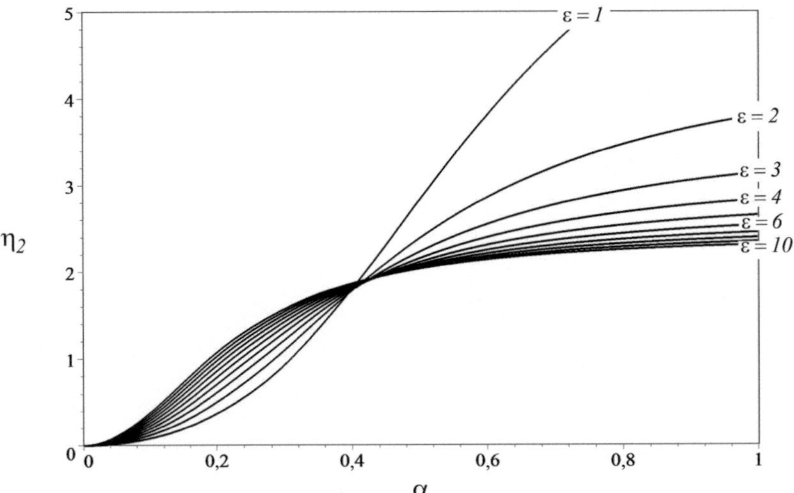

Abb. 13.54 Das Verhalten von η_2 für $\xi = \xi^\star$ als Funktion von α und ε

$$\begin{aligned} \pm r^2\big[\big(r^2\alpha^2 - 1\big) + \big(1 - (1+\varepsilon)\alpha^2\big)\big] \\ = \big[r^2\big(r^2\alpha^2 - 1\big) + \big(1 - (1+\varepsilon)r^2\alpha^2\big)\big]^2 \\ + r^2\big(1 - (1+\varepsilon)r^2\alpha^2\big) \end{aligned} \tag{13.222}$$

das sind:

$$r_1 = 0 \qquad \eta_1 = 0 \tag{13.223}$$

$$r_{n_0} = \frac{1}{\alpha\sqrt{1+\varepsilon}} \qquad \eta_{n_0} = 1 + \frac{1}{\varepsilon} \tag{13.224}$$

Der Wert von μ bei r_{n_0} ist:

$$\mu_{n_0} = \frac{\alpha^2}{\varepsilon^2}(1+\varepsilon)^3\left[4\xi^2 + \alpha^2(1+\varepsilon)\right] \tag{13.225}$$

Beispiel 547 ⋆ *Maximaler Wert von η.*

Abb. 12.25 zeigt, dass η einen Knotenpunkt an der Schnittstelle der Kurven für $\xi = 0$ und $\xi = \infty$ hat. Es könnte ein spezifisches Dämpfungsverhältnis geben, um η ein Maximum am Knotenpunkt zu geben. Um den maximalen Wert von η zu finden, müssen wir die folgende Gleichung für r lösen:

$$\frac{\partial \eta}{\partial r} = \frac{1}{2\eta}\frac{\partial \eta^2}{\partial r} = \frac{1}{Z_{23}^2}\left(4r^3 Z_{23} - Z_{30} - Z_{31}\right) \tag{13.226}$$

wobei:

$$\begin{aligned} Z_{23} = &\left[r^2\left(r^2\alpha^2 - 1\right) + \left(1 - (1+\varepsilon)r^2\alpha^2\right)\right]^2 \\ &+ 4\xi^2 r^2\left(1 - (1+\varepsilon)r^2\alpha^2\right)^2 \end{aligned} \tag{13.227}$$

$$Z_{30} = 8\xi^2 r^5\left[3r^2\alpha^2(1+\varepsilon) - 1\right]\left(r^2\alpha^2(1+\varepsilon) - 1\right) \tag{13.228}$$

$$\begin{aligned} Z_{31} = &4r^5\left[r^2\alpha^2(1+\varepsilon) + r^2\left(1 - r^2\alpha^2\right) - 1\right] \\ &\times \left[\alpha^2(1+\varepsilon) - 2r^2\alpha^2 + 1\right] \end{aligned} \tag{13.229}$$

Daher tritt das maximale η an den Nullstellen der folgenden Gleichung auf:

$$Z_{32}r^8 + Z_{33}r^6 + Z_{34}r^2 - 1 = 0 \tag{13.230}$$

wobei:

$$Z_{32} = \alpha^4 \tag{13.231}$$

$$Z_{33} = 2\alpha^4\xi^2(1+\varepsilon)^2 + \alpha^4(1+\varepsilon) - \alpha^2 \tag{13.232}$$

$$Z_{34} = \alpha^2(1+\varepsilon) + 1 - 2\xi^2 \tag{13.233}$$

Gl. (13.230) hat zwei positive Nullstellen, wenn ξ kleiner als ein spezifischer Wert des Dämpfungsverhältnisses ξ_η und eine positive Nullstelle, wenn ξ größer als ξ_η ist, wobei:

$$\xi_\eta = \xi_\eta(\alpha, \xi, \varepsilon) \tag{13.234}$$

Die positiven Nullstellen der Gl. (13.230) sind r_5 und r_6, und die entsprechenden relativen Verschiebungen werden durch η_5 und η_6 bezeichnet, wobei $r_5 < r_6$. Die invarianten Frequenzen r_5 und r_6 sind gleich, wenn $\xi \geq \xi_\eta$, und sie nähern sich r_{n_0}

, wenn ξ gegen unendlich geht. Die invariante Frequenz η_6 ist größer als η_5, solange $\xi \leq \xi_{\eta}$, und sie sind gleich, wenn $\xi \geq \xi_{\eta}$. Die relativen Verschiebungen η_5 und η_6 sind monoton abnehmende Funktionen von ξ, und sie nähern sich η_{n_0} wenn ξ gegen unendlich geht.

Man sieht aus (13.224), dass der Fixpunkt bei r_{n_0} von α und ε abhängt, aber der Wert von η_{n_0} hängt nur von ε ab. Wenn ε gegeben ist, dann ist η_{n_0} festgelegt. Daher kann der maximale Wert der relativen Verschiebung η nicht kleiner sein als η_{n_0}, und wir können keinen reellen Wert für ξ finden, der das Maximum von η bei r_{n_0} verursacht. Der optimale Wert von ξ könnte gefunden werden, wenn wir den maximalen Wert von η_6 auf den erlaubten Radweg einstellen.

13.7 Zusammenfassung

Ein eindimensionales, angeregtes System mit der Bewegungsgleichung

$$\ddot{x} + 2\xi\omega_n \dot{x} + \omega_n^2 x = 2\xi\omega_n \dot{y} + \omega_n^2 y \tag{13.235}$$

ist ein angewandtes Modell für auf einer schwingenden Basis montierte Geräte sowie ein Modell für vertikale Schwingungen von Fahrzeugen. Unter der Annahme einer variablen Anregungsfrequenz können wir die relative Verschiebung $S_2 = |Z/Y|$ und absolute Beschleunigungsfrequenzantwort $G_2 = \left|\ddot{X}/\left(Y\omega_n^2\right)\right|$ zur Optimierung des Systems bestimmen. Das Optimierungskriterium ist:

$$\frac{\partial S_{\ddot{X}}}{\partial S_Z} = 0 \tag{13.236}$$

$$\frac{\partial^2 S_{\ddot{X}}}{\partial S_Z^2} > 0 \tag{13.237}$$

wobei S_Z und $S_{\ddot{X}}$ die Quadratwurzel aus S_2 und G_2 über einen Arbeitsfrequenzbereich $0 \leq \omega \leq 20\,\mathrm{Hz}$ sind:

$$S_Z = \sqrt{\frac{1}{40\pi} \int_0^{40\pi} S_2^2 d\omega} \tag{13.238}$$

$$S_{\ddot{X}} = \sqrt{\frac{1}{40\pi} \int_0^{40\pi} G_2 d\omega} \tag{13.239}$$

Das Optimierungskriterium besagt, dass das minimale quadratische Mittel der absoluten Beschleunigung in Bezug auf das quadratische Mittel der relativen Verschiebung eine Federung optimal macht. Das Ergebnis der Optimierung kann in einem Design-Diagramm dargestellt werden, um die Beziehung von optimalem ξ und ω_n zu visualisieren.

Die Quadratwurzel der absoluten Beschleunigung und der relativen Verschiebung des Viertelautomodells kann analytisch durch Anwendung der RMS-Optimierungsmethode gefunden werden. Die RMS-Optimierungsmethode basiert auf der Minimierung des quadratischen Mittels der absoluten Beschleunigung in Bezug auf das quadratische Mittel der relativen Verschiebung. Das Ergebnis der RMS-Optimierung führt eine optimale Designkurve für ein festes Massenverhältnis ein.

13.8 Schlüsselsymbole

$a, \ddot{x}$	acceleration
a,b	arm length of displaced spring
c	damping
$c^\star$	optimum damping
c_{eq}	equivalent damping
c_s	main suspension damper
$[c]$	damping matrix
d_1	road wave length
d_2	road wave amplitude
D	dissipation function
f, **F**	force
$f = \frac{1}{T}$	cyclic frequency[Hz]
f_c	damper force
f_k	spring force
f_n	cyclic natural frequency[Hz]
F	amplitude of a harmonic force f
g	gravitational acceleration
$g(r^2)$	characteristic equation
$G_0 = \|X/Y\|$	absolute displacement frequency response
$G_2 = \left\|\ddot{X}/Y\omega_n^2\right\|$	absolute acceleration frequency response
k	stiffness
$k^\star$	optimum stiffness
$[k]$	stiffness matrix
k_{eq}	equivalent stiffness
k_s	main suspension spring stiffness
k_u	tire stiffness
K	kinetic energy
$\mathcal{L}$	Lagrangean
m	mass
m_s	sprung mass
m_u	unsprung mass
$[m]$	mass matrix
$r = \frac{\omega}{\omega_n}$	frequency ratio
$r = \omega/\omega_s$	excitation frequency ratio
$r_i,\ i \in N$	nodal frequency ratio
$r_n = \omega_n/\omega_s$	natural frequency ratio
$S_2 = \|Z/Y\|$	relative displacement frequency response
S_Z	RMS of S_2
$S_{\ddot{X}}$	RMS of G_2
$S_u =$ RMS(u)	RMS of u
$S_\eta =$ RMS(η)	RMS ofη
t	time

sT	period
$u = r^2\alpha^2\mu$	sprung mass acceleration frequency response
$v, \mathbf{v}, \dot{x}, \dot{\mathbf{x}}$	velocity
$v = r^2\alpha^2\tau$	unsprung mass acceleration frequency response
V	potential energy
x	absolute displacement
x_s	sprung mass displacement
x_u	unsprung mass displacement
X	steady-state amplitude of x
X_s	steady-state amplitude of x_s
X_u	steady-state amplitude of x_u
y	base excitation displacement
Y	steady-state amplitude of y
z	relative displacement
Z	steady-state amplitude of z
Z_i	short notation parameter

α	tilted spring angle
$\alpha = \omega_s/\omega_u$	sprung mass ratio
δ	spring deflection
δ	displacement
$\varepsilon = m_s/m_u$	sprung mass ratio
$\eta = \|Z/Y\|$	sprung mass relative frequency response
$\mu = \|X_s/Y\|$	sprung mass frequency response
$\xi = c_s/\left(2\sqrt{k_s m_s}\right)$	damping ratio
$\xi^\star$	optimal damping ratio
$\tau = \|X_u/Y\|$	unsprung mass frequency response
$\omega = 2\pi f$	angular frequency[rad/ s]
ω_n	natural frequency
$\omega_s = \sqrt{k_s/m_s}$	sprung mass frequency
$\omega_u = \sqrt{k_u/m_u}$	unsprung mass frequency

Subscript

eq	equivalent
f	front
$i \in N$	node number
l	low
n	natural
r	rear
s	sprung
u	unsprung
u	up

Übungen

1. Äquivalente McPherson-Federungsparameter.
   Abb. 13.55*a* zeigt eine McPherson-Federung. Ihr äquivalentes Schwingungssystem ist in Abb. 13.55*b* dargestellt.
   (a) Bestimmen Sie k_{eq} und c_{eq}, wenn:

   $$a = 22\,\mathrm{cm} \qquad b = 45\,\mathrm{cm} \qquad c = 1000\,\mathrm{Ns/m} \qquad \alpha = 12\,\mathrm{deg}$$
   $$k = 10000\,\mathrm{N/m}$$

   (b) Bestimmen Sie die Steifigkeit k, sodass die Eigenfrequenz des Schwingungssystems $f_n = 1\,\mathrm{Hz}$ beträgt, wenn:

   $$a = 22\,\mathrm{cm} \qquad b = 45\,\mathrm{cm} \qquad c = 1000\,\mathrm{Ns/m} \qquad \alpha = 12\,\mathrm{deg}$$
   $$m = 1000/4\,\mathrm{kg}$$

   (c) Bestimmen Sie die Dämpfung c, sodass das Dämpfungsverhältnis des Schwingungssystems $\xi = 0{,}4$ beträgt, wenn:

   $$a = 22\,\mathrm{cm} \qquad b = 45\,\mathrm{cm} \qquad c = 1000\,\mathrm{Ns/m} \qquad \alpha = 12\,\mathrm{deg}$$
   $$m = 1000/4\,\mathrm{kg} \qquad f_n = 1\,\mathrm{Hz}$$

2. Äquivalente Parameter der Doppelquerlenkerachsen-Federung.
   Abb. 13.56*a* zeigt eine Doppelquerlenkerachsen-Federung. Ihr äquivalentes Schwingungssystem ist in Abb. 13.56*b* dargestellt.

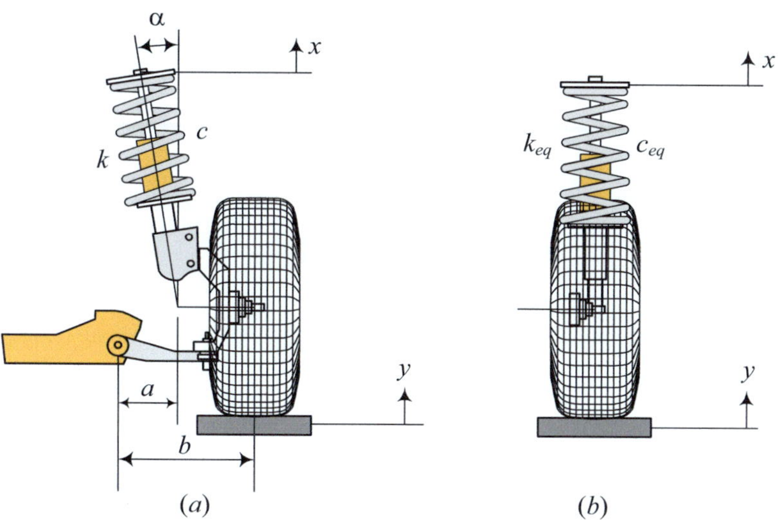

Abb. 13.55 Eine McPherson-Federung und ihr äquivalentes Schwingungssystem

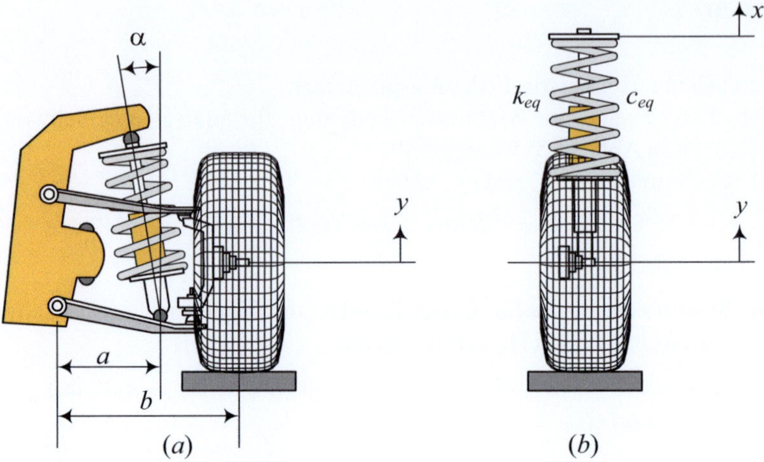

Abb. 13.56 Eine Doppelquerlenkerachsen-Federung und ihr äquivalentes Schwingungssystem

(a) Bestimmen Sie k_{eq} und c_{eq}, wenn:

$$a = 32\text{cm} \qquad b = 45\text{cm} \qquad c = 1000\text{Ns/m} \qquad \alpha = 10\,\text{deg}$$
$$k = 8000\text{N/m}$$

(b) Bestimmen Sie die Steifigkeit k, sodass die Eigenfrequenz des Schwingungssystems $f_n = 1\,\text{Hz}$ beträgt, wenn:

$$a = 32\text{cm} \qquad b = 45\text{cm} \qquad \alpha = 10\,\text{deg}$$
$$m = 1000/4\text{kg}$$

(c) Bestimmen Sie die Dämpfung c, sodass das Dämpfungsverhältnis des Schwingungssystems $\xi = 0{,}4$ beträgt, wenn:

$$a = 32\text{cm} \qquad b = 45\text{cm} \qquad \alpha = 10\,\text{deg}$$
$$f_n = 1\text{Hz} \qquad m = 1000/4\text{kg}$$

3. Straßenanregungsfrequenz.
   Ein Auto bewegt sich auf einer welligen Straße. Was ist die Wellenlänge d_1, wenn die Anregungsfrequenz $f_n = 5\,\text{Hz}$ ist und
   (a) $v = 30\,\text{km/h}$,
   (b) $v = 60\,\text{km/h}$,
   (c) $v = 100\,\text{km/h}$?
4. ⋆ Straßenanregungsfrequenz und Radstand.
   Ein Auto bewegt sich auf einer welligen Straße.
   (a) Was ist die Wellenlänge d_1, wenn die Anregungsfrequenz $f_n = 8\,\text{Hz}$ bei $v = 60\,\text{km/h}$ ist?

(b) Was ist der Phasenunterschied zwischen den Anregungen des vorderen und hinteren Rades, wenn der Radstand des Autos $l = 2{,}82\,\text{m}$ ist?
(c) Bei welcher Geschwindigkeit haben die Anregungen des vorderen und hinteren Rades keinen Phasenunterschied?

5. ⋆ Straßenanregungsamplitude.
Ein Auto bewegt sich auf einer welligen Straße mit einer Wellenlänge $d_1 = 25\,\text{m}$. Was ist das Dämpfungsverhältnis ξ, wenn $S_2 = Z/Y = 1{,}02$ ist, wenn das Auto mit $v = 120\,\text{km/h}$ fährt?

$$k = 10000\,\text{N/m} \qquad m = 1000/4\,\text{kg}$$

6. Vergleich der optimierten Federung.
Ein Auto mit $m = 1000/4\,\text{kg}$ bewegt sich auf einer welligen Straße mit einer Wellenlänge $d_1 = 45\,\text{m}$ und einer Wellenamplitude $d_2 = 8\,\text{cm}$ bei $v = 120\,\text{km/h}$. Was sind die besten Federungsparameter, wenn der äquivalente Radweg des Autos am Radzentrum folgende Werte hat:
(a) 5 cm,
(b) 8 cm,
(c) 12 cm.
(d) Berechnen Sie G_0, G_2, S_2, S_Z, $S_{\ddot{X}}$, X, Z und $\ddot{X}$ in jedem Fall.

7. Federungsoptimierung und Beibehaltung von k oder c.
Betrachten Sie ein angeregtes Basissystem mit:

$$k = 10000\,\text{N/m} \qquad m = 1000/4\,\text{kg} \qquad c = 1000\,\text{N s/m}.$$

(a) Bestimmen Sie das beste k für das gleiche ξ.
(b) Bestimmen Sie das beste c für das gleiche k.
(c) Bestimmen Sie den Wert von S_Z und $S_{\ddot{X}}$ in jedem Fall.

8. Federungsoptimierung für minimales S_Z.
Ein angeregtes Basissystem hat:

$$k = 250000\,\text{N/m} \qquad m = 2000\,\text{kg} \qquad c = 2000\,\text{N s/m}$$

Bestimmen Sie das Niveau des quadratischen Mittels der Beschleunigung $S_{\ddot{X}}$, das auf das System übertragen wird.

9. Maximalwerte und Stufeninput.
Ein angeregtes Basissystem hat

$$k = 10000\,\text{N/m} \qquad m = 1000/4\,\text{kg} \qquad c = 1000\,\text{N s/m}$$

Was sind die Beschleunigungs- und relativen Verschiebungsmaximalwerte für einen Einheitsschritt-Input?

10. ⋆ Beschleunigungsmaximalwert und Federsteifigkeit.
Erklären Sie, warum die ξ-konstanten Kurven vertikale Linien in der Ebene (a_P, z_P) sind.

11. Optimierung der Viertelauto-Federung.
Betrachten Sie ein Auto mit:

$$m_s = 200\,\text{kg} \qquad m_u = 40\,\text{kg} \qquad k_u = 220000\,\text{N/m} \qquad S_\eta = 0{,}75$$

und bestimmen Sie die optimalen Federungsparameter.

12. Ein Viertelauto hat $\alpha = 0{,}45$ und $\xi = 0{,}4$. Wie groß muss der Radweg sein, wenn die Straßenanregung eine Amplitude $Y = 1\,\mathrm{cm}$ hat?
13. $\star$ Viertelauto und Zeitverhalten.
    Finden Sie die optimale Federung eines Viertelautos mit den folgenden Eigenschaften:
    $$m_s = 220\,\mathrm{kg} \qquad m_u = 42\,\mathrm{kg} \qquad k_u = 150000\,\mathrm{N/\,m} \qquad S_\eta = 0{,}75$$
    und bestimmen Sie die Antwort des optimalen Viertelautos auf eine Einheitsschritt-Anregung.
14. $\star$ Mathematisches Modell des Viertelautos.
    Im mathematischen Modell des Viertelautos haben wir angenommen, dass der Reifen immer auf der Straße klebt. Bestimmen Sie die Bedingung, unter der der Reifen die Straßenoberfläche verlässt.
15. Optimale Dämpfung.
    Betrachten Sie ein Viertelauto mit $\alpha = 0{,}45$ und $\varepsilon = 0{,}4$. Bestimmen Sie das optimale Dämpfungsverhältnis $\xi^\star$.

Anhang A

Frequenzgangkurven

Es gibt vier Arten von *einfach*-DOF harmonisch angeregten Systemen, wie in Abbildung 11.39 gezeigt:

1. Basisanregung,
2. exzentrische Anregung,
3. exzentrische Basisanregung,
4. erzwungene Anregung.

Die Frequenzantworten der vier Systeme können zusammengefasst (Abb. A.1–A.8), beschriftet und wie folgt dargestellt werden:

$$S_0 = \frac{X_F}{F/k} \tag{A.1}$$

$$= \frac{1}{\sqrt{\left(1-r^2\right)^2+(2\xi r)^2}} \tag{A.2}$$

$$S_1 = \frac{\dot{X}_F}{F/\sqrt{km}} \tag{A.3}$$

$$= \frac{r}{\sqrt{\left(1-r^2\right)^2+(2\xi r)^2}} \tag{A.4}$$

$$S_2 = \frac{\ddot{X}_F}{F/m} = \frac{Z_B}{Y} = \frac{X_E}{e\varepsilon_E} = \frac{Z_R}{e\varepsilon_R} \tag{A.5}$$

$$= \frac{r^2}{\sqrt{\left(1-r^2\right)^2+(2\xi r)^2}} \tag{A.6}$$

R. Jazar, *Fahrzeugdynamik,* https://doi.org/10.1007/978-3-031-53244-3

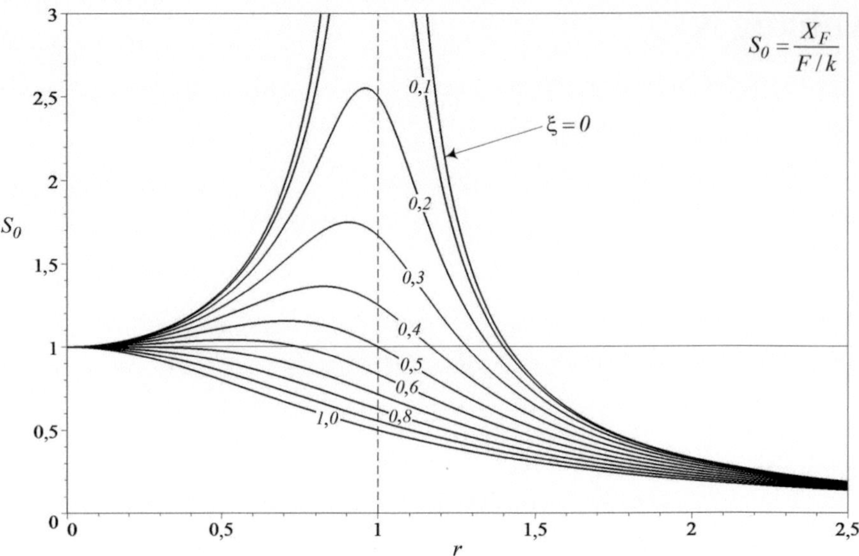

Abb. A.1 Frequenzantwort für S_0

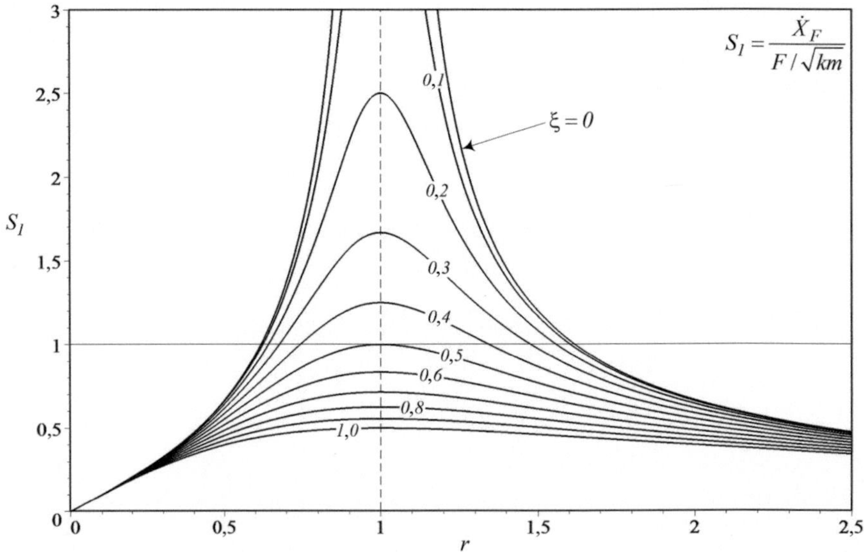

Abb. A.2 Frequenzantwort für S_1

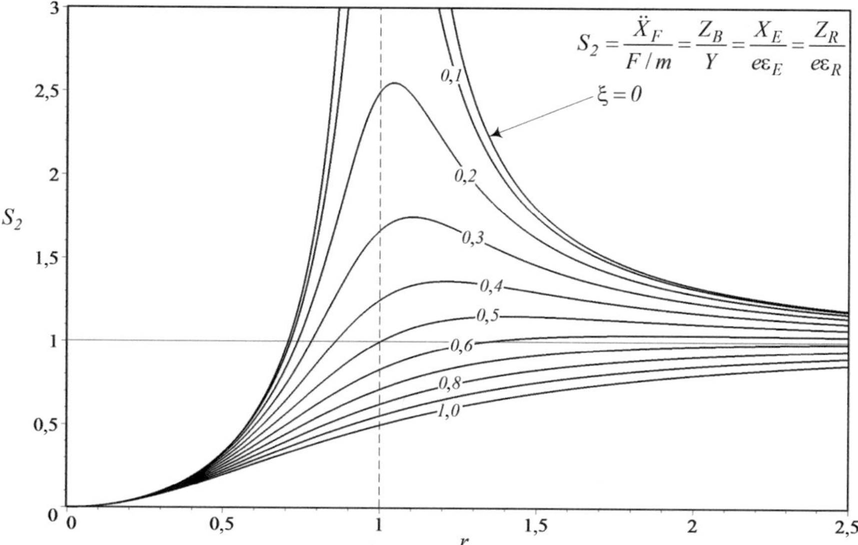

Abb. A.3 Frequenzantwort für S_2

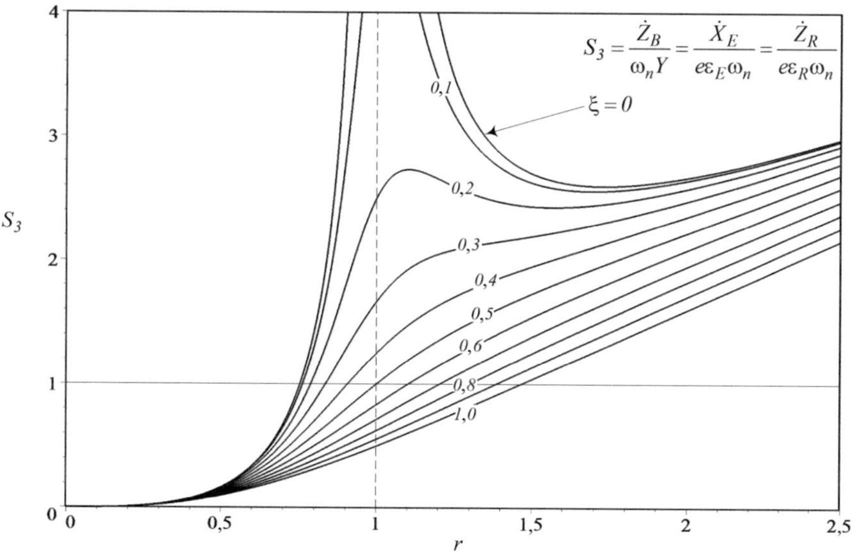

Abb. A.4 Frequenzantwort für S_3

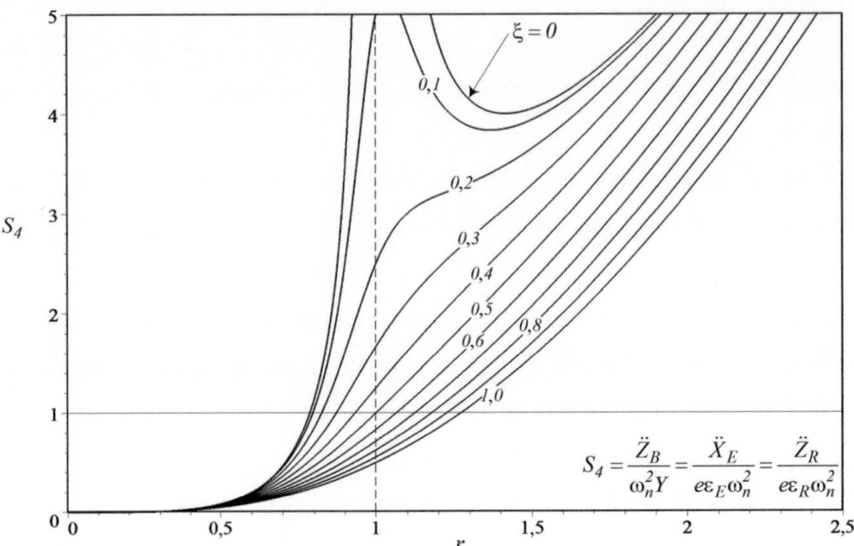

Abb. A.5 Frequenzantwort für S_4

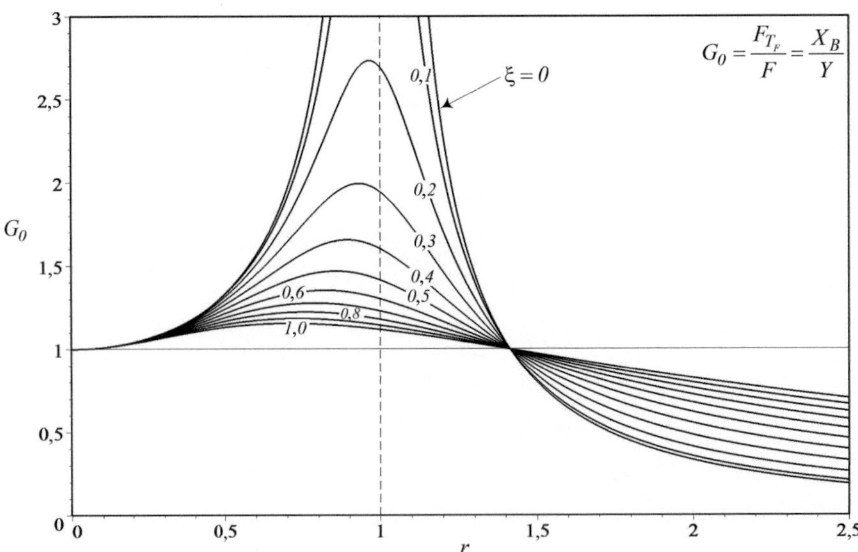

Abb. A.6 Frequenzantwort für G_0

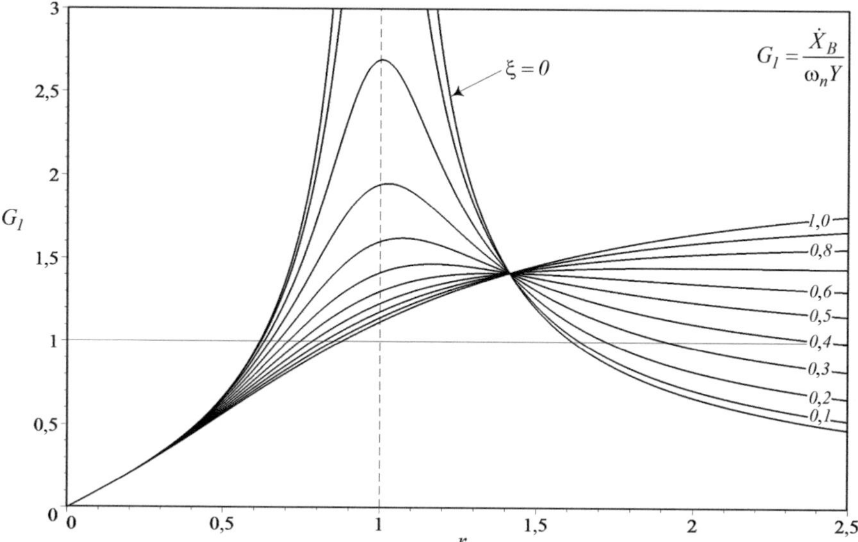

Abb. A.7 Frequenzantwort für G_1

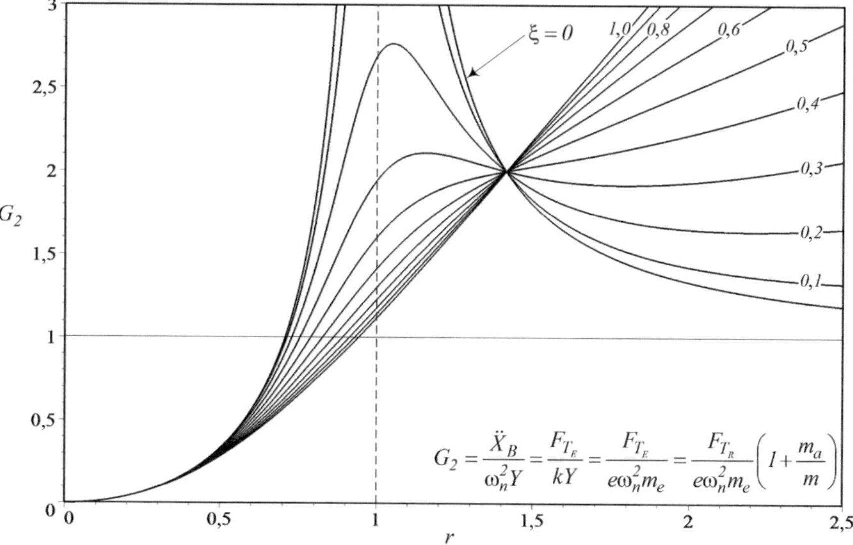

Abb. A.8 Frequenzantwort für G_2

$$S_3 = \frac{\dot{Z}_B}{\omega_n Y} = \frac{\dot{X}_E}{e\varepsilon_E \omega_n} = \frac{\dot{Z}_R}{e\varepsilon_R \omega_n} \tag{A.7}$$

$$= \frac{r^3}{\sqrt{\left(1-r^2\right)^2+(2\xi r)^2}} \tag{A.8}$$

$$S_4 = \frac{\ddot{Z}_B}{\omega_n^2 Y} = \frac{\ddot{X}_E}{e\varepsilon_E \omega_n^2} = \frac{\ddot{Z}_R}{e\varepsilon_R \omega_n^2} \tag{A.9}$$

$$= \frac{r^4}{\sqrt{\left(1-r^2\right)^2+(2\xi r)^2}} \tag{A.10}$$

$$G_0 = \frac{F_{T_F}}{F} = \frac{X_B}{Y} \tag{A.11}$$

$$= \frac{\sqrt{1+(2\xi r)^2}}{\sqrt{\left(1-r^2\right)^2+(2\xi r)^2}} \tag{A.12}$$

$$G_1 = \frac{\dot{X}_B}{\omega_n Y} \tag{A.13}$$

$$= \frac{r\sqrt{1+(2\xi r)^2}}{\sqrt{\left(1-r^2\right)^2+(2\xi r)^2}} \tag{A.14}$$

$$G_2 = \frac{\ddot{X}_B}{\omega_n^2 Y} = \frac{F_{T_B}}{kY} = \frac{F_{T_E}}{e\omega_n^2 m_e} = \frac{F_{T_R}}{e\omega_n^2 m_e}\left(1+\frac{m_b}{m}\right) \tag{A.15}$$

$$= \frac{r^2\sqrt{1+(2\xi r)^2}}{\sqrt{\left(1-r^2\right)^2+(2\xi r)^2}} \tag{A.16}$$

Anhang B

Trigonometrische Formeln

Trigonometrische Formeln
Definitionen mithilfe der Exponentialfunktion

$$\cos z = \frac{e^{iz} + e^{-iz}}{2} \tag{B.1}$$

$$\sin z = \frac{e^{iz} - e^{-iz}}{2i} \tag{B.2}$$

$$\tan z = \frac{e^{iz} - e^{-iz}}{i\left(e^{iz} + e^{-iz}\right)} \tag{B.3}$$

$$e^{iz} = \cos z + i \sin z \tag{B.4}$$

$$e^{-iz} = \cos z - i \sin z \tag{B.5}$$

Winkelsumme und -differenz

$$\sin(\alpha \pm \beta) = \sin\alpha \cos\beta \pm \cos\alpha \sin\beta \tag{B.6}$$

$$\cos(\alpha \pm \beta) = \cos\alpha \cos\beta \mp \sin\alpha \sin\beta \tag{B.7}$$

$$\tan(\alpha \pm \beta) = \frac{\tan\alpha \pm \tan\beta}{1 \mp \tan\alpha \tan\beta} \tag{B.8}$$

R. Jazar, *Fahrzeugdynamik,* https://doi.org/10.1007/978-3-031-53244-3

$$\cot(\alpha \pm \beta) = \frac{\cot\alpha \cot\beta \mp 1}{\cot\beta \pm \cot\alpha} \tag{B.9}$$

Symmetrie

$$\sin(-\alpha) = -\sin\alpha \tag{B.10}$$

$$\cos(-\alpha) = \cos\alpha \tag{B.11}$$

$$\tan(-\alpha) = -\tan\alpha \tag{B.12}$$

Vielfaches von Winkeln

$$\sin(2\alpha) = 2\sin\alpha\cos\alpha = \frac{2\tan\alpha}{1+\tan^2\alpha} \tag{B.13}$$

$$\cos(2\alpha) = 2\cos^2\alpha - 1 = 1 - 2\sin^2\alpha = \cos^2\alpha - \sin^2\alpha \tag{B.14}$$

$$\tan(2\alpha) = \frac{2\tan\alpha}{1-\tan^2\alpha} \tag{B.15}$$

$$\cot(2\alpha) = \frac{\cot^2\alpha - 1}{2\cot\alpha} \tag{B.16}$$

$$\sin(3\alpha) = -4\sin^3\alpha + 3\sin\alpha \tag{B.17}$$

$$\cos(3\alpha) = 4\cos^3\alpha - 3\cos\alpha \tag{B.18}$$

$$\tan(3\alpha) = \frac{-\tan^3\alpha + 3\tan\alpha}{-3\tan^2\alpha + 1} \tag{B.19}$$

$$\sin(4\alpha) = -8\sin^3\alpha\cos\alpha + 4\sin\alpha\cos\alpha \tag{B.20}$$

$$\cos(4\alpha) = 8\cos^4\alpha - 8\cos^2\alpha + 1 \tag{B.21}$$

$$\tan(4\alpha) = \frac{-4\tan^3\alpha + 4\tan\alpha}{\tan^4\alpha - 6\tan^2\alpha + 1} \tag{B.22}$$

$$\sin(5\alpha) = 16\sin^5\alpha - 20\sin^3\alpha + 5\sin\alpha \tag{B.23}$$

$$\cos(5\alpha) = 16\cos^5\alpha - 20\cos^3\alpha + 5\cos\alpha \tag{B.24}$$

$$\sin(n\alpha) = 2\sin((n-1)\alpha)\cos\alpha - \sin((n-2)\alpha) \tag{B.25}$$

$$\cos(n\alpha) = 2\cos((n-1)\alpha)\cos\alpha - \cos((n-2)\alpha) \tag{B.26}$$

$$\tan(n\alpha) = \frac{\tan((n-1)\alpha) + \tan\alpha}{1 - \tan((n-1)\alpha)\tan\alpha} \tag{B.27}$$

Halber Winkel

$$\cos\left(\frac{\alpha}{2}\right) = \pm\sqrt{\frac{1+\cos\alpha}{2}} \tag{B.28}$$

$$\sin\left(\frac{\alpha}{2}\right) = \pm\sqrt{\frac{1-\cos\alpha}{2}} \tag{B.29}$$

$$\tan\left(\frac{\alpha}{2}\right) = \frac{1-\cos\alpha}{\sin\alpha} = \frac{\sin\alpha}{1+\cos\alpha} = \pm\sqrt{\frac{1-\cos\alpha}{1+\cos\alpha}} \tag{B.30}$$

$$\sin\alpha = \frac{2\tan\frac{\alpha}{2}}{1+\tan^2\frac{\alpha}{2}} \tag{B.31}$$

$$\cos\alpha = \frac{1-\tan^2\frac{\alpha}{2}}{1+\tan^2\frac{\alpha}{2}} \tag{B.32}$$

Potenzen von Funktionen

$$\sin^2\alpha = \frac{1}{2}(1-\cos(2\alpha)) \tag{B.33}$$

$$\sin\alpha\cos\alpha = \frac{1}{2}\sin(2\alpha) \tag{B.34}$$

$$\cos^2\alpha = \frac{1}{2}(1+\cos(2\alpha)) \tag{B.35}$$

$$\sin^3\alpha = \frac{1}{4}(3\sin(\alpha) - \sin(3\alpha)) \tag{B.36}$$

$$\sin^2\alpha\cos\alpha = \frac{1}{4}(\cos\alpha - 3\cos(3\alpha)) \tag{B.37}$$

$$\sin\alpha\cos^2\alpha = \frac{1}{4}(\sin\alpha + \sin(3\alpha)) \tag{B.38}$$

$$\cos^3\alpha = \frac{1}{4}(\cos(3\alpha) + 3\cos\alpha)) \tag{B.39}$$

$$\sin^4\alpha = \frac{1}{8}(3 - 4\cos(2\alpha) + \cos(4\alpha)) \tag{B.40}$$

$$\sin^3\alpha\cos\alpha = \frac{1}{8}(2\sin(2\alpha) - \sin(4\alpha)) \tag{B.41}$$

$$\sin^2\alpha\cos^2\alpha = \frac{1}{8}(1 - \cos(4\alpha)) \tag{B.42}$$

$$\sin\alpha\cos^3\alpha = \frac{1}{8}(2\sin(2\alpha) + \sin(4\alpha)) \tag{B.43}$$

$$\cos^4\alpha = \frac{1}{8}(3 + 4\cos(2\alpha) + \cos(4\alpha)) \tag{B.44}$$

$$\sin^5\alpha = \frac{1}{16}(10\sin\alpha - 5\sin(3\alpha) + \sin(5\alpha)) \tag{B.45}$$

$$\sin^4\alpha\cos\alpha = \frac{1}{16}(2\cos\alpha - 3\cos(3\alpha) + \cos(5\alpha)) \tag{B.46}$$

$$\sin^3\alpha\cos^2\alpha = \frac{1}{16}(2\sin\alpha + \sin(3\alpha) - \sin(5\alpha)) \tag{B.47}$$

$$\sin^2\alpha\cos^3\alpha = \frac{1}{16}(2\cos\alpha - 3\cos(3\alpha) - 5\cos(5\alpha)) \tag{B.48}$$

$$\sin\alpha\cos^4\alpha = \frac{1}{16}(2\sin\alpha + 3\sin(3\alpha) + \sin(5\alpha)) \tag{B.49}$$

$$\cos^5\alpha = \frac{1}{16}(10\cos\alpha + 5\cos(3\alpha) + \cos(5\alpha)) \tag{B.50}$$

$$\tan^2\alpha = \frac{1 - \cos(2\alpha)}{1 + \cos(2\alpha)} \tag{B.51}$$

Produkte von sin und cos

$$\cos\alpha\cos\beta = \frac{1}{2}\cos(\alpha - \beta) + \frac{1}{2}\cos(\alpha + \beta) \tag{B.52}$$

$$\sin\alpha\sin\beta = \frac{1}{2}\cos(\alpha - \beta) - \frac{1}{2}\cos(\alpha + \beta) \tag{B.53}$$

$$\sin\alpha\cos\beta = \frac{1}{2}\sin(\alpha-\beta) + \frac{1}{2}\sin(\alpha+\beta) \tag{B.54}$$

$$\cos\alpha\sin\beta = \frac{1}{2}\sin(\alpha+\beta) - \frac{1}{2}\sin(\alpha-\beta) \tag{B.55}$$

$$\sin(\alpha+\beta)\sin(\alpha-\beta) = \cos^2\beta - \cos^2\alpha = \sin^2\alpha - \sin^2\beta \tag{B.56}$$

$$\cos(\alpha+\beta)\cos(\alpha-\beta) = \cos^2\beta + \sin^2\alpha \tag{B.57}$$

Summe von Funktionen

$$\sin\alpha \pm \sin\beta = 2\sin\frac{\alpha\pm\beta}{2}\cos\frac{\alpha\pm\beta}{2} \tag{B.58}$$

$$\cos\alpha + \cos\beta = 2\cos\frac{\alpha+\beta}{2}\cos\frac{\alpha-\beta}{2} \tag{B.59}$$

$$\cos\alpha - \cos\beta = -2\sin\frac{\alpha+\beta}{2}\sin\frac{\alpha-\beta}{2} \tag{B.60}$$

$$\tan\alpha \pm \tan\beta = \frac{\sin(\alpha\pm\beta)}{\cos\alpha\cos\beta} \tag{B.61}$$

$$\cot\alpha \pm \cot\beta = \frac{\sin(\beta\pm\alpha)}{\sin\alpha\sin\beta} \tag{B.62}$$

$$\frac{\sin\alpha + \sin\beta}{\sin\alpha - \sin\beta} = \frac{\tan\frac{\alpha+\beta}{2}}{\tan\frac{\alpha-+\beta}{2}} \tag{B.63}$$

$$\frac{\sin\alpha + \sin\beta}{\cos\alpha - \cos\beta} = \cot\frac{-\alpha+\beta}{2} \tag{B.64}$$

$$\frac{\sin\alpha + \sin\beta}{\cos\alpha + \cos\beta} = \tan\frac{\alpha+\beta}{2} \tag{B.65}$$

$$\frac{\sin\alpha - \sin\beta}{\cos\alpha + \cos\beta} = \tan\frac{\alpha-\beta}{2} \tag{B.66}$$

Trigonometrische Beziehungen

$$\sin^2\alpha - \sin^2\beta = \sin(\alpha+\beta)\sin(\alpha-\beta) \tag{B.67}$$

$$\cos^2\alpha - \cos^2\beta = -\sin(\alpha+\beta)\sin(\alpha-\beta) \tag{B.68}$$

Anhang C

Einheitenumrechnungen

Allgemeine Umrechnungsformeln

$$\begin{aligned}
\mathrm{N}^a\,\mathrm{m}^b\,\mathrm{s}^c &\approx 4{,}448^a \times 0{,}3048^b \times \ \mathrm{lb}^a\,\mathrm{ft}^b\,\mathrm{s}^c \\
&\approx 4{,}448^a \times 0{,}0254^b \times \ \mathrm{lb}^a\,\mathrm{in}^b\,\mathrm{s}^c \\
\mathrm{lb}^a\,\mathrm{ft}^b\,\mathrm{s}^c &\approx 0{,}2248^a \times 3{,}2808^b \times \ \mathrm{N}^a\,\mathrm{m}^b\,\mathrm{s}^c \\
\mathrm{lb}^a\,\mathrm{in}^b\,\mathrm{s}^c &\approx 0{,}2248^a \times 39{,}37^b \times \ \mathrm{N}^a\,\mathrm{m}^b\,\mathrm{s}^c
\end{aligned}$$

Umrechnungsfaktoren
Beschleunigung

$$1\,\mathrm{ft/\,s^2} \approx 0{,}3048\,\mathrm{m/\,s^2} \quad 1\,\mathrm{m/\,s^2} \approx 3{,}2808\,\mathrm{ft/\,s^2}$$

Winkel

$$1\,\mathrm{deg} \approx 0{,}01745\,\mathrm{rad} \quad 1\,\mathrm{rad} \approx 57{,}307\,\mathrm{deg}$$

Fläche

$$\begin{aligned}
&1\,\mathrm{in}^2 \approx 6{,}4516\,\mathrm{cm}^2 && 1\,\mathrm{cm}^2 \approx 0{,}155\,\mathrm{in}^2 \\
&1\,\mathrm{ft}^2 \approx 0{,}09290304\,\mathrm{m}^2 && 1\,\mathrm{m}^2 \approx 10{,}764\,\mathrm{ft}^2 \\
&1\,\mathrm{acre} \approx 4046{,}86\,\mathrm{m}^2 && 1\,\mathrm{m}^2 \approx 2{,}471 \times 10^{-4}\,\mathrm{acre} \\
&1\,\mathrm{acre} \approx 0{,}4047\,\mathrm{hectare} && 1\,\mathrm{hectare} \approx 2{,}471\,\mathrm{acre}
\end{aligned}$$

Dämpfung

$$\begin{aligned}
&1\,\mathrm{N\,s/\,m} \approx 6{,}85218 \times 10^{-2}\,\mathrm{lb\,s/\,ft} && 1\,\mathrm{lb\,s/\,ft} \approx 14{,}594\,\mathrm{N\,s/\,m} \\
&1\,\mathrm{N\,s/\,m} \approx 5{,}71015 \times 10^{-3}\,\mathrm{lb\,s/\,in} && 1\,\mathrm{lb\,s/\,in} \approx 175{,}13\,\mathrm{N\,s/\,m}
\end{aligned}$$

R. Jazar, *Fahrzeugdynamik*, https://doi.org/10.1007/978-3-031-53244-3

Energie und Wärme

$$\begin{array}{ll}
1\,\text{Btu} \approx 1055{,}056\,\text{J} & 1\,\text{J} \approx 9{,}4782 \times 10^{-4}\,\text{Btu} \\
1\,\text{cal} \approx 4{,}1868\,\text{J} & 1\,\text{J} \approx 0{,}23885\,\text{cal} \\
1\,\text{kW h} \approx 3600\,\text{kJ} & 1\,\text{MJ} \approx 0{,}27778\,\text{kW h} \\
1\,\text{ft lbf} \approx 1{,}355818\,\text{J} & 1\,\text{J} \approx 0{,}737562\,\text{ft lbf}
\end{array}$$

Kraft

$$1\,\text{lb} \approx 4{,}448222\,\text{N} \quad 1\,\text{N} \approx 0{,}22481\,\text{lb}$$

Kraftstoffverbrauch

$$\begin{array}{ll}
1\ \text{l/100 km} \approx 235{,}214583\,\text{mi/gal} & 1\,\text{mi/gal} \approx 235{,}214583\,\text{l/100 km} \\
1\ \text{l/100 km} = 100\,\text{km/l} & 1\,\text{km/l} = 100\ \text{l/100 km} \\
1\,\text{mi/gal} \approx 0{,}425144\,\text{km/l} & 1\,\text{km/l} \approx 2{,}352146\,\text{mi/gal}
\end{array}$$

Länge

$$\begin{array}{ll}
1\,\text{in} \approx 25{,}4\,\text{mm} & 1\,\text{cm} \approx 0{,}3937\,\text{in} \\
1\,\text{ft} \approx 30{,}48\,\text{cm} & 1\,\text{m} \approx 3{,}28084\,\text{ft} \\
1\,\text{mi} \approx 1{,}609347\,\text{km} & 1\,\text{km} \approx 0{,}62137\,\text{mi}
\end{array}$$

Masse

$$\begin{array}{ll}
1\,\text{lb} \approx 0{,}45359\,\text{kg} & 1\,\text{kg} \approx 2{,}204623\,\text{lb} \\
1\,\text{slug} \approx 14{,}5939\,\text{kg} & 1\,\text{kg} \approx 0{,}068522\,\text{slug} \\
1\,\text{slug} \approx 32{,}174\,\text{lb} & 1\,\text{lb} \approx 0{,}03{,}1081\,\text{slug}
\end{array}$$

Moment und Drehmoment

$$\begin{array}{ll}
1\,\text{lb ft} \approx 1{,}35582\,\text{N m} & 1\,\text{N m} \approx 0{,}73746\,\text{lb ft} \\
1\,\text{lb in} \approx 8{,}85075\,\text{N m} & 1\,\text{N m} \approx 0{,}11298\,\text{lb in}
\end{array}$$

Trägheitsmoment

$$1\,\text{lb ft}^2 \approx 0{,}04214\,\text{kg m}^2 \quad 1\,\text{kg m}^2 \approx 23{,}73\,\text{lb ft}^2$$

Leistung

$$\begin{array}{ll}
1\,\text{Btu/h} \approx 0{,}2930711\,\text{W} & 1\,\text{W} \approx 3{,}4121\,\text{Btu/h} \\
1\,\text{hp} \approx 745{,}6999\,\text{W} & 1\,\text{kW} \approx 1{,}341\,\text{hp} \\
1\,\text{hp} \approx 550\,\text{lb ft/s} & 1\,\text{lb ft/s} \approx 1{,}8182 \times 10^{-3}\,\text{hp} \\
1\,\text{lb ft/h} \approx 3{,}76616 \times 10^{-4}\,\text{W} & 1\,\text{W} \approx 2655{,}2\,\text{lb ft/h} \\
1\,\text{lb ft/min} \approx 2{,}2597 \times 10^{-2}\,\text{W} & 1\,\text{W} \approx 44{,}254\,\text{lb ft/min}
\end{array}$$

Druck und Spannung

$$\begin{array}{ll}
1\,\text{lb/in}^2 \approx 6894{,}757\,\text{Pa} & 1\,\text{MPa} \approx 145{,}04\,\text{lb/in}^2 \\
1\,\text{lb/ft}^2 \approx 47{,}88\,\text{Pa} & 1\,\text{Pa} \approx 2{,}0886 \times 10^{-2}\,\text{lb/ft}^2 \\
1\,\text{Pa} \approx 0{,}00001\,\text{atm} & 1\,\text{atm} \approx 101325\,\text{Pa}
\end{array}$$

Steifigkeit

$$1\,\mathrm{N/m} \approx 6{,}85218 \times 10^{-2}\,\mathrm{lb/ft} \quad 1\,\mathrm{lb/ft} \approx 14{,}594\,\mathrm{N/m}$$
$$1\,\mathrm{N/m} \approx 5{,}71015 \times 10^{-3}\,\mathrm{lb/in} \quad 1\,\mathrm{lb/in} \approx 175{,}13\,\mathrm{N/m}$$

Temperatur

$$°\mathrm{C} = (°\mathrm{F} - 32)/1{,}8$$
$$°\mathrm{F} = 1{,}8\,°\mathrm{C} + 32$$

Geschwindigkeit

$$1\,\mathrm{mi/h} \approx 1{,}60934\,\mathrm{km/h} \quad 1\,\mathrm{km/h} \approx 0{,}62137\,\mathrm{mi/h}$$
$$1\,\mathrm{mi/h} \approx 0{,}44704\,\mathrm{m/s} \quad 1\,\mathrm{m/s} \approx 2{,}2369\,\mathrm{mi/h}$$
$$1\,\mathrm{ft/s} \approx 0{,}3048\,\mathrm{m/s} \quad 1\,\mathrm{m/s} \approx 3{,}2808\,\mathrm{ft/s}$$
$$1\,\mathrm{ft/min} \approx 5{,}08 \times 10^{-3}\,\mathrm{m/s} \quad 1\,\mathrm{m/s} \approx 196{,}85\,\mathrm{ft/min}$$

Volumen

$$1\,\mathrm{in}^3 \approx 16{,}39\,\mathrm{cm}^3 \quad 1\,\mathrm{cm}^3 \approx 0{,}0061013\,\mathrm{in}^3$$
$$1\,\mathrm{ft}^3 \approx 0{,}02831685\,\mathrm{m}^3 \quad 1\,\mathrm{m}^3 \approx 35{,}315\,\mathrm{ft}^3$$
$$1\,\mathrm{gal} \approx 3{,}785\,\mathrm{l} \quad 1\,\mathrm{l} \approx 0{,}2642\,\mathrm{gal}$$
$$1\,\mathrm{gal} \approx 3785{,}41\,\mathrm{cm}^3 \quad 1\,\mathrm{l} \approx 1000\,\mathrm{cm}^3$$

Literatur

Abe, M. 2009.*Vehicle Handling Dynamics: Theory and Application*. Oxford, UK: Butterworth-Heinemann.

Alkhatib, R., R.N. Jazar, und M.F. Golnaraghi. 2004. Optimal design of passive linear mounts with genetic algorithm method.*Journal of Sound and Vibration* 275(3–5):665–691.

American Association of State Highway Officials, AASHO. June 1968.*Highway Definitions*.

American National Standard. 1996.*Manual on Classification of Motor Vehicle Traffic Accidents*, 6. Aufl. Itasca, IL: National Safety Council.

Andrzejewski, R., und J. Awrejcewicz. 2005.*Nonlinear Dynamics of a Wheeled Vehicle*. New York: Springer-Verlag.

Asada, H., und J.J.E. Slotine. 1986.*Robot Analysis and Control*. New York: John Wiley & Sons.

Balachandran, B., und E.B. Magrab. 2003.*Vibrations*. Pacific Grove, CA: Brooks/Cole.

Beatty, M.F. 1986.*Principles of Engineering Mechanics, Bd. 1, Kinematics-The Geometry of Motion*. New York: Plenum Press.

Beik V., M. Fard, und R.N. Jazar. 2016. Crashworthiness of tapered beams in automotive application. In*Nonlinear Approaches in Engineering Applications: Advanced Analysis of Vehicle Related Technologies*, Hrsg. R.N. Jazar und L. Dai. New York: Springer.

Benaroya, H. 2004.*Mechaniscal Vibration: Analysis, Uncertainities, and Control*. New York: Marcel Dekker.

Bourmistrova, A., M. Simic, R. Hoseinnezhad, und R.N. Jazar. 2011. Autodriver algorithm.*Journal of Systemics, Cybernetics and Informatics*9(1):56–66.

Bottema, O., und B. Roth. 1979.*Theoretical Kinematics*. Amsterdam, The Netherlands: North-Holland Publication.

Cossalter, V. 2002.*Motorcycle Dynamics*. Greendale, WI: Race Dynamic Publishing.

Dai, Q., H. Marzbani, M. Fard, und R.N. Jazar. 2016. Camber-caster relationship in vehicles. In*Nonlinear Approaches in Engineering Applications: Advanced Analysis of Vehicle Related Technologies*, Hrsg. R.N. Jazar und L. Dai. New York: Springer.

Del Pedro, M., und P. Pahud. 1991.*Vibration Mechanics*. The Netherland: Kluwer Academic Publishers.

Den Hartog, J.P. 1934.*Mechanical Vibrations*. New York: McGraw-Hill.

Dixon, J.C. 1996.*Tire, Suspension and Handling*. Warrendale, PA: SAE Inc.

Dukkipati, R.V., J. Pang, M.S. Qatu, G. Sheng, und Z. Shuguang. 2008.*Road Vehicle Dynamics*. Warrendale, PA: SAE Inc.

Ellis, J.R. 1994.*Vehicle Handling Kinematics*. London: Mechanical Engineering Publications Limited.

R. Jazar, *Fahrzeugdynamik*, https://doi.org/10.1007/978-3-031-53244-3

Esmailzadeh, E. 1978. Design synthesis of a vehicle suspension system using multi-parameter optimization. *Vehicle System Dynamics* 7:83–96.

Fahimi, F. 2009. *Autonomous Robots: Modeling, Path Planning, and Control*. New York: Springer.

Genta, G. 2007. *Motor Vehicle Dynamics, Modeling and Simulation*. Singapore: World Scientific.

Genta, G., und L. Morello. 2009. *The Automotive Chassis: Volume 1: Components Design*. New York: Springer.

Genta, G., und L. Morello. 2009. *The Automotive Chassis: Volume 2: System Design*. New York: Springer.

Goldstein, H., C. Poole, und J. Safko. 2002. *Classical Mechanics*, 3. Aufl. New York: Addison Wesley.

Haney, P. 2003, *The Racing and High-Performance Tire*. Warrendale, PA: SAE Inc.

Harris, C.M., und A.G. Piersol. 2002. *Harris' Shock and Vibration Handbook*. New York: McGraw-Hill.

Hartenberg, R.S., und J. Denavit. 1964. *Kinematic Synthesis of Linkages*. New York: McGraw-Hill Book Co.

Hunt, K.H. 1978. *Kinematic Geometry of Mechanisms*. London: Oxford University Press.

Inman, D. 2007. *Engineering Vibrations*. New York: Prentice Hall.

Jazar, R.N. 2010. *Theory of Applied Robotics: Kinematics, Dynamics, and Control*, 2. Aufl. New York: Springer.

Jazar, R.N. 2010. Mathematical theory of autodriver for autonomous vehicles. *Journal of Vibration and Control* 16(2):253–279.

Jazar, R.N. 2011. *Advanced Dynamics: Rigid Body, Multibody, and Aerospace Applications*. New York: Wiley.

Jazar, R.N. 2013. *Advanced Vibrations: A Modern Approach*. New York: Springer.

Jazar, R.N. 2012. Derivative and coordinate frames. *Journal of Nonlinear Engineering* 1(1):25–34. 10.1515/nleng-2012-0001.

Jazar, R.N., und M.F. Golnaraghi. 2002. Engine mounts for automotive applications: a survey. *The Shock and Vibration Digest* 34(5):363–379.

Jazar, R.N., R. Alkhatib, und M.F. Golnaraghi. 2006. Root mean square optimization criterion for vibration behavior of linear quarter car using analytical methods. *Journal of Vehicle System Dynamics* 44(6):477–512.

Jazar, R.N., M. Kazemi, und Borhani, S. 1992. *Mechanical Vibrations*. Tehran: Ettehad Publications (in Persian).

Jazar, R.N., A. Narimani, M.F. Golnaraghi, und D.A. Swanson. 2003. Practical frequency and time optimal design of passive linear vibration isolation mounts. *Journal of Vehicle System Dynamics* 39(6):437–466.

Jazar, R.N., A. Subic, und N. Zhong. 2012. Kinematics of a smart variable caster mechanism for a vehicle steerable wheel. *Vehicle System Dynamics* 50(12):1861–1875.

Karnopp, D. 2013. *Vehicle Dynamics, Stability, and Control*, 2. Aufl. London, UK: CRC Press.

Kane, T.R., P.W. Likins, und D.A. Levinson. 1983. *Spacecraft Dynamics*. New York: McGraw-Hill.

MacMillan, W.D. 1936. *Dynamics of Rigid Bodies*. New York: McGraw-Hill.

Marzbani, H., und R.N. Jazar. 2013. Smart flat ride tuning. In: *Nonlinear Approaches in Engineering Applications*, Bd. 2, Hrsg. L. Dai und R.N. Jazar. New York: Springer.

Marzbani, H., R.N. Jazar, und M. Fard. 2012. Hydraulic engine mounts: a survey. *Journal of Vibration and Control*. 10.1177/1077546 312456724.

Marzbani, H., R.N. Jazar, und M. Fard. 2015. Steady-state vehicle dynamics. In *Nonlinear Approaches in Engineering Applications: Applied Mechanics, Vibration Control, and Numerical Analysis*, Hrsg. L. Dai und R.N. Jazar. New York: Springer.

Marzbani, H., R.N. Jazar, und A. Khazaei. 2012. Smart passive vibration isolation: requirements and unsolved problems. *Journal of Applied Nonlinear Dynamics* 1(4):341–386. 10.5890/JAND.2012.09.002.

Mason, M.T. 2001.*Mechanics of Robotic Manipulation*. Cambridge, MA: MIT Press.
Meirovitch, L. 2002.*Fundamentals of Vibrations*. New York: McGraw-Hill.
Meirovitch, L. 1967.*Analytical Methods in Vibrations*. New York: Macmillan.
Milliken, W.F., und D.L. Milliken. 2002.*Chassis Design*. Warrendale, PA: SAE Inc.
Milliken, W.F., und D.L. Milliken. 1995.*Race Car Vehicle Dynamics*. Warrendale, PA: SAE Inc.
Murray, R.M., Z. Li, und S.S.S. Sastry. 1994.*A Mathematical Introduction to Robotic Manipulation*. Boca Raton, FL: CRC Press.
National Committee on Uniform Traffic Laws and Ordinances. 1992.*Uniform Vehicle Code and Model Traffic Ordinance*.
Nikravesh, P. 1988.*Computer-Aided Analysis of Mechanical Systems*. New Jersey: Prentice Hall.
Norbe, J.P. 1980.*The Car and its Weels, A Guide to Modern Suspension Systems*. New York, NY: TAB Books Inc.
Pacejka, H. 2012.*Tire and Vehicle Dynamics*, 3. Aufl. Oxford, UK: Butterworth-Heinemann.
Paul, R.P. 1981.*Robot Manipulators: Mathematics, Programming, and Control*. Cambridge, MA: MIT Press.
Pawlowski, J. 1969.*Vehicle Body Engineering*. London: Business Books Limited.
Rajamani, R. 2006.*Vehicle Dynamics and Control*. New York: Springer-Verlag.
Rao, S.S. 2003.*Mechanical Vibrations*. New York: Prentice Hall.
Roseau, M. 1987.*Vibrations in Mechanical Systems*. Berlin: Springer-Verlag.
Rosenberg, R.M. 1977.*Analytical Dynamics of Discrete Systems*. New York: Plenum Publishing Co.
Schaub, H., und J.L. Junkins. 2003.*Analytical Mechanics of Space Systems*. AIAA Educational Series. Reston, VA: American Institute of Aeronautics and Astronautics, Inc.
Shabana, A.A. 1997.*Vibration of Discrete and Continuous Systems*. New York: Springer-Verlag.
Skalmierski, B. 1991.*Mechanics*. Poland: Elsevier.
Snowdon, J.C. 1968.*Vibration and Shock in Damped Mechanical Systems*. New York: John Wiley.
Spong, M.W., S. Hutchinson, und M. Vidyasagar. 2006.*Robot Modeling and Control*. New York: John Wiley & Sons.
Soni, A.H. 1974.*Mechanism Synthesis and Analysis*. New York: McGraw-Hill Book Co.
Tsai, L.W. 1999.*Robot Analysis*. New York: John Wiley & Sons.
United States Code. 2015. *Title 23. Highways*. Washington: U.S. Government Printing Office.
Wittacker, E.T. 1947.*A Treatise on the Analytical Dynamics of Particles and Rigid Bodies*, 4. Aufl. New York: Cambridge University Press.
Wong, J.Y. 2008.*Theory of Ground Vehicles*, 4. Aufl. New York: John Wiley & Sons.

MIX
Papier aus verantwortungsvollen Quellen
Paper from responsible sources
FSC® C105338

If you have any concerns about our products,
you can contact us on
ProductSafety@springernature.com

In case Publisher is established outside the EU,
the EU authorized representative is:
Springer Nature Customer Service Center GmbH
Europaplatz 3, 69115 Heidelberg, Germany

Printed by Libri Plureos GmbH
in Hamburg, Germany